计 算 机 科 学 丛 书

云计算与分布式系统

从并行处理到物联网

（美） Kai Hwang Geoffrey C. Fox Jack J. Dongarra 著

武永卫 秦中元 李振宇 钮艳 译

黄铠 审校

Distributed and Cloud Computing

From Parallel Processing to the Internet of Things

机械工业出版社
CHINA MACHINE PRESS

图书在版编目（CIP）数据

云计算与分布式系统：从并行处理到物联网/（美）黄铠，（美）福克斯（Fox，G. C.），（美）唐加拉（Dongarra，J. J.）著；武永卫等译. —北京：机械工业出版社，2013.1（2024.6 重印）

（计算机科学丛书）

书名原文：Distributed and Cloud Computing：From Parallel Processing to the Internet of Things

ISBN 978-7-111-41065-2

Ⅰ. 云…　Ⅱ. ①黄…　②福…　③唐…　④武…　Ⅲ. ①计算机网络　②分布式操作系统　Ⅳ. ①TP393 ②TP316.4

中国版本图书馆 CIP 数据核字（2012）第 316513 号

随着信息技术的广泛应用和快速发展，云计算作为一种新兴的商业计算模型日益受到人们的广泛关注。本书是一本完整讲述云计算与分布式系统基本理论及其应用的教材。书中从现代分布式模型概述开始，介绍了并行、分布式与云计算系统的设计原理、系统体系结构和创新应用，并通过开源应用和商业应用例子，阐述了如何为科研、电子商务、社会网络和超级计算等创建高性能、可扩展、可靠的系统。

本书内容丰富，叙述深入浅出，适合作为计算机及相关专业云计算、分布式系统或分布式计算课程的教材，同时也适合专业技术人员参考使用。

机械工业出版社（北京市西城区百万庄大街 22 号　邮政编码　100037）

责任编辑：王春华

北京机工印刷厂有限公司印刷

2024 年 6 月第 1 版第 12 次印刷

185mm×260mm · 30.5 印张

标准书号：ISBN 978-7-111-41065-2

定　价：85.00 元

客服电话：（010）88361066　68326294

中文版序

本书是《Distributed and Cloud Computing: From Parallel Processing to the Internet of Things》的中译本，其英文原版由美国的 Morgan Kaufmann 出版公司于 2011 年出版发行。机械工业出版社获得了本书的影印版授权，并于 2012 年在国内影印出版。本书适合作为高等院校计算机相关专业的教材，也适合作为专业技术人员的参考书籍。

我于 2007 年在美国南加州大学开始筹划此书。2008 年，我在中国科学院计算技术研究所开设了这门课，当时教材还在初期框架建构中。2009 年，我在北京大学做客座教授时完成了全部大纲，并在应聘清华大学 EMC 讲座教授时邀请了美国的 Geoffrey C. Fox 与 Jack J. Dongarra 教授加入这本书的撰写队伍。

本书中文版与英文版的版权完全是独立的，换句话说，中文版是在英文版的基础上修订、补充完成的，文责全部由本人负责。我邀请了国内四位一线学者参与中文版的翻译工作，现在简单介绍四位学者如下：

武永卫教授执教于清华大学计算机系。他是网格计算与云存储方面国内的重要学者，在国际同行中也很有影响。他负责了本书第 1 章、第 2 章和第 7 章的翻译工作。

秦中元博士是东南大学信息科学与工程学院副教授。他从事计算机系统与安全领域教学多年，曾于 2010 年访问美国南加州大学。他对本书第 9 章物联网方面内容的撰写有直接的贡献。他负责了本书第 5 章和第 6 章的翻译工作。

李振宇博士是中国科学院计算技术研究所的副研究员。他主要从事互联网通信和对等计算（P2P）方面的研究，与中国科学院计算技术研究所的谢高岗研究员合作发展未来互联网的系统与路由技术。他负责翻译本书第 8 章和第 9 章。

钮艳博士于 2012 年毕业于北京大学计算机系，她目前在工信部国家计算机网络应急技术中心担任工程师。她的博士论文是关于计算机虚拟化与云计算应用。她负责翻译本书第 3 章和第 4 章。

我目前担任清华大学分布式与云计算领域讲席教授组的客座首席讲座教授。本书中文版完成时，我恰好正在清华大学访问讲学，审校了中文版全书。对于四位同仁的精心翻译，我在此表示由衷感谢。在翻译的过程中，清华大学的赵勋与郭维超同学以及东南大学的宋云燕、郑勇鑫与杨中云同学都曾给予协助，在此对他们表示诚挚的感谢！

本书的中文版与影印版能够在国内出版，机械工业出版社做了大量工作，其中温莉芳、姚蕾和王春华给予了全力支持，在编辑、排版和制作索引方面做了很多细致工作。本人仅代表原著者与四位译者向以上所有工作人员表示感谢。

为了便于教师使用本书教学，我已将本书的英文版 PPT 和部分习题答案交给出版社，用书教师可以登录机工新阅读网站（www. cmpreading. com）下载。

最后，希望读者通过阅读本书获益。

黄铠

2012 年 12 月 12 日

于清华大学，北京

序

理查德·费曼（Richard Feynman）在他精彩的传记《别闹了，费曼先生》中叙述了1944年他如何在洛斯阿拉莫斯负责管理人类计算机执行曼哈顿计划要求的长而繁琐的计算。使用当时的机械计算器，最好的人类计算机每隔几秒钟仅可以实现一次加法或乘法。因此，费曼和他的团队研究了一些方法：将问题分解为较小的任务，这些小任务可以由不同的人同时执行（他们传递卡片，这些卡片带有人们操作加法器、乘法器、整理器和分类器的中间结果）；每次以相同的计算复杂度运行乘法计算（使用不同颜色的卡片）；有效地检测和恢复错误（相关的卡片及其后代被移除，并重新开始计算）。

70年后，计算机架构师面临类似的挑战，并且采用了类似的解决方案。虽然单个计算设备计算速度很快，但是物理约束对其速度仍然有限制。因此，如今的计算趋势是普适并行计算。单处理器包含流水线、并行指令、预测执行和多线程。本质上，从台式计算机到强大的超级计算机，每个计算机系统都包含多处理器。未来亿亿级超级计算机（每秒可以进行10^{18}次运算）的设计师告诉我们，这些计算机将需要支持10^7次并发运算。

并行性基本上是关于通信和协作的，并且伴随着技术的巨大变革，这两项活动过去70年中也在发生变化。光速没有比费曼时间更快，光纤中每纳秒8英寸或20厘米。我们很难想象在50毫秒内从洛杉矶向奥克兰发送一条消息。但是现今的数据传输速率已经发生了巨大变化，已从1910年（早期电报）每秒几个字符发展到1960年（ARPANET）每秒数千字符，到2010年光纤每秒超过100亿字符。

拟普适高速通信不仅允许将电话呼叫中心重新迁移至印度，而且允许将计算转移至集中式设备，以达到巨大的规模经济效益，并且允许收集和组织大量数据来支持世界范围的人做决策。因此，政府机关、研究实验室和需要模拟复杂现象的企业创建和操作庞大的超级计算机，它们都有成百上千的处理器。类似地，像谷歌、Facebook和微软这类需要处理大量数据的公司操作众多大规模“云”数据中心，每个中心可能占地几万平方英尺，拥有几万或几十万台计算机。像费曼的洛斯阿拉莫斯团队一样，这些计算综合体把计算作为服务向多人提供，处理许多不同目的的计算。

大规模并行、超速通信和大规模集中化是现今人们做决策的基础。对于预报明天的天气、索引Web、推荐电影、建议社会连接、预测股票市场的未来状态或者提供任意满足需要的信息产品，这些计算通常分布在上千的处理器上，并且有时依赖于从世界几百万个资源获取的数据。事实上，现代世界不能没有并行计算和分布式计算。

在这个普遍的并行和分布式世界中，对分布式计算的理解显然是计算机科学本科生教育的一个重要部分。（实际上，我觉得任何本科生都应该了解这些主题。）今天，大多数的复杂计算机系统不再是单个微处理器，而是完整的数据中心。大多数编写的计算机程序都是管理或运行于数据中心规模级系统上的。不理解这些系统和程序如何构造的计算机科学专业研究生可能无法高效地从事相关的工作。

黄铠、Fox和Dongarra的这本教材出版非常及时。本书分为三部分，其内容逐步覆盖了支撑现代大规模并行计算机系统的硬件和软件体系结构；实现云计算与分布式计算的相关概念和技术；分布式计算的高级主题，包括网格、P2P和物联网。在每一部分，本书都采用系统方法，不仅介绍概念，还阐述代表技术和现实大型分布式计算部署。计算作为一门科学，是一门工程学科，并且这些真实系统的描述既有助于学生使用它们，也会帮助他们理解其他架构师如何操纵与大型分布式系统设计有关的各种约束。

本书还介绍了一些计算机科研人员目前面临的一些挑战。举两个例子，计算机已经成为电能的主要消耗者，在美国约占所有电能的3%（在日本，2011年的海啸过后，为节约电力，经常不得不关闭一些大规模超级计算机，而这些超级计算机可以帮助应对未来的自然灾难。）实际上，每年出售的处理器大约有100亿个，其中98%是用于嵌入式设备，而这些嵌入式设备日益需要通信来驱动，给物联网带来机遇和挑战。物联网将比现在的互联网更广大、更复杂、更有能力。

我希望本书的出版可以推动高校中分布式计算的教学——不仅作为一门选修课（现在通常这样设置），而是成为本科课程体系中的核心课。我还希望高校之外的其他人通过这本书来了解分布式计算，更广泛地了解目前处于前沿和尖端的计算技术：有时混乱；通常复杂；但更重要的是，令人兴奋不已。

Ian Foster

于怀俄明州杰克逊山洞

2011年8月

关于本书

经过30年的发展，并行处理和分布式计算在计算机科学和信息技术中方兴未艾。许多高校现在已经开设相关课程。教师和学生一直在寻找一本可以全面涵盖计算理论和信息技术（包括设计、编程和分布式系统应用）的教材。本书正是为了满足这一需求而设计，而且本书还可以作为相关领域专业技术人员的参考书。

本书介绍了硬件和软件、系统体系结构、新的编程范式，以及强调速度性能和节能的生态系统方面的最新进展。这些最新发展说明了如何创建高性能集群、可扩展网络、自动数据中心和高吞吐量云/网格系统。我们还介绍了云编程以及如何将分布式系统和云系统应用于创新的互联网应用中。本书的目的是将传统的多处理器和多计算机集群转换为Web规模网格、云以及在未来互联网中泛在使用的对等（P2P）网络，包括近年来快速发展的大型社会网络和物联网。

本书主要内容

我们已经在单独的一卷中介绍了许多里程碑式的发展。我们呈现的成果不仅来自于我们自己的研究团队，还来自于美国、中国和澳大利亚的主要研究组织。总的来说，本书总结了近年来从并行处理到分布式计算和未来互联网的进展。

本书从现代分布式模型概述开始，揭示并行、分布式与云计算系统的设计原理、系统体系结构和创新应用。本书试图将并行处理技术与基于网络的分布式系统结合。书中通过开源和商业厂商的具体例子，重点介绍了用于研究、电子商务、社会网络、超级计算等应用的可扩展物理系统、虚拟化数据中心和云系统。

全书共9章内容，分为三部分：第一部分覆盖系统模型和关键技术，包括集群化和虚拟化。第二部分介绍数据中心设计、云计算平台、面向服务的体系结构、分布式编程范式和软件支持。第三部分研究计算/数据网格、对等网络、普适云、物联网和社会网络。

本书有6章内容涉及云计算方面的相关材料，分别是第1章、第3~6章和第9章。书中描述的云系统包括公有云：谷歌应用引擎、亚马逊Web服务、Facebook、SalesForce. com等。这些云系统在升级Web服务和互联网应用方面发挥着越来越重要的作用。计算机架构师、软件工程师和系统设计师可能想要利用云技术来建造未来计算机和基于互联网的系统。

本书特点

- 覆盖现代分布式计算技术，包括计算机集群、虚拟化、面向服务的体系结构、大规模并行处理器、对等系统、云计算、社会网络和物联网。
- 强调开发并行、分布式和云计算系统的普适性、灵活性、有效性、可扩展性、可用性和可编程性。

- 硬件、网络和系统体系结构方面的最新进展：
  - ➤ 多核 CPU 和众核 GPU（Intel、Nvidia、AMD）。
  - ➤ 虚拟机和虚拟集群（CoD、Violin、Amazon VPC）。
  - ➤ Top500 体系结构（Tianhe-1A、Jaguar、Roadrunner 等）。
  - ➤ 谷歌应用引擎、亚马逊 AWS、微软 Azure、IBM 蓝云。
  - ➤ TeraGrid、DataGrid、ChinaGrid、BOINIC、Grid' 5000 和 FutureGrid。
  - ➤ Chord、Napster、BiTorrent、KaZaA、PPlive、JXTA 和 . NET。
  - ➤ RFID、传感器网络、GPS、CPS 和物联网。
  - ➤ Facebook、Force. Com、Twitter、SGI Cylone、Nebula 和 GoGrid。
- 范式、编程、软件和生态系统方面新的改进：
  - ➤ MapReduce、Dryad、Hadoop、MPI、Twister、BigTable、DISC 等。
  - ➤ 云服务和信任模型（SaaS、IaaS、PaaS 和 PowerTrust）。
  - ➤ 编程语言和协议（Python，SOAP，UDDI，Pig Latin）。
  - ➤ 虚拟化软件（Xen、KVM、VMware ESX 等）。
  - ➤ 云操作系统和混搭系统（Eucalyptus、Nimbus、OpenNebula、vShere/4 等）。
  - ➤ 面向服务的体系结构（REST、WS、Web 2. 0、OGSA 等）。
  - ➤ 分布式操作系统（DCE、Amoeba 和 MOSIX）。
  - ➤ 中间件和软件库（LSF、Globus、Hadoop、Aneka）。
- 书中含有 100 多个例题，并且每章末都有习题和进一步阅读建议。
- 涵盖多个来自主流分布式计算提供商（亚马逊、谷歌、微软、IBM、惠普、Sun、Silicon Graphics、Rackspace、SalesForce. com、netSuite 和 Enomaly 等）的案例研究。

读者对象和阅读建议

本书适合作为分布式系统或分布式计算课程的教材，同时也适合专业系统设计师和工程师作为了解最新分布式系统技术（包括集群、网格、云和物联网）的参考书。本书均衡覆盖了这些主题，并洞察了物联网和 IT 演变的未来。

这 9 章内容适合作为高年级本科生和低年级研究生一学期课程（45 小时讲义）使用。对三学期的系统课程，本书的第 1 ~ 4 章、第 6 章和第 9 章适合 10 周课程（30 小时讲义）。除了解答习题之外，我们还建议学生在可用集群、网格、P2P 和云平台上做一些并行和分布式编程的实验。

受邀的贡献者

本书是三位主要作者花费 4 年的时间（2007—2011）共同计划、写作、编辑和校对完成的。在这期间，我邀请并得到了如下科学家、研究者、教师和博士生的帮助和技术协助，他们来自美国、中国和澳大利亚的知名大学。

下面列出了受邀对本书做出贡献的人。各章的原创作者、做出贡献的人员和编校都分别在每章结尾进行了说明。我们感谢他们在反复书写和校订过程中的敬业工作和宝贵贡献。匿名审稿人的建议对最终内容的改进也是非常有帮助的。

Albert Zomaya、Nikzad Rivandi、Young- Choon Lee、Ali Boloori、Reza Moraveji、Javid Taheri 和 Chen Wang，悉尼大学（澳大利亚）

Rajkumar Buyya，墨尔本大学（澳大利亚）

武永卫、郑纬民和陈康，清华大学（中国）

李振宇、孙凝辉、徐志伟和谢高岗，中国科学院

喻之斌、廖小飞和金海，华中科技大学（中国）

Judy Qiu、Shrideep Pallickara、Marlon Pierce、Suresh Marru、Gregor Laszewski、Javier Diaz、Archit Kulshrestha 和 Andrew J. Younge，印第安纳大学（美国）

Michael McLennan、George Adams III 和 Gerhard Klimeck，普度大学（美国）

Zhongyuan Qin（**秦中元**）、Kaikun Dong、Vikram Dixit、Xiaosong Lou（**楼肖松**）、Sameer Kulkarni、Ken Wu、Zhou Zhao（**赵洲**）和 Lizhong Chen（**陈理中**），南加州大学（美国）

Renato Figueiredo，佛罗里达大学（美国）

Michael Wilde，芝加哥大学（美国）

版权许可与致谢

涉及版权保护的插图的许可分别在图注中进行了公开致谢。特别地，我们还要感谢 Bill Dally、John Hopcroft、Mendel Roseblum、Dennis Gannon、Jon Kleinberg、Rajkumar Buyya、Albert Zomaya、Randal Bryant、Kang Chen（陈康）和 Judy Qiu，他们慷慨地允许我们使用他们的幻灯片、原始图片和书中展示的例子。我们还要感谢 Ian Foster，他为本书撰写了序，向读者介绍本书。本书由 Morgan Kaufmann 出版社的 Todd Green 发起，Robyn Day 编辑，并由 diacriTech 的 Dennis Troutman 负责生产，在此对他们表示感谢！

没有以上诸位的共同努力，本书是无法完成的。我希望读者能喜欢本书，并向我们反馈书中的遗漏和错误，以便新版修正，进一步改进。

Kai Hwang、Geoffrey C. Fox 和 Jack J. Dongarra

目　录

Distributed and Cloud Computing，1E

第3章 虚拟机和集群与数据中心虚拟化 …… 88

第二部分 云平台、面向服务的体系结构和云编程

第4章 构建在虚拟化数据中心上的云平台体系结构 …… 132

第三部分 网格、P2P 和未来互联网

系统建模、集群化和虚拟化

前三章介绍了系统模型，并回顾了两个关键技术。第1章讲述了分布式系统模型和云平台。第2章介绍了集群化技术，第3章描述了虚拟化技术。这两个技术可以实现分布式计算和云计算。系统模型包括计算机集群、计算网格、P2P网络和云计算平台。系统集群化需要硬件、软件和中间件支持。虚拟化用于创建虚拟机、虚拟集群、数据中心的自动化，并构建弹性云平台。

第1章　分布式系统模型和关键技术

本章介绍过去30年在并行、分布式、云计算领域发生的一些变革。我们研究了科学计算领域的高性能计算（HPC）系统和商业计算领域的高吞吐量计算（HTC）系统。我们检查了集群/MPP、网格、P2P网络和互联网云。这些系统在硬件体系结构、操作系统平台、处理算法、通信协议、安全需求、提供的服务模型等方面均有所不同。本章最后重点介绍了分布式系统中可扩展性、性能、可用性、安全、节能、负载外包、数据中心保护等方面的基本问题。

本章主要由Kai Hwang（黄铠）撰写，Geoffrey Fox（1.4.1节）和Albert Zomaya（1.5.4节）撰写了部分内容，Nikzad Rivandi、Young-Choon Lee、Xiaosong Lou（楼肖松）和Lizhong Chen（陈理中）做了一些辅助工作。最终稿由Jack Dongarra审校。

第2章　可扩展并行计算集群

集群化使得构建满足HPC与HTC应用的可扩展并行和分布式系统成为可能。现在的集群节点用物理服务器或虚拟机构建。本章主要研究集群计算系统和大规模并行处理器。我们专注于硬件、软件、中间件的设计原则和评估。我们讨论可扩展性、实用性、可编程性、单系统镜像、作业管理和容错能力。我们将研究近年来报告的3个顶尖超级计算机系统（分别名为Tianhe-1A、Gray XT5 Jaguar和IBM Roadrunner）中的集群化MPP体系结构。

本章由Kai Hwang（黄铠）和Jack Dongarra共同撰写，Rajkumar Buyya和Ninghui Sun做了部分贡献。

Zhiwei Xu（徐志伟）、Zhou Zhao（赵洲）、Xiaosong Lou（楼肖松）和Lizhong Chen（陈理中）提供了技术帮助。

第3章　虚拟机和集群与数据中心虚拟化

虚拟化技术通过在同一组硬件主机上多路复用虚拟机（Virtual Machine，VM）的方式来共享昂贵的硬件资源。近年来，虚拟机的大量涌现扩展了系统应用的范围，并且提升了计算机性能和效率。我们介绍了虚拟机、虚拟机在线迁移、虚拟集群构建、资源配置、虚拟配置适应，以及用于云计算应用的虚拟化数据中心的设计。我们强调使用虚拟集群的作用，以及构建动态网格和云平台的虚拟化资源管理。

本章由Zhibin Yu（喻之斌）和Kai Hwang（黄铠）共同撰写，金海、廖小飞、秦中元、陈理中和赵洲提供了技术帮助。

分布式系统模型和关键技术

本章介绍过去30年在变化负载和大数据集的应用驱动下，并行、分布式、云计算领域发生的一些变革。我们研究了并行计算领域要求高性能和高吞吐量的一些计算系统，如计算机集群、SOA、计算网格、P2P网络、互联网云和物联网。这些系统在硬件体系结构、系统平台、处理算法、通信协议、提供的服务模型等方面均有所不同。本书也介绍了分布式系统中可扩展性、性能、可用性、安全、节能等方面的基本问题。

1.1 互联网之上的可扩展计算

在过去的60多年间，计算技术的平台和环境经历了一系列的变革。在这一节，我们将介绍在硬件体系结构、操作系统平台、网络连接、应用负载方面的革命性创新。一个并行的、分布式的计算系统使用大量的计算机解决互联网上的大规模计算问题，而不是使用一个集中式的计算机解决计算问题。这也导致分布式计算的缺点是数据敏感和网络中心化。本节选取了一些使用并行和分布式计算模型的现代计算机系统。在今天的社会，这些大规模互联网应用提高了生活和信息服务的质量。

1.1.1 互联网计算的时代

每天有数十亿人使用互联网。因此，超级计算机和大规模数据中心必须面向巨量的互联网用户并发地提供高性能计算服务。由于这样高的需求，用于高性能计算（High-Performance Computing，HPC）系统性能测试的Linpack基准不再适合和最优。云计算的出现改为要求采用并行和分布式计算技术来构建的高吞吐量计算系统（High-Throughput Computing，HTC）[5,6,19,25]。我们必须升级数据中心，采用更快的服务器、存储系统和高带宽网络。其目的是利用不断涌现的新技术来改进基于网络的计算和Web服务。

1.1.1.1 平台的变革

计算机技术经历了五代的发展，每一代持续10~20年。连续的两代之间会有10年左右的交迭。例如，从1950年到1970年，用于满足大公司和政府组织的计算需求的是少数大型机，包括IBM 360和CDC 6400。从1960年到1980年，在小公司和大学，低成本的小型计算机（如DEC PDP 11和VAX系列）变得流行起来。

从1970年到1990年，使用VLSI微处理器的个人计算机到处可见。从1980年到2000年，在
4 有线和无线应用中出现了海量的便携式计算机和通用型设备。自1990年以来，隐藏在集群、网格或互联网云背后的HPC和HTC系统应用不断增长扩散。这些系统既被用于高端Web规模计算和信息服务，也提供给用户。

普遍的计算趋势是平衡共享的网络资源和互联网上的海量数据。图1-1阐述了HPC和HTC系统的演化。在HPC方面，超级计算机（大规模并行处理器（Massively Parallel Processors，MPP））逐渐地被协同计算机集群所替代，不再有共享计算资源的要求限制。集群通常是一个物理上处在近距离范围且彼此连接的同构计算节点的集合。我们将在第2章和第7章更详细地讨论

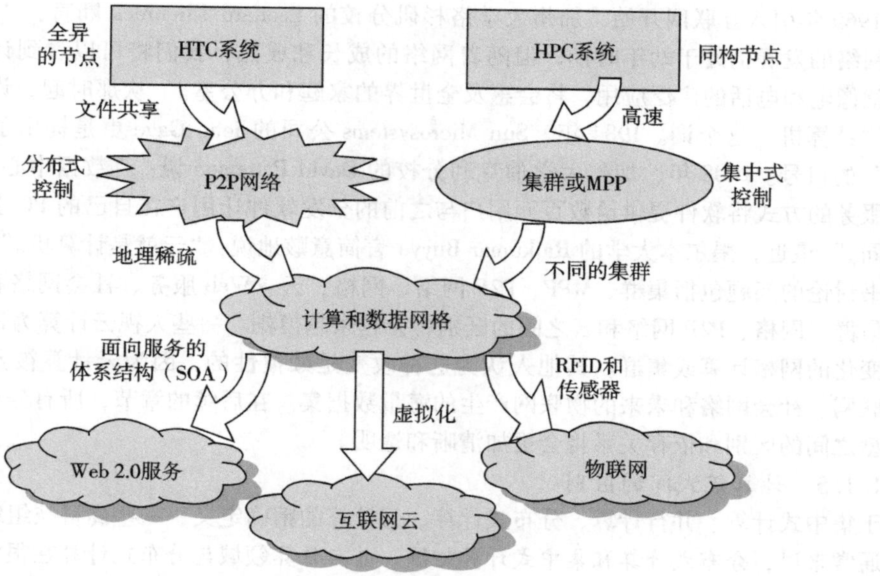

图 1-1　HPC 和 HTC 系统的演化趋势（并行、分布式、云计算，具有集群、MPP、P2P 网络、网格、云、Web 服务和物联网）

集群系统、MPP 系统和网格系统。

在 HTC 方面，对等（Peer-to-Peer，P2P）网络起源于分布式文件共享和内容分发应用。一个 P2P 系统建立在众多客户机之上（第 5 章将会进行更详细的讨论）。节点机器是完全分布式的。P2P、云计算和 Web 服务平台更关注 HTC 应用，而非 HPC 应用。集群和 P2P 技术促进了计算网格和数据网格的发展。

1.1.1.2　高性能计算

多年以来，HPC 系统强调系统的原生速度性能。HPC 系统的速度已经从 20 世纪 90 年代初每秒十亿次浮点运算（Gflops）增长到 2010 年的每秒千万亿次浮点运算（Pflops）。这个增长来自于科学、工程、制造业的需求驱动。例如，世界计算机系统 500 强评测采用的是 Linpack 基准结 5
果中的浮点运算速度。然而，超级计算机用户数量不到全部计算机用户的 10%。今天，大多数计算机用户使用台式计算机，或者在开发互联网搜索和市场驱动计算任务时使用大型服务器。

1.1.1.3　高吞吐量计算

面向市场的高端计算系统的发展正发生策略上的从 HPC 范式到 HTC 范式的转变。HTC 范式更关注于高通量计算。高通量计算主要应用于被百万以上用户同时使用的互联网搜索和 Web 服务。性能目标因而转移到测量高吞吐量或单位时间内任务完成数。HTC 技术不仅需要提高批处理任务速度，在很多数据和企业计算中心还要考虑突发问题开销、能量节约、安全和可靠性。本书将既讲述 HPC 也讨论 HTC 系统以满足所有计算机用户的需求。

1.1.1.4　三种新的计算范式

如图 1-1 所示，随着 SOA 体系结构的引入，Web 2.0 服务变得可行。先进的虚拟化技术使互联网云作为一种新的计算范式得以不断成长。射频识别（Radio-Frequency IDentification，RFID），全球定位系统（GPS）和传感技术的成熟触发了物联网（Internet of Things，IoT）的发展。这些新的范式在这里只进行简要介绍。我们将在第 5 章详细研究 SOA；第 3 章主要讨论虚拟化；云计算系统在第 4 章、第 6 章和第 9 章加以论述；第 9 章还将介绍包含信息物理融合系统（Cyber-Physical Systems，CPS）的物联网。

从1969年引入互联网开始，加州大学洛杉矶分校的Leonard Klienrock断言："到目前为止，计算机网络的发展仍处于幼年时期，但随着网络的成长和成熟，我们将可以看到计算机效用的扩展，就像电和电话的广泛应用，将会惠及全世界的家庭和办公室。"从那时起，许多人已经重新定义"计算机"这个词。1984年，Sun Microsystems公司的John Gage更是提出了"网络就是计算机"的口号。2008年，加州大学伯克利分校的David Patterson说："数据中心就是计算机。这种以服务的方式将软件提供给数百万用户与之前的分发软件让用户在自己的PC上运行有着明显的不同。"最近，墨尔本大学的Rajkumar Buyya言简意赅地说："云就是计算机。"

本书讨论的问题包括集群、MPP、P2P网络、网格、云、Web服务、社会网络和物联网。事实上，集群、网格、P2P网络和云之间的区别将会越来越模糊。一些人视云计算为通过虚拟化技术适度变化的网格计算或集群。其他人认为这种改变是颠覆性的，因为云计算被预期用于处理传统互联网、社会网络和未来的物联网产生的海量数据集。在后续的章节，所有分布式和云计算系统模型之间的区别和依存关系将会更加清晰和透明。

1.1.1.5 计算范式间的区别

关于集中式计算、并行计算、分布式计算、云计算的精确定义，一些高科技组织已经争论了
6 多年。通常来讲，*分布式计算和集中式计算*相反。*并行计算*领域与分布式计算在很大程度上有交迭，*云计算*与分布式计算、集中式计算、并行计算都有一部分的交集。下面的列表更清晰地定义了这些术语，后续章节将对其体系结构和运行进行更深入的讨论。

- **集中式计算**：这种计算范式是将所有计算资源集中在一个物理系统之内。所有资源（处理器、内存、存储器）是全部共享的，并且紧耦合在一个集成式的操作系统中。许多数据中心和超级计算机都是集中式系统，但它们都被用于并行计算、分布式计算和云计算应用中[18,26]。
- **并行计算**：在并行计算中，所有处理器或是紧耦合于中心共享内存或是松耦合于分布式内存。一些学者称之为*并行处理*[15,27]。处理器间通信通过共享内存或通过消息传递完成。通常称有并行计算能力的计算系统为*并行计算机*[28]。运行在并行计算机上的程序称为*并行程序*。编写并行程序的过程称为*并行编程*[32]。
- **分布式计算**：这是一个计算机科学和工程中研究分布式系统的领域。一个*分布式系统*[8,13,37,46]由众多自治的计算机组成，各自拥有其私有内存，通过计算机网络通信。分布式系统中的信息交换通过*消息传递*的方式完成。运行在分布式系统上的程序称为*分布式程序*。编写分布式程序的过程称为*分布式编程*。
- **云计算**：一个互联网云的资源可以是集中式的也可以是分布式的。云采用分布式计算或并行计算，或两者兼有。云可以在集中的或分布式的大规模数据中心之上，由物理的或虚拟的计算资源构建。一些学者认为云计算是一种*效用计算*或者*服务计算*形式[11,19]。

和前面的术语相比，一些高科技组织更喜欢*并发计算*或者*并发编程*这个术语。虽然这些术语通常代表并行计算和分布式计算，但有倾向的从业者也会给出不同的解释。*普适计算*是指在任何地点和时间通过有线或者无线网络使用普遍的设备进行计算。*物联网*是一个日常生活对象（包括计算机、传感器、人等）网络化的连接。物联网通过互联网云实现任何对象在任何地点和时间的普适计算。最后，*互联网计算*这一术语几乎涵盖了所有和互联网相关的计算范式。本书将覆盖前面提及的所有计算范式，重点介绍分布式计算和云计算及其运行的系统，包括集群、网格、P2P和云系统。

1.1.1.6 分布式系统家族

自20世纪90年代中期以来，建立P2P网络和集群网络的技术在许多设计构建广域计算基础设施的国家项目中得以巩固，被称为*计算网格*或*数据网格*。最近，我们已经见证到一个探索互联

网云中数据敏感应用的热潮。互联网云是迁移桌面计算到使用服务集群和数据中心大规模数据库的面向服务计算的结果。本章将介绍各种并行计算和分布式计算的基础知识。网格和云则是更加关注于硬件、软件和数据集方面资源共享的不同系统。 7

本书也涉及这些大规模分布式系统的设计理论、关键技术和案例研究。大规模分布式系统意在多机上达到高度并行和并发。在2010年10月，拥有最高性能的集群是中国制造的由86 016个CPU处理器核心和3 211 264个GPU核心组成的天河一号系统（Tianhe-1A）。最大的计算网格连接了数百个服务器集群。一个典型的P2P网络可能包含数百万同时运行的客户机。实验云计算集群也由数千个处理节点组成。我们在第4～6章将专门讨论云计算。HTC系统的案例分析将放在第4章和第9章，包括数据中心、社会网络和虚拟云平台。

未来，HPC和HTC系统都将需要每个核可以处理大量计算线程的多核或众核处理器。HPC和HTC系统都强调并行和并发计算。未来的HPC和HTC系统必须满足计算资源在吞吐量、效率、可扩展性、可靠性方面的巨大需求。系统效率决定于速度、可编程性和能量因素（如每瓦能量消耗的吞吐量）。达到这些目标需要遵从如下设计原则：

- **效率**：在HPC系统中开发大规模并行计算时，度量执行模型内资源的利用率。对于HTC系统，效率更依赖于系统的任务吞吐量、数据访问、存储、节能。
- **可信**：度量从芯片到系统到应用级别的可靠性和自管理能力。目的是提供有服务质量（QoS）保证的高吞吐量服务，即使是失效的情况下。
- **编程模型适应性**：度量在海量数据集和虚拟云资源上各种负载和服务模型下支持数十亿任务请求的能力。
- **应用部署的灵活性**：度量分布式系统能够同时很好地运行在HPC（科学和工程）和HTC（商业）应用上的能力。

1.1.2　可扩展性计算趋势和新的范式

技术上一些可预测的趋势是驱动计算应用的。事实上，设计者和开发者想预测新系统的技术承载力。例如，Jim Gray的论文“数据工程中的经验方法”，是一个技术如何影响应用的经典例子，反之亦然。另外，摩尔定律预测处理器速度每18个月翻一番。虽然在过去的30年摩尔定律已经得到验证，但很难说在未来一段时间是否仍然有效。

Gilder定律预测网络带宽在过去的每年翻一番。这种趋势是否能继续？常用硬件极大的价格/性能比率由台式计算机、笔记本电脑、平板电脑等计算设备市场所驱动。这也决定了大规模计算产品技术的采纳和使用。我们将在下面的章节中更详细地讨论这些计算趋势。目前，重点是理解分布式系统如何同时强调资源分布和并发或*高并行度*（Degree of Parallelism，DoP）。在我们讨论分布式计算的特殊需求之前，回顾一下并行度的概念。 8

1.1.2.1　并行度

50年前，当硬件庞大而昂贵时，大多数计算机都采用位串行方式。在这样的场景中，*位级并行*（Bit-Level Parallelism，BLP）将位串行处理过程逐渐转变成字级处理。这些年来，用户经历了4位微处理器到8位、16位、32位、64位CPU的逐度变化。这引领我们进行下一波的改进，即*指令级并行*（Instruction-Level Parallelism，ILP），处理器同时执行多条指令而不是一个时刻执行一条指令。在过去的30年间，我们已经通过指令流水线、超标量计算、VLIW（Very Long Instruction Word，*超长指令字*）体系结构、多线程实践了ILP。ILP需要分支预测、动态规划、投机预测、提高运行效率的编译支持。

数据级并行（Data-Level Parallelism，DLP）的流行源于SIMD（Single Instruction，Multiple Data，*单指令多数据*）和使用向量与数组指令类型的向量机。DLP需要更多的硬件支持和编译器辅助来实现。自从多核处理器和*片上多处理器*（Chip MultiProcessor，CMP）引入后，我们进行了

任务级并行（Task-Level Parallelism，TLP）的一些探索。一个现代处理器已经满足所有前述并行类型。事实上，BLP、ILP 和 DLP 已经在硬件和编译器层面得到很好的支持。然而由于多核片上多处理器高效执行在编程和代码复杂化上的困难，TLP 还不是非常成功。随着并行处理向分布式处理的转移，我们将看到计算粒度向作业级并行（Job-Level Parallelism，JLP）的逐渐增长。可以说，粗粒度并行是建立在细粒度并行之上的。

1.1.2.2　创新型应用

在很多应用层面，HTC 和 HPC 系统都需要透明性。例如，数据访问、资源分配、过程定位、并发执行、作业复制，以及错误恢复对于用户和系统管理都应该是透明的。表 1-1 突出显示了这些年来驱动并行和分布式系统发展的几个关键应用。这些应用广泛应用于许多重要领域，包括科学、工程、商业、教育、卫生保健、交通控制、互联网和 Web 服务、军事，以及政府应用。

表 1-1　高性能和高吞吐量系统应用

领　域	具 体 应 用
科学和工程	科学仿真、基因分析等
	地震预测、全球变暖、天气预报等
商业、教育、服务业和卫生保健	远程通信、内容分发、电子商务等
	银行、股票交易、事务处理等
	空中交通控制、电力网格、远程教育等
	卫生保健、医院自动化、远程医疗等
互联网和 Web 服务、政府应用	互联网搜索、数据中心、决策系统等
	流量监测、病毒预防、网络安全等
	数字化政务、网上纳税申报处理、社会网络等
关键任务应用	军事指挥和控制、智能系统、危机管理等

几乎所有的应用都要求计算经济性、网络规模数据收集、系统可靠性和可扩展性能。例如，分布式事务处理经常出现在银行和财政系统中。事务描绘了可靠银行系统中 90% 的业务。分布式事务中，用户必须处理多数据库服务器。在实时银行业务中，维护事务记录副本的一致性是至关紧要的。其他的复杂因素包括缺少软件支持、网络饱和、应用中的安全威胁。我们将在后续章节更详细地讨论应用和软件支持。

1.1.2.3　效用计算趋势

图 1-2 标识了推动分布式系统及其应用研究的主要计算范式。这些范式有一些共同的特

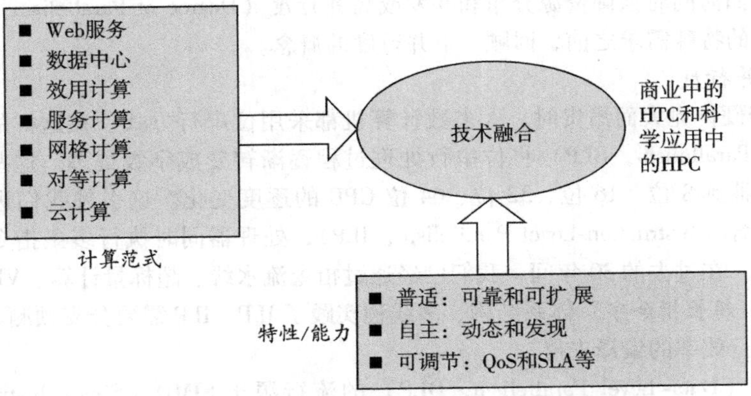

图 1-2　现代分布式计算系统中的计算机效用愿景

注：修改自 Raj Buyya（2010）的幻灯片。

性。首先，在日常生活中它们是普适的。在这些模型中，可靠性和可扩展性是两个主要设计目标。其次，它们都是针对自组织支持动态发现的自动化业务。最后，这些范式是 QoS 和 SLA（Service-Level Agreement，服务级协议）可调节的。这些范式及其特性实现了计算机效用的愿景。

效用计算集中于用户从付费服务提供商处获得计算资源的商业模型。所有的网格和云都被视为效用服务提供商。然而，云计算是一个比效用计算更宽泛的概念。分布式云应用运行在边际网络中任何可用的服务器上。这在计算机科学和工程的各个方面都面临着许多技术挑战。例如，用户要求新的高效网络处理器、可扩展的内存和存储方案、分布式操作系统、机器虚拟化中间件、新的编程模型、有效的资源管理和应用程序开发。要构建在所有处理级别探索大规模并行的分布式系统，必需有这些硬件和软件的支持。 9~10

1.1.2.4 新技术成熟周期

任何新出现的计算和信息技术都会经历一个成熟周期，如图 1-3 所示。这个周期展示了在 5 个不同阶段对技术的预期。这种预期在触发阶段到膨胀预期的一个高峰阶段迅速升高。经过一个短期的幻灭阶段，预期会跌入谷底，然后经历一个较长的复苏阶段的平稳增长达到生产力水平成熟期。一个新兴技术达到一个必然的阶段所需年数已经用特殊标志进行了标记。空心圆圈表示两年时间内被主流采纳的技术。灰色圆圈代表 2 ~ 5 年被主流采纳的技术。实心圆圈表示将需 5 ~ 10 年时间被主流采纳的技术，三角形表示需要 10 年以上时间的技术。十字圆圈代表在达到成熟期前就被淘汰的技术。

图 1-3 中的成熟周期展示了 2010 年 8 月的技术状态。例如，在那时用户生成媒体内容处在幻灭阶段，并被预测在两年内将达到采纳成熟期。互联网微支付系统被预测将在 2 ~ 5 年时间内从复苏阶段达到成熟期。3D 打印将需要 5 ~ 10 年时间从预期上升阶段达到主流采纳阶段，网状网络：传感器被预计需要 10 年以上时间才能从膨胀预期阶段达到主流采纳成熟阶段。

如图 1-3 所示，云技术刚经过了 2010 年预期阶段的峰值，将在 2 ~ 5 年时间达到生产力稳定阶段。预计电力线宽带技术将在 2010 年离开幻灭阶段谷底之前被淘汰。许多其他技术（图 1-3 中用灰色圆圈标识）在 2010 年 8 月处于预期峰值阶段，将可能在未来的 5 ~ 10 年达到成熟稳定期。一旦一个技术开始进入复苏期的范围，在 2 ~ 5 年将达到生产力成熟阶段。有希望的这类技术是，云计算、生物认证、交互电视、语音识别、预测分析，以及媒体平板电脑。

1.1.3 物联网和 CPS

本节将讨论互联网发展的两种趋势：物联网[48]和 CPS。这两个革命性的趋势都强调互联网向日常生活对象的延伸和扩展。这里我们只介绍一些基本概念，第 9 章将给出更详细的讨论。

1.1.3.1 物联网

传统的互联网是机器和机器或者网页和网页之间的连接。物联网的概念 1999 年在 MIT 被提出[40]。物联网是指日常生活中对象、工具、设备或计算机间存在网络互连。我们可以视物联网为互联了所有我们生活中的对象的无线传感器网络。这些对象可大可小，随时间和地点的变化而变化。这个思路就是使用 RFID、相关传感器或电子技术（如 GPS）来标识每个物体。 11

随着 IPv6 协议的引入，2^{128} 个 IP 地址足以区分地球上的每个对象，包括所有计算机和专有设备。物联网研究者已经估计出每个人身边将会有 1 000 ~ 5 000 个对象。物联网应该设计成可同时追踪百万亿条静态对象或移动对象。物联网需要对所有对象进行统一编址。为了减少标识、搜索和存储的复杂性，可以通过设置阈值过滤掉细小的对象。物联网显然扩展了互联网，在亚洲和欧洲得到了更多的发展。

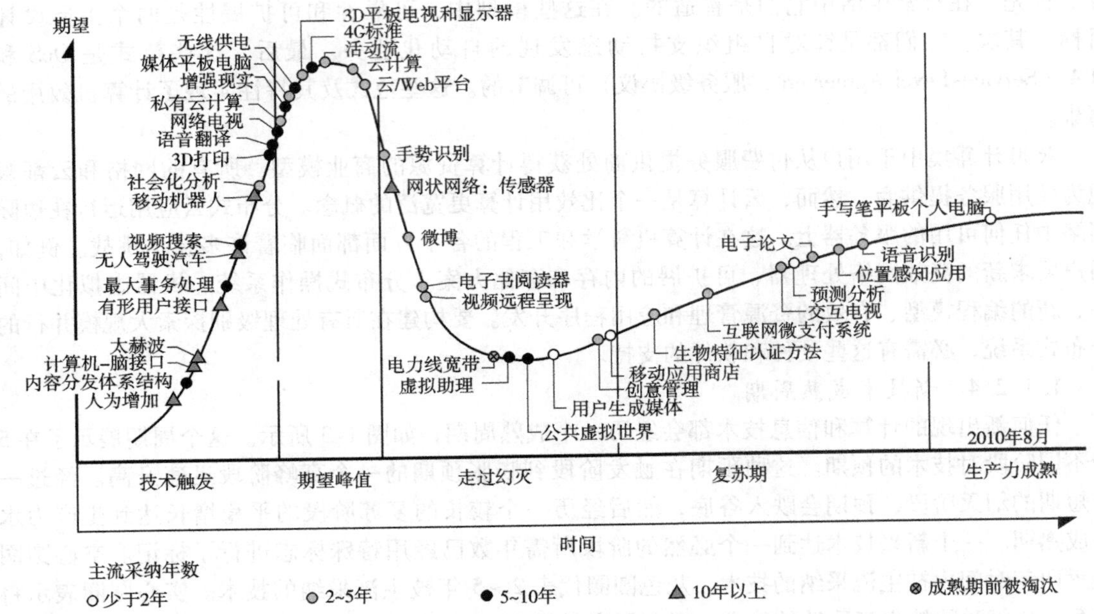

图 1-3　2010 年新技术成熟周期

在物联网时代，所有对象和设备都是工具化的、互连的和智能交互的。这种交流可以发生在人和物或者物和物之间。三种交流模式同时存在：H2H（人和人）、H2T（人和物）、T2T（物和物）。这里，物包括机器，如 PC 和手机。这里的思想是在任何时间、任何地点以较低的成本智能地连接事物（包括人和机器对象）。任何地点连接包括在 PC 上、户内（不在 PC 上）、户外，以及移动中。任何时间连接包括白天、晚上、户外和户内，也包括移动中。

动态连接将会指数型增长成为包含多个网络的一个新的动态网络，称为物联网。物联网仍处在其发展的初级阶段。在编写本书过程中，许多指定区域覆盖的物联网仍处于试验状态。云计算研究者希望用云和下一代互联网技术支持地球上人、机器、任何对象间的快速、有效、智能交互。智慧的地球应该有智能的城市、清洁的水资源、高效的能源、便利的交通、完善的食物供应、负责任的银行、快速的远程通信、绿色的信息技术、更好的学校、良好的医疗、丰富的资源等。要在世界的不同地区实现这个理想的生活环境，还需要花费一定的时间。

1.1.3.2　CPS

CPS 是计算过程和物理世界之间交互的结果。CPS 集成了“计算节点”（同构，异构）和“物理”（并发和信息密集的）对象。CPS 在物理世界和信息世界之间将“3C”技术（计算、通信、控制）融合到了一个智能闭环反馈系统中，已经在美国被积极地研究和探索。物联网强调物理对象之间的多样化连接，而 CPS 强调物理世界中虚拟现实（Virtual Reality，VR）应用的开发和研究。这将改变我们同物理世界交互的方式，就像互联网改变了我们同虚拟世界交互的方式。我们将在第 9 章研究物联网、CPS 及其同云计算之间的关系。

1.2　基于网络的系统技术

随着可扩展性计算的概念日趋成熟，是时候为分布式计算系统设计及其应用开发硬件、
12~13 软件和网络技术了。尤其应关注在分布式环境中构建处理大规模并行分布式操作系统的可行尝试。

1.2.1 多核CPU和多线程技术

过去30年组件和网络技术取得了长足的进步，这些对HPC和HTC系统的发展是至关重要的。在图1-4中，处理器速度的测量单位是每秒执行百万条指令数（MIPS），网络带宽的测量单位是兆位每秒（Mbps）或千兆位每秒（Gbps）。单位GE指的是1Gbps以太网带宽。

1.2.1.1 先进的CPU处理器

今天，先进的CPU或微处理器芯片采取双核、四核、六核或更多处理核心的多核体系结构。这些处理器在ILP和TLP级别开拓并行。处理器速度的增长如图1-4靠上的曲线所绘，综合了各代微处理器和片上多处理器。我们看到增长从1978年VAX 780的1MIPS到2002年Intel Pentium 4的1 800MIPS，上至2008年Sun Niagara的22 000MIPS的峰值。如图1-4所示，在这个例子中，摩尔定律已经被非常精确的验证。30年中，处理器时钟速率从Intel 286的10MHz提升到Pentium 4的4 GHz。

然而由于基于CMOS的芯片能量上的限制，时钟速率已经达到了极限。在编写本书的时刻，极少数的CPU芯片达到了5GHz以上的时钟速率。换句话说，除非芯片技术有所突破，否则时钟速率不会再有提高。这个限制主要归因于高频或高电压下额外热量的生成。ILP在现代处理器中已经得到充分开拓。ILP机制包括多路超标量体系结构、动态分支预测、猜测执行等方法。这些ILP技术要求硬件和编译器支持。另外，DLP和TLP在图形处理单元（Graphics Processing Unit，GPU）上被充分探索，其中GPU采用成百上千的简单核心的众核体系结构。

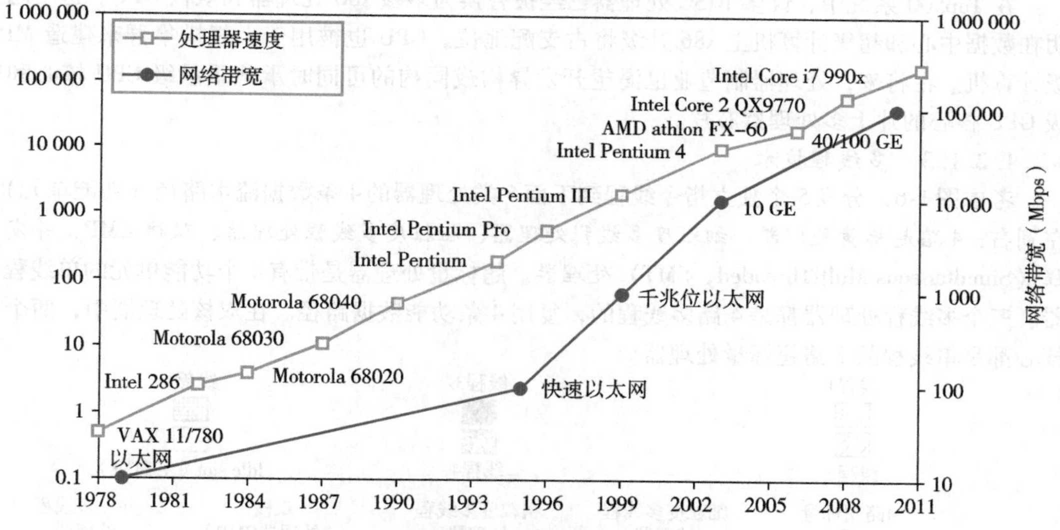

图1-4 处理器和网络技术近33年的发展

注：由南加州大学的楼肖松和陈理中（2011）提供。

14

目前，多核CPU和众核GPU都可以在不同量级上处理多指令线程。图1-5展示了一个标准的多核处理器体系结构。每个核心本质上是一个拥有私有cache（L1 cache）的处理器。多核与被所有核心共享的L2 cache布置在同一块芯片上。将来，多CMP甚至是L3 cache可以被放在同一块CPU芯片上。许多高端处理器都配备多核和多线程CPU，包括Intel i7、Xeon、AMD Opteron、Sun Niagara、IBM Power 6和X cell处理器。每个核心也可以多线程。例如，Niagara II是8核的且每个核心可处理8个线程。这意味着在Niagara上最大化的ILP和TLP数可以达到64（8×8=64）。如图1-4最上方的方块所示，据报道2011年Intel Core i7 990x的执行速度已经达到159 000 MIPS。

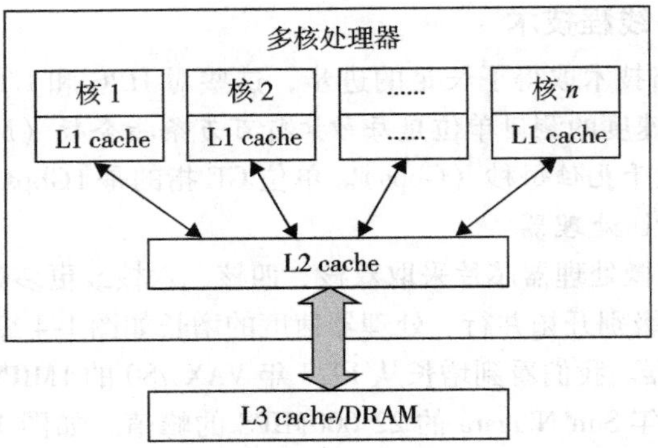

图 1-5　现代多核 CPU 芯片的层次 cache 示意图，其中 L1 cache 是每个核私有的，片上 L2 cache 是共享的，L3 cache 和 DRAM 是非片上的

1.2.1.2　多核 CPU 和众核 GPU 体系结构

多核 CPU 将从数十个核心增长到数百个甚至更多。但由于前述的内存墙问题，CPU 已经达到大规模 DLP 开拓的极限。这也触发了有数百或更多轻量级核心的众核 GPU 的开发。IA-32 和 IA-64 指令集体系结构都被应用于商业 CPU。现在，x86 处理器已经被扩展用于 HPC 和 HTC 系统的一些高端服务器处理器。

在 Top500 系统中，许多 RISC 处理器已经被替换为多核 x86 处理器和众核 GPU。这个趋势表明在数据中心和超级计算机上 x86 升级将占支配地位。GPU 也被用于大规模集群来建造 MPP 超级计算机。在将来，处理器制造业也渴望开发异构或同构的可同时承载重量级 CPU 核心和轻量级 GPU 核心的片上多处理器芯片。

1.2.1.3　多线程技术

考虑图 1-6，分发 5 个独立指令线程到下面 5 类处理器的 4 条数据流水路径（功能单元），从
15 左到右：4 路超标量处理器、细粒度多线程处理器、粗粒度多线程处理器、双核 CMP、并发多线程（Simultaneous MultiThreaded，SMT）处理器。超标量处理器是带有 4 个功能单元的单线程处理器。三个多线程处理器都是 4 路多线程的，复用 4 条功能数据路径。在双核处理器中，两个处理核心都是单线程的 2 路超标量处理器。

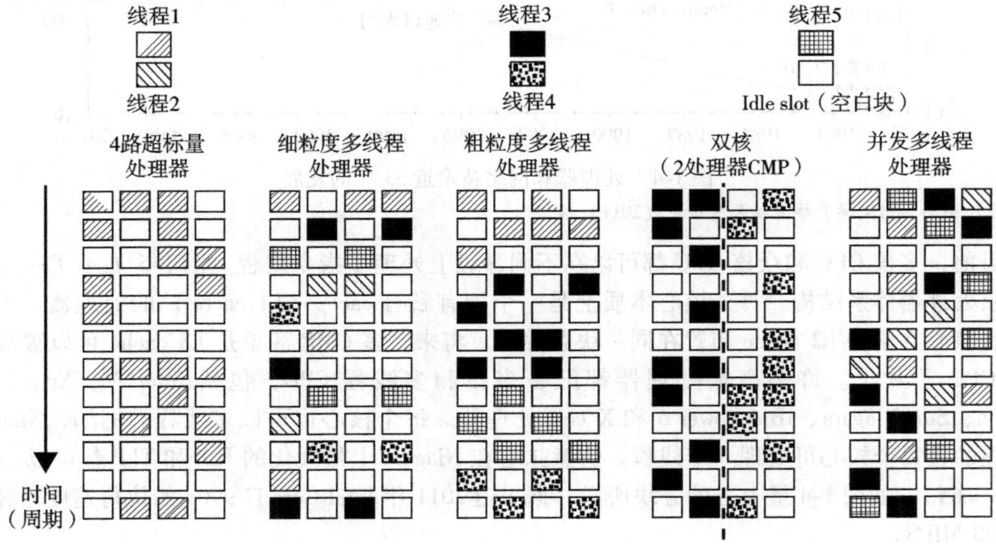

图 1-6　现代 CPU 处理器的 5 种微体系结构，通过多核和多线程技术支持 ILP 和 TLP

不同线程的指令通过特定的5个独立线程指令的影子模式来区分。典型的指令调度模式也再次体现出来。只有同一个线程的指令才能在一个超标量处理器上执行。细粒度多线程在每个周期切换不同线程上指令的执行。粗粒度多线程在切换到下一个线程前在相当多的指令周期内执行同一个线程的多条指令。多核CMP完全分别从不同的线程执行指令。SMT允许在一个时钟周期同时调度不同线程的指令。

这些执行模式近似地模拟一个普通程序。空方块对应在一个特定的处理器时钟周期，某一指令数据路径没有可执行的指令。空格单元越多，说明调度效率越低。很难达到每个处理器周期ILP最大化或TLP最大化。这里的意图是让读者理解现代处理器5种不同的微体系结构的典型指 16
令调度模式。

1.2.2 大规模和超大规模GPU计算

GPU是图形协处理器或挂载在计算机显卡上的加速器。GPU将CPU从视频编辑应用繁重的图形任务中解脱出来。世界上第一个GPU（GeForce 256）是由NVIDIA于1999年推向市场。这些GPU芯片每秒至少可以完成1 000万个多边形绘制，目前，几乎市场上的每台计算机都在使用。一些GPU特性也被集成到了某些CPU上。传统的CPU只由几个核构成。例如，Xeon X5670有6个核。然而，一个现代GPU芯片集成了至少数百个处理核心。

不像CPU，GPU有一个慢速执行多并发线程的大规模并行吞吐体系结构，而不是在一个通常的微处理器上快速地执行一个单独的长线程。现在，并行GPU和GPU集群相对使用限制并行的CPU已经获得了许多关注。GPU上的通用目的计算，简称为GPGPU，已经在HPC领域出现。NVIDIA的CUDA模型就是用于HPC中加入GPGPU。第2章将会详细讨论用于大规模并行计算的GPU集群[15,32]。

1.2.2.1 GPU如何工作

早期的GPU功能是作为附属于CPU的协处理器。今天，NVIDIA的GPU已经升级到单芯片集成128个核心。而且，GPU上每个核心能够处理8个指令线程。也就是说，在一个GPU上最多可同时执行1024个线程。相对于仅能处理几个线程的传统CPU，这是真正的大规模并行。CPU通过高速缓存得到优化，而GPU的优化则是直接管理片上内存释放更高的吞吐量。

现代GPU并不是仅限于加速图形和视频编码。它们还应用于HPC系统的多核和多线程级别大规模并行超级计算机。GPU被设计用于处理大批量并行浮点运算。在某种程度上，GPU让CPU摆脱了所有数据密集型计算，而不只是那些视频处理相关的计算。通常的GPU广泛用于手机、游戏终端、嵌入式系统、PC和服务器。NVIDIA的CUDA Tesla和Fermi用于GPU集群或是HPC系统中的海量浮点数据并行处理。

1.2.2.2 GPU编程模型

图1-7所示是并行执行浮点操作时CPU和GPU间的交互。CPU是并行拓展能力有限的通用多核处理器。GPU拥有数百个简单处理核心组织为多处理器的众核体系结构。每个核心可执行一个或多个线程。本质上说，CPU的浮点核心计算任务极大地被众核GPU承担。CPU指示GPU进行海量数据处理。主板上主存和片上GPU内存间带宽必须匹配。这个过程在NVIDIA的CUDA编程中由GeForce 8800或Tesla和Fermi GPU完成。我们将在第2章研究CUDA GPU在大规模集群计算中的应用。 17

例1.1 512 CUDA核心的NVIDIA Fermi GPU芯片

2010年11月，世界上最快的5台超级计算机中有3台（Tianhe-1A、Nebulae和Tsubame）使用大量GPU芯片加速浮点计算。图1-8所示是Fermi GPU的体系结构，NVIDIA的下一代GPU。这是一个流式多处理器（Streaming Multiprocessors，SM）模型。多个SM可以集成在一块GPU芯片上。Fermi 芯片由 30 亿个晶体管形成 16 个 SM。每个 SM 由 512 个流式处理器（Streaming Processor，SP）组成，称为 CUDA 核心。Tianhe-1A 中使用的 Tesla GPU 有着与之相同的体系结构，有 448 个 CUDA 核心。

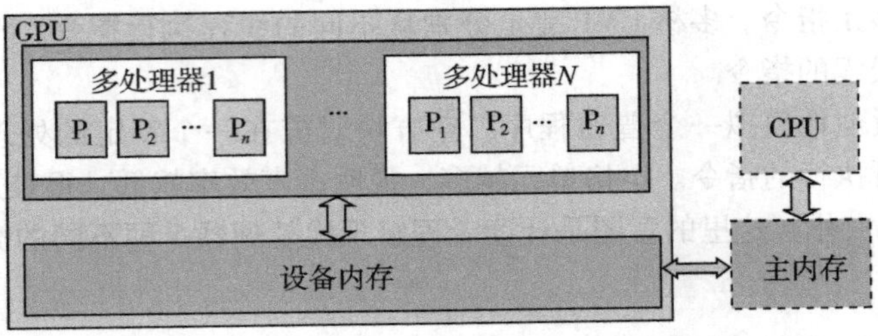

图 1-7 数百或数千处理核心的海量并行处理中协同 CPU 的 GPU 使用

注：由 B. He 等人提供，PAT'08[23]。

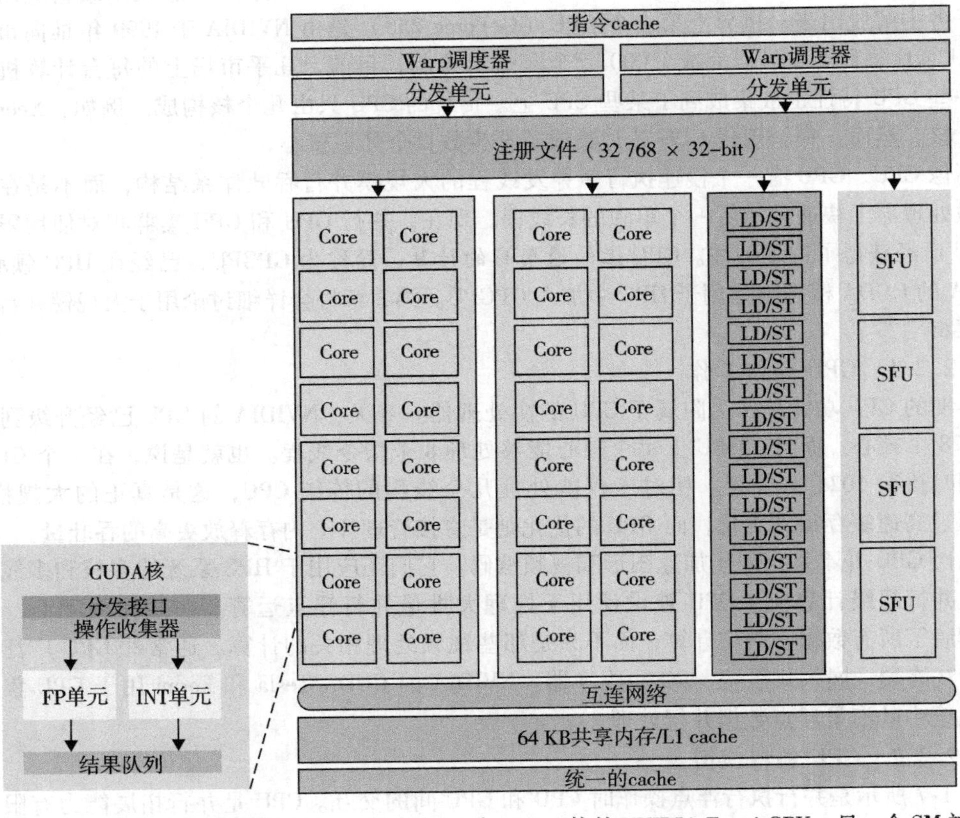

图 1-8 16 个流式多处理器（SM），每个有 32 个 CUDA 核的 NVIDIA Fermi GPU，只一个 SM 被展示出来。更多细节可参阅文献[49]

注：由 NVIDIA，2009 [36] 2011 提供。

Fermi GPU 是较新一代的 GPU，首次出现在 2011 年。Tesla 和 Fermi GPU 可以用于桌面工作站，以加速浮点计算或者用于建设大规模数据中心。图 1-8 所示的体系结构是基于 2009 年 NVIDIA 发布的白皮书[36]。每个 SM 有 32 个 CUDA 核心。图 1-8 中只是一个 SM。每个 CUDA 核心有一个简单的可用于并行的流水线式整型运算器和浮点运算器。每个 SM 有 16 个用于每个时钟周期 16 个线程计算源和目的地址的读/写单元。有 4 个特殊功能单元（Special Function Unit，SFU）用于执行超越指令。

所有功能单元和 CUDA 核心通过 NoC（Network on Chip，片上网络）内联于大量的 SRAM 存储（L2 cache）。每个 SM 有一个 64 KB 的 L1 cache，768 KB 的统一 L2 cache 由所有的 SM 共享并用于处理所有的负载、存储和结构化操作。内存控制器用于连接6GB 非片上 DRAM。SM 调度组中纵向的 32 个并行线程。总之，256/512 FMA（混合乘法和加法）操作可以并行执行生成 32/64 位的浮点数据结果。如果充分利用，一个 SM 中的512 个 CUDA 核心可以并行工作得到515 Gflops 的双精度运算能力。16 个 SM，单 GPU 峰值速度达 82.4 Tflops。只有 12 个 Fermi GPU 有可能达到 Pflops 的性能。■

在将来，数千个 GPU 可能会出现在大规模（Eflops 或 10^{18}flops）系统中。这反映了未来 MPP 建造采用两种类型芯片的混合体系结构的趋势。在 2008 年 9 月 DARPA 发布的报告中，提到了大规模计算的 4 个挑战：(1) 能源和电力，(2) 内存和外部存储，(3) 并发和位置，以及 (4) 系统弹性。这里我们看到了伴随 CPU 在节能、性能和可编程性方面改进的 GPU 的进展[16]。在第 18
2 章，我们将讨论大规模集群中 GPU 的使用。

1.2.2.3　GPU 的节能

斯坦福大学的 Bill Dally 认为能量和海量并行是未来 GPU 相对于 CPU 的主要优势。以现有技术和计算机体系结构推测，运行一个百亿亿次系统每个核心需要 60 Gflops/W 能量（见图 1-10）。能量约束了我们在一个 CPU 或 GPU 芯片上所能进行的搭载。Dally 估计出 CPU 芯片每条指令大约消耗 2nJ 能量，而 GPU 芯片则是每条指令 200pJ 能量，是 CPU 的 1/10。CPU 针对高速缓存（cache）和内存延迟进行优化，而 GPU 是针对片上内存外部管理的吞吐量进行优化。

图 1-9 比较了 CPU 和 GPU 的以每核心每瓦 Gflops 的值测量的性能/能量之比。2010 年，GPU 在核心级别是 5 Gflops/W，比 CPU 的每核心 1 Gflops/W 少。这可能限制未来超级计算机的规模。然而，GPU 将终结 CPU 的这种局限。数据运动支配着能量消耗。这需要优化应用的存储层次和裁剪内存。我们需要促进自感知（self-aware）操作系统和运行时支持，并针对基于 GPU 的 MPP，构建位置感知编译器和自动调节器。这表明能量和软件是未来并行和分布式计算系统的真正挑战。

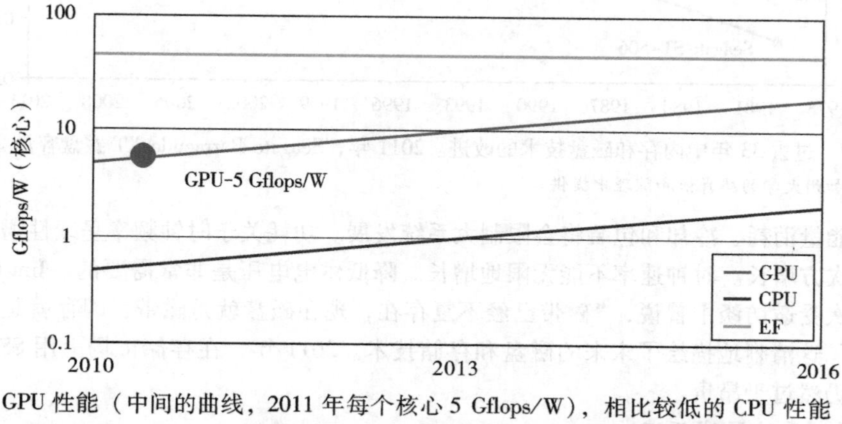

图 1-9　GPU 性能（中间的曲线，2011 年每个核心 5 Gflops/W），相比较低的 CPU 性能（下面的曲线，2011 年每个核心 0.8 Gflops/W），以及 2011 年预计未来每个核心 60 Gflops/W 的性能（上面曲线中的 EF）

注：由 Bill Dally 提供[15]。

1.2.3　内存、外部存储和广域网

1.2.3.1　内存技术

图 1-10 中上面的曲线描绘了 DRAM 芯片容量的增长，从 1976 年的 16 KB 到 2011 年的 64 GB。这显示了内存芯片在容量上已经历了每三年 4 倍的增长。内存访问时间没有提高太多。

事实上，由于处理器越来越快，内存墙问题变得越来越糟糕。硬盘方面，容量从 1981 年的 260 MB 增长到 2004 年的 250 GB。希捷 Barracuda XT 硬盘在 2011 年达到了 3 TB。这表示在容量上每 8 年约有 10 倍的增长。磁盘阵列容量的增长在接下来的几年将会更大。更快的处理器速度和更大的内存容量导致处理器和内存间更大的差距。内存墙将可能会成为限制 CPU 性能的更为严重的问题。

1.2.3.2　磁盘和存储技术

2011 年以来，磁盘和磁盘阵列容量已经超过了 3 TB。图 1-10 中下面的曲线显示了磁盘存储在 33 年中增长了 7 个数量级。闪存和固态硬盘（Solid-State Drive，SSD）的飞速增长也影响着未
19~20 来的 HPC 和 HTC 系统。固态硬盘的损坏率并不太坏。通常的 SSD 每个块能处理 300 000 ~ 1 000 000写操作周期。所以 SSD 能维持几年时间，即使是在高写使用率的情况下。闪存和 SSD 将会在许多应用中示范令人惊讶的速度提升。

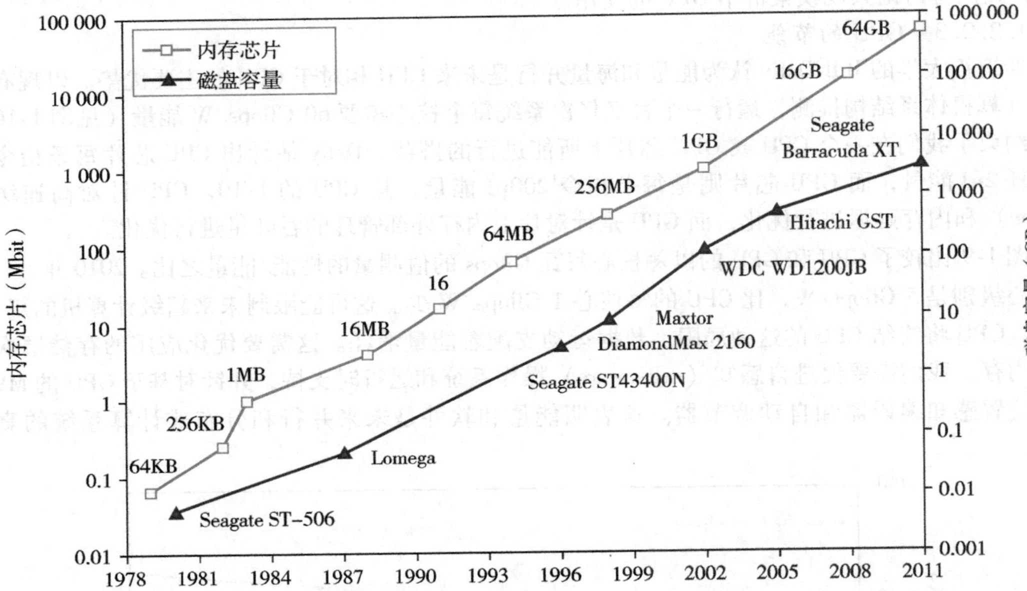

图 1-10　过去 33 年中内存和磁盘技术的改进。2011 年，Seagate Barracuda XT 磁盘容量为 3 TB

注：由南加州大学的楼肖松和陈理中提供。

最后，能量消耗、冷却和包装将会限制大系统发展。功耗关于时钟频率呈线性增长，关于片上电压呈二次方增长。时钟速率不能无限地增长。降低供电电压是非常需要的。Jim Gray 在南加州大学的一次受邀访谈中曾说，"磁带已经不复存在，现在磁盘就是磁带，闪存就是磁盘，内存就是 cache。"这清晰地描绘了未来的磁盘和存储技术。2011 年，在存储市场上用 SSD 代替稳定的磁盘阵列仍然过于昂贵。

1.2.3.3　系统区域互连

小集群中的节点大多通过以太网交换机和局域网（Local Area Network，LAN）互联。如图 1-11所示，LAN 通常用于连接客户机和大服务器。存储区域网络（Storage Area Network，SAN）连接服务器和网络存储（如磁盘阵列）。网络附加存储（Network Attached Storage，NAS）直接连接客户机到磁盘阵列。所有三种类型的网络经常出现在采用商业网络组件的大集群中。如果没
21 有大的分布式存储被共享，小集群可以采用多端口交换机加铜缆连接终端机器。所有三种类型网络在市场上都可获得。

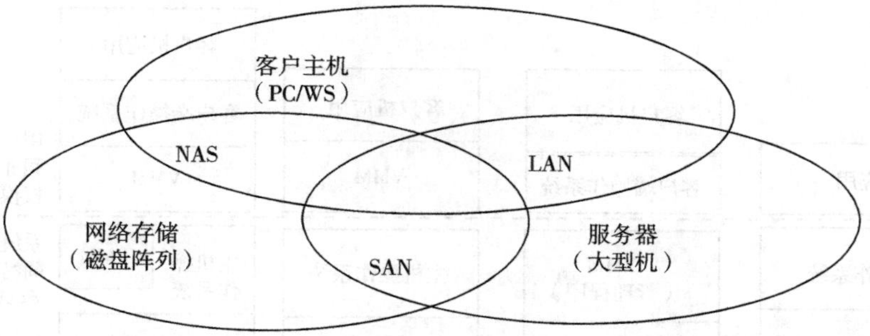

图1-11 三种连接服务器、客户机、存储设备的互连网络，LAN连接客户机和服务器，SAN连接服务器和磁盘阵列，NAS连接客户机和网络环境中大规模存储系统

1.2.3.4 广域网络

图1-10中较低的曲线描绘了以太网带宽的飞速增长，从1979年的10 Mbps到1999年的1 Gbps，到2011年的40～100 GE。我们可以推测出到2013年将达到1 Tbps的网络连接。根据Berman、Fox和Hey所著书中的记载[6]，2006年，1000、1000、100、10和1 Gbps带宽的网络连接分别用于国际、国家、组织、光纤桌面和铜缆桌面连接。

网络性能每年增长2倍，快于摩尔定律在CPU上每18个月翻一番的速度。这意味着在将来更多的计算机将会被并发地使用。高带宽网络提高了建设大规模分布式系统的能力。IDC 2010报告预测无限带宽和以太网会成为HPC领域两个主要互连选择。大部分数据中心都使用千兆位以太网作为服务器集群间的互连。

1.2.4 虚拟机和虚拟化中间件

通常的计算机只有一个单操作系统镜像。这提供了应用软件紧耦合于指定的硬件平台的刚性体系结构。一些软件虽然在一台机器上运行良好，但却可能无法在另一个固定操作系统下具有不同指令集的平台上执行。针对未充分利用的资源、应用灵活性、软件可管理性、存在于物理机的安全问题，虚拟机提供了新的解决方案。

目前，建立大规模集群、网格和云，我们需要以虚拟的方式访问大量的计算、存储和网络化资源。我们需要集群化这些资源，并希望提供一个单独的系统镜像。特别地，一个规定资源的云必须动态地依靠处理器、内存和I/O设备的虚拟化。我们将会在第3章介绍虚拟化。然而，虚拟资源的基本概念（如虚拟机、虚拟存储和虚拟网络，以及虚拟软件或中间件）需要首先介绍。 22
图1-12说明了三种虚拟机配置体系结构。

1.2.4.1 虚拟机

在图1-12中，主机配置了物理硬件，如图中底部所示。一个例子是一个x86体系结构台式计算机运行已安装的Windows操作系统，如图1-12a所示。虚拟机可以处在任何硬件系统之上。虚拟机由客户端操作系统管理虚拟资源运行指定应用。在虚拟机和主机平台之间，需要配置一个叫做虚拟机监视器（Virtual Machine Monitor，VMM）的中间层。图1-12b所示是一个本地虚拟机，由在特权模式称为hypervisor的虚拟机监视器安装。例如，x86体系结构硬件运行一个Windows系统。

客户端操作系统可以是Linux系统，hypervisor是剑桥大学开发的XEN系统。这种管理方法也称为裸机虚拟机，因为hypervisor直接管理原生硬件（CPU、内存和I/O）。另一个体系结构是主机虚拟机，如图1-12c所示。这里VMM运行在非特权模式。主机操作系统不需要修改。虚拟机也可在双模式下实现，如图1-12d所示。VMM一部分运行在用户级，另一部分运行在特权级。这种情况下，主机操作系统可能在某些范围需要修改。多虚拟机可以实现给定硬件系统的接口

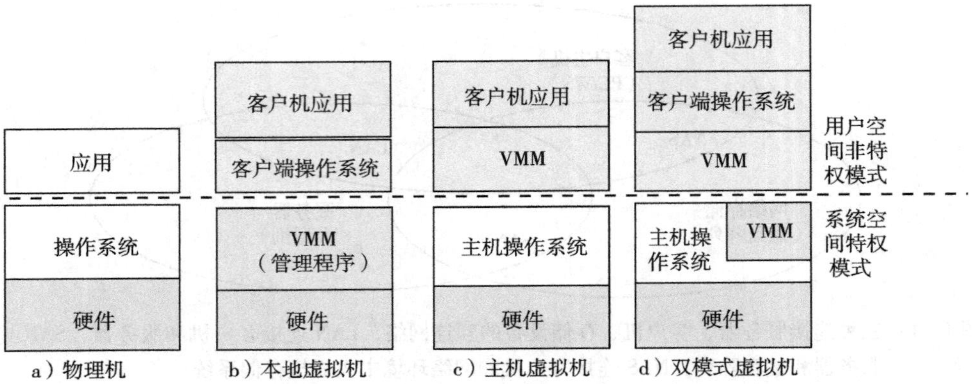

图 1-12　三种虚拟机体系结构与传统的物理机的比较

注：由南加州大学的 M. Abde-Majeed 和 S. Kulkarni（2009）提供。

以支持虚拟化过程。虚拟机方法提供了操作系统和应用的硬件独立性。用户应用程序和其所在的操作系统可以绑定在一起作为一个可以接口任何硬件平台的虚拟应用工具。虚拟机可以在一个与主机操作系统不同的操作系统上运行。

1.2.4.2　虚拟机原始操作

VMM 提供虚拟机摘要给客户端操作系统。在全虚拟化中，VMM 提供了和物理机相同的虚拟机摘要，以至于一个标准的操作系统（如 Windows 2000 或 Linux）可以像在物理机上一样运行。
23 底层的 VMM 操作由 Mendel Rosenblum[41] 指出，说明如图 1-13 所示。

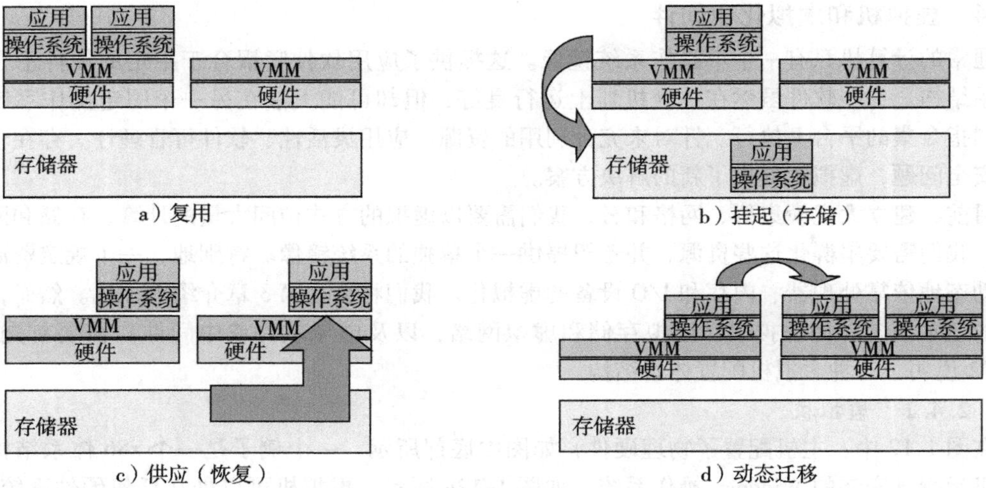

图 1-13　分布式计算环境中的虚拟机复用、挂起、供应和迁移

注：由 M. Rosenblum 提供，ACM ASPLOS2006[41]。

- 第一，虚拟机可以在硬件机器上复用，如图 1-13a 所示。
- 第二，虚拟机可以挂起并保存在一个稳定存储器上，如图 1-13b 所示。
- 第三，挂起的虚拟机可以在一个新的硬件平台上恢复或者供应，如图 1-13c 所示。
- 第四，虚拟机可以从一个硬件平台迁移到另一个硬件平台，如图 1-13d 所示。

这些虚拟机操作使虚拟机可以提供给任何可用硬件平台，也使分布式应用执行的接口灵活。此外，虚拟机方法有效地提高了服务器资源的利用率。多服务器功能可以在相同的硬件平台上统一以获得更高的系统效率。通过虚拟机系统的开发消除了服务器的扩张，透明地共享硬件。通过这种方法，VMware 称服务器利用率可以从现在的 5% ~15% 提高到 60% ~80%。

1.2.4.3　虚拟基础设施

图 1-14 底部用于计算、存储和网络化的物理资源都被映射到顶部集成在各个虚拟机需要的应用上，从而分离了硬件和软件。虚拟基础设施完成资源到分布式应用的连接。系统资源到特定应用的映射是动态的。这降低了成本并提高了效率和响应。用于服务器一致性和牵制策略的虚拟化就是一个很好的例子。我们将在第 3 章讨论虚拟机和虚拟化支持。对集群、云、网格的虚拟化支持将分别在第 3 章、第 4 章和第 7 章介绍。 24

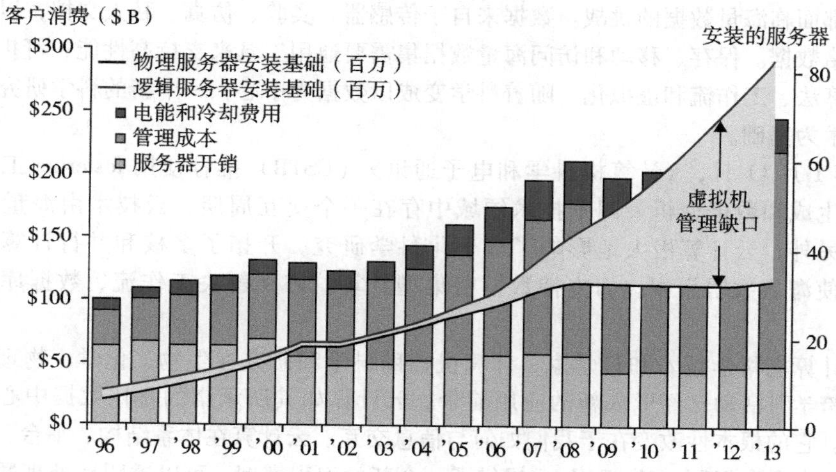

图 1-14　近年来，数据中心的服务器数量增长和成本分析

资料来源：IDC Report，2009。

1.2.5　云计算的数据中心虚拟化

在这一节，我们讨论数据中心的基本体系结构和设计考虑。云计算体系结构由商业硬件和网络设备建立。几乎所有的云平台都选择使用流行的 x86 处理器。低成本的太字节磁盘和千兆位以太网用于建设数据中心。数据中心设计强调性能/价格比，而不是单一的速度性能。换句话说，存储和节能比只看速度性能更重要。图 1-14 显示了过去 15 年数据中心的服务器数量增长和成本分析。2010 年，全世界大约有 4300 万台服务器在使用。三年后，效用成本超过硬件成本。

1.2.5.1　数据中心的服务器数量增长和成本分析

一个大的数据中心可能有数千台服务器。较小的数据中心通常有数百台服务器。近年来，建设和维护数据中心服务器的成本已经增长。根据一份 2009 IDC 的报告（见图 1-14），通常数据中心的成本中只有 30% 用于购买 IT 设备（如服务器和磁盘），33% 用于冷却，18% 用于不间断电源供应（Uninteruptible Power Supply，UPS），9% 用于机房空调（Computer Room Air Conditionary，CRAC），余下的 7% 用于能量发送、照明、变压器耗费。因此，约 60% 的数据中心运行成本用于管理和维护。服务器购买成本没有随着时间增长太多。电能和冷却的成本在 15 年中从 5% 增长到 14%。

1.2.5.2　低成本设计原则

高端交换机或路由器对于建造数据中心来说可能成本太高。因而，使用高带宽网络可能不利于云计算的经济性。给定固定预算，数据中心更需要商用交换机和网络。类似地，相对昂贵的大型机使用商用 x86 服务器会更好。软件层处理网络流量均衡、容错和扩展性。现在，几乎所有的云计算数据中心都使用以太网作为基础网络技术。 25

1.2.5.3 技术的融合

实质上，云计算依托以下四个方面技术的融合：(1) 硬件虚拟化和多核芯片，(2) 效用和网格计算，(3) SOA、Web 2.0 和网络服务糅合，以及 (4) 原子计算和数据中心自动化。硬件虚拟化和多核芯片使云中的动态配置成为可能。效用和网格计算技术是云计算必需的基础。近来在 SOA、Web 2.0、平台糅合上的进展又推动云计算向前迈出一步。最后，云计算的增长要归功于自治计算和自动化的数据中心运作的进展。

Jim Gray 曾提出下面的问题："科学面对海量数据。如何管理和分析信息？" 这说明科学和我们的社会同样都面临海量数据的挑战。数据来自于传感器、实验、仿真、私人文档，以及各种规模和格式的网络数据。保存、移动和访问海量数据集需要通用工具来支持高性能、可扩展文件系统、数据库、算法、工作流和虚拟化。随着科学变成以数据为中心，一个新的科学研究范式将以数据密集型技术为基础。

在 2007 年 1 月 11 日，《计算机科学和电子通讯》（CSTB）推荐使用 fostering 工具进行数据捕获、数据生成和数据分析。四个技术领域中存在一个交互周期。云技术由海量数据发掘的热潮驱动。另外，云计算极大地影响了电子化科学研究，开拓了多核和并行计算技术。这两个热门领域使海量数据累积。为支持数据密集型计算，需要解决工作流、数据库、算法和虚拟化问题。

通过连接计算机科学技术和科学家，计算机辅助科学和研究在生物、化学、物理、社会科学、人类学等跨学科活动已经形成新的应用前景。云计算如其所承诺的是比数据中心模型更具变革性的尝试。它的根本性改变在于我们如何与信息交互。云计算在体系结构、平台、软件级别提供按需服务。在平台级别，MapReduce 提供了一个新的编程模型，可以透明地处理数据并行并且具有自然的容错能力。我们将在第 6 章更详细地讨论。

迭代的 MapReduce 拓展 MapReduce 以支持更广泛的科学应用中常用的数据挖掘算法。云运行在一个极大的商用计算机集群上。对每个集群节点，多线程通过众核 GPU 集群的大量核心实现。数据密集型科学、云计算、多核计算在体系结构设计和编程挑战上正向下一
26 代计算集群化和变革。它们激活了流水线：数据成为信息和知识，并促成了如 SOA 期望的机器智能。

1.3 分布式和云计算系统模型

分布式和云计算系统都建立于大量自治的计算机节点之上。这些节点通过 SAN、LAN 或 WAN 以层次方式互连。利用现在的网络技术，几个 LAN 交换机可以方便地将数百台机器连接成一个工作集群。一个 WAN 可以连接许多本地集群形成一个大的集群的集群。从这个角度看，可以建立连接边际网络的数百万台计算机的大系统。

大系统被认为高可扩展，并能在物理上或逻辑上达到 Web 规模互连。在表 1-2 中，大系统被划分为四组：集群、P2P 网络、计算网格、大数据中心之上的互联网云。借助于节点数，这四个系统分类可能包括数百、数千甚至数百万台计算机作为协同工作节点。这些机器在各个级别共同、合力、协作地工作。表 1-2 从技术和应用层面描述了这四个系统分类。

从应用的角度看，集群在超级计算应用中最流行。2009 年，Top500 超级计算机中有 417 台是采用集群体系结构构建的。可以说集群已成为建造大规模网格和云必需的基础。P2P 网络对商业应用最有吸引力。然而，内容业界难以接受 P2P 技术在自组织网络中缺少版权保护的弱点。过去十年构建的许多国家网格都没能充分利用，因为缺少可靠的中间件或编码良好的应用。云计算潜在的优势在于，对提供商和用户都是低成本和简单的。

表 1-2　并行和分布式计算系统分类

功能、应用	计算机集群[10,28,38]	P2P 网络[34,46]	数据/计算网格[6,18,51]	云平台[1,9,11,12,30]
体系结构、网络连接性和大小	计算节点网络通过 SAN、LAN、WAN 有层次地互连	灵活的客户机网络通过覆盖网络逻辑地互连	异构集群在选中的资源地址上通过高速网络链接互连	在数据中心之上满足 SLA 的虚拟服务器集群
控制和资源管理	分布式控制的同构节点，运行 UNIX 或 Linux	自治客户机节点，自由加入和退出，自组织	集中式控制，面向服务器的、授权式的安全	动态调整服务器、存储和网络资源
应用和网络为中心的服务	高性能计算、搜索引擎和 Web 服务等	最适合商业的文件共享、内容分发和社会网络	分布式超级计算、全球难题解决和数据中心服务	升级网络搜索、效用计算和外包计算服务
代表性的运行系统	谷歌搜索引擎、SunBlade、IBM Road Runner、Cray XT4 等	Gnutella、eMule、BitTorrent、Napster、KaZaA、Skype、JXTA	TeraGrid、GriPhyN、UK EGEE、D-Grid、ChinaGridt 等	Google App Engine、IBM Bluecloud、AWS 和 Microsoft Azure

1.3.1　协同计算机集群

一个计算集群由互连的协同工作的独立计算机组成，这些独立计算机作为单一集成的计算资源协同工作。在过去，集群式的计算机系统在处理重负载大数据集任务方面已经发挥了重要作用。

1.3.1.1　集群体系结构

图 1-15 所示是通常的建立在低响应时间、高带宽互连网络上的服务器集群体系结构。这个网络可以像 SAN（如 Myrinet）或 LAN（如以太网）一样简单。要建立更多节点的更大集群，互连网络可以建成千兆位以太网、Myrinet 或 InfiniBand 交换机组成的多级网络。通过使用 SAN、LAN 或 WAN 构成层次化结构，可以通过增加一定数量的节点建立可扩展的集群。集群通过虚拟专用网络（VPN）网关接入互联网。网关 IP 地址定位了集群。计算机的系统镜像由操作系统管理共享集群资源的方式决定。大多数集群的节点计算机是松耦合的。一个服务器节点的所有资源由它自己的操作系统管理。因此，大多数集群因在不同操作系统下有很多自治节点而有多个系统镜像。

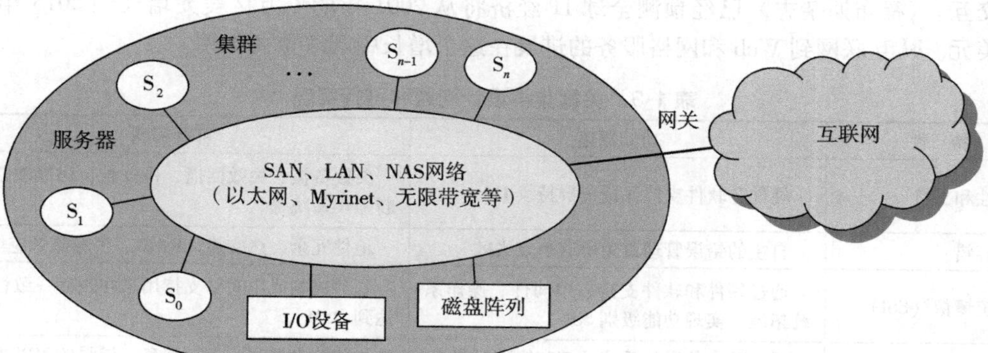

图 1-15　服务器集群通过高带宽 SAN 或 LAN 互连以共享 I/O 设备和磁盘阵列；集群以一个单独计算机的身份接入互联网

27 ~ 28

1.3.1.2　单系统镜像

Greg Pfister[38] 声称一个理想的集群应该合并多个系统镜像到一个*单系统镜像*（Single-System Image，SSI）。集群设计者期待一个*集群操作系统*或者一些中间件在各个级别支持 SSI，包括跨越所有集群节点共享 CPU、内存和 I/O。SSI 是虚拟的、由软件或硬件资源集合为一个集成的、强大的资源镜像。SSI 使集群在用户看来像一个单独的机器。一个有多个系统镜像的集群除了一群独立的计算机什么都不是。

1.3.1.3 硬件、软件和中间件支持

在第 2 章，我们将讨论小型和大规模集群的设计原理。集群实践大规模并行通常称为 MPP。几乎所有的 Top500 中的 HPC 集群都是 MPP 的。基本的构成部件包括计算机节点（PC、工作站、服务器或 SMP）、特殊的通信软件（如 PVM 或 MPI）和每个计算机节点上的网络接口卡。大多数集群在 Linux 操作系统下运行。计算机节点通过高带宽网络（如千兆位以太网、Myrinet、InfiniBand 等）互连。

特殊的集群中间件支持是用来实现 SSI 或高可用性（High Availability，HA）。串行和并行程序都可以在集群上运行，特殊的并行环境是用来促进集群资源的使用。例如，分布式的内存有多个镜像。用户可能想要通过分布式共享内存（Distributed Shared Memory，DSM）使所有分布式内存在所有服务器上共享。许多 SSI 特性在不同集群操作级别的实现是昂贵或难以达到的。在没实现 SSI 时，许多集群是机器间松耦合的。通过虚拟化，可以根据用户要求动态地建立许多虚拟集群。我们将在第 3 章讨论虚拟集群，在第 4 章、第 5 章、第 6 章和第 9 章讨论虚拟集群在云计算中的应用。

1.3.1.4 主要的集群设计问题

遗憾的是，仍没有一个适合集群的完全资源共享的操作系统。现有的中间件和操作系统扩展都是在用户空间开发的，以在特定功能级别实现 SSI。没有这个中间件，集群节点不能一起有效工作来实现协同计算。软件环境和应用必须依靠中间件来达到高性能。集群利益来自于可扩展的性能、有效的消息传递、高系统可用性、无缝容错和集群视角的作业管理，如表 1-3 所示。我们将在第 2 章分析这个问题。

1.3.2 网格计算的基础设施

在过去 30 年，用户经历了一个从互联网到 Web 和网格计算服务的自然发展。互联网服务（如 Telnet 命令）使本地计算机可以连接到一台远程计算机。一个 Web 服务（如 HTTP）使远程访问 Web 页面成为可能。网格计算被预想用于同时在多台远距离计算机上运行的应用间进行近距离交互。《福布斯杂志》已经预测全球 IT 经济将从 2001 年的 1 万亿美元增长到 2015 年的 20

29 万亿美元。从互联网到 Web 和网格服务的进展在这个增长中起着重要作用。

表 1-3 关键集群设计问题和可行实现

特 性	功能描述	可行实现
可用性和支持	硬件和软件支持保证集群持续 HA	失效备援、失效回退、检查点、回滚恢复、不断操作系统等
硬件容错	自主的错误管理避免所有单点失效	组件冗余、热交换、RAID、多电源供应等
单系统镜像（SSI）	通过硬件和软件支持、中间件、操作系统拓展，实现功能级别 SSI	硬件机制或中间件支持用来在缓存一致性级别达到 DSM
有效通信	减少消息传递的系统开销和隐藏延迟	快速消息传递、动态消息、增强的 MPI 库等
集群级作业管理	使用全局作业管理系统进行更好的调度和监控	单作业管理系统应用，如 LSF、Codine 等
动态负载均衡	连同错误恢复平衡所有处理节点的负载	负载监控、处理迁移、作业备份、群组调度等
可扩展性和可编程性	随着负载或数据集的增长，加入更多服务器到集群或加入更多集群到网格	使用可扩展互连、性能监测、分布式执行环境和更好的软件工具

1.3.2.1 计算网格

像电力网格一样，一个计算网格提供一个基础设施，可以把计算机、软件/中间件、特殊指令、人和传感器结合起来。网格通常被架构在 LAN、WAN 或者地区性、全国性或全球规模的互联网骨干网络上。企业或组织将网格呈现为集成的计算资源。它们也可以被视为支持虚拟组织的虚拟平台。网格中的计算机主要是工作站、服务器、集群和超级计算机。个人计算机、笔记本电脑和 PDA 可以作为访问网格系统的设备。

图 1-16 所示是一个建立在为不同组织所拥有的多个计算资源上的计算网格的例子。资源站点提供补充的计算资源，包括工作站、大服务器、处理器网格和 Linux 集群来满足计算需求链。网格建立在各种 IP 宽带的网络上，包括互联网上已被企业和组织使用的 LAN 和 WAN。网格对用户来说是一个集成的资源池，如图 1-16 上半部分所示。

特殊指令可能包括，如在 SETI@ Home 使用射电望远镜在银河中搜寻生命和在 austrophysics @ Swineburne 搜索脉冲星。在服务器端，网格是一个网络。在客户端，我们看到的是有线的或无线的终端设备。网格作为租用服务集成了计算、通信、内容和事务。企业和消费者形成了用户基础，从而决定了使用率趋势和服务特点。许多国家级和国际级网格将在第 7 章介绍，包括美国的 30 NSF TeraGrid、欧洲的 EGEE 和中国的 ChinaGrid，用于多种科研网格应用。

1.3.2.2 网格家族

网格技术要求新的分布式计算模型、软件/中间件支持、网络协议和硬件基础设施。紧随国家网格项目之后，IBM、Microsoft、Sun、HP、Dell、Cisco、EMC、Platform Computing 等开发了工业界网格平台。新的网格服务提供商（Grid Service Provider，GSP）和新的网格应用已经迅速形成，类似于过去 20 年互联网和 Web 服务的增长。在表 1-4 中，网格系统从本质上被分为两类：计算或数据网格和 P2P 网格。计算或数据网格主要是建立在国家级别。在第 7 章，我们会介绍一些网格应用和经验。

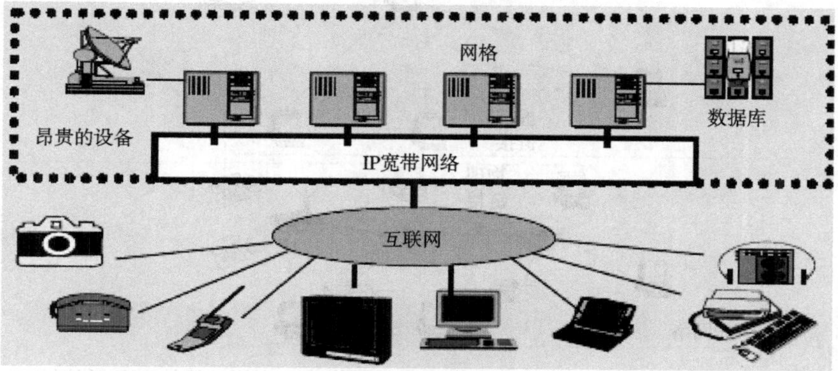

图 1-16 计算网格或数据网格通过资源共享和多个组织间合作提供了计算效用、数据和信息服务

表 1-4 两个网格计算基础设施和代表性系统

设计问题	计算和数据网格	P2P 网格
网格应用	分布式超级计算、国家网格等	开放网格带有 P2P 灵活性、所有资源来自客户机
代表性系统	美国的 TeraGrid、中国的 ChinaGrid、英国的 e-Science 网格	JXTA、FightAid@ home、SETI@ home
已知开发经验	受限的用户组、中间件漏洞、耗资源的协议	不可信的用户贡献资源、受限于少数几个应用

31

1.3.3 对等网络家族

一个广为大家所知的分布式系统的例子是客户端服务器体系结构。在这个场景中，客户机（PC 和工作站）被连接到一个中央服务器，用来进行计算、电子邮件、文件访问和数据库应用。P2P 体系结构提供了一个分布式的网络化系统模型。最初，P2P 网络是面向客户端而不是面向服务器。本节将在物理层和逻辑层覆盖网络介绍 P2P 系统。

1.3.3.1 P2P 系统

在一个 P2P 系统中，每个节点既是客户端又是服务器，提供部分系统资源。节点机器都是简单的接入互联网的客户机。所有客户机自治、自由地加入和退出系统。这表明对等节点间不存在主从关系。无需中心协作或中心数据库。换句话说，没有节点机器拥有整个 P2P 系统的全局视野。系统是分布式控制下自组织的。

图 1-17 在两个抽象层次展示了 P2P 网络的体系结构。初始时，节点间是完全不相关的。每个节点自由地加入或退出 P2P 网络。任何时候都只有一起参加的节点形成*物理网络*。不像集群或网格，P2P 网络没有使用一个专一的互连网络。物理网络是一个简单的在各种互联网域使用 TCP/IP 和 NAI 协议随机地形成的特殊网络。因此，物理网络因 P2P 网络中自由的组织关系而在大小和拓扑结构上动态变化。

1.3.3.2 覆盖网络

数据项或文件分布在一起参加的节点中。基于通信或文件共享需求，对等节点（peer）ID 在逻辑层形成一个*覆盖网络*。这是通过逻辑地映射每台物理机为其 ID 而形成的虚拟网络，虚拟映射如图 1-17 所示。当一个新的对等节点加入系统，它的对等节点 ID 作为一个节点加入到网络中。当一个存在的对等节点离开系统，它的对等节点 ID 会自动地从覆盖网络中移除。因此，刻画对等节点间逻辑连接的是 P2P 覆盖网络。

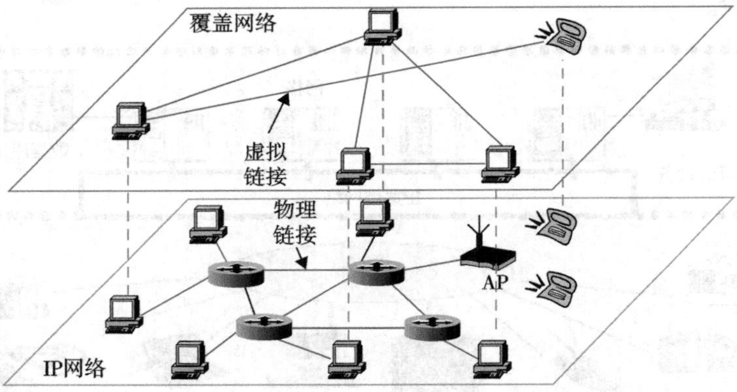

图 1-17 通过映射物理 IP 网络到一个覆盖网络建立虚拟链接的 P2P 系统结构

32 注：由中国科学院计算所李振宇提供。

覆盖网络有两类：非结构化的和结构化的。*非结构化的覆盖网络*可以用随机图来描述。节点间没有固定的路线发送消息或文件。通常，在一个非结构化网络中使用泛洪向所有节点发出一个查询，因而导致了巨大的网络流量和不确定的查询结果。*结构化覆盖网络*遵循确定的连接拓扑和从覆盖图中插入与删除对等节点（peer ID）的规则。路由机制是利用结构化重叠开发的。

1.3.3.3 P2P 应用族

基于应用，P2P 网络被分成 4 组，如表 1-5 所示。第一族是 P2P 网络上分布式数字内容（音乐、视频等）的文件共享。这包括许多流行的 P2P 网络，如 Gnutella、Napster 和 BitTorrent 等。合作 P2P 网络包括 MSN 或 Skype 聊天、即时消息和合作设计等。第三族是针对科学应用中的分布式 P2P 计算。例如，SETI@ home 提供 25 Tflops 的分布式计算能力，集中了约 300 万台互联网主机。其他 P2P 平台，如 JXTA、. NET 和 FightingAID@ home，支持命名、发现、通信、安全，以及在一些 P2P 应用中的资源集群化。我们将在第 8 章和第 9 章更详细地讨论这些主题。

表 1-5　P2P 网络家族主要分类[46]

系统特性	分布式文件共享	合作平台	分布式 P2P 计算	P2P 平台
有吸引力的应用	MP3 音乐、视频、开放软件等的内容分发	即时消息、协同设计和游戏	科学探索和社会网络	公共资源的开放网络
运行问题	松散的安全性和严格的在线版权侵害	缺乏信任，分布式的垃圾信息、隐私和节点共谋	安全漏洞、自私的合作者和节点共谋	缺少标准和保护性协议
样例系统	Gnutella、Napster、eMule、BitTorrent、Aimster、KaZaA 等	ICQ、AIM、Groove、Magi、Multiplayer、Games、Skype 等	SETI@ home、Geonome@ home 等	JXTA、. NET、FightingAid@ home 等

1.3.3.4　P2P 计算挑战

P2P 计算在硬件、软件和网络需求上面临三类异构问题。有太多的硬件模型和体系结构而无法选择；软件和操作系统间不相容；不同的网络连接和协议使其过于复杂而无法应用于真实应用。我们需要随着负载增加扩展系统。系统规模直接决定于性能和带宽。P2P 网络有这些性质。数据位置对集体性能的影响也很重要。数据局部性、网络邻近性和互操作性是分布式 P2P 应用的设计目标。 33

P2P 性能受到路由效率和组节点间自组织的影响。容错、失效管理和负载均衡都是使用覆盖网络另外面临的重要问题。对等节点间信任的缺乏形成了另一个问题。对等节点间互相是陌生的。安全、隐私和版权违反是工业界对于在商业应用中使用 P2P 技术的主要担忧[35]。在一个 P2P 网络中，所有客户端提供的资源包括计算能力、存储空间和 I/O 带宽。P2P 网络的分布式特性也增加了健壮性，因为有限的对等节点失效不会造成单点失效。

通过在多个对等节点间复制数据，很容易丢掉失效节点上的数据。另外，P2P 网络也存在缺点。因为系统不是中央集中的，管理比较困难。此外，系统缺乏安全性。任何人都可以登录系统并引起损坏或滥用。而且，所有连接到 P2P 网络的客户机不能被认为可靠或无病毒。总之，P2P 网络对于少量对等节点是可靠的。仅对低级别安全要求并且不涉及敏感数据的应用有用。我们将在第 8 章讨论 P2P 网络，在第 9 章拓展 P2P 网络到社会网络。

1.3.4　互联网上的云计算

Gordon Bell、Jim Gray 和 Alex Szalay[5] 提倡："计算科学正向数据密集型转变。超级计算机必须是一个平衡的系统，不仅是 CPU，还要有千兆规模的 I/O 和网络阵列。"将来，处理大数据集将通常意味着把计算（程序）发送给数据，而不是复制数据到工作站。这反映了 IT 业计算和数据从桌面向大规模数据中心移动的趋势，以服务的方式按需提供软件、硬件和数据。数据爆炸促发了云计算的思想。

许多用户和设计者对云计算给出了不同的定义。例如，IBM（云计算领域的主要发起者）给出了如下定义："*云是虚拟计算机资源池。云可以处理各种不同的负载，包括批处理式后端作业和交互式用户界面应用。*"基于这个定义，云通过迅速提供虚拟机或物理机允许负载被快速配置和划分。云支持冗余、自恢复、高可扩展编程模型，以允许负载从许多不可避免的硬件/软件错误中恢复。最终，云计算系统可以通过实时监视资源来确保分配在需要时平衡。

1.3.4.1 互联网云

云计算提供了一个虚拟化的按需动态供应硬件、软件和数据集的弹性资源平台（见图1-18）。它的思想是将桌面计算移到面向服务的平台上，使用数据中心的服务器集群和大数据库。
34 云计算利用它的低成本和易用性，使用户和提供商双赢。机器虚拟化使之如此划算。云计算意图同时满足多用户应用。云生态系统必须被设计成安全、可信和可靠的。一些计算机用户认为云就是一个集中式资源池。其他人则认为云是在所有使用的服务器上实践分布式计算的服务器集群。

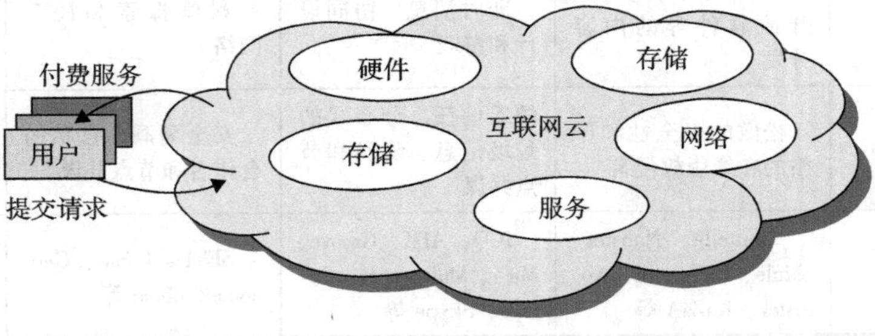

图1-18 数据中心的虚拟化资源形成互联网云，向付费用户提供硬件、软件、存储、网络和服务以运行他们的应用

1.3.4.2 云前景

通常，一个分布式计算系统属于自治的管理域（如一个科研实验室或公司），运行一个固定的计算需求。然而，这些传统系统遭遇了几个性能瓶颈：日常系统维护、低利用率、硬件/软件升级引起的成本增加。云计算作为一个按需计算范式解决或减轻了这些问题。图1-19描述云前景和主要云开拓者，基于三个云服务模型。第4章、第6章和第9章将给出关于云服务的详细说明。第3章将介绍相关的虚拟化工具。

- 基础设施即服务（IaaS）：这个模型将用户需要的基础设施（即服务器、存储、网络和数据中心构造）组合在一起。用户可以在使用客户机操作系统的多个虚拟机上配置和运行指定应用。用户不管理或控制底层的云基础设施，但可以指定何时请求和释放所需资源。
- 平台即服务（PaaS）：这个模型使用户能够在一个虚拟的云平台上配置用户定制的应用。PaaS包括中间件、数据库、开发工具和一些运行时支持（如Web 2.0和Java）。平台包括集成了特定程序接口的硬件和软件。提供商提供API和软件工具（如Java、Python、Web 2.0和.NET）。用户从云基础设施的管理中得以解脱。
- 软件即服务（SaaS）：这是指面向数千付费云用户的初始浏览器的应用软件。SaaS模型应用于业务流程、工业应用、客户关系管理（Consumer Relationship Management，CRM）、企业资源计划（Enterprise Resource Planning，ERP）、人力资源（Human Resources，HR）和合作应用。在用户这边，没有服务器或软件许可方面的前期投入。在提供商这边，同
35 传统的用户应用服务器相比，成本相当低。

互联网云提供4种配置模式：私有、公有、受管理、混合。这些模式对安全有不同的要求。不同的SLA表明安全责任由云提供商、云资源用户和第三方云软件提供商共享。云计算的优势已经被许多IT专家、工业界领导者和计算机科学研究者提倡。

在第4章，我们将描述已经建立的主要云平台和各种云服务。下面列表突出了8个原因以适应云的升级的互联网应用和Web服务。

1）理想的位置要有受保护的空间和更高的能效。

2）在大用户池间共享峰值负载能力，提升总体效用。

3）基础设施维护责任从特定领域应用开发中分离。

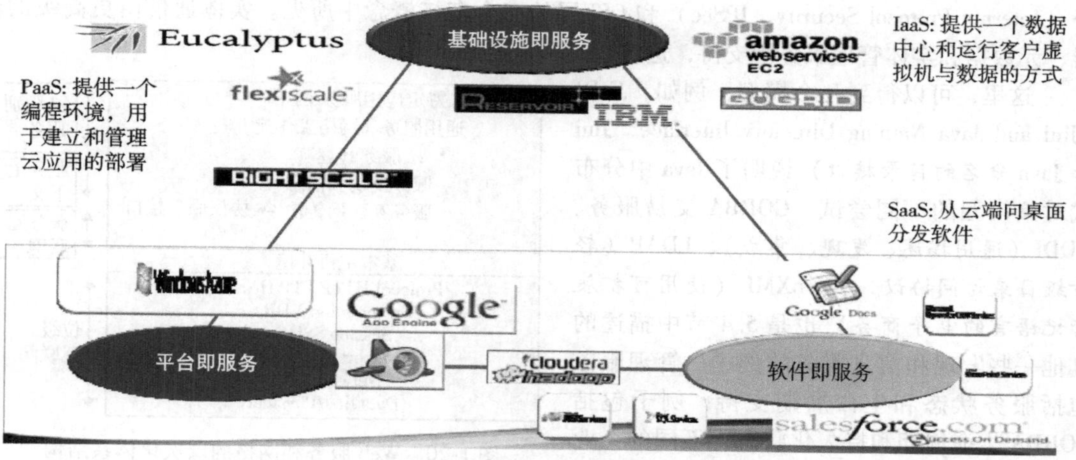

图 1-19　主要提供商的云前景中的三个云服务模型

注：由 Dennis Gannon 在 Cloudcom2010[19] 的报告中给出。

4）与传统计算范式相比，云计算的成本有效地减少了。
5）云计算编程和应用开发。
6）服务和数据发现与内容/服务分布。
7）隐私、安全、版权和可靠性问题。
8）服务协议、业务模型和价格策略。

1.4　分布式系统和云计算软件环境

本节将介绍使用分布式和云计算系统的流行软件环境。第 5 章和第 6 章将更深入地讨论这个主题。 36

1.4.1　面向服务的体系结构（SOA）

在网格/Web 服务、Java 和 CORBA 中，实体分别指服务、Java 对象和各种语言中的 CORBA 分布式对象。这些体系结构建立在传统的提供基础网络抽象的开放系统互连协议（Open Systems Interconnection，OSI）层之上。在这之上，我们有一个基础的软件环境，可能是面向 Web 服务的 .NET 或 Apache Axis、面向 Java 的 Java 虚拟机和面向 CORBA 的代理网络。在基础环境之上应建立一个反映分布式系统环境特殊特性的更高层级的环境。这开始了实体接口和内部实体通信，在实体而非位级重建了 OSI 协议栈的最上四层。图 1-20 显示了面向使用 Web 服务和网格系统的分布式实体的分层体系结构。

1.4.1.1　Web 服务和网格分层体系结构

在这些分布式系统例子中，实体接口对应 Web 服务描述语言（Web Services Description Language，WSDL）、Java 方法和 CORBA 接口定义语言（Interface Definition Language，IDL）规范。在这三个例子中，这些接口与定制化的高级通信系统连接：SOAP、RMI 和 IIOP。这些通信系统支持特殊消息模式（如远程过程调用（Remote Procedure Call，RPC））、错误恢复和专门路由。通常，这些通信系统建立在面向消息的中间件（企业总线）设备，如 WebSphere MQ，或者提供了丰富功能、支持虚拟化路由、发送者、接收者的 Java 消息服务（Java Message Service，JMS）。

在容错的情况下，Web 服务可靠性消息传递（Web Services Reliable Messaging，WSRM）框架的特性模拟 OSI 协议能力（如 TCP 容错）在实体级别修改以匹配不同的抽象（如消息对应包、虚拟化地址映射）。安全是一个关键能力，不论是使用还是重新实现此能力，如在互联网协议安全（Internet Protocol Security，IPSec）和 OSI 层的安全套接概念中所见。实体通信由更高级的注册、元数据和实体管理服务所支持，这将在 5.4 节进行讨论。

这里，可以得到几个模型，例如，JNDI（Jini and Java Naming Directory Interface，Jini 和 Java 命名的目录接口）说明了 Java 中分布式对象模型的不同尝试。CORBA 交易服务、UDDI（通用描述、发现、集成）、LDAP（轻量级目录访问协议）和 ebXML（使用可扩展标记语言的电子商务）也是 5.4 节中描述的其他一些发现和信息服务的例子。管理服务包括服务状态和生命周期支持；例子包括 CORBA 生命周期和持久化状态、不同的企业
37 级 JavaBean 模型、Jini 生命周期模型和第 5
章的一套 Web 服务规范。上述语言或接口术语形成了实体级能力集合。

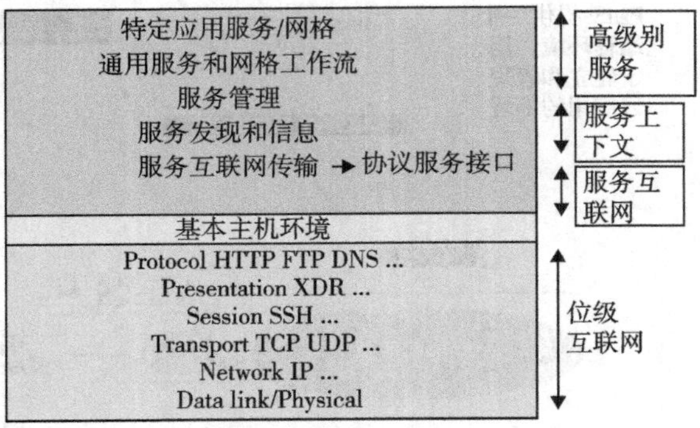

图 1-20　Web 服务和网格的层次化体系结构

后者有性能上的优势并能提供一个“共享内存”模型，使得信息交换更方便。然而，分布式模型有两个主要优势：更高的性能（当通信不重要时来自多 CPU）和具有清晰软件重用和维护优势的更简洁的软件功能分离。分布式模型被期待如默认软件系统方法一样得到普及。早些年间，CORBA 和 Java 方法比今天的 SOAP、XML 或 REST（表征性状态转移）更多地应用于分布式系统。

1.4.1.2　Web 服务和工具

松耦合和异构实现支持使服务比分布式对象更有吸引力。图 1-20 提到两个服务体系结构选择：Web 服务或 REST 系统（第 5 章有更深入的讨论）。Web 服务和 REST 系统都与建立可靠互操作的系统有明显差距。在 Web 服务中，意在详细说明服务的所有方面和环境。此规范带有简单对象访问协议（Simple Object Access Protocol，SOAP）的通信消息。主机环境成为一个使用 SOAP 消息达到完全分布式能力的通用分布式操作系统。这种方法已经混合成功，由于很难在协议关键部分达成一致并且通过软件（如 Apache Axis）更难有效实现协议。

在 REST 方法中，采用简单原则（如通用原则）并把大多数难以解决的问题交给应用（实现规范）软件。在一个 Web 服务语言中，REST 在信息头中信息量最小，消息主体（对通常的消息过程，这是不透明的）携带了所有需要的信息。显然，REST 体系结构更适合飞速发展的技术环境。然而，Web 服务的思想是重要的并将可能在一些成熟的系统被不同级别的协议栈（作为应用的一部分）所需要。注意，REST 可以用 XML 而非 SOAP 的一部分；“HTTP 之上的 XML”是这个关系中流行的设计选择。在通信和管理层之上，我们可以通过集合几个实体组成新的实体或分布式程序。

在 CORBA 和 Java 中，分布式实体由 RPC 连接，构建组合应用的最简单方式是视实体为对象并使用传统的方式将它们连接到一起。对于 Java，这可以如同用远程方法调用（Remote Method Invocation，RMI）代替方法调用编写一个 Java 程序一样简单，而 CORBA 支持一个类似的模型，该模型有一个反映 C ++ 实体（对象）接口样式的语法。当“网格”这一术语指一个单独的服务或者代表一个服务集合时，这里的传感器就代表输出数据（如消息）的实体，网格和云代表有
38 多个基于消息的输入和输出的服务集合。

1.4.1.3　SOA 变革

如图 1-21 所示，面向服务的体系结构（Service-Oriented Architecture，SOA）这些年已不断发展。SOA 大体应用于建立网格、云、云网格、网格云、云之云（也称为互联云）和系统的系统。

大量传感器提供了数据收集服务，在图中表示为SS（传感器服务）。传感器可以是ZigBee设备、蓝牙设备、WiFi接入点、个人计算机、GPA或无线电话等。原生数据通过传感设备收集。所有的SS设备与大的或小的计算机、各种各样的网格、数据库、计算云、存储云、过滤云、发现云等交互。过滤服务（图中的fs）用于除去不想要的原始数据，以响应Web、网格、Web服务中指定请求。

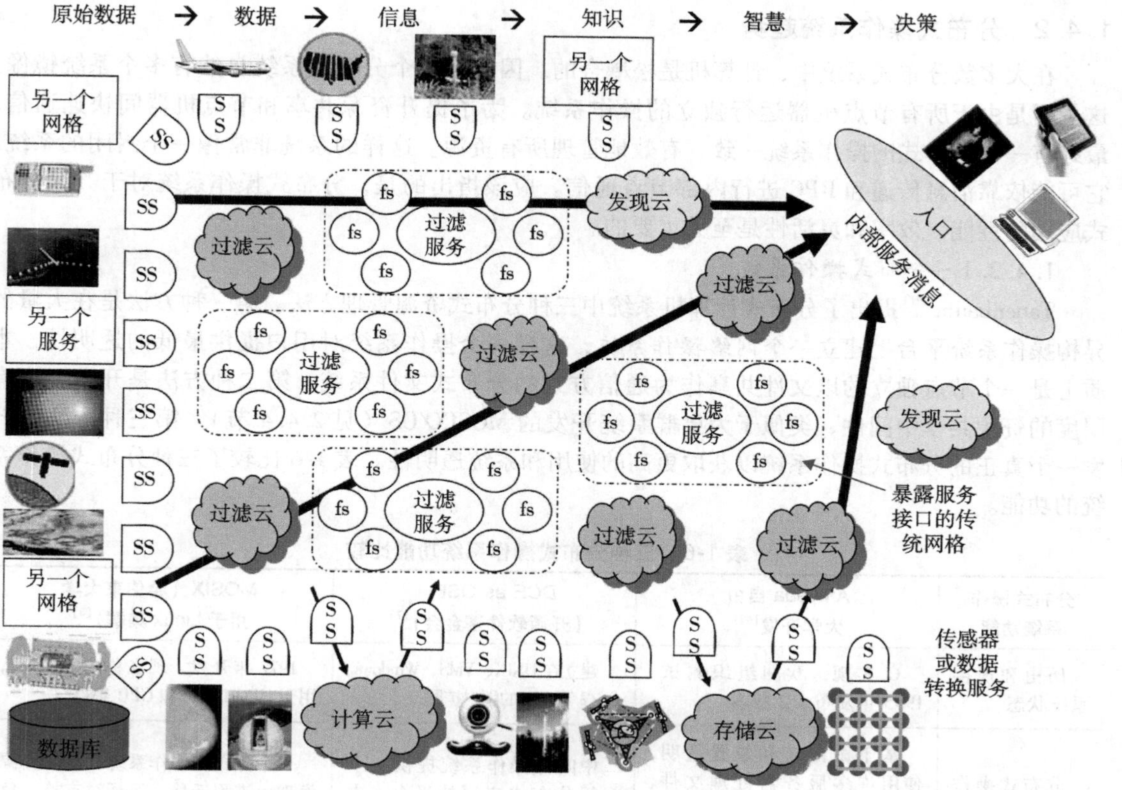

图1-21 SOA变革：云网格和网格，其中“SS”指传感器服务，“fs”指过滤或转化服务

过滤服务的集合形成了过滤云。我们将在第4~6章介绍各种用于计算、存储、过滤和发现的云，在第7~9章介绍各种网格、P2P网络和物联网。SOA意在从海量的原始数据项中寻找或 39
挑选出有用的数据。处理这些数据将得到有用的信息，并获得我们日常使用的知识。事实上，智慧或智能是从大知识库中挑选出的。最后，我们基于生物和机器智慧做出明智的决定。读者将在下面的章节更清晰地看到这些结构。

大多数分布式系统需要一个Web接口或入口。对于将大量传感器收集的原始数据转化成有用的信息或知识，数据流可能经历一系列的计算、存储、过滤和发现云。最后，内部服务消息在入口聚合，被所有用户访问。如5.3节描述的两个入口——OGFCE和HUBZero，使用Web服务（portlet）和Web 2.0（gadget）技术。许多分布式编程模型也建立在这些基本构造之上。

1.4.1.4 网格与云

网格和云之间的界限近年来变得越来越模糊。对于Web服务，工作流技术用于协调或编排具有指定规范的服务，其中这些规范用于定义关键业务流程模型，如两阶段事务。5.2节将讨论工作流中使用的通用方法、BPEL Web服务标准，以及几个重要的工作流方法，如Pegasus、Taverna、Kepler、Trident和Swift。在所有方法中，都是建立一个服务集合来一起解决所有或部分

分布式计算问题。

一般，网格系统使用静态资源，而云强调弹性资源。对一些研究者来说，网格和云之间的不同仅限于基于虚拟化和自治计算的动态资源管理。可以通过多个云建立网格。这种网格比一个单纯的云能更好的工作，因为它能明确支持协议资源分配。从而可以建立系统的系统，如云之云、云网格、网格云，或互联云作为一个基本 SOA 体系结构。

1.4.2 分布式操作系统趋势

在大多数分布式系统中，计算机是松耦合的。因此，一个分布式系统自然有多个系统镜像。这主要是由于所有节点机器运行独立的操作系统。为了提升资源共享和节点机器间快速通信，最好有一个分布式的操作系统一致、有效地管理所有资源。这样的系统非常像一个封闭的系统，它可能依靠消息传递和 RPC 进行内部节点通信。应该指出的是，分布式操作系统对于升级分布式应用的性能、效率和灵活性是至关重要的。

1.4.2.1 分布式操作系统

Tanenbaum[26] 提出了分布式计算机系统中三种分布式资源管理方法。第一种方法是在大量的异构操作系统平台上建立一个网络操作系统，这样一个操作系统对用户提供最低的透明性，本质上是一个节点独立的以文件共享作为通信方式的分布式文件系统。第二种方法是开发一个有限度的资源共享中间件，类似于为集群系统开发的 MOSIX/OS（见 2.4.4 节）。第三种方法是开
40 发一个真正的分布式操作系统以获取更高的使用和系统透明性。表 1-6 比较了三种分布式操作系统的功能。

表 1-6 三种分布式操作系统功能比较

分布式操作系统功能	Amoeba 自由大学开发[46]	DCE as OSF/1（开源软件基金会）[7]	MOSIX（希伯来大学用于 Linux 集群）[3]
历史和现存系统状态	C 实现，欧洲组织测试，1995 年发布 5.2 版本	建立在 UNIX、VMS、Windows、OS/2 等之上的用户扩展	1977 年开发，现在称为 MOSIX2，用于 HPC Linux 和 GPU 集群
分布式操作系统体系结构	基于微内核和位置透明，使用许多服务器处理文件、目录、副本、运行、启动和 TCP/IP 服务	中间件操作系统提供一个运行分布式应用的平台，支持 RPC、安全和线程	一个分布式操作系统，支持资源发现、进程迁移、运行时支持、负载均衡、泛洪控制和配置等
操作系统内核、中间件和虚拟化支持	一个特殊的微内核，处理低级别进程、内存、I/O 和通信功能	DCE 包处理文件、时间、目录、安全服务、RPC 和中间件或用户空间授权	MOSIX2 运行在 Linux 2.6 上；用于预分配虚拟机组成的多集群和云的拓展
通信机制	使用一个网络层 FLIP 协议和 RPC 实现点对点和群组通信	RPC 支持授权通信和其他用户程序安全服务	使用 PVM、MPI 进行协同通信、进程优先级控制和排队服务

1.4.2.2 Amoeba 和 DCE

DCE 是一个分布式计算环境下的基于中间件的系统。Amoeba 是荷兰自由大学学术性的开发。开源软件基金会（Open Software Foundation，OSF）已经推动 DCE 在分布式计算中的使用。然而，Amoeba、DCE 和 MOSIX2 仍都是主要用于学术的研究原型。没有在这些系统基础上的商业操作系统产品。

我们需要新的基于 Web 的操作系统来支持分布式环境下资源虚拟化。这仍是一个完全开放的研究领域。为平衡资源管理负载，这样一个分布式操作系统的功能必须分布在任何可用的服务器上。从这一点来讲，传统的操作系统只能运行在一个集中式的平台上。考虑到操作

系统服务的分布，分布式操作系统设计应采用类似 Amoeba 的轻量级微内核方法[46]，或者从现有的操作系统上拓展，像 DCE 拓展自 UNIX[7]。未来的发展趋势是将用户从大部分资源管理职责中解脱出来。

1.4.2.3　用于 Linux 集群的 MOSIX2

MOSIX2 是一个分布式操作系统[3]，在 Linux 环境中运行一个虚拟化层。这个虚拟化层提供部分单系统镜像给用户应用。MOSIX2 支持串行和并行应用，以及 Linux 节点间的资源发现和进程迁移。MOSIX2 能管理一个 Linux 集群或多集群网格。网格的灵活管理可以使集群拥有者在多个集群拥有者中共享计算资源。只要集群拥有者之间可信，支持 MOSIX 的网格就能无限拓展，MOSIX2 被探索用于管理各类集群中的资源，包括 Linux 集群、GPU 集群、网格，以及使用虚拟机的云。我们将在 2.4.4 节研究 MOSIX 及其应用。 41

1.4.2.4　透明编程环境

图 1-22 展示了未来计算平台的透明计算基础设施这一概念。用户数据、应用、操作系统和硬件被分成四个级别。数据是属于用户的，独立于应用。操作系统向应用程序开发者提供清晰的接口、标准的编程接口或系统调用。在未来的云基础设施中，硬件将使用标准接口从操作系统中分离出来。因此，用户可以在硬件平台上随意选择使用不同的操作系统。为了从特定的应用程序中分离数据，用户可以使云应用成为 SaaS。因此，用户可以在不同的服务间切换。数据将不会受限于特定的应用。

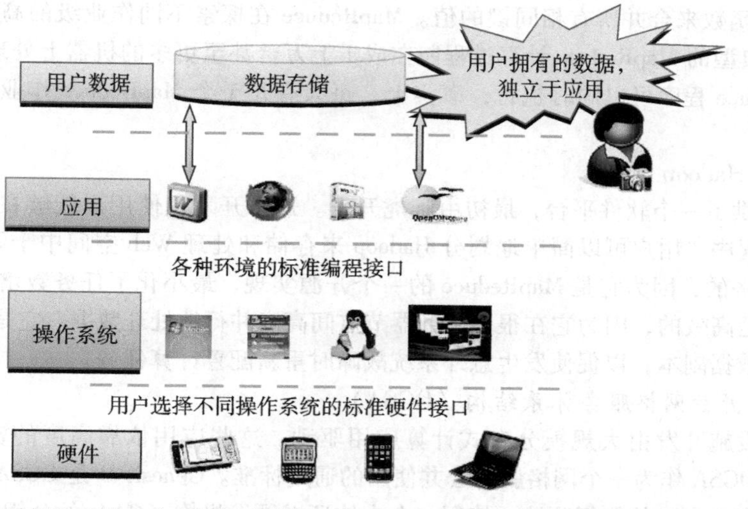

图 1-22　在时间和空间上分离了用户数据、应用、操作系统和硬件的透明计算环境 —— 云计算的一个理想模型

1.4.3　并行和分布式编程模型

这一节，我们将介绍 4 个具有预期可扩展性能和应用灵活性的分布式计算编程模型。表 1-7 总结了三种模型，以及近年来开发的一些软件工具集。正如我们将要讨论的，MPI 是最流行的用于消息传递系统的编程模型。谷歌的 MapReduce 和 Big Table 是用于有效使用互联网云和数据中心资源的。服务云要求拓展 Hadoop、EC2 和 S3 来促进分布式存储系统之上的分布式计算。在过去一段时间，还提出并开发了许多其他模型。在第 5 章和第 6 章，我们将更详细地讨论并行和分布式编程。 42

表 1-7 并行和分布式编程模型与工具集

模 型	描 述	特 性
MPI	一个可供 C 或 FORTRAN 调用的子程序库，用于编写运行于分布式计算系统的并行程序[6,28,42]	点对点的指定同步和异步，在用户程序中收集通信请求和 I/O 操作，用于消息传递执行
MapReduce	在大数据集或 Web 搜索操作上用于大集群的可扩展的 Web 编程模型[16]	Map 函数生成一个中间的键值对集合；Reduce 函数用相同的键合并所有中间值
Hadoop	一个用于在商业应用中海量数据集上编写和运行大型用户应用程序的软件库	提供给用户商业集群的易于访问的可扩展的、经济的、有效的、可靠的工具

1.4.3.1 消息传递接口（MPI）

这是开发分布式系统上运行的并行程序和并发程序的主要编程标准。MPI 本质上是一个可以被 C 或 FORTRAN 所调用的子程序库，用于编写运行于分布式系统上的并行程序。其思想是用升级的 Web 服务和效用计算应用来体现集群、网格系统和 P2P 系统。除了 MPI 外，低级别基元（如并行虚拟机（Parallel Virtual Machine，PVM））也支持分布式编程。MPI 和 PVM 都是由 Hwang 和 Xu 描述[28]。

1.4.3.2 MapReduce

这是一个用于大数据集上大规模集群可扩展数据处理的 Web 编程模型[16]。这个模型主要用于 Web 规模的搜索和云计算应用。用户指定 Map 函数来生成一个中间的键值对的集合。然后用户请求 Reduce 函数来合并所有相同键的值。MapReduce 在探索不同作业级的高度并行上是高可扩展的。一个典型的 MapReduce 计算过程能在成千上万台甚至更多的机器上处理太字节的数据。数百个 MapReduce 程序可以同时执行；事实上，每天有几千个 MapReduce 作业在谷歌的集群上执行。

1.4.3.3 Hadoop 库

Hadoop 提供了一个软件平台，最初由雅虎开发。这个开发包使用户能够在海量分布式数据上编写和运行程序。用户可以简单地划分 Hadoop 来存储和处理 Web 空间中千万亿字节的数据。
43 Hadoop 也是经济的，因为它是 MapReduce 的一个开源实现，最小化了任务数增长和海量数据通信的开销。它是高效的，因为它在很多服务器节点间高度并行地处理数据；它是可靠的，因为它自动保存多个数据副本，以促使发生意外系统故障时重新配置计算任务。

1.4.3.4 开放网格服务体系结构（OGSA）

网格基础设施开发由大规模分布式计算应用驱动。这些应用依靠高度的资源和数据共享。表 1-8 介绍了 OGSA 作为一个网格服务公共使用的通用标准。Genesis II 是 OGSA 的一个实现。关键特性包括一个分布式的执行环境、使用一个本地证书颁发机构（CA）的公钥机制（Public Key Infrastructure，PKI）服务、信任管理和网格计算中的安全策略。

表 1-8 用于科学和工程应用的网格标准和工具包[6]

标 准	服务功能	关键特性和安全基础设施
OGSA 标准	开放网格服务体系结构；为公共使用提供通用网格服务标准	支持异构分布式环境、桥接 CA、多信任媒介、动态策略、多安全机制等
Globus 工具包	资源分配、Globus 安全基础设施（GSI）和通用安全服务 API	通过 PKI，Kerberos、SSL、代理、委托和 GSS API 多点登录授权，以保证信息完整性和保密性
IBM 网格工具箱	AIX 和 Linux 网格建立在 Globus 工具包之上，自动计算，备份服务	使用简单 CA、授权访问、网格服务（ReGS），支持用于 Java 的网格应用（GAF4J），用于安全更新的 IntraGrid 中的 GridMap

1.4.3.5 Globus 工具包和扩展

Globus 是一个由美国阿贡国家实验室和 USC 信息科学研究院 10 年前联合开发的中间件库。这个库实现了一些 OGSA 标准，包括网格环境中的资源发现、分配和安全强制。Globus 包支持用 PKI 认证多点相互授权。当前 Globus 版本 GT 4 在 2008 年就已经开始使用。另外，IBM 已经扩展 Globus 用于商业应用。我们将在第 7 章更详细地讨论 Globus 和其他网格计算中间件。

1.5 性能、安全和节能

这一节，我们将结合经验法则讨论构建海量分布式计算系统的基本设计原则。内容包括集群、网格、P2P 网络和互联网云中的可扩展性、可用性、编程模型和安全问题。 44

1.5.1 性能度量和可扩展性分析

性能度量是测量分布式系统所必需的。在这一节，首先我们将讨论不同维度的可扩展性和性能法则。然后我们将检查系统可扩展性与操作系统镜像和其他限制性因素的关系。

1.5.1.1 性能度量

我们在 1.3.1 节以 MIPS 为单位度量 CPU 速度，以 Mbps 为单位度量网络带宽来估测处理器和网络性能。在一个分布式系统中，性能与许多因素相关。系统吞吐量经常用 MIPS、Tflops（每秒 T 浮点运算次数）或 TPS（Transactions Per Second，每秒事务数）测量。其他度量包括作业响应时间和网络延迟。一个比较好的互连网络是低延迟和高带宽的。系统开销通常归因于操作系统启动时间、编译时间、I/O 数据速率和运行时支持系统消耗。其他性能相关度量包括互联网和 Web 服务的 QoS、系统可用性和可靠性，以及系统抵抗网络攻击的安全弹性。

1.5.1.2 可扩展性维度

用户希望拥有一个能获得可扩展性能的分布式系统。任何系统资源升级都应该后向兼容已有的硬件和软件资源。过度设计是不合算的。系统扩展由于许多实际因素可能带来资源的增加或减少。下面的可扩展性维度都是用来刻画并行和分布式系统的：

- 规模可扩展性：指通过增加机器数量来获取更高的性能和更多的功能。“规模”指增加处理器、缓存、内存、存储器或 I/O 通道。判断规模可扩展性的最明显方式是简单地计算处理器安装数量。例如，IBM S2 在 1997 年由 512 个处理器扩展组成，但是在 2008 年，IBM BlueGene/L 系统由 65 000 个处理器扩展而成。
- 软件可扩展性：指升级操作系统或编译器，增加数学和工程库，移植新的应用软件，安装更多的用户友好的编程环境。一些软件升级可能不适合大型系统配置。新软件在更大系统上的测试和微调不是一个简单的工作。
- 应用可扩展性：指问题的规模扩展与机器的大小扩展相匹配。问题的规模影响数据集的大小或负载的增长。用户可以通过放大问题的规模，而不是增加机器的大小，来提高系统效率或成本效益。
- 技术可扩展性：指系统可以适应构建技术的变化，如 3.1 节中讨论的组件和网络技术等。何时扩展新技术的系统设计，必须考虑三个方面：时间、空间、异构性。(1) 时间指生成可扩展性。当改变到新一代处理器时，我们必须考虑主板、电源、封装和冷却的影响等。根据以往的经验，大部分系统每三至五年就要升级自己的处理器。(2) 空间是与封装和能量有关的问题。技术的可扩展性要求供应商之间的协调和可移植性。(3) 异构性是指使用不同厂商的硬件组件或软件包。异构性可能限制可扩展性。 45

1.5.1.3 可扩展性和系统镜像数

在图 1-23 中，根据 2010 年部署的多重分布式操作系统镜像估测了其可扩展性能。可扩展的性能意味着系统可以通过增加更多的处理器或服务器、扩大物理节点的内存大小、扩展磁盘容量或增加更多的 I/O 通道实现更快的速度。操作系统镜像数量由集群、网格、P2P 网络或云中被观测到的独立操作系统镜像数得出。SMP（Symmetric Multiprocessor，对称多处理器）和 NUMA（Nonuniform Memory Access，非统一内存访问）也被列入比较中。SMP 服务器有一个单系统镜像，可能是一个大型集群中的单个节点。根据 2010 年的标准，最大的共享内存 SMP 节点拥有有限的几百个处理器。SMP 系统的可扩展性主要是受所使用的封装和系统互连的限制。

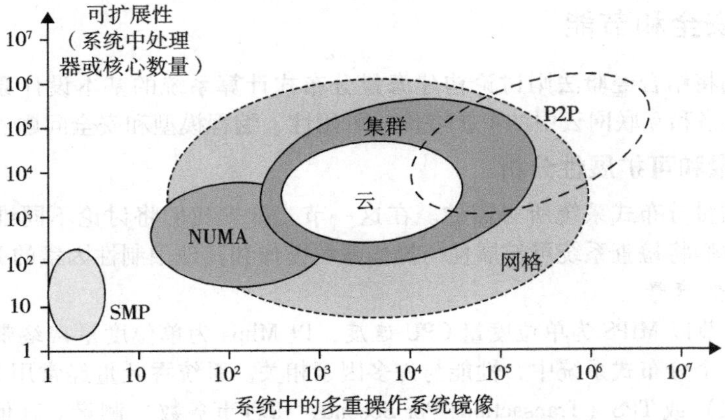

图 1-23　基于 2010 年技术的多重操作系统镜像与系统可扩展性

NUMA 机器通常由分布式、共享内存的 SMP 节点构成。NUMA 机器可以运行多个操作系统，并可以使用 MPI 库扩展到几千个处理器通信。例如，一个 NUMA 机可能有 2 048 个处理器运行 32 个 SMP 操作系统，即 32 个操作系统镜像运行在 2 048 个处理器的 NUMA 系统上。集群节点可以是 SMP 服务器或高端机器松耦合在一起。因此，集群可扩展性远远高于 NUMA 机。集群中操作系统镜像数是基于并发集群节点数的。云可以是一个虚拟的集群。截至 2010 年，最大的云能够扩展到几千个虚拟机。

请记住，许多集群节点是 SMP 或多核服务器，处理器或核心总数在集群系统中比集群上运行的操作系统镜像大 1 或 2 个数量级。网格节点可能是一个服务器集群、一台主机、一台超级计算机或 MPP。因此，大型网格结构中的操作系统镜像数可能比网格中的处理器数少成百或上千

46 个。P2P 网络容易扩展到数百万独立对等节点，基本上是台式机。P2P 性能取决于公共网络的 QoS。低速的 P2P 网络、互联网云和计算机集群应在相同的网络水平。

1.5.1.4　Amdahl 定律

考虑单处理器执行给定程序共需 T 分钟时间。现在我们假定该方案已并行或划分到集群的许多处理节点上执行。假设必须串行执行的代码部分为 α，称为*串行瓶颈*。因此，$(1-\alpha)$ 的代码可以由 n 个处理器并行执行。总执行时间是 $\alpha T+(1-\alpha)T/n$，其中第一项是单处理器上串行执行的时间，第二项是 n 个处理节点并行执行的时间。

这里忽略了所有的系统或通信开销。下面加速分析中也没有包括 I/O 时间或异常处理时间。Amdahl 定律指出，n 处理器系统相对单一处理器的*加速因子*表示如下：

$$\text{加速比} = S = T/[\alpha T + (1-\alpha)T/n] = 1/[\alpha + (1-\alpha)/n] \tag{1-1}$$

只有当串行瓶颈 α 降到零或代码完全并行时，才能达到最大加速比 n。由于集群变得足够大，即 $n\to\infty$，S 接近 $1/\alpha$，令人惊讶的是，在加速与约束的上限，这个上限是独立于集群大小 n 的。串行瓶颈是不能并行化的代码部分。例如，如果 $\alpha=0.25$ 或者 $1-\alpha=0.75$，即使使用数百个处理器，最大加速比也为 4。Amdahl 定律告诉我们，应该使串行瓶颈尽可能小。在这种情况下，仅增加集群的规模可能不会得到好的加速。

1.5.1.5　固定负载问题

在 Amdahl 定律中，假定串行和并行执行固定问题规模或数据集的程序需要等量负载。这被 Hwang 和 Xu[14] 称为固定负载加速比。n 个处理器执行一个固定负载，并行处理的系统效率定义如下：

$$E = S/n = 1/[\alpha n + 1 - \alpha] \tag{1-2}$$

系统效率通常非常低，尤其是当集群规模非常大时。在 $n = 256$ 个节点的集群上执行上述程序，显然，极低效率 $E = 1/[0.25 \times 256 + 0.75] = 1.5\%$。这是因为只有几个处理器（比方说，4）在工作，而大多数节点空转。

1.5.1.6　Gustafson 定律

当使用一个大规模集群时，为了实现更高的效率，我们必须考虑扩大问题规模来匹配集群的能力。这促使 John Gustafson（1988）提出了下面的加速比定律，简称为扩展负载加速比[14]。设 W 是给定程序的负载。当使用 n 处理器系统时，用户将负载扩展为 $W' = \alpha W + (1 - \alpha) nW$。请注意，只有并行部分负载是在第二项中扩展 n 倍。这个扩展负载 W' 基本上是单个处理器上的 47
串行执行时间。并行扩展负载 W' 在 n 个处理器上的执行时间由扩展负载加速比定义如下：

$$S' = W'/W = [\alpha W + (1 - \alpha) nW] / W = \alpha + (1 - \alpha) n \tag{1-3}$$

这个加速比称为 Gustafson 定律。通过固定并行处理时间在级别 W，可以得到如下的效率表达式：

$$E' = S'/n = \alpha/n + (1 - \alpha) \tag{1-4}$$

对于扩展负载，使用 256 个节点的集群可以使前面程序使用效率提高为 $E' = 0.25/256 + 0.75 = 0.751$。在不同的负载条件下，应该灵活选用 Amdahl 定律和 Gustafson 定律。对于固定负载，应采用 Amdahl 定律。为了解决扩展规模的问题，应采用 Gustafson 定律。

1.5.2　容错和系统可用性

除了性能外，系统可用性和应用的灵活性是分布式计算系统另外两个重要的设计目标。

系统可用性

HA（高可用性）是所有集群、网格、P2P 网络和云系统所期望的。如果系统有一个长的平均故障时间（Mean Time To Failure，MTTF）和短的平均修复时间（Mean Time To Repair，MTTR），那么这个系统是高度可用的。系统可用性形式化定义如下：

$$\text{系统可用性} = MTTF/(MTTF + MTTR) \tag{1-5}$$

影响系统可用性的因素有很多。所有的硬件、软件和网络组件都可能会出错。影响整个系统运行的故障称为单点故障。经验法则是一个可靠的计算系统设计应没有单点故障。增加硬件冗余，提高元件的可靠性和设计可测性，将有助于提高系统的可用性和可靠性。在图 1-24 中，预测了通过增加处理器核心数来扩大系统规模对系统可用性的影响。

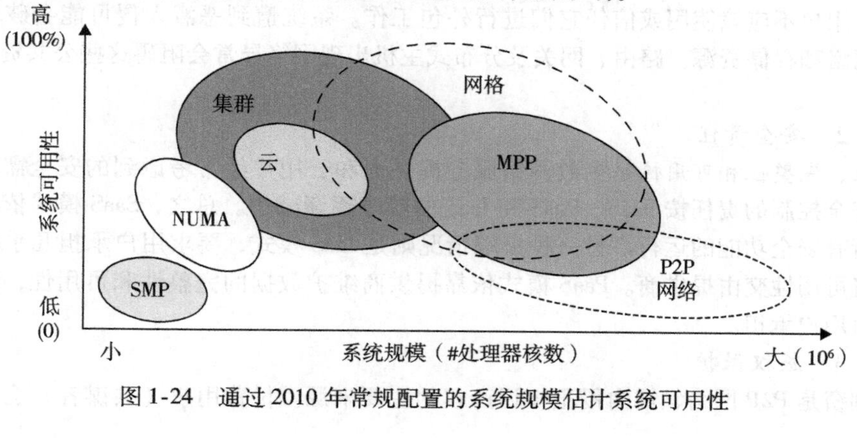

图 1-24　通过 2010 年常规配置的系统规模估计系统可用性

在一般情况下，随着分布式系统规模的增加，系统可用性会因更高的故障几率和隔离故障的难度而降低。SMP 和 MPP 在单操作系统下的集中式资源是非常脆弱的。由于使用多操作系统，NUMA 机器可用性大大提高。大多数集群是通过故障转移功能来获得高可用性。与此同时，私有云由虚拟化数据中心创造出来；因此，云有一个类似主机集群的可用性预测。网格作为层次化的集群的集群是可视化的。网格因故障隔离而有更高的可用性。因此，集群、云和网格随着系统规模的增加，可用性降低。一个 P2P 文件共享网络具有最高的客户机聚合。然而，它独立地运行，可用性很低，甚至很多对等节点退出或同时失败。

1.5.3　网络威胁与数据完整性

要在当今的数字时代使用集群、网格、P2P 网络和云，就要对其安全和版权进行保护。本节将介绍分布式或云计算系统中的系统弱点、网络威胁、防范措施和版权保护。

1.5.3.1　系统与网络的威胁

网络病毒的广泛传播影响到许多用户。这些病毒通过破坏路由器和服务器进行传播，使商业、政府和服务蒙受数十亿美元的损失。图 1-25 归纳了各种病毒袭击方式及其可能对用户造成的影响。如图 1-25 所示，信息泄露对保密性造成损失。用户变更、木马和欺诈服务会破坏数据完整性。拒绝服务（Denial of Service，DoS）会破坏系统运行和互联网连接。

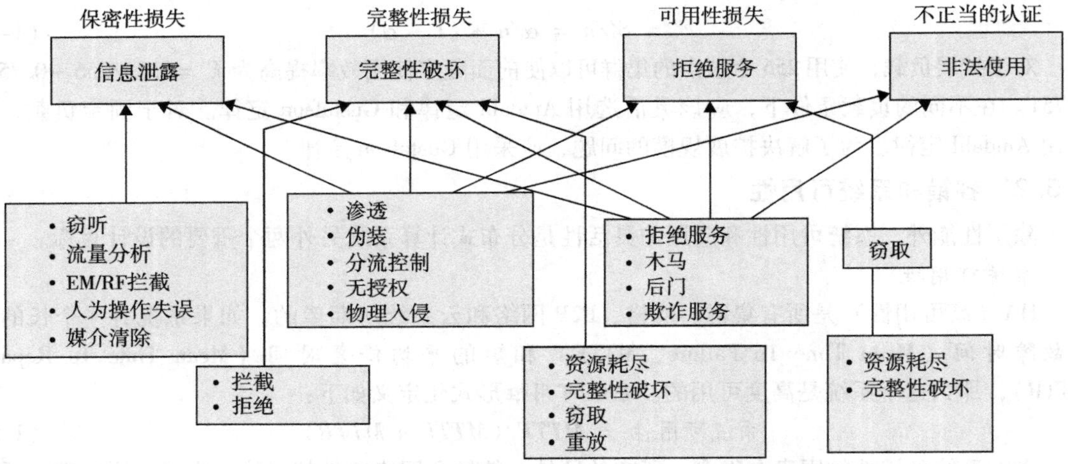

图 1-25　对计算机的各种系统袭击和网络威胁及造成的 4 种损失

缺少认证或授权会导致袭击者非法使用计算资源。开放式资源（如数据中心、P2P 网络，以及网格和云基础设施）将会成为下一个袭击目标。所以用户需要保护集群、网格、云和 P2P 系统。否则，用户不应该使用或信任它们进行外包工作。系统遭到恶意入侵可能会破坏重要的主机，以及网络和存储资源。路由、网关及分布式主机出现网络异常会阻碍这些公共资源计算服务的认可度。

1.5.3.2　安全责任

保密性、完整性和可用性是多数网络服务提供商和云用户经常考虑到的安全需求。提供商对云用户安全控制的责任按 SaaS、PaaS 和 IaaS 的顺序逐渐减小。总之，SaaS 模式依赖于云提供商来保证所有安全功能的运行。另一种极端情况则是 IaaS 模式，要求用户承担几乎所有的安全运行，而将可用性交由提供商。PaaS 模式依靠提供商维护数据的完整性和可用性，但保密性和隐私控制由用户承担。

1.5.3.3　版权保护

共谋剽窃是 P2P 网络领域内侵犯知识产权的主要来源。付费用户（共谋者）会与非付费用户（剽窃者）非法共享内容受版权保护的文件。在线剽窃已经妨碍了以商业内容传输为目的的开放式P2P网络的使用。开发一种主动内容中毒机制可以阻止共谋者和剽窃者在P2P文件共享过程中侵犯版权。通过基于签名的身份识别和时间戳令牌，剽窃者会被及时发现。这一机制会阻止共谋剽窃的发生，而并不妨碍合法的P2P用户。第4章和第7章将讨论网格和云的安全、P2P信誉系统，以及版权保护。

1.5.3.4 系统防御技术

在之前已经出现过三代网络防御技术。第一代技术设计了阻止或避免入侵的工具，这些工具通常将自己显示为访问控制令牌、密文系统等。但入侵者仍然可以渗入安全系统，因为在安全调度进程中常有漏洞。第二代技术可以很快发现入侵并进行修补。这些技术包括防火墙、入侵检测系统（IDSes）、PKI服务、信誉系统等。第三代技术对入侵能做出更多智能回应。

1.5.3.5 数据保护基础设施

安全基础设施是保护Web服务和云服务的必要条件。在用户层，用户需要履行信任协议和对所有用户的信誉集合。在应用终端，我们需要建立安全预警以遏制蠕虫，检测病毒、蠕虫的入侵，以及分布式拒绝服务（DDoS）袭击。我们还需要阻止在线剽窃和数字内容的版权侵犯。在第4章，我们将研究信誉系统对云系统和数据中心的保护。根据三种云服务模式，安全责任被分配给云提供商和用户。提供商完全负责平台的可用性。IaaS用户更多地负责保密性，IaaS提供商更多地负责数据完整性。在PaaS和SaaS服务中，提供商和用户会平等地承担保护数据完整性和保密性的责任。 48~50

1.5.4 分布式计算中的节能

传统并行和分布式计算系统的首要目标是高性能和高吞吐量，同时还需要考虑一些性能可靠性（如容错性和安全性）。然而这些系统最近面临新的挑战，包括节能、负载和资源外包。这些新兴问题的重要性不仅在于它们本身，而且一般还关系到大型计算系统的稳定性。本节将探讨服务器和HPC系统中的能源消耗问题，这一问题也称为“分布式电能管理”（Distributed Power Management，DPM）。

对数据中心的保护需要集成的解决方案。并行和分布式计算系统中的能源消耗引起了资金、环境和系统性能方面的多种问题。例如，地球模拟器和每秒千万亿次浮点运算是以12兆瓦和100兆瓦为能源峰值的系统。如果按每兆瓦100美元计算，那么它们在峰值期间运行的能源成本是每小时1200美元和10 000美元；这超出了许多（潜在的）系统运营者的预算承受范围。除了能源成本外，冷却是另一个不得不提的问题，因为高温会对电子元件造成负面影响。电路温度的上升不但使线路超出正常范围，还缩短了元件的寿命。

1.5.4.1 空转服务器的能源消耗

若要运行一个数据中心，公司不得不花费大量金钱来购买硬件、软件、运营支持，以及每年的能源。因此，公司应该仔细考虑他们所安装的数据中心（更确切地说是调配的资源量）是否在一个合理的水平上，特别是在效用方面。据估计，以前在公司里平均每天有六分之一（15%）的全天候服务器在运行时并没有被利用（即处于闲置状态）。这说明在全世界4 400万台服务器中，有470万台服务器没有做任何有用的工作。

关闭这些服务器将节省下一大笔钱——全球仅能源成本就有38亿美元，运行闲置服务器的全部成本是247亿美元，这是1E公司与节能同盟（Alliance to Save Energy，ASE）合作的调查结果。这些被浪费的能源相当于每年排放1 180万吨二氧化碳，相当于210万辆小汽车排放的一氧化碳的污染量。在美国，这相当于317万吨二氧化碳或者580 678辆小汽车的排放量。因此，IT部门的第一步是分析他们的服务器，以找出闲置的和没有被充分利用的服务器。 51

1.5.4.2 运行服务器的节能

除了节省未使用和未充分利用的服务器的能源外，还需要用合适的技术减少分布式系统中运行服务器的能源消耗，同时要把对它们性能的影响降到最低。分布式计算平台的能源管理问题可以分为4层（见图1-26）：应用层、中间件层、资源层和网络层。

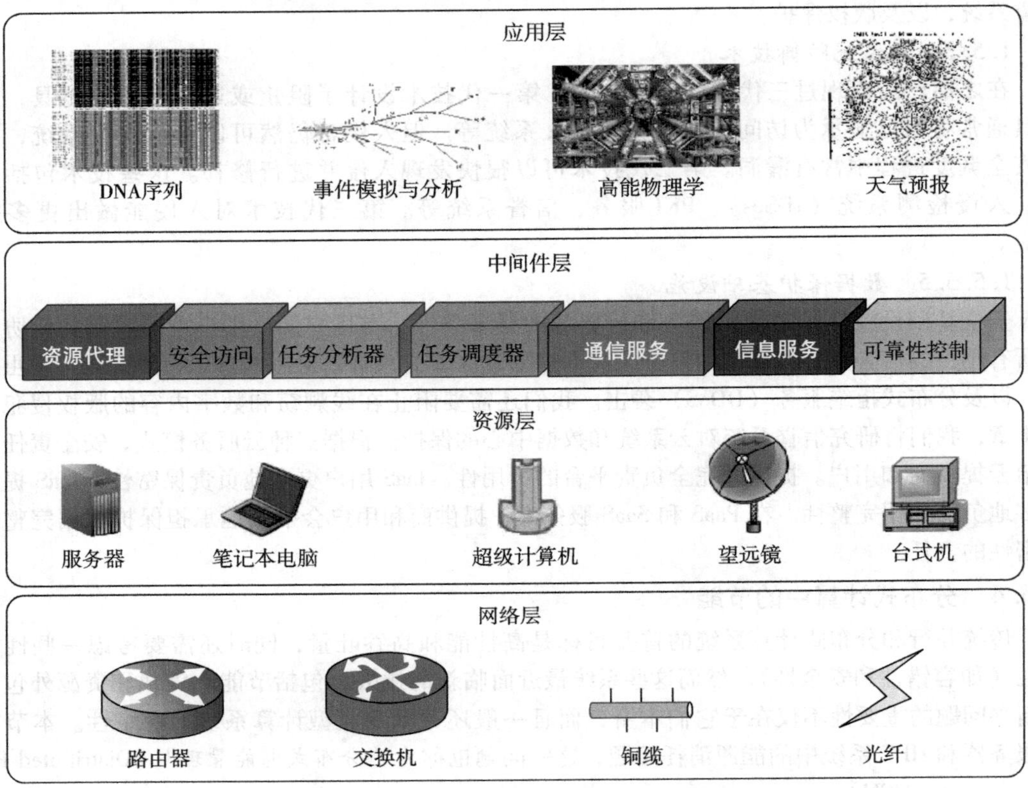

图1-26 分布式运算系统的4个操作层

注：由悉尼大学的Zomaya、Rivandi和Lee提供[33]。

1.5.4.3 应用层

直到现在，大部分科学、商业、工程和金融领域的用户应用都倾向于提升系统的速度或质
52 量。通过引入能量感知应用，在不损害性能的前提下设计复杂的多层次、多领域能源管理应用成为挑战。面向这个目标的第一步是要探索出性能和能源消耗之间的关系。事实上，应用程序的能源消耗很大程度上取决于需要执行的应用和存储单元（或内存）的事务数量。这两个因素（计算和存储）是相关的，影响着完成时间。

1.5.4.4 中间件层

中间件层充当了应用层和资源层之间的桥梁。这层提供了资源代理，通信服务、任务分析器、任务调度器、安全访问、可靠性控制和信息服务能力。它也负责采用高效节能技术，特别是任务调度。直到最近，调度旨在最小化完工时间，即一组任务的执行时间。分布式计算系统需要一种新的代价函数涵盖完工时间和能源消耗。

1.5.4.5 资源层

资源层由包括计算节点和存储单元的广泛资源组成。这层通常与硬件设备和操作系统进行交互。因此，它负责控制分布式计算系统中的所有分布式资源。最近，制定了一些可以更高效管理硬件和操作系统电源的机制。它们中大多数是硬件方法，尤其是针对处理器的。

动态电能管理（Dynamic Power Management，DPM）和动态电压频率缩放（Dynamic Voltage-Frequency Scaling，DVFS）是两种纳入计算机硬件系统中的新方法[21]。在 DPM 中，硬件设备（如 CPU）可以从空闲模式切换到一个或多个低电能模式。在 DVFS 技术中，节能是基于 CMOS 功耗与频率和供应电压平方有直接关系这一事实。执行时间和功耗是通过在不同频率和电压之间进行切换来控制[31]。

1.5.4.6 网络层

路由、传输数据包和确保资源层的网络服务是分布式计算系统中网络层的主要责任。同样，构建节能网络的主要挑战是决定如何来度量、预测和建立一个能耗与性能之间的平衡。节能网络设计的两个主要挑战是：

- 模型应该全面地表达网络，比如，应充分考虑时间、空间和能源之间的相互作用。
- 需要探索新的节能路由算法。需要新的节能协议对抗网络攻击。

由于信息资源推动经济和社会发展，数据中心作为信息存储和处理以及服务提供所在，正变得越来越重要。数据中心已成为核心基础设施，就像电网和运输系统。传统的数据中心正遭受 53
着高建设和运营成本、复杂的资源管理、低可用性、低安全性和低可靠性，以及巨大的能源消耗。在下一代数据中心设计上采用新技术是非常必要的。这将在第 4 章进行详细讨论。

1.5.4.7 DVFS 节能方法

DVFS 方法能够利用因任务交互而招致的松弛时间（空闲时间）。具体来说，利用与任务相关的松弛时间以一个低电压、频率执行任务。CMOS 电路中能耗和电压、频率之间的关系如下：

$$\begin{cases} E = C_{eff} f v^2 t \\ f = K \dfrac{(v - v_t)^2}{v} \end{cases} \tag{1-6}$$

其中 v、C_{eff}、K 和 v_t 分别代表电压、电路交换能力、技术相关因素和阈值电压，参数 t 是任务在时钟频率 f 下的执行时间。通过降低电压和频率，设备能耗也能够减少。

例 1.2 分布式电源管理中的节能

图 1-27 所示为 DVFS 方法。想法就是在负载松弛时间降低频率和电压。低功率模式之间的过渡延迟非常小。因此，可以通过在运行模式之间进行切换来节约能源。在低功耗模式之间切换会影响性能。存储单元必须和计算节点交互来平衡功耗。根据 Ge、Feng、Cameron[21]，存储设备约占数据中心能源消耗总量的 27%。由于存储需求年增长 60%，这个数字迅速增加，问题变得更加恶化。■

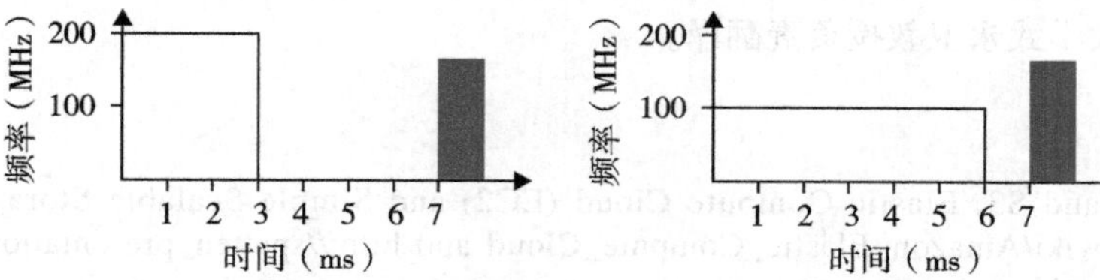

图 1-27 通过在松弛时间降低频率或电压，DVFS 技术（右）节约的能量与传统方式（左）的比较 54

1.6 参考文献和习题

在过去的 40 年中，并行处理和分布式计算已经成为研究和开发的热门话题。并行计算的早期工作可以在一些经典书籍中找到[14,17,27,28]。最近的分布式系统研究工作可以在文献[8，13，20，22]中找到。集群计算在文献[2，10，28，38]有涉及，网格计算在文献[6，18，42，47，51]中。文献[6，34，46]介绍了 P2P 网络。多核 CPU 和众核 GPU 处理器在文献[15，32，36]中进行了讨论。Top500 超级计算机的相关资料可以在文献[50]中找到。

文献[4, 19, 26]是对数据中心的介绍，文献[24, 26]介绍了最新的计算机体系结构。文献[1, 9, 11, 18, 29, 30, 39, 44]是云计算相关研究。由 Buyya、Broberg 和 Goscinski 编辑成卷的有关云计算研究[11]是云计算研究的一个很好的资源。Chou 的书[12]强调云服务的商业模式。文献[40 ~ 44]介绍了虚拟化技术。Bell、Gray 和 Szalay[5]、Foster 等人[18]，以及 Hey[25]的文章关注有关数据密集型网格和云计算的关键问题。大规模数据并行和编程包括在文献[14, 32]中。

分布式算法和 MPI 编程的研究在文献[3, 12, 15, 22, 28]中有介绍。分布式操作系统和软件工具在文献[3, 7, 13, 46]中涉及。节能和能量管理在文献[21, 31, 52]中被研究。文献[45, 48]是对物联网的研究。Hwang 和 Li 的工作[30]为应对云安全和数据保护问题提出了建议。在随后的章节，将提供其他参考文献。下面的列表中重点列出涉及并行、集群、网格、P2P 系统、云和分布式系统领域最新进展的一些国际会议、杂志和期刊：

- **IEEE 及相关会议刊物**：互联网计算，TPDS（并行与分布式系统汇刊），TC（计算机汇刊），TON（网络汇刊），ICDCS（分布式计算系统国际会议），IPDPS（国际并行与分布处理研讨会），INFOCOM，GLOBECOM，CCGrid（集群、云和网格），P2P 计算，HPDC（高性能分布式计算），CloudCom（云计算技术和科学国际会议），ISCA（计算机体系结构国际研讨会），HPCA（高性能计算机体系结构），计算机杂志，TDSC（可靠和安全计算汇刊），TKDE（知识与数据工程汇刊），HPCC（高性能计算和通信），ICPADS（并行与分布式应用和系统国际会议），NAS（网络、体系结构和存储）和 GPC（网格和普适计算）。
- **ACM、互联网协会、IFIP 和其他相关出版物**：超级计算会议，ACM 计算系统汇刊，USENIX 技术会议，JPDC（并行和分布式计算期刊），云计算期刊，分布式计算期刊，集群计算期刊，下一代计算机系统，网格计算期刊，并行计算期刊，并行处理国际会议（ICPP），欧洲并行计算会议（EuroPAR），并发：实践与经验（Wiley），NPC（IFIP 网络
55 和并行计算），PDCS（ISCA 并行与分布式计算机系统）。

致谢

本章主要由黄铠教授撰写，Geoffrey Fox 和 Albert Zomaya 分别参与了 1.4.1 节和 1.5.4 节的撰写。南加州大学的楼肖松和陈理中对图 1-4 和图 1-10 的绘制提供了帮助。悉尼大学的 Nikzad Rivandi 和 YoungChoon Lee 参与了 1.5.4 节的写作。Jack Dongarra 审校了本章内容。

本章由清华大学武永卫教授负责翻译。

参考文献

[1] Amazon EC2 and S3, Elastic Compute Cloud (EC2) and Simple Scalable Storage (S3). http://en.wikipedia.org/wiki/Amazon_Elastic_Compute_Cloud and http://spatten_presentations.s3.amazonaws.com/s3-on-rails.pdf.

[2] M. Baker, R. Buyya, Cluster computing at a glance, in: R. Buyya (Ed.), High-Performance Cluster Computing, Architecture and Systems, vol. 1, Prentice-Hall, Upper Saddle River, NJ, 1999, pp. 3–47, Chapter 1.

[3] A. Barak, A. Shiloh, The MOSIX Management System for Linux Clusters, Multi-Clusters, CPU Clusters, and Clouds, White paper. www.MOSIX.org//txt_pub.html, 2010.

[4] L. Barroso, U. Holzle, The Datacenter as a Computer: An Introduction to the Design of Warehouse-Scale Machines, Morgan & Claypool Publishers, 2009.

[5] G. Bell, J. Gray, A. Szalay, Petascale computational systems: balanced cyberstructure in a data-centric World, IEEE Comput. Mag. (2006).
[6] F. Berman, G. Fox, T. Hey (Eds.), Grid Computing, Wiley, 2003.
[7] M. Bever, et al., Distributed systems, OSF DCE, and beyond, in: A. Schill (Ed.), DCE-The OSF Distributed Computing Environment, Springer-Verlag, 1993, pp. 1–20.
[8] K. Birman, Reliable Distributed Systems: Technologies, Web Services, and Applications, Springer-Verlag, 2005.
[9] G. Boss, et al., Cloud Computing–The BlueCloud Project. www.ibm.com/developerworks/websphere/zones/hipods/, October 2007.
[10] R. Buyya (Ed.), High-Performance Cluster Computing, Vol. 1 and 2, Prentice-Hall, Englewood Cliffs, NJ, 1999.
[11] R. Buyya, J. Broberg, A. Goscinski (Eds.), Cloud Computing: Principles and Paradigms, Wiley, 2011.
[12] T. Chou, Introduction to Cloud Computing: Business and Technology. Lecture Notes at Stanford University and Tsinghua University, Active Book Press, 2010.
[13] G. Coulouris, J. Dollimore, T. Kindberg, Distributed Systems: Concepts and Design, Wesley, 2005.
[14] D. Culler, J. Singh, A. Gupta, Parallel Computer Architecture, Kaufmann Publishers, 1999.
[15] B. Dally, GPU Computing to Exascale and Beyond, Keynote Address at ACM Supercomputing Conference, November 2010.
[16] J. Dean, S. Ghemawat, MapReduce: Simplified Data Processing on Large Clusters, in: Proceedings of OSDI 2004. Also, Communication of ACM, Vol. 51, 2008, pp. 107–113.
[17] J. Dongarra, et al. (Eds.), Source Book of Parallel Computing, Morgan Kaufmann, San Francisco, 2003.
[18] I. Foster, Y. Zhao, J. Raicu, S. Lu, Cloud Computing and Grid Computing 360-Degree Compared, Grid Computing Environments Workshop, 12–16 November 2008.
[19] D. Gannon, The Client+Cloud: Changing the Paradigm for Scientific Research, Keynote Address, IEEE CloudCom2010, Indianapolis, 2 November 2010.
[20] V.K. Garg, Elements of Distributed Computing. Wiley-IEEE Press, 2002.
[21] R. Ge, X. Feng, K. Cameron, Performance Constrained Distributed DVS Scheduling for Scientific Applications on Power-aware Clusters, in: Proceedings Supercomputing Conf., Washington, DC, 2005.
[22] S. Ghosh, Distributed Systems–An Algorithmic Approach, Chapman & Hall/CRC, 2007.
[23] B. He, W. Fang, Q. Luo, N. Govindaraju, T. Wang, Mars: A MapReduce Framework on Graphics Processor, ACM PACT'08, Toronto, Canada, 25–29 October 2008.
[24] J. Hennessy, D. Patterson, Computer Architecture: A Quantitative Approach, Morgan Kaufmann, 2007.
[25] T. Hey, et al., The Fourth Paradigm: Data-Intensive Scientific Discovery, Microsoft Research, 2009.
[26] M.D. Hill, et al., The Data Center as a Computer, Morgan & Claypool Publishers, 2009.
[27] K. Hwang, Advanced Computer Architecture: Parallelism, Scalability, Programming, McGraw-Hill, 1993.
[28] K. Hwang, Z. Xu, Scalable Parallel Computing, McGraw-Hill, 1998.
[29] K. Hwang, S. Kulkarni, Y. Hu, Cloud Security with Virtualized Defense and Reputation-based Trust Management, in: IEEE Conference on Dependable, Autonomous, and Secure Computing (DAC-2009), Chengdu, China, 14 December 2009.
[30] K. Hwang, D. Li, Trusted Cloud Computing with Secure Resources and Data Coloring, in: IEEE Internet Computing, Special Issue on Trust and Reputation Management, September 2010, pp. 14–22.
[31] Kelton Research, Server Energy & Efficiency Report. www.1e.com/EnergyCampaign/downloads/Server_Energy_and_Efficiency_Report_2009.pdf, September 2009.
[32] D. Kirk, W. Hwu, Programming Massively Processors: A Hands-on Approach, Morgan Kaufmann, 2010.
[33] Y.C. Lee, A.Y. Zomaya, A Novel State Transition Method for Metaheuristic-Based Scheduling in Heterogeneous Computing Systems, in: IEEE Transactions on Parallel and Distributed Systems, September 2008.
[34] Z.Y. Li, G. Xie, K. Hwang, Z.C. Li, Churn-Resilient Protocol for Massive Data Dissemination in P2P Networks, in: IEEE Trans. Parallel and Distributed Systems, May 2011.
[35] X. Lou, K. Hwang, Collusive Piracy Prevention in P2P Content Delivery Networks, in: IEEE Trans. on Computers, July, 2009, pp. 970–983.
[36] NVIDIA Corp. Fermi: NVIDIA's Next-Generation CUDA Compute Architecture, White paper, 2009.
[37] D. Peleg, Distributed Computing: A Locality-Sensitive Approach, SIAM, 2000.
[38] G.F. Pfister, In Search of Clusters, Second ed., Prentice-Hall, 2001.
[39] J. Qiu, T. Gunarathne, J. Ekanayake, J. Choi, S. Bae, H. Li, et al., Hybrid Cloud and Cluster Computing Paradigms for Life Science Applications, in: 11th Annual Bioinformatics Open Source Conference BOSC 2010, 9–10 July 2010.

[40] M. Rosenblum, T. Garfinkel, Virtual machine monitors: current technology and future trends, IEEE Computer (May) (2005) 39–47.
[41] M. Rosenblum, Recent Advances in Virtual Machines and Operating Systems, Keynote Address, ACM ASPLOS 2006.
[42] J. Smith, R. Nair, Virtual Machines, Morgan Kaufmann, 2005.
[43] B. Sotomayor, R. Montero, I. Foster, Virtual Infrastructure Management in Private and Hybrid Clouds, IEEE Internet Computing, September 2009.
[44] SRI. The Internet of Things, in: Disruptive Technologies: Global Trends 2025, www.dni.gov/nic/PDF_GIF_Confreports/disruptivetech/appendix_F.pdf, 2010.
[45] A. Tanenbaum, Distributed Operating Systems, Prentice-Hall, 1995.
[46] I. Taylor, From P2P to Web Services and Grids, Springer-Verlag, London, 2005.
[47] Twister, Open Source Software for Iterative MapReduce, http://www.iterativemapreduce.org/.
[48] Wikipedia. Internet of Things, http://en.wikipedia.org/wiki/Internet_of_Things, June 2010.
[49] Wikipedia. CUDA, http://en.wikipedia.org/wiki/CUDA, March 2011.
[50] Wikipedia. TOP500, http://en.wikipedia.org/wiki/TOP500, February 2011.
[51] Y. Wu, K. Hwang, Y. Yuan, W. Zheng, Adaptive Workload Prediction of Grid Performance in Confidence Windows, in: IEEE Trans. on Parallel and Distributed Systems, July 2010.
[52] Z. Zong, Energy-Efficient Resource Management for High-Performance Computing Platforms, Ph.D. dissertation, Auburn University, 9 August 2008.

习题

1.1　简要地定义以下在计算机体系结构、并行处理、分布式计算、互联网技术、信息服务领域代表最近相关进展的基本技术：

a. 高性能计算（HPC）系统
b. 高吞吐量计算（HTC）系统
c. 对等（P2P）网络
d. 计算机集群与计算网格
e. 面向服务的体系结构（SOA）
f. 普适计算与互联网计算
g. 虚拟机和虚拟基础设施
h. 公有云与私有云
i. 射频识别（RFID）
j. 全球定位系统（GPS）
k. 传感器网络
l. 物联网（IoT）
m. 信息物理系统（CPS）

1.2　在下面两个问题中选出唯一的正确答案：

1. 2009 年最快的计算机系统排名 Top500 中，哪个体系结构占主宰地位？
   a. 对称共享内存多处理器系统
   b. 集中式大规模并行处理器（MPP）系统
   c. 协同计算机集群
2. 在由服务器集群形成的云中，所有服务器必须采用下面哪种方式？
   a. 所有云机器必须构建在物理机上
   b. 所有云机器必须构建在虚拟机上
   c. 云机器可以是物理机也可以是虚拟机

1.3　越来越多的工业和商业组织采用云系统。关于云计算，回答以下问题：

a. 列出并描述云计算系统的主要特点。
b. 讨论云计算系统中的关键技术。

c. 讨论云服务提供商最大化收入的不同方式。

1.4 将左侧术语缩写和系统模型同右侧的描述匹配起来，将描述的标号填入术语前的空格中。

______ Globus	(a) 由 Apache 倡导和维护的用于编写和运行面向大量分布式数据应用程序的可扩展软件平台
______ BitTorrent	(b) 通过集中式目录服务器进行 MP3 音乐分发的 P2P 网络
______ Gnutella	(c) 谷歌用于超大数据集分布式映射和压缩的编程模型与相关实现
______ EC2	(d) 由 USC/ISI 和阿贡国家实验室联合开发的用于网格资源管理和作业调度的中间件库
______ TeraGrid	(e) 谷歌用于管理可能扩展到超大规模的结构化数据的分布式存储程序
______ EGEE	(f) 使用多文件索引的 P2P 文件共享网络
______ Hadoop	(g) 计算机集群节点容错和主机故障恢复的关键设计目标
______ SETI@ home	(h) 作为开放网格标准的服务体系结构说明
______ Napster	(i) 一个允许网络应用开发者有效获取云资源的弹性且灵活的计算环境
______ BigTable	(j) 用于在寻找地外文明中进行分布式信号处理的超过 300 万台台式计算机的 P2P 网格

1.5 考虑 4 个异构内核标记为 A、B、C 和 D 的多核处理器。假设核 A 和核 D 有相同的速度。核 B 运行速度比核 C 快 2 倍，核 C 运行速度比核 A 快 3 倍。假设所有 4 个内核同时执行下面的应用程序且在所有核运行过程中没有缓存未命中情况。假设应用程序需要计算数组中 256 个元素的平方。假设核 A 或核 D 在 1 个单元时间能计算 1 个元素的平方。因此，核 B 需要 1/2 个单元时间，核 C 需要 1/3 个单元时间计算一个元素的平台。给出 4 个核的分工：

核 A	32 个元素
核 B	128 个元素
核 C	64 个元素
核 D	32 个元素

a. 计算使用 4 核处理器并行计算 256 个元素平方的总运行时间（单元时间）。4 个核速度不同。一些快的核完成任务后可能会空闲下来，而其他核仍进行计算直到所有平方算完。

b. 计算处理器利用率，所有核工作（非空闲）总时间除以执行上面应用程序时处理器中所有核总运行时间。

1.6 考虑在 SPMD（单程序多数据流）模式的 n 台相同 Linux 服务器组成的集群上并行执行一个使用 MPI 代码的 C 程序。SPMD 模式意味着相同的 MPI 程序同时运行在所有服务器上但处理相同负载的不同数据集。假设 25% 的程序执行是 MPI 命令的执行。为简单起见，假设所有 MPI 命令消耗相同的执行时间。运用 Amdahl 定律回答下列问题：

a. 给定 MPI 程序在 4 服务器集群上的总执行时间是 T 分钟，在 256 个服务器的集群上执行相同 MPI 程序的加速比是多少？假定程序执行是无死锁的并且忽略计算中所有其他运行时开销。

b. 假设所有 MPI 命令现在通过用户空间消息句柄采用动态消息效率提升了 2 倍。提升使所有 MPI 命令的运行时间减少了一半。安装了这种 MPI 改进的 256 个服务器集群，相对于原来加速比是多少？

1.7 考虑一个计算两个大规模的 $N \times N$ 矩阵乘法的程序，其中 N 是矩阵大小。单服务器上串行乘法执行时间是 $T_1 = cN^3$ 分钟，其中 c 是由所用服务器决定的常量。一个 MPI 并行程序在一个 n 服务器集群系统完成执行需要 $T_n = cN^3/n + dN^2/n^{0.5}$ 分钟，其中 d 是一个由所使用 MPI 版本决定的常量。假定程序的串行瓶颈是 0（$\alpha = 0$）。T_n 中的第二项表示 n 个服务器总的消息传递开销。

对于给定集群配置：$n = 64$ 个服务器，$c = 0.8$，$d = 0.1$。回答如下问题。a 和 b 部分有一个相应于矩阵大小 $N = 15\ 000$ 的固定负载。c 和 d 部分有一个相应于矩阵大小 $N' = n^{1/3}N = 64^{1/3} \times 15\ 000 = 4 \times 15\ 000 = 60\ 000$ 的扩展负载。假设用相同的集群配置来处理两个负载。那么，系统参数 n、c 和 d 保持不变。运行扩展负载，开销也会随着矩阵 N' 的增大而增长。

a. 使用 Amdahl 定律，计算 n 服务器集群相对单服务器的加速比。

b. a 部分使用的集群系统效率是多少？

c. 使用 Gustafson 定律计算相同集群配置下执行扩展的 $N' \times N'$ 矩阵计算的加速比。

d. 计算在 64 处理器集群上运行 c 部分扩展负载的效率。

e. 比较以上运算加速比和效率结果并评价它们的影响。

1.8 比较传统计算集群/网格和近年来兴起的计算云之间的相似和不同。考虑下面列出的所有技术和经济因素。针对这些年构建的实例系统或平台回答下列问题，并讨论两个计算范式在将来可能的融合点。

a. 硬件、软件和网络支持

b. 资源分配和供给方法

c. 基础设施管理和保护

d. 计算服务效用支持

e. 操作和耗费模型应用

1.9 针对 PC 和 HPC 系统，回答下列问题：

a. 解释为什么个人计算机和高性能计算近期的变革超过过去 30 年的变革。

b. 讨论处理器架构的破坏性改变的缺陷。为什么内存墙是性能可扩展的主要问题？

c. 解释为什么 x86 处理器仍然主宰着 PC 和 HPC 市场。

1.10 多核和众核处理器已经广泛应用于台式计算机和 HPC 系统中。针对先进的处理器、内存设备和系统互连设备回答下列问题：

a. 多核 CPU 和 GPU 在体系结构和使用方面的不同之处是什么？

b. 解释为什么并行编程模型无法匹配处理器技术的进步。

c. 针对核心扩展与有效编程和使用多核的不匹配之间的问题给出建议，并面对似是而非的解决方法捍卫你的观点。

d. 解释为什么闪存 SSD 在一些 HPC 和 HTC 应用中可以得到更好的加速比。

e. 说明 InfiniBand 和以太网将继续主宰 HPC 市场这个预测是合理的。

1.11 在图 1-7 中，你了解了现代处理器的 5 个分类。表 1-9 中刻画了设计这些处理器的 5 个微体系结构。评价它们的优缺点并给出每个处理器分类中两个商业处理器的例子。假设一个单核超标量处理器和三个多线程处理器，上述处理器分类是一个多核 CMP 并且每个核心处理一个线程。

表 1-9　现代处理器 5 个微体系结构比较

处理器微体系结构	体系结构特点	优点/缺点	典型处理器
单线程超标量			
细粒度多线程			
粗粒度多线程			
并发多线程（SMT）			
片上多核多处理器（CMP）			

1.12 讨论下列领域的主要优点和缺点：

a. 为什么云计算系统中虚拟机和虚拟集群备受推崇？

b. 建立合算的虚拟云系统需要哪些突破？

c. 云平台对于 HPC 和 HTC 在工业界的未来有什么影响？

1.13 描述下列三个云计算模型：

a. 什么是 IaaS（基础设施即服务）云？给出一个例子。

b. 什么是 PaaS（平台即服务）云？给出一个例子。

c. 什么是 SaaS（软件即服务）云？给出一个例子。

1.14 简要解释下面的云计算服务。在每个服务类别下给出两个云提供商的公司名。

a. 应用云服务

b. 平台云服务

c. 计算和存储服务
d. 分配云服务
e. 网络云服务

1.15　简要解释下列分布式计算系统中网络威胁和安全防御相关的术语：
a. 拒绝服务（DoS）
b. 木马
c. 网络蠕虫
d. 服务欺诈
e. 授权
f. 认证
g. 数据完整性
h. 保密性

1.16　针对绿色信息技术和分布式系统节能，简要回答下列问题：
a. 为什么数据中心运行中能量消耗是关键问题？
b. 动态电压频率缩放（DVFS）技术的构成？
c. 基于现有绿色 IT 研究的进展进行深度研究，并写一篇关于数据中心设计和云服务应用的报告。

1.17　比较 GPU 和 CPU 芯片各自的优势和弱点。特别地，讨论节能、可编程性和性能之间的权衡。并比较各种 MPP 架构在处理器选取、性能目标、效率和封装的约束。

1.18　比较三种分布式操作系统：Amoeba、DCE 和 MOSIX。调研它们最近的进展和对集群、网格和云中应用的影响。讨论每个系统在商业或实验性分布式应用中的适应性。并讨论每个系统的局限以及它们为什么不如商业系统成功。

第2章
Distributed and Cloud Computing, 1E

可扩展并行计算集群

计算机集群化（clustering）在科学与商业应用中实现了可扩展并行计算和分布式计算。本章主要学习建立集群结构的大规模并行处理机。我们专注于硬件、软件、中间件、操作系统支持的设计原则和评估，这些用于实现集群的可扩展性、可用性、可编程性、单系统镜像和容错能力。我们将检测 Tianhe-1A、Gray XT5 Jaguar 和 IBM Roadrunner 的集群体系结构，同时还将介绍 LSF 中间件和 MOSIX/OS，它们在构建网格和云的 Linux 集群、GPU 集群，以及集群扩展中用于作业和资源管理。本章将只介绍物理集群，虚拟集群将会在第3章和第4章介绍。

2.1 大规模并行集群

计算机集群（computer cluster）由相互联系的个体计算机聚集组成，这些计算机之间相互联系并且共同工作，对于用户来说，计算机集群如同一个独立完整的计算资源池。集群化实现作业级的大规模并行，并通过独立操作实现*高可用性*。计算机集群和大规模并行处理器（MPP）的优点包括可扩展性能、高可用性、容错、模块化增长和使用商用组件。这些特征能够维持在硬件、软件和网络组件上经历的生成变化。集群计算兴起于20世纪90年代中期，当时传统的大型机和向量超级计算机已被证实在高性能计算中具有较低的成本效益。

2010年发布的Top500超级计算机中85%是由同构节点构建的计算机集群或者MPP。计算机集群依赖于当今建立在数据中心之上的超级计算机、计算网格和互联网云。现今，大量计算机的应用变得日益重要。根据最近IDC预测，高性能计算机市场将会在2010年到2013年，由85亿美元增长到105亿美元。大部分Top500超级计算机被用于科学和工程中的高性能计算。*高吞吐量集群服务器*在商业和Web服务应用中也被更为广泛地使用。

2.1.1 集群发展趋势

计算机集群化已由高端大型计算机的相互连接转变为使用大量的x86引擎。计算机集群化由大型计算机（如IBM Sysplex和SGI Origin 3000）之间的链接发展而来。其目的是满足协同组计算的需求，并为关键企业级应用提供更高的可用性。随后，集群化的发展更多面向网络中的大量小型计算机，例如，DEC的VMS集群化是由共享同一套磁盘/磁带控制器的多个VAX互连组成。Tandem的Himalaya是为容错*在线事务处理*（Online Transaction Processing，OLTP）应用而设计的商业集群。

在20世纪90年代早期，接下来是建立基于UNIX工作站集群，其中具有代表性的是Berkely
66 NOW（Network of Workstations）和基于AIX的IBM SP2服务器集群。2000年以后，集群发展趋势变为RISC或x86个人计算机引擎的集群化。集群产品目前已出现在集成系统、软件工具、可用基础设施和操作系统扩展中。集群化的发展趋势与计算机工业的削减趋势相一致。对较小节点集群的支持将使得集群配置的销售额以模块化增量递增。从IBM、DEC、Sun和SGI到Compaq和Dell，计算机工业的发展使得可以采用低成本服务器或x86台式计算机实现具有成本效益、可扩展性和高可用性特征的集群化。

集群系统的里程碑

集群化已成为计算机体系结构中的热门研究方向。快速通信、作业调度、SSI 和 HA 是集群研究中的活跃课题。表 2-1 中列出了部分里程碑式的集群研究项目和商业集群产品。这些老集群的细节可以参阅文献[14]。这些里程碑项目在过去 20 年内带领着集群化硬件和中间件的发展。列表中的每个集群均发展了一些独特特征。现代集群朝着高性能集群的方向发展，这将在 2.5 节中介绍。

表 2-1 研究或商业集群计算机系统的里程碑[14]

项 目	支持集群化的具体特征
DEC VAXcluster (1991)	运行 VMS/OS 及其扩展的 SMP 服务器组成的 UNIX 集群，主要用于高可用性应用
加州大学伯克利分校 NOW 项目 (1995)	工作站的无服务器网络，具有动态消息传递、合作归档和 GLUnix 开发的特征
莱斯大学的 TreadMarks (1996)	软件驱动的分布式共享内存，用于基于页面迁移的 UNIX 工作站集群
Sun Solaris MC Cluster (1995)	建立于 Sun Solaris 工作站之上的研究集群；部分集群操作系统功能得以发展，但是从未商用
Tandem Himalaya Clustrer (1994)	用于 OLTP 和数据库进程的可扩展与容错集群，由不间断操作系统支持构建
IBM SP2 服务器集群 (1996)	由 Power2 节点和 Omega 网络构建的 AIX 服务器集群，并获得 IBM Loadleveler 和 MPI 扩展的支持
谷歌搜索引擎集群 (2003)	具有 4 000 个节点服务器的集群，用于互联网搜索和 Web 服务应用，提供分布式文件系统和容错
MOSIX (2010) http://www.mosix.org	分布式操作系统，用于 Linux 集群、多集群、网格和云，被研究机构使用

NOW 项目解决了集群计算的各方面问题，包括体系结构、Web 服务器的软件支持、单系统镜像、I/O 与文件系统、高效通信和高可用性。莱斯大学的 TreadMarks 是软件实现共享内存的工作站集群的一个好例子。内存共享通过用户空间运行时间库实现，它是建立在 Sun Solaris 工作站上的研究型集群。部分集群操作系统的功能得到了发展，但是却没有成功地用于商用。 67

使用 VMS/OS 及相关扩展的 SMP 服务器组成的 UNIX 集群主要用于高可用性应用。AIX 服务器集群主要由 Power2 节点和 Omega 网络组成，并由 IBM Loadleveler 和 MPI 扩展支持。用于 OLTP 和数据库处理的可扩展容错集群由不间断操作系统支持构建。谷歌搜索引擎建立在谷歌使用的商品组件上。MOSIX 由希伯来大学在 1999 年开始使用，是用于 Linux 集群、多集群、网格和云的分布式操作系统。

2.1.2 计算机集群的设计宗旨

集群的分类方式有多种。本书利用集群的 6 个正交特性对其进行分类：可扩展性、封装、控制、同构性、可编程性和安全性。

2.1.2.1 可扩展性

计算机集群化是基于模块化增长的概念。将几百个单处理器节点的集群扩展为 10 000 个多核节点的超级集群不是一个简单任务。这是由于可扩展性被一些因素限制，如多核心芯片技术、集群拓扑结构、封装方式、电力消耗和冷控制技术应用。在上述因素的影响下，若目标依然是实现可扩展性能，则还必须考虑其他的一些限制因素，如内存墙、磁盘 I/O 瓶颈和容许时延等。

2.1.2.2 封装

集群节点可以被封装成紧凑或者松散的形式。在一个紧凑（compact）集群中，节点被紧密布置在一个房间内的一个或多个货架上，且节点不附外设（显示器、键盘、鼠标等）。在一个松散（slack）集群中，节点连接到它们平常的外设（如完整的 SMP、工作站和 PC），并且节点可能位于不同的房间、不同的建筑，甚至偏远地区。封装直接影响通信线路的长度，因此需要选择合适的互连技术。紧凑集群通常利用专有的高带宽、低延迟的通信网络，而松散集群节点一般由标准的局域网或广域网连接。

2.1.2.3 控制

集群能够以集中或分散的形式被控制或管理。紧凑集群通常集中控制，而松散集群可以采取另一种方式。在集中式集群中，中心管理者拥有、控制、管理和操作所有节点。在分散式集群中，节点有各自的拥有者。例如，考虑某个部门中由互连台式工作站组成的集群，其中每个工作站分别被某个职员拥有。拥有者可以在任何时间重新配置、更新，甚至关闭工作站。由于单点控制的缺陷，因此系统很难管理这样一个集群。它同样需要进程调度、负载迁移、检查点、记账和其他类似任务的特殊技术。

2.1.2.4 同构性

同构集群采用来自相同平台的节点，即节点具有相同处理器体系结构和相同操作系统。通
68 常情况下，这些节点都来自同一提供商。异构集群使用来自不同平台的节点。互操作性是异构集群的一个非常重要的问题。例如，进程迁移通常需要满足负载均衡或可用性。在同构集群中，二进制进程镜像可以迁移到另一个节点并能够继续执行。这在异构集群中是不允许的，因为当进程迁移到不同平台的节点上时，二进制代码不继续执行。

2.1.2.5 安全性

集群内通信可以是开放的或封闭的。开放集群节点间的通信路径对外界显示。外界机器可采用标准协议（如 TCP/IP）访问通信路径，从而访问单独节点。这种集群容易实现，但有几个缺点：

- 由于开放，集群内通信变得不安全，除非通信子系统提供附加的功能来确保隐私和安全。
- 外界通信可能以不可预测的形式干扰集群内通信。例如，重 BBS 流量可能干扰生产作业。
- 标准通信协议往往具有巨大的开销。

在封闭集群中，集群内通信与外界相隔离，从而缓解了上述问题。其不利条件是目前还没有高效、封闭的集群内通信标准。因此，大多数商业或学术集群按照各自的协议实现高速通信。

2.1.2.6 专用集群和企业集群

专用集群通常安装在中央计算机机房的台前架上。专用集群由相同类型的计算机节点同构配置，并且由一个类似前端主机的独立管理组管理。专用集群被用于代替传统的大型机或超级计算机。专用集群的安装、使用、管理与单一机器相似。许多用户可以登录集群执行交互和批量作业。专用集群极大地提高了吞吐量，并且减少了响应时间。

企业集群主要利用节点的闲置资源，每个节点通常是一个完整的 SMP、工作站或 PC 及其所有必要的外部设备。这些节点通常在地理上是分散的，不一定在同一个房间甚至同一幢楼里。这些节点分别被多个所有者拥有。集群管理员只有有限的控制权，因为一个节点可以在任何时候被它的所有者关闭，且所有者的“本地”作业比企业作业具有更高的优先级。这类集群通常是由异构计算机节点配置的。这些节点通常由低成本的以太网网络连接。大多数数据中心由低成本的服务器集群构成。虚拟集群在数据中心升级中起着重要作用。我们将在第 6 章讨论虚拟集群，在第 7 章、第 8 章和第 9 章讨论云。

2.1.3 基础集群设计问题

本节将对各种集群和 MPP 分类，然后将会确定集群和 MPP 系统中的主要设计问题，包括物
69 理和虚拟集群。这些系统经常出现在计算网格、国家实验室、商业数据中心、超级计算机网站和

虚拟云平台中。正确理解集群和 MPP 的集体运行将对整体理解后续章节介绍的网格和互联网云提供极大的帮助。在推进和使用集群的过程中应该考虑一些问题。虽然在这些问题上已有大量的研究，但这仍是一个活跃的研究和发展领域。

2.1.3.1 可扩展性能

资源扩展（集群节点、内存容量、I/O 带宽等）使性能成比例增长。当然，基于应用需求或者成本效益考虑，扩大和减少的能力都是必需的。集群化因为其可扩展性得以发展，在任何集群或 MPP 计算机系统应用中都不应忽视可扩展性。

2.1.3.2 单系统镜像（SSI）

采用以太网连接的工作站集合不一定就是一个集群。集群是一个独立的系统。例如，假设一个工作站拥有一个 300 Mflops/s 的处理器、512 MB 内存和 4 GB 硬盘，并且能够支持 50 位活跃用户和 1 000 个进程。100 个这样的工作站组成的集群能否看做为单一的系统，即相当于拥有一个 30 Gflops/s 处理器、50 GB 内存和 400 GB 的磁盘，并能支持 5 000 位活跃用户和 100 000 个进程的巨大工作站或大规模站（megastation）？这是一个吸引人的目标，但是难以实现。SSI 技术旨在达成这个目标。

2.1.3.3 可用性支持

集群能够利用处理器、内存、磁盘、I/O 设备、网络和操作系统镜像的大量冗余提供低成本、高可用性的性能。然而，要实现这一潜力，可用性技术是必需的。我们将在介绍 DEC 集群（10.4 节）和 IBM SP2（10.3 节）如何尝试实现高可用性时，具体说明这些技术。

2.1.3.4 集群作业管理

集群尝试使用传统工作站或 PC 节点实现高系统利用率，而这些资源通常是不能被很好利用的。作业管理软件需要提供批量、负载均衡和并行处理等功能。我们将在 3.4 节学习集群作业管理系统。同时管理多个作业需要特殊的软件工具。

2.1.3.5 节点间通信

集群由于具有更高的节点复杂度，故不能被封装得如 MPP 节点一样的简洁。集群内节点之间的物理网线长度比 MPP 长。这在集中式集群中也是成立的。长网线会导致更大的互连网络延迟。更重要的是，长网线会产生可靠性、时钟偏差和交叉会话等更多方面问题。这些问题要求使用可靠和安全的通信协议，而这会增加开销。集群通常使用 TCP/IP 等标准协议的商用网络（如以太网）。

2.1.3.6 容错和恢复

机器集群能够消除所有的单点失效。因为冗余，集群能在一定程度上容忍出错的情况。心跳机制可以监控所有节点的运行状况。如果一个节点发生故障，那么该节点上运行的关键作业可以被转移到正常运行的节点上。回滚恢复机制通过周期性记录检查点来恢复计算结果。 70

2.1.3.7 集群分类

基于应用需求，计算机集群可以分为三类：

- **计算集群**：主要用于单一大规模作业的集体计算。一个很好的例子是用于天气状况数值模拟的集群。计算集群不需要处理很多的 I/O 操作，如数据库服务。当单一计算作业需要集群中节点间的频繁通信，该集群必须共享一个专用网络，因而这些节点大多是同构和紧耦合的。这种类型的集群也被称为**贝奥武夫集群**。

  当集群需要在少量重负载节点间通信时，其从本质上就是众所周知的计算网格。紧耦合计算集群用于超级计算应用。计算集群应用中间件（如消息传递接口（Message-Passing Interface，MPI）或并行虚拟机（Parallel Virtual Machine，PVM）），将程序传递到更广的集群。

- **高可用性集群**：用于容错和实现服务的高可用性。高可用性集群中有很多冗余节点以容忍故障或失效。最简单的高可用性集群只有两个可以互相转移的节点。当然，高冗余可以提供更高的可用性。可用性集群的设计应避免所有单点失效。很多商业高可用性集群能使用各种不同操作系统。
- **负载均衡集群**：通过使集群中所有节点的负载均衡而达到更高的资源利用。所有节点如同单个虚拟机（Virtual Machine，VM）一样，共享任务或功能。来自用户的请求被分发至集群的所有计算机节点，这样就可以在不同机器间平衡负载，从而达到更高的资源利用或性能。为了在所有集群节点间迁移作业或进程来实现动态负载均衡，中间件是必需的。

2.1.4 Top500 超级计算机分析

每隔6个月，会在超大数据集上运行 Linpack 基准测试程序评测出世界 Top500 超级计算机，此排名每年会发生一些变化。在本节中，我们将分析在体系结构、速度、操作系统、国家和应用方面的历史因素。此外，我们将比较近年快速系统的前5名。

2.1.4.1 体系结构演变

观察图2-1，Top500 超级计算机这些年在体系结构演变方面很有趣。在1993年，250个系统是SMP体系结构的，并且这些SMP系统在2002年6月以后都不再使用。大多数SMP采用共享内存和I/O设备的结构。在1993年，有120个MPP系统，到2000年时，MPP达到峰值350个系统，而到2010年又减少到不足100个系统。单指令多数据（SIMD）机器在1997年消失，而集群体
71 系结构在1999年开始出现。现在，集群在 Top500 超级计算机中处于支配地位。

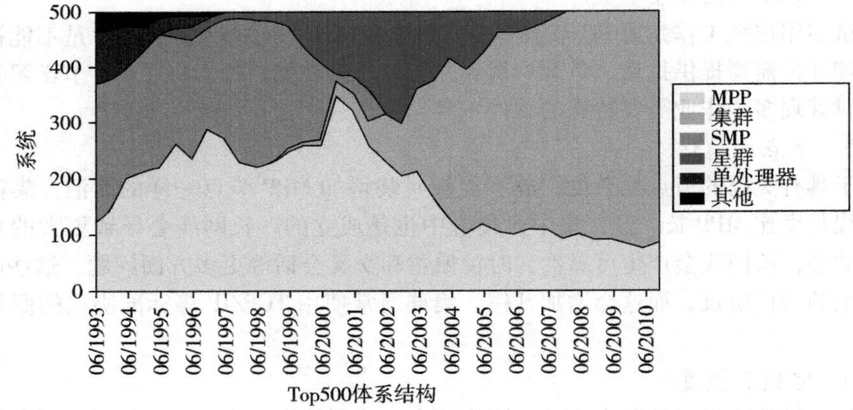

图 2-1 Top500 系统的体系结构分布

2010年，Top500 计算机体系结构包括集群（420个系统）和 MPP（80个系统）。这两类系统的基本区别源于构建系统的组件。集群通常采用市场上的商用硬件、软件和网络组件。而 MPP 采用定制的计算节点、插件、模块和机壳，它们之间的互连被特定封装。MPP 要求高带宽、低延迟、更好的能效和高可靠性。在考虑成本的前提下，集群为了满足性能扩展，而允许模块化增长。MPP 因为其成本高，故而出现得较少。一般来说，每个国家只有很少的 MPP 超级计算机。

2.1.4.2 速度提升

图2-2绘制了1993年至2010年 Top500 快速计算机的测量性能。y 轴按照 Gflops、Tflops 和 Pflops 表示持续速度性能。中间曲线描绘了17年来最快速计算机的性能，峰值性能从58.7 Gflops 增长到2.566 Pflops。底部曲线对应于第500位计算机的速度，由1993年的0.42 Gflops 增长为2010年的31.1 Tflops。顶部曲线描述了同一时期这500个计算机的速度之和。在2010年，500个计算机的总体速度之和达到43.7 Pflops。有趣的是，总体速度几乎随着时间呈线性增加。

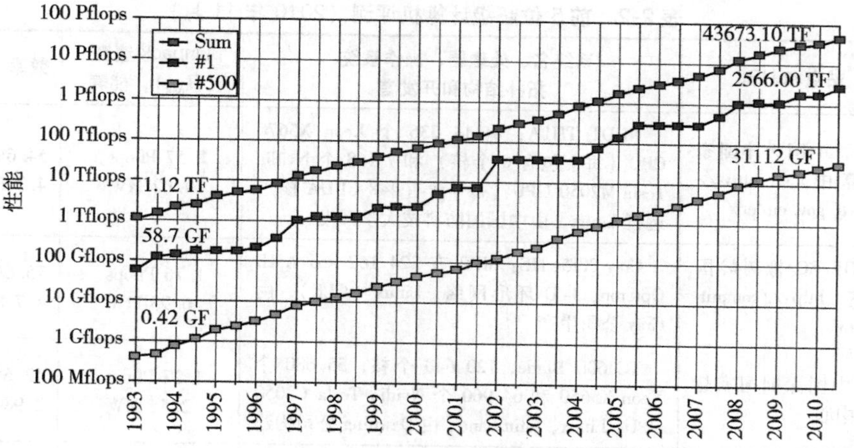

图 2-2 Top500 超级计算机的性能变化曲线（1993—2010）

注：摘自 www. top500. org[25]。

2.1.4.3 Top500 操作系统趋势

根据 TOP500. org（www. top500. org/stats/list/36/os）在 2010 年 11 月发布的数据，最通用的 5 个操作系统占 Top500 计算机的市场份额已经超过 10%。根据数据，使用 Linux 的 410 个超级计算机的总处理器数超过了 450 万，82% 的系统是 Linux。排名第 2 位的是 IBM AIX/OS，被用于 17 个系统（占 3.4% 份额），处理器数超过了 94 288 个。第 3 位的是 SLEs10 与 SGI ProPack5 的联合使用，有 15 个系统（3%）和 135 200 个处理器。第 4 位的是 CNK/SLES9，用于 14 个系统（2.8%）和 113 万个处理器。最后，CNL/OS 被部署于 178 577 个处理器的 10 个系统（2%）中。余下的 34 个系统使用的其余 13 种操作系统只占 6.8%。总之，Linux 操作系统在 Top500 计算机中占据支配地位。

2.1.4.4 2010 年前 5 名超算系统

表 2-2 总结了 2010 年 11 月发布的五大超级计算机的关键体系结构特征以及持续 Linpack 基准测试性能。Tianhe-1A 在 2010 年底成为最快的 MPP，该系统由中国国防科学技术大学使用 86 386个 Intel Xeon CPU 和 NVIDIA GPU 构建而成。我们将在 2.5 节展示某些领先的超级计算机，包括 Tianhe-1A、Cray Jaguar、Nebulae 和 IBM Roadrunner，它们在 2008 年到 2010 年都是领先的系统。表 2-3 中的五大机器已经高于 1 Pflops 的速度，其中，Pflops 量级的持续速度（R_{max}）是从执行最大规模矩阵的 Linpack 基准程序测量得来的。

持续速度与峰值速度（R_{peak}）的比值反映了系统效率，峰值速度为系统中所有计算组件得到充分利用时的速度。前 5 位系统中，美国构建的两个系统（Jaguar 和 Hopper）效率最高，超过 75%。由中国构建的两个系统（Tianhe-1A 和 Nebulae）以及日本的 TSUBAME 2.0，效率较低。换句话说，这些系统在未来仍有改进的空间。这 5 个系统的平均功耗是 3.22 MW。这意味在未来过度的功耗可能会限制构建更快的超级计算机。为了充分利用平均每个系统的250 000个处理器核心，这些顶尖系统强调大规模并行性。 72~73

2.1.4.5 国家份额和应用共享

在 2010 年 Top500 名单上，274 个超级计算系统安装在美国，41 个系统在中国，103 个系统在日本、法国、英国和德国，其余国家只有 82 个系统。国家份额大致反映了该国家这些年的经济增长水平。Top500 的国家排名每 6 个月更新一次。超级计算机应用增长主要在数据库、研究、金融和信息服务等领域。

表2-2 前5位超级计算机评测（2010年11月）

系统名、站点和URL	系统名、处理器、操作系统、拓扑结构和开发者	Linpack速度（R_{max}），能耗	效率（R_{max}/R_{peak}）
1. Tianhe-1A，中国天津国家超级计算中心，http://www.nscc-tj.gov.cn/en/	NUDT TH1A，有14 336个Xeon X5670 CPU（每个包含6个核）和7 168个Nvidia Tesla M2050 GPU（每个含有448 CUDA核），运行Linux，由中国国防科技大学开发	2.57 Pflops，4.02 MW	54.6%（超过峰值4.7 Pflops）
2. Jaguar，DOE/SC/橡树岭国家实验室，http://computing.ornl.gov	Cray XT5-HE：MPP有224 162×6 AMD Opteron，3-D环形网络，Linux（CLE），由Cray公司生产	1.76 Pflops，6.95 MW	75.6%（超过峰值4.7 Pflops）
3. Nebulae，中国深圳国家超级计算机中心	TC3600 Blade，120 640个核，55 680个Xeon X5650和64 960个Nvidia Tesla C2050 GPU，Linux，Infiniband，由Dawning公司构建	1.27 Pflops，2.55 MW	42.6%（超过峰值2.98 Pflops）
4. TSUBAME 2.0，GSIC Center，日本东京工业大学，http://www.gsic.titech.ac.jp/	HP Cluster，3000SL，73 278×6 Xeon X5670处理器，Nvidia GPU，Linux/SLES 11，由NEC/HP联合构建	1.19 Pflops，1.8 MW	52.19%（超过峰值2.3 Pflops）
5. Hopper，DOE/SC/LBNL/NERSC，美国伯克利，http://www/nersc.gov/	Cray XE6 150 408×12 AMD Opteron，Linux（CLE），由Cray公司构建	1.05 Pflops，2.8 MW	78.47%（超过峰值1.35 Pflops）

表2-3 用于大型集群构造的样本计算节点体系结构

节点体系结构	主要特征	代表系统
同构节点，使用相同的多核处理器	多核处理器安装于同一节点上，通过交叉开关连接到共享内存或本地磁盘	Cray XT5的每个计算节点具有2个6核AMD Opteron处理器
混合节点，使用CPU和GPU或者FLP加速器	通用CPU用于整型计算，GPU作为协作处理器以加速FLP操作	中国天河1号的每个计算节点使用2个Intel Xeon处理器与1个NVIDIA GPU

74

2.1.4.6 2010年前5名超级计算机的能耗和性能

如图2-3所示，依据左边的速度（Gflops）和右边的能耗（MW/系统）排列前5名计算机。Tianhe-1A速度得分最高，为2.57 Pflops，其能耗为4.01 MW。排名第二的Jaguar能耗最高，为6.9 MW。排名第四的Tsubame系统能耗最少，为1.5 MW，并且具有和Nebulae系统差不多的速度性能。可以定义性能/能耗的比率来协调这两个指标。Top500绿色排名根据超级计算机的能源利用率对其进行排名。此图显示使用混合CPU/GPU体系结构将会消耗较少的能源。

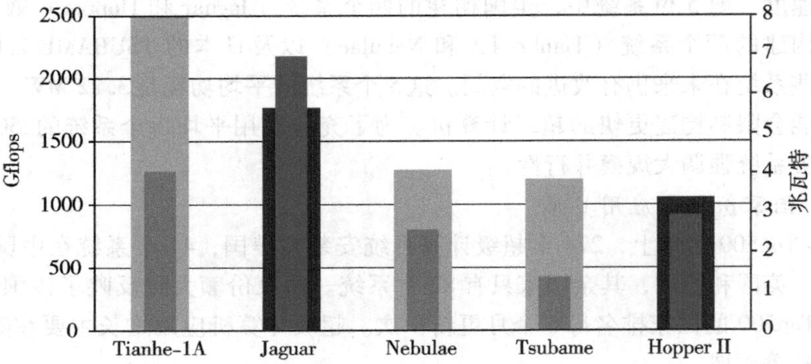

图2-3 前5名超级计算机的能耗和性能（2010年11月）

注：由www.top500.org[25]和B. Dally[10]提供。

2.2　计算机集群和 MPP 体系结构

大多数集群关注更高的可用性和可扩展性能。集群系统由 Microsoft Wolfpack 和 Berkeley NOW 演变成 SGI Altix 系列、IBM SP 系列和 IBM Roadrunner。NOW 是加州大学伯克利分校的研究项目，旨在探索 UNIX 工作站集群化的新机制。大多数集群使用商用网络，例如千兆以太网、Myrinet 交换或者 InfiniBand 网络，连接计算和存储节点。集群化趋势从支持大型高端计算机系统转变为大容量桌面或桌边计算机系统，这正符合计算机工业中缩小体积的发展趋势。 75

2.2.1　集群组织和资源共享

在这一节中，我们将讨论基本的、小规模的个人计算机或者服务器集群。在后续的章节中，我们将讨论如何构建大规模集群与 MPP。

2.2.1.1　基本集群体系结构

图 2-4 显示了建立在个人计算机或工作站上的计算机集群的基本体系结构。该图展示了一个由商用组件构建的简单计算机集群，并且集群完全支持必需的单系统镜像特征和高可用性能力。处理节点均为商用工作站、个人计算机或服务器。这些商用节点能够很方便地替换或升级为新一代硬件。节点的操作系统支持多用户、多任务和多线程应用程序。节点由一个或多个快速商用网络连接，这些网络使用标准通信协议，并且速度比当前以太网 TCP/IP 速度高两个数量级。

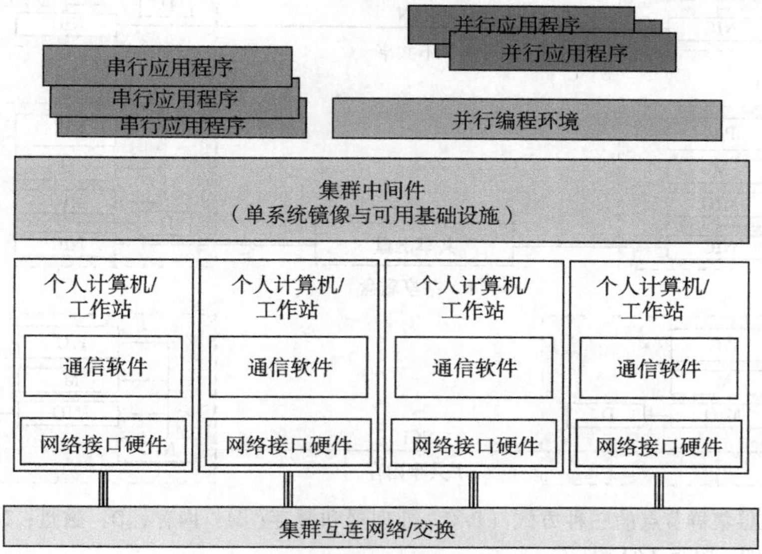

图 2-4　由商用硬件、软件、中间件和网络组件构成的计算机体系结构，支持 HA 和 SSI

网卡连接到节点的标准 I/O 总线（例如，PCI）。当处理器或操作系统发生改变，只需要改变驱动软件。我们希望在节点平台之上建立一个与平台无关的**集群操作系统**。但这种集群操作系统并不可以商用，我们可以在用户空间部署一些集群中间件来粘合所有的节点平台。中间件能够提供高可用的服务。单系统镜像层提供单一入口、单一文件层次、单一控制点和单一作业管 76
理系统。单内存可由编译库或运行库辅助实现。单进程空间并不是必需的。

一般来说，理想中的集群包含三个子系统。首先，传统的数据库和 OLTP 监视器为用户提供一个使用集群的桌面环境。在运行串行用户程序之外，集群使用 PVM、MPI 和 OpenMP，同时支持基于标准语言和通信库的并行程序。编程环境还包括调试、仿形（profiling）、监测等工具。用户界面子系统需要综合 Web 界面和 Windows GUI 的优点。集群还应该提供不同编程环境、作业管理工具、超文本的用户友好链接和搜索支持，使得用户可以在计算集群中很容易获得帮助。

2.2.1.2 集群资源共享

小节点集群的发展将会提高计算机销量，同时集群化也增进了可用性及性能。这两个集群化目标并不一定是冲突的。部分高可用性集群使用硬件冗余来扩展性能。集群节点的连接可以采用图 2-5 所示的三种方式之一。大多数的集群采用不共享体系结构，这些集群中的节点通过 I/O总线连接。共享磁盘体系结构有利于商业应用中小规模可用集群。当一个节点失效时，其他节点可以接管。

图 2-5a 所示的不共享结构通过以太网等局域网简单连接两个或更多的自主计算机。图 2-5b 所示的是共享磁盘集群。这类结构是大多数商业集群所需要的，可以在节点失效的情况下实现恢复。共享磁盘能存储检查点文件或关键系统镜像，从而提高集群的可用性。如果没有共享磁盘，就无法在集群中实现检查点机制、回滚恢复、失效备援和故障恢复。图 2-5c 所示的共享内存集群实现起来十分困难。节点由可扩展一致性接口（Scalable Coherence Interface，SCI）环连接，SCI 通过 NIC 模块连接每个节点的内存总线。在其他两种结构中，它们之间是通过 I/O 总线连接的，内存总线工作频率高于 I/O 总线。

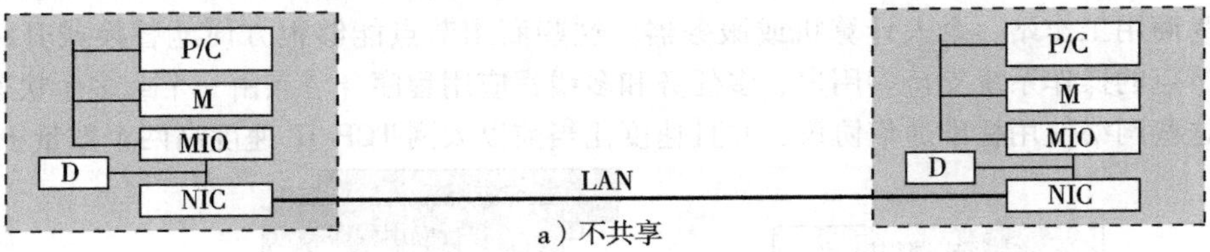

a）不共享

b）共享磁盘

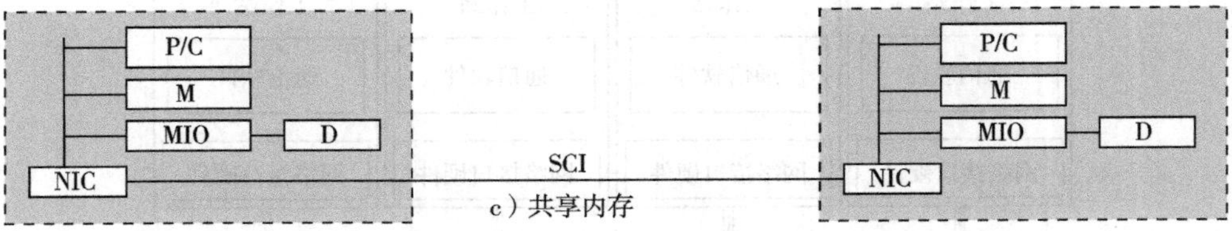

c）共享内存

图 2-5 连接集群节点的三种方式（P/C：处理器和缓存；M：内存；D：磁盘；NIC：网卡；MIO：内存-I/O 桥）

注：由 Hwang 和 Xu 提供[14]。

目前还没有广为接受的内存总线标准，但是有 I/O 总线的标准，常用的标准为 PCI I/O 总线标准。因此，如果使用网卡连接更快的以太网与 PCI 总线，应当保证该网卡可用于使用 PCI 作为 I/O 总线的其他系统。I/O 总线相较于内存总线发展得非常缓慢。考虑一个使用 PCI 总线连接的集群。当处理器升级时，互连与网卡并不需要改变，只要新系统仍然使用 PCI。在一个共享内存的集群中，改变处理器意味着需要重新设计节点板和网卡。

2.2.2 节点结构和 MPP 封装

在构建大规模集群或者 MPP 系统时，集群节点分为两类：计算节点和服务节点。计算节点主要大量用于大规模搜索或并行浮点计算。服务节点可以使用不同的处理器来处理 I/O、文件访问和系统监控。在 MPP 集群中，计算节点占系统成本的主要部分，因为在单个大型集群系统中，计算节点的个数可能是服务节点的 1 000 倍。表 2-3 中介绍了两种具有代表性的计算节点结构：同构设计和混合节点设计。

以往，大多数 MPP 采取同构体系结构，连接大量相同的计算节点。2010 年，Cray XT5 Jaguar 系统由 224 162 个 AMD Opteron 处理器组成，其中每个处理器有 6 个核。Tianhe-1A 采用混合节点设计，每个计算节点有 2 个 Xeon CPU 和 2 个 AMD GPU。GPU 可以用特殊浮点加速器替代。同构节点设计使得编程和系统维护变得容易。

例 2.1　IBM Blue Gene/L 系统的模块化封装

Blue Gene/L 是由 IBM 和 Lawrence Livermore 国家实验室联合开发的超级计算机。该系统是顶尖的日本地球模拟器，从 2005 年开始运行，以 136Tflops 的速度在 Top500 名单中排名第一。到 77~78
2007 年，该系统升级至 478 Tflops 的速度。图 2-6 通过分析 Blue Gene 系列的体系结构，揭示了可扩展 MPP 系统的模块化结构。通过模块化封装，Blue Gene/L 由处理器芯片逐层构建成 64 个物理机架。该系统由 65 536 个节点构建，每个节点有 2 个 PowerPC 449 FP2 处理器。这 64 个机架通过巨大的三维 64 × 32 × 32 环网络连接。■

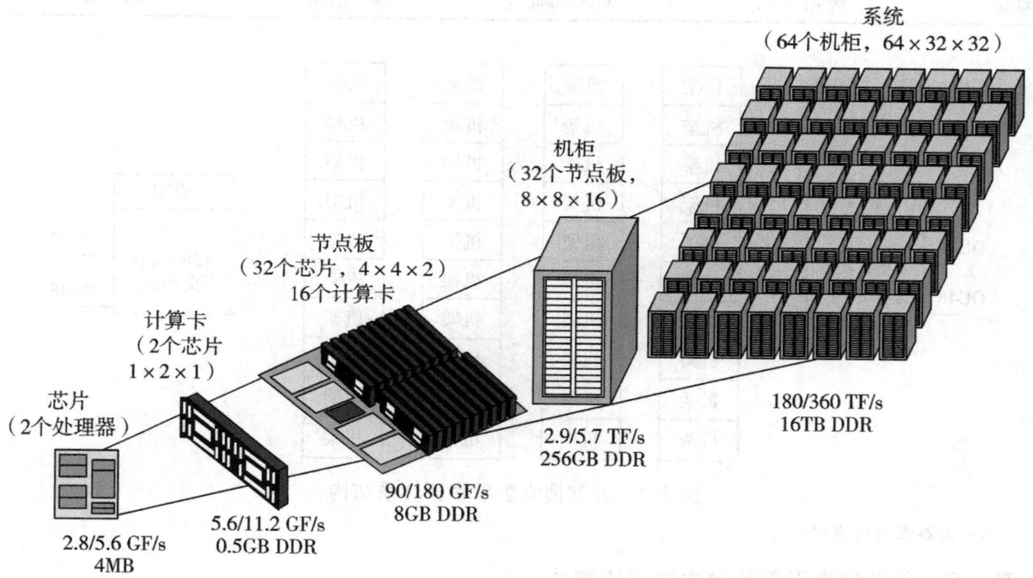

图 2-6　IBM Blue Gene/L 5 个层次上的模块化封装

注：由 N. Adiga 等人提供[1]。

图中的左下角是一个双核处理器芯片。两个芯片安置在同一个计算机卡中。16 个计算机卡（32 个芯片或 64 个处理器）安装在一个节点板中。32 个节点板由 8 × 8 × 16 环相互连接组成机柜箱。最后，64 个机柜（机架）组成右上角的整个系统。该封装图显示的是 2005 年的配置。客户可以选择任意规模来满足他们的计算需求。Blue Gene 集群通过保护本地失效和检查机制来确保内置的可测试性和可恢复性，从而实现可扩展性、可靠性，同时集群通过故障位置的划分与隔离 79
实现了可服务性。

2.2.3　集群系统互连

2.2.3.1　高带宽互连

表 2-4 比较了 4 种高带宽系统之间的互连。2007 年，以太网连接的速度为 1Gbps，同时最快的 InfiniBand 连接可以达到 30 Gbps 的速度。Myrinet 和 Quadrics 的性能在以上两者之间。MPI 延迟表示了远程消息传递的状态。这 4 种技术能够实现任意的网络拓扑结构，包括纵横交换、胖树

和环状网络。InfiniBand 的连接速度最快，但是费用也最高。以太网仍是最经济有效的选择。超过 1 024 个节点的集群互连的两个例子将在图 2-7 和图 2-9 中介绍。图 2-8 将会比较 5 种集群互连的普及程度。

表 2-4 4 种集群互连技术的比较（2007 年）

特 征	Myrinet	Quadrics	InfiniBand	以太网
可用连接速度	1.28 Gbps (*M-XP*) 10 Gbps (*M-10G*)	2.8 Gbps (*QsNet*) 7.2 Gbps (*QsNetⅡ*)	2.5 Gbps (1*X*) 10 Gbps (4*X*) 30 Gbps (12*X*)	1 Gbps
MPI 延迟	~3 μs	~3 μs	~4.5 μs	~40 μs
网络处理器	是	是	是	否
拓扑结构	任意	任意	任意	任意
网络拓扑	Clos	胖树	胖树	任意
路由	源路由，直通	源路由，直通	目的路由	目的路由
流控制	停和行	Worm-hole	基于信用	802.3x

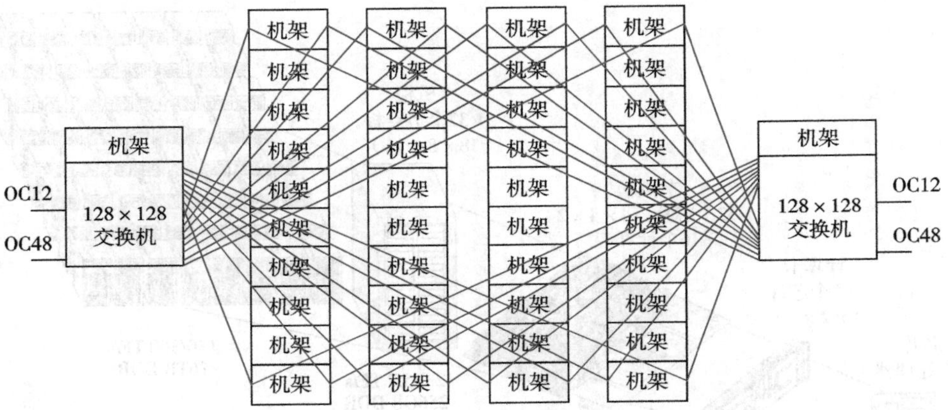

图 2-7 谷歌搜索引擎集群体系结构

80 注：由谷歌公司提供[6]。

例 2.2 谷歌搜索引擎集群中的纵横交换

谷歌的很多数据中心使用低成本个人计算机引擎集群。这些集群主要用于谷歌 Web 搜索业务。图 2-7 显示了一个谷歌集群通过两个 128×128 以太网交换机连接 40 台个人计算机引擎机架。每个以太网交换机可以处理 128 个带宽为 1Gbps 的以太网链接。一台机架上有 80 台个人计算机。这是一个早期的 3 200 台个人计算机的集群。谷歌的搜索引擎集群具有比这多得多的节点。现在谷歌的服务器集群是由货柜车安装在数据中心的。

两个交换机用于提高集群的可用性。即使其中一个交换机不能提供个人计算机间的连接，集群仍可以正常工作。交换机的前端通过 2.4Gbps 的 OC12 连接到互联网，与附近数据中心网络的连接则采用 622Mbps 的 OC12。如果 OC48 连接失效，集群仍然可以通过 OC12 连接到外界。因此，谷歌集群避免了单点失效现象。■

2.2.3.2 系统互连共享

图 2-8 显示了从 2003 年到 2008 年 Top500 系统中大规模系统互连的分布情况。千兆位以太网因为低成本及符合市场需求而最受欢迎，InfiniBand 网络由于其高带宽性能而用于 150 个系统。Cray 互连是专为 Cray 系统所设计的。到 2008 年，Myrinet 和 Quadrics 网络的使用大幅下降。

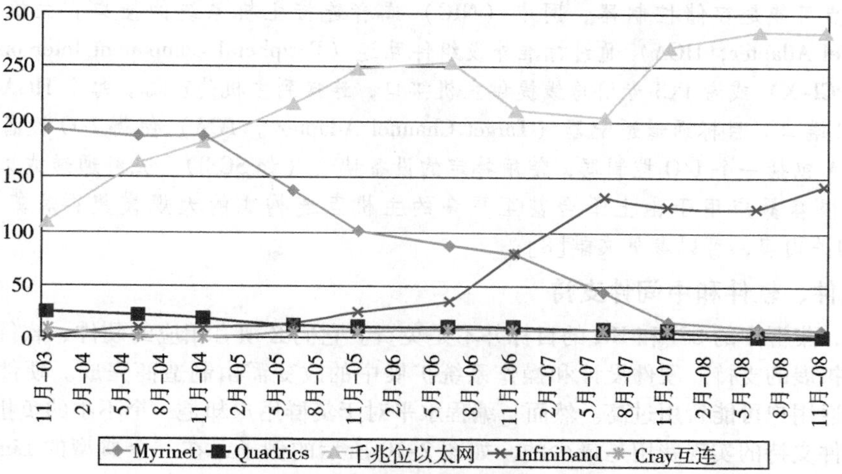

图 2-8　Top500 系统高带宽互连的分布情况（2003—2008）

注：摘自 www.top500.org[25]。

81

例 2.3　理解 InfiniBand 体系结构[8]

InfiniBand 是基于交换的点对点互连体系结构。大型 InfiniBand 为分层结构，其互连支持分布式通信中的虚拟接口结构（Virtual Interface Architecture，VIA）。InfiniBand 交换和连接能够组成任何拓扑结构。其中常见的有纵横交换、胖树和环状网络。图 2-9 展示了 InfiniBand 网络的分层结构。根据表 2-5，在公布的大规模系统中，InfiniBand 提供了最快速的连接与最高速的带宽。然而，InfiniBand 网络的成本在这 4 种互连技术中最高。

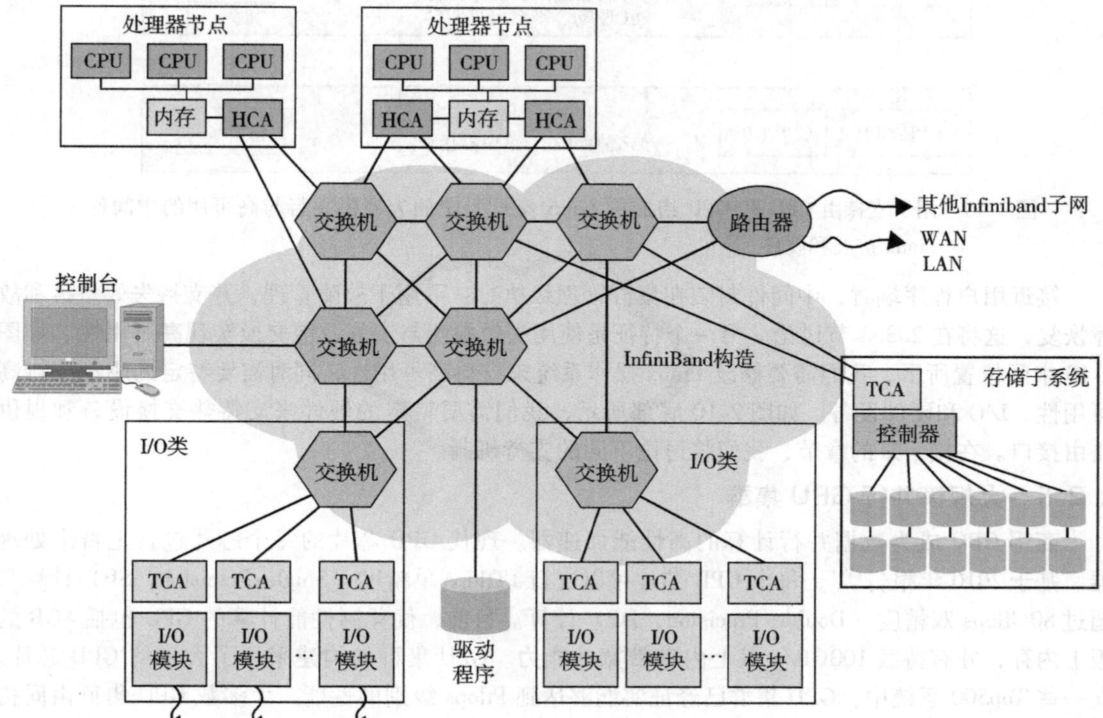

图 2-9　InfiniBand 系统构造在典型高性能计算机集群中的应用

注：由 Celebioglu 等人提供[8]。

每个端点可能是存储控制器、网卡（NIC）或者连接主机系统的接口。主机通道适配器（Host Channel Adapter，HCA）通过标准外设组件互连（Peripheral Component Interconnect，PCI）、扩展 PCI（PCI-X）或者 PCI 专用总线提供主机接口，连接到主机处理器。每个 HCA 都至少有一个 InfiniBand 端口。目标通道适配器（Target Channel Adapter ，TCA）使得 I/O 设备可以装载在网络中。TCA 包括一个 I/O 控制器，使用特定的设备协议（如 SCSI）、光纤通道或以太网。该体系结构可以很容易应用于由上千台甚至更多的主机互连构成的大规模集群。集群应用中的
82 InfiniBand 相关内容，可以参见文献[8]。

2.2.4 硬件、软件和中间件支持

实际上，集群中的 SSI 和 HA 的目标并不是免费。它们必须有相应的硬件、软件、中间件以及操作系统扩展的支持。硬件设计和操作系统扩展中的改变需由制造商完成。硬件和操作系统支持对于普通用户可能费用过高。然而，编程水平对于集群用户却是一个不小的负担。因此，应用层上中间件支持的实现费用是最少的。如图 2-10 所示的例子，在一个典型的 Linux 集群系统中，中间件、操作系统扩展和硬件支持需要达成高可用性。

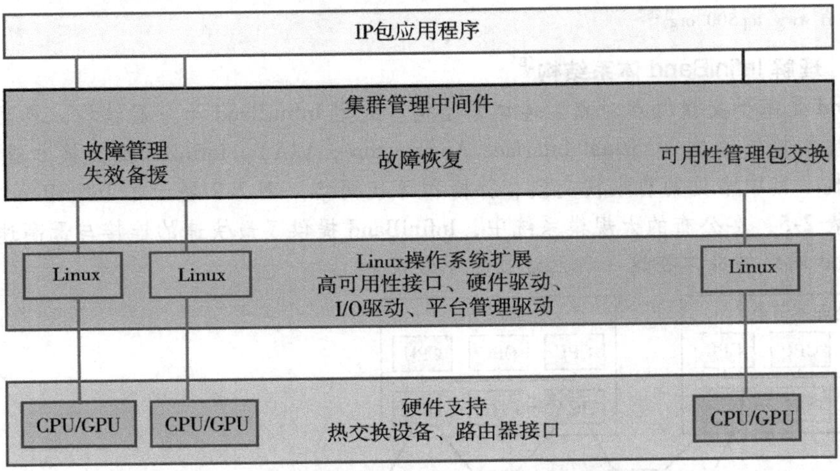

图 2-10 用于支持由 CPU 和 GPU 组成的 Linux 集群系统的大规模并行与高可用的中间件、Linux 扩展和硬件

接近用户程序端时，中间件封装在集群管理级执行：可用于故障管理，并支持失效备援和故障恢复，这将在 2.3.3 节讨论。另一个特征是使用失效检测与恢复及包交换实现高可用性。如图 2-10 中间位置所示，我们需要修改 Linux 操作系统来支持高可用性，同时需要特定的驱动支持高可用性、I/O 和硬件设备。如图 2-10 底部所示，我们需要特定的硬件来支持热交换设备和提供路由接口。在接下来的章节，我们将讨论不同的支持机制。

2.2.5 大规模并行 GPU 集群

商用 GPU 成为数据并行计算的高性能加速器。现代 GPU 芯片的每个芯片包含上百个处理
83 器。基于 2010 年报告[19]，每个 GPU 芯片可以进行 1Tflops 单精度（Single-Precision，SP）计算和超过 80Gflops 双精度（Double-Precision，DP）计算。目前，优化高性能计算的 GPU 包括 4GB 的板上内存，并有持续 100GB/s 以上内存带宽的能力。GPU 集群的构建采用了大量的 GPU 芯片。在一些 Top500 系统中，GPU 集群已经证实能够达到 Pflops 级别的性能。大多数 GPU 集群由同构 GPU 构建，这些 GPU 具有相同的硬件类型、制造和模型。GPU 集群的软件包括操作系统、GPU 驱动和集群化 API，如 MPI。

GPU 集群的高性能主要归功于其大规模并行多核结构、多线程浮点算术中的高吞吐量，以及使用大型片上缓存显著减少了大量数据移动的时间。换句话说，GPU 集群比传统的 CPU 集群具有更好的成本效益。GPU 集群不仅在速度性能上有巨大飞跃，而且显著降低了对空间、能源和冷却的要求。GPU 集群相较于 CPU 集群，能够在使用较少操作系统镜像的情况下正常工作。在电力、环境和管理复杂性方面的降低使得 GPU 集群在未来高性能计算应用中非常有吸引力。

2.2.5.1　Echelon GPU 芯片设计

图 2-11 展示了一种未来的 GPU 加速器体系结构，该体系结构被建议用于为百万兆级计算服务构建的 NVIDIA Echelon GPU 集群。Echelon 项目由 NVIDIA 的 Bill Dally 领导，并在普适高性能计算（Ubiquitous High-Performance Computing，UHPC）计划中，得到美国国防部高级研究计划局（DARPA）的部分资助。该 GPU 设计中，单个芯片包含 1 024 个流核和 8 个延迟优化类 CPU 核（称为延迟处理器）。8 个流核组成流多核处理器（Stream Multi-processor，SM），128 个多核处理器组成 Echelon GPU 芯片。

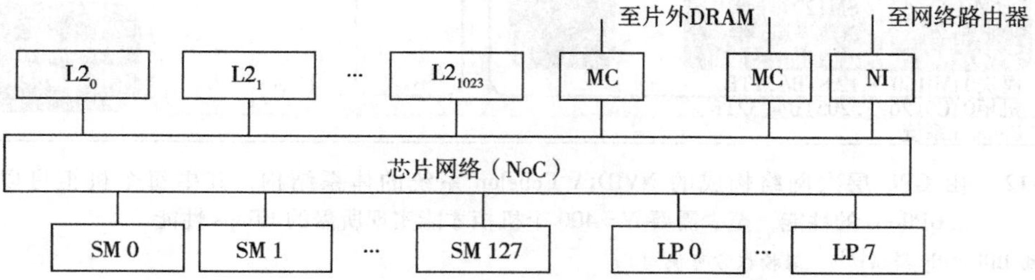

图 2-11　实现 Echelon 系统的 20Tflops 和 1.6TB/s 内存带宽的 GPU 芯片设计

注：由 Bill Dally 提供[10]，经授权使用。

每个多核处理器被设计为含有 8 个处理器核，可以达到 160Gflops 的峰值速度。每个芯片包含 128 个流多核处理器，可以达到 20.48Tflops 的峰值速度。这些节点通过芯片网络（Network on Chip，NoC）连接到 1024 个静态随机存储器（L2 caches），每个缓存为 256KB。内存控制器（Memory Controller，MC）用来连接芯片外动态随机存储器（DRAM）和网络接口（Network Interface，NI），扩展了 GPU 集群的层次规模，如图 2-12 所示。在撰写本节内容时，Echelon 只是一个研究项目。经过 Bill Dally 的允许，我们出于学术目的展示了该设计，阐明如何探索众核 84
GPU 技术以达成未来 GPU 技术中的百万兆级计算，从而实现未来全面的百万兆级计算。

2.2.5.2　GPU 集群组件

GPU 集群通常是一个异构系统，包含三个主要组件：CPU 主机节点、GPU 节点和它们之间的集群互连。GPU 节点由通用目的 GPU 组成，被称为 GPGPU，以完成数值计算。主机节点控制程序的执行。集群互连控制节点之间的通信。为了保证性能，多核 GPU 需要提供充足的高带宽网络和内存数据流。主机内存应该被优化，从而能匹配 GPU 芯片上的缓存带宽。图 2-12 展示了计划中的 Echelon GPU 集群，该集群使用图 2-11 所示的 GPU 芯片作为组成块，并由层次结构网络互连。

2.2.5.3　Echelon GPU 集群体系结构

Echelon 系统层次体系结构如图 2-12 所示。整个 Echelon 系统由 N 个机柜组成，分别标记为 C_0，C_1，…，C_{N-1}。每个机柜有 16 个计算模块，分别标记为 M_0，M_1，…，M_{15}。每个计算模块由 8 个 GPU 节点构成，分别标记为 N_0，N_1，…，N_7。每个 GPU 节点是最内层的块，如图 2-12 所示，标记为 PC（细节见图 2-11）。每个计算模块可以达到 160Tflops 和 2TB 内存上 12.8TB/s 的性能。单个机柜可容纳 128 个 GPU 节点或 16 000 个处理器核。因此，每个机柜可以提供 32TB 内存上 2.6Pflops 的性能及 205TB/s 的带宽，这 N 个机柜通过光纤蜻蜓网络互连。

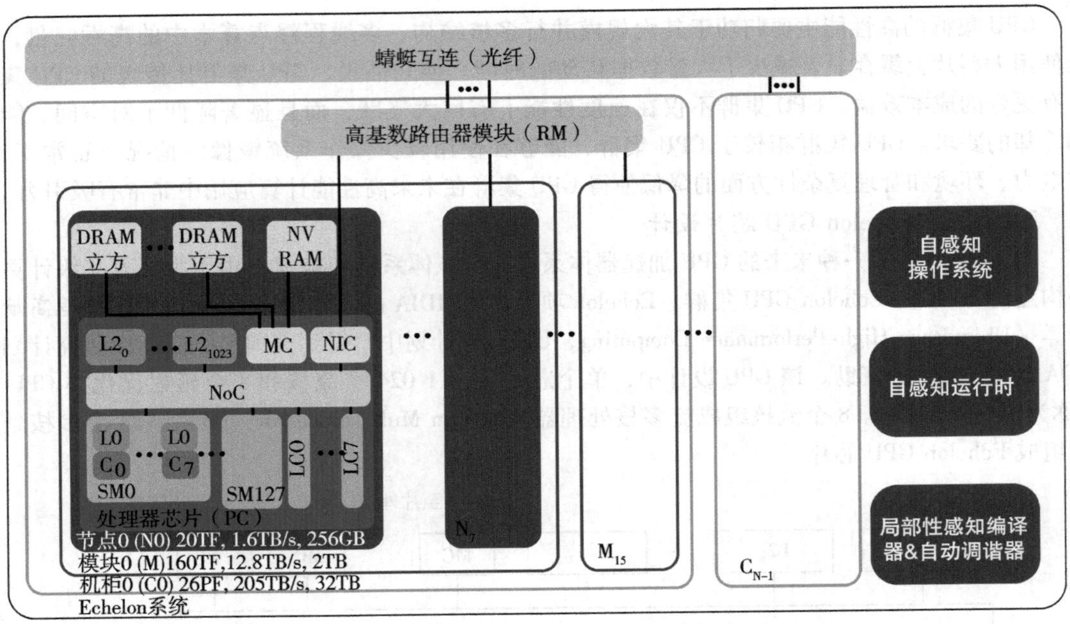

图 2-12　由 GPU 层次网络构成的 NVIDIA Echelon 系统的体系结构，其中每个机柜可以提供 2.6Pflops 的性能，至少需要 $N=400$ 个机柜才能实现所需的 Eflops 性能

注：由 Bill Dally 提供[10]，经授权方可使用。

为了达到 Eflops 级别的性能，我们至少需要使用 $N=400$ 个机柜。换句话说，百万兆级系统需要在 400 个机柜中有 327 680 个处理器核。Echelon 系统获得自感知操作系统和运行时系统的支持，同时由于其被设计为保护局部性，因此支持编译器和自动调谐器。目前，NVIDIA Fermi（GF110）芯片已包含 512 个流处理器，因此 Echelon 设计大约快 25 倍。采用 post-Maxwell NVIDIA GPU 计划的 Echelon 很有可能在 2013 ~ 2014 年出现。

2.2.5.4　CUDA 并行编程

CUDA（Compute Unified Device Architecture，计算统一设备体系结构）由 NVIDIA 开发，提供并行计算体系结构。CUDA 是 NVIDIA GPU 中的计算引擎，允许开发者通过标准程序语言访问。程序员可以使用 NVIDIA 扩展和受限的 CUDA C。CUDA C 通过 PathScale Open64 C 编译器编译，可以在大量 GPU 核上并行执行。例 2.4 体现了在并行处理中使用 CUDA C 的好处。

例 2.4　在 GPU 上使用 CUDA C 并行化 SAXPY 运行

SAXPY 是矩阵乘法中频繁执行的内核操作。它本质上使用重复乘法和加法操作来产生两个长向量的点积。下列 saxpy_serial 程序采用了标准 C 代码。该代码只适用于单处理器核的串行执行。■

```
Void saxpy_serial (int n, float a, float*x, float *
  { for (int i = 0; i < n; ++i), y[i] = a*x[i] + y[i] }
    // Invoke the serial SAXPY kernel
  saxpy_serial (n, 2.0, x, y);
```

下列 saxpy_parallel 程序使用 CUDA C 代码编写，可以在 GPU 芯片的多处理器核上的 256 个线程/块中并行执行。需要注意的是，n 个块由 n 个处理器核控制，其中 n 可以数以百计。

```
_global__void saxpy_parallel (int n, float a, float*x, float *y)
  { Int i = blockIndex.x*blockDim.x + threadIndex.x; if (i < n) y [i] = a*x[i] + y[i] }
 // Invoke the parallel SAXPY kernel with 256 threads/block int nblocks = (n + 255)/256;
  saxpy_parallel <<< nblocks, 256 >>> (n, 2.0, x, y);
```

这是一个使用 CUDA C 的很好的例子，它使用 CUDA GPGPU 作为基本部分实现了多核和多线程处理器集群上的大规模并行开发。

2.2.5.5 CUDA 编程接口

CUDA 体系结构共享一系列计算接口，其有两个竞争者：Khronos Group 的开放计算语言（Open Computing Language）和微软的直接计算（DirectCompute）。第三方包装也适用于 Python、 85~86
Perl、FORTRAN、Java、Ruby、Lua、MATLAB 和 IDL 的使用。CUDA 已用于加速计算生物学、密码学等领域中一个数量级以上的非图形应用。一个很好的例子是 BOINC 分布式计算客户端。CUDA 同时提供了低级 API 和更高级 API。G8X 系列之后的所有 NVIDIA GPU 都采用了 CUDA，包括 GeForce、Quadro 和 Tesla 系列。NVIDIA 声明，由于二进制兼容性，为 GeForce 8 系列所做的程序开发无需任何改动，就可以继续用于所有未来 NVIDIA 显卡上。

2.2.5.6 CUDA 使用趋势

Tesla 和 Fermi 是基于 CUDA 体系结构分别在 2007 年和 2010 年发布的两代产品。CUDA 3.2 版在 2010 年用于单一 GPU 模块。新的 CUDA 4.0 版将解决多个 GPU 使用共享内存的统一虚拟地址空间问题。下一代 NVIDIA GPU 将会是开普勒设计，以支持 C++。Fermi 的双精度浮点运算峰值性能是 Tesla GPU 的 8 倍（5.8 Gflops/W 对 0.7 Gflops/W）。目前，Fermi 已具有 512 个 CUDA 核，共 30 亿个晶体管。

CUDA GPU 和 Echelon 系统的未来应用可能包括以下方面：

- 地球外智慧生物的研究（SETI@ Home）。
- 预测蛋白质天然构成的分布式运算。
- 基于 CT 和 MRI 扫描图像的药理分析模拟。
- 流体动力学和环境统计中的物理模拟。
- 3D 图形加速、密码学、压缩和视频文件格式的转换。
- 通过众核体系结构中的虚拟化构建单芯片云计算机（SCC）。

2.3 计算机集群的设计原则

集群设计应具有可扩展性和可用性。在这一节中，我们将会介绍通用目的的计算机和协作计算机集群的单系统镜像、高可用性、容错和回滚恢复。

2.3.1 单系统镜像特征

单系统镜像指的并不是驻留在 SMP 或者工作站的内存中的操作系统镜像的单一复制。相反，它是关于单一系统、单一控制、对称性和透明性的描述，具体特征如下：

- **单一系统** 用户将整个集群作为一个多处理器系统。用户可以选择“使用 5 个处理器执行应用程序”，这不同于分布式系统。
- **单一控制** 逻辑上，一个终端用户或系统用户在一个地方只能通过单一的接口使用服务。例如，用户提交一批作业至队列；系统管理员经由一个控制点配置集群的所有硬件和软件组件。 87
- **对称性** 用户可以从任意节点使用集群服务。换句话说，除了受到访问权限保护的部分，所有集群服务和功能对于所有节点和所有用户是对称的。
- **位置透明性** 用户并不了解什么位置的物流设备最后提供了服务。例如，用户可以使用磁带驱动器连接到任意集群节点就像连接到本地节点一样。

使用单系统镜像的主要目的是，可以使用、控制和维护一个集群如同一个工作站。“单一”这个词在“单一系统镜像”中有时候等同于“总体”或者“中央”。例如，全局文件系统意味着单一文件层级，用户可以通过任意节点访问系统。单点控制允许操作者监控和配置集群系统。

虽然有单一系统的设想，但是集群服务或功能往往是通过多种组件的协作以分布式的方式实现的。单系统镜像技术的一个主要需求（和优势）是同时提供了分布式执行的性能优势和单一镜像的易用性。

从进程 P 的角度，集群中的节点可以分为三种类型。进程 P 的原始节点（home node）是创建进程 P 的节点。进程 P 的本地节点是进程 P 目前所在的节点。对于 P 来说，所有其余节点均为远程节点。可以根据不同的需求配置集群节点。主机节点通过 Telnet、rlogin，甚至 FTP 和 HTTP 为用户登录提供服务。计算节点执行计算作业。I/O 节点响应 I/O 请求，如果一个集群拥有共享磁盘和磁带单元，那么它们通常在物理上连接到 I/O 节点。

每个进程都有一个原始节点，这在进程的整个生命周期中是固定的。在任意时间，只有一个本地节点，该节点可以是也可以不是主机节点。当进程迁移时，其本地节点和远程节点可能发生变化。一个节点可以同时提供多种功能。例如，一个节点在同一时间内可以是主机节点、I/O 节点和计算节点。单系统镜像的描述可以分为几个层次，其中三层描述如下。值得注意的是，这些层次可能相互重叠。

- **应用软件层** 两个例子是并行 Web 服务器和各种并行数据库。用户通过应用程序来使用单系统镜像，甚至没有意识到他正在使用的是一个集群。这种方法需要为集群修改工作站或 SMP 的应用程序。
- **硬件或内核层** 理想情况下，单系统镜像应该由操作系统或硬件提供。遗憾的是，目前这还没有得到实现。此外，在异构集群上提供单系统镜像是极其困难的，因为大多数硬件体系结构和操作系统是专有的，所以只能够被制造商使用。
- **中间件层** 最可行的方法是在操作系统内核之上建立单系统镜像层。这种方法是有发展前景的，因为它与平台无关，并且不需要修改应用程序。许多集群作业管理系统已经采用了这种方法。

集群中的每个计算机有自己的操作系统镜像。由于所有节点计算机的独立操作，因此一个集群可以显示出多个系统镜像。决定如何在集群中合并多个系统镜像，这与在社区中调节许多特征到单一特性一样困难。由于不同程度的资源共享，多个系统可以被整合，从而在不同的操作
88 水平上实现单系统镜像。

2.3.1.1 单一入口

单系统镜像（SSI）包括单一入口、单文件层次、单一 I/O 空间、单一网络机制、单一控制点、单一作业管理系统、单一内存空间和单一进程空间。单一入口使得用户登录（例如，通过 Telnet、rlogin 或 HTTP）集群就像登录一个虚拟主机一样，虽然该集群可能有多个物理主机节点为登录会话服务。系统透明地分配用户登录和连接请求至不同的物理主机以平衡负载。集群可以代替大型机和超级计算机。互联网集群服务器上，成千上万的 HTTP 或 FTP 请求可能同时到达，建立多个主机的单一入口并不是一件容易的事。许多问题必须得到解决，下面只是部分问题列表：

- **主目录** 用户的主目录放在什么位置？
- **认证** 如何认证用户登录？
- **多重连接** 如果同一个用户重复登录了几次相同的用户账户，该怎么办？
- **主机失效** 如何处理一个或多个主机失效？

例 2.5 计算机集群的单一入口实现

图 2-13 描述了如何实现单一入口。集群中的 4 个节点作为接收用户登录请求的主机节点。尽管图中只显示一个用户，但数以千计的用户能以相同的方式连接到该集群。当用户登录集群时，可以输入标准 UNIX 命令，例如 telnet cluster. cs. hku. hk，使用该集群系统的符号名称。■

DNS 服务器翻译符号名称，并返回负载最轻的节点 IP 地址 159. 226. 41. 150，这由节点主机 1

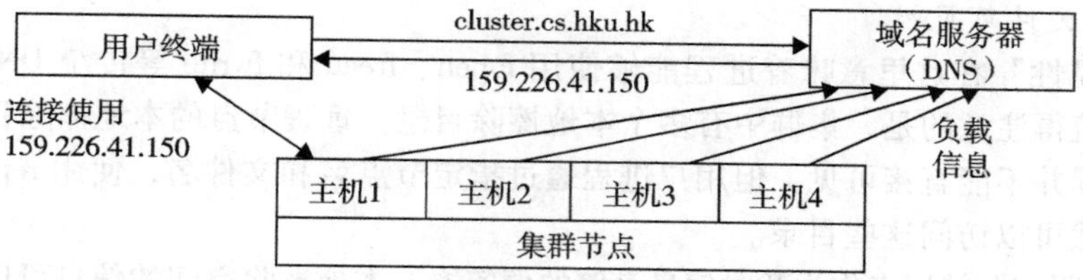

图 2-13　采用负载均衡的域名服务器（DNS）实现单一入口

注：由 Hwang 和 Xu[14] 提供。

完成。用户在接下来登录时使用该 IP 地址。DNS 服务器定期从主机节点收集负载信息，从而做出相关的负载均衡决策。在理想的情况下，如果 200 个用户同时登录，登录会话将平均分布于主机，其中每个主机有 50 个会话。这使得单一主机的能力达到原来的 4 倍。 89

2.3.1.2　单文件层次

在本书中，我们使用术语“单文件层次”表示单一的、巨大的文件系统镜像，该文件系统镜像透明地整合本地和全局磁盘以及其他文件设备（例如，磁带）。换句话说，用户所需的所有文件被存储在根目录“/”的一些子目录中，可以通过普通 UNIX 调用（如 open、read 等）访问。这不能与工作站中多个文件系统作为根目录的子目录相混淆。

单文件层次的功能已经由现有的分布式文件系统（如 NFS（Network File System，网络文件系统）和 AFS（Andrew File System，Andrew 文件系统））提供了一部分。从进程的角度来看，文件能够存放在集群中的三种不同类型的位置，如图 2-14 所示。

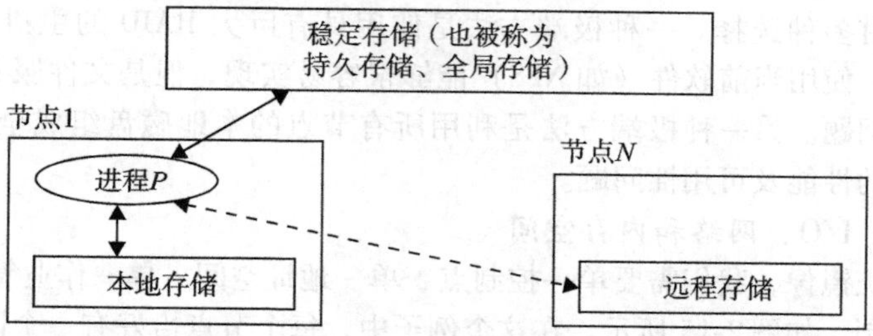

图 2-14　单文件层次中存储的三种类型。实线表示进程 P 可以访问，虚线表示 P 可能被允许访问

注：由 Hwang 和 Xu[4] 提供。

本地存储是进程所在的本地节点上的磁盘。远程节点上的磁盘是远程存储。一个稳定的存储需要满足两个条件：它是持续的，这意味着数据一旦写入稳定存储，将会保留一段足够长的时间（例如，一个星期），即使集群关闭；利用冗余和定期磁带备份，它在某种程度上是容错的。

图 2-14 中使用了稳定存储。稳定存储中的文件称为全局文件，同理，本地存储中的文件称为本地文件，远程存储中的文件称为远程文件。稳定存储可由一个集中的大规模 RAID 磁盘实现，但也可以利用分布式集群节点的本地磁盘实现。第一种方法由于使用大规模磁盘，存在单点失效问题和潜在性能瓶颈。第二种方法比较难实现，但是可能会更经济、更有效、更可用。在许多集群系统中，按照惯例，系统允许用户进程在单文件层次上可见下列目录：传统 UNIX 工作站中常用的系统目录，如/usr 和/usr/local；以及拥有小磁盘配额（1 ~ 20MB）的用户主目录 ~/，用户在这里存放代码文件和其他文件。但是大数据文件必须存放在其他地方。

- 全局目录被所有用户和进程共享。该目录拥有若干 GB 的大磁盘空间。用户能够在这里存储他们的大型数据文件。
- 在集群系统中，进程能够访问本地磁盘上的特定目录。该目录具有中介的功能，与全局目录相比能够被更快地访问。 90

2.3.1.3 文件可见性

术语“可见性”在这里意味着进程能够使用 fopen、fread 和 fwrite 等传统 UNIX 系统或库函数访问文件。值得注意的是，集群中有多个本地擦除目录。远程节点的本地擦除目录不在单文件层次中，对进程并不能直接可见。但用户进程通过指定节点名和文件名，使用 rcp 等命令或一些特殊库函数仍然可以访问这些目录。

“擦除”表明该存储用来作为暂时信息存储的便笺本。本地擦除空间的信息可以在用户退出后丢弃。全局擦除空间的文件通常在用户退出后仍被保留，但是如果在一段预定时间内未被访问，将会被系统删除。这对其他用户来说是免费的磁盘空间。周期的长短可由系统管理员设定，范围一般从一天到几个星期。一些系统定期或在删除文件之前，将全局擦除空间中的信息备份至磁带。

2.3.1.4 单文件层次支持

人们希望单文件层次结构具有单系统镜像属性，文件系统被重申如下：

- **单文件** 从用户的角度看，只有一个文件层次。
- **对称性** 用户能够从任意节点使用集群服务访问全局存储（例如，/scratch）。换句话说，除了受到访问权限保护的情况，对于所有节点和用户，所有文件服务和功能是对称的。
- **位置透明** 用户并不知道最终提供服务的物理设备的所在位置。例如，用户可以使用 RAID 连接任意节点就像连接到本地节点一样，虽然在性能上可能会存在一些差异。

集群文件系统应该维持 UNIX 语义：每个文件操作（fopen、fread、fwrite、fclose 等）均是一个事务。在 fwrite 修改文件之后，fread 访问该文件，fread 应该获得已经更新的文件。然而，现有的分布式文件系统并不完全符合 UNIX 语义，一些文件系统只会在关闭或清除时更新文件。在集群中组织全局存储有多种选择。一种极端方法是使用具有巨大 RAID 的主机作为单一文件服务器，该方案很简单，使用当前软件（如 NFS）能够很容易实现，但是文件服务器成为性能瓶颈，并面临单点失效的问题。另一种极端方法是利用所有节点的本地磁盘组成全局存储，这可以解决单一文件服务器的性能及可用性问题。

2.3.1.5 单一 I/O、网络和内存空间

为了实现单系统镜像，我们需要单一控制点、单一地址空间、单一作业管理系统、单一用户接口和单一进程控制，如图 2-15 所示。在这个例子中，每个节点恰好有一个网络连接。4 个节点中的两个节点分别有两个 I/O 附设。

单一网络：正确设计的集群应该表现得像一个系统（阴影区域）。换句话说，该集群就如同一
91 个具有 4 个网络连接和 4 个 I/O 附设的大规模工作站。任意节点上的任意进程能够使用任意网络和 I/O 设备，就像它们连接在本地节点上。单一网络还意味着任意节点能够访问任意网络连接。

单点控制：系统管理员应该能够通过单一入口配置、监视、测试和控制整个集群和每个独立的节点。许多集群通过与所有集群节点连接的系统控制台来辅助实现这点。该系统控制台通常与外部局域网（未在图 2-15 中显示）连接，这样管理员能够在局域网的任何地方远程登录系统控制台，进行管理员的工作。

值得注意的是，单点控制并不意味着所有系统管理工作必须由系统控制台单独执行。实际上，很多管理功能分布在集群上。这意味着管理集群不应该比管理 SMP 或主机困难。管理相关的系统信息（如各种配置文件）应该保存在一个逻辑空间中。管理员使用图形工具监控集群，图形工具显示集群的完整信息，并且管理员可以随意放大和缩小。

在构建集群系统中，单点控制（或单点管理）是最富挑战性的课题之一。分布式和网络系统管理中的技术能够被转换应用于集群。由于网络管理，若干实际标准已经得到发展。简单网络管理协议（Simple Network Management Protocol，SNMP）是其中的一个例子。它需要一个整合了可用支持系统、文件系统和作业管理系统的有效集群管理软件包。

单一内存空间：单一内存空间为用户提供一个大规模集中式主内存的假象，但实际上可能是分布式本地内存空间的集合。PVP、SMP 和 DSM 在这方面比 MPP 集群优秀，因为它们允许程序利用全局或本地内存空间。测试集群是否有单一内存空间的一个好方法是，运行一个串行程序，其需要的内存空间超过任意单个节点所能提供的。

假设图 2-15 中的每个节点有 2GB 的用户可用内存。理想的单一内存镜像应该允许该集群运行需要 8GB 内存的串行程序。这使得集群运行时如同一个 SMP 系统。为了实现集群上的单一内存空间，可以尝试几种方法。其中一种方法是让编译器将应用程序的数据结构分布于多个节点之上。开发有效的、平台无关的并且支持串行二进制代码的单一内存机制是具有挑战性的任务。 92

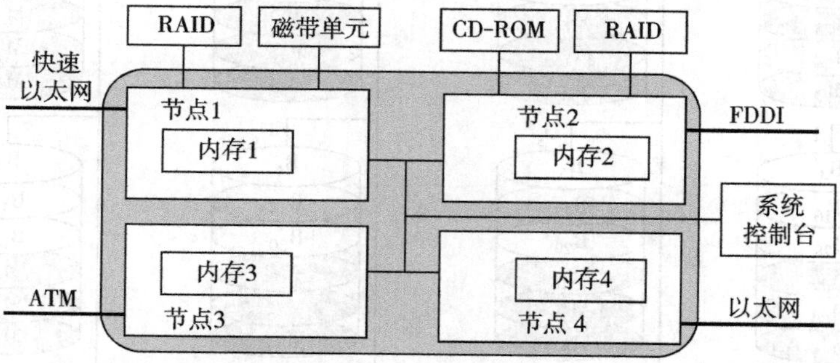

图 2-15 具有单一网络连接、单一 I/O 空间、单一内存和单点控制的集群

注：由 Hwang 和 Xu 提供[14]。

单一 I/O 地址空间：假设集群被用来作为一个 Web 服务器。Web 信息数据库分布在两个 RAID 上。每个节点启动一个 HTTP 后台程序处理来自网络连接的 4 个 Web 请求。单一 I/O 空间意味着任意节点能够访问这两个 RAID。假设大多数请求来自于 ATM 网络。如果节点 3 具有的 HTTP 功能可以分布到所有的 4 个节点上，这将是有益处的。下面的例子介绍了 RAID-x 体系结构，该体系结构用于以 I/O 为中心的集群计算[9]。

例 2.6 I/O 中心集群的分布式 RAID 之上的单一 I/O 空间

Hwang 等人提出一种分布式磁盘阵列体系结构[9]，该体系结构用来建立 I/O 中心集群应用中的单一 I/O 空间。图 2-16 显示了 4 节点 Linux PC 集群的体系结构，其中三个磁盘通过 SCSI 总线连接到每个主机节点。所有 12 个磁盘形成具有单一地址空间的完整 RAID-x。换句话说，所有个人计算机可以访问本地和远程磁盘。所有磁盘块的寻址机制是水平交叉的。正交剥离和反射使得系统中可能有与 RAID-1 等效的能力。

阴影的区域表示空白块的镜像。一个磁盘块和它的镜像通过正交方式被映射在不同的物理磁盘上。例如，B_0 位于磁盘 D_0 上。B_0 的镜像 M_0 位于磁盘 D_3。D_0、D_1、D_2 和 D_3 这 4 个磁盘分别连接到 4 个服务器上，因此能够被并行访问。任意单个磁盘失效不会丢失数据块，因为磁盘的镜像可以用于数据恢复。所有磁盘块被标注相应的镜像映射。基准测试程序实验表明该 RAID-x 是可扩展的，并且能够在任意单个磁盘失效后恢复数据。该分布式 RAID-x 提高了集群中所有物理磁盘的并行读/写操作的总体 I/O 带宽。 ■

2.3.1.6 其他 SSI 所需特征

SSI 的最终目标是使得集群如同台式计算机一样易于使用。下面是 SSI 额外特征，这些特征存在于 SMP 服务器中：

- **单一作业管理系统** 所有集群作业能够由任意节点提交到单一作业管理系统。
- **单一用户接口** 用户通过单一图形界面使用集群。这适用于工作站和个人计算机。发展集群 GUI 的一个好的方向是利用 Web 技术。

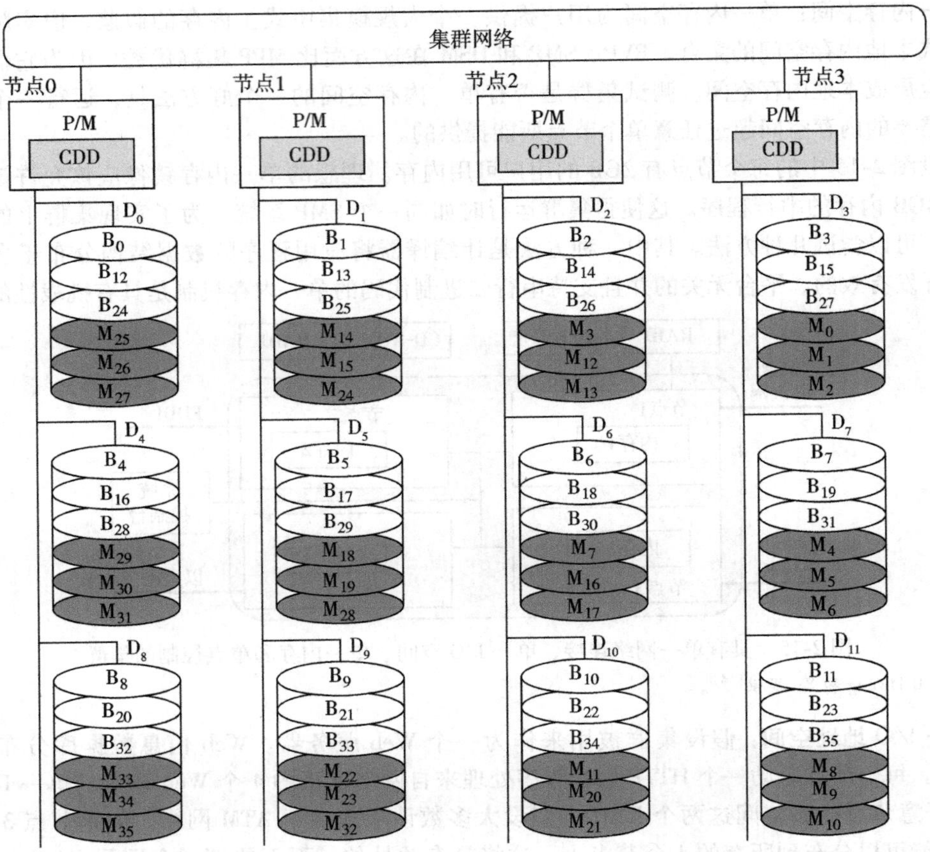

图 2-16 在连接到集群中 4 个主机的 12 个分布式磁盘之上具有单一 I/O 空间的分布式 RAID 体系结构（D_i 表示磁盘 i，B_j 表示磁盘块 j，M_j 是 B_j 的一个镜像，P/M 表示处理器/内存节点，CDD 表示协作磁盘驱动器）

注：由 Hwang、Jin 和 Ho 提供[13]。

- **单一进程空间** 各节点的所有用户进程形成单一进程空间，并且共享统一进程认证机制。在任意节点上能够创建进程（如通过 UNIX fork）并与远程节点上的进程通信（如通过信号、管道等）。
- **SSI 集群化的中间件支持** 如图 2-17 所示，在集群应用的三个层次上，中间件支持各种 SSI 特征。
- **管理级** 该级处理用户应用程序，并且提供作业管理系统，如 GLUnix、MOSIX、Load Sharing Facility（LSF）或 Codine。
- 93~94 **编程级** 该级提供单一文件层次（NFS、xFS、AFS、Proxy）和分布式共享内存（TreadMark、Wind Tunnel）。
- **实现级** 该级支持单一进程空间、检查点机制、进程迁移和单一 I/O 空间。这些特征必须与集群硬件和操作系统平台结合。在例 2.6 中，分布式磁盘阵列、RAID-x 实现了单一 I/O 空间。

2.3.2 冗余高可用性

当设计鲁棒的高可用系统时，三个术语经常一起使用：可靠性、可用性和可服务性（Reliability，Availability，and Serviceability，RAS）。可用性是最有意义的概念，因为它综合了可

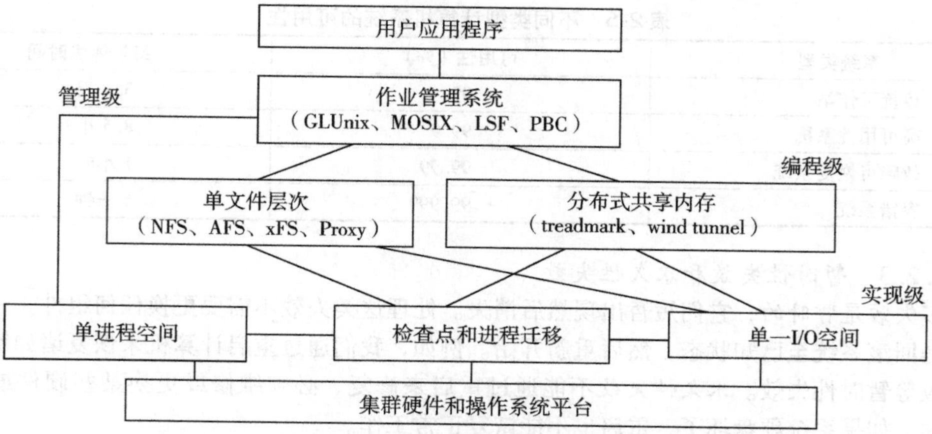

图 2-17 在作业管理、编程和实现级上集群化中间件的关系

注：由 K. Hwang、H. Jin、C. L. Wang 和 Z. Xu[16] 提供。

靠性和可服务性的概念，定义如下：

- 可靠性 根据系统不发生故障的运行时间衡量。
- 可用性 表示系统对用户可用的时间百分比，即系统正常运行的时间百分比。
- 可服务性 与服务系统的容易程度相关，包括硬件和软件维护、修复、升级等。

RAS 需求由实际的市场需求决定。最近的 Find/SVP 调研总结了世界 1 000 强企业中的下列情形：计算机平均每年发生 9 次故障，平均每次故障时间为 4 小时。平均每小时损失的收入是 82 500美元。由于故障过程中可能造成的巨大损失，许多公司都在努力提供 24/365 可用的系统，即该系统每天 24 小时，每年 365 天都是可用的。

2.3.2.1 可用性和失效率

如图 2-18 所示，计算机系统通常在发生故障前会运行一段时间。故障被修复后，系统恢复
正常运行，然后不断重复这个运行-修复周期。系统可靠性由失效平均时间（MTTF）衡量，该时 95
间指的是系统（或系统部件）发生故障前正常运行的平均时间。可服务性的度量标准是平均修复时间（MTTR），该时间为发生故障后修复系统及还原工作状态的平均时间。系统可用性定义为：

$$可用性 = MTTF / (MTTF + MTTR) \tag{2-1}$$

2.3.2.2 计划停机和意外失效

学习 RAS 时，我们称任意使得系统不能正常执行的事件为失效（failure）。这包括：

- **意外失效** 由于操作系统崩溃、硬件失效、网络中断、人为操作失误以及断电等而引起的系统失效。所有这些被简单地称为失效，系统必须修复这些失效。
- **计划停机** 系统没有被损坏，但是周期性中止正常运行以进行升级、重构和维护。系统也可能在周末或假日关闭。图 2-18 所示的 MTTR 是关于这类失效的计划停工时间。

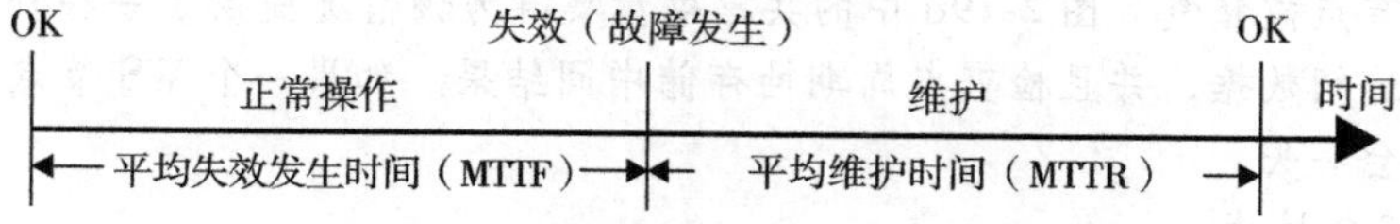

图 2-18 计算机系统的执行-修复周期

表 2-5 显示了几种具有代表性的系统可用性值。例如，传统工作站具有 99% 的可用性，意味着其建立和运行的时间占总时间的 99%，或者每年只停机 3.6 天。可用性的乐观定义并不考虑计划停机时间，这可能是有实际意义的。例如，许多超级计算机设置为每周几小时的计划停机时间，而电话系统却不能忍受每年几分钟的停机时间。

表 2-5　不同类型计算机系统的可用性

系统类型	可用性（%）	每年停机时间
传统工作站	99	3.6 天
高可用性系统	99.9	8.5 小时
故障可恢复系统	99.99	1 小时
容错系统	99.999	5 分钟

2.3.2.3　暂时性失效和永久性失效

很多失效是暂时的，它们短暂出现然后消失。处理这类失效不需要更换任何组件。一个标准
96 的方法是回滚系统至已知状态，然后重新开始。例如，我们通过重启计算机来恢复诸如键盘或窗口不响应等暂时性失效。永久性失效不能通过重启来修复，必须维修或更换某些硬件或软件组件。例如，如果系统硬盘坏了，重启也不能恢复正常工作。

2.3.2.4　部分失效和整体失效

使得整个系统不可用的失效称为整体失效。如果系统在一个较低的水平仍可以运行，那么只影响部分系统的失效称为部分失效。提高可用性的关键方法是系统地移除单点失效，使得失效尽可能是部分失效，因为硬件或软件组件的单点失效会影响到整个系统。

例 2.7　SMP 和计算机集群的单点失效

在 SMP（图 2-19a）中，共享内存、操作系统镜像和内存总线均为单一失效点。另外，处理器并不是单一失效点。在一个工作站集群（图 2-19b）中，位于每个工作站的多操作系统镜像通过以太网互连。这避免了 SMP 中操作系统可能造成的单点失效。然而，以太网网络却成为单一失效点，如图 2-19c 所示，其增加了高速网络，两条通信路径消除了此单点失效。

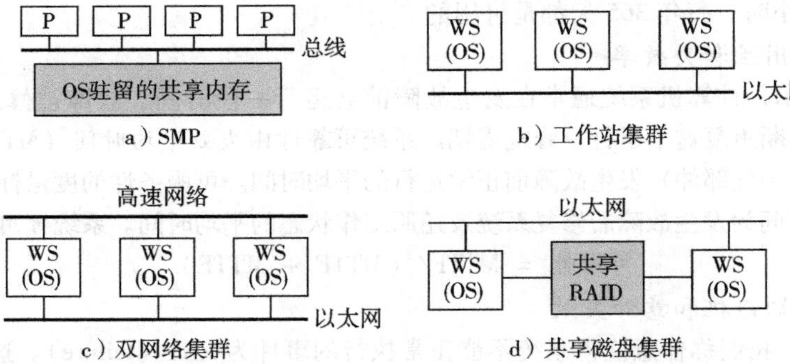

图 2-19　SMP 和三个集群中的单点失效（SPF），由 a 到 d，其中冗余越大，消除的单点失效也越多

注：由 Hwang 和 Xu[14] 提供。

当图 2-19b 和图 2-19c 中的某个节点失效时，不仅该节点上的应用均失效，而且节点数据也无法使用，直至节点被修复。图 2-19d 中的共享磁盘集群为该情况提供了一种补救方案。系统在共享磁盘上存储连续数据，并且检查点周期性存储中间结果。如果一个 WS 节点失效，该共享磁
97 盘中的数据并不会丢失。■

2.3.2.5　冗余技术

考虑图 2-19d 中的集群。假设只有一个节点失效。系统的其余部分（例如，互连和共享 RAID 磁盘）是 100% 可用的。假设当一个节点失效时，该节点的工作量不需要额外时间便可转移到另一个节点上。我们提出下面的问题，如果忽略计划停机时间，集群的可用性如何？如果集群需要 1 小时/周的维护时间，可用性又如何？如果每周关闭一小时，每次只关闭一个节点，集群可用性又如何？

从表2-5可知，工作站的可用性高达99%。两个节点都停机的时间仅占0.01%。因此，可用性为99.99%。目前的故障恢复系统每年只有一个小时的停机时间。计划停机时间为52小时/年，即52/(365 × 24) = 0.0059。总停机时间是0.59% + 0.01% = 0.6%。集群的可用性为99.4%。如果忽略一个节点被维护时，另一个节点可能失效的情况，其可用性是99.99%。

提高系统可用性有两种基本方法：增加MTTF或减少MTTR。增加MTTF等同于增加系统可靠性。计算机工业致力于研发可靠系统，目前工作站的MTTF的范围从数百到数千小时不等。然而，进一步提高MTTF是非常困难和昂贵的。于是，集群提供了一种基于减少系统MTTR的高可用性解决方法。一个多节点集群比工作站具有较低的MTTF（因而具有较低的可靠性），然而，其失效可以被快速解决，以便提供较高的可用性。我们在集群设计中考虑了几种冗余技术。

2.3.2.6 隔离冗余

提高任何一个系统可用性的关键技术是利用冗余组件。当一个组件（主组件）失效时，该组件提供的服务可由另一个组件（备份组件）接管。此外，主组件和备份组件应该相互隔离，这意味着它们不会因为相同的原因失效。集群通过电能供应、风扇、处理器、内存、磁盘、I/O设备、网络和操作系统镜像等的冗余，提供了高可用性。在一个设计优良的集群中，冗余也是相互隔离的。隔离的冗余提供了几个好处：

- 第一，考虑隔离冗余的组件不会发生单点失效，因此该组件的失效不会导致整个系统失效。
- 第二，失效的组件可以在系统其余部分正常工作时被修复。
- 第三，主组件和备份组件可以彼此相互检测及调试。

IBM SP2通信子系统是一个很好的隔离冗余设计的例子。所有节点由两个网络连接：以太网网络与高性能交换。每个节点使用两个独立网卡分别连接到这些网络上。两种通信协议：标准IP和用户空间（User Space，US）协议；每种协议均可运行在另一种网络上。如果任一网络或协议失效，另一网络或协议可接替。

2.3.2.7 用N版本编程来增强软件可靠性

构造关键任务软件系统的通用冗余方法称为*N版本编程*。软件由N个独立的队列执行，这些队列甚至不知道彼此的存在。不同的队列要求使用不同的算法、编程语言、环境工具甚至平台执行软件。在一个容错系统中，这N个版本同时运行并且不断比较它们的结果。如果结果不一致，系统提示发生故障。由于隔离冗余，因此在同一时间内，某一故障导致大多数N版本失效是几乎不可能的。所以系统可根据多数表决产生的正确结果继续工作。在一个高可用非关键任务系统中，在某一时间只需运行一个版本。每一版本内置自动检测功能。当某个版本失效时，另一版本能够接管其任务。 98

2.3.3 容错集群配置

集群解决方案的目标是为两个服务器节点提供三个不同级别上的可用性支持：*热备份*、*主动接管*和*容错*。在这一节中，我们将考虑*恢复时间*、*回滚特征*和*节点主动性*。可用性水平促进从备份变化为主动和容错集群配置。恢复时间越短，集群的可用性越高。*回滚*指的是一个恢复节点在修复和维护后回归正常执行的能力。*主动性*指的是该节点在正常运行中是否用于活跃任务。

- **热备份服务器集群** 在一个*热备份*集群中，一般情况下只有主要节点积极完成所有有用的工作。备份节点启动（热）和运行一些监控程序来发送与接收心跳信号以检测主要节点的状态，但并不积极运行其余有价值的工作。主要节点必须备份所有数据至共享磁盘存储，该存储可被备份节点访问。备份节点需要二次复制的数据。
- **主动接管集群** 在这个例子中，多个服务器节点的体系结构是对称的。两个服务器都是主要的，正常完成有价值的任务。两个服务器节点通常都支持故障切换和恢复。当一个节点失效时，用户应用程序转移至集群中的其他可用节点。由于实施故障切换需要时间，用户可能会遇到一些延迟或者丢失在最后检查点前未保存的部分数据。

- **故障切换集群**　故障切换可能是目前商业应用集群所需的最重要特征。当一个组件失效时，该技术允许剩余系统接管之前由失效组件提供的服务。故障切换机制必须提供一些功能，如失效诊断、失效通知和失效恢复。失效诊断是指失效以及导致该失效的故障组件位置的检测。一种常用的技术是使用心跳消息，集群节点发送心跳消息给对方。如果系统没有接收到某个节点的心跳消息，那么可以判定节点或者网络连接失效了。

例 2.8　双网络集群的失效诊断和恢复

集群使用两个网络连接其节点。其中一个节点被指定为主节点（master node）。每个节点都
99 有一个心跳维护进程，该进程通过两个网络周期性（每10秒）发送心跳消息至主节点。如果主节点没有接收到某节点的心跳（10秒）消息，那么将认为探测到失效并会作出如下诊断：

- 节点到两个网络之一的连接失效，如果主节点从一个网络接收到该节点的心跳消息，但从另一个却没有接收到。
- 节点发生故障，如果主节点从两个网络都没有接收到心跳消息。这里假设两个网络同时失效的几率忽略不计。

示例中的失效诊断很简单，但它有若干缺陷。如果主节点失效，怎么办？10秒的心跳周期是太长，还是太短？如果心跳消息在网络中丢失了（例如，由于网络拥塞），怎么办？该机制能否适用于数百个节点？实际的高可用性系统必须解决这些问题。一种常用的技术是使用心跳消息携带负载信息，当主节点接收到某个节点的心跳消息时，它不仅了解该节点存活着，而且知道该节点的资源利用率等情况。这些负载信息对于负载均衡和作业管理是很有用的。

失效一旦被诊断，系统将通知需要知道该失效的组件。失效通知是必要的，因为不仅仅只有主节点需要了解这类信息。例如，某个节点失效，DNS 需要被通知，以至不会有更多的用户连接到该节点。资源管理器需要重新分配负载，同时接管失效节点上的剩余负载。系统管理员也需要被提醒，这样他能够进行适当的操作来修复失效节点。■

恢复机制

失效恢复是指接管故障组件负载的必需动作。恢复技术有两种类型：在向后恢复中，集群上运行的进程持续地存储一致性状态（称为检查点）到稳定的存储。失效之后，系统被重新配置以隔离故障组件、恢复之前的检查点，以及恢复正常的操作。这称为回滚。

向后恢复与应用无关、便携，相对容易实现，已被广泛使用。然而，回滚意味着浪费了之前执行结果。如果执行时间是至关重要的，如在实时系统中，那么回滚时间是无法容忍的，应该使用向前恢复机制。在这个机制下，系统并不回滚至失效前的检查点。相反，系统利用失效诊断信息重建一个有效的系统状态，并继续执行。向前恢复是应用相关的，并且可能需要额外的硬件。

例 2.9　MTTF、MTTR 和失效成本分析

考虑一个基本没有可用性支持的集群。当一个节点失效，下面一系列事件将会发生：

1. 整个系统被关闭和断电。
2. 如果硬件失效，故障节点被替换。
3. 该系统通电和重启。

100 4. 用户应用程序被重新装载，并从开始重新运行。

假设集群中的某个节点每100小时发生一次故障。集群的其余部分不会发生故障。步骤1～3需要花费2小时。一般来说，步骤4的平均时间也是2小时。该集群的可用性是多少？如果每小时的停机损失为82 500美元，每年的失效损失是多少？

解　集群的 MTTF 是 100 小时，MTTR 是 2 + 2 = 4 小时。根据表 2-5，可用性为 100/104 = 96.15%。这相当于每年 337 小时的停机时间，失效损失为 82 500 美元 ×337，即超过 2 700 万美元。■

例 2.10 计算机集群的可用性和成本分析

重复例 2.9，但是现在假设该集群的可用性支持显著提高。当某个节点失效，其负载会自动转移到其他节点上。故障切换的时间只有 6 分钟。同时，集群具有热交换的能力：故障节点从集群分离、修复、重新插入、重启以及重新加入集群，这整个过程不影响集群的其余部分。这一理想集群的可用性是多少，并且每年的失效损失又是多少？

解 集群的 MTTF 仍是 100 小时，但是 MTTR 减少为 0.1 小时，因为当修复故障节点时，集群是可用的。根据表 2-5，可用性为 100/100.5 = 99.9%。这相当于每年 8.75 小时的停机时间，失效损失是 82 500 美元，相较于例 2.9，减少至 1/38。■

2.3.4 检查点和恢复技术

检查点和恢复这两种技术必须共同发展，才能提高集群系统的可用性。我们将从检查点的基本概念入手。某个进程周期性地保存执行程序的状态至稳定存储器，系统在失效后能够根据这些信息得以恢复。每一个被保存的程序状态称为*检查点*。包含被保存状态的磁盘文件称为*检查点文件*。虽然目前所有的检查点软件在磁盘中保存程序状态，但是使用节点内存替代稳定存储器来提高性能还处在研究阶段。

检查点技术不仅对可用性有帮助，同时对程序调试、进程迁移和负载均衡也是有用的。许多作业管理系统和一些操作系统支持某种程度上的检查点。Web 资源包含众多检查点相关的 Web 网站，还包括一些公共领域软件，如 Condor 和 Libckpt。这里，我们将展示检查点软件的设计者和用户重点关注的问题。我们将首先考虑串行和并行程序的共同问题，接下来将单独讨论并行程序的相关问题。

2.3.4.1 内核、库和应用级

检查点可以由操作系统在内核级实现，操作系统在内核级透明地设立检查点并重新开始进程。这对用户来说是理想的。然而，尤其对于并行程序，大多数操作系统并不支持检查点。在用户空间，以一种较不透明地方式链接用户代码和检查点库。检查点和重启操作由运行时支持所掌控。这种方法使用广泛，因为它不需要修改用户程序。 101

一个主要的问题是目前大多数检查点库是静态的，这就意味着应用程序的源代码（或至少对象代码）必须是可得到的。如果应用程序是可执行代码的形式，它则不能正常工作。第三种方法需要用户（或编译器）在应用程序中插入检查点函数。因此，应用程序必须被修改，透明度也就不能保证了。然而，它的优点是用户可以指定在哪个位置设立检查点。这有利于减小检查点的开销，因为检查点会消耗一定的时间和存储。

2.3.4.2 检查点开销

在一个程序的执行过程中，它的状态可能保存很多次。这被表示为保存检查点所需时间。存储开销指的是检查点需要的额外内存和磁盘空间。时间和存储开销取决于检查点文件的大小。开销可能是巨大的，尤其当应用程序需要一个大的内存空间时。已经有许多技术被推荐，用来降低这些开销。

2.3.4.3 选择最优检查点间隔

两个检查点之间的时间间隔称为*检查点间隔*。时间间隔增大可以降低检查点的时间开销。然而，这意味着失效后更长的计算时间。Wong 和 Franklin 推导出图 2-20 所示最优检查点间隔的表达式：

$$\text{最优检查点间隔} = \sqrt{(\text{MTTF} \times t_c)}/h \tag{2-2}$$

这里 MTTF 是系统的平均失效时间。MTTF 反映了保存一个检查点的时间开销，h 是在系统故障前的检查点时间间隔内，进行正常计算的平均百分比。参数 h 处于某个范围内。系统恢复之后，

需要花费 $h\times$（检查点间隔）的时间来重新计算。

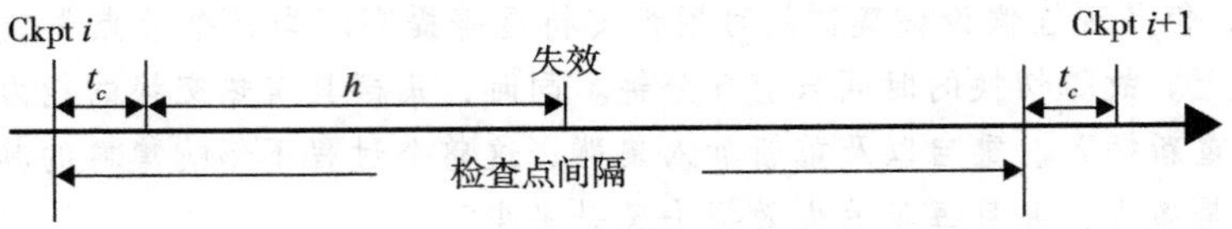

图 2-20 两个检查点间的时间参数

注：由 Hwang 和 Xu[14] 提供。

2.3.4.4 增量检查点

相对于每个检查点保存全状态，增量检查点机制只保存与之前检查点相比发生改变的状态。然而，必须关注之前的检查点文件。在全状态检查点中，只需在磁盘上维护一个检查点文件，之后的检查点文件可以简单地覆盖此文件。在增量检查点中，之前的文件仍需要被维护，因为一个

102 状态可能横跨许多文件。因此，总存储需求较大。

2.3.4.5 分支检查点

大多数检查点机制是阻塞的，因为当设置检查点时，正常的计算被停止。如果有足够的内存，可以通过内存中程序状态的复制并唤起另一个异步线程同时执行检查点程序，以减少检查点的开销。一个简单的方法是使用 UNIX *fork*( )系统调用计算重复检查点。分支子进程复制父进程的地址空间并设置检查点，与此同时，父进程继续执行。由于检查点程序是磁盘-I/O 密集的，重叠操作可以实现，进一步的优化可使用写时优化机制。

2.3.4.6 用户指导检查点

如果用户插入代码（例如，库或系统调用）告知系统何时保存、保存什么以及不保存什么，检查点开销有时能够大幅度降低。检查点的准确内容应该是什么？它应该包含足够的信息帮助系统恢复。进程状态包括其数据状态和控制状态。在 UNIX 进程中，这些状态存储在其地址空间，包括文本（代码）、数据、堆栈段和进程描述符。保存和恢复全状态的代价是昂贵的，有时甚至是不可能的。

例如，进程 ID 及其父进程 ID 是不可恢复的，在许多应用中它们也不需要被保存。大多数检查点系统只保存部分状态。例如，通常不保存代码段，因为在多数应用程序中其不发生改变。什么类型的应用能够被设置检查点呢？目前检查点机制需要程序是多机通用的（well behaved），精确的定义在不同的方案中有所不同。在最低程度上，通用程序应该不需要不可恢复的状态信息，例如进程的 ID 数值。

2.3.4.7 并行程序检查点

现在我们来看并行程序检查点。通常并行程序的状态远多于串行程序的状态，因为它包括了独立进程的状态集合，以及网络通信状态。并行同时也会带来多种时间和一致性问题。

例 2.11 一个并行程序检查点

图 2-21 描述了一个三进程并行程序的检查点。标记为 x、y 和 z 的箭头表示进程间的点对点通信。三条分别标记为 a、b 和 c 的粗实线表示三个全局快照（或简称快照），这里的全局快照指检查点的集合（表示为点），每个检查点来自一个进程。此外，一些通信状态也可能需要保存。快照线与进程时间线的交点表示该进程设置（局部）检查点的位置。因此，程序快照 c 由三个局部检查点组成：s、t、u 分别是进程 P、Q 和 R 的检查点，以及保存的通信状态 y。 ■

2.3.4.8 一致快照

如果一个进程在检查点处没有接收到消息，而这个消息并没有由其他进程发出，那么全局性快照称为一致的。在图形中，这相当于没有从右至左穿过快照线的箭头。因此，快照 a 是一致的，因为箭头 x 是从左向右的。但是快照 c 是不一致的，因为 y 是从右到左的。为了确保一致

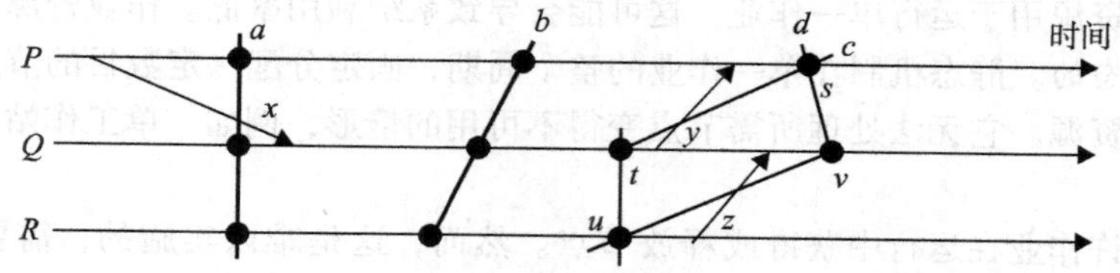

图 2-21　并行程序中的一致检查点和非一致检查点

注：由 Hwang 和 Xu[14] 提供。

性，在两个检查点之间不应该有任何锯齿路径（zigzay path）[20]。例如，检查点 u 和 s 不属于一个一致性的全局快照。更苛刻的一致性要求需要没有箭头穿过快照，这样只有快照 b 是一致的，如图 2-21 所示。

2.3.4.9　协作检查点和独立检查点

并行程序的检查点机制可分为两种类型。在协作检查点（也称为一致检查点）中，并行程序冻结，并且所有进程在同一时间设置检查点。在独立检查点中，进程彼此独立设置检查点。这两种类型可以通过不同方式相结合。协作检查点难以实现，并且需要巨大的开销。独立检查点则具有较小的开销，可以利用串行程序现有的检查点机制。

2.4　集群作业和资源管理

本节涵盖在集群系统上执行多个作业的多种调度方法，还将介绍描述集群计算的中间件，以及在大规模集群或云中，用于资源管理的分布式操作系统 MOSIX。

2.4.1　集群作业调度方法

集群作业可能在一个指定的时间（日历调度），或者在特定事件发生（事件调度）时被调度运行。表 2-6 总结了用于解决集群作业调度问题的各种方案。根据提交时间、资源节点、执行时间、内存、磁盘、作业类型及用户认证的优先级，作业被调度。静态优先级指的是根据预定的方案，作业被分配的优先级。其中一个简单的方案是采用先到先服务的形式调度作业。另一种方案是为用户分配不同的优先级，而作业的动态优先级可能会随时间发生变化。

表 2-6　集群节点的作业调度问题和机制

问　题	机　制	关键问题
作业优先级	非抢占式	高优先级作业被延迟
	抢占式	开销、实现
资源需求	静态	负载不平衡
	动态	开销、实现
资源共享	专用	低利用率
	空间共享	铺盖、大规模作业
调度	分时	基于进程的作业控制与上下文切换开销
	独立	严重减速
	组调度	实现困难
与外界（本地）作业竞争	驻留	本地作业减速
	迁移	迁移阈值、迁移开销

共享集群节点有三种不同机制。在专用模式中，在某一时间集群中只有一个作业运行，在某一时间一个节点至多被分配一个作业进程。作业直至运行完成，才释放集群让其他作业运行。值得注意的是，即使在专用模式中，一些节点可能保留，以供系统使用，不对用户作业开放。除此

之外，所有集群资源用于运行单一作业，这可能会导致系统利用率低。作业资源需求可以是静态的，也可以是动态的。静态机制在单一作业的整个周期，固定分配一定数目的节点。静态机制可以充分利用集群资源。它无法处理所需节点变得不可用的情形，例如，单工作站的所有者关闭了机器。

动态资源允许作业在运行中获得或释放节点。然而，这是难以实施的，需要运行的作业和Java信息服务（Java Message Service，JMS）协作。作业对JMS提交异步添加/删除资源的请求。JMS需要通知该作业何时资源变得可用，同步意味着作业会被请求/通知推迟（阻塞）。作业和LMS的协作需要修改编程语言/库。此协作的原始机制存在于PVM和MPI中。

2.4.1.1 空间共享

常用的方案是在日间赋予短的交互作业较高的优先级，而在晚间使用瓷砖式覆盖。在这个空间共享模式中，多个作业可以在分离的节点分区（组）同时运行。一个进程在某一时间至多被分配到一个节点。虽然部分节点只分配给一个任务，但是互连和I/O子系统可能被所有作业共享。空间共享必须解决瓷砖式覆盖问题和大规模作业问题。

例2.12 集群节点上依据瓷砖式覆盖的作业调度

图2-22描述了瓷砖式覆盖技术。在图2-22a中，JMS在4个节点上按照先到先服务的策略调度4个作业。作业1和2较小，因此被分配至节点1和2。作业3和4是并行的，且每个均需要3个节点。当作业3到达时，它不能够立即运行。它必须等待作业2完成，并释放其使用的节点。如图2-22b所示，瓷砖式覆盖会增加节点的利用率。在可用节点上重新装载这4个作业，这些作
103～105 业的整体执行时间减少了。这个问题在专用模式或者空间共享模式中不能得到解决。然而，通过分时操作，该问题能够得以缓和。■

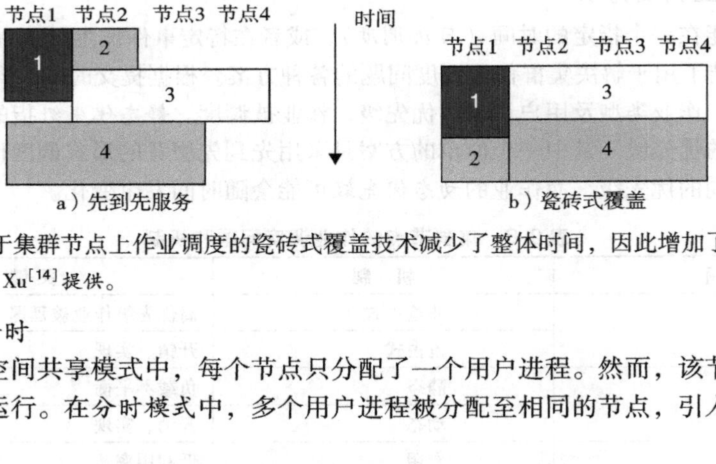

图2-22 用于集群节点上作业调度的瓷砖式覆盖技术减少了整体时间，因此增加了作业吞吐量

注：由Hwang和Xu[14]提供。

2.4.1.2 分时

在专用或者空间共享模式中，每个节点只分配了一个用户进程。然而，该节点上的系统进程或后台程序仍在运行。在分时模式中，多个用户进程被分配至相同的节点，引入了下列并行调度策略：

1. **独立调度** 分时的最直接实现如同传统的工作站，使用集群中每个节点的操作系统来调度不同的进程。这称为*局部调度*或*独立调度*。然而，这会导致并行作业的性能明显降低，因为执行并行作业的进程之间需要交互。例如，当一个进程试图与另一个进程界限同步，后者可能已被调度出去。于是第一个进程必须等待。而当第二个进程被重新调度时，第一个进程可能已被替换。

2. **组调度** *组调度*机制共同调度并行作业的全部进程。一个进程活跃，则所有的进程都活跃。集群节点并不完全锁同步。事实上，大多数系统是异步系统，不由同一时钟驱动。虽然我们说："所有进程将在同一时间运行，"但是它们不会十分精确地在同一时间开始。在第一个进程开始和最后一个进程开始之间，*组调度倾斜*具有最大差异。组调度倾斜越大，并行作业的运行时间就越长，从而导致更长的运行时间。我们应该使用同构集群，这样组调度更有效。然而，由于

实施困难，组调度在大多数集群中并未实现。

3. **与外界（本地）作业竞争** 当集群作业和本地作业都运行时，调度变得更复杂。本地作业的优先级应高于集群作业。拥有者仅需击一次键，便可掌控所有工作站资源。处理这种情况一般有两种方法：集群作业可以驻留在工作站节点或者迁移到另一个空闲节点。*驻留方案*可以避免迁移开销，但集群进程以最低优先级运行。工作站周期可以分为三个部分：内核进程、本地进程和集群进程。然而，驻留降低了本地和集群作业的速度，尤其是当集群作业是一个需要频繁同步和通信的负载均衡的并行作业时。于是可以转移作业到可用周围节点，以平衡负载。 106

2.4.2 集群作业管理系统

作业管理也称为*负载管理*或*负载共享*。我们首先讨论作业管理系统面临的基本问题，并总结可用的软件包。作业管理系统（Job Management System，JMS）具有三部分：

- *用户服务器*：提交用户作业至一个或多个队列，为每个作业指定资源需求，将作业从队列中删除，以及询问作业或队列的状态。
- *作业调度器*：根据作业类型、资源需求、资源可用性和调度策略，执行任务调度和排队。
- *资源管理器*：分配和监控资源，执行调度策略，以及收集统计信息。

2.4.2.1 JMS 管理

JMS 的功能通常是分布的。例如，用户服务器可能在每个主机节点中，而资源管理器则可能跨越所有集群节点。然而，JMS 的管理应该是*集中的*，所有配置与日志文件应该维护在同一地点。并且需要一个单一用户界面以便使用 JMS。强制用户使用某一软件包运行 PVM 作业、使用另一软件包运行 MPI 作业，以及使用剩余的某一软件包运行 HPF 作业，是不受欢迎的。

JMS 应该能够在对运行作业产生最小影响的情况下，动态重新配置集群。管理员的开始和结束脚本应该能够在安全检查、统计和清除作业之前及之后运行。用户应该能够干净地清除他们自己的作业。管理员或 JMS 应该能够干净地暂停或清除任何作业。*干净*（clean）意味着当某一作业中止或死亡时，必须涵盖所有它的进程。否则，有些“孤儿”进程遗留在系统中，会浪费系统资源并且可能最终导致系统无法使用。

2.4.2.2 集群作业种类

一个集群上可以运行几类作业。*串行作业*在单个节点上运行。*并行作业*使用多个节点。*交互作业*需要快速的周转时间，并且其输入/输入指向一个终端。这些作业不需要大量资源，但用户期望作业被立即执行，不需要在队列中等待。*批量作业*通常需要更多的资源，如大内存空间和长 CPU 时间，但是它们不要求立即反馈结果。于是它们被提交至作业队列，当资源可用时（如在空闲时间），被调度执行。

相较于交互作业和批量作业由 JMS 管理，*外界作业*是在 JMS 之外被创建的。例如，当工作站网络作为集群时，用户可以向 JMS 提交交互作业或批量作业。同时，工作站的所有者可以在任意时间创建一个外界作业，该作业不通过 JMS 提交。这类作业也称为*本地作业*，相对于*集群作业*（交互或批量、并行或串行）。本地作业的特征是响应时间迅速。所有者希望所有资源执行他的作业，就好像集群作业不存在一样。

2.4.2.3 集群负载特征

为了解决作业管理问题，我们必须了解集群的工作行为。在实际集群上，基于长期操作数据来描述负载似乎是理想的。并行负载跟踪包括开发与生产作业。这些跟踪被输入一个模拟器，依据不同的串行与并行负载的组合、资源分配和调度策略，产生不同的统计结果和性能结果。下列负载特征基于 NAS 基准测试程序实验，当然，不同的负载可能有不同的统计结果。 107

- 约一半的并行作业在正常工作时间内提交。约 80% 的并行作业运行持续三分钟甚至更少；运行时间超过 90 分钟的并行作业占总时间的 50%。

- 串行负载显示，60%～70%的工作站可以在任意时间执行并行作业，即使在日间高峰时间。
- 在工作站中，53%的空闲时间为3分钟或者更少，但是95%的空闲时间在10分钟之后才被使用。
- 2:1法则，即一个包含64个工作站的网络，具有合适的JMS软件，除了原有的串行负载，能够维持一个32节点的并行负载。换句话说，集群化的一半被免费提供给超级计算机！

2.4.2.4　迁移机制

一个迁移机制必须考虑以下三个问题：

- **节点可用性**　这涉及作业迁移时的节点可用性。Berkeley NOW项目声称大学校园环境内还存在这样的情形。即使在高峰时间，伯克利校园集群中60%的工作站是可用的。
- **迁移开销**　迁移开销的影响包括什么？迁移时间会显著影响并行作业运行。降低迁移开销（如通过提高通信子系统）或尽量少迁移是很重要的。如果一个并行作业运行在2倍规模的集群上，其减速时间将显著降低。例如，一个32节点的并行作业在一个60节点集群上运行，由迁移造成的减速时间不超过20%，即使迁移有3分钟之长。这是因为多个节点是可用的，因此迁移需求减少了。
- **迁移阈值**　发生迁移的阈值应该是什么？最坏的情况下，当进程迁移到某一节点，该节点立即被它的所有者控制。因此，进程必须再次迁移，甚至不断循环下去。迁移阈值是在集群认为某工作站是空闲节点之前，该工作站闲置的时间。

2.4.2.5　JMS期望特征

下面是集群计算应用中的一些特征，已应用于部分商业JMS：

- 最大程度支持异构Linux集群，支持并行作业和批量作业。但是，Connect: Queue不支持交互作业。
- 企业级集群作业由JMS管理。它们将影响运行本地作业的工作站所有者。然而，NQE和PBS允许调整这类影响。在DQS中，该影响能够配置为最小。
- 软件包提供某种负载均衡机制以有效利用集群资源。某些软件包支持检查点。
- 大多数软件包不支持动态进程迁移。它们支持静态迁移：一个进程可以在其第一次被创
108 建时，被派遣到远程节点上执行。然而，一旦它开始执行，它便驻留在那个节点中。Condor是一个支持动态进程迁移的软件包。
- 所有软件包允许通过用户或管理员动态暂停和恢复用户作业。所有软件包允许动态添加或删除资源（如节点）。
- 大多数软件包提供命令行界面和图形用户界面。除了UNIX的安全机制外，大多数软件包还使用Kerberos认证系统。

2.4.3　集群计算的负载共享设备（LSF）

LSF是平台计算中的商用负载管理系统[29]。在并行作业和串行作业中，LSF强调作业管理和负载共享。此外，它还支持检查点、可用性、负载迁移和单系统镜像。LSF具有高扩展性，并且能够支持上千个节点的集群。LSF服务于各种UNIX和Windows/NT平台。目前，LSF不仅在集群中使用，也在网格和云中使用。

2.4.3.1　LSF体系结构

LSF支持大多数UNIX平台，并采用标准IP进行JMS通信。正因为如此，它可以使UNIX计算机的异构网络成为一个集群，而没有必要修改潜在的操作系统内核。终端用户使用有效命令集合调用LSF功能。LSF支持PVM和MPI，提供命令行界面及GUI，同时LSF也为熟练用户提供了名为LSLIB（Load Sharing Library，负载共享库）的运行时库的API。使用LSLIB明确要求用户

修改应用程序代码，而不是使用实用命令。集群中的每个服务器有两个 LSF 维护进程。负载信息管理器（Load Information Managers，LIM）定期交换负载信息。远程执行服务器（Remote Execution Server，RES）执行远程任务。

2.4.3.2　LSF 实用命令

集群节点可能是具有单处理器主机或多处理器的 SMP 节点，但总是只运行节点上操作系统的单一备份。下面是构建 LSF 设备的一些有趣特征：

- LSF 支持交互、批量、串行和并行作业的任意组合。不通过 LSF 执行的作业称为外界作业。服务器节点是可以运行 LSF 作业的节点。客户端节点是可以初始化或提交但不能执行 LSF 作业的节点。只有服务器节点的资源可以共享。服务器节点也可以初始化或提交 LSF 作业。
- LSF 为从 LSF 获取信息和远程执行作业提供了一套工具（lstools）。例如，lshosts 列出了集群中每个服务器节点的静态资源（稍后讨论），命令 lsrun 用于执行远程节点上的程序。
- 当用户在客户端节点输入命令 %lsrun-R ‘swp>100’ myjob，应用程序 myjob 将自动选择负载最轻的服务器节点运行，该节点的可用交换空间大于 100MB。
- 工具 lsbatch 允许用户通过 LSF 提交、监控及执行批量作业。该工具是常用的 UNIX 命令解释器 tcsh 的负载共享版本。一旦用户进入 lstcsh shell，每个输入的命令将自动地在合适节点上运行。这是透明的：用户所见的 shell，如同 tcsh 在本地节点上运行一样。 109
- 工具 lsmake 是 UNIX 工具 make 的并行版本，使生成文件可在多个节点上同时执行。

例 2.13　计算机集群上的 LSF 应用

假设一个集群由 8 个昂贵的服务器节点和 100 个廉价的客户端节点（工作站或个人计算机）组成。服务器节点昂贵是因为它有更好的硬件和软件，包括应用软件。授权协议允许安装 FORTRAN 语言编译器和计算机辅助设计（CAD）模拟软件包，最多对 4 个用户有效。使用一个 JMS（如 LSF），服务器节点的所有硬件和软件资源都是透明地提供给客户端。

用户坐在客户终端前感觉本地客户端节点具有所有软件及服务器性能。输入 lsmake my.makefile，用户可以在 4 个服务器上编译他的源代码。因为 LSF 选择负载最少的节点，所以使用 LSF 也有益于资源利用。例如，如果用户想要运行 CAD 模拟，可以提交批量作业。一旦软件变得可用，LSF 将会调度这个作业。■

2.4.4　MOSIX：Linux 集群和云的操作系统

MOSIX 由希伯来大学在 1977 年开发，是一个分布式操作系统。最初，该系统扩展了 BSD/OS 系统调用，用于奔腾系列集群中的资源共享。在 1999 年，该系统被重新设计，运行在 x86 平台的 Linux 集群上。MOSIX 项目在 2011 年仍然活跃，这些年共发布了 10 个版本。最新的版本 MOSIX2 与 Linux 2.6 兼容。

2.4.4.1　Linux 集群的 MOXIS2

MOSIX2 是运行在 Linux 环境中的虚拟化层。该层利用运行时 Linux 支持，为用户和应用程序提供单系统镜像。该系统运行远程节点上的应用程序，就如在本地一样。它支持串行和并行应用程序，并且可以发现资源，在 Linux 节点之间透明地自动迁移软件进程。MOSIX2 也可以管理 Linux 集群或多集群网格。

网格的灵活管理允许集群所有者可以在多集群所有者之间共享计算资源。每个集群仍保有自治权，可以在任意时间从网格中断开自己的节点。这应当在不影响正在运行的程序的前提下完成。许可 MOSIX 的网格只要集群所有者间相互信任，就可以无限扩展。其条件是需要保证正运行于远程集群的客户应用程序不能够被修改。不友善的计算机不允许连接到本地网络。

2.4.4.2 MOSIX2 中的 SSI 特征

系统能以本机模式或作为虚拟机运行。在本机模式中，其性能较好，但是它要求修改基本 Linux 内核；而虚拟机可运行于支持虚拟化且不作任何修改的操作系统中，包括微软 Windows、
110 Linux 和 Mac OS X。此系统中最适合运行具有少量或中等数量 I/O 操作的计算密集型应用程序。MOSIX2 的测试表明在 1GB/s 校园网格中的若干应用程序性能和单个集群上的几乎相同。下面是 MOSIX2 的部分有趣特征：

- 用户可以从任何节点登录，并不需要知道程序的运行位置。
- 没有必要修改应用程序或链接应用程序至特殊库。
- 没有必要复制文件至远程节点，这是因为进程迁移可以自动发掘资源和分配负载。
- 用户能够平衡负载，将进程从较慢节点迁移至快速节点，并从内存耗尽的节点中迁移出进程。
- 关于迁移进程直接通信的套接字也是可迁移的。
- 该系统以客户进程的安全运行时环境为特征。
- 该系统能够运行批量作业，并可以通过检查点恢复，这由自动安装和配置脚本的工具实现。

2.4.4.3 高性能计算机上 MOSIX 的应用

MOSIX 是用于高性能计算机集群、网格和云计算的研究型操作系统。该系统的设计者声称 MOSIX 通过自动资源发现和负载均衡提供了广域网格资源的高效利用。长进程被自动分配到网格节点，在运行长进程可能造成不可预测的资源请求或运行时间的情况下，该系统可以运行应用程序。因为节点负载索引和可用内存的不同，在节点间迁移进程时，该系统也能够结合具有不同能力的节点。

MOSIX 在 2001 年成为专利软件。科学计算的应用实例包括基因序列分析、分子动力学、量子动力学、纳米技术和其他并行高性能计算机应用；工程上的应用包括 CFD、天气预报、碰撞模拟、石油工业模拟、ASIC 设计和药物设计；以及云应用，如金融建模、渲染车间和编译车间。

例 2.14 使用 MOSIX 和 PVM 的内存引导算法

当本地节点的主内存耗尽时，内存引导借用远程集群节点的主内存。远程节点的加入可通过进程迁移实现，而不用对本地磁盘进行分页或交换。引导进程可由 PVM 命令实现，也可以使用 MOSIX 进程迁移。在每一次执行中，平均内存块可以分配至使用 PVM 的节点。图 2-23 显示了使用 PVM 和 MOSIX 的内存算法所需执行时间的比较。

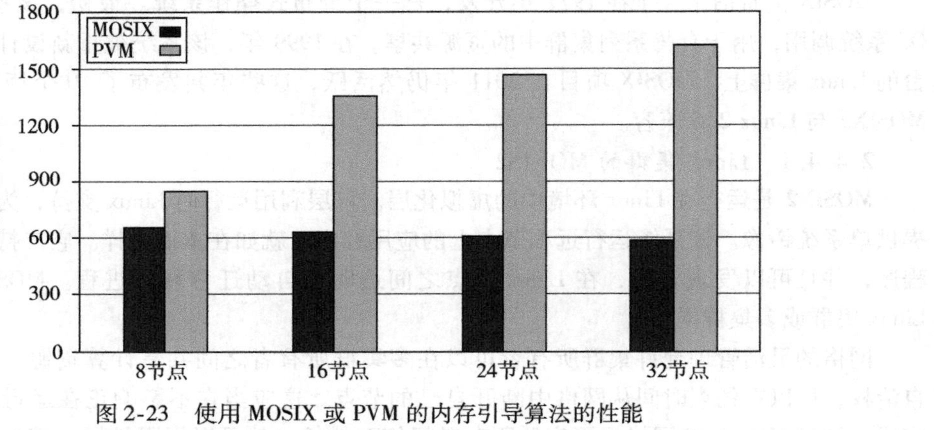

图 2-23 使用 MOSIX 或 PVM 的内存引导算法的性能

注：由 A. Barak 和 O. La'adan[5] 提供。

对于小型的 8 节点集群，它们的执行时间相对接近。当集群规模扩展至 32 节点，MOSIX 程序在引导时间上减少了 60%。此外，当集群规模增长时，MOSIX 性能几乎相同。PVM 引导时间以平均每节点 3.8% 的速度单调上升，而 MOSIX 以每节点 0.4% 的速度持续下降。该实验结果证实了 MOSIX 的内存和负载均衡算法比 PVM 有更高的扩展性。 111

2.5 顶尖超级计算机系统的个案研究

本节回顾了三个领先超级计算机，这三个超级计算机在 2008—2010 年已被选入 Top500 名单。IBM Roadrunner 是世界上第一个千万亿次计算机，在 2008 年排名第一。之后，Cray XT5 Jaguar 在 2009 成为领先系统。2010 年 11 月，中国 Tianhe-1A 成为世界上最快的系统。这 3 个系统均采用 Linux 集群结构，通过大量可同时运行的计算节点实现大规模并行。

2.5.1 Tianhe-1A：2010 年的世界最快超级计算机

2010 年 11 月，2010 ACM Supercomputing Conference 宣布 Tianhe-1A 为混合超级计算机。该系统在 Linpack 基准测试中，显示了 2.507Pflops 的持续速度，因此成为 2010 年 Top500 名单中排名第一的超级计算机。该系统由中国国防科学技术大学（NUDT）开发，于 2010 年 8 月安装于天津国家超级计算机中心（NSC，www.nscc.tj.gov.cn）。该系统计划用来作为研究和教育的开放平台。图 2-24 显示了安装在 NSC 的 Tianhe-1A 系统。

图 2-24　Tianhe-1A 系统，由中国国防科学技术大学构建，安置在天津国家超级计算机中心（2011）[11]

2.5.1.1　Tianhe-1A 体系结构

图 2-25 显示了 Tianhe-1A 系统的精简体系结构。系统由 5 个主要部件组成。计算子系统覆盖了 7 168 个节点上的所有 CPU 和 GPU。服务子系统包含 8 个操作节点。存储子系统拥有一大批共享磁盘。监测与诊断子系统用于控制和 I/O 操作。通信子系统由连接所有功能性子系统的交换机组成。

2.5.1.2　硬件实现

该系统采用了 14 336 个 2.93GHz 的六核 Xeon E5540/E5450 处理器及 7 168 个 NVIDIA Tesla M2050s。它具有 7 168 个计算节点，每个节点由两个 2.93GHZ 的六核 Intel Xeon X5670（Westmere）处理器和一个 NVIDIA M2050 GPU 通过 PCI-E 连接组成。每片有两个节点，高度为 2U（图 2-25）。整个系统有 14 336 个 Intel 插板（Westmere）、7 168 个 NVIDIA Fermi 板和 2 048

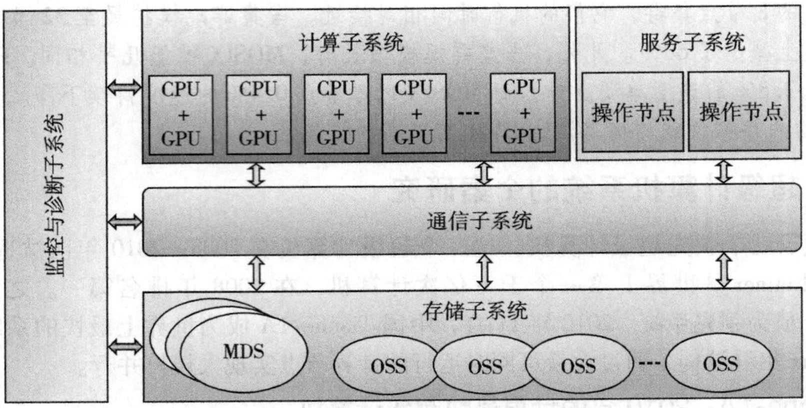

图 2-25 Tianhe-1A 的精简体系结构

个 Galaxy 插板（基于 Galaxy 处理器的节点用于系统的前端处理）。每个计算节点有两个 Intel 插
112~113 板、一个 Fermi 板和 32GB 的内存。

整个系统的理论峰值为 4.7Pflops/s，如图 2-26 中的计算所示。值得注意的是，每个 GPU 节点中有 448 个 CUDA 核。峰值速度应该综合考虑 14 236 个 Xeon CPU（共有 86 016 个核）和 7 168 个 Tesla GPU（每个节点有 448 个 CUDA 核，总共有 3 211 264 个 CUDA 核）。CPU 和 GPU 芯片共有 3 297 280个处理器核。一个操作节点拥有两个 8 核 Galaxy 芯片（1GHz，SPARC 体系结构）与 32GB 内存。Tianhe-1A 系统被封装为 112 个计算机柜、12 个存储机柜、6 个通信机柜和 8 个 I/O 机柜。

操作节点由两个 8 核 Galaxy FT-1000 芯片组成。这些处理器由 NUDT 设计，频率为 1GHz。八核芯片的理论峰值是 8Gflops/s。整个系统拥有 1 024 个这样的操作节点，每个节点具有 32GB 的内存。这些操作节点主要用于功能性操作，而服务节点用于作业创建和提交，它们并不是作为通用目的的计算节点。其速度并不影响峰值或持续计算速度。Tianhe-1A 的峰值速度为 3.692 Pflops[11]。它在 4 个子系统中共采用了 7 168 个计算节点（448 个 CUDA 核/GPU/计算节点），14 236个六核 CPU。

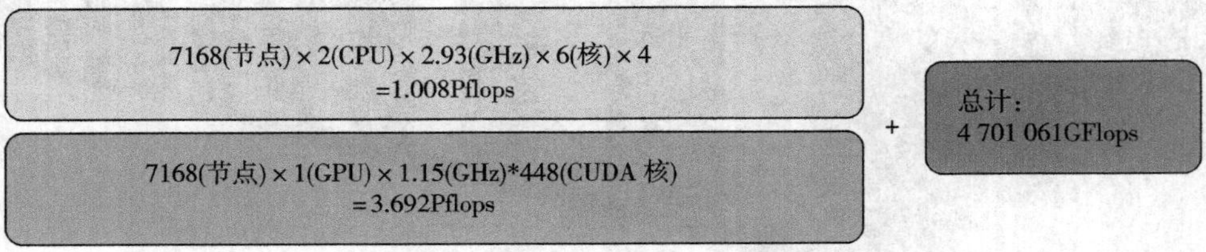

图 2-26 Tianhe-1A 理论峰值速度的计算

该系统通过 Lustre 集群文件系统实现了总共 2PB 的磁盘存储。该集群系统中共分布了 262TB 的主内存。Tianhe-1A 体现了现代异构 CPU/GPU 计算，在性能、规模和电能方面取得显著成绩。该系统原本只使用 CPU，需要 50 000 多个 CPU 以及 2 倍工作空间来实现相同的性能。一个 2.507 Pflops 的系统全部使用 CPU 的功率至少为 12MW，这比 Tianhe-1A 的功率消耗多 3 倍。

2.5.1.3 胖树互连体系结构

Tianhe-1A 的高性能归功于由 NUDT 定制设计的互连体系结构。该体系结构使用 InfiniBand DDR 4X 和 97TB 的内存。胖树体系结构如图 2-27 所示。双向带宽为 160Gbps，大约是相同数目节点上 QDR InfiniBand 网络带宽的 2 倍。该结构有 1.57 微秒的节点跳跃延迟和 61Tb/s 的集群化带宽。在胖树结构的第一层，16 个节点由一个 16 口的交换板连接。在第二层，所有部件都连接
114 到 11 个 384 口的交换机。路由器和网络接口芯片由 NUDT 团队设计。

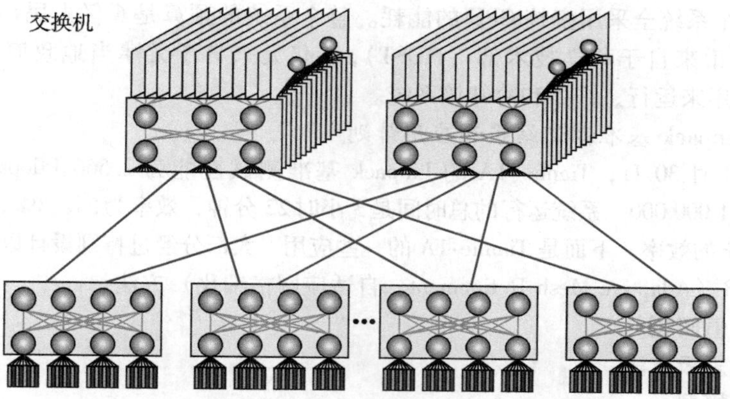

图 2-27　高带宽交换两个级别上的胖树互连体系结构

2.5.1.4　软件栈

Tianhe-1A 上的软件栈在高性能系统中具有代表性。它使用由 NUDT 开发的操作系统 Kylin Linux，这在 2006 年顺利通过中国 863 高新技术研究与发展项目办公室的批准。Kylin 基于 Mach 和 FreeBSD，兼容其他主流操作系统，并且支持多个微处理器以及不同结构的计算机。Kylin 软件包包括标准开源和公共软件包，使得系统便于安装。图 2-28 描述了 Tianhe-1A 的软件体系结构。

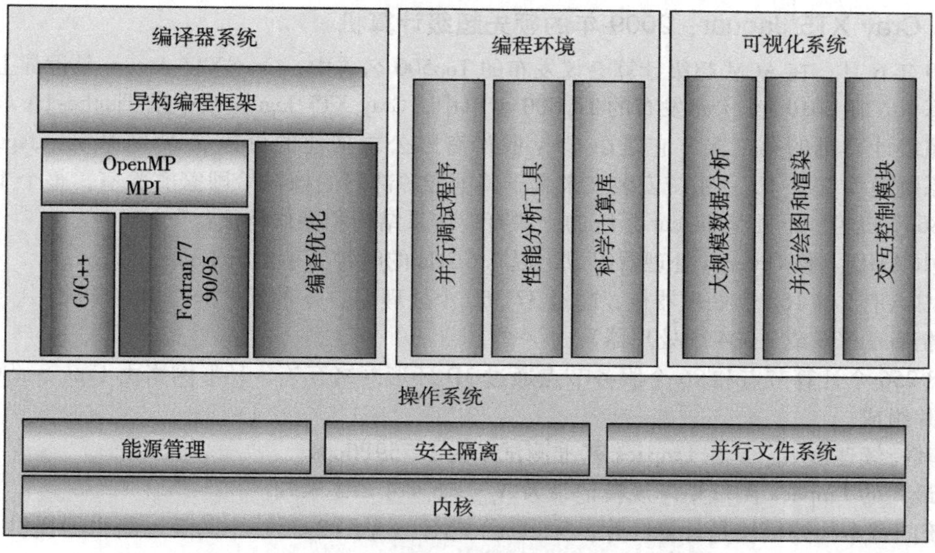

图 2-28　Tianhe-1A 超级计算机的软件体系结构[11]

该系统具有来自 Intel（icc 11.1）、CUDA、OpenMP 的 FORTRAN、C、C++ 和 Java 编译器，并得到 MPICH2 与 GLEX（Galaxy Express）通道的支持。NUDT 建立者开发了数学库，该数学库基于 Intel 的 MKL 10.3.1.048 和 NVIDIA GPU 上的 BLAS，并由 NUDT 优化。此外，高效并行运行环境（HPPRE）也被安装。系统也提供了基于 Eclipse 的并行工具包，用于整合各种编辑、调试和性能分析工具。此外，设计师提供了对服务质量（QoS）评判和资源预定的工作流支持。

2.5.1.5　能耗、空间和成本

Tianhe-1A 能耗在轻负载时为 4.04MW（兆瓦）。该系统占地面积 700 平方米，并由采用加压气流的分体水冷却系统降温。该混合体系结构消耗较少的电能——大约是 12MW 的三分之一，

其中12MW是整个系统全采用多核CPU的能耗。整个系统的预算是6亿人民币（约9 000万美元）；2亿元人民币来自于科学技术部（MOST），4亿元来自于天津当地政府。每年大约需要2 000万美元的费用来运行、维护和冷却该系统。

2.5.1.6 Linpack基准测试结果和应用计划

在2010年10月30日，Tianhe-1A的Linpack基准测试性能为2.566 Pflops/s，其中规模为
115 3 600 000，$N_{1/2}$ =1 000 000。系统运行的总时间是3小时22分钟，效率为54.58%，远低于Jaguar和Roadrunner的75%的效率。下面是Tianhe-1A的一些应用，大部分经过特别设计以满足国家的需要。

- 并行AMR（Adaptive Mesh Refinement，自适应网格细化）方法。
- 并行特征值问题。
- 并行快速多级方法。
- 并行计算模型。
- Gridmol计算化学。
- ScGrid中间件、网格门户。
- PSEPS并行对称特征值封装解决。
- 雷达截面的FMM-radar快速多级方法。
- 移植大量开源软件程序。
- 沙尘暴预测、气候模型、电磁散射或宇宙学。
- 汽车制造业中的CAD/CAE。

2.5.2 Cray XT5 Jaguar：2009年的领先超级计算机

2010年6月，在ACM超级计算会议发布的Top500名单中，Cray XT5 Jaguar是世界上最快的超级计算机。在2010年11月发布的Top500名单中，Cray XT5 Jaguar被中国Tianhe-1A取代，变为快速超级计算机的第二名，它是由Cray股份有限公司构建的可扩展MPP系统，Jaguar属于
116 Cray的系统模型XT5-HE。系统安装在隶属于美国能源部门的橡树岭国家实验室，整个Jaguar系统共有86个机柜。下面是Jaguar系统的一些有趣体系结构和操作特征：

- 由AMD六核Opteron处理器组成，以2.6GHz的时钟频率运行Linux。
- 总共有224 162个处理器核，超过37 360个处理器，分布于4排共88个机柜中（每个机柜有1 536或2 304个处理器）。
- 8 256个计算节点和96个服务节点通过3D环形网络互连，环形网络由Cray SeaStar2+芯片组成。
- 其持续速度R_{max}，在Linpack基准测试中为1.759Pflops。
- 最大的Linpack测试矩阵规模记录为N_{max} =5 474 272未知。

系统的基本构建模块是计算叶片。SeaStar+芯片（见图2-29）中的互连路由器提供了3D环形网络中的6条高速链接，如图2-30所示。该系统可由小型配置扩展至大型配置。整个系统具有129TB的计算内存。理论上，系统的峰值速度为R_{peak} = 2.331 Pflops。换句话说，Linpack实验只实现了75%（=1.759/2.331）的效率。对外I/O接口使用10Gbps以太网和InfiniBand连接。消息传递编程使用MPI 2.1。系统能耗为32~43千瓦/机柜。当有160个机柜时，整个系统的能耗高达6.950MW。系统使用强制冷风降温，这也会消耗大量电能。

2.5.2.1 3D环形互连

图2-30显示了系统的互连体系结构。Cray XT5系统使用Cray SeaStar2+路由器芯片集成高带宽低延迟互连。该系统由具有8个插槽的XT5计算叶片配置而成，并支持双核或四核Opterons。XT5使用3D环形网络拓扑结构，SeaStar2+芯片提供了6个高速网络链接，连接3D环形网络中的6个邻居。每个连接的双向峰值带宽是9.6GB/s，持续带宽超过6GB/s。每个端口由独立的路

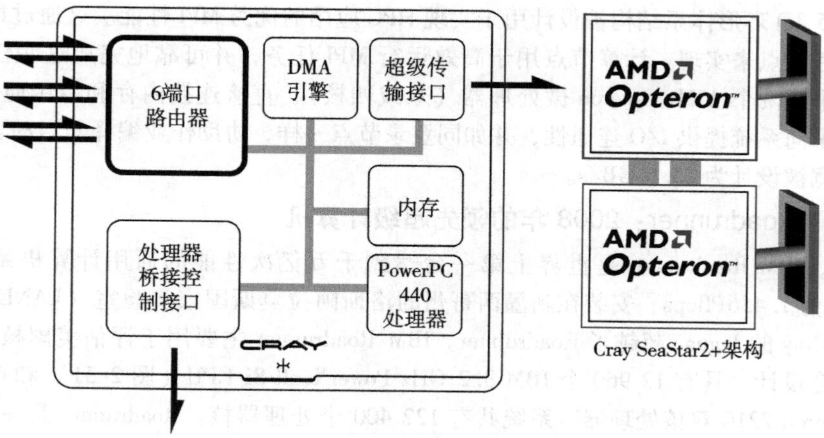

图 2-29 Cray XT5 Jaguar 超级计算机的内连 SeaStar 路由器芯片设计

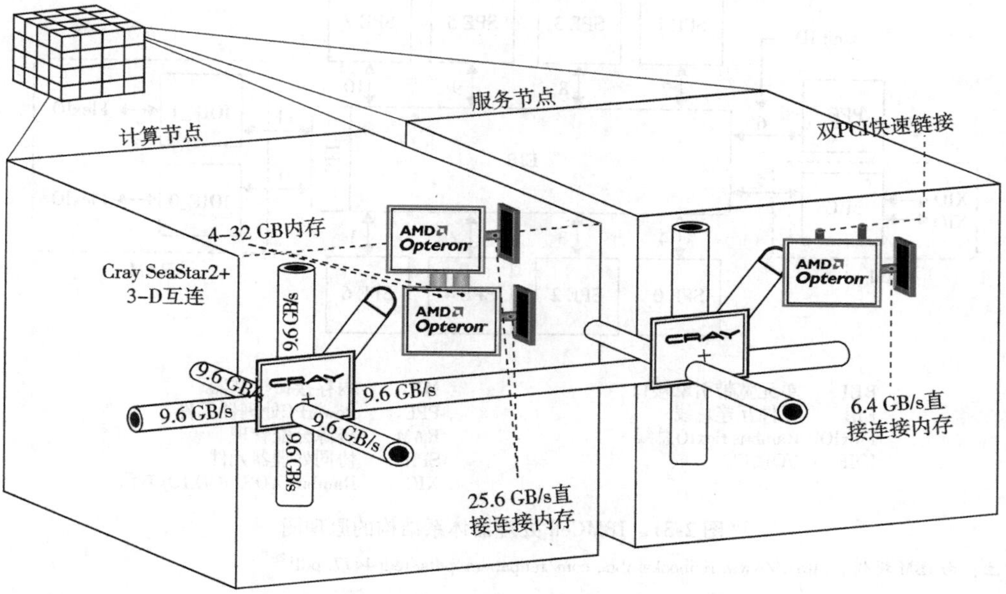

图 2-30 Cray XT5 Jaguar 超级计算机的 3D 环形互连

注：由 Cray 公司[9]和美国橡树岭国家实验室提供，2009。

由表配置，保证无冲突存取数据包。

路由器采用支持纠错和重传的可靠链路层协议，保证消息传递通信到达它的目的地，而不采用典型集群中的暂停和重试机制。环形互连直接连接 Cray XT5 系统中的所有节点，降低了外部交换的成本与复杂性，并且容易扩展。这允许系统很好地扩展为成千上万个节点，远远超越胖树交换的能力。互连实现了在全局文件系统的消息传递和 I/O 通信。

2.5.2.2 硬件封装

Cray XT5 系列使用了节能封装技术，减少能源消耗，从而降低维护成本。系统的计算叶片只封装了必需组件，使用处理器、内存和互连构建 MPP。在 Cray XT5 机柜中，垂直冷却直接从源头（地面）接收冷空气，并有效地冷却叶片上的处理器，叶片位于最佳气流的特定位置。每个处理器也有定制的散热器，在机柜内依附于它的旁边。每个 Cray XT5 系统机柜使用单个高效的小型涡轮风扇降温，它需要直接从电网获取 400/480VAC，以避免变压器和 PDU 损失。 117~118

Cray XT5 3D 环形体系结构被设计用于实现 HPC 应用的优秀 MPI 性能。这通过集成专用的计算节点和服务节点来实现。计算节点用于高效运行 MPI 任务，并可靠地完成这些任务。每个计算节点由一个或两个 AMD Opteron 微处理器（双或四核）、直接连接内存和专用通信资源组成。服务节点用来向系统提供 I/O 连通性，并如同登录节点一样，协助作业编译与启动。每个计算节点的 I/O 带宽被设计为 25.6 GB/s。

2.5.3　IBM Roadrunner：2008 年的领先超级计算机

2008 年，IBM Roadrunner 是世界上第一台达到千万亿次性能的通用计算机系统。该系统 Linpack 性能为 1.456Pflops，安装在新墨西哥州的洛斯阿拉莫斯国家实验室（LANL）。随后，在 2009 年末，Cray 的 Jaguar 超越了 Roadrunner。IBM Roadrunner 主要用于评估美国核武库的衰变，其系统为混合设计，具有 12 960 个 IBM 3.2 GHz PowerXcell 8i CPU（图 2-31）和 6 480 个 AMD 1.8 GHz Opteron 2210 双核处理器。系统共有 122 400 个处理器核。Roadrunner 是一个 Opteron 集群，由 8 个浮点核的 IBM Cell 处理器加速。

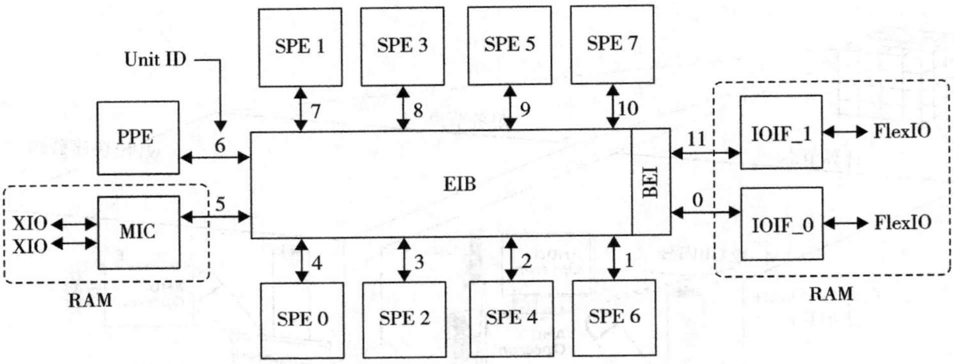

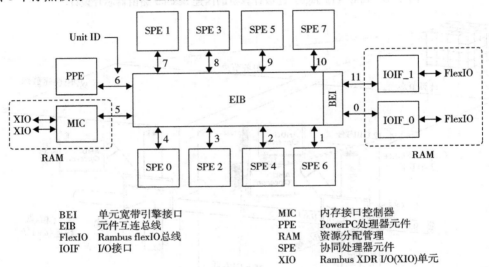

BEI	单元宽带引擎接口	MIC	内存接口控制器
EIB	元件互连总线	PPE	PowerPC处理器元件
FlexIO	Rambus flexIO总线	RAM	资源分配管理
IOIF	I/O接口	SPE	协同处理器元件
		XIO	Rambus XDR I/O(XIO)单元

图 2-31　IBMCell 处理器体系结构的原理图

注：由 IBM 提供，http://www.redbooks.ibm.com/redpapers/pdfs/redp4477.pdf[28]。

2.5.3.1　处理器芯片和计算叶片设计

Cell/B.E. 处理器提供非凡的计算能力，可以利用单一多核芯片。如图 2-31 所示，Cell/
119 B.E. 体系结构支持非常广泛的应用。单芯片多处理器实现了 9 个处理器元件运行在一个共享内存模型上。TriBlade 服务器通过 InfiniBand 网络连接，组成了机架。为了保持这种计算能力，每个节点的连通由 4 个 PCI Express x8 链接组成，每个链接具有 2GB/s 传送速率，并有 2μs 的延迟。该扩展槽还包括 InfiniBand 互连，允许与集群的其余部分通信。InfiniBand 互连的速度为 2GB/s，延迟为 2μs。

2.5.3.2　InfiniBand 互连

Roadrunner 集群是层次结构的。InfiniBand 为集群提供交换功能，连接 270 个机架中的 18 个单元。总之，整个集群连接 12 960 个 IBM Power XCell 8i 处理器和 6 480 个 Opteron 2210 处理器，共有 103.6TB 的 RAM。此集群提供了约 1.3Pflops 的性能。此外，系统的 18 个 Com/Service 节点使用 18 个 InfiniBand 交换机，提供了 4.5Tflops 的性能。第二存储单元采用 8 个 InfiniBand 交换机连接。总体上，系统中共安装了 296 个机架。分层结构按两个级别构造。该系统消耗 2.35 MW

的电能，名列2009年建造的最节能超级计算机的第4位。

2.5.3.3 消息传递性能

Roadrunner使用MPI API与其他Opteron处理器通信，应用程序以典型的单程序多数据(SPMD)形式运行。运行此应用程序的计算节点数目在程序启动时确定。Roadrunner的MPI实现是基于开源Open MPI项目的，因此是标准MPI。在这方面，Roadrunner应用程序与其他典型MPI应用类似，如那些运行于IBM Blue Gene的解决方案。Roadrunner与应用体系结构领域的不同之处是如何使用Cell/B.E.加速器。在应用流的任何时候，每个Opteron上运行的MPI应用程序能够分发复杂计算逻辑至其下属Cell/B.E.处理器。

2.6 参考文献和习题

自1990年以来，集群计算一直是热点研究领域。集群计算由DEC和IBM倡导，发表于Pfister[26]。该书提供了若干关键概念的很好介绍，包括SSI和HA。历史上，计算机集群的里程碑包括运行VMS/OS的VAXcluster(1984)、Tandem Himalaya HA集群(1994)和IBM SP2集群(1996)。这些早期的集群在文献[3，7，14，23，26]有所介绍。近年来，超过85%的Top500系统都采用了集群配置[9,11,20,25,28,29]。

每一年，IEEE和ACM举行几次国际会议讨论相关课题。它们包括"Cluster Computing"(Cluster)，"Supercomputing Conference"(SC)，"International Symposium on Parallel and Distributed Systems"(IPDPS)，"International Conferences on Distributed Computing Systems"(ICDCS)，"High-Performance Distributed Computing"(HPDC)和"Clusters，Clouds，and The Grids"(CCGrid)。同时也有与此课题相关的几个杂志，包括《Journal of Cluster Computing》、《Journal of Parallel and Distributed Computing》(JPDC)和《IEEE Transactions on Parallel and Distributed Systems》(TPDS)。

Bader与Pennington[2]评测了集群应用程序。本章部分数据和实例从Hwang和Xu[14]之前的书中修改得来。Buyya将集群计算分为两个章节编辑[7]。关于Linux集群的两本书是文献[20，23]。120
HA集群在文献[24]中有介绍。最近的HPC互连评估可以在文献[6，8，12，22]中找到。谷歌集群互连由Barroso等人发表[6]。超级计算机的GPU在文献[10]中讨论。GPU集群在文献[19]中介绍。GPU的CUDA并行编程可参见文献[31]。集群或网格计算的MOSIX/OS可参见文献[4，5，30]。

Hwang、Jin和Ho开发了一种分布式RAID系统，以实现个人计算机或工作站集群的单一I/O空间[13~17]。LSF的更多细节可以参见Zhou[35]。Top500名单采用了2010年6月和11月的发布结果[25]。Tianhe-1A的资料可以在Dongarra[11]和Wikipedia[29]上找到。IBM Blue Gene/L体系结构由Adiga等人发表[1]，随后被设计为更新的模型，称为Blue Gene/P解决方案。IBM Roadrunner由Kevin等人发布[18]，也可以参见Wikipedia[28]。Cray XT5和Jaguar系统在文献[9]中描述。中国Nebulae超级计算机发表于文献[27]。具体的集群应用程序和检查点技术可以参见文献[12，16，17，24，32，34]。集群应用可以参见文献[7，15，18，21，26，27，33，34]。

致谢

这一章由南加州大学的黄铠教授和田纳西大学的Jack Dongarra共同撰写。部分集群资料出自于黄铠教授和中国科学院徐志伟研究员之前出版的《可扩展并行计算：技术、结构与编程》一书[14]。墨尔本大学的Rajkumar Buyya对这些资料更新提出了具有价值的建议。

本章由清华大学的武永卫教授负责翻译。

参考文献

[1] N. Adiga, et al., An overview of the blue gene/L supercomputer, in: ACM Supercomputing Conference 2002, November 2002, http://SC-2002.org/paperpdfs/pap.pap207.pdf.
[2] D. Bader, R. Pennington, Cluster computing applications, Int. J. High Perform. Comput. (May) (2001).
[3] M. Baker, et al., Cluster computing white paper. http://arxiv.org/abs/cs/0004014, January 2001.
[4] A. Barak, A. Shiloh, The MOSIX Management Systems for Linux Clusters, Multi-Clusters and Clouds. White paper, www.MOSIX.org//txt_pub.html, 2010.
[5] A. Barak, R. La'adan, The MOSIX multicomputer operating systems for high-performance cluster computing, Future Gener. Comput. Syst. 13 (1998) 361–372.
[6] L. Barroso, J. Dean, U. Holzle, Web search for a planet: The Google cluster architecture, IEEE Micro. 23 (2) (2003) 22–28.
[7] R. Buyya (Ed.), High-Performance Cluster Computing. Vols. 1 and 2, Prentice Hall, New Jersey, 1999.
[8] O. Celebioglu, R. Rajagopalan, R. Ali, Exploring InfiniBand as an HPC cluster interconnect, (October) (2004).
[9] Cray, Inc, CrayXT System Specifications. www.cray.com/Products/XT/Specifications.aspx, January 2010.
[10] B. Dally, GPU Computing to Exascale and Beyond, Keynote Address, ACM Supercomputing Conference, November 2010.
[11] J. Dongarra, Visit to the National Supercomputer Center in Tianjin, China, Technical Report, University of Tennessee and Oak Ridge National Laboratory, 20 February 2011.
[12] J. Dongarra, Survey of present and future supercomputer architectures and their interconnects, in: International Supercomputer Conference, Heidelberg, Germany, 2004.
[13] K. Hwang, H. Jin, R.S. Ho, Orthogonal striping and mirroring in distributed RAID for I/O-Centric cluster computing, IEEE Trans. Parallel Distrib. Syst. 13 (2) (2002) 26–44.
[14] K. Hwang, Z. Xu, Support of clustering and availability, in: Scalable Parallel Computing, McGraw-Hill, 1998, Chapter 9.
[15] K. Hwang, C.M. Wang, C.L. Wang, Z. Xu, Resource scaling effects on MPP performance: STAP benchmark implications, IEEE Trans. Parallel Distrib. Syst. (May) (1999) 509–527.
[16] K. Hwang, H. Jin, E. Chow, C.L. Wang, Z. Xu, Designing SSI clusters with hierarchical checkpointing and single-I/O space, IEEE Concurrency (January) (1999) 60–69.
[17] H. Jin, K. Hwang, Adaptive sector grouping to reduce false sharing of distributed RAID clusters, J. Clust. Comput. 4 (2) (2001) 133–143.
[18] J. Kevin, et al., Entering the petaflop era: the architecture of performance of Roadrunner, www.c3.lanl.gov/~kei/mypubbib/papers/SC08:Roadrunner.pdf, November 2008.
[19] V. Kindratenko, et al., GPU Clusters for High-Performance Computing, National Center for Supercomputing Applications, University of Illinois at Urban-Champaign, Urbana, IL, 2009.
[20] K. Kopper, The Linux Enterprise Cluster: Building a Highly Available Cluster with Commodity Hardware and Free Software, No Starch Press, San Francisco, CA, 2005.
[21] S.W. Lin, R.W. Lau, K. Hwang, X. Lin, P.Y. Cheung, Adaptive parallel Image rendering on multiprocessors and workstation clusters. IEEE Trans. Parallel Distrib. Syst. 12 (3) (2001) 241–258.
[22] J. Liu, D.K. Panda, et al., Performance comparison of MPI implementations over InfiniBand, Myrinet and Quadrics, (2003).
[23] R. Lucke, Building Clustered Linux Systems, Prentice Hall, New Jersey, 2005.
[24] E. Marcus, H. Stern, Blueprints for High Availability: Designing Resilient Distributed Systems, Wiley.
[25] TOP500.org. Top-500 World's fastest supercomputers, www.top500.org, November 2010.
[26] G.F. Pfister, In Search of Clusters, second ed., Prentice-Hall, 2001.
[27] N.H. Sun, China's Nebulae Supercomputer, Institute of Computing Technology, Chinese Academy of Sciences, July 2010.
[28] Wikipedia, IBM Roadrunner. http://en.wikipedia.org/wiki/IBM_Roadrunner, 2010, (accessed 10.01.10).
[29] Wikipedia, Tianhe-1. http://en.wikipedia.org/wiki/Tianhe-1, 2011, (accessed 5.02.11).
[30] Wikipedia, MOSIX. http://en.wikipedia.org/wiki/MOSIX, 2011, (accessed 10.02.11).
[31] Wikipedia, CUDA. http://en.wikipedia.org/wiki/CUDA, 2011, (accessed 19.02.11).

[32] K. Wong, M. Franklin, Checkpointing in distributed computing systems, J. Parallel Distrib. Comput. (1996) 67–75.
[33] Z. Xu, K. Hwang, Designing superservers with clusters and commodity components. Annual Advances in Scalable Computing, World Scientific, Singapore, 1999.
[34] Z. Xu, K. Hwang, MPP versus clusters for scalable computing, in: Proceedings of the 2nd IEEE International Symposium on Parallel Architectures, Algorithms, and Networks, June 1996, pp. 117–123.
[35] S. Zhou, LSF: Load Sharing and Batch Queuing Software, Platform Computing Corp., Canada, 1996.

习题

2.1 区分并举例说明以下集群的相关术语：

a. 紧凑集群和松弛集群

b. 集中式集群和分散集群

c. 同构集群和异构集群

d. 封闭集群和开放集群

e. 专用集群和企业集群

2.2 本题与冗余技术相关。假设当一个节点失效时，它需要 10s 诊断故障，并需要 30s 转移其负载。

a. 如果忽略计划停机时间，集群的可用性如何？

b. 如果集群每周需要一小时的停机维护时间，但每次只有一个节点，集群的可用性又如何？

2.3 这是一个评测近年来构建的 4 个超级计算机的集群体系结构的研究项目。研究 2010 年 11 月发布的 Top500 名单中排名第 1 的超级计算机（即 Tianhe-1A）的相关细节。你的研究应包括以下内容：

a. 深入评估 Tianhe-1A 体系结构、硬件组成、操作系统、软件支持、并行编译器、封装、冷却和新型应用。

b. 比较 Tianhe-1A 与在 2.5 节中介绍的 Jaguar、Nebulae 和 Roadrunner，分析 Tianhe-1A 的相对优势和局限性。如果你找到充足的基准测试数据进行比较研究，可以用电子表格或曲线图表示。

2.4 本题包括与集群计算相关的两个部分：

1. 定义并区分下列可扩展性术语：

a. 机器规模上的可扩展性

b. 问题规模上的可扩展性

c. 资源可扩展性

d. 世代可扩展性

2. 解释三种可用集群配置（热备份、主动接管和容错集群）之间体系结构和功能差异。给出每种可用集群配置的两个商用集群系统示例。评价在商业应用中，它们的相对优势和缺点。

2.5 基于结构、资源共享和处理器间通信，说明多处理器和多计算机之间的区别。

a. 解释 UMA、NUMA、COMA、DSM 和 NORMA 内存模型间的差异。

b. 相较于传统的自主计算机网络，集群有什么额外的功能特征？

c. 传统 SMP 服务器上的集群系统有什么优点？

2.6 研究表 2-6 列出的 5 个虚拟集群研究项目，并根据 2.5.3 节和 2.5.4 节中 COD 和 Violin 的相关经验回答下列问题：

a. 从动态资源供应的角度，根据公开的文献评估这 5 个虚拟集群，并讨论它们的相对优势与缺点。

b. 记录这 5 个虚拟集群在硬件配置、软件工具和开发实验环境，以及发布的性能结果这些方面的独特贡献。

2.7 本题涉及在构建 HPC 系统过程中，高端 x86 处理器的使用。回答下列问题：

a. 根据最新的超级计算机系统 Top500 名单，所有的系统均使用 x86 处理器。识别处理器模型和关键处理器特性，如核的数目、时钟频率和预计性能。

b. 有些采用 GPU 来补充 x86 CPU。识别这些具有大量 GPU 的系统。讨论在提供 flops/美元的峰值或者持续速度过程中，GPU 所起的作用。

2.8 假设一个顺序计算机具有 512MB 的主内存和足够的磁盘空间。对大规模数据块，其磁盘读/写带宽是

1MB/s。下面的代码需要应用检查点：

```
do 1000 iterations
A = foo (C from last iteration)        /* this statement takes 10 minutes */
B = goo (A)                            /* this statement takes 10 minutes */
C = hoo (B)                            /* this statement takes 10 minutes */
end do
```

A、B 和 C 分别都是 120MB 的数组。所有代码的其余部分、操作系统和库，最多占用 16MB 的内存。假设计算机恰好失效一次，并且忽略恢复计算机的时间。

a. 如果执行检查点，成功运行该代码的最坏执行时间是多少？

b. 如果简单透明地执行检查点，成功运行该代码的最坏执行时间又是多少？

c. 在（b）中使用分支检查点是否有帮助？

d. 如果执行用户指导的检查点，该代码的最坏执行时间是多少？在代码中显示加入用户指示的位置。

e. 如果在（b）中使用分支检查点，该代码的最坏执行时间是多少？

2.9 比较最新 Top500 名单和 HPC 系统的 Top500 绿色名单。讨论在能源效率和冷却成本方面的小部分赢家与输家。显示绿色能源赢家的故事，并记录使他们获胜的特殊设计特点、封装、冷却及管理策略。为什么两张名单的排名顺序是不同的？根据公开的资料，讨论其原因和意义。

2.10 本题关系到为了构建最新 Top500 名单中三大具有商业互连的集群系统，所使用的处理器和系统互连。

a. 在潜在峰值浮点性能方面，比较这些集群使用的处理器，并且说明它们的优势和缺点。

b. 比较这三个集群的商业互连。讨论在拓扑属性、网络延迟、对分带宽和硬件使用方面，它们的潜在性能。

2.11 学习例 2.6 及其原始文章［14］发表的分布式 RAID-x 体系结构和性能结果。根据技术上理由或证据回答下列问题：

a. 解释在连接到集群节点的分布式磁盘上，RAID-x 系统如何实现单 I/O 地址空间。

b. 解释在 RAID-x 系统中实现的协同磁盘驱动器（CCD）的功能。基于目前的 PC 体系结构、SCSI 总线和 SCSI 磁盘技术，评论它的应用需求和可扩展性。

c. 解释为什么 RAID-x 具有和 RAID-5 体系结构相同的容错能力。

d. 通过与其他 RAID 体系结构比较，解释 RAID-x 的优势和局限性。

2.12 根据 2.2 节和 2.5 节的相关材料，比较 2009 年 11 月发布的 Top500 名单中，IBM Blue Gene/L、IBM Roadrunner 和 Cray XT5 超级计算机的系统互连。深入了解这些系统的细节。这些系统的互连可以使用定制的路由器。部分也使用一些商业互连及组件。

a. 在技术、芯片设计、路由机制和消息传递性能方面，比较这三个系统互连所使用的基本路由器或交换机。

b. 比较这三个系统互连的拓扑性质、网络延迟、对分带宽及硬件封装。

2.13 学习由 SGI 构建的最新、最大的商业 HPC 集群系统，并依据下列技术和基准测试记录集群体系结构：

a. SGI 系统模型及其说明是什么？用块范式说明集群体系结构并描述每个模块的功能。

b. 讨论由 SGI 公布的峰值性能及持续性能。

c. 采用了什么独特硬件、软件、网络或设计特点而实现（b）中性能？描述或说明这些系统特征。

2.14 考虑图 2-32 中的服务器 - 客户端集群中两台相同服务器之间的主动接管配置。其中服务器通过 SCSI 总线共享磁盘。客户端（PC 或工作站）和以太网不会失效。当一台服务器失效时，它的负载将被转移至运行的服务器。

a. 假定每台服务器的 MTTF 为 200 天，MTTR 为 5 天。磁盘的 MTTF 为 800 天，MTTR 为 20 天。此外，每台服务器由于维护每周需要被关闭一天，在此期间服务器被认为是不可用的。每次只关闭一台服务器。失效率包括正常失效和定期维护。SCSI 总线的失效率为 2%。服务器和磁盘的失效相互独立。磁盘和 SCSI 总线并没有计划关闭。客户端机器永远不会失效。

1. 只要至少有一台服务器可用，服务器便被认为是可用的。两台服务器的组合可用性是什么？

2. 在正常操作中，集群必须同时有 SCSI 总线、磁盘和至少一台可用的服务器。在该集群中，单点失效的可能性如何？

b. 该集群不能接受两台服务器在同一时间失效。此外，当 SCSI 总线或磁盘发生故障时，集群被认为是不可用的。基于上述情况，整个集群的系统可用性如何？

c. 在上述失效和维护的情况中，提出一种改进的体系结构来消除（a）的所有单点失效。

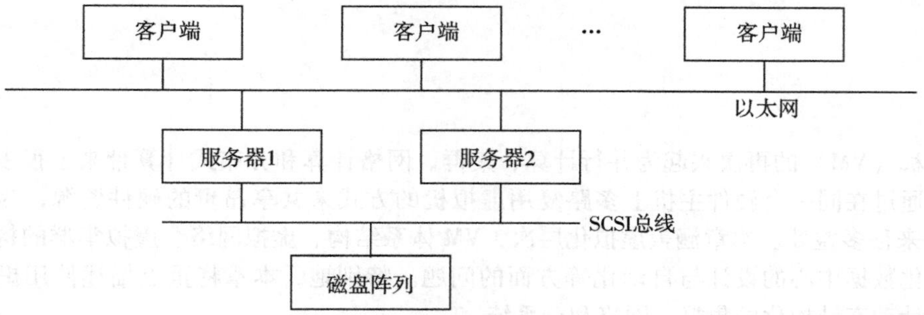

图 2-32　具有冗余硬件的 HA 集群

2.15　学习表 2-6 中的集群作业调度策略并回答下面的问题。如果对某个调度策略较为陌生，你可能需要从维基百科、谷歌或者其他来源获得更多信息。

a. 解释非抢占和抢占调度策略的优点和缺点，并给出修正这些问题的方法。

b. 基于静态和动态调度策略，重新回答（a）中的问题。

c. 基于专用和共享空间调度策略，重新回答（a）中的问题。

d. 比较分时、独立和组调度策略的相对性能。

e. 相较于远程作业，比较本地作业上驻留和迁移策略的相对性能。

2.16　学习 2.3 节中集群的 SSI 特性和 HA，回答下面的问题，并给出原因。指出具有这些特性的部分实例集群系统。评论它们的实现要求，并讨论在集群系统中实现每个 SSI 特征的操作障碍。

a. 集群环境的单一入口
b. 集群系统的单一内存空间
c. 集群系统的单文件层次
d. 集群系统的单一 I/O 空间
e. 集群系统的单一网络空间
f. 集群系统的单一联网
g. 集群系统的单点控制
h. 集群系统的单一作业管理
i. 集群系统的单一用户接口
j. 集群系统的单一进程空间

2.17　用例子解释集群作业管理系统的下列方面：

a. 串行作业和并行作业
b. 批量作业和交互作业
c. 集群作业和外界（本地）作业
d. 集群进程、本地进程和内核进程
e. 专用模式、共享空间模式和分时模式
f. 独立调度和组调度

2.18　这道题关注于 LSF 的概念：

a. 给出 4 种 LSF 作业的各自示例。

b. 在 1 000 台服务器的集群中，如果（1）整个集群只有一个管理者 LIM 或者（2）所有的 LIM 均为管理者，给出 LSF 负载共享策略较好的两个原因。

c. 在 LSF 管理者选举机制中，处于“非管理者”状态的某节点成为新的管理者前的等待时间与节点数量成正比。为什么等待时间与节点数量成正比？

2.19　本题涉及集群计算中 MOSIX 的使用。查阅公开文献中，了解由设计者和开发者提出的支持 Linux 集群、GPU 集群、多集群甚至虚拟云的目前特征。从用户的角度讨论其优点与不足。

2.20　在体系结构设计、资源管理、软件环境和发布应用方面，比较中国 Tianhe-1A 和 Cray Jaguar 的相对优势和缺点。你可能需要进行一些研究，发现关于这些系统的最新发展。解释你给出评价的原因以及依据的信息。

第3章 | Distributed and Cloud Computing, 1E

虚拟机和集群与数据中心虚拟化

虚拟机（VM）的再次兴起为并行计算、集群、网格计算和分布式计算带来了很多机会。虚拟化技术通过在同一个硬件主机上多路复用虚拟机的方式来共享昂贵的硬件资源，为计算机和IT工业带来很多益处。本章涵盖虚拟化层次、VM体系结构、虚拟网络、虚拟集群的构建和云计算中虚拟化数据中心的设计与自动化等方面的问题。特别地，本章将重点描述使用虚拟机和虚拟集群设计动态结构化的集群、网格和云系统。

3.1 虚拟化的实现层次

虚拟化是一种计算机体系结构技术，其中，多个虚拟机共享同一台物理硬件机器。虚拟机的思想可追溯至20世纪60年代[53]。引入虚拟机的目的是在多用户之间共享资源并提高资源利用效率和应用程序灵活度。硬件资源（包括CPU、内存、I/O设备等）或软件资源（操作系统和软件库）可以在不同的功能层进行虚拟化。近年来，随着分布式和云计算技术的迅速发展[41]，虚拟化技术重新兴起。

虚拟化的基本思想是分离软硬件以产生更好的系统性能。例如，在刚引入*虚拟内存*的概念时，计算机用户可以获得更大的内存空间。类似地，虚拟化技术可以增强计算机的计算、网络和存储功能。本章将深入讨论虚拟机及基于虚拟机构建分布式系统的技术。2009年Gartner的报告指出，虚拟化将成为改变整个计算机产业的战略性技术。在存储足够的前提下，在一台物理主机上可以安装任意的计算机平台，甚至可以使用不同指令集的处理器，也可以在同一个物理硬件上运行完全不同的操作系统。

3.1.1 虚拟化实现的层次

传统计算机运行着与其硬件体系结构很适合的主机操作系统，如图3-1a所示。引入虚拟化后，不同用户应用程序由自身的操作系统（即客户操作系统）管理，并且那些客户操作系统可以独立于主机操作系统同时运行在同一个硬件上，这通常是通过新添加一个称为*虚拟化层*的软件来完成，该虚拟化层称为hypervisor或*虚拟机监视器*（Virtual Machine Monitor，VMM）[54]。如图3-1b所示，虚拟机处于上面框中，其中应用程序与其自身的客户操作系统运行在被虚拟化的CPU、内存和I/O资源之上。

虚拟化软件层的主要功能是将一个主机的物理硬件虚拟化为可被各虚拟机互斥使用的虚拟资源，这可以在不同的操作层实现，下面我们将进行简短讨论。虚拟化软件通过在计算机系统的不同层插入虚拟化层来创建虚拟机抽象。通常的虚拟化层包括*指令集体系结构*（Instruction Set
130 Architecture，ISA）级、硬件抽象级、操作系统级、库支持级和应用程序级，如图3-2所示。

3.1.1.1 指令集体系结构级

在ISA级，虚拟化通过使用物理主机的ISA模拟一个给定的ISA来进行。例如，MIPS二进制代码在ISA模拟的帮助下可以运行在一个基于x86的物理主机上。通过这种方法，就可以在任何新的物理硬件主机上运行大量遗留的、为不同处理器所写的二进制代码。指令集仿真使得我们可以在任何硬件机器上创建虚拟的ISA。

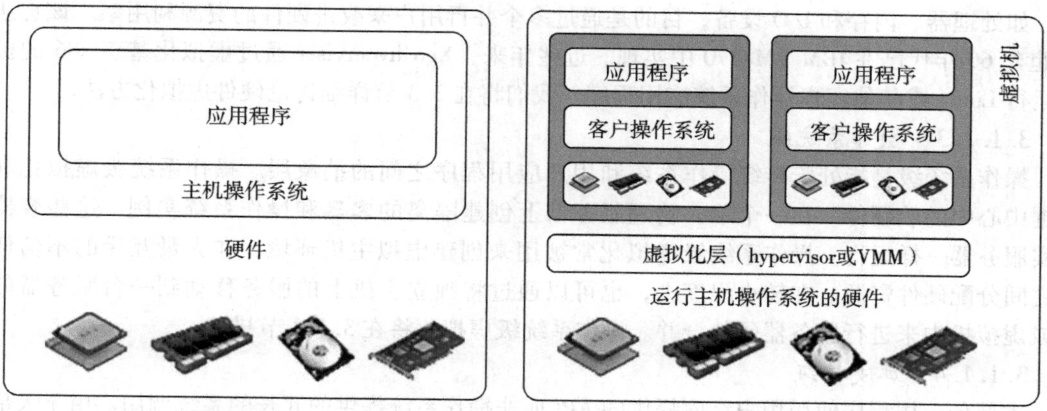

a）传统计算机　　b）虚拟化后

图 3-1　虚拟化前后的计算机系统体系结构，其中，VMM 代表虚拟机监视器

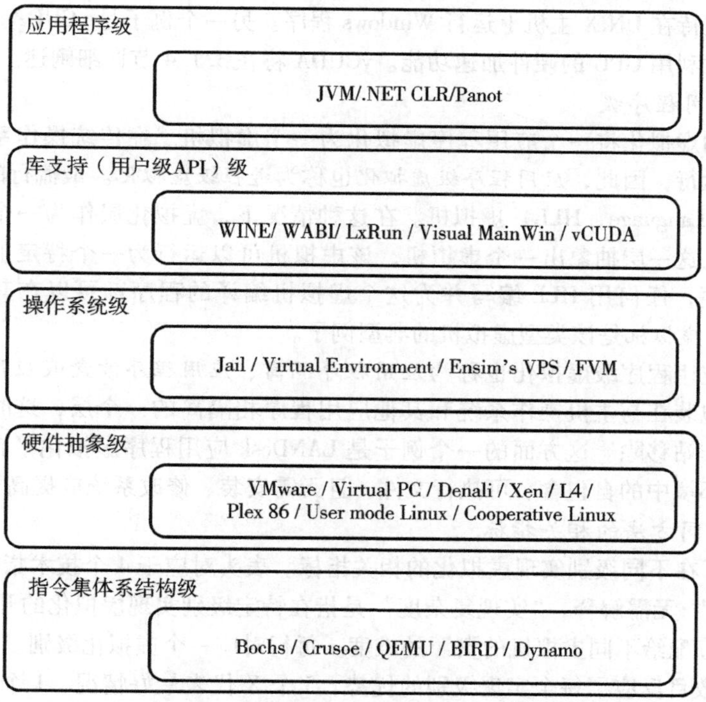

图 3-2　从硬件到应用程序的 5 个虚拟化抽象层次 131

基本的仿真方式是代码解释。解释程序将源指令逐条解释为目标指令，一条源指令可能需要数十条甚至上百条本地目标指令来完成其功能。显然，该过程相对较慢。为了获得更好的性能，出现了动态二进制翻译。该方法将动态源指令的基本块转换为目标指令，基本块也可以扩充为程序踪迹或超级块来增加转换的有效性。指令集仿真需要进行二进制翻译和优化，因此，一个虚拟的指令集体系结构（Virtual Instruction Set Architecture，V-ISA）需要在编译器层增加一个处理器特定的软件翻译层。

3.1.1.2　硬件抽象级

硬件级虚拟化直接在原始硬件之上进行。一方面，该方法为一个虚拟机产生一个虚拟硬件环境；另一方面，虚拟化进程通过虚拟化来管理下面的硬件。该方法就是虚拟化一个计算机资源，如处理器、内存和I/O设备，目的是通过多个并行用户来改进硬件的资源利用率。该想法在20世纪60年代已在IBM VM/370中实现。近些年来，Xen hypervisor通过虚拟化基于x86的机器来运行Linux或其他客户操作系统应用程序。我们将在3.3节详细讨论硬件虚拟化方法。

3.1.1.3 操作系统级

操作系统级是指处于传统操作系统和用户应用程序之间的抽象层。操作系统级虚拟化利用数据中心中的软硬件，在一个单一物理服务器上创建隔离的容器和操作系统实例，这些容器像真实服务器一样运行。操作系统级虚拟化常被用来创建虚拟主机环境，在大量互斥的不信任用户之间分配硬件资源。在较小程度上，也可以通过将独立主机上的服务移动到一台服务器的容器或虚拟机中来进行服务器硬件合并。操作系统级虚拟化将在3.1.3节描述。

3.1.1.4 库支持级

大部分应用程序使用用户级库提供的API而非操作系统提供的冗长的系统调用。由于大部分系统提供文档完备的API，这样的接口就成为虚拟化的另外一个候选。通过API钩子控制应用程序和其他系统部分之间的通信连接，使得带有库接口的虚拟化成为可能。软件工具WINE就实现了这种方法，它支持在UNIX主机上运行Windows程序。另一个例子是vCUDA，它允许应用程序在虚拟机中执行时利用GPU的硬件加速功能。vCUDA将在3.1.4节详细阐述。

3.1.1.5 应用程序级

应用程序级的虚拟化将一个应用程序虚拟化为一个虚拟机。在传统操作系统中，应用程序
132 常以进程的方式运行，因此，*应用程序级虚拟化*也称为*进程级虚拟化*。最流行的方法是部署*高级语言*（High Level Language，HLL）虚拟机。在这种情况下，虚拟化层作为一个应用程序处于操作系统之上，并且这一层抽象出一个虚拟机，该虚拟机可以运行为一个特定抽象的机器定义所编写和编译的程序，任何用HLL编写并为这个虚拟机编译的程序都可以在其上运行。微软的.NET CLR和*Java虚拟机*是该类型虚拟机的典型例子。

其他形式的应用程序级虚拟化也称为*应用程序隔离*、*应用程序沙盒*或*应用程序流*。虚拟化进程将应用程序包装在与主机操作系统和其他应用程序相隔离的一个层，这时应用程序更易于发布或从用户工作站移除。这方面的一个例子是LANDesk应用程序虚拟化平台，它将应用程序软件部署为隔离环境中的自包含、可执行文件，且无需安装、修改系统或提高安全级别。

3.1.1.6 不同方法的相关指标

表3-1比较了在不同级别实现虚拟化的相关指标。表头对应于4个技术指标。“高性能”和“应用程序灵活性”无需解释，“实现复杂度”是指在特定级别实现虚拟化的开销，“应用程序隔离性”是指隔离分配给不同虚拟机的资源的难度。每行对应一个虚拟化级别。

表格中X的数目反应了每个实现级别的优势。5个X代表最好情况，1个X代表最坏情况。总体来讲，硬件和操作系统支持的性能最好，然而，硬件和应用程序级也最难实现。获得用户级隔离最难。ISA级的虚拟化可以提供最好的应用程序灵活度。

表3-1 不同级别虚拟化的相关指标（X越多代表指标越好，最多5个X）

实现级别	高性能	应用程序灵活性	实现复杂度	应用程序隔离性
ISA级虚拟化	X	XXXXX	XXX	XXX
硬件级虚拟化	XXXXX	XXX	XXXXX	XXXX
操作系统级虚拟化	XXXXX	XX	XXX	XX
运行时库支持	XXX	XX	XX	XX
用户应用程序级虚拟化	XX	XX	XXXXX	XXXXX

3.1.2 VMM的设计需求和提供商

如前所述，硬件级虚拟化在真实硬件和传统操作系统之间插入一层软件，该层软件通常称为虚拟机监视器（VMM），它负责管理计算机系统的硬件资源。每次应用程序访问硬件时，VMM都会捕获该访问请求。从这个意义上讲，VMM就像一个传统的操作系统一样。一个硬件组件（如CPU）可被虚拟化为多个虚拟的副本。因此，许多不同或相同的传统操作系统可以同时运行于一个硬件之上。 133

对VMM有三个需求。第一，VMM应该为程序提供与原始硬件机器基本一致的环境；第二，运行在该环境中的程序的性能损失应较低；第三，系统资源应处于VMM的完全控制之中。任何运行在VMM中的程序应该与其直接运行在原始物理机器上的功能表现一样。在上述三个需求下有如下两个可能的例外：由系统资源可用性导致的不同和由定时依赖导致的不同。当多于一个虚拟机同时运行在一台机器上时，前者会发生。

每个虚拟机的硬件资源需求（例如内存）有所降低，但它们的总和却大于安装在真实机器上的资源量。因为软件的插入层次和其他虚拟机同时存在于同一个硬件上的影响，所以前面提到的两个例外是必需的。显然，这两个不同与性能相关，但VMM提供的功能仍旧与真实机器相同。然而，相同的环境需求排除了将通常的分时操作系统归类为VMM的可能。

在使用虚拟机时，VMM应具有有效性。与物理机器相比，如果VMM性能太低，则会无人问津。传统的仿真器和完整的软件解释器（模拟器）通过函数或宏仿真每条指令，这种方法为VMM提供了最灵活的解决方案，但若实际使用仿真器或模拟器则太慢。为保证VMM的有效性，绝大部分虚拟处理器指令需直接在真实处理器上执行，不经过VMM的软件干预。表3-2比较了当前常用的4种hypervisor和VMM。

由VMM完全控制这些资源包括以下方面：（1）VMM负责为应用程序分配硬件资源；（2）程序不能访问任何未分配给它的资源；（3）在某些情况下，VMM可以获得对已分配资源的控制权。并非所有处理器都满足VMM的这些需求。VMM与处理器的体系结构紧密相关，为某些类型的处理器（如x86）实现VMM较为困难。限制包括某些特权指令不会陷入。如果一个处理器并非 134
主要用于虚拟化，那么就很有必要对其硬件进行修改来满足VMM的上述三个要求，这就是大家所熟知的硬件辅助虚拟化。

表3-2　4种VMM和hypervisor软件包的比较

提供商和参考文献	主机CPU	主机操作系统	客户操作系统	体系结构
VMware Workstation[71]	x86、x86-64	Windows、Linux	Windows、Linux、Solaris、FreeBSD、Netware、OS/2、SCO、BeOS、Darwin	全虚拟化
VMware ESX Server[71]	x86、x86-64	无主机操作系统	与VMware工作站相同	半虚拟化
Xen[7, 13, 42]	x86、x86-64、IA-64	NetBSD、Linux、Solaris	FreeBSD、NetBSD、Linux、Solaris、Windows XP和Windows 2003 Server	hypervisor
KVM[31]	x86、X86-64、IA-64、S390、PowerPC	Linux	Linux、Windows、FreeBSD、Solaris	半虚拟化

3.1.3 操作系统级的虚拟化支持

在虚拟化技术的协助下，一种称为云计算的新计算模式正在涌现。云计算改变了计算方式，将硬件和管理计算中心的人力成本转移到与银行类似的第三方组织。然而，云计算至少面临着两个挑战。第一个挑战是根据解决问题的需要改变物理机器和虚拟机实例数量的能力。例如，一个任务在某个执行步骤期间可能只需要一个CPU，但在其他时间又可能需要上百个CPU。第二个挑战与缓慢的新虚拟机初始化操作相关。当前，新虚拟机或者来自于全新重启，或者复制自模板虚拟机，并不考虑当前应用的状态。因此，为更好地支持云计算，还需进行大量的研究和开发工作。

3.1.3.1　为什么在操作系统级虚拟化

如前所述，初始化一个硬件级虚拟机很慢，因为每个虚拟机需从头创建自己的镜像。在云计算环境中，可能需要同时初始化上千个虚拟机。除了操作较慢以外，虚拟机镜像的存储也是一个问题。事实上，在虚拟机镜像中存在大量重复内容。而且，硬件级的全虚拟化性能较低，可以运行的虚拟机较少，使用半虚拟化又需要修改客户操作系统。为降低硬件级虚拟化的性能开销，甚至需修改硬件。操作系统级虚拟化为硬件级虚拟化存在的这些问题提供了一种可行的解决方法。

操作系统级虚拟化在一个操作系统中插入一个虚拟化层来划分机器的物理资源。它使得在一个操作系统内核中可以同时运行多个隔离的虚拟机。这种虚拟机也称为 VE（Virtual Execution Environment，虚拟执行环境）、VPS（Virtual Private System，虚拟专用系统）或容器。从用户的视角来看，VE 就像真实服务器。这意味着 VE 有自己的进程、文件系统、用户账号、带有 IP 地址的网络接口、路由表、防火墙规则及其他个人设置。尽管 VE 可为不同用户分别定制，但它们仍共享同一个操作系统内核。因此，操作系统级虚拟化也称为单操作系统镜像虚拟化。图 3-3 展示了机器角度的操作系统虚拟化。

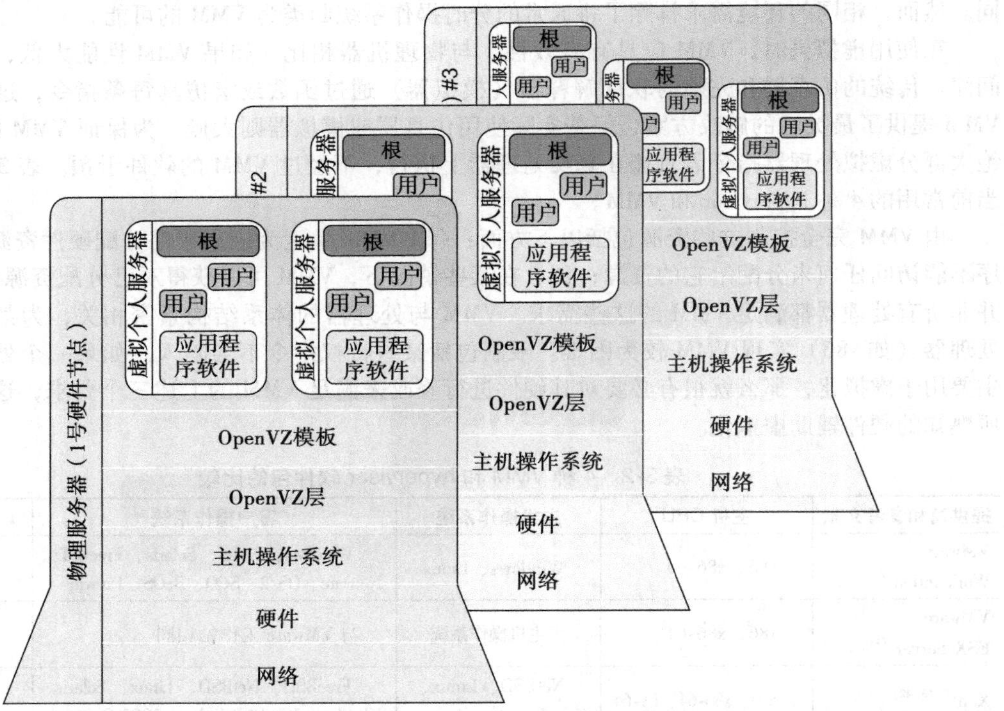

图 3-3　主机操作系统之中的 OpenVZ 虚拟化层，为快速创建虚拟机提供了一些操作系统镜像

注：由 OpenVZ 用户手册[65] 提供。

3.1.3.2　操作系统扩展的优点

与硬件级虚拟化相比，操作系统扩展有如下两方面好处：（1）操作系统级虚拟机具有最小的启动或停止开销，资源需求低，可扩展性强；（2）对操作系统级虚拟机，当需要时可同步虚拟机和其主机环境状态的变化。这些好处可以通过操作系统级虚拟化的两个机制来达成：（1）在同一台物理主机上的所有操作系统级虚拟机共享一个操作系统内核；（2）将虚拟化层设计为允许虚拟机中的进程访问尽可能多的主机资源，但不允许它们修改资源。在云计算中，上述两个好处可以分别克服在硬件级初始化虚拟机慢的问题和对当前应用程序状态不可知的问题。

3.1.3.3　操作系统扩展的缺点

操作系统扩展的主要缺点是在一个容器中的操作系统级的所有虚拟机必须使用相同的客户操作系统。也就是说，尽管不同操作系统级虚拟机可能有不同的操作系统发布版，但它们必须属于同一个操作系统家族。例如，一个 Windows 发行版（如 Windows XP）不能运行在一个基于 Linux 的容器中。然而，云计算的用户需求却千变万化。一些人喜欢使用 Windows，另一些人又喜欢使用 Linux 或其他操作系统，因此，这对操作系统级虚拟化提出了挑战。

图 3-3 展示了操作系统级虚拟化的概念。虚拟化级插入到操作系统中，为多个虚拟机划分硬件资源，从而能够在多个虚拟环境中执行它们的应用。为实现操作系统层虚拟化，相互隔离的虚拟机应基于单一操作系统内核创建。而且，来自虚拟机的访问请求需要被重定向到虚拟机在物理机器上的本地资源分区。例如，UNIX 系统中的 chroot 命令可以在一个主机操作系统中创建许多虚拟根目录，这些虚拟根目录就是所有虚拟机创建的根目录。 135~136

实现虚拟化根目录有两种方式：为每个虚拟机分区复制公共资源；与主机环境共享大部分资源，并且只在虚拟机上按需创建私有副本。第一种方式会为物理机器带来很多资源开销；与硬件辅助虚拟化相比，该问题会抵消操作系统层虚拟化的好处。因此，操作系统级虚拟化常常只是第二选择。

3.1.3.4　Linux 或 Windows 平台上的虚拟化

到目前为止，大部分操作系统级虚拟化系统都基于 Linux。基于 Windows 平台的虚拟化支持仍只是处于研究阶段。Linux 内核提供了一个允许软件进程无需了解硬件细节即可使用和操作硬件资源的抽象层，新硬件可能需要一个新的 Linux 内核来支持。因此，不同 Linux 平台使用打补丁的内核来为扩展功能提供特殊支持。

然而，大部分 Linux 平台并不与特定内核绑定。在这种情况下，主机可以在一个硬件上同时运行许多虚拟机。表 3-3 总结了近些年来开发的一些操作系统级虚拟化工具。两个操作系统工具（Linux vServer 和 OpenVZ）支持通过虚拟化在 Linux 平台上运行基于其他平台的应用，如例 3.1 所示。第三个工具 FVM，则主要为 Windows NT 平台虚拟化而开发。

表 3-3　Linux 和 Windows NT 平台的虚拟化支持

虚拟化支持和信息来源	对功能和应用程序平台的简要介绍
Linux vServer 用于 Linux 平台（http://linux-vserver.org/）	通过设置资源限制和文件属性及为虚拟机隔离改变根环境，扩展 Linux 内核实现一个安全机制来辅助虚拟机的创建
OpenVZ 用于 Linux 平台[65]（http://ftp.openvz.org/doc/OpenVZ-Users-Guide.pdf）	通过创建 VPS（Virtual Private Server）支持虚拟化。VPS 有自己的文件、用户、进程树和虚拟设备，与其他 VPS 相互隔离。支持检查点和在线迁移
FVM（Feather-Weight 虚拟机）用于虚拟化 Windows NT 平台[78]	通过系统调用接口在 NT 内核空间创建虚拟机。通过虚拟化命名空间和写时复制（copy-on-write）支持多虚拟机

例 3.1　Linux 平台的虚拟化支持

OpenVZ 是一个在 Linux 平台上为运行中的虚拟机创建虚拟环境的操作系统级工具，这些虚拟机可以在不同的客户操作系统上运行。OpenVZ 是一个开源的、建立在 Linux 之上的、基于容器的虚拟化解决方案。为支持虚拟化、不同子系统的隔离、限制的资源管理和检查点等特征，OpenVZ 修改了 Linux 内核。OpenVZ 系统的总体结构如图 3-3 所示。许多 VPS 可以同时运行在一个物理机器之上，这些 VPS 看起来与正常 Linux 服务器类似，每个 VPS 具有自己的文件、用户和组、进程树、虚拟网络、虚拟设备，以及通过信号和消息传递的 IPC。 137

OpenVZ 的资源管理子系统包括三部分：两级磁盘分配、两级 CPU 调度和一个资源控制器。虚拟机可使用的磁盘空间由 OpenVZ 服务器管理员设定，这是第一级的磁盘分配。每个虚拟机像一个标准 Linux 系统一样运行。因此，虚拟机管理员负责为每个用户和组分配磁盘空间，这是第二级的磁盘分配。OpenVZ 的第一级 CPU 调度器将虚拟 CPU 的优先级和限制设置考虑在内，决定为哪个虚拟机分配时间片。

第二级的 CPU 调度与 Linux 相同。OpenVZ 有经仔细选择过的大约 20 个参数，覆盖了虚拟机操作的所有方面。因此，虚拟机可使用的资源完全可控。OpenVZ 也支持检查点和在线迁移。虚拟机的完整状态可被快速保存到磁盘文件中，该文件可被传输到另一个物理机器上并在该机器上恢复执行虚拟机，完成整个过程仅需几秒。然而，因为已建立的网络连接也需要迁移，所以仍存在一定延时。■

3.1.4 虚拟化的中间件支持

库级虚拟化也称为用户级应用程序二进制接口（Application Binary Interface，ABI）或应用编程接口（Application Programmable Interface，API）模拟。它仅创建运行时环境即可以运行不兼容程序，无需创建虚拟机运行整个操作系统。该虚拟化方式的关键是 API 调用的解释与重映射。本节将概要介绍如下库级虚拟化系统：WABI、Lxrun、WINE、Visual MainWin 和 vCUDA，如表 3-4 所示。

表 3-4　虚拟化的中间件和库级支持

中间件或运行时库和参考文献或网页链接	简要介绍和应用程序平台
WABI（http://docs.sun.com/app/docs/doc/802-6306）	中间件，可将运行在 x86 PC 上的 Windows 系统调用转换为能运行在 SPARC 工作站上的 Solaris 系统调用
Lxrun（Linux Run）（http://www.ugcs.caltech.edu/~steven/lxrun/）	系统调用模拟器，可使 x86 的 Linux 应用程序运行在 UNIX 系统上（如 SCO OpenServer）
WINE（http://www.winehq.org/）	库支持系统，通过虚拟化 x86 处理器可在 Linux、FreeBSD 和 Solaris 系统上运行 Windows 应用程序
Visual MainWin（http://www.mainsoft.com/）	编译器支持系统，使用 Visual Studio 开发的 Windows 应用程序可运行在 Solaris、Linux 和 AIX 系统上
138 vCUDA（例 3.2）（IEEE *IPDPS* 2009[57]）	虚拟化支持，在特定的客户操作系统上使用通用 GPU 运行数据密集型应用

WABI 将 Windows 系统调用转换为 Solaris 系统调用。Lxrun 属于系统调用模拟器，可以使基于 x86 的 Linux 应用程序运行在 UNIX 系统上。与 Lxrun 类似，WINE 通过库级支持可在 x86 的 UNIX 系统上运行 x86 的 Windows 应用程序。Visual MainWin 则提供编译器支持，它能够使得用 Visual Studio 开发的 Windows 应用程序运行在 UNIX 系统上。vCUDA 详见例 3.2，对其的图形化解释如图 3-4 所示。

例 3.2　用于通用 GPU 虚拟化的 vCUDA

CUDA 是将 GPU 通用化的一套库，是一种编程模型。在虚拟化环境中，CUDA 可以利用 GPU 的高性能特征在物理主机系统上运行计算密集型任务，但很难在硬件级虚拟机上直接运行 CUDA 应用。vCUDA 是虚拟化的 CUDA 库，安装在客户操作系统中。当运行在客户操作系统中的 CUDA 应用发出一个 CUDA API 调用时，vCUDA 将解释该调用并将其重定向至主机操作系统的 CUDA API。如图 3-4 所示为 vCUDA 结构的基本概念示意图[57]。

vCUDA 利用客户端 - 服务器模型实现 CUDA 虚拟化。它由如下三个用户级组件构成：vCUDA 库、客户操作系统中的虚拟 GPU（作为客户端）和主机操作系统中的 vCUDA 桩（作为服务器）。vCUDA 库代替标准 CUDA 库处于客户操作系统中，负责解释和重定向从客户端到服务器的 API 调用。除此以外，vCUDA 还负责创建并管理 vGPU。

vGPU 有如下三方面的功能：（1）抽象化 GPU 物理硬件结构并为应用程序提供统一视图；（2）当客户操作系统的 CUDA 应用向 GPU 请求分配内存时，vGPU 返回本地虚拟地址给 CUDA 应用并通知远端服务器分配真实的设备内存；（3）vGPU 负责存储 CUDA API 流。vCUDA 桩接收并解释客户端请求，它为来自客户操作系统的 API 调用创建对应的执行上下文，并将结果返回给客户操作系统。vCUDA 桩也管理实际的物理资源分配。■

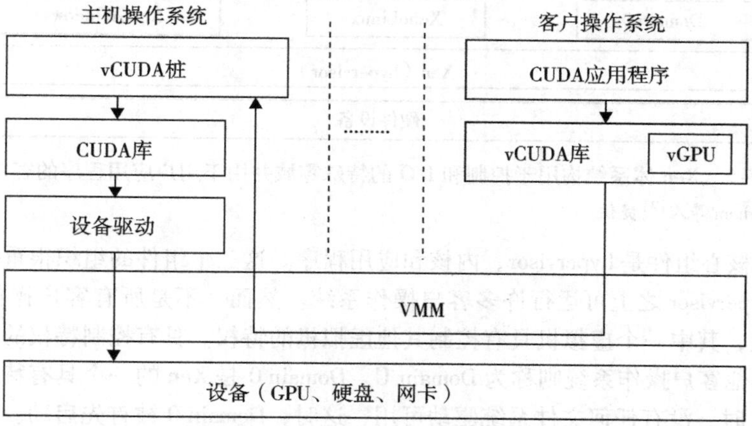

图 3-4　vCUDA 结构的基本概念

注：由 Lin Shi 等人[57]提供。 139

3.2　虚拟化的结构/工具与机制

通常来讲，虚拟机结构有三种类型。图 3-1 展示了虚拟化前后的机器体系结构。在虚拟化前，操作系统管理硬件；在虚拟化后，在硬件和操作系统之间插入了一个虚拟化层。在这种情况下，虚拟化层负责将部分真实硬件转换为虚拟硬件。因此，不同的操作系统（如 Linux 和 Windows）能同时运行在同一台物理机器上。根据虚拟化层所处的位置，虚拟机体系结构可以分为许多类型，分别称为：hypervisor 体系结构、半虚拟化和基于主机的虚拟化。hypervisor 也称为 VMM（虚拟监视器），它们执行相同的虚拟化操作。

3.2.1　hypervisor 与 Xen 体系结构

hypervisor 支持在裸机设备（如 CPU、内存、磁盘和网络接口）之上的硬件级虚拟化（如图 3-1b 所示）。hypervisor 直接处在物理硬件和其操作系统之间。该虚拟化层可以指 VMM，也可以指 hypervisor。hypervisor 为客户操作系统和应用程序提供了超级调用。根据功能的不同，hypervisor 可以是一个微内核体系结构，如微软的 Hyper-V，也可以是一个单一 hypervisor 结构，如用于服务器虚拟化的 VMware ESX。

微内核的 hypervisor 包括基本的、不变的功能，如物理内存管理和处理器调度，设备驱动和其他可变组件则处于 hypervisor 之外。单一 hypervisor 则实现前述所有功能，包括设备驱动相关功能。因此，微内核 hypervisor 的代码尺寸小于单一 hypervisor。实质上，hypervisor 必须可以将物理设备转换为可被多个虚拟机使用的虚拟资源。

Xen 体系结构

Xen 是一个由剑桥大学开发的开源 hypervisor 程序。Xen 属于微内核 hypervisor，其中策略与机制分离。Xen hypervisor 实现所有机制，策略则留给 Domain 0 处理，如图 3-5 所示。Xen 本地不包括任何设备驱动[7]，它只是提供了一种客户操作系统可以直接访问物理设备的机制。因此，Xen 的代码尺寸很小。Xen 提供了一个处于硬件和操作系统之间的虚拟环境。现在，大量厂商正在开发商业的 Xen hypervisor，有 Citrix XenServer[62] 和 Oracle VM[42]。

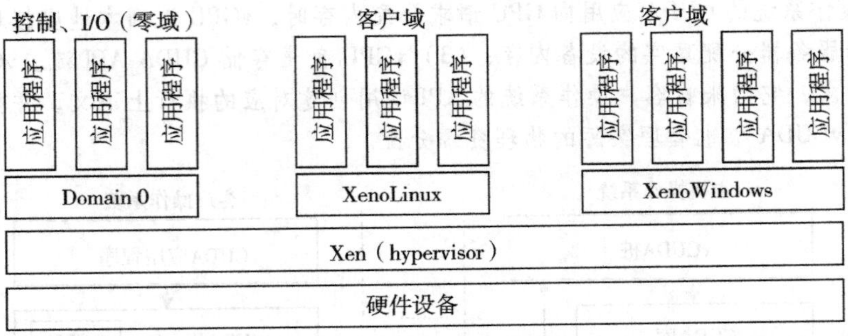

图 3-5 Xen 体系结构用于控制和 I/O 的特殊零域并用于用户应用程序的客户域

注：由 P. Barham 等人[7] 提供。

Xen 系统的核心组件是 hypervisor、内核和应用程序。这三个组件的组织很重要。与其他虚拟化系统类似，hypervisor 之上可运行许多客户操作系统。然而，不是所有客户操作系统都处于平等地位，实际上，其中一个虚拟机具有控制其他虚拟机的特权。具有控制特权的客户操作系统称为 Domain 0，其他客户操作系统则称为 Domain U。Domain 0 是 Xen 的一个具有特权的客户操作系统。在启动 Xen 时，没有任何文件系统驱动可用，这时，Domain 0 被首先启动。Domain 0 可以直接访问硬件和管理设备。因此，Domain 0 的一个任务是为所有 Domain U 分配和映射硬件资源。

例如，Xen 基于 Linux，其安全级别是 C2。它的管理虚拟机称为 Domain 0，具有管理处于同一台主机的其他虚拟机的特权。如果 Domain 0 被入侵，则黑客可以控制整个系统。因此，在虚拟机系统中，需要相应的安全策略来提高 Domain 0 的安全性。Domain 0，像 VMM 一样，可以像操作文件一样简单地创建、复制、保存、读取、修改、共享、迁移和回滚虚拟机，为用户提供了极大好处。遗憾的是，Xen 在软件生命周期和数据生存期中带来一系列安全问题。

按照惯例，可以把一个机器的生存期想象为一条直线，其中机器的当前状态是一个点，该点随着软件的执行而单向移动。在这期间，可以改变配置、安装软件或打补丁。这时，虚拟机状态类似于一棵树：在任何点，执行可以到达多个不同的分支，其中虚拟机的多个实例可以在任何时候处于该树的任何点。允许虚拟机回滚到它们前面执行的状态（例如，修复配置错误）或从同一个点返回多次。（例如，作为一种发布动态内容或者循环在线系统镜像的方式。）

3.2.2 全虚拟化的二进制翻译

根据实现技术的不同，硬件虚拟化可以分为：全虚拟化和基于主机的虚拟化。全虚拟化不需要修改主机操作系统。它依赖于二进制翻译来陷入和虚拟化一些敏感、不可虚拟化的指令的执行。客户操作系统和它们的应用由非临界和临界指令构成。在基于主机的系统中，主
140~141 机操作系统和客户操作系统同时存在，虚拟化软件层处于两者之间。下面将具体介绍这两类虚拟化结构。

3.2.2.1 全虚拟化

在全虚拟化中，非临界指令直接运行在硬件之上，而临界指令被发现并替换为通过软件模拟的陷入 VMM 的指令。hypervisor 和 VMM 都属于全虚拟化。为什么只有临界指令陷入 VMM 呢？这是因为二进制翻译会引起很大的性能开销。非临界指令与临界指令不同，并不控制硬件，不会对系统安全造成威胁。因此，在硬件上直接运行非临界指令可以在确保系统安全性的同时提升性能。

3.2.2.2 VMM 中对客户操作系统请求的二进制翻译

这是 VMware 和许多其他软件公司所采用的虚拟化方法。如图 3-6 所示，VMware 将 VMM 置

于环0，客户操作系统置于环1。VMM扫描指令流并识别出特权的、控制和行为敏感的指令。当这些指令被识别出来后，它们会陷入到VMM中，然后，由VMM模拟这些指令的行为，这就是二进制翻译。因此，全虚拟化结合了二进制翻译和直接执行。客户操作系统完全与底层硬件解耦，感知不到其正在被虚拟化。

由于引入了非常耗时的二进制翻译，全虚拟化的性能可能并不理想。特别地，对I/O密集型应用的全虚拟化更是一个大的挑战。二进制翻译通过利用代码缓存存储已经翻译过的热指令来改进性能，但却增加了内存的消耗。直至目前，x86体系结构上全虚拟化的性能是物理主机性能的80%～97%。

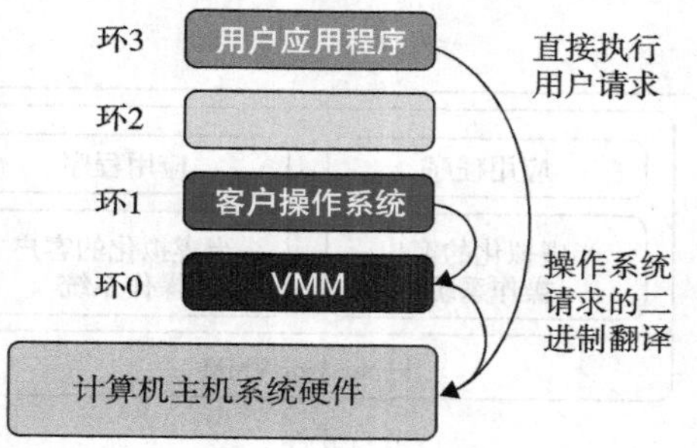

图3-6　复杂指令的间接执行，即使用VMM二进制翻译客户操作系统请求，并在同一台主机上直接执行简单指令

注：由VMware[71]提供。

3.2.2.3　基于主机的虚拟化

另一种虚拟机结构是在主机操作系统之上安装一个虚拟化层。该主机操作系统仍旧负责管理硬件。客户操作系统安装并运行在虚拟化层之上。特定的应用可运行在虚拟机中。当然，许多其他应用也可以直接运行在主机操作系统之中。这种基于主机的体系结构有许多优点，下面分别列举。第一，用户可以在主机操作系统上直接安装虚拟机体系结构，无需修改主机操作系统，虚拟化软件可以利用主机操作系统来提供设备驱动和其他底层服务。这将会简化虚拟机的设计和部署。

第二，基于主机的方法支持许多主机配置。与hypervisor或VMM体系结构相比，基于主机的虚拟化结构的性能可能较低。当应用程序请求访问硬件时，需要引入4层映射，这会显著降低性能。当客户操作系统的ISA与底层硬件的ISA不同时，还需要进行二进制翻译。尽管基于主机的体系结构较为灵活，但性能太低，很难实际应用。 142

3.2.3　编译器支持的半虚拟化技术

半虚拟化需要修改客户操作系统。半虚拟化虚拟机在用户程序中提供了特殊的API，要求真正修改操作系统。性能下降是虚拟化系统的一个典型问题。如果虚拟机显著慢于物理机器，则无人愿意使用虚拟机。虚拟化层可以插入机器软件堆栈的不同位置。然而，半虚拟化通过只修改客户操作系统内核来尝试降低虚拟化开销，改进性能。

图3-7展示了半虚拟化体系结构的概念，其中，客户操作系统被半虚拟化。图3-8所示为一个智能编译器将不可虚拟化的操作系统指令替换为使用超级调用的情况。传统x86处理器提供4个指令执行环：环0、1、2和3。环越低，被执行指令的优先级越高。操作系统负责管理硬件，特权指令在环0执行，而用户态应用程序则执行在环3。半虚拟化的最好例子是下面将要描述的KVM。

3.2.3.1　半虚拟化体系结构

当x86处理器被虚拟化时，一个虚拟化层插入在了硬件和操作系统之间。按照x86环的定义，虚拟化层仍应被安装在环0。处于环0的不同指令会导致一些问题。在图3-8中，我们看到半虚拟化将不可虚拟化的指令替换为可与hypervisor或VMM直接通信的超级调用。然而，当客户操作系统内核为虚拟化而修改时，就不再能直接运行在硬件之上。

尽管半虚拟化会降低开销，但它会引入其他问题。首先，兼容性和可移植性会受到影响，因为它必须也支持未修改的操作系统。其次，维护半虚拟化的操作系统的开销较高，因为它们可能需要大量地修改操作系统内核。最后，半虚拟化的性能优势会随负载大幅变化。与全虚拟化相比，半虚拟化相对容易并可行。全虚拟化的主要问题是二进制翻译的性能较低，而加速二进制翻译则较为困难。因此，许多虚拟化产品利用了半虚拟化体系结构，流行的 Xen、KVM 和 VMware ESX 是很好的例子。

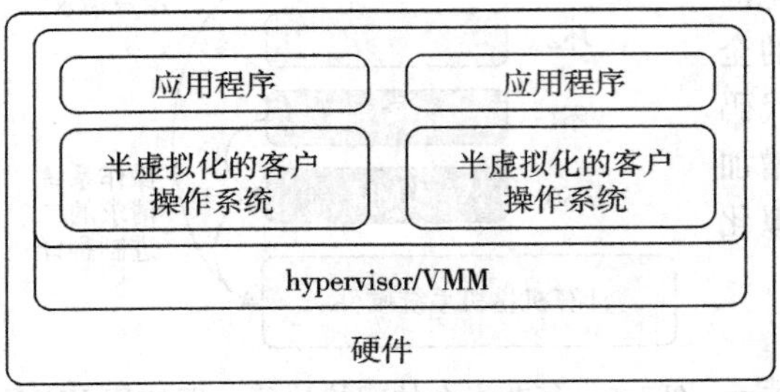

图 3-7　半虚拟化的虚拟机体系结构，其中包括为执行虚拟化进程而修改客户操作系统内核，将不可虚拟化的指令替换为对 hypervisor 或 VMM 的超级调用（详见图 3-8）

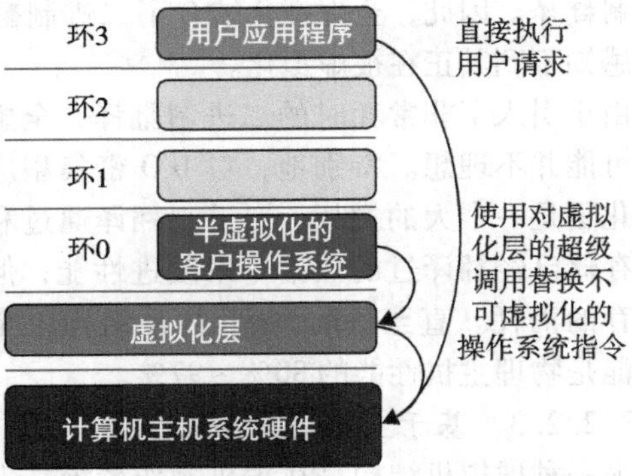

图 3-8　半虚拟化的客户操作系统，由智能编译器辅助将不可虚拟化的操作系统指令替换为超级调用

注：由 VMware[71] 提供。

3.2.3.2　KVM

KVM（Kernel-based VM）是一个基于 Linux 的半虚拟化系统，是 Linux 2.6.20 内核的一部分。内存管理和调度由存在的 Linux 内核执行，KVM 则负责其余部分，这使得 KVM 比其他需控制整个机器的 hypervisor 简单许多。KVM 是一个基于硬件辅助的半虚拟化工具，对性能进行了改进，且支持未修改的客户操作系统，如 Windows、Linux、Solaris 和其他 UNIX 变种。

3.2.3.3　带有编译器支持的半虚拟化

与全虚拟化体系结构在运行时解释和模拟特权及敏感指令不同，半虚拟化在编译时控制这些指令。修改客户操作系统内核，将特权和敏感指令替换为对 hypervisor 或 VMM 的超级调用。Xen 就是一个这样的半虚拟化体系结构。

运行在客户域中的客户操作系统运行在环 1 而非环 0，这意味着客户操作系统可能不能执行特权和敏感指令。特权指令被实现为对 hypervisor 的超级调用，在将这些指令替换为超级调用后，修改过的客户操作系统仿真原始客户操作系统的行为。在一个 UNIX 系统上，系统调用包括中断或服务例程。超级调用就是 Xen 中的一个特定服务例程。

例 3.3　半虚拟化的 VMware ESX Server

VMware 是虚拟化软件市场的先锋。该公司为桌面系统、服务器及大规模数据中心的虚拟基础设施都开发了相应的虚拟化工具。ESX 是一个可运行在全裸的 x86 对称多处理器服务器上的 VMM 或 hypervisor。它直接访问硬件资源（如 I/O），并具有对资源的完全控制权。一个可以运行 ESX 的服务器由如下 4 部分构成：虚拟化层、资源管理器、硬件接口组件和服务控制台，如图 3-9所示。为改进性能，ESX 服务器利用了半虚拟化体系结构，其中，虚拟机内核直接与硬件交互，无需主机操作系统的干预。

VMM 层虚拟化硬件资源，如 CPU、内存、网络和磁盘控制器及人机交互设备。每个虚拟机
143~144 有一组自己的虚拟硬件资源。资源管理器分配 CPU、内存、磁盘和网络带宽，并把它们映射到每个虚拟机创建的虚拟硬件资源集合中。硬件接口组件是设备驱动和 VMware ESX Server 的文件系统。服务控制台负责启动系统、初始化 VMM 和资源管理器的执行，以及放弃对那些层的控制。■

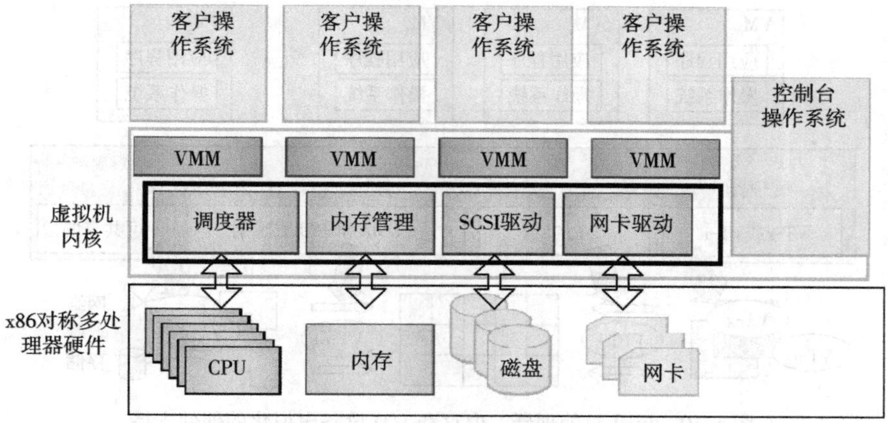

图 3-9 使用半虚拟化的 VMware ESX Server 体系结构

注：由 VMware[71] 提供。

3.3 CPU、内存和 I/O 设备的虚拟化

为支持虚拟化，处理器（如 x86）利用硬件辅助虚拟化，引入一种特殊的运行模式和指令，使得 VMM 和客户操作系统可运行在不同模式中，客户操作系统及其应用程序的所有敏感指令会陷入到 VMM 中。为保存处理器状态，模式切换由硬件完成。对 x86 体系结构来讲，Intel 和 AMD 有硬件辅助虚拟化的专利技术。

3.3.1 虚拟化的硬件支持

现代操作系统和处理器允许多个进程同时运行。如果处理器中没有保护机制，那么不同进程的所有指令都可以直接访问硬件，很容易导致系统崩溃。因此，所有处理器都至少需要两种模式（用户模式和管理模式）来确保对临界区硬件的受控访问。运行在管理模式的指令称为特权指令，其他指令为非特权指令。在虚拟化环境中，由于机器栈的层数更多，让操作系统和应用程序正确运行变得更加困难。例 3.4 讨论了 Intel 的硬件支持方法。 145

目前，已有许多硬件虚拟化产品。VMware 的 Workstation 是一个用于 x86 和 x86-64 的虚拟机软件包。该软件包允许用户建立多个 x86 和 x86-64 虚拟机，并可以与主机操作系统同时使用一个或多个这些虚拟机。VMware 的 Workstation 属于基于主机的虚拟化方法。Xen 是一个可以在 IA-32、x86-64、Itanium 及 PowerPC 970 主机中使用的 hypervisor。实际上，Xen 修改了 Linux 来作为处于最底层的最高优先级层，或 hypervisor。

一个或更多的客户操作系统可以运行在 hypervisor 之上。KVM 是一个 Linux 内核虚拟化体系结构。KVM 通过使用 Intel VT-x 或 AMD-v 能支持硬件辅助虚拟化，通过 VirtIO 体系结构可以支持半虚拟化。VirtIO 体系结构包括一个半虚拟化的网卡、一个磁盘 I/O 控制器、一个用于调整客户内存额度的“气球”驱动和一个使用 VMware 驱动的 VGA 图形接口。

例 3.4 Intel x86 处理器中对虚拟化的硬件支持

由于基于软件的虚拟化技术较为复杂且会引入性能开销，Intel 提供了一种硬件辅助技术来简化虚拟化并改进性能。图 3-10 展示了 Intel 的全虚拟化技术概貌。对处理器虚拟化而言，Intel 提供了 VT-x 和 VT-i 技术。VT-x 在处理器中添加了特权模式（VMX 根模式）及新的指令，这些扩展会使得所有敏感指令自动陷入到 VMM 中。对内存虚拟化而言，Intel 提供了 EPT，可以将虚拟地址直接转换为机器物理地址，对改进性能大有裨益。对 I/O 虚拟化，Intel 则实现了 VT-d 和 VT-c 进行支持。 ■

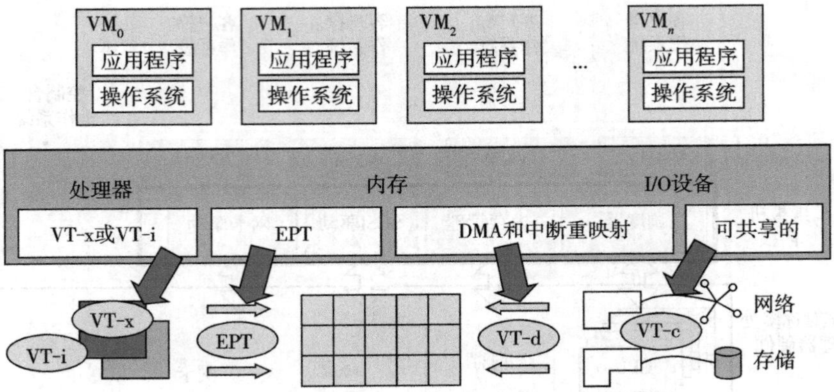

图 3-10 Intel 对处理器、内存和 I/O 设备虚拟化的硬件支持

146 注：修改自文献[68]，美国南加州大学的 Lizhong Chen 提供。

3.3.2 CPU 虚拟化

虚拟机是当前实际存在的计算机系统的副本，其中虚拟机的大部分指令执行在主机处理器的本地状态。因此，为获得更高的性能，虚拟机的非特权指令直接在物理主机中运行。为保持正确性和稳定性，其他关键指令需要被正确处理。关键指令可以分为三类：特权指令、控制敏感指令和行为敏感指令。特权指令需要在特权模式中执行，当在特权模式之外执行特权指令时会发生陷入。控制敏感指令尝试改变使用资源的配置。行为敏感指令根据资源的配置情况会有不同的行为，包括在虚拟内存中进行的负载和存储操作。

如果当 VMM 运行在管理模式时，CPU 支持在用户模式运行虚拟机的特权指令和非特权指令，则该 CPU 体系结构是可虚拟化的。当虚拟机执行特权指令及控制敏感指令和行为敏感指令时，会陷入到 VMM 中。在这种情况下，VMM 为来自不同虚拟机的硬件访问扮演统一调解者的角色，以保证全系统的正确性和稳定性。然而，并不是所有的 CPU 体系结构都是可虚拟化的。由于 RISC 的所有控制敏感指令和行为敏感指令都是特权指令，因此，RISC 的 CPU 体系结构是天然可虚拟化的。但是，x86 的 CPU 体系结构却并不是为了支持虚拟化而设计。这是因为 10 条敏感指令（如 SGDT 和 SMSW）并不是特权指令。当在虚拟机中执行这些指令时，并不会陷入到 VMM。

在一个本地的类 UNIX 系统中，系统调用会触发 80h 中断并将控制传递给操作系统内核，然后调用内核中的中断控制器来处理系统调用。在一个半虚拟化系统（如 Xen）中，客户操作系统的系统调用会首先触发正常的 80h 中断，几乎与此同时，hypervisor 中的 82h 中断也会被触发，控制也会被传递给 hypervisor。当 hypervisor 完成其处理客户操作系统调用的任务时，会将控制传回给客户操作系统内核。当然，客户操作系统内核可能也会在其执行过程进行超级调用。尽管 CPU 的半虚拟化允许在虚拟机中运行未被修改的应用程序，但也会引起一些性能损失。

硬件辅助的 CPU 虚拟化

因全虚拟化和半虚拟化较为复杂，硬件辅助的 CPU 虚拟化则尝试简化虚拟化技术。Intel 和 AMD 在 x86 处理器中额外添加了一种模式，称为特权模式（也称为环 1）。因此，操作系统还能运行在环 0，hypervisor 则运行在环 1，所有特权指令和敏感指令都会自动陷入到 hypervisor 中。该机制避免了实现全虚拟化时二进制翻译的困难。它也允许操作系统不经修改即可运行在虚拟机中。

例3.5 Intel硬件辅助的CPU虚拟化

尽管x86处理器并非主要用于虚拟化，但为将之虚拟化已经付出了很多努力。与RISC处理器相比，x86应用更为广泛，基于x86的大部分遗留系统并不能轻易放弃。关于x86处理器的虚拟化将在下面进行详述。Intel的VT-x技术是硬件辅助虚拟化的一个例子，如图3-11所示。Intel将x86处理器的特权模式称为VMX根模式。为了控制虚拟机的启动和停止，以及为虚拟机分配内存页来维护CPU状态，还额外添加了一组指令。目前，Xen、VMware和微软的Virtual PC都实现了使用VT-x技术的hypervisor。 147

通常来讲，硬件辅助虚拟化应具有更高的效率。然而，由于从hypervisor到客户操作系统需在处理器模式之间进行切换，会引起较高的开销，有时并不会优于二进制转换。因此，虚拟化系统（如VMware）现在使用混合的方法，其中，一部分任务交给硬件，其余则仍由软件处理。除此之外，可以通过结合半虚拟化和硬件辅助虚拟化来进一步改善性能。■

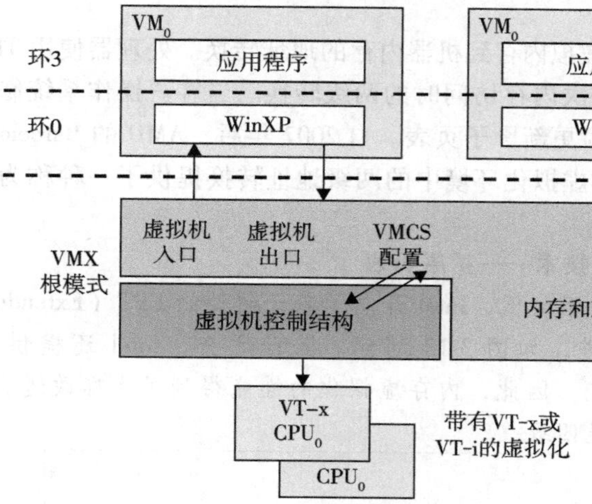

图3-11 Intel硬件辅助的CPU虚拟化

注：修改自文献[68]，美国南加州大学的Lizhong Chen提供。

3.3.3 内存虚拟化

内存虚拟化类似于现代操作系统提供的虚拟内存支持。在传统的执行环境中，操作系统使用页表维护从虚拟内存到机器内存的映射，这时，从虚拟内存到机器内存只需经过一次映射即可。所有现代x86处理器中都包括MMU（Memory Management Unit，内存管理单元）和TLB（Translation Lookaside Buffer，翻译后备缓冲器）来优化虚拟内存系统的性能。然而，在虚拟执行环境中，虚拟内存的虚拟化包括共享RAM中的物理内存并需要给虚拟机动态分配内存。

这意味着需要客户操作系统和VMM分别维护从虚拟内存到物理内存的映射和从物理内存到机器内存的映射，共两级映射。进一步，也应该支持MMU虚拟化，并且对客户操作系统透明。客户操作系统仍旧负责从虚拟地址到虚拟机的物理内存地址的映射，但是客户操作系统并不能直接访问实际硬件内存，VMM负责将客户物理内存映射到实际的机器内存上。图3-12显示了两级内存映射的过程。 148

由于客户操作系统的每个页表在VMM中都有一个独立页表与之对应，其中VMM中的页表称为影子页表。嵌套的页表在虚拟内存系统中额外增加了一层映射。MMU负责由操作系统定义的从虚拟地址到物理地址的转换。然后，使用由hypervisor定义的其他页表将物理内存地址转换为机器地址。由于现代操作系统会为每个进程维护一组页表，影子页表会极度膨胀。因此，性能开销和内存开销也会很高。

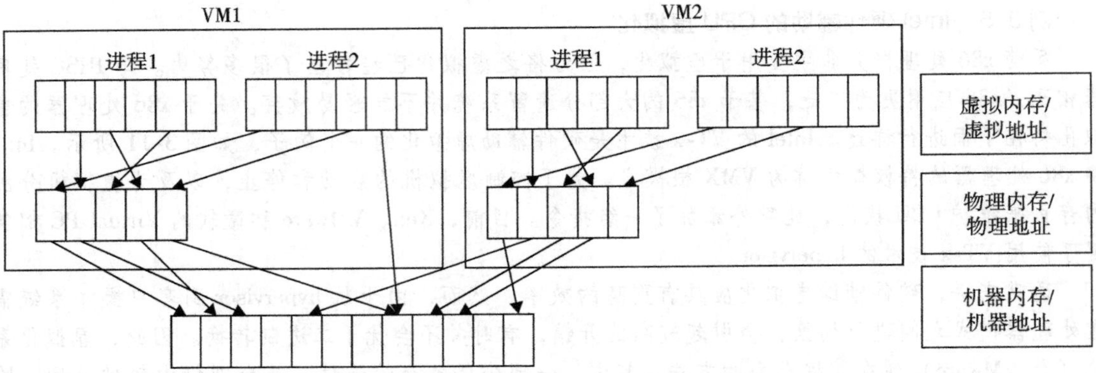

图 3-12 两级内存映射过程

注：由 R. Rblig 等人[68]提供。

VMware 使用影子页表进行虚拟内存到机器内存的地址转换。处理器使用 TLB 硬件将虚拟内存直接映射到机器内存来避免每次内存访问时的两级转换。当客户操作系统修改了虚拟内存到物理内存的映射时，VMM 会及时更新影子页表。自 2007 年后，AMD 的 Barcelona 处理器加入了硬件辅助内存虚拟化功能，它为虚拟化环境中的两级地址转换提供了一种称为嵌套分页的硬件辅助虚拟化技术。

例 3.6 Intel 的内存虚拟化技术——扩展页表

由于软件影子页表技术的效率太低，Intel 开发了基于硬件的 EPT（Extended Page Table，扩展页表）技术来对之加以改进，如图 3-13 所示。除此之外，Intel 还提供了 VPID（Virtual Processor ID）来改进 TLB 的性能。因此，内存虚拟化的性能得到了大幅改进。如图 3-13 所示，客户操作系统的页表和 EPT 都是四级。

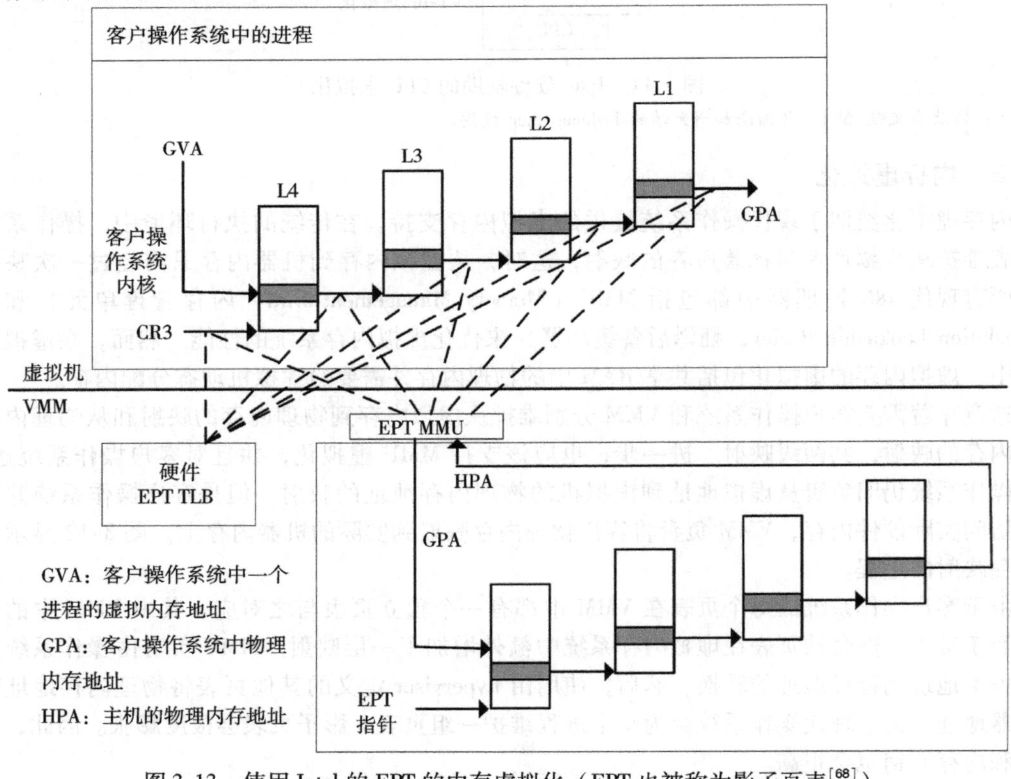

图 3-13 使用 Intel 的 EPT 的内存虚拟化（EPT 也被称为影子页表[68]）

当一个虚拟地址需要被转换时，CPU 会首先查找由客户 CR3 所指向的 L4 页表。由于客户 CR3 中的地址是客户操作系统的物理地址，CPU 需要使用 EPT 将 GPA（Guest Physical Address，客户物理地址）转换为 HPA（Host Physical Address，主机物理地址）。在这个过程中，CPU 会检查 EPT 的 TLB，来查看是否已有这种转换。如果 EPT 的 TLB 中没有所需的转换，则 CPU 将会在 EPT 中进行查找。如果 CPU 在 EPT 中找不到相应的转换项，则会发生一个 EPT 违例。

获得 L4 页表的 GPA 后，CPU 会使用 GVA（Guest Virtual Address，客户虚拟地址）和 L4 页表的内容来计算 L3 页表的 GPA。如果 L4 页表中对应的 GVA 项是缺页，则 CPU 会产生一个缺页中断并由客户操作系统来处理该中断。当获得 L3 页表的 PGA 后，CPU 将会查找 EPT 来获得 L3 页表的 HPA，如前所述。为了获得 GVA 对应的 HPA，CPU 需要查找 EPT 5 次，并且每次都需要 4 次访问内存。因此，最坏情况下会有 20 次内存访问，速度仍旧很慢。为了克服该问题，Intel 扩充了 EPT 的 TLB 容量来降低内存的访问次数。■

3.3.4 I/O 虚拟化

I/O 虚拟化包括管理虚拟设备和共享的物理硬件之间 I/O 请求的路由选择。目前，实现 I/O 虚拟化有如下三种方式：全设备模拟、半虚拟化和直接 I/O。全设备模拟是实现 I/O 虚拟化的第一种方式，通常来讲，该方法可以模拟一些知名的真实设备。一个设备的所有功能或总线结构（如设备枚举、识别、中断和 DMA）都可以在软件中复制。该软件作为虚拟设备处于 VMM 中，客户操作系统的 I/O 访问请求会陷入到 VMM 中，与 I/O 设备交互。全设备模拟的方法如图 3-14 所示。

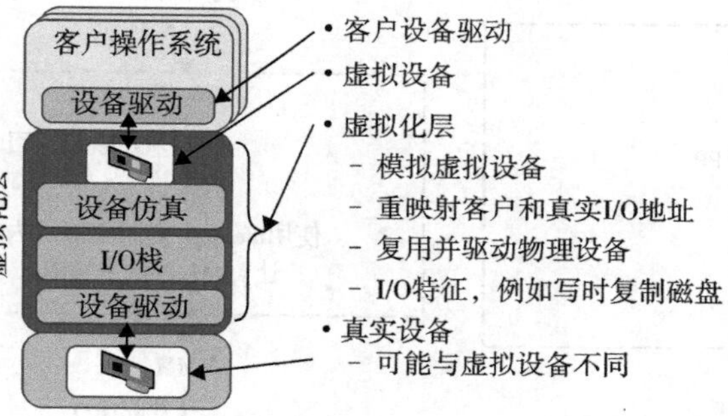

图 3-14 用于 I/O 虚拟化的设备模拟，虚拟化在中间层实现，将真实 I/O 设备映射到客户设备驱动使用的虚拟设备

注：由 V. Chadha 等人[10]和 Y. Dong 等人[15]提供。

单一的硬件设备可以由多个同时运行的虚拟机共享。然而，软件模拟的运行速度会显著慢于其所模拟的硬件[10,15]。I/O 虚拟化的半虚拟化方法是 Xen 所采用的方法，它也就是广为熟知的分离式驱动模型，由前端驱动和后端驱动两部分构成。前端驱动运行在 Domain U 中，而后端驱动运行在 Domain 0 中，它们通过一块共享内存交互。前端驱动管理客户操作系统的 I/O 请求，后端驱动负责管理真实的 I/O 设备并复用不同虚拟机的 I/O 数据。尽管与全设备模拟相比，半 I/O虚拟化的方法可以获得更好的设备性能，但其也会有更高的 CPU 开销。

直接 I/O 虚拟化让虚拟机直接访问设备硬件。它能获得近乎本地的性能，并且 CPU 开销不高。然而，当前所实现的直接 I/O 虚拟化主要集中在大规模主机的网络方面，对商业硬件设备仍有许多挑战。例如，当一个物理设备被回收以备后续再用时，它可能被设置到了一个未知状态，可能会引起工作不正常，甚至让整个系统崩溃。由于基于软件的 I/O 虚拟化要求非常高的设备模拟开销，硬件辅助的 I/O 虚拟化很关键。Intel 的 VT-d 支持 I/O DMA 传输的重映射和设备产生的中断。VT-d 结构提供了支持多用途模型的灵活性，可以运行未修改的、特殊目的的、虚拟化感知的客户操作系统。

另一种辅助I/O虚拟化的方法是自虚拟化I/O（Self-Virtualized I/O，SV-IO）[47]。SV-IO方法的关键是利用多核处理器的富余资源。所有与I/O设备虚拟化相关的任务都被封装在SV-IO中。它提供虚拟设备，以及一个访问虚拟机的相关API和对VMM的管理API。SV-IO为每种类
149~151 型的虚拟化I/O设备定义一个虚拟接口（Virtual InterFace，VIF），例如虚拟网络接口、虚拟块设备（磁盘）、虚拟相机设备等。客户操作系统通过VIF设备驱动与VIF交互。每个VIF由两个消息队列构成，一个用于向外流入设备的消息，另一个用于从设备向内流入的消息。除此之外，每个VIF在SV-IO中还有一个唯一的ID标识。

例3.7 VMware Workstation的I/O虚拟化

VMware Workstation以一个应用程序的身份运行。它利用客户操作系统、主机操作系统及VMM中的I/O设备支持来实现I/O虚拟化。应用程序部分（VMApp）使用一个装载入主机操作系统的驱动（VMDriver）来建立具有特权的VMM，VMM直接运行在硬件之上。某个给定的物理处理器既可以在主机上执行，也可以在VMM中执行，VMDriver使得这两者之间的控制切换很容易。VMware Workstation利用全设备模拟来实现I/O虚拟化。图3-15展示了通过模拟的虚拟网卡发送和接收网络包所需的功能模块。

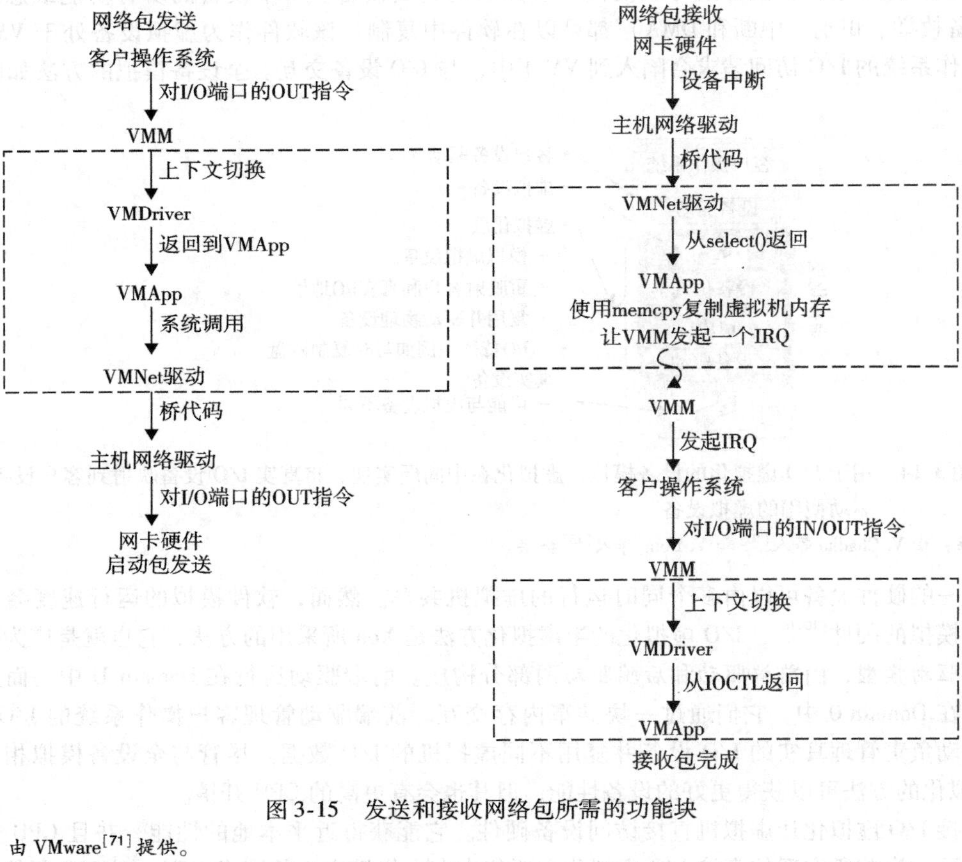

图3-15 发送和接收网络包所需的功能块

152 注：由VMware[71]提供。

图3-15所示的虚拟网卡建模了一个AMD的Lance Am79C970A控制器。客户操作系统中，Lance控制器的设备驱动通过读/写一系列的虚拟I/O端口发起包的传输。每次读和写都会切换回VMApp来模拟对Lance端口的访问。当达到这个序列的最后一个OUT指令时，Lance模拟器调用一次对VMNet驱动的正常写操作，然后，VMNet驱动会通过主机网卡将包传到网络上，最

后 VMApp 再切换回 VMM 中，该切换会引发一个虚拟中断来通知客户设备驱动数据包已被发送。接收动作与发送动作相反，如图 3-15 右半部分所示。■

3.3.5 多核处理器的虚拟化

与虚拟化单核处理器相比，虚拟化多核处理器相对更为复杂。尽管多核处理器通过在一个单一芯片上集成多个处理器核而具有更高的性能，但多核虚拟化对计算机体系结构工程师、编译器编写者、系统设计者和应用程序编程人员都提出了许多新的挑战。主要有两个困难：一是应用程序编程者必须完全并行地使用所有处理器核，二是软件必须明确地为处理器核分配任务。这些都是很复杂的问题。

先来看第一个挑战，对新的编程模型而言，需要通过语言和库来简化并行编程。第二个挑战则已经跨越了调度算法和资源管理策略等研究领域。然而，这些努力并不能在性能、复杂度及其他问题之间有效平衡。更糟的是，随着技术的发展，一种称为动态异构性的新的挑战正在浮现，其中，将胖 CPU 核和瘦 GPU 核混合放置在同一块芯片上，使得多核和众核资源管理的问题变得更为复杂。硬件基础设施的动态异构性主要来自于更不可信的晶体管和使用晶体管所增加的复杂度[33,66]。

3.3.5.1 物理处理器核与虚拟处理器核

Wells 等人[74]提出了一种多核虚拟化的方法来允许硬件设计者获得处理器核底层细节的抽象。该技术减轻了由软件管理硬件资源的负担及低效性。它位于 ISA 之下并且不需要操作系统或 VMM（hypervisor）的修改。图 3-16 展示了软件可见的 VCPU 从一个核移向另一个核的情景，当没有合适的处理器核可运行时会临时挂起 VCPU 的执行。

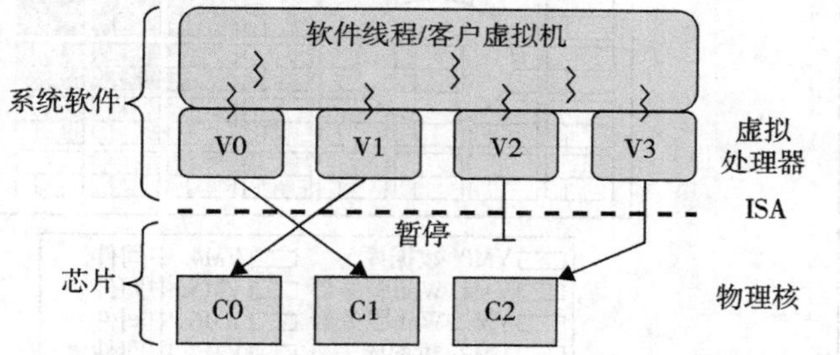

图 3-16 多核虚拟化方法，当实际只有三个核存在时给软件暴露 4 个 VCPU

注：由 Wells 等人[74]提供。

3.3.5.2 虚拟层次结构

新兴的片上众核多处理器（CMP）为我们提供了一种新的计算方式。除了在一个或多个核上支持分时共享作业外，还可以使用多余的处理器核进行空间共享，其中单线程或多线程作业被同时长时间地分配给独立的核组。该思想由 Marty 和 Hill[39] 首先提出。为了优化空间共享负载的性能，他们还提出使用虚拟层次结构在一个物理处理器上覆盖一层一致的、缓冲的层次结构。不像固定的物理层次结构，虚拟层次体系结构可以通过自动调整空间共享负载的方式来获得更好的性能和性能隔离性。

今天的片上众核多处理器使用一个两级或更多级缓冲的物理层次结构，它静态确定缓冲的分配和映射。一个虚拟层次结构是能够动态适应单一负载或混合负载的缓冲层次结构[39]。层次结构的第一级将数据放到离处理器核近的缓冲中，以进行更快速的访问，建立一个共享缓冲域，并建立一个一致点进行更快速的通信。当一个访问失效发生时，它首先尝试在第一级缓冲中定位该数据。第一级缓冲也能提供独立负载之间的隔离。第一级缓冲的访问失效会引发对第二级缓冲的访问。

上述想法如图 3-17a 所示。使用空间共享来将三个负载分配给虚拟核的三个集群，它们分别是用于数据库负载的 VM0 和 VM3，用于 Web 服务器负载的 VM1 和 VM2，以及用于中间件负载的 VM4 ~ VM7。基本假定是每个负载运行在自己的虚拟机中，然而，在一个操作系统中公平地使用空间共享。假如操作系统或 hypervisor 可以将虚拟页面正确地映射为物理页帧，则可以更好地在"瓷砖"（tile）之间静态分布目录。Marty 和 Hill 提出了一致的、缓冲的两级虚拟层次结构，可与虚拟机的虚拟集群分配"瓷砖"保持一致。

图 3-17b 展示了这样一个虚拟集群两级层次结构的逻辑示意图。每个虚拟机都隔离地操作在第一级。这将会同时减少访问失效时间和与其他工作负载或虚拟机的性能交互时间。而且，缓存容量、互连链接和失效处理等虚拟机间的共享资源都是互相隔离的。第二级维护了一个全局的共享内存，这便于在不引起费时的清空缓存的情况下动态再分配资源。而且，维护全局的共享内存可以减少对已存在的系统软件的修改并可以包含虚拟化特征（如基于内容的页面共享等）。一个虚拟层次结构可自适应空间共享的负载，如多道程序和服务器合并等。图 3-17 显示了一个在
153~154 瓷砖式体系结构中合并服务器负载的学习案例。这个众核映射机制也能优化单一操作系统环境中空间共享的多道程序负载。

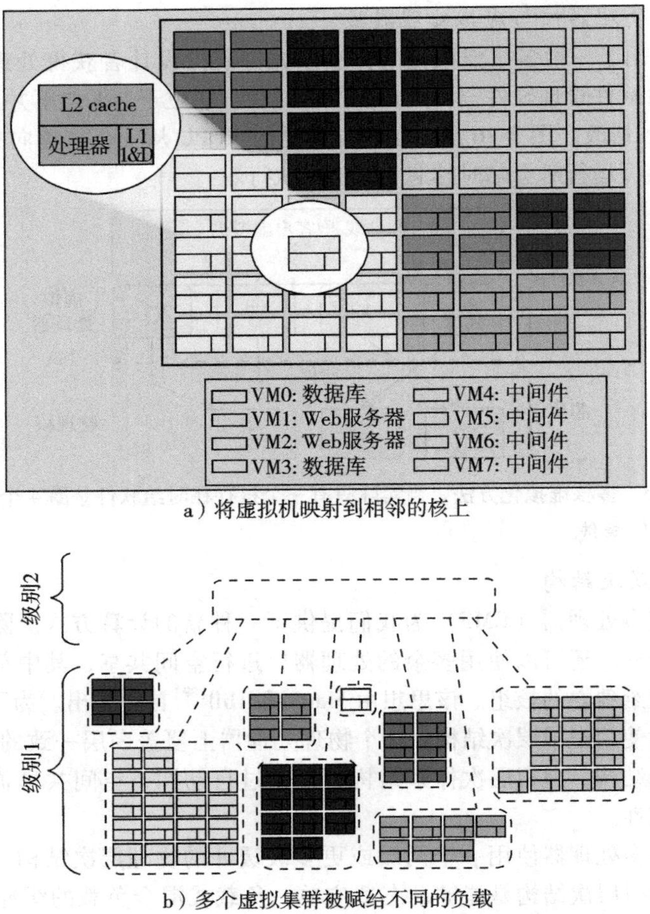

a）将虚拟机映射到相邻的核上

b）多个虚拟集群被赋给不同的负载

图 3-17　片上多处理器的服务器合并，通过虚拟机的空间共享将虚拟机映射到众核上，形成多个虚拟集群，分别执行不同的负载

注：由 Marty 和 Hill[39] 提供。

3.4 虚拟集群和资源管理

物理集群是指一组通过物理网络（如LAN）互连的物理机器（服务器）。第2章描述了物理机器上的集群化技术。下面将介绍虚拟集群及其属性并探索其应用。本节将首先探讨虚拟集群的三个关键设计问题：虚拟机在线迁移、内存和文件迁移，以及虚拟集群的动态部署。 155

初始化一个传统虚拟机时，管理员需手动编辑配置文件或指定配置源。当更多的虚拟机加入网络时，配置不当会引起负载过高或负载不足的问题。亚马逊的EC2（Elastic Compute Cloud）是Web服务方面的很好例子，在云中提供弹性计算能力。EC2允许客户创建虚拟机，并基于用户使用时间管理账户。大部分虚拟化平台，包括XenServer和VMware ESX Server，支持桥接模式，允许所有虚拟机作为独立主机出现在网络上。通过使用这些模式，虚拟机之间可以通过虚拟网络接口任意通信，并自动配置网络。

3.4.1 物理集群与虚拟集群

虚拟集群由多个客户虚拟机构成，这些客户虚拟机安装在由一个或多个物理集群构成的分布式服务器上。在逻辑上，处于一个虚拟集群的客户虚拟机通过一个跨越了多个物理网络的虚拟网络互连在一起。图3-18为虚拟集群和物理集群的示意图。如图所示，虚拟集群具有明确的边界。一个虚拟集群可以由多台物理机器构成，也可以由一个可运行在多个物理集群上的虚拟机构成。

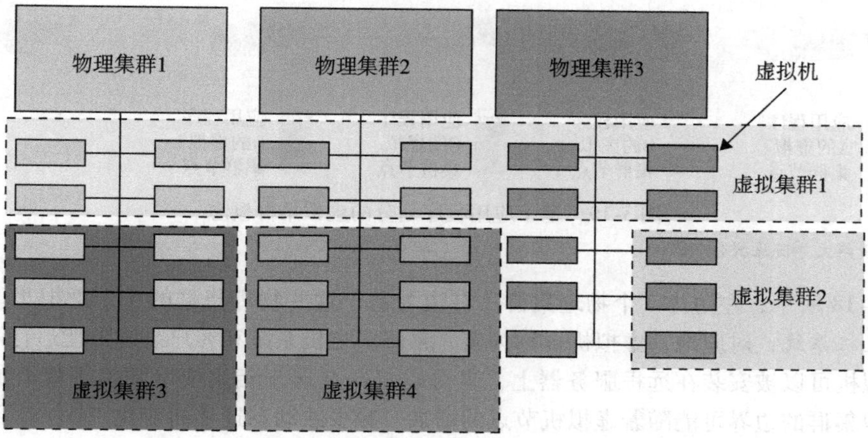

图3-18 一个具有4个虚拟集群的云平台，基于三个颜色不同的物理集群

注：由清华大学的张帆提供。

为虚拟集群提供虚拟机的过程可以动态进行，具有如下属性：

- 虚拟集群节点可以是物理机器或虚拟机器，多个运行不同操作系统的虚拟机可以部署在同一个物理节点上。
- 主机操作系统管理物理机器的资源，虚拟机运行其上，并且可以运行与主机相异的操作系统。
- 使用虚拟机的目的是合并同一台物理服务器的多个功能。这可以显著提高服务器的资源利用率与应用的灵活性。 156
- 虚拟机可以在多个物理服务器上备份，以提高分布式并行度、容错性，加快灾难恢复速度。
- 虚拟集群的节点数可以动态增减，与P2P网络中覆盖网络的规模变化类似。
- 物理节点的失效会使得运行在其上的虚拟机也失效，但是虚拟机的失效不会影响主机系统。

随着系统虚拟化的广泛应用，对运行在大量物理计算节点上的虚拟机（也称为虚拟集群）需要进行有效管理，从而构建高性能的虚拟计算环境。具体来讲，包括虚拟集群的部署、大规模集群的监视和管理，以及资源调度、负载均衡、服务器合并、容错等技术。图3-18中使用虚线框出的不同颜色节点代表不同的虚拟集群。在虚拟集群系统中，有效地存储大量虚拟机镜像至为重要。

图3-19所示为基于应用程序划分或定制的虚拟集群。图中不同颜色的节点属于不同虚拟集群。由于可能会有大量虚拟机镜像，对这些镜像文件的有效存储至为重要。大部分用户和应用程序具有公共的安装，例如操作系统或用户级编程库。这些软件包可预先安装并存为模板（称为模板虚拟机）。使用这些模板，用户可以构建个人专属的软件环境。新的操作系统实例可以从模板虚拟机复制而成，用户特定的组件（如编程库及应用程序）可以安装至这些实例中。

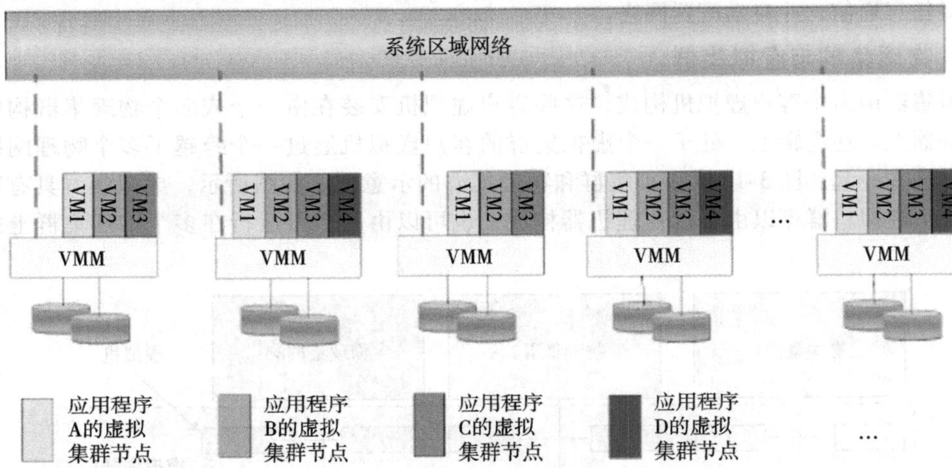

图3-19 基于应用程序划分的虚拟集群概念

注：由清华大学陈康提供，2008。

如图3-18所示，左边为3个物理集群，右边为基于这些物理集群的4个虚拟集群。物理机器也称为*主机系统*；对应地，虚拟机也称为*客户系统*。主机系统和客户系统可能运行不同的操作
157 系统。虚拟机可以被安装在远程服务器上，也可以复制在属于相同或不同物理集群的多个服务器上。虚拟集群的边界可能随着虚拟机节点的增加、减少或动态迁移而变化。

3.4.1.1 快速部署和有效调度

系统应具备快速部署的能力。快速部署要求如下两点：一是在集群内的物理节点上尽快构建和发布软件栈（包括操作系统、库、应用程序）；二是运行时环境可以从一个用户虚拟集群快速切换至另一个用户虚拟集群。若某用户中止使用其系统，则其对应的虚拟集群会关闭或快速挂起，以节约资源来运行其他用户的虚拟机。

近年来，“绿色计算”的概念越来越受到关注。然而，已有方法主要关注单个工作站的节能问题，缺乏全局视角，因此无法降低整个集群的能耗。还有些集群级的节能技术只能用于同构工作站或特定应用。虚拟机的在线迁移可使一个节点的工作负载迁移至另一个节点。然而，虚拟机并不能在所有节点之间随意迁移。事实上，在线迁移虚拟机的潜在开销仍不容忽视。

在线迁移虚拟机的开销可能会严重影响集群的利用效率、吞吐量、服务质量等。因此，在线迁移的难点在于如何设计绿色的迁移策略以不影响集群性能。虚拟化的另一个优点是在虚拟集群中应用程序的负载均衡。负载均衡可以通过使用负载指数和用户登录频率等指标来完成，虚拟集群的自动伸缩机制可以基于该模型实现。因此，我们可以增加节点的资源利用效率并降低

系统的响应时间。将虚拟机映射至更合适的物理节点应该会有益于提升性能。当集群节点之上的负载不均衡时，应在节点之间动态调整负载。

3.4.1.2 高性能虚拟存储

定制虚拟机时，模板虚拟机可以被发布至集群中的多个物理主机上。而且，已有的软件包可以减少定制时间和切换虚拟环境的时间。有效管理模板中软件占据的磁盘空间非常重要。一些存储体系结构设计可以用于减少虚拟集群分布式文件系统中的复制块。哈希值用于比较数据块的内容。在用户特定的虚拟集群中，用户有自己的配置文件，用于记录相应于虚拟机的数据块标识信息。当用户修改数据时，会创建一个新块，同时新创建数据块的标识信息会记入用户配置文件。

基本来讲，为目标集群部署一组虚拟机需要如下4个步骤：准备磁盘镜像；配置虚拟机；选择目标节点；在每个主机上执行虚拟机部署命令。许多系统使用模板来简化磁盘镜像的准备过程。模板是一个磁盘镜像，其中存储了预安装的操作系统，有时还存储了预安装的应用软件。用户根据其需求选择合适模板，并创建一份其独有的磁盘镜像。模板可为 COW（Copy On Write）格式。新的 COW 备份文件很小且易于创建和传输。因此，使用 COW 格式可有效节约磁盘空间。而且，在部署虚拟机时，与完整复制原始镜像文件相比，虚拟机部署时间更短。 158

虚拟机的配置信息包括虚拟机名称、磁盘镜像、网络设置、分配的 CPU 和内存等。该配置信息需被记录在一个文件中。然而，当管理一组虚拟机时，该方法很低效。实际上，具有相同配置信息的虚拟机可以使用预先编辑的配置文件来简化这一过程。在这种情况下，系统根据选定的配置文件配置虚拟机。大部分配置项内容相同，但 UUID、虚拟机名称、IP 地址等则使用自动计算的值。用户通常并不关心其虚拟机运行在哪个主机上，需要提供一种策略来为虚拟机选择合适的目标主机。部署原则是满足虚拟机需求并在整个主机网络之间平衡负载。

3.4.2 在线迁移虚拟机的步骤与性能影响

在虚拟集群中，虚拟机客户系统与主机系统并存，并且虚拟机运行在物理主机之上。当一个虚拟机失效时，其角色可被其他节点上的虚拟机替代，只要两个虚拟机运行相同的客户操作系统即可。换句话说，一个物理节点可以故障转移至另一个主机的虚拟机上。这与传统物理集群中物理机器到物理机器的故障转移并不相同。这种方式的优点是具有更强的故障转移灵活度，但潜在问题是当虚拟机所驻留的物理主机失效时必须停止该虚拟机的角色。然而，该问题可以通过虚拟机的在线迁移得到解决。图3-20所示为从主机A向主机B在线迁移虚拟机的过程。在迁移中，将虚拟机的状态文件从存储区域复制到物理主机之上。

管理虚拟集群共有四种方式。第一种方式是基于客户的管理器，其中集群管理器处于客户系统中。在这种管理方式中，多个虚拟机形成一个虚拟集群。例如，openMosix 是一个开源的 Linux 集群，可以在 Xen hypervisor 上运行不同的客户系统；另一个例子是 Sun 公司的集群软件 Oasis，它是一个实验性的 Solaris 集群，基于 VMware VMM 构建的虚拟机集群。第二种方式是基于主机的集群管理器。基于主机的管理器监督客户系统且能在另一个物理机器上重启客户系统。该方面的典型例子是 VMware 公司的 HA 系统——当物理主机失效时可以在其他物理主机上重启客户系统。

上面提及的两种集群管理系统要么只基于客户系统，要么只基于主机系统，下面要描述的两种管理方式则既基于客户系统也基于主机系统。第三种方式是在主机系统和客户系统中使用相互独立的集群管理器来管理虚拟集群。然而，这会使基础设施管理变得更为复杂。第四种方式是在主机系统和客户系统中使用集成的集群。这表示管理器能区分虚拟资源和物理资源。当在线迁移虚拟机开销极低时，这些集群管理方案都可以得到极大改善。

虚拟机可以从一台物理机器在线迁移至另一台物理机器。发生失效时，一个虚拟机可被另一个虚拟机替代。虚拟集群可以应用在计算网格、云平台和高性能计算系统中。虚拟集群化的主要吸引力在于它可根据用户需求或节点失效后快速提供动态资源。尤其是，虚拟集群化在云计算中发挥着重要作用。当虚拟机运行在线服务时，在线虚拟机迁移方案的设计目标是最小化如下三个指标：微小的停机时间、最低的网络带宽消耗及合理的总迁移时间。

除此之外，在迁移过程中，还需确保不会因资源（如 CPU、网络带宽）竞争而中断运行在同一个物理主机上的其他活跃服务。一台虚拟机可能处于如下四种状态之一：非活跃状态由虚
159 拟化平台定义，这时，虚拟机未被启用；活跃状态指虚拟机已在虚拟机平台上实例化且正在运行实际任务；中止状态指一个已实例化的虚拟机被禁用，当被禁用时，该虚拟机内部可能正在处理一个任务，也可能处于中止等待状态。当虚拟机的机器文件和虚拟资源被存回磁盘时，该虚拟机进入挂起状态。如图 3-20 所示，在线迁移虚拟机包括如下 6 个步骤。

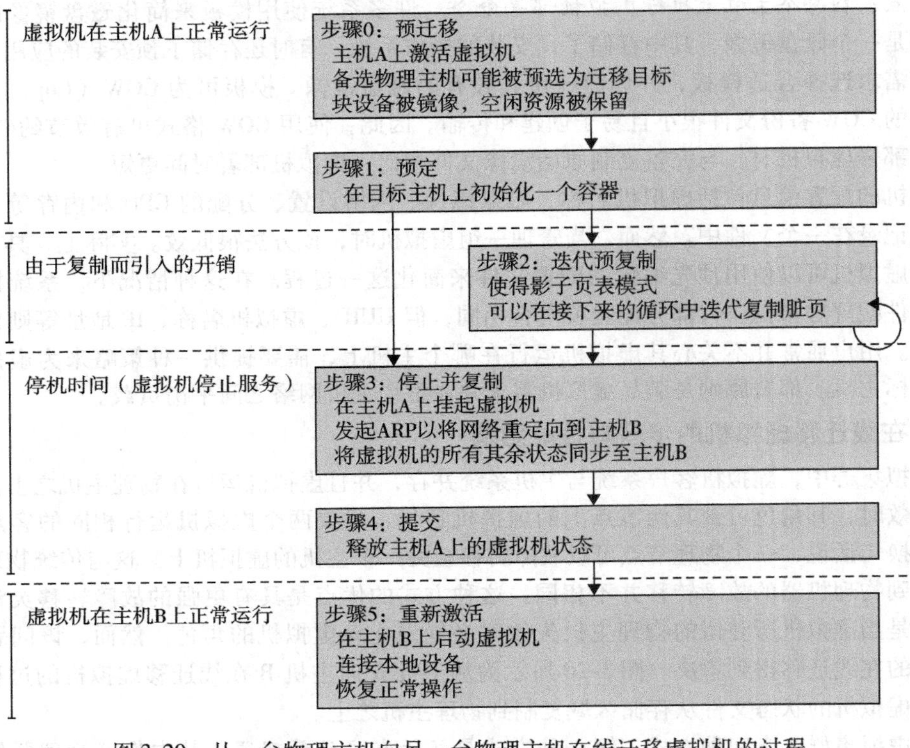

图 3-20　从一台物理主机向另一台物理主机在线迁移虚拟机的过程

注：由 C. Clark 等人[14]提供。

步骤 0 和 1：开始迁移。该步骤主要为后续的迁移做准备，包括确定要迁移的虚拟机和目标主机。尽管用户可以手动将一台虚拟机迁移到一台合适的物理主机上，但大部分情况下，迁移是因负载均衡和服务器合并等策略自动发起的。

步骤 2：传输内存。由于虚拟机的整个执行状态都存储在内存之中，因此向目标节点发送虚拟机的内存可以确保虚拟机提供服务的连续性。第一轮会传输所有的内存数据，后续的传输会不断地迭代复制刚更新过的数据，该过程重复进行，直至脏的内存页足够少。在该步骤中，尽管
160 一直在迭代复制内存，但并不中断程序的运行。

步骤 3：挂起虚拟机并复制最后的内存数据。在最后一轮传输内存数据时，挂起正在被迁移的虚拟机。其他非内存数据（如 CPU 和网络状态）也被同时发送。在该步骤中，虚拟机停止且其应用不再运行。这一段的不可用时间称为迁移的停机时间。应尽量缩短停机时间，使得用户无法觉察。

步骤4和5：提交并激活新主机。在复制了所有需要的数据之后，在目标主机上，虚拟机重新装载其状态，恢复在其中执行的程序，并继续提供服务。然后，网络连接被重定向至新虚拟机，对源主机的依赖被清除。最后，从源主机中移除原始虚拟机。至此，整个迁移过程结束。

图3-21所示为虚拟机从一台主机在线迁移至另一台主机的数据传输速率（MB/s）的变化情况。在本实验中，为100个客户端复制512 KB的文件。在开始复制之前，数据吞吐量为870 MB/s。第一轮预复制历时63s，期间的数据传输速率降低为765 MB/s。后续的迭代复制过程共历时9.8s，数据传输速率进一步降低为694 MB/s。在虚拟机在目标主机上恢复执行之前，系统的停机时间为165 ms。实验结果表明在主机节点之间在线迁移虚拟机的开销很低。这对于实现云计算中的动态集群重配置和灾难恢复非常关键。第4章将进一步深入探讨相关技术。

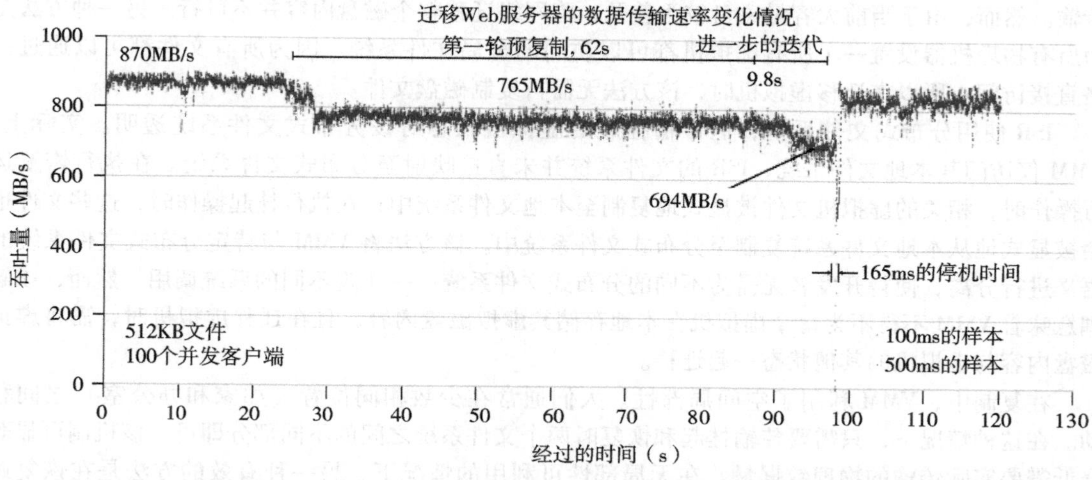

图3-21 将虚拟机从一个失效的Web服务器迁移到另一台服务器期间的数据传输速率变化情况

注：由C. Clark等人[14]提供。

随着十多年前集群计算的出现和广泛普及，涌现了大量集群配置和管理系统，它们自然会影响个人的集群管理方式。虚拟机技术已经成为一项简化管理和共享物理计算资源的流行方法。161
虚拟机平台（如VMware和Xen）使得在同一台物理主机上同时运行多个不同操作系统和配置的虚拟机成为可能，而且这些虚拟机之间相互隔离。用低成本计算机组建集群成为网络服务和计算密集型应用获得可靠的、可扩展的计算能力的一种有效方式。

3.4.3 内存、文件与网络资源的迁移

由于集群具有较高的初始拥有成本，包括空间、功率调节、制冷设备等。当需求变化较大时，租赁或共享公用集群更具吸引力。共享集群具有规模经济效益，并且因复用而产生更有效的资源利用率。早期的配置和管理系统主要集中在为特定类型服务定义集群时提供富有表现力和可扩展的机制，并在这些类型之间物理划分集群节点。当一个系统迁移到其他物理节点时，需要考虑诸多问题，下面将分别讨论。

3.4.3.1 内存迁移

内存迁移在虚拟机迁移时很重要。将虚拟机的内存实例从一个物理节点迁移至另一个物理节点的方法很多，但这些不同的方法具有共同的实现机制。这些机制依赖于客户操作系统支持的应用或负载特征。

对现在的一个典型的系统而言，需迁移的内存量可达上百兆甚至千兆，因此必须进行有效传输。在虚拟机挂起和恢复执行之间，可能有很多重叠的内存，ISR（Internet Suspend-Resume，互联网挂起－恢复）技术利用了这种时间局部性，这里的时间局部性指不同状态的内存只与发

起迁移之前虚拟机被挂起期间所完成的工作相关。

为利用时间局部性，文件系统中的每个文件用一个小的子文件树代表。该树的复制同时存在于挂起和恢复的虚拟机实例中。使用树表示文件的优势在于缓存确保只传输被修改的文件。ISR 可以处理非在线迁移虚拟机的情况。可以预见，与稍后讨论的其他方法相比，该方法停机时间（停机时间指因无虚拟机实例执行而引起服务暂停的持续时间）较长。

3.4.3.2 文件系统迁移

为支持虚拟机迁移，必需为每个虚拟机提供一个一致的、位置无关的、在所有物理主机上都可访问的文件系统。满足该需求的一种简单方法是为每台虚拟机提供自己的虚拟磁盘，将虚拟机的文件系统映射至该虚拟磁盘，在迁移虚拟机时，将虚拟磁盘内容与虚拟机的其他状态一起传输。然而，由于当前大容量磁盘较为普及，跨网络迁移整个磁盘内容并不可行。另一种方法是为所有物理机器设置一个所有虚拟机都可以访问的全局文件系统。因为所有文件都可以通过网
162 络直接访问，所以在迁移虚拟机时，该方法无需再复制磁盘文件。

ISR 使用分布式文件系统，但传输挂起的虚拟机状态对该分布式文件系统透明。实际上，VMM 仅访问其本地文件系统，ISR 的文件系统并未直接映射至分布式文件系统。在执行恢复运行操作时，相关的虚拟机文件被显式地复制至本地文件系统中；在执行挂起操作时，这些文件也会被显式地从本地文件系统复制至分布式文件系统中。该方法将 VMM 与特定分布式文件系统的语义进行分离，使得开发者无需为不同的分布式文件系统一一实现不同的系统调用。然而，该解耦意味着 VMM 不得不为每个虚拟机在本地存储其虚拟磁盘内容，且在迁移虚拟机时，需将虚拟磁盘内容与虚拟机的其他状态一起迁移。

在复制中，VMM 利用了空间局部性。人们通常在少数相同位置（如家和办公室）之间移动。在这种情况下，只需要传输挂起和恢复时两个文件系统之间的不同部分即可。该机制可显著降低需要实际传输的物理数据量。在无局部性可利用的情况下，另一种有效的方法是在恢复站点合成大部分的磁盘状态。在许多系统中，用户文件仅形成磁盘上的少量数据，操作系统和应用程序软件则占据了大量磁盘空间。在恢复站点可以合理预测时，主动传输状态的方法可以有效工作。

3.4.3.3 网络迁移

迁移虚拟机时应维持所有开放的网络连接，不应依赖原始主机转发或者依赖移动性或重定向机制的支持。为使远程系统能定位一个虚拟机并与其通信，每个虚拟机必须被赋予一个其他实体可知的虚拟 IP 地址。该地址可以与虚拟机所在的物理机器的 IP 地址不同。每个虚拟机也可以拥有自己不同的 MAC 地址。VMM 维护虚拟 IP 和 MAC 地址之间的映射关系。通常，迁移的虚拟机包含所有的协议状态并携带其 IP 地址。

如果迁移中的虚拟机的源主机和目标主机正好处于一个单一转换局域网中，源主机会通过主动发出一个 ARP 回复来广播其 IP 地址已被移到一个新的地址。该方法通过重新配置所有端将未来的包发送到一个新位置，解决了开放网络连接问题。除了已被传输的少量包可能已丢失外，该机制并无其他问题。如果虚拟机的源主机和目标主机处在一个交换网络中，迁移中的操作系统可以保持其原始的以太网 MAC 地址不变，由网络交换机探测其已移动到一个新的端口。

在线迁移意味着把虚拟机从一个物理节点移向另一个物理节点，同时，还保持其操作系统环境和应用程序的完整性。该能力正在被越来越多地应用在今天的企业环境中，以提供有效的在线系统维护、重配置、负载均衡和主动容错等。它可为现代计算系统中的计算资源提供服务器合并、性能隔离及易管理性等特征。因此，涌现了大量可提供上述特征的不同实现。在传统的迁移中，迁移之前需要挂起虚拟机，迁移完成后才恢复执行。通过引入预复制机制，虚拟机可以在线迁移，而且在迁移过程中无需停止虚拟机，并可保持应用程序的连续执行。

在线迁移是系统虚拟化技术的一个关键特征。这里，我们集中关注集群环境中的虚拟机迁移，其中，使用网络文件系统，如 SAN 或 NAS。这时，只有内存和 CPU 状态需要从源节点传输 163
到目标节点。现有的在线迁移机制主要使用预复制的方法，首先传输所有的内存页，然后迭代地只传输上次传输过程中被修改的内存页。通过使用迭代复制，虚拟机服务的停机时间很短。当应用程序可写工作集变得很小时，挂起虚拟机并且将上一轮传输中的脏页和 CPU 状态发送给目标节点。

在预复制过程中，尽管虚拟机的服务仍可用，但由于迁移需一轮一轮不断地消耗网络带宽来传输脏页，对性能的负面影响很大。通过引入自适应的传输率限制方法可缓解该问题，但总的迁移时间可能会被延长近 10 倍。而且，并不是经过多轮迭代后，所有应用程序的脏页都一定会收敛为一个小的可写工作集，因此，必须为迭代轮数设置上限值。

事实上，上述预复制阶段的问题是由迁移过程中需传输大量数据引起的。新提出的 CR/TR-Motion（checkpointing/recovery and trace/replay approach）的方法可快速迁移虚拟机。该方法在多轮迭代中传输执行踪迹文件而非脏页，其中，踪迹文件由一个后台进程记录。显然，所有踪迹文件的总大小显著小于脏页大小。因此，总的迁移时间和停机时间得到显著缩短。然而，CR/TR-Motion 方法只在踪迹回放速率大于踪迹增长速率时可有效工作。这种源节点和目标节点之间的不平等限制了集群中在线迁移的应用范围。

还有一种在线迁移虚拟机的方法是后复制。在该方法中，所有内存页在整个迁移过程中只传输一次，迁移时间基线较短。但是，由于在目标节点上恢复执行虚拟机之前需要显式地从源节点获取所需的内存页面，该方法的停机时间显著高于预复制方法。随着多核和众核的引入，许多 CPU 资源被闲置。即使在一台多核机器上同时运行许多虚拟机，由于物理 CPU 易于复用，CPU 资源仍很富裕。通过利用闲置的 CPU 资源来压缩内存页面，可以显著降低传输数据量。通常来讲，内存压缩算法的内存开销很小。解压缩相对快速简单，且无需额外内存。

3.4.3.4 在线迁移 Xen 虚拟机

3.2.1 节已描述了 Xen 虚拟机，它允许多个商业操作系统安全且有序地共享 x86 硬件。下面例子将解释在两个 Xen 主机之间如何在线迁移虚拟机。其中，Domain 0（或 Dom 0）负责创建、中止或迁移虚拟机，Xen 使用发送/接收模式在虚拟机之间传输状态。

例 3.8 在两个 Xen 主机之间在线迁移虚拟机

Xen 支持在线迁移。对虚拟化平台来讲，在线迁移是个有用特征和自然扩展，其中，将一个虚拟机从一台物理主机迁移至另一台物理主机的过程中要求只短暂中断虚拟机提供的服务甚至不中断服务。在线迁移通过网络传输正在运行的虚拟机的工作状态和内存页面。Xen 也支持一种称为 RDMA（Remote Direct Memory Access，远程定向内存访问）的虚拟机迁移机制。

RDMA 无需经过 TCP/IP 栈的处理，加速了虚拟机的迁移过程。RDMA 与其他传输协议不同的地方在于，在进行传输之前，必须事先注册源和目标虚拟机的缓存，通过这种方式把它缩减为 164
一个单方接口。RDMA 之上的数据通信不涉及 CPU、缓存或上下文切换等操作，使得迁移对客户操作系统和主机应用程序的影响极小。图 3-22 展示了虚拟机迁移的压缩机制。

设计需要在两个因素之间进行权衡：如果一个算法知道内存页面的规律性，它一定快而有效。然而，针对所有内存数据仅提供单一的压缩算法，很难达到我们所期望的双赢状态，因此，我们根据内存页面的规律，为其提供不同的压缩算法。该在线迁移系统的结构见图 3-22 中的 Dom 0。

管理虚拟机中运行的后台迁移进程负责发起迁移操作。在预复制阶段，VMM 层的影子页表跟踪迁移虚拟机被修改的内存页面，并在脏位图中设置相应位。在每轮预复制的开始，位图被发送给后台迁移进程。接下来，清除位图，在下一轮复制中销毁并重建影子页表。位图所对应的内存页面经压缩后发送给目标主机，在目标主机端再将这些页面解压缩。■

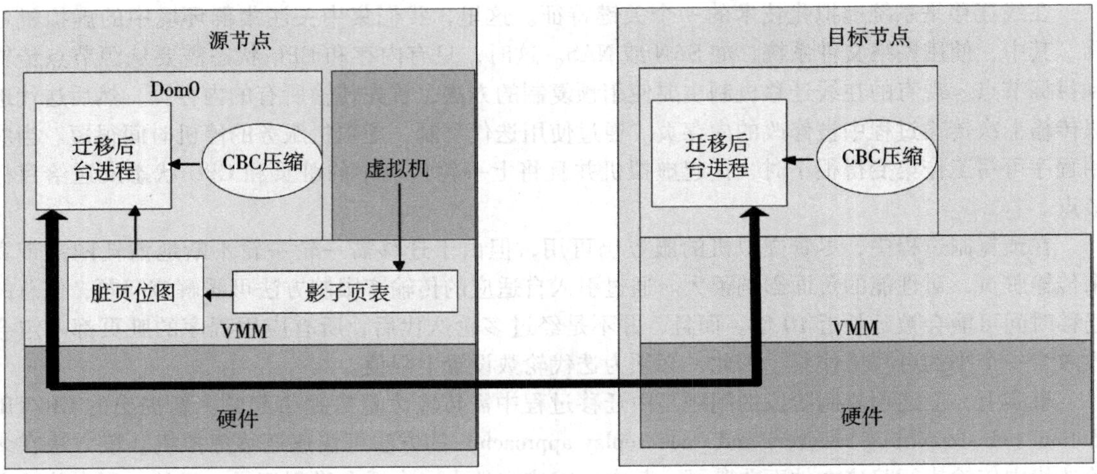

图 3-22 从零域在线迁移虚拟机到一个基于 Xen 的目标主机

3.4.4 虚拟集群的动态部署

表 3-5 总结了 4 个虚拟集群研究项目。我们从设计目标和报告结果入手对它们进行了简要介绍。美国斯坦福大学的 Cellular Disco 项目是一个建造在共享内存多处理器系统中的虚拟集群；INRIA（法国国家信息与自动化研究所）虚拟集群则用于测试并行算法性能；COD 和 VIOLIN 集
165 群将在下面的例子中详细阐述。

表 3-5 4 个研究型虚拟集群的实验结果

项目名称	设计目标	结 果
美国杜克大学的 COD（Cluster-on-Demand）项目	使用虚拟集群管理系统的动态资源分配	通过多个使用 Sun GridEngine 的虚拟集群来共享虚拟机[12]
美国斯坦福大学的 Cellular Disco 项目	在一个共享内存多处理器上部署虚拟集群	部署在多核处理器上的处于同一个 VMM 之下的虚拟机称为 Cellular Disco[8]
美国普度大学的 VIOLIN 项目	多虚拟机集群化以证明动态自适应的优势	通过自适应降低运行 VIOLIN 的应用程序的执行时间[25,55]
法国 INRIA 的 GRAAL 项目	在基于 Xen 的虚拟集群中并行算法的性能	使用虚拟机集群中 30% 的资源获得最高性能的 75%

例 3.9 美国杜克大学的 COD 项目

由美国杜克大学开发的 COD 项目是一个从资源池向多个虚拟集群动态分配服务器资源的虚拟集群管理系统[12]。图 3-23 展示了 COD 项目的原型实现。COD 将一个物理集群划分为多个虚拟集群（vCluster）。vCluster 的拥有者可以通过 XML-RPC 接口为集群指定操作系统和软件。vCluster 使用 Sun 公司的 GridEngine 作为批处理调度器，GridEngine 运行于一个 Web 服务器集群之中。COD 可根据负载的变化动态调整并重建虚拟集群。

杜克大学的研究者使用 Sun GridEngine（SGE）调度器展示了动态虚拟集群是对效用计算（如网格）中高级资源管理的一个基础抽象。系统支持本地用户和托管网格服务之间动态的、基于策略的集群共享。具有吸引力的特征包括资源保留、适应性资源配置、空闲资源回收和动态实例化网格服务。COD 服务由一个配置数据库支持。系统根据用户请求提供资源策略和模板定义。

图 3-24 展示了在 8 天在线部署三个虚拟集群期间每个虚拟集群中节点数目的变化情况。在图 3-24 所示的踪迹图中分别使用 System、Architecture 和 BioGeometry 代表由三个用户组请求的三

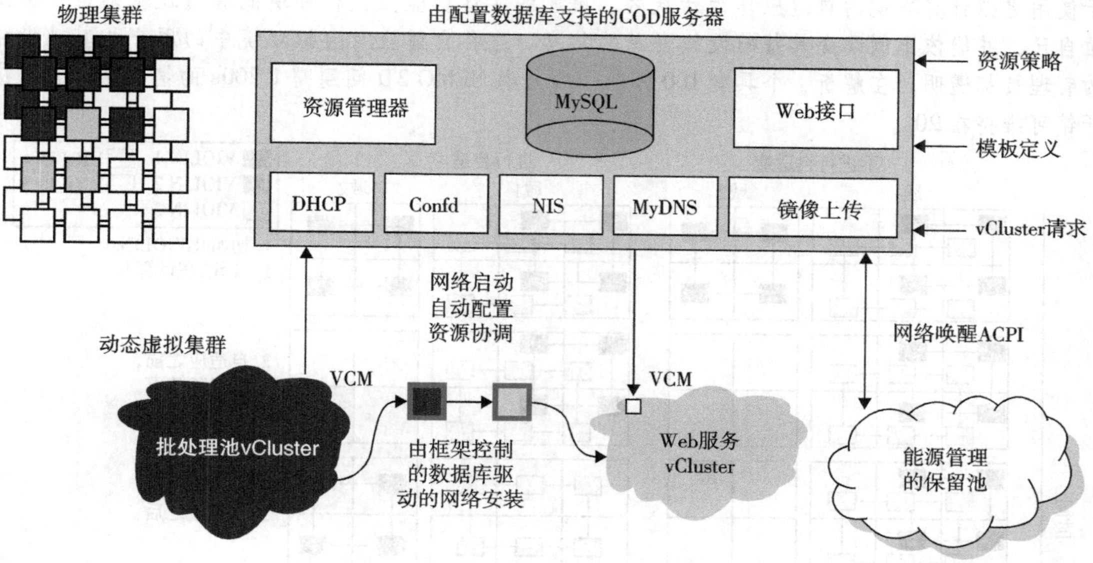

图 3-23 COD 将一个物理集群划分为多个虚拟集群

注：由 J. Chase 等人提供[12]。

个应用负载。该实验中，使用了多个 SGE 批处理池，SGE 处于杜克集群 80 个机架式 IBM xSeries-335 服务器中。该踪迹曲线图清楚地展示了 8 天之中节点数目的突变情况。由此可见，在现实集群应用中，对虚拟集群的动态配置和释放很有必要。■

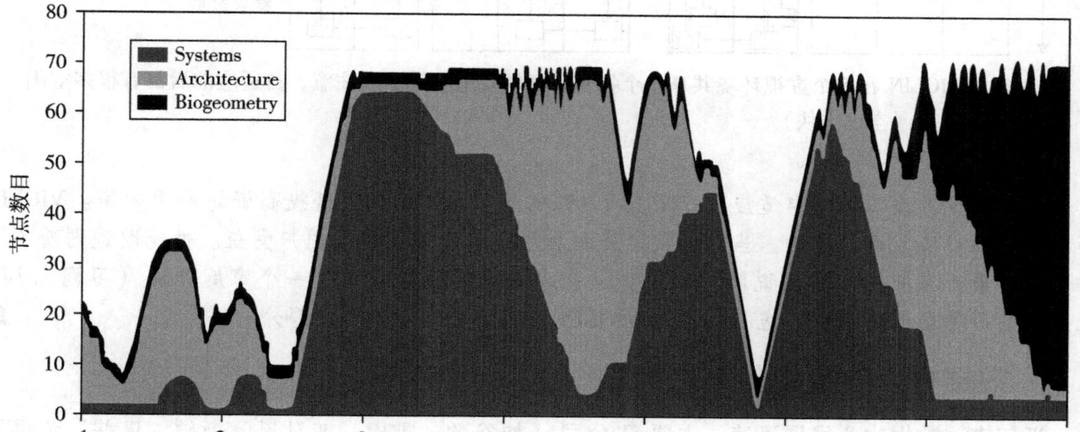

图 3-24 在杜克大学运行 8 天 COD 时集群规模的变化情况

注：由 J. Chase 等人[12]提供。

例 3.10 普度大学的 VIOLIN 项目

普度大学的 VIOLIN 项目使用虚拟机在线迁移来重新配置虚拟集群环境。该项目的目的是在一个多集群环境中执行多个集群作业时获得更优的资源利用效率。它利用成熟的虚拟机迁移技术和环境适应技术，使得在由多个域构成的共享物理基础设施上形成互相隔离的虚拟环境来执行并行程序。图 3-25 展示了使用 5 个并发虚拟环境（VIOLIN 1 ~ 5）共享两个物理集群的情况。 166~167

不同颜色的方块代表部署在物理服务器节点中的虚拟机。普度大学该研究组的主要贡献在于使用虚拟计算环境的自适应作为活跃的、集成的实体。虚拟执行环境能够通过基础设施重定位自己，并能依比例改变其基础设施资源的共享。这种自适应对虚拟环境中的用户和基础设施的管理员都透明。在解析一个具有 100 万粒子的大型 NEMO 3D 问题需 1 200s 的情况下，自适应开销可维持在 20s。

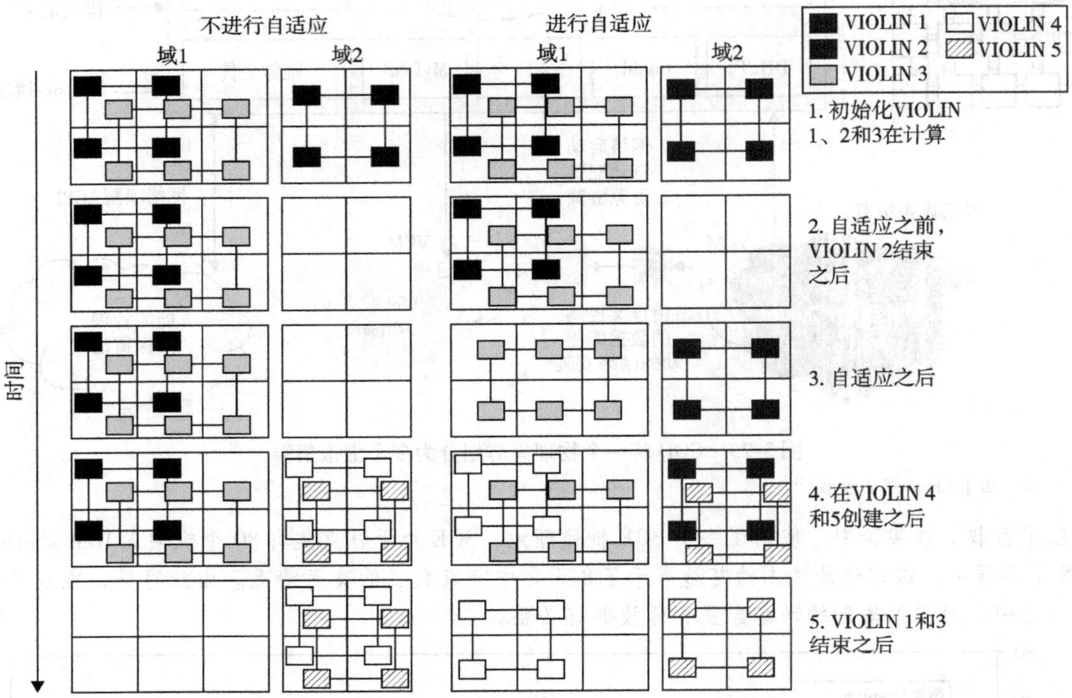

图 3-25 VIOLIN 在 5 个虚拟环境共享 2 个托管集群的自适应场景。注意，自适应前后都有很多空闲节点（空白方块）

注：由 P. Ruth 等人[55] 提供。

168 由此可见，虚拟环境自适应可以用少于1%的执行时间开销显著提高资源利用效率。VIOLIN 环境的迁移确实取得了成功。当然，共享资源利用率的改进使许多用户受益。性能改进则随不同的适应场景而有所变化。为说明不同，我们在本章结尾为读者留了一个家庭作业（习题 3. 17）来跟踪另一种场景的执行。虚拟网络是 VIOLIN 系统的一个基本组成部分。■

3.5 数据中心的自动化与虚拟化

近年来，数据中心发展迅速，主要 IT 公司（如谷歌、雅虎、亚马逊、微软、惠普、苹果及 IBM 公司）都在投入资源建造新的数据中心，数十亿美元被投资在数据中心的建设和自动化方面。数据中心自动化意味着在保证服务质量和成本效率的情况下，数据中心中的大量硬件、软件和数据库资源可被动态地同时分配给数百万的互联网用户。

虚拟化产品和云计算服务的增长引发了数据中心自动化的发展。根据 2007 年 IDC 的一篇报道，自 2006 年至 2011 年，虚拟化及其市场主要分布在 IT 行业。2006 年，在商业和企业机会中虚拟化占有的市场份额为 104 400 万美元，其中，产品整合和软件开发占主要部分。虚拟化正在朝向加强移动性、减少计划停机时间（如系统维护）、增加虚拟终端数目的目标迈进。

最新的虚拟化开发主要关注高可用性、备份服务、负载均衡和客户群的深入增长。IDC 从自动化、服务导向、基于策略和可变成本方面对虚拟化市场进行了分析：到 2011 年，虚拟化的商业机会可能会增加到 32 亿美元；主要的市场份额会向高可用性、效用计算、产品整合和客户群方向倾斜。在下文中，我们将讨论自动化的数据中心设计中涉及的问题，包括服务器合并、虚拟存储、操作系统支持和可信管理。

3.5.1　数据中心服务器合并

在数据中心中，大量不同类型的负载可以在不同时期运行在服务器上。这些不同类型负载大致可分为两类：交互频繁型负载和非交互型负载。交互频繁型负载会发起突发性的操作，然后又回归沉寂。网络视频服务就是该方面的典型例子，其中夜间会有大量用户，而白天却用户很少。非交互型负载则在任务提交后不再需要用户的参与。高性能计算是该方面的典型例子。在不同阶段，这些负载对资源的需求也有显著的不同。然而，为保证负载总可以及时响应处理请求，常常按峰值需求为负载静态分配足够资源。对于数据中心中的服务器虚拟化，资源优化的粒度 169
主要是CPU、内存和网络接口。

因此，在数据中心中，大部分服务器的资源并未得到充分利用。大量硬件、空间、能耗和管理成本被浪费。服务器合并采用减少物理服务器数目的方法，是改进硬件资源低利用效率的有效途径。在许多服务器合并技术（如集中合并和物理合并）中，基于虚拟化的服务器合并是最有效的合并方式。数据中心需要优化其资源管理，但是这些服务器合并技术在服务器整机级别进行，很难使资源管理得到有效优化。服务器虚拟化则处在一个比物理服务器更小的资源分配粒度上，可以更有效地优化资源管理。

通常来讲，虚拟机的引入增加了资源管理的复杂度。在数据中心中，在改进资源利用效率的基础上如何保证服务质量成为一个挑战。具体来讲，服务器虚拟化还会产生以下额外效果：

- 合并增强了硬件利用效率。合并未被充分利用的服务器可以增强资源利用效率。合并也使得备份服务和灾难恢复更便于进行。
- 这种方法可以使资源得到更灵活的配置和调度。在虚拟化环境中，易于克隆和重用客户操作系统及其应用程序的镜像。
- 总体拥有成本得到降低。服务器虚拟化可以延迟服务器的更新，降低数据中心场地占用、维护成本、耗电、制冷和线缆需求。
- 这种方法可以改进可用性和业务连续性。某个客户操作系统的故障并不会影响其主机系统或其他客户操作系统。由于虚拟服务器对其之下的硬件透明，易于将虚拟机从一台服务器迁移至另一台服务器。

为自动化数据中心操作，必须考虑资源调度、体系结构支持、能耗管理、自动或自主的资源管理、分析模型性能等。在虚拟化数据中心中，有效的、按需的、细粒度的调度器是改进资源利用效率的一个关键因素。资源调度和重分配可在数据中心的多个级别进行，至少应与虚拟机级别、服务器级别或数据中心级别匹配。理想情况下，资源调度和重分配应在所有级别进行，但过于复杂。实际上，当前技术只关注单一级别或至多两个级别。

动态分配CPU是基于虚拟机的利用效率和应用程序级的服务质量指标。一种方法是考虑CPU和内存的流动并基于托管服务负载的变化自动调整资源开销。另一种方法是使用两级资源管理系统来处理引入的复杂性：一个处于虚拟机级别的本地控制器和一个处于服务器级别的全局控制器。它们通过本地控制器和全局控制器的交互实现自主资源分配。多核和虚拟化是两个可以互相增强的尖端技术。

然而，CMP的使用还远未被优化。CMP的内存系统是一个典型例子。在数据中心中，我们可以在CMP上设计一个虚拟的层次结构。可以考虑能最小化内存访问时间和虚拟机之间干扰的协议，便于虚拟机的重新分配并支持虚拟机间的共享。也可以考虑虚拟机可感知的能耗预算机制，该机制通过集成多个管理器来获得更好的能耗管理。功耗预算策略不能忽略异构问题。因此，必须在节能和数据中心性能之间进行合理权衡。 170

3.5.2 虚拟存储管理

在系统虚拟化技术复兴之前，术语“存储虚拟化”就已被广泛使用。然而，该词在系统虚拟化环境中具有不同的含义。以前，存储虚拟化用于物理机器领域，被大量用于描述在很粗的粒度上聚集和重新划分磁盘。在系统虚拟化中，虚拟存储包括由VMM和客户操作系统管理的存储。通常来讲，存储在该环境中的数据可被分为两类：虚拟机镜像和应用程序数据。虚拟机镜像是虚拟机环境中的特殊产品，而应用程序数据及所有其他数据则与传统操作系统中的数据相同。

系统虚拟化最重要的方面是封装和隔离。传统操作系统和运行其上的应用程序可被封装到虚拟机之中。在一个虚拟机中仅运行一个操作系统，而该操作系统中则可运行许多应用程序。系统虚拟化允许多虚拟机同时运行在一个物理机器上并且虚拟机之间完全隔离。为达到封装和隔离，系统软件和硬件平台（例如CPU和主板）被迅速更新，然而，存储则相对缓慢。存储系统成为部署虚拟机的主要瓶颈。

在虚拟化环境中，在硬件和传统操作系统之间插入一层虚拟化，或修改传统操作系统来支持虚拟化。该过程使得存储操作变得复杂起来。一方面，尽管与在真实的硬件磁盘之上进行客户操作系统的存储管理操作一样，但客户操作系统又不能直接访问硬件磁盘。另一方面，当许多虚拟机运行在一台物理机器之上时，许多客户操作系统竞争硬件磁盘。因此，与客户操作系统或传统操作系统的存储管理相比，VMM的存储管理更为复杂。

除此之外，虚拟机使用的存储原语不够灵活。因此，主机之间重映射卷和为磁盘设置检查点等操作笨拙难懂，甚至有时不可用。在数据中心中，通常有上千虚拟机，这就导致虚拟机镜像的泛滥。许多研究者试图在虚拟存储管理中解决该问题。他们研究的主要目的是简化管理并改进性能、降低虚拟机镜像占据的存储空间。Parallax是一个专为虚拟化环境定制的分布式存储系统。内容寻址存储（Content Addressable Storage，CAS）是降低虚拟机存储镜像规模的一种方法，可以在数据中心中支持大量基于虚拟机的系统。

由于传统存储管理技术不考虑虚拟化环境中的存储特征，Parallax设计了一种新的体系结构，其中常用于高端存储阵列和交换机的存储特征被重用到存储虚拟机阵营之中。这些存储虚拟机与虚拟机一样共享相同的物理主机。图3-26展示了Parallax的系统体系结构示意图。它支持所有主流的系统虚拟化技术，如半虚拟化和全虚拟化。对每台物理机器来讲，Parallax定制一个特殊的存储装置虚拟机。该存储装置虚拟机作为处于各个虚拟机和物理存储设备之间的块虚拟化层。它为同一台物理机器之上的每个虚拟机提供一个虚拟磁盘。

例3.11 用于虚拟机存储管理的Parallax系统

Parallax的体系结构是可扩展的，尤其适用于集群环境。图3-26展示了一个基于Parallax的
171 集群的结构示意图。一个集群级的管理域管理所有的存储装置虚拟机。存储装置虚拟机可以使存储管理变得更加容易，允许当前实现在数据中心中的功能被拿出来并实现在单个主机上，使得高级存储特征（如快照工具）便于在软件层实现并实现了商业网络存储的目标。

Parallax本身作为一个用户级应用程序运行在存储装置虚拟机中。Parallax为虚拟机提供虚拟磁盘镜像（Virtual Disk Image，VDI）。一个VDI是一个单一写者的虚拟磁盘，在Parallax的集群中，可以用位置透明的方式从任何物理主机对其进行访问。这些VDI是由Parallax提供的核心抽象。Parallax使用Xen的块处理驱动器来处理块请求并被实现为一个特殊磁盘库。该库作为一个单一的块虚拟化服务为处于相同物理主机上的所有客户虚拟机提供服务。该实现使得存储管理者可在一个活跃的集群中在线更新块设备驱动。■

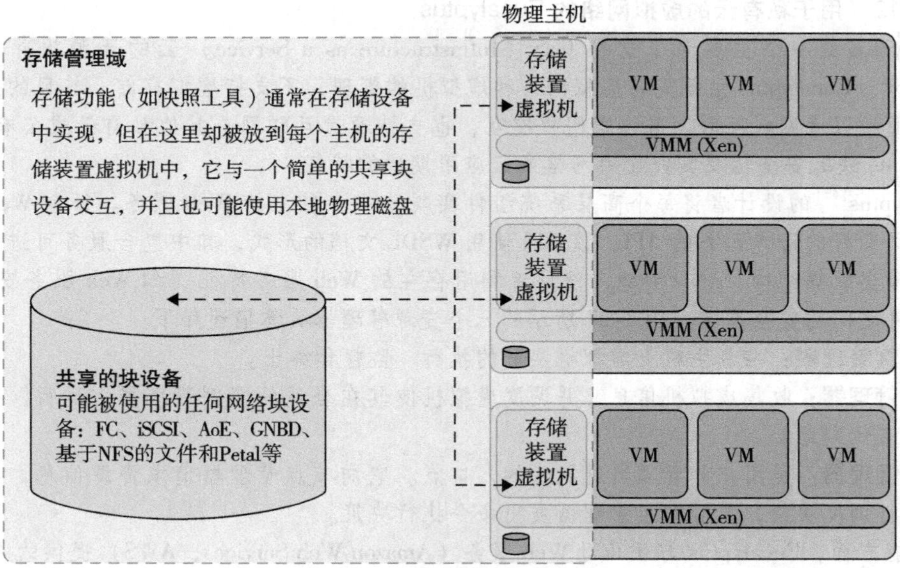

图 3-26　Parallax 是一组基于每个主机的存储装置，它们共享访问一个公共的块设备，并为客户虚拟机提供虚拟磁盘

注：由 D. Meyer 等人[43]提供。

3.5.3　虚拟化数据中心的云操作系统

数据中心作为云提供商必须被虚拟化。表 3-6 总结了 4 个虚拟基础设施（Virtual Infrastructure，VI）管理器和操作系统。这些 VI 管理器和操作系统经特殊剪裁后用于集群中具有大量服务器的虚拟化数据中心。Nimbus、Eucalyptus 和 OpenNebula 都是对所有公众开放的开源软件，只有 vSphere 4 是商业操作系统，它用于数据中心中云资源的虚拟化和管理。 172

这些 VI 管理器被用于创建虚拟机并将新创建的虚拟机计入虚拟集群的弹性资源中。Nimbus 和 Eucalyptus 本质上支持虚拟网络，OpenNebula 还可以动态分配资源和提前预定资源。三个公有的 VI 管理器使用 Xen 和 KVM 为虚拟化平台，vSphere 4 则使用 VMware 公司的 ESX 和 ESXi 作为虚拟化平台。只有 vSphere 4 支持虚拟存储及虚拟网络和数据保护。接下来的两个例子我们将学习 Eucalyptus 和 vSphere4。

表 3-6　VI 管理器和用于虚拟化数据中心的操作系统[9]

管理器/操作系统、平台、授权许可	被虚拟化的资源，网络链接	客户端 API，语言	使用的 hypervisor	公有云接口	特殊特征
Nimbus Linux，Apache v2	虚拟机的创建，虚拟集群 www.nimbusproject.org/	EC2 WS，WSRF，CLI	Xen，KVM	EC2	虚拟网络
Eucalyptus Linux，BSD	虚拟网络（例 3.12 和文献[41]）www.eucalyptus.com/	EC2 WS，CLI	Xen，KVM	EC2	虚拟网络
OpenNebula Linux，Apache v2	虚拟机的管理、主机、虚拟网络和调度工具 www.opennebula.org/	XML-RPC，CLI，Java	Xen，KVM	EC2，弹性主机	虚拟网络，动态提供资源
vShere/4 Linux，Windows，商业	数据中心的虚拟操作系统（例 3.13）www.vmware.com/products/vsphere/[66]	CLI，GUI，Portal，WS	VMware ESX，ESXi	VMware vCloud partners	数据保护，vStorage，VMFS，DRM，HA

例 3.12 用于私有云的虚拟网络的 Eucalyptus

Eucalyptus 是一个主要为了支持 IaaS（Infrastructure as a Service）云的开源软件系统，如图 3-27所示。Eucalyptus 主要支持虚拟网络和虚拟机的管理，不支持虚拟存储。其目的是构造私有云，能通过以太网或互联网与终端用户交互，也支持通过互联网与其他私有云或公有云交互；但 Eucalyptus 缺乏安全性及其他通用网格或云应用期望的特征。

Eucalyptus[45] 的设计者将每个高层系统组件实现为一个独立的 Web 服务。每个 Web 服务暴露一个定义良好的语言无关的 API，该 API 使用 WSDL 文档的形式，其中包含服务可进行的操作
173 及输入、输出数据结构。进一步地，设计者利用存在的 Web 服务特征（如 Web 服务安全策略）来进行组件之间的安全通信。图 3-27 所示的三个资源管理器具体描述如下：

- **实例管理器**：控制主机上虚拟机实例的执行、监督和终止。
- **组管理器**：收集虚拟机信息，并调度虚拟机使其在合适的实例管理器上运行，并管理虚拟实例网络。
- **云管理器**：是用户和管理员进入云的入口点。它向节点管理器请求资源信息，并基于此进行调度决策，最后向组管理器发出命令执行决策。

在功能方面，Eucalyptus 与亚马逊 Web 服务（Amazon Web Services，AWS）提供的 API 类似，因此，它可以与 EC2 直接交互。Eucalyptus 确实提供了一个模拟亚马逊 S3 API 的存储 API 来存储用户数据和虚拟机镜像。Eucalyptus 安装在基于 Linux 的平台上，与带有 SOAP 和 Query 接口的 EC2 兼容，并与带有 SOAP 和 REST 接口的 S3 兼容。Eucalyptus 具有命令行接口（Command Line Interface，CLI）和网站门户两种接入方式。 ■

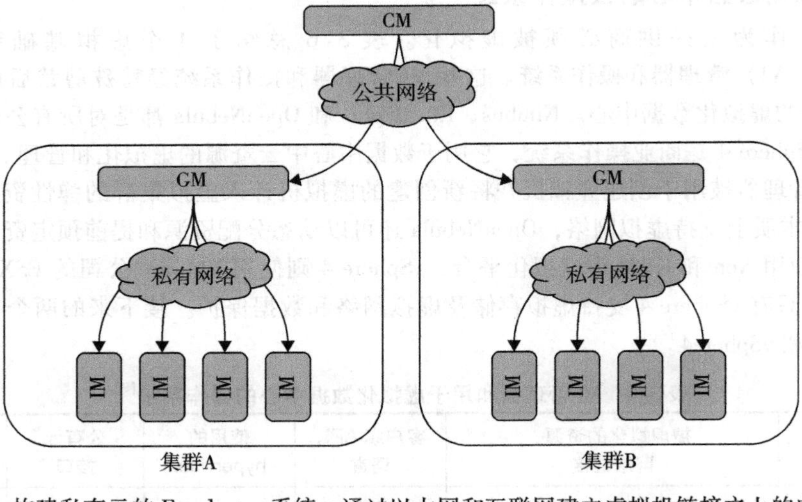

图 3-27 构建私有云的 Eucalyptus 系统，通过以太网和互联网建立虚拟机链接之上的虚拟网络

注：由 D. Nurmi 等人[45]提供。

例 3.13 商业化云操作系统——VMware vSphere4[66]

2009 年 4 月发布的 vSphere 4 为 VMware 开发的硬件和软件提供了一个生态系统。vSphere 扩展了 VMware 早期的虚拟化软件产品，分别为 VMware Workstation、用于服务器虚拟化的 ESX 和
174 用于服务器集群的 VI。图 3-28 展示了 vSphere 的整体体系结构，系统与用户应用程序通过一个称为 vCenter 的接口层交互。vSphere 主要为构造私有云提供虚拟化支持和数据中心的资源管理。VMware 声称 vSphere 是第一个云操作系统，在提供云计算服务时具有可用性、安全性和可扩展性。

vSphere 4 由两个功能软件包构成：基础设施服务和应用程序服务。它也有三个主要用于虚拟化的组件包：由 VMware 的 ESX、ESXi 和 DRS 虚拟化库支持的 vCompute；由 VMFS 和精简配置

(thin provisioning) 库支持的 vStorage；提供分布式切换和网络函数的 vNetwork。这三个组件包与数据中心中的硬件服务器、磁盘和网络交互，这些基础设施函数也与其他外部云通信。

应用程序服务也分为三部分：可用性、安全性和可扩展性。可用性支持包括来自 VMware 的 vMotion、存储 vMotion、高可用性、容错、数据恢复；安全性支持包括虚拟防火墙 (vShield Zones) 和 VMsafe。可扩展性包由 DRS (Distributed Resource Scheduler，分布式资源调度器) 和热添加 (Hot Add) 构成。感兴趣的读者可以参考 vSphere 4 网站来了解这些软件功能组件的详细信息。为全面了解 vSphere 4 的用法，用户必须学习如何使用 vCenter 接口来与存在的应用程序连接或开发新的应用。■

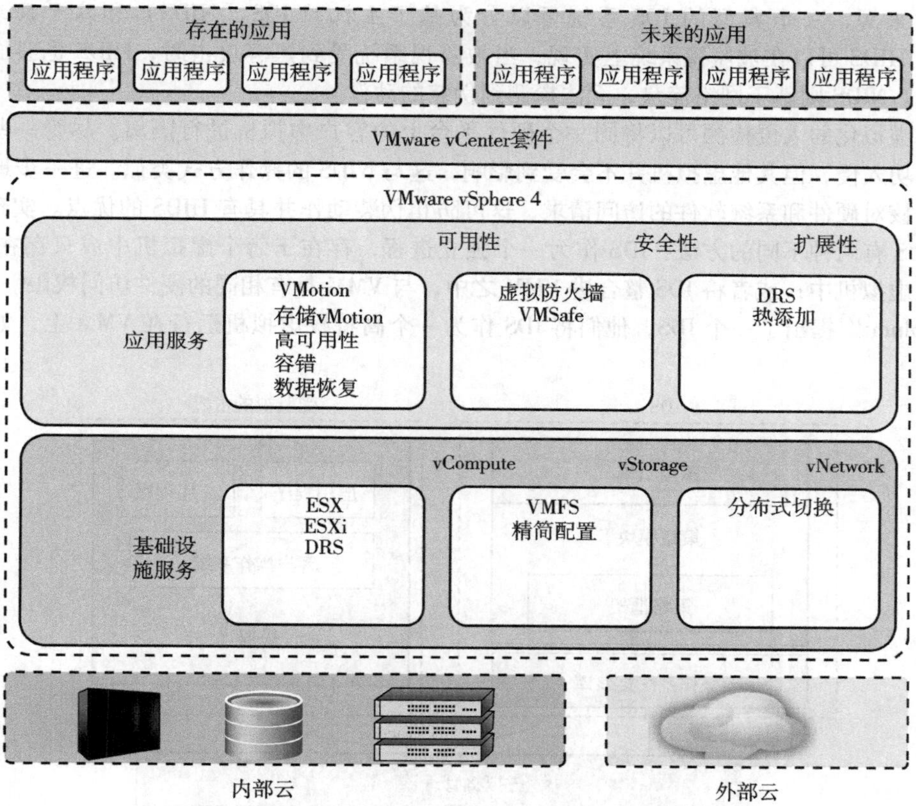

图 3-28　vSphere/4，一个管理虚拟化数据中心中计算、存储和网络资源的云操作系统

注：由 VMware[72] 提供，2010 年 4 月。

3.5.4　虚拟化数据中心的可信管理

VMM 的出现改变了计算机体系结构。它在操作系统和系统硬件之间插入一层软件，可以在一个物理硬件平台上创建一个或多个虚拟机。虚拟机具有良好的封装性，运行在虚拟机中的客户操作系统的状态可以被完全封装起来。被封装的机器状态可以复制，也可以在网络上共享，或像文件一样移除，这对虚拟机的安全性提出了挑战。通常来讲，VMM 可提供安全隔离性，虚拟机访问任何硬件资源时都需要通过 VMM 的审核，因此 VMM 是一个虚拟系统的安全基础。一般地，一个虚拟机会被用作具有特权的管理虚拟机，可以进行创建、挂起、恢复或删除虚拟机等操作。

一旦黑客成功地进入了 VMM 或管理虚拟机，整个系统就进入了危险状态。一个微妙的问题会出现在那些依赖随机数的新鲜性来产生会话密钥的协议中。就一个虚拟机而言，可以将其回滚到某个点，在该点上，一个随机数已被选择，但还未被使用，然后，恢复虚拟机的执行。为安全起见，随机数必须是新的，但在这里随机数却被重用了。在这种情况下，对一个流密码来讲，两段不同的明文可以在相同的密钥流下进行加密。若这两段明文含有足够的冗余信息，则会进一步暴露这两段明文的信息。依赖于新颖度的非加密协议也存在风险，如重用 TCP 的初始序号会引起 TCP 劫持攻击。

基于虚拟机的入侵检测

入侵是指本地或网络用户对计算机系统的非法访问，入侵检测则被用来识别非法访问。入侵检测系统（Intrusion Detection System，IDS）是基于入侵动作特征，构建在操作系统之上。根据数据的来源，一个典型的 IDS 系统可以分为基于主机的 IDS（HIDS）和基于网络的 IDS（NIDS）。HIDS 可以在被监视系统上实现，当被监视系统受到黑客攻击时，HIDS 也会面临被攻击的风险。NIDS 则基于网络流量，无法探测到伪装的动作。

基于虚拟化的入侵检测可以将同一个硬件平台上的客户虚拟机进行隔离。尽管一些虚拟机可能被成功入侵，但其他虚拟机并不会受到影响，这与 NIDS 的操作方式类似。进一步地，VMM 监视并审核对硬件和系统软件的访问请求，这可防止伪装动作并具有 HIDS 的优点。实现基于虚拟机的 IDS 有两种不同的方法：IDS 作为一个独立进程，存在于每个虚拟机中或只存在于 VMM 上的特权虚拟机中；或者将 IDS 整合进 VMM 之中，与 VMM 具有相同的硬件访问权限。Garfinkel 和 Rosenblum[17] 提出了一个 IDS，他们将 IDS 作为一个高特权虚拟机运行在 VMM 上，如图 3-29 所示。

175 ~ 176

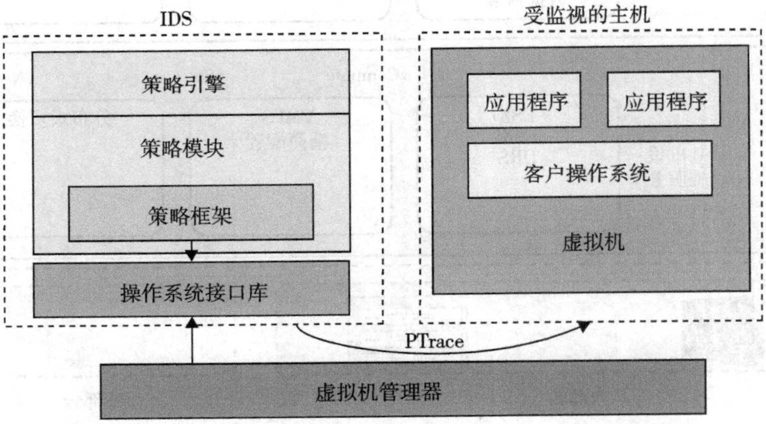

图 3-29　使用专用虚拟机进行入侵检测的生命元件（livewire）体系结构

注：由 Garfinkel 和 Rosenblum[17] 提供，2002。

基于虚拟机的 IDS 包括一个策略引擎和一个策略模块。策略框架可以通过操作系统接口库监视不同客户虚拟机中的事件，PTrace 指示被监视主机安全策略的踪迹。事实上，很难无延迟地预测和阻止所有入侵。因此，在入侵发生后，对入侵动作的分析极其重要。目前，大部分计算机系统使用日志分析攻击，但很难确保日志的可信度和完整性。IDS 日志服务基于操作系统内核，因此，当操作系统被黑客攻击时，日志服务应不受影响。

除了 IDS 外，蜜罐和蜜网也是当前入侵检测的流行技术。为保护真实系统免受攻击，蜜罐和蜜网给攻击者提供伪造系统来转移攻击者的注意力。除此之外，可以对攻击动作进行分析，构建一个安全的 IDS。蜜罐是一个存在故意漏洞的系统，可以模拟操作系统欺骗和监视攻击者的动作。蜜罐可被分为物理和虚拟两种形式。一个客户操作系统和运行在其中的应用程序构成一个虚拟机，必须保证主机操作系统和 VMM 免受来自虚拟蜜罐中虚拟机的攻击。

例3.14 EMC建立信任区来保护提供给多租户的虚拟集群

EMC和VMware已确立合作关系来为分布式系统和私有云中的信任管理构筑安全中间件。信任区是虚拟基础设施的一部分。图3-30展示了为在独立虚拟环境中提供的虚拟集群（每个租户的多个应用程序和操作系统）建立信任区的概念。物理基础设施如图中底部所示，标注为云提供商；由两个租户构成的虚拟集群或基础设施如框中上部所示；公有云与全球用户社区相关联，如图中顶部所示。 177

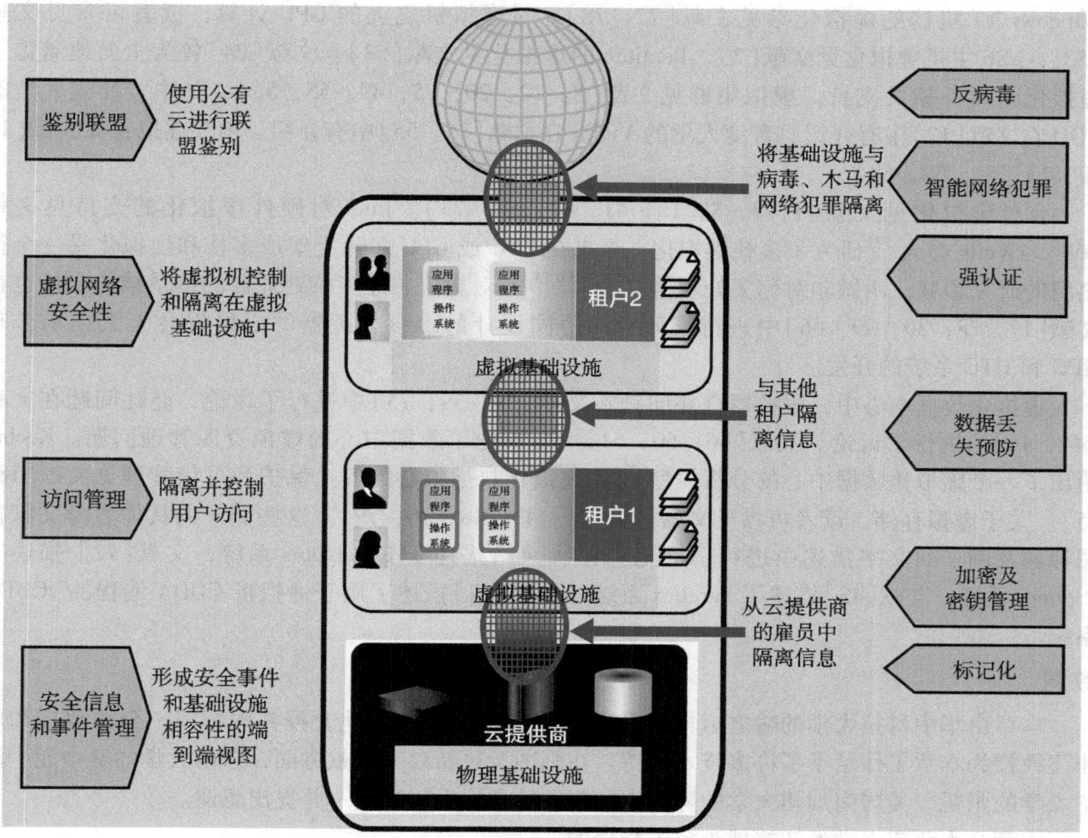

图3-30 为独立虚拟集群和虚拟机隔离建立信任区的技术

注：由EMC的L. Nick[40]提供。

左边的箭头框和箭头与分区框之间的简要描述是安全函数和发生在4个级别的从用户到提供商的动作。4个框之间的小圈指用户和提供商以及用户和用户之间的交互。右边的箭头框是用于租户环境、提供商和全球社区之间的函数和动作。

这里使用了几乎所有可用的对策，例如反病毒、蠕虫抑制、入侵检测及加密与解密机制等来隔离信任区，并为私有租户隔离其虚拟机。这里的主要创新点是建立虚拟集群之间的信任区。最后的结果是形成一个安全事件和指派给不同租户的虚拟集群之间相容性的端到端视图。在详细学习云之后，第7章将会讨论安全和信任问题。 178

3.6 参考文献与习题

关于虚拟化技术的总结回顾可参见Rosenblum等人[53,54]与Smith和Nair[58,59]的文献。VMware公司的虚拟化产品白皮书[71,72]介绍了vSphere 4云操作系统。Xen hypervisor在文献[7，13，42]中有相关介绍，KVM在文献[31]中有相关介绍。Qian等人[50]讨论了一些虚拟化的理论问题。

ISA 级虚拟化和二进制翻译技术在文献[3]和文献[58]有所提及。虚拟化软件环境的比较可参见 Buyya 等人[9]的文献。硬件级虚拟化在文献[1，7，8，13，37，43，54，67]中进行了讨论。Intel 的硬件级虚拟化支持见文献[62]。表 3-5 中的一些项摘自 Buyya 等人[9]的文章。

对虚拟机之上的 GPU 计算，读者可参见文献[57]。x86 主机虚拟化见文献[2]，Pentium 的虚拟化见文献[53]，I/O 虚拟化见文献[11，24，26，52]。

Sun 公司关于操作系统级虚拟化的报告见文献[64]。OpenVZ 参见其用户指南[65]。关于 Windows NT 机器的虚拟化参见文献[77，78]。对虚拟机之上的 GPU 计算，读者可参见文献[53]。x86 主机虚拟化见文献[2]，Pentium 的虚拟化见文献[53]。文献[24]较为全面地涵盖了虚拟化的硬件相关支持。虚拟集群见文献[8，12，20，25，49，55，56]，其中，杜克大学的 COD 在文献[12]中有介绍，普度大学的 Violin 在文献[25，55]中有介绍。内存虚拟化见文献[1，10，13，51，58，68]。

硬件虚拟化见文献[1，7，8，13，41，47，58，73]。Intel 对硬件虚拟化的支持见文献[68]。Wells 等人[74]研究了多核虚拟化。未来在 CPU 或 GPU 芯片上集成多核和虚拟化是一个很热门的研究领域，叫做非对称多处理器[33,39,63,66,74]。对虚拟芯片多核处理器的体系结构支持也在文献[17，28，30，39，66]中进行了研究。协同设计的多核处理器的成熟将会大大影响未来 HPC 和 HTC 系统的开发。

虚拟化数据中心中，服务器合并问题在文献[29，39，75]中进行了讨论，能耗问题在文献[44，46]中进行了讨论。文献[46，60，61，62]讨论了数据中心的虚拟资源管理问题。Kochut 给出了一个虚拟化数据中心的分析模型[32]。虚拟化数据中心的安全保护和可信管理见文献[18，45]。关于虚拟存储，读者可参见文献[27，36，43，48，76，79]。这些例子的具体参考文献在图标题及例子的文字描述中进行了标记。文献[45]描述了 Eucalyptus 系统，文献[72] 描述了 vSphere 系统，文献[43]描述了 Parallax 系统。文献[57]描述了用于虚拟机 CUDA 编程的 vCUDA 系统。

致谢

本章由华中科技大学的喻之斌博士和美国南加州大学的黄铠教授共同撰写。金海教授和廖
179 小飞教授为本章工作给予了许多技术支持。在画图及更新参考文献方面，东南大学的秦中元、清
华大学的张帆、美国南加州大学的陈理中和赵洲给予协助，这里一并提出感谢。

本章是由北京大学的钮艳博士负责翻译的。

参考文献

[1] Advanced Micro Devices. AMD Secure Virtual Machine Architecture Reference Manual, 2008.

[2] K. Adams, O. Agesen, A comparison of software and hardware techniques for x86 virtualization, in: Proceedings of the 12th International Conference on Architectural Support for Programming Languages and Operating Systems, San Jose, CA, October 2006, pp. 21–25.

[3] V. Adve, C. Lattner, et al., LLVA: A low-level virtual instruction set architecture, in: Proceedings of the 36th International Symposium on Micro-architecture (MICRO-36 '03), 2003.

[4] J. Alonso, L. Silva, A. Andrzejak, P. Silva, J. Torres, High-available grid services through the use of virtualized clustering, in: Proceedings of the 8th Grid Computing Conference, 2007.

[5] P. Anedda, M. Gaggero, et al., A general service-oriented approach for managing virtual machine allocation, in: Proceedings of the 24th Annual ACM Symposium on Applied Computing (SAC 2009), ACM Press, March 2009, pp. 9–12.

[6] H. Andre Lagar-Cavilla, J.A. Whitney, A. Scannell, et al., SnowFlock: rapid virtual machine cloning for cloud computing, in: Proceedings of EuroSystems, 2009.

[7] P. Barham, B. Dragovic, K. Fraser, et al., Xen and the art of virtualization, in: Proceedings of the 19th ACM Symposium on Operating System Principles (SOSP19), ACM Press, 2003, pp. 164–177.
[8] E. Bugnion, S. Devine, M. Rosenblum, Disco: running commodity OS on scalable multiprocessors, in: Proceedings of SOSP, 1997.
[9] R. Buyya, J. Broberg, A. Goscinski (Eds.), Cloud Computing: Principles and Paradigms, Wiley Press, New York, 2011.
[10] V. Chadha, R. Illikkal, R. Iyer, I/O Processing in a virtualized platform: a simulation-driven approach, in: Proceedings of the 3rd International Conference on Virtual Execution Environments (VEE), 2007.
[11] R. Chandra, N. Zeldovich, C. Sapuntzakis, M.S. Lam, The collective: a cache-based system management architecture, in: Proceedings of the Second Symposium on Networked Systems Design and Implementation (NSDI '05), USENIX, Boston, May 2005, pp. 259–272.
[12] J. Chase, L. Grit, D. Irwin, J. Moore, S. Sprenkle, Dynamic virtual cluster in a grid site manager, in: IEEE Int'l Symp. on High Performance Distributed Computing, (HPDC-12), 2003.
[13] D. Chisnall, The Definitive Guide to the Xen Hypervisor, Prentice Hall, International, 2007.
[14] C. Clark, K. Fraser, S. Hand, et al., Live migration of virtual machines, in: Proceedings of the Second Symposium on Networked Systems Design and Implementation (NSDI '05), 2005, pp. 273–286.
[15] Y. Dong, J. Dai, et al., Towards high-quality I/O virtualization, in: Proceedings of SYSTOR 2009, The Israeli Experimental Systems Conference, 2009.
[16] E. Elnozahy, M. Kistler, R. Rajamony, Energy-efficient server clusters, in: Proceedings of the 2nd Workshop on Power-Aware Computing Systems, February 2002.
[17] J. Frich, et al., On the potential of NoC virtualization for multicore chips, in: IEEE Int'l Conf. on Complex, Intelligent and Software-Intensive Systems, 2008, pp. 801–807.
[18] T. Garfinkel, M. Rosenblum, A virtual machine introspection-based architecture for intrusion detection, 2002.
[19] L. Grit, D. Irwin, A. Yumerefendi, J. Chase, Virtual machine hosting for networked clusters: building the foundations for autonomic orchestration, in: First International Workshop on Virtualization Technology in Distributed Computing (VTDC), November 2006.
[20] D. Gupta, S. Lee, M. Vrable, et al., Difference engine: Harnessing memory redundancy in virtual machines, in: Proceedings of the USENIX Symposium on Operating Systems Design and Implementation (OSDI '08), 2008, pp. 309–322.
[21] M. Hines, K. Gopalan, Post-copy based live virtual machine migration using adaptive pre-paging and dynamic self-ballooning, in: Proceedings of the ACM/USENIX International Conference on Virtual Execution Environments (VEE '09), 2009, pp. 51–60.
[22] T. Hirofuchi, H. Nakada, et al., A live storage migration mechanism over WAN and its performance evaluation, in: Proceedings of the 4th International Workshop on Virtualization Technologies in Distributed Computing, 15 June, ACM Press, Barcelona, Spain, 2009.
[23] K. Hwang, D. Li, Trusted cloud computing with secure resources and data coloring, IEEE Internet Comput., (September/October) (2010) 30–39.
[24] Intel Open Source Technology Center, System Virtualization—Principles and Implementation, Tsinghua University Press, Beijing, China, 2009.
[25] X. Jiang, D. Xu, VIOLIN: Virtual internetworking on overlay infrastructure, in: Proceedings of the International Symposium on Parallel and Distributed Processing and Applications, 2004, pp. 937–946.
[26] H. Jin, L. Deng, S. Wu, X. Shi, X. Pan, Live virtual machine migration with adaptive memory compression, in: Proceedings of the IEEE International Conference on Cluster Computing, 2009.
[27] K. Jin, E. Miller, The effectiveness of deduplication on virtual machine disk images, in: Proceedings of SYSTOR, 2009, The Israeli Experimental Systems Conference, 2009.
[28] S. Jones, A. Arpaci-Disseau, R. Arpaci-Disseau, Geiger: Monitoring the buffer cache in a virtual machine environment, in: ACM ASPLOS, San Jose, CA, October 2006, pp. 13–14.
[29] F. Kamoun, Virtualizing the datacenter without compromising server performance, ACM Ubiquity 2009, (9) (2009).
[30] D. Kim, H. Kim, J. Huh, Virtual snooping: Filtering snoops in virtualized multi-coures, in: 43rd Annual IEEE/ACM Int'l Symposium on Mcrosrchitecture (MICRO-43).

[31] A. Kivity, et al., KVM: The linux virtual machine monitor, in: Proceedings of the Linux Symposium, Ottawa, Canada, 2007, p. 225.
[32] A. Kochut, On impact of dynamic virtual machine reallocation on data center efficiency, in: Proceedings of the IEEE International Symposium on Modeling, Analysis and Simulation of Computers and Telecommunication Systems (MASCOTS), 2008.
[33] R. Kumar, et al., Heterogeneous chip multiptiprocessors, IEEE Comput. Mag. 38 (November) (2005) 32–38.
[34] B. Kyrre, Managing large networks of virtual machines, in: Proceedings of the 20th Large Installation System Administration Conference, 2006, pp. 205–214.
[35] J. Lange, P. Dinda, Transparent network services via a virtual traffic layer for virtual machines, in: Proceedings of High Performance Distributed Computing, ACM Press, Monterey, CA, pp. 25–29, June 2007.
[36] A. Liguori, E. Hensbergen, Experiences with content addressable storage and virtual disks, in: Proceedings of the Workshop on I/O Virtualization (WIOV '08), 2008.
[37] H. Liu, H. Jin, X. Liao, L. Hu, C. Yu, Live migration of virtual machine based on full system trace and replay, in: Proceedings of the 18th International Symposium on High Performance Distributed Computing (HPDC '09), 2009, pp. 101–110.
[38] A. Mainwaring, D. Culler, Design challenges of virtual networks: Fast, general-purpose communication, in: Proceedings of the Seventh ACM SIGPLAN Symposium on Principles and Practices of Parallel Programming, 1999.
[39] M. Marty, M. Hill, Virtual hierarchies to support server consolidation, in: Proceedings of the 34th Annual International Symposium on Computer Architecture (ISCA), 2007.
[40] M. McNett, D. Gupta, A. Vahdat, G.M. Voelker, Usher: An extensible framework for managing clusters of virtual machines, in: 21st Large Installation System Administration Conference (LISA) 2007.
[41] D. Menasce, Virtualization: Concepts, applications., performance modeling, in: Proceedings of the 31st International Computer Measurement Group Conference, 2005, pp. 407–414.
[42] A. Menon, J. Renato, Y. Turner, Diagnosing performance overheads in the Xen virtual machine environment, in: Proceedings of the 1st ACM/USENIX International Conference on Virtual Execution Environments, 2005.
[43] D. Meyer, et al., Parallax: Virtual disks for virtual machines, in: Proceedings of EuroSys, 2008.
[44] J. Nick, Journey to the private cloud: Security and compliance, in: Technical presentation by EMC Visiting Team, May 25, Tsinghua University, Beijing, 2010.
[45] D. Nurmi, et al., The eucalyptus open-source cloud computing system, in: Proceedings of the 9th IEEE ACM International Symposium on Cluster Computing and The Grid (CCGrid), Shanghai, China, September 2009, pp. 124–131.
[46] P. Padala, et al., Adaptive control of virtualized resources in utility computing environments, in: Proceedings of EuroSys 2007.
[47] L. Peterson, A. Bavier, M.E. Fiuczynski, S. Muir, Experiences Building PlanetLab, in: Proceedings of the 7th USENIX Symposium on Operating Systems Design and Implementation (OSDI2006), 6–8 November 2006.
[48] B. Pfaff, T. Garfinkel, M. Rosenblum, Virtualization aware file systems: Getting beyond the limitations of virtual disks, in: Proceedings of USENIX Networked Systems Design and Implementation (NSDI 2006), May 2006, pp. 353–366.
[49] E. Pinheiro, R. Bianchini, E. Carrera, T. Heath, Dynamic cluster reconfiguration for power and performance, in: L. Benini (Ed.), Compilers and Operating Systems for Low Power, Kluwer Academic Publishers, 2003.
[50] H. Qian, E. Miller, et al., Agility in virtualized utility computing, in: Proceedings of the Third International Workshop on Virtualization Technology in Distributed Computing (VTDC 2007), 12 November 2007.
[51] H. Raj, I. Ganev, K. Schwan, Self-Virtualized I/O: High Performance, Scalable I/O Virtualization in Multi-core Systems, Technical Report GIT-CERCS-06-02, CERCS, Georgia Tech, 2006, www.cercs.gatech.edu/tech-reports/tr2006/git-cercs-06-02.pdf.
[52] J. Robin, C. Irvine, Analysis of the Intel pentium's ability to support a secure virtual machine monitor, in: Proceedings of the 9th USENIX Security Symposium Vol. 9, 2000.

[53] M. Rosenblum, The reincarnation of virtual machines, ACM QUEUE, (July/August) (2004).
[54] M. Rosenblum, T. Garfinkel, Virtual machine monitors: current technology and future trends, IEEE Comput 38 (5) (2005) 39–47.
[55] P. Ruth, et al., Automatic Live Migration of Virtual Computational Environments in a Multi-domain Infrastructure, Purdue University, 2006.
[56] C. Sapuntzakis, R. Chandra, B. Pfaff, et al., Optimizing the migration of virtual computers, in: Proceedings of the 5th Symposium on Operating Systems Design and Implementation, Boston, 9–11 December 2002.
[57] L. Shi, H. Chen, J. Sun, vCUDA: GPU accelerated high performance computing in virtual machines, in: Proceedings of the IEEE International Symposium on Parallel and Distributed Processing, 2009.
[58] J. Smith, R. Nair, Virtual Machines: Versatile Platforms for Systems and Processes, Morgan Kaufmann, 2005.
[59] J. Smith, R. Nair, The architecture of virtual machines, IEEE Comput., (May) (2005).
[60] Y. Song, H. Wang, et al., Multi-tiered on-demand resource scheduling for VM-based data center, in: Proceedings of the 9th IEEE/ACM International Symposium on Cluster Computing and the Grid, 2009.
[61] B. Sotomayor, K. Keahey, I. Foster, Combining batch execution and leasing using virtual machines, in: Proceedings of the 17th International Symposium on High-Performance Distributed Computing, 2008.
[62] M. Steinder, I. Whalley, et al., Server virtualization in autonomic management of heterogeneous workloads, ACM SIGOPS Oper. Syst. Rev. 42 (1) (2008) 94–95.
[63] M. Suleman, Y. Patt, E. Sprangle, A. Rohillah, Asymmetric chip multiprocessors: balancing hardware efficiency and programming efficiency, (2007).
[64] Sun Microsystems. Solaris Containers: Server Virtualization and Manageability, Technical white paper, September 2004.
[65] SWsoft, Inc. OpenVZ User's Guide, http://ftp.openvz.org/doc/OpenVZ-Users-Guide.pdf, 2005.
[66] F. Trivino, et al., Virtualizing netwoirk on chip resources in chip multiprocessors, J. Microprocess. Microsyst. 35 (2010). 245–230 http://www.elsevier.com/locate/micro.
[67] J. Xu, M. Zhao, et al., On the use of fuzzy modeling in virtualized datacenter management, in: Proceedings of the 4th International Conference on Autonomic Computing (ICAC07), 2007.
[68] R. Ublig, et al., Intel virtualization technology, IEEE Comput., (May) (2005).
[69] H. Van, F. Tran, Autonomic virtual resource management for service hosting platforms, CLOUD (2009).
[70] A. Verma, P. Ahuja, A. Neogi, pMapper: Power and migration cost aware application placement in virtualized systems, in: Proceedings of the 9th International Middleware Conference, 2008, pp. 243–264.
[71] VMware (white paper). Understanding Full Virtualization, Paravirtualization, and Hardware Assist, www.vmware.com/files/pdf/VMware_paravirtualization.pdf.
[72] VMware (white paper). The vSphere 4 Operating System for Virtualizing Datacenters, News release, February 2009, www.vmware.com/products/vsphere/, April 2010.
[73] J. Walters, et al., A comparison of virtualization technologies for HPC, in: Proceedings of Advanced Information Networking and Applications (AINA), 2008.
[74] P. Wells, K. Chakraborty, G.S. Sohi, Dynamic heterogeneity and the need for multicore virtualization, ACM SIGOPS Operat. Syst. Rev. 43 (2) (2009) 5–14.
[75] T. Wood, G. Levin, P. Shenoy, Memory buddies: Exploiting page sharing for smart collocation in virtualized data centers, in: Proceedings of the 5th International Conference on Virtual Execution Environments (VEE), 2009.
[76] J. Xun, K. Chen, W. Zheng, Amigo file system: CAS based storage management for a virtual cluster system, in: Proceedings of IEEE 9th International Conference on Computer and Information Technology (CIT), 2009.
[77] Y. Yu, OS-level Virtualization and Its Applications, Ph.D. dissertation, Computer Science Department, SUNY, Stony Brook, New York, December 2007.
[78] Y. Yu, F. Guo, et al., A feather-weight virtual machine for windows applications, in: Proceedings of the 2nd International Conference on Virtual Execution Environments (VEE), Ottawa, Canada, 14–16 June 2006.
[79] M. Zhao, J. Zhang, et al., Distributed file system support for virtual machines in grid computing, in: Proceedings of High Performance Distributed Computing, 2004.

习题

3.1　简要回答下面关于虚拟化级别的问题，高亮关键点并识别不同方法的差别。讨论它们的相对优点、缺点和限制，并给出在各级实现虚拟化的示例系统。

3.2　解释 hypervisor 和半虚拟化的差别，并为这两种虚拟化类型分别给出示例 VMM。

3.3　在装有 Windows XP 或 Vista 系统的个人计算机或笔记本电脑上安装 VMware Workstation，并在 VMware Workstation 之上安装 Red Hat Linux 和 Windows XP。为 Red Hat Linux 和 Windows XP 配置网络使之可以访问互联网。为 VMware Workstation、Red Hat Linux 和 Windows XP 系统编写安装和配置手册，其中包括故障提示。

3.4　从 www. kernel. org/下载一个新的内核软件包。在如下两个 Red Hat Linux 系统上分别对之进行编译：运行在习题 3.3 安装的 VMware Workstation 之中的 Red Hat Linux 系统和运行在真实计算机上安装的 Red Hat Linux 系统。比较两次编译所需时间，哪个需要的时间更长？它们之间的主要不同是什么？

3.5　使用两种不同的方法在 Red Hat Linux 系统上安装 Xen，分别从二进制代码或从源代码安装，并分别编写安装指南。描述依赖的工具和软件包以及故障提示。

3.6　在习题 3.5 安装的 Xen 中安装 Red Hat Linux。从 www. tux . org/ ~ mayer/linux/bmark. html 下载 nbench。分别在使用 Xen 的虚拟机上和真实机器上运行 nbench，比较这两种平台上程序的性能表现。

3.7　使用在虚拟机中简化谷歌企业应用程序部署的工具。谷歌的虚拟机部署工具可以从 http://code. google. com/p/google-vm-deployment/下载。

3.8　描述在 Xen 域之间交换数据的方法，并设计实验比较域之间的数据通信性能。为了回答这个问题，首先需要熟悉 Xen 的编程环境，然后可能需要更长时间来移植 Xen 代码、实现应用程序代码、进行实验、收集性能数据并解释结果。

3.9　使用 VMware Workstation 构造自己的局域网。局域网的拓扑结构如图 3-31 所示。要求机器 A 安装 Red Hat Linux，机器 B 安装 Windows XP。

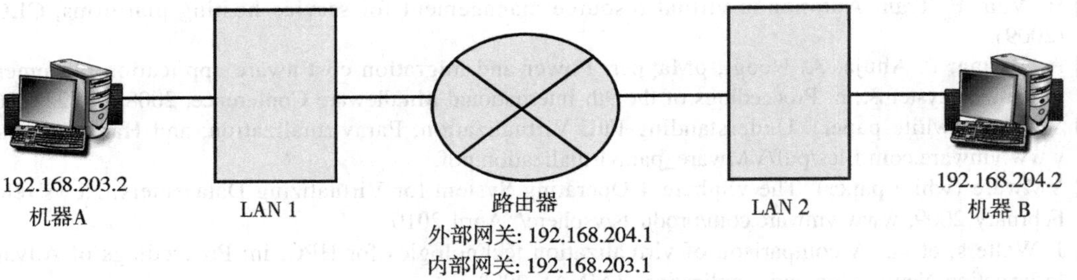

图 3-31　虚拟局域网的拓扑结构

3.10　学习关于非对称或异构片上多处理器系统的相关文献[33，63，74]。写一篇该领域的综述报告，指出关键的研究问题，回顾当前存在的开发及开放的研究挑战。

3.11　学习针对多核 CMP 设计和应用的片上网络及其虚拟化的相关文献[17，28，30，66]，并完成与习题 3.10要求相同的综述报告。

3.12　通常来讲，硬件和软件资源的部署复杂且耗时。自动的虚拟机部署可以显著减少初始化新服务或按照用户需求重新分配资源所需的时间。访问如下站点获取相关信息：http://wiki. systemimager. org/index. php/Automating_Xen_VM_deployment_with_SystemImager，并报告使用 SystemImager 和 Xen-tools 自动部署的经验。

3.13　设计一个实验来分析 Xen 在线迁移 I/O 读密集型应用的性能。性能指标包括预复制阶段所消耗的时间、停机时间、拉阶段所消耗的时间及迁移的全部时间。

3.14　设计一个实验来测试 Xen 在线迁移 I/O 写密集型应用的性能。性能指标包括预复制阶段所消耗的时间、停机时间、拉阶段所消耗的时间及迁移的全部时间。并与习题 3.13 的结果进行比较。

3.15　基于 VMware 服务器设计并实现一个用于网格计算的虚拟机执行环境。该执行环境应该使得网格用户和资源提供商能使用对基于虚拟机的方法和分布式计算一致的服务。用户可以自定义执行环境，且执行环境可被归档、复制、共享，并实例化多个运行时副本。

3.16 设计一个大规模虚拟集群系统。该问题可能需要三个学生共同工作一个学期。假设用户可以一次创建多个虚拟机，用户也能同时操作和配置多个虚拟机。公共软件（如操作系统或库）被预安装为模板。这些模板使得用户可以快速创建一个新的虚拟执行环境。最后，假设用户有他们自己的配置文件，其中存储了数据块的标识信息。

3.17 图 3-32 所示是 VIOLIN 为虚拟执行环境的更改进行自适应的另一个场景。在两个集群域中运行了 4 个 VIOLIN 应用。跟踪 VIOLIN 作业执行的三个步骤并讨论在两个集群域中在线迁移虚拟执行环境后资源利用效率获得的改进。把自己的结果与引用文献中的结果进行比较。

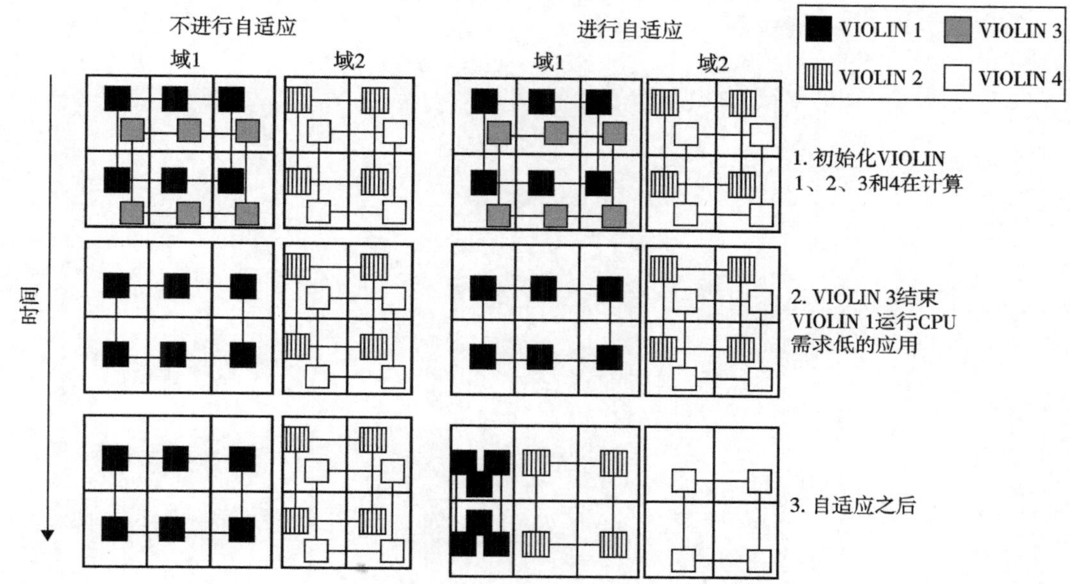

图 3-32　VIOLIN 虚拟集群化实验，其中 2 个集域中运行 4 个 VIOLIN 的自适应场景

注：由 P. Ruth 等人[55]提供。

3.18 在学习了 3.3.5 节给出的材料，并阅读了文献[74]和文献[39]后，回答如下两个问题：

a. 区分虚拟核和物理核，并讨论 Wells 的文章使用虚拟化多核处理器更新资源利用效率和容错性的映射技术。

b. 学习 Marty 和 Hill 的文章中给出的缓存一致性协议，并讨论未来在众核 CMP 上实现其的可行性和优势。

云平台、面向服务的体系结构和云编程

本部分三章主要介绍云计算，包括 IaaS（基础设施即服务）、PaaS（平台即服务）和 SaaS（软件即服务）应用的不同云平台。我们描述了近几年面向服务的体系结构的发展，并且介绍不同云计算服务的并行和分布式计算范式及其软件支持、语言工具和编程环境。

第 4 章　构建在虚拟化数据中心上的云平台体系结构

本章包括云体系结构和数据中心设计的原则和关键技术。我们从数据中心的设计和管理开始，然后将会给出云平台的设计选择，其中覆盖了基础设施云（包括计算云、存储云和应用云）的层次化平台设计。特别地，我们研究了中心自动化技术和交互网络。针对一些公有云平台也进行了研究，包括谷歌的应用程序引擎（GAE）、亚马逊 Web 服务（AWS）和微软的 Windows Azure。同时还讨论了云安全和信任管理问题。

本章主要由黄铠教授撰写，Rajkumar Buyya 和 Kang Chen（陈康）也参与了本章部分内容的撰写。最终稿由 Geoffrey Fox 审校。

第 5 章　面向服务的分布式体系结构

本章包括了网格系统中两种主要的分布式服务形式：表述性状态转移（Representational State Transfer，REST）和 Web 服务以及后者的扩展。工作流用于编排或整合多层服务，我们介绍了工作流中使用的一般方法，BPEL Web 服务标准包括 Pegasus、Taverna、Kepler、Trident 和 Swift。我们介绍了两个例子（OGCE 和 HUBzero），它们使用了 Web 服务（portlet）和 Web 2.0（gadget）技术。

本章由 Geoffrey Fox 和 Albert Zomaya 撰写，Rajkumar Buyya 参与了部分工作。Ali Javadzadeh Boloori、Chen Wang、Shrideep Pallickara、Marlon Pierce、Suresh Marru、Michael McLennan、George Adams，III、Gerhard Klimeck 和 Michael Wilde 提供了技术帮助。最终稿由黄铠教授审校。

第 6 章　云编程和软件环境

我们介绍了主要的云编程范式：MapReduce、BigTable、Twister、Dryad、DryadLINQ、Hadoop、Sawzall 和 Pig Latin。通过具体的云例子来说明云中的实现和应用要求。我们回顾了核心服务模型和访问技术。通过应用实例，说明了 GAE、AWS 和微软 Windows Azure 提供的云服务。特别地，我们说明了如何编程 GAE、AWS EC2、S3、EBS 等。本章回顾了开源 Eucalyptus、Nimbus，以及 OpenNebula 和启动 Manjrasoft Aneka 系统。

本章由 Geoffrey Fox 和 Albert Zomaya 撰写，Rajkumar Buyya（6.5.3 节）和 Judy Qiu（6.2.6 节）参与了部分内容的撰写。Gregor von Laszewski、Javier Diaz、Archit Kulshrestha、Andrew Younge、Reza Moravaeji、Javid Teheri 和 Renato Figueiredo 提供了技术帮助。最终稿由黄铠教授审校。

构建在虚拟化数据中心上的云平台体系结构

本章内容包括云平台的设计原则、体系结构和关键技术。我们首先讨论数据中心的设计和管理，然后将会给出构建计算和存储云平台的设计选择，其中覆盖了层次化平台结构、虚拟化支持、资源分配和基础设施管理。我们对一些公有云平台也进行了研究，包括亚马逊的 Web 服务（Amazon Web Services）、谷歌的应用程序引擎（Google App Engine）和微软的 Azure。后续章节将介绍面向服务的体系结构、云计算范式、编程环境和未来的云扩展。

4.1 云计算和服务模型

在过去的 20 年中，全球经济从制造型工业向面向服务快速转变。在 2010 年，美国经济的 80% 由服务业驱动，制造业占 15%，农业及其他领域占 5%。云计算使得服务业受益最多，并且将商业计算推向了一种新的范式。2009 年，全球云服务市场达到 174 亿美元；2010 年，IDC 预计到 2013 年时，基于云的相关经济可能会增加到 442 亿美元。创新型云应用开发者前期不再需
192 要大的经济投入，他们只需要从一些大的数据中心租用资源即可满足需求。

本章及接下来的两章将介绍云平台体系结构、服务模型和编程环境。用户可以在全球任意位置以极具竞争力的成本访问和部署云应用。虚拟化的云平台常常构建在大规模数据中心之上。想到这一点，我们首先介绍数据中心中服务器集群及其互连问题。换句话说，云致力于通过自动化的硬件、数据库、用户接口和应用程序环境把它们结构化为虚拟资源，来驱动下一代的数据中心。从这个角度来看，云渴望通过自动化的资源配置构建更好的数据中心。

4.1.1 公有云、私有云和混合云

云计算的概念从集群、网格和效用计算发展而来。集群和网格计算并行使用大量计算机可以解决任何规模的问题。效用计算和 SaaS（Software as a Service）将计算资源作为服务进行按需付费。云计算利用动态资源为终端用户传递大量服务。云计算是一种高吞吐量计算范式，它通过大的数据中心或服务器群提供服务。云计算模型使得用户可以随时随地通过他们的互连设备访问共享资源。

第 1 章曾提到，云将用户解放了出来，使他们可以专注于应用程序的开发，并通过将作业外包给云提供商创造了商业价值。在这种情况下，计算（程序）发送给数据所在地，而不是像传统方法一样将数据复制给数百万的台式计算机。云计算避免了大量的数据移动，可以带来更好的网络带宽利用率。而且，机器虚拟化进一步提高了资源利用率，增加了应用程序灵活性，降低了使用虚拟化数据中心资源的总体成本。

云为 IT 公司带来了极大的益处，将他们从设置服务器硬件和管理系统软件等低级任务中解放出来。云计算使用虚拟化平台，通过按需动态配置硬件、软件和数据集，将弹性资源放在一起，主要思想是使用数据中心中的服务器集群和大规模数据库，将桌面计算移向基于服务的平台，利用其对提供商和用户的低成本和简单性。Ian Foster[25] 指出，云计算可以同时服务许多异构的、大小不一的应用程序，它主要通过利用多任务的特性来获得更高的吞吐量。

4.1.1.1　集中式计算与分布式计算

一部分人认为云计算是处于数据中心的集中式计算，另一部分人认为云计算是针对数据中心资源的分布式并行计算的实践。他们分别代表了云计算的两个不同的观点。云应用的所有计算任务被分配到数据中心的服务器上。这些服务器主要是虚拟集群的虚拟机，由数据中心资源产生出来。从这点来看，云平台是通过虚拟化分布的系统。

如图4-1所示，公有云和私有云都是在互联网上开发的。由于许多云由商业提供商或企业以分布式的方式产生，它们会通过网络互连来达到可扩展的、有效的计算服务。商业云的提供商（如亚马逊、谷歌和微软）都在不同地区创建了平台，这种分布对容错、降低响应延迟，甚至法律因素等有益。基于局域网的私有云可以连接到公有云，从而获得额外的资源。然而，欧洲用户在美国使用云，其用户感受可能并不好，反之亦然，除非在两个用户团体之间开发广泛的服务级协议（Service-Level Agreements，SLA）。

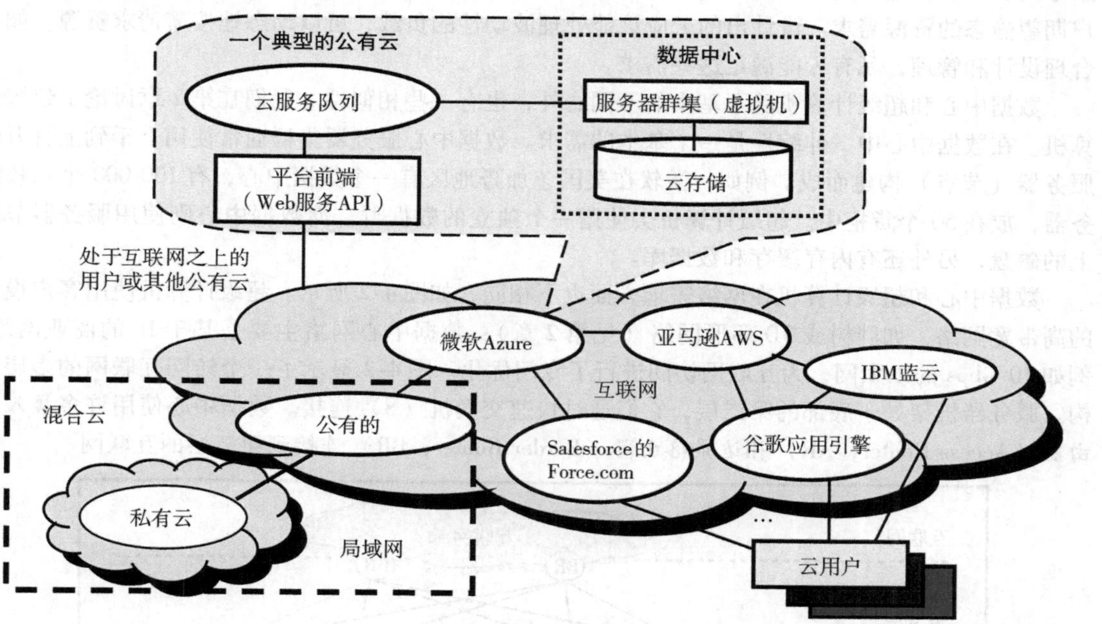

图4-1　公有云、私有云和混合云的功能性体系结构及2011年可用的有代表性云的连通性

4.1.1.2　公有云

公有云构建在互联网之上，任何已付费的用户都可以访问。公有云属于服务提供商，用户通过订阅即可访问。图4-1中顶层的标注框显示了典型的公有云的体系结构。目前，已存在一些公有云，包括GAE（谷歌应用引擎）、AWS（亚马逊Web服务）、微软Azure、IBM蓝云和Salesforce.com的Force.com。这些云由商业提供商提供公共可访问的远程接口，通过这些接口可以在它们各自的基础设施中创建和管理虚拟机实例。公有云交付了一个选定集合的商业流程。应用程序和基础设施服务可以通过一种灵活的、按次使用付费的方式提供。

4.1.1.3　私有云

私有云构建在局域网内部，属于一个独立的组织。因此，它属于客户，由客户管理，而且其可访问范围限制在所属客户及其合作者之中。部署私有云并不是在互联网之上通过公共可访问的接口售卖容量。私有云为本地用户提供了一个灵活的、敏捷的私有云基础设施，可以在他们的管理域中运行服务负载。私有云可以实现更有效、更便利的云服务。它可能会影响云的标准化，但可以获得更大的可定制化和组织控制力。

4.1.1.4　混合云

混合云由公有云和私有云共同构成，如图4-1左下角所示。通过用外部公有云的计算能力补充本地基础设施，私有云也能支持混合云模式。例如，RC2（Research Compute Cloud）是IBM构造的一个私有云，它连接8个IBM研究中心的计算和IT资源，这些研究中心分别分布在美国、欧洲和亚洲。混合云提供对终端、合作者网络和第三方组织的访问。总之，公有云促进了标准化，节约了资金投入，为应用程序提供了很好的灵活性；私有云尝试进行定制化，可以提供更高的有效性、弹性、安全性和隐私性；混合云则处于两者中间，在资源共享方面进行了折中。

4.1.1.5　数据中心网络结构

193～194 云的核心是服务器集群（或虚拟机集群）。集群节点用作计算节点，少量的控制节点用于管理和监视云活动。用户作业的调度需要为用户创建的虚拟集群分配任务。网关节点从外部提供服务的访问点，这些网关节点也可以用于整个云平台的安全控制。在物理集群和传统网格中，用户期望静态的资源需求。设计出的云应该能处理波动性的负载，可以动态地按需请求资源。如果合理设计和管理，私有云能满足这些需求。

数据中心和超级计算机除了基本的不同之外，也有一些相似性。我们在第2章讨论了超级计算机。在数据中心中，伸缩性是一个基本的需求。数据中心服务器集群通常使用上千到上百万的服务器（节点）构建而成。例如，微软在美国芝加哥地区有一个数据中心，有100 000个八核服务器，放在50个货柜中。超级计算机会使用一个独立的数据群，而数据中心则使用服务器节点上的磁盘，另外还有内存缓存和数据库。

数据中心和超级计算机在网络需求方面也不相同，如图4-2所示。超级计算机使用客户设计的高带宽网络，如胖树或3D环形网络（见第2章）；数据中心网络主要是基于IP的商业网络，例如10 Gbps的以太网，为互联网访问进行了专门优化。图4-2显示了一个访问互联网的多层结构。服务器机架处于底部的第二层，它们通过快速交换机（S）连接。数据中心使用许多接入路由器（Access Router，AR）和边界路由器（Border Router，BR）连接到第三层的互联网。

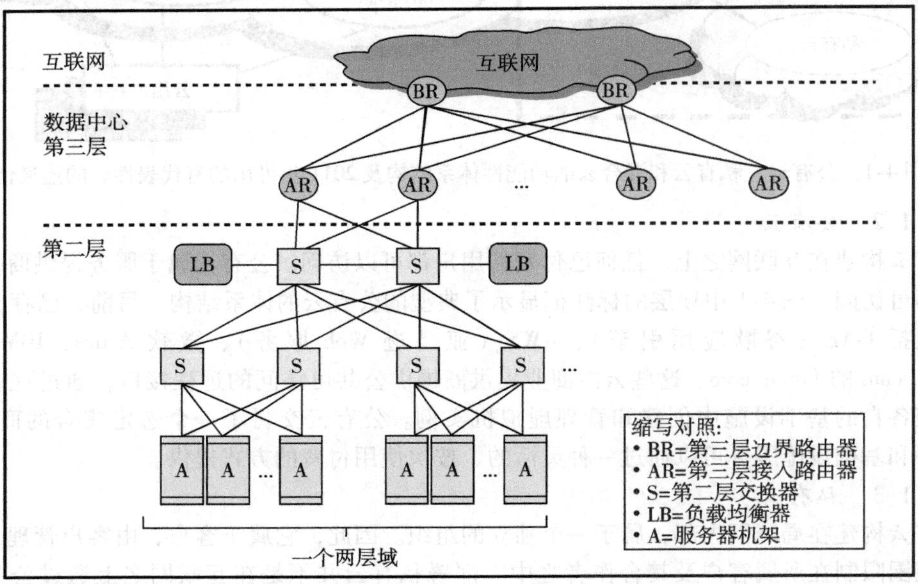

图4-2　用于云访问互联网的标准数据中心网络

195 注：由Dennis Gannon[26]提供，2010。

私有云的一个例子是美国国家航空航天局（National Aeronautics and Space Administration,

NASA）构建的私有云，用于研究者在其提供的远程系统上运行气象模型。这种方式可以节约在本地站点投入高性能计算机器所花费的开销。而且，NASA 可以在其数据中心构建复杂的天气模型，在成本方面更为有效。另一个较好的例子是为欧洲核研究委员会（European Council for Nuclear Research，CERN）构建的云。这是一个非常大的私有云，可以为遍布在全球的上千的科学家分发数据、应用和计算资源。

这些云模型需要不同级别的性能、数据保护和安全要求。在这种情况下，不同的 SLA 可用于满足不同的提供商和付费用户。云计算利用了许多已有的技术，例如，网格计算是云计算的主要技术，网格与云计算在资源共享方面目标相同，都希望研究设备能获得更好的资源利用率。网格更关注于存储和计算资源的递送，而云计算则更关注使用抽象的服务和资源获得一定的规模效益。

4.1.1.6　*云开发趋势*

尽管 2010 年间构建的大部分云都是大型公有云，但是作者认为将来私有云的发展会更为迅速。私有云在一个公司或组织内，相对更为安全和可信。一旦私有云成熟起来并且防护更为安全时，可以将其开放或转换为公有云。因此，公有云和私有云的界限在未来会变得越来越模糊。这样的话，未来非常有可能大部分云天然上就是混合云。

例如，一个 E-mail 应用程序可以运行在服务接入节点上，并为外部用户提供用户接口，应用程序可以从内部的云计算服务中（例如 E-mail 存储服务）获得服务。同时，也会设计一些服务节点支持云计算集群的相应功能，这些节点称为*运行时支撑服务节点*。例如，为支持特定应用可能会发布锁定服务。最终，可能会有一些独立的服务节点，这些节点将为集群中的其他节点提供独立的服务。例如，一个新的服务需要服务接入节点上的地理信息。

使用成本效益性能作为云的核心概念，在本章，除非特意指出，我们将会考虑公有云。许多可执行应用程序代码比它们所处理的 Web 级数据集更小。云计算避免了执行过程中移动大量数据，降低了所消耗的网络流量，网络带宽利用率更好。云也减轻了千兆级的 I/O 问题。云性能及其服务质量还有待在实际生活的应用程序中进行证明。我们将在第 9 章针对云计算的性能、数据保护、安全指标、服务可用性、容错性和操作成本进行建模。

4.1.2　云生态系统和关键技术

云计算平台与传统计算平台有许多不同，本节将重点讲述它们在计算模式和使用的成本模型方面的不同。传统计算模型如下图左边流程所示，包括购买硬件、获取必需的系统软件、安装系统、测试配置、执行应用程序代码和资源管理。更糟糕的是，每隔 18 个月需要重复一次这样的周期，同时也意味着购买的机器 18 个月后就会被淘汰废弃。 196

云计算模式如下图右边流程所示。该计算模型使用现收现付制，无需提前购买机器资源，所有硬件和软件资源由云提供商出租，用户租用即可，就用户而言无需投入资金，只在执行阶段花费一些资金，成本可以得到大大降低。IBM 的专家估计云计算与传统计算模式相比，成本可以节约 80% ~95%。这极具吸引力，尤其是对只需要有限的计算能力的小公司而言，可以避免每隔几年购买一次昂贵的机器或服务器。

经典计算	**云计算**
（每隔 18 个月重复一次如下周期） **购买和拥有** 硬件、系统软件、应用程序满足峰值需求 **安装、配置、测试、验证、评测、管理** – – – – – **使用** – – – – – **付费 $$$$$**（高成本）	（按照提供的服务现收现付） **提交** – – – – – **使用**（大约节约总成本的 80% ~95%） – – – – – （最终） **$ – 按实际使用量付费** 基于服务质量

例如，IBM 估计，到 2012 年，全球云服务市场包括组件、基础设施服务和商业服务，可能达到 1260 亿美元。互联网云作为服务工厂建造在多个数据中心中。为了形式化上述的云计算模型，我们需要描述云的成本模型、云生态系统和关键技术。这些主题可以帮助读者理解云计算背后的动机所在，为云计算扫除障碍。

4.1.2.1 云设计目标

尽管针对使用数据中心或大 IT 公司的集中式计算和存储服务来替换桌面计算的争论一直存在，但是云计算组织在关于为使云计算被广泛接受而必须执行的工作方面已达成共识。下面列举了云计算的 6 个设计目标：

- **将计算从桌面移向数据中心** 计算处理、存储与软件发布从桌面和本地服务器移向互联网数据中心。
- **服务配置和云效益** 提供商供应云服务时必须与消费者和终端用户签署服务等级协议（SLA）。服务在计算、存储和功耗方面必须有效，定价基于按需付费的策略。
- 197 **性能可扩展性** 云平台、软件和基础设施服务必须能够根据用户数的增长而相应扩容。
- **数据隐私保护** 能否信任数据中心处理个人数据和记录呢？云要成为可信服务必须妥善解决该问题。
- **高质量的云服务** 云计算的服务质量必须标准化，这才能使得云可以在多个提供商之间进行互操作。
- **新标准和接口** 主要解决与数据中心或云提供商相关的数据锁定问题。广泛接受的 API 和接入协议需要虚拟化应用程序能提供较好的兼容性和灵活性。

4.1.2.2 成本模型

在传统的 IT 计算中，用户必须为其计算机和外设等投入资金。除此之外，他们还得面对操作和维护计算机系统的操作开支，包括人员和服务成本。图 4-3a 显示了传统 IT 在固定资本投入基础上额外可变的操作成本。注意，固定成本是主要成本，它随用户数的增加可能会略有下降。但是操作成本会随着用户数的增加而快速增长，因此，总开销也会急剧增加。另外，云计算使用按实际使用量付费的商业模式，其中用户作业被外包给数据中心。在使用云时，无需为购买硬件而预付费用，对云用户而言只存在可变成本，如图 4-3b 所示。

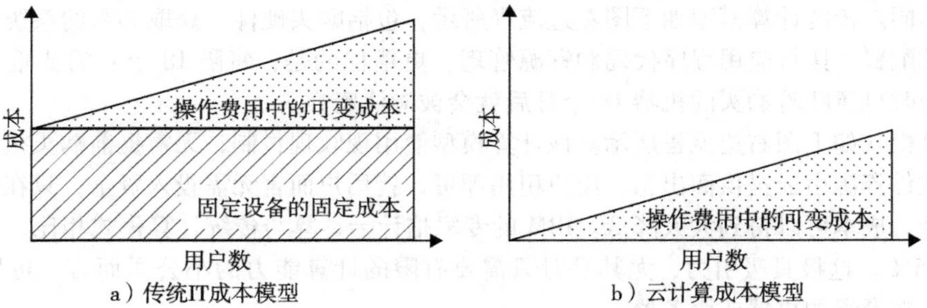

图 4-3 传统 IT 用户和云用户的计算经济

总的来讲，云计算会大大降低小型用户及大型企业的计算成本。在传统 IT 用户和云用户之间，计算经济并未显示出很大的差距。无需预先购买昂贵计算机而节约的成本在很大程度上减轻了创业型公司的经济负担。云用户只需支付操作费用、无需投入固定设备的事实吸引了大量的小型用户，这也是云计算的主要驱动力，对大部分企业和繁重的计算机用户来讲极具吸引力。事实上，任何 IT 用户，若其资本支出压力大于操作费用，都应考虑将他们超出负荷的工作交给效用计算或云服务提供商。

4.1.2.3 云生态系统

随着互联网云的大量涌现，提供商、用户和技术构成的生态系统也开始逐渐出现。这个生态系统围绕公有云不断地演进。关于开源云计算工具的兴趣不断高涨，允许组织使用内部基础设施构建其自己的 IaaS 云。私有云和混合云并不是互斥的，两者都包括了公有云。私有云或混合云允许使用远程 Web 服务接口通过互联网远程访问它们的资源，例如 Amazon EC2。

Sotomayor 等人[39]提出了构建私有云的生态系统，如图 4-4 所示。他们提出了私有云的四级生态系统开发。在用户端，消费者请求一个灵活的平台；在云管理级，云管理者在 IaaS 平台上提供虚拟化的资源；在虚拟基础设施（VI）管理级，管理器在多个服务器集群上分配虚拟机；最后，在虚拟机管理级上，虚拟机管理器控制安装在独立主机上的虚拟机。云工具的生态系统跨越了云管理和 VI 管理，由于它们之间缺乏开放的和标准的接口，集成这两层较为复杂。

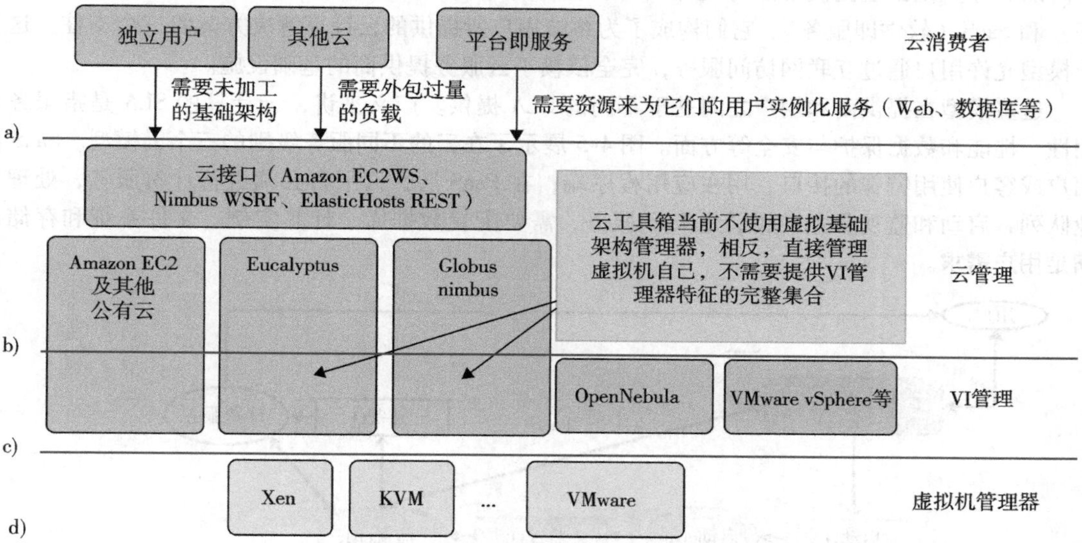

图 4-4 构建私有云的云生态系统：a）消费者要求一个灵活的平台；b）云管理器在 IaaS 平台上提供虚拟化的资源；c）VI 管理器分配虚拟机；d）虚拟机管理器处理安装在服务器上的虚拟机

注：由 Sotomayor 等人[68]提供。

越来越多的创业公司正在将云资源的使用作为 IT 策略，在管理他们自己的 IT 基础设施方面开销很低甚至无开销。我们期望一个灵活的、开放的体系结构，使得组织可以构建私有云或混合云，VI 管理也以此为目标。VI 工具的实例有 oVirt（https://fedorahosted.org/ovirt/）、VMware 的 vSphere/4（www.vmware.com/products/vsphere/）、Platfom Computing 的 VM Orchestrator（www.platform.com/ Products/platform-vm-orchestrator）。 198~199

这些工具支持在一个物理资源池上的动态定位和虚拟机管理、自动负载均衡、服务器合并和动态基础设施的规模调整与分区。除了公有云如 Amazon EC2，Eucalyptus 和 Globus Nimbus 是虚拟化云基础设施的开源工具。要访问这些云管理工具，可以使用 Amazon EC2WS、Nimbus WSRF 和 ElasticHost REST 云接口。对 VI 管理来讲，OpenNebula 和 VMware 的 vSphere 可以管理所有的虚拟机生成，包括 Xen、KVM 和 VMware 工具。

4.1.2.4 私有云的激增

通常来讲，私有云使用已存在的 IT 基础设施和企业或政府组织内部的员工。公有云和私有云动态处理负载。然而，公有云在处理负载时应不依赖于通信。这两种类型的云都会发布数据和虚拟机资源。然而，私有云可以平衡负载，在同一个局域网内能更有效地利用 IT 资源。私有云也能提供试制测试，在数据隐私和安全策略方面更为有效。在公有云中，飙升的负载常会被分流，公有云的主要优势在于用户可以避免在硬件、软件和人员等 IT 投资方面的资本开支。

大部分企业通过虚拟化他们的计算机来降低运营成本。微软、Oracle 和 SAP 等公司可能想要建立策略驱动的计算资源管理，主要用来改进他们的员工和客户的服务质量。通过集成虚拟化的数据中心和公司 IT 资源，他们提供了"IT 即服务"来改进其公司的操作灵活性，避免了每隔 18 个月需要进行的大量服务器更新。如此一来，这些公司大大改进了他们的 IT 效率。

4.1.3　基础设施即服务（IaaS）

云计算将基础设施、平台和软件作为服务发布，使得用户能够以即用即付的模式使用基于定阅的服务。在云上提供的服务通常可以分为三个不同的服务模型，即 IaaS、PaaS（平台即服务）和 SaaS（软件即服务）。它们构成了为终端用户所提供的云计算解决方案的三个支柱。这三个模型允许用户通过互联网访问服务，完全依赖于云服务提供商的基础设施。

这些模型在提供商和用户之间基于不同的 SLA 提供。广义来讲，云计算的 SLA 是指服务可用性、性能和数据保护与安全等方面。图 4-5 展示了在云的不同服务级别的三个云模型。SaaS 由用户或客户使用特殊的接口，用在应用程序端；在 PaaS 层，云平台必须进行计费服务，处理作业队列，启动和监视服务；底层是 IaaS 服务，需要配置数据库、计算实例、文件系统和存储以满足用户需求。

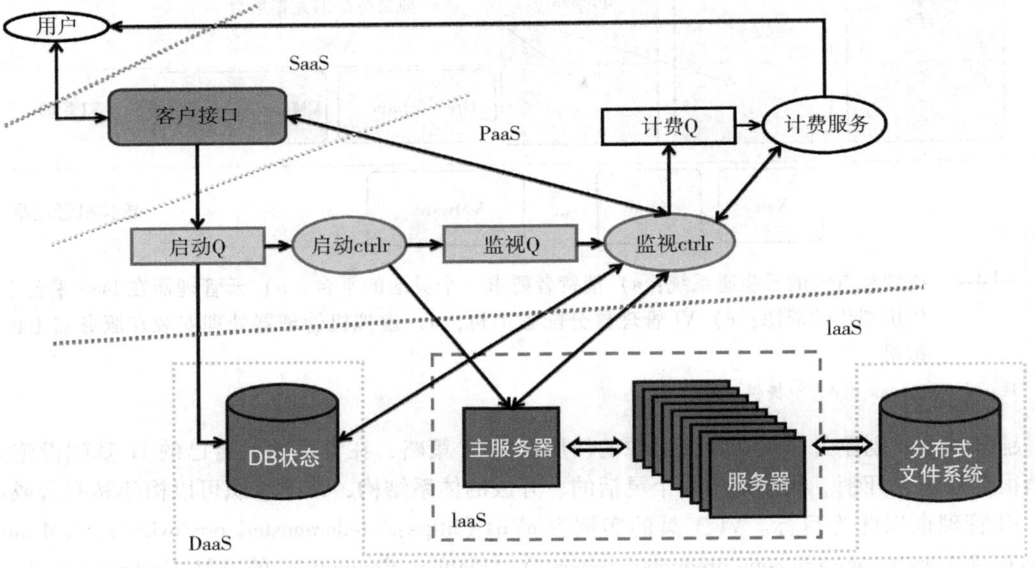

图 4-5　处于不同服务级别的 IaaS、PaaS 和 SaaS 云服务模型

注：由南加州大学的 J. Suh 和 S. Kang 提供。

该模型允许用户使用虚拟化 IT 资源，包括计算、存储和网络。简而言之，服务在租用的云基础设施上进行。用户可以在其选择的操作系统环境上部署和运行他们的应用程序。用户不能管理或控制下面的云基础设施，但可以控制操作系统、存储、部署的应用程序，并且可能的话，也可以选择网络组件。IaaS 模型包括存储即服务、计算实例即服务和通信即服务。例 4.1 中的 VPC（Virtual Private Cloud，虚拟私有云）显示了如何为多用户提供 Amazon EC2 集群和 S3 存储。近年来出现了许多初创的云提供商，GoGrid、FlexiScale 和 Aneka 都是很好的例子。表 4-1 总结了由 5 个公有云提供商发布的 IaaS，感兴趣的读者可以访问公司的网站以获得更新的信息。更多的例子可以参考近期的两本云相关的书籍[10,18]。

表 4-1 IaaS 的公有云发行[10,18]

云名称	虚拟机实例容量	API 和接入工具	hypervisor、客户操作系统
Amazon EC2	每个实例有 1～20 个 EC2 处理器、1.7～15 GB 内存和 160～1.69 TB 磁盘存储	CLI 或 Web 服务（WS）门户	Xen，Linux，Windows
GoGrid	每个实例有 1～6 个 CPU、0.5～8 GB 内存、30～480 GB 磁盘存储	REST，Java，PHP，Python，Ruby	Xen，Linux，Windows
Rackspace Cloud	每个实例有一个四核 CPU，0.25～16 GB 内存，10～620 GB 的磁盘存储	REST，Python，PHP，Java，C#，.NET	Xen，Linux
英国的 FlexiScale	每个实例有 1～4 个 CPU、0.5～16 GB 内存、20～270 GB 磁盘存储	Web 控制台	Xen，Linux，Windows
Joyent Cloud	每个实例的 CPU 达 8 个，并有 0.25～32 GB内存、30～480 GB 磁盘存储	无特定的 API，SSH，Virtual/Min	操作系统级虚拟化，OpenSolaris

例 4.1 用于多租户的 Amazon VPC

通常情况下，用户可以使用个人设备进行基本的计算；但当他必须满足特定的负载需求时，可以使用 Amazon VPC 来提供额外的 EC2 实例或更多的存储（S3）来处理紧急应用。当包括敏感数据和软件时，公有云的应用会受到阻碍，私有云可以解决公有云在这方面的隐私问题，图 4-6 显示了一个私有云 VPC。

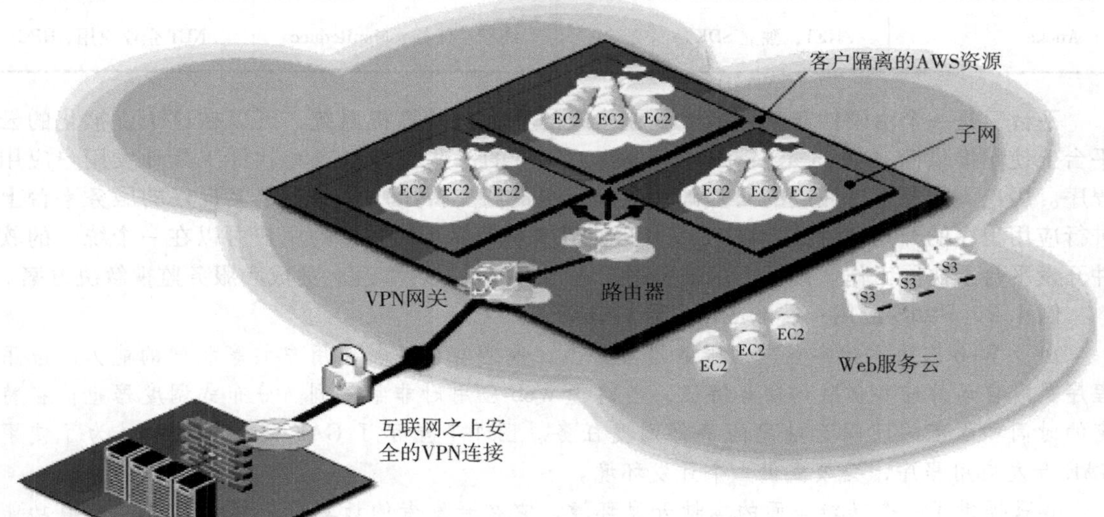

图 4-6 Amazon VPC（虚拟私有云）

注：由 VMware 提供，http://aws.amazon.com/vpc/。

Amazon EC2 提供如下服务：为分布在不同地理位置的多个数据中心分配资源、CL1、Web 服务（SOAP 和 Query）、基于 Web 的控制台用户接口、通过 SSH 和 Windows 访问虚拟机实例、 200～202
99.5% 可用的约定、每小时计价、Linux 和 Windows 操作系统，以及自动伸缩和负载均衡。我们将会在第 6 章详细展示 EC2 的使用。VPC 允许用户对配置的 AWS 处理器、内存和存储进行隔离，防止被其他用户干扰。自动伸缩和弹性负载均衡服务可以支持相关的请求。自动伸缩允许用户自动增加或减少他们的虚拟机实例容量。使用自动伸缩，我们可以确保配置足够数目的 Amzaon EC2 实例来满足期望的性能；或者当负载降低时，可以降低虚拟机实例容量来降低成本。 ■

4.1.4　平台即服务（PaaS）和软件即服务（SaaS）

本节将介绍云计算的 PaaS 和 SaaS 模型。通常，SaaS 构建在 PaaS 之上，PaaS 则构建在 IaaS 之上。

4.1.4.1　平台即服务（PaaS）

为了使用配置的资源开发、部署和管理应用程序的执行，需要一个带有合理的软件环境的云平台。这样的平台包括操作系统及运行时库支持。这就是创建 PaaS 模型的动机，可以基于该模型来开发和部署用户的应用程序。表 4-2 展示了由 5 个 PaaS 服务提供的云平台服务，其中部分 PaaS 的进一步细节见 4.4 节和第 6 章，与其相关的例子和案例研究参见文献[10，18]。

表 4-2　PaaS 的 5 个公有云发行[10,18]

云名称	语言及开发工具	提供商支持的编程模型	目标应用和存储选项
谷歌应用引擎	Python、Java 和基于 Eclipse 的 IDE	MapReduce、按需 Web 编程	Web 应用和 BigTable 存储
Salesforce.com 的 Force.com	Apex、基于 Eclipse 的 IDE 和基于 Web 的向导	工作流、Excel 类的公式和按需 Web 编程	商业应用，如 CRM
微软 Azure	.NET、微软 Visual Studio 的 Azure 工具	不受限的模型	企业和 Web 应用
亚马逊的弹性 MapReduce	Hive，Pig，Cascading，Java，Ruby，Perl，Python，PHP，R，C++	MapReduce	数据处理和电子商务
Aneka	.NET，独立 SDK	线程、任务、MapReduce	.NET 企业应用，HPC

平台云是一个由硬件和软件基础设施构成的集成的计算机系统，可以在这个虚拟化的云平台上使用提供商（如 Java、Python、.NET）支持的一些编程语言和软件工具开发用户应用程序。用户不需要管理底层的云基础设施。云提供商支持用户在一个定义良好的服务平台上
203 进行应用程序的开发和测试。该 PaaS 模型使得来自世界不同角落的用户可以在一个统一的软件开发平台上协同工作。该模型也鼓励第三方组织提供软件管理、集成和服务监视解决方案。

例 4.2　PaaS 应用：谷歌应用引擎（GAE）

由于 Web 应用运行在谷歌的服务器集群上，他们与许多其他用户共享相同的能力。应用程序具有自动伸缩和负载均衡等特征，当构建 Web 应用时非常便利。分布式调度器也能在特定的时间和固定的间隔为触发的事件调度任务。图 4-7 显示了 GAE 的操作模型。为了使用 GAE 开发应用程序，必须提供一个开发环境。

谷歌提供了一个功能全面的本地开发环境，它在开发者的计算机上模拟 GAE。所有功能和应用程序逻辑可以在本地实现，非常类似于传统的软件开发。编码和调试阶段也可以在本地进行。在这些步骤完成后，SDK 提供上传工具，该工具将用户应用程序上传到谷歌的基础设施中，即实际部署应用程序的位置。另外也提供许多额外的第三方能力，包括软件管理、集成和服务监视解决方案。

下面是一些登录到 GAE 系统时的有用链接：

- GAE 主页：http://code.google.com/appengine/。
- 注册账号或使用 Gmail 账户名：https://appengine.google.com/。
- 下载 GAE SDK：http://code.google.com/appengine/downloads.html。
- Python 入门手册：http://code.google.com/appengine/docs/python/gettingstarted/。
- Java 入门手册：http://code.google.com/appengine/docs/java/gettingstarted/。

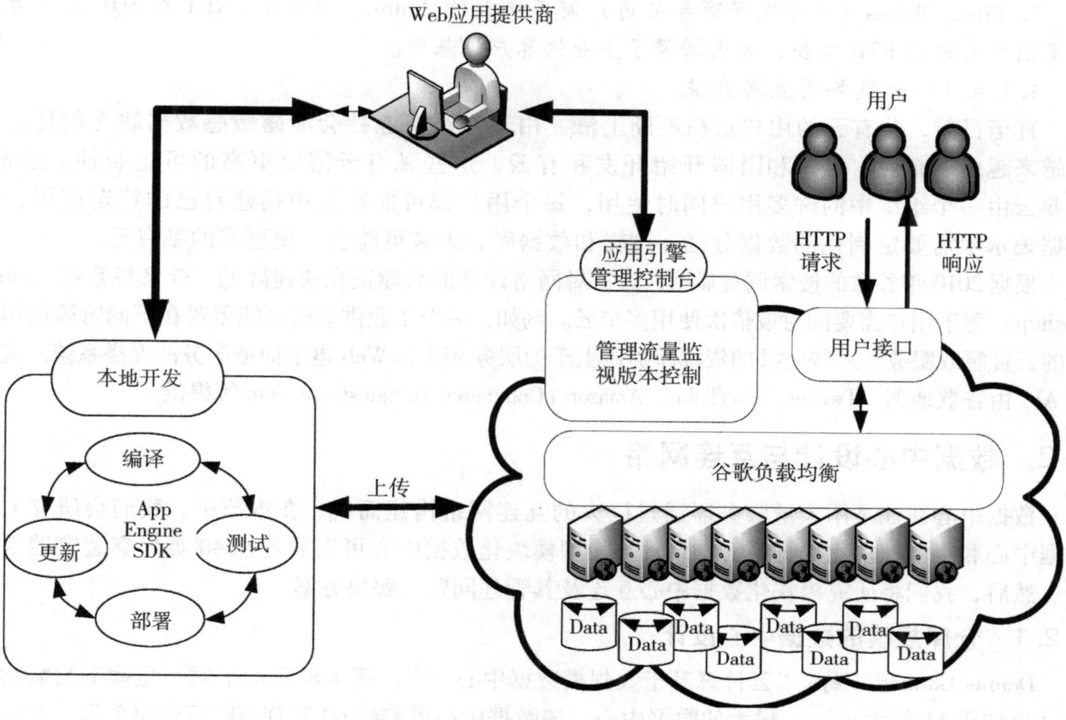

图 4-7 PaaS 操作的谷歌应用引擎平台

注：由南加州大学的 Yangting Wu 提供。

- 免费服务 Quota 的页面：http://code.google.com/appengine/docs/quotas.html#Resources。
- 检查 quota 的计费页面：http://code.google.com/appengine/docs/billing.html#Billable_Quota_Unit_Cost。■

4.1.4.2 软件即服务（SaaS）

软件即服务是指上千的云客户通过浏览器访问的应用程序软件。PaaS 提供的服务和工具用于构建应用程序和管理它们所部署的由 IaaS 提供的资源。SaaS 模型将软件应用程序作为服务进行提供。这样的话，对客户来讲，无需为服务器或软件预先投资；对提供商来讲，与传统的用户应用程序托管相比成本很低。为支持 PaaS 和 IaaS，客户数据存储在云中，云或者是专门的提供商，或者是公开地托管。

SaaS 服务的最好的例子有谷歌的 Gmail 和 docs、微软的 SharePoint 和 Salesforce.com 的 CRM 软件。他们在促进公司内部或成千的小公司的日常操作方面表现得非常成功。提供商（如谷歌和微软）提供集成的 IaaS 和 PaaS 服务，而其他（如亚马逊和 GoGrid）则提供纯 IaaS 服务，并期望第三方的 PaaS 提供商（如 Manjrasoft）在他们的基础设施服务之上提供应用程序开发和部署服务。为了证实企业中云应用的重要性，例 4.3 给出了云应用在实际生活中的三个成功案例：HTC、新媒体和商业交易。在这些 SaaS 应用中使用云服务的优势显而易见。

例 4.3 SaaS 应用的三个成功案例

1. 为了通过 DNA 序列分析发现新的药物，Eli Lily 公司在构建高性能的生物序列分析时，使用配置了服务器和存储集群的亚马逊 AWS 平台，而没有使用昂贵的超级计算机。IaaS 应用的优势是使用更低廉的成本降低药物部署时间。

2.《纽约时报》使用亚马逊的 EC2 和 S3 服务来从上百万的存档论文和报纸中快速获取有用的图片信息，大大节省了时间并降低了成本。 204~205

3. Pitney Bowes（一个电子商务公司）使用微软的 Azure 平台以及 .NET 和 SQL 服务为客户提供机会进行 B2B 交易，大大增强了企业的客户端基础。■

4.1.4.3　云服务的混搭系统

直至目前，公有云的用户正在不断上涨。由于对在商业社会泄露敏感数据缺乏信任，因此越来越多的企业、组织和团体开始开发私有云，这些私有云需要更高的可定制性。通常，企业云由一个组织中的许多用户同时使用，每个用户都可能在云中构建自己的特定应用，元数据表示中需要定制化的数据分区、逻辑和数据库。未来可能会出现更多的私有云。

根据 2010 年谷歌的搜索调查显示，大家对网格计算的兴趣正在快速降低。*云混搭系统*（cloud mashup）源于用户需要同时或依次使用多个云。例如，一个工业供应链可能需要在不同阶段使用不同的云资源或服务。一些公共的资源库提供上千的服务 API 和 Web 电子商务服务的混搭系统。流行的 API 由谷歌地图、Twitter、YouTube、Amazon eCommerce 和 Salesforce. com 等提供。

4.2　数据中心设计与互连网络

数据中心往往是用大量服务器通过巨大的互连网络构建而成。在本节中，我们会研究大型数据中心和小型模块化数据中心的设计，小型模块化数据中心可以放置在 40 英尺集装容器卡车中。然后，我们将研究模块化数据中心互连及其管理问题与解决方案。

4.2.1　仓库规模的数据中心设计

Dennis Gannon 声称："云计算基于大规模数据中心"[26]。图 4-8 显示了同一屋檐下与购物中心（足球场 11 倍大小）一样大的数据中心，该数据中心可容纳 40 万到 100 万台服务器。数据中心可以形成规模化效益，即较大的数据中心有更低的单位成本。小型数据中心可能有 1 000 多台服务器。数据中心越大，运营成本越低。对于一个具有 400 台服务器的大型数据中心，经估算其每月的运营成本中网络成本大约为 13 美元/Mbps，存储成本大约为 0.4 美元/GB，另外还有管理成本。这些单位成本均大于那些 1 000 台服务器的数据中心成本。经营一个小型数据中心的网络成本是前者的 7 倍多，存储成本是前者的 5.7 倍多。微软有大约 100 个或大或小的数据中心，它们分布在全球各地。

图 4-8　11 倍足球场大小的数据中心，可容纳 40 万到 100 万台服务器

注：由 Dennis Gannon[26] 提供。

4.2.1.1　数据中心的施工要求

大部分数据中心是由市面上买得到的组件构建而成。一个现成的服务器通常包含许多处理器插槽，每个处理器插槽都含有一个多核 CPU 及内部的多级高速缓存、本地共享且一致的 DRAM，以及一些在线连接的磁盘驱动器。机架内的 DRAM 和磁盘资源可以通过一级机架交换机访问，并且所有机架上的资源都可以通过集群级交换机访问。想象一下一个建有 2 000 个服务器的数据中心，每台服务器有 8 GB 的 DRAM 和 4 个 1 TB 的磁盘驱动器。每组 40 台服务器通过 1 Gbps 端口连接到机架级交换机，而这台机架级交换机还额外有 8 个 1 Gbps 的端口，用于把机架连接到集群级交换机上。

据估计[9]，本地磁盘带宽是 200 MB/s，而通过共享机架上行链路访问下架磁盘的带宽是 25 MB/s。集群的总磁盘存储大约是本地 DRAM 的近 1 000 万倍。大型应用程序必须处理延迟、带宽和容量之间较大的差异。数据中心使用的组件与构建超级计算机系统所使用的组件有很大的差异。超大型数据中心所使用的组件相对较为便宜。

对成千上万的服务器来讲，1% 的节点产生并发故障（硬件故障或者软件故障）都是很正常的现象。硬件可能会发生很多故障，例如，CPU 故障、磁盘 I/O 故障和网络故障。甚至很有可能在电源崩溃的情况下，整个数据中心无法正常工作。此外，一些故障也可能会由软件引起。发生故障时，服务和数据不应该丢失。通过冗余硬件可以实现可靠性。软件必须在不同的位置保持数据的多个副本，并且在硬件或软件出现故障时，还可以继续访问这些数据。

4.2.1.2　数据中心机房的冷却系统

图 4-9 显示了数据中心机房中仓库的布局及其冷却设备。数据中心机房为隐藏电缆、电源线和制冷用品提供了一层活地板。制冷系统比电力系统简单一些。活地板有一层置于支架上的钢网格，处于混凝土地板之上大约 2 ~ 4 英尺。地下区域常用于将电缆接到机架上，但其主要用途是将凉气分散到服务器机架上。CRAC（机房空调）单元通过向架空地板空间吹入冷空气来为该空间增压。 206~207

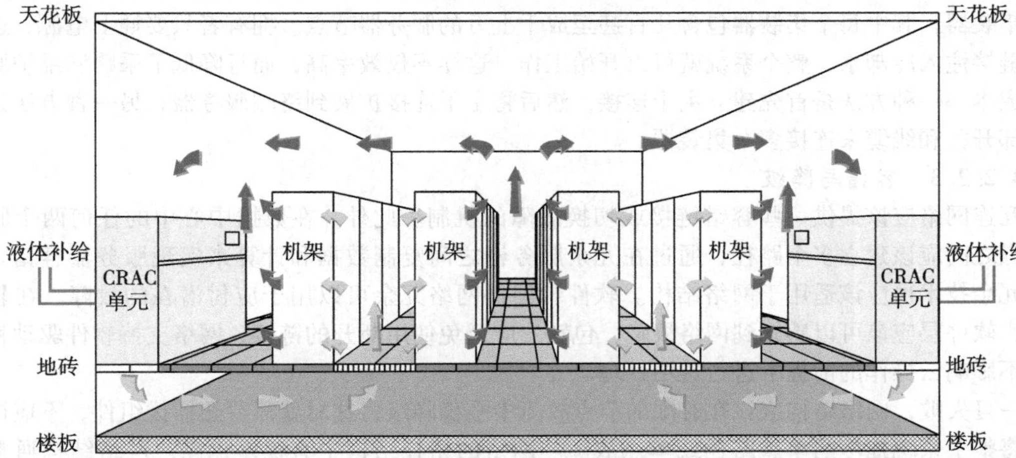

图 4-9　活地板数据中心的制冷系统，带有冷热空气循环，支持水加热交换设施

注：由 DLB 同事 D. Dyer[22] 提供。

冷气通过服务器机架前面的多孔板从通风系统中出来。机架排列在冷热过道交替的长走道中，以避免冷热空气混合。由服务器产生的热空气送入 CRAC 单元入口，CRAC 单元对其进行冷却，冷空气用完后会再次通过活地板空间进行循环。通常情况下，传入的冷却剂是 12 ~ 14℃，温热的冷却液成为一个冷却器。较新的数据中心往往会插入一个冷却塔，来预冷却冷凝器的水循环液。基于水的自然制冷使用冷却塔散热。冷却塔使用独立的制冷循环，水在热交换中吸收冷却剂的热量。

4.2.2 数据中心互连网络

数据中心关键的核心设计是数据中心集群中所有服务器之间的互连网络，其中的网络设计必须满足5个特殊要求：低延迟、高带宽、低成本、消息传递接口（Message-Passing Interface，MPI）通信支持和容错。服务器间网络的设计必须满足所有服务器节点之间的点对点和群通信模式。特定的设计考虑见下面小节。

4.2.2.1 应用程序的网络通信支持

网络拓扑结构应该支持所有的MPI通信模式，包括点对点和群MPI通信。网络应具有高
208 平分带宽以满足需求。例如，一对多的通信用于支持分布式文件访问。我们可以使用一个或几个服务器作为元数据的主服务器，元数据的主服务器需要与集群中的从服务器节点通信。为支持MapReduce编程范式，所设计的网络必须能够快速执行map和reduce函数（第7章详细讨论）。换句话说，底层的网络结构应该能支持用户应用程序所要求的各种网络通信模式。

4.2.2.2 网络的可扩展性

互连网络应该是可扩展的。集群互连网络拥有成千上万个服务器节点，应该允许更多的服务器添加到数据中心。面对这种未来可预期到的增长，网络拓扑结构应当进行重构。另外，网络应该能支持负载均衡和在服务器之间移动数据。链接不应该成为应用程序的性能瓶颈。互连的拓扑结构应避免这种瓶颈的出现。

第2章中提到的胖树和交叉网络可以通过低成本的以太网交换机实现。但是，当服务器的数量急剧增加时，设计可能具有很大挑战性。关于可扩展性的最关键问题是构建数据中心容器时对模块化网络增长的支持，这将在4.2.3节进行讨论。一个数据中心集装器（container）包含数百台服务器，并且是构建大型数据中心的重要组成部分。4.2.4节将会解释许多集装器之间的网络互连。集群网络需要为数据中心集装器而设计，多个数据中心集装器之间需要电缆连接。

数据中心不是由现在堆放在多个机架中的服务器构建而成，而是由数据中心拥有者购买服务器集装器，其中每个集装器包含几百甚至成千上万的服务器节点。拥有者只要插上电源、连上外部链接注入冷却水，整个系统就可以开始工作。这样不仅效率高，而且降低了采购和维护服务器的成本。一种方法是首先建立主干连接，然后将主干连接扩展到终端服务器；另一种方法是通过外部开关和线缆来连接多个集装器。

4.2.2.3 容错与降级

互连网络应该提供一些容错链接或切换故障的机制。此外，在数据中心中的任何两个服务器节点之间应该建立多个路径，通过在冗余服务器之间复制数据和计算来实现服务器容错。类似的冗余技术也应该适用于网络结构。软件和硬件网络冗余可以用于应付潜在的故障。在软件方面，软件层应该可以感知到网络故障，包转发应避免使用断开的链接，网络支持软件驱动程序应在不影响云操作的前提下进行透明处理。

一旦失败，网络结构应该在有限的节点故障中平稳降级，这时就需要热插拔组件，不应该存在会将整个系统拖垮的单点路径或单点故障。网络的拓扑结构中有很多创新。网络结构通常分为两层，下层接近终端服务器，上层在服务器组或子集群中建立骨干网连接，它们的层次化互连
209 方法需要建立模块化集装器的数据中心。

4.2.2.4 以交换机为中心的数据中心设计

截至目前，建立数据中心规模的网络有两种方法：一种以交换机为中心，另一种以服务器为中心。在以交换机为中心的网络中，交换机用于连接服务器节点。以交换机为中心的设计不需要对服务器做任何修改，不会影响服务器端。以服务器为中心的设计不会修改运行在服务器上的操作系统，其中使用特殊的驱动程序来转发网络数据包，仍需组织交换机来实现互连。

例 4.4　用于数据中心的胖树互连网络

图 4-10 显示了用于构建数据中心的胖树交换机网络的设计。胖树拓扑用于互连服务器节点。拓扑结构分为两层。服务器节点都在底层，并且边缘交换用来连接底层的节点。上层集群化底层的边缘交换机。一组集群化交换机、边缘交换机和它们的叶节点构成一个集装器。核心交换机提供不同集装器间的路径。胖树结构在任何两个服务器节点之间提供了多条路径，通过为孤立链路故障提供备用路径保证了容错性。

集群化交换机和核心交换机出现故障不会影响整个网络连接。任何边缘交换机出现故障只影响少数终端服务器节点。在一个集装器内的额外交换机为大规模数据移动中支持云计算应用提供了更高的带宽，使用的组件是低成本的以太网交换机，这样可以减少很多成本。为防止故障，路由表提供了额外的路由路径。路由算法构建于内部交换机中，在交换机出现故障期间，只要备用路由路径不在同一时间出现故障，数据中心的终端服务器节点就不受影响。■

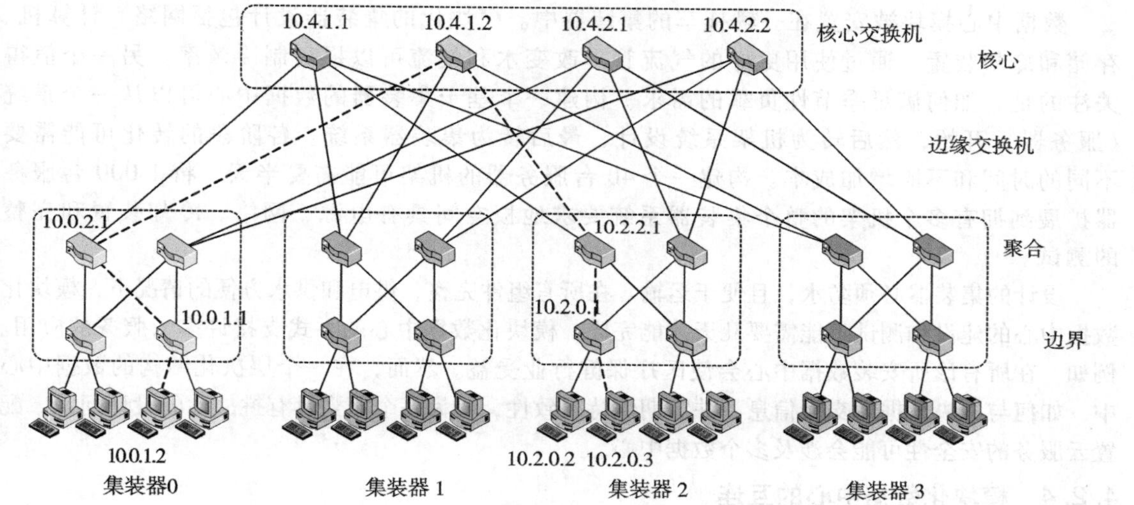

图 4-10　用于可伸缩数据中心的胖树互连拓扑结构

注：由 M. Al-Fares 等人[2]提供。 210

4.2.3　运送集装器的模块化数据中心

现代数据中心的结构类似于封装在拖车集装器内的服务器集群制造厂。图 4-11 显示了在 SGI ICE Cube 模块化的数据中心中封装在拖车集装器内的多个服务器机架。在集装器内，数百个刀形服务器都封装于集装器壁四周的机架内。一组风扇使得服务器机架产生的热气通过换热器流通，从而在一个不断的循环回路中为下一个机架制冷（细节见图 4-11 题注）。SGI ICE Cube 中的每个集装器可容纳 46 080 个处理器核心或 30 PB 存储。

图 4-11　构建在拖车 ICE Cube 集装器中的模块化的数据中心，可使用冷水换热空气循环制冷

使用模块化集装器构建的大型数据中心，看起来像集装箱卡车的大制造厂。这种基于集装器的数据中心主要由如下需求所驱动：低能耗、高计算机密度、利用更低的电力成本将数据中心灵活迁移到更好的位置、更好的冷却水供应和更低廉的安装维护工程师。与传统仓库数据中心相比，复杂的冷却技术最多可以减少 80% 的冷却成本。冷却的空气和冷水源源不断地通过热交换管为服务器机架制冷，其维修极为方便。

数据中心通常构建在租赁和电费更便宜、散热更高效的场所。仓库规模的数据中心和模块化的数据中心都是必需的。事实上，模块化卡车集装器可以放置在一起，就像一个大型数据中心的集装器制造厂。除了数据中心选址和操作节能，还必须考虑数据完整性、服务器监控和数据中心的安全管理。如果数据中心集中在一个单一的大型建筑里，这些问题都较容易处理。

集装器数据中心的构建

数据中心模块被安置在一辆拖车的集装器中。模块化的集装器设计包括网络、计算机、存储和冷却装置。通过使用更好的气流管理改变水和气流可以提高制冷效率。另一个值得关注的是，如何满足季节性负载的需求。构建一个基于集装器的数据中心可以从一个系统（服务器）开始，然后转为机架系统设计，最后转为集装器系统。各阶段的转化可能需要
211 不同的时间和不断增加成本。构建一个 40 台服务器的机架可能需要半天，将 1 000 台服务器扩展到拥有多个机架的整个集装器系统要求地板空间具有电源、网络、冷却装置和完整的测试。

设计的集装器必须防水，且便于运输。在所有组件完整、供电和供水方便的情况下，模块化数据中心的建设和测试可能需要几天才能完成。模块化数据中心的方式支持许多云服务的应用。例如，在所有诊所安装数据中心会使医疗保健行业受益。然而，在一个层次化结构的数据中心中，如何与中央数据库交换信息，并定期保持一致性，成为一个相当具有挑战性的设计问题。配置云服务的安全性可能会涉及多个数据中心。

4.2.4　模块化数据中心的互连

基于集装器的数据中心模块意味着使用集装器模块构建更大的数据中心。本节将讨论一些推荐的集装器模块设计。它们的互连性表现在可扩展的数据中心建设。下面的例子是一个以服务器为中心的数据中心模块设计。

例 4.5　以服务器为中心的模块化数据中心网络

Guo 等人[30]开发出一种用于连接模块化数据中心的、以服务器为中心的 BCube 网络（见图 4-12）。在图 4-12 中，圆圈代表服务器，矩形代表交换机。BCube 提供了一种层次化的结构，底层包含所有服务器节点且构成 0 级。1 级交换机构成 BCube_0 的顶层。BCube 是一个递归结构。BCube_0 由一个连接到 n 端口交换机的 n 台服务器构成。BCube_k（$k \geqslant 1$）由 n 个 BCube_{k-1} 构成，每个有 n^k 个 n 端口的交换机。BCube_1 例子如图 4-12 所示，连接的规则是，处于第 j 个 BCube_0 的第 i 台服务器连接到第 i 个 1 级交换机的第 j 个端口。BCube 服务器有多个已连接的端口，允许服务器使用额外的设备。

BCube 在任何两个节点之间提供多条路径。多条路径提供了额外的带宽，以支持不同云应用程序中的通信模式。该 BCube 在服务器操作系统中提供了一个内核模块来执行路由操作。内核模块支持包转发，而传入的数据包却不在当前节点。这种内核的修改将不影响上层应用。因此，在不做任何修改的情况下，云应用仍然可以运行在 BCube 网络之上。■

模块间的连接网络

BCube 常用于服务器集装器内。集装器被认为是数据中心的核心组件。因此，即使集装器内

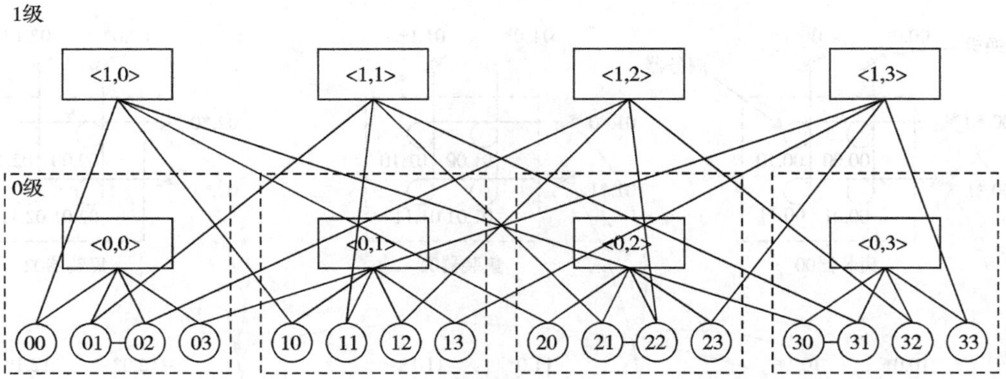

图 4-12 BCube——用于构建模块化数据中心的高性能、以服务器为中心的网络

注：由 C. Guo 等人[30]提供。

部已具有网络设计，仍需要在集装器之间构建另一层网络。在图 4-13 中，Wu 等人[82]提出一种使用上述的 BCube 网络建造集装器内部连接的网络拓扑。他们所提出的网络称为 MDCube（用于模块化的数据中心立方体）。此网络使用高速交换机连接 BCube 中的多个 BCube 集装器。同样，MDCube 通过改组具有多个集装器的网络而成。图 4-13 显示了一个二维的 MDCube 如何从 9 个 $BCube_1$ 集装器构建而成。

除了集装器（BCube）里的立方体结构外，这种体系结构还在集装器级别上构建了一个虚拟的超立方体。服务器集装器使用 BCube 网络，MDCube 则可用来构建大型数据中心以支持云应用的通信模式。文献[45]详细描述了构建在集装器中的多个模块化数据中心互连网络的实现与模拟效果，感兴趣的读者可作进一步参考。事实上，使用 MDCube 构建网络的方法还有很多。本质上，除了集装器（BCube）中的立方体结构之外，在集装器层还建立了一个虚拟的超立方体结构。服务器集装器使用 BCube 网络，MDCube 则可用来构建大型数据中心以支持云应用的通信模式[82]。

4.2.5 数据中心管理问题

下面是数据中心资源管理的基本要求。这些建议来自于 IT 和服务行业中许多数据中心的设计与操作经验。

- **使普通用户满意**。数据中心的设计应该至少为广大用户提供30年的优质服务。
- **可控的信息流**。信息流应该可以流水线化，持续的服务和高可用性是主要目标。
- **多用户管理**。系统必须能够支持数据中心的所有功能，包括流量、数据库更新和服务器维护。
- **适应数据库增长的可扩展性**。随着负载增加，系统也应随之扩充，存储、处理、I/O、电源和冷却子系统等也应具有可扩展性。
- **虚拟化基础设施的可靠性**。故障切换、容错和虚拟机实时迁移应该结合起来，使得关键应用可以从故障或灾难中尽快恢复。 212~213
- **用户和提供商的低成本**。降低构建在数据中心之上的云系统的用户和提供商的成本，包括操作成本。
- **安全防范和数据保护**。必须部署数据隐私和安全防范机制来保护数据中心不受网络攻击和系统中断的影响，在用户误用或网络攻击中还能保持数据的一致性。
- **绿色信息技术**。在设计与操作当前和未来数据中心时，非常需要节约能耗和提升能效。

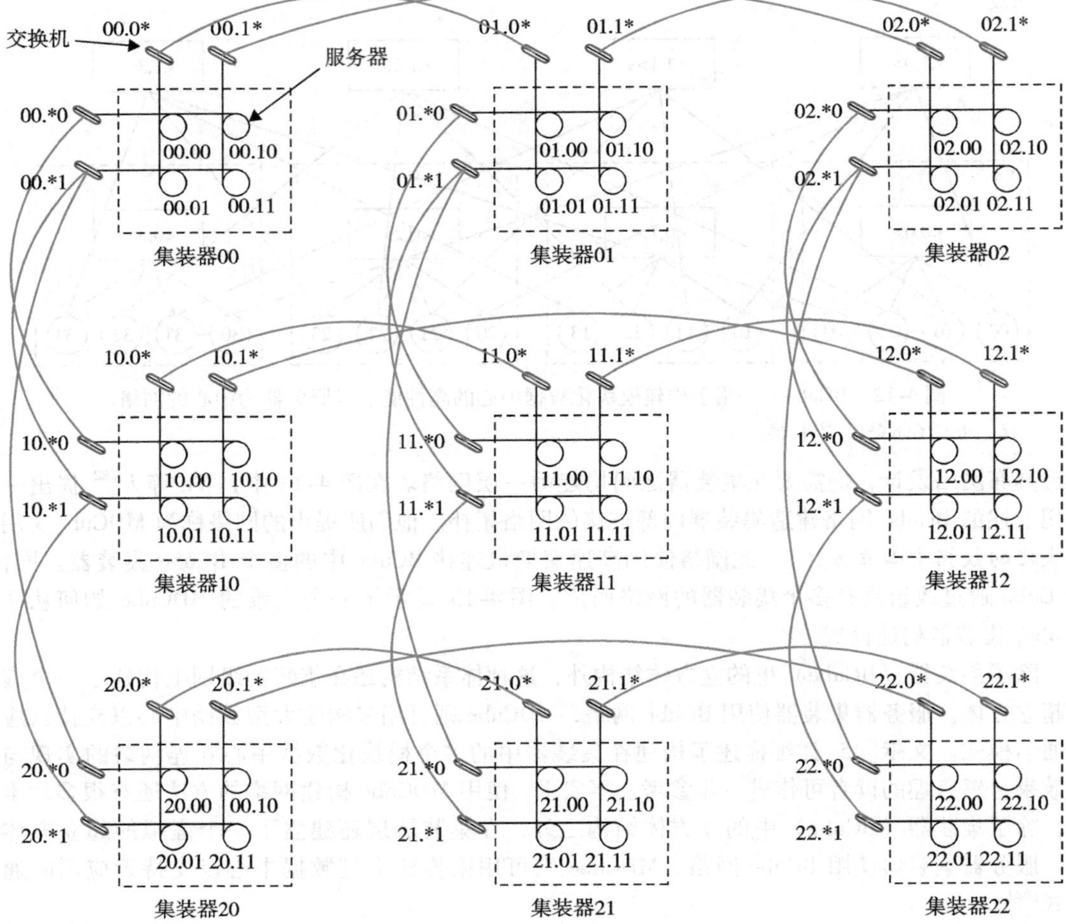

图 4-13　从 9 个 BCube 集装器构造出的一个二维 MDCube

214 注：由 Wu 等人[82]提供。

云计算服务的市场

通过工厂化的装架、码放和封装来实现基于集装器的数据中心可能更有效。在客户点应该避免封装层。然而，数据中心仍处于手工制作阶段，尚不能自由组装。当功率密度超过 1 250 W/ft²时，模块化方法在空间上更为有效。

4.3　计算与存储云的体系结构设计

本节介绍云设计的一些基本原则。我们首先介绍高度并行处理大量数据的基本云体系结构；然后介绍虚拟化支持、资源配置、基础设施管理和性能建模。

4.3.1　通用的云体系结构设计

互联网云作为公共的服务器集群，它们使用数据中心的资源按需配置，并进行共同的云服务或分布式应用。本节将讨论云的设计目标，然后给出一个基本的云体系结构设计。

4.3.1.1　云平台设计目标

可扩展性、虚拟化、有效性和可靠性是云平台的 4 个主要设计目标。云支持 Web 2.0 应用。云管理器接收用户请求，找到正确的资源，然后调用配置服务并启用云资源。云管理器软件需要同时支持物理机器和虚拟机。共享资源的安全性和数据中心的共享访问为设计提出了另一个挑战。

平台需要确立超大规模的 HPC 基础设施。结合起来的硬件和软件系统使得操作更为简单、有效。集群的体系结构有益于系统的可扩展性。如果一个服务消耗了大量处理能源、存储容量或网络带宽，只需要简单地为其增加服务器和带宽即可。集群的体系结构也有益于系统的可靠性。数据可以被存储在多个位置，例如，用户的 E-mail 可以存放在三个不同地理位置的数据中心的磁盘上。在这种情况下，即使一个数据中心崩溃，仍可以访问用户的数据。云体系结构的规模也很容易扩展，只需增加服务器并相应地增加网络连接即可。

4.3.1.2 云的关键技术

云计算背后的关键驱动力是无处不在的带宽和无线网络、不断下降的存储成本和互联网计算软件的持续改进。云用户可能在峰值需求时请求更多的容量、降低成本、试用新服务、移走不需要的容量，而服务提供商则可能通过多路复用、虚拟化和动态资源部署增加系统利用效率。硬件、软件和网络技术的不断改进使得云成为可能，总结见表 4-3。 215

表 4-3 硬件、软件和网络中的云关键技术

技术	要求和好处
快速平台配置	快速、有效和灵活的云资源配置，以为用户提供动态计算环境
按需的虚拟集群	满足用户需求的预分配的虚拟化虚拟机集群，以及根据负载变化重新配置的虚拟集群
多租户技术	用于分布式软件的 SaaS，可以满足大量用户的同时使用和所需的资源共享
海量数据处理	物联网搜索的 Web 服务通常都需要进行海量数据处理，特别地，要支持个性化服务
Web 规模通信	支持电子商务、远程教育、远程医疗、社会网络、电子政务和数字娱乐应用程序
分布式存储 授权和计费服务	个人记录和公共档案信息的大规模存储，要求云上的分布式存储 许可证管理和计费服务有益于效用计算中的各类云计算

这些技术为云计算走向现实起到了推波助澜的作用。当前大部分技术是成熟的，可以满足不断增长的需求。在硬件领域，多核 CPU、内存芯片和磁盘阵列的不断发展，使得使用大量存储空间构建更快速的数据中心成为可能。资源虚拟化使得快速云部署和灾难恢复成为可能。面向服务的体系结构（SOA）也起着重要的作用。

SaaS 的供应、Web 2.0 标准和互联网性能的不断改进都促进了云服务的涌现。今天，云应该能在巨大数据量之上满足大量租户的需求。大型分布式存储系统的可用性是数据中心的基础。近年来，许可证管理和自动计费技术的发展也推进了云计算的发展。

4.3.1.3 通用的云体系结构

图 4-14 显示了一个安全感知的云体系结构。互联网云被想象为大量的服务器集群。这些服务器按需配置，使用数据中心资源执行集体 Web 服务或分布式应用。云平台根据配置或移除服务器、软件和数据库资源动态形成。云服务器可以是物理机器或虚拟机。用户接口被用于请求服务，配置工具对云系统进行了拓展，以发布请求的服务。

除了构建服务器集群外，云平台还需要分布式存储及相关服务。云计算资源被构建到数据中心，通常属于第三方提供商并由其操作，客户不需要知道底层技术。在云中，软件成为一种服务。云需要对从数据中心获取的大量数据给予高度信任。我们需要构建一个框架来处理存储在存储系统中的大量数据，这需要一个在数据库系统之上的分布式文件系统。其他云资源被加到云平台中，包括 SAN（Storage Area Network，存储区域网络）、数据库系统、防火墙和安全设备。为使开发者可以利用互联网云，Web 服务提供商提供了特定 API。监视和计量单元用于跟踪分配资源的用途和性能。 216

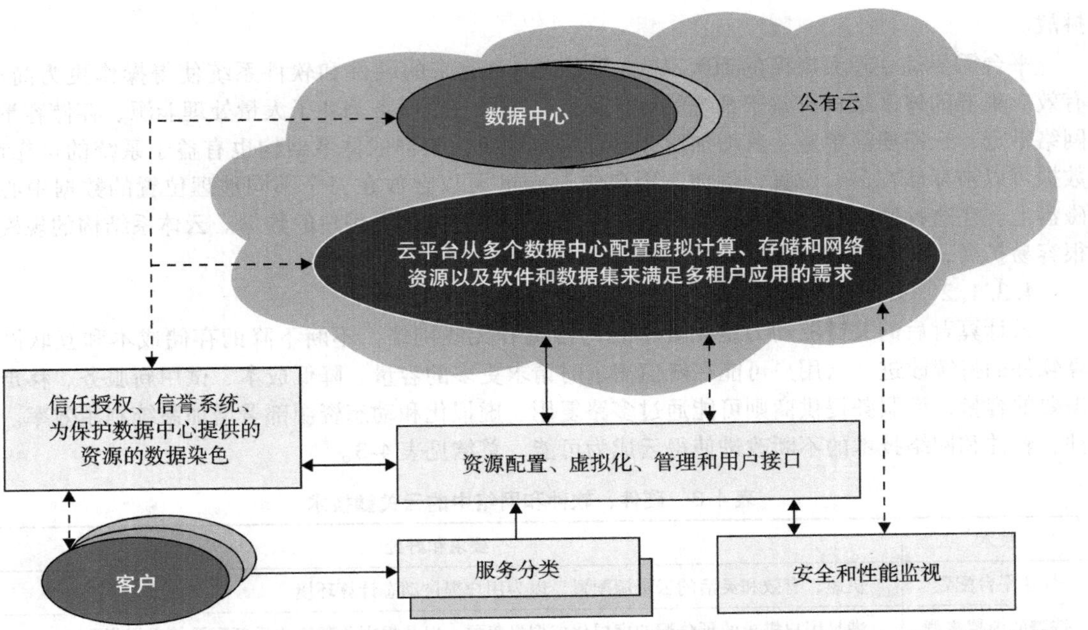

图4-14　在提供商提供的数据中心服务器上使用大量虚拟机集群、存储和网络资源构建的安全感知云平台

注：由 K. Hwang 和 D. Li[36] 提供，2010。

云平台的软件基础设施必须管理所有资源并自动维护大量任务。软件必须探测每个进入和离开的节点服务器的状态，并执行相关任务。云计算提供商（如谷歌和微软）已经在全世界构建了大量的数据中心。每个数据中心都可能有成千的服务器，通常需要仔细选择数据中心的位置，以降低功耗和制冷成本。因此，数据中心常被建在水电站旁边。与绝对速度性能相比，云的物理平台构建者更关心性能/价格比和可靠性问题。

通常来讲，私有云更易于管理，公有云更易于访问。云开发的趋势是越来越多的云成为混合云。这是因为许多云应用程序必须跨越局域网的界限。我们必须学习如何创建私有云和如何在
217 开放的互联网上与公有云交互。在防护所有云类型的操作方面，安全成为一个关键问题。我们将会在下面的章节中学习云的安全和隐私问题。

4.3.2　层次化的云体系结构开发

云体系结构的开发有如下三层：基础设施层、平台层和应用程序层，如图4-15 所示。这三个开发层使用云中分配的经虚拟化和标准化的硬件与软件资源实现。公有云、私有云和混合云提供的服务通过互联网和局域网上的网络支持传递给用户。显然，首先部署基础设施层来支持 IaaS 服务。基础设施层是为支持 PaaS 服务构建云平台层的基础。平台层是为 SaaS 应用而实现应用层的基础。不同类型的云服务分别需要这些不同资源的应用。

基础设施层使用虚拟化计算、存储和网络资源构建而成。这些硬件资源的抽象意味着为用户提供其所需的灵活性。从内部来看，虚拟化实现了自动分配资源，优化了基础设施管理进程。平台层是为通用目的和重复使用软件资源。该层为用户提供了一个开发应用程序、测试操作流、监视程序执行结果和性能的环境。该平台应该确保用户具有可扩展性、可靠性和安全性保护。在这种方式下，虚拟化的云平台作为一个系统中间件处于云的基础设施和应用层之间。

应用程序层由 SaaS 应用所需的所有软件模块集合构成。该层的服务应用程序包括每天的办公管理工作，如信息检索、文档处理和日历与认证服务。应用层通常会被如下领域频繁使用：商业市场和销售企业、消费者关系管理（Consumer Relationship Management，CRM）、金融交易和供

应链管理。需要注意的是，并不是所有的云服务都会被限制到一层，许多应用可能使用混合层的资源。毕竟，这三层相互依赖，从底至上构建而成。

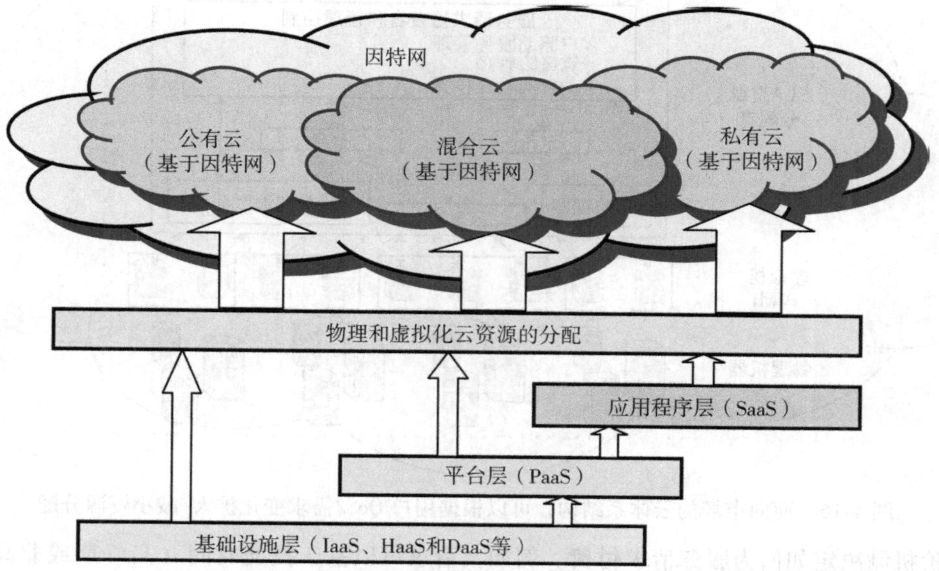

图 4-15 用于互联网上 IaaS、PaaS 和 SaaS 应用的云平台的层次化体系结构开发

从提供商的角度来看，不同层的服务需要不同量的功能支持和提供商的资源管理。通常来讲，SaaS 需要提供商的工作最多，PaaS 居中，IaaS 需要的最少。例如，亚马逊的 EC2 不仅为用户提供虚拟化的 CPU 资源，而且也管理分配的资源。应用程序层的服务需要提供商的工作更多。这方面的典型例子是 Salesforce. com 的 CRM 服务，其中提供商不仅提供底层的硬件和上层的软件，还提供开发与监视用户应用程序的平台和软件工具。

4.3.2.1 面向市场的云体系结构

由于消费者需要云提供商满足他们较多的计算需求，为了满足目标和保持他们的操作，他们将需要 QoS 的一个特定层，该层由提供商维护。云提供商考虑满足每个独立消费者的不同 QoS 参数，这些参数与特定 SLA 中所协商的一致。为了达到此目的，提供商不能部署传统的、以系统为中心的资源管理体系结构；相反，必须使用面向市场的资源管理来调节云资源的供应，以达到供需之间的市场平衡。

设计者需要向客户和提供商提供经济刺激反馈。面向市场的云体系结构的目的是推进基于 QoS 的资源分配机制。除此之外，客户可以从提供商的潜在成本缩减中获益，这将会导致一个更具竞争力的市场，从而引起价格的下降。图 4-16 显示了在云计算环境中支持面向市场的资源分配的高层体系结构。这个云主要由下面的实体构成。

用户或中介（broker）根据用户行为从世界的任何位置向数据中心和云提交服务请求。SLA 资源分配者作为接口处于数据中心/云服务提供商和外部的用户/中介之间。它需要下面机制的交互来支持面向 SLA 的资源管理。当一个服务请求首先被提交时，服务请求检查者会在决定接受或拒绝请求前，首先根据 QoS 需求解释提交的请求。

由于资源有限，许多服务请求不能被满足，因此请求检查者需要确保没有资源过载的情况。为了使资源分配决策更为有效，考虑到资源可用性（来自虚拟机监视机制）和负载处理（来自服务请求监视机制），也需要最新的状态信息。然后，为虚拟机分配请求，并为这些虚拟机确定资源级别。

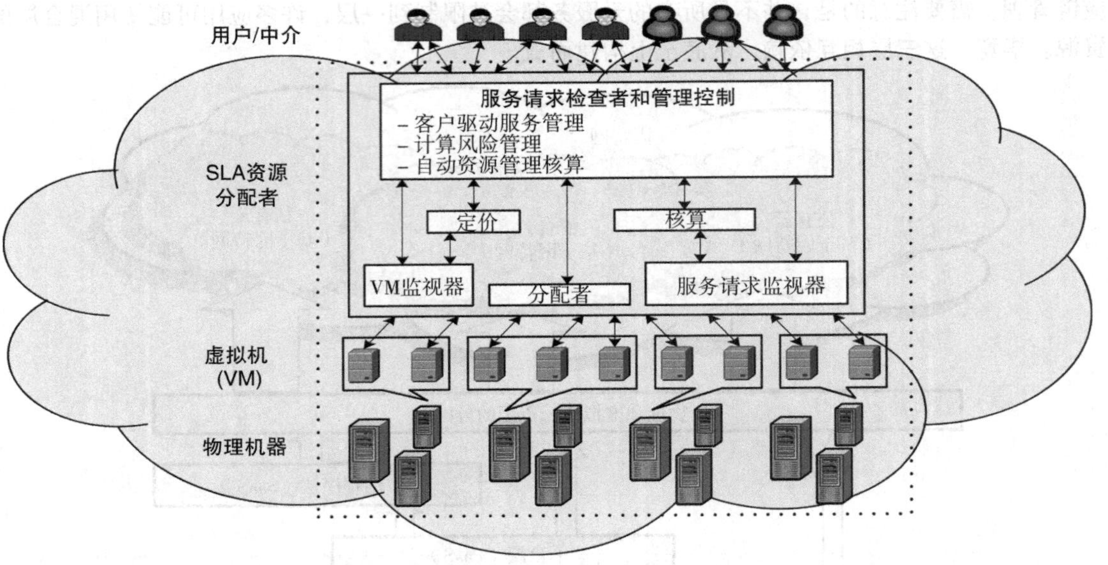

图 4-16 面向市场的云体系结构，可以根据用户 QoS/需求变化扩大/减小资源分配

定价机制决定如何为服务请求付费。例如，请求可以基于提交时间（高峰期或非高峰期）、定价利率或资源可用性（供需）付费。在有效优化资源分配中，定价成为管理数据中心中计算资源和设施供需的基础。核算机制通过请求维护了资源的实际使用情况，可以计算最终成本并向用户收费。除此之外，服务请求检查者和管理控制机制可以利用被维护的历史使用信息来改进资源分配。

虚拟机监视器机制跟踪虚拟机的可用性及其资源级别。分配者机制在分配的虚拟机上执行接收到的服务请求，服务请求监视器机制跟踪服务请求的执行过程。为满足接收的服务请求，在一台单一物理机器上的多个虚拟机可以根据需要启动或停止，因此为满足服务请求的不同需求，在相同的物理机器上配置不同分区的资源提供了最大的灵活性。除此之外，由于同一台物理机器上的不同虚拟机相互隔离，多个虚拟机可以在一个物理机器上基于不同的操作系统环境并行运行应用程序。

4.3.2.2 服务质量因素

数据中心由多个计算服务器组成，这些服务器提供资源来满足服务需求。云作为一种商业的发行，为能够在其中可以进行公司的重要商业操作，需要在服务请求中考虑关键的 QoS 参数，
218~220 如时间、成本、可靠性和信任/安全。特别地，由于商业操作和操作环境的不断变化，QoS 需求不能是静态的，应该可以随着时间而改变。简而言之，由于他们为云的访问服务付费，客户更为重要。除此之外，针对在参与者和为多个竞争请求自动分配资源的机制之间动态协商 SLA，流行的云计算没有支持或只有有限的支持。协商机制应该能响应确立 SLA 的替换发行协议[72]。

商业的云发行必须能够基于客户配置和请求的服务需求支持客户驱动的服务管理。商业云根据服务器请求和客户需要定义了计算的风险管理策略，以鉴别、评价和管理应用程序执行过程中的风险。云也产生一个合适的基于市场的资源管理策略，包括客户驱动的服务器管理和计算的风险管理，来维护面向 SLA 的资源分配。系统引入自动的资源管理模型，可以有效地自管理服务需求的变化，利用虚拟机技术根据服务需求动态分配资源配额以满足新服务请求和已有的服务职责。

4.3.3 虚拟化支持和灾难恢复

云计算基础设施的一个显著特征是系统虚拟化的使用和对分配工具的修改。一个共享集群

上的服务器的虚拟化可以合并Web服务。由于虚拟机是云服务的集装器，在将服务调度到虚拟节点上运行之前，分配工具将会首先查找相应的物理机器并为那些节点部署虚拟机。

除此之外，在云计算中，虚拟化也意味着资源和基本的基础设施是虚拟化的。用户将不关心用来提供服务的计算资源。云用户无需知道、也没有途径发现包括在处理服务请求中的物理资源。而且，应用程序开发者也不关心一些基础设施问题，例如可伸缩性和容错性，他们只需关心服务的逻辑。图4-17所示是为实现特定云应用，虚拟化数据中心中服务器所需要的基础设施。

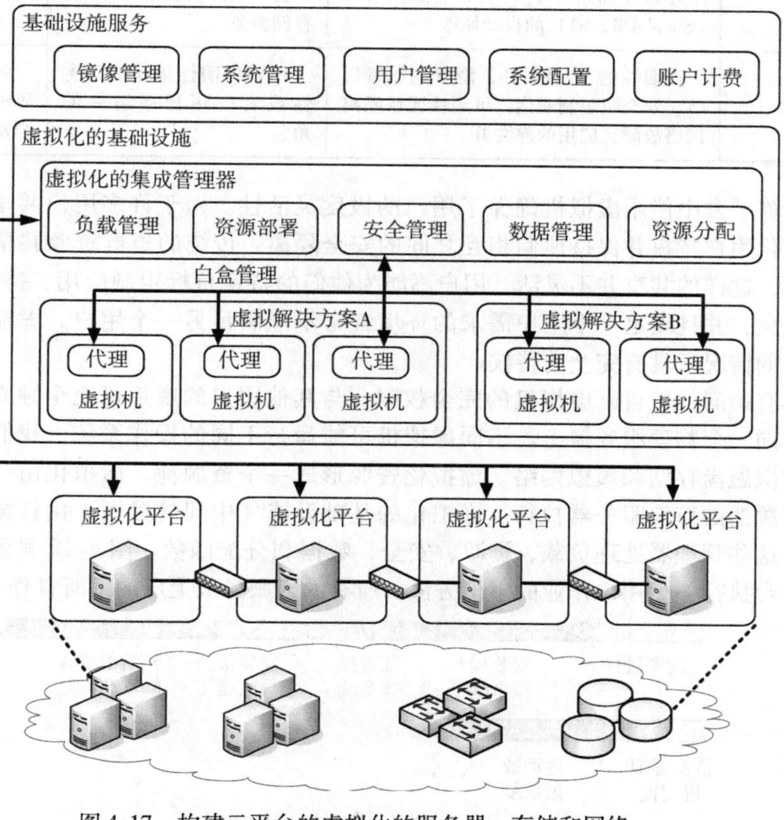

图4-17 构建云平台的虚拟化的服务器、存储和网络

注：由东南大学的秦中元副教授提供。

4.3.3.1 硬件虚拟化

在许多云计算系统中，虚拟化软件用来虚拟化硬件。系统虚拟化软件是一种特殊类型的软件，它模拟硬件的执行并在其上运行未经修改的操作系统。云计算系统使用虚拟化软件作为遗产软件（如旧操作系统或罕见应用）的运行环境。虚拟化软件也被用作开发新的云应用的平台，在其上，开发者可以使用他们偏好的任何操作系统和编程环境。现在，开发环境和部署环境可以一样，消除了一些运行时的问题。

一些云计算的提供商已开始使用虚拟化技术为开发者提供服务。如前所述，系统虚拟化软件可被看做是一种硬件模拟机制，可以在系统虚拟化软件上不经修改地直接运行之前运行在裸机上的操作系统。表4-4列举了一些直至目前正在广泛使用的系统虚拟化软件。当前，虚拟机安装在云计算平台上，主要用于托管第三方程序。虚拟机提供了灵活的运行时服务，用户获得解放，不需要再担心系统环境。

表 4-4 计算、存储和网络云中的虚拟化资源[4]

提 供 商	AWS	微软 Azure	GAE
使用服务器虚拟集群的计算云	x86 指令集，Xen 虚拟机，资源弹性要求必须通过虚拟集群或者第三方组织（如 RightScale）提供可扩展性	由声明性描述所分配的公共语言运行时虚拟机	预定义的 Python 应用程序框架处理器，自动伸缩，与 Web 应用不一致的服务器故障切换
虚拟存储的存储云	块存储模型（EBS）和放大的键/对象存储（SimpleDB），从 EBS 到全自动（SimpleDB，S3）的自动伸缩	SQL 数据服务（SQL 服务器的限制视图），Azure 存储服务	MegaStore/BigTable
网络云服务	声明性的 IP 级拓扑，隐藏的放置细节，安全组限制通信，可用性区域隔离网络故障，应用的弹性 IP	用户声明性描述的自主性或者应用程序组件的角色	固定拓扑引入三层 Web 应用结构，伸缩是自动且程序员不可见的

在云计算平台中使用虚拟机确保了用户的极度灵活性。由于许多用户共享计算资源，一种方法是最大化用户特权并保持他们相互之间的安全隔离。传统的集群资源共享依赖于系统的用户和组机制，这样的共享并不灵活，用户不能为他们的特定目标定制应用，操作系统不能改变，分离也不完全，并且满足一个用户需求的环境常常不能满足另一个用户。虚拟化允许用户在保持各自独立的情况下具有完全的特权。

用户具有访问他们自己虚拟机的完全权限，与其他用户的虚拟机完全独立。多个虚拟机可以被挂载在同一个物理服务器上。不同虚拟机可能运行不同的操作系统。我们也需要建立虚拟机所需的虚拟磁盘存储和虚拟网络。虚拟化资源形成一个资源池。虚拟化由一个被指定用来产生虚拟化资源池的特殊服务器执行。虚拟化的基础设施（中间的黑框）由许多虚拟化的集成管理器构成。这些管理器处理负载、资源、安全、数据和分配函数。图 4-18 显示了两个虚拟机平台。每个平台执行一个用户作业的虚拟方法。所有的云服务被上层的框所管理。

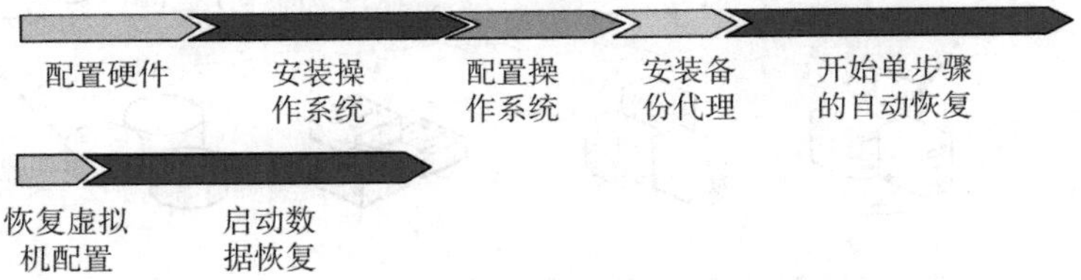

221 ~ 223

图 4-18 与从在线迁移的虚拟机恢复相比，传统灾难恢复机制的恢复开销

4.3.3.2 公有云的虚拟化支持

Armbrust 等人[4]评估了表 4-4 中三个公有云对虚拟化的支持：AWS、微软 Azure 和 GAE。AWS 为用户执行其应用程序提供了极度的灵活性；GAE 为用户基于谷歌提供的服务构建应用提供了受限的应用程序级虚拟化；微软为用户构建应用程序提供了编程级虚拟化（.NET 虚拟化）。

VMware 工具用于工作站、服务器和虚拟基础设施，微软工具用于 PC 和其他特殊的服务器上，XenEnterprise 工具只能用在基于 Xen 的服务器上。每个人都对云很感兴趣，整个 IT 工业正在向云逐渐迈进。虚拟化导致了高可用性、灾难恢复、动态负载水平测量和丰富的配置支持。云计算和效用计算都利用了虚拟化的优势来提供可伸缩的、自动的计算环境。

4.3.3.3 绿色数据中心的存储虚拟化

美国的 IT 能耗已经翻倍，达到了整个国家能源消耗的 3%。国家的大量数据中心都一定程度地促进了能源危机。《财富》500 强中一半以上的公司正在实现新的公司能源策略。近年来，IDC 和 Gartner 的一些研究调查确认了如下事实，即虚拟化在降低物理计算系统能耗方面对成本降低具有重要影响。这个令人担忧的情况使得 IT 工业正在对能源越来越敏感。替代能源的发展较为缓慢，这也使得在所有计算机上节约能耗的需求越来越急迫。已经证明虚拟化和服务器合并在这个方面较为便利。绿色数据中心和存储虚拟化的优势被认为可以进一步加强绿色计算的效果。

4.3.3.4　IaaS 的虚拟化

虚拟机技术增加了普遍性。这使得用户能够在云计算的物理基础设施之上创建定制的环境。在云中使用虚拟机具有如下显著优势：(1) 系统管理员可以将未充分利用的服务器的负载合并到较少的服务器上；(2) 虚拟机可以在不需要其他 API 干涉的情况下运行遗产 (legacy) 代码；(3) 虚拟机可以通过创建沙盒运行不可信的应用程序来改进系统安全性；(4) 通过应用性能隔离，虚拟化的云平台可以让提供商为客户应用程序提供一些保证和更好的 QoS。

4.3.3.5　用在灾难恢复中的虚拟机克隆

虚拟机技术需要高级的灾难恢复机制。一种机制是使用一台物理机器来恢复另一台物理机器；第二种机制是使用另一台虚拟机来恢复虚拟机。如图 4-18 顶层的时间线所示，传统的灾难恢复中，从一台物理机器恢复另一台物理机器非常缓慢，并且复杂、昂贵，整个恢复时间由硬件配置、安装和配置操作系统、安装备份代理、漫长的重启物理机器等时间构成。在恢复虚拟机平台时，操作系统和备份代理的安装与配置时间可以消除，因此，灾难恢复时间更短，其中大约 40% 的时间用来恢复物理机器。虚拟化通过封装虚拟机对快速灾难恢复大有帮助。 224

我们在第 2 章和第 3 章讨论了灾难恢复，虚拟机克隆提供了一种有效的解决方法。基本思想是在远程服务器上为本地服务器上的每台虚拟机创建一个克隆。在所有克隆的虚拟机中，只需要有一台虚拟机处于活跃状态，远程虚拟机应处于挂起状态。云控制中心应该在原始虚拟机失效时激活其相应的克隆虚拟机，并为虚拟机创建一个快照，使其能在很短时间内完成在线迁移。被迁移的虚拟机可以运行在一个共享的互联网连接上。只有被更新的数据和被修改的状态发送给挂起的虚拟机用于更新其状态。RPO (Recovery Property Objective) 和 RTO (Recovery Time Objective) 会受快照数目的影响。在虚拟机迁移过程中需要保证虚拟机的安全性。

4.3.4　体系结构设计挑战

本节将描述云体系结构开发所面临的 6 个开放性的挑战。Armbrust 等人[4]已经提出这些问题既是障碍也是机遇。下面会针对这些挑战的一些看似合理的解决方法进行简述。

4.3.4.1　挑战 1：服务可用性和数据锁定问题

由单一公司管理云服务常常会成为单点失效的来源。为了获得高可用性，我们可以考虑使用多个云提供商。即使公司有多个位于不同地理位置的数据中心，它们也可能具有公共的软件基础设施和核算系统。因此，使用多个云提供商可能会提供更好的故障保护。另一个可用性障碍是分布式拒绝服务 (Distributed Denial of Service，DDoS) 攻击。通过使它们的服务不可用，犯罪威胁切断了 SaaS 提供商的收入。一些效用计算服务通过快速扩容为 SaaS 提供商防御 DDoS 攻击提供机会。

软件栈改进了不同云平台的互操作性，但 API 自己仍属专有技术。因此，客户不能轻易地从一个站点抽取数据和程序使之运行在另一个站点上。一种显而易见的解决方法是标准化 API，使得 SaaS 开发者能够通过多个云提供商部署服务和数据。这可以解决因某一家公司的故障而引起的数据丢失损失。除了可以缓解数据锁定问题以外，API 的标准化还促进了新的应用模型的诞生，其中相同的软件基础设施可以用在公有云和私有云中。这样的选择使得超负荷计算成为可能，其中当捕获到不能轻易运行在私有云数据中心的任务时，会使用公有云。

4.3.4.2　挑战 2：数据隐私和安全性考虑

当前的云发行版基本是公有网络（而不是私有网络），将系统暴露给了更多的攻击。许多障碍可以使用极易理解的技术（如加密存储、虚拟 LAN 和网络中间体（如防火墙、包过滤器）等）快速克服。例如，在把数据放入云之前应首先加密数据。许多国家制定了法律，要求 SaaS 提供商只能在本国内保留客户数据和具有版权性的材料。

传统的网络攻击包括缓冲溢出、DoS 攻击、间谍软件、恶意软件、后门（rootkit）、木马和蠕虫。在云环境中，新的攻击可能来自于 hypervisor 恶意软件、客户虚拟机跳跃和劫持或者虚拟机
225 后门，另一类攻击是在虚拟机迁移中的中间人攻击。通常来讲，被动攻击会窃取敏感数据和密码，主动攻击则可能会操控内核数据结构，对云服务器造成严重损害。我们将会在 4.5 节学习云中的所有安全和隐私问题。

4.3.4.3 挑战 3：不可预测的性能和瓶颈

在云计算中，多个虚拟机可以共享 CPU 和主存，但 I/O 共享还存在问题。例如。在一个运行了 75 个 EC2 实例的环境中，使用 STREAM 基准测试程序要求平均带宽为 1355 MB/s。然而，对 75 个 EC2 实例的每个实例来讲，向本地磁盘写 1 GB 文件需要的平均磁盘写带宽仅为 55 MB/s，这说明了虚拟机之间的 I/O 干扰问题。一种解决方法是改进 I/O 体系结构和操作系统来有效地虚拟化中断与 I/O 通道。

网络应用程序对数据变得更为敏感。如果我们假定应用程序会跨越云边界，则可能使数据的放置和传送变得复杂。如果想要最小化成本，云用户和提供商不得不在系统的每一级都考虑数据放置和流量问题。因此，必须移除数据传输瓶颈，必须拓宽瓶颈链，应该移走较弱的服务器。我们会在第 8 章研究性能问题。

4.3.4.4 挑战 4：分布式存储和广泛存在的软件故障

在云应用中，数据库一直在不断地增长。机会是建立一个存储系统，这个系统不仅满足数据库的增长，也能与云在任意按需缩放方面的优势进行结合。这要求设计有效的分布式 SAN。数据中心必须满足程序员在可扩展性、数据持久性和高可用性等方面的期望。在通过 SAN 连接的数据中心中，数据一致性检查是云计算面临的一个主要挑战。

大规模分布式 bug 不能被重新产生，因此，调试必须以一定规模出现在生产数据中心。没有数据中心会提供这种便利。一种解决方法是在云计算中使用虚拟机。利用虚拟化，我们可能捕捉到有价值的信息，而这种方式没有虚拟机是无法实现的。如果模拟器设计得非常好，那么在模拟器上进行调试是解决这个问题的另外一种方法。

4.3.4.5 挑战 5：云可扩展性、互操作性和标准化

即用即付的模式可以用在存储和网络带宽方面，它们都是用字节数来计数。根据虚拟化级别的不同，计算也不同。GAE 根据负载的增减自动缩放，用户根据使用的周期付费；AWS 根据使用的虚拟机实例数目按小时付费，即使机器空闲。为了节约成本，在不违反 SLA 的情况下，可以根据负载的变化进行快速缩放。

OVF（Open Virtualization Format，开放虚拟化格式）为虚拟机封装和发布描述了一个开放的、安全的、可移植的、有效的和可扩展的格式。它也为发布部署在虚拟机中的软件定义了格式。该虚拟机格式不依赖于特定的主机平台、虚拟化平台或客户操作系统。该方法是使用封装软
226 件的认证和完整性解决虚拟平台透明的打包问题。包支持虚拟装置跨越一个以上虚拟机。

OVF 也定义了虚拟机模板的传输问题，可以用在处于不同虚拟化级别的不同虚拟化平台上。为了云的标准化，虚拟装置需要能运行在任何虚拟平台上。要使虚拟机能运行在异构的硬件平台 hypervisor 上，这也要求 hypervisor 透明的虚拟机。而且要在 x86 Intel 和 AMD 技术之间实现跨平台的在线迁移，并支持遗产硬件的负载均衡。所有这些问题仍有待进一步研究。

4.3.4.6 挑战 6：软件许可和信誉共享

许多云计算提供商最初依赖于开源软件，因为商业软件的许可证模型对效用计算并不理想。

幸好开源软件很流行，商业软件公司简单地改变它们的许可证结构就可以更好地适应云计算。我们可以考虑按需付费（pay-for-use）和大量使用（bulk-use）的许可模式来拓宽商业应用的覆盖范围。

客户的糟糕行为会影响整个云系统的信誉。例如，通过垃圾邮件阻止服务列出的EC2 IP地址黑名单可能会影响虚拟机的流畅安装。一种解决方法是创建信誉守护服务，类似于为当前托管在小ISP上的服务提供的“可信的E-mail”服务。另一个法律问题是关于法律责任的传递。云提供商想要客户保留一些法律责任，或者相反。这个问题必须在SLA级解决。我们将会在下一节学习用于保护数据中心的信誉系统。

4.4 公有云平台：GAE、AWS和Azure

本节将回顾4个商业上可用的云平台的系统体系结构。这些案例是读者学习后续章节的预备材料。

4.4.1 公有云及其服务选项

云服务被计算和IT管理员、软件厂商和终端用户所需要。图4-19介绍了云的5个使用层次。在顶层，个人用户和组织用户请求的服务非常不同。SaaS层的应用程序提供商主要服务个人用户。大部分商业组织由IaaS和PaaS提供服务。IaaS为应用程序和组织用户提供计算、存储和通信资源。云环境由PaaS或平台提供商定义。需要注意的是，平台提供商直接支持基础设施服务和组织用户。

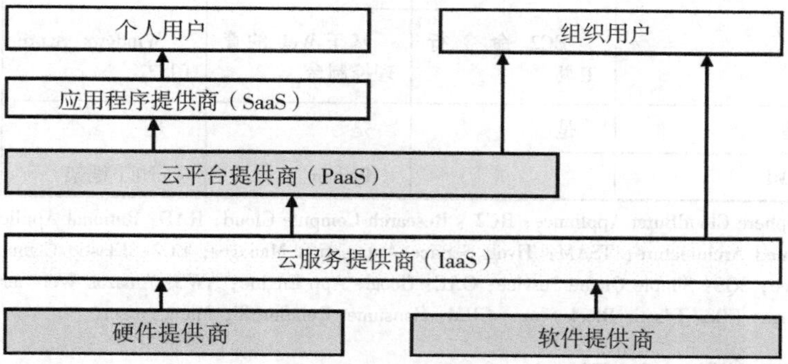

图4-19 个人用户和组织用户的角色及其在不同的云服务模型下与云提供商之间的交互

云服务依赖于机器虚拟化、SOA、网格基础设施管理和节能方面的新进展。客户购买如前所述的IaaS、PaaS或SaaS服务。而且，许多云商家会向大量用户出售增值服务。云产业利用许多企业和商业用户日益增长的需求，将他们的计算和存储作业外包给更专业的提供商。提供商提供的服务费用通常远低于用户频繁更换废弃的服务器的成本。表4-5总结了2010年间5个主要云提供商的资料信息。

亚马逊在同时支持上百万的客户使用电子商务和云应用方面是IaaS商业化的先锋。亚马逊的云的弹性来自于硬件和软件服务提供的灵活性。EC2提供了按需运行虚拟服务器的环境，S3提供了不受限制的在线存储空间。AWS平台同时支持EC2和S3。微软为云应用提供了Azure平台，它也支持.NET服务、动态CRM、Hotmail和SQL应用。Salesforce. com使用它的Force. com平台为在线CRM应用提供扩展的SaaS应用。

如表4-5所示，所有的IaaS、PaaS和SaaS模型允许用户通过互联网访问服务，完全依赖于云服务提供商的基础设施。这些模型基于提供商和用户之间不同的SLA被提供。SLA在网络服务中更为普遍，因为它们负责网络服务的QoS特征。对云计算服务而言，很难找到一个协商SLA

的合理的先例。从更广泛的意义来讲，云计算的 SLA 强调服务的可用性、数据的完整性、隐私和安全保护。表中的空白区域指未知或未开发的特征。

表 4-5　5 个主要云平台及其服务发布[36]

模　型	IBM	亚　马　逊	谷　歌	微　软	Salesforce
PaaS	BlueCloud，WCA，RC2		应用程序引擎（GAE）	Windows Azure	Force. com
IaaS	Ensembles	AWS		Windows Azure	
SaaS	Lotus Live		Gmail，Docs	. NET 服务，动态 CRM	在线 CRM，Gifttag
虚拟化		操作系统和 Xen	应用程序容器	操作系统级/Hyper-V	
服务发布	SOA，B2，TSAM，RAD，Web 2.0	EC2，S3，SQS，SimpleDB	GFS，Chubby，BigTable，MapReduce	Live，SQL Hotmail	Apex，visual force，记录安全
安全性特征	WebSphere2 和为保护进行调整的 PowerVM	PKI，VPN，从故障恢复的 EBS	安全强制的 Chubby 锁	重复的数据，基于规则的访问控制	管理或记录安全，使用元数据 API
用户接口		EC2 命令行工具	基于 Web 的管理控制台	Windows Azure 门户	
Web API	是	是	是	是	是
编程支持	AMI		Python	. NET 框架	

注：WCA：WebSphere CloudBurst Appliance；RC2 ：Research Compute Cloud；RAD：Rational Application Developer；SOA：Service-Oriented Architecture；TSAM：Tivoli Service Automation Manager；EC2：Elastic Compute Cloud；S3：Simple Storage Service；SQS：Simple Queue Service；GAE：Google App Engine；AWS：Amazon Web Services；SQL：Structured Query Language；EBS：Elastic Block Store；CRM：Consumer Relationship Management。

227～228

4.4.2　谷歌应用引擎（GAE）

谷歌有世界上最大的搜索引擎设备。公司在大规模数据处理方面具有丰富的经验，这使得其在数据中心设计（见第 3 章）中视点新颖，且其提出的新的编程模型可适应的规模令人吃惊。谷歌平台基于它的搜索引擎专家，如前所述的 MapReduce，该基础设施也适用于许多其他领域。谷歌有上百个数据中心，在全世界安装了 460 000 多台服务器。例如，谷歌一次会使用 200 个数据中心为一些云应用服务。数据项存储在文本、图像和视频中，并且出于容错和故障考虑而进行了备份处理。这里我们讨论谷歌的应用程序引擎（GAE），它提供了一个支持不同的云和 Web 应用的 PaaS 平台。

4.4.2.1　谷歌的云基础设施

谷歌通过利用它所操控的大量数据中心，在云开发方面堪称先锋。例如，在其他应用程序中，谷歌是 Gmail、谷歌文档、谷歌地图等云服务的先锋，这些应用可以同时支持大量具有高可用性需求的用户。谷歌令人瞩目的技术成就包括 GFS（Google File System，谷歌文档系统）、MapReduce、BigTable 和 Chubby。2008 年，谷歌宣布 GAE Web 应用平台成为许多小型云服务提供商的公共平台。该平台专门用来支持弹性的 Web 应用。GAE 使得用户能在与谷歌的搜索引擎操作相关联的大量数据中心中运行他们的应用程序。

4.4.2.2　GAE 体系结构

图4-20所示为谷歌云平台的构成要素，它们用于提供前面提到的云服务。GFS用于存储大量数据，MapReduce用于应用程序开发，Chubby用于分布式应用程序锁服务，BigTable为访问结构化的数据提供存储服务，这些技术将在第8章中详细介绍。用户可以通过每个应用所提供的Web接口与谷歌应用程序交互。第三方应用软件提供商可以使用GAE构造云应用程序来提供服务。这些应用都运行在由谷歌工程师紧密管理的数据中心中。在每个数据中心中，有上千的服务器构成不同的集群。 229

谷歌是较大的云应用提供商之一，尽管它的基本服务程序是私有的，外人不能使用谷歌的基础设施构建他们自己的服务。谷歌的云计算应用程序的构成要素包括存储大量数据的GFS、为应用程序开发者提供的MapReduce编程框架、用于分布式应用程序锁服务的Chubby和为访问结构化或半结构化数据的BigTable存储服务。使用这些构成要素，谷歌构建了许多应用程序。图4-20显示了谷歌云基础设施的总体体系结构。一个典型的集群配置可以运行谷歌的文件系统、MapReduce作业和用于结构化数据的BigTable服务器。额外的服务（如用于分布式锁的Chubby）也能运行在集群中。

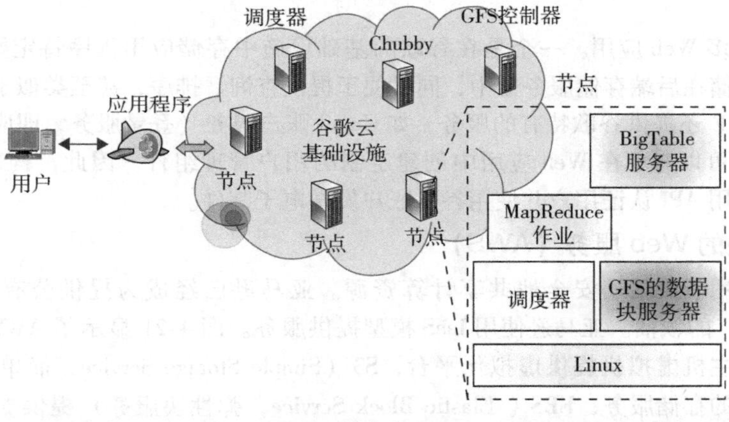

图4-20　谷歌的云平台及其构成要素，图中所显示的块是低开销服务器的大集群

注：由清华大学陈康提供。

GAE在谷歌的基础设施中运行用户的应用程序。因为它是一个运行第三方程序的平台，应用程序开发者现在不需要担心服务器的维护问题。GAE可以看做是许多软件组件的集合。前端是应用程序框架，类似于其他Web应用框架，如ASP、J2EE和JSP。目前，GAE可以支持Python和Java编程环境。应用程序可以像Web应用程序容器一样运行。前端可以用做动态Web服务基础设施，可以提供对公共技术的完整支持。

4.4.2.3　GAE的功能模块

GAE平台由如下5个主要组件构成。GAE不是一个基础设施平台，而是一个用户的应用程序开发平台。下面我们分别描述各个组件的功能： 230

a. datastore基于BigTable技术提供面向对象的、分布式的、结构化的数据存储服务。datastore保护数据管理操作的安全。

b. 应用程序运行时环境为可伸缩的Web编程和执行提供了平台。它支持两种开发语言：Python和Java。

c. SDK（Software Development Kit，软件开发工具箱）用于本地应用程序开发。SDK允许用户执行本地应用程序的测试并上传应用程序代码。

d. 管理控制台用于简化用户应用程序开发周期的管理，而不是管理物理资源。

e. GAE Web 服务基础设施提供了特定接口来保证 GAE 灵活使用和管理存储与网络资源。

谷歌为所有 Gmail 账户提供了免费的 GAE 服务。我们可以注册一个 GAE 账号或使用 Gmail 账户登录使用 GAE 服务。在一定配额内该服务免费。如果超出配额，页面会指导你如何为服务付费。然后，可以下载 SDK 并阅读 Python 或 Java 入门指南。注意，GAE 只接收 Python、Ruby 和 Java 编程语言。与亚马逊提供 IaaS 和 PaaS 不同，GAE 平台不提供任何 IaaS 服务。该模型允许用户在云基础设施之上使用提供商支持的编程语言（如 Python、Java）和软件工具部署用户构建的应用程序。Azure 对于 . NET 与此类似。用户无需管理底层的云基础设施。云提供商在良好定义的服务平台上为应用程序开发、测试和操作支持提供了便利。

4.4.2.4 GAE 的应用程序

著名的 GAE 应用程序包括谷歌搜索引擎、谷歌 Docs、谷歌地图和 Gmail。这些应用可以同时支持大量用户。用户可以通过每个应用程序提供的 Web 接口与谷歌的应用程序交互。第三方应用程序提供商为提供服务可以使用 GAE 构建云应用。应用程序都运行在谷歌的数据中心中。在每个数据中心，可能有来自不同集群的上千服务器节点。每个集群可以运行多目的服务器。

GAE 支持许多 Web 应用。一个是在谷歌的基础设施中存储应用程序特定数据的存储服务。数据可以永久存储在后端存储服务器中，同时便于提供查询、排序，甚至类似于传统数据库系统的事务处理。GAE 还提供谷歌特有的服务，如 Gmail 账户服务（登录服务，即应用可以直接使用 Gmail 账户）。这可以避免在 Web 应用中创建定制的用户管理组件。因此，构建在 GAE 之上的 Web 应用可以使用 API 认证用户并使用谷歌账户发送电子邮件。

4.4.3 亚马逊的 Web 服务（AWS）

虚拟机可以用于灵活、安全地共享计算资源。亚马逊已经成为提供公有云服务（http://aws.amazon.com）的领袖。亚马逊使用 IaaS 模型提供服务。图 4-21 显示了 AWS 体系结构。EC2 向运行云应用的主机虚拟机提供虚拟化平台，S3（Simple Storage Service，简单存储服务）为用
231 户提供面向对象的存储服务，EBS（ Elastic Block Service，弹性块服务）提供支持传统应用程序的块存储接口，SQS（Simple Queue Service，简单排队服务）的任务是确保两个进程之间可信的消息服务，甚至当接收进程不运行时也可以可靠地保存消息。用户可以通过 SOAP 使用浏览器或其他支持 SOAP 标准的客户端程序访问他们的对象。

表 4-6 总结了在 12 个应用程序中 AWS 提供的服务。EC2、S3 和 EBS 的细节见第 6 章，其中我们也会讨论编程示例。亚马逊支持排队和通知服务（SQS 和 SNS），这些服务在 AWS 云中实现。需要注意的是，中间系统在云中运行得非常有效并且可以提供一个引人注目的模型来控制传感器和提供对智能电话与平板电脑的办公支持。与谷歌不同，亚马逊为开发者构建云应用提供了一个更加灵活的云计算平台。中小型公司可以在亚马逊云平台上进行商业活动。使用 AWS 平台，他们可以服务大量互联网用户并通过付费服务获利。

ELB 可以跨越多个亚马逊 EC2 实例自动分发到来的应用程序，允许用户避开非操作节点，并在功能图像上均衡负载。CloudWatch 使得自动伸缩和 ELB 成为可能，它可以监视运行中的实例。Cloud Watch 是一个监视 AWS 云资源的 Web 服务，最初应用于亚马逊的 EC2。它可以为客户提供资源利用率、操作性能和全部需求模式（包括度量，如 CPU 利用率、磁盘读/写和网络流量）的数据视图。

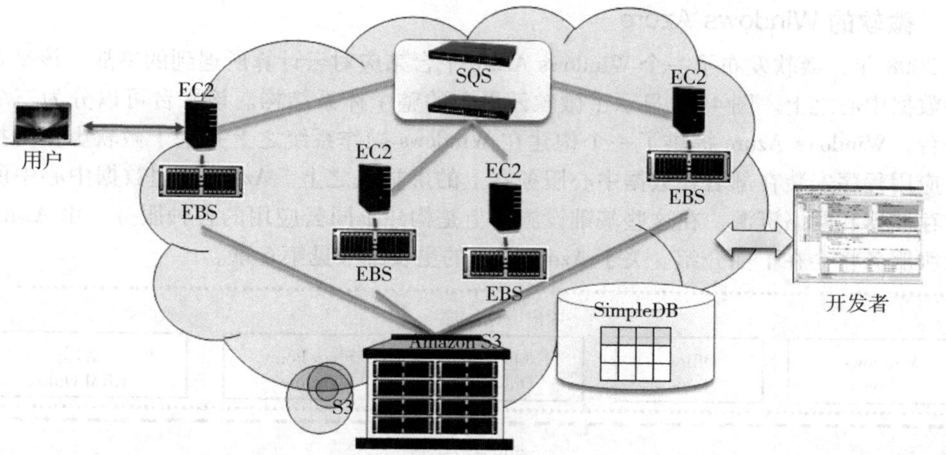

图4-21 亚马逊云计算基础设施（关键服务见本图，更多细节见表4-6）

注：由清华大学陈康提供。

表4-6 2011年AWS提供的服务

服务领域	服务模块和缩写名称
计算	弹性计算云（EC2），弹性MapReduce，自动缩放
消息传递	简单排队服务（SQS），简单通知服务（SNS）
存储	简单存储服务（S3），弹性块存储（EBS），AWS导入/导出
内容传递	亚马逊CloudFront
监视	亚马逊CloudWatch
支持	AWS付费支持
数据库	Amazon SimpleDB，关系型数据库服务（RDS）
网络	虚拟私有云（VPC）（例4.1，图4-6），弹性的负载均衡
网络流量	Alexa Web信息服务，Alexa Web站点
电子商务	履行Web服务（FWS）
支付与结算	灵活支付服务（FPS），Amazon DevPay
劳动力	亚马逊土耳其机器人

注：由亚马逊提供，http://aws.amazon.com[3]。

亚马逊（像Azure）提供了一个关系型数据库服务（Relational Database Service，RDS），使用4.1节中介绍的消息传递接口。弹性的MapReduce能力等价于Hadoop运行在基本的EC2发行版上。AWS导入/导出允许通过物理磁盘运送大量数据，一般对地理上相隔较远的系统，这就是最高的带宽连接。亚马逊CloudFront实现了一个内容分发网络，亚马逊DevPay是一个易于使用的在线结算和账户管理服务，它使得出售运行在AWS之中或其上的应用程序变得很容易。

FPS为AWS上的商业系统开发者提供了一种便利方式，可以对使用构建在AWS之上的服务的亚马逊客户进行收费。客户可以使用他们已经记录在亚马逊中的登录凭证、送货地址和支付信息进行付款。FWS允许商人通过一个简单的Web服务接口访问亚马逊承担的服务。商人可以满足根据客户的行为指令向亚马逊发送订购信息。2010年7月，亚马逊提供了MPI集群和集群计算实例。AWS集群计算实例使用硬件辅助虚拟化而不是其他实例类型所使用的半虚拟化，并且要求从EBS启动。根据需要，用户可以随意创建一个新的AMI。

4.4.4 微软的 Windows Azure

在 2008 年，微软发布了一个 Windows Azure 平台来应对云计算所遇到的挑战。该平台构建在微软的数据中心之上。图 4-22 显示了微软云平台的整个体系结构。该平台可以分为三个主要的组件平台。Windows Azure 提供了一个构建在 Windows 操作系统之上并基于微软虚拟化技术的云平台。应用程序安装在部署在数据中心服务器上的虚拟机之上。Azure 管理数据中心中所有的服务器、存储器和网络资源。在这些基础设施之上是构建不同云应用的各种服务。由 Azure 平台提供的云级服务将会在下面介绍。关于 Azure 服务的更多细节见第 6 章。

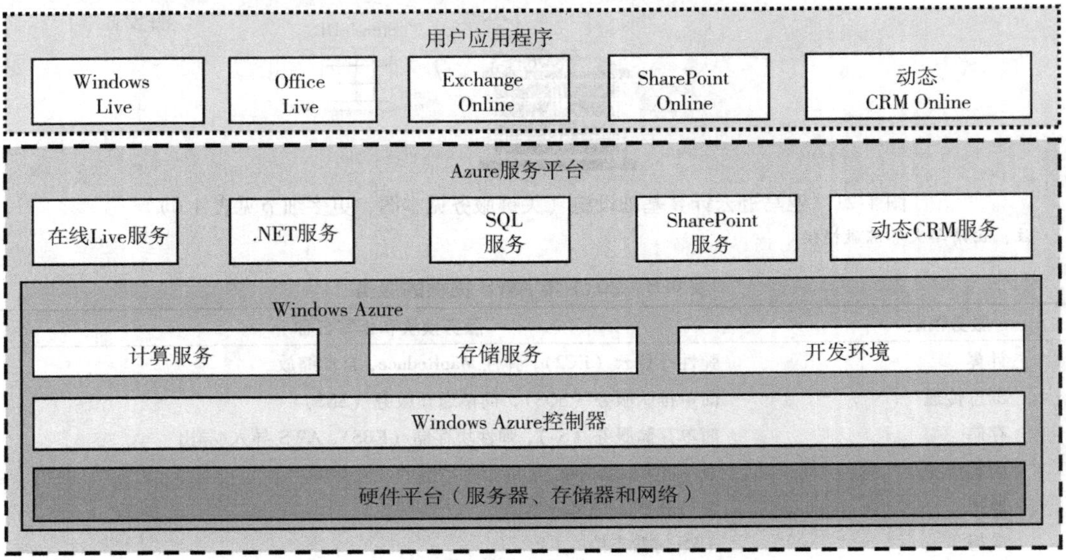

图 4-22 微软的云计算平台 Windows Azure

注：由微软提供，2010，http://www.microsoft.com/windowsazure。

- Live 服务：用户可以访问微软 Live 应用，并跨越多台机器并行地使用所包括的数据。
- .NET 服务：支持应用程序在本地主机上开发、在云机器上执行。
- SQL Azure：更易于用户访问和使用与云中 SQL 服务器相关的关系型数据库。
- SharePoint 服务：为用户提供了一个可伸缩和可管理的平台，可以在更新的 Web 服务上开发他们自己特定的商业应用。
- 动态 CRM 服务：为软件开发者提供了一个商业平台，可以在金融、市场、销售和促销方面管理 CRM 应用。

Azure 中的所有这些云服务都可以与微软的传统软件应用进行交互，例如 Windows Live、Office Live、Exchange Online、SharePoint Online 和动态 CRM Online。Azure 平台使用标准的 Web 通信协议 SOAP 和 REST。Azure 服务应用允许用户与其他平台或第三方云集成云应用。我们可以下载 Azure 开发工具箱来运行本地版本的 Azure。强大的 SDK 允许在 Windows 主机上开发和调试 Azure 应用程序。

4.5 云间的资源管理

232~234 本节将刻画各种云服务模型及其扩展，简要介绍云服务趋势，并总结云的资源管理和云之间的资源交换体系结构。4.6 节将讨论云资源对网络威胁的防御。

4.5.1 扩展的云计算服务

图4-23显示了6层的云服务，范围从硬件、网络和配置到基础设施、平台和软件应用。我们已经分别介绍了SaaS、PaaS和IaaS上面这三个服务层。云计算平台提供的PaaS位于IaaS的基础设施顶端。顶层提供SaaS。这些都必须所提供的云平台上实现。如表4-7所示，虽然三个基本模型用法不同，但它们是逐层建立的。言外之意是，没有云平台，就没有SaaS应用。如果计算和存储基础设施不存在，就不能构建云平台。

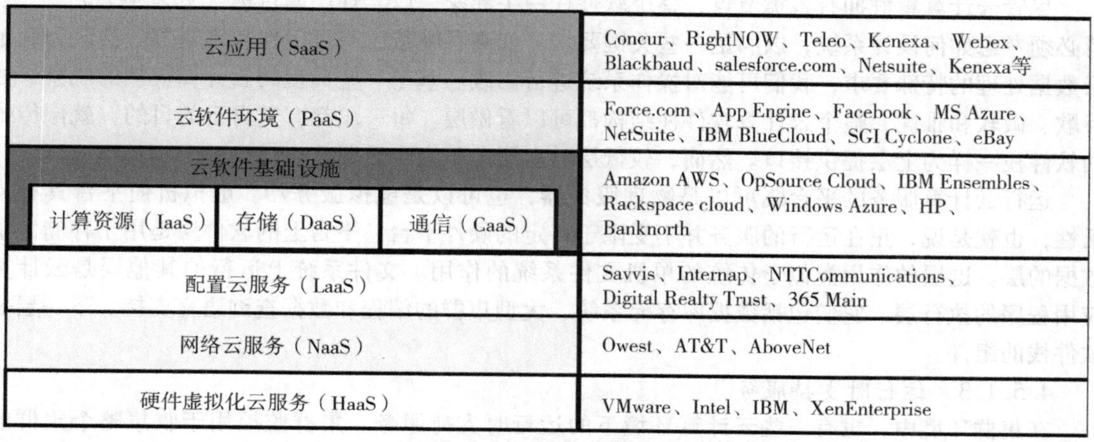

图4-23 云服务及其提供商的6层栈

注：由T. Chou提供，Active Book Express，2010[16]。

表4-7 云在提供商、供应商和用户角度的不同

云成员	IaaS	PaaS	SaaS
IT管理员或云提供商	监视SLA	监视SLA，使能服务平台	监视SLA，部署软件
软件开发者（供应商）	部署和存储数据	通过配置和API使能平台	开发和部署软件
终端用户或商业用户	部署和存储数据	开发和测试Web软件	使用商业软件

底部的三层与物理要求关系更密切。最下面的层提供*硬件即服务*（Hardware as a Service，HaaS）。下一层是用于互连所有硬件组件，并简称为*网络即服务*（Network as a Service，NaaS）。虚拟局域网属于NaaS范围内。下一层提供*位置即服务*（Location as a Service，LaaS），它提供一个配置服务，用于地点安置、供电，并确保所有的物理硬件和网络资源安全。有些学者认为，这层提供*安全即服务*（SaaS）。除了IaaS的计算和存储服务外，云基础设施层可以进一步细分为*数据即服务*（DaaS）和*通信即服务*（CaaS）。

在随后的章节中，我们将研究云服务商业化的趋势。在这里，我们将主要讲述上面三层与云计算成功的例子。如表4-7所示，云成员可以分为三大类：(1) 云服务提供商和IT管理员，(2) 软件开发商或供应商，(3) 终端用户或企业用户。在IaaS、PaaS和SaaS模式下，这些云成员作用不同。表中的项显示了三个不同的成员看待云模型的区别。从软件厂商的角度来看，一个给定的云平台的应用性能是最重要的。从供应商的角度来看，云计算基础设施性能最重要。从终端用户的角度来看，服务质量（包括安全性）是最重要的。

4.5.1.1 云服务的任务和趋势

云服务共有5层。最上面一层是SaaS应用，如图4-23进一步划分的5个应用领域所示，主要用于商业应用。例如，CRM在商业促销、直接销售和市场服务应用甚广。CRM在云端成功提供了第一个SaaS。该方法是通过调查顾客行为来扩大市场覆盖面，通过统计分析来寻找机会。

SaaS 工具也适用于分布式协作、财政和人力资源管理。近几年，这些云服务在迅速增长。

谷歌、Salesforce. com 和 Facebook 等提供 PaaS。亚马逊、Windows Azure 和 RackRack 等提供 IaaS 。配置服务需要多个云提供商携手合作，以支持制造业的供应链。云服务网络提供由 AT&T、Qwest、AboveNet 等建立的通信，详情可参阅 Clou 的关于商业云的入门书[18] 。图4-23 所示的垂直云服务是指一个相互支持的云服务。通常情况下，垂直云应用运行云混搭系统的应用。

4.5.1.2 云计算的软件栈

尽管云计算集群拥有各类节点，整个软件栈白手起家，以实现严谨目标（见表4-7）。开发者必须考虑如何设计系统，以满足一些关键要求，如高吞吐量、高可用性和容错等。甚至为满足云数据处理的特殊要求，我们可能对操作系统进行修改。基于一些典型的云计算实例的观察，如谷歌、微软和雅虎，整个云计算软件栈结构都可以看做层。每一层都有其自己的目的，就像传统的软件栈一样为上层提供接口。然而，较低层对上层并不完全透明。

运行云计算服务的平台既可以是物理服务器，也可以是虚拟服务器。虚拟机使平台具有灵活性，也就是说，正在运行的服务并不受限于特定的硬件平台。平台上的软件层是用于存储大量
235~236 数据的层。这层的作用类似于传统的单机文件系统的作用。文件系统上运行的其他层是云计算应用程序的执行层。它们包括数据库存储系统、大型集群的编程和数据查询语言支持。下一层是软件栈的组件。

4.5.1.3 运行时支持服务

在集群环境中，也有一些云计算环境下的运行时支持服务。集群监控用于收集整个集群的运行时状态。第 2 章介绍了最重要的设备之一——集群作业管理系统。根据节点的可用性，调度器将提交给整个集群的任务排序，并将任务分配给处理节点，云应用的分布式调度器具有支持云应用程序的特性，如调度用 MapReduce 风格编写的程序。运行时支持系统使云集群以高效率正常运作。

成千上万的云客户使用用浏览器启动的应用程序，运行这种应用程序时，软件需要运行时支持。SaaS 模式是让用户租用软件应用程序，而不是购买软件。因此，在客户看来，服务器或软件版本许可不用提前投资。在提供商看来，与传统的托管用户程序相比，这种模式成本比较低。客户数据存储在云中，这种云要么是供应商私有，要么是支持 PaaS 和 IaaS 的公有托管云。

4.5.2 资源配置和平台部署

计算云的出现表明软件和硬件体系结构的根本性转变。云体系结构将更加强调处理器核心的数目或虚拟机实例。并行在集群节点级开发。在本节中，我们将讨论配置计算机资源或虚拟机的技术。然后，我们将谈论通过动态利用虚拟机构建互连分布式计算基础设施的存储分配方案。

4.5.2.1 计算资源（虚拟机）的配置

提供商通过与终端用户签订 SLA 来提供云服务。SLA 必须投入足够的资源，如 CPU、内存和带宽，用户可以使用预设的时间。资源配置不足将会损坏 SLA 并受到处罚。资源配置过度将导致资源不能得到充分利用，因此，提供商的收入减少。部署一个可以有效向用户配置资源的自治系统是一个具有挑战性的问题。困难在于消费者需求的不可预测性、软件和硬件故障、服务的异质性、电源管理、消费者和服务提供商之间签署的 SLA 中的冲突。

高效的虚拟机配置取决于云体系结构和云基础设施的管理。资源配置方案还要求快速找到云计算基础设施中的服务和数据。在一个虚拟化的服务器集群中，这就需要高效的虚拟机安装、实时虚拟机迁移、快速故障恢复。为了部署虚拟机，用户需要将它们视为拥有针对特定应用而定制的操作系统的物理主机。例如，亚马逊的 EC2 利用 Xen 作为虚拟机监视器（VMM）。IBM 的
237 蓝云也使用同样的 VMM。

在 EC2 平台中，还提供了一些预定义的虚拟机模板。用户可以从模板选择不同种类的虚拟

机。IBM 的蓝色云并不提供任何虚拟机模板。一般情况下，任何类型的虚拟机都可以在 Xen 的顶部运行。微软也在其 Azure 云平台中应用虚拟化。提供商应该提供资源 - 经济服务。由于数据中心散热引起的能源浪费日益增多，因此缓存节能方案、查询处理和热量管理都是强制性的。公有云或私有云承诺精简作为一种服务，实现 IT 部署和操作的规模效益，按需配置软件、硬件和数据。

4.5.2.2 资源配置方法

图 4-24 显示了静态云资源配置策略的三种情况。在图 4-24a 中，过量配置峰值负载导致严重资源浪费（阴影部分）。在图 4-24b 中，资源配置不足（沿着容量）导致用户和供应商双方的损失，由于用户的需求（容量线以上的阴影部分）未送达，以及资源请求低于资源配置而造成资源浪费。在图 4-24c 中，在用户需求递减的情况下，固定资源配置会导致更大的资源浪费。用户可能会通过取消需求放弃该服务，这样就会使提供商的收入减少。在非弹性的资源配置中，用户和提供商可能都是输家。

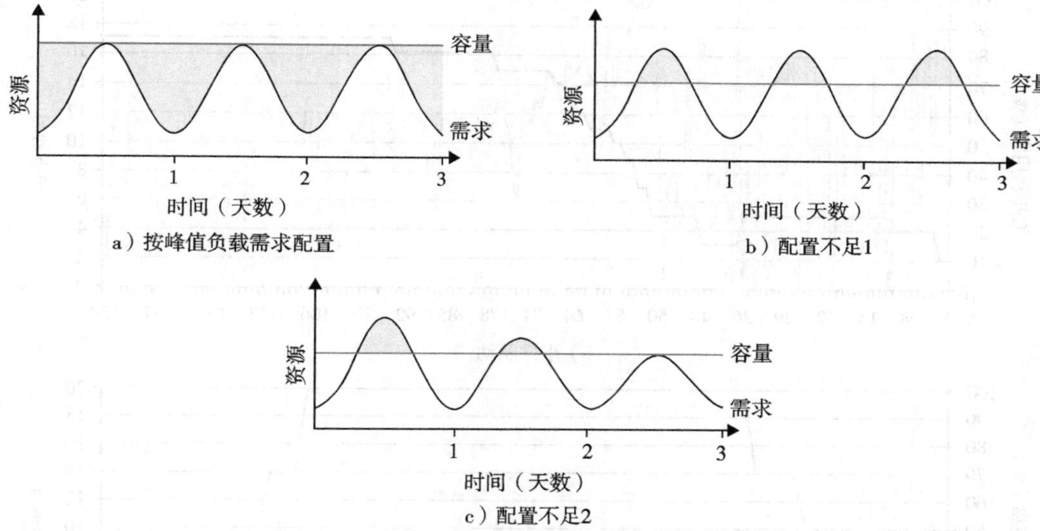

图 4-24 云资源非弹性配置的三种情况：a）由于过量配置而引起的极度浪费；b）配置不足；c）配置不足到过量配置

注：由加州大学伯克利分校 Armbrust 等人提供，2009[4]。

图 4-25 展示了资源配置的三种方法。*需求驱动方法*提供静态资源，并且已用于网格计算很 238
多年。*事件驱动方法*基于不同时期预测的工作负载而定。*人气驱动方法*基于互联网流量监测。下面我们将具体描述这些资源配置方法。

4.5.2.3 需求驱动的资源配置

这种方法基于已分配资源的利用水平来添加或移除资源配置量。当用户使用一个 Xeon 处理器超过持续期时间的 60% 时，需求驱动方法自动为用户的应用程序分配两个 Xeon 处理器。一般情况下，当资源已超过某一时间阈值时，该方案将根据需求增加资源。当资源低于某一时间阈值时，资源也可相应减少。亚马逊在其 EC2 平台实现了这种自动缩放功能。这种方法比较容易实现。如果工作负载突然改变，本方法无法实现。

图 4-25 中 x 轴是以毫秒为单位的时间刻度。在开始时，CPU 负载出现大幅波动。所有三种方法最初都要求几个虚拟机实例。图 4-25a 展示了需求驱动方法的资源配置过程，最多 20 个虚拟机就可以达到 100% 利用率。图 4-25b 展示了事件驱动方法的配置过程，最多 17 个虚拟机就可以达到稳定的峰值。图 4-25c 展示了人气驱动方法的配置过程，其峰值出现在资源配

置的中期。

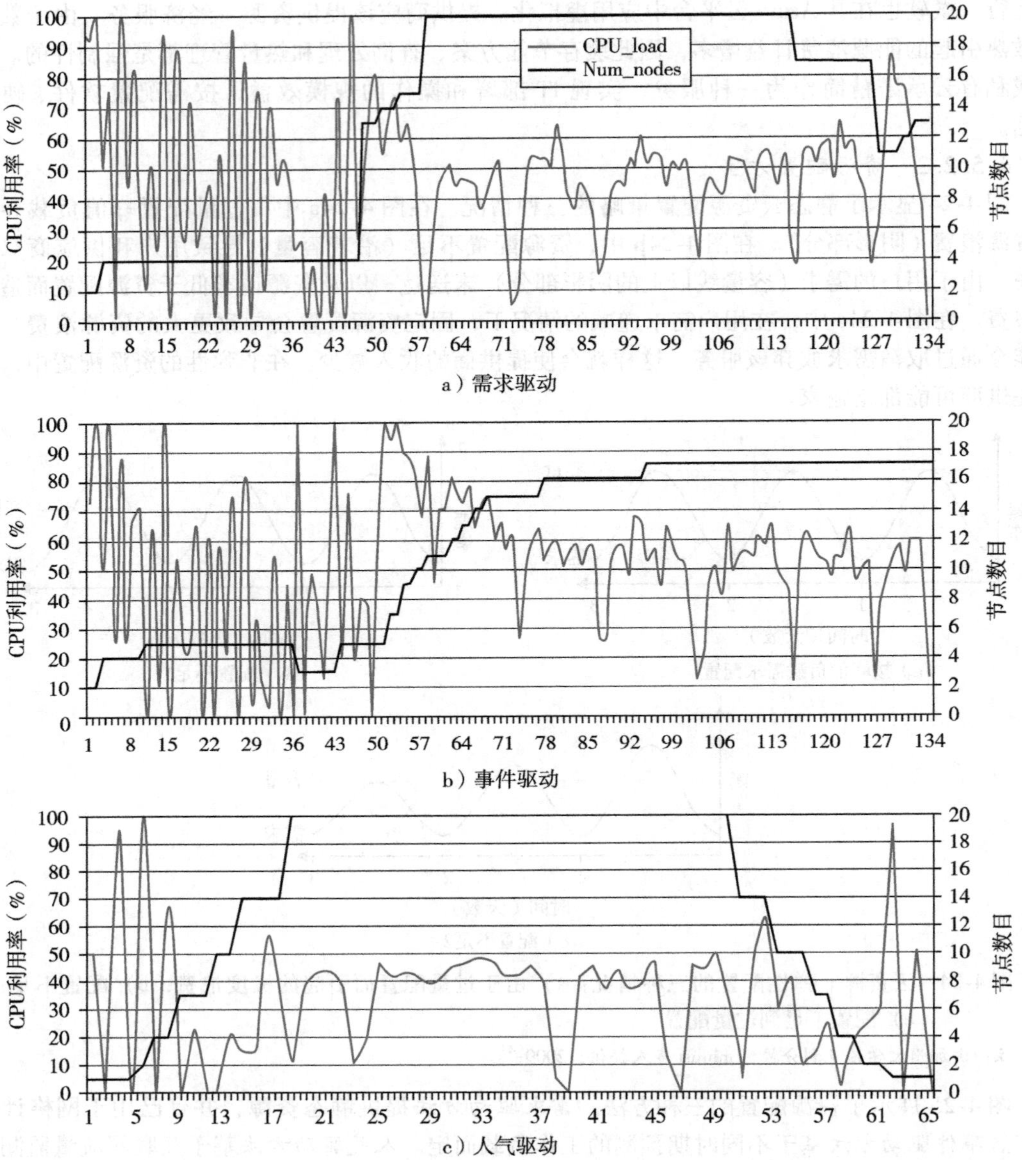

图4-25　在 AWS EC2 平台上的 EC2 性能结果，收集自南加州大学使用三种资源配置方法的实验结果

注：由南加州大学 Ken Wu 提供。

4.5.2.4　事件驱动的资源配置

这种方法用于添加或删除基于特定时间事件的机器实例。该方案对季节性事件或预测事件（如在西方的圣诞节和东方的农历新年）效果更好。在这些特殊事件发生期间，用户数的增长与减少是可以预测的。这种方法预测事件发生前的流量高峰。如果事件的预测正确，这种方法会导致最少量的服务质量损失；否则，由于不遵循一种固定模式的事件，浪费的资源可能更大。

4.5.2.5　人气驱动资源配置

利用这种方法，互联网搜索某些应用程序的受欢迎程度，并按人气需求创建实例。该方法期望负载根据受欢迎程度来增减。如果预测的受欢迎程度正确，该方案会最小化 QoS 的损失。如果没有出现预期的流量，那么可能会浪费资源。图 4-25c 展示了 CPU 利用率与配置虚拟机的关系（深色曲线的变化规模由左边 y 轴标示，浅色曲线展示虚拟机需求量的变化，其峰值为 20）。

4.5.2.6　动态资源部署

云使用虚拟机作为构造块来跨多个资源站点创建一个执行环境。墨尔本大学[19]开发了 InterGrid 管理基础设施。实现了动态资源部署，从而可以实现性能的可扩展性。外部网格是一个 Java 实现的软件系统，允许用户在所有参与网格资源的顶部创建执行云环境。网关之间建立的对等安排可以分配多个网格的资源，建立执行环境。图 4-26 展示外部网格网关（Intergid gateway，IGG）如何从本地集群部署应用程序，分配资源：（1）请求虚拟机，（2）颁布租约，（3）按请求部署虚拟机。在峰值需求以下，这个 IGG 可以与另一个 IGG 交换资源。 239~240

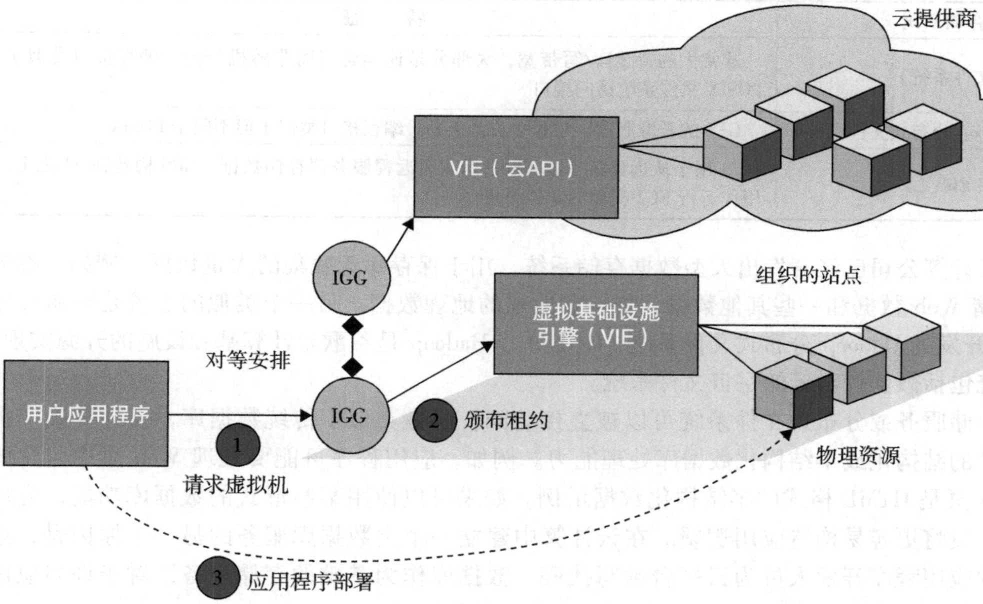

图 4-26　使用一个 IGG（外部网格网关）部署云资源，从一个本地集群中分配虚拟机，与公有云提供商的 IGG 交互

注：由 Constanzo 等人提供[21]。

网格已经预定义了与 IGG 管理的其他网格的对等安排。通过多个 IGG，系统协调 InterGrid 资源的使用。IGG 选择合适的网格，可以提供所需的资源和其他 IGG 请求的答复。请求重定向策略确定选择对等网格 InterGrid 来处理一个请求及该网格执行此任务的价格。IGG 也可以从云提供商分配资源。云系统创建一个虚拟环境，以帮助用户部署他们的应用程序。这些应用程序使用分布式网格资源。

InterGrid 分配并提供一个分布式虚拟环境（Distributed Virtual Environment，DVE）。这是虚拟机的虚拟集群，与其他虚拟集群的运行相隔离。一个称为 DVE 管理器的组件为特定用户应用程序分配和管理资源。IGG 核心零组件是一个调度器，执行资源配置策略并监视其他网关。通信组件提供了异步消息传递机制。所收到的消息由一个线程池并行处理。 241

4.5.2.7 存储资源的配置

数据存储层构建在物理服务器或虚拟服务器的顶部。由于云计算应用程序通常为用户提供服务，因此不可避免地要将数据存储在云提供商的集群中。该服务可以在世界任何地方被访问。电子邮件系统就是一个例子。一个典型的大型电子邮件系统可能有数百万的用户并且每个用户可能有成千的电子邮件，消耗几 GB 的磁盘空间。另一个例子是 Web 搜索应用。在存储技术方面，未来可能用固态驱动器增强硬盘驱动器。这将提供可靠的和高性能的数据存储。数据中心中采用闪存的最大障碍是价格、容量，以及在某种程度上，复杂查询处理技术的缺乏。不过，这会增加很多固态驱动器的 I/O 带宽，由于成本过高而不现实。

分布式文件系统对于大规模数据存储是非常重要的。但是，也存在其他形式的数据存储。一些数据不需要树结构文件系统的名称空间，相反，数据库由存储的数据文件构建。在云计算中，数据存储的另一种形式是（键，值）对。亚马逊 S3 服务使用 SOAP 访问存储在云计算中的对象。表 4-8 概述了谷歌、Hadoop 和亚马逊提供的三个云存储服务。

表 4-8 三个云计算系统中的存储服务

存储系统	特 征
GFS（谷歌文件系统）	非常大的持续读/写带宽，大部分是连续访问而非随机访问。编程接口类似于 POSIX 文件系统访问接口
HDFS（Hadoop 分布式文件系统）	GFS 的开源版本，编程语言是 Java。编程接口类似于但不同于 POSIX
亚马逊 S3 和 EBS	S3 用于从远程服务器获取数据或向远程服务器存储数据。EBS 构建在 S3 之上，用作运行 EC2 实例的虚拟磁盘

很多云计算公司已经开发出大型数据存储系统，用于保存每天收集的大量数据。例如，谷歌的 GFS 存储 Web 数据和一些其他数据，如谷歌地球的地理数据。另一个类似的系统是开源社区为 Apache 开发的 Hadoop 分布式文件系统（HDFS）。Hadoop 是谷歌云计算基础设施的开源实现。类似的系统包括微软针对云的宇宙文件系统。

尽管存储服务或分布式文件系统可以被直接访问，但是类似于传统数据库，云计算确实提供某些形式的结构化或半结构化数据库处理能力。例如，应用程序可能要处理 Web 页中包含的信息。Web 页是 HTML 格式的半结构化数据示例。如果可以使用某些形式的数据库功能，应用程序开发人员将更容易构造应用逻辑。在云计算中建立一个类数据库服务的另一个原因是，这便于传统的应用程序开发人员为云平台编写代码。数据库作为基础的存储设备，对于许多应用程序很常见。

因此，开发人员可以像他们做传统的软件开发那样思考。所以在云计算中，有必要像基于数
242 据存储或分布式文件系统的大规模系统那样建立数据库。此类数据库的规模可能相当大，用于处理大量的数据。主要目的是以结构化或半结构化方式存储数据，以便应用程序开发人员可以轻松地使用它，并迅速构建自己的应用程序。当该系统扩展到更大规模时，传统数据库会遇到性能瓶颈。然而，一些实际的应用程序并不需要这样严格的一致性。此类数据库的规模可能很大。典型的云数据库包括谷歌的 BigTable、亚马逊的 SimpleDB 和微软 Azure 的 SQL 服务。

4.5.3 虚拟机创建和管理

在本节中，我们会考虑云基础设施管理的几个问题。首先，我们会考虑独立服务作业的资源管理。然后，我们会考虑如何执行第三方云应用程序。墨尔本研究组对法国 Grid'5000 系统进行云负载实验。这个实验说明了虚拟机的创建和管理。本案例研究揭示了主要的虚拟机管理问题，并对负载均衡执行提出一些看似合理的解决方案。图 4-27 显示创建与管理云的虚拟机管理器之间的交互。管理器为用户提供了一个提交和控制虚拟机的公有 API。

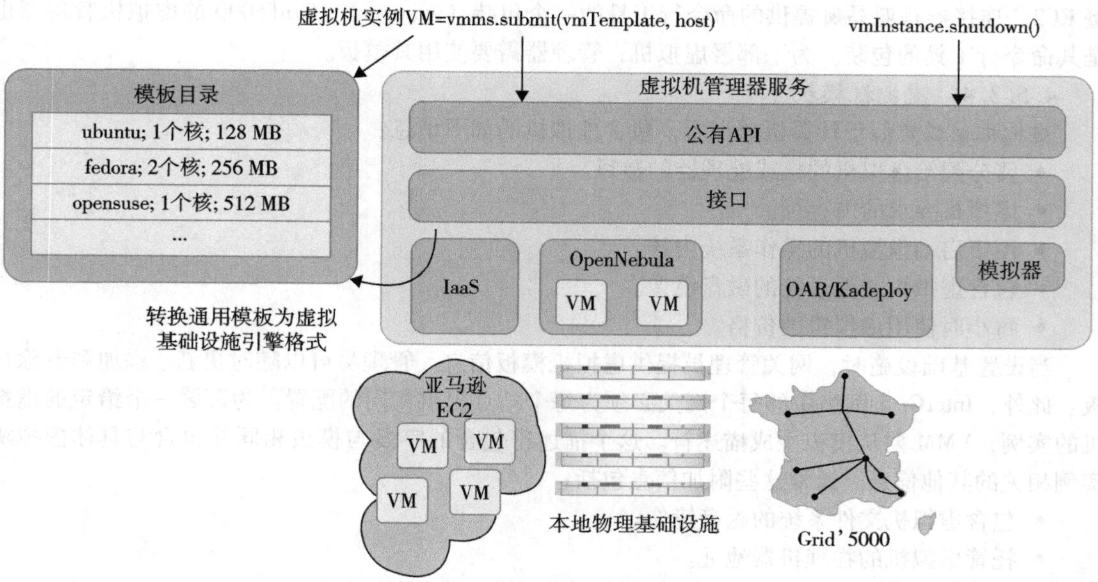

图 4-27　创建和管理云虚拟机管理器之间的交互，管理器为用户提交和控制虚拟机提供一个公有 API

注：由 Constanzo、Assuncao 和 Buyya 提供[21]。

243

4.5.3.1　独立的服务管理

独立服务请求设备执行许多不相关的任务。通常，提供的 API 是一些便于开发人员使用的 Web 服务。在亚马逊的云计算基础设施中，SQS 构造向不同的提供商提供可靠的通信服务。而另一个用户已经在 SQS 中发布了一条消息，即使该用户不会运行。通过使用独立的服务提供商，云应用程序可以在同一时间运行不同的服务，包括提供计算或存储服务以外的数据。

4.5.3.2　运行第三方应用程序

云平台不得不为由第三方应用程序提供商或程序员构造的应用程序提供支持。由于当前 Web 应用程序通常使用 Web 2.0 形式（使用 Ajax 交互式应用程序）提供，编程接口与传统的编程接口（如运行时库中的函数）有所不同。API 通常是服务形式。程序员经常会使用 Web 服务应用程序引擎构建应用程序。Web 浏览器是终端用户的用户界面。

除了网关应用程序外，云计算平台还提供了额外的功能，可以访问后端服务或底层数据。作为例子，GAE 和微软 Azure 应用它们自己的云 API 来获得特别的云服务。WebSphere 应用引擎用于 IBM 蓝云部署。它可以用于任何类型的 Java 编写的 Web 应用程序的开发。在 EC2 中，用户可以使用任何一种可以在虚拟机实例中运行的应用程序引擎。

4.5.3.3　虚拟机管理器

虚拟机管理器是网关和资源之间的纽带。网关并不直接共享物理资源，而是依靠虚拟化技术来抽象它们。因此，它使用的实际资源是虚拟机。管理器管理部署在一组物理资源上的虚拟机。虚拟机管理器执行是泛型的，这样它可以与不同的 VIE 连接。通常，VIE 可以创建并停止物理集群上的虚拟机。墨尔本研究组为 OpenNebula、亚马逊 EC2 和法国 Grid'5000 开发管理器。这个管理器使用 OpenNebula 操作系统（www. opennebula. org）在本地集群部署虚拟机。

OpenNebula 作为守护进程服务运行在主节点上，所以 VMM 担任一个远程用户。用户在使用不同种类 hypervisor（如 Xen（www. xen. org））的物理机器上提交虚拟机，从而可以在同一主机上同时运行几个操作系统。VMM 还管理网格上的虚拟机部署和 IaaS 提供商。InterGrid 支持亚马逊 EC2。连接器是亚马逊提供的命令行工具的一个包装（wrapper）。Grid'5000 的虚拟机管理器也是其命令行工具的包装。为了部署虚拟机，管理器需要使用其模板。

4.5.3.4 虚拟机模板

虚拟机模板类似于计算机的配置，包含虚拟机的如下信息：

- 要分配给虚拟机的核或处理器的数目。
- 虚拟机要求的内存量。
- 244 用于启动虚拟机的操作系统内核。
- 包含虚拟机文件系统的磁盘镜像。
- 每小时使用虚拟机的价格。

当设置基础设施时，网关管理员提供虚拟机模板信息。管理员可以随时更新、添加和删除模板。此外，InterGrid 网络中的每个网关必须为每个站点提供相同的配置。为部署一个给定的虚拟机的实例，VMM 要从模板生成描述符。这个描述符包含的字段与模板相同并包含与具体虚拟机实例相关的其他信息。通常这些附加信息包括：

- 包含虚拟机文件系统的磁盘镜像。
- 托管虚拟机的物理机器地址。
- 虚拟机的网络配置。
- IaaS 提供商上部署所需的信息。

在开始一个 VM 实例之前，调度器给出网络配置和主机地址；然后为该实例分配 MAC 和 IP 地址。模板指定磁盘镜像字段。为了并行部署几个相同的虚拟机模板实例，每个实例都使用磁盘镜像的临时副本。因此，该描述符包含复制磁盘镜像的路径。在不同的 IaaS 提供商上部署虚拟机，其描述符字段是不同的。不需要网络信息，因为亚马逊 EC2 自动向实例分配一个公有 IP。IGG 使用虚拟机模板库工作，称为虚拟机模板目录。

4.5.3.5 分布式虚拟机管理

图 4-28 说明 InterGrid 组件之间的交互。分布式虚拟机管理器向虚拟机发出请求并查询它们的状态。这个管理器借助用户应用程序从网关请求虚拟机。管理器从网关获取被请求的虚拟机的列表。此列表包含为每个带有安全 Shell（SSH）隧道的虚拟机分配的公用 IP/专用 IP 地址。用户必须指定他们想要使用的虚拟机模板以及需要的虚拟机实例数、截止日期、实际时间和替代的网关地址。

本地网关会尝试从底层 VIE 获取资源。当这不可能时，本地网关为完成请求开始与远程网关谈判。当一个网关安排虚拟机时，它将访问信息发送给请求者网关。最后，管理器配置虚拟机、设置 SSH 通道，并在虚拟机上执行任务。根据对等的政策，每个网关调度器使用保守的回填来安排请求。当调度器不能立即使用本地资源启动请求时，将启动重定向算法。

例 4.6 关于 Grid'5000 上 InterGrid 测试床的实验

墨尔本研究组构造了两个实验来评估 InterGrid 体系结构。第一个实验通过测量 IGG 如何利用对等安排管理负载来评估分配决策的性能。第二个实验考虑其在部署包任务应用程序方面的效力。实验是在法国实验网格平台 Grid'5000 上进行。Grid'5000 由横跨法国的 9 个网格站点上的
245 4 792 个处理器核心组成。每个网关代表一个 Grid'5000 站点，如图 4-28 所示。

为防止干扰真正 Grid'5000 用户的网关，执行模拟的虚拟机管理器来实例化虚构的虚拟机。模拟主机的数目受每个站点的核数限制。站点间的负载被均衡配置。被请求的虚拟机的最大数目不超过任何网站中的核数。负载特性如图 4-29 所示。黑色表示每个网格站点的负载。中灰色的条形图显示网关将请求重定向到另一个网关时的负载。深色条形图对应的是每个网关接受其他网关的负载量。灰色条形图表示重定向的负载量。结果显示这种负载策略可以平衡 9 个站点

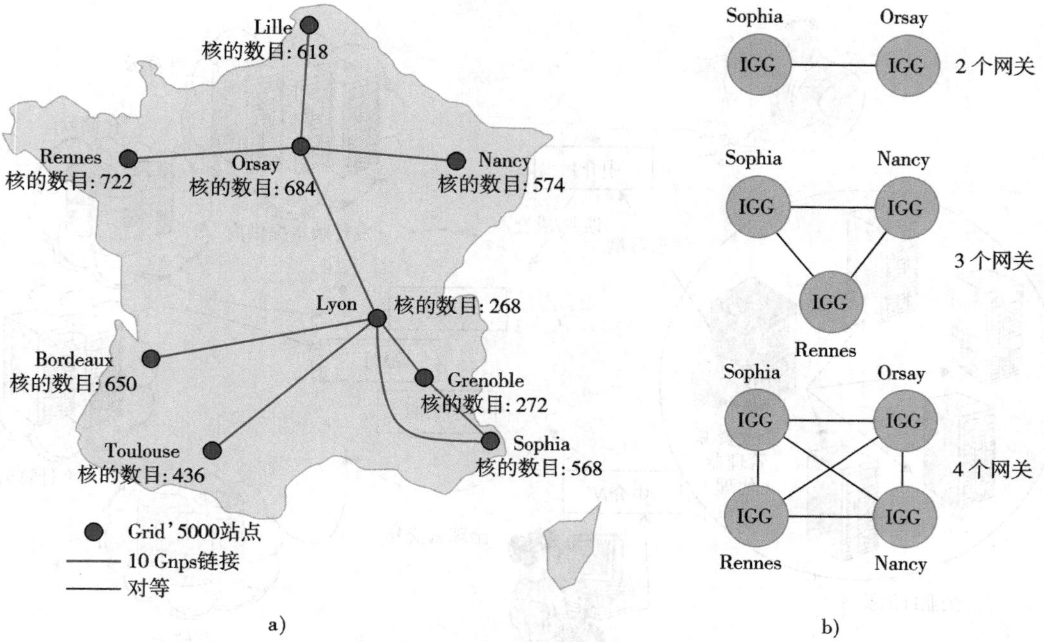

图 4-28　位于法国 9 个城市的 Grid'5000 之上的 InterGrid 测试床

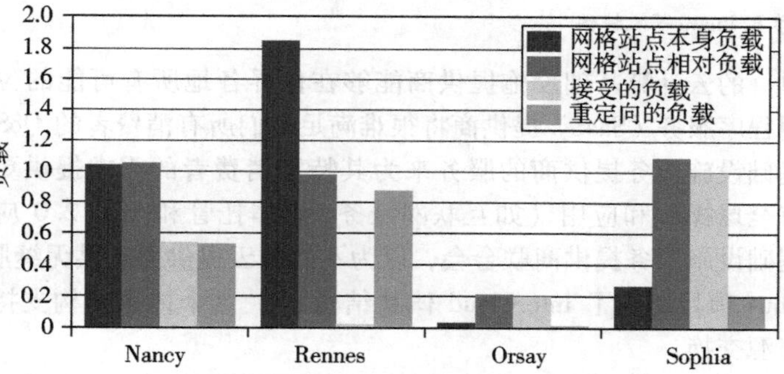

图 4-29　Gird'5000 系统资源站点中 4 个网关的云负载结果

注：由 Constanzo、Assuncao 和 Buyya 提供[21]。

的负载。Rennes，一个负载繁重的站点，得益于窥视其他网关，网关将其很大的负载份额重定向到其他网站。■

4.5.4　云资源的全球交易

为了支持一大批来自世界各地的应用服务消费者，云基础设施提供商（即 IaaS 提供商）在各个地方建立了数据中心，以提供冗余性，并确保站点故障情况下的可靠性。例如，亚马逊在美国和欧洲都有数据中心，如在美国东海岸有一个，在西海岸也有一个。然而，目前亚马逊期望它的云客户（即 SaaS 提供商）提出更喜欢将他们的应用服务托管在哪里。亚马逊不提供无缝/自动机制来缩放托管在多个地区分布式数据中心的服务。 246

这种方法有许多缺点。第一，云客户很难预先确定承载其服务的最佳位置，因为他们可能不知道他们服务的消费者的来源。第二，SaaS 提供商可能不能满足不同地区消费者的服务质量期望。这就需要建立数据中心或支持跨多个区域动态缩放应用程序的提供商间无缝联合。图 4-30 显示墨尔本研究组提出的 InterCloud 体系结构的高级别组件。

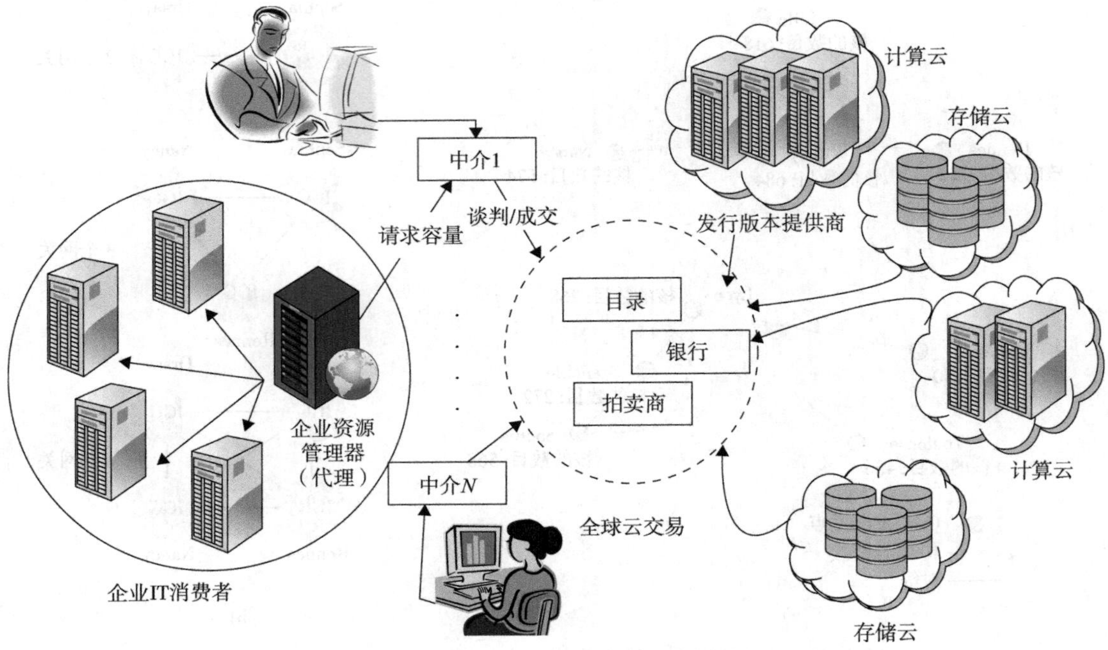

图 4-30 通过中介的云间云资源交易

注：由墨尔本大学 R. Buyya 等人提供[12]。

此外，没有单一的云计算基础设施提供商能够在世界各地所有可能的位置建立它的数据中心。因此，云应用程序服务（SaaS）提供商将很难满足他们所有消费者的 QoS 期望。所以，他们想要利用多个云基础设施服务提供商的服务来为其特定消费者的需求提供更好的支持。这种需求经常出现在具有全球操作和应用（如互联网服务、媒体托管和 Web 2.0 应用）的企业中。因此，需要建立云基础设施服务提供商联合会，以为不同的云提供商提供无缝服务配置。为此，墨尔本大学的 Cloudbus 项目提出了 InterCloud 体系结构[12]，这个体系结构支持中介和跨多个云缩放应用程序的云资源交换。

通过实现 InterCloud 体系结构原理与分配机制，云提供商将可以根据从其他云提供商租用的可用计算和存储容量峰值来动态扩大或调整其资源配置容量。通过经营租赁联邦，调配资源，Salesforce. com 是市场导向资源服务的一个例子，它通过市场竞价来协商完成 SLA 合约，该公司利用虚拟化技术提供按需的、可靠的、成本效益高的高质量服务。

Salesforce. com 的系统包括客户端中介和支持云实用程序驱动联盟的云：应用程序调度、资源分配和负载迁移。体系结构紧密耦合行政和拓扑上分布式存储和计算的能力。通过虚拟化技术，该云交换（CEx）作为做市商汇集服务生产者和消费者。它从应用中介聚集基础设施的需求，并根据目前云协调员发布可用供应评估这些需求。它支持基于竞争经济模型（如商品市场和拍卖）
247～248 的云服务交易。CEx 允许参与者根据合适的出价找到提供商和消费者。这种市场使服务可以商品化，从而为基于 SLA 的交易创建动态市场基础设施做准备。SLA 制定双方奖励和惩罚的协议。对违反预期商定的标准提供服务的详细规则。市场内银行系统的可用性确保参与者之间与 SLA 有关的金融交易在安全和可靠的环境中进行。

4.6 云安全与信任管理

服务提供商与云用户之间的信任缺乏阻碍了云计算按需提供服务的全球化进程。之前已开发出的信任模型主要用于保护 eBay 和亚马逊提供的电子商务和在线商店。由于将用户应用完全留给云提供商面临着 PC 和服务器用户方面的巨大阻力，Web 服务和云服务对信任和安全的需求变得越来越强烈。因为云平台缺乏隐私保护、安全保障和版权保护，用户变得日益担忧。信任不仅仅是一个纯技术问题，也是社会问题。但是这个社会问题可以通过技术手段得到有效解决。

从常理来说，在网络应用中，技术可以加强信任、公平、信誉、信用和保险等。云作为一个虚拟环境，提出了新的安全威胁，比传统的客户端/服务器配置所包含的安全威胁更难。为解决这些信任问题，本节提出了一种新的数据保护模型。在许多情况下，可以将该模型扩充至 P2P 网络和网格系统中来保护云和数据中心。

4.6.1 云安全的防御策略

健康的云生态系统应使用户免受虐待、袭击、欺骗、攻击、病毒、谣言、色情、电子垃圾、隐私和盗版等侵害。本节描述 IaaS、PaaS 和 SaaS 三种云服务模型的安全需求，这些安全模型基于提供商和用户之间的不同 SLA。

4.6.1.1 基本的云安全

需要的三个基本的云安全强制策略分别为：一是数据中心的设施安全要求全年的在线安全，为此通常会部署生物扫描器、CCTV（闭路电视）、移动探测、捕人陷阱；二是网络安全要求容错外部防火墙、入侵检测系统和第三方漏洞评定；三是平台安全要求 SSL 和数据解密、严格的密码策略和系统信任认证。图 4-31 显示了云模型的映射，其中，在不同的云操作级别部署了相应的安全指标。

云中的服务器可以是物理机器，也可以是虚拟机。用户接口用于请求服务。配置工具从云中将系统抽取出来满足请求的服务。一个安全感知的云体系结构必须具备安全措施。基于恶意软件的攻击（如网络蠕虫、病毒和 DDoS 攻击）利用系统漏洞，损害了系统功能或为侵入者提供了对敏感信息的非授权访问。因此，安全防御需要保护所有集群服务器和数据中心。这里是一些需 249
要特殊安全保护的云组件：

- 保护服务器免受蠕虫、病毒等恶意软件的攻击。
- 保护虚拟机 hypervisor 免受基于软件的攻击和漏洞问题。
- 保护虚拟机和监视器免受服务中断和拒绝服务攻击。
- 保护数据和信息免受失窃、损坏和自然灾害等意外。
- 提供对关键数据和服务的认证和授权访问。

4.6.1.2 虚拟机的安全挑战

如上一章所述，传统的网络攻击包括缓冲溢出、拒绝服务攻击、间谍软件、恶意软件、内核型蠕虫病毒、木马和蠕虫。在云环境中，新攻击可能来自 hypervisor 恶意软件、客户突跃和劫持或虚拟机内核型蠕虫病毒。另一类攻击是虚拟机迁移中的中间人攻击。通常来讲，被动攻击窃取敏感数据或密码；主动攻击则控制内核数据结构，主要会对云服务器造成损害。入侵检测系统可以是基于网络的入侵检测系统，也可以是基于主机的入侵检测系统。程序监视可以用于控制或验证代码的执行情况。其他防御技术包括使用 RIO 动态优化基础设施或 VMware 的 vSafe 和 vShield 工具，以及针对 hypervisor 的安全合规和 Intel 的 vPro 技术，还有一些则使用更坚固的操作系统环境或使用隔离的执行和沙盒。

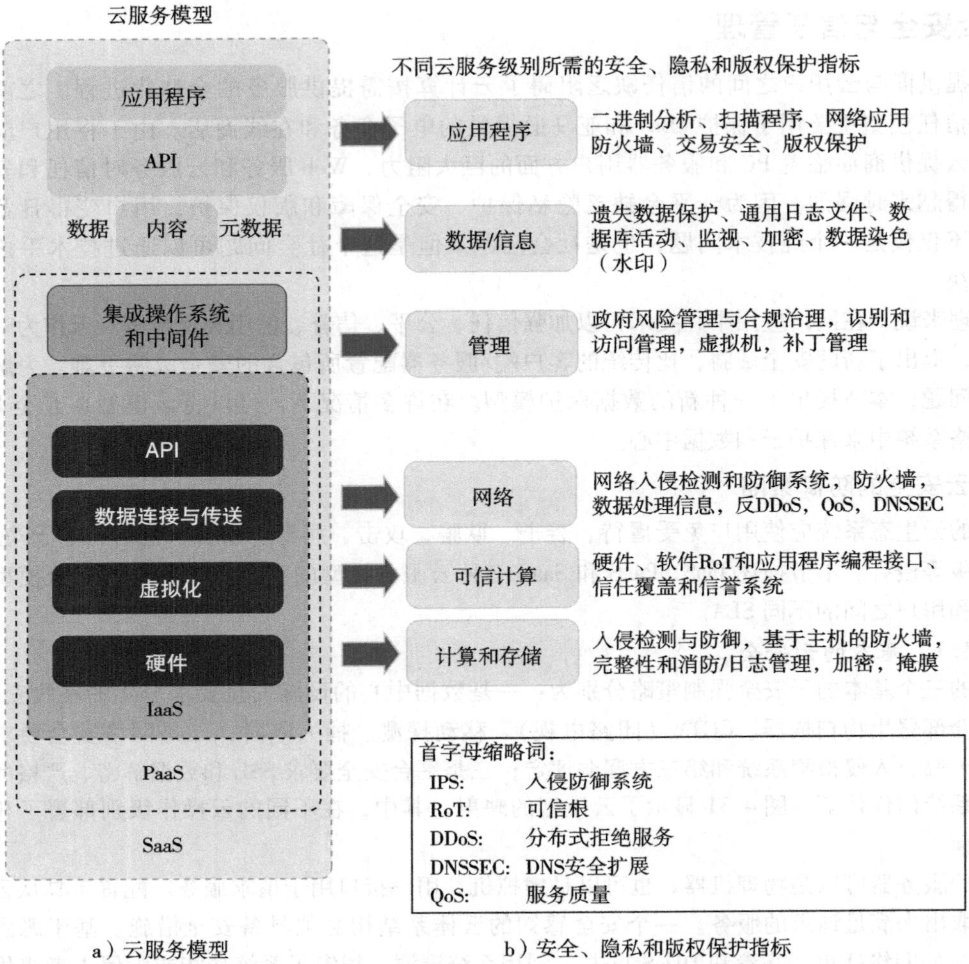

图 4-31　云服务模型（左图 a）和相应的安全指标（右图 b）；IaaS 处于最内层，PaaS 处于中间层，SaaS 处于最外层，包括所有的硬件、软件、数据集和网络资源

注：由 Hwang 和 Li[36] 提供。

4.6.1.3　*云防御方法*

虚拟机加强了云的安全性。但是，虚拟机添加了额外一层软件，该层软件成为一个失效的单点。通过虚拟化技术，一台物理机器可以分为多个虚拟机（例如，服务器合并）。这为每台虚拟机提供了更好的安全隔离性，并且每个分区可以免受来自其他分区的拒绝服务攻击。一台虚拟机中的安全攻击被隔离并且包含在该虚拟机之中，不会影响其他虚拟机。表 4-9 列举了针对公有云和数据中心的 8 个安全保护机制。虚拟机故障不会传播给其他虚拟机；虚拟机 hypervisor 使用完整的客户隔离提供了客户操作系统的能见性；虚拟机的含错和故障隔离提供了一个更加安全和鲁棒的环境；恶意入侵可能会破坏重要的主机、网络和存储资源；路由器、网关和分布式主机中出现的网络异常可能会中止云服务；信任协商通常在 SLA 层进行；公共密钥基础设施（PKI）服务可扩张至数据中心信誉系统；必须包括蠕虫和分布式拒绝服务攻击。由于缺省情况下，所有数据和软件被共享，所以在云中更难保证安全。

表 4-9 云/数据中心的物理和信息安全保护

保护机制	简要描述和部署建议
安全数据中心和计算机构件	选择无风险位置，强制构建安全性。避免窗户，保证站点四周的缓冲区，具备炸弹探测、摄像监测、抗震等功能特征
在多个站点使用冗余设备	多重电力和物资供给、备用网络连接、独立站点多个数据库、数据一致性、数据水印、用户认证等
信任授权与协商	使用交叉认证在不同数据中心的公共密钥基础设施域之间转委信托。CA 之间的信任协商需解决策略冲突
蠕虫抑制与分布式拒绝服务攻击防御	为确保所有数据中心和云平台的安全，必须使用互联网蠕虫抑制和分布式拒绝服务攻击的分布式防御
数据中心信誉系统	信誉系统可以采用 P2P 技术构建；可以构建一个从数据中心到分布式文件系统的信誉系统层次结构
细粒度文件访问控制	在文件或对象级的细粒度访问控制，这在防火墙和入侵检测系统之上进一步加强了安全保护
版权保护与剽窃防范	通过预防同行勾结、过滤有害内容、非破坏性读、变更探测等进行剽窃防范
隐私保护	使用双重认证、生物识别、入侵检测和灾难恢复，通过数据水印、数据分类等强制隐私

4.6.1.4 使用虚拟化的防御

虚拟机与物理硬件进行了分离。整个虚拟机可以被表示为软件组件，可以被看做二进制或数字数据。虚拟机很易于保存、克隆、加密、移动或恢复。虚拟机使得高可用性和更快的灾难恢复成为可能。许多研究者[36]建议通过虚拟机在线迁移来构造分布式入侵检测系统（Distributed Intrusion Detection System，DIDS），多个用于入侵检测系统的虚拟机可以部署在包括数据中心的不同资源站点。DIDS 设计要求在 PKI 域之间进行信任协商。在设计时间和周期性更新时必须解决安全策略冲突。

4.6.1.5 隐私与版权保护

用户在实际系统集成之前获得一个可预测的配置。雅虎的 Pipes 是轻量级云平台的一个很好例子。使用共享文件和数据集，隐私、安全及版权数据可能在一个云计算环境中被泄露。用户想要在一个能提供许多有用工具来在大数据集之上构建云应用的软件环境中工作。谷歌平台实质上使用内部软件来保护资源。亚马逊的 EC2 使用 HMEC 和 X.509 认证安全资源。在云环境中必须保护浏览器发起的应用程序软件。下面是安全云需要具备的一些安全特征：

- 完全支持安全 Web 技术的动态 Web 服务。
- 通过 SLA 和信誉系统在用户和提供商之间建立信任。
- 有效的用户识别管理和数据访问管理。
- 单点登录/注销功能降低安全强制开销。
- 通过主动执法确保审计和版权合规。
- 将数据操作的控制从云环境移到云提供商。
- 在共享环境中保护敏感信息和校准信息。

例 4.7 网关和防火墙守护的云安全

图 4-32 显示了典型私有云环境中的一个安全防御系统。网关可以确保对公众开放的商业云的安全访问，防火墙提供了一个外部盾。网关用 HTTP、JMS、SQL、XML 和 SSL 安全协议等保证应用程序服务器、消息队列、数据库、网络服务客户端和浏览器安全。防御机制需要保护用户数据免受服务器攻击。用户私有数据未经允许不能泄露给其他用户。 ■

250
~
252

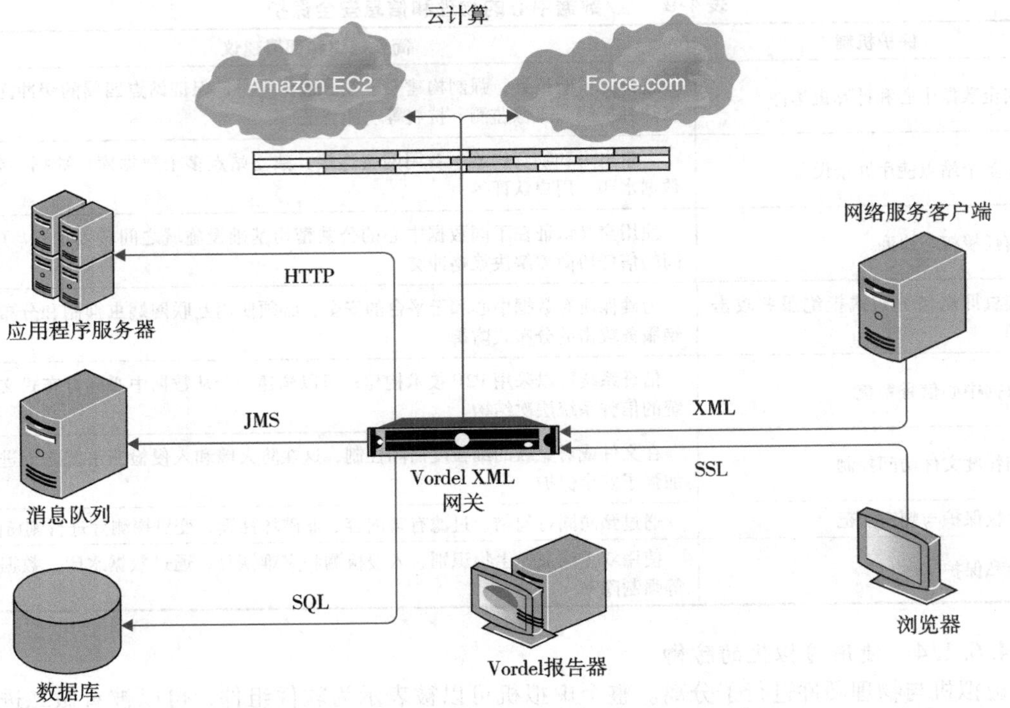

图 4-32 典型安全结构，由安全网关和一个外部防火墙共同协作守护对公有云/私有云的访问

注：由 Vordel 公司提供。

4.6.2 分布式入侵/异常检测

在所有云模型中，数据安全是弱链。使用公共 API 工具处理数据互锁问题和网络攻击或弊病需要新的云安全标准。亚马逊所代表的 IaaS 模型对外部攻击最为敏感。基于角色的接口工具减轻了配置系统的复杂性。例如，IBM 的蓝云通过一个基于角色的 Web 门户进行配置。一个 SaaS 系统可能会从公有云平台订购专属服务。许多 IT 公司正在提供无安全保障的云服务。

安全威胁可能主要针对运行在云之上的虚拟机、客户操作系统和软件。入侵检测系统则尝
253 试阻止攻击发挥作用。签名匹配和异常检测系统可以在用于建造入侵检测系统的虚拟机上实现。签名匹配的入侵检测技术更为成熟，但需要频繁更新签名数据库。网络异常检测则根据正常流量模式检测不正常的交通模式，例如一段未授权的 TCP 连接序列。分布式入侵检测系统需要防止这两类入侵。

针对 DDoS 洪水攻击的分布式防御

一个 DDoS 防御系统应该能跨越给定云平台覆盖多个网络域。这些网络域覆盖边缘网络，其中云资源互连。DDoS 攻击常伴有广泛的蠕虫。洪水流量过大，以致通过缓冲溢出、磁盘空间不足或连接饱和可以使受攻击服务器崩溃。图 4-33a 显示了一个洪水攻击模式。这里，隐藏的攻击者在底部的 R_0 路由器从许多僵尸向受害服务器发起了攻击。

洪水流量实质上以树模式（图 4-33b）流动。连续的攻击沿树通过路由器显示出不正常的流量波动。该 DDoS 防御系统基于所有路由器的跳变点检测。基于覆盖网络域中探测到的异常模式，该机制在系统被压垮之前探测到 DDoS 攻击。这种探测机制适用于保护云核心网络，提供商级协作无需边缘网络的干预。

例 4.8 中间人攻击

图 4-34 所示为通过一个安全存在漏洞的网络从主机 VMM A 向主机 VMM B 迁移虚拟机的场

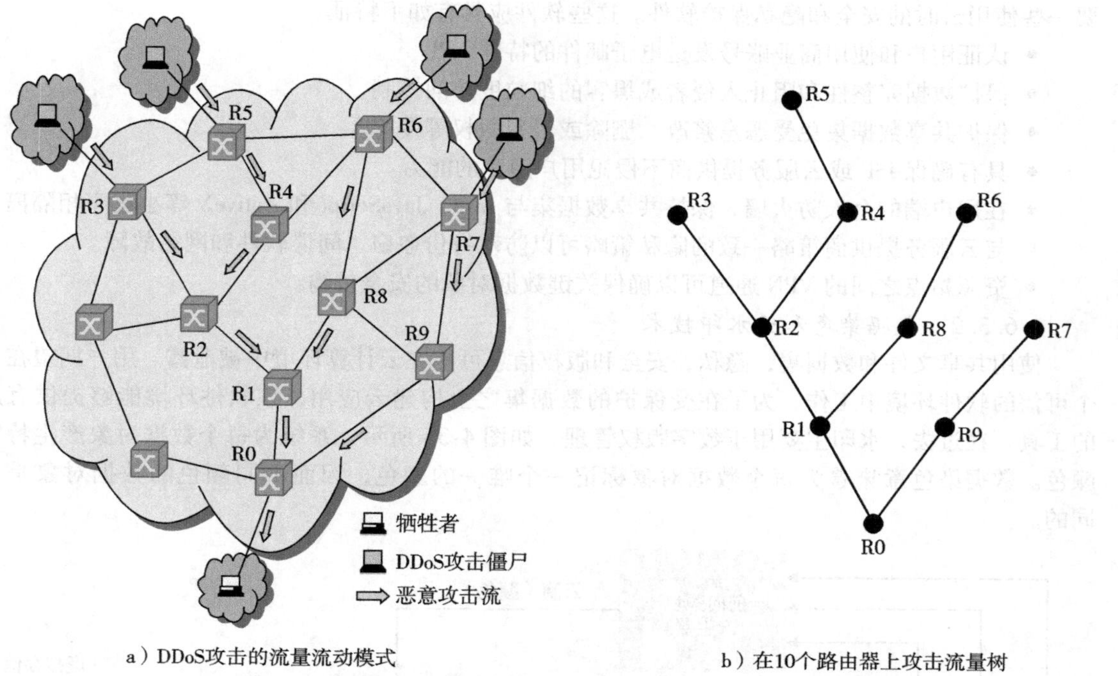

图4-33 通过洪水树上所有路由器的跳变点检测 DDoS 攻击与防御

注：由 Chen、Hwang 和 Ku[15] 提供。

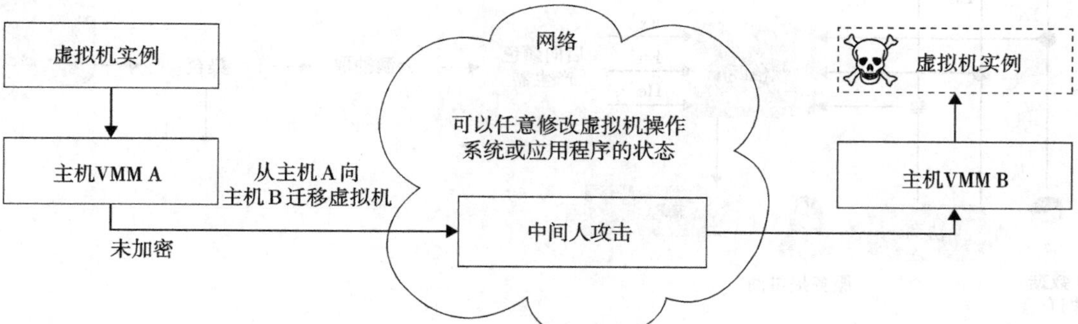

图4-34 通过受到中间人攻击威胁的网络，从主机 A 向主机 B 迁移虚拟机，在攻击中可以修改虚拟机模板和操作系统状态

景。在中间人攻击中，攻击者可以看到被迁移的虚拟机内容，窃取敏感数据，甚至修改虚拟机的特定内容（包括操作系统或应用程序状态）。攻击者主动发起攻击，在迁移虚拟机中插入一个基于虚拟机的木马，可以在不知客户操作系统及其中运行的应用程序的情况下破坏迁移进程的整个操作。■

4.6.3 数据和软件保护技术

本节将首先介绍保护数据完整性和用户隐私的数据染色技术，然后将讨论用来防止在云环境中广泛分发软件文件的水印。

4.6.3.1 数据完整性和隐私保护

用户希望有一个软件环境，可以为在大数据集之上构建云应用提供许多有用的工具。除了 MapReduce、BigTable、EC2、3S、Hadoop、AWS、GAE 和 WebSphere2 的应用软件之外，用户需要一些使用云时的安全和隐私保护软件。这些软件应具有如下特征：

- 认证用户和使用商业账号发送电子邮件的特殊 API。
- 254~255 保护数据完整性和阻止入侵者或黑客的细粒度访问控制。
- 保护共享数据集免受恶意修改、删除或侵犯版权等侵害。
- 具有确保 ISP 或云服务提供商不侵犯用户隐私的能力。
- 在用户端的个人防火墙，保持共享数据集与 Java、JavaScript 和 ActiveX 等小程序相隔离。
- 与云服务提供商策略一致的隐私策略可以防范身份盗窃、间谍软件和网络故障。
- 资源站点之间的 VPN 通道可以确保关键数据对象的安全传输。

4.6.3.2 数据染色和云水印技术

使用共享文件和数据集，隐私、安全和版权信息可能在云计算环境中被泄露。用户期望在一个可信的软件环境中工作，为了在受保护的数据集之上构建云应用，该软件环境能够提供有用的工具。在过去，水印主要用于数字版权管理。如图 4-35 所示，系统为每个数据对象产生特定颜色。数据染色意味着为每个数据对象标记一个唯一的颜色，因而不同颜色的数据对象是不同的。

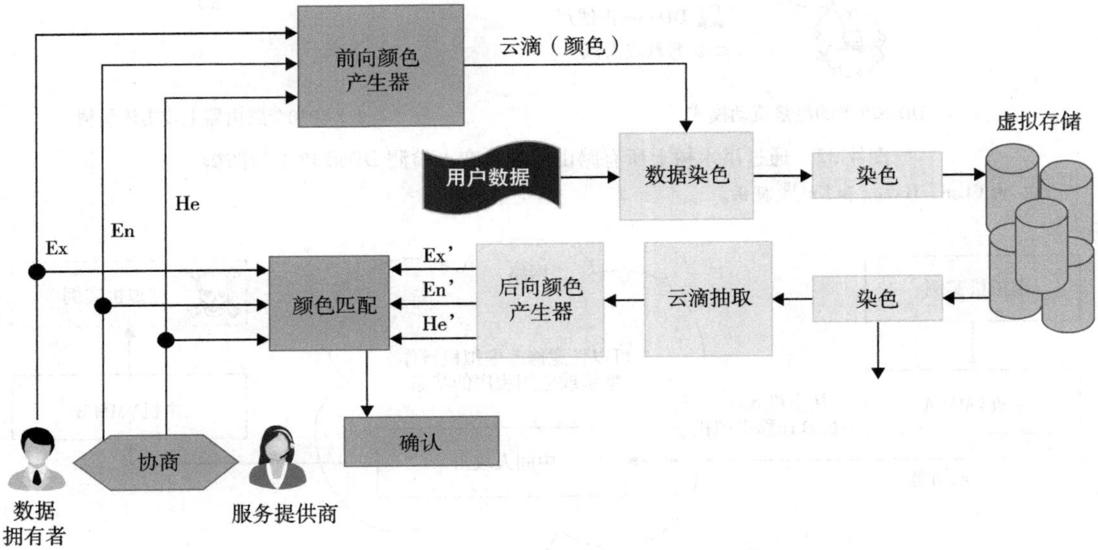

图 4-35 在数据中心使用云水印技术进行不同安全许可级别的信任管理

注：由 Hwang 和 Li[36] 提供。

为了与数据颜色匹配，对用户认证也要进行染色。该颜色匹配进程可以用于实现不同的信任管理事件。云存储提供一个在染色对象中产生、嵌入和抽取水印的进程，感兴趣的读者可以进
256 一步参考 Hwang 和 Li[36] 关于数据染色和匹配进程的论文。通常来讲，数据保护由计算量大的加密或解密操作完成。数据染色需要对染色或脱色数据对象进行少量计算。在云环境中，可混合使用加密和水印或染色技术。

4.6.3.3 数据锁定问题和主动解决方案

云计算将计算和数据移入了云服务提供商维护的服务器集群。一旦数据进入云，用户就不能轻易地从云服务器将它们的数据和程序抽取出来运行在另一个平台上，这导致了数据锁定的问题，阻碍了云计算的应用推广。导致数据锁定的原因有两个：一是缺乏互操作性，每个云厂商有自己的商业 API，用户一旦提交数据，再抽取数据则会受到很大限制；二是缺乏应用程序兼容性，大部分计算云切换云平台时期望用户从头编写新的应用程序。

数据锁定的一种可能的解决方法是使用标准化的云 API，这要求构建支持 OVF 的标准化虚拟平台。OVF 是一个平台无关的、有效的、可扩展的、开放的虚拟机格式，它使得有效的、安全的软件分发和便利化的虚拟机迁移成为可能。使用 OVF，可以从一个应用程序向另一个应用程序迁移数据。这将会提高 QoS，使交叉云应用程序成为可能，允许数据中心之间的负载向用户特定的存储迁移。通过部署应用，用户可以跨越不同的云服务访问和融合应用程序。

4.6.4　数据中心的信誉指导保护

信任是一个个人看法，更为主观，通常是有偏见性的。信任可以传递，但在双方之间不是必须对称的。信誉则是一个公共观点，更为客观，并且常依据集结的大量观点来进行评价，信誉可能会随着时间而发生改变。与以往的信誉相比，近来的信誉应该被给予更高的优先权。本节将对保护数据中心或云用户社区的信誉系统进行回顾。

4.6.4.1　信誉系统设计选项

图4-36 给出了一个信誉系统设计选项的示意图。对于一个实体的特征或信用情形（如诚实行为或可靠性）的公共观点可以是一个人、一个代理、一个产品或一个服务的信誉，它代表一组人、代理和资源所有者的集体评价。已有许多主要用于 P2P、多代理或电子商务系统的信誉系统被提出。

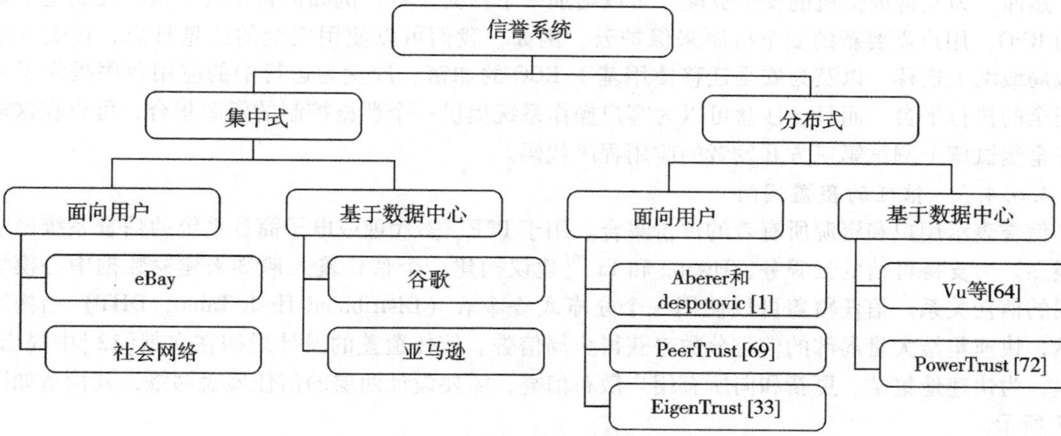

图4-36　社会网络和云平台的信誉系统设计选项

为解决云服务的信誉系统问题，一种系统的方法是基于设计准则和信誉系统的管理。图4-36 显示了近年来提出的信誉系统的两层分类，其中大部分被设计用于 P2P 或社会网络，这些信誉系统可以被转换用于保护云计算应用程序。通常来讲，根据实现方式，可以将信誉系统分为集中式或分布式。在集中式系统中，一个单独的中央部门负责管理信誉系统，而分布式模型包括多个协同工作的控制中心。可以联合使用基于信誉的信任管理和用于保护 P2P 与社会网络的技术来共同防卫数据中心和云平台受到公开网络的攻击。

集中式信誉系统较易实现，但依赖于更强大和可信的服务器资源；构建分布式的信誉系统更为复杂。分布式系统在处理故障时扩展性更好，且更为可靠。在第二层，信誉系统可以根据信誉评价范围进一步分类。*面向用户*的信誉系统集中于个人用户或代理，大部分 P2P 信誉系统属于此类。在数据中心中，信誉作为一个整体为资源站点建模，可以应用于云所提供的产品或服务。eBay、谷歌和亚马逊已经构建了商用信誉系统，并与他们所提供的服务进行连接。这些都是集中式信誉系统。

分布式信誉系统主要由学术研究组织开发。Aberer 和 Despotovic[1] 提出了一个用于 P2P 系统的信任管理模型。Eigentrust 信誉系统由斯坦福大学开发，使用了信任矩阵的方法。PeerTrust 系统由佐治亚理工学院开发，用于支持电子商务应用。PowerTurst 系统由南加州大学开发，基于网络流的幂律特征，用于 P2P 应用程序。Vu 等人提出了一个基于 QoS 的排序系统，用于 P2P 交易。

4.6.4.2 云的信誉系统

重新设计前面提到的用于保护数据中心的信誉系统，为在 P2P 网络之上的扩展应用提供了新的机会。跨越多个数据库检查数据一致性，版权保护守护广域的内容分布。为将用户数据与特定的 SaaS 程序隔离，提供商尽力维护数据的完整性和一致性。用户使用他们自己的数据能在不同服务之间切换。只有用户有访问请求数据的密钥。

257~258 数据对象必须被唯一命名来保证全局一致性。为确保数据一致性，禁止其他云用户对数据对象进行非授权性的更新。信誉系统可以通过一个信任覆盖网络实现。P2P 信誉系统的层次结构被建议用于保护站点级的云资源和文件级的数据对象。这要求对共享资源既有粗粒度的访问控制，又有细粒度的访问控制。这些信誉系统在所有级别跟踪安全缺口。

信誉系统必须使得云用户和数据中心都能获益。云计算使用的数据对象存储在一个 SAN 之上的多个数据中心之中。过去，大部分信誉系统主要用于 P2P 社会网络或在线商店服务，这些信誉系统可以被转换来保护云中的云平台资源或用户应用程序。通过使用为数据中心特制的信誉系统，前面提到的 5 个安全机制可以大幅增强。

然而，为支持虚拟机的安全克隆，可以增加一个社交工具，例如信誉系统。快照控制基于定义的 RPO。用户需要新的安全机制来保护云。例如，我们可以使用安全的信息日志、在安全的虚拟局域网上迁移，以及为安全迁移使用基于 ECC 的加密。沙盒为运行中的应用程序提供了一个安全的执行平台。而且，沙盒可以为客户操作系统提供一个严格控制的资源集合，可以在这样的安全测试床上测试第三方开发者的应用程序代码。

4.6.4.3 信任的覆盖网络

信誉表示用户和资源所有者的评价集合。用于 P2P、多代理或电子商务系统的信誉系统已经有很多。为支持可信的云服务，Hwang 和 Li[36] 建议构建一个*信任覆盖网络*来建模数据中心模块之间的信任关系。信任覆盖可以使用一个*分布式哈希表*（Distributed Hash Table，DHT）结构来表示，快速集结大量局部的信誉分数来获得全局信誉。信任覆盖的设计最初在文献[12]中提出。这里，为快速地集结、更新和向所有用户散布信誉，需要设计两层的信任覆盖网络，其构造如图 4-37 所示。

底层是用于分布式信任协商和多站点信誉集结的信任覆盖，该层控制用户/服务器认证、访问授权、信任委托和数据完整性控制。顶层是一个用于快速病毒/蠕虫签名生成及散播和盗版检测的覆盖，该覆盖便利化了蠕虫遏制以及病毒、蠕虫和 DDoS 攻击的入侵检测系统。内容中毒技术[6]是基于信誉的，该保护机制可以在多个数据中心的云环境中制止侵犯版权。

信誉系统使得云用户和数据中心所有者之间的可信交互成为可能。通过匹配染过色的、带有颜色的数据对象的用户认证，隐私被强制化。建议使用内容中毒来保护数字内容的版权[46]。被特殊裁剪过的安全感知云体系结构（如图 4-14 所示）可以保护虚拟化的云基础设施。提供的
259 云平台的信任不仅来自 SLA，也来自为抵御网络攻击的安全策略和对抗部署的有效强制执行。通过改变安全控制标准，我们可以处理云操作环境的动态变化。该设计致力于可信的云环境，以确保高质量的服务，其中包括安全。

云安全的趋势是应用虚拟化支持数据中心中的安全强制。信誉系统和数据水印机制能在粗粒度级别上保护对数据中心的访问，并在细粒度的文件级别上限制对数据的访问。从长远来看，需要一种新的*安全即服务*（SaaS）。SaaS 是个人、商业、社区和政府应用中 Web 规模云计算被大众广泛接受的主要技术。互联网云无疑会与 IT 全球化、有效的计算机外包一样。然而，不同云之间的互操作性则依赖于构建健康云生态系统的公共操作标准。

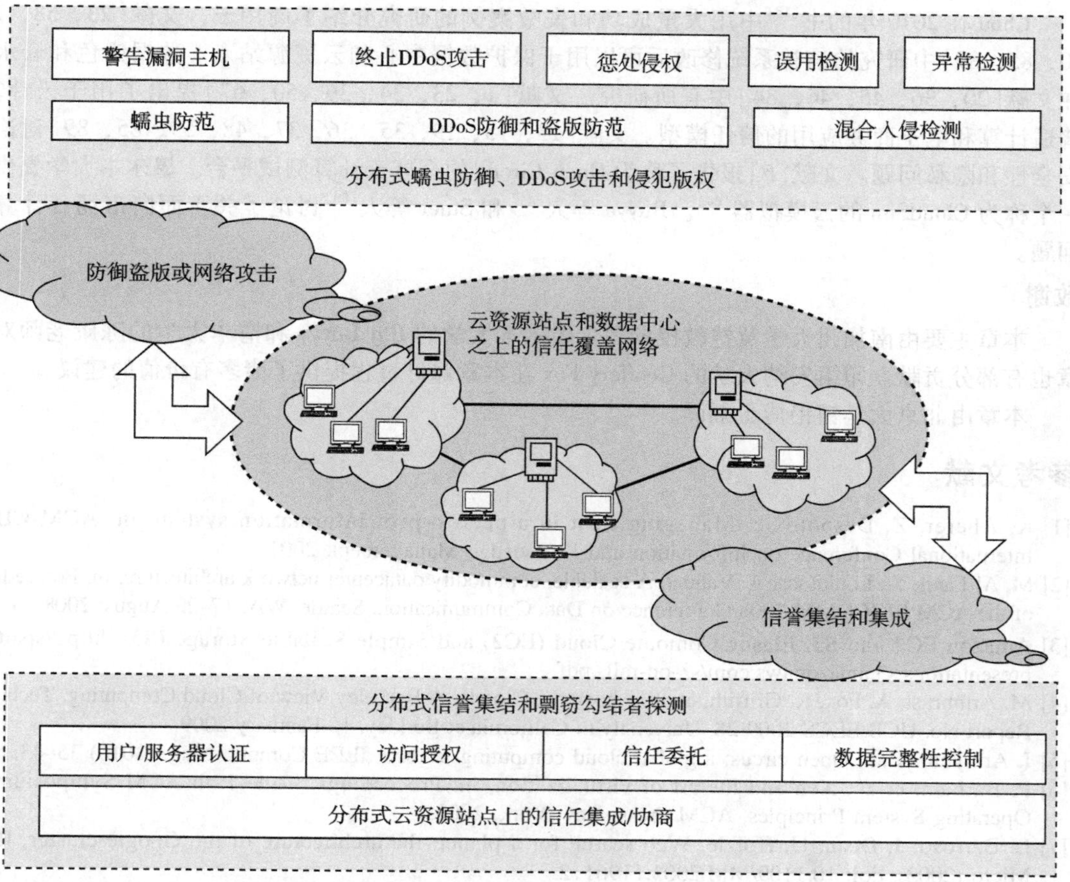

图4-37　基于DHT的信任覆盖网络，构建在多个数据中心为可信管理和分布式安全强制提供的云资源之上

注：由Hwang和Li[36]提供。

260

4.7　参考文献与习题

文献[18，32]和维基百科[79]中包含关于云计算的指南和简介。维基百科[81]介绍了数据中心。Buyya、Broberg和Goscinski[10]、Linthicum[47]、Rittinghouse和Ransome[62]，以及Velte等人[71]这四本近期云计算方面的书讨论了云计算的原理、范式、结构、技术和实现。仓库级的数据中心在Barroso和Holzle[8]中有所涵盖。数据中心体系结构和实现的相关文章可以在文献[2，29，30，53，82]中找到。文献[22，28，60]研究了绿色IT。关于云定义的争论可以参考文献[25，32，49，86]。文献[31，32，44，52，61]讨论了云技术的收益和机会。关于网格对应云计算的扩展可以参考文献[66，83]。

在服务行业中，云计算利弊并存。有人认为云计算在使桌面计算集中化方面提供了效率和灵活性。云计算能够统一集中式计算和分布式计算二者的优势[56]。Barham等人[6]回顾了Xen[84]及其在云计算中的运用。文献[74]介绍了VMware恢复方案。云计算基础设施在学术界[4,21,40,52,62,68]和IT工业或企业界[3,5,9,26,38,43,65,70]中都有报告。面向高性能计算和高吞吐量计算的云技术在文献[33，56，63，87]中有所研究。文献[14，21，41，42，67，76]研究了云计算的虚拟化支持。文献[17，54，57，75，78]研究了虚拟机迁移和灾难恢复。文献[36，51]涵盖了云安全的内容。

Chou 在 2010 年的书[16]中用大量成功和失败案例的研究介绍了商用云。文献[23，58，73，80，85，89]中研究的信誉系统修改后可以用于保护数据中心和云资源站点。数据染色和云水印在文献[20，36，45，46，84]中有所研究。文献[1，23，34，36，50，67]提出了用于云计算、普适计算和电子商务应用的信任模型。文献[13，15，19，35，36，37，48，59，85，89]讨论了安全性和隐私问题。文献[5]报告了称为 Open Circus 的全球云计算测试平台。墨尔本大学提供了一个称为 CloudSim 的云模拟器[64]。Buyya 等人[11]和 Stuer 等人[69]讨论了关于面向市场云计算的问题。

致谢

本章主要由南加州大学黄铠教授撰写。墨尔本大学的 Raj Buyya 和清华大学的陈康老师对本
261 章也有部分贡献。印第安纳大学的 Geoffery Fox 在本章修订过程提供了诸多有价值的建议。

本章由北京大学钮艳博士翻译。

参考文献

[1] K. Aberer, Z. Despotovic, Managing trust in a peer-to-peer information system, in: ACM CIKM International Conference on Information and Knowledge Management, 2001.

[2] M. Al-Fares, A. Loukissas, A. Vahdat, A scalable, commodity datacenter network architecture, in: Proceedings of the ACM SIGCOMM 2008 Conference on Data Communication, Seattle, WA, 17–22 August 2008.

[3] Amazon EC2 and S3. Elastic Compute Cloud (EC2) and Simple Scalable Storage (S3). http://spatten_presentations.s3.amazonaws.com/s3-on-rails.pdf.

[4] M. Armbrust, A. Fox, R. Griffith, et al., Above the Clouds: A Berkeley View of Cloud Computing, Technical Report No. UCB/EECS-2009-28, University of California at Berkley, 10 February 2009.

[5] I. Arutyun, et al., Open circus: a global cloud computing testbed, IEEE Comput. Mag. (2010) 35–43.

[6] P. Barham, et al., Xen and the art of virtualization, in: Proceedings of the 19th ACM Symposium on Operating System Principles, ACM Press, New York, 2003.

[7] L. Barroso, J. Dean, U. Holzle, Web search for a planet: the architecture of the Google cluster, IEEE Micro (2003), doi: 10.1109/MM.2003.1196112.

[8] L. Barroso, U. Holzle, The Datacenter as a Computer: An Introduction to the Design of Warehouse-Scale Machines, Morgan Claypool Publishers, 2009.

[9] G. Boss, P. Mllladi, et al., Cloud computing: the bluecloud project. www.ibm.com/developerworks/websphere/zones/hipods/, 2007.

[10] R. Buyya, J. Broberg, A. Goscinski (Eds.), Cloud Computing: Principles and Paradigms, Wiley Press, 2011.

[11] R. Buyya, C.S. Yeo, S. Venugopal, Market-oriented cloud computing: vision, hype, and reality for delivering IT services as computing utilities, in: Proceedings of the 10th IEEE International Conference on High Performance Computing and Communications (HPCC), Dalian, China, 25–27 September 2008.

[12] R. Buyya, R. Ranjan, R.N. Calheiros, InterCloud: utility-oriented federation of cloud computing environments for scaling of application services, in: Proceedings of the 10th International Conference on Algorithms and Architectures for Parallel Processing (ICA3PP 2010, LNCS 608), Busan, South Korea, 21–23 May 2010.

[13] M. Cai, K. Hwang, J. Pan, C. Papadopoulos, WormShield: fast worm signature generation with distributed fingerprint aggregation, in: IEEE Transactions of Dependable and Secure Computing (TDSC), Vol. 4, No. 2, April/June 2007, pp. 88–104.

[14] Chase, et al., Dynamic virtual clusters in a grid site manager, in: IEEE 12th Symposium on High-Performance Distributed Computing (HPDC), 2003.

[15] Y. Chen, K. Hwang, W.S. Ku, Collaborative detection of DDoS attacks over multiple network domains, in: IEEE Transaction on Parallel and Distributed Systems, Vol. 18, No. 12, December 2007, pp. 1649–1662.

[16] T. Chou, Introduction to Cloud Computing: Business and Technology, Active Book Press, 2010.

[17] C. Clark, K. Fraser, J. Hansen, et al., Live migration of virtual machines, in: Proceedings of the Second Symposium on Networked Systems Design and Implementation, Boston, MA, 2 May 2005, pp. 273–286.

[18] Cloud Computing Tutorial. www.thecloudtutorial.com, January 2010.

[19] Cloud Security Alliance, Security guidance for critical areas of focus in cloud computing, April 2009.

[20] C. Collberg, C. Thomborson, Watermarking, temper-proofing, and obfuscation tools for software protection, IEEE Trans. Software Eng. 28 (2002) 735–746.

[21] A. Costanzo, M. Assuncao, R. Buyya, Harnessing cloud technologies for a virtualized distributed computing infrastructure, IEEE Internet Comput. (2009).

[22] D. Dyer, Current trends/Challenges in datacenter thermal management—A facilities perspective, in: Presentation at ITHERM, San Diego, 1 June 2006.

[23] Q. Feng, K. Hwang, Y. Dai, Rainbow product ranking for upgrading e-commerce, IEEE Internet Comput. (2009).

[24] I. Foster, The grid: computing without bounds, Sci. Am. 288 (4) (2003) 78–85.

[25] I. Foster, Y. Zhao, J. Raicu, S. Lu, Cloud computing and grid computing 360-degree compared, in: Grid Computing Environments Workshop, 12–16 November 2008.

[26] D. Gannon, The client+cloud: changing the paradigm for scientific research, Keynote address, in: CloudCom 2010, Indianapolis, 2 November 2010.

[27] Google Inc, Efficient data center summit. www.google.com/corporate/green/datacenters/summit.html, 2009.

[28] Green Grid, Quantitative analysis of power distribution configurations for datacenters. www.thegreengrid.org/gg_content/.

[29] A. Greenberg, J. Hamilton, D. Maltz, P. Patel, The cost of a cloud: research problems in datacenter networks, in: ACM SIGCOMM Computer Communication Review, Vol. 39, No. 1, January 2009.

[30] C. Guo, G. Lu, et al., BCube: a high-performance server-centric network architecture for modular datacenters, in: ACM SIGCOMM Computer Communication Review, Vol. 39, No. 44, October 2009.

[31] E. Hakan, Cloud computing: does Nirvana hide behind the Nebula? IEEE Softw. (2009).

[32] B. Hayes, Cloud computing, Commun. ACM 51 (2008) 9–11.

[33] C. Hoffa, et al., On the use of cloud computing for scientific workflows, in: IEEE Fourth International Conference on eScience, December 2008.

[34] R. He, J. Hu, J. Niu, M. Yuan, A novel cloud-based trust model for pervasive computing, in: Fourth International Conference on Computer and Information Technology, 14–16 September 2004, pp. 693–700.

[35] K. Hwang, S. Kulkarni, Y. Hu, Cloud security with virtualized defense and reputation-based trust management, in: IEEE International Conference on Dependable, Autonomic, and Secure Computing (DASC 09), Chengdu, China, 12–14 December 2009.

[36] K. Hwang, D. Li, Trusted cloud computing with secure resources and data coloring, IEEE Internet Comput. (2010).

[37] K. Hwang, M. Cai, Y. Chen, M. Qin, Hybrid intrusion detection with weighted signature generation over anomalous internet episodes, in: IEEE Transactions on Dependable and Secure Computing, Vol.4, No.1, January–March 2007, pp. 41–55.

[38] V. Jinesh, Cloud Architectures, White paper, Amazon. http://aws.amazon.com/about-aws/whats-new/2008/07/16/cloud-architectures-white-paper/.

[39] D. Kamvar, T. Schlosser, H. Garcia-Molina, The EigenTrust algorithm for reputation management in P2P networks, in: Proceedings of the 12th International Conference on the World Wide Web, 2003.

[40] K. Keahey, M. Tsugawa, A. Matsunaga, J. Fortes, Sky computing, IEEE Internet Comput., (2009).

[41] Kivit, et al., KVM: the linux virtual machine monitor, in: Proceedings of the Linux Symposium, Ottawa, Canada, 2007, p. 225.

[42] KVM Project, Kernel-based virtual machines. www.linux-kvm.org, 2011 (accessed 02.11).

[43] G. Lakshmanan, Cloud Computing: Relevance to Enterprise, Infosys Technologies, Inc., 2009.

[44] N. Leavitt, et al., Is cloud computing really ready for prime time? IEEE Comput. 42 (1) (2009) 15–20.

[45] D. Li, H. Meng, X. Shi, Membership clouds and membership cloud generator, J. Comput. Res. Dev. 32 (6) (1995) 15–20.

[46] D. Li, C. Liu, W. Gan, A new cognitive model: cloud model, Int. J. Intell. Syst. (2009).

[47] D. Linthicum, Cloud Computing and SOA Convergence in Your Enterprise: A Step-by-Step Guide, Addison Wesley Professional, 2009.

[48] X. Lou, K. Hwang, Collusive piracy prevention in P2P content delivery networks, IEEE Trans. Comput., (2009).

[49] M. Luis, Vaquero, L. Rodero-Merino, et al., A break in the clouds: towards a cloud definition, in: ACM SIGCOMM Computer Communication Review Archive, January 2009.

[50] D. Manchala, E-Commerce trust metrics and models, IEEE Internet Comput. (2000).
[51] T. Mather, et al., Cloud Security and Privacy: An Enterprise Perspective on Risks and Compliance, O'Reilly Media, Inc., 2009.
[52] L. Mei, W. Chan, T. Tse, A tale of clouds: paradigm comparisons and some thoughts on research issues, in: IEEE Asia-Pacific Services Computing Conference, December 2008.
[53] D. Nelson, M. Ryan, S. DeVito, et al., The role of modularity in datacenter design, Sun BluePrints. www.sun.com/storagetek/docs/EED.pdf.
[54] M. Nelson, B.H. Lim, G. Hutchins, Fast transparent migration for virtual machines, in: Proceedings of the USENIX 2005 Annual Technical Conference, Anaheim, CA, 10–15 April 2005, pp. 391–394.
[55] D. Nurmi, R. Wolski, et al., Eucalyptus: an Elastic utility computing architecture linking your programs to useful systems, in: UCSB Computer Science Technical Report No. 2008–10, August 2008.
[56] W. Norman, M. Paton, T. de Aragao, et al., Optimizing utility in cloud computing through autonomic workload execution, in: Bulletin of the IEEE Computer Society Technical Committee on Data Engineering, 2009.
[57] D.A. Patterson, et al., Recovery-Oriented Computing (ROC): Motivation, Definition, Techniques, and Case Studies, UC Berkeley CS Technical Report UCB//CSD-02-1175, 15 March 2002.
[58] M. Pujol, et al., Extracting reputation in multi-agent systems by means of social network topology, in: Proceedings of the International Conference on Autonomous Agents and Multi-Agent Systems, 2002.
[59] S. Roschke, F. Cheng, C. Meinel, Intrusion detection in the cloud, in: IEEE International Conference on Dependable, Autonomic, and Secure Computing (DASC 09), 13 December 2009.
[60] R. Raghavendra, P. Ranganathan, V. Talwar, Z. Wang, X. Zhu, No 'power' struggles: coordinated multi-level power management for the datacenter, in: Proceedings of the ACM International Conference on Architectural Support for Programming Languages and Operating Systems, Seattle, WA, March 2008.
[61] D. Reed, Clouds, clusters and many core: the revolution ahead, in: Proceedings of the 2008 IEEE International Conference on Cluster Computing, 29 September – 1 October 2008.
[62] J. Rittinghouse, J. Ransome, Cloud Computing: Implementation, Management, and Security, CRC Publishers, 2010.
[63] B. Rochwerger, D. Breitgand, E. Levy, et al., The RESERVOIR Model and Architecture for Open Federated Cloud Computing, IBM Syst. J. (2008).
[64] R.N. Calheiros, R. Ranjan, C.A.F. De Rose, R. Buyya, CloudSim: a novel framework for modeling and simulation of cloud computing infrastructures and services, Technical Report, GRIDS-TR-2009-1, University of Melbourne, Australia, 13 March 2009.
[65] Salesforce.com, http://en.wikipedia.org/wiki/Salesforce.com/, 2010.
[66] H. Shen, K. Hwang, Locality-preserving clustering and discovery of resources in wide-area computational grids, IEEE Trans. Comput. (2011) Accepted To Appear.
[67] S. Song, K. Hwang, R. Zhou, Y. Kwok, Trusted P2P transactions with fuzzy reputation aggregation, in: IEEE Internet Computing, Special Issue on Security for P2P and Ad Hoc Networks, November 2005, pp. 24–34.
[68] B. Sotomayor, R. Montero, I. Foster, Virtual infrastructure management in private and hybrid clouds, IEEE Internet Comput. (2009).
[69] G. Stuer, K. Vanmechelena, J. Broeckhovea, A commodity market algorithm for pricing substitutable grid resources, Future Gener. Comput. Syst. 23 (5) (2007) 688–701.
[70] C. Vecchiola, X. Chu, R. Buyya, Aneka: a software platform for .NET-based cloud computing, in: W. Gentzsch, et al. (Eds.), High Speed and Large Scale Scientific Computing, IOS Press, Amsterdam, Netherlands, 2009, pp. 267–295.
[71] T. Velte, A. Velite, R. Elsenpeter, Cloud Computing, A Practical Approach, McGraw-Hill Osborne Media, 2010.
[72] S. Venugopal, X. Chu, R. Buyya, A negotiation mechanism for advance resource reservation using the alternate offers protocol, in: Proceedings of the 16th International Workshop on Quality of Service (IWQoS 2008), Twente, The Netherlands, June 2008.
[73] K. Vlitalo, Y. Kortesniemi, Privacy in distributed reputation management, in: Workshop of the 1st Int'l Conference on Security and Privacy for Emerging Areas in Communication Networks, September 2005.
[74] VMware, Inc., Disaster Recovery Solutions from VMware, White paper, www.vmware.com/, 2007 (accessed 07).
[75] VMware, Inc., Migrating Virtual Machines with Zero Downtime, www.vmware.com/, 2010 (accessed 07).
[76] VMware, Inc., vSphere, www.vmware.com/products/vsphere/, 2010 (accessed 02.10).

[77] L. Vu, M. Hauswirth, K. Aberer, QoS-based service selection and ranking with trust and reputation management, in: Proceedings of the On The Move Conference (OTM '05), LNCS 3760, 2005.
[78] W. Voosluys, et al., Cost of VM live migration in clouds: a performance evaluation, in: Proceedings of the First International Conference on Cloud Computing, IOS Press, Netherlands, 2009, pp. 267–295.
[79] Y. Wang, J. Vassileva, Toward trust and reputation based web service selection: a survey, J. Multi-agent Grid Syst. (MAGS) (2007).
[80] Wikipedia, Cloud computing, http://en.wikipedia.org/wiki/Cloud_computing, 2010 (accessed 26.01.10).
[81] Wikipedia, Data center, http://en.wikipedia.org/wiki/Data_center, 2010 (accessed 26.01.10).
[82] H. Wu, G. Lu, D. Li, C. Guo, Y. Zhang, MDCube: a high performance network structure for modular data center interconnection, ACM CoNEXT '09, Rome, 1–4 December 2009.
[83] Y. Wu, K. Hwang, Y. Yuan, W. Zheng, Adaptive workload prediction of grid performance in confidence windows, IEEE Trans. Parallel Distrib. Syst. (2010).
[84] XEN Organization, www.sen.org, 2011 (accessed 20.02.11).
[85] L. Xiong, L. Liu, PeerTrust: supporting reputation-based trust for peer-to-peer electronic communities, IEEE Trans. Knowl. Data Eng. (2004) 843–857.
[86] J. Yang, J. Wang, C. Wang, D. Li., A novel scheme for watermarking natural language text, in: Proceedings of the Third International Conference on Intelligent Information Hiding and Multimedia Signal Processing, 2007, pp. 481–484.
[87] L. Youseff, M. Butrico, D. Maria, D. Silva, Toward a unified ontology of cloud computing, in: Grid Computing Environments Workshop (GCE '08), November 2008, pp. 1–10.
[88] F. Zhang, J. Cao, K. Hwang, C. Wu, Ordinal optimized scheduling of scientific workflows in elastic compute Clouds, IEEE Trans. Comput. (2011) submitted (under review).
[89] R. Zhou, K. Hwang, PowerTrust: a robust and scalable reputation system for trusted peer-to-peer computing, IEEE Trans. Parallel Distrib. Syst. (2007).

习题

4.1　绘制一个表格，从以下 4 个角度比较公有云和私有云，并指出它们在设计技术和应用灵活性方面的不同、优势和缺点。对于你所了解的每类云，给出几个平台实例。

a. 技术利用方式和 IT 资源拥有方式

b. 数据和虚拟机资源的供应方式及其管理

c. 工作负载分布方法和加载策略

d. 安全性预防措施和数据隐私保护

4.2　描述云计算和云服务中使用的如下技术和术语。用一个具体的云实例或案例研究来解释这些技术。

a. 虚拟数据中心

b. 绿色信息技术

c. 多租户技术

4.3　阅读一些初创公司或已经成立的公司开发云计算应用程序的成功或失败故事。在 Chou 关于商务计算的书中[18]，将云服务分成了 6 类，下面一一列举，也可参见图 4-23。

软件应用程序（SaaS）：Concur、RightNOW、Teleo、Kenexa、Webex、Blackbaud、Salesforce. com、Netsuite、Omniture、Kenexa、Vocus

平台服务（PaaS）：Force. com、App Engine、Postini、Facebook、MS Azure、NetSuite、IBM RC2、IBM BlueCloud、SGI Cyclone、eBay、Pitney Bowes

基础设施服务（IaaS）：Amazon AWS、OpSource Cloud、IBM Ensembles、Eli Lily、Rackspace cloud、Windows Azure、HP、Bank North、New York Times

协作服务（LaaS）：Savvis、Internap、NTTCommunications、Digital Realty Trust、365 Main

网络云服务（NaaS）：Owest、AT&T、AboveNet

硬件/虚拟化服务（HaaS）：VMware、Intel、IBM、XenEnterprise

从 6 类云服务的每类中选取一家公司，并详细、深入了解该公司，直接联系公司或访问它们的网站。目的是报告其在云技术方面的创新、实施的良好的商业理念、软件应用程序开发、他们已开发的商业模型，以及他们成功或失败的经验教训。

4.4 访问 AWS 云网站。分别使用 EC2、S3 或 SQS 规划一个实际计算应用。你需要指定被请求的资源并给出亚马逊要收取的费用。在 AWS 平台上实施设计的 EC2、S3 或 SQS 实验，报告并分析测量到的性能结果。

4.5 考虑两个云服务系统：谷歌文件系统和亚马逊 S3。说明它们如何实现如下设计目标：在面对硬件故障（特别是并发硬件故障）时，确保数据完整性并维护数据一致性。

4.6 关于面向市场的云体系结构和云之间资源交流，参见 Buyya 及其同事[10~14]的文章：

a. 讨论跨多个云缩放应用程序的原因。建议利用云混搭应用中的思想方法。

b. 在支持 IBM 和微软等公司的商业云系统的情况下，确定实现面向市场的云所需要添加的关键结构元素。

4.7 为了保护 SaaS、IaaS 和 PaaS 的安全，给出两种硬件机制和软件方案，讨论它们的特殊需求和困难，以及可能遇到的限制。

4.8 鉴别由亚马逊 EC2 和谷歌提供的 IaaS 服务的基础设施组件，使用墨尔本大学开发的 CloudSim 建模和模拟这些基础设施。开发一种跨 InterCloud 或这些模拟的基础设施的联盟调度应用程序的算法。在这个评测中，通过建模应用程序，包括短期应用（如 Web 应用）和长期应用（如高性能计算），进行实验。

4.9 解释与数据中心的设计和管理相关的下列术语：

a. 仓库规模数据中心和模块化数据中心的差异。

b. 研究文献[2，24，25，45，68]中的三篇数据中心体系结构的论文并报告对数据中心的性能和可靠性进展的贡献。

c. 讨论你在（b）部分研究的这些数据中心体系结构的可扩展性。

4.10 解释以下两个机器恢复方案中的差异。评论其执行情况的要求、优点、缺点和应用潜力。

a. 通过另一台物理机器来恢复物理机器故障。

b. 通过另一台虚拟机来恢复虚拟机故障。

4.11 详细说明在云计算应用程序中使用虚拟化资源的 4 个主要优点。你的讨论应从提供商的角度和云用户所关注的应用灵活性、成本效益及可靠性来阐述资源管理问题。

4.12 关于 InterGrid 网关（IGG）实验，回答以下问题。阅读原始论文[5]以更详细地了解6.3.3 节和 6.3.4 节中构建在法国 Grid'5000 系统之上的分布式虚拟化云计算基础设施中的云创建和负载对等实验。

a. 研究 IGG 软件组件及其链接资源网站使用情况的详细信息。

b. 通过从墨尔本大学获取 IGG 软件来重复在小规模的本地网络或网格环境中进行 IGG 实验。

c. 使用从墨尔本大学的 CloudSim 模拟器或你自己编写的模拟器重复（b）部分中的实验。

4.13 将左栏中的名字或缩写术语与右栏中的具体描述进行匹配，左右栏一一对应。请在左栏空白处填入最匹配的描述的代表性标签（a，b，c，…）。

术语	与左边术语相对应的具体描述
____ GAE	（a）云计算中用户和提供商之间签署的协议
____ CRM	（b）必须从基于 Windows 7 的主机运行的公有云
____ AWS	（c）主要用于 PaaS 应用的公有云
____ SLA	（d）用在可伸缩的商业计算应用程序中的公有计算云
____ Azure	（e）SalesForce. com 构建的云平台
____ EC2	（f）将数据中心转换为云平台的商业云操作系统
____ S3	（g）在商业社会最常使用的 SaaS 应用之一
____ Force. com	（h）主要用于 IaaS 应用的云平台

____ vSphere/4	(i) 用于分布式存储应用程序的存储云服务
____ EBS	(j) 剑桥大学开发的开源 hypervisor
____ SQL	(k) 用在谷歌搜索引擎和应用程序引擎中的分布式文件系统
____ Chubby	(l) 用于保存或恢复虚拟机实例的亚马逊数据块锁接口
____ XEN	(m) 用于用户访问和使用关系型数据库的 Azure 服务模块
____ GFS	(n) 谷歌应用引擎中的分布式数据块锁定服务

4.14 这是 Al-Fare 等人[18]对 4.2.2 节中研究过的高效数据中心网络的扩展研究问题。提出采用可扩展的数据中心体系结构来扩展胖树的概念。要求你完成以下任务：

a. 研究这两篇论文，并证明关于可扩展性、有效路由以及与以太网、IP 和 TCP 协议的兼容性的网络特征的结论。

b. 建议改善网络的容错能力、截面带宽和基于当今技术的执行效率。

4.15 前面已经介绍了在线迁移虚拟机和 3.5.2 节与 4.3.3 节中灾难恢复的基本概念。阅读文献［16，19，52，55，72］中的相关文章，并基于你的研究发现回答下面的问题：

a. 什么需要用虚拟化支持来实现虚拟机的快速克隆？说明如何使虚拟机克隆能快速恢复。

b. 在灾难恢复方案的设计中，RPO 和 RTO 是什么？

4.16 调查在云环境中加密、水印和着色在保护数据集和软件方面的差异。讨论其相对的优点和局限性。

4.17 这是一个关于有效数据中心网络的扩展研究问题。由 Guo 等人[25]和 Wu 等人[68]撰写的论文中，提议用 MDCube 网络模块构建 4.2.4 节图 4-13 所示的元数据中心。

a. 讨论使用此网络在改善集装器间带宽、降低互连结构成本、减少缆线连接复杂性方面的优点。

b. 验证用于互连数据中心集装器的 MDCube 网络设计的低直径、高容量和容错能力这一结论。

4.18 阅读关于云安全和数据保护的论文［15，17，21，35，37，46，49，57］。是否可以给出一些关于更新云基础设施来保护云平台或数据中心的数据、隐私和安全的建议？评价文献［1，25，34，36，48，64］所提出的用于保护云服务应用程序的信任模型。

4.19 画一个层次化的结构图将从裸机硬件到用户程序与 IaaS、PaaS 和 SaaS 云的关系表示出来。在每层云中，从你所知的主要云提供商中简要列举出具有代表性的云服务。

4.20 讨论从虚拟化和自动化数据中心构建云平台到提供 IaaS、PaaS 或 SaaS 服务所需的技术。识别实现多租户服务的硬件、软件和网络机制或业务模型。

第5章
Distributed and Cloud Computing, 1E

面向服务的分布式体系结构

本章包括了两种主要面向服务的体系结构形式：表述性状态转移（Representational State Transfer，REST）和 Web 服务及其扩展。我们讨论了面向消息的中间件和带有发布 - 订阅体系结构的企业总线基础设施。我们描述了两个应用程序接口（OGCE 和 HUBzero），它们使用 Web 服务（portlet）和 Web 2.0（gadget）技术。在分布式系统中，使用服务注册表和语义 Web/网格来处理数据和元数据。最后，我们使用 BPEL Web 服务标准、Pegasus、Taverna、Kepler、Trident 和 Swift 阐明通用工作流方法。

5.1 服务和面向服务的体系结构

在过去的十年间，技术取得了飞速的发展，至今仍在发生着许多变化。然而，在这一片混沌中，根据服务来建造系统的价值已经被接受并成为大多数分布式系统的核心思想。松散耦合和支持异构实现使得服务比分布式对象更加吸引人。Web 服务的发展帮助不同类型的应用程序来交换信息。除此之外，该技术也在访问、编程和集成新旧应用程序方面发挥着越来越重要的作用。

1.4.1 节介绍了面向服务的体系结构（SOA），一般来说，SOA 是关于如何设计一套使用服务的软件系统，使其通过已发布或可发现的接口使用新的或已有的应用。这些应用程序通常发布在网络上。SOA 还旨在使得服务的互操作性变得可扩展和有效。它提示支持这一目标的体系结构风格，如松耦合、发布的接口和标准的通信模型。万维网联盟（World Wide Web Consortium，W3C）定义 SOA 为一种分布式系统体系结构，具有以下典型属性[1]：

逻辑视图：SOA 是实际程序、数据库、商业流程等的抽象逻辑视图，定义了它所做的事情，通常执行企业级的操作。服务是依据提供商代理和请求者代理之间交换的消息来形式化定义。

消息方向：提供商和请求者的内部结构包括实现语言、进程结构和数据库结构。这些特征在 SOA 中都经过精心抽象化：使用 SOA 的架构，一个人不必也不需要知道实现服务的代理是如何构造的。这样做的一个关键好处是关系到旧的系统。不需要知道代理的任何内部结构，我们就可以将任何软件组件或应用程序“包装”在消息处理代码中，并使它完全符合形式化的服务定义。

描述方向：服务由机器可执行的元数据来描述。这个描述支持 SOA 的公开本质：描述中只包括那些公开可访问的并对于服务应用来说很重要的细节。服务语义应通过其描述直接或间接地文档化。

272 • 粒度：服务倾向于使用较少数量的操作，使用大而复杂的消息。
• 网络方向 ：服务往往是在网络上沿着使用的方向，尽管这不是一个必需的要求。
• 平台中立性：消息按照平台中立性、标准化的格式通过接口发送。XML 是满足这个约束条件的最显然格式。

基于组件的模型以企业内部流程紧耦合组件的设计和发展为基础，使用不同的协议和技术，如 CORBA、DCOM 等，与此不同，SOA 侧重于松耦合的软件应用程序，运行跨越了不同的管理域，基于通用的协议和技术，如 HTTP 和 XML。SOA 与大规模分布式系统体系结构风格的早期工作有关，特别是 REST。如今，REST 仍然提供一种复杂的标准驱动 Web 服务技术的替代方法，并在许多 Web 2.0 服务中应用。下面将介绍 REST 和分布式系统中基于标准的 SOA。

5.1.1 REST 和系统的系统

REST 是应用于分布式系统的软件体系结构风格，尤其是像万维网这样的分布式超媒体系统。因为它的简单性，容易被客户端发布和使用，REST 最近受到谷歌、亚马逊、雅虎等公司，尤其是社会网络公司（如 Facebook 和 Twitter）的欢迎。图 5-1 所示的 REST 最早是被 Roy Thomas Fielding 在 2000 年他的博士论文中提出和解释的[2]，并随着 HTTP/1.1 协议一起得到了发展。Roy Thomas Fielding 也是 HTTP 规范的主要作者之一。REST 体系结构风格基于以下四项原则：

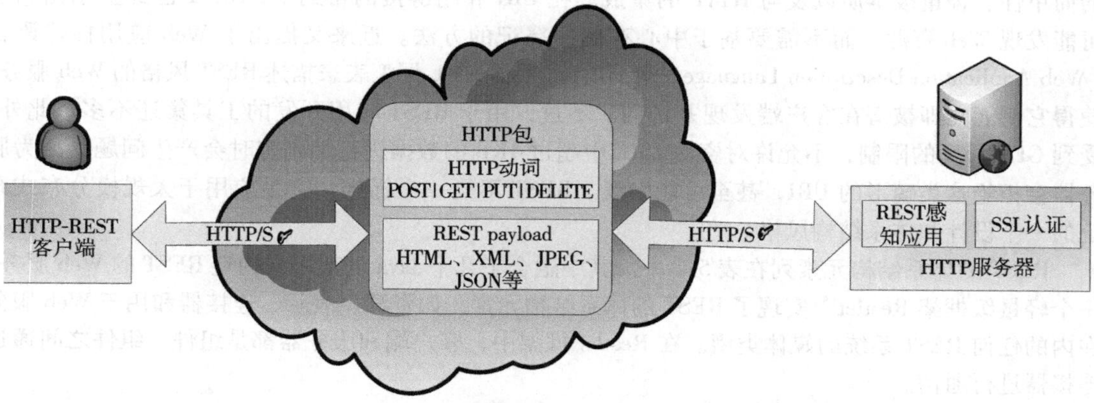

图 5-1　用户和服务器之间按照 HTTP 规范的一个简单 REST 交互

注：由 Thomas Fielding[2] 提供。

通过 URI 的资源标识：REST 的 Web 服务公开了一组资源，标识了与其客户端进行交互的目标。REST 中信息的关键抽象是资源。任何可以被命名的信息都是资源，如文档、图像或临时性 273
服务。资源在概念上是到一组实体的映射。每一个特定的资源都由一个唯一的名称所标识，更确切地说，一个 URL 类型的统一资源定位符（Uniform Resource Identifier，URI），它为在组件的交互过程中用到的资源提供了一个全球性寻址空间，也可以方便服务发现。URI 可以被标记（bookmark），也可以通过超链接交换，这就提供了更多的可读性和广告潜力。

统一的受限接口：通过客户端/服务器可缓存的协议 HTTP 标准来完成与 REST 风格的 Web 服务进行交互。资源在使用的时候，要用到一组 4 个固定的动词 CRUD（Create，Read，Update，Delete）或 PUT、GET、POST 和 DELETE 操作。PUT 创建一个新的资源，可以使用 DELETE 销毁。GET 获得一个资源的当前状态。POST 发送一个新的状态到资源。

自我描述的消息：REST 消息包含足够的信息来描述如何处理消息。这使得中介机构不需要解析消息内容就可以对消息进行更多的操作。在 REST 中，资源与它们的表示是分离的，这就使得它们的内容可以用多种不同的标准格式（例如 HTML、XML、MIME、纯文本、PDF、JPEG、JSON 等）进行访问。REST 为每个资源提供多重/备用的表示。可以得到关于资源的元数据，并用于多种目的，如控制缓存、传输错误检测、认证或者授权，以及访问控制。

无状态的交互：REST 的交互是“无状态的”，意味着消息的含义不依赖于会话状态。无状态的通信提高了可见性，因为监控系统为了确定请求可靠性的全部本质并不需要知道单独的请求数据字段之外的内容，这样有利于从部分失败中进行恢复的任务，并增加了可扩展性，由于丢弃请求之间的状态允许服务器组件快速地释放资源。然而，无状态的交互可能会增加重复数据（每次交互开销），从而降低网络性能。有状态的交互基于明确状态转移的概念。有一些技术可以用于交换状态，如 URI 重写、cookies 和隐藏表单字段。状态可以嵌入在响应消息中用来指向交互的未来有效状态。

这种轻量级的基础设施价格低廉且易于采用，其中服务可以用最少的开发工具实现。构建一个客户端与 REST 服务进行交互所需的负载相当小，因为开发人员可以从普通的 Web 浏览器开始测试这种服务，而无需开发定制的客户端软件。从操作的角度来看，一个无状态的 REST Web 服务具有很好的可扩展性，可以服务数量非常庞大的客户端，因为具有支持高速缓存、集群化和负载均衡的 REST。

REST 的 Web 服务可以视为 SOAP 栈的替代，或在下一节描述的“大 Web 服务”，因为它们的简单性、轻量级本质以及与 HTTP 的集成。在 URI 和超链接的帮助下，REST 已经显示出它有可能发现 Web 资源，而不需要基于中心存储库登记的方法。近来又提出了 Web 应用描述语言（Web Application Description Language，WADL）[3] 用做 XML 词汇表来描述 REST 风格的 Web 服务，
274 使得它们能立即被潜在客户端发现并访问。不过，用于 REST 应用开发的工具集还不多。此外，受到 GET 长度的限制，不允许对资源 URL 中超过 4KB 的数据进行编码有时会产生问题，因为服务器会拒绝这类畸形的 URI，甚至可能崩溃。REST 不是一个标准，它是应用于大规模分布式系统的一个设计和体系结构风格。

REST 的体系结构元素列在表 5-1 中。其中融合了几个 Java 框架用来构造 REST 的 Web 服务。一个轻量级框架 Restlet[4] 实现了 REST 的体系结构元素，如资源、表示、连接器和用于 Web 服务在内的任何 REST 系统的媒体类型。在 Restlet 框架中，客户端和服务器都是组件。组件之间通过连接器进行通信。

表 5-1 REST 体系结构元素（摘选自文献[2]）

REST 元素	元 素	示 例
数据元素	资源	一个超文本引用的概念目标
	资源标识符	URL
	表示	HTML 文档、JPEG 图像、XML 等
	表示元数据	媒体类型，上一次修改时间
	资源元数据	资源链接，别名，变异
	控制数据	如果－已修改－由于，高速缓存－控制
连接器	客户端	libwww，libwww-perl
	服务器	libwww，Apache API，NSAPI
	高速缓存	浏览器高速缓存，Akamai 高速缓存网络
	解析器	绑定（DNS 查找库）
	隧道	HTTP CONNECT 之后的 SSL
组件	原始服务器	Apache httpd，Microsoft IIS
	网关	Squid，CGI，反向代理服务器
	代理服务器	CERN 代理服务器，Netscape 代理服务器，Gauntlet
	用户代理	Netscape Navigator，Lynx，MOMspider

Sun Microsystems 提供的规范 JSR-311（JAX-RS）[5] 定义了一组 Java API，可以用来开发 REST 的 Web 服务。该规范提供了一组相关的类和接口的注解，可以用于将 Java 对象公开为 Web 资源。通过使用注解，JSR-311 提供了 URI 和相应资源之间，以及 HTTP 方法与 Java 对象方法之间的清晰映射。这些 API 支持范围广泛的 HTTP 实体内容类型，包括 HTML、XML、JSON、GIF、JPG 等。Jersey[6] 是用来构建 REST Web 服务的一个 JSR-311 规范的参考实现。另外，它还提供了一个 API，使得开发者可以根据自己的需要来扩展 Jersey。

例 5.1　亚马逊 S3 接口的 REST Web 服务

在高性能计算系统中，REST 风格 Web 服务应用的一个很好的例子是亚马逊简单存储服务（Simple Storage Service，S3）接口。亚马逊 S3 是互联网应用的数据存储。它提供了简单的 Web 服务，通过网络可以在任何时间从任何地方存储和获取数据。S3 保留了基本实体（“对象”），它们是数据的命名块，和一些元数据一起存储在称为“水桶”的容器中，每一个水桶都有一个 275
唯一的键值。水桶有几个作用：它们在最高级上组织了亚马逊 S3 的命名空间，标识存储和传输数据时要收取费用的账户，在访问控制中发挥作用，它们也作为使用报告的聚集单元。亚马逊 S3 提供了三种类型的资源：一个用户水桶列表、一个特定的水桶和特定的 S3 对象，可以通过 https://s3.amazonaws.com/{name-of-bucket}/{name-of-object} 访问这个对象。

这些资源可以通过基本的 HTTP 标准操作（GET、HEAD、PUT 和 DELETE）来获取、创建或操纵。GET 可以用来列出用户创建的水桶、桶内保留的对象或对象值及其相关元数据。PUT 用于创建一个水桶或者设置一个对象值或元数据。DELETE 用来删除一个特定的桶或对象、HEAD 用来获得一个特定对象的元数据。为了上面提到的操作，亚马逊 S3 API 支持寻找水桶、对象及其相关元数据，创建新的水桶，上传对象以及删除已有的水桶和对象。表 5-2 给出了用来创建 S3 水桶的 REST 请求 - 响应消息语法的例子。

表 5-2　创建 S3 水桶的 REST 请求 - 响应示例

REST 请求	REST 响应
PUT/[bucket-name] HTTP/1.0 Date: Wed, 15 Mar 2011 14:45:15 GMT Authorization:AWS [aws-access-key-id]: [header-signature] Host: s3.amazonaws.com	HTTP/1.1 200 OK x-amz-id-2: VjzdTviQorQtSjcgLshzCZSzN+7CnewvHA +6sNxR3VRcUPyO5fmSmo8bWnlS52qa x-amz-request-id: 91A8CC60F9FC49E7 Date: Wed, 15 Mar 2010 14:45:20 GMT Location: /[bucket-name] Content-Length: 0 Connection: keep-alive

亚马逊 S3 REST 操作是创建、取回和删除水桶和对象的 HTTP 请求。一个典型的 REST 操作包括发送一个单独的 HTTP 请求到亚马逊 S3，然后等待 HTTP 响应。和任何 HTTP 请求一样，发往亚马逊 S3 的请求包括请求方法、URI、包含有请求基本信息的请求头，有时还有查询字符串和请求体。响应包含状态码、响应头，有时还会有响应体。

请求由一个 PUT 命令和在 S3 上面创建的水桶名字组成。亚马逊 S3 REST API 使用标准的 HTTP 头来传递认证信息。授权头包括 AWS Access Key ID 和开发者注册 S3 Web 服务时签发的 AWS SecretAccess Key，以及一个签名。为了实现认证，AWS AccessKeyId 元素标识了收到开发者请求时用于计算签名的密钥。如果请求签名和附带签名匹配，请求者就会被认证通过，然后请求就会被处理。■

REST 的 Web 服务的合成主要是合成 Web 2.0 应用程序，如 5.4 节和 9.1.3 节讨论的“混搭系统”（mashup）。混搭系统程序从现有基于 Web 的应用程序中结合了各种能力。关于混搭系统的一个很好例子是从在线资源库（如 Flickr）中提取图像，然后叠加在谷歌地图上。混搭系统不同于那些集成的软件产品，因为它们不是开发一个新的特性到现有的工具，而是把现有工具与 276
已经具备了所需功能的其他工具集成在一起。所有的工具都独立工作，但是它们协调地工作在一起，创建了一个独特的定制体验。

5.1.2　服务和 Web 服务

在 SOA 范式中，软件能力以基于消息的通信模型通过松耦合、可重用、粗粒度、可发现和自我包含的服务来传递和使用。Web 已经成为一种利用应用程序来连接远程客户端的媒介，并且最近，集成互联网上的应用得到了大众的关注。术语“Web 服务”经常指那些自我包含的、自我描述的、模块化的应用程序，它们被设计来供网络上的其他软件程序使用或访问。一旦部署了一个 Web 服务，其他的应用和 Web 服务就可以发现并激活已经部署的服务（见图 5-2）。

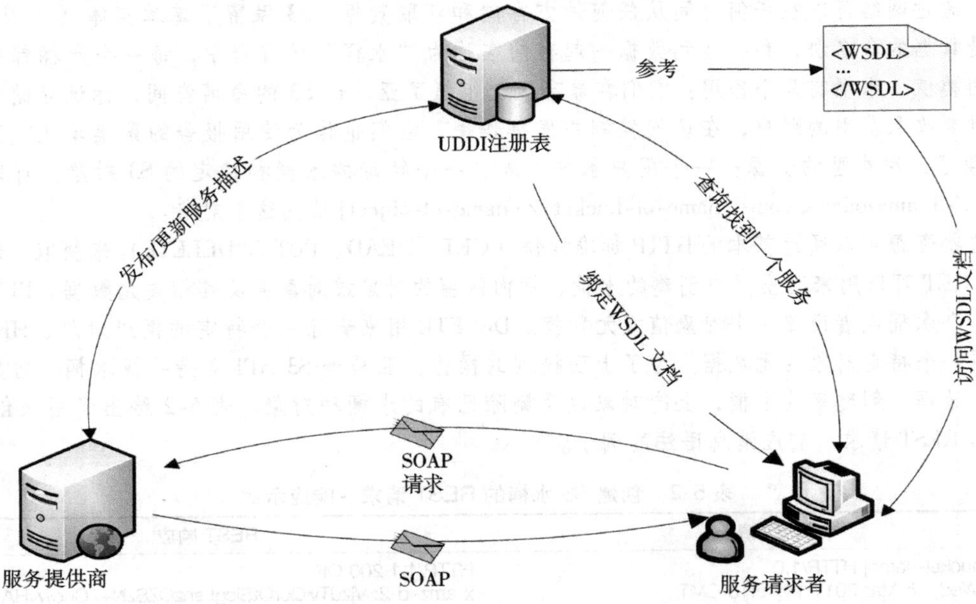

图 5-2 一个在提供商、用户和 UDDI 注册表之间交互的简单 Web 服务

实际上，Web 服务是 SOA 实现的最常见实例之一。W3C 工作组[1]将 Web 服务定义为一个软件系统，支持网络上机器到机器的互操作交互。根据这个定义，Web 服务有一个以机器可执行格式（尤其是 Web 服务描述语言（Web Services Description Language，WSDL））描述的接口。其
277 他的系统按照使用 SOAP 消息描述的规定方式与 Web 服务进行交互，典型的做法是使用带有 XML 序列化的 HTTP 结合其他的 Web 相关标准。组成目前 Web 服务核心的技术有：

简单对象访问协议（SOAP） SOAP 提供了一个标准的封装结构，用来在各种不同的互联网协议（如 SMTP、HTTP 和 FTP）上传输 XML 文档。通过使用这样的标准消息格式，异构的中间件系统可以实现互操作。SOAP 消息包括一个称为信封的根元素，其中包含标题：一个可以被中间机构使用附加的应用级元素扩展的容器，如路由信息、认证、事务管理、消息解析指示和服务质量配置，除此之外，还包括承载消息有效负载的体元素。基于描述 SOAP 消息结构的 XML 模式，在发件人端被 SOAP 引擎编组，在接收端解编组。

Web 服务描述语言（WSDL） WSDL 描述了接口，即 Web 服务支持的一系列标准格式的操作。它标准化了操作的输入和输出参数的表示以及服务的协议绑定，消息在线传输的方式。使用 WSDL，不同的客户端可以自动理解如何与 Web 服务交互。

通用描述、发现和集成（Universal Description，Discovery，and Integration，UDDI） UDDI 提供了一种通过搜索名称、标识符、类别或 Web 服务实现的规范来广告和发现 Web 服务的全局注册表。5.4 节将进一步详细介绍 UDDI。

SOAP 是 XML-RPC 的扩展和进化版本，XML-RPC 在 1999 年推出[7]，是一个简单而有效的远程过程调用协议，它使用 XML 对调用进行编码，用 HTTP 作为传输机制。根据它的约定，过程在服务器上运行，它返回 XML 格式的值。然而，XML-RPC 并不完全符合最新的 XML 标准。此外，它并不允许开发者来扩展一个 XML-RPC 调用的请求或响应格式。因为 XML 模式在 2001 年成为 W3C 推荐标准，SOAP 归入 XML 协议工作，SOAP 已经成为相互交流的用户使用 XML 的标

准协议。

Web 服务技术和其他技术（如 J2EE、CORBA、CGI 脚本等）的主要区别在于标准化，因为它是基于标准化的 XML，提供数据的语言中立表示。大多数的 Web 服务在 HTTP 协议上传输消息，使得它们成为互联网级别的应用。此外，与 CORBA 和 J2EE 不同，Web 服务使用 HTTP 作为隧道协议使得远程通信可以穿越防火墙和代理服务器。

基于 SOAP 的 Web 服务有时也称为“大网络服务”[7]。我们在这一章的前面已经看到，REST[8] 的服务在 HTTP 上下文中也可以被认为是 Web 服务。基于 SOAP 的 Web 服务交互可以是同步的，也可以是异步的，这样使得它们适用于请求 - 响应和单向交互模式，从而增加了 Web 服务在失效时的可用性。

5.1.2.1　WS-I 协议栈

与没有提供服务质量和契约属性的 REST Web 服务不同，基于 SOAP 的 Web 服务建议了几个可选的规范，用来定义非功能化的需求和确保消息通信中某一级别的质量，以及可靠的事务策略，如 WS-Security[9]、WS-Agreement[10]、WS-ReliableMessaging[11]、WS-Transaction[12] 和 WS-Coordination[13]，如图 5-3 所示。 278

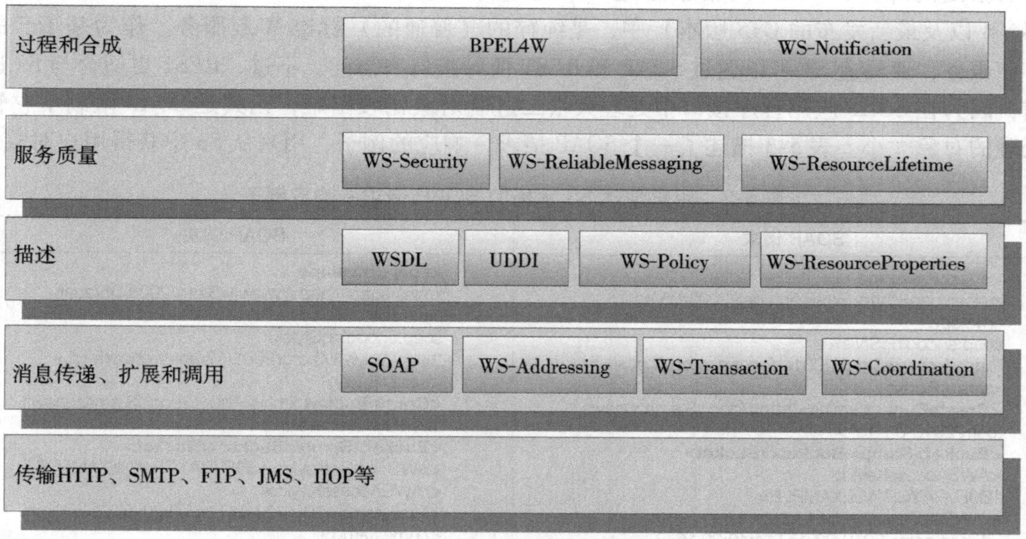

图 5-3　WS-I 协议栈及其相关规范

如上所述，SOAP 消息采用 XML 编码，这就要求所有自我描述的数据以 ASCII 字符串发送。这个描述采用了开始和结束标签的形式，常常占用了一半甚至更多的消息字节数。使用 XML 来传送数据会导致可观的传送开销，增加 4 ~ 10 倍的传输数据量[14]。而且，XML 处理在计算和内存占用上都消耗很大，并且会随着数据的处理总量和数据字段的个数而增加，这就使得 Web 服务不适用于资源受限的设备使用，如手持 PDA 和移动电话。

通过使用松耦合、可重用的软件组件，Web 服务提供了实时的软件合成，5.5 节将进一步介绍。通过使用 Web 服务的商业过程处理语言（Business Process Execution Language for Web Service，BPEL4WS），一个 OASIS 推荐的用于规定 Web 服务之间交互的标准化可执行语言，Web 服务可以组合在一起，生成更为复杂的 Web 服务和工作流。BPEL4WS 是一个基于 XML 的语言，构建在 Web 服务规范之上，用于定义和管理长期的服务编制或过程。

在 BPEL 里，商业过程是一个大粒度的有状态的服务，通过执行数个步骤来完成一个商业目标。这个目标可以是完成商业事务，也可以是完成一个服务作业。BPEL 过程中的步骤通过执行活动（用 BPEL 语言元素来表示）来完成工作。这些活动集中在激活同伴服务来完成任务（它们的作业），并且将执行结果返回到过程。BPEL 使得各个公司可以通过编制的服务来自动化他们
279 的商业过程。在网格中，工作流定义为"通过编制一系列网格服务、代理和演员而达到的过程自动化，它们必须组合在一起来解决一个问题或定义新的服务"[15]。

为 JBoss[17] 开源中间件平台建构的 JBPM 项目[16] 是一个关于工作流管理和商业过程运行系统的例子。另外一个工作流系统（Taverna[18]）在生命科学应用中得到了广泛的运用。用不同的语言开发和部署 Web 服务的工具多种多样。SOAP 引擎有诸如 Java 下的 Apache Axis、C ++ 下面的 gSOAP[19]、Python 下面的 Zolera Soap Infrastructure（ZSI）[20] 以及 Axis2/Java 和 Axis2/C。这些工具集都包含了用于生成客户端存根的 SOAP 引擎和 WSDL 工具，它们大大隐藏了 Web 服务应用开发和集成的复杂度。因为对于以上提到的语言没有标准的 SOAP 映射，所以对于同一个对象两个不同的 SOAP 实现可能会产生不同的编码。

作为数据的标准传输协议，因为 SOAP 可以集中 XML 和 HTTP 的力量，所以对于异构分布式计算环境（如网格和云计算），为确保互操作性，SOAP 是一个非常吸引人的技术。就像在 7.4 节中所指出的那样，OGSA 网格服务是 Web 服务的延伸，并且在新的网格中间件（如 Globus Toolkit 4 以及最新发布的 GT5 版本）中，是纯粹的（普通的）标准 Web 服务。作为基于云的长期存储服务，亚马逊 S3 可以通过 SOAP 和 REST 两种接口来访问。不过，REST 更适合与 S3 进行通信，因为在 SOAP 应用程序接口中处理大量二进制对象比较困难，尤其是 SOAP 限制了它管理和处理的对象大小。表 5-3 描述了一个 SOAP 请求 - 响应的例子，用来从 S3 中获得用户对象。

表 5-3　用来创建 S3 水桶的 SOAP 请求 - 响应例子

SOAP 请求	SOAP 响应
<soap:Envelope xmlns:soap="http://www.w3.org/2003/05/soap- envelope" soap:encodingStyle= "http://www.w3.org/2001/12/soap-encoding"> **<soap:Body>** <**CreateBucket** xmlns="http://doc.s3.amazonaws .com/2010-03-15"> **<Bucket>SampleBucket</Bucket>** <AWSAccessKeyId> 1B9FVRAYCP1VJEXAMPLE= </AWSAccessKeyId> <Timestamp>2010-03-15T14:40:00.165Z </Timestamp> <Signature>Iuyz3d3P0aTou39dzbqaEXAMPLE =</Signature> </CreateBucket> </soap:Body> </soap:Envelope>	**<soap:Envelope** xmlns:soap="http://www.w3.org/2003/05/soap- envelope" soap:encodingStyle= "http://www.w3.org/2001/12/soap-encoding"> **<soap:Body>** <**CreateBucket** xmlns="http://doc.s3.amazonaws .com/2010-03-15"> **<Bucket>SampleBucket</Bucket>** <AWSAccessKeyId>1B9FVRAYCP1VJEXAMPLE= </AWSAccessKeyId> <Timestamp>2010-03-15T14:40:00.165Z </Timestamp> <Signature>Iuyz3d3P0aTou39dzbqaEXAMPLE =</Signature> </CreateBucket> </soap:Body> </soap:Envelope>

SOAP 消息包含应用程序使用的一个信封，里面封装了需要发送的消息。信封包括头和体模
280 块。编码风格元素指的是 XML 模式的 URI 地址，用于对消息元素进行编码。SOAP 消息中的每个元素可以采用不同的编码方式，但是除非特别指定，整个消息的编码方式定义在根元素的 XML 模式中。头部是 SOAP 消息的可选部分，它包含了上面提到的辅助信息，在这个例子中没有包含头部。

SOAP 请求 - 响应消息的体部分包含了会话的主要信息，它是由一个或多个 XML 模块来组成的。在这个例子中，客户端正在调用亚马逊 S3 Web 服务接口的 CreateBucket。如果在调用服务的时候发生错误，将有一个在消息体里含有失效元素的 SOAP 消息转发给客户端作为回应，用来指示协议级错误。

5.1.2.2 WS-* 核心 SOAP 头部标准

在表5-4中，我们总结了许多（大约100条）核心SOAP头部规范中的一部分。它们有许多类别，并且在每一类中会有几个覆盖标准。许多标准在这一章中会详细介绍，尤其是XML、WSDL、SOAP、BPEL、WS-Security、UDDI、WSRF和WSRP。WS-*标准的数目和复杂性导致使用REST而不是Web服务的趋势越来越强。通过自我描述的消息实现互操作性是一个非常聪明的想法，但是实践经验表明，创建满足性能要求的所需要工具并缩短实现时间是非常困难的。

表5-4 核心WS-*规范包括的10个领域

WS-*规范领域	例 子
1. 核心服务模型	XML，WSDL，SOAP
2. 服务互联网	WS-Addressing，WS-MessageDelivery；Reliable WSRM；Efficient MOTM
3. 通知	WS-Notification，WS-Eventing（发布－订阅）
4. 工作流和事务	BPEL，WS-Choreography，WS-Coordination
5. 安全	WS-Security，WS-Trust，WS-Federation，SAML，WS-SecureConversation
6. 服务发现	UDDI，WS-Discovery
7. 系统元数据和状态	WSRF，WS-MetadataExchange，WS-Context
8. 管理	WSDM，WS-Management，WS-Transfer
9. 策略和协议	WS-Policy，WS-Agreement
10. 门户和用户接口	WSRP（远程Portlets）

例5.2 WS-RM或WS-Reliable消息传递

WS-RM是所谓的WS-*核心Web服务规范中发展最好的一个。WS-RM使用消息实例数量来允许目的服务识别出消息传送失效（可能是丢失，也可能是消息乱序）。在这方面，WS-RM有些复制了TCP－IP的功能，但是它们工作在不同的级别，即在用户消息级而不是TCP包，并且从源到目的都独立于它们之间的TCP路由。这是一个很强大的想法，但是并没有被完整开发，例如，它没有正确地支持多播消息传送。关于这方面的细节，请参见网站http://en.wikipedia.org/wiki/WS-ReliableMessaging。 281

5.1.3 企业多层体系结构

企业应用程序通常使用多层体系结构来封装和集成各种功能。多层体系结构是一种客户端/服务器体系结构，其中表述、应用处理和数据管理是逻辑分离的过程。已知最简单的多层体系结构是两层，也就是客户端/服务器系统。传统的两层客户端/服务器模型需要集群化和灾难恢复来保证可靠性。虽然在企业中使用较少的节点会简化可管理性，但是改变管理仍然很困难，因为在修理、升级和部署新应用时，都需要服务器下线。而且在胖客户端环境下，新应用和增强的部署非常复杂和消耗时间，从而降低了可用性。一个三层的信息系统包含以下的层次（见图5-4）：

- **表述层** 向外部实体描述信息，并且允许它们通过提交操作和获得响应来与系统进行交互。
- **商业/应用逻辑层或中间件** 通过表述层完成客户端请求的实际操作的程序。中间层也可以控制用户的认证、访问资源，以及完成一些客户端查询处理，这样可以减少数据库服务器的一些负载。
- **资源管理层** 也称为数据层，处理和实现信息系统的不同数据源。

实际上，三层系统是两层体系结构的扩展，其中应用逻辑从资源管理层隔离出来[21]。到20世纪90年代后期，由于互联网变成许多应用程序的重要组成部分，工业界将三层模型扩展到了

N 层。基于 SOAP 的和 REST 的 Web 服务更多地集成到应用程序中。这样做的结果是数据层被分为数据存储层和数据访问层。在非常复杂的系统中，还另外添加了一层封装层，这样可以为数据库和 Web 服务统一数据访问。Web 服务可以从多层体系结构中固有的隔离性中得到好处，这和大多数的动态 Web 应用程序方式基本一样[22]。

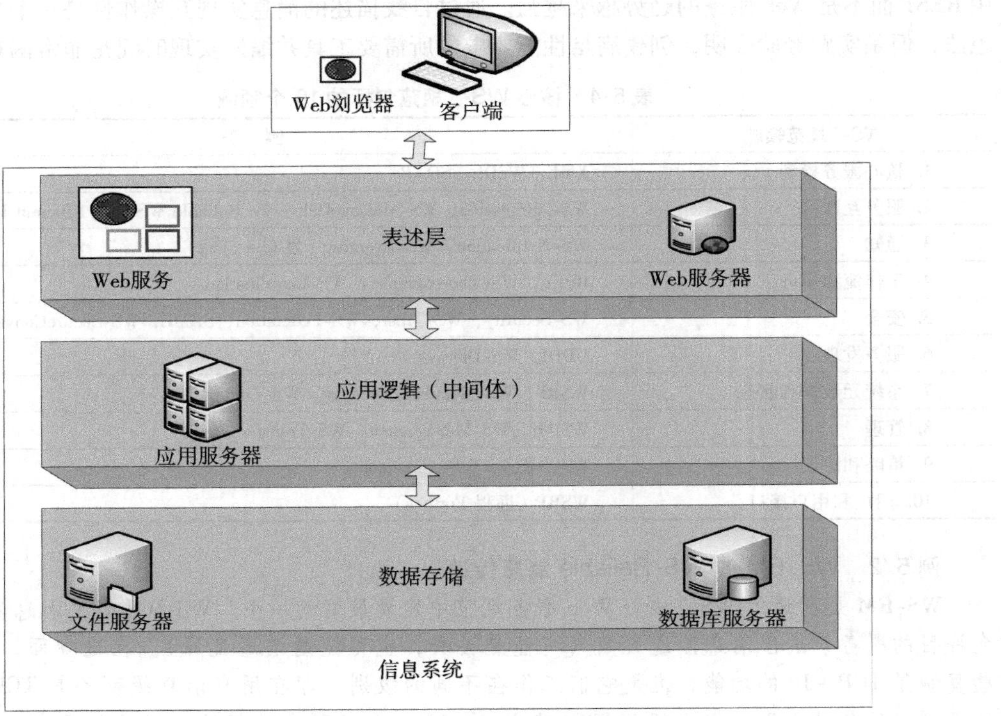

图 5-4 一个三层的系统体系结构

注：由 Gustavo 等人提供[23]，Springer Verlag 授权使用，2010。

商业逻辑和数据可以被自动化和 GUI 的客户端所共享。唯一的区别是客户端的本质和中间层的表述。而且，将商业逻辑和数据访问隔离可以使得数据库具有独立性。N 层体系结构的特点是应用程序、服务组件及其分布式部署的功能分解。这样的体系结构可以使 Web 服务和动态 Web 应用具有可重用性、简单性、可扩展性和清晰的组件功能分离。

Web 服务可以被视作在中间件和应用集成基础设施之上的另一层[23]，它允许系统之间通过互联网以标准的协议进行交互。因为每一层可以独立地管理或扩展，使用 N 层体系结构的 IT 基础设施的灵活性大大增强。下一节我们将描述 OGSA，它是一个多层的面向服务的中间件体系结构，描述了网格计算环境的功能，并且嵌入了 Web 服务，使得在大规模的异构环境中可以访问计算资源。

5.1.4 网格服务和 OGSA

开放网格服务体系结构（Open Grid Services Architecture，OGSA）[24]是全球网格论坛（最近重命名为开放网格论坛（Open Grid Forum，OGF），并在 2006 年 6 月与企业网格联盟（Enterprise Grid Alliance，EGA）合并）的 OGSA 工作组起草制定的，它是一个面向服务的体系结构，旨在为基于网格的应用定义一个通用的、标准的和开放的体系结构。“开放”指的是制定标准的过程和标准本身。在 OGSA 中，从注册表到计算任务再到数据资源等都被看成是一种服务。这些可扩展的服务集是基于 OGSA 网格的构成模块。OGSA 的意图在于：

- 便于在分布式的异构环境上使用和管理资源。
- 提供无缝的服务质量。
- 为了提供不同资源之间的互操作性，定义开放的发布接口。
- 采用工业标准的集成技术。
- 开发实现互操作性的标准。 282~283
- 在分布式的异构环境中集成、虚拟化和管理各种服务与资源。
- 提供松耦合的可交互服务，并且满足工业可接受的Web服务标准。

基于OGSA，网格由少量的基于标准的组件构成，这些组件称为网格服务。文献[25]将网格服务定义为“一个提供一系列良好定义接口的Web服务，它满足特定的规范（用WSDL来表示）”。OGSA对于网格服务给出了一个高层的体系结构观点，但是对于描述网格服务并没有给出太多的细节。它非常简要地概括了网格服务应该有什么。网格服务实现了一个或多个接口，每个接口定义了一系列操作，这些操作是通过交换事先定义好的基于开放网格服务基础设施（Open Grid Services Infrastructure，OGSI）[26]的消息序列来调用。OGSI也是由全球网格论坛开发的，它给出了网格服务的形式化技术规范。

网格服务接口对应于WSDL里面的端口类型（portTypes）。网格服务支持的端口类型集合，以及一些和版本有关的附加信息，都是在网格服务的服务类型（serviceType）中指定，服务类型是OGSA定义的一个WSDL扩展元素。接口完成了发现、动态服务创建、生命期管理、通知和可管理性，而约定解决的是命名和可升级性。网格服务的实现可以定位在和已有的IT基础设施集成的本地平台设施上。

根据文献[25]，OGSA服务可以分为7个大类，它们按照网格场景中经常用到的性能来定义。图5-5给出了OGSA体系结构。这些服务总结如下：

- **基础设施服务** 指一系列的公共功能，例如命名，通常为更高层提供服务。
- **运行管理服务** 与启动和管理任务这些问题有关，包括放置、配置和生命周期管理。任务可以是简单的作业、复杂的工作流或合成的服务。
- **数据管理服务** 用来移动数据到需要它的地方、维护复制的副本、运行查询和更新，以及转换数据到新的格式。这些服务必须要解决一些问题，如数据的一致性、持久性和完整性。OGSA数据服务是实现了一个或多个基本数据接口的Web服务，使得在分布式环境下能够访问和管理数据资源。三个基本的数据接口（数据访问、数据工厂和数据管理）定义了用来表示、访问、创建和管理数据的基本操作。
- **资源管理服务** 为网格资源提供管理功能：管理资源本身、将资源作为网格组件管理，以及管理OGSA基础设施。例如，可以根据需求来监控、预留、部署和配置资源，以便满足应用程序的服务质量要求。它也同样需要网格资源和服务的信息模型（语义）和数据模型（表示）。
- **安全服务** 便于一个（虚拟的）组织内有关安全的策略得以强制执行，支持安全的资源共享。认证、授权和完整性保护是这些服务提供的基本功能。
- **信息服务** 提供关于网格及其构成资源信息的有效产生和访问。术语“信息”指的是用 284
于状态监控的动态数据或事件，用于发现的相对静态数据，以及任何日志数据。排除错误（Troubleshooting）只是这些服务提供的信息的一个可能应用。
- **自我管理服务** 支持对于一系列服务（或者资源）的服务级实现，并且要尽可能的自动化，以减少管理系统的代价和复杂度。拥有和操作IT基础设施时，复杂度会不断增加，为了解决这个问题，这些服务是必要的。

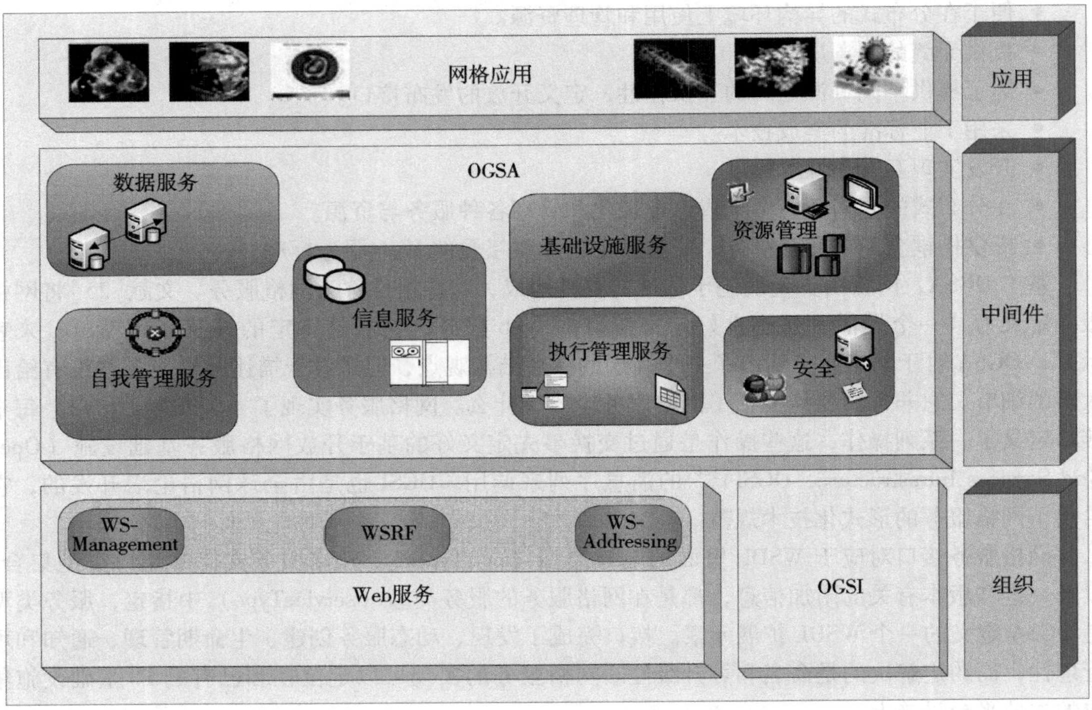

图 5-5 OGSA 体系结构

注：由 Foster 等人提供[24]，http://www.ogf.org/documents/GFD.80.pdf。

OGSA 被许多的网格项目采纳为参考网格体系结构。2002 年 1 月 29 日，在阿根那国家实验室的 Globus 工具集指导课上，演示了第一个网格服务的原型实现。从那以后，Globus 工具集 3.0 和 3.2 分别提供了在开放网格服务基础设施之上的 OGSA 实现。网格服务的两个主要性质是瞬态性和有状态性。瞬态网格服务的创建和销毁可以动态地实现。OGSA 网格服务的创建和生命期按照"工厂模式"进行处理，这方面的内容将在 7.3.1 节中介绍。Web 服务技术设计用于支持松耦合、粗粒度的动态系统，所以它并不能满足所有的网格需求，比如保持状态信息，因此，它也
285 不能完全支持 OGSA 设计支持的广泛分布式系统。

OGSA 应用了一系列 WSDL 扩展来表示一些标识符，这些标识符对于在任何系统之上实现网格服务实例都是非常必要的。这些扩展由 OGSI 来定义。一个关键的扩展是网格服务参考：对于特定网格服务实例的一个网络级指针，这可以让远程的客户端应用程序访问这个实例。第 7 章将介绍这些扩展，例如网格服务句柄（Grid Service Handle，GSH）和网格服务参考（Grid Service Reference，GSR）。这些扩展用繁长的规范说明有状态的网格服务和 OGSI 缺点。这个问题来自于和当今的一些 Web 服务工具不兼容，以及从面向对象中吸收了很多概念。

和 Web 服务的本质不同，导致了网格和 Web 服务社区之间的紧密合作。作为共同努力的结果，Web 服务资源框架（Web Services Resources Framework，WSRF）[27]、WS-Addressing[28] 和 WS-Notification（WSN）规范已经提交给了 OASIS。所以，为了有利于新的 Web 服务标准，尤其是 WSRF，OGSI 的 Web 服务扩展受到了抨击。WSRF 是 5 个不同规范的合集。当然，它们都与 WS-Resources 的管理有关。表 5-5 描述了与 WSRF 有关的接口操作。

表 5-5　WSRF 及其相关规范

规范			描述
WSRF 规范	WS-ResourceProperties		标准化资源属性的定义，其与 WS 接口的关联，定义资源属性的查询和更新能力的消息
	WS-ResourceLifetime		提供标准的机制来管理 WS-resources 的生命周期，例如，设定终止时间
	WS-ServiceGroup		聚集 Web 服务和 WS-Resources 的标准表示
	WS-Basefault		提供了报告故障的一个标准方法
与 WSRF 有关的规范	WS-Notification	WS-Base Notification	对于通知消息交换的 Web 服务发布和订阅中涉及的基本角色，提供了一个标准的表示方法
		WS-Brokered Notification	标准化消息中介（broker）在 Web 服务发布和订阅中涉及的消息交换
		WS-Topics	对于感兴趣的订阅条目即“主题”，定义了一种组织和分类的机制
	WS-Addressing		寻址 Web 服务和消息的传输中立机制

一般的 Web 服务通常是无状态的。这意味着 Web 服务从一个调用到另一个调用时不能“记忆”信息，或保持状态。然而，由于 Web 服务是无状态的，后面的调用并不知道前面的调用做了什么。网格应用因为要和客户端或其他 Web 服务交互，通常需要 Web 服务保持状态信息。WSRF 的目的是定义一个通用的框架，以便用 Web 服务来建模和访问持久的资源，这样可以方 286
便服务的定义和实现，以及多个服务的集成和管理。注意到，如果状态包含在接收到的消息里，那么“无状态的”服务实际上也可以记忆状态。这些消息可能含有客户端 cookie 中保存的令牌和服务访问的数据库或高速缓存。同样，通过用户登录数据库中存储的永久参考信息，访问无状态的服务的用户可以为会话建立起状态。

Web 服务的状态信息保存在一个称为资源的独立实体中。一个服务可以有一个以上的资源，这些资源通过签发不同的键值来区分。资源可以是在内存中，也可以是长期保存，比如存储在文件或数据库这样的二级存储设备中。Web 服务和资源的配对称为 WS-Resource。寻址一个特定的 WS-Resource 时，比较好的方法是按照 WS-Addressing 规范，使用合格的“端点引用”（Endpoint Reference，EPR）结构。资源保存了实际的数据项，被称为“资源属性”。资源属性通常用来保存服务数据值，提供关于当前服务状态的信息，或是关于这些值的元数据，也可能包含管理状态所需要的信息，比如资源必须销毁的时间。目前，Globus 工具集 4.0 提供了一系列基于 WSRF 的 OGSA 功能。

5.1.5　其他的面向服务的体系结构和系统

文献[29]是一篇关于服务及如何使用它们的综述文章。这里我们给出两个例子，一个是系统，另一个是小型网格。

例 5.3　美国国防部网络中心服务

美国军方在国防部软件系统中引入了一系列所谓的网络中心服务，可用在他们的全球信息网格（Global Information Grid，GiG）上。如表 5-6 所示，它们给出了和 OGSA 不同选择的服务。这并不是一个完全不同的体系结构，而只是有不同的分层。但是表 5-6 中描述的消息传递可以视为 WS-* 或是 OGSA 中更高的应用层的一部分。（关于 INFOD 标准，参见 http://www.ogf.org/gf/group_info/view.php?group=infod-wg）[29]。■

表 5-6 网络中心服务的核心全球信息网格

服务或特性	例　子
企业服务管理	生命周期管理
安全；信息保障（IA）	保密性，完整性，可用性，可靠性
消息传递	发布 - 订阅重要事项
发现	数据和服务
调解	代理（agent）、中介（brokering）、变换、聚集
协作	同步和异步
用户支持	最优化全球信息网格用户体验
存储	所有形式数据的保留、组织和布置
应用	管理、操作和维护
287 环境控制服务	策略

例 5.4　CICC 中的服务——化学信息网格

这个项目的目的是支持可能用于药物研发的小分子实验获得数据的处理，包括聚合分析、数据挖掘和定量模拟/第一原理计算。小分子数据从 NIH PubChem 和 DTP 数据库中获得，可能还有从服务封包的数据库中获得的大分子数据，例如 Varuna、Protein Data Bank、PDBBind 和 MODB。在后面几年的实验中，NIH 资助的高吞吐量镜像中心有可能淹没 PubChem 数据库，使得数据的自动化组织和分析变得十分必要。

有趣的是，数据分析应用可以和用于期刊与技术文章的文本分析应用结合在一起组成非常复杂的科学环境。工作流是这个项目的一个关键部分，因为它可以编码科学用例。许多 CICC 服务和通用方法都是基于剑桥大学的 WWMM 计划（http://www-pmr.ch.cam.ac.uk/wiki/Main_Page），这个计划是 Peter Rust 教授领导的。表 5-7 给出了在 CICC 中使用的系统和应用服务的混合体。这是一个小型项目，更大的网格可以提供更多的服务。详细内容参见网站 http://www.chembiogrid.org ■

表 5-7 CICC 中使用的服务和标准

服务名称	描　述
特定应用：BCI，OpenEye，Varuna，AutoGEFF	CICC 从其他网格（包括一个基于 Apache Ant 的网格）继承了作业管理服务，来管理商业和本地开发的高性能计算应用
Condor 和 BirdBath	检查 Condor 和它的 SOAP 接口（BirdBath）的使用，作为 TeraGrid 上 Varuna 应用的超级调度器
ToxTree 服务	这个服务封装了一个算法来估计某个化合物的毒性危害。在工作流中和其他集群化程序组合在一起时非常有用
OSCAR3 服务	基于 WWMM 组的 OSCAR3，可以完成期刊论文和其他文档的文本分析，来提取（XML 格式）化学有关的信息。SMILES 分配给著名的化合物。需要和传统的数据库和集群化算法一起工作
CDK 服务	CICC 在化学开发包（Chemistry Development Kit，CDK）的基础上开发了许多简单的服务。这些服务包括相似性计算、分子式描述符计算、指纹生成器、二维图像生成器和三维坐标分子式生成器
OpenBabel 服务	在不同的化学格式之间（如在 InChI 和 SMILES 之间）转换
InChIGoogle	对于一个给定的 InChi（分子式结构的字符串规范），执行谷歌搜索，返回一个匹配的页面排名列表
关键接口/标准/使用的软件	WSDL，SOAP（以及 Axis 1.x），CML，InChI，SMILES，Taverna SCUFI，JSR - 168 JDBC Servlets，VOTables
不使用的接口/软件	WS-Security，JSDL，WSRF，BPEL，OGSA-DAI

5.2　面向消息的中间件

这一节介绍支持分布式计算的面向消息的中间件。内容包括企业总线、发布 - 订阅模型、排队和消息传递系统。

5.2.1　企业总线

在前面的章节中，我们描述了服务和服务体系结构。根据定义，这些服务通过各种不同的格式（API）、有线协议和传输机制与消息进行交互。对通信机制进行抽象是很有吸引力的，这样可以定义服务，使得通信和实现的具体细节分离。例如，服务的作者不需要担心为了避免防火墙的困难而使用特定的端口，也不需要担心在远距离通信中为了达到满意延迟需要使用 UDP 和特殊的容错机制。更进一步，人们可能希望引入一个封装器，使得服务所期望的不同风格（如 SOAP、REST 或 Java RMI）消息彼此之间能够进行通信。术语“企业服务总线”（Enterprise 288~289
Service Bus，ESB）[30,31] 指的是总线支持许多组件，通常采用不同的风格，能够方便地集成在一起。这些评论产生了图 5-6 所示的消息黑盒抽象。

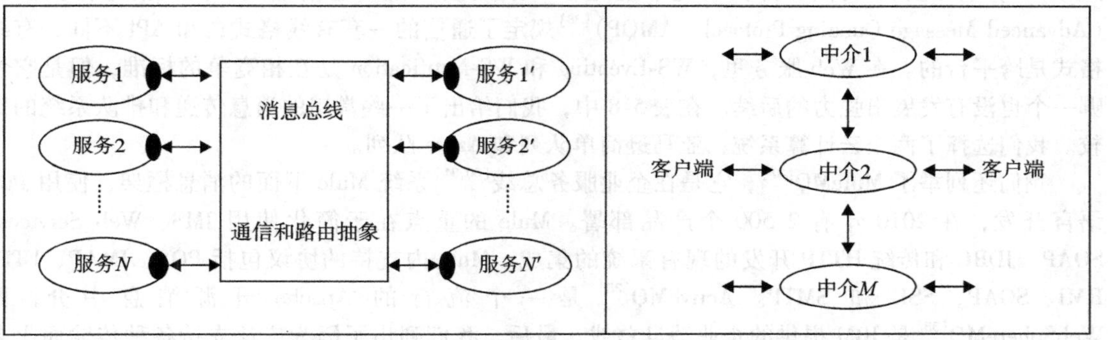

a）在服务之间实现　　　b）作为一个分布式中介的网络

图 5-6　在服务之间或使用中介网络的两种消息总线实现

人们不需要在源和目的之间开一个通道，而是把带有足够信息的消息注入总线，允许它正确的投递。这个注入由加载到每个服务的代码来完成，在图 5-6a 中被称为客户端接口。在这个图中消息总线用来连接服务，但是可以和任何发送与接收消息的软件或硬件实体一起工作。一个简单例子是作为客户端的台式机或智能手机。更进一步，这些总线可以在一个应用内部或以分布式方式实现。在后者的情况下，通常以一系列“中介”（broker）的方式来实现消息总线，如图 5-6b 所示。

多个中介的使用允许总线扩展到多个客户端（服务）和大规模消息流量。注意，图 5-6b 中的中介“只是”一个特殊的服务器/服务，它接收消息，执行必要的转换，然后查找路由并发出一个新的消息。对于消息总线有一个特殊的（简单）例子，图 5-6b 中的中介不是独立的服务器，而是包含在客户端软件中。注意，这样的总线不仅支持点到点的消息传递，也支持发到许多接收客户端（服务）的广播或选择多播。

通常中介是作为队列管理器实现，这个领域的软件在其描述中通常有消息队列（Message Queue，MQ）。一个重要的早期例子是 IBM 公司的 MQSeries[32]，现在在市场上称为 WebSphereMQ[32,33]。在第 8 章介绍云平台的时候，我们会发现 Azure 和亚马逊都提供基本的排队软件。消息队列的一个典型应用是在并行计算的“农场”模型中把主人和工人连接起来，“主人”定义了各工作项，然后放到队列中。很多工人可以访问这个队列，并从中取出下一个可用的工作项。这就提供了一个简单的动态负载均衡并行运行模型。如果需要，图 5-6b 中的多个中介可以用来实现可扩展性。 290

5.2.2　发布 - 订阅模型和通知

在这里介绍一个重要的概念即"发布 - 订阅"[34]，对于消息总线，它描述了把源和目的连接起来的一个特殊模型。在这里消息的生产者（发布者）以某种方式对消息贴上标签——通常的做法是与一个（受控的）词汇表中的一个或多个主题名词关联。然后消息的接收者（订阅者）会指定他们希望接收到相关消息的主题。或者也可以使用基于内容的发布系统，内容可以用某种格式（如 SQL）来进行查询。

使用基于主题或内容的消息选择称为消息过滤。注意到，在每种情况下，我们会在发布者和接收者之间找到一个多对多的关系。发布 - 订阅消息传送中间件允许直接实现通知或基于事件的编程模型。例如，消息可以被所需要的通知主题（如错误或完成码）标记，并含有详细说明通知的内容[34]。

5.2.3　队列和消息传递系统

在这个领域中，有几个有用的标准。最有名的是 Java 消息服务（Java Message Service，JMS）[35]，它在发布/订阅和排队系统中规定了一系列接口概括通信语义。高级消息排队协议（Advanced Message Queuing Protocol，AMQP）[36]规定了通信的一套有线格式；和 API 不同，有线格式是跨平台的。在 Web 服务里，WS-Eventing 和 WS-Notification 是互相竞争的标准，但是它们哪一个也没有发展出强力的后续。在表 5-8 中，我们给出了一些常用的消息传递和排队系统的比较。我们选择了两个云计算系统：亚马逊简单队列和 Azure 队列。

我们还列举了 MuleMQ[37]，它是在企业服务总线[30,31]系统 Mule 下面的消息框架，使用 Java 语言开发，在 2010 年有 2 500 个产品部署。Mule 的重点在于简化使用 JMS、Web Services、SOAP、JDBC 和传统 HTTP 开发的现有系统的集成。Mule 内支持的协议包括 POP、IMAP、FTP、RMI、SOAP、SSL 和 SMTP。ActiveMQ[38] 是一个流行的 Apache 开源消息中介，而 WebSphereMQ[33]是 IBM 提供的企业消息总线。最后，我们列出了因为广泛支持各种传输而出名的开源 NaradaBrokering[39]，并且被成功地用来支持多点视频会议及其他协作功能的软件多点控制单元（Multipoint Control Unit，MCU）。

注意到，4 个非云系统支持 JWS。在表中列出的消息系统里面也有一些关键的特性，但是因篇幅所限，本节并未详细讨论。它们有安全方法和保障、消息传递机制等。时间去耦合传递指的是交换消息时生产者和消费者并不需要同时在线。容错也是一个重要的性质：一些消息传递系统可以备份消息并提供确定保证。这个表仅作为示例使用，还有很多其他重要的消息传递系统。例如，RabbitMQ[40]是一个基于 AMQP 标准的令人印象深刻的新系统。

5.2.4　云或网格中间件应用

下面给出了三个例子，用来说明 NaradaBrokering 中间件服务和分布式计算的应用。第一个例
291 子和环境保护有关。第二个例子用于互联网会议，第三个用于地震科学应用。

例 5.5　使用 NaradaBrokering 的环境监测和互联网会议

Clemson 大学的 GOAT 项目是沿海环境可持续性集成研究计划（Program of Integrated Study for Coastal Environmental Sustainability，PISCES）的一部分，该计划旨在解决沿海发展过程中伴随的环境可持续性问题。目前的研究包括地下水监测、地表水质和水量的监控、天气和各种其他的环境测量。这个项目利用 NaradaBrokering 发布 - 订阅消息传递系统提供了一个灵活可靠的层，把来自各种不同传感源的观测数据发送给用户，而用户也有着各种不同的数据管理和处理需求。NaradaBrokering 可以显示出环境传感器。

表 5-8　选择的消息传递和排队系统的比较

系统特性	亚马逊简单队列[41]	Azure 队列[42]	ActiveMQ	MuleMQ	WebSphere MQ	Narada Brokering
AMQP 兼容	否	否	否，使用 OpenWire 和 Stomp	否	否	否
JMS 兼容	否	否	是	是	是	是
分布式代理	否	否	是	是	是	是
投递保证	消息在队列中保留 4 天	7 天内可以访问消息	基于数据库的日志和 JDBC 驱动	磁盘存储使用 1 个文件/信道，TTL 清除消息	只支持传输一次	有保证，只能一次
顺序保证	尽力而为，传送一次，存在重复的消息	没有顺序，消息不止一次返回	发布者顺序保证	不清楚	发布者顺序保证	通过网络时间协议保证发布者或时间顺序
访问模型	SOAP，基于 HTTP 的 GET/POST	HTTP REST 接口	使用 JMS 类	JMS，Adm. API 和 JNDI	消息队列接口，JMS	JMS，WS-Eventing
最大消息	8 KB	8 KB	N/A	N/A	N/A	N/A
缓冲	N/A	是	是	是	是	是
时间去耦合传递	最大 4 天，支持超时	最大 7 天	是	是	是	是
安全机制	基于 HMAC-SHA1 签名，支持 WS-Security 1.0	通过 HMAC SHA256 签名访问队列	基于 JAAS 认证的授权	访问控制，认证，通信采用 SSL	SSL，端到端的应用级数据安全	SSL，端到端的应用级数据安全和 ACL
Web 服务支持	基于 SOAP 的交互	REST 接口	REST	REST	REST，SOAP 交互	WS-Eventing
传输	HTTP/HTTPS，SSL	HTTP/HTTPS	TCP，UDP，SSL，HTTP/S，多播，in-VM，JXTA	Mule ESB 支持 TCP，UDP，RMI，SSL，SMTP 和 FTP	TCP，UDP，多播，SSL，HTTP/S	TCP，并发 TCP，UDP，多播，SSL，HTTP/S，IPSec
订阅格式	可以访问单独的队列	可以访问单独的队列	JMS 规范允许 SQL 选择子，也可以访问单独的队列	JMS 规范允许 SQL 选择子，也可以访问单独的队列	JMS 规范允许 SQL 选择子，也可以访问单独的队列	SQL 选择子，规则表达式，< tag，value > 对，XQuery 和 XPath

292

商业互联网会议软件 Anabas（www.anabas.com）除了支持共享白板和聊天工具外，还支持共享应用。Anabas 的内容传播和消息传递需求使用了 NaradaBrokering。每天 Anabas 支持美国和中国的几个在线会议。注意到 NaradaBrokering 支持语音-视频会议（使用 UDP），以及其他使用 TCP 的协作应用。发布给 NaradaBrokering 的动态屏幕显示可以在协作客户端上显示。■

例 5.6　用于地震科学的 QuakeSim 项目

如图 5-7 所示，NASA 支持的 QuakeSim 项目（http://quakesim.jpl.nasa.gov/）使用 NaradaBrokering 来管理连接分布式服务的工作流，同时也支持 GPS 过滤器把实时 GPS 数据发送到人类和应用消费者。和例 5.4 中的发布－订阅系统管理传感器网络类似，GPS 应用也是一个重要的应用。事实上，我们可以把网络摄像机视作传感器（因为它们产生了实时流），这样例 5.5 也可以归为这一类型。云是这类应用的一个重要实现，因为可以按需增加代理来支持极端事件时的大量动态传感器，包括从手机到军事或民用的传感器。NaradaBrokering 管理 GPS 传感器的显示。地图显示了 GPS 站生成的时间序列。■

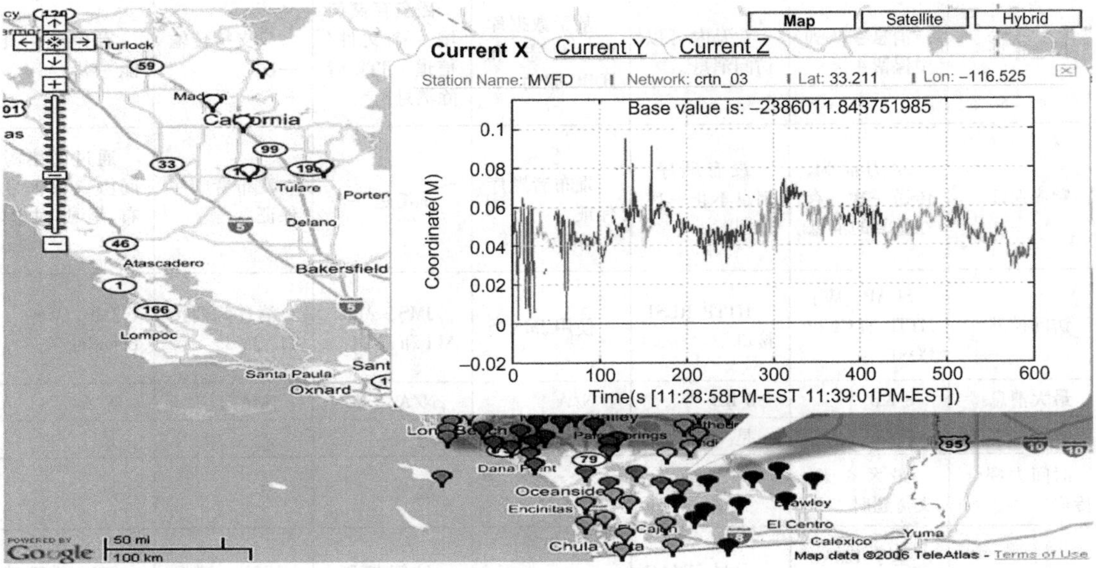

图 5-7　南加州用 NaradaBrokering 管理的 GPS 传感器展示，地图显示了其中一个 GPS 站产生的时间序列

注：http://quakesim.jpl.nasa.gov/。

5.3　门户和科学网关

科学网关[43,44]是支持交互的基于 Web 的科学、教育和协作的工具。网关提供以用户为中心的环境，通过用户界面与远端的计算资源进行交互，典型的（而不是绝对的）用户界面构建方式是使用 Web 技术。网关虽然表面上看起来和网络站点比较类似，它们的表示层也会应用像内容管理系统一样的工具，但是网关是更为复杂的实体。科学网关也称为门户。本节介绍网关的一般体系结构，综述几个著名的例子，然后讨论构建网关的软件实例。

我们把网关软件分为“可立即使用的”（turnkey）方案，典型代表是 HUBzero；以及“工具箱”（toolbox）方案，典型代表是开放网关计算环境（Open Gateway Computing Environment，OGCE）项目。可立即使用的网关软件提供建造网关包括主机的端到端解决方案。工具箱网关软件提供解决特定问题的工具，可以集成到定制的软件栈里。SimpleGrid 项目[45]是另一个工具箱的例子。下面我们将详细介绍 HUBzero 和 OGCE 软件。

图 5-8 给出了一个构成网关所需要组件的分组高层视图。底层是资源层，可以包括校园计算集群和存储系统，以及像 TeraGrid[46]和开放科学网格[47]这样的国家级网格资源，也包括计算云资源。第二层包括和这些资源交互的中间件。常见的中间件例子包括 Globus[48]（提供作业执行和远程文件管理）、Condor[49]（提供作业调度）和 iRods[50]（提供数据和元数据迁移与管理）。

通常，中间件系统开放安全、网络可以访问的API和开发库，并提供大量的命令行工具。

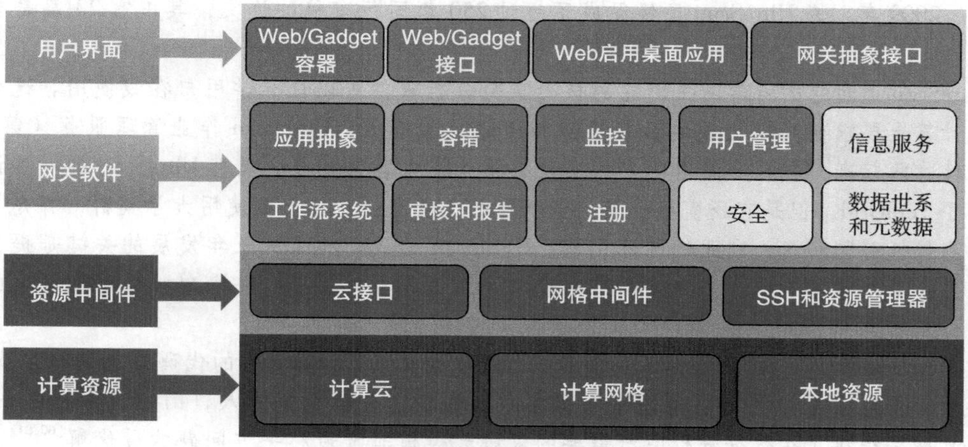

图5-8 科学应用的网关组件软件栈

第二层软件和服务运行在第一层的资源之上。后面的两层并没有和这些资源绑定，而是可以运行在独立的主机上。第三层是网关软件层，包含通过第二层的接口管理第一层资源上科学应用和数据运行的服务组件。数据和科学应用的运行管理可以分解为几个组件：初始调用、监控、容错和任务耦合为工作流。安全考虑[51,52]（如认证和授权）贯穿了所有层，但是因为用户的身份是在第三层确定，所以我们把这个组件放在这里。

我们也把用户和组管理（包括社会网络）以及第三方信息服务[53]放在这一层。最后，顶层（第四层）是用户表示层。表示层可以使用各种不同的工具建造，包括内容管理系统、开放社会构件和下面将详细介绍的桌面应用。图5-8已经足够灵活来描述大多数网关。下面我们通过两个科学网关的例子（GridChem和UltraScan）来具体描述。这两个网关都已经应用在重要的科学研究中。

5.3.1 科学网关样例

下面给出三个例子来解释使用计算网格或互联网云的科学应用中的网关概念。

例5.7 计算化学网格（Computational Chemistry Grid，CCG）

CCG也称为GridChem（www.gridchem.org）[54,55]，是在TeraGrid里最为常用的科学网关之一。GridChem提供了一个网格使能的桌面接口，可以使用户在TeraGrid网格上建立、发起和管理计算化学模拟。GridChem支持的应用包括Gaussian、CHARMM和GAMESS。

虽然支持应用（输入校验和可视化工具）可以运行在用户的台式机上，但是这些应用都是计算上要求很高的并行程序，需要在超级计算机上运行。GridChem在网关的概念上起到先锋作用，比如“社区用户”，允许用户通过共享的分配来访问资源，这个概念在现在的许多科学网关上都很普遍。GridChem产生了很多重要的科学成就，很多科技文献都承认并强调GridChem为计算化学提供的计算机基础设施效能[56]。■

例5.8 UltraScan生物物理网关

UltraScan[57,58]发展了一个TeraGrid科学网关，用来对分析超高速离心机（Analytical UltraCentrifuge，AUC）产生的流体动力学数据进行高精度的分析和建模。这个应用被生物化学家、生物物理学家和材料科学家用来进行生物高分子和合成高分子材料的基于解的分析，以将实验数据和流体方程的有限元解匹配起来。在全世界有超过700位生物化学家、生物物理学家、生物学家和材料科学家依靠UltraScan软件来分析他们的实验数据。这个软件可以帮助人们理解 293~295

很多疾病过程，包括癌症、神经组织退化病、艾滋病、糖尿病、慢性舞蹈病和衰老的研究。据保守估计，2009 年以来 UltraScan 已经促成了超过 250 篇同行审稿的论文，其中有 23 篇是非常著名的[59]。

UltraScan 通过它的科学网关使它的核心实验分析软件可以让科学用户在线使用。这个分析软件在计算上要求很高，必须运行在集群和超级计算机上。UltraScan 作业管理服务（第三层）将复杂性隐藏起来，并且为使用门户的实验科学家提供容错功能。虽然 UltraScan 的一些计算能力使用了 TeraGrid，但是它还需要扩展到多个资源提供商：它也需要使用大学集群，并想扩展它的资源到包括德国和澳大利亚的国际网格。UltraScan 的成功和未来三年发展的关键是提供这样一种能力：可以管理跨越多个计算机基础设施资源的作业，而不是一个单独可管理网格的集成部分。

像 UltraScan 这样的网关给出了一个示范，领域专家完成计算资源的代码最优化和有效使用，然后供数百个终端用户共享。网关降低了在高端资源上分析数据的入口门槛。作为一个例子，UltraScan 网关提供了在数据分析中所需要的求解大规模非负最小平方问题的最优解[60,61]。解决这些问题需要大量的计算资源。这个过程提高了计算资源的利用率，旨在解决对分析超高速离心机实验数据进行建模时所涉及的逆问题。求解大规模非负受限最小平方系统是物理学中经常遇到的一个问题，它用来估计和实验数据最匹配的模型参数。

AUC 是生物物理学中用来刻划高分子的一个重要的流体动力实验技术，它还能决定诸如分子重量和形状这样的参数。最近，更新的装备有多波长（Multi-WaveLength，MWL）探测器的 AUC 设备把数据量提升了三个数量级。分析 MWL 数据需要大量的计算资源。通过提供在超级计算资源上运行它们的过程和能力，UltraScan 网关对于终端用户填补了这些需求。■

例 5.9　nanoHUB.org 网关

nanoHUB.org 网关是由国家科学基金会（NSF）资助的计算纳米技术网络（Network for Computational Nanotechnology，NCN）来运行的，用以支持美国和世界范围内国家纳米技术的发起以及加速从纳米科学到纳米技术的转化。自从 2002 年开始，使用 nanoHUB.org 的社区从主要在普度大学的 1 000 位用户增长到每年来自世界 172 个国家的超过 290 000 位访问者。从 2009 年 8 月到 2010 年 7 月，大约有 8 600 位用户使用了 170 多项纳米仿真工具，运行了 340 000 次仿真。

今天 nanoHUB.org 主机拥有 2 000 多项内容，例如，170 个在线仿真工具和 43 门完整的课程，还有教程、研讨班和教学材料。所有 nanoHUB.org 提供的服务对用户都是免费的。所有 nanoHUB.org 上面的资源都是以学术的方式呈现，带有标题、作者、摘要和归档引用信息。到目
296 前为止，在学术文献中已经超过 560 次引用 nanoHUB.org 及其工具、研讨课和其他发布的资源。同时到目前为止，在 131 家高等教育机构有 379 门课程使用了 nanoHUB.org 的资源。研究期刊的引用和教学文档的使用证明 nanoHUB.org 的资源对于研究和教育都有很大的帮助。■

5.3.2　科学协作的 HUBzero 平台

HUBzero 是一个开源的软件平台，用来创建科学协作、研究和教育的网站或“中心”㊀。它有一个特殊的组合功能，吸引了许多人来从事研究和教育活动。和 YouTube.com 一样，HUBzero 允许人们上传内容并“发布”给大众，但是它不仅仅限制于视频短片，它可以处理许多不同类型的科学内容。在这个方面，HUBzero 类似于 MIT 的 OpenCourseWare[64]，但是它又集成了具有协作功能的内容。和谷歌小组一样，HUBzero 允许人们在一个私人的空间一起工作，在这里他们可以共享文档和互相发信息。和亚马逊上的 Askville 一样，HUBzero 允许人们就科学概念而不是

㊀ HUBzero 是普度大学的一个商标。

产品提问或发表回应。

也许 HUBzero 的最有趣的特性是它处理模拟和建模程序或“工具”的方法。像 SourceForge. net 一样，HUBzero 允许研究者在他们模拟程序的源代码上协同工作，并且和社区共享这些程序。但是 HUBzero 则不仅共享用来下载的源代码包，它还提供实时的已发布程序，可以立即使用并且完全在一个普通的网络浏览器里。模拟引擎从头到尾在那个中心选择的计算资源上运行。

计算要求高的运行可以发到远端资源上运行，这对用户是完全透明的。通过友好的图形用户界面（Graphical User Interface，GUI）来驱动工具，可以使模拟过程的端到端操作包括建立、执行和数据的可视化。许多 GUI 是用 HUBzero 的 Rappture 工具包来实现，它们可以让研究者从多次运行中比较模拟结果，并提出“要是……又怎样”的问题。实际上，每一个 HUBzero 支持的中心都是一个科学社区的“应用商店”，它们和资源云相连来让应用执行和完成，包括训练材料库和支持应用使用的其他协作特性。

HUBzero 是普度大学和美国国家科学基金会资助的 NCN 共同创建的，来激励其在 nanoHUB. org 的网站[62,63]。今天，同样的 HUBzero 软件支持了 30 个类似的网关，涵盖了工程和科学的各个学科。这里有三个例子：

- GlobalHUB. org（29 000 个活动用户，2007 年 12 月开始上线）利用 HUBzero 的群组功能来支持全球规模的工程教育。学生分组来一起研究各种不同的工程项目。
- cceHUB. org（2 400 个活动用户，2008 年 6 月开始上线）从“工程”的角度来研究癌症的治疗，通过收集病人血液样本数据库，提取蛋白质组学/代谢组学数据，挖掘数据，来找到生物标记模式，为癌症治疗功效进行建模。 297
- NEES. org（15 000 个活动用户，2010 年 8 月开始上线）NSF 地震工程仿真网络之家，对在实验室模拟地震条件的 14 个机构实验数据进行分类。这个站点也拥有对数据进行可视化和分析的建模工具。

5.3.2.1 HUBzero 体系结构

表面上，每一个 HUBzero 支持的网关都是一个网站，这个网站使用广泛应用的开源“LAMP”体系结构（即 Linux 操作系统、Apache Web 服务器、MySQL 数据库和 PHP 脚本语言）来建设。如图 5-9 所示，HUBzero 增加了科学内容管理系统，即开源的 Rappture 工具集来为仿真程序创建 GUI，还有一个特有的中间件来托管仿真工具和科学数据。

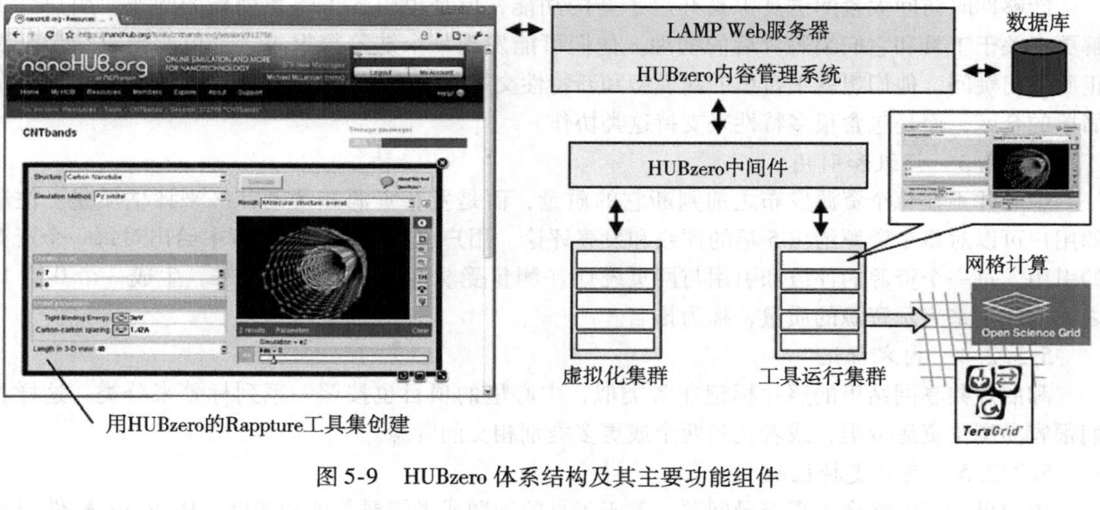

图 5-9 HUBzero 体系结构及其主要功能组件

每一个工具描述页面包括一个“启动”按钮。当用户按下按钮，中间件就在工具运行主机上分配一个会话容器，然后启动容器内的X11窗口系统，启动工具，将会话通过虚拟网络计算（Virtual Network Computing，VNC）[65]连接回用户的Web浏览器。对于用户来说，看起来似乎工具在他们的浏览器中运行，但是它实际上在中心环境里运行，那里它可以访问本地的计算和可视化集群，也可以访问远程的计算资源，比如TeraGrid、开放科学网格和普度的DiaGrid[66]。离线或在线协作的用户之间可以共享会话，而且会话是持久的，这样用户可以关闭浏览器窗口，并且在以后重新恢复同一会话。

与其他的门户和计算机环境不一样，中心里的工具是交互式和有吸引力的。用户可以在图形上缩放、旋转一个分子、在三维体上探测等值面[67]——所有的这一切都是交互式的，而且不需要等待网页刷新。用户能够可视化结果而不需要在超级计算机上预约时间或等待批处理作业参与。每一个中心可以托管社区成员上传的无数个工具，而且这些工具部署的时候不需要为网
298 络重新编写代码。这些工具的计算需求各不相同，有的在单核上跑几秒钟，有的则在多核甚至是大量的处理核上跑几个小时或几天[68,69]。

每一个会话都运行在用OpenVZ[70]实现的受限虚拟环境，这个环境控制了对文件系统、网络和其他系统资源的访问。用户可以看到自己的文件和进程，但是不能在系统中看到其他人的，不能发起对其他主机的攻击，也不能超过他们的文件配额。如果一个工具已经有在Linux/X11下面运行的图形用户界面，那么它们可以在几个小时内部署得和以前一样。如果没有，工具开发者可以使用HUBzero的Rappture工具集（http://rappture.org）很容易地创建一个图形用户界面。开发者首先定义工具的输入和输出为XML格式书写的数据对象层次图。数据对象包括简单的元素，比如整数、布尔值、带有单位的数值和互斥选项集合，也可以是复杂得多的对象，比如物理结构、有限元网格和分子。

Rappture读入工具的XML描述，自动地为这个工具生成一个标准图形用户界面。图形用户界面会提示输入数值，运行仿真作业，调用结果进行显示。底层的仿真代码使用API来获得输入的数据和保存输出结果。Rappture包含一个可供C/C++、Fortran、MATLAB、Java、Python、Perl、Ruby和Tcl/Tk使用的库，所以底层的仿真器并不受限于某种特定的语言，而是可以根据开发者选择的语言来编写。例如，图5-9所示的工具就是MATLAB仿真碳纳米管程序的Rappture图形用户界面。

5.3.2.2　操作特性

能够即时访问大量的仿真工具开启了新的功能，但是也引入了一系列新的问题。用户想了解更多关于工具和它们编码背后的物理。他们可能发现一个缺陷想报告，也可能会对结果是否正确发出疑问。他们想就平台里的新模型和新特性交换看法。HUBzero现在已经不只是包含一个简单的仓库，而是包含很多特性来支持这类协作。

5.3.2.3　评级和引用

中心并不在每个资源发布之前判断它的质量，而是发布资源并帮助社区来评估质量。注册的用户可以对每个资源给出5星的评级和发表评论。用户也可以在学术文章中给出对每一个资源的引用。每一个资源的评级和引用与网页统计（测量受欢迎程度）结合起来，生成一个0到10之间的数字来表示资源的质量，称为排名。

5.3.2.4　内容标记

和照片共享网站里的照片标记非常类似，中心里的项目也按照一系列标签来分类。这样我们很容易浏览资源分类，或者找到两个或更多类别相交的资源。

5.3.2.5　用户支持区域

用户可能不时地会出现登录问题、关于工具的问题或者需要其他的帮助。HUBzero软件配备

有一个内置的用户支持区域。用户可以点击任何一个页面顶部附近的帮助或支持链接，然后填写一个表格申请支持票据。票据可以由中心的管理人员处理，或者转发给支持各种仿真工具的研究者。有些问题会超出中心管理人员的理解，甚至超出单个研究者的知识之外。 299

HUBzero 有一个模仿亚马逊上 Askville 的提问 - 回答论坛，可以让社区里的所有用户参与。每个注册的用户可以提出问题，其他的用户给出答案。在某个时间，提出问题的人可以选择最好的答案作为“最终的”答案，参与者由于他们的付出会获得点数作为回报。点数可以作为炫耀的权利，也可以在中心商店里作为货币购买 T 恤衫或是其他商品。过去的问题/回答列表构成了一个知识库，当有类似的问题时可以很快地从中找到答案。

其他的问题在软件故障和物理问题之外，但是确实需要工具改进和新特性。这样的请求记录在每个工具的“愿望列表”上，同时也记录在整个中心的愿望列表上。HUBzero 软件管理所有的票据、问题和愿望。为了解决社区支持问题，每个管理员、软件开发人员和社区成员都有权使用这些设施。

5.3.2.6　维基和博客

每一个中心都支持“主题”页面的创建，它们是有一个特定作者列表的维基页面。其他用户可以就主题页面发表评论或者建议改变，原作者选择是否采纳。用户可以被添加为页面的合作者，这样他们不需要征得同意就可以进一步修改。页面的所有权也可以送给整个社区，和维基类似，每个人都可以不需要征得同意就作出修改。

5.3.2.7　使用度量

每一个中心都会报告详细的度量，说明它的资源是如何使用的，其中一些度量包括给定时间段的用户总数、网站的点击数、发起的仿真作业数量和使用的 CPU 时数。度量一直报告到每一个单独的资源，这样每个人都可以看到某个工具有多少用户访问，某个研讨班被看了多少次。人们汇总了使用数量来给出感兴趣类别的使用概况，比如某个用户发布的所有资源被访问的用户总数。这些使用度量刺激了人们来使用 HUBzero 支持的科学网关。

5.3.2.8　未来方向

HUBzero 的发展很大程度上是被使用它的项目来推动的。虽然 HUBzero 开始的时候主要强调仿真和建模，但是它正在发展到包括数据管理功能。像癌症护理工程 cceHUB. org 和地震工程 NEES. org 这样的项目都在为用户创建机制来定义、上传、发布、注释和分析各种不同类型的结构数据集。像 GlobalHUB. org 这样的项目正在改进群组空间，在这里用户能够就私有内容交换文件及一起工作。

随着中心收集到更多工具，研究者发现在工作流中需要把工具连接起来以解决更大的问题。例如，pharmaHUB. org 里面一个工具产生的药丸溶解轮廓可以送到病人的消化轨迹模型，这些结果可以用来计算病人的血液中有效成分随时间变化的含量。为了执行总体敏感度分析、设计目标最优化，或是输出中不确定性的量化，这些工具链可能需要运行上百次。为了利用网格计算资源，最终帮助研究者解决问题，中心不仅仅要对工具进行分类，还要能够把它们一个个地连接起来。 300

5.3.3　开放网关计算环境（OGCE）

开放网关计算环境（Open Gateway Computing Environments，OGCE）项目[71]提供了在几个协同网关[72]中使用的开源网关软件。OGCE 包括一些组件，它们可以单独使用，也可以集成在一起，为远程科学应用管理提供更为复杂的解决方案。OGCE 包括以下的组件工具：

- OGCE Gadget 容器[73]：一个用来集成用户接口组件的谷歌工具。
- XRegistry：一个用来存储其他在线服务和工作流信息的注册表服务。

- **XBaya**[74]：一个工作流编排器和演出引擎。
- **GFAC**[75]：一个工厂服务，它可以用来封装命令行驱动的科学应用，把它们组成网络可以访问的鲁棒服务。
- **OGCE 消息服务**：支持在多个协作服务之间的事件和通知。

OGCE 的策略基于工具集模型。这个策略是由 TeraGrid 科学网关计划及其多种多样的网关所决定的。很显然有很多框架、编程语言和工具可以用来建设基于 Web 的网关并提供高级功能。根据我们的经验，很多网关都受益于低耦合的工具，它们可以集合在一起，也可以分开工作。在工具集模型里，网关可以选取一个或多个特定的工具，把它们集成到网关已有的基础设施里。例如，UltraScan 这样的网关需要可靠的作业提交工具来隐藏不同 Globus GRAM 版本之间的差异；GFAC 可以作为候选的工具。GridChem 和 ParamChem 想扩展它们的作业提交功能到包括科学工作流；可以使用 XBaya 和它的支持工具。

OGCE 工具重点在于科学应用和工作流管理，它把一些问题比如数据和元数据管理交给了其他项目。科学应用所显示出来的特性有着显著的区别，所以在用户接口和通用网格中间件之间需要中间的、与应用相关的服务。网关软件层（图 5-8 所示的第 3 层）必须适应一个特定域的复杂性，并提供软件基础设施来填补用户接口层和网格中间件之间的差距。

所以，许多科学网关使用科学 Web 服务加上工作流系统来建造网关软件。应用相关的 Web 服务可以把通用网格中间件和网关的特定需求连接起来。工作流更进一步把多个服务和步骤组成科学用例。工作流可以隐式地存在网关设计中，也可以直接地显示给用户。注册表是用来查找其他服务和工作流的服务。最后，不同的分布式组件使用消息传递系统进行通信。例如，用户需
301 要一个机制来监控长期运行的工作流。

5.3.3.1　工作流

OGCE 科学工作流系统[74,76,77]提供了一个编程模型，允许科学家使用 GFAC 服务开发的应用 Web 服务对实验进行编程，它们把底层中间件的复杂性抽象化了。工作流系统使得科学家能够编写可以保存、重放和与他人共享的实验。和接口一起绑定的工作流套件可以合成、执行和监控工作流。它的主要特征包括支持长时间运行的应用和转向/动态用户交互。

OGCE 软件栈被设计成可以灵活地和各种组件耦合，来利用端到端的多尺度网关基础设施。单个的 OGCE 工具可以集成到网关部署中，同样，其他基于规范的标准工具可以在 OGCE 的软件栈里面交换。作为一个特别的例子，OGCE 工作流系统提供了（使用它的 XBaya 前端）图形界面来浏览各种不同的应用服务注册表（例如 OGCE 的 XRegistry）。

用户可以从这些注册表中把任务图构建成工作流。我们把表示采集为一种抽象的、高级的、以工作流为中心的格式，可以翻译成工作流运行的相关句法。目前，已经有演示把 BPEL[78]、Jython、Taverna SCUFL[79]和 Pegasus DAX[80]集成起来，并且存在于不同的支持级别上。默认情况下，工作流的实施可以使用一个开源 BPEL 实现来辅助完成，它是 Apache 的编排和导演引擎（Orchestration and Director Engine，ODE）[81]，OGCE 开发者强化它在计算网格上支持长时间运行的科学工作流。

5.3.3.2　科学应用管理

科学网关的一个公共任务是把科学应用封装成为远程可访问的服务。想要提供很多应用服务的网关需要一个简单方法来把这些应用快速封装。然而，为了使得应用可以通过网关使用，任务封装只是其中的一步。网格中间件解决方案（图 5-8 所示的第 2 层）把异构资源抽象化，为排队系统提供了一个单独的统一作业管理接口。然而，资源和网格中间件仍然十分复杂，所以提供可靠而又具有扩展性（在用户数上）的产品级别的科学应用服务是一个困难的任务，但这些服务是一个成功的网关所需要的。网关常常为所有的这些问题彻底改造解决方案。

OGCE 的 GFAC 工具设计用于封装命令行驱动的可执行文件，并使它们成为外部服务。GFAC 的主要目标是提供应用封装问题的通用解决方案，可以作为插件（plug-in）服务被网关重新用在已部署的基础结构中。GFAC 生成的 Web 服务可以被用 Java、Perl、PHP、Python 等语言编写的客户端访问。GFAC 封装的服务可以作为独立的工具运行，也可以用 XRegistry 注册以便后来合并到工作流中。GFAC 支持持续的和动态创建的服务。

采用 GFAC 的网关把可靠性和扩展性问题外包，从而把更多的资源集中在领域相关的问题上。由于大气发现的链接环境（Linked Environments for Atmospheric Discovery，LEAD）科学网关[82]的大量努力，OGCE 网关套件增强了计算作业和数据迁移的容错性。OGCE 小组也利用了大规模协同网关调试，并把这个改进应用到高级支持请求网关。通用的可靠性和容错并没有解决全部问题：代码会出于网关开发者控制之外的原因而无法运行，所以必须针对应用来制定错误检测、记录和解答方法。GFAC 开发的下一步目标是提供网关的可延伸性来解决与应用相关的错误条件。 302

5.3.3.3 gadget 集装器

工作流、注册表和服务封包器都有客户端和服务器端的部分。OGCE 把它的大多数默认用户接口建成了 gadget。gadget 是客户端的 Web 组件（图 5-8 中的第 4 层），依靠 HTML、CSS 和 JavaScript，而不是特定的服务器端开发框架。科学网关的 gadget 需要和服务器端的组件（图 5-8 所示的第 3 层）进行通信。这可以使用 REST 服务来完成。更强的交互性、更简单的开发和自由使用大量服务端工具使得 gadget 成为科学网关的有趣组件模型。

OGCE Gadget 集装器是一个用来聚集 Web gadget 的社会兼容的开放工具。gadget 大多数是自我包含的 Web 应用，它们遵从谷歌 gadget 或开放社会标准。gadget 集装器为一个特定的 gadget 提供操作上下文，它可能会驻留在完全独立的 Web 服务器中。OGCE Gadget 集装器提供布局和皮肤管理以及用户级定制。集装器支持对于注册用户的 OpenID 认证选项和对于 gadget 的 OAuth 授权。集装器运行在 HTTPS 安全协议下，也支持集装器和 gadget 之间的安全（HTTPS）连接。

gadget 集装器构建在 Apache Shindig 之上，它是开放社会标准的参考实现。这允许集装器创建社会兼容的开放社会网络。集装器也支持谷歌 FriendConnect，它为社会网络提供了一个简化的编程接口。

5.3.3.4 封装

OGCE 软件是开源的，可以通过 SourceForge 下载，并且还在计划为 GFAC、XBaya 和支持组件启动一个 Apache Incubator 项目。推荐的下载方式是采用有标签发行的 SVN 客户端校验和更新。当前的 OGCE 发行版连接起了几个组件项目。每一个子项目可以单独地使用 Apache Maven 创建；一个主 Maven POM 用来创建所有的子项目。这个方法简化了开发和部署。子项目在成熟时可以添加进来，在有重要的更新时可以更替，也可以抛弃。更新特定的组件时不需要重建整个软件栈，也不需要开发特定的补丁系统。OGCE 的软件栈被设计为可移植的，并且可以在多个平台上编译。

创建一个有用的科学网关需要仔细地匹配终端用户需求（即要支持科学用例）和网关栈的功能。更进一步，抛开实现问题不说，开发网关的底层工作流本身就是一个耗时的科学任务。通常组件可以像以前一样使用（例如安全证书管理和文件浏览器），但是 OGCE 软件很可能会被网关开发者扩展和修改。

这就需要科学领域专家和计算机基础设施专家之间的紧密合作。长期可持续性是所有网关都面临的重要挑战，尤其是那些依靠外部资源提供商（如 TeraGrid 和开放科学网格（见图 5-8 的第 1 层和第 2 层））的网关。这些资源和它们的中间件在不断进化；使用第 3 层和第 4 层组件的网关如果没有及时地维护将会衰落。随着网关从活跃的开发到稳定使用，许多网关的挑战是使用

303 逐渐减少的资助维护它们的中间件。

5.4 发现、注册表、元数据和数据库

分布式应用需要发现满足需要的资源并管理它们。在 SOA 中，商业服务需要发现可以使用和集成的合适服务。注册表是复杂的命名和目录服务，它通过分类和归并服务或关于服务的元数据信息，在设计和动态运行时便利了服务资源发现。为了存储在注册表中的元数据，注册项需要一套数据结构规范，为了存储属主、包含和归类服务的元数据，还需要一套操作（比如创建、读取、更新和删除）来存储、删除和查找数据。注册表通常包含三类信息：

- 白页包含实体的名字和一般联系信息。
- 黄页包含条目提供的服务类型和位置的分类信息。
- 绿页包含如何调用所提供服务的详细信息（关于服务的技术数据）。

除了注册表以外，元数据或者关于数据的信息可以用来辅助资源和所需服务的发现。元数据可以作为元数据目录保存在关系型或 XML 数据库中，也可以加到 Web 服务中来增强服务发现能力。把发布/订阅模式集成到数据库中甚至可以给本质上静态的数据库增添发现功能，从而减少了由于大量应用投票造成的单个数据库的负载。

5.4.1 UDDI 和服务注册表

UDDI（Universal Description Discovery and Integration，通用描述发现和集成）规范[83]通过创建一个平台无关的开放框架定义了一种描述、发布和发现关于 Web 服务信息的方法。UDDI 提供了名字服务和目录服务来通过名字或特定的属性查找服务描述。它最初是在 2000 年 9 月发起，作为 IBM、微软和 Ariba 关于 B2B 集成的共同协作。UDDI 版本 3.0 已经作为 OASIS 规范发布，现在它成为 OASIS 的公共服务注册表标准。

UDDI 规范集中在一批服务的定义，它们支持以下内容的描述和发现：商业、组织和其他 Web 服务提供商；它们提供的 Web 服务；以及用来访问那些服务的技术接口。基于一套包括 HTTP、XML、XML 模式和 SOAP 的公共工业标准，UDDI 为基于 Web 服务的软件环境提供了互操作的基本基础设施，可以用在公共服务和只供组织内部使用的服务上。

注册表主要有两类：公共注册表，这是一个逻辑的集中式分布服务，彼此之间在一个约定的基础上复制数据；私有注册表，仅仅在单个的组织内部访问，或被一群有特定目的的商业伙伴所共享。后者也称为半私有或共享注册表。UDDI 商业注册表包含叫做 UDDI 操作的镜像注册表（最初是 IBM 和微软主办的）。

UDDI 注册表是 Web 服务的一个实例，它的表项可以用基于 SOAP 的接口来发布和查询。
304 UDDI 定义了可编程服务描述发布和注册表查询的数据结构与 API。UDDI 注册表中的数据按照实例类型来组织：

- *businessEntity*：描述提供 Web 服务的组织或公司，包括它的名字、企业联系信息、行业列表、产品或地理分类等。
- *businessService*：描述一个组织提供的 Web 服务的一系列相关实例，例如服务的名字、描述等。
- *bindingTemplate*：描述使用一个特定的 Web 服务所必需的技术信息，例如访问这些 Web 服务实例的 URL 地址及对其描述的引用。
- *tModel*：通用 Web 服务的 WSDL 文档规范的通用容器。
- *publisherAssertion*：定义两个或更多的 *businessEntity* 元素之间的关系。
- *subscription*：描述了保留订阅所描述实体的变化轨迹的长期请求。

businessEntity、*businessService*、*bindingTemplate* 和 *tModel* 这些实体构成了 UDDI 的核心数据结

构，它们中的每一个都可以单独的标识，并且被称为“UDDI键值”的URI访问。图5-10描述了这些实体及其相互关系。UDDI注册表可以被服务提供商、服务请求者和其他注册表使用。UDDI提供了一套API用于这些和注册表的交互。对于UDDI组件，有两种基本类型的API操作：

- **UDDI 查询 API** 操作可以用来找到注册表项，例如和特定搜索准则匹配的企业、服务、绑定或tMode细节（find_），或者提供和给定UDDI键值相应的表项细节（get_）。
- **UDDI 发布者 API** 通过提供save_和delete_操作使得可以进行表项的增加、修改和删除。除了上面提到的查询API外，UDDI也定义了通用目的操作类型，如next 4 specialized API。
- **UDDI 安全 API** 允许获得或丢弃认证令牌（get_autToken,discard_autToken）。
- **UDDI 监护和所有权转移 API** 让注册表能够在它们自己之间转移信息的监护权，并且把这些结构的所有权从一个转到另一个（transfer_entities,transfer_custody）。
- **UDDI 订阅 API** 通过订阅记录新的、修改的和删除的表项来监控注册表的变化（delete_subscription,get_subscriptionResults,get_subscriptions,save_subscriptions）。
- **UDDI 复制 API** 支持注册表之间的信息复制，这样不同的注册表可以保持同步。

虽然UDDI是一个开放的标准，但是它却从来没有在不同的企业和科学社区中流行起来，因为在2006年1月，IBM、微软和SAP关闭了通用商业注册表的公共节点之后，并没有全球性的注册表按照UDDI规范来注册企业、e-Science或网格服务。但是，有几个不同的社区发布了几个公共注册表用来公开使用，它们提供了多种服务及其相关API的分类列表，其中之一是ProgrammableWeb. com[84]。

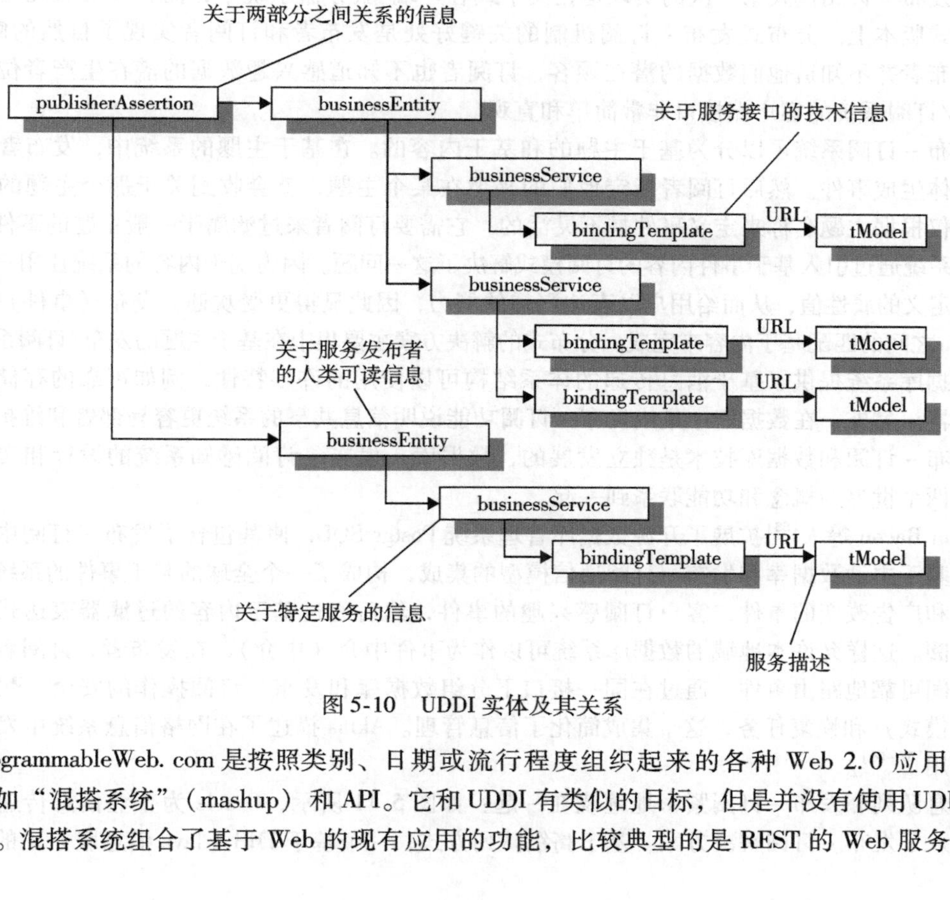

图5-10 UDDI实体及其关系

ProgrammableWeb. com是按照类别、日期或流行程度组织起来的各种Web 2.0应用的注册表，例如“混搭系统”（mashup）和API。它和UDDI有类似的目标，但是并没有使用UDDI的规范细节。混搭系统组合了基于Web的现有应用的功能，比较典型的是REST的Web服务。混搭系统可以和工作流相类比，因为它们都在服务级实现了分布式编程。混搭系统中的内容通过公共接口或 API 来自于第三方。根据 ProgrammableWeb. com 注册表发布的数据[84]，多数混搭系统和 API 应用于地图、搜索、旅游、社会、即时通信、购物、视频领域。

混搭系统内容来源的其他方法包括 Web 种子（如 RSS）和 JavaScript。Web 开发者可以使用提供的 API，基于 XML、RSS、OpenSearch 和原子发布协议（Atom Publishing Protocol，APP）[85]这些开放的标准从 ProgrammableWeb. com 目录中可编程地搜索和检索 API、混搭系统、成员概况和其他数据，把按需注册表和仓库服务集成到任何服务或在已有的表项上动态添加新的内容和评
305~306 论。在最流行的混搭系统中，为谷歌地图、Flickr、Facebook、Twitter 和 YouTube 开发的是网站上经常使用的。

5.4.2 数据库和订阅 - 发布

订阅 - 发布是在分布式应用之间实现异步交互的设计模式，我们已经在 5.2 节中间件的部分讨论过它。许多高级应用为了使它们的运行和信息相适应而要定期地查询数据库。这种周期性的数据轮询不仅效率低和无法扩展，而且也在两端消耗了大量资源，尤其是数据库的调用间隔很短或者有多个消费者应用的情况下，它会大大增加网络通信的流量和 CPU 的使用。发布 - 订阅机制解决了这一问题，它已经在今天的应用实现中大量采用。在发布 - 订阅交互中，事件订阅者注册了某个事件类型，当事件发布者产生这样的事件时，订阅者就会从发布者处得到通知。

在事件发布者和事件订阅者之间存在一个动态的多对多的关系，对于在任何时间可能变化的任何类型事件，可以有任何数量的发布者/订阅者。发布 - 订阅为数据库的静态本质增加了动态性。发布 - 订阅模式第一次的实现是在集中式客户端/服务器系统中，而当今的研究主要集中在分布式版本上。分布式发布 - 订阅机制的关键好处是发布者和订阅者实现了自然的解耦合。由于发布者并不知道他们数据的潜在顾客，订阅者也不知道感兴趣数据的潜在生产者位置，所以发布/订阅系统的客户端接口非常简单和直观。

发布 - 订阅系统可以分为基于主题的和基于内容的。在基于主题的系统中，发布者按照主题或主体生成事件。然后订阅者指定他们的兴趣在某个主题，就会收到关于那个主题的所有事件。仅仅根据主题名称来定义事件是不灵活的，它需要订阅者来过滤属于一般主题的事件。基于内容的系统通过引入基于事件内容的订阅模式解决了这一问题。因为基于内容的系统让用户指定很多精心定义的属性值，从而给用户以表达兴趣的能力，因此显得更受欢迎。发布（事件）和订阅（兴趣）之间的匹配基于内容来完成。分布式的解决方案主要集中在基于主题的发布/订阅系统。

数据库系统提供了基于消息传递的体系结构可以使用的许多特性，例如可靠的存储、事务和触发器。另外，在数据库中集成发布 - 订阅功能说明信息共享的系统更容易部署和维护。然而由于发布 - 订阅和数据库技术是独立发展的，数据库 - 发布 - 订阅感知系统的设计和实现需要把来自两个世界的概念和功能联系到一起。

Jean Bacon 等人[86]扩展了开源数据库管理系统 PostgreSQL，使其包含了发布 - 订阅中间件功能。它基于主动数据库和发布 - 订阅通信模型的集成，构成了一个全球的基于事件的系统：数据库定义和广告改变的事件，客户订阅感兴趣的事件，然后通过基于内容的过滤器表达式细化他们的订阅。这样允许本地域的数据库系统可以作为事件中介（中介），在发布者、订阅者和其他中介之间可靠地路由事件。通过在同一接口下分组数据库和发布 - 订阅操作的安全、配置（例如类型模式）和恢复任务，这个集成简化了信息管理。Aktas 描述了在网格信息系统中发布 - 订
307 阅的应用[87~89]。

消息队列和发布 - 订阅紧密地缠绕在一起：如图 5-11 所示，Oracle 为企业信息传递和消息发送引入了发布 - 订阅解决方案。基于高级队列方式，一个基于 JMS（Java 消息服务）的完全集

成在 Oracle 数据库里的实现，用来为分布式应用发布数据变化和自动化商业过程工作流。可以使用本体论和其他语义机制来使得系统中的事件更加“上下文感知”。Oracle 8 引入了高级队列，Oracle 9i 扩展到支持发布 - 订阅。在 Oracle 版本 10.1 中，在 Oracle 流中集成了高级队列，称为 Oracle 流高级队列。

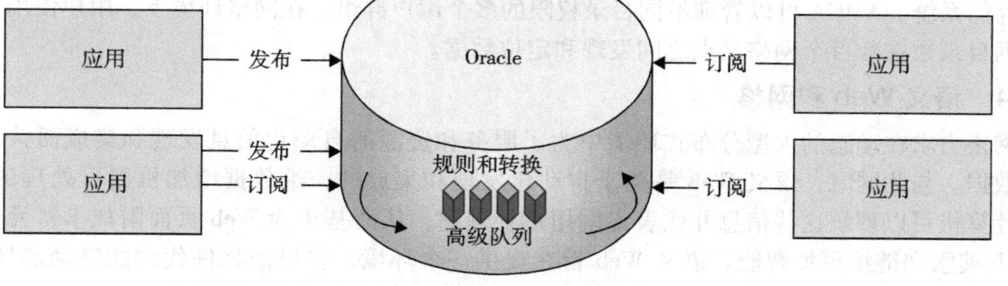

图 5-11　Oracle 发布 - 订阅模型

在应用之间引入特性的组合来允许消息传送的发布 - 订阅风格。这些特性包括基于规则的订阅者、消息传播、侦听特性和通知能力。Oracle 流高级队列建立在 Oracle 流之上，利用 Oracle 数据库的功能，这样消息可以长期保存，在不同的计算机和数据库上面的队列之间传播，使用 Oracle 网络服务和 HTTP(S) 传输。由于 Oracle 流高级队列是在数据库的表里面实现，因此所有高可用性、扩展性和可靠性的操作优点也适用于排队数据。Oracle 流高级队列支持像恢复、重启和安全这些标准的数据库特性。可以使用像 Oracle 企业管理器这样的数据库开发和管理工具来监控队列。和其他数据库表格一样，队列表格可以被输入和输出。

5.4.3　元数据目录

在像网格这样的分布式异构环境中，元数据目录扮演一个重要的角色，它们为用户和应用在这种环境下提供了在大量站点之间发现和定位所需要的数据和服务的方式。元数据是关于数据的信息。元数据很重要，因为它为了识别、定位和解释数据，给数据增加了上下文。网格上的关键元数据包括数据源的名称和位置、在这些数据源中数据的结构、数据项名称和描述以及用户信息（姓名、地址、概括和偏好）或者可用服务的基本列表和简单查找、没有丰富上下文的 308
相关函数和位置。各种群组和社区使用元数据目录，从高能物理到生物医学、地球天文观测站和地理科学。

因为元数据服务在本地或广域大规模存储资源应用中的重要性，许多研究组致力于研究和实现这些服务。在最早的元数据目录中，值得一提的是元数据目录服务（Metadata Catalogue Service，MCS）[90]，它是后来演化为 iRODS 系统[50] 的存储请求中介（Storage Request Broker，SRB）[91] 的一部分。圣地亚哥超级计算中心开发的 MCAT，目标在于为计算中心内部或外部的异构存储服务和文件系统之上提供抽象层。MCAT 通过多个树以层次化的方式存储数据，既是文件目录也是元数据目录。MCAT 的后来版本支持数据源的复制和联盟。

Globus 联盟[92] 开发的 MCS 提供了元数据的层次化组织和灵活的模式，并向用户隐藏了存储后端。Globus 项目也包含镜像位置服务（Replica Location Service，RLS）[93]，它使用索引服务器在不同的镜像目录提供一个较少使用的全球列表。LHC 的几个实验使用标准的关系型数据库后端实现了它们自有的元数据目录，在分布式环境上为访问目录提供了一个中间层。

AMGA（网格应用的 ARDA 元数据）[94] 是 EGEE 项目 gLite 软件栈的官方元数据目录。它起初是研究 LHC 实验的元数据需求的一个探索性项目，之后被来自不同用户社区的几个小组部署，包括高能物理（LHCb 簿记）、生物医学和地球天文观测站。AMGA 使用保存在关系型数据库中类似文件系统的层次化模型来结构化元数据。它存储了表示像文件这样要被描述的实体的表项。表项分组为集合，可以有不同数量的用户定义的属性，称为集合模式。

属性表示为类型信息的键-值对，每一个表项都为它的集合属性赋予了一个唯一的值。模式可以是一个目录的表示，可以包含表项或其他模式。这种树形结构的好处是，用户可以定义层次化的结构，以便帮助在可以独立查询的子树中更好地组织元数据。服务器通过使用模块支持几个存储系统。AMGA 可以管理不同目录权限的多个用户群组。在网格环境下，用户使用文件和元数据目录来在数百个网格站点之间发现和定位数据。

5.4.4 语义 Web 和网格

网格力求在动态的大型分布式环境中为了服务和资源的自动化信息发现和集成而共享和访问元数据。与此同时，语义 Web 是关于自动化发现和集成的：给数据增加机器可处理的语义，这样计算机可以理解这些信息并代表终端用户处理它，从而基于为 Web 页面附加丰富元数据而使 Web 搜索和链接更加智能。语义 Web 旨在提供一个环境，在里面软件代理能够动态地发现、
309 询问和互操作资源并代替人执行复杂的任务，这离网格计算的目标已经不远。

为了达到这一目的，已经进行了很多工作来保证在公共数据模型——资源描述框架（Resource Description Framework，RDF）中 Web 资源的含义，RDF 使用以公共语言（如 OWL Web 本体语言）表示的一致本体论，这样我们可以共享元数据，并且增加到背景知识中。从这个基础上，我们应该可以查询、过滤、集成和聚集元数据，并应用规则和策略在它的上面推理出更多的元数据。

RDF 是为语义 Web 开发的第一个语言，使用 XML 来表示 Web 上资源的信息（包括元数据）。RDF 使用 Web 标识符（URI），并且从简单的属性和属性值方面来描述资源。OWL 是拓展了 RDF 模式的一个描述性本体语言。OWL 为描述属性和类别增加了更多的词汇：在类别、集合的势、等价、更为丰富的属性类型、属性特征和枚举类之间的关系。

语义 Web 服务使用明确的机器可理解的语义描述和标记了各种不同的 Web 服务，便利了资源和 Web 服务的发现、运行监控和聚集，解决了互操作问题，帮助把资源合成到一起来创建虚拟组织。OWL-S 本体论使得 Web 服务可以从语义上描述，它们的描述可以被软件代理处理和理解。它创建了一个标准词汇表，可以和 OWL 描述语言的其他方面一起用来创建服务描述。OWL-S 本体论定义了顶层概念“服务”和三个 OWL-S 子本体论：

- **服务框架**：表示为了使服务能被广告和发现，一个服务做了什么。
- **服务模型**：描述服务是怎么工作的，以使服务能够被调用、合成、监控和恢复。
- **服务基础**：指定了怎样访问服务的细节。基础可以理解为从抽象到具体规范的映射，它基于 WSDL 作为特定的规范语言。

“语义网格”或“带有语义的网格”旨在利用网格、语义 Web 和 Web 服务的优点。建造在 W3C 语义 Web 倡议的基础上，它是当前网关的拓展，其中精心设计了信息和服务的定义（像在语义 Web 和软件代理范例中学到的本体论、标记和协商过程），更好地使得计算机和人们协同工作。语义网格不仅为使能管理和复杂资源的共享以及推理机制提供一般的基于语义和知识的计算服务，而且系统地提供有丰富语义的信息和资源来构建更为智能的网格服务。

图 5-12 和图 5-13 中所示语义网格的概念首次清晰地表达是在 e-Science 的上下文中，这是在不同社区（如物理学家、生物学家、化学家等）科学家之间的科学调查，同时调查他们的资源，这项调查通过分布式全球协作（如网格）来完成，通过有效地产生、分析、共享和讨论观点、实验与结果，以及这个共同努力能够得以实现的计算基础设施来解决科学问题。更高层次的服务使用与资源功能相关的信息和服务实现机制来自动地发现互操作的服务并为用户选择最合适
310 且人类参与最小的服务。

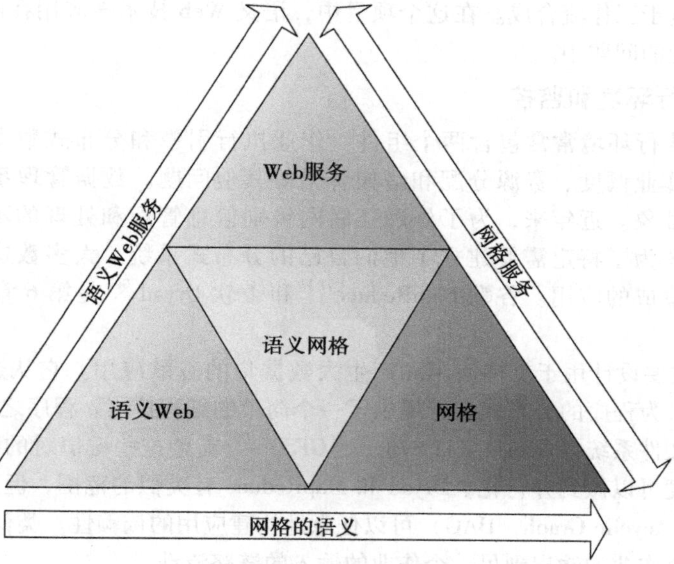

图5-12　语义网格的相关概念和技术

注：由Goble和Roure提供，ECAI-2004[95]。

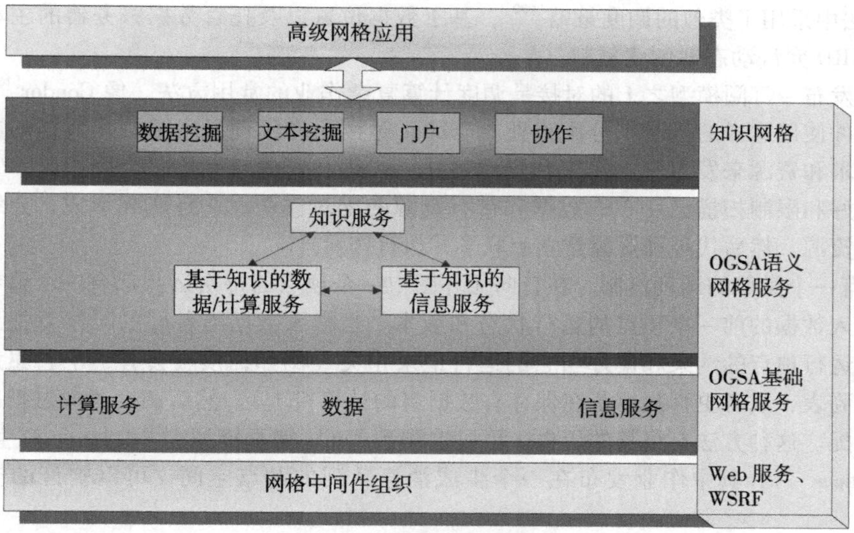

图5-13　语义网格体系结构

注：由Goble和Roure提供，ECAI-2004[95]。

311

语义OGSA（S-OGSA）[96]被提出作为基于语义网格的参考体系结构。S-OGSA扩展了OGSA，使其支持语义的明确处理，并且定义了相关的知识服务来支持一批服务功能。这个功能的实现是通过引入语义供应服务，通过允许各种不同形式的知识和元数据的创建、存储、更新、删除和访问支持语义的供应。这套服务包括本体论管理和推理服务、元数据服务和标注服务。

S-OGSA有三个主要方面：模型（构成元素及其相互关系）、功能（需要处理这些组件的服务）和机制（在以网格平台为基础的应用中部署体系结构时使元素能够传递）。作为致力于电子科学变化的语义网格工作的先锋，myGrid[97]项目社区研发了一套工具和服务来使各种生物数据和计算资源能够基于工作流合成。在这个项目中，语义 Web 技术被应用在网格环境下资源发现和工作流结果管理的问题中。

5.4.5 作业执行环境和监控

分布式作业执行环境常常包含两个组件：作业执行引擎和分布式数据管理系统。作业执行引擎主要处理作业调度、资源分配和诸如容错等其他问题。数据管理系统常常为作业访问分布式数据提供抽象。近年来，为了处理互联网级别信息管理和处理的不断增长的需要，许多互联网服务公司为了特定需要建立了他们自己的分布式系统。大多数这些系统提供分布式运行引擎，支持集成的应用。谷歌 MapReduce[98] 和微软 Dryad[99] 是第 6 章中描述的这种系统的两个例子。

MapReduce 主要设计用于支持使用和产生大数据集的谷歌应用。它从这些应用中概括出了 map/reduce 抽象，为程序的分布式运行提供了一个简单的编程接口。程序之间的通信概括为键值对的交换。谷歌文件系统（Google File System，GFS）[100] 支持这些键值对的存储。通过这些分布式程序的并行调度可以做到并行化。Dryad 和 MapReduce 有类似的范围，但是通过明确指定有向无环图（Directed Acyclic Graph，DAG）可以任意地构建应用的依赖性。类似于 UNIX 管道，它支持数据沿着从一个作业的输出到另一个作业的输入的链路流动。

MapReduce 中的调度机制通过使用 GFS 元数据服务器提供的数据位置信息来考虑数据的局部性。在为 Web 服务器集群使用的位置感知请求分布式（Location-Aware Request Distribution，LARD）算法中采用了类似的调度策略[100]，基于数据位置以及托管数据服务器的主动连接来调度请求。LARD 允许动态地创建复制。

建造在发布 - 订阅模型之上的对接是调度计算复杂作业的常用方法。像 Condor[101] 一样的网格计算中间件使用这样的机制来分配作业。Condor 对接允许代理以半结构化数据的方式处理用户的作业请求和资源来发布作业需求和资源描述。代理和资源订阅给一个介绍人，它根据数据
312 中指定的偏好和限制扫描已发布的数据和带有资源的配对作业。一旦匹配形成，介绍人就通知匹配代理和资源。然后代理和资源建立起联系并执行作业。

Dryad 有一个类似的调度机制。在有向无环图中一个顶点的每次运行都有一个运行记录，保留了提供输入数据的前一个顶点的运行状态和版本。当输入数据准备好的时候就把顶点放到调度队列中。运行顶点的约束和偏好与它的运行记录相关（例如，顶点会有一个它愿意在上面运行的计算机列表，或者更喜欢停留在保存有数据集的计算机上）。然后调度器通过把顶点分配给资源进行匹配。这种方法有很长的历史，可以追溯到 Linda 编程模型[102] 和 Linda 产生的中间件，例如 JavaSpaces[103]，其中作业发布在一个生成消息队列的共享空间，可以被订阅空间的资源消费。

由于作业可以分配到不同的节点，典型的作业运行环境需要分布式数据管理系统的支持，让作业访问远程的数据集，有时也和其他的作业交换数据。如上所述，GFS 支持 MapReduce，Dryad 也有一个类似于 GFS 的分布式存储系统，可以把大文件分解为小块。然后这些小块沿着系统中节点的磁盘进行分配和复制。作业之间的通信信道常常是基于文件的。通过分布式存储系统，文件可以透明地从一个作业传到另一个作业。通过建构在分布式存储系统之上的抽象层，可以支持访问和交换有特定结构的数据。谷歌 BigTable[104] 和亚马逊 Dynamo[105] 就是两个例子。

6.3 节描述的 BigTable 中的数据抽象是一个多维的有序图，Dynamo 中的是键 - 值对。使用这些抽象，作业可以从系统中的任何一个节点访问多维数据或键 - 值对。这样的结果是，如今的作业执行环境非常强大。它不仅能够运行计算作业，还能运行各种数据密集型作业。然而，由于在分布式环境中维护数据的一致性需要很高的代价，这样的作业运行环境对运行有很强一致性要

求的应用有一定的限制。目前，Bigtable 和 Dynamo 仅仅支持松弛的一致性。

在大型分布式系统中，应用程序是动态地分配到任何一台计算机上运行，收集与应用和资源状态有关信息的能力对于系统实现高效率、检测故障或风险以及跟踪系统状态都非常关键。现今的分布式系统常常带有一个复杂的监控子系统。例如亚马逊使用的 Astrolabe[106]。Astrolabe 监控了一批分布式资源的状态，能够通过聚集连续地计算系统中数据的总计。它的聚集机制被 SQL 查询驱动（例如查询 SELECT MIN（load）AS load 返回系统中最小的负载）。

怎样从大量的节点中动态地聚集这些信息是富有挑战性的。在集群中传统的监控系统不能扩展到超过几十个节点[106]。Astrolabe 为了实现可扩展性采用了分散的方式。它在每个节点运行一个代理。代理之间通过流言协议（gossip protocol）互相通话。Astrolabe 管理的信息采用层次化 313
方式组织。每个代理都维护一个含有层次子集的数据结构。本地信息在代理中直接更新。需要层次内部节点信息的代理可以从相关负责代理处获得层次中的孩子信息。层次中兄弟节点的信息可以通过相关代理用流言协议获得。流言协议非常简单：每个代理周期性地随机选择另一个代理并与之交换信息。交换的信息是两个代理的最小公共祖先。

通过这种机制，Astrolabe 能够获得分布式状态的快照。这个状态是动态地聚集产生，没有一个中心代理来保存所有的信息。然而，聚集信息会在过程中涉及的所有相关代理之间复制，这就产生了一致性问题。提取同一数据属性的两个用户会得到不同的结果。Astrolabe 仅仅支持称为结果一致性的松散一致性，即给定一个聚集属性 X，它依靠另一属性 Y，Astrolabe 能够保证对于 Y 的更新最终会影响到 X。这样的监控系统对于作业运行环境是很重要的，尤其是当底层的系统扩展的时候。

5.5 面向服务的体系结构中的工作流

在 5.1 节中，我们把服务描述成构建分布式系统的基本单元。然而一个“真实的系统”包含多个相互作用的（整体的）服务，如图 5-14 所示。尤其是图 1-22 所示的一个简单的传感器（可能只有一个输出数据流）和一个完整的网格（有多个输入和输出消息端口的一批服务）。因此，原型的完整系统可能是“服务网格”，但是我们也称为“网格的网格”，甚至称为“云网格”。在图 5-14 中，我们在“关键基础设施”的不同领域建造了多个应用网格。组件网格（子网格）被激活用来协作、可视化、传感器融合、计算和地理信息系统（Geographical Information System，GIS）应用。这构建在 5.2 节、5.3 节和 5.4 节介绍的关于核心网格的功能上。通过增加特定应用服务，人们可以搭建支持水、天然气或电网基础设施的分布式系统。工作流用来集成组件网格和服务。需要注意的是，这里的讨论主要是关于网格，但是同样适用于云。第 7 章将更详细地讨论网格计算。

5.5.1 工作流的基本概念

在 5.2 节，我们介绍了服务和组件网格之间管理消息的方法，但是这里我们主要集中在工作流，它是“对服务之间交互进行编程”的方法。同称呼工作流描述了“为 Web 或网格编程”一样，我们也可以使用诸如“软件协调”、“服务编排”、“服务或过程协调”、“服务会话”、“Web 或网格脚本”、“应用集成”或“软件总线”之类的名字。

这是一个非常活跃的研究领域，有不同的研究方法，分别强调控制流、调度和数据流。文献[15，107～110]是关于数据流的一些最近的综述。必须注意工作流意味着分布式系统的两层编程模型。基本服务采用传统语言（C、C++、Fortran、Java、Python）进行编程，工作流描述了服务之间彼此交互的粗粒度编程。每一个服务使用传统的语言进行编程，而它们之间的交互用工作流描述。

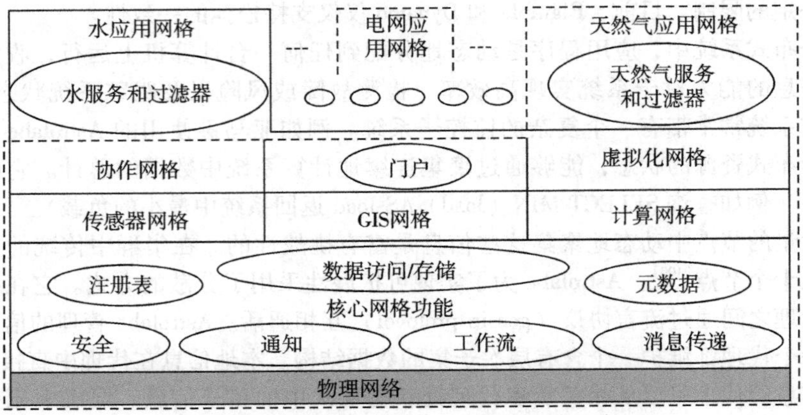

图 5-14 服务网格之网格的概念图示

注意到，多层编程概念和基本的 Shell 编程非常类似，在 shell 编程中，常常使用管道来连接运行中的程序。实际上，脚本（类似于 shell 脚本）是工作流的一种流行方式，使用分布式程序结构代替了熟悉的 UNIX 原语。例如，采用 TCP 信道或发布 - 订阅消息传递代替了管道。在图 5-15中，我们看到多层体系结构是非常普遍的——不仅在像工作流这样的编程中，也在计算、数据库和传感器里。

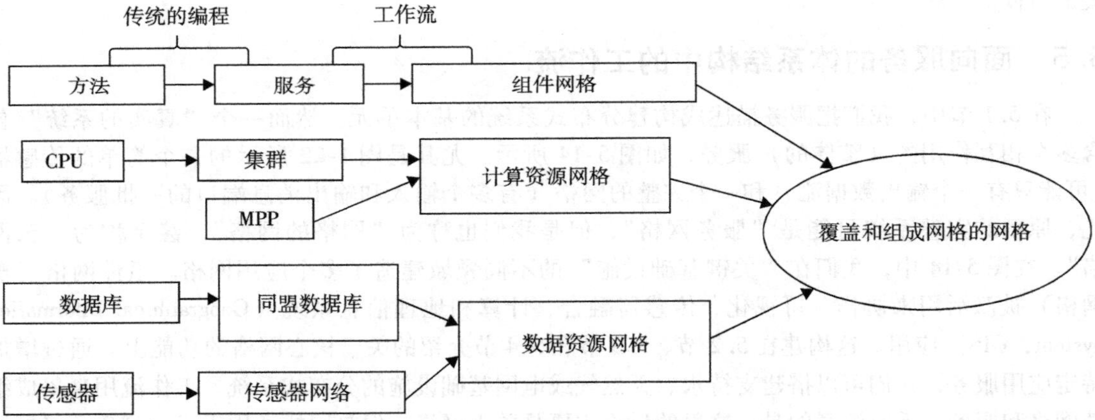

314~315 图 5-15 层次化的计算、数据和编程抽象

工作流的概念最早是工作流管理同盟[111]提出的，这个同盟已经存在了大约 20 年，产生了标准参考模型、文档和大量的工具及工作流管理支持产品。然而，这个同盟主要是关于商业过程管理，常常涉及人类而不是计算机的工作流。例如，Allen 把工作流定义为商业过程的整体或部分自动化，在这个过程中，文档、信息或任务根据一套过程规则[112]从一个参与者传到另一个。这样，本章介绍的工作流和工作流管理同盟所解决的问题是非常不同的。

我们可以认为工作流概念和系统的发展是网格和分布式系统社区所取得的主要成就。注意到，服务当然是同等重要的，但是这个想法的本质来源于商业系统。历史上，工作流概念从使用像 Linda[113]、HeNCE[114]、AVS[115]、Khoros[116]和复杂 Shell（Perl）脚本这样的系统进行分布式编程进化而来。Petri 网也可以被认为是对工作流重要的早期创意之一。虽然有几个比较好的工作流系统建构在 Petri 网之上[117~119]，但是今天最流行的系统并不是基于 Petri 网。有些重要的商业领域使用与科学工作流类似的环境，包括分析实验数据的系统，称为实验室信息系统（Laboratory Information Systems）或 LIMS，例如文献[120，121]或通用资源[122]。化学信息学和商业智能领域有几个类似工作流的系统，包括 InforSense[123]和 Pipeline Pilot[124]。

5.5.2 工作流标准

和其他 Web 服务的相关概念类似，OASIS、OMG 和 W3C 也做了大量的工作，这些工作如表5-9所示，它们常常含有互相重复的目标。这些工作主要在2000~2005年之间完成，当时标准被看做实现 Web 服务梦想的基石，完整的服务特性规范可以实现互操作性。近来人们意识到这个目标导致重量级的体系结构，加工不能跟上这么多标准的支持。今天我们更强调轻量级系统，互操作性当需要时可以通过临时的变换得到。标准化工作的另一个问题是它大量地超前系统的部署，这样人们会发现遗忘了关键点的不成熟标准。这个背景解释了表5-9中许多未完成的标准活动。

表5-9 工作流标准、链接和状态

标准	链接	状态
BPEL Web 服务的商业过程运行语言（OASIS）V2.0	http://docs.oasis-open.org/wsbpel/2.0/wsbpel-v2.0.html; http://en.wikipedia.org/wiki/BPEL	2007年4月
WS-CDL Web 服务编排描述语言（W3C）	http://www.w3.org/TR/ws-cdl-10/	2005年11月，没有结束
WSCI Web 服务编排接口 V1.0（W3C）	http://www.w3.org/TR/wsci/	2002年8月，只是备注
WSCL Web 服务会话语言（W3C）	http://www.w3.org/TR/wscl10/	2002年3月，只是备注
WSFL Web 服务流语言	http://www.ibm.com/developerworks/Web-services/library/ws-wsfl2/	被 BPEL 代替
XLANG 商业过程设计的 Web 服务（微软）	http://xml.coverpages.org/XLANG-C-200106.html	2001年6月，被 BPEL 代替
WS-CAFWeb 服务合成应用框架，包括 WS-CTX、WS-CF 和 WS-TXM	http://en.wikipedia.org/wiki/WS-CAF	没有结束
WS-CTX Web 服务上下文（OASIS Web 服务合成应用框架 TC）	http://docs.oasis-open.org/ws-caf/ws-context/v1.0/OS/wsctx.html	2007年4月
WS-Coordination Web 服务协调（BEA，IBM，Microsoft at OASIS）	http://docs.oasis-open.org/ws-tx/wscoor/2006/06	2009年2月
WS-AtomicTransaction Web 服务原子事务（BEA，IBM，Microsoft at OASIS）	http://docs.oasis-open.org/ws-tx/wsat/2006/06	2009年2月
WS-BusinessActivity 框架（BEA，IBM，Microsoft at OASIS）	http://docs.oasis-open.org/ws-tx/wsba/2006/06	2009年2月
BPMN 商业过程建模标注（Object Management Group，OMG）	http://en.wikipedia.org/wiki/BPMN; http://www.bpmn.org/	活动的
BPSS 商业过程规范模式（OASIS）	http://www.ebxml.org/; http://www.ebxml.org/specs/ebBPSS.pdf	2001年5月
BTP 商业事务协议（OASIS）	http://www.oasis-open.org/committees/download.php/12449/business_transaction-btp-1.1-spec-cd-01.doc	没有结束

成功的活动都有商业过程的气息，对于科学工作流来说，BPEL[125~128]是最相关的标准，它是基于早期推荐的WSFL（Web Services Flow Language）和XLANG之上。注意到，虽然XML可以很好地表示数据结构，但它并不是非常适合规定程序结构，对于任何语言和工作流控制中必要的循环和分支，它可以表示但并不是很自然。用现代的脚本语言表示工作流更加适合基于XML的标准。

5.5.3　工作流体系结构和规范

和任何编程环境中的语言和运行时组件相对应，大多数工作流系统都有两个关键组件。我
316~317 们把它们称为工作流规范和工作流运行引擎。它们通过接口相互链接，通过使用诸如前面介绍的BPEL标准文档指定接口。

基于脚本的工作流系统可以用与Python、JavaScript或Perl类似的传统语言句法来指定工作流。虽然位于非常底层，我们也可以直接地规定驱动执行引擎的（XML）接口文档。然而，大多数工作流系统使用如图5-16所示的图形界面。他们捕捉的场景如下面的例子所示。

例5.10　Pan-STARRS工作流

图5-16中的每一步都是一个“很大的”活动（即服务），说明工作流是一个编程系统，它与我们熟悉的语言（如C++）的粒度非常不同。注意到，脚本语言常常用来规定粗粒度的操作，这“解释”了为什么脚本语言是指定工作流的一种流行方式。然而，工作流的关键特性涉及“几个”步骤，而一个服务的完整程序通常包括数千到百万行代码。这个现象支持可视接口的使用，这样功能特性可以直接映射到编程模型。微软的Trident系统[130,131]和最初由曼彻斯特大学开发的Taverna[18,132]是两个可视接口。

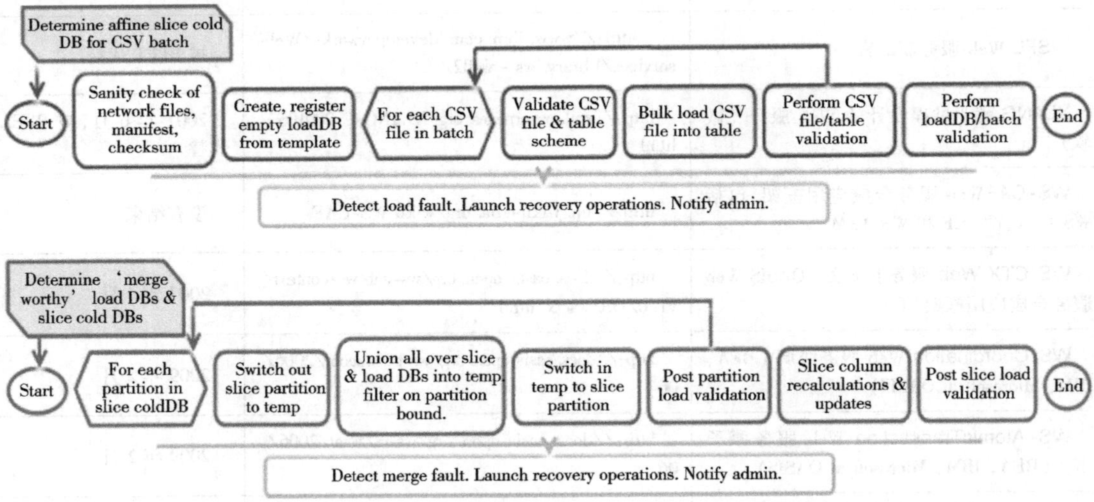

图5-16　从Pan-STARRS天文数据处理领域中来的两个典型（负载和融合）工作流

注：由Barga等人提供[129]。

图5-17显示了由Taverna系统[132]指定的典型工作流。有一些指定组件（活动、服务）的菜单，用户可以选择，并且它们在合成窗口中用“盒子”表示。用户通过“盒子”的链接指
318 定工作流逻辑。每一个盒子都有大量的用户可以指定和观察的元数据。系统允许指定不重要的控制结构，例如，在工作流区域上的循环和分支决定。注意到，每个盒子可以是串行或并行的组件。■

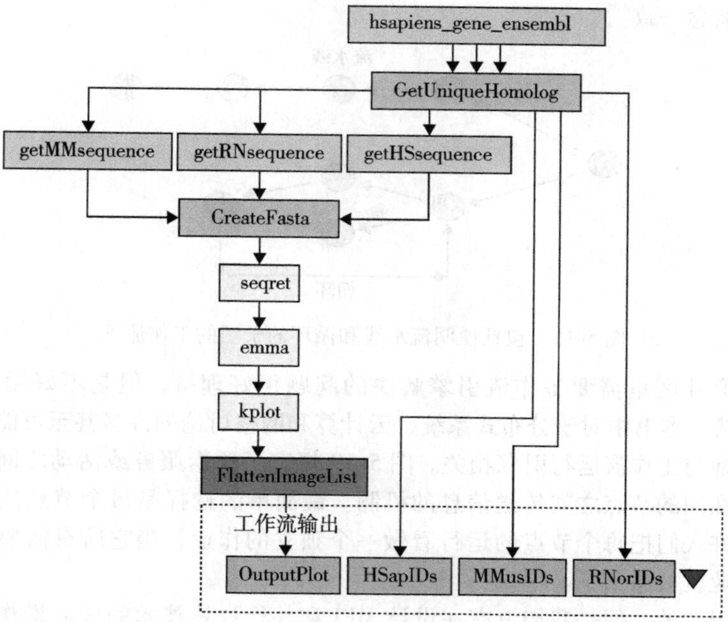

图 5-17 在 Taverna 系统中的工作流

注：由 C. Goble 提供[132]，2008。

在 LEAD II[133] 的龙卷风跟踪工作流[131] 中可以体会到以上操作的必要，那里的工作流包括链接到传统（MPI）并行天气模拟的数据处理服务。工作流中表示的并发性常常称为“功能性”并行，与“数据”并行有所不同。典型情况下，功能性并行（对应于应用中的不同服务）是绝对的，由问题的规模和实质所决定。另外，数据并行是通过把大规模数据集分解为多个部分，数据并行度由可用的核心数量决定；不同部分对应于实现服务所使用的并行计算技术（MPI、线程、MapReduce）。

5.5.4 工作流运行引擎

有许多不同的工作流系统。工作流并没有很强的性能约束。在前面章节中，我们提到典型情况下节点的大量运行时间使得开销比起 MPI 来并不太重要。同一特征常常使得工作流可以通过分布式方式来运行——长通信跳数带来的网络延时通常并不重要。文献[139]对如下领域中所用到的工作流进行了分类、从气象学到海洋建模，从生物信息学到生物医学工作流，从天文学到神经科学。这些分类是通过比较它们的大小、资源使用、图模式、数据模式和使用场景。BPEL 指定了工作流的控制而不是数据流。当然，控制结构意味着对于给定节点集的数据流结构。 319

图 5-18 显示了图 5-16 的天文学工作流的流水线。更一般的工作流结构是有向无环图，它是顶点和有向边的集合，每一条边从一个节点连到另一个，这样里面没有环。也就是说，从某一个顶点 V 开始，沿着一系列的边，最终不可能再回到顶点 V。除了复杂的专业工作流系统外，可能使用传统语言和工具集的脚本是构建工作流的主要技术。通常这可以使用任何分布式计算（互联网）支持的环境以非正式的方式实现；PHP 肯定是构建混搭系统的最流行环境，但是 Python 和 JavaScript 用起来也很好。图 5-18 示例了一个简单的循环图。Condor[160] 中使用的 Dagman[159] 是一个复杂的有向无环图处理引擎。这导致了像 Pegasus[146] 的一类工作流系统，它们的目的在于调度基于有向无环图工作流的节点。Karajan[161] 和 Ant[162] 也可以很容易地表示有向无环图。注意到，最复杂的工作流系统支持层次化规范，即工作流的节点可以是服务或服务集（子工作流）。

这和网格的网格概念一致。

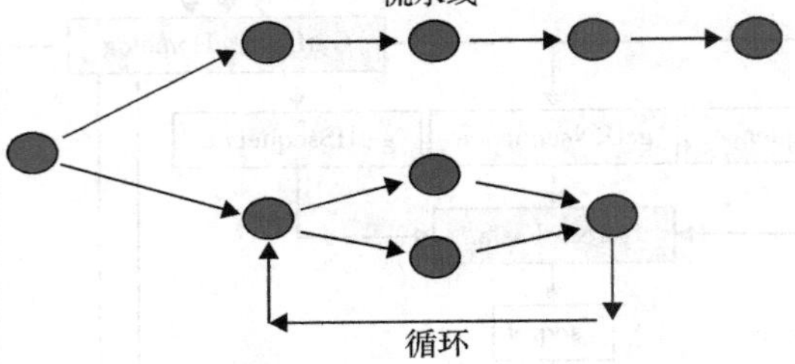

图 5-18 包括说明流水线和循环的子图的工作流图

在活跃的研究社区里需要工作流引擎解决的问题很好理解，但是不好用集成的方式来描述[15,107~110]。显然，本书中对于分布式系统、云计算和网格讨论的许多甚至可能所有的运行问题都隐含地或明显地与工作流运行引擎相关。图 5-19 规定了要素服务或活动之间的交互。一个重要的技术选择是在图的节点之间传送信息的机制。最简单的选择是每个节点从磁盘读取数据并
320 写回磁盘，这允许人们把每个节点的运行看做一个独立的作业，当它所有需要的输入数据都在磁盘上的时候作业就被激活了。

这似乎不是很有效，但是我们没有在设计 MPI 和并行计算技术的区域操作。在那里低延时（微秒）常常是个基本要素，但是在工作流里，我们有不同的通信模式—长运行时间的作业输入和输出的大量数据集。读/写付出的代价常常是可以接受的，并允许更简单的容错实现。当然，我们可以使用 5.2 节里面介绍的消息传递系统来管理工作流中的数据传递，以及在极端情况下的简单模型，即所有的通信都由一个单独的中央“控制节点”处理。

很显然，后一种情况会导致不好的性能，它不会随着工作流规模的增加而正确地扩展。例如 CORBA 这样的分布式对象技术也可以用在发现中间件[136]中通信。实际上，在工作流环境中常常有两种通信系统，分别对应“控制”和“数据”。显然，控制通信通常会使用小的报文，需求也和数据网络截然不同。在这个方面，我们应该提到“代理模型”，它常常在网格体系结构和工作流中使用。

假定图 5-18 中一个节点对应于大规模模拟作业的运行，例如化学代码 Amber 或 Gaussian。那么我们可以把这个节点认为是 Amber 代码，链路直接对应于这个代码使用的数据。然而这并不是一般情况。一般情况下，节点是一个包含元数据和机制的服务，能够激活在（远程）机器上的 Amber，并且能决定什么时候结束。在代理节点之间流动的信息基本上都是控制信息。这个代理模型也可以被认为是代理框架[137]。

5.5.5 脚本工作流系统 Swift

Swift 是一个并行脚本语言，其中应用程序可以表示为函数，变量可以映射为文件。使用结构和数组抽象来并行地处理多个文件。Swift 有一个基于数据流的功能执行模型，其中所有的语句都是隐式并行的。并行的循环结构显式地指定了大规模并发处理。图 5-19 给出了 Swift 工作流
321 系统的体系结构。

例 5.11 Swift 中的生物信息学工作流

Swift 命令是一个 Java 应用程序，它运行在用户可以访问的任何一台计算机上（例如工作站或者登录服务器）。它编译和运行 Swift 脚本，协调远程数据传递，并且在本地和分布式并行资源上执行应用。图 5-20 表明了 Swift 在生物信息学中的应用。这个问题对于 MapReduce 非常完美。基于 Swift 的隐式数据流模型，当数组 splitseqs 的成员变得可用时，foreach 循环会自动开始。

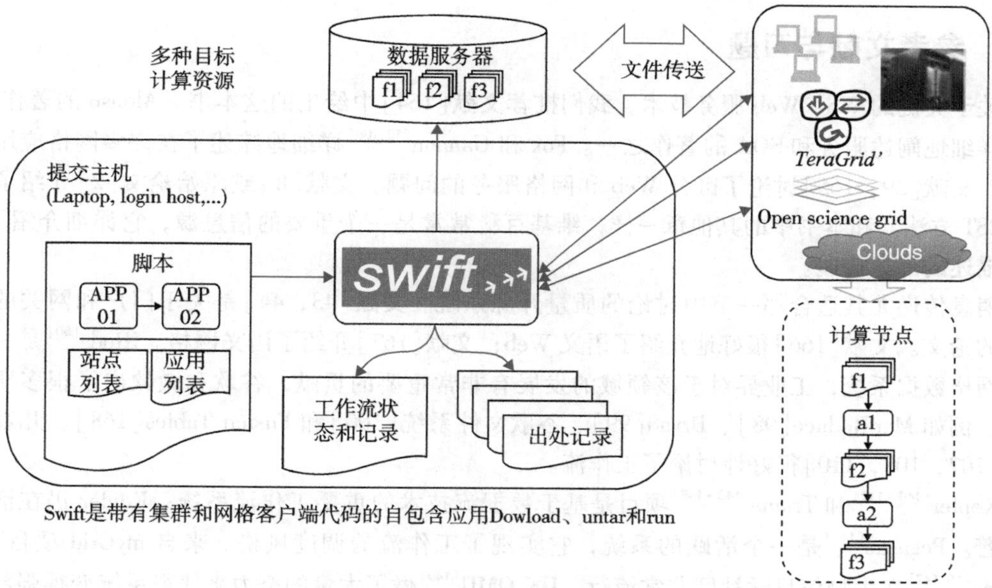

图 5-19 Swift 工作流系统体系结构

注：出自 www. ci. uchicago. edu/swift/[138]。

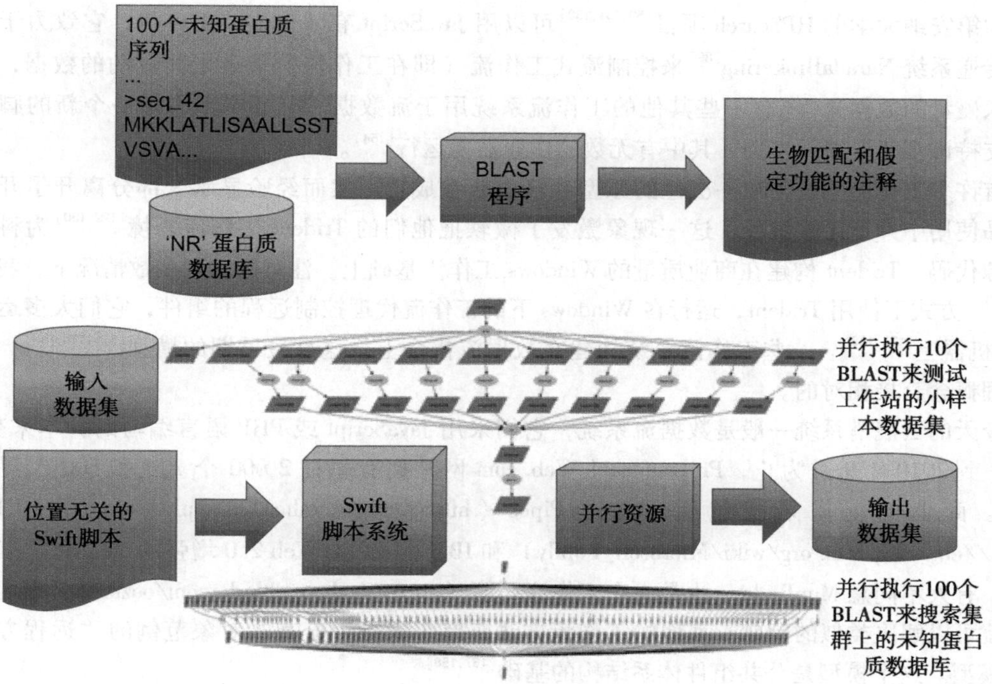

图 5-20 Swift 的生物信息学应用

注：出自 Wikipedia，http://en. wikipedia. org/wiki/Many-task_computing[154]。

Swift 系统通过 BLAST 搜索程序处理一套未知功能的蛋白质序列，在标准数据库“NR”中与每个已知功能的蛋白质序列进行匹配。例如，给定 100 个处理器，脚本可以并行地执行 100 个 BLAST 调用来快速地搜索 NR 数据库。它的目的是搜索确定未知蛋白质本质的线索。■

5.6 参考文献与习题

关于关键的 WS-* Web 服务技术，我们推荐文献[164]中给出的这本书。Alonso 的著作[23]是许多详细地阐述服务和 SOA 的著作之一。Fox 和 Gannon[15,108]详细地综述了在许多网格应用中的服务。文献[29，165]讨论了区分 Web 和网格服务的问题。文献[8]或原始论文[2]介绍了重要的 REST 方法。和本书中的其他章一样，维基百科常常是一个重要的信息源，它详细介绍了 5.2 节中描述的消息传递。

消息传递尤其适合那一节中讨论的质量开源系统。文献[43，44]是关于门户和网关的一些很好的论文。文献[166]很好地介绍了语义 Web；文献[167]介绍了语义网格。iRods[50]是一个重要的网格数据系统，工业界对于该领域的发展有非常重要的贡献，谷歌和微软出了很多研讨会论文：例如 MapReduce[98]、Dryad[99]、谷歌文件系统[100]和 Fusion Tables[168]。几篇综述[15，107，108，110]很好地讨论了工作流。

Kepler[140~142]和 Triana[143~145]项目是基于数据流技术的重要工作流系统；Kepler 仍在活跃地开发着。Pegasus[146]是一个活跃的系统，它实现了工作流的调度风格。来自 myGrid 项目[148]的 Taverna[18,147]在生物信息学社区非常流行，UK OMII[149]做了大量的努力来使得系统变得强壮。这个项目的一个创新性扩展是 myExperiment 科学社会网络站点[150]，它使得工作流可以共享。工作流的其他关键方面是安全[163]和容错[110]。

印第安纳大学的 HPSearch 项目[50,151,152]可以用 JavaScript 有效地支持工作流，它致力于控制消息传递系统 NaradaBrokering[39]来控制流式工作流（即在工作流的节点之间流动的数据，而不是写入磁盘的数据）。还有一些其他的工作流系统用于流数据[153]。Swift[138]是一个新的脚本环境，支持许多任务编程模型，其中有无数的作业需要运行[154]。

有许多工作流方法，在一次性的原型环境下非常成功。然而经验显示大部分离开了开发组在产品使用中并不足够健壮。这一现象激发了微软把他们的 Trident 工作流环境[129,130]为科学而
322~323 开放源代码。Trident 构建在商业质量的 Windows 工作流基础上。注意到，大多数情况下，我们在“代理”方式下使用 Trident，运行在 Windows 下的工作流代理控制远程的组件，它们大多运行在 Linux 机器上[131,133]。一些工作流系统构建在数据流概念上，这是最早期的模型[115,116,155]，也是和代理概念直接相对的。

今天的云混搭系统一般是数据流系统，它们采用 JavaScript 或 PHP 语言编写的脚本来交互。例如，到2010年9月为止，ProgrammableWeb. com 网站拥有超过 2 000 个 API 和 500 个混搭系统[84]。商业的混搭系统包括 Yahoo! Pipes（http://pipes. yahoo. com/pipes/）、微软 Popfly（http://en. wikipedia. org/wiki/Microsoft_Popfly）和 IBM 的 BPEL Web 2.0 增强的 sMash[156]工作流环境。有人不同意 MapReduce 也是一个工作流环境（http://yahoo. github. com/oozie/），因为它和工作流可以解决类似的问题。其他的工作流方法扩展了来自于分布式对象范例的“远程方法调用”模型。这个模型是公共组件体系结构的基础[157,158]。

致谢

本章由印第安纳大学的 Geoffrey Fox 和悉尼大学的 Albert Zomaya 共同撰写。悉尼大学的 Ali Javadzadeh Boloori 和 Chen Wang，印第安纳大学的 Shrideep Pallickara、Marlon Pierce 和 Suresh Marru，普度大学的 Michael McLennan、George B. Adams III 和 Gerhard Klimeck，芝加哥大学的
324 Michael Wilde 做了一些辅助工作。黄铠教授对全章内容进行了审校。

本章由东南大学的秦中元博士负责翻译。

参考文献

[1] D. Booth, H. Haas, F. McCabe, et al., Working Group Note 11: Web Services Architecture, www.w3.org/TR/2004/NOTE-ws-arch-20040211/ (accessed 18.10.10).

[2] R. Fielding, Architectural Styles and the Design of Network-Based Software Architectures, University of California at Irvine, 2000, p. 162, http://portal.acm.org/citation.cfm?id=932295.

[3] M. Hadley, Web Application Description Language (WADL), W3C Member Submission, www.w3.org/Submission/wadl/, 2009 (accessed 18.10.10).

[4] Restlet, the leading RESTful web framework for Java, www.restlet.org/ (accessed 18.10.10).

[5] JSR 311 – JAX-RS: Java API for RESTful Web Services, https://jsr311.dev.java.net/ (accessed 18.10.10).

[6] Jersey open source, production quality, JAX-RS (JSR 311) reference implementation for building RESTful web services, https://jersey.dev.java.net/ (accessed 18.10.10).

[7] D. Winer, The XML-RPC specification, www.xmlrpc.com/, 1999 (accessed 18.10.10).

[8] L. Richardson, S. Ruby, RESTful Web Services, O'Reilly, 2007.

[9] A. Nadalin, C. Kaler, R. Monzillo, P. Hallam-Baker, Web services security: SOAP message security 1.1 (WS-Security 2004), OASIS Standard Specification, http://docs.oasis-open.org/wss/v1.1/wss-v1.1-spec-os-SOAPMessageSecurity.pdf, 2006 (accessed 18.10.10).

[10] A. Andrieux, K. Czajkowski, A. Dan, et al., Web services agreement specification (WS-Agreement), OGF Documents, GFD.107, www.ogf.org/documents/GFD.107.pdf, 2007 (accessed 18.10.2010).

[11] D. Davis, A. Karmarkar, G. Pilz, S. Winkler, Ü. Yalçinalp, Web services reliable messaging (WS-ReliableMessaging), OASIS Standard, http://docs.oasis-open.org/ws-rx/wsrm/200702, 2009 (accessed 18.10.2010).

[12] M. Little, A. Wilkinson, Web services atomic transaction (WS-AtomicTransaction) Version 1.2, OASIS Standard, http://docs.oasis-open.org/ws-tx/wstx-wsat-1.2-spec-os.pdf, 2009.

[13] M. Feingold, R. Jeyaraman, Web services coordination (WS-Coordination) Version 1.2, OASIS Standard, http://docs.oasis-open.org/ws-tx/wstx-wscoor-1.2-spec-os.pdf, 2009 (accessed 18.10.2010).

[14] K. Chiu, M. Govindaraju, R. Bramley, Investigating the limits of SOAP performance for scientific computing, in: 11th IEEE International Symposium on High Performance Distributed Computing, 2002, pp. 246–254.

[15] D. Gannon, G. Fox, Workflow in grid systems, Editorial of special issue of Concurrency & Computation: Practice & Experience, based on GGF10 Berlin meeting, Vol. 18, No. 10, 2006, pp. 1009–1019, doi: http://dx.doi.org/10.1002/cpe.v18:10 and http://grids.ucs.indiana.edu/ptliupages/publications/Workflow-overview.pdf.

[16] JBPM Flexible business process management (BPM) suite, www.jboss.org/jbpm (accessed 18.10.10).

[17] JBoss enterprise middleware, www.jboss.org/ (accessed 18.10.10).

[18] Taverna workflow management system, www.taverna.org.uk/ (accessed 18.10.10).

[19] R.V. Englen, K. Gallivan, The gSOAP toolkit for web services and peer-to-peer computing networks, in: 2nd IEEE/ACM International Symposium on Cluster Computing and The Grid (CCGRID '02), 2002.

[20] R. Salz, ZSI: The zolera soap infrastructure, http://pywebsvcs.sourceforge.net/zsi.html, 2005 (accessed 18.10.10).

[21] J. Edwards, 3-Tier server/client at work, first ed., John Wiley & Sons, 1999.

[22] B. Sun, A multi-tier architecture for building RESTful web services, IBM Developer Works 2009, www.-ibm.com/developerworks/web/library/wa-aj-multitier/index.html, 2009 (accessed 18.10.2010).

[23] G. Alonso, F. Casati, H. Kuno, V. Machiraju, Web Services: Concepts, Architectures and Applications (Data-Centric Systems and Applications), Springer Verlag, 2010.

[24] I. Foster, H. Kishimoto, A. Savva, et al., The open grid services architecture version 1.5, Open Grid Forum, GFD.80, www.ogf.org/documents/GFD.80.pdf, 2006.

[25] I. Foster, S. Tuecke, C. Kesselman, The philosophy of the grid, in: 1st International Symposium on Cluster Computing and the Grid (CCGRID0), IEEE Computer Society, 2001.

[26] S. Tuecke, K. Czajkowski, I. Foster, et al., Grid Services Infrastructure (OGSI) Version 1.0. Global Grid Forum Proposed Recommendation, GFD15, www.ggf.org/documents/GFD.15.pdf, 2003 (accessed 18.10.10).

[27] S. Graham, A. Karmarkar, J. Mischkinsky, I. Robinson, I. Sedukhin, Web Services Resource 1.2 (WS-Resource) WSRF, OASIS Standard, http://docs.oasis-open.org/wsrf/wsrf-ws_resource-1.2-spec-os.pdf, 2006 (accessed 18.10.10).
[28] M. Gudgin, M. Hadley, T. Rogers, Web Services Addressing 1.0 – Core, W3C Recommendation, 9 May 2006.
[29] G. Fox, D. Gannon, A Survey of the Role and Use of Web Services and Service Oriented Architectures in Scientific/Technical Grids, http://grids.ucs.indiana.edu/ptliupages/publications/ReviewofServicesandWorkflow-IU-Aug2006B.pdf, 2006 (accessed 16.10.10).
[30] Supported version of Mule ESB, www.mulesoft.com/.
[31] Open source version of Mule ESB, www.mulesoft.org/.
[32] IBM's original network software MQSeries rebranded WebSphereMQ in 2002, http://en.wikipedia.org/wiki/IBM_WebSphere_MQ.
[33] WebSphereMQ IBM network software, http://en.wikipedia.org/wiki/IBM_WebSphere_MQ.
[34] H. Shen, Content-based publish/subscribe systems, in: X. Shen, et al., (Eds.), Handbook of Peer-to-Peer Networking, Springer Science+Business Media, LLC, 2010, pp. 1333–1366.
[35] Java Message Service JMS API, www.oracle.com/technetwork/java/index-jsp-142945.html and http://en.wikipedia.org/wiki/Java_Message_Service.
[36] AQMP Open standard for messaging middleware, www.amqp.org/confluence/display/AMQP/Advanced+Message+Queuing+Protocol.
[37] Mule MQ open source enterprise-class Java Message Service (JMS) implementation, www.mulesoft.org/documentation/display/MQ/Home.
[38] Apache ActiveMQ open source messaging system, http://activemq.apache.org/.
[39] NaradaBrokering open source content distribution infrastructure, www.naradabrokering.org/.
[40] RabbitMQ open source Enterprise Messaging System, www.rabbitmq.com/.
[41] Amazon Simple Queue Service (Amazon SQS), http://aws.amazon.com/sqs/.
[42] Microsoft Azure Queues, http://msdn.microsoft.com/en-us/windowsazure/ff635854.aspx.
[43] N. Wilkins-Diehr, Special issue: Science gateways – common community interfaces to grid resources, Concurr. Comput. Pract. Exper. 19 (6) (2007) 743–749.
[44] N. Wilkins-Diehr, D. Gannon, G. Klimeck, S. Oster, S. Pamidighantam, TeraGrid science gateways and their impact on science, Computer 41 (11) (2008).
[45] Y. Liu, S. Wang, N. Wilkins-Diehr, SimpleGrid 2.0: A learning and development toolkit for building highly usable TeraGrid science gateways, in: SC-GCE, 2009.
[46] D.A. Reed, Grids, the TeraGrid and beyond, IEEE Comput. 36 (1) (2003) 62–68.
[47] R. Pordes, D. Petravick, B. Kramer, et al., The open science grid, J. Phys. Conf. Ser. 78 (2007) 012057.
[48] I. Foster, Globus toolkit version 4: software for service-oriented systems, J. Comput. Sci. Technol. 21 (4) (2006) 513–520.
[49] D. Thain, T. Tannenbaum, M. Livny, Distributed computing in practice: the condor experience, Concurr. Pract. Exper. 17 (2–4) (2005) 323–356.
[50] IRODS: Data Grids, Digital Libraries, Persistent Archives, and Real-time Data Systems, https://www.irods.org (accessed 29.08.10).
[51] J. Basney, M. Humphrey, V. Welch, The MyProxy online credential repository, Softw. Pract. Exp. 35 (9) (2005) 801–816.
[52] J.V. Welch, J. Basney, D. Marcusiu, N. Wilkins-Diehr, A AAAA model to support science gateways with community accounts, Concurr. Comput. Pract. Exper., (2006) 893–904.
[53] L. Liming, et al., TeraGrid's integrated information service, in: 5th Grid Computing Environments Workshop, ACM, 2009.
[54] J. Kim, P.V. Sudhakar, Computational Chemistry Grid, a Production Cyber-environment through Distributed Computing: Recent Enhancements and Application for DFT Calculation of Amide I Spectra of Amyloid-Fibril. PRAGMA13, Urbana, IL, 2007.
[55] R. Dooley, K. Milfeld, C. Guiang, S. Pamidighantam, G. Allen, From proposal to production: lessons learned developing the computational chemistry grid cyberinfrastructure, J. Grid Comput. 4 (2) (2006) 195–208.
[56] GridChem-Related Scientific Publications, https://www.gridchem.org/papers.
[57] B. Demeler, UltraScan: A comprehensive data analysis software package for analytical ultracentrifugation experiments, in: Analytical Ultracentrifugation:Techniques and Methods, 2005, pp. 210–229.

[58] UltraScan Gateway, http://uslims.uthscsa.edu/.
[59] UltraScan publications database, www.ultrascan.uthscsa.edu/search-refs.html.
[60] E.H. Brookes, R.V. Boppana, B. Demeler, Biology – Computing large sparse multivariate optimization problems with an application in biophysics, in: ACM/IEEE Conference on Supercomputing (SC2006), Tampa FL, 2006.
[61] E.H. Brookes, B. Demeler, Parsimonious regularization using genetic algorithms applied to the analysis of analytical ultracentrifugation experiments, in: 9th Annual Conference on Genetic and Evolutionary Computation (GECCO), London, 2007, pp. 361–368.
[62] G. Klimeck, M. McLennan, S.P. Brophy, et al., nanoHUB.org: Advancing education and research in nanotechnology, Comput. Sci. Eng. 10 (5) (2008) 17–23.
[63] A. Strachan, G. Klimeck, M.S. Lundstrom, Cyber-enabled simulations in nanoscale science and engineering, Comput. Sci. Eng. 12 (2010) 12–17.
[64] H. Abelson, The creation of OpenCourseWare at MIT, J. Sci. Educ. Technol. 17 (2) (2007) 164–174.
[64a] T. J. Hacker, R. Eigenmann, S. Bagchi, A. Irfanoglu, S. Pujol, A. Catlin, Ellen Rathje, The NEEShub cyberinfrastructure for earthquake engineering, computing, in Science and Engineering, 13 (4) (2011) 67–78, doi:10.1109/MCSE.2011.70.
[65] T. Richardson, Q. Stafford-Fraser, K.R. Wood, A. Hopper, Virtual network computing, IEEE Internet Comput. 2 (1) (1998) 33–38.
[66] P.M. Smith, T.J. Hacker, C.X. Song, Implementing an industrial-strength academic cyberinfrastructure at Purdue University, in: IEEE International Parallel and Distributed Processing Symposium (IPDPS), 2008.
[67] W. Qiao, M. McLennan, R. Kennell, D. Ebert, G. Klimeck, Hub-based simulation and graphics hardware accelerated visualization for nanotechnology applications, IEEE Trans. Vis. Comput. Graph. 12 (2006) 1061–1068.
[68] G. Klimeck, M. Luisier, Atomistic modeling of realistically extended semiconductor devices with NEMO/OMEN, IEEE Comput. Sci. Eng. 12 (2010) 28–35.
[69] B.P. Haley, G. Klimeck, M. Luisier, et al., Computational nanoelectronics research and education at nanoHUB.org, J. Comput. Electron. 8 (2009) 124–131.
[70] OpenVZ web site, http://openvz.org (accessed 17.08.10).
[71] J. Alameda, M. Christie, G. Fox, et al., The open grid computing environments collaboration: portlets and services for science gateways, Concurr. Comput. Pract. Exper. 19 (6) (2007) 921–942.
[72] Open Grid Computing Environments web site, www.collab-ogce.org (accessed 18.10.10).
[73] Z. Guo, R. Singh, M.E. Pierce, Building the PolarGrid portal using Web 2.0 and OpenSocial, in: SC-GCE, 2009.
[74] T. Gunarathne, C. Herath, E. Chinthaka, S. Marru, Experience with adapting a WS-BPEL runtime for eScience workflows, in: 5th Grid Computing Environments Workshop, ACM, 2009.
[75] S. Marru, S. Perera, M. Feller, S. Martin, Reliable and Scalable Job Submission: LEAD Science Gateways Testing and Experiences with WS GRAM on TeraGrid Resources, in: TeraGrid Conference, 2008.
[76] S. Perera, S. Marru, T. Gunarathne, D. Gannon, B. Plale, Application of management frameworks to manage workflow-based systems: A case study on a large scale e-science project, in: IEEE International Conference on Web Services, 2009.
[77] S. Perera, S. Marru, C. Herath, Workflow Infrastructure for Multi-scale Science Gateways, in: TeraGird Conference, 2008.
[78] T. Andrews, F. Curbera, H. Dholakia, et al., Business process execution language for web services, version 1.1, 2003.
[79] T. Oinn, M. Addis, J. Ferris, et al., Taverna: a tool for the composition and enactment of bioinformatics workflows, Bioinformatics, (2004).
[80] E. Deelman, J. Blythe, Y. Gil, et al., Pegasus: Mapping scientific workflows onto the grid, in: Grid Computing, Springer, 2004.
[81] Apache ODE (Orchestration Director Engine) open source BPEL execution engine, http://ode.apache.org/.
[82] M. Christie, S. Marru, The LEAD Portal: a TeraGrid gateway and application service architecture, Concurr. Comput. Pract. Exper. 19 (6) (2007) 767–781.
[83] UDDI Version 3 Specification, OASIS Standard, OASIS UDDI Specifications TC – Committee Specifications, www.oasis-open.org/committees/uddi-spec/doc/tcspecs.htm#uddiv3, 2005 (accessed 18.10.10).
[84] Programmable Web site for contributed service APIs and mashups, www.programmableweb.com/ (accessed 18.10.10).

[85] J. Gregorio, B. de hOra, RFC 5023 – The Atom Publishing Protocol, IETF Request for Comments, http://tools.ietf.org/html/rfc5023, 2007 (accessed 18.10.10).
[86] L. Vargas, J. Bacon, Integrating Databases with Publish/Subscribe, in: 25th IEEE International Conference on Distributed Computing Systems Workshops (ICDCSW '05), 2005.
[87] M. Aktas, Thesis. Information Federation in Grid Information Services. Indiana University, http://grids.ucs.indiana.edu/ptliupages/publications/MehmetAktasThesis.pdf, 2007.
[88] M.S. Aktas, G.C. Fox, M. Pierce, A federated approach to information management in grids, J. Web Serv. Res. 7 (1) (2010) 65–98, http://grids.ucs.indiana.edu/ptliupages/publications/JWSR-PaperRevisedSubmission529-Proofread.pdf.
[89] M.S. Aktas, M. Pierce, High-performance hybrid information service architecture, Concurr. Comput. Pract. Exper. 22 (15) (2010) 2095–2123.
[90] E. Deelman, G. Singh, M.P. Atkinson, et al., Grid based metadata services, in: 16th International Conference on Scientific and Statistical DatabaseManagement (SSDBM '04), Santorini, Greece, 2004.
[91] C.K. Baru, The SDSC Storage Resource Broker, in: I. Press, (Ed.), CASCON '98 Conference, Toronto, 1998.
[92] G. Singh, S. Bharathi, A. Chervenak, et al., A Metadata Catalog Service for Data Intensive Applications, in: 2003 ACM/IEEE Conference on Supercomputing, Conference on High Performance Networking and Computing, ACM Press, 15–21 November 2003, p. 17.
[93] L. Chervenak, et al., Performance and Scalability of a Replica Location Service, in: 13th IEEE International Symposium on High Performance Distributed Computing (HPDC 13), IEEE Computer Society, Washington, DC, 2004, pp. 182–191.
[94] B. Koblitz, N. Santos, V. Pose, The AMGA metadata service, J. Grid Comput. 6 (1) (2007) 61–76.
[95] C.A. Goble, D. De Roure, The Semantic Grid: Myth busting and bridge building, in: 16th European Conference on Artificial Intelligence (ECAI-2004), Valencia, Spain, 2004.
[96] O. Corcho, et al., An Overview of S-OGSA: A Reference Semantic Grid Architecture, in: Journal of Web Semantics: Science, Services and Agents on the World Wide Web, 2006, pp. 102–115.
[97] MyGrid, www.mygrid.org.uk/.
[98] J. Dean, S. Ghemawat, MapReduce: Simplified Data Processing on Large Clusters, in: Sixth Symposium on Operating Systems Design and Implementation, 2004, pp. 137–150.
[99] M. Isard, M. Budiu, Y. Yu, A. Birrell, D. Fetterly, Dryad: Distributed Data-Parallel Programs from Sequential Building Blocks, in: ACM SIGOPS Operating Systems Review, ACM Press, Lisbon, Portugal, 2007.
[100] S. Ghemawat, The Google File System, in: 19th ACM Symposium on Operating System Principles, 2003, pp. 20–43.
[101] D. Thain, T. Tannenbaum, M. Livny, Distributed computing in practice: the Condor experience, Concurr. Comput. Pract. Exper. 17 (2–4) (2005) 323–356.
[102] D. Gelernter, Generative communication in Linda, in: ACM Transactions on Programming Languages and Systems, 1985, pp. 80–112.
[103] E. Freeman, S. Hupfer, K. Arnold, JavaSpaces: Principles, Patterns, and Practice, Addison-Wesley, 1999.
[104] F. Chang, et al., BigTable: A Distributed Storage System for Structured Data, in: OSDI 2006, Seattle, pp. 205–218.
[105] G. De Candia, et al., Dynamo: Amazon's highly available key-value store, in: SOSP, Stevenson, WA, pp. 205–219.
[106] R. Van Renesse, K. Birman, W. Vogels, Astrolabe: A robust and scalable technology for distributed system monitoring, management, and data mining, in: ACM Transactions on Computer Systems, 2003, pp. 164–206.
[107] J. Yu, R. Buyya, A taxonomy of workflow management systems for grid computing, in: Technical Report, GRIDS-TR-2005-1, Grid Computing and Distributed Systems Laboratory, University of Melbourne, Australia, 2005.
[108] I.J. Taylor, E. Deelman, D.B. Gannon, M. Shields, Workflows for e-Science: Scientific Workflows for Grids, Springer, 2006.
[109] Z. Zhao, A. Belloum, M. Bubak, Editorial: Special section on workflow systems and applications in e-Science, Future Generation Comp. Syst. 25 (5) (2009) 525–527, http://dx.doi.org/10.1016/j.future.2008.10.011.

[110] E. Deelman, D. Gannon, M. Shields, I. Taylor, Workflows and e-Science: an overview of workflow system features and capabilities, Future Generation Comp. Syst. 25 (5) (2009) 528–540, doi: http://dx.doi.org/10.1016/j.future.2008.06.012.

[111] Workflow Management Consortium, www.wfmc.org/.

[112] R. Allen, Workflow: An Introduction, Workflow Handbook. Workflow Management Coalition, 2001.

[113] N. Carriero, D. Gelernter, Linda in context, Commun. ACM 32 (4) (1989) 444–458.

[114] A. Beguelin, J. Dongarra, G.A. Geist, HeNCE: A User's Guide, Version 2.0, www.netlib.org/hence/hence-2.0-doc-html/hence-2.0-doc.html.

[115] C. Upson, T. Faulhaber Jr., D.H. Laidlaw, et al., The application visualization system: a computational environment for scientific visualization, IEEE Comput. Graph. Appl., (1989) 30–42.

[116] J. Rasure, S. Kubica, The Khoros application development environment, in: Khoral Research Inc., Albuquerque, New Mexico, 1992.

[117] A. Hoheisel, User tools and languages for graph-based Grid workflows, Concurr. Comput. Pract. Exper. 18 (10) (2006) 1101–1113, http://dx.doi.org/10.1002/cpe.v18:10.

[118] Z. Guan, F. Hernandez, P. Bangalore, et al., Grid-Flow: A Grid-enabled scientific workflow system with a Petri-net-based interface, Concurr. Comput. Pract. Exper. 18 (10) (2006) 1115–1140, http://dx.doi.org/10.1002/cpe.v18:10.

[119] M. Kosiedowski, K. Kurowski, C. Mazurek, J. Nabrzyski, J. Pukacki, Workflow applications in GridLab and PROGRESS projects, Concurr. Comput. Pract. Exper. 18 (10) (2006) 1141–1154, http://dx.doi.org/10.1002/cpe.v18:10.

[120] LabVIEW Laboratory Virtual Instrumentation Engineering Workbench, http://en.wikipedia.org/wiki/LabVIEW.

[121] LabSoft LIMS laboratory information management system, www.labsoftlims.com/.

[122] LIMSource Internet LIMS resource, http://limsource.com/home.html.

[123] InforSense Business Intelligence platform, hwww.inforsense.com/products/core_technology/inforsense_platform/index.html.

[124] Pipeline Pilot scientific informatics platform from Accelrys, http://accelrys.com/products/pipeline-pilot/.

[125] OASIS Web Services Business Process Execution Language Version 2.0 BPEL, http://docs.oasis-open.org/wsbpel/2.0/OS/wsbpel-v2.0-OS.html.

[126] F. Curbera, R. Khalaf, W.A. Nagy, S. Weerawarana, Implementing BPEL4WS: The architecture of a BPEL4WS implementation, Concurr. Comput. Pract. Exper. 18 (10) (2006) 1219–1228, http://dx.doi.org/10.1002/cpe.v18:10.

[127] ActiveBPEL Open Source workflow engine, www.activebpel.org/.

[128] F. Leyman, Choreography for the Grid: Towards fitting BPEL to the resource framework, Concurr. Comput. Pract. Exper. 18 (10) (2006) 1201–1217, http://dx.doi.org/10.1002/cpe.v18:10.

[129] R. Barga, D. Guo, J. Jackson, N. Araujo, Trident: a scientific workflow workbench, in: Tutorial eScience Conference, Indianapolis, 2008.

[130] Microsoft, Project Trident: A Scientific Workflow Workbench, http://tridentworkflow.codeplex.com/ and http://research.microsoft.com/en-us/collaboration/tools/trident.aspx.

[131] The forecast before the storm. [iSGTW International Science Grid This Week], www.isgtw.org/?pid=1002719, 2010.

[132] C. Goble, Curating services and workflows: the good, the bad and the ugly, a personal story in the small, in: European Conference on Research and Advanced Technology for Digital Libraries, 2008.

[133] Linked Environments for Atmospheric Discovery II (LEAD II), http://pti.iu.edu/d2i/leadII-home.

[134] XBaya workflow composition tool, www.collab-ogce.org/ogce/index.php/XBaya.

[135] XBaya integration with OGCE Open Grid Computing Environments Portal, www.collab-ogce.org/ogce/index.php/XBaya.

[136] V. Bhat, M. Parashar, Discover middleware substrate for integrating services on the grid, in: Proceedings of the 10th International Conference on High Performance Computing (HiPC 2003), Lecture Notes in Computer Science. Springer-Verlag, Hyderabad, India, 2003.

[137] Z. Zhao, A. Belloum, C.D. Laat, P. Adriaans, B. Hertzberger, Distributed execution of aggregated multi-domain workflows using an agent framework, in: IEEE Congress on Services (Services 2007), 2007.

[138] Open source scripting workflow supporting the many task execution paradigm, www.ci.uchicago.edu/swift/.
[139] L. Ramakrishnan, B. Plale, A multi-dimensional classification model for scientific workflow characteristics, in: 1st International Workshop on Workflow Approaches to New Data-Centric Science, Indianapolis, 2010.
[140] Kepler Open Source Scientific Workflow System, http://kepler-project.org.
[141] B. Ludäscher, I. Altintas, C. Berkley, et al., Scientific workflow management and the Kepler system, Concurr. Comput. Pract. Exper. 18 (10) (2006) 1039–1065, http://dx.doi.org/10.1002/cpe.v18:10.
[142] T. McPhillips, S. Bowers, D. Zinn, B. Ludäscher, Scientific workflow design for mere mortals, Future Generation Comp. Syst. 25 (5) (2009) 541–551, http://dx.doi.org/10.1016/j.future.2008.06.013.
[143] Triana, Triana Open Source Problem Solving Environment, www.trianacode.org/index.html (accessed 18.10.10).
[144] I. Taylor, M. Shields, I. Wang, A. Harrison, in: I. Taylor, et al., (Eds.), Workflows for e-Science, Springer, 2007, pp. 320–339.
[145] D. Churches, G. Gombas, A. Harrison, et al., Programming scientific and distributed workflow with Triana services, Concurr. Comput. Pract. Exper. 18 (10) (2006) 1021–1037, http://dx.doi.org/10.1002/cpe.v18:10.
[146] Pegasus Workflow Management System, http://pegasus.isi.edu/.
[147] T. Oinn, M. Greenwood, M. Addis, et al., Taverna: Lessons in creating a workflow environment for the life sciences, Concurr. Comput. Pract. Exper. 18 (10) (2006) 1067–1100, http://dx.doi.org/10.1002/cpe.v18:10.
[148] myGrid multi-institutional, multi-disciplinary research group focusing on the challenges of eScience, www.mygrid.org.uk/.
[149] OMII UK Software Solutions for e-Research, www.omii.ac.uk/index.jhtml.
[150] Collaborative workflow social networking site, www.myexperiment.org/.
[151] H. Gadgil, G. Fox, S. Pallickara, M. Pierce, Managing grid messaging middleware, in: Challenges of Large Applications in Distributed Environments (CLADE), 2006, pp. 83–91.
[152] HPSearch, Scripting environment for managing streaming workflow and their messaging based communication, www.hpsearch.org/, 2005 (accessed 18.10.10).
[153] C. Herath, B. Plale, Streamflow, in: 10th IEEE/ACM International Conference on Cluster, Cloud and Grid Computing, 2010.
[154] Many Task Computing Paradigm, http://en.wikipedia.org/wiki/Many-task_computing.
[155] D. Bhatia, V. Burzevski, M. Camuseva, et al., WebFlow: A visual programming paradigm for web/Java based coarse grain distributed computing, Concurr. Comput. Pract. Exper. 9 (6) (1997) 555–577.
[156] IBM WebSphere sMash Web 2.0 Workflow system, IBM DeveloperWorks, www.ibm.com/developerworks/websphere/zones/smash/ (accessed 19.10.10).
[157] Common Component Architecture CCA Forum, www.cca-forum.org/.
[158] D. Gannon, S. Krishnan, L. Fang, et al., On building parallel & grid applications: component technology and distributed services, Cluster Comput. 8 (4) (2005) 271–277, http://dx.doi.org/10.1007/s10586-005-4094-2.
[159] E. Deelman, T. Kosar, C. Kesselman, M. Livny, What makes workflows work in an opportunistic environment? Concurr. Comput. Pract. Exper. 18 (10) (2006), http://dx.doi.org/10.1002/cpe.v18:10.
[160] Condor home page, www.cs.wisc.edu/condor/.
[161] Karajan parallel scripting language, http://wiki.cogkit.org/index.php/Karajan.
[162] GridAnt extension of the Apache Ant build tool residing in the Globus COG kit, www.gridworkflow.org/snips/gridworkflow/space/GridAnt.
[163] H. Chivers, J. McDermid, Refactoring service-based systems: How to avoid trusting a workflow service, Concurr. Comput. Pract. Exper. 18 (10) (2006) 1255–1275, http://dx.doi.org/10.1002/cpe.v18:10.
[164] S. Weerawarana, F. Curbera, F. Leymann, T. Storey, D.F. Ferguson. Web Services Platform Architecture: SOAP, WSDL, WS-Policy, WS-Addressing, WS-BPEL, WS-Reliable Messaging, and More, Prentice Hall, 2005.
[165] M. Atkinson, D. DeRoure, A. Dunlop, et al., Web Service Grids: An evolutionary approach, Concurr. Comput. Pract. Exper. 17 (2005) 377–389, http://dx.doi.org/10.1002/cpe.936.
[166] T. Segaran, C. Evans, J. Taylor, Programming the Semantic Web, O'Reilly, 2009.
[167] G. Fox, Data and metadata on the semantic grid, Comput. Sci. Eng. 5 (5) (2003) 76–78.
[168] H. Gonzalez, A. Halevy, C.S. Jensen, et al., Google fusion tables: Data management, integration and collaboration in the cloud. International Conference on Management of Data, in: Proceedings of the 1st ACM Symposium on Cloud Computing, ACM, Indianapolis, 2010, pp. 175–180.

习题

5.1　讨论WS-*和REST的Web服务的优点和缺点。比较它们的体系结构原理。哪一个机制更加适合于和亚马逊简单存储服务（S3）进行通信？为什么？

5.2　讨论无状态Web服务的优点和缺点。我们应该怎样保持REST和标准Web服务中的状态？

5.3　这个作业需要你在一个应用中组合排队和发布-订阅范例。A组织和B组织是使用排队来完成B2B交易的两家公司。每一个事务都保存下来（在转发之前），并且伴有一个128位的UUID标识符。在组织内部，使用发布-订阅方式来发送消息。在每一个组织内生成5个订阅者（销售、市场、审计、打包和财务）；由于已经存在消息的副本，所以这些订阅者不需要再次保留消息日志。如果用Java来完成本作业，那么必须使用Java消息服务。

5.4　开发一个应用，在应用不同语言开发的实体之间使用发布-订阅来进行通信。发布者用C++编写，消费者用Java实现。彼此之间通信的分布式组件采用AMQP线格式。

5.5　把左边的术语和缩写与右边最合适的描述匹配起来。

1. ____ S-OGSA	(a) 一套规范，用来定义关于Web服务的信息描述、发布和发现
2. ____ REST	(b) 为语义Web开发的第一种语言，使用XML表示Web上资源的信息
3. ____ UDDI	(c) 用来描述REST Web服务的XML词汇表
4. ____ MCS	(d) 一族OASIS发布的规范，提供了一套操作，可以让Web服务变得有状态
5. ____ WSDL	(e) Globus联盟开发的目录服务，提供了元数据的层次化组织
6. ____ RDF	(f) 合成的Web 2.0应用，可以把基于Web应用的现有功能组合起来
7. ____ WADL	(g) 基于HTTP的分布式超媒体系统软件体系结构
8. ____ WSRF	(h) 扩展了RDF模式的表示型本体语言
9. ____混搭系统	(i) 基于语义网格的参考体系结构，扩展了开放网格服务体系结构
10. ____ OWL-S	(j) 基于XML的语言来描述Web服务支持的操作集和消息集

5.6　把习题5.3和5.4两个作业组合起来，A组织用Java实现，B组织用C++实现。他们之间的通信使用AMQP作为可以互操作的线格式。

5.7　描述在网格体系结构中企业总线的可能应用。

5.8　在云中运行NaradaBrokering或表5-8中的等效系统。使用它来连接两个Android智能手机，交换消息和用手机所拍摄的照片。

5.9　在网站 http://www.collabogce.org/ogce/index.php/Portal_download 使用指令集安装OGCE工具集。然后从网站 http://www.collab-ogce.org/ogce/index.php/Tutorials#Screen_Capture_Demos 的项目中选择一个或多个安装。

5.10　比较科学网关中的谷歌应用引擎、Drupal、HUBZero和OGCE方法。讨论你所熟悉的门户的上下文。

5.11　服务注册表包含哪三个主要的信息目录？在UDDI中哪一个实体映射这些信息目录？

5.12　概括实际生活中并行或分布式作业运行环境的主要组件。你可以选择任何示例平台，如第2章的集群、第4章的云、第7章的网格和第8章的P2P网络。

5.13　描述在作业运行环境中分布式文件系统的角色，比如在大型云系统中的MapReduce。

5.14　资源描述框架（RDF）和OWL Web本体语言是两个语义Web技术。请描述它们之间的关系。

5.15　为什么网格在学术应用中很流行，而云计算统治了商业的应用？请给出示例来比较它们的优点和缺点。

5.16　从文献[138，154]了解更多的细节。在一个可用的云平台上实现图5-20所示的Swift应用。

5.17　使用Swift来实现MapReduce描述的单词计数问题（6.2.2节将详细介绍MapReduce）。

5.18　使用Taverna来构建链接一个模块的工作流，以从Twitter、Flickr或Facebook中提取网格和云（或者你喜欢的主题）的评论。可以在 www.programmableweb.com 找到社会网络的API。

第6章
Distributed and Cloud Computing, 1E

云编程和软件环境

本章将论述真实云平台下的编程，其中将介绍和评价 MapReduce、BigTable、Twister、Dryad、DryadLINQ、Hadoop、Sawzall 和 Pig Latin。我们用具体的实例来讲解云中的实现和应用需求。我们回顾了核心服务模型和访问技术。通过应用实例讲解了由谷歌应用引擎（GAE）、亚马逊 Web 服务（AWS）和微软 Windows Azure 提供的云服务。特别地，我们演示了怎样对 GAE、AWS EC2、S3 和 EBS 编程。我们综述了用于云计算的开源 Eucalyptus、Nimbus 和 OpenNebula，以及 Manjrasoft 公司的 Aneka 系统。

6.1 云和网格平台的特性

本节总结了真实云和网格平台的重要特性。在4个表格中，我们涵盖了功能、传统特性、数据特性以及程序员和运行时系统使用的特性。表格中的条目可以给那些想要在云上进行高效编程的人提供参考资料。为了更好地学习本章，读者需要熟悉和理解第5章中介绍的 SOA 和 Web 服务的相关语言和软件工具。

6.1.1 云的功能和平台的特性

商用云需要全面的功能，见表格6-1 的总结。这些功能提供高性价比的效用计算，并可以满足计算能力上的弹性伸缩。除了这个关键功能外，商用云还一直在提供越来越多的附加功能，通常被称为“平台即服务”（Platform as a Service，PaaS）。对于 Azure 来说，现有的平台特性包括：Azure Table、队列、blob、SQL 数据库，以及 Web 和工作机角色。亚马逊常常被看做“仅”提供基础设施即服务（IaaS），但是它在不断地增加平台特性，包括 SimpleDB（类似于 Azure Table）、队列、通知、监视、内容发布网络、关系数据库和 MapReduce（Hadoop）。谷歌现在不提供更广泛的云服务，但是谷歌应用引擎（GAE）提供了一个功能强大的 Web 应用开发环境。

表6-2 列出了一些底层的基础设施特征。表6-3 列出了在云环境中需要支持的用于并行和分布式系统的传统编程环境。它们可以用作系统（云平台）或用户环境的一部分。表6-4 给出了在云和一些网格中强调的特性。注意，表6-4 中的一些特性是最近才作为主要方法提供的。特别地，这些特性并不在学术云基础设施中提供，比如 Eucalyptus、Nimbus、OpenNebula 或 Sector/Sphere（虽然 Sector 是表 6-4 中归类的一个数据并行文件系统（Data Parallel File System，DPFS））。6.5 节将介绍这些新兴的云编程环境。

6.1.2 网格和云的公共传统特性

本节我们集中关注当今计算网格和云中有关工作流、数据传输、安全和可用性方面的公共特性。

表6-1 重要云平台功能

功 能	描 述
物理/虚拟计算平台	云环境由一些物理或者虚拟平台构成。虚拟平台有一些特别的功能来为不同的应用和用户提供独立环境
大规模数据存储服务，分布式文件系统	对于大规模数据集，云数据存储服务提供大容量磁盘及允许用户上传和下载数据的服务接口。分布式文件系统可以提供大规模数据存储服务，并可提供类似于本地文件系统的接口
大规模数据库存储服务	一些分布式文件系统足以提供应用开发者以更加语义化的方式来保存数据的底层存储服务。正如在传统软件栈中的DBMS，云需要大规模数据库存储服务
大规模数据处理方法和编程模型	云基础设施甚至为一个很简单的应用提供数以千计的计算节点。程序员需要利用这些机器的能力，而不需要考虑繁杂的基础设施管理问题，比如处理网络故障或伸缩运行中的代码来使用平台提供的所有计算设施
工作流和数据查询语言支持	编程模型提供了云基础设施的抽象。类似于数据库系统中使用的SQL语言，在云计算中，提供商开发了一些工作流语言和数据查询语言来支持更好的应用逻辑
编程接口和服务部署	云应用需要Web接口或者特殊的API：J2EE、PHP、ASP或者Rails。在用户使用Web浏览器获取所提供的功能时，云应用可以使用Ajax技术来提高用户体验。每个云提供商都开放了其编程接口来访问存储在大规模存储设备上的数据
运行时支持	对于用户及其应用而言，运行时支持是透明的。这些支持包括分布式监视服务、分布式任务调度，以及分布式锁定和其他服务。这对于运行云应用是至关重要的
支持服务	重要的支持服务包括数据和计算服务，例如，云提供了丰富的数据服务和有用的数据并行执行模型，如MapReduce

6.1.2.1 工作流

如5.5节所介绍的，工作流已经在美国和欧洲产生了很多项目。Pegasus、Taverna和Kepler很受欢迎，并得到了广泛的认可。也有一些商用系统，如Pipeline Pilot、AVS（dated）和LIMS环境。最近的表项是来自微软研究院的Trident[2]，它建立在Windows工作流基础之上。如果Trident运行在Azure或只是其他旧版本Windows机器上，它将在外部（Linux）环境上运行工作流代理服务器。在真实的应用中工作流按需连接多个云和非云服务。 337

表6-2 基础设施云特征

审计：包括经济学，显然是商业云的一个活跃领域
应用：预先配置的虚拟机镜像，支持多方面任务，如消息传递接口（Message-Passing Interface，MPI）集群
认证和授权：云对于多个系统只需要单个登录
数据传输：在网格和云之间或内部的作业组件之间进行数据传输；开发定制的存储模式，比如在BitTorrent上
操作系统：Apple、Android、Linux、Windows
程序库：存储镜像和其他程序资料
注册表：系统的信息资源（元数据管理的系统版本）
安全：除了基本认证和授权外的其他安全特性；包括更高层的概念，如可信
调度：Condor、Platform、Oracle Grid Engine等的基本成分；云隐式地含有它，例如Azure Worker Role
群组调度：以可扩展的方式分配多个（数据并行）任务；注意，这是MapReduce自动提供的
软件即服务（SaaS）：这个概念是在云和网格之间共享的，并且不用特殊处理就可以被支持；注意，服务和面向服务的体系结构的使用是非常成功的，在云中的应用和之前的分布式系统非常类似
虚拟化：云的基本的支持“弹性”的特性，这被伯克利强调为定义（公有）云的特征；包括虚拟网络，如佛罗里达大学的ViNe

表 6-3 集群、网格和并行计算环境中的传统特性

集群管理：提供一系列工具来简化集群处理的 ROCKS 和程序包
数据管理：包括元数据支持，例如 RDF Triple 存储（成功的语义 Web，并能建于 MapReduce 上，比如 SHARD）；包括了 SQL 和 NOSQL
网格编程环境：从开放网格服务体系结构（Open Grid Services Architecture，OGSA）中的链接服务到 GridRPC（Ninf，GridSolve）和 SAGA，各自不同
Open MP/线程：可包括并行编译器，比如 Cilk；大体上共享内存技术。甚至事务内存和细粒度数据流也在这里
门户：可被称为（科学）网关。技术上还有一个有趣的变化，从 portlets 到 HUBzero，到现在的云上：Azure Web Roles 和 GAE
可扩展并行计算环境：MPI 和相关高层概念，包括不走运的 HP Fortran、PGAS（不成功但也没丢脸）、HPCS 语言（X-10、Fortress、Chapel）、patterns（包括伯克利 dwarves）和函数式语言，例如分布式存储的 F#
虚拟组织：从专门的网格解决方案到流行的 Web 2.0 功能，比如 Facebook
338 **工作流**：支持工作流来链接网格和云之间或者内部的作业组件，与 LIMS 实验室信息管理系统有关

表 6-4 云和（有时）网格支持的平台特性

Blob：基本存储概念，典型代表有 Azure Blob 和亚马逊的 S3
数据并行文件系统（DPFS）：支持文件系统，例如谷歌（MapReduce）、HDFS（Hadoop）和 Cosmos（Dryad），带有为数据处理而优化过的计算－数据密切度
容错性：如文献[1]中所评述的，这个特性在网格中被大量地忽略了，但在云中是一个主要的特性
MapReduce：支持 MapReduce 编程模型，包括 Linux 上的 Hadoop、Windows HPCS 上的 Dryad，以及 Windows 和 Linux 上的 Twister，包括新的相关语言，例如 Sawzall、Pregel、Pig Latin 和 LINQ
监测：很多网格解决方案，例如 Inca，可以基于发布－订阅
通知：发布－订阅系统的基本功能
编程模型：和其他平台特性一起建立的云编程模型，和熟悉的 Web 和网格模型相关
队列：可能基于发布－订阅的排队系统
可扩展的同步：Apache Zookeeper 或 Google Chubby。支持分布式锁，由 BigTable 使用。不清楚是否（有效地）使用于 Azure Table 或 Amazon SimpleDB 中
SQL：关系数据库
Table：支持 Apache Hbase 或 Amazon SimpleDB/Azure Table 上的表数据结构模型。是 NOSQL 的一部分
Web 角色：用在 Azure 中用来向用户描述重要链路，并能被除了门户框架以外的架构所支持。这是 GAE 的主要目的
工作机角色：这个概念已被亚马逊和网格隐式使用，但第一次被 Azure 作为一个高层架构提出

6.1.2.2 数据传输

在商业云中（较少程度上，在商业云之外）数据传输的成本（时间和金钱）经常被认为是使用云的一个难点。如果商业云成为一个国家计算机基础设施的重要部分，我们可以预期在云和 TeraGrid 之间将出现一条高带宽链路。带有分块（在 Azure blob 中）和表格的云数据的特殊结构允许高性能并行算法，但最初，使用简单 HTTP 机制在学术系统/TeraGrid 和商业云上传输数据[3-5]。

6.1.2.3 安全、隐私和可用性

以下技术与开发一个健康、可靠的云编程环境的安全、隐私和可用性需求有关。我们把这些技术总结如下。这些技术中的一些以及可能的解决方案已经在 4.4.6 节讨论过。

- 使用虚拟集群化来实现用最小的开销成本达到动态资源供应。
- 使用稳定和持续的数据存储，带有用于信息检索的快速查询。
- 使用特殊的 API 来验证用户及使用商业账户发送电子邮件。
- 使用像 HTTPS 或者 SSL 等安全协议来访问云资源。

- 需要细粒度访问控制来保护数据完整性，阻止侵入者或黑客。
- 保护共享的数据集，以防恶意篡改、删除或者版权侵犯。
- 包括增强的可用性和带有虚拟机实时迁移的灾难恢复等特性。
- 使用信用系统来保护数据中心。这个系统只授权给可信用户，并阻止侵入者。 339

6.1.3 数据特性和数据库

在下面的内容中，我们评述了有用的编程特性，这些特性和程序库、blob、驱动、DPFS、表格和各种数据库（包括 SQL、NOSQL 和非关系数据库、特殊队列服务等）相关。

6.1.3.1 程序库

人们进行了许多努力来设计虚拟机镜像库，以便管理学术云和商业云中用到的镜像。本章中描述的基本云环境也包含很多管理特性，允许方便地部署和配置镜像（即它们支持 IaaS）。

6.1.3.2 blob 和驱动

云中基本的存储概念是 Azure 的 blob 和亚马逊的 S3。这些都能由 Azure 的集装器来组织（近似地，和在目录中一样）。除了 blob 和 S3 的服务接口，人们还可以“直接”附加到计算实例中作为 Azure 驱动和亚马逊的弹性块存储。这个概念类似于共享文件系统，比如 TeraGrid 中使用的 Lustre。云存储内部是有容错能力的，而 TeraGrid 需要备份存储。然而，云和 TeraGrid 之间的体系结构理念非常类似，所以简单云文件存储 API[6] 也会变得更为重要。

6.1.3.3 DPFS

这包括对诸如谷歌文件系统（MapReduce）、HDFS（Hadoop）和 Cosmos（Dryad）等文件系统的支持，并且带有为数据处理而优化过的计算 - 数据密切度。这使得链接 DPFS 到基本 blob 和基于驱动的体系结构成为可能，但是将 DPFS 用作以应用为中心并带有计算 - 数据密切度的存储模型会更简单，同时用 blob 及驱动作为以存储为中心的视图。

一般来说，需要数据传输来连接这两种数据视图。认真地考虑这一点似乎很重要，因为 DPFS 文件系统是为执行数据密集型应用而精确设计的。然而，链接亚马逊和 Azure 的 DPFS 的重要性还不是很清楚，因为这些云现在并没有为计算 - 数据密切度提供细粒度支持。在这里，我们注意到 Azure Affinity Groups 是一个有趣的功能[7]。我们期望最初 blob、驱动、表格和队列都在这个范围内，并且学术系统能有效地提供类似于 Azure（以及亚马逊）那样的平台。注意 HDFS（Apache）和 Sector（UIC）项目也在这个范围内。

6.1.3.4 SQL 和关系型数据库

亚马逊和 Azure 云都提供关系型数据库，这可以直接为学术系统提供一个类似的功能，但如果是需要大规模数据，事实上，基于表或 MapReduce 的方法可能会更合适[8]。作为一个早期的用户，我们正在为观测性医疗结果伙伴关系组织（Observational Medical Outcomes Partnership, OMOP）开发一个基于 FutureGrid 的新的私有云计算模型，这是关于病人医疗数据的项目，使用了 Oracle 和 SAS，其中 FutureGrid 增加了 Hadoop 来扩展到许多不同的分析方法。

注意到，我们可以使用数据库来说明两种配置功能的方法。传统情况下，我们可以把数据库软件加入到计算机磁盘。给出你的数据库实例后，这个软件就能被执行。然而在 Azure 和亚马逊中，数据库是安装在一个独立于你的作业（Azure 中的工作机角色）的单独虚拟机上。这实现了“SQL 即服务”。在消息传递接口上可能存在一些性能问题，但是很明显“即服务”部署简化了 340
系统。对于 N 个平台特性来说，我们只需要 N 个服务，其中不同方式的可能镜像数量会是 2^N。

6.1.3.5 表格和 NOSQL 非关系型数据库

在简化数据库结构（称为 NOSQL[9,10]）上已经有了很多重要的进展，典型情况强调了分布式和可扩展性。这些进展体现在三种主要云里：谷歌的 BigTable[11]、亚马逊的 SimpleDB[12] 和

Azure 的 Azure Table[13]。由天文学[14]中的 VOTable 标准和 Excel 的普及都清楚说明了表格在科学中的重要性。然而在云之外使用表格并没有丰富经验。

当然也有非关系型数据库的许多重要应用，尤其是使用三元存储来实现元数据的存取。最近，研究人员的兴趣在于基于 MapReduce 和表格或者 Hadoop 文件系统[8,15]来建立可扩展的 RDF 三元存储，在大规模存储上有一些早期成功的报道。当前的云表格可以分为两组：Azure 表格和亚马逊 SimpleDB 非常类似[16]，并支持轻量级的“文档商店”存储；而 BigTable 旨在管理大规模分布式数据集，且没有大小的限制。

所有这些表格都是自由模式的（每个记录可以有不同的属性），尽管 BigTable 有列（属性）家族模式。表格对科学计算的作用似乎会越来越大，学术系统会用两个 Apache 项目来支持这一点：BigTable 的 Hbase[17]和文档商店的 CouchDB[18]。另一个可能是开源的 SimpleDB 实现 M/DB[19]。支持文件存储、文档存储服务和简单队列的新的 Simple Cloud API[6]，可以帮助在学术云和商业云之间提供一个公共的环境。

6.1.3.6 队列服务

亚马逊和 Azure 都能提供类似的可扩展、健壮的队列服务，用来在一个应用的组件之间通信。消息长度应较短（小于 8KB），有一个“至少发送一次”语义的 REST 服务接口。这些由超时器来控制，能发送一个客户端所允许的处理时间长度。人们可以（在一个更小、更少挑战的学术环境）建立类似的方法，基于 ActiveMQ[20]或者 NaradaBrokering[21,22]等发布-订阅系统，这些我们都有大量经验。

6.1.4 编程和运行时支持

我们需要编程和运行时支持来促进并行编程，并为今天的网格和云上的重要功能提供运行时支持。本节介绍了各种 MapReduce 系统。

6.1.4.1 工作机和 Web 角色

Azure 引入的角色提供了重要功能，并有可能在非虚拟化环境中保留更好的密切度支持。工作机角色是基本的可调度过程，并能自动启动。注意在云上没有必要进行明显的调度，无论是对个人工作机角色还是 MapReduce 透明支持的“群组调度”。在这里，队列是一个关键概念，因为
341 它们提供一个自然的方法来以容错、分布式方式管理任务分配。Web 角色为门户提供了一个有趣的途径。GAE 主要用于 Web 应用，而科学门户在 TeraGrid 上非常成功。

6.1.4.2 MapReduce

“数据并行”语言日益受到广泛关注，这种语言主要的目的在于在不同数据样本上执行松耦合的计算。语言和运行时产生和提供了“多任务”问题的有效执行，著名的成功案例就是网格应用。然而，与传统方法相比，表 6-5 中总结的 MapReduce 对于多任务问题的实现有一些优点，因为它支持动态执行、强容错性以及一个容易使用的高层接口。主要的开源/商用 MapReduce 实现是 Hadoop[23]和 Dryad[24~27]，其执行可能用到或者不用虚拟机。

Hadoop 现在是由亚马逊提供的，我们期望 Dryad 能在 Azure 上实现。印第安纳大学已经建立了一个原型 Azure MapReduce，我们将在下面讨论。在 FutureGrid 上，我们已经准备好支持 Hadoop、Dryad 和其他 MapReduce 方案，包括 Twister[29]，它支持在很多数据挖掘和线性代数应用中的迭代计算。注意，这个方法和 Cloudera[35]有点类似，Cloudera 能提供很多 Hadoop 分发版本，包括亚马逊和 Linux。MapReduce 相对于其他云平台特性而言更接近于宽部署，因为它有相当多关于 Hadoop 和 Dryad 在云外的经验。

表6-5 MapReduce类型系统的比较

	谷歌 MapReduce[28]	Apache Hadoop[23]	微软 Dryad[26]	Twister[29]	Azure Twister[30]
编程模型	MapReduce	MapReduce	DAG 执行；扩展到 MapReduce 和其他模式	迭代 MapReduce	现在只有 MapReduce；将扩展为可迭代的 MapReduce
数据处理	GFS（谷歌文件系统）	HDFS（Hadoop 分布式文件系统）	共享目录和本地磁盘	本地磁盘和数据管理工具	Azure blob 存储
调度	数据位置	数据位置；Rack 感知；用全局队列进行动态任务调度	数据位置；运行时优化的网络拓扑；静态任务分区	数据位置；静态任务分区	用全局队列进行动态任务调度
故障处理	重新执行失败任务；慢速任务的复制执行	重新执行失败任务；慢速任务的复制执行	重新执行失败任务；慢速任务的复制执行	迭代的重新执行	重新执行失败任务；慢速任务的复制执行
HLL 支持	Sawzall[31]	Pig Latin[32,33]	DryadLINQ[27]	Pregel[34] 有相关特性	N/A
环境	Linux 集群	Linux 集群，亚马逊 EC2 上的弹性 MapReduce	Windows HPCS 集群	Linux 集群；EC2	Windows Azure，Azure 本地开发虚拟环境
中间数据传输	文件	文件、HTTP	文件，TCP 管道，共享内存 FIFO	发布-订阅消息传递	文件，TCP

6.1.4.3 云编程模型

前面的大多数内容都是描述编程模型特性，但是还有很多“宏观的”架构，并不能作为代码（语言和库）。GAE 和 Manjrasoft Aneka 环境都代表编程模型；都适用于云，但实际上并不是针对这个体系结构的。迭代 MapReduce 是一个有用的编程模型，它提供了在云、HPC 和集群环境之间的可移植性。

6.1.4.4 软件即服务

服务在商业云和大部分现代分布式系统中以类似的方式使用。我们希望用户能尽可能地封装他们的程序，这样不需要特殊的支持来实现软件即服务。我们已经在6.1.3节中讨论过为什么在一个数据库服务环境下“系统软件即服务”是一个有趣的想法。我们需要 SaaS 环境提供很多有用的工具，能在大规模数据集上开发云应用。除了技术特征之外，例如 MapReduce、BigTable、EC2、S3、Hadoop、AWS、GAE 和 WebSphere2，我们还需要可以帮助我们实现可扩展性、安全性、隐私和可用性的保护特征。

6.2 并行和分布式编程范式

我们把并行和分布式程序定义为运行在多个计算引擎或一个分布式计算系统上的并行程序。这个术语包含计算机科学中的两个基本概念：分布式计算系统和并行计算。分布式计算系统是一系列由网络连接的计算引擎，它们完成一个共同目标：运行一个作业或者一个应用。计算机集群或工作站网络就是分布式计算系统的一个实例。并行计算是同时运用多个计算引擎（并不一定需要网络连接）来运行一个作业或者一个应用。例如，并行计算可以使用分布式或者非分布式计算系统，如多处理器平台。

在分布式计算系统上（并行和分布式编程）运行并行程序，对于用户和分布式计算系统都
342~343 有一些优点。从用户的角度，它减少了应用响应时间；从分布式计算系统的角度，它提高了吞吐量和资源利用率。然而，在分布式计算系统上运行并行程序，是一个很复杂的过程。所以，从复杂性的角度，本章将进一步介绍在分布式系统上运行一个典型并行程序的数据流。

6.2.1 并行计算和编程范式

考虑一个由多个网络节点或者工作机组成的分布式计算系统。这个系统是用并行或分布式方式来运行一个典型的并行程序，该系统包括以下方面[36~39]：

- **分区**：如下所示，分区适用于计算和数据两方面：
- **计算分区**：计算分区是把一个给定的任务或者程序分割成多个小任务。分区过程很大程度上依靠正确识别可以并发执行的作业或程序的每一小部分。换句话说，一旦在程序结构中识别出并行性，它就可以分为多个部分，能在不同的工作机上运行。不同的部分可以处理不同的数据或者同一数据的副本。
- **数据分区**：数据分区是把输入或中间数据分割成更小的部分。类似地，一旦识别出输入数据的并行性，它也可以被分割成多个部分，能在不同的工作机上运行。数据块可由程序的不同部分或者同一程序的副本来处理。
- **映射**：映射是把更小的程序部分或者更小的数据分块分配给底层的资源。这个过程的目的在于合理分配这些部分或者分块，使它们能够同时在不同的工作机上运行。映射通常由系统中的资源分配器来处理。
- **同步**：因为不同工作机可以执行不同的任务，工作机之间的同步和协调就很有必要。这样可以避免竞争条件，不同工作机之间的数据依赖也能被恰当地管理。不同工作机多路访问共享资源可能引起竞争条件。然而，当一个工作机需要其他工作机处理的数据时会产生数据依赖。
- **通信**：因为数据依赖是工作机之间通信的一个主要原因，当中间数据准备好在工作机之间传送时，通信通常就开始了。
- **调度**：对于一项作业或一个程序，当计算部分（任务）或数据块的数量多于可用的工作机数量时，调度程序就会选择一个任务或数据块的序列来分配给工作机。值得注意的是，资源分配器完成计算或数据块到工作机的实际映射，而调度器只是基于一套称为调度策略的规则，来从没有分配的任务队列中选择下一个任务。对于多作业或多程序，调度器会选择运行在分布式计算系统上的一个任务或程序的序列。这样看来，当系统资源不够同时运行多个作业或程序时，调度器也是很有必要的。

编程范式的动机

因为处理并行和分布式编程的整个数据流是非常耗时的，并且需要特别的编程知识，所以处理这些问题会影响到程序员的效率，甚至会影响到程序进入市场的时间。而且，它会干扰程序员集中精
344 力在程序本身的逻辑上。因此，提供并行和分布式编程范式或模型来抽象用户数据流的多个部分。

换句话说，这些模型的目的是为用户提供抽象层来隐藏数据流的实现细节，否则以前用户是需要为之写代码的。所以，编写并行程序的简单性是度量并行和分布式编程范式的重要标准。并行和分布式编程模型背后的其他动机还有：(1) 提高程序员的生产效率，(2) 减少程序进入市场的时间，(3) 更有效地利用底层资源，(4) 提高系统的吞吐量，(5) 支持更高层的抽象[40]。

MapReduce、Hadoop 和 Dryad 是最近提出的三种并行和分布式编程模型。这些模型是为信息检索应用而开发的，不过已经显示出它们也适用于各种重要应用[41]。而且这些范式组件之间的松散耦合使得它们适用于虚拟机实现，并使其对于某些应用的容错能力和可扩展性都优于传统的并行计算模型，例如 MPI[42~44]。

6.2.2 MapReduce、Twister 和迭代 MapReduce

6.1.4 节介绍的 MapReduce 是一个软件框架，可以支持大规模数据集上的并行和分布式计算[27, 37, 45, 46]。这个软件框架抽象化了在分布式计算系统上运行一个并行程序的数据流，并以两个函数的形式提供给用户两个接口：*Map*（映射）和 *Reduce*（化简）。用户可以重载这两个函数以实现交互和操纵运行其程序的数据流。图 6-1 说明了在 MapReduce 框架中从 *Map* 到 *Reduce* 函数的逻辑数据流。在这个框架中，数据的‘value’部分（*key*，*value*）是实际数据，‘key’部分只是被 MapReduce 控制器使用来控制数据流[37]。 345

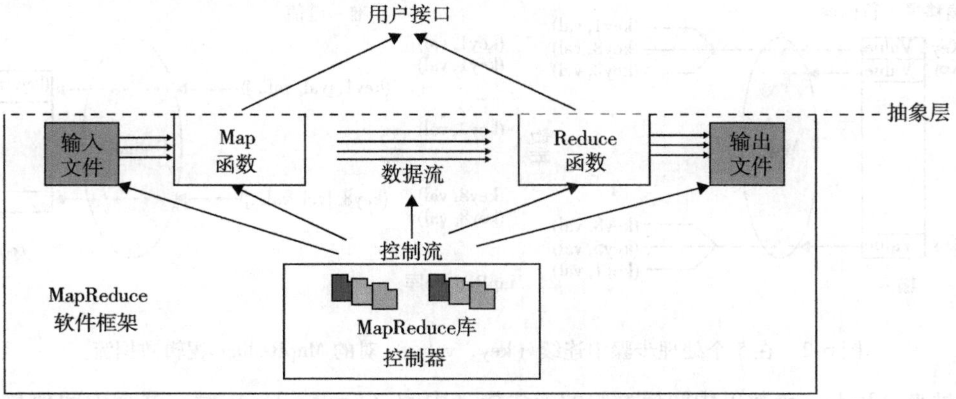

图 6-1 MapReduce 框架：输入数据流经 *Map* 和 *Reduce* 函数，在使用 MapReduce 软件库的控制流下产生输出结果。使用特别的用户接口来访问 Map 和 Reduce 资源

6.2.2.1 MapReduce 的形式化定义

MapReduce 软件框架向用户提供了一个具有数据流和控制流的抽象层，并隐藏了所有数据流实现的步骤，比如，数据分块、映射、同步、通信和调度。这里，虽然在这样的框架中数据流已被预定义，但抽象层还提供两个定义完善的接口，这两个接口的形式就是 *Map* 和 *Reduce* 这两个函数[47]。这两个主函数能由用户重载以达到特定目标。图 6-1 给出了具有数据流和控制流的 MapReduce 框架。

所以，用户首先重载 *Map* 和 *Reduce* 函数，然后从库里调用提供的函数 *MapReduce*（*Spec*，*& Results*）来开始数据流。MapReduce 函数 *MapReduce*（*Spec*，*& Results*）有一个重要的参数，这个参数是一个规范对象‘*Spec*’。它首先在用户的程序里初始化，然后用户编写代码来填入输入和输出文件名，以及其他可选调节参数。这个对象还填入了 *Map* 和 *Reduce* 函数的名字，以识别这些用户定义的函数和 MapReduce 库里提供的函数。

下面给出了用户程序的整个结构，包括 Map、Reduce 和 Main 函数。Map 和 Reduce 是两个主要的子程序。它们被调用来实现在主程序中执行的所需函数。

```
Map Function (.... )
  {
    ... ...
  }
Reduce Function (.... )
  {
    ... ...
  }
Main Function (.... )
  {
    Initialize Spec object
    ... ...
    MapReduce (Spec, & Results)
  }
```

6.2.2.2 MapReduce 逻辑数据流

Map 和 *Reduce* 函数的输入数据有特殊的结构。输出数据也一样。*Map* 函数的输入数据是以（key，value）对的形式出现。例如，key 是输入文件的行偏移量，value 是行内容。Map 函数的输出数据的结构类似于（key，value）对，称为中间（key，value）对。换句话说，用户自定义的 *Map* 函数处理每个输入的（key，value）对，并产生很多（zero，one，or more）中间（key，value）对。这里的目的是为 *Map* 函数并行处理所有输入的（key，value）对（见图 6-2）。

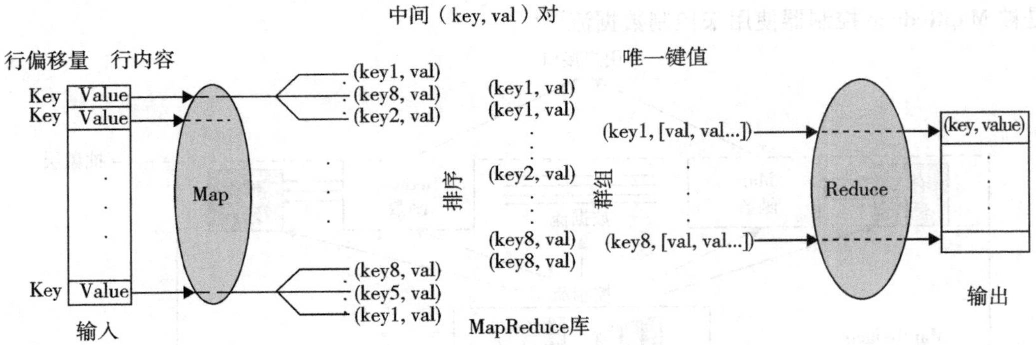

图 6-2 在 5 个处理步骤中连续（key，value）对的 MapReduce 逻辑数据流

反过来，*Reduce* 函数以中间值群组的形式接受中间（key，value）对，这个中间值群组和一个中间 key(*key*，[*set of values*]）相关。实际上，MapReduce 框架形成了这些群组，首先是对中间（key，value）对排序，然后以相同的 key 来把 value 分组。需要注意的是，数据的排序是为了简化分组过程。*Reduce* 函数处理每个（key，[set of values]）群组，并产生（key，value）对集合作为输出。

为了阐明样本 MapReduce 应用中的数据流，我们这里将介绍 MapReduce 的一个例子应用，也是一个著名的 MapReduce 问题——被称为“单词计数”（word-count），是用来计算一批文档中每一个单词出现的次数。图 6-3 说明了一个简单输入文档的“单词计数”问题的数据流，这个文件只包含如下两行：（1）“most people ignore most poetry”，（2）“most poetry ignores most people”。在这个例子里，*Map* 函数同时为每一行内容产生若干个中间（key，value）对，所以每个单词都用带“1”的中间键值作为其中间值，如（*ignore*，1）。然后，MapReduce 库收集所有产生的中间（key，value）对，进行排序，然后把每个相同的单词分组为多个“1”，如（*people*，[1，1]）。然后把组并行送入 *Reduce* 函数，所以就把每个单词的“1”累加起来，并产生文件中每个单词出现的实际数目，例如（*people*，2）。

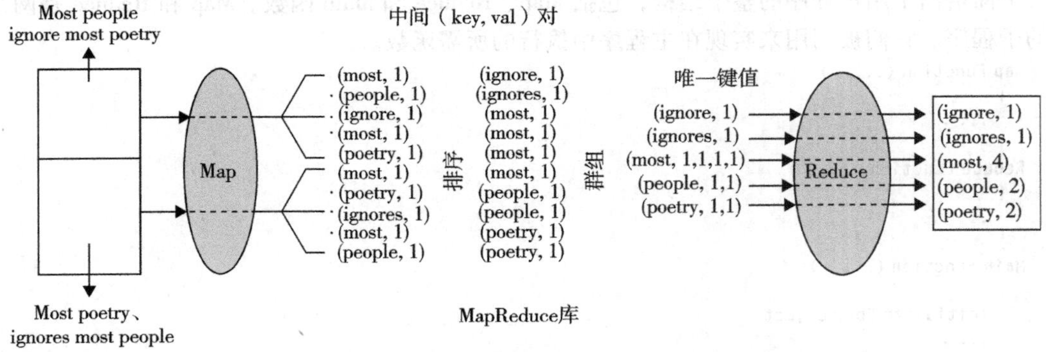

图 6-3 单词计数问题的数据流，以级联操作方式使用 MapReduce 函数（Map，Sort，Group 和 Reduce）

6.2.2.3 MapReduce 数据流的形式化符号

对每个输入（key，value）对并行地应用 *Map* 函数，并产生新的中间（key，value）对[37]，如下所示：

$$(key_1,val_1)\xrightarrow{Map\ 函数}List(key_2,val_2) \tag{6-1}$$

然后，MapReduce 库收集所有输入（key，value）对产生的中间（key，value）对，并基于键值部分进行排序。然后分组统计所有相同键值出现的次数。最后，对于每个分组并行地应用 *Reduce* 函数，来产生值集合作为输出，如下所示：

$$(key_2,List(val_2))\xrightarrow{Reduce\ 函数}List(val_2) \tag{6-2}$$

6.2.2.4 解决 MapReduce 问题的策略

正如上文提及的，将所有中间数据分组之后，出现相同 key 的 value 会排序并组合在一起。产生的结果是，分组之后所有中间数据中每一个 key 都是唯一的。所以寻找唯一的 key 是解决一个典型 MapReduce 问题的出发点。然后，作为 *Map* 函数输出的中间（key，value）对将会自动找到。下面的三个例子解释了如何在这些问题中确定 key 和 value：

问题1：计算一批文档中每个单词的出现次数。

解：唯一"key"——每个单词；中间"value"——出现次数。

问题2：计算一批文档中相同大小、相同字母数量的单词的出现次数。

解：唯一"key"——每个单词；中间"value"——单词大小。

问题3：计算一批文档中变位词（anagram）出现的次数。变位词是指字母相同但是顺序不同的单词（例如，单词"listen"和"silent"）。

解：唯一"key"——每个单词中按照字母顺序排列的字母（如"eilnst"）；中间"value"——出现次数。

6.2.2.5 MapReduce 真实数据和控制流

MapReduce 框架主要作用是在一个分布式计算系统上高效运行用户程序。所以，MapReduce 框架精细地处理这些数据流的所有分块、映射、同步、通信和调度的细节[48,49]。我们总结为如下 11 个清晰的步骤：

1. 数据分区：MapReduce 库将已存入 GFS 的输入数据（文件）分割成 *M* 部分，*M* 也即映射任务的数量。

2. 计算分区：计算分块通过强迫用户以 *Map* 和 *Reduce* 函数的形式编写程序，（在 MapReduce 框架中）被隐式地处理。所以，MapReduce 库只生成用户程序的多个复制（例如，通过 fork 系统调用），它们包含了 *Map* 和 *Reduce* 函数，然后在多个可用的计算引擎上分配并启动它们。 346~348

3. 决定主服务器（master）和服务器（worker）：MapReduce 体系结构是基于主服务器－服务器模式的。所以一个用户程序的复制变成了主服务器，其他则是服务器。主服务器挑选空闲的服务器，并分配 *Map* 和 *Reduce* 任务给它们。典型地，一个映射/化简服务器是一个计算引擎，例如集群节点，通过执行 *Map*/*Reduce* 函数来运行映射/化简任务。步骤4~7描述了映射服务器。

4. 读取输入数据（数据分发）：每一个映射服务器读取其输入数据的相应部分，即输入数据分割，然后输入至其 *Map* 函数。虽然一个映射服务器可能运行多个 *Map* 函数，这意味着它分到了不止一个输入数据分割；通常每个服务器只分到一个输入分割。

5. *Map* 函数：每个 *Map* 函数以（key，value）对集合的形式收到输入数据分割，来处理并产生中间（key，value）对。

6. ***Combiner*** **函数**：*Combiner* 函数是映射服务器中一个可选的本地函数，适用于中间（key，value）对。用户可以在用户程序里调用 *Combiner* 函数。*Combiner* 函数运行用户为 *Reduce* 函数所写的相同代码，因为它们的功能是一样的。*Combiner* 函数合并每个映射服务器的本地数据，然后送到网络传输，以有效减少通信成本。正如我们在逻辑数据流的讨论中提到的，MapReduce 框架对数据进行排序并分组，然后数据被 *Reduce* 函数处理。类似地，如果用户调用 *Combiner* 函数，MapReduce 框架也会对每个映射服务器的本地数据排序并分组。

7. ***Partitioning*** **函数**：正如在 MapReduce 数据流中提到的，具有相同键值的中间（key，value）对被分组到一起，因为每个组里的所有值都应只由一个 *Reduce* 函数来处理产生最终结果。然而在实际实现中，由于有 *M* 个 map 和 *R* 个化简任务，有相同 key 的中间（key，value）对可由不同的映射任务产生，尽管它们只应由一个 *Reduce* 函数来一起分组并处理。

所以，由每一个映射服务器产生的中间（key，value）对被分成 *R* 个区域，这和化简任务的数量相同。分块是由 *Partitioning*（分区）函数完成，并能保证有相同键值的所有（key，value）对都能存储在同一区域内。因此，由于化简服务器 *i* 读取所有映射服务器区域 *i* 中的数据，有相同 key 的所有（key，value）对将由相应的化简服务器 *i* 收集（见图 6-4）。为了实现这个技术，*Partitioning* 函数可以仅是将数据输入特定区域的哈希函数（例如 *Hash*(*key*) mod *R*）。注意，*R* 个分区中的缓冲数据的位置被送至服务器，以便后来将数据送至化简服务器。

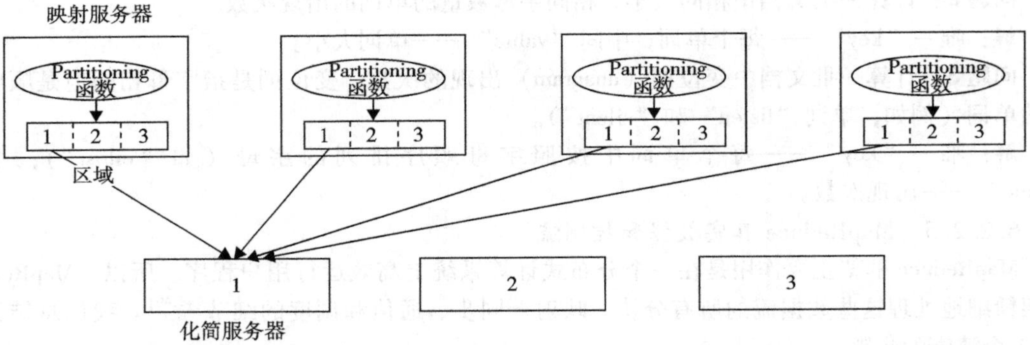

图 6-4 使用 MapReduce *Partitioning* 函数把映射和化简服务器链接起来

图 6-5 阐述了所有数据流步骤的数据流实现。以下是两个联网的步骤：

8. **同步**：MapReduce 使用简单的同步策略来协调映射服务器和化简服务器，当所有映射任
349 务完成时，它们之间的通信就开始了。

9. **通信**：Reduce 服务器 *i* 已经知道所有映射服务器的区域 *i* 的位置，使用远程过程调用来从所有映射服务器的各个区域中读取数据。由于所有化简服务器从所有映射服务器中读取数据，映射和化简服务器之间的多对多通信在网络中进行，会引发网络拥塞。这个问题是提高此类系统性能的一个主要瓶颈[50~52]。文献[55]提出了一个数据传输模块来独立地调度数据传输。

步骤 10 和 11 对应于化简服务器方面的：

10. **排序和分组**：当化简服务器完成读取输入数据的过程时，数据首先在化简服务器的本地磁盘中缓冲。然后化简服务器根据 key 将数据排序来对中间（key，value）对进行分组，之后对出现的所有相同 key 进行分组。注意，缓冲数据已经排序并分组，因为一个映射服务器产生的唯一 key 的数量可能会多于 *R* 个区域，所以在每个映射服务器区域中可能有不止一个 key（见图 6-4）。

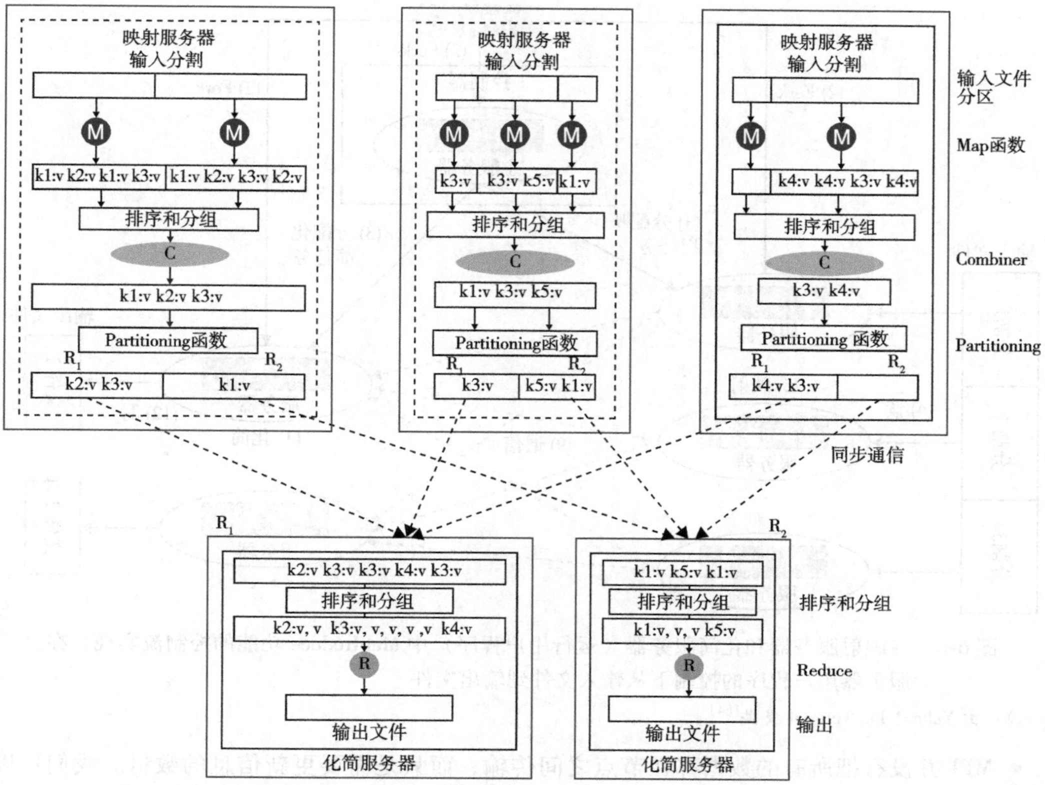

图6-5 映射服务器和化简服务器的许多函数的数据流实现，通过分区、汇总、同步和通信、排序和分组，以及化简操作的多个序列

11. *Reduce* 函数：化简服务器在已分组的（key，value）对上进行迭代。对于每一个唯一的key，它把key和对应的value发送给 *Reduce* 函数。然后，这个函数处理输入数据，并将最后输出结果存入用户程序已经指定的文件中。

为了更好地区分MapReduce框架中的相关数据控制和控制流，图6-6给出了这种系统中过程控制的精确顺序，与图6-5中的数据流相对应。

6.2.2.6 计算–数据密切度

MapReduce软件框架最早是由谷歌提出并实现的。首次实现是用C语言编码的。该实现是将谷歌文件系统（GFS）[53]的优势作为最底层。MapReduce可以完全适用于GFS。GFS是一个分布式文件系统，其中文件被分成固定大小的块，这些块被分发并存储在集群节点上。

如前所述，MapReduce库将输入数据（文件）分割成固定大小的块，理想状态下是在每个块上并行地执行 *Map* 函数。在这种情况下，由于GFS已经将文件保存成多个块，MapReduce框架只需要将包含 *Map* 函数的用户程序复制发给已经存有数据块的节点。这就是将计算发向数据，而不是将数据发给计算。注意，GFS块默认为64MB，这和MapReduce框架是相同的。

6.2.2.7 Twister和迭代MapReduce

理解不同运行时间的性能是很重要的，尤其是比较MPI和MapReduce[43,44,55,56]。并行开销的两个主要来源是负载不均衡和通信（这相当于通信同步并行单元［线程或进程］时的同步开销，见表6-10的第2类和第6类）。MapReduce的通信开销相当大，原因有两个： 350~351

- MapReduce是通过文件来读取和写入的，而MPI通过网络直接在节点之间传输信息。

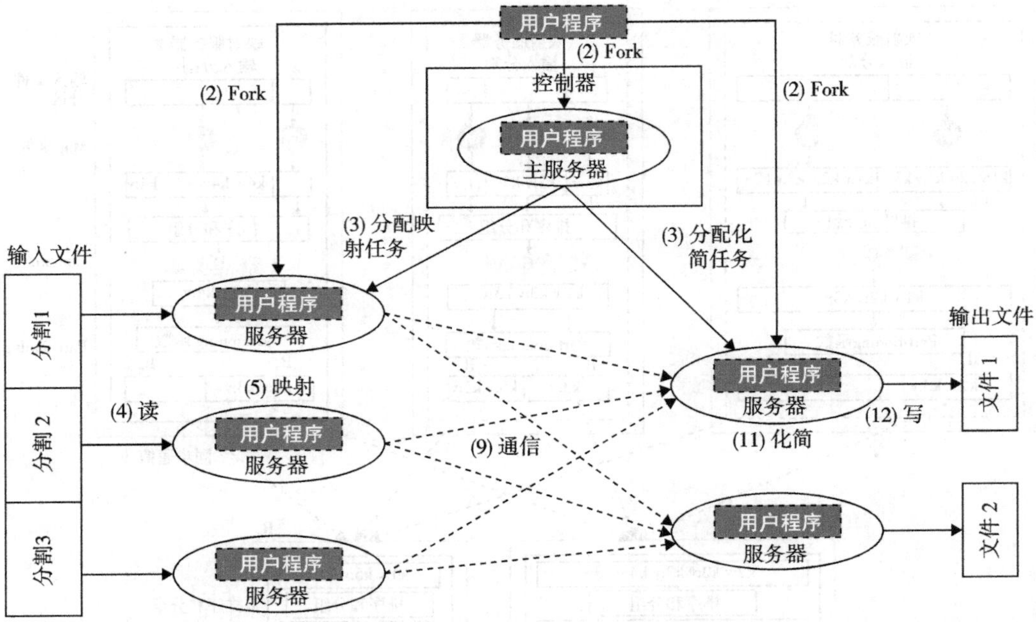

图 6-6 在映射服务器和化简服务器（运行用户程序）中 MapReduce 功能的控制流实现，在主服务器用户程序的控制下从输入文件到输出文件

注：由 Yahoo！Pig Tutorial 提供[54]。

- MPI 并没有把所有的数据都在节点之间传输，而只是需要更新信息的数量。我们可以把 MPI 流称为 δ 流，而把 MapReduce 流称为全数据流。

在所有“经典并行的”松散同步应用中可以看到同样的现象，典型地需要在计算阶段加入一个迭代结构，然后是通信阶段。我们可以通过两个重要的改变来解决性能问题：

1. 在各个步骤之间的流信息，不把中间结果写入磁盘。
2. 使用长期运行的线程或进程与 δ（在迭代之间）流进行通信。

这些改变将会导致重大的性能提升，代价是较差的容错能力，同时更容易支持动态改变，如可用节点的数量。这个概念[42]已经在多个项目[34,57~59]中应用，此外，文献[44]提出了在 MapReduce 应用中使用 MPI 的直接想法。图 6-7 示例了 Twister 编程范式及其运行时实现体系结构。在例 6.1 中，我们总结了 Twister[60]，图 6-8 给出了对于 K 均值的性能结果[55,56]，其中 Twister 要比传统的 MapReduce 快很多。Twister 从通信的动态 δ 流中区分了从来不会被加载的静
352 态数据。

例 6.1 在 MPI、Twister、Hadoop 和 DryaLINQ 上的 K 均值集群化的性能

MapReduce 方法能实现容错和灵活调度，但对于有些应用程序来说，其性能下降相对于 MPI 来说比较严重，如图 6-8 所示的一个简单并行 K 均值集群化算法。对于大规模数据集 Hadoop 和 DryadLINQ 比 MPI 慢了 10 倍多，而对于较小的数据集慢得更多。人们在迭代 MapReduce 上可以使用很多通信机制，但是 Twister 选择了使用分布式代理集合的发布 - 订阅网络，如 5.2 节中所描述，达到了类似于 ActiveMQ 和 NaradaBrokering 的性能。■

Map-Reduce 对在长运行的线程中迭代地执行。在图 6-9 中，我们比较了 4 种并行编程范式的不同线程和进程结构：Hadoop、Dryad、Twister（也称为 MapReduce ++）和 MPI。注意，根据文献[26，27]，Dryad 可以使用管道，避免了昂贵的磁盘写。

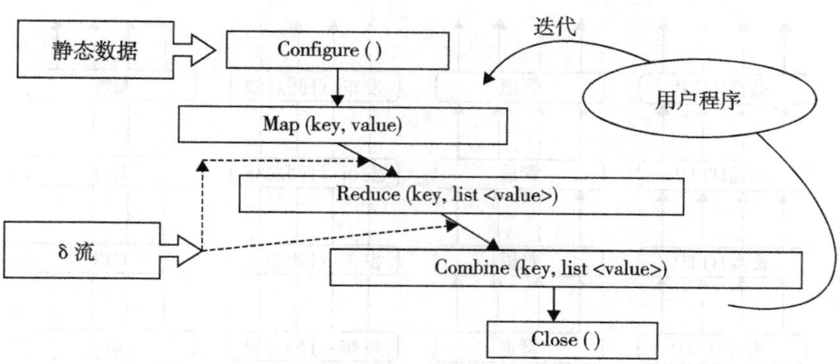

a）迭代MapReduce编程的Twister

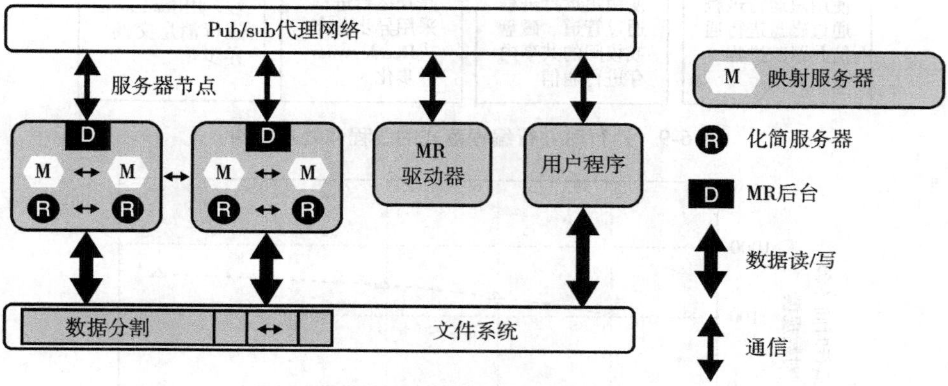

b）运行时Twister的体系结构

图 6-7　Twister：一个迭代的 MapReduce 编程范式，用于重复的 MapReduce 运行　353

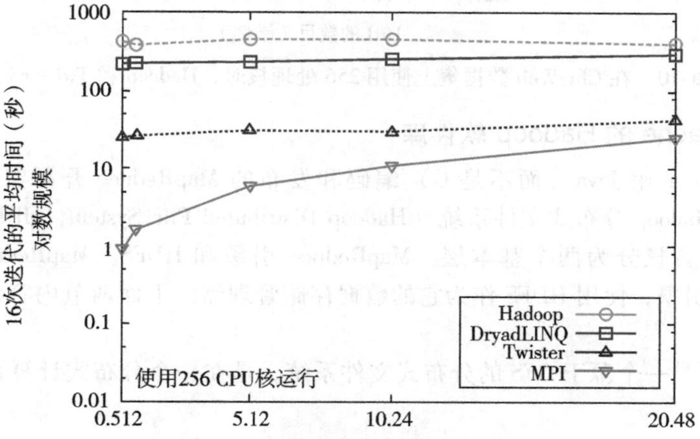

图 6-8　在 MPI、Twister、Hadoop 和 DryaLINQ 上 K 均值集群化的性能

例 6.2　在 ClubWeb 数据集上用 256 处理器核时 Hadoop 和 Twister 的性能

迭代 MapReduce 的重要研究领域包括容错能力和可伸缩的通信方法。图 6-10 表明[55]迭代算法是在信息检索中发现的。该图介绍了著名的 Page Rank 算法（带有迭代矩阵向量乘法内核），运行在公共 ClueWeb 数据集上，与大小无关。如图 6-10 中上下两条曲线的间距所示，Twister 比 Hadoop 快了 20 倍。■

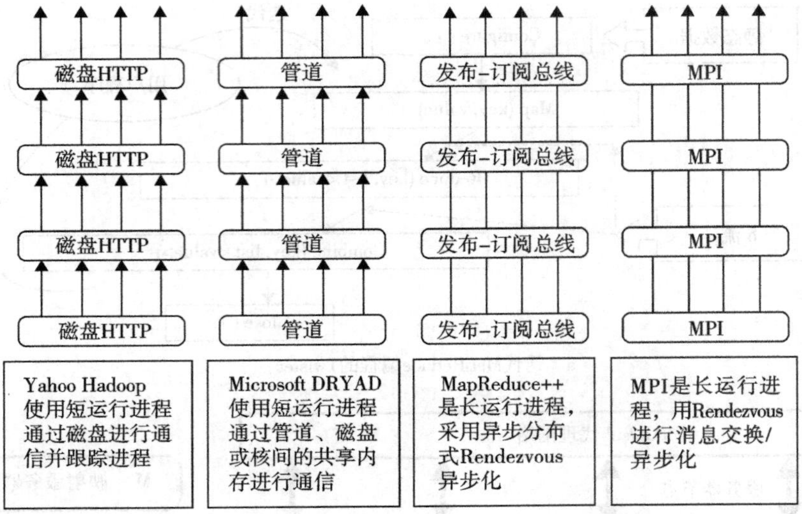

354 图 6-9 运行时并行编程范式的线程和处理结构

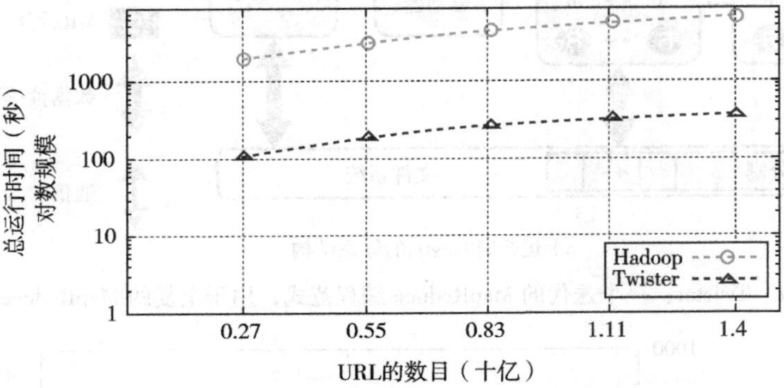

图 6-10 在 ClueWeb 数据集上使用 256 处理核时，Hadoop 和 Twister 性能

6.2.3 来自 Apache 的 Hadoop 软件库

Hadoop 是 Apache 用 Java（而不是 C）编码和发布的 MapReduce 开源实现。MapReduce 的 Hadoop 实现使用 Hadoop 分布式文件系统（Hadoop Distributed File System，HDFS）作为底层，而不是 GFS。Hadoop 内核分为两个基本层：MapReduce 引擎和 HDFS。MapReduce 引擎是运行在 HDFS 之上的计算引擎，使用 HDFS 作为它的数据存储管理器。下面两节内容涵盖了这两个基本层的具体细节。

HDFS：HDFS 是一个源于 GFS 的分布式文件系统，是在一个分布式计算系统上管理文件和存储数据。

HDFS 体系结构：HDFS 有一个主从（master/slave）体系结构，包括一个单个 NameNode 作为 master 以及多个 DataNodes 作为工作机（slave）。为了在这个体系结构中存储文件，HDFS 将文件分割成固定大小的块（例如 64MB），并将这些块存到工作机（DataNodes）中。从块到 DataNodes 的映射是由 NameNode 决定的。NameNode（master）也管理文件系统的元数据和命名空间。在这个系统中，命名空间是维护元数据的区域，而元数据是指一个文件系统存储的所有信
355 息，它们是所有文件的全面管理所需要的。例如，元数据中的 NameNode 存储了所有 DataNodes 上关于输入块位置的所有信息。每个 DataNode，通常是集群中每个节点一个，管理这个节点上的存储。每个 DataNode 负责它的文件块的存储和检索[61]。

HDFS 特性：分布式文件系统为了能高效地运作，会有一些特殊的需求，比如性能、可扩展性、并发控制、容错能力和安全需求[62]。然而，因为 HDFS 不是一个通用的文件系统，即它仅执行特殊种类的应用，所以它不需要一个通用分布式文件系统的所有需求。例如，HDFS 系统从不支持安全性。下面的讨论着重突出 HDFS 区别于其他一般分布式文件系统的两个重要特征[63]。

HDFS 容错能力：HDFS 的一个主要方面就是容错特征。由于 Hadoop 设计时默认部署在廉价的硬件上，系统硬件故障是很常见的。所以，Hadoop 考虑以下几个问题来达到文件系统的可靠性要求[64]：

- **块复制**：为了能在 HDFS 上可靠地存储数据，在这个系统中文件块被复制了。换句话说，HDFS 把文件存储为一个块集，每个块都有备份并在整个集群上分发。备份因子由用户设定，默认是 3。
- **备份布置**：备份的布置是 HDFS 实现所需要的容错功能的另一个因素。虽然在整个集群的不同机架的不同节点上（DataNodes），存储备份提供了更大的可靠性，但这有时会被忽略，因为不同机架上两个节点之间的通信成本要比同一个机架上两个不同节点之间的通信相对要高。所以，有时 HDFS 会牺牲可靠性来降低通信成本。例如，对于缺省的备份因子 3，HDFS 存储一个备份在原始数据存储的那个节点上，一个备份在同一机架的不同节点上，还有一个备份在不同机架的不同节点上，这样来提供数据的三个副本[65]。
- **Heartbeat 和 Blockreport 消息**：Heartbeats 和 Blockreports 是在一个集群中由每个 DataNode 传给 NameNode 的周期性消息。收到 Heartbeat 意味着 DataNode 正运行正常，而每个 Blockreport 包括了 DataNode 上所有块的一个清单[65]。NameNode 收到这样的消息，是因为它是系统中所有备份的唯一的决定制订者。

HDFS 高吞吐量访问大规模数据集（文件）：因为 HDFS 主要是为批处理设计的，而不是交互式处理，所以 HDFS 数据访问吞吐量比延时来的更为重要。而且，因为运行在 HDFS 上的应用程序往往有大规模数据集，单个文件会被分成大块（如 64MB）以允许 HDFS 来减少每个文件所需要的元数据存储总量。这里提供了两点优势：每个文件的块列表将随着单个块大小的增加而减少，并且通过在一个块中顺序地保持大量数据，HDFS 提供了数据的快速流读取。

HDFS 操作：HDFS 操作（比如读和写）的控制流能正确突出在管理操作中 NameNode 和 DataNodes 的角色。本节进一步描述了 HDFS 在文件上的主要操作控制流，表明在这样的系统中用户、NameNode 和 DataNodes 之间的交互[63]。 356

- **读取文件**：为了在 HDFS 中读取文件，用户先发送一个"open"请求给 NameNode 以获取文件块的位置信息。对于每个文件块，NameNode 返回包含请求文件副本信息的一组 DataNodes 的地址。地址的数量取决于块副本的数量。一旦收到这样的信息，用户就调用 *read* 函数来连接包含文件第一个块的最近的 DataNode。当第一块从有关的 DataNode 中传至用户后，已经建立的连接将会终止，重复同样的过程来获取所请求文件的全部块，直至整个文件都流到了用户。
- **写入文件**：为了在 HDFS 中写入文件，用户发送一个"create"请求给 NameNode，来在文件系统命名空间里创建一个新的文件。如果文件不存在，NameNode 会通知用户，并允许他调用 *write* 函数开始将数据写入文件。文件第一块被写在一个叫做"数据队列"的内部队列中，并由数据流监视其写入到 DataNode。由于每个文件块都需要由一个预定义的参数来复制，数据流首先发送一个请求给 NameNode，以获取合适的 DataNodes 列表来存储第一个块的备份。

然后，数据流存储这个块到第一个分配的 DataNode。之后，这个块由第一个 DataNode 转发给第二个 DataNode。这个过程一直会持续到所有分配的 DataNode 都从前一个 DataNode 那里收到了第一个块的备份。一旦这个复制过程结束，第二块就会开始同样的流程，并会持续，直到所有文件块都在文件系统上存储并备份。

6.2.3.1 Hadoop 上的 MapReduce 体系结构

Hadoop 的顶层是 MapReduce 引擎，管理着分布式计算系统上 MapReduce 作业的数据流和控
357 制流。图 6-11 给出了 MapReduce 引擎与 HDFS 协作的体系结构。类似于 HDFS，MapReduce 引擎也有一个主/从（master/slave）体系结构，由一个单独的 JobTracker 作为主服务器并由许多的 TaskTracker 作为服务器（slaves）。JobTracker 在一个集群上管理 MapReduce 作业，并负责监视作业和分配任务给 TaskTracker。TaskTracker 管理着集群上单个计算节点的映射和化简任务的执行。

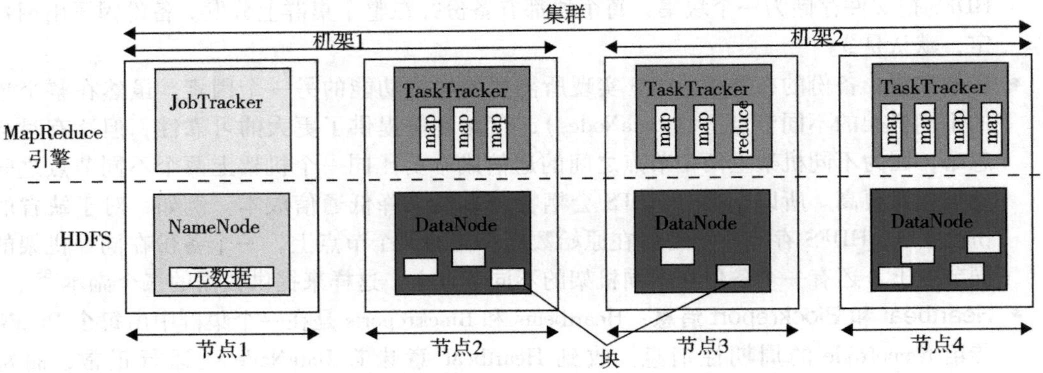

图 6-11 Hadoop 上的 HDFS 和 MapReduce 引擎体系结构，不同阴影的盒子表示应用不同数据块的不同功能节点

每个 TaskTracker 节点都有许多同时运行槽，每个运行是映射任务或者化简任务。插槽是由 TaskTracker 节点的 CPU 支持同时运行的线程数量来确定的。比如，一个带有 N 个 CPU 的 TaskTracker 节点，每个都支持 M 个线程，共有 $M \times N$ 个同时运行的槽[66]。需要注意的是，每个数据块都是由运行在单独的一个槽上的映射任务处理的。所以，在 TaskTracker 上的映射任务和在各个 DataNode 上的数据块之间存在一一对应关系。

6.2.3.2 在 Hadoop 里运行一个作业

在这个系统中有三个部分共同完成一个作业的运行：用户节点、JobTracker 和数个 TaskTracker。数据流最初是在运行于用户节点上的用户程序中调用 *runJob(conf)* 函数，其中 *conf* 是 MapReduce 框架和 HDFS 中一个对象，它包含了一些调节参数。*runJob(conf)* 函数和 *conf* 如同谷歌 MapReduce 第一次实现中的 *MapReduce(Spec, &Results)* 函数和 *Spec*。图 6-12 描述了在 Hadoop 上运行一个 MapReduce 作业的数据流[63]。

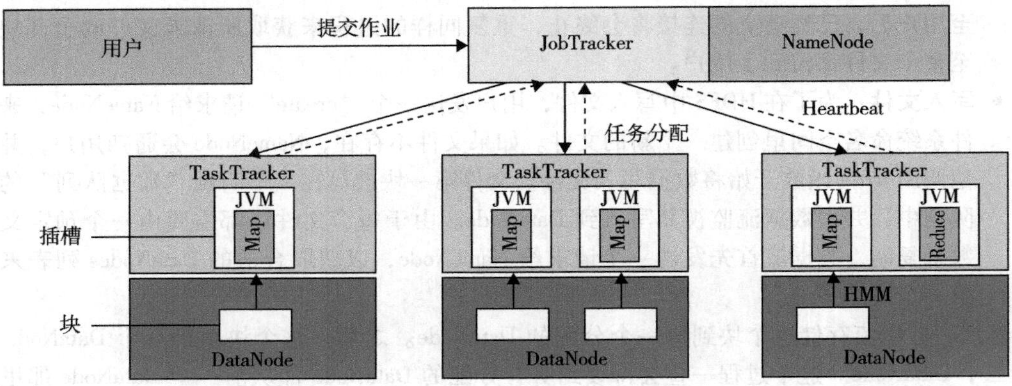

图 6-12 在不同的 TaskTracker 上使用 Hadoop 库运行一个 MapReduce 作业的数据流

- **作业提交**：每个作业都是由用户节点通过以下步骤提交给 JobTracker 节点，此节点可能会位于集群内一个不同的节点上：
  - ■ 一个用户节点从 JobTracker 请求一个新的作业 ID，并计算输入文件分块。
  - ■ 用户节点复制一些资源，比如用户的 JAR 文件、配置文件和计算输入分块，至 JobTracker 文件系统。
  - ■ 用户节点通过调用 *submitJob*( ) 函数提交任务至 JobTracker。
- **任务分配**：JobTracker 为用户节点的每个计算输入块建立一个映射任务，并分配给 TaskTracker 的执行槽。当分配映射任务给 TaskTracker 时，JobTracker 会考虑数据的定位。JobTracker 也会创建化简任务，并分配给 TaskTracker。化简任务的数量是由用户事先决定 358 的，所以在分配时不用考虑位置问题。
- **任务执行**：把作业 JAR 文件复制到其文件系统之后，在 TaskTracker 执行一个任务（不管映射还是化简）的控制流就开始了。在启动 Java 虚拟机（Java Virtual Machine，JVM）来运行它的映射或化简任务后，就开始执行作业 JAR 文件里的指令。
- **任务运行校验**：通过接收从 TaskTracker 到 JobTracker 的周期性心跳监听消息来完成任务运行校验。每个心跳监听会告知 JobTracker 传送中的 TaskTracker 是可用的，以及传送中的 TaskTracker 是否准备好运行一个新的任务。

6.2.4 微软的 Dryad 和 DryadLINQ

本节将介绍并行和分布式计算中的两个运行时软件环境，即微软开发的 Dryad 和 DryadLINQ。

6.2.4.1 Dryad

Dryad 比 MapReduce 更具灵活性，因为 Dryad 应用程序的数据流并非被动或事先决定，并且用户可以很容易地定义。为了达到这样的灵活性，一个 Dryad 程序或者作业由一个有向无环图（DAG）定义，其顶点是计算引擎，边是顶点之间的通信信道。所以，用户或者应用开发者在作业中能方便地指定任意 DAG 来指定数据流。

对于给定的 DAG，Dryad 分配计算顶点给底层的计算引擎（集群节点），并控制边（集群结点之间的通信）的数据流。数据分块、调度、映射、同步、通信和容错是主要的实现细节，这些被 Dryad 隐藏以助于其编程环境。因为这个系统中作业的数据流是任意的，在这里只对运行时环境的控制流做进一步阐述。如图 6-13a 所示，处理 Dryad 控制流的两个主要组件是作业管理器和名字服务器。

在 Dryad 中，分布式作业是一个有向无环图，每个顶点就是一个程序，边表示数据信道。所以，整个作业将首先由应用程序员构建，并定义了处理规程以及数据流。这个逻辑计算图将由 Dryad 运行时自动映射到物理节点。一个 Dryad 作业由作业管理器控制，作业管理器负责把程序部署到集群中的多个节点上。它可以在计算集群上运行，也可以作为用户工作站上的一个可访问集群的进程。作业管理器有构建 DAG 和库的代码，来调度在可用资源上运行的工作。数据传输是通过信道完成，并没有涉及作业管理器。所以作业管理器应该不会成为性能的瓶颈。总而言之，作业管理器：

1. 使用由用户提供的专用程序来构建作业通信图（数据流图）。
2. 从名字服务器上收集把数据流图映射到底层资源（计算引擎）所需的信息。

集群有一个名字服务器，用来枚举集群上所有可用的计算资源。所以，作业管理器就能和名字服务器联系，以得到整个集群的拓扑并制订调度决策。有一个处理后台程序运行在集群的每一个计算节点上。该程序的二进制文件将直接由作业管理器发送至相应的处理节点。后台程序会被视为代理人，以便作业管理器能和远程顶点进行通信，并能监视计算的状态。通过收集这些信息，名字服务器能够提供给作业管理器底层资源和网络拓扑的完美视图。所以作业管理器能够：

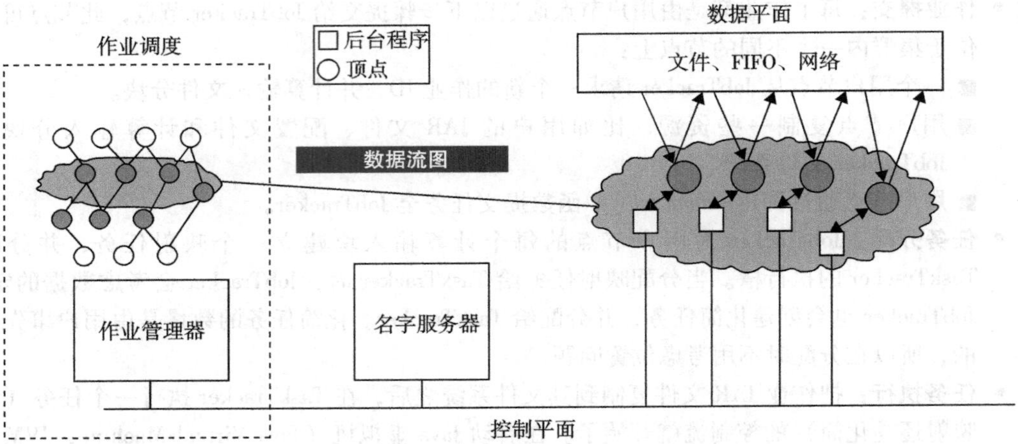

a）Dryad控制和数据流

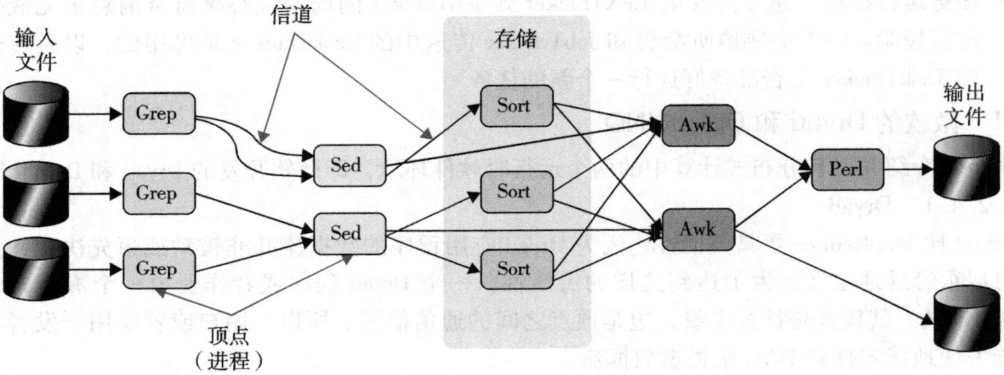

b）Dryad作业结构

图 6-13　Dryad 体系结构及其作业结构、控制和数据流

1. 把数据流图映射到底层资源。

359～360 2. 在各自的资源上调度所有必要的通信和同步。

当映射数据流图到底层资源时，它也考虑数据和计算的位置[26]。当数据流图映射到一系列计算引擎上时，一个小的后台程序在每个集群节点上运行，以运行分配的任务。每个任务是由用户用一个专用程序定义的。在运行时内，作业管理器和每个后台程序通信，以监视节点的计算状态及其之前和以后节点的通信。在运行时，信道被用来传输代表处理程序的顶点之间的结构化条目。另外，还有几类通信机制来实现信道，如共享内存、TCP 套接字，甚至分布式文件系统。

Dryad 作业的执行可以看做是二维分布式管道集。传统的 UNIX 管道是一维管道，管道里的每个节点作为一个单独的程序。Dryad 的二维分布式管道系统在每个顶点上都有多个处理程序。通过这个方法，可以同时处理大规模数据。图 6-13b 给出了 Dryad 二维管道作业结构。在二维管道执行的时候，Dryad 定义了关于动态地构造和更改 DAG 的很多操作。这些操作包括创建新的顶点、增加图的边、合并两个图，以及处理作业的输入和输出。Dryad 也拥有内置的容错机制。因为它建立在 DAG 上，所以一般会有两种故障：顶点故障和信道故障。它们的处理方式是不一样的。

因为一个集群里有很多个节点，作业管理器可以选择另一个节点来重新执行分配到故障节点上相应的作业。如果是边出现了故障，会重新执行建立信道的顶点，新的信道会重新建立并和相应的节点再次建立连接。除了用来提高执行性能的运行时图精炼外，Dryad 还提供一些其他的机制。作为一个通用框架，Dryad 能用在很多场合，包括脚本语言的支持、映射 - 化简编程和SQL 服务集成。

6.2.4.2 微软的 DryadLINQ

DryadLINQ 建立在微软的 Dryad 执行框架之上（参见 http://research.microsoft.com/en-us/projects/DryadLINQ/）。Dryad 能执行非周期性任务调度，并能在大规模服务器上运行。DryadLINQ 的目标是能够让普通的程序员使用大型分布式集群计算。事实上，正如其名，DryadLINQ 连接了两个重要的组件：Dryad 分布式执行引擎和 .NET 语言综合查询（Language Integrated Query，LINQ）。图 6-14 描述了使用 DryadLINQ 时的执行流。执行过程分为如下 9 个步骤：

1. 一个 .NET 用户应用运行和创建一个 DryadLINQ 表示对象。由于 LINQ 的延迟评估，表达式的真正执行还没有开始。

2. 应用调用 *ToDryadTable* 触发了一个数据并行的执行。这个表达对象传给了 *DryadLINQ*。

3. DryadLINQ 编译 LINQ 表达式到一个分布式 Dryad 执行计划。表达式分解成子表达式，每个都在单独的 Dryad 顶点运行。然后生成远端 Dryad 顶点的代码和静态数据，接下来是所需要数据类型的序列化代码。

4. DryadLINQ 调用一个自定义 Dryad 作业管理器，用来管理和监视相应任务的执行流。

5. 作业管理器使用步骤 3 建立的计划创建作业图。当资源可用的时候，它来调度和产生顶点。 361

6. 每个 Dryad 顶点执行一个与顶点相关的程序。

7. 当 Dryad 作业成功完成，它就将数据写入输出表格。

8. 作业管理器处理结束，它把控制返回给 DryadLINQ。DryadLINQ 创建一个封装有执行输出的本地 *DryadTable* 对象。这里的 *DryadTable* 对象可能是下一个阶段的输入。

9. 控制返回给用户应用。*DryadTable* 上的迭代接口允许用户读取其内容作为 .NET 对象。

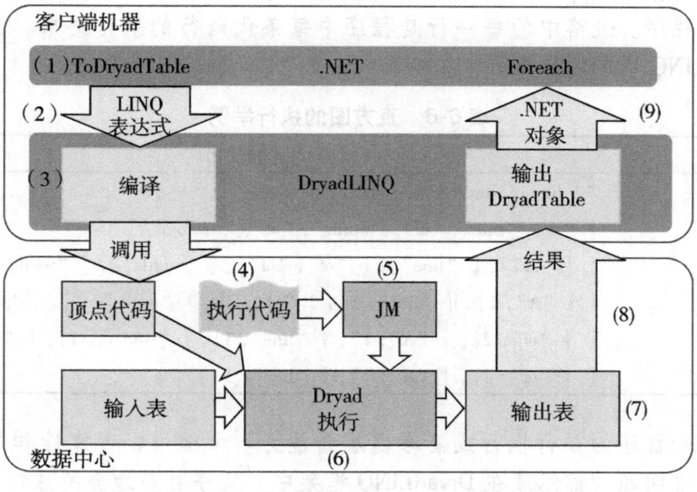

图 6-14 DryadLINQ 上的 LING 表达式运行

注：由 Yu 等人提供，OSDI 2008[27]。

并不是所有程序都会进行完所有 9 个步骤。有些程序可能只进行少数几个步骤。基于以上的描述，DryadLINQ 让用户将当前的编程语言（C#）集成到一个编译器和一个运行时运行引擎。下面的例子显示了怎样在 DryadLINQ 中编写直方图。

例 6.3 一个用 DryadLINQ 编写的直方图

我们显示了用 DryadLINQ 编写的直方图程序，它是用来计算文本文件中每个单词出现的频

率。整个程序如下所示，用户可以阅读该程序来熟悉 Dryad 编程的高级语言。对于更多的细节，
362 用户可以参考 Yu 等人[27]的文章。■

```
[Serializable]
public struct Pair {
  string word;
  int count;

  public Pair(string w, int c)
  {
    word = w;
    count = c;
  }
  public override string ToString() {
    return word + ":" + count.ToString();
  }
}
public static IQueryable<Pair> Histogram(
          string directory,
          string filename,
          int k)
{
   DryadDataContext ddc = new DryadDataContext("file://" + directory);
   DryadTable<LineRecord> table =
            ddc.GetPartitionedTable<LineRecord>(filename);
   IQueryable<string> words =
         table.SelectMany(x => x.line.Split(' ').AsEnumerable());
   IQueryable<IGrouping<string, string>> groups = words.GroupBy(x => x);
   IQueryable<Pair> counts = groups.Select(x => new Pair(x.Key, x.Count()));
   IQueryable<Pair> ordered = counts.OrderByDescending(x => x.Count);
   IQueryable<Pair> top = ordered.Take(k);
   return top;
}
```

例 6.4 单词计数问题直方图的执行举例

这个程序的执行流和 MapReduce 框架的单词计数程序非常相似。表 6-6 显示了如何在样例文本输入上执行这个程序。表格中的每一行是程序中每条代码行的执行结果。程序的执行会涉及一个典型的 DryadLINQ 所有的步骤。

表 6-6 直方图的执行举例

操作符	输出
Table	"A line of words of wisdom"
SelectMany	["A", "line", "of", "words", "of", "wisdom"]
GroupBy	[["A"], ["line"], ["of", "of"], ["words"], ["wisdom"]]
Select	[{"A", 1}, {"line", 1}, {"of", 2}, {"words", 1}, {"wisdom", 1}]
OrderByDescending	[{"of", 2}, {"A", 1}, {"line", 1}, {"words", 1}, {"wisdom", 1}]
Take(3)	[{"of", 2}, {"A", 1}, {"line", 1}]

程序员不用担心程序的并行执行或者考虑容错能力。伸缩性、可靠性和其他一些涉及分布
363 式计算机系统的困难问题，都隐藏在 DryadLINQ 框架中。程序更多地会关注应用程序逻辑。这能大大地降低并行数据处理编程所需要的编程技巧。■

例 6.5 一个 MapReduce WebVisCounter 程序的 Hadoop 实现

在这个例子中，我们介绍一个在 Hadoop 上编码的实用 MapReduce 程序。这个样例程序叫做 WebVisCounter，它计算了用户使用一个特定的操作系统（例如 Windows XP 或 Linux Ubuntu）来连接或访问一个给定网站的次数。输入数据如下所示。一个典型 Web 服务器日志文件的一行有 8 个域，由制表符或空格隔开，含义如下所示：

1. 176.123.143.12（连接机器的 IP 地址）

2. —（一个分隔器）

3. [10/Sep/2010:01:11:30 -1100]（访问时间戳，格式是 DD:Mon:YYYY HH:MM:SS，-11:00 是格林威治标准时间的偏移）

4. "GET /gse/apply/int_research_app_form. pdf HTTP/1.0"（GET 使用 HTTP/1.0 协议请求文件，/gse/apply/int_research_app_form. pdf）

5. 200（状态码，表示用户的请求成功）

6. 1363148（传输位的数量）

7. http://www. eng. usyd. edu. au（用户在到达服务器之前从此开始）

8. "Mozilla/4.7[en](WinXp; U)"（浏览器用来取得网址、浏览器的版本、语言版本和操作系统）

因为输出是用户使用特定操作系统来连接到一个给定网站的次数，*Map* 函数分析了每一行，得到所使用的操作系统类型（如 WinXP）作为一个 key，并给它分配一个值（在这个例子中是 1）。反过来，*Reduce* 函数对每个唯一 key（在这个例子中是操作系统类型）的 1 的数量求和。图 6-15 描述了 WebVisCounter 程序的相关数据流。■

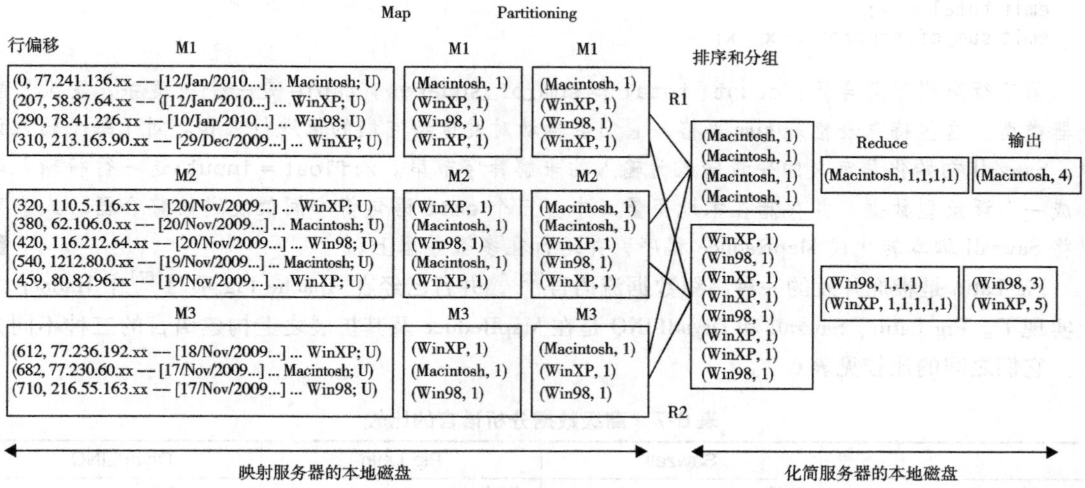

图 6-15 WebVisCounter 程序运行的数据流

6.2.5 Sawzall 和 Pig Latin 高级语言

Sawzall 是建立在谷歌的 MapReduce 框架之上的一种高级语言[31]。Sawzall 是一种脚本语言，能进行并行数据处理。和 MapReduce 一样，Sawzall 能对大规模数据集，甚至对整个互联网上收集的数据规模进行分布式、容错处理。Sawzall 是由 Rob Pike 开发的，其最初的目标是处理谷歌日志文件。在这个方面，它已经取得了巨大的成功，并且使得大批企业变成了交互式进程，这样使用这些数据的新方法可以被开发。图 6-16 描述了 Sawzall 框架的数据流和处理过程的整个模型。Sawzall 最近作为一个开源项目被发布。

首先，数据用现场处理脚本在本地被分块和处理。本地数据会被过滤，以得到必需的信息。然后，使用整合器根据已发送的数据来获取最后的结果。很多谷歌的应用都符合这个模型。用户使用 Sawzall 脚本语言编写其应用。Sawzall 运行时引擎将相应的脚本翻译为能够运行在很多节点上的 MapReduce 程序。Sawzall 程序能够自动利用集群计算的威力，也能够从冗余服务器上获取可靠性。

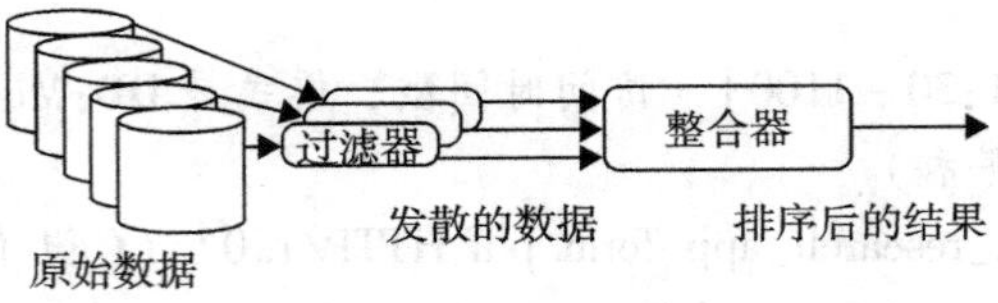

图 6-16　Sawzall 的过滤、整合和校对的整个流

例 6.6　Sawzall 上的文件摘要程序

这里是一个使用 Sawzall 来在集群上进行数据处理的简单例子（该例子来自文献[31]的
364~365 Sawzall 论文）。假定我们需要处理一系列文件，每个文件都有记录，并且每个记录都包含一个浮点数。我们想要计算记录的数量、总值和平方和。相关代码如下：

```
count: table sum of int;
total: table sum of float;
sum_of_squares: table sum of float;
x: float = input;
emit count <- 1;
emit total <- x;
emit sum_of_squares <- x * x;
```

前三行声明了整合器：count、total 和 sum_of_squares。table 是一个关键字，定义了整合器类型。这些特殊表格是 sum 表格，它们会自动对发送给它们的值进行求和。对于每个输入记录，Sawzall 初始化预定义的变量输入为输入的未解释字节串。x:float = input;这一行将输入转换成一个浮点型数据，并存储在本地变量 x 中。三个 emit 语句将中间值发送给整合器。人们可以将 Sawzall 脚本转化成 MapReduce 程序，并运行在多服务器上。■

Pig Latin 是雅虎开发的一种高级数据流语言[33]，并且已经在 Apache Pig 项目[67]中 Hadoop 之上实现了。Pig Latin、Sawzall 和 DryadLINQ 是在 MapReduce 及其扩展之上构建语言的三种不同方法。它们之间的比较见表 6-7。

表 6-7　高级数据分析语言的比较

	Sawzall	Pig Latin	DryadLINQ
提出者	谷歌	雅虎	Microsoft
数据模型	谷歌协议缓存或基本	原子，元组，包，映射	分区文件
类型	静态的	动态的	静态的
种类	解释型	编译型	编译型
编程风格	命令式	过程的：说明步骤序列	命令和说明
和 SQL 相似程度	最少	中等	非常多
可扩展性（用户定义功能）	没有	有	有
控制结构	有	没有	有
执行模型	记录操作 + 固定集群化	MapReduce 操作序列	有向无环图
目标运行时	谷歌 MapReduce	Hadoop（Pig）	Dryad

DryadLINQ 是直接在 SQL 上建立的，而其他两种语言是 NOSQL 的继承，尽管 Pig Latin 支持主要 SQL 架构，包括 Join，而 Sawzall 则不支持。每种语言自动实现并行性，因此只需要考虑单个元素的操作，然后调用支持的共同操作。当然这是可能的，因为所需要的并行可以被独立的任务清楚
366 地实现，“副作用”只是出现在所支持的共同操作上。这是一个重要的实现并行化的通用方法，并且很久以前就在高性能 Fortran[68]上得到了体现。在文献[69, 70]中关于 Pig 和 Pig Latin 有一些讨论，这里我们总结了语言特性。表 6-8 列出了 Pig Latin 的 4 种数据类型，表 6-9 列出了 14 个操作符。

表 6-8 Pig Latin 数据类型

数据类型	描 述	举 例
原子	简单原子值	'Clouds'
元组	任意 Pig Latin 类型的字段序列	('Clouds', 'Grids')
包	元组的集合，每个包成员都允许不同的模式	{ ('Clouds', 'Grids') ('Clouds', ('IaaS', 'PaaS')) }
映射	和一组键值相关的数据项的集合。键值是原子数据包	['Microsoft' → { ('Windows') ('Azure') } 'Redhat' → 'Linux']

表 6-9 Pig Latin 操作符

指 令	描 述
LOAD	从文件系统中读取数据
STORE	将数据写入文件系统
FOREACH GENERATE	为每个记录应用一个表达式，输出一个或多个记录
FILTER	申请一个谓词，并将返回值不为真的记录删除
GROUP/COGROUP	从一个或多个输入中选出有相同键值的记录
JOIN	基于一个键值来连接两个或更多的输入
CROSS	对于两个或多个输入做叉积
UNION	合并两个或更多数据集
SPLIT	基于过滤条件将数据分裂成两个或更多的集合
ORDER	基于一个键值对记录排序
DISTINCT	删除重复元组
STREAM	通过一个用户提供的二进制来发送所有记录
DUMP	将输出写到标准输出设备
LIMIT	限制记录的数量

例 6.7 使用 Sawzall 和 Pig Latin 的并行编程

首先我们使用命令读取数据，例如：

```
Queries = LOAD 'filewithdata.txt' USING myUDF() AS (userId, queryString, timestamp);
```

LOAD 命令返回一个句柄到 Queries 包。myUDF() 是一个可选的自定义读取器，是用户自定 367
义函数的一个例子。AS 语法定义了组成 Queries 包的元组模式。现在数据可以由命令来处理，例如：

```
Expanded_queries = FOREACH queries GENERATE userID, expandQueryUDF(queryString);
```

该例子映射了 queries 中的每个元组，这由用户自定义函数 expandQueryUDF 来决定。FOREACH 运行了包中所有的元组。另外，用户可以使用 FILTER 根据 userID 是否等于字符串 Alice 来删除所有元组，如下例所示：

```
Real_queries = FILTER queries BY userID neq 'Alice';
```

Pig Latin 使用 COGROUP 提供了 SQL JOIN 的等效功能，例如：

```
Grouped_data = COGROUP results BY queryString, revenue BY queryString;
```

其中 results 和 revenue 是元组包（来自 LOAD 或加载数据的处理）

```
Results: queryString, url, position)
Revenue: (queryString, adSlot, amount)
```

从 COGROUP 并不产生一系列元组（queryString, url, position, adSlot, amount），而是一个包含三个字段的元组的意义上说，COGROUP 比 JOIN 更通用。第一个字段是 queryString，第二个字段是来自 Results 的所有元组，带有 queryString 的值，第三个字段是来自 Revenue 的所有元组，带有 queryString 的值。FLATTEN 能将 COGROUP 的结果映射到 SQL Join (queryString, url, position, adSlot, amount) 语法。■

Pig Latin 操作符按照数据流管道中列出的顺序来执行。这和说明性 SQL 形成对比，只需要指定需要做"什么"；而不是怎么做。Pig Latin 支持用户自定义函数作为语言中第一类操作，如上面举例的代码，可能是超过 SQL 的一个优势。根据用户的偏好，用户自定义函数能放于 Load、Store、Group、Filter 和 Foreach 操作符中。注意，Pig Latin 允许了丰富的数据流操作符，这很类似于 5.5.5 节中介绍的一个工作流的脚本方法。Pig！Apache 项目[69]把 Pig Latin 映射到一组 Hadoop 实现的 MapReduce 操作序列。

6.2.6　并行和分布式系统的映射应用

过去，Fox 从 5 个应用体系结构的角度讨论了不同硬件和软件的映射应用程序[71]。最初的 5 个类别在表 6-10 中已经列出来，紧跟着的第 6 类描述了数据密集计算[72,73]。最初的分类大体上描述了模拟，它们并不是直接针对数据分析的。简略概括并解释新的类别还是很有好处的。类别 1 在 20 年前比较风行，但现在已经不重要了。它描述了由硬件控制的应用，可以被锁级（lock-step）操作并行化。

表 6-10　并行和分布式系统的应用分类

类　别	分　类	描　述	机器体系结构
1	同步	如同 SIMD 体系结构，问题的分类可以由指令层锁级操作来实现	SIMD
2	宽同步（BSP 或块同步处理）	这些问题显示了迭代计算 - 通信策略，每个 CPU 都有与一个通信步骤同步的独立计算（映射）操作。这类问题包含了很多成功的 MPI 应用，包括偏微分方程的求解和质点动力学应用	MPP 上的 MIMD（大规模并行处理器）
3	异步	例子是计算象棋和整数规划；组合搜索通常是由动态线程所支持的。这在科学计算中算不上重要，但是这是操作系统的核心，并发出现在用户应用程序（比如 Microsoft Word）中	共享内存
4	乐意并行	每个组件都是独立的。在 1988 年，Fox 估计此项占整个应用程序的 20%。但是这个比例一直在增加，这是因为网格和数据分析应用软件的使用，比如粒子物理学的大规模强子对撞器分析	网格移至云
5	元问题	这里有第 1～4 类和第 6 类的粗粒度（异步或数据流）组合。这个领域的重要性也在增加，得到网格的很好支持，由 3.5 节的工作流描述	集群的网格
6	MapReduce++（Twister）	它描述了文件（数据库）到文件（数据库）的操作，有三个子分类（参见表 6-11）： 6a）只有乐意并行映射（类似于第 4 类） 6b）映射然后化简 6c）迭代"映射然后化简"（当前技术的扩展，支持线性代数和数据挖掘）	数据密集型云 a）Master- Worker 或 Mapreduce b）MapReduce c）Twister

这样的配置将运行在单指令多数据（Single-Instruction and Multiple-Data，SIMD）机器上，而第 2 类现在显得尤为重要，也就相当于运行在多指令多数据（Multiple Instruction Multiple Data，MIMD）机器上的单一程序多重数据（Single-Program and Multiple Data，SPMD）模型。这里每个分解后的单元执行相同的程序，但是不是在任意时候都必须执行相同的指令。第 1 类相当于常规问题，而第 2 类包括了动态的不规律问题，包括求解偏微分方程式或者质点动力学的复杂几何。注意，同步问题依然存在，但它们是以 SPMD 模型运行在 MIMD 机器上。还要注意第 2 类包括了

计算 - 通信阶段，计算通过通信来实现同步。不需要辅助的同步。

第 3 类包括了异步互动对象，并且通常是一些人们关于一个典型并行问题的观点。它可能的 368~369
确描述了在一个现代操作系统中的并发线程，以及一些重要的应用程序，比如事件驱动模拟和在计算机游戏与图形算法中的搜索区域。共享内存是很自然的，因为执行动态同步化常常需要低延迟。在过去这一点并不是很清楚，但是现在看来这个类别在重要的大规模并行问题中不是很普遍。

第 4 类在算法上是最简单的，它并不和并行组件相连接。然而，从最初 1988 年分析看来，这个类别可能已经变得越来越重要，因为估计它将占 20% 的并行计算。网格和云在这类上都很自然，它们不需要在不同节点之间进行高性能通信。

第 5 类元问题指的是不同“原子”问题的粗粒度连接，这完全包含在 5.5 节中。很显然，这个领域非常普遍，并且会变得更为重要。回想 5.5 节的重要观察，我们使用了一个两层编程模型，这个模型有一个指定样式的元问题（工作流）连接，以及采用本章提到的解决方法的组件问题。网格或者云都适用于元问题，因为粗粒度分解通常并不需要很高的性能。

如前所述，我们增加了第 6 类来包括数据密集型应用，这是由 MapReduce 作为一个新的编程模型所提出的。我们称这个类为 MapReduce ++，它有三个子类：“只映射”应用程序类似于第 4 类的乐意并行[41,43,74,75]；经典 MapReduce，带有文件到文件操作，包括并行映射和接下来的并行化简操作；6.2.2 节介绍的捕获扩展版本的 MapReduce 子类。注意，第 6 类是第 2 类和第 4 类的子集，增加了数据的读和写，以及与数据分析相比特殊化的宽同步结构。这个比较在表 6-11 中有更详细的介绍。

表 6-11　MapReduce + + 子类别和 MPI 使用的宽同步类型的比较

只　映　射	经典 MapReduce	迭代 MapReduce	宽　同　步
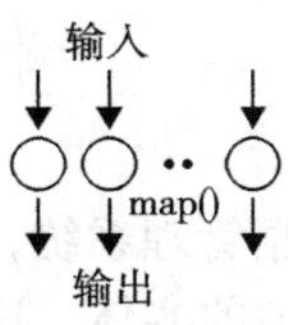	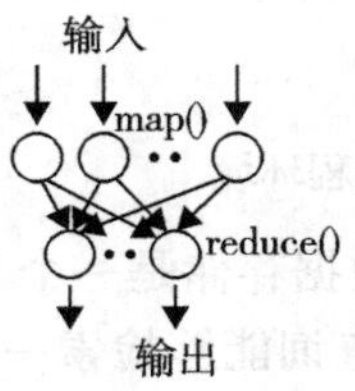	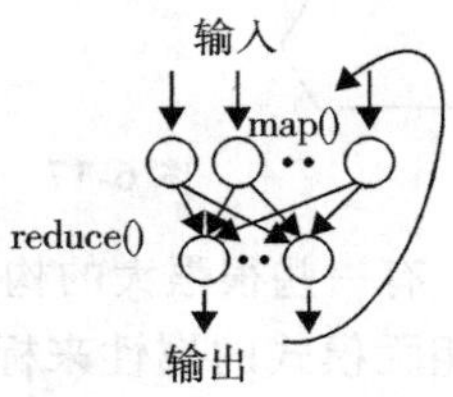	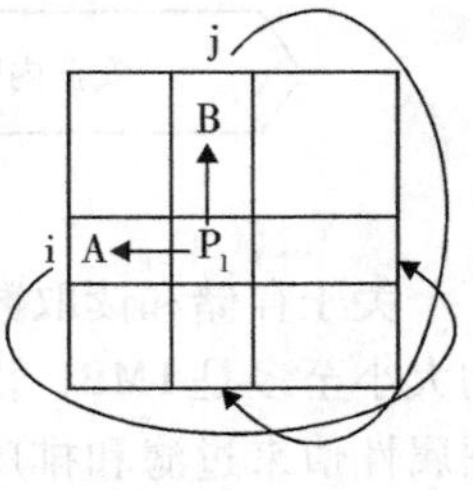
• 文档转换（比如，PDF →HTML） • 密码学中的强力搜索 • 参数清除 • 基因组合 • PolarGrid Matlab 数据分析（www.polargrid.org）	• 高能物理学（HEP）直方图 • 分布式搜索 • 分布式排序 • 信息检索 • 序列的逐对距离的计算（BLAST）	• 期望最大化算法 • 线性代数 • 数据挖掘，包括 • 集群化 • K-均值 • 确定性退火集群化 • 多维伸缩（MDS）	• 很多 MPI 科学应用，利用包括本地交互的多种通信架构 • 求解微分方程和带有短程力的质点动力学
←—— MapReduce 域和迭代扩展 ——→			MPI

6.3　GAE 的编程支持

4.4.2 节在图 4-20 中介绍了 GAE 基础设施。本节我们会描述由 GAE 支持的编程模型。GAE 平台的接入链路在第 4 章中已经给出。

6.3.1　GAE 编程

已经有一些网络资源（例如 http://code.google.com/appengine/）、特定书籍和文章（例如 http://www.byteonic.com/2009/overview-of-java-support-in-google-app-engine/）在讨论如何 GAE 编程。图 6-17 总结了对于两种支持语言 Java 和 Python，GAE 编程环境的一些主要特性。客户端环境包括一个 Java 的 Eclipse 插件，允许你在本地机器上调试自己的 GAE。对于 Java Web 应用程序开发者来说，还有一个 GWT（谷歌 Web 工具集）可用。开发者可以使用它，或其他任何借助于基于 JVM 的解释器或编译器的语言，如 JavaScript 或 Ruby。Python 会经常和 Django 或者 CherryPy 之类的框架一起使用，但是谷歌也提供一个内置的 webapp Python 环境。

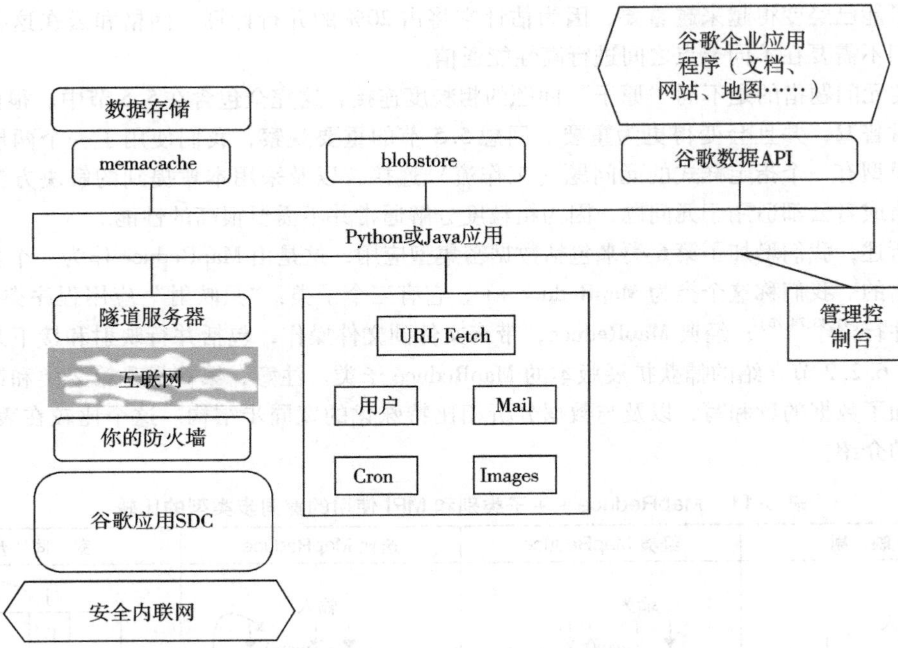

图 6-17　GAE 编程环境

关于存储和读取数据，有一些很强大的构造。数据存储是一个 NOSQL 数据管理系统，实体的大小至多是 1MB，由一组无模式的属性来标记。查询能够检索一个给定类型的实体，这是根据属性值来过滤和排序的。Java 提供一个 Java 数据对象（Java Data Object，JDO）和 JPA（Java Persistence API）接口，是由开源 Data Nucleus Access 平台来实现，而 Python 有一个类似 SQL 的查询语言称为 GQL。数据存储非常一致，它使用的是最优化并发控制。

如果其他进程试图同时更新同一个实体，那么这个实体的更新是发生在一个事务处理中，并且重试固定的次数。你的应用程序可以在单个事务处理中执行多数据存储操作，结果要么一起成功，要么一起失败。数据存储使用"实体群组"实现了贯穿其分布式网络的事务。事务在单个群组中操作实体。为了有效地运行事务，这些同一群组的实体被存储在一起。当实体创建的时候，你的 GAE 应用可以把实体分配给群组。通过使用 *memcache* 的内存高速缓存，数据存储的性能可以提高，它也可以在数据存储中被独立使用。

最近谷歌增加了 *blobstore*，适用于保存大文件，因为它的文档大小限制在 2GB。有几种机制可以用来和外部资源进行合作。谷歌安全数据连接（Secure Data Connection，SDC）能够和互联网建立隧道连通，并能将内联网和一个外部 GAE 应用相连。*URL Fetch* 操作保障了应用程序能够
370~372 使用 HTTP 和 HTTPS 请求获取资源，并与互联网上的其他主机进行通信。有一个专门的邮件机制，从你的 GAE 应用程序中发送电子邮件。

应用程序能够使用 GAE URL 获取服务访问互联网上的资源，比如 Web 服务或者其他数据。URL 获取服务使用相同的高速谷歌基础设施来检索 Web 资源，这些谷歌基础设施是为谷歌的很多其他产品来检索网页的。还有许多谷歌“企业”设施，包括地图、网站、群组、日程、文档和 YouTube 等。这些支持谷歌数据 API，它能在 GAE 内部使用。

一个应用程序可以使用谷歌账户来进行用户认证。谷歌账户处理用户账户的创建和登录，如果一个用户已经有了谷歌账户（如一个 Gmail 账户），他就能用这个账户来使用应用程序。GAE 使用一个专用的 Images 服务来处理图片数据，能够调整大小、旋转、翻转、裁剪和增强图片。一个应用程序能够不响应 Web 服务来执行任务。你的应用程序能够执行一个你配置的调度表上的任务，比如以每天或每小时的标准，使用由 Cron 服务处理的“时钟守护作业”(cron job)。

另外，应用程序能执行由应用程序本身加入到一个队列中的任务，比如处理请求时创建的一个后台任务。配置一个 GAE 应用消耗的资源有一定上限或者固定限额。有了固定限额，GAE 保证应用程序不会超出预算，其他运行在 GAE 上的应用程序也不会影响应用的性能。特别地，GAE 按照某个限额来使用是免费的。

6.3.2　谷歌文件系统（GFS）

GFS 主要是为谷歌搜索引擎的基础存储服务建立的。因为网络上抓取和保存的数据规模非常大，谷歌需要一个分布式文件系统，在廉价、不可靠的计算机上存储大量的冗余数据。没有一个传统的分布式文件系统能够提供这样的功能，并存储如此大规模的数据。另外，GFS 是为谷歌应用程序设计的，并且谷歌应用程序是为谷歌而建立。在传统的文件系统设计中，这种观念不会有吸引力，因为在应用程序和文件系统之间应该有一个清晰的接口，比如 POSIX 接口。

有几个 关于 GFS 的假设。其中一个与云计算硬件基础设施的特性有关（如高组件故障率）。因为服务器是由廉价的商业组件构成的，所以一直会有并发故障，这是很常见的现象。另一个关系到 GFS 中文件的大小。GFS 会拥有大量的大规模文件，每个文件可在 100MB 以上，数 GB 的文件也很常见。因此，谷歌选择文件数据块大小为 64MB，而不是典型的传统文件系统中的 4KB。谷歌应用程序的 I/O 模式也很特别。文件一般只写入一次，写操作一般是附加在文件结尾的数据块上。多个附加操作可能会同时进行。会有大量的大规模流读取以及很少量的随机存取。至于大规模流读取，高持续吞吐量比低延迟来的更为重要。

因此，谷歌关于 GFS 的设计做出了一些特殊决策。如前所述，选择 64MB 块大小。使用复制来达到可靠性（比如，每个大块或者一个文件的数据块在多于三个块服务器上进行复制）。单个主服务器可以协调访问以及保管元数据。这个决策简化了整个集群的设计和管理。开发者不需要考虑许多分布式系统中的难题，例如分布式一致。GFS 中没有数据高速缓存，因为大规模流读取和写入既不代表时间也不代表空间的近邻性。GFS 提供了相似但不相同的 POSIX 文件系统访问接口。其中明显的区别是应用程序甚至能够看到文件块的物理位置。这样的模式可以提高上层应用程序。自定义 API 能够简化问题，并聚焦在谷歌应用上。自定义 API 加入了快照和记录附加操作，以利于建立谷歌应用程序。 373

图 6-18 描述了 GFS 体系结构。很明显在整个集群上只有一个主服务器。其他节点是作为块服务器来存储数据，而单个主服务器用来存储元数据。文件系统命名空间和锁定工具是由主机来管理的。主机周期性地和块服务器进行通信，来收集各种管理信息以及向块服务器发送指令，来完成负载均衡或者故障修复之类的工作。

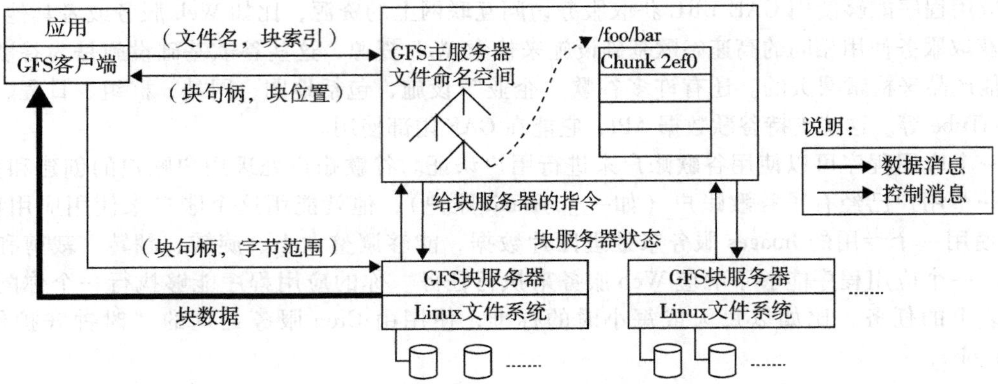

图 6-18　GFS 体系结构

注：由 S. Ghemawat 等人提供[53]。

主机有足够的信息来保持整个集群在一个良好的状态。使用了单个的主机，就能避免很多复杂的分布式计算，系统的设计也能简化。然而这样的设计有一个潜在的缺点，因为单个 GFS 主服务器可能会成为性能瓶颈和唯一故障点。为了减轻这个缺点，谷歌使用一个影子主服务器，复制了主服务器上的所有数据。这个设计也能保证在客户端和块服务器之间的所有数据操作都能直接执行。控制消息在主服务器和客户端之间传输，并能缓存起来以备以后使用。使用市场上服务器的现有性能，单个主服务器能处理一个大小超过 1 000 个节点的集群。

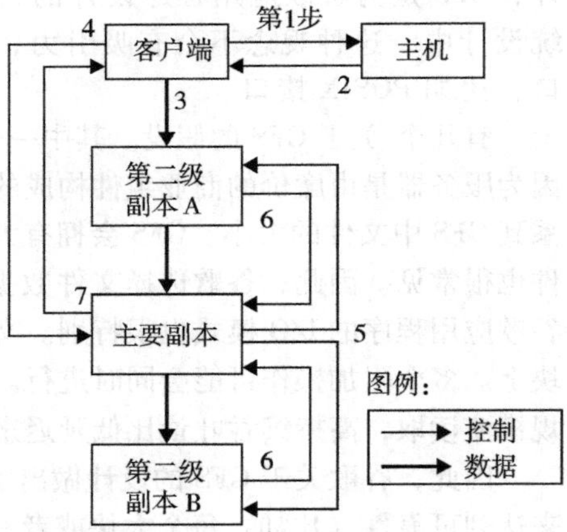

图 6-19　GFS 中的数据变异序列

图 6-19 描述了 GFS 中的数据变异（写入或增加操作）。在所有副本中都必须创建数据块。目的是尽量减少主机的参与。变异采用如下的步骤：

374

1. 客户端询问主机哪个块服务器掌握了当前发行版本的块和其他副本的位置。如果没有发行版本，那么主机授权给一个它挑选的副本（没有显示）。

2. 主机回复了主版本的身份和其他（第二级）副本的位置。客户端缓存这个数据以备将来的变异。只有当主版本变的不可达或回复它不再拥有一个发行版时，它才需要重新和主机联系。

3. 客户端将数据推送给所有副本。客户端可以按任意顺序推送数据。每个块服务器将数据存储在一个内部 LRU 缓存区，直到数据被使用了或失效了。通过将数据流和控制流解耦合，对基于网络拓扑的高代价数据流进行调度，我们就可以提高性能，而不用考虑哪个块服务器是主要的。

4. 一旦所有副本都确认接收数据，客户端就将写请求送至主要版本。该请求区分出之前送至所有副本的数据。主要版本分配连续序列号至它收到的所有变异，这些变异可能是来源于多个客户端，并提供了必要的序列化。它按照顺序将变异应用到它自己的本地状态。

5. 主要版本转发写请求到对所有二级副本。每个二级副本请求按照主要版本分配的相同序列号应用变异。

6. 第二级都回复主要版本，来表明操作已经完成了。

7. 主要版本回复客户端。在任何副本遇到的任何错误都会报告给客户端。如果发生错误，写会在主要版本和任意第二级副本的子集进行纠正。客户端请求会被认为失败，改进区域会停留在一个不一致的状态。我们的客户端代码通过重试发生故障的变异来处理这样的错误。从返回重试最开始写之前，会从第3步到第7步做一些尝试。

所以，除了由GFS提供的写操作外，一些特殊的附加操作会用来附加数据块到文件尾部。提供这种操作是因为有些谷歌应用程序需要很多附加操作。例如，当网络爬虫从网络中收集数据时，网页内容将被附加在页面文件上。所以才提供并优化了附加操作。客户端指定附加的数据，GFS至少一次将它附加到文件上。GFS挑选偏移量，客户端不能决定数据位置的偏移量。附加操作适用于并发的书写者。

GFS是为高容错设计的，并采纳了一些方法来达到这个目标。主机和块服务器能够在数秒之内重启，有了这么快的恢复能力，数据不可使用的时间窗口将大大减少。正如上文中提到的，每个块至少在三个地方上备份，并且在一个数据块上至少能够容忍两处数据崩溃。影子主机用来处理GFS主机的故障。对于数据完整性，GFS在每个块上每64KB就进行校验和。有了前面讨论过的设计和实现，GFS可以达到高可用性、高性能和大规模的目标。GFS证明了如何在商业硬件上支持大规模处理负载，这些硬件被设计为可容忍频繁的组件故障，并且为主要附加和读取的大规模文件进行了优化。 375

6.3.3 BigTable——谷歌的NOSQL系统

本节我们继续讨论谷歌云环境的关键技术。我们已经在6.2.2节中介绍了最著名的MapReduce技术以及6.2.5节的Sawzall。这里，我们将关注另一个谷歌创新技术：BigTable。我们将在6.3.4节介绍Chubby和前面章节已描述的GFS。

BigTable提供了一个服务，用来存储和检索结构化与半结构化的数据。BigTable应用包括网页、每个用户数据和地理位置的存储。这里，我们使用网页来代表URL及其相关数据，比如内容、爬取元数据、链接、锚和网页评分值等。每个用户的数据拥有特定用户的信息，包括这样的数据，例如用户优先设置、最近查询/搜索结果以及用户电子邮件。地理地址是在谷歌地图软件上使用的。地理位置包括物理实体（商店、餐馆等）、道路，卫星影像数据以及用户标注。

这样的数据规模是相当大的。会有数十亿的URL，每个URL都有很多版本，每个版本的平均网页大小是20KB。用户规模也很巨大，会有上亿之多，每秒钟就会有数千次查询。相同规模也会出现在地理数据上，这可能会消耗超过100TB的磁盘空间。

使用商用数据库系统来解决如此大规模结构化或半结构化的数据是不可能的。这是重建数据管理系统的一个原因；产生的系统可以以较低的增量成本应用在很多项目中。重建数据管理系统的另一个动机是性能。低级存储优化能显著地提升性能，但如果运行在传统数据库层之上，则会困难得多。

BigTable系统的设计和实现有以下的目标。应用程序需要异步处理来连续更新不同的数据块，并且需要在任意时间访问大部分的当前数据。数据库需要支持很高的读/写速率，规模是每秒数百万的操作。另外，数据库还需要在所有或者感兴趣的数据子集上支持高效扫描，以及大规模一对一和一对多的数据集的有效连接。应用程序有可能需要不时地检测数据变化（比如一个网页多次爬取的内容）。

因此，BigTable能够看做是分布式多层映射。它像存储服务一样提供了容错能力和持续数据库。BigTable系统是可扩展的，这意味着系统有数千台服务器、太字节内存数据、拍字节基于磁盘的数据、每秒数百万的读/写和高效扫描。BigTable也是一个自我管理的系统（例如，服务器能动态地增加/移除，也能自动负载均衡）。BigTable的设计/最初实现开始于2004年初。BigTable在很多项目中使用，包括谷歌搜索、Orkut、谷歌地图/谷歌地球等。一个最大的BigTable核管理了分布在数千台机器中的大约200TB的数据。

BigTable系统建立在现有的谷歌云基础设施之上。BigTable使用如下的构建模块：

1. GFS：存储持续状态
2. 调度器：涉及 BigTable 服务的调度作业
3. 锁服务：主机选择，开机引导程序（bootstrapping）定位
376 4. MapReduce：通常用来读/写 BigTable 数据

例 6.8　在大规模媒质中使用的 BigTable 数据模型

BigTable 提供了一个比传统数据库系统更简化的数据模型。图 6-20a 描述了一个 Web Table 表格实例的数据模型。Web Table 存储了有关网页的数据。每个网页都能由 URL 来访问。URL 被当做行索引。列提供了和相应的 URL 相关的不同数据——比如，内容的不同版本和网页中出现的锚。在这个意义上，BigTable 是一个分布式多维稀疏存储映射。

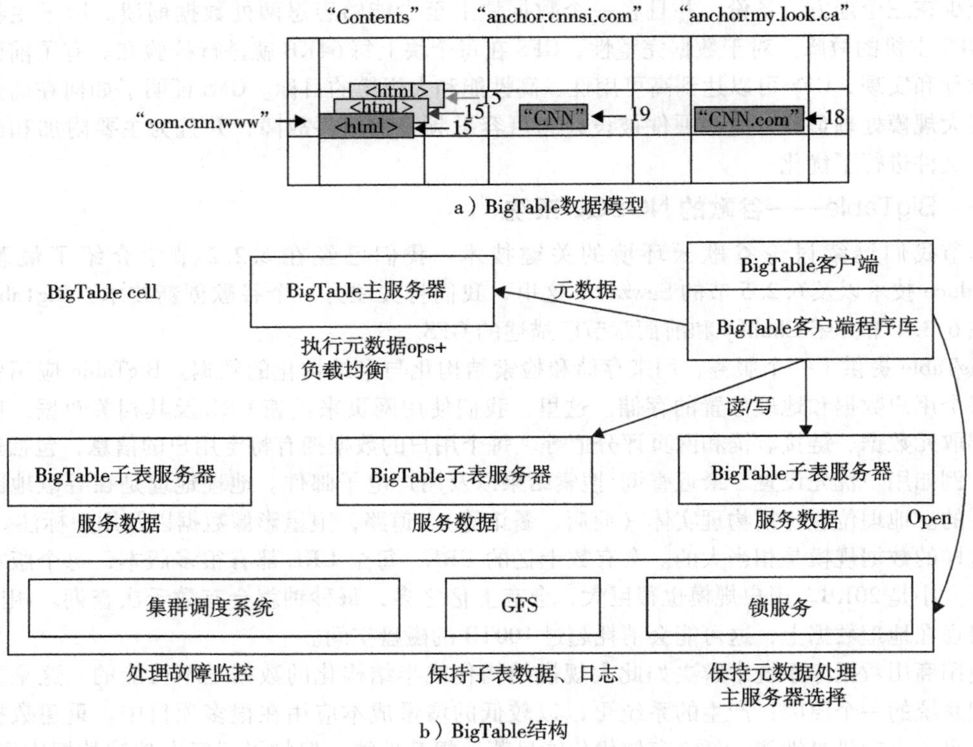

图 6-20　BigTable 数据模型和系统结构

注：由 Chang 等人提供[11]。

这个映射按照行键值、列键值和时间戳来索引，即（row：string，column：string，time：int64）映射到 string（cell contents）。行是由行键值根据字典顺序来排序的。一个表格的行范围是动态分块的，每个行范围被称为“子表”（Tablet）。列的语法是（family：qualifier）对。单元格可以存储带时间戳的多个数据版本。

这种数据模型对于大多数谷歌（或其他组织）应用来说都是不错的匹配。对于行，Name 是
377 一个任意字符串，对于行数据的访问是原子操作。这和传统关系数据库是不同的，传统数据库提供了冗余的原子操作（事务）。行创建在存储数据上是隐式的。行是按照字典顺序进行排序的，通常是在一个或者少量机器上。

大表格根据行边界被分成多个子表。一个子表保持行的一个连续范围。客户端经常能选择行键来达到近邻性。系统的目标是每个子表的数据量达到 100 ~ 200MB。每个服务器负责大约 100 个子表。这能实现更快的恢复时间，因为 100 台机器每台都从故障机器中选出一个子表。这

也导致了细粒度负载均衡，即从过载机器中移出子表。和 GFS 的设计类似，BigTable 也有一个主服务器来决定负载均衡。

图 6-20b 描述了 BigTable 系统结构。BigTable 主服务器管理和存储 BigTable 系统的元数据。BigTable 客户端使用 BigTable 客户端程序库来和 BigTable 主服务器以及子表服务器进行通信。BigTable 依靠一个高可用的、持续的分布式锁服务，称为 Chubby[76]，将在 6.3.4 节讨论。■

子表位置分层

图 6-21 描述了如何对从 Chubby 中存储的文件开始的 BigTable 数据进行定位。第一层是一个存储在 Chubby 上的文件，它包括根子表的位置。根子表在一个特殊元数据（METADATA）表中包含所有子表的位置。每个 METADATA 子表包含一组用户子表的位置。根子表就是 METADATA 表的第一个子表，它的处理比较特殊；它绝不会分裂，以确保子表位置分层不会多于三层。

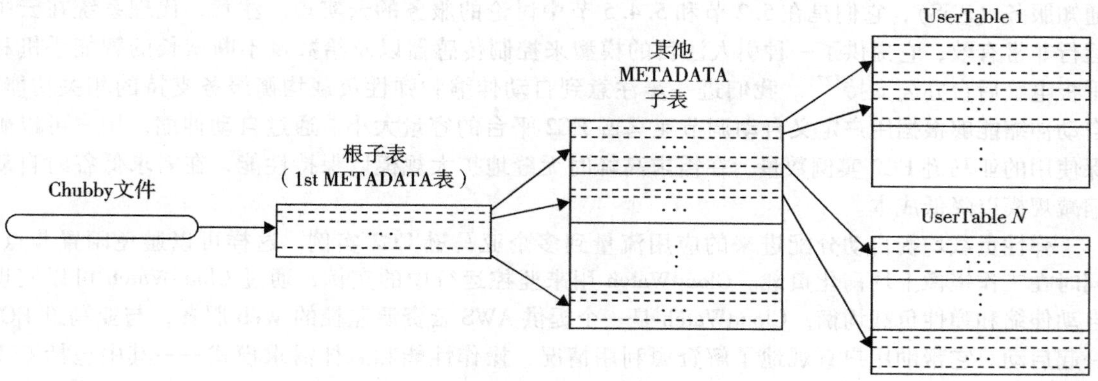

图 6-21　使用 BigTable 的子表位置分层 378

METADATA 表存储一个行键值下一个子表的位置，行键值是一个子表的表格标识符和其结束行的编码。BigTable 包含很多优化和容错特性。Chubby 能为寻找根子表确保文件的可用性。BigTable 主机能迅速扫描子表服务器，来确定所有节点的状态。子表服务器使用压缩来有效地存储数据。共享日志用来记录多个子表的操作，为的是减少日志空间以及保持系统的一致性。

6.3.4 Chubby——谷歌的分布式锁服务

Chubby[76] 用来提供粗粒度锁服务。它能在 Chubby 存储中存储小文件，这里提供了一个简单命名空间作为文件系统树。和 GFS 中的大规模文件相比，存储在 Chubby 上的文件是非常小的。基于 Paxos 一致协议，尽管任何成员节点都会出现故障，Chubby 系统仍然能够非常可靠。图 6-22 描述了 Chubby 系统的整体体系结构。

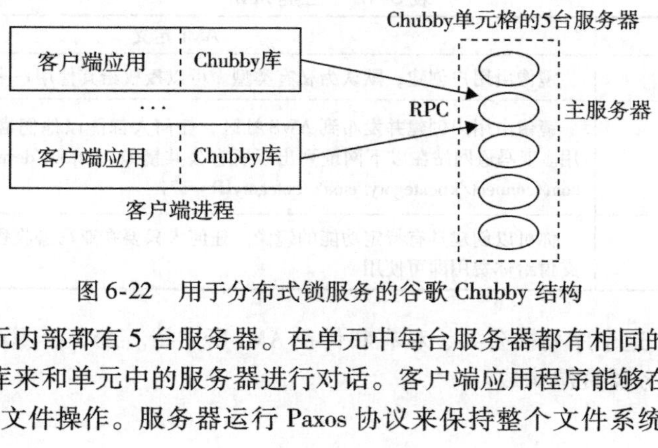

图 6-22　用于分布式锁服务的谷歌 Chubby 结构

每个 Chubby 单元内部都有 5 台服务器。在单元中每台服务器都有相同的文件系统命名空间。客户端使用 Chubby 库来和单元中的服务器进行对话。客户端应用程序能够在 Chubby 单元中的任何服务器上执行各种文件操作。服务器运行 Paxos 协议来保持整个文件系统的可靠性和一致性。

Chubby 已经成为谷歌的主要内部命名服务。GFS 和 BigTable 使用 Chubby 来从冗余副本中选择一个最主要版本。

6.4 亚马逊 AWS 与微软 Azure 中的编程

在这一节中，我们将会考虑 AWS 平台的编程支持。首先，我们回顾 AWS 平台及其提供的更新服务。然后，通过编程实例来研究 EC2、S3 和 SimpleDB 服务。回到图 4-22 和图 4-23 所示的编程环境的特点，亚马逊（和 Azure 一样）通过 6.1.3 节介绍的消息传递接口为一个关系数据库服务（Relational Database Service，RDS）。弹性 MapReduce 的功能与运行在 EC2 基础上的 Hadoop 相当。亚马逊在 SimpleDB 中支持 NOSQL。然而亚马逊并没有直接支持 6.3.3 节描述的 BigTable。

现在我们将关注表 4-6 列出的几个更多的功能。亚马逊提供了简单队列服务（SQS）和简单通知服务（SNS），它们是在 5.2 节和 5.4.5 节中讨论的服务的云实现。注意，代理系统在云中
379 运行非常有效，它提供了一种引人注目的模型来控制传感器以及给数量不断增长的智能手机和平板电脑后台办公支持[77]。我们进一步注意到自动伸缩和弹性负载均衡服务支持的相关功能。自动伸缩能够根据用户定义自动调节亚马逊 EC2 平台的容量大小。通过自动伸缩，用户可以确保使用的亚马逊 EC2 实例数量，在需求高峰时无缝地扩大规模以保持性能，在需求低谷时自动缩减规模以降低成本。

弹性负载均衡自动分配进来的应用流量到多个亚马逊 EC2 实例，这样可以避免闲置节点，同时在工作镜像上均衡化负载。CloudWatch 用来监控运行中的实例，通过 CloudWatch 可以实现自动伸缩和弹性负载均衡。CloudWatch 是一个提供 AWS 云资源监控的 Web 服务，与亚马逊 EC2 一起启动。它帮助用户直观地了解资源利用情况、操作性能和总体需求模式——其中包括 CPU 利用率、磁盘读/写和网络流量的度量。

6.4.1 亚马逊 EC2 上的编程

亚马逊是第一家引入应用托管虚拟机的公司。用户可以租借虚拟机而不是物理机器来运行他们的应用程序。通过使用虚拟机，用户可以自己选择加载任意软件。这类服务的弹性特点是用户可以根据需要创建、启动和终止服务器实例，并且对活动服务器按小时支付费用。亚马逊提供几种类型的预装虚拟机。实例通常称为亚马逊机器镜像（Amazon Machine Image，AMI）。这些虚拟机预先配置了 Linux 或者 Windows 的操作系统和一些附加软件。

表 6-12 定义了 3 种类型的 AMI。图 6-23 显示了运行环境。AMI 是运行虚拟机的实例模板。建立一个虚拟机的工作流是

$$\text{创建一个 AMI} \rightarrow \text{创建密钥对} \rightarrow \text{配置防火墙} \rightarrow \text{启动} \tag{6-3}$$

表 6-12 三类 AMI

映像类型	AMI 定义
私有 AMI	镜像由用户创建，默认为私有类型。可以授权给其他用户来启动你的私有镜像
公共 AMI	镜像由用户创建并发布到 AWS 社区，任何人都能以他们喜欢的方式启动实例并使用。亚马逊网站在以下网址列出了所有公共镜像：http://developer.amazon webservices.com/connect/kbcategory.jspa? categoryID = 171
380 付费 QAMI	你可以创建具有特定功能的镜像。任何人只要在亚马逊收费之上按照使用的小时数支付给你费用即可使用

如图 6-23 所示，这个序列被公共、私有和付费 AMI 所支持。AMI 由图 6-23 底部所示的虚拟化计算、存储器和服务器资源构成。

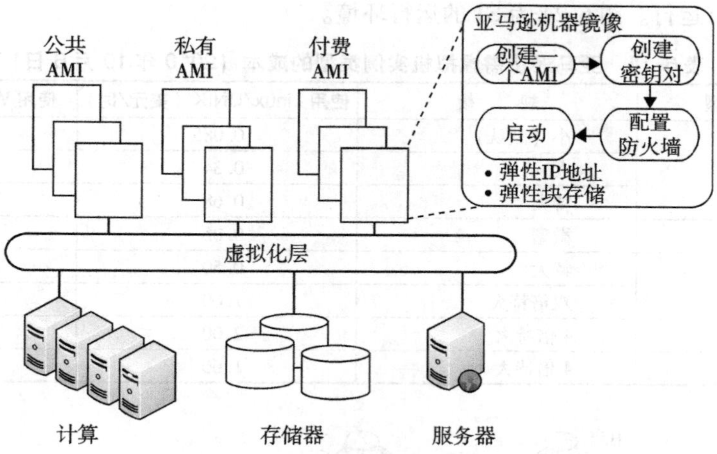

图6-23 亚马逊EC2运行环境

例6.9 在AWS平台使用EC2服务

表6-13列出了2010年10月在5个大类中可用的IaaS实例：

1. **标准实例** 适合大多数应用。

2. **微实例** 提供少量一致的CPU资源，在额外的周期允许超过CPU容量。适合较低吞吐量的应用程序或者定期进行大量计算的网站。

3. **大内存实例** 提供大内存容量用于高吞吐量应用，包括数据库和内存高速缓存的应用。

4. **高CPU实例** 提供按照比例比内存（RAM）更多的CPU资源，适用于计算密集型应用。

5. **集群计算实例** 提供网络性能增强的高CPU资源，适合于高性能计算应用和其他需要网络绑定的应用。它们使用10GB以太网互连。

表6-13 亚马逊EC2实例类型（2010年10月6日）

计算实例	内存（GB）	ECU或EC2单元	虚拟核	存储（GB）	32/64位
标准：小	1.7	1	1	160	32
标准：大	7.5	4	2	850	64
标准：特大	15	8	4	1690	64
微型	0.613	多达2	无	只有EBS	32或64
大内存	17.1	6.5	2	420	64
大内存：双倍	34.2	13	4	850	64
大内存：4倍	68.4	26	8	1690	64
高CPU：中等	1.7	5	2	350	32
高CPU：特大	7	20	8	1690	64
集群计算	23	33.5	8	1690	64

第三列中的成本是根据EC2计算单元（EC2 Compute Units，ECU）计算，一个ECU提供相当于一个1.0～1.2 GHz的2007 Opteron或2007 Xeon处理器的CPU计算能力。表6-14是CPU每小时的使用成本。注意，在实际使用EC2时要支付多种资源的费用，而表6-14的CPU费用只是其中一项，其他所有费用（通常自然收费，所以读者应当在线获得最新的数据）可以在AWS网站中查看。 ■

6.4.2 亚马逊简单存储服务（S3）

亚马逊S3提供一个简单Web服务接口，利用该接口可以在任意时间、任意地点通过Web存储和检索任意数据。S3为用户提供面向对象的存储服务。用户可以通过带有支持SOAP的浏览器或者其他客户端程序的SOAP来访问他们的对象。SQS用来确保两个进程间的可靠消息服务，即使接收进程没有运行。图 6-24 为 S3 的运行环境。

表 6-14 亚马逊按需虚拟机实例类型的成本（2010 年 10 月 6 日）

虚拟机实例类型	规 模	使用 Linux/UNIX（美元/时）	使用 Windows（美元/时）
标准实例	小（默认）	0.085	0.12
	大	0.34	0.48
	特大	0.68	0.96
微实例	微型	0.02	0.03
大内存实例	特大	0.50	0.62
	双倍特大	1.00	1.24
	4 倍特大	2.00	2.48
集群计算实例	4 倍特大	1.60	暂无

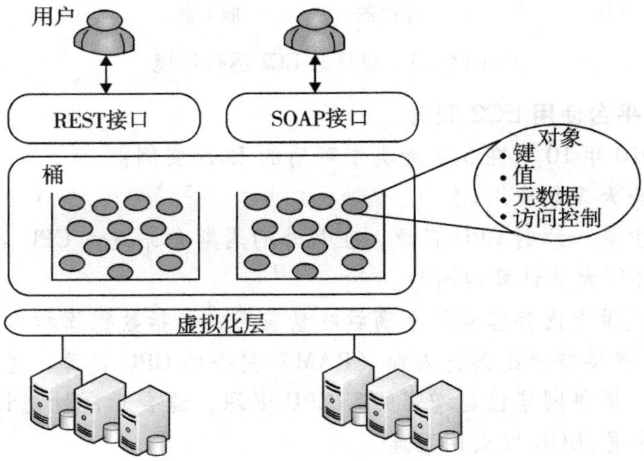

图 6-24 亚马逊 S3 运行环境

对象（object）是 S3 的基本操作单元。每个对象被存储在桶（bucket）里，通过唯一的开发者分配的键值（key）来被检索。也就是说，桶是对象的集装器。除了唯一的键值属性以外，对象还有数值、元数据和访问控制信息等其他属性。从程序员的角度来看，S3 的存储可以被看做一个非常粗粒度的键－值对存储。通过键－值编程接口，用户可以读、写和删除对象，每个对象的大小可以从 1B 到 5GB。用户可以通过两类 Web 服务接口访问亚马逊云存储的数据。一个是 REST（Web 2.0）接口，另一个是 SOAP 接口。S3 的一些关键特征如下：

- 通过地理分散冗余。
- 381~382 利用更便宜的减少冗余存储（Reduced Redundancy Storage，RRS），设计提供了一个在给定一年内 99.999999999% 的耐用性和 99.99% 可用性的对象。
- 认证机制用于确保数据不被非法访问。对象可以设置为私有或者公共，也可以授权给指定用户。
- 每个对象有 URL 和 ACL（访问控制列表）。
- 默认下载协议为 HTTP。BitTorrent 协议接口用来降低大规模分发的费用。
- 每月存储费用（取决于存储总量）是 0.055 美元/GB（超过 5000 TB）到 0.15 美元/GB。
- 每个月最初 1GB 的输入或者输出流量是免费的，然后发往 S3 区域之外的流量价格为每 0.08 ~ 0.15 美元/GB。
- 在相同区域的亚马逊 EC2 和 S3 之间或者弗吉尼亚北部地区亚马逊 EC2 和美国标准地区亚马逊 S3 之间传输数据是不收取费用的（2010 年 10 月 6 日）。

6.4.3 亚马逊弹性数据块存储服务（EBS）和 SimpleDB

弹性块存储（Elastic Block Store，EBS）提供卷块接口用于存储和恢复 EC2 实例的虚拟镜像。传统的 EC2 实例在使用后被销毁。现在，在机器关闭后，EC2 的状态仍被保存在 EBS 系统中。用户可以使用 EBS 保存永久性数据和安装到 EC2 的运行实例。注意，S3 是带消息传递接口的“存储即服务”。EBS 类似于传统的操作系统磁盘访问机制的分布式文件系统。EBS 允许用户创建大小为 1GB 到 1TB 的存储卷，可以安装为 EC2 实例。

多个卷可以被安装在同一个实例中。这些存储卷就像原始的未格式化的块设备，带有用户提供的设备名和块设备接口。在亚马逊 EBS 卷上，用户可以创建一个文件系统，也可以按使用 383
块设备（像硬驱动一样）的其他任意方式来使用存储卷。快照用来增量地保存数据，利用快照可以提高数据存储和恢复的性能。关于价格，亚马逊提供了类似 EC2 和 S3 的按需支付模式。存储卷的收费依据是用户分配的存储量，直到释放为止，价格为每月 0.10 美元/GB。EBS 还对存储器每 100 万个 I/O 请求收取 0.10 美元的费用（2010 年 10 月 6 日）。和 EBS 相似的服务也已经在开源云计算系统中提供，例如 Nimbus。

亚马逊 SimpleDB 服务

SimpleDB 基于关系数据库数据模型提供了一个简单数据模型。用户的结构化数据被组织到域中，每个域可以看做是一个表，条目（item）是表中的列，表中的单元格存放相应行的具体属性（列名）的值。这和关系数据库很相似。不同的是，它可能分配多个值到表格中的一个单元。而在传统关系数据库中，为了保持数据的一致性，这是不允许的。

许多开发人员只是希望能够快速地存储、访问和查询存储的数据，因此 SimpleDB 放弃了维持强一致性数据库模式的需求。SimpleDB 的定价是每台 SimpleDB 机器每个月最初 25 小时免费，超出部分每机每月 0.140 美元（2010 年 10 月 6 日）。和 Azure Table 一样，SimpleDB 可以被称为“LittleTable”，因为它们旨在管理存储在分布式表格中的少量信息。我们可以认为 BigTable 旨在管理基本的大数据，而 LittleTable 旨在管理元数据。亚马逊 Dynamo[78] 是沿着 SimpleDB 生产线下来的早期研究系统。

6.4.4 微软 Azure 编程支持

4.4.4 节介绍了 Azure 云系统。本节将更详细地描述这一编程模式。主要编程组件有客户端开发环境、SQLAzure，以及海量存储和编程子系统，如图 6-25 所示。我们集中在开发 Azure 程序的重要特点。首先，我们拥有底层 Azure 框架，它包括虚拟化的硬件和复杂的控制环境，可以实现资源的动态分配和容错。这实现了域名系统（DNS）和监控功能。自动服务管理允许用 XML 模板定义服务类型，还可以将多个服务复制按请求实例化。

当系统运行时，服务处于监控状态，人们可以访问事件日志、跟踪/调试数据、性能计数器、IIS Web 服务日志、崩溃转储和其他日志文件。这些信息可以保存在 Azure 存储器中。注意，运行云端应用不能进行调试，但是调试可以由跟踪完成。Azure 的基本特点可以分为存储和计算能力。Azure 应用程序通过定制的计算虚拟机连接到互联网，这个虚拟机称为 Web 角色，它支持基本的微软 Web 托管。这样配置的虚拟机一般称为工具机（appliance）。另一个重要计算类是服务器角色，它反映了在云计算中当需要时进行调度的计算资源池的重要性。服务器角色支持 HTTP(S) 和 TCP 协议。角色提供以下方法函数：

- OnStart()方法在零件组成结构启动时调用，允许初始化任务。它报告忙碌状态到负载均衡器，直到返回 true。
- OnStop()方法当角色要被关闭时调用，执行平稳退出。
- Run()方法包含主要逻辑。 384

正如第4章所讨论的，Azure中角色的概念是一个有趣的想法，我们可以期待扩展角色类型并在其他云计算环境中使用。图6-25展示计算角色可以达到负载均衡，这点与GAE和AWS云的处理相似（见4.1节）。

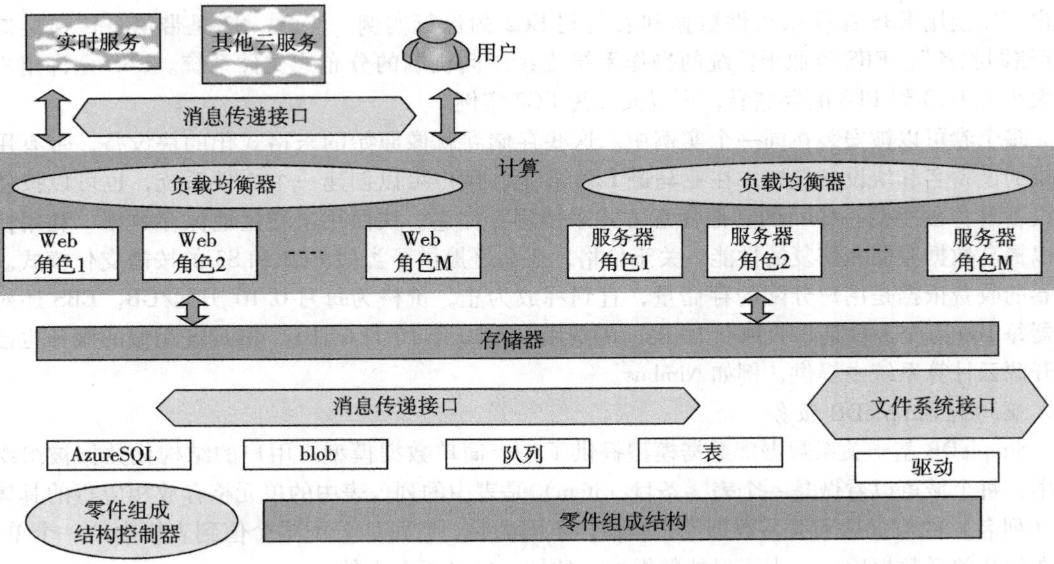

图6-25　Azure云计算平台特征

6.4.4.1　SQLAzure

如图6-25所示，Azure提供一系列非常丰富的存储功能。SQLAzure提供SQL服务器作为服务，将在例6.10中详细描述。除了最新引进的驱动外，其他所有存储形式都用REST接口访问，这点与6.4.3节中讨论的亚马逊EBS相似，另外提供一个文件系统接口作为支持blob存储的持久NTFS卷。REST接口自动关联URL，同时为了提高容错性能，保证访问的一致性，所有存储将被复制三次。

类似于亚马逊中的S3，Azure的基本存储系统建立在blob之上。blob数据模型分为三个层次：账户→集装器→页面或块blob。集装器类似传统文件系统的目录，账户是根目录。块blob用于流数据，每个blob由若干个有序的块组成，每个块最大为4MB，ID长度为64字节。块blob容量上限为200GB。页blob用于随机读/写访问，包含一系列页，最大为1TB。blob中的数据与相
385 应的元数据建立关系，元数据以<name，value>形式表示，每个blob最多有8KB的元数据说明。

6.4.4.2　Azure表

Azure表和队列存储模式目标是非常小的数据卷。队列提供可靠的消息传递，很自然地用于支持Web和服务器角色之间的工作分配。队列可以包括数目不限的消息，队列中的消息至少可以被检索和处理一次，每个消息长度最大为8KB。Azure支持PUT、GET和DELETE消息操作以及CREATE和DELETE队列操作。每个账户可以有任意数量的Azure表，Azure表中的行称为实体，列称为属性。

表格中的实体数量没有限制，这个技术被设计为可以很好地扩展到分布式计算机中存储的大量实体。一个实体最多可以包括255个通用属性，它们是<name，type，value>三元组。每个实体必须定义另外的两个属性*PartitionKey*和*RowKey*，但在其他方面，属性的命名没有限制——这个表是非常灵活的！*RowKey*用来唯一标识每个实体，而*PartitionKey*被设计成共享，具有相同*PartitionKey*的实体存储在相邻的位置。用好*PartitionKey*可以加速搜索性能。一个实体可以至多有1MB的存储容量；如果你需要更大的容量，只需要在表格的属性值中存储一个到blob存储的

链接。ADO. NET 和 LINQ 支持表格查询。

例 6.10 SQLAzure 数据服务

Azure 提供了一个复杂的数据库编程接口。(更多细节参见 www. microsoft. com/azure/sql. mspx)。SQLAzure 数据服务可以近似看做传统的关系数据库。建立在目前成熟的商业软件包上，SQLAzure 可以被视为是一个高度可扩展的、按需数据存储和查询处理的效用服务。SQLAzure 的服务接口基于标准 Web 协议，并且 SQLAzure 支持 SOAP 和 REST。由于基于关系数据库，SQL 数据服务（SQL Data Services，SDS）比之前讨论的两个 NOSQL 数据管理服务（谷歌的 BigTable 和亚马逊的 SimpleDB）能够提供更丰富的数据模型。

SQLAzure 中的数据模型包括三个灵活的模式：授权机构（authority）、集装器（container）和实体。用户在注册完数据服务后，可以创建一个授权机构，表示为一个 DNS 名称，例如 mydomain. data. database. windows. net，其中 mydomain 是用户创建的授权机构，data. database. windows. net 指的是相应的服务。用户可以在任意时间创建多个授权机构。这个 NDS 名将解析到一个特定的 IP 地址并映射到特定的数据中心。因此一个授权机构和它的数据存储在同一个数据中心。在最高级授权机构之下的是集装器，一个授权机构包含若干个集装器（或者没有）。集装器可以使用其 ID 作为句柄，在授权机构中查找相应的集装器。

集装器是用户存放数据的地方。就像 SimpleDB 一样，用户可以将数据存储在集装器，而无需考虑数据模式。实体是存储在集装器中的单元。一个实体可以存放任意数量用户自定义的属性和相应值（例如，像 SimpleDB 中的属性和值)。这里有两个不同类型的集装器：同构集装器和异构集装器。像关系数据库表格一样，一个同构集装器的所有实体具有相同的类型，而异构集装器则没有这一限制。这些概念在图 6-25 中可以看到。

SDS 是 Azure 平台提供云端应用程序的构建模块之一。它的确提供了企业级数据平台。微软在全世界范围内建设了多个数据中心，用于托管第三方云端应用。多个数据中心使得数据具有高可用性和安全性，用户不用担心数据的丢失。SQLAzure 的另一个重要特征是易于开发。SDS 386
(实际上是整个 Azure 平台 SDK) 可以与微软强大的 Visual Studio 开发环境整合在一起，这样能大大提高开发人员开发云端应用的效率和有效性。■

6.5 新兴云软件环境

本节我们对流行的云操作系统和新兴云软件环境进行评估。我们覆盖了开源的 Eucalyptus 和 Nimbus，然后检测了 OpenNebula、Sector/Sphere 和 Open Stack。第 3 章从虚拟化的角度介绍了这些环境。现在，我们提供了更多关于编程需求的细节。我们还将涉及最近在墨尔本大学开发出的 Aneka 云编程工具。

6.5.1 开源的 Eucalyptus 和 Nimbus

Eucalyptus 是从加州大学圣巴巴拉分校一个研究项目开发出的 Eucalyptus Systems (www. eucalyptus. com) 发展而来的一个产品。Eucalyptus 最初旨在将云计算范式引入到学术上的超级计算机和集群。Eucalyptus 提供了一个 AWS 兼容的基于 EC2 的 Web 服务接口，用来和云服务交互。另外，Eucalyptus 也提供服务，如 AWS 兼容的 Walrus，以及一个用来管理用户和镜像的用户接口。

6.5.1.1 Eucalyptus 体系结构

Eucalyptus 系统是一个开放的软件环境。Eucalyptus 白皮书[79,80]中介绍了这个体系结构。在图 3-27 中，我们已经从虚拟集群化的角度介绍了 Eucalyptus。图 6-26 从管理虚拟机镜像的要求上给出了体系结构。如下所示该系统在虚拟机镜像管理中支持云程序员。实际上，该系统已经延伸到支持计算云和存储云的开发。

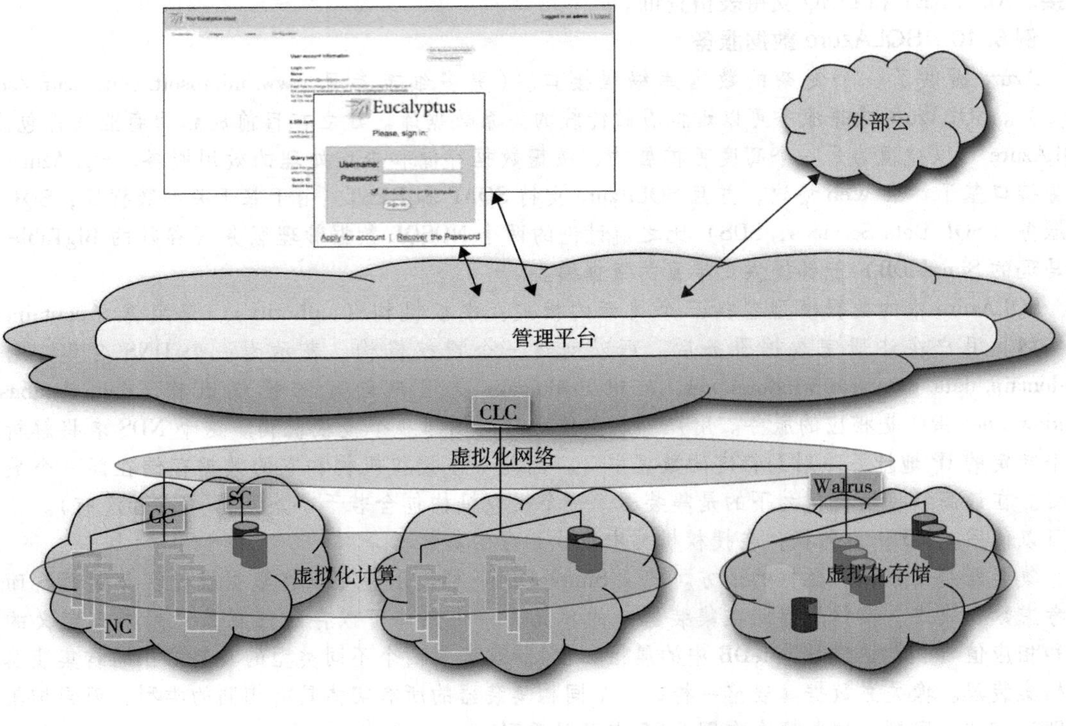

图 6-26　用于虚拟机镜像管理的 Eucalyptus 体系结构

注：由 Eucalyptus LLC 协议提供[81]。

6.5.1.2　虚拟机镜像管理

Eucalyptus 吸收了很多亚马逊 EC2 的设计成果，且二者镜像管理系统没有什么不同。Eucalyptus 在 Walrus 中存储镜像，其块存储系统类似于亚马逊 S3 服务。这样，任何用户可以自己捆绑自己的根文件系统，上传然后注册镜像并把它和一个特定的内核与虚拟硬盘镜像连接起来。这个镜像被上传到 Walrus 内由用户自定义的桶中，并且可以在任何时间从任何可用区域中被检索。这样就允许用户创建专门的虚拟工具（http://en.wikipedia.org/wiki/Virtual_appliance）并且不费力地用 Eucalyptus 来配置它们。Eucalyptus 系统提供了一个商业版权版本，以及我们刚刚描述的开源版本。

6.5.1.3　Nimbus

Nimbus[81,82] 是一套开源工具，一起提供一个 IaaS 云计算解决方案。图 6-27 给出了 Nimbus 的
387 体系结构，它允许客户租赁远程资源，通过在资源上部署虚拟机和配置它们表示用户期望的环境。为了这个目的，Nimbus 提供了一个被称为 Nimbus Web 的特殊 Web 界面[83]。其目的是以一个友好的界面提供管理和用户功能。Nimbus Web 以一个 Python Django[84] Web 应用为中心，其目的是部署时可以从 Nimbus 服务中完全分离出来。

正如我们在图 6-27 中所看到的，一个称为 Cumulus[83] 的存储云实现已经与其他中心服务紧密集成起来，尽管其可以单独使用。Cumulus 和亚马逊的 S3 REST API[85] 兼容，并通过包含诸如配额管理这些特征扩展了其功能。因而，那些不能和 S3 REST API 同时运行的客户端（如 boto[86] 和 s2cmd[87]）能够和 Cumulus 一起运行。另外，Nimbus 云客户端使用 Java Jets3t 库[88] 与 Cumulus 进行交互。

Nimbus 支持两种资源管理策略。第一种是默认的“资源池”模式。在这种模式中，服务直接控制虚拟机管理器节点池，且假设其能启动虚拟机。另一个支持模式被称为“飞行模式”。在

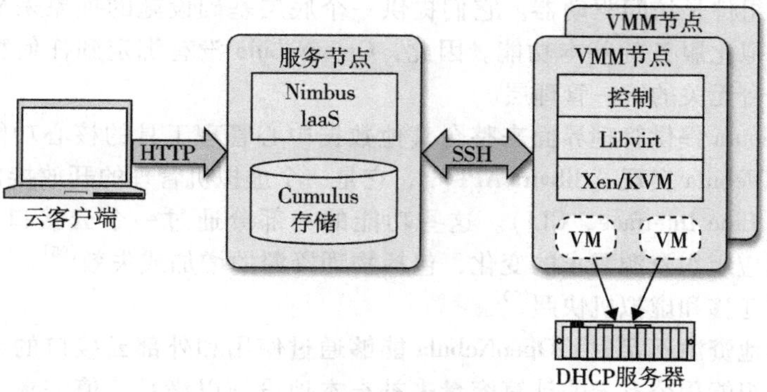

图 6-27 Nimbus 云基础设施

注：由 Nimbus 项目提供[82]。

这里，服务向集群的本地资源管理系统（Local Resource Management System，LRMS）发出请求，以获得一个可用的虚拟机管理器来配置虚拟机。Nimbus 也提供亚马逊 EC2 接口[89]的实现，允许用户使用为真实 EC2 系统开发的客户端，而不是基于 Nimbus 的云。

6.5.2 OpenNebula、Sector/Sphere 和 Open Stack

Open Nebula[90,91]是一个开源的工具包，它可以把现有的基础设施转换成像类似云界面的 IaaS 云。图 6-28 显示了 OpenNebula 体系结构及其主要组件。OpenNebula[92]的体系结构已经被设计得非常灵活且模块化，允许与不同的存储和网络基础设施配置以及 hypervisor 技术集成起来。这里，核心是一个集中式组件，它管理着虚拟机的全部生命周期，包括动态设置虚拟机群的网络，管理它们的存储需求，如虚拟机磁盘镜像的部署或者即时软件环境的生成。

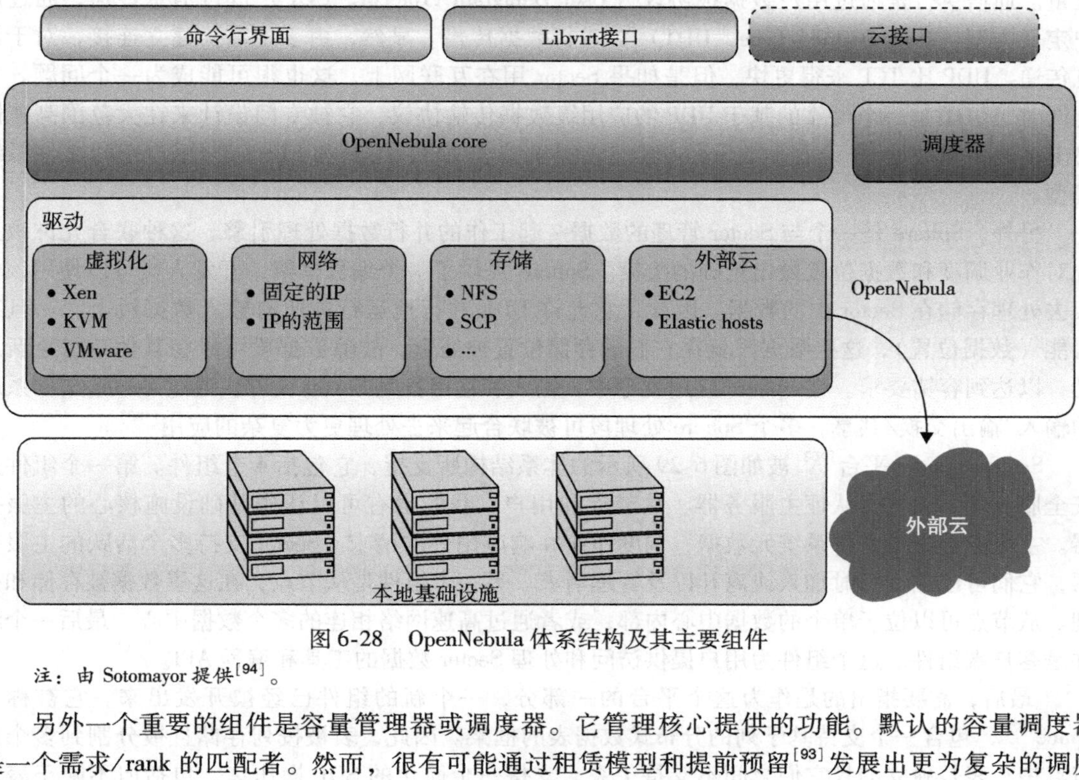

图 6-28 OpenNebula 体系结构及其主要组件

注：由 Sotomayor 提供[94]。

另外一个重要的组件是容量管理器或调度器。它管理核心提供的功能。默认的容量调度器是一个需求/rank 的匹配者。然而，很有可能通过租赁模型和提前预留[93]发展出更为复杂的调度策略。最后的主要组件是访问驱动器。它们提供一个底层基础设施的抽象来显示在集群中可用的监测、存储、虚拟化服务的基本功能。因此，OpenNebula 没有绑定到任何特定环境，并且能提供一个与虚拟平台无关的统一管理层。

此外，OpenNebula 提供管理界面来整合其他数据中心管理工具的核心功能，如审计或监测框架。为此，OpenNebula 实现了 libvirt API[94]，它是一个虚拟机管理的开放接口，也是一个命令行界面（Command Line Interface，CLI）。这些功能的一部分通过一个云接口显示给外部用户。OpenNebula 能够适应组织资源需求的变化，包括物理资源的增加或失效[95]。一些支持变化环境的基本特性有实时迁移和虚拟机快照[90]。

进一步，当本地资源不足时，OpenNebula 能够通过使用和外部云接口的云驱动器支持混合云模型。这使得组织能用公有云的计算容量来补充本地设施以满足峰值需求或者实现高可用策略。OpenNebula 目前包括一个 EC2 驱动器，它能向亚马逊 EC2[89] 和 Eucalyptus[80]，以及 ElasticHosts 驱动器[96]提交请求。关于存储，镜像库允许用户很容易地从一个目录中指定磁盘镜像，而不用担心低级磁盘配置属性或者块设备映射。同时，镜像访问控制被应用到仓库中注册过的镜像，于是简化了多用户环境和镜像共享。不过，用户也可以建立他们自己的镜像。

6.5.2.1 Sector/Sphere

Sector/Sphere 是一个软件平台，能够在一个数据中心内部或在多个数据中心之间，支持大量商业计算机集群上的大规模分布式数据存储和简化的分布式数据处理。该系统由 Sector 分布式文件系统和 Sphere 并行数据处理框架[97,98]构成。Sector 是一个分布式文件系统（DFS），它能部署在很大范围里且允许用户通过高速网络连接[99]从任何位置管理大量的数据集。通过在文件系统中复制数据和管理副本来实现容错。

由于当放置副本时，Sector 知道网络拓扑结构，它也能提供更好的可靠性、可用性和访问吞
388～390 吐量。通信执行是通过用户数据报协议（User Datagram Protocol，UDP）进行消息传递，通过用户定义类型（User Defined Type，UDT）[100]进行数据传输。显然，由于不需要建立连接，对于消息传递，UDP 比 TCP 来得更快，但是如果 Sector 用在互联网上，这也很可能成为一个问题。与此同时，UDT 是一个可靠的基于 UDP 的应用级数据传输协议，它被专门设计来在大范围高速网络上高速传输数据[100]。最后，Sector 客户端提供编程 API、工具和 FUSE[101] 用户空间文件系统模型。

另外，Sphere 是一个与 Sector 管理的数据一起工作的并行数据处理引擎。这种联合允许该系统对作业调度和数据位置做出精确的决策。Sphere 提供了一个编程框架，开发人员可以使用该框架去处理存储在 Sector 中的数据。因此，它允许 UDF 并行地运行在所有输入数据段上。一旦有可能（数据位置），这些数据段就在它们的存储位置被处理。故障数据段可以在其他节点重新启动，以达到容错要求。在 Sphere 应用程序中，输入和输出都是 Sector 文件。通过 Sector 文件系统的输入/输出交换/共享，多个 Sphere 处理段可被联合起来去处理更为复杂的应用[102]。

Sector/Sphere 平台[102]被如图 6-29 所示的体系结构所支持，它包括 4 个组件。第一个组件是安全服务器，它负责认证主服务器、从节点和用户。我们也有可以认作基础设施核心的主服务器。主服务器维护文件系统元数据、调度作业并响应用户的请求。Sector 支持多个活跃的主服务器，它们可以在运行时加入或离开以及管理请求。另一个组件是从节点，在这里数据被存储和处理。从节点可以位于单个的数据中心内部，或者通过高速网络相连的多个数据中心。最后一个组件是客户端组件。这个组件为用户提供访问和处理 Sector 数据的工具和编程 API。

最后，需要指出的是作为这个平台的一部分，一个新的组件已经被开发出来。它被称为 Space[97]，包含一个支持基于列的分布式数据表的框架。因此，表被按列存储且被分割到多个从节点中。表是独立的且它们之间不支持关系。支持一个简化的 SQL 操作集，包括但不限于表的

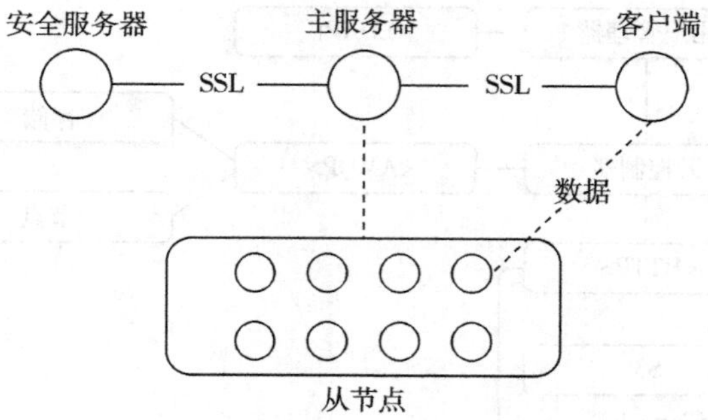

图 6-29 Sector/Sphere 系统体系结构

注：由 GU 和 Grossman 提供[102]。

建立和修改、键值对的更新和查找，以及选择 UDF 操作。

6.5.2.2 OpenStack

在 2010 年 7 月，OpenStack[103] 已经被 Rackspace 和 NASA 提出。该项目是试图建立一个开源的社区，跨越技术人员、开发人员、研究人员和工业来分享资源和技术，其目标是创建一个大规模可伸缩的、安全的云基础设施。按照其他开源项目的惯例，整个软件是开源的且仅限开源 API，如亚马逊。 391

目前，OpenStack 使用 OpenStack Compute 和 OpenStack Sorage 的解决方案，重点开发两个方面的云计算来解决计算和存储问题。“OpenStack 计算是创建和管理大规模团体虚拟专用服务器的云内部结构”和“OpenStack Object Storage 是一个软件，使用商用服务器集群去存储太字节甚至拍字节数据来创建冗余可伸缩的对象存储”。最近，已经原型化一个镜像库。镜像库包含一个镜像注册和发现服务以及一个镜像发送服务。它们一起向计算服务发送镜像，并从存储服务获得镜像。这个开发表明该项目正在努力向产品组合里集成更多的服务。

6.5.2.3 OpenStack Compute

作为计算支持努力的一部分，OpenStack[103] 正在研发一个称为 Nova 的云计算结构控制器，它是 IaaS 系统的一个组件。Nova 的体系结构是建立在零共享和基于消息传递的信息交换的概念上。所以 Nova 中的大多数通信是由消息队列所推动。为了防止在等待其他响应时阻塞组件，引入了延迟对象。这样的对象包括回调函数，该函数在收到一个响应时会被触发。这和并行计算中已经建立起来的概念非常相似，例如“futures”，这已经在网格社区中的一些项目（如 CoG Kit）中应用。

为实现零共享范式，整个系统的状态保存在一个分布式数据系统中。通过原子事务使得状态更新保持一致性。Nova 用 Python 语言来实现，同时利用大量的外部支持函数库和组件。这包括 boto、Python 编写的亚马逊 API，以及 Tornado、一个在 OpenStack 中用来实现 S3 功能的快速 HTTP 服务器。图 6-30 显示了 OpenStack Compute 的主要体系结构。在这个体系结构中，API 服务器从 boto 接收 HTTP 请求，把命令转成或转自 API 格式，并向云控制器转发请求。

云控制器维护系统的全局状态，确保通过轻量级目录访问协议（Lightweight Directory Access Protocol，LDAP）与用户管理器交互时的授权，同 S3 服务和管理节点相互作用，还通过一个队列与存储工作机作用。此外，Nova 集成网络组件来管理私有网络、公有 IP 寻址、虚拟专用网（Virtual Private Network，VPN）连接，以及防火墙规则。它包括以下类型：

- *NetworkController* 管理地址和虚拟局域网（Virtual LAN，VLAN）分配。
- *RoutingNode* 管理公有 IP 到私有 IP 的 NAT（Network Address Translator，网络地址翻译器）转换，强制执行防火墙规则。

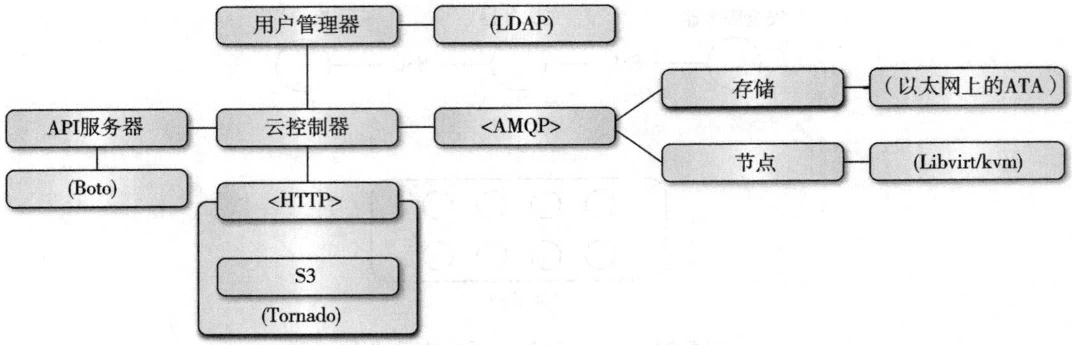

图 6-30 OpenStack Nova 系统体系结构。5.2 节描述了 AMQP（高级消息队列协议）

- *AddressingNode* 为私有网络运行动态主机配置协议（Dynamic Host Configuration Protocol，DHCP）服务。
- *TunnelingNode* 提供 VPN 连接。

网络状态（在分布式对象存储中管理）包含以下内容：

- 分配给一个项目的 VLAN。
- 在一个 VLAN 中一个安全群体的私有子网分配。
- 运行实例的私有 IP 分配。
- 一个项目的公有 IP 分配。
- 一个私有 IP/运行实例的公有 IP 分配。

6.5.2.4 OpenStack Storage

OpenStack 存储方案是在很多相互作用的组件和概念上建立起来的，包括一个代理服务器、一个环、一个对象服务器、一个集装器服务器、一个账户服务器、副本、更新者和审计者。代理服务器的作用是使查询账户、集装器或者 OpenStack 储存环里的对象及路由请求成为可能。因此，任何对象是直接通过代理服务器在对象服务器和用户之间来回流动。一个环代表磁盘上存储的实体名字和其物理位置的映射。

存在账户、集装器和对象的单独环。一个环包括使用区域、设备、分区和副本的概念。于是它允许系统能够处理故障，以及代表着一个驱动器、一台服务器、一个机架、一个交换机或者甚至一个数据中心区域的隔离。在集群里可以使用权重来平衡驱动器里每个分区的分配，以支持异构的存储资源。根据文档，“对象服务器是一个非常简单的块存储服务器，它能存储、检索和删除存储在本地设备中的对象”。

对象以二进制文件形式保存，元数据存储在文件的扩展属性里。这要求底层的文件系统围绕对象服务器构建，这常常和标准 Linux 安装不一样。为了列出对象，可以使用集装器服务器。集装器列表是由账户服务器负责的。OpenStack“Austin” Compute 和 Object Storage 的第一个版本是在 2010 年 10 月 22 日发行的。该系统有一个很强大的开发团队。

6.5.3 Manjrasoft Aneka 云和工具机

Aneka（www.manjrasoft.com/）是一个由 Manjrasoft 公司开发的云计算应用平台，公司坐落于澳大利亚墨尔本。Aneka 是为私有云或公有云上并行和分布式应用的快速开发和部署而设计的。它提供了一系列丰富的 API，可以透明地利用分布式资源，采用喜欢的编程抽象来表示各种应用
392~393 的商业逻辑。系统管理员可以利用一系列的工具来监视和控制部署好的基础设施。该平台可以部署在像亚马逊 EC2 这样的公有云上，其订阅者通过互联网来访问，也可以部署在访问受限的一系列节点组成的私有云上，如图 6-31 所示。

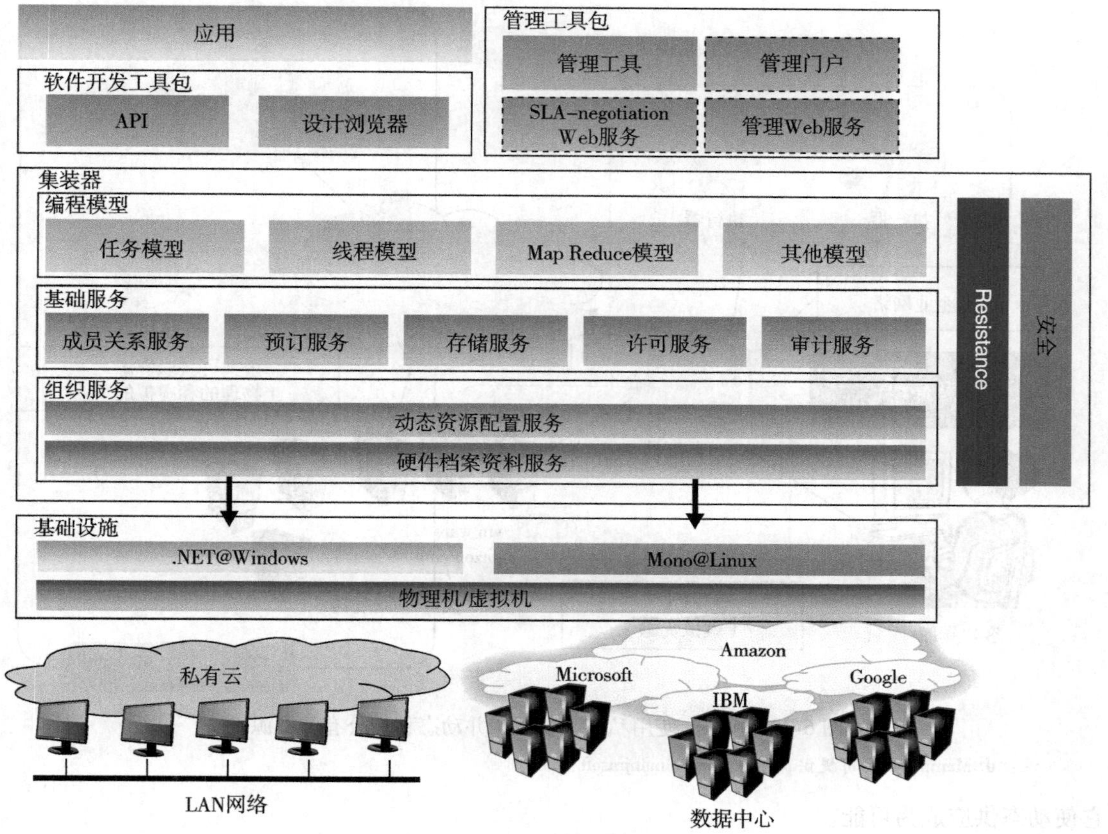

图 6-31　Aneka 体系结构和组件

注：由 Manjrasoft 公司 Raj Buyya 提供。

Aneka 作为一个工作负载的分配和管理平台，用来加速运行于 Linux 和 Microsoft. NET 框架环境下的应用。和其他负载分配解决方案相比，Aneka 有如下一些关键优势：

- 支持多种编程和应用环境。
- 同时支持多种运行时环境。
- 拥有快速部署工具和框架。
- 基于用户的（QoS/SLA）需求，能够利用多种虚拟机和物理机器来加速应用供应。
- 构建在 Microsoft . NET 框架之上，能够通过 Mono 支持 Linux 环境。 394

Aneka 提供了三种类型功能，它们是创建、加速和管理云计算及其应用所必需的：

1. **创建**：Aneka 包括一个新的 SDK，它把 SDK 和工具联合起来让用户能够迅速开发应用。Aneka 也允许用户创建不同的运行时环境，例如，通过利用网络或企业数据中心、亚马逊 EC2 的计算资源创建的企业/私有云，Aneka 管理的企业私有云和来自亚马逊 EC2 的资源组成的混合云，或使用 XenServer 创建和管理的其他企业云。

2. **加速**：Aneka 支持在多个运行时环境中不同的操作系统（比如 Windows 或 Linux/ UNIX 系统）下快速开发和部署应用程序。Aneka 尽可能地使用物理机器来达到本地环境的最大利用率。任何时候当用户设定 QoS 参数（如期限）时，或者如果企业资源不足以满足要求，Aneka 支持从公有云（如 EC2）动态租赁额外的能力，以便按时完成任务（见图 6-32）。

3. **管理**：Aneka 支持的管理工具和功能包括一个 GUI 和来设置、监控、管理和维护远程与全球 Aneka 计算云的 API。Aneka 也有一个审计机制和管理优先权以及基于 SLA/QoS 的可扩展性，

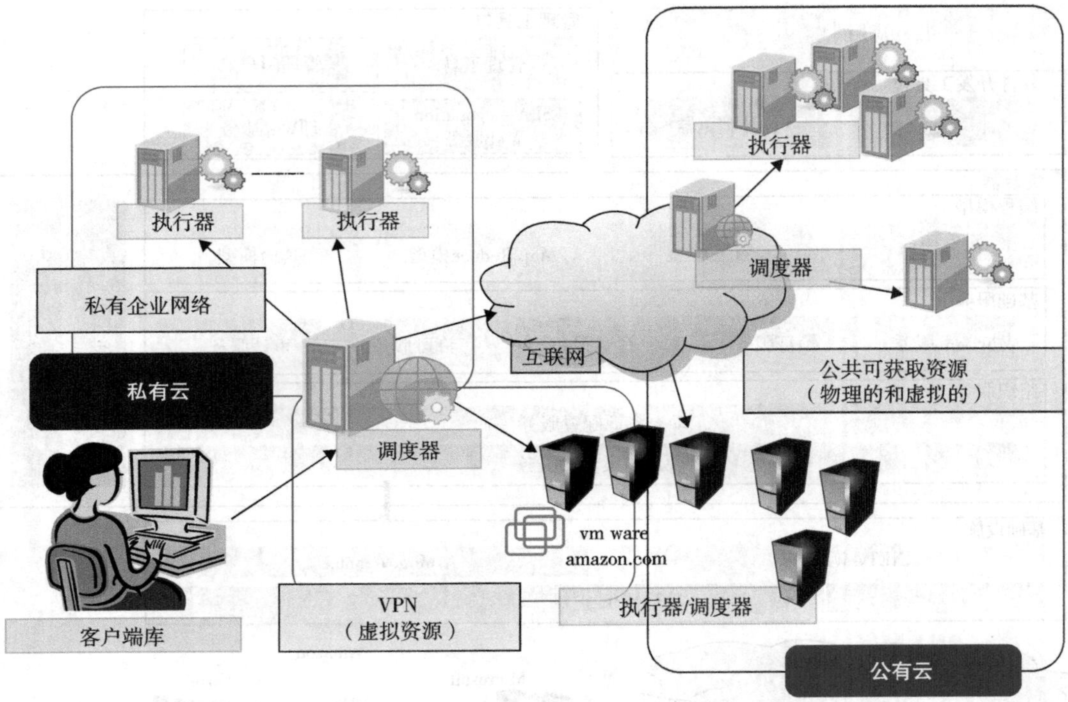

图 6-32　Aneka 使用私有云资源，并动态租赁公有云资源

注：由 Manjrasoft 公司提供，http://www.manjrasoft.com/。

它使动态供应成为可能。

下面是 Aneka 支持的三个重要编程模型，可以用于云计算和传统并行应用程序：

1. 线程编程模型：该模型是最好的解决方法，可用来利用计算机云中多核节点的计算功能。

2. 任务编程模型：该模型允许快速原型和实现一个独立的任务应用包。

3. MapReduce 编程模型：在 6.2.2 节中已讨论过。

6.5.3.1　Aneka 体系结构

作为一个云应用平台，Aneka 的特点是为应用程序提供同构的分布式运行时环境。这个环境通过将托管 Aneka 容器的物理节点和虚拟节点聚集在一起而建成。容器是一个轻量级层次，与主机环境进行交互，管理部署在一个节点上的服务。和主机平台的交互是由平台抽象层（Platform Abstraction Layer，PAL）调解，在它的实现中隐藏了不同的操作系统的所有异构性。

通过 PAL 使运行所有与基础设施相关的任务成为可能，如性能和系统监控。这些活动对于确保应用所需的服务质量是至关重要的。PAL 和容器一起，代表了服务的主机环境，实现了中间件的核心功能，组成一个动态和可扩展的系统。可用的服务可以归为三个主要类别：

组织服务：组织服务实现了云基础设施的基本操作。这些服务包括：高可用性和故障时提高可靠性、节点关系和目录、资源供应、性能监控和硬件档案资料。

基础服务：基础服务构成了 Aneka 中间件的核心功能。它们提供了一套基本功能，增强了在云里应用的执行能力。这些服务给基础设施提供了附加价值，并且对于系统管理员和开发者都是有用的。在这个类别里，我们可以列举出：存储管理、资源预留、报告、审计、计费、服务监控和许可制度。在所有支持的应用模型里都可以运行这个级的服务。

应用服务：应用服务直接处理应用的执行并负责为每一个应用模型提供合适的运行时环境。他们为几个应用运行任务（如弹性可扩展、数据传输、性能监控、审计和计费）利用基础服务和组织服务。在这个级上，Aneka 在支持不同的应用模型和分布式编程模式上显示了其真实潜力。

依靠底层和服务来执行应用，每一个支持的应用模型由一种不同的服务集所管理。总的来说，每一个应用模型的中间件副本至少有两个不同的服务：调度与执行。此外，特定的模型需要额外服务或者一个不同类型的支持。Aneka 为最有名的应用编程模式提供支持，如分布式线程、任务包和 MapReduce。395~396

在这个系统中可以设计并部署附加服务。基础设施就是这样添加了很多附加特点和功能而变得丰富。SDK 为快速的服务原型开发提供了直接的接口和易用的组件。新服务的部署和集成非常迅速、悄无声息。容器利用 Spring 框架，允许对类似服务这种新组件进行动态集成。

例 6.11　Maya 绘图实例的 Aneka 应用

Aneka 已在生命科学、工程和创意媒体等领域创造了多种有趣的应用。利用 Aneka 开发的各种应用能不加改变地运行在企业或公有云上。我们将简要介绍一个使用 Aneka 并软件在工程设计中进行高速渲染的实例研究。为了减少时间，GoFront 使用 Aneka 并在他们公司利用计算机网络建立了一个企业云（见图 6-33）。作为中国南方铁路的一个成员，GoFront 集团是中国领先的和最大的电动机车设备研究和制造商。

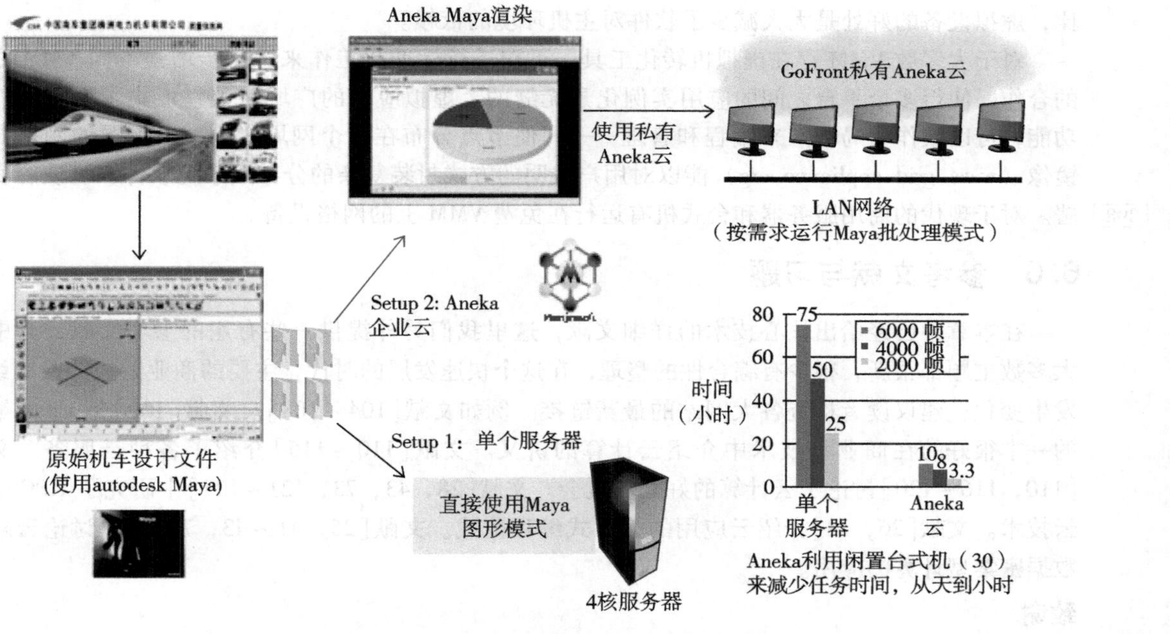

图 6-33　使用 Aneka 在 GoFront 私有云上绘制机车设计图像 397

注：由 Manjrasoft 公司的 Raj Buyya 提供。

GoFront 集团负责设计高速电动机车、地铁车辆、城市交通车辆和动车。最初的原型设计需要使用 Autodesk 的 Maya 绘图软件生成的高质量三维图像。通过检查三维图像，工程师找出了原始设计中的问题，并作出了合适的设计改进。然而，这样的设计要用 2 000 帧图像描绘场景，需要用一个 4 核的服务器花费 3 天时间。

为了节约时间，GoFront 使用了 Aneka 并在他们公司利用计算机网络建立了企业云。他们利用 Aneka Design Explorer，一款快速创建参数扫描应用的工具，这个工具在不同的数据项上将相同的程序执行了很多次（在这个例子中，执行 Maya 软件来描绘不同的图像）。一款定制的 Design Explorer（称为 Maya GUI）已经用于 Maya 绘图。Maya GUI 管理各种参数、产生 Aneka 任务、监视已提交的 Aneka 任务并收集最后已经画好的图像。设计图像过去需要 3 天来渲染（2 000 +

帧，每一帧有超过5种不同的摄影角度)。只使用20个节点的Aneka云，GoFront就能够使渲染时间从开始的3天缩短为3个小时。■

6.5.3.2 虚拟设备

机器虚拟化提供了唯一的机会，突破了软件在应用程序和主机环境之间的依赖性。近年来，由于为商用系统开发的高效且可自由获得的虚拟机监视器（例如Xen、VMware Player、KVM和VirtualBox)，资源虚拟化经历了复兴，并且得到微处理器公司的支持（例如Intel和AMD的虚拟化扩展)。现代系统虚拟机提供了更好的灵活性、安全性、隔离和资源控制，同时支持大量未经修改的应用，在网格计算上的使用有着压倒性的优势。网格应用也需要网络的连通性，日益增加的NAT和IP防火墙技术打破了先前互联网中节点对等的早期模式，阻碍了网格计算系统的规划和部署。

在Aneka中，虚拟机和P2P网络虚拟化技术可以集成为一个可自我配置的、预包装的“虚拟设备”，以使在异构、广域分布式系统上同构配置的虚拟集群得到简单部署。虚拟设备是安装和配置好整个软件栈（包括操作系统、库、二进制文件、配置文件和自动配置脚本）的虚拟机镜像，这样当虚拟设备实例化时，给定的应用可以即开即用地工作。与传统的软件发行方式相比，虚拟设备的好处是大大减少了软件对主机环境的依赖。

对于大多数VMM存在虚拟机转化工具，正在进行标准化工作来进一步增强不同VMM之间的合作，使得多个平台之间的应用实例化是无缝的。虚拟应用的广域覆盖物汇集了商用硬件的功能，可以被作为局域网来编程和管理——即使节点分布在多个网域之上。预配置的网格设备镜像（www.grid-appliance.org）能以对用户透明的方式封装复杂的分布式系统软件，以便容易部
398 署。对于现代的商用服务器和台式机有运行在免费VMM上的网格设备。

6.6 参考文献与习题

在本章中已经给出核心技术的详细文献，这里我们另外提供一些有用的参考文献，其中的大多数主题都很新，很少有综合性的整理，在这个快速发展的时代，主要的商业云的链接也经常发生变化；建议读者检查各大网站的最新链接。例如文献[104~108]。文献[109]是Chou编写的一本很好的在商业和技术中介绍云计算的讲义。文献[110~115]介绍了各种云服务。文献[110，116~120]讨论了云计算的好处和机会。文献[28，43，73，121~127]中研究了HPC中的云技术。文献[26，28]介绍云应用的分布式编程范式。文献[25，41~43，74，75]讨论云对于数据密集型计算的应用。

致谢

本章的合著者是印第安纳大学的Geoffrey Fox和悉尼大学的Albert Zomaya。此外，还得到了以下学者的帮助：陈康（清华大学，中国)，Judy Qiu、Gregor von Laszewski、Javier Diaz、Archit Kulshrestha和Andrew Younge（印地安纳大学)，Reza Moravaeji和Javid Teheri（悉尼大学)，以及Renato Figueiredo（佛罗里达大学)。Rajkumar Buyya（墨尔本大学）对6.5.3节做出了贡献。黄
399 铠教授（USC）负责最后本章文稿的编辑。

本章是由东南大学的秦中元副教授翻译，并得到宋云燕、郑勇鑫与杨中云同学的协助。

参考文献

[1] C. Dabrowski, Reliability in grid computing systems, Concurr. Comput. Pract. Exper. 21 (8) (2009) 927–959.

[2] Microsoft, Project Trident: A Scientific Workflow Workbench, http://research.microsoft.com/en-us/collaboration/tools/trident.aspx, 2010.

[3] W. Lu, J. Jackson, R. Barga, AzureBlast: A case study of developing science applications on the cloud, in: ScienceCloud: 1st Workshop on Scientific Cloud Computing co-located with HPDC (High Performance Distributed Computing), ACM, Chicago, IL, 21 June 2010.
[4] Distributed Systems Laboratory (DSL) at University of Chicago Wiki. Performance Comparison: Remote Usage, NFS, S3-fuse, EBS. 2010.
[5] D. Jensen, Blog entry on Compare Amazon S3 to EBS data read performance, http://jensendarren.wordpress.com/2009/12/30/compare-amazon-s3-to-ebs-data-read-performance/, 2009.
[6] Zend PHP Company, The Simple Cloud API for Storage, Queues and Table, http://www.simplecloud.org/home, 2010.
[7] Microsoft, Windows Azure Geo-location Live, http://blogs.msdn.com/b/windowsazure/archive/2009/04/30/windows-azure-geo-location-live.aspx, 2009.
[8] Raytheon BBN, SHARD (Scalable, High-Performance, Robust and Distributed) Triple Store based on Hadoop. http://www.cloudera.com/blog/2010/03/how-raytheon-researchers-are-using-hadoop-to-build-a-scalable-distributed-triple-store/, 2010.
[9] NOSQL Movement, Wikipedia list of resources, http://en.wikipedia.org/wiki/NoSQL, 2010.
[10] NOSQL Link Archive, LIST OF NOSQL DATABASES, http://nosql-database.org/, 2010.
[11] F. Chang, J. Dean, S. Ghemawat, W.C. Hsieh, D. Wallach, M. Burrows, et al., BigTable: A distributed storage system for structured data, in: OSDI'06: Seventh Symposium on Operating System Design and Implementation, USENIX, Seattle, WA, 2006.
[12] Amazon, Welcome to Amazon SimpleDB, http://docs.amazonwebservices.com/AmazonSimpleDB/latest/DeveloperGuide/index.html, 2010.
[13] J. Haridas, N. Nilakantan, B. Calder, Windows Azure Table, http://go.microsoft.com/fwlink/?LinkId=153401, 2009.
[14] International Virtual Observatory Alliance, VOTable Format Definition Version 1.1, http://www.ivoa.net/Documents/VOTable/20040811/, 2004.
[15] Apache Incubator, Heart (Highly Extensible & Accumulative RDF Table) planet-scale RDF data store and a distributed processing engine based on Hadoop & Hbase, http://wiki.apache.org/incubator/HeartProposal, 2010.
[16] M. King, Amazon SimpleDB and CouchDB Compared, http://www.automatthew.com/2007/12/amazon-simpledb-and-couchdb-compared.html, 2007.
[17] Apache, Hbase implementation of BigTable on Hadoop File System, http://hbase.apache.org/, 2010.
[18] Apache, The CouchDB document-oriented database project, http://couchdb.apache.org/index.html, 2010.
[19] M/Gateway Developments Ltd, M/DB Open Source "plug-compatible" alternative to Amazon's SimpleDB database, http://gradvs1.mgateway.com/main/index.html?path=mdb, 2009.
[20] ActiveMQ, http://activemq.apache.org/, 2009.
[21] S. Pallickara, G. Fox, NaradaBrokering: a distributed middleware framework and architecture for enabling durable peer-to-peer grids, in: ACM/IFIP/USENIX 2003 International Conference on Middleware, Rio de Janeiro, Brazil, Springer-Verlag, New York, Inc., 2003.
[22] NaradaBrokering, Scalable Publish Subscribe System, http://www.naradabrokering.org/, 2010.
[23] Apache Hadoop, http://hadoop.apache.org/, 2009.
[24] J. Ekanayake, A.S. Balkir, T. Gunarathne, G. Fox, C. Poulain, N. Araujo, et al., DryadLINQ for scientific analyses, in: Fifth IEEE International Conference on eScience, Oxford, 2009.
[25] J. Ekanayake, T. Gunarathne, J. Qiu, G. Fox, S. Beason, J.Y. Choi, et al., Applicability of DryadLINQ to Scientific Applications, Community Grids Laboratory, Indiana University, 2009.
[26] M. Isard, M. Budiu, Y. Yu, A. Birrell, D. Fetterly, Dryad: Distributed data-parallel programs from sequential building blocks, in: ACM SIGOPS Operating Systems Review, ACM Press, 2007.
[27] Y. Yu, M. Isard, D. Fetterly, M. Budiu, U. Erlingsson, P.K. Gunda, et al., DryadLINQ: A System for General-Purpose Distributed Data-Parallel Computing Using a High-Level Language, in: Symposium on Operating System Design and Implementation (OSDI), 2008.
[28] J. Dean, S. Ghemawat, MapReduce: simplified data processing on large clusters, Commun. ACM 51 (1) (2008) 107–113.
[29] J. Ekanayake, H. Li, B. Zhang, T. Gunarathne, S. Bae, J. Qiu, et al., Twister: a runtime for iterative MapReduce, in: Proceedings of the First International Workshop on MapReduce and Its Applications of ACM HPDC 2010 conference, ACM, Chicago, IL, 20–25 June 2010.

[30] T. Gunarathne, T. Wu, J. Qiu, G. Fox, MapReduce in the Clouds for Science, in: CloudCom, IUPUI Conference Center, Indianapolis, 30 November–3 December 2010.
[31] R.S. Dorward, R. Griesemer, S. Quinlan, Interpreting the data: parallel analysis with Sawzall, Scientific Prog. J. 13 (4) (2005) 227–298 (Special Issue on Grids and Worldwide Computing Programming Models and Infrastructure).
[32] Pig! Platform for analyzing large data sets, http://hadoop.apache.org/pig/, 2010.
[33] C. Olston, B. Reed, U. Srivastava, R. Kumar, A. Tomkins, Pig Latin: a not-so-foreign language for data processing, in: Proceedings of the 2008 ACM SIGMOD International Conference on Management of Data, ACM, Vancouver, Canada, 2008, pp. 1099–1110.
[34] G. Malewicz, M.H. Austern, A. Bik, J. Dehnert, I. Horn, N. Leiser, et al., Pregel: a system for large-scale graph processing, in: Proceedings of the twenty-first annual symposium on parallelism in algorithms and architectures, ACM, Calgary, Canada, 2009, p. 48.
[35] Cloudera, CDH: A free, stable Hadoop distribution offering RPM, Debian, AWS and automatic configuration options. http://www.cloudera.com/hadoop/, 2010.
[36] A. Grama, G. Karypis, V. Kumar, A. Gupta, Introduction to Parallel Computing, second ed., Addison Wesley, 2003.
[37] J. Dean, S. Ghemawat, MapReduce: Simplified Data Processing on Large Clusters, in: Sixth Symposium on Operating Systems Design and Implementation, 2004, pp. 137–150.
[38] H. Kasim, V. March, R. Zhang, S. See, Survey on Parallel Programming Model, in: IFIP International Conference on Network and Parallel Computing, Lecture Notes in Computer Science, Vol. 5245, Springer-Verlag, Shanghai, China, 2008, pp. 266–275.
[39] S. Hariri, M. Parashar, Tools and Environments for Parallel and Distributed Computing, Series on Parallel and Distributed Computing, Wiley, 2004, ISBN:978-0471332886.
[40] L. Silva, R. Buyya, Parallel Programming Models and Paradigms, (2007).
[41] T. Gunarathne, T. Wu, J. Qiu, G. Fox, Cloud Computing Paradigms for Pleasingly Parallel Biomedical Applications, in: Proceedings of the Emerging Computational Methods for the Life Sciences Workshop of ACM HPDC 2010 conference, Chicago, IL, 20–25 June 2010.
[42] G. Fox, MPI and MapReduce, in: Clusters, Clouds, and Grids for Scientific Computing CCGSC, Flat Rock, NC, http://grids.ucs.indiana.edu/ptliupages/presentations/CCGSC-Sept8-2010.pptx, 8 September 2010.
[43] J. Ekanayake, X. Qiu, T. Gunarathne, S. Beason, G. Fox, High Performance Parallel Computing with Clouds and Cloud Technologies, Cloud Computing and Software Services: Theory and Techniques, CRC Press (Taylor and Francis), 2010.
[44] T. Hoefler, A. Lumsdaine, J. Dongarra, Towards Efficient MapReduce Using MPI, in: Recent Advances in Parallel Virtual Machine and Message Passing Interface, Lecture Notes in Computer Science: vol. 5759, Springer Verlag, Espoo Finland, 2009, pp. 240–249.
[45] S. Ibrahim, H. Jin, B. Cheng, H. Cao, S. Wu, L. Qi, CLOUDLET: towards mapreduce implementation on virtual machines, in: Proceedings of the 18th ACM International Symposium on High Performance Distributed Computing, ACM, Garching, Germany, 2009, pp. 65–66.
[46] T. Sandholm, K. Lai, MapReduce optimization using regulated dynamic prioritization, in: Proceedings of the eleventh international joint conference on measurement and modeling of computer systems, ACM, Seattle, WA, 2009, pp. 299–310.
[47] Wikipedia, MapReduce, http://en.wikipedia.org/wiki/MapReduce, 2010 (accessed 06.11.10).
[48] J. Dean, S. Ghemawat, MapReduce: Simplified Data Processing on Large Clusters, in: Presentation at OSDI-2004 Conference. http://labs.google.com/papers/mapreduce-osdi04-slides/index.html, 2004 (accessed 6.11.10).
[49] R. Lammel, Google's MapReduce programming model – Revisited, Sci. Comput. Prog. 68 (3) (2007) 208–237.
[50] M. Zaharia, A. Konwinski, A.D. Joseph, R. Katz, I. Stoica, Improving MapReduce performance in heterogeneous environments, in: Proceedings of the 8th USENIX conference on operating systems design and implementation, USENIX Association, San Diego, California, 2008, pp. 29–42.
[51] N. Vasic, M. Barisits, V. Salzgeber, D. Kostic, Making cluster applications energy-aware, in: Proceedings of the 1st workshop on automated control for datacenters and clouds, ACM, Barcelona, Spain, 2009, pp. 37–42.
[52] D.J. DeWitt, E. Paulson, E. Robinson, J. Naughton, J. Royalty, S. Shankar, et al., Clustera: an integrated computation and data management system, in: Proc. VLDB Endow, 2008, 1(1), pp. 28–41.

[53] S. Ghemawat, H. Gobioff, S. Leung, The Google File System, in: 19th ACM Symposium on Operating Systems Principles, 2003, pp. 20–43.
[54] Google, Introduction to Parallel Programming and MapReduce, http://code.google.com/edu/parallel/mapreduce-tutorial.html, 2010.
[55] J. Ekanayake, H. Li, B. Zhang, T. Gunarathne, S. Bae, J. Qiu, et al., Twister: a runtime for iterative MapReduce, in: Proceedings of the First International Workshop on MapReduce and Its Applications of ACM HPDC 2010 Conference, ACM, Chicago, IL, 20–25 June 2010.
[56] B. Zhang, Y. Ruan, T. Wu, J. Qiu, A. Hughes, G. Fox, Applying Twister to Scientific Applications, in: CloudCom 2010, IUPUI Conference Center, Indianapolis, 30 November–3 December 2010.
[57] G. Malewicz, M.H. Austern, A. Bik, J.C. Dehnert, I. Horn, N. Leiser, et al., Pregel: A System for Large-Scale Graph Processing, in: International conference on management of data, Indianapolis, Indiana, 2010, pp. 135–146.
[58] Y. Bu, B. Howe, M. Balazinska, M.D. Ernst, HaLoop: Efficient Iterative Data Processing on Large Clusters, in: The 36th International Conference on Very Large Data Bases, VLDB Endowment, Vol. 3, Singapore, 13–17 September 2010.
[59] M. Zaharia, M. Chowdhury, M.J. Franklin, S. Shenker, I. Stoica, Spark: Cluster Computing with Working Sets, in: 2nd USENIX Workshop on Hot Topics in Cloud Computing (HotCloud '10), Boston, 22 June 2010.
[60] SALSA Group, Iterative MapReduce, http://www.iterativemapreduce.org/, 2010.
[61] Yahoo, Yahoo! Hadoop Tutorial, http://developer.yahoo.com/hadoop/tutorial/index.html, 2010.
[62] G. Coulouris, J. Dollimore, T. Kindberg, Distributed Systems: Concepts and Design. International Computer Science Series, 4th ed., Addison-Wesley, 2004.
[63] T. White, Hadoop: The Definitive Guide, Second ed., Yahoo Press, 2010.
[64] Apache, HDFS Overview, http://hadoop.apache.org/hdfs/, 2010.
[65] Apache, Hadoop MapReduce, http://hadoop.apache.org/mapreduce/docs/current/index.html, 2010.
[66] J. Venner, Pro Hadoop, first ed., Apress, 2009, ISBN:978-1430219422.
[67] Apache! Pig! (part of Hadoop), http://pig.apache.org/, 2010.
[68] A. Choudhary, G. Fox, S. Hiranandani, K. Kennedy, C. Koelbel, S. Ranka, et al., Unified compilation of Fortran 77D and 90D, ACM Lett. Program. Lang. Syst. 2 (1–4) (1993) 95–114.
[69] Yahoo, Pig! Tutorial. http://developer.yahoo.com/hadoop/tutorial/module6.html#pig.
[70] Systems@ETH Zurich, Massively Parallel Data Analysis with MapReduce. Lectures on MapReduce, Hadoop and Pig Latin. http://www.systems.ethz.ch/education/past-courses/hs08/map-reduce/map-reduce/lecture-slides, 2008 (accessed 07.11.10).
[71] G. Fox, R.D. Williams, P.C. Messina, Parallel computing works! Morgan Kaufmann Publishers, 1994.
[72] J. Ekanayake, T. Gunarathne, J. Qiu, G. Fox, S. Beason, J. Choi, et al., Applicability of DryadLINQ to Scientific Applications, Community Grids Laboratory, Indiana University, http://grids.ucs.indiana.edu/ptliupages/publications/DryadReport.pdf, 2010.
[73] J. Qiu, J. Ekanayake, T. Gunarathne, J. Choi, S. Bae, Y. Ruan, et al., Data Intensive Computing for Bioinformatics, http://grids.ucs.indiana.edu/ptliupages/publications/DataIntensiveComputing_BookChapter.pdf, 2009.
[74] J. Ekanayake, T. Gunarathne, J. Qiu, Cloud Technologies for Bioinformatics Applications, IEEE Trans. Parallel Distrib. Syst., (2010).
[75] J. Qiu, T. Gunarathne, J. Ekanayake, J. Choi, S. Bae, H. Li, et al., Hybrid Cloud and Cluster Computing Paradigms for Life Science Applications, in: 11th Annual Bioinformatics Open Source Conference BOSC, Boston, 9–10 July 2010.
[76] M. Burrows, The Chubby Lock Service for Loosely-Coupled Distributed Systems, in: OSDI'06: Seventh Symposium on Operating System Design and Implementation, USENIX, Seattle, WA, 2006, pp. 335–350.
[77] G.C. Fox, A. Ho, E. Chan, W. Wang, Measured characteristics of distributed cloud computing infrastructure for message-based collaboration applications, in: Proceedings of the 2009 International Symposium on Collaborative Technologies and Systems, IEEE Computer Society, 2009, pp. 465–467.
[78] G. DeCandia, D. Hastorun, M. Jampani, G. Kakulapati, A. Lakshman, A. Pilchin, et al., Dynamo: Amazon's highly available key-value store, SIGOPS Oper. Syst. Rev. 41 (6) (2007) 205–220.

[79] Eucalyptus LLC, White Papers. http://www.eucalyptus.com/whitepapers.
[80] D. Nurmi, R. Wolski, C. Grzegorczyk, G. Obertelli, S. Soman, L. Youseff, et al., The Eucalyptus Open-Source Cloud-Computing System, in: 9th IEEE/ACM International Symposium on Cluster Computing and the Grid, CCGRID '09, Shanghai, 18–21 May 2009, pp. 124–131.
[81] K. Keahey, I. Foster, T. Freeman, X. Zhang, Virtual workspaces: achieving quality of service and quality of life in the Grid, Scientific Prog. J. 13 (4) (2005) 265–275.
[82] Nimbus, Cloud computing for science, http://www.nimbusproject.org, 2010.
[83] Nimbus, Frequently Asked Questions, http://www.nimbusproject.org/docs/current/faq.html, 2010.
[84] Django, High-Level Python Web Framework, http://www.djangoproject.com/, 2010.
[85] Amazon, Simple Storage Service API Reference: API Version 2006-03-01, http://awsdocs.s3.amazonaws.com/S3/latest/s3-api.pdf, 2006.
[86] boto, Python interface to Amazon Web Services, http://code.google.com/p/boto/, 2010.
[87] S3tools project, Open source tools for accessing Amazon S3 – Simple Storage Service, http://s3tools.org/s3tools, 2010.
[88] bitbucket, JetS3t: open-source Java toolkit and application suite for Amazon Simple Storage Service (Amazon S3), Amazon CloudFront content delivery network, and Google Storage. http://bitbucket.org/jmurty/jets3t/wiki/Home.
[89] Amazon, Amazon Elastic Compute Cloud (Amazon EC2). http://aws.amazon.com/ec2.
[90] OpenNebula, industry standard open source cloud computing tool. http://opennebula.org/.
[91] I.M. Llorente, R. Moreno-Vozmediano, R.S. Montero, Cloud Computing for On-Demand Grid Resource Provisioning, in: Advances in Parallel Computing: High Speed and Large Scale Scientific Computing vol. 18, IOS Press, 2009, pp. 177–191.
[92] R. Monteroa, R. Moreno-Vozmediano, I. Llorente, An elasticity model for high throughput computing clusters, J. Parallel Distrib. Comput. (May) (2010).
[93] B. Sotomayor, R.S. Montero, I.M. Llorente, I. Foster, Capacity Leasing in Cloud Systems Using the OpenNebula Engine, in: 2008 Workshop on Cloud Computing and Its Applications (CCA08), Chicago, IL, 2008, http://www.cca08.org/papers/Paper20-Sotomayor.pdf.
[94] libvirt, virtualization API. http://libvirt.org.
[95] B. Sotomayor, R.S. Montero, I.M. Llorente, I. Foster, Virtual infrastructure management in private and hybrid clouds, IEEE Internet Comp. 13 (5) (2009) 14–22.
[96] ElasticHosts, Flexible servers in the cloud. http://www.elastichosts.com/.
[97] Sector/Sphere, High Performance Distributed File System and Parallel Data Processing Engine. http://sector.sourceforge.net.
[98] Y. Gu, R. Grossman, Sector/Sphere: A Distributed Storage and Computing Platform. SC08 Poster, http://sector.sourceforge.net/pub/sector-sc08-poster.pdf, 2008.
[99] Y. Gu, R. Grossman, Lessons learned from a year's worth of benchmarks of large data clouds, in: Proceedings of the 2nd Workshop on Many-Task Computing on Grids and Supercomputers, ACM, Portland, Oregon, 2009, pp. 1–6.
[100] Y. Gu, R. Grossman, UDT: UDP-based data transfer for high-speed wide area networks, Comput. Netw. 51 (7) (2007) 1777–1799.
[101] FUSE, Filesystem in Userspace. http://fuse.sourceforge.net.
[102] Y. Gu, R.L. Grossman, Sector and sphere: the design and implementation of a high-performance data cloud, Phil. Trans. R. Soc. A 367 (2009) 2429–2445.
[103] Open Stack, Open Source, Open Standards Cloud, http://openstack.org/index.php, 2010.
[104] VSCSE, Big Data for Science. Virtual Summer School hosted by SALSA group at Indiana University, 26 July–30 July 2010, http://salsahpc.indiana.edu/tutorial/.
[105] T. Hey, The Fourth Paradigm: Data-Intensive Scientific Discovery, http://research.microsoft.com/en-us/um/redmond/events/TonyHey/21216/player.htm, 2010.
[106] T. Hey, S. Tansley, K. Tolle, The Fourth Paradigm: Data-Intensive Scientific Discovery, http://research.microsoft.com/en-us/collaboration/fourthparadigm/, 2009 (accessed 07.11.10).
[107] SALSA Group, Catalog of Cloud Material, http://salsahpc.indiana.edu/content/cloud-materials, 2010.

[108] Microsoft Research, Cloud Futures Workshop, http://research.microsoft.com/en-us/events/cloudfutures2010/default.aspx, 2010.
[109] T. Chou, Introduction to Cloud Computing: Business and Technology, Active Book Press, LLC, 2010, p. 252, http://www.lulu.com/items/volume_67/8215000/8215197/1/print/8215197.pdf.
[110] R. Buyya, C. Yeo, S. Venugopal, J. Broberg, I. Brandic, Cloud computing and emerging IT platforms: vision, hype, and reality for delivering computing as the 5th utility, Future Gener. Comput. Syst. 25 (6) (2009) 599–616.
[111] P. Chaganti, Cloud computing with Amazon Web Services, Part 1: Introduction — When it's smarter to rent than to buy, http://www.ibm.com/developerworks/architecture/library/ar-cloudaws1/, 2008.
[112] Cloud computing with Amazon Web Services, Part 2: Storage in the cloud with Amazon Simple Storage Service (S3) – Reliable, flexible, and inexpensive storage and retrieval of your data, http://www.ibm.com/developerworks/architecture/library/ar-cloudaws2/, 2008.
[113] P. Chaganti, Cloud computing with Amazon Web Services, Part 3: Servers on demand with EC2, http://www.ibm.com/developerworks/architecture/library/ar-cloudaws3/, 2008.
[114] M.R. Palankar, A. Iamnitchi, M. Ripeanu, S. Garfinkel, Amazon S3 for science grids: a viable solution? in: Proceedings of the 2008 International Workshop on Data-aware Distributed Computing, ACM, Boston, MA, 2008, pp. 55–64.
[115] W. Sun, K. Zhang, S. Chen, X. Zhang, H. Liang, Software as a Service: An Integration Perspective, in: Fifth International Conference Service-Oriented Computing – ICSOC, Lecture Notes in Computer Science, Vol. 4749, Springer Verlag, Vienna Austria, 2007, pp. 558–569.
[116] G. Lakshmanan, Cloud Computing. Relevance to Enterprise, http://www.infosys.com/cloud-computing/white-papers/Documents/relevance-enterprise.pdf, 2009.
[117] N. Leavitt, Is cloud computing really ready for prime time? Computer 42 (1) (2009) 15–20.
[118] G. Lin, G. Dasmalchi, J. Zhu, Cloud Computing and IT as a Service: Opportunities and Challenges, in: Web Services, ICWS '08, IEEE, Beijing, 23–26 September 2008.
[119] D.S. Linthicum, Cloud Computing and SOA Convergence in Your Enterprise: A Step-by-Step Guide, Addison-Wesley Professional, 2009.
[120] L. Mei, W.K. Chan, T.H. Tse, A Tale of Clouds: Paradigm Comparisons and Some Thoughts on Research Issues, in: Asia-Pacific Services Computing Conference. APSCC '08 IEEE, Taiwan, 9–12 December 2008, pp. 464–469.
[121] G. Fox, S. Bae, J. Ekanayake, X. Qiu, H. Yuan, Parallel Data Mining from Multicore to Cloudy Grids, book chapter of High Speed and Large Scale Scientific Computing, IOS Press, Amsterdam, 2009, http://grids.ucs.indiana.edu/ptliupages/publications/CetraroWriteupJune11-09.pdf.
[122] J. Ekanayake, G. Fox, High Performance Parallel Computing with Clouds and Cloud Technologies, in: First International Conference CloudComp on Cloud Computing, Munich, Germany, 2009.
[123] F. Chang, J. Dean, S. Ghemawat, W.C. Hsieh, D.A. Wallach, M. Burrows, et al., BigTable: a distributed storage system for structured data, ACM Trans. Comput. Syst. 26 (2) (2008) 1–26.
[124] E. Deelman, G. Singh, M. Livny, B. Berriman, J. Good, The cost of doing science on the cloud: the Montage example, in: Proceedings of the 2008 ACM/IEEE Conference on Supercomputing, IEEE Press, Austin, Texas, 2008, pp. 1–12, http://www.csd.uwo.ca/faculty/hanan/cs843/papers/ewa-ec2.pdf.
[125] C. Hoffa, G. Mehta, T. Freeman, E. Deelman, K. Keahey, B. Berriman, et al., On the Use of Cloud Computing for Scientific Workflows, in: Proceedings of the 2008 Fourth IEEE International Conference on eScience, IEEE Computer Society, 2008, pp. 640–645.
[126] N. Paton, A. Marcelo, T. De Aragão, K. Lee, A. Alvaro, R. Sakellariou, Optimizing utility in cloud computing through autonomic workload execution, Bulletin of the IEEE Computer Society Technical Committee on Data Engineering, http://www.cs.man.ac.uk/~alvaro/publications/TCDEBull09.pdf, 2009.
[127] B. Rochwerger, et al., The Reservoir model and architecture for open federated cloud computing, IBM J. Res. Dev. 53 (4) (2009) 4:1–4:11.

习题

6.1 访问 GAE 网站，下载 SDK，阅读 Python 指南或 Java 指南后开始。注意，GAE 只支持 Python、Ruby 和 Java 编程语言。该平台不提供任何 IaaS 服务。

a. 利用 GAE 平台已有的软件服务，例如 Gmail、Docs 或 CRM，开发一个具体的云应用。在 GAE 平台上测试运行你的程序。

b. 报告你的应用开发经验和实验结果，报告时可选择一些性能指标，如作业排队时间、执行时间、资源利用率，或者一些 QoS 属性（如目标完成情况、成功率、容错和成本效率）。

c. 在你的 GAE 实验中改变问题规模或数据集大小以及平台配置来学习可扩展性和效率问题。

6.2 编写一个运行在 GAE 平台的程序代码，实现备份存储大量个人、家庭或公司数据和记录，例如，相片、视频、音乐、销售收据、文档、新闻媒体、存货、市场记录、财务、供应链信息、人力资源、公共数据集等。注意，在这里需要严格的隐私保护。要达到的另一个目标是最小化存储成本。在第 4 章中可以找到使用 GAE 的接入路径、软件开发工具和平台信息。需要说明你在使用 GAE 平台中的代码开发过程和结果。

6.3 获取使用亚马逊 Web 服务的设置，教师可以使用亚马逊提供的教育服务来为学生申请免费的教育账户，详情请访问 http://aws.amazon.com/education/。使用关系数据库服务来测试 AWS 平台的 SimpleDB 应用程序。此应用程序可能类似习题 6.1 和 6.2。你应该研究系统的性能、可扩展性、吞吐量、效率、资源利用率、容错和成本效率。

6.4 设计和请求一个 AWS 平台的 EC2 配置，用于计算两个阶数超过 50 000 的矩阵并行乘法。

a. 报告你的实验结果，包括执行时间、速度性能、初始化的 VM 实例、计算单元和存储利用率，以及服务费用。

b. 同样在本次科学云实验中，你还可以研究相关问题，如可扩展性、吞吐量、效率、资源利用率，容错和成本效率。

6.5 在 AWS 平台上为亚马逊 S3 应用重做习题 6.4，此应用与习题 6.1 和 6.2 类似，你也可以研究性能、可扩展性、吞吐量、效率、资源利用率、容错和成本效率等相关问题。

6.6 研究一些商业或服务行业或大企业在 AWS 平台的 EC2 或 S3 上的应用程序的报告。在 Chou 的书[109]中讲诉了许多案例和成功的故事。例如，Vertica Systems 在 DBMS（数据库管理系统）应用程序中使用 EC2。Eli Lilly 使用 EC2 进行药物开发，Animoto 提供在线服务来促进个人视频制作。联系几家这类服务公司，询问他们技术实现和服务细节。提交一份关于提高可选计算和存储服务应用程序的建议的研究报告。

6.7 访问微软 Windows Azure 开发中心，你可以下载 Azure 开发工具集来运行一个 Azure 的本地版本。设计一个应用环境并在本地计算机上测试，例如你的台式机、笔记本电脑或大学的工作站或服务器。报告你使用 Azure 平台的实验过程。

6.8 在 MapReduce 编程模型下，有一个特殊的情况只能实施映射阶段，这就是有名的“map-only”问题。这一实现可以增强现有的应用程序/二进制，使它们通过并行方式运行从而拥有高吞吐量；换句话说，它帮助单独的程序利用大规模的计算能力。本次练习的目的是在 Linux 或 UNIX 环境下使用 Twister 编写一个 Hadoop“map-only”生物信息应用程序 BLAST（NCBI BLAST+；ftp://ftp.ncbi.nlm.nih.gov/blast/executables/blast+/2.2.23/）。

基本上，BLAST 二进制在每个分配输入的映射任务中，在“map-only”程序范围内调用。这里的分配输入是映射任务键值对，它可能包含原始输入、输出文件路径，或者其他任何关于二进制本质的元数据。然后每个映射任务在运行时将输入传递到外部的二进制文件，当所有输入传递完毕后，“map-only”程序就关闭。

```
MapOnly (<key, value>) {
  input -> keyValueModification (<key, value>);
  output -> invokeBlastBinary(input);
  return finish }
```

根据上面的伪码，你需要实现 RunnerMap.java（http://salsahpc.indiana.edu/tutorial/source_code/Hadoop-Blast-sketch.zip）内的 map( ) 接口，用来执行外部的 Java 进程，在分配输入查询中的每次映射任务都运行单独的 BLAST。“input.fa”需要分成块（*chunk*[1 - *n*].*fa*）作为一组输入查询，这组输入

查询存储在本地磁盘，你可能需要在 Hadoop Blast 程序执行前上载到 HDFS。HDFS 目录名是程序参数之一。所以对于每个服务器，Hadoop 框架以 < key，value > 对的形式分配一个输入查询，例如 < filename, file path on HDFS >。

如果你使用提供的 DataFileInputFormat. java 和 FileRecordReader. java 作为 *InputFormatClass*，则 < key，value > 代码已经生成。BLAST 二进制在数据库中查找关于输入查询的匹配记录，这一数据库可以存储在共享的文件系统或者使用分布式缓存的本地磁盘，两种解决方法都可以，取决于你如何编写程序。最后，你需要从每个镜像程序中收集结果并把它们整合到一个输出文件 result. fa。另外，请选择一个适合 Linux OS 版本（i686/i386 或 x86_ 64）的 BLAST + 二进制（32 位或 64 位）。更多说明请查看 SalsaHPC Hadoop BLAST 教程，带有伪码（http://salsahpc. indiana. edu/tutorials/hadoopblast. html）。

6.9　访问 Manjrasoft Aneka 软件中心，网址 www. manjrasoft. com/。下载 Aneka 软件，在你的大学/学生实验室使用连接局域网的计算机创建企业云，运行 Aneka 的各种示例程序。使用 Aneka 任务、线程和 MapReduce 编程模型编写简单的并行程序，运行的时候改变服务器数量从 2 到 20，以步长为 2 递增。

6.10　使用 6.6 节描述的学术/开源程序包 Eucalyptus、Nimbus、OpenStack、OpenNebula、Sector/Sphere 重做习题 6.1 ~ 6.5 中的应用。这些软件都可以在 FutureGrid 网站（http://www. futuregrid. org）获得，网上附有大量教程。

6.11　尝试在两个或三个云平台（GAE、AWS 和 Azure）上运行大规模矩阵乘法运算程序。你也可以选择其他数据密集型应用程序（如大规模搜索或商业处理应用）。分别在至少两个或所有三个云平台上实现上述应用。主要目标是最小化应用程序的执行时间，次要目标是最小化用户的服务成本。

a. 在 GAE 平台上运行服务。

b. 在 AWS 平台上运行服务。

c. 在 Windows Azure 平台上运行服务。

d. 比较在以上平台的计算和存储成本、设计经验和实验结果。报告它们的相关性能和 QoS 测量结果。

6.12　MapReduce 引擎及其扩展有三个实现：谷歌 MapReduce、Apache Hadoop 和 Microsoft Dryad。补充完成下表缺失的 14 个表项并在 6 个技术方面比较它们的相似和不同之处。下表中已经给出 4 个表项作为参考答案。不需要详细描述表项的细节，只需填写语言、模式、方法、机制和应用平台的名字。

编程环境	谷歌 MapReduce	Apache Hadoop MapReduce	微软 Dryad
使用的代码语言和编程模型			
数据处理机制			共享目录和本地磁盘
故障处理方法	重新执行失效任务和低速任务的重复执行		
数据分析高级语言			
操作系统和集群环境			Windows HPCS 集群
中间数据传输方法		文件传输或使用 http 链接	

6.13　使用在 Aneka 中支持的 MapReduce 编程模型，开发一个图像过滤程序，处理数码相机拍摄的数百张照片。在基于 Aneka 的企业云上做可扩展性实验，改变计算节点/工作机数量和不同分辨率或文件大小的图像，并报告实验结果。

6.14　登录 http://www. futuregrid. org/tutorials，查看教程，并在 Hadoop 上使用 Eucalyptus、Nimbus，以及 OpenStack、OpenNebula、Sector/Sphere 三者中的至少一个，比较单词计数应用程序。

6.15　登录 http://www. salsahpc. org 和 http://www. iterativemapreduce. org/samples. html，查看教程，比较指

导上的 Hadoop 和 Twister 的具体案例，讨论它们的相对优势和劣势。

6.16 下面程序在 Hadoop 中编写，也就是 WebVisCounter。跟踪程序或者在你可以访问到的云平台上运行。分析这个 Hadoop 程序的功能，学习使用 Hadoop 库。

```
import java.io.IOException;
import org.apache.hadoop.fs.Path;
import org.apache.hadoop.io.IntWritable;
import org.apache.hadoop.io.Text;
import org.apache.hadoop.mapred.FileInputFormat;
import org.apache.hadoop.mapred.FileOutputFormat;
import org.apache.hadoop.mapred.JobClient;
import org.apache.hadoop.mapred.JobConf;
static class OSCountMapper
  extends Mapper<LongWritable, Text, Text, IntWritable> {
  public void map(LongWritable key, Text value, Context context)
  throws IOException, InterruptedException {
  Text UserInfo = new Text();
        Text OSversion = new Text();
        int StartIndex, EndIndex, i;
        String line = value.toString();
        StringTokenizer tokenizer = new StringTokenizer(line);
        while (tokenizer.hasMoreTokens() && i != 8) {
              i++; UserInfo.set(tokenizer.nextToken())}
        i = 0;
        while (UserInfo.charAt(i) != ';'){
              if (UserInfo.charAt(i) != '('){StartIndex = i}
              i++ };
        EndIndex = i;
        OSversion = UserInfo.subtring(StartIndex, EndIndex);
        output.collect(OSversion, one)}; };

  static class OSCountReduce
  extends Reducer<Text, IntWritable, Text, IntWritable> {
  public void reduce(Text key, Iterable<IntWritable> values,
   Context context){ int sum = 0;
       while (values.hasNext()) { sum += values.next().get() };
       output.collect(key, new IntWritable(sum));   );
}
   public static void main(String[] args) throws Exception {
       JobConf conf = new JobConf(WordCount.class);
       conf.setJobName("OSCount");
       conf.setOutputKeyClass(Text.class);
       conf.setOutputValueClass(IntWritable.class);
       conf.setMapperClass(Map.class);
       conf.setCombinerClass(Reduce.class);
       conf.setReducerClass(Reduce.class);
       conf.setInputFormat(TextInputFormat.class);
       conf.setOutputFormat(TextOutputFormat.class);
       FileInputFormat.setInputPaths(conf, new Path(args[0]));
       FileOutputFormat.setOutputPath(conf, new Path(args[1]));
       JobClient.runJob(conf); };
}
```

6.17 Twister K 均值以迭代方式扩展 MapReduce 编程模型。许多数据分析技术需要迭代计算，例如，K 均值集群化是必须使用多个迭代的 MapReduce 来完成整体计算的应用程序。Twister 是一种有效支持迭代 MapReduce 计算的增强 MapReduce 运行时。对于本题，学习迭代 MapReduce 编程模型和怎样用 Twister 实现 K 均值算法。

6.18 DryadLINQ PageRank 是有名的链接分析算法，它计算网页超链接集合的每个元素的数值，这些值反映了随机访问该网页的概率。由于大规模 Web 图中的迭代结构和随机访问模型，很难在 MapReduce 中高效和可编程地实现 PageRank。DryadLINQ 提供了类似 SQL 的查询 API，帮助程序员不太费力地实现 PageRank。此外，Dryad 基础设施以一种简单的方法帮助扩展应用程序。本题将帮助你学习如何用 DryadLINQ 实现简单的 PageRank 应用。

6.19 利用 Aneka 中支持的线程编程模型，开发一个阶数大于 500 的两个超大方阵的并行乘法程序。做可扩展性实验，每次以 100 递增，从 500 ~ 1 000 改变矩阵阶数，在基于 Aneka 的企业云上每次以 10 递增，从 10 ~ 50 改变计算节点/服务器，并记录结果。

6.20 分别用 Pig Latin 和“赤裸的”Hadoop 来实现你的老师指定的数据密集型应用，并比较。讨论它们的相关优点和缺点。

网格、P2P和未来互联网

本部分三章展望了基于网络的分布式计算的未来发展趋势。第7章覆盖计算网格和数据网格，包括构建于美国、欧洲和中国的重要国家网格。我们讨论了P2P覆盖网络，并检测了近年构建的实际P2P系统。最后，我们介绍了用于构建物联网的传感器网络、RFID和全球定位系统（GPS）。社会网络是Web规模的服务应用。我们讨论了普适网格、P2P系统和未来互联网应用的云。

第7章　网格计算系统和资源管理

本章主要介绍了计算/数据网格中的设计原理、平台体系结构、中间件支持、资源管理和服务标准，研究了12种网格体系结构及其软件环境，包括TeraGrid、EGEE、DataGrid、ChinaGrid、BOINC和Grid'5000等。详细讨论了几种网格中间件包：Condor-G、SGE、Globus Toolkit与CGSP。此外，还讨论了可信网格计算所需的安全基础设施，描述了大规模网格计算中负载刻画和性能预测的自适应方法，并且对比描述了过去和现在的网格项目与新兴技术。

本章主要由武永卫和黄铠教授共同撰写，Rajkumar Buyya撰写了7.3.4节。郑纬民教授和徐志伟研究员提供了技术帮助。

第8章　对等计算和覆盖网络

P2P覆盖网络是构建于互联网上的虚拟网络，由大量的边缘客户端计算机组成。本章首先介绍非结构化覆盖网络、结构化覆盖网络和混合覆盖网络的基本概念和属性；其次研究分布式哈希表（DHT）的快速路由和邻近性优化操作；再次讨论P2P网络的容错和抗扰动技术，从而提高可靠性。P2P网络已被广泛应用于分布式文件共享和内容分发中，针对这些应用本章最后研究基于信誉系统和内容污染技术的信任管理和版权保护方法。此外，本章通过例子来说明P2P网络的设计原理和P2P协议在实际系统中的应用。

本章由李振宇和黄铠教授共同撰写，中国科学院的谢高岗提供了技术帮助。

第9章　普适云计算、物联网与社会网络

本章介绍了云和互联网计算的未来发展趋势。我们介绍了系统性能的评价指标和开放网络系统的安全保证。我们检测了由IBM、Salesforce、SGI、Manijarsoft、NASA和CERN构建的一些公有云和私有云。我们还介绍了一些基准测试结果和网格与云及其变种的典型应用。我们讨论了物联网及传感网络、RFID跟踪和全球定位系统方面的关键技术。此外，还讨论了Web规模社会网络及其对未来互联网的影响。

本章主要由黄铠教授撰写，Judy Qiu参与了部分内容的撰写（9.2.1节和9.2.5节）。Vikram Dixit、秦中元和董开坤帮助提供了一些原始材料。

网格计算系统和资源管理

本章主要介绍如何为超级计算机、服务器集群和数据中心的集成网络上的分布式计算构建网格系统。首先，我们考察了开放网格服务体系结构，研究了12种网格体系结构及其软件环境，包括TeraGrid、EGEE、DataGrid、ChinaGrid、BOINC和Grid'5000等。通过描述这些实例，我们表明网格设计原则、服务模型与实现技术。几种网格中间件包：深入讨论了Condor-G、SGE、Globus Toolkit与CGSP。最后，我们讨论了网格趋势和安全设施，并比描述了过去与现在的网格项目与新兴技术。

7.1 网格体系结构和服务建模

网格是一个元计算基础设施，汇聚计算机（个人电脑、工作站、服务器集群、超级计算机、笔记本电脑、移动计算机、PDA等）形成计算、存储和网络资源的集合，以解决大规模计算问题或加快注册用户与用户组信息检索的速度。租用硬件、软件、中间件、数据库、仪器与网络作为计算工具，实现了硬件和软件及特殊用户软件间的耦合。其中不错的例子包括昂贵专用软件的按需租用和人类基因数据库的透明访问。

网格计算的目的是探索大规模计算问题的快速解决方案。该目标与第2章学习的计算机集群和大规模并行处理器（MPP）系统是一致的。然而，网格计算利用了散落在某个国家或全球的现有计算资源。在网格中，属于不同组织的资源聚集在一起，在集体应用中被许多用户共享。网格需大量使用企业、组织和政府之间的LAN/WAN资源。虚拟组织或虚拟超级计算机均是源自网格或云计算的新概念。它们都是由虚拟资源动态配置的，并不受任何单一节点用户或本地管理员的完全控制。

7.1.1 网格历史与服务类别

基于网络的分布式计算越来越受互联网用户的欢迎。回顾一下，互联网在20世纪80年代出现，采用telnet://协议提供计算机到计算机的连接。Web服务出现于20世纪90年代，采用http://协议建立了Web页面之间的联系。自从20世纪90年代以来，网格渐渐用于建立共享资源池，被用于直接联系许多跨机器平台的互联网应用，以消除孤立的资源。在未来，我们可以制定诸如"grid://"和"cloud://"的升级协议，实现更大资源共享的社会化网络空间。

网格的想法由Ian Foster、Carl Kesselman和Steve Tuecke在2001年一篇文章[16]中提出。因为
416 他们的基础工作，他们被公认为网格之父。DARPA支持的Globus项目促进网格技术走向成熟，为网格计算提供了丰富的软件和中间件工具集合。2007年，云计算的概念被提出，它采用虚拟化数据中心来扩展网格计算。在之前的章节中，我们介绍了主要的网格类别，并回顾了15年来的网格服务进化过程。

网格不同于传统的HPC集群。集群节点是更加同构的机器，可以更好的协作。网格节点是分布在不同地点的异构计算机，它们松散耦合在一起。在2001年，Forbes Magazine提倡使用大规模全球网格（Great Global Grid, GGG）作为新型全球基础设施。GGG由我们使用了很多年的

万维网（World Wide Web，WWW）技术进化而来。4种主要的网格计算系统族采用了Forbes GGG分类方式，如表7-1所示。在接下来的章节，我们将学习表中所列的部分网格。

表7-1　GGG的4种网格族

网格类别	具有代表性的网格系统及其出处
计算网格或数据网格	TeraGrid（美国），EGEE（欧洲），DataGrid（欧洲），Grid'5000（法国），ChinaGrid（中国），NAS（NASA），LCG（Cern），e-Science（英国），D-Grid（Nordic），FutureGrid（美国），等等
信息网格或知识网格	Semantic Grid，Ontology Platform，BOINC（伯克利），D4Science，Einsten@Home，Information Power Grid（NASA）
商业网格	BEinGrid（欧洲），HP eSpeak，IBM WebSphere，Sun Grid Engine，Microsoft .NET，等等
P2P/志愿者网格	SETI@Home，Parasic Grid，FightAIDS@Home，Foldong@Home，GIMPS，等等

7.1.1.1　4种网格服务族

当今大多数网格系统为计算网格或数据网格，其中较为知名的例子是美国的NSF TeraGrid和欧盟的DataGrid。信息网格或知识网格属于另一种网格类别，用于知识管理和分布式本体处理。语义Web，也称为语义网格，也属于该族。本体平台分为信息网格或知识网格。其他信息/知识网格有伯克利的BOINC和NASA的Information Power Grid。

在商业范畴内，我们看到另一个族，称为商业网格，用于商业数据/信息处理，其中以HP eSpeak、IBM WebSphere、Microsoft. NET和Sun One系统为代表。部分商业网格转化为互联网云。之前的网格类别包含一些网格扩展，如P2P网格与寄生网格。本章主要讨论计算网格或数据网格，商业网格只作简要介绍。在第8章中，我们将进一步比较P2P网络与P2P网格及网格。

7.1.1.2　网格服务协议栈

为了将网格平台所需的资源集合在一起，一种分层式体系结构如图7-1所示。其中顶层对应运行于网格系统中的用户应用程序。用户应用程序需要包括计算和通信集合支持的服务层。下面的一层由硬件和软件资源组成，用于运行操作集合中的用户应用程序。连接层提供了特定资源互连，连接可以直接建立在物理网络上，也可以使用虚拟网络技术建立。 417

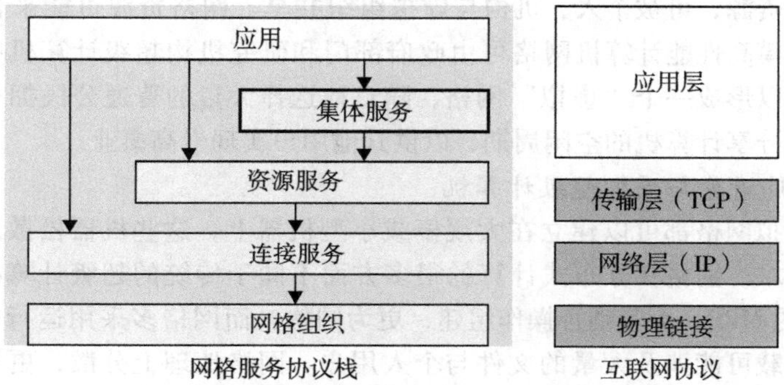

图7-1　分层网络服务协议及其与互联网服务协议的关系

连接层（connectivity）需支持网格组织，包括网络连接和虚拟专用信道。组织层包括所有计算资源、存储系统、目录、网络资源、传感器及其网络连接。连接层允许组织层资源之间的数据交换。这五层网格体系结构与互联网分层协议栈密切相关，如图7-1的右侧所示。组织层与互联网栈中的链路层相对应，连接层被网络与互联网栈的传输层所支持。互联网应用层支持上面的三个层次。

7.1.1.3 网格资源

表7-2总结了实现网格计算所需的典型资源。许多现有协议（IP、TCP、HTTP、FTP和DNS）或一些新的通信协议可以用来路由与传输数据。资源层负责单一资源共享，需要一个接口来约束本地资源的静态结构和动态状态。网格应该能够接受资源请求，协调服务质量（QoS），并完成用户应用程序中的特定操作。

表7-2 网格资源聚集的控制操作与询问

资 源	控制操作	询 问
计算资源	启动、监控与控制合成进程的执行；控制资源；提前预定	硬件和软件特征；相关负载信息：当前负载和队列状态
存储资源	存放并获取文件；控制资源分配与数据传输；提前预定	硬件和软件特征；相关负载信息：可用空间和带宽利用率
网络资源	控制资源分配	网络特征与负载
代码库	管理版本源和对象代码	软件文件和编译支持
服务目录	执行目录查询与更新操作：关系数据库	服务命令信息与协议

连接层处理资源集之间的交互。该层实现了诸如资源发现、协同分配、调度、代理、监控和诊断等功能。其他所需功能包括复制、允许网格编程、工作负载管理、合作、软件发现、访问授权，以及社区记账与支付。应用层包括主要用户程序。这些应用使用明确定义的API（应用编程接口）和SDK（Software Development Kit，软件开发工具包）与其他层组件交互。

7.1.2 CPU 清除和虚拟超级计算机

在这一节中，我们将描述本地和远程聚集网格资源的过程。接下来，我们会介绍动态链接网格至虚拟组织的过程。事实上，近几年网格和云的区别变得模糊。传统上，网格由分配的资源静态组成，而云由预分配的资源动态构成。由于虚拟化也适用于网格组件，一些包含数据中心的网格变得越来越像云。

Foster 等人[15]比较了网格问题与生物学中的解剖问题。应用程序用户希望网格被设计成灵活、安全和协调的资源，可被个人、机构与虚拟组织共享。网格资源可能来自于两个可能的来源。一方面，大规模高性能计算机网格可由政府部门和研究机构超级计算机中心内的计算机组成。另一方面，可以形成一个“虚拟”网格，随意地选择大量的普通公民拥有的小型商业计算机，这些公民自愿分享计算机的空闲周期，以供其他用户实现崇高事业。

7.1.2.1 CPU 清除与虚拟超级计算机

公共网格和虚拟网格都可以建立在大规模或小型机器上，这些机器松散地耦合在一起，以满足应用程序的需求。网格在分布式计算的很多方面不同于传统的超级计算机。超级计算机如同Top500名单中的MPP，由紧耦合操作组建，更为同构，而网格多采用运行非交互负载的异构节点，这些网格负载可能涉及大量的文件与个人用户。网格地理上分散，更具扩展性和容错能力，相较于超级计算机显著降低了操作成本。

使用计算机网络中闲置资源创建一个“网格”的概念称为CPU清除。实际上，虚拟网格建立在大量台式计算机上，使用了它们夜间空闲周期或不活跃时期，其提供商是自愿的普通公民。实际上，这些客户端主机除了提供CPU周期，还提供了一些磁盘空间、RAM和网络带宽。目前，许多志愿者使用CPU清除模型构建计算网格。最著名的例子是SETI@ Home[37]，在2001年9
418~419 月，采用了300多万台计算机，达到23.37Tflops的性能。近期的例子包括BOINC[7]和Folding@ Home[14]等。实际上，这些虚拟网格能够被看做虚拟超级计算机。

例 7.1 BONIC：伯克利网络计算开放基础设施

BOINC 是用于运行志愿者计算项目的开放基础设施。这是加州大学伯克利分校（http://boinc.berkeley.edu/）的一个活跃的网格研究项目。BOINC 为志愿者计算和网格计算提供了开源软件。其想法是利用参与者计算机的空闲时间，用于崇高事业或学术研究。这些用户主机运行通用的 Windows、Mac 和 Linux 操作系统，执行很多有用的应用程序，来治疗疾病、研究全球气候变暖、发现脉冲信号，还可以做许多其他有意义的科研项目。

根据2011 年4 月7 日的报告，BOINC 项目有321 471 名志愿者，共提供了516 440 台计算机。24 小时的平均性能达到5.634Pflops。使用 BOINC 的网格计算可能涉及科学家、大学和公司。目前，BOINC 项目涵盖以下公共网格服务：留言板、电子邮件列表、论文与会话、招聘和软件开发等。2011 年，BOINC 平台中超过620 万台的机器是 World Community Grid 的成员，这已超过了最快的超级计算机（Tianhe-1A）。同样，在2009 年3 月7 日，Folding@ Home 项目被报道已超过350 000 台机器，性能为5Pflops[14]。■

7.1.2.2 网格资源聚集

在网格或云资源聚集的过程中，几个假设如下。第一，计算节点和网格的其他必要资源并不随意加入或离开这个系统，除非网格中发生了一些严重错误。第二，云资源主要由大规模数据中心提供。由于在数据中心中，安全性和可靠性是非常严密的，故资源行为是不可预知的。第三，虽然 P2P 系统中的资源是随意分配的，但是我们可以构建 P2P 网格，用于分布式文件共享、内容传递、游戏和娱乐应用。一些成员的加入或离开对 P2P 网格系统功能几乎没有影响。

我们设想在全局情况下，网格资源的聚集过程。硬件、软件、数据库和网络资源 R，分散在世界各地。这些开放资源的可用性和规格由网格信息服务（Grid Information Service，GIS）提供。网格资源中介协助花费用户分配可用资源，其中，多个中介可以竞争服务用户。同时，多个 GIS 可能在资源范围内相互重叠。在计算机数据库、仪器与特定应用所需的人为操作相互耦合后，新型网格应用得以运行。应该指出的是，当今网格计算应用不再局限于使用高性能计算机系统。高吞吐量系统（如云）在商业服务中更为需要。

7.1.2.3 虚拟组织

网格是一个整合共享资源的分布式系统，以构建虚拟组织（Virtual Organization，VO）。该 VO 提供了多个物理组织上的动态协作。这些由真实组织提供的虚拟资源是自主管理的。网格必须处理 VO 的信任关系。网格应用改变了负载与资源需求。一个灵活的网格系统应该被设计为可 420
适应不同的负载。在现实中，物理组织包括真正的公司、大学或政府机构。这些真实的组织通常具有一些共同的目标。

例如，一些研究机构和医院可能一起承担具有挑战性的课题，去开发新型抗癌药物。另一个具体的例子是，之前 IBM、苹果和摩托罗拉合资开发了 PowerPC 处理器及其支持软件。合作经营基于 VO 模型，而网格绝对可以促进 VO 概念。但是，合作经营需要所有参与者的资源和劳动。下例显示了两个 VO 或网格配置如何由三个物理组织形成。

例 7.2 虚拟组织的动态构建

一种新型药物开发课题需要研究所的分子模拟软件和医院的临床数据库。与此同时，计算机科学家需要在超级计算中心的 Linux 集群上完成生物序列分析。三个组织中的成员贡献它们全部或部分硬件或软件资源，以构建一个 VO，如图 7-2 所示。这里我们展示了两个 VO 如何由三个标记为“A”、“B” 和 “C” 的物理组织形成。

每个物理组织拥有一些资源，如计算机、存储、仪器和数据库。三个组织相互协作，实施两个任务：新型喷气式客机的研发和新型药物的探索。每个物理组织提供部分资源用于药物研发的“X” VO，以及用于飞机研发的“Y” VO。物理组织可能会在轻负载的情况下，把它们的可用资源全分配给一个VO。

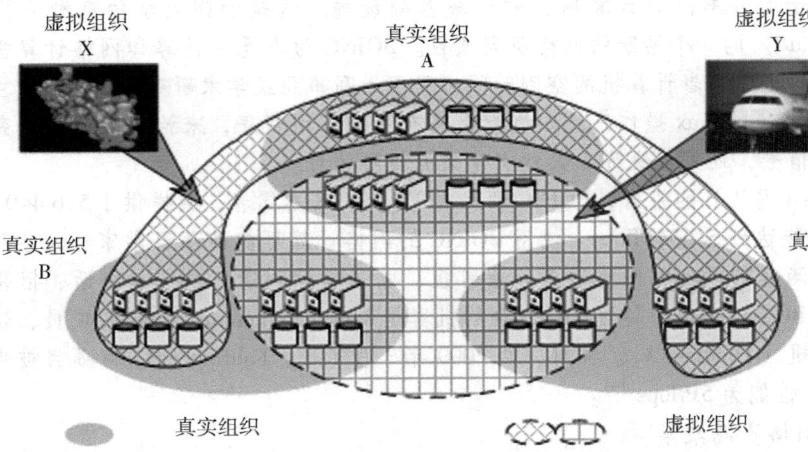

图7-2 两个VO（标记为X和Y）由三个物理组织（A、B和C）提供的特定资源组成

所有者也可以修改分配给指定VO的集群服务器数量。参与者采用特殊服务协议动态加入或
421 离开VO。一个新的物理组织也可能加入一个现有的VO。一旦某个参与者的作业完成，它就可以离开VO。VO中资源的动态性给网格计算带来了巨大的挑战。资源必须密切协作产生有意义的结果，如果没有一个有效的资源管理系统，网格或VO可能没有效率，并且浪费资源。■

7.1.3 开放网格服务体系结构（OGSA）

OGSA是学术界和IT工业界在全球网格论坛（Global Grid Forum，GGF）工作组的协调下，联合制定的开源网格服务标准。本标准是专为新兴网格和云服务社区制定的。OGSA扩展了Web服务的概念和技术。该标准定义了一个标准框架，允许商业界在企业与商业伙伴上构建网格平台。其目的是定义开源软件和商业软件所要求的标准，以支持全球网格基础设施。

7.1.3.1 OGSA框架

OGSA建立于两个基本软件技术：Globus Toolkit广泛作为科学技术计算的网格技术解决方法，Web服务（WS 2.0）为商业和网络应用的通用基于标准的框架。OGSA通过标准接口和公约[5]，支持有状态的、瞬态网格服务的创建、终止、管理和执行。OGSA框架为各种网格服务和API访问工具指定了物理环境、安全、基础设施轮廓、资源供应、虚拟域和执行环境。

图7-1比较了网格分层结构，OGSA是面向服务的。服务作为一个实体，通过交换信息为它的客户端提供一些能力。我们认为在网格服务的发现与管理中，其需要更大的灵活性。第5章展示的SOA（面向服务体系结构）是网格计算服务的基础。在该服务标准中，资源的单个与集体状态被指定。该标准同时指定了用于网格的特定SOA内服务之间的相互作用。重要的是，该体系结构不是分层的，某个服务的实现被建立在逻辑上所依赖的模块上。可以把这个框架归类为面向对象的。许多Web服务标准、语义和扩展在OGSA中被应用或修改。

7.1.3.2 OGSA接口

OGSA的核心是网格服务。这些服务需要专用明确的应用程序接口。这些接口提供资源发现、动态服务创建、生命周期管理、通知和易管理性。相关约定必须解决命名与可升级性问题。表7-3总结了OGSA工作小组提出的接口。OGSA虽然定义了各种行为及相关接口，但是只能选择这些接口（网格服务）之一。网格服务的两个关键特性是瞬时的和有状态的。这些特性对于
422 网格服务如何命名、发现与管理具有重要意义。瞬时意味着服务可以被动态地创建和销毁；有状态指的是每个服务实例之间可以相互区别。

表7-3 OGSA工作组开发的OGSA网格服务接口

端口类型	操 作	简要说明
网格服务	查找服务数据	查询网格服务实例，包括句柄、引用、主键、句柄映射、接口信息和特定服务信息。对多种查询语言的可扩展支持
	终止时间	为网格服务实例设定（和获取）终止时间
	销毁	终止网格服务实例
通知源	订阅通知主题	订阅服务事件通知。允许通过第三方消息传递服务发布
通知池	发布通知	实现异步通知消息发布
注册	注册服务	管理网格服务句柄（GSH）的软状态注册
	注销服务	注销GSH
工厂	创建服务	创建新的网格服务实例
句柄映射	通过句柄查找	返回与GSH相关的网格服务引用（GSR）

7.1.3.3 网格服务处理

GSH是区别于其他专用网格服务实例的全局唯一名称。网格服务实例的状态可以存在于现在或者未来。这些实例不携带任何协议、实例指定的地址或支持协议绑定。取而代之的是，这些信息条款与所有其他实例指定的信息一起被封装。为了介绍特定服务实例，其单一抽象被定义为GSR。

与不随时间改变的GSH不同，实例的GSR在服务的整个生命周期内均可以发生改变。OGSA引入"处理分辨"机制，用来映射GSH到GSR。GSH必须在全局范围内定义一个特定实例。然而，GSH不可能总是指向相同网络地址。服务实例只要遵守相关语义，可以按照自己的方法执行。例如，服务实例实施的端口类型决定了其执行的操作，如表7-3所示。

7.1.3.4 网格服务迁移

这是在服务的生命周期创建新服务和指定断言的机制。OGSA模型定义了标准接口（称为factor），以实施这一引用。创建的任何服务必须指定之前的服务作为后续服务的引用。factor接口在表7-3中被标记为创建服务操作。其创建了指定接口的请求网格服务，并为新服务实例返回GSH和初始的GSR。还应该使用处理分辨服务注册这个新服务实例。每个动态创建的网格服务实例与指定的生命周期相关。 423

例7.3 使用GSH和GSR的网格服务迁移

图7-3展示了一个执行中的服务实例如何由一个位置迁移到另一个位置。在时间T，服务实

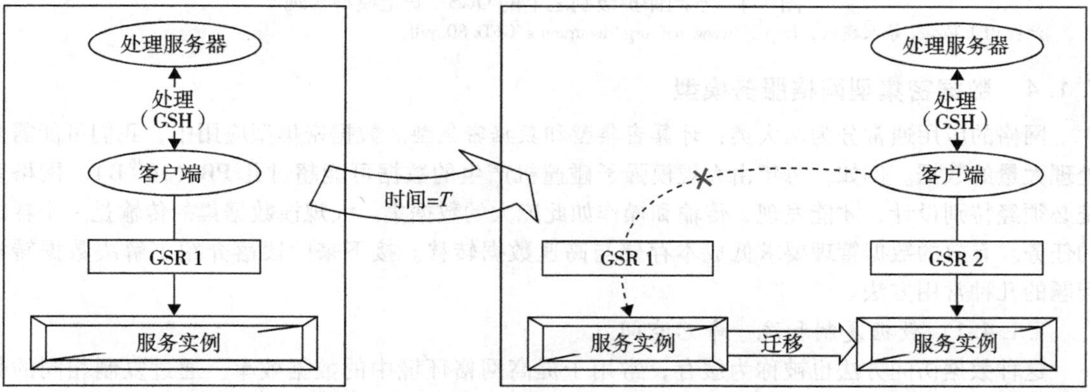

图7-3 在T时刻迁移服务实例之前（如左图所示）与之后（如右图所示），GSH解析为不同的GSR

例在迁移之前（在左边）或之后（在右边），一个 GSH 对应不同的 GSR。处理器（handle resolver）在迁移之前或之后简单地返回不同的 GSR。由于客户端或另一个基于客户端利益的网格服务的明确请求，其最初的生命周期可以延长一个特定的生命周期。

如果在时间周期耗尽之前，没有接收到用户的再次请求，该服务实例自行终止并释放相关资源。生命周期管理允许鲁棒的终端和失效检测。这由明确定义服务实例的生命周期语义来实现。同样，主机环境保障在一些系统失效的情形下，可以保证使用有限资源。如果一个服务到达终止时间，其主机环境能够回收所有已分配的资源。■

7.1.3.5 OGSA 安全模型

OGSA 支持各级安全措施，如图 7-4 所示。网格工作在异构分布式环境中，其本质上对公众开放。通过执行安全会话、单一登录、访问控制及认证审核，我们必须能够检测入侵或阻止病毒传播。在安全策略和用户级别，我们采用申请服务或端点策略、资源映射规则、重要资源的授权访问和隐私保护。在公钥基础设施（Public Key Infrastructure，PKI）服务级别，OGSA 需要安全协议栈的绑定和采用多种信任中介的认证授权机构（Certificate Authority，CA）的链接。网格平
424 台一般会实现信任模型与安全登录。

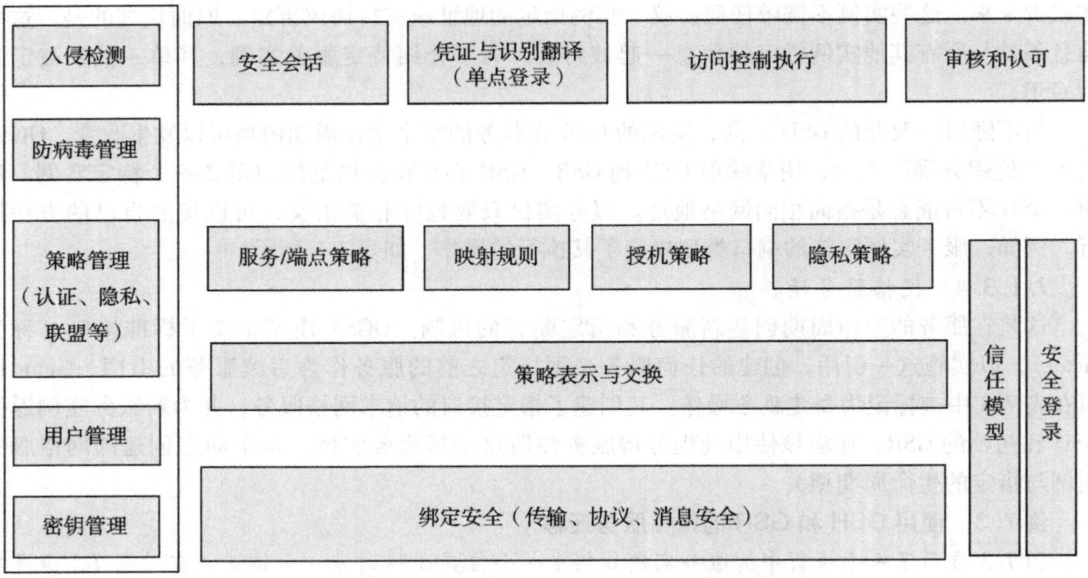

图 7-4 不同保护级别之上的 OGSA 安全模型实现

注：由 I. Foster 等人提供，http://www.ogf.org/documents/GFD.80.pdf。

7.1.4 数据密集型网格服务模型

网格的应用通常分为两大类：计算密集型和数据密集型。数据密集型应用中，我们可能需要处理大量的数据。例如，每年由大规模强子碰撞机产生的数据可能超过几 PB（10^{15}B）。网格系统必须经特别设计，才能发现、传输和操作如此庞大的数据集。大规模数据集的传输是一个耗时的任务。有效的数据管理要求低成本存储与高速数据转移。接下来的段落介绍了解决数据转移问题的几种常用方法。

7.1.4.1 数据复制和统一命名空间

这种数据访问方法也被称为缓存，常用于提高网格环境中的数据效率。通过复制相同的数据块和分发它们至网格的多个区域，用户可以根据引用的局部性访问相同的数据。此外，相同数据集的副本可以相互作为备份。一些关键数据不会在失效时丢失。然而，数据副本可能需要定期

检查一致性，产生的存储需求和网络带宽的增长可能引起额外的问题。

副本策略决定什么时候和在什么地方创建数据的一个副本。需要考虑的因素包括数据需求、网络条件和传输成本。副本策略方法可以分为：动态与静态。关于静态方法，副本的位置和数量提前确定，并且不会被修改。虽然复制操作只需要很少的开销，但是静态策略不能适应需求、带宽和存储可用性的变化。动态策略可以根据条件（例如，用户行为）的改变，调整数据副本的位置和数量。 425

然而，频繁的数据移动操作会导致比静态策略多很多的开销。在不改变数据备份状态的前提下，必须优化副本策略。关于静态副本，其优化需要确定数据副本的位置及数量。关于动态副本，优化可以基于数据备份是否应该被创建、删除或移动。最常见的副本策略有局部保留，最小化更新成本和最大化收益。

7.1.4.2 网格数据访问模型

多位参与者可能想要共享相同数据集合。为了获得任意数据块，我们需要网格具有单一全局命名空间。同样，我们希望拥有唯一文件名。为了实现这些，我们必须解决具有相同命名的多个数据对象之间的不一致性。由此可以引入访问限制，以避免混乱。同时，数据需要被保护，以避免泄露与损坏。试图访问数据的用户必须先经过认证，然后被授权访问。图7-5列出了组成数据网格的4种访问模型。

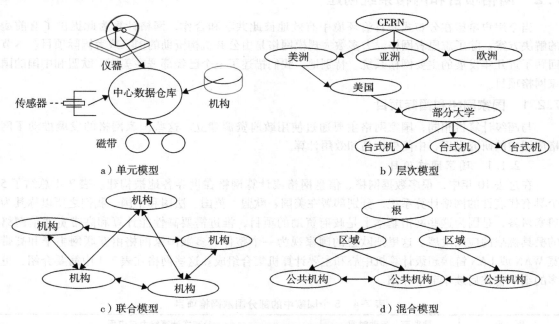

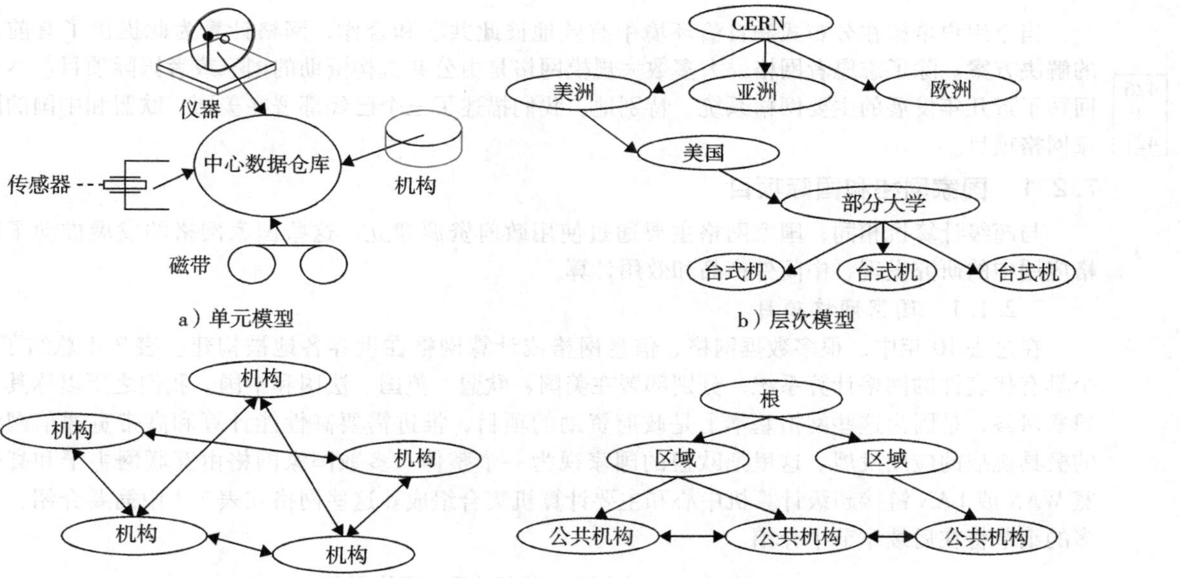

图7-5 构建数据网格的4种体系结构模型

单元模型：这是一个集中式数据仓库模型，如图7-5a所示。所有数据保存在一个中心数据仓库中。当用户想访问一些数据时，他们必须直接向中心仓库提交请求。没有用于保护数据局部性的数据副本。该模型实现小型网格是最简单的。对于一个大型网格，在性能与可靠性方面，该模型是没有效率的。在该模型中，只在容错时才需要数据副本。

层次模型：层次模型（如图7-5b所示）适用于构建只有一个数据访问目录的大型数据网格。数据可以从来源被转移到二级区域中心。然后区域中心的一些数据被转移至三级中心。经过几次转发，特定数据对象可被用户直接访问。一般来说，数据中心级别越高，其覆盖范围越广。它比低级数据中心具有更高的访问带宽。在层次数据访问模型中，PKI安全服务更容易实现。欧洲数据网格（EDG）采用了这种数据访问模型，将在 7.2.3 节介绍。

联合模型：如图 7-5c 所示，该数据访问模型较适用于设计有多个数据供应来源的数据网格。该网格有时也被称为网状模型。数据来源分布在多个不同的地点。尽管数据是共享的，其数据项仍由原来的主人拥有和控制。根据预定义访问策略，只有被授权的用户可以向任意数据来源请求数据。在网格机构的数量变得很多时，网状模型的花费可能是最多的。

混合模型：该数据模型如图 7-5d 所示。该模型结合了层次模型与网状模型的最优特征。传统数据传输技术，如 FTP，为网络提供较低的带宽。数据网格中的网络链接通常具有相当高的带宽，并且其他数据传输模型是利用高速数据传输工具（如使用 Globus 库开发的 GridFTP）开发的。混合模型的成本介于层次和网状这两种极端模型之间。

7.1.4.3 并行与条纹数据传输

与传统的 FTP 数据传输相比，*并行数据传输*打开多个数据流，用于同时传输一个文件的细分段。虽然每个流的速度与串行流一样，但是数据移动的整体时间相对于 FTP 传输显著减少。在*条纹数据传输*中，一个数据对象被分割成多个部分，且每个部分被放置于数据网格的独立站点。当用户请求该片数据时，每个站点都会创建一个数据流，并且数据对象的所有部分将同时传输。条纹数据传输可以更有效地利用多个站点的带宽，加快了数据传输。

7.2 网格项目和网格系统创建

当今用户希望在分布式和自治环境中有效地彼此共享和合作，网格计算为此提供了有前途的解决方案。除了志愿者网格，大多数大规模网格是由公共机构资助的国家或者国际项目。本节
426~427 回顾了近几年发展的主要网格系统。特别地，我们描述了三个已经部署在美国、欧盟和中国的国家网格项目。

7.2.1 国家网格和国际项目

与超级计算机相同，国家网格主要通过使用政府资源建立。这些国家网格的发展推动了网格应用中的研究发现、中间件产品和效用计算。

7.2.1.1 国家网格项目

在过去 10 年中，很多数据网格、信息网格或计算网格在世界各地被构建。表 7-4 总结了 5 个具有代表性的网格计算系统，分别部署在美国、欧盟、英国、法国和中国。我们之所以称其为*国家网格*，是因为这些网格基本上是政府资助的项目，推进需要高性能计算和高带宽通信网络的极具挑战的应用发展。这里把欧盟的国家视为一个整体。多数国家网格由互联网主干和高带宽 WAN 或 LAN 链接超级计算机中心和主要计算机集合组成。这些网格在表 7-4 中简要介绍，更多的细节将在后续章节中介绍。

表 7-4 5 个国家中的部分国家网格项目

项 目	赞助商，启动时间	分布式计算能力与应用
TeraGrid（美国）	NSF，2002（7.2.2 节）	开放网格基础设施，共 11 个资源站点，具有 40 Gbps 的互联网主干链接，超过 2 Pflops 的计算能力，50 PB 的在线存储，以及 100 个特定数据库
DataGrid（欧盟）	欧盟和 CREN，2001（7.2.3 节）	在高能物理、环境与生物信息学等领域用于进行数据分析的最大规模的网格
Grid'5000（法国）	法国政府，2006（7.2.1 节）	由法国内 9 个站点的 5 000 个处理器核组成的实验网格平台，用于高性能计算和研究（7.2.2 节）
ChinaGrid（中国）	教育部，2005（7.2.4 节）	用于研究的教育计算网格，链接了 100 所中国大学的高性能系统
NAS Grid（美国）	NASA Ames 实验室，2008	在大规模的 Sun 和 SGI 工作站之上运行遗传算法

7.2.1.2　国际网格项目

网格应用不应该局限于地理位置。如同表 7-5 中的总结，当今一些大规模全球规模网格项目开始启动或仍然活跃。这些项目促进了志愿者计算、效用计算和利用网格基础设施的特定软件应用的发展。国际网格包括政府和工业界的资助。欧盟在网格计算中扮演着主要角色。最著名的欧盟网格项目是 EGEE、DataGrid 和 BEinGrid。在工业界，网格提供商有 Sun Microsystems、IBM、HP 等。国际网格由定期项目建造，资助到期后，这些网格中的一部分将不再提供公共服务。

表 7-5　国际网格项目（过去和当前）

项　目	描述和操作范围	状　态
EGEE	欧盟国家支持的 E-sciencE 网格	2004—2010
D4Science	应用于科学的网格允许技术，部署在欧洲、亚洲和太平洋	2008—2009
Nordic D-Grid	Nordic 数据网格设施分布于斯堪的那维亚半岛和芬兰	2006—2010
Future Grid	美国的高性能与网格研究组织	2010 至今
WorldGrid	世界社区网格，在 2011 年共有 620 万台运行 BOINC 的机器	2004 至今
SETI@ Home	志愿者网格，在 2001 年共有运行放射信号的 2.5 台机器	2001 至今
BOINC	伯克利志愿者网格项目，包括 PrimeGrid、DNETC2Home、MilkyWay@Home、Collatz Conjective 等	2002 至今
BEinGRID	由欧洲委员会提供资金支持的网格商业实验	2006—2009

例 7.4　允许 E-sciencE 的 EGEE 网格

EGEE 网格基础设施和项目由欧盟在 2004 年至 2006 年分三个阶段资助。EGEE 是允许网格用于 E-sciencE（Enabling Grids for E-sciencE）的简称。该项目已不再活跃，然而，该分布式计算基础设施由 DataGrid（2002—2004）项目建立与维护，目前 EGEE-I、EGEE-II 和 EGEE-III（2004—2010）由欧洲网格基础设施支持。该长期组织成为国家网格的开始。EGEE 基础设施到 EGI 的过渡是确保富有活力和持续的欧洲研究社区过程中的一部分。

EGEE 网格基础设施包括部署在全球范围内计算集与存储资源的中间件及其提供的服务集合。为了产品化服务，大规模多科学网格基础设施在全球包括 250 个资源中心，提供约 40 000 个 CPU 和若干 PB 的存储。该基础设施每天被 200 个虚拟组织中的数千位科学家使用。这是一个稳定的、支持良好的基础设施，运行 gLite 中间件的最新发布版本。EGEE 也有预生产服务，提供网格服务的入口，用来测试和评估中间件的特点。

此外，预生产扩展了中间件认证体系、程序部署评估、互操作性和基本软件功能。此外，还有一个 EGEE 网络运营中心（EGEE Network Operations Center，ENOC），为 EGEE 和其他网络供应商（如 GEANT2 和 NREN）之间的网络操作协作提供其所需。从长远来看，EGEE 和 EGI 项目的主要目标是促进学术和工业应用之间科学研究的全球合作。EGEE 应用挑战包括：健康和医药，基因学和生物科学，粒子物理学和天文学，环境科学，工程设计，化学和材料科学，以及社会科学。感兴趣的读者可以参考网站：http://www.eu-egee.org。■

例 7.5　建立于 9 个法国城市的 Grid'5000

Grid'5000 是一个实验性网格测试平台，提供大规模计算和研究工具。作为国家基础设施，Grid'5000 连接分布法国 9 个站点的 4 792 个处理器核。图 7-6 显示了处理器核的分布情况。Grid'5000 是一个受限的系统。PKI 和 X.509 认证用来增强 Grid'5000 的安全。该系统使用专用私人网络来构建值得信赖的主干网络。428~429

Grid'5000 站点通过高带宽网络链接。每个用户拥有一个普通的账号。每个站点管理其本地用户账号，并且每个站点运行轻量级目录访问协议（Lightweight Directory Access Protocol，LDAP）服务器，为所有用户维护相同目录。本地节点的用户账号具有读/写共享文件的更高优先级。远程节点的用户账号只允许读本地文件。树结构中的远程节点账号信息定期同步。从用户的角度来看，一个全局可用的账号被安装在整个网格系统上的。■

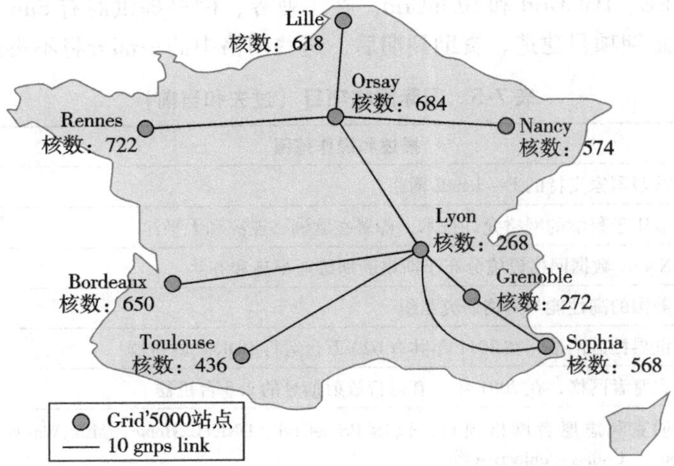

图7-6 Grid'5000位于法国9个资源站点的概况

注：摘自https://www.grid5000.fr/mediawiki/index.php/Grid5000：Home。

7.2.2 美国的NSF TeraGrid

TeraGrid是结合了11个联合站点领导阶级资源的开放科学发现基础设施，用以在美国创建集成的、持续的计算资源。在使用高性能网络连接时，TeraGrid聚集了美国的高性能计算机、数据资源和工具，以及高端实验设备。在写作本书时，TeraGrid资源具有2Pflops以上的计算能力和超过50PB的在线与档案数据存储，并在高性能网络中实现快速访问与检索。研究者也可以访问100个以上专用数据库。

TeraGrid通过在芝加哥大学的网格基础设施组（Grid Infrastructure Group，GIG）协调，与11
430 个资源提供站点协作运行：印第安纳大学、路易斯安那州光网络实验室、UIUC的超级计算应用国家中心（NCSA）、计算科学国家实验室、橡树岭国家实验室（ORNL）、匹兹堡超级计算中心（PSC）、普度大学、圣地亚哥超级计算机中心（SDSC）、得克萨斯州高级计算中心（TACC）、芝加哥大学/阿贡国家实验室（ANL）及国家大气研究中心（NCAR）。

当2001年开始这个项目时，TeraGrid只有ANL、SDSC、UCSA和Caltech 4个资源站点。2003年，NSF为TeraGrid增加了4个站点，并在亚特兰大建立了第三个网络枢纽。这些新站点分别部署在ORNL、普度大学、印第安纳大学和TACC。TeraGrid的构建也可能通过与Sun Microsystems、IBM、Intel公司、Qwest通信、Juniper、Myricom、HP公司与Oracle公司这些合作伙伴的重要协作实现。在书写这些内容时，TeraGrid设备进入批量生产时期。下一代千万亿次资源，称为XD，2011年至2016年可能被添加到一个或两个美国国家网格设备上。

TeraGrid是一种高性能计算和通信（High-Performance Computing and Communication，HPCC）系统，采用Globus软件/硬件工具推进网格连接多个万亿次计算机。在写这些内容时，用于构建TeraGrid的互联网主干网络包括Gbps链接（4个千兆以太网捆绑在一起）。图7-7显示了TeraGrid的5个资源站点和它们的主干网络。每个网格的主要资源类型是明确的。其中芝加哥和洛杉矶的两个区域门户枢纽通过40GB/s的扩展底板网络连接。

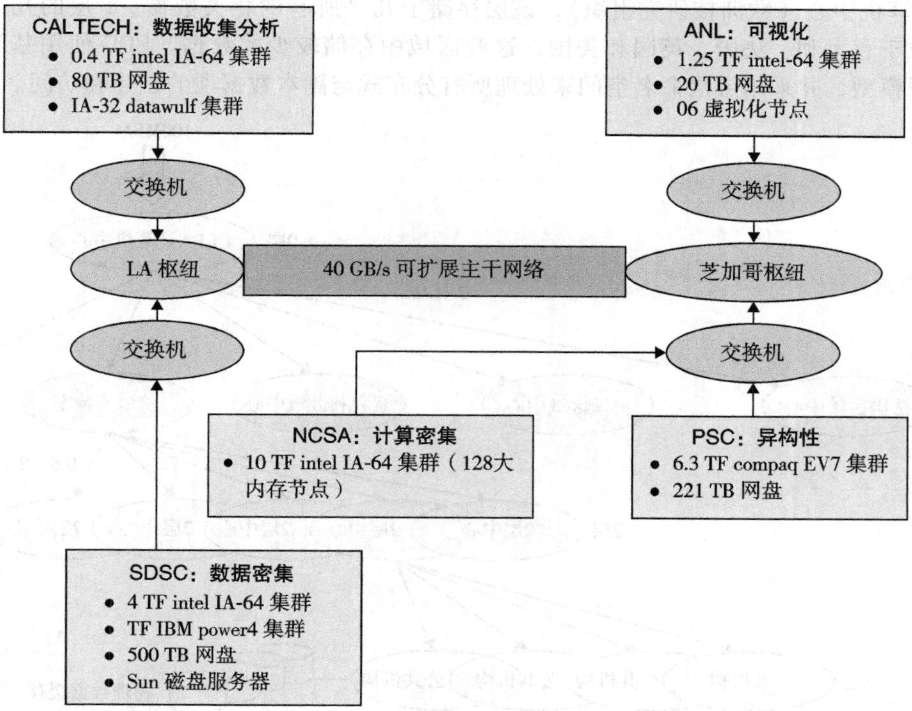

图 7-7　TeraGrid 的 5 个主要资源站点，LA 与芝加哥中心由 40GB/s 的底板网络连接

注：摘自 https://www.teragrid.org/web。

TeraGrid 资源通过 SOA 整合，每个资源提供具体接口和操作支持方面的服务。计算资源运行一个称为协作 TeraGrid 软件服务（Coordinated TeraGrid Software and Services，CTSS）的软件包集合。CTSS 在所有 TeraGrid 系统上提供了相似的用户环境，使得科学家能够将一个系统中的代码移植到另一个系统中。CTSS 也提供了类似单点登录、远程作业提交、工作流支持和数据移动工具这些整合功能。CTSS 包括 Globus Toolkit、Condor、分布式记账管理软件、验证与确认软件，以及一系列的编译器、编程工具和环境变量。

TeraGrid 资源采用专用光学网络互连，每个资源提供商站点的连接速度为 10GB/s 或 30GB/s。TeraGrid 用户通过国家研究网络（如 Internet2 Abilene 主干和 National LambdaRail）访问设备。TeraGrid 用户主要来自美国大学。美国研究人员可以获得探索权或 CPU 时间。在同侪审核后，更广泛的分配方案将涉及建议提交和奖励。所有分配建议均通过 TeraGrid 网站（https://www.teragrid.org/web）处理。

7.2.3　欧盟的 DataGrid

欧洲数据网格项目（European DataGrid Project，EDG）由欧盟资助。该网格目标是建立下一代、高吞吐量、产品级网格基础设施，以支持高能物理学、地球观察和生物信息学中的 I/O 密集型实验。特定的网格中间件被开发用于管理和共享拍字节（Petabyte）级别的信息卷。其目标是在通用命名空间保证访问海量数据的安全性。该系统允许从一个地理站点高速移动和复制数据至另一个站点，并在全局范围内保持多个副本的一致性检查和同步。

7.2.3.1　EDG 体系结构

图 7-8 显示了由 CERN 发布的基于信息的 EDG 整体体系结构。DataGrid 项目具有多层次结构。以拍字节排序的数据将以层次形式分布于全球多个站点。例如，0 层是位于日内瓦的

CERN 计算机中心（欧洲核研究组织），该层存储了几乎所有的相关数据。1 层的几个区域中心分别位于意大利、法国、英国和美国，这些区域中存储较少的数据。EDG 使用基于扩展模式的资源模型，并采用层次命名空间来处理所有分布式与副本数据项的创建和访问。

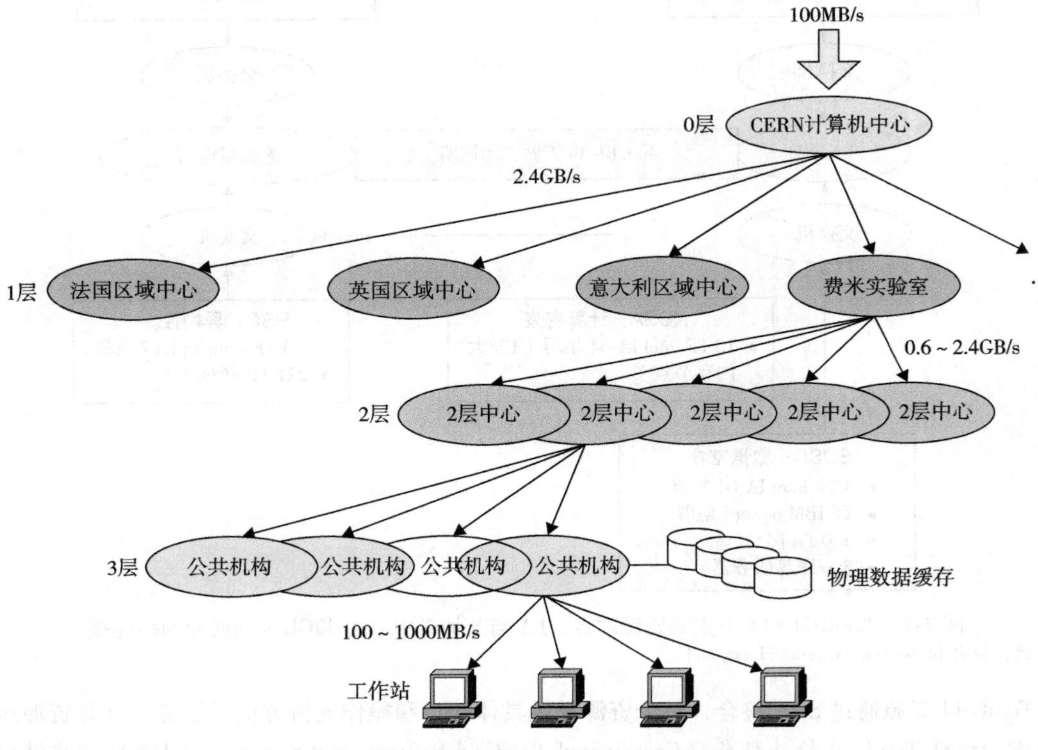

图 7-8　欧盟数据网格（EDG）的分层数据分布

注：摘自 http://eu-datagrid.web.cern.ch/eu-datagrid/。

每个 1 层中心进一步与大量 2 层数据中心链接，这些 2 层数据中心将进一步以分层的方式链接到 3 层机构。终端用户在工作站访问数据网格。EDG 并不保证 QoS，并且其资源信息是基于 LDAP 网络目录的。资源分发是分批的，定期被传送至网格的其他部分。EDG 中的资源发现是分散的，并且是基于查询的。调度器采用具有可扩展调度策略的层次结构。一个专用工作负载分布设备平衡从数百个物理设备提交到网格不同入口的作业分析。应用监测及用户访问模式收集可以用于优化全局访问和数据分布。

7.2.3.2　EDG 中的数据分布

采用的核心中间件是与数据网格相关的 Globus Toolkit。物理网格组织为在数千个服务器节点集群上管理计算中心、提供网格服务供应所有必须的工具。EDG 采用欧洲和国家研究网络基础设施，提供服务器与资源存储之间的虚拟专用网络（VPN）。EDG 广域测试台与现有基于核心 Globus 中间件的海量存储管理系统相连接。网格监控允许终端用户与管理员在 EDG 环境中检查状态和错误信息。

431～433

数据访问器和数据定位器用于位置无关标识符到位置相关标识符的映射。数据访问器是一个封装了本地文件系统细节和海量存储系统（如 Castor 和 HPSS）的接口。该通用接口有几种实现方法。数据定位器采用通用元数据管理器，负责高效发布、分布式与层次式对象集的管理。查询优化确保对一个给定的查询，产生一个最优的迁移和复制计划，该计划为覆盖连接资源、组织界限无关提供了相应的安全机制。

7.2.4 ChinaGrid 设计经验

ChinaGrid 希望在中国的 100 所大学建立最大的教育和研究平台。该系统通过聚集中国教育科研网（China Education and Research Network，CERNET）的现有分散资源，用于研究、科学和教育项目。2002 年，ChinaGrid 由中国教育部协同中国 100 所重点大学推出，目的是提供一个全国性的网格计算平台。其网格服务旨在促进合作研究、科学和教育项目。ChinaGrid 基于网格技术聚集了大量的分布异构资源。

7.2.4.1 ChinaGrid 连通性

作为一项长期工程，ChinaGrid 的第一阶段从 2003 年到 2006 年，专注于计算网格（e-Science）上的各式平台和应用，并覆盖了许多中国重点大学，其中有清华大学、华中科技大学、北京大学、北京航空航天大学、华南理工大学、上海交通大学、东南大学、西安交通大学、国防科技大学等。连通性的细节可以参考 http://grid.hust.edu.cn/platform/project/chinagrid /index.html。

ChinaGrid 基于 CERNET 建立和部署，这是中国第二大的全国性网络，覆盖了中国 800 所大学、学院和机构。高带宽（2.5GB/s 的主干网）和丰富的科学教育资源为建立 ChinaGrid 提供了构造环境。ChinaGrid 的核心是它的网格中间件，称为 ChinaGrid 支持平台（ChinaGrid Supporting Platform，CGSP）。CGSP 整合教育和研究环境中的各种资源，使得这些资源的异构性和动态性对用户透明，为科学计算和工程研究提供了高性能、高可靠、安全、快捷和透明的网格服务。

7.2.4.2 ChinaGrid 的应用

CGSP 为 ChinaGrid 提供了服务门户，是一个核心网格服务集合，包括执行管理、数据服务、信息服务、监控服务，以及部署各种网格应用的设备。基于 CGSP，5 个特定应用网格被部署：生物信息学网格、计算流体动力学网格、海量信息处理网格、在线提供高等教育课程的远程教育网格以及图像处理网格。在写这些内容时，ChinaGrid 项目的总体计算能力已达到 170teraflops，总体存储容量已达到 170TB。ChinaGrid 项目支持各种应用，包括天气预报、石油储集模拟、高能物理、数值风洞模拟、船舶结构分析和交通控制与导航。 434

7.3 网格资源管理和资源中介

在本节中，我们将讨论网格资源管理中间件，包括调度、监控和记账。我们将提出两种网格资源管理技术——Globus Toolkit 与 ChinaGrid 支持平台。网格资源中介和调度是网格资源管理的两个核心功能。我们还将涉及网格操作流程，并介绍 Gridbus 资源中介作为一个中介的示例。

7.3.1 资源管理和作业调度

在网格系统中，资源通常是自主的。每个组织可能有自己的资源管理策略。为每个组织设立单独的资源管理系统（Resource Management System，RMS）是较为合理与适用的，上层的 RMS 看成是资源消费者，下层的 RMS 看成是资源提供商。为了支持多 RMS 结构，引入了 RMS 抽象模型。图 7-9 显示了该模型的结构。该模型有 4 个对外的接口。资源消费者接口用于访问上层 RMS 或用户应用程序。资源发现器通过该接口主动搜索符合的资源。资源传播器广播本地资源信息至其他 RMS。资源交易器在基于市场的网格系统中的 RMS 间交换资源。资源解析器路由作业至远程的 RMS。资源协同分频器为一个作业同时分配多个资源。

7.3.1.1 RMS 的层次性

这些 RMS 彼此相互联系，并被放置在层次结构中。资源提供商接口管理底层 RMS 或实际资源。底层 RMS 的资源和作业通过该接口被管理与控制。如果被允许，资源预定代理也可以在这里实现。资源管理器同侪接口用于相同层次 RMS 之间的交互操作。作业请求经由该接口被接收，并被传送至本地调度器。

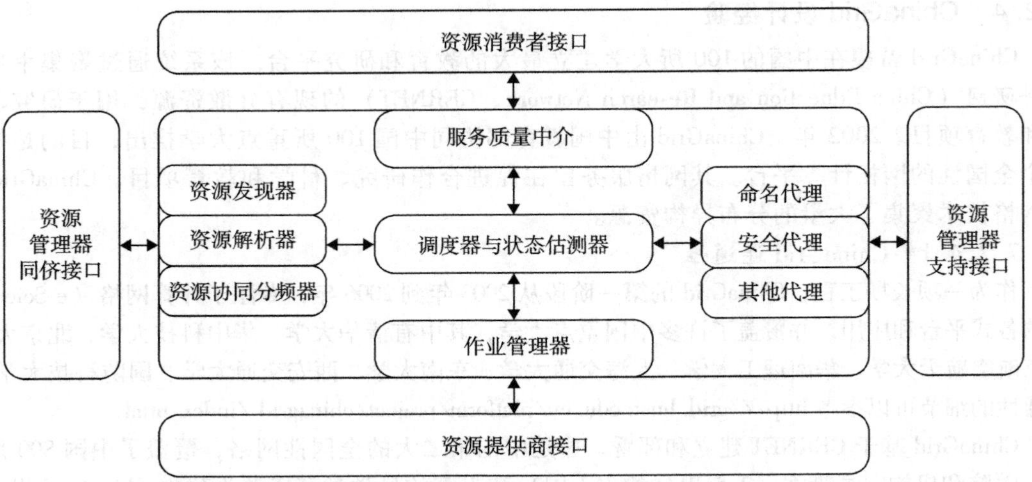

图 7-9 Globus 所支持的网格资源管理系统（RMS）的主要组件

435 注：由 I. Foster[17] 提供。

7.3.1.2 网格作业调度方法

网格是一种新型的分布式计算技术，但网格中的调度技术并不是一个全新的研究课题。传统的分布式系统（例如，集群）与网格在调度上有类似的问题。这些问题已被探索达数十年之久。关于传统分布式系统中的调度技术已开展了许多研究。通常使用两种模式来归类这些技术：*层次分类*，采用多级树归类调度方法（见图 7-10）；*平坦分类*，基于单个属性。这包括基于自适应和非自适应的，负载平衡、投标，或者概率性的和一次性分配与动态再分配的方法。

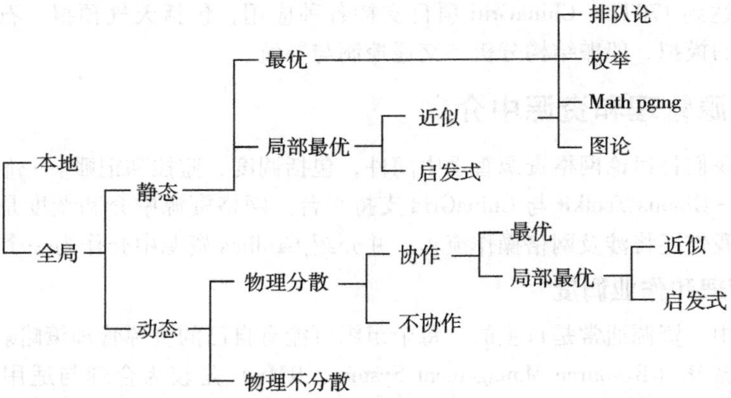

图 7-10 应用于网格和计算机集群的网格作业调度方法的层次分类

网格中的资源通常是异构的。每个站点的硬件能力（如处理器数量和内存大小）和软件配置可能不同。传统调度中，不考虑站点间的差异而决定资源分配是合理的。但是这在网格上是不适用的。调度器必须为每个候选资源估计作业性能。因此，我们需要一个网格性能模型来评估时间成本和网格应用效率。

动态性能模型在估计真实网格应用时更为准确。可以使用一些技巧来提高模拟模型的精度，因此需要对应用程序的内部结构或程序的源代码进行分析。该建模方法可能将单个作业的总体
436 运行时间分割为几部分，包括*排队时间*、*数据传输时间*和*计算时间*。一些样本数据集与基准测试程序被用于收集信息，训练性能模型。

网格资源动态分配给不同的应用。对于传统分布式系统，系统管理员完全控制资源。（这里

不考虑P2P，因为作业调度不是它的主要问题。）只有两个参与者（系统与用户）。调度技术可以完全专注于性能。调度的优化目标可能是以系统为中心的或者以应用为中心的。然而，资源所有者有权确定网格中共享资源的数量与质量。网格有三个参与者：网格系统、资源提供商与资源消费者。

如果没有任何激励，资源提供商不愿意共享更多及更好的资源。所以网格调度的优化目标必须考虑资源提供商的利益。最常见的激励是基于经济学原则为作业分配资源。在基于经济原则的网格计算环境，用户表达他们对服务质量的需求，以及对不同级别的服务质量的合适费用。网格服务提供商需要制定各种服务的成本模型。

7.3.2 CGSP的网格资源监控

一般情况下，当我们讨论解决某个特定问题的网格环境监控时，会涉及诸多因素，包括目标网格资源、相关网格中间件和它们之上的应用程序组件。

网格监控的生产者/消费者模型

生产者/消费者模型如图7-11所示。该模型提供了网格资源监控的基本架构，支持用户所需功能，并加强不同网格资源之间的交互操作。网格监控数据包括短生命周期、经常性的变化、随机性等。此模型应该满足低延迟、高传输率、低开销、安全性和可扩展性的要求。特别地，网格监控数据的发现与传输应该分开处理。描述监控数据的相关元数据需要存储在公共的位置。

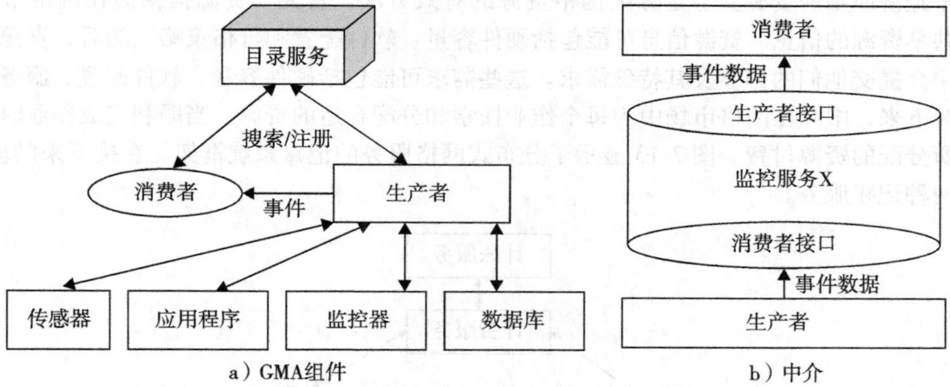

图7-11 生产者/消费者网格监控模型在网格监控体系结构（GMA）中的实现

例7.6 用于资源监控的ChinaGrid SuperVision（CGSV）

在ChinaGrid中，为保持这样一个复杂的分布式系统高效，监控系统是必要的。CGSP组件包括作业管理器、存储管理器和信息中心，根据不同目的提供系统状态信息。CGSV系统（图7-12）专为监控ChinaGrid性能而设计。除了常见的库存跟踪任务，ChinaGrid也需要CGSV可扩展支持不同类型的数据请求，以及具有数据处理和传输的有效方法。

为了满足这些需求，CGSV被设计成一个适应能力强的、流集成的网格监控系统。传输与控制协议被设计成通过统一的方式高效传输各种类型的测量数据，并使用生产者行为执行修改。再次发表模块是面向流的，因为它们被设计为支持在测量数据流与类SQL流查询接口上支持基于断言的处理。

CGSV的设计基于开放网格论坛（OGF）提出的GMA。CGSV由收集层、服务层和表示层组成，如图7-12所示。在收集层，传感器被部署用于测量数据的收集。传感器-I负责收集硬件资源信息。其他信息来源，包括网络状态、动态服务信息或者由其他监控工具生成的数据，经由适配器封装成统一的数据格式。

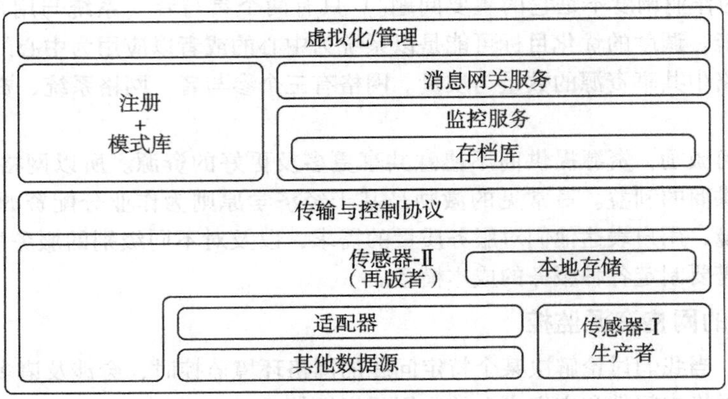

图 7-12　CGSV 模块部署体系结构

注：由 Y. Wu[56] 提供。

437~438 在数据接口之上是服务层。在 ChinaGrid 的每个域中，该层表现为逻辑域监控中心，其中域注册服务和监控服务在这里部署。太多通知和订阅将极大降低服务性能，故消息网关服务被用于减轻监控服务的通信成本。最高层是表示层，执行数据分析和可视化。■

7.3.3　服务记账和经济模型

基于经济原则的资源交易是分配网格资源的有效方法。首先，资源提供商在网格市场中登记他们共享资源的信息。资源信息可能包括硬件容量、软件配置和价格策略。然后，资源消费者向资源中介提交他们的作业及其特殊需求。这些需求可能包括硬件容量、软件配置、服务质量和预算。接下来，中介在网格市场中为每个作业搜索和分配合适的资源。当顺利完成作业时，消费者要为所分配的资源付费。图 7-13 显示了分布式网格服务的记账系统框架。在接下来的段落中，将介绍两种记账服务。

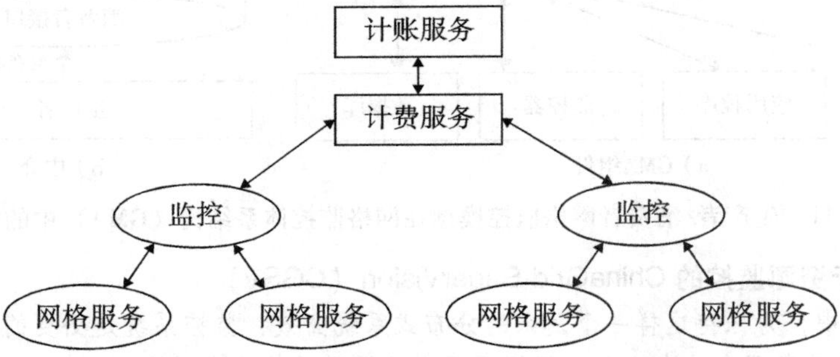

图 7-13　用于计费服务的网格记账系统的一般框架

7.3.3.1　监控和计费服务

该组件从网格服务或资源直接收集原始硬件使用信息（如 CPU 时间）。一般来说，每个网格服务集装器或计算节点都应该部署一个监控组件。收集到的原始数据被转发至其上层组件，即计费组件。原始数据可以通过查询网格服务、分析应用的日志数据或直接从潜在系统中获取。计费服务从监控组件获取原始使用信息，并提供使用服务的收费政策。收费政策将原始使用事件映射为货币收费事件。收费政策采用指定的公式，计算来自应用程序、用户及结果的费用。

为了取得良好的网格经济效益，记账系统需要一个网格经济模型。记账系统收集的使用数据是对客户收费的依据。如果使用数据是伪造的或被恶意服务修改，客户与提供商账号会执行

439 不正确的操作，网格经济秩序将被严重破坏。某些记账系统已经采取措施来保证安全性。

Gridbus 的记账系统 GridBank[8]，在 Globus Toolkit 套接字上使用 SOAP。远程服务访问通过网格安全基础设施认证和授权。网格通常由多个真实组织构成。记账需要在多个域进行，故记账系统必须提供标准网格服务的访问接口。Globus Toolkit 是网格服务中最流行和实用的标准。

7.3.3.2 记账组件

记账模块的主要功能是维护资源客户和提供商之间的经济关系。从计费模块接收并转换收费事件，记账模块记录收费事件。记账事件是会被每个网格用户账号执行的行为。网格用户账号掌控差额信息。网格中记账还要有一些其他特征，如记账系统的安全性。

在过去的几年，实现网格的全面应用，需要解决认证、授权、资源发现、资源访问这些基本问题，更重要的是，解决资源和管理策略的不兼容性。各种各样的项目和产品提供了解决这些问题的服务。一些网格中间件库被开发和部署，包括常用的 Globus Toolkit、glite 和 CGSP。在这一节中，我们专注于 Globus Toolkit 和 CGSP 这两种最重要的网格中间件库，它们包括各种各样的系统，并且提供了多数网格部署技术的基础。

例 7.7 一个网格计算经济模型

图 7-14 显示了一个借助于成本效益评估网格计算服务的通用经济模型。除了用户（客户）和提供商，计算经济模型还需要一些其他组件。交易管理器标识资源访问成本；网格市场目录允许资源所有者公布他们的服务；网格交易服务器与用户协商，实现效益最大化；价格政策组件规定资源的价格；网格银行记录资源使用情况与用户账单。资源协同分配是网格调度的特殊需求。网格中某些种类的应用程序（例如，工作流、多站点应用）常常需要同时从多个站点获取多个资源。

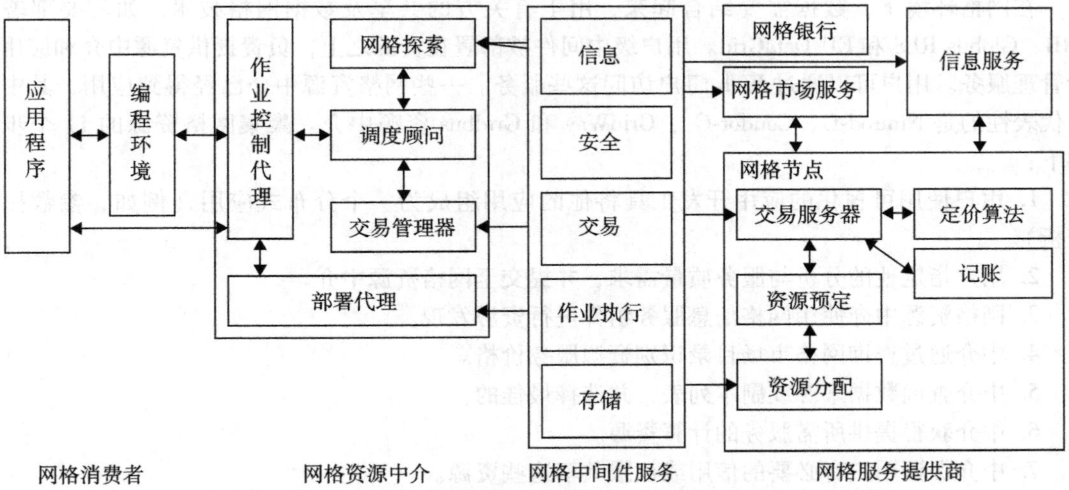

图 7-14 评估网格计算服务的经济模型，部署于墨尔本大学

注：由 Buyya 等人[8]提供。

例如，交互式数据分析可能同时需要访问几个资源，如存储系统中的数据副本、用于分析的超级计算机、用于数据传输的网络元素以及用于交互的显示设备。二相交易通常被用于解决协同分配问题。为了请求多个资源，第一步是获得合适的资源。第二步是绑定用于特定应用的资源。如果任意资源的委任失败，则所有资源的委任将被取消，系统将为该请求寻找一个新的解决方案。■

7.3.4 Gridbus 的资源中介

图 7-15 从操作角度显示了网格环境，各组件根据它们的部署与功能进行划分。为了划分该

网格的资源组成，需要从不同的管理域理解。这可以通过在 UNIX/Linux 环境安装核心网格中间件（如 Globus）来实现。多节点集群需要作为网格的单一资源，可以通过部署作业管理系统达成，如 Sun 网格引擎。

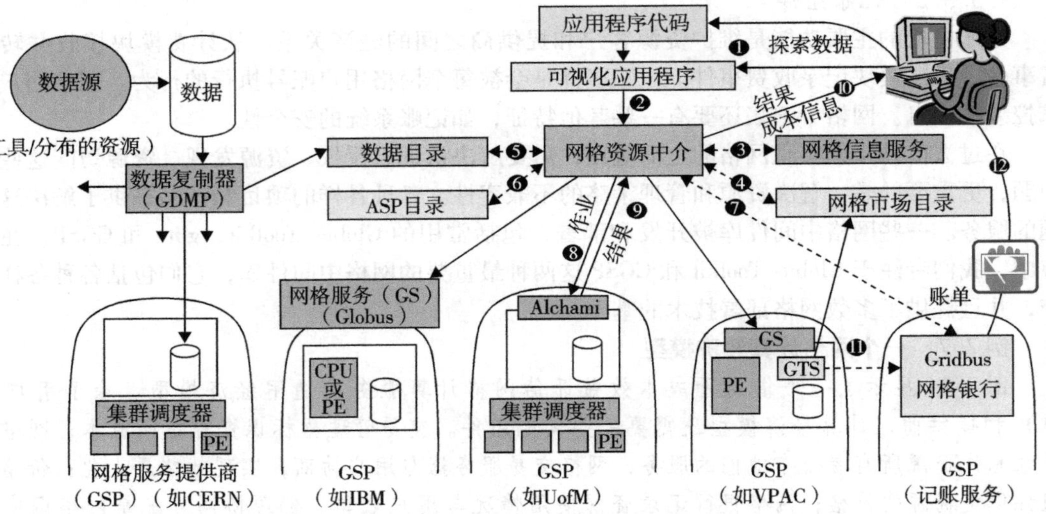

图 7-15　网格资源中介管理作业调度与执行

440～441 注：由 Buyya 和 Bubendorfer（编辑）[9] 提供。

在网格环境下，数据需要结合起来，用于有关方的共享及数据网格技术，如需要部署的 SRB、Globus RLS 和 EU DataGrid。用户级中间件被部署在资源之上，负责提供资源中介和应用运行管理服务。用户可以通过 Web 门户访问这些服务。一些网格资源中介已经得到应用，其中具有代表性的是 Nimrod-G、Condor-G 、GridWay 和 Gridbus 资源中介。聚集网格资源的 11 个步骤如下：

1. 用户使用可视化的应用开发工具将他的应用组成为一个分布式应用（例如，参数扫描分析）。
2. 用户指定他的分析与服务质量需求，并提交至网格资源中介。
3. 网格资源中介使用网格信息服务组件进行资源发现。
4. 中介通过查询网格市场目录识别资源服务价格。
5. 中介查询数据来源或副本列表，并选择最佳的。
6. 中介获得提供所需服务的计算资源。
7. 中介保证用户有必要的信用或权限共享这些资源。
8. 中介调度器分析资源以满足用户的服务质量需求。
9. 代理资源中介执行作业并返回结果。
10. 中介整理结果，并传递给用户。
11. 计费器向会计师传递资源使用信息，收取用户费用。

例 7.8　墨尔本大学的 Gridbus 体系结构

会计师公布资源共享分配或信用利用率。Gridbus Resource Broker[9,48] 是一个面向市场的元调度器，用于计算和数据网格，支持广泛的网格中间件和服务。它关心网格应用所需的很多功能，包括发现特定用户应用的合适资源、在最后期限前调度作业，以及处理可能在执行中发生的故障。

特别需要指出的是，中介为需要分布式网格资源的任意应用提供诸如资源选择、作业调度、作业管理和数据访问等能力。中介处理运行于不同网格中间件的资源间的通信、作业失效、不同资源可用性，以及不同的用户目标，如在最后期限前执行或限制在一定预算之下。Gridbus 中介的设计遵循包含接口、核心和执行的分层体系结构，为面向市场的中介提供如图 7-16 所示的能力。

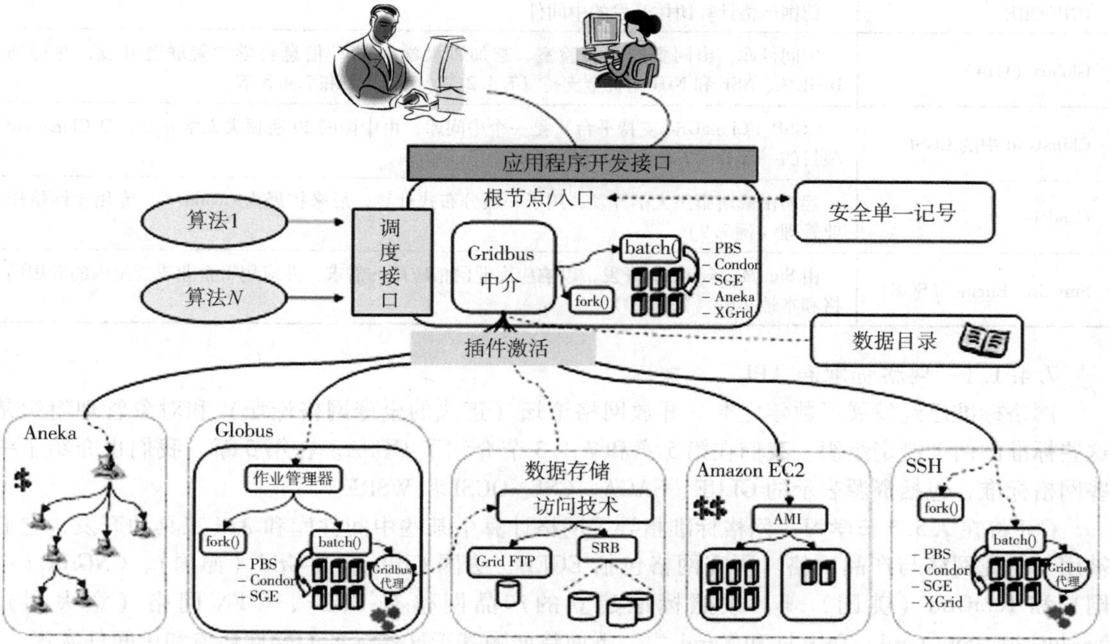

图 7-16 Gridbus 资源中介体系结构及其与许多公共或私有网格/云的交互

注：Courtesy of Buyya and Bubendorfer (editors)[9]

接口层由 API 和分析程序组成，用于文件输入，使外部程序与用户联系到中介。资源发现和协商、调度以及作业监控在核心层执行。作业执行在执行层实现，并且在该层中专用中间件适配器与目标资源相互通信。在 Gridbus 中介中，专用中间件适配器被作为插件，通过网格中间件，如 Globus 和企业云应用平台（如 Aneka），支持可访问资源上的作业部署。

中介也运行于公有云，如 Amazon EC2，并通过排队系统（如 PBS、Condor 和 SGE）管理的集群上的 SSH 支持远程作业执行。中介根据用户目标和资源类型，选择不同类型的调度策略。目前，中介可以调节计算、存储、网络和信息资源，其收费基于时间（如 1 Grid Dollar/s）或容量（如 1 Grid Dollar/MB）。它也能适应用户目标，例如，对计算和数据密集型应用，在预算许可的范围内的最快计算（时间最优），或在规定期限内的最低成本计算（成本最优）。计算密集型算法基于 Nimrod/G[10] 之前的研究。■

7.4 网格计算的软件与中间件

在这一节，我们将学习研究多年的网格计算的中间件库。首先，我们给出开源中间件包的综述。然后，我们介绍基于版本 GT4 的 Globus Toolkit，并对 Globus 集装器概念和网格资源分配管理器进行更详细的讨论。最后，我们研究 ChinaGrid 项目专用的 CGSP 库。 442~443

7.4.1 开源网格中间件包

回顾 Berman、Fox 和 Hey[5] 的文献，在过去 15 年，用于网格计算的许多软件、中间件和编程环境被开发。接下来，我们将评估最近公布的应用的相对强度和限制。我们首先介绍一些网格标准和通用 API。接下来，我们提出网格计算所需的软件支持和中间件开发。表 7-6 总结了 4 种网格中间件包。

表7-6 网格软件支持和中间件包

软件包	简要描述，本书的引用和涵盖
BOINC	伯克利开放基础设施，用于网络计算
UNICORE	德国网格计算团体开发的中间件
Globus（GT4）	中间件库，由阿贡国家实验室、芝加哥大学和USC信息科学学院联合开发，并得到DARPA、NSF和NIH的资金支持（7.4.2节、7.4.3节和7.4.5节）
ChinaGrid中的CGSP	CGSP（ChinaGrid支持平台）是一个中间库，由中国的20所顶尖大学开发，是ChinaGrid项目的一部分（7.5.4节）
Condor-G	起初由威斯康星大学开发，用于一般分布式计算，后来扩展为Condor-G，专用于网格作业管理（例7.9）
Sun Grid Engine（SGE）	由Sun Microsystems开发，以响应商业网格应用的需求，并应用于企业或校园内的专用网格和本地集群（例7.10）

7.4.1.1 网格标准和API

网格标准已经发展了数年之久。开放网格论坛（正式的全球网格论坛）和对象管理组织是这些标准的两个制定组织。我们在第5章和7.1.3节介绍了OGSA。在第5章，我们也介绍了一些网格标准，包括资源表示的GLUE、SAGA、GSI、OGSI和WSRE。

GSI将在7.5.5节学习。网格标准指导了网格计算中某些中间件库和API工具的开发，它们被用于研究网格与产品网格。研究网格包括EGEE、法国Grilles、D-Grid（德国）、CNGrid（中国）和TeraGrid（美国）等。按照标准建立的产品网格有EGEE、INFN网格（意大利）、NorduGrid、Sun Grid、Techila和Xgrid[52]。下面将回顾基于这些标准的软件环境和中间件实现。

7.4.1.2 软件支持和中间件

网格中间件是为硬件和软件之间专门设计的层次。中间件产品使得可以共享异构资源，并
444 管理网格周边构建的虚拟组织。中间件连接已分配的资源到特定用户应用程序。流行的网格中间件工具包括Globus Toolkits（美国）、gLight、UNICORE（德国）、BOINC（加州大学伯克利分校）、CGSP（中国）、Condor-G和Sun Grid Engine等[52]。表7-6总结了自1995年以来为网格系统开发的软件支持和中间件包。在接下来的章节，我们将描述Condor-G、SGE、GT4和CGSP的特点。

例7.9介绍了威斯康星大学开发的Condor和Condor-G的配对能力。例7.10讨论了Sun Microsystems为商业网格计算开发的Sun Grid Engine的特征。

例7.9 用于网格计算的Condor Kernel和Condor-G的特征

Condor是一个用于高吞吐量分布式批量计算的软件工具，其目的是利用分布式计算机网络的空闲周期。Condor的主要组件是用户代理、资源和匹配器，如图7-17所示。ClassAds（分类广告）语言被用于Condor，用来表示分布式系统中用户对可用资源的请求。代理和资源按照ClassAds的格式告知中央匹配器其状态和需求。中央匹配器扫描这些ClassAds，并创建相互满足需求的（资源，代理）对。

随后，匹配的代理与可用资源相互协作执行这个作业。Condor提供了两个问题解决方案：主服务器-服务器与DAG管理器。对于特定作业，Condor记录检查点，随后可从该检查点恢复程序执行。在没有共享文件系统的远程机器上运行作业时，Condor通过远程系统调用访问本地执行环境。Condor-G的设计符合GRAM协议（将在7.4.4节涉及），用于耦合Globus项目中的作业和资源。Condor-G增加了持久性和二相委托，防止GRAM中作业的丢失与重复。然而，Condor-G并不支持GRAM的全部特性。■

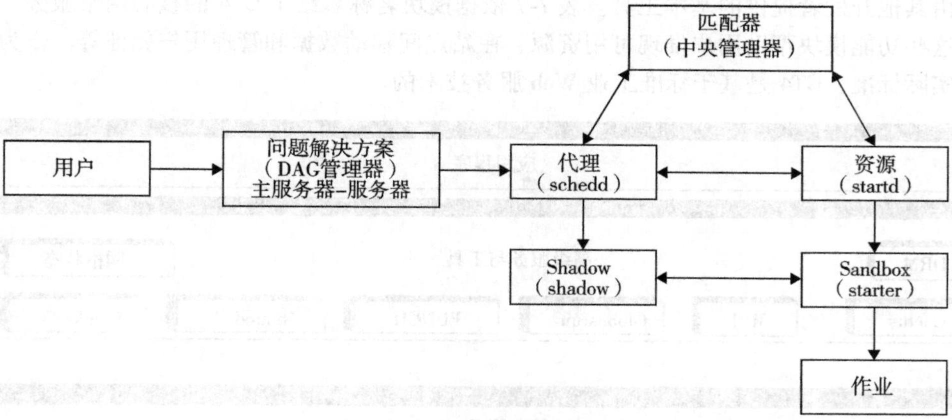

图7-17 Condor系统的主要功能组件

445

例7.10 Sun Grid Engine（SGE）中间件包

Sun Microsystems为响应日益增长的商业网格应用需求，开发了SGE。SGE的特点是为企业或校园的专用网格和本地集群提供基于内联网的集群或网格应用。该系统支持网格资源动态分配的批处理，故障容错和切换功能也被实现。用户指定资源时可以不考虑提交地点。作业状态和资源利用率被定期监控。

Sun提供SGE包的免费版和企业版。该系统可集中管理分配给独立作业的所有资源，提高了效率和性能；同时也提供了暂停和恢复工具，使得用户可以在不丢失已完成任务的前提下，暂停作业和稍后重启作业。SGE工作流遵循下列事件顺序：

- 从用户接收作业。
- 将作业放置在一个计算机域内，直至执行。
- 将作业从保持域发送至可以被执行的主机。
- 在执行期间管理作业。
- 当执行结束后，记录它们的执行日志。

SGE系统使用预留端口、Kerberos、DCE、SSL和分类主机认证，维护在不同信任级别和资源访问限制中的安全性。■

7.4.2 Globus Tookit体系结构（GT4）

Globus Toolkit由DARPA自1995年开始资助，是用于网格计算社区的开放中间件库。这些开源软件库在国际范围内支持许多操作网格及其应用程序，解决了网格资源发现、管理、通信、安全、故障检测和可移植性中的共性问题。软件本身提供各式组件和能力，其库包括服务实现的丰富集合。

实现的软件支持网格基础设施管理，提供使用Java、C和Python编写的新型Web服务的工具，建立强大的基于标准的安全基础设施和客户端API（用不同的语言），并提供访问各种网格服务的综合命令行程序。Globus Toolkit的最初动机是希望清除障碍，保证无缝协作，在科学与工程应用中实现资源与服务的共享。共享的资源可以是计算机、存储、数据、服务、网络、科学仪器（如传感器）等。Globus库的GT4版本在概念上如图7-18所示。

7.4.2.1 GT4库

GT4在网格应用中提供中级核心服务。高级服务和工具（如MPI、Condor-G及Nirod/G）由第三方开发，且适用于通用目的的分布式计算应用。LSF、TCP、Linux和Condor等本地服务位于底

层，是由其他开发者提供的基本工具。表7-7依据模块名称总结了GT4的核心网格服务。从本质
446 上说，这些功能模块帮助用户发现可用资源、在站点间移动数据和管理用户凭证等。作为网格中间件的实际标准，GT4是基于标准工业Web服务技术的。

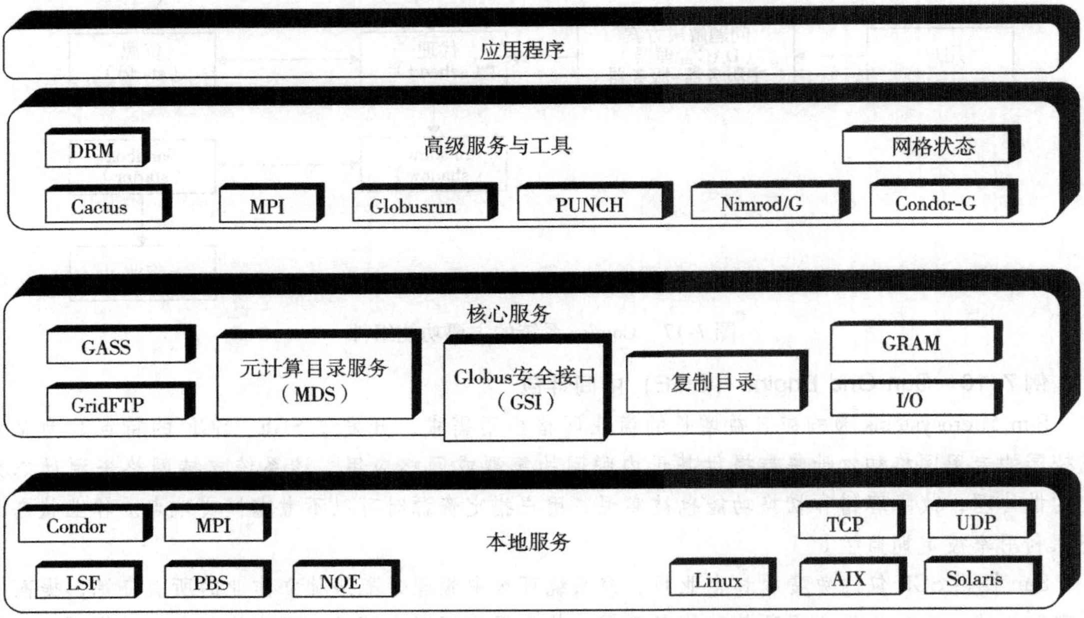

图7-18　Globus Tookit GT4支持分布式与集群计算服务

注：由I. Foster[17]提供。

表7-7　Globus GT4库的功能性模块

服务功能	模 块 名	功能描述
全局资源分配管理器	GRAM	网格资源访问与管理（基于HTTP）
通信	Nexus	单播和多播通信
网格安全基础设施	GSI	认证及相关安全服务
监控和发现服务	MDS	分布式访问结构和状态信息
健康与状态	HBM	系统组件的心跳监控
二级存储的全局访问	GASS	远程二级存储中数据的网格访问
网格文件传输	GridFTP	节点间的快速文件传输

注：由Ian Foster[17]提供。

在7.4.3节中，我们将分析基于HTTP的GRAM和MDS模块。Nexus用于收集通信，HBM
447 用于资源节点的心跳监控。GridFTP用于加快节点之间的文件传输。GASS模块用于二级存储的全局访问。GSI（网格安全基础设施）将在7.5节介绍。Globus GT4功能模块和应用程序的更多细节可参见www. globus. org/toolkit/。

7.4.2.2　Globus作业工作流

图7-19显示了使用Globus工具的典型作业工作流。典型作业执行顺序如下：用户发送他的证书至委托服务（delegation service）。用户向GRAM提交作业请求，委托证书作为其中的一个参数。GRAM解析请求，并从委托服务获取用户代理证书，然后代表用户利益运行。GRAM发送转移请求至RFT（Reliable File Transfer，可靠文件传输），它提供GridFTP以获取必要的文件。GRAM通过GRAM适配器唤醒本地调度器，且SEG（Scheduler Event Generator，调度事件生成器）启动一系列用户作业。本地调度器将作业状态报告至SEG。一旦完成作业，GRAM使用RFT和

GridFTP 显示相应文件。网格监控这些操作的进展，并在它们成功、失败或推迟时，通知用户。

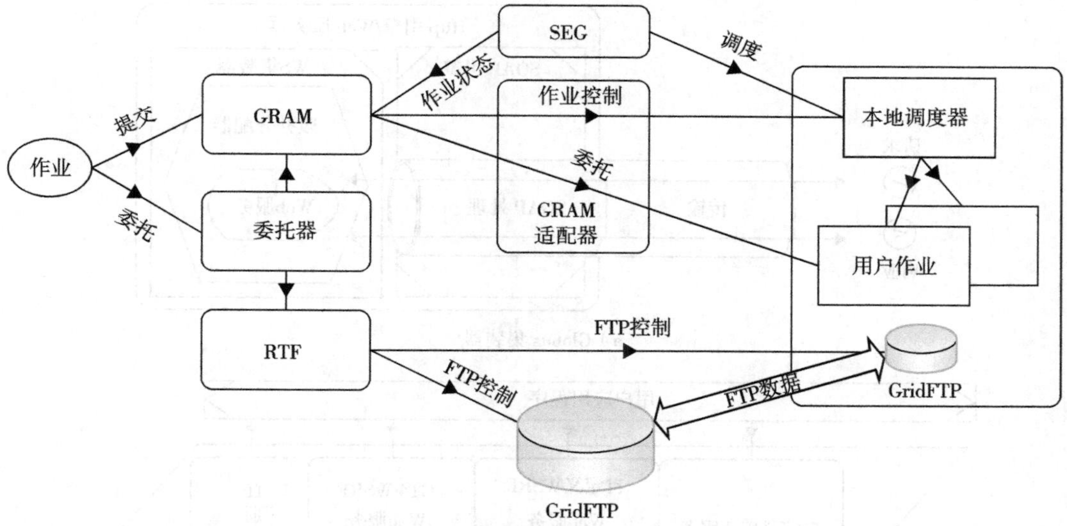

图 7-19　交互功能模块间的 Globus 作业工作流

注：由 Foster 和 Kesselman[15] 提供。

7.4.2.3　客户端 Globus 交互

GT4 服务程序支持用户应用程序，如图 7-20 所示。在提供商程序和用户代码之间存在很多交互。GT4 在服务描述、发现、访问、认证与授权等相关操作中，大量使用标准工业 Web 服务协议和机制。由于 GT4，用户代码可以采用 Java、C 和 Python 编写。Web 服务机制为网格计算定义了专用接口。网络服务提供灵活的、可扩展的和普适的基于 XML 的接口。 448

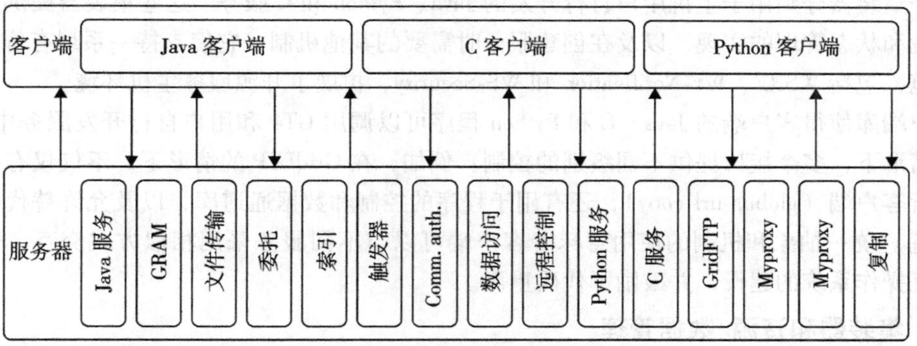

图 7-20　客户端与 GT4 服务器交互；垂直矩形表示服务程序，水平矩形表示用户代码

注：由 Foster 和 Kesselman[15] 提供。

在一般情况下，GT4 组件不直接解决终端用户的需求。相反，GT4 提供一套用于访问、监控、管理和控制访问基础设施元素的基础设施服务。图 7-20 垂直矩形中所示的服务器代码与被大量用于 GT4 库的 15 个网格服务相对应，其需要计算、通信、数据和存储资源。我们必须采用一系列终端用户工具，以提供特定用户程序所需的高级功能。只要有可能，GT4 实施相应标准，以促进可操作性与可复用用户代码的构建。开发人员可以使用这些服务和库便捷地建立简单和复杂的系统。

高安全子系统解决信息保护、认证、委托和授权。GT4 由一系列服务实现（图 7-21 底层的服务器程序）和顶层的相关客户库组成，提供 Web 服务和非 Web 服务应用。客户端域水平矩形表示自定义的应用程序和访问GT4服务的第三方工具。该工具包提供一系列有用的基础设施服务。

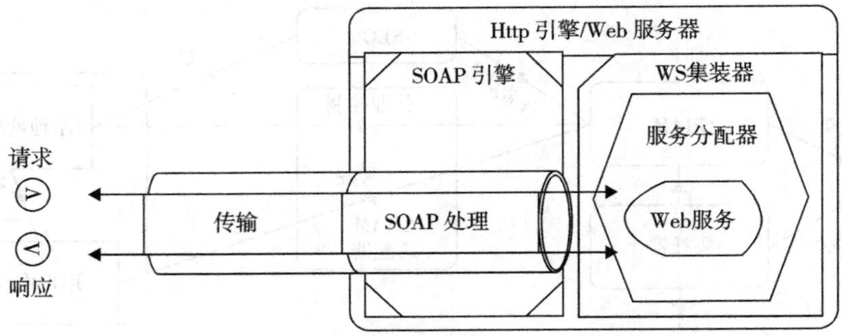

a）Globus 集装器

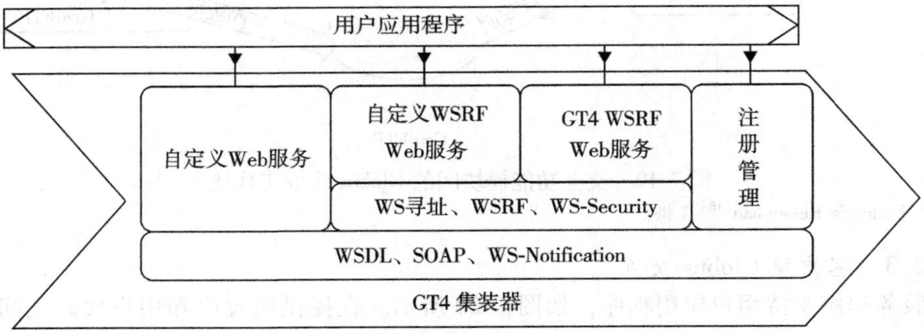

b）集装器的功能

图7-21　在网格平台上实现Web服务时，Globus集装器作为运行时环境

三个集装器分别用于主机用户自行开发的Java、Python和C服务。这些集装器提供安全、管理、发现和状态管理的实现，以及在创建服务时需要的其他机制。它们支持一系列有价值的Web服务规范，包括WSRF、WS-Notification和WS-Security，扩展了开源服务主机环境。

客户端库使得客户端的Java、C和Python程序可以调用GT4和用户自行开发服务中的操作。在很多情形下，多个接口提供不同级别的控制：例如，在GridFTP的情形下，不仅仅有一个简单的命令行客户端（globus-url-copy），还有用于程序的控制和数据通道库，以及允许替代传输集成的XIO库。统一抽象和机制的使用意味着客户端可以与不同服务采用相似方式交互，这有利于复杂的互操作系统的建设，并鼓励了代码重用。

7.4.3　集装器和资源/数据管理

在这一节中，首先，我们将通过介绍GT4工具集中的GRAM模块来阐述集装器的概念。然后，我们解释在任意开放网格的资源与数据管理中，如何使用GRAM和MDS。GRAM通过协调文件分期，支持动态作业执行。MDS在网格执行环境中，监控和发现可用的网格资源。

7.4.3.1　使用GRAM的资源管理

GRAM模块支持Web服务启动、监控和管理开放网格中远程计算机上的计算作业的执行。GRAM建立于各种本地资源分配服务之上。采用标准化的GRAM接口可以访问各种本地资源管理工具，其中一些来自集群和网格计算供应商，可从市面上获得，如第2章介绍的负载共享设备、网络队列环境、IBM的LoadLeveler和Condor。该接口使得客户端可以表示资源类型和数量、
449~450 传送和执行来自站点的数据、可执行代码及其参数、采用的安全认证，以及作业持续的需求。其他操作使得客户端可以监控已分配资源和运行任务的状态，并通知用户它们的状态，以及指导

网格上作业的执行。

GRAM 的核心包括一组 Web 服务，用来运行 Globus 网络 Web 资源框架（Globus Web Services Resource Framework，WSRF）的核心主机环境。每个提交的作业将获得满足请求服务的特定资源。服务提供监控作业状态或终止作业的接口，可以通过本地调度器访问每个计算元素。服务也提供了创建管理作业资源的接口，以完成其本地调度器中的作业，具体描述如作业工作流图解所示。

7.4.3.2 Globus 集装器：一个运行时环境

Globus 集装器（也称为 Web 服务核心或 WS 集装器）为托管需要执行网格作业的 Web 服务提供了一个基础运行时环境。图 7-21a 显示了集装器的概念。该集装器采用了大量 SOAP 引擎构建。SOAP 的主要执行功能包括传入作业请求和相应响应的传输。通常会经由 HTTP 引擎或 Web 服务器为传输 SOAP 消息分割主机环境逻辑。

图 7-21b 总结了集装器的功能。所有 WS 集装器可以作为消息传输协议在 HTTP 引擎上执行 SOAP 命令。传输级和消息级安全在所有的通信中都必须实现，WS 寻址、WSRF 和 WS-Notification 功能也被实现。集装器使用 Jakarta 日志记录，并为其内部部署的网格服务定义了 WSRF WS-Resources。因此，任何 GT4 集装器都可以同时持有多个作业的许多服务。

集装器支持自定义 Web 服务和主机服务，其客户端接口使用了 WSRF 及其相关机制。集装器还具有由 GT4（如 GRAM、MDS 和 RFT）提供的高级服务。应用客户端使用 Globus 集装器注册接口来确定哪些服务被安置在某个特定的集装器中。集装器管理接口用于实现日常管理功能。在撰写这些内容时，GT4 套件中已存在采用 Java、C 和 Python 编写的 Web 服务集装器。

7.4.3.3 GT4 数据管理

网格应用通常需要提供入口，以聚集多站点上的大量数据。GT4 工具可以单独或联同其他工具进行高效数据访问。下面列表简要介绍了这些 GT4 相关工具：

1. **GridFTP** 支持高带宽 WAN、内存到内存、磁盘到磁盘的可靠、安全及快速数据移动。相较于互联网文件传输的通用 FTP 协议，GridFTP 增加了额外特性，如并行数据传输、第三方数据传输和条纹数据传输。此外，GridFTP 受益于安全数据信道的 Globus 安全基础设施（GSI，将在 7.5.5 节学习）的强大服务，确保了可认证性与可重用性。据报道，网格在一些 WAN 已达到 27GB/s 的端到端传输速度。

2. **RFT** 提供了多个 GridFTP 传输的可靠管理，一直用于配合许多站点间数百万文件的同时传输。 451

3. **RLS**（Replica Location Service，副本位置服务） 是一个可扩展系统，用于维护和提供副本文件与数据集的位置信息的访问方式。

4. **OGSA-DAI**（Globus 数据访问与集成） 该工具由 UK e-Science 项目设计开发，提供关系和 XML 数据库的访问方式。

7.4.3.4 MDS 服务

在任何分布式系统中，监控与发现都是两个重要功能。这两项功能都需要具有从多个分布式信息来源收集信息的能力。GT4 在基础级别提供了监控和发现支持。图 7-22 显示了 Globus MDS 基础设施。通过实施 WSRF 和 WS-Notification 规范，GT4 使得网络实体具有基于 XML 的资源属性，并建立了多个集装器实现 MDS 标签、GridFTP 和其他需要考虑监控与可用资源发现的功能。网格服务可以在分布式集装器中注册。

此外，GT4提供了两种集成服务，从基于XML或者其他的信息来源收集数据。另外，GT4提供了多种浏览器界面、命令行工具及Web服务接口，允许用户查询和访问收集的信息。特别地，WebMDS服务由XSLT转换配置，用来创建索引数据的特定显示。这些机制提供了监控分布式组件不同集成的有力框架。GRAM、MDS及其他有趣工具的细节可以参考GT4网站：http://www.globus.org/。

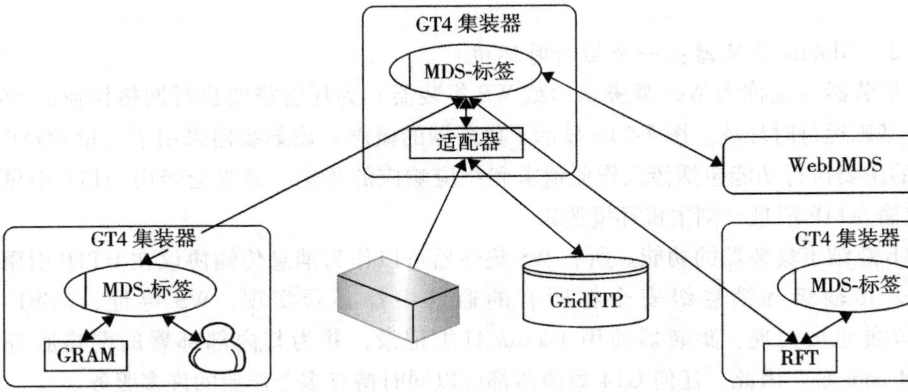

图7-22 GT4系统监控与资源发现基础设施

注：由Ian Foster[17]提供。

7.4.4 ChinaGrid支持平台（CGSP）

CGSP由中国20所高校联合开发，用于构建ChinaGrid。CGSP包提供多域Web服务的
452 第一步。不同于GT4，CGSP提供软件平台，而不是工具库。CGSP涵盖来自用户接口的所有事件，为给定应用提供异构资源集成。它使得用户更接近于网格开发者和领域专家。CGSP已被试用于ChinaGrid上的图像处理、生物信息学、远程教育、计算流体力学和大规模信息处理。

表7-8显示了构建CGSP的功能模块。ChinaGrid旨在为中国研究和高等教育构建一个公共的网格服务系统。CGSP集成各种异构资源，特别是分布在中国CERNET的教育和研究资源。CGSP集成顶层门户到底层资源，为网格的构建提供了一个网格平台。其支持异构资源、门户建立、作业定义、服务包装和网格监控的统一管理，并提供了一个可扩展的网格框架，服务于中国的100所重点大学。

表7-8 CGSP库的功能性组件

组 件	简要描述
服务集装器	为服务的安装、部署、运行和监控，特别是CGSP的核心服务，提供基本环境
安全管理器	专注于用户身份认证、身份映射、服务和资源的授权，以及CGSP节点间的安全消息传递
信息中心	按照统一的方式为CGSP服务提供服务注册、发布、元数据管理、服务查询、服务匹配及资源状态收集
数据管理器	阻止用户直接访问底层异构存储资源，提供统一存储资源访问模式
执行管理器	接收用户的作业执行请求，根据作业描述调用响应的服务，并在其整个生命周期中管理作业
域管理器	负责用户管理、登录和记账，以及不同CGSP域之间的用户身份映射
网格监控器	名为ChinaGrid Super Vision（CGSV），主要专注于CGSP资源负载、QoS、用户行为、作业状态和网络的监控，以确保系统正常运行，并提高网格性能
门户	学习CGSP服务以及为新网格应用提供支持的网页

CGSP 软件平台符合 OGSA 标准和 WSRF 准则。所有的软件、硬件、存储和网络技术均为用户的虚拟资源。与 Globus 一致，CGSP 强调高度的资源共享和协作。CGSP 由 9 个主要组件构成，如表 7-8 中的简要介绍。此外，CGSP 提供了一套 API 和工具包，帮助终端用户和开发者编写网格程序，以及查询和部署他们的应用。

CGSP 作业执行流

图 7-23 显示了单领域 CGSP 的作业流。网格服务集装器应该包括分配的资源。资源通过服务包装工具提取，并包括在服务集装器中，S1、S2 和 S3 分别代表命令行软件、遗留程序和服务请求。我们需要使用作业定义工具来建立作业流模型。因为作业请求需要以 SOAP 消息的形式提交，故作业管理器被部署于服务集装器中。 453

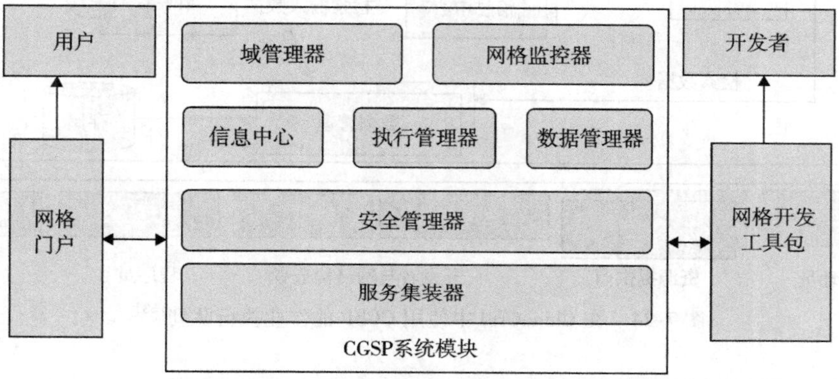

图 7-23　ChinaGrid 的 CGSP 库中的功能性构建块，由中国清华大学开发[53]

作业管理器负责作业请求分析、服务选择和作业调度，以及执行管理。每个域都需要部署服务管理器，从集装器收集服务信息来支持其他软件模块。此外，每个域必须部署域管理器，以实现用户管理和其他功能。最后，部署一个或多个网格门户，以满足不同专业的特殊需求。门户开发工具能够帮助用户开发 Web 应用，满足交互需求，并能被部署在门户中。

当一个应用被部署后，将执行图 7-24 所示的 8 个步骤。更多细节可参阅文献［53］。

1. 用户注册，并获取由 ChinaGrid 认证的证书。然后用户通过安全协议（如 HTTPS）登录网格门户，经由门户 Web 应用与网格系统交互。

2. 如果有必要，用户上传计算作业/请求所需的输入数据或向数据管理器的个人数据空间请求数据。然后用户可以使用作业定义工具定义作业（如 J1）。作业定义接下来将传送到作业管理器。

3. 根据存储在本地的 J1 作业的执行规律，作业管理器在信息中心查询可用服务，并帮助完成作业 J1。

4. 信息中心使用“push/pull”模型收集服务信息。通过维护资源视角，它可以返回按照一定规律排序的可用服务列表。原则上，信息中心将返回本地可用服务；如果它在自己的域中找不到一个满足需求的服务，可以的话，它将查询其他信息中心，以获得更多的可用服务。

5. 作业管理器最终选择服务 S2，并把它发送到已分配的计算节点。

6. 服务集装器接收到请求后，需要使用数据管理器提供的访问接口，在统一数据空间按照逻辑文件路径获取数据，然后执行该服务。 454

7. 作业管理器不断收集执行过程中的服务状态，并通过门户告知用户这些信息。

8. 当作业完成时，服务集装器将把计算结果移至数据管理器中的个人数据空间。

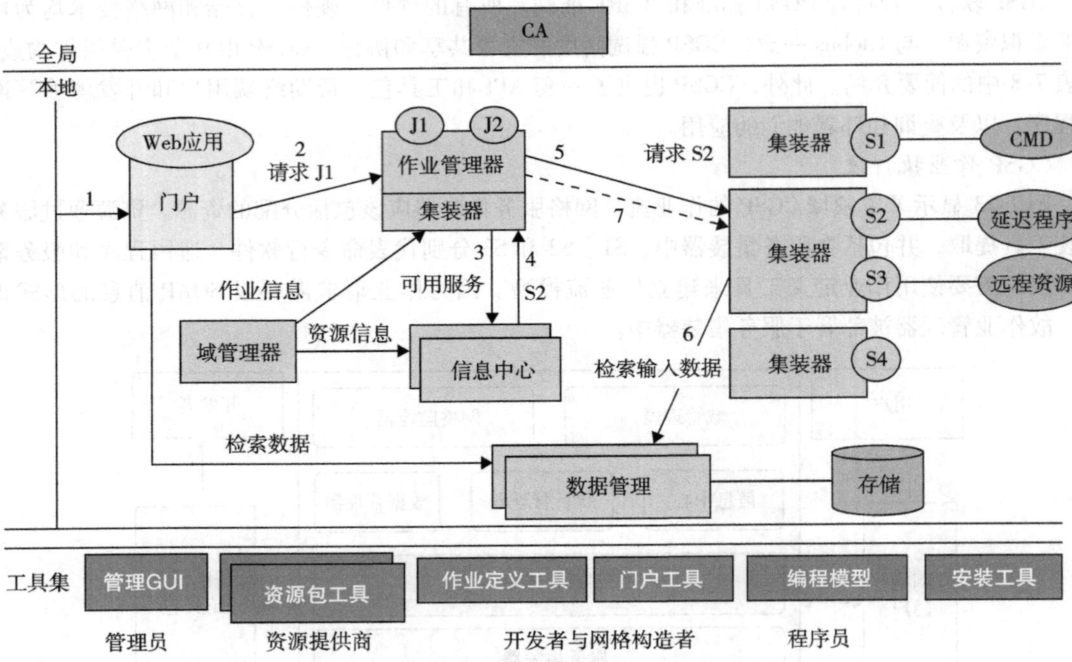

图 7-24 在 ChinaGrid 中使用 CGSP 的作业执行队列[53]

7.5 网格应用趋势和安全措施

在最后一节，我们将探讨相关理论和技术的研究进展，如博弈论、模糊信任模型、虚拟数据中心和云的发展，预测网格计算的应用趋势。由于有多个管理机构的用户和资源参与到一个网格中，所以我们不仅需要防止对数据和资源的网络攻击，还应该协调网格用户的自私性以及移除不被信任的用户。

更重要的是，应该意识到网格应用中的安全挑战。我们需要为网格计算建立一种信任模式。基于南加州大学 GridSec 项目经验[29,39,40]，我们提出了一些网格安全实施方案与机制的原则，下
455 面将具体描述关于用户认证与资源访问授权问题的应对措施。

7.5.1 网格应用技术融合

网格计算已应用于解决科学发现、工程设计、环境保护和政府管理领域中的计算密集型问题。虚拟网格使用志愿计算，用于解决困难的学术和数学问题。在商业企业中，许多公司使用网格进行药物发现、经济预测、抗震分析、电子商务和云服务。我们看到计算、通信和未来互联网技术相互融合的这一趋势。在下文中，我们首先回顾了网格计算的理论与技术。在此基础上，我们给出了使用博弈论解决 P2P 和网格用户自私性问题的一个例子。

7.5.1.1 相关理论与技术

网格技术与很多其他计算概念和技术相关。举其中的几个例子：云、集群、P2P、并行处理和分布式计算与网格技术的发展密切相关。其他的领域（如边缘计算、网格文件系统、e-Science、元计算、科学工作流系统）和语义网格都是相关的。表 7-9 列出了一些对未来网格的发展有积极意义的相关理论和技术，并标注了其所在的章节。在例 7.11 中，我们讨论了在实践中博弈论如何提升网格性能。

表7-9　网格计算及其相关理论和技术

理论/技术	融合趋势及相关章节
云计算	云和网格技术共享一些公共资源和基础设施。它们在高科技和服务行业正逐渐融合（第4~6章）
P2P计算	志愿者网格计算可从P2P计算拓扑中获益（第8章）
HP和HA集群系统	超级计算机展示多种网络平台，并不局限于集中式MPP、高性能集群或者高可用性集群（第2章）
数据中心自动化	通过虚拟化，数据中心、云和超级计算机之间的界限变得模糊（第3章、第4章和第9章）
模糊理论及信誉系统	模糊理论和信誉系统可被用于网格、云或任意分布式系统的信任管理（7.5.2节、7.5.3节和8.4节[42]）
博弈论优化	博弈论可以在分解网格和云应用时，实现双赢优化，并避免自私行为（例7.11和文献[29]）

7.5.1.2　技术与理论融合

许多理论和数学知识，如图形理论、模糊集、博弈论等，如果恰当应用这些理论，就可以提高计算技术。例如，模糊集与信誉系统可以应用于网格和P2P系统中的信任管理[41]。网格、云和分布式系统的性能可以通过优化和博弈论被提升[30,42]。在例7.11中，我们展示了如何使用博弈论实现双赢的优化结果，以及如何在分解网格和云应用中避免自私行为。 456

例7.11　自私网格和博弈论解决方案

相较于远程和未知用户提交的作业，网格资源拥有者倾向于给予本地或信任用户提交的调度作业较高的优先级。采用这种行为的网格被称为自私网格。使用自私作业调度策略的网格，对于未知用户而言，其整体网格性能或服务质量将下降，特别是在一个不被信任的网格用户社区中。自私情况的描述如图7-25所示。例如，资源站点1执行朋友提交的作业，但不接受站点3中敌人提交的作业。站点2拒绝所有外包网格作业，或者随机延迟它们。站点4鼓励尽可能多地运行外包作业。这些行为将破坏网格调度器提供的负载均衡策略或公平策略。

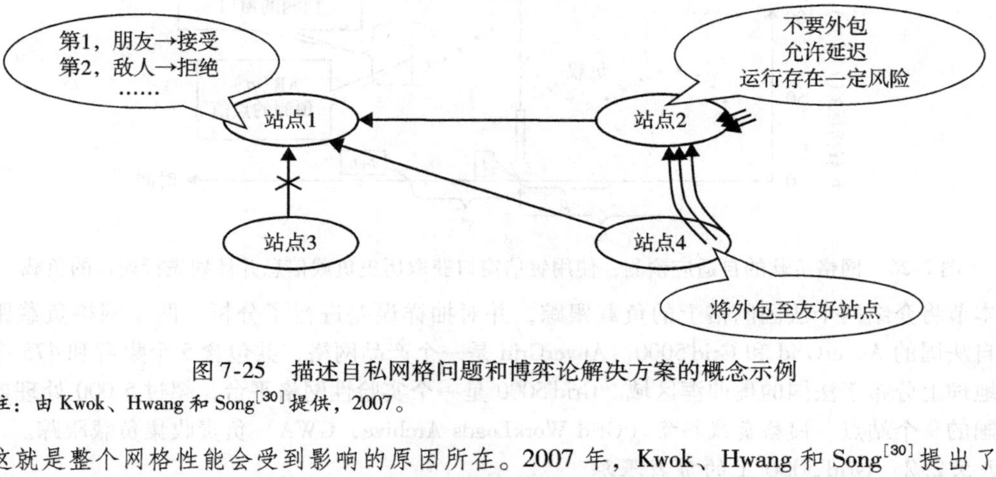

图7-25　描述自私网格问题和博弈论解决方案的概念示例

注：由Kwok、Hwang和Song[30]提供，2007。

这就是整个网格性能会受到影响的原因所在。2007年，Kwok、Hwang和Song[30]提出了一种博弈论方法，用于解决自私问题。其想法是将网格资源分配建模为多个参与者之间的非合作博弈，因此，我们需要提供一个策略，以实现所有参与者共赢的情况。竞争相同资源池的所有用户作业必须相互协调达到纳什均衡[35]，于是网格系统能在所有被处理的作业中实现“半优化”吞吐量。作者通过NAS基准测试程序实验展示了它的效率，从而证实了博弈论调度策略的可行性。

证明可以参见文献［30］。■

7.5.2 网格负载与性能预测

网格性能与运行在参与网格节点的大量处理器上的集体工作负载直接相关。因为异构资源高度分布于不同组织的控制下，所以预测集体网格工作负载是一个非常有挑战性的任务。网格工作负载由多个处理器之间的集体负载指标表示。负载指标 $X(t)$ 是单位时间区间 $[t-1, t]$ 内处理器的使用率，其中所有离散时间 t 均为非负整数。为简单起见，假设时间步长为5分钟。负载指标反映了网格中所有处理器的CPU利用率。例如，$X(t)=0.45$ 意味着在观察期，45%的
457 处理器忙。

传统的点值预测方法使用一个很短的预测窗口。尽管它们可能在集中式计算机系统中能够很好地预测CPU负载，但是因为长执行时间，它们在大规模产品网格中不能很好地工作。事实上，点值预测很难在一个长时间框架中覆盖工作负载波动。一般来说，负载指标用于评估一个给定的计算网格上可达到的峰值性能百分比。这样的网格管理控制台可以监测CPU利用率。

大规模网格基础设施的工作负载管理器在决定正确调度方案上十分薄弱，这影响网格上应用的执行时间。本节将讨论在合理的置信范围内，预测未来负载。预测范围越窄，预测的精度越高。长期负载预测不可避免会有一些误差，但是我们在置信窗口中采用超前过滤技术，尽量减小这些预测误差。

7.5.2.1 自适应负载预测

在图7-26中，我们介绍了时间序列事件的自适应负载预测过程。假定现在的时间为 t，真实的负载表示为一系列到 t 为止的点，只需要预测 t 之后的未来负载指标。传统的预测机制，如AR(p)方法，使用过去 p 个负载信息的点值预测未来负载指标。预测点在图7-28表示为星形。n 步超前过程使用历史区间 w 中的所有负载数据及 t 之后 n 时间步内的预测负载值预测负载指标 $X(t+n)$。由于负载波动，预测点值可能不准确，相较于预测点值，我们在 $\{X_1(t+n), X_u(t+n)\}$ 范围内使用置信窗口预测 $X(t+n)$。

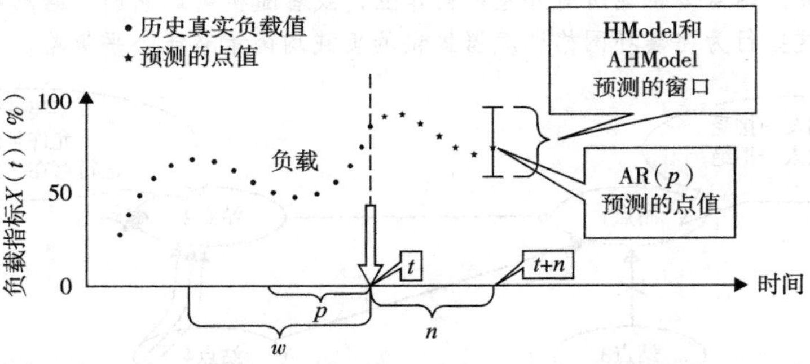

图7-26 网格负载的自适应预测，使用置信窗口获取历史负载信息并计划先行窗口的负载

本节将介绍两个法国网格上的负载跟踪，并对抽样误差进行了分析。两个网格负载跟踪分别来自法国的AuverGrid和Grid'5000。AuverGrid是一个产品网格，共包含5个集群和475个处理
458 器，地理上分布于法国的奥弗涅区域。Grid'5000是一个实验性网格平台，超过5 000处理器分布于法国的9个站点。网格负载档案（Grid WorkLoads Archive，GWA）负责收集负载跟踪。

7.5.2.2 Grid'5000上的负载跟踪

根据2006年的跟踪实验，Grid'5000的网格负载跟踪如图7-27所示。Grid'5000的作业日志项包括两种类型：运行成功的和失败的。测量误差可能由失败的作业或不正确的作业项所引起。Grid'5000的平均负载是10.6%。在10个月的观察期内，Grid'5000在轻负载和平均负载左右波动。我们收集了三种跟踪：在这些性能预测实验中，突发局部变化的跟踪1、突发水平变化的跟

踪 2 和微量水平变化的跟踪 3。

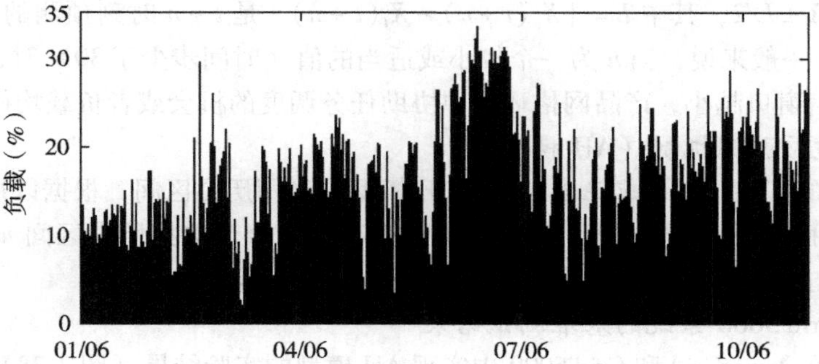

图 7-27 Grid'5000 工作负载的变化(2006.1—2006.10)

7.5.2.3 自回归(AR)方法

文献[18]和文献[46]提出了一种自回归预测方法。该方法应用负载样本的时间序列 $X(t)$。根据过去负载数据序列,估计 AR 方法使用的系数。这些系数被用于预测未来负载序列。AR 预测方法由时间 t 处的 $X(t)=\sum_{i=1}^{p}\varphi_i X(t-1)+\varepsilon_t$ 确定,其中 p 是跟踪跨度,称为预测方法的阶。第一项根据过去 p 个负载值的加权和给定一个目前负载指标的估计值。p 个系数 $\{\varphi_i\}$ 通过训练以往的工作负载得来。ε_t 项涵盖时间 t 的噪声。

在本质上,AR(p) 模型基于以往 p 个负载值 $\{X(t), X(t-1), \cdots, X(t-p+1)\}$ 利用系数 $\{\varphi_1, \varphi_2, \cdots, \varphi_p\}$ 预测时间 t 的负载指标 $X(t+1)$。AR(p) 方法中的 p 越大,预测的准确度越高。该 AR 方法需要根据以往负载指标 $X(t-i)$,找到准确的系数 φ_i。该方法假定序列 $X(t-i)$ 是线性的和不变的,且负载序列 $X(t-i)$ 应该具有零均值。 459

7.5.2.4 负载预测的 H 模型

混合模型(H-Model)是 n 步先行负载预测方法,具体描述见算法 7-1。两个线性数组 $A_l(i)$ 和 $A_u(i)$ 分别表示置信窗口值的下界与上界。置信范围由点值对 $\{X_l(t), X_u(t)\}$ 表示。当 n 步先行置信窗口被计算后,Savitzky-Golay 过滤器用于平滑该置信窗口。该评估在内核 AR(p) 计算中的历史区间 w 内,检查不同的跟踪事件跨度 p。这两个参数 $\{p, w\}$ 对预测精确度有很大影响。窗口大小 w 的最优选择随负载变化而变化。

算法 7-1 置信区间负载预测的混合模型

Input: AR model parameter p, workload index $X(t)$, look-ahead span n, historical interval w
Output: Confidence window $\{X_l(t+n), X_u(t+n)\}$ for n-step look-ahead prediction
Procedure:

1. ***Produce*** the refined workload index $X(t)$; // using Kalman filter on workload index $X(t)$ //
2. ***Generate*** smoothed workload index $X(t)$;
   // using Savitzky-Golay filter on refined workload index $X(t)$//
3. ***Predict*** workload index series $[X(t+1),.., X(t+n)]$
   //using Algorithm 9.1 on smoothed loads $[X(t-p),.., X(t)]$ //
4. ***forall*** $i = 1$ to n
5. ***Form*** $A(i)$ = smoothed load index $[X(t-w+1),.., X(t)]$
   followed by predicted load indices $[X(t+1),.., X(t+i)]$
6. ***Compute*** confidence window $\{X_l(t+i), X_u(t+i)\}$ of $A(i)$ to yield
   $A_l(i) = X_l(t+i)$ and $A_u(i) = X_u(t+i)$
7. endforall
8. ***Generate*** smoothed A_{ls}, A_{us} //using Savitzky-Golay filter//
9. **Generate** $X_l(t+n) = A_{ls}(n)$, the lower end of confidence window
   Generate $X_u(t+n) = A_{us}(n)$, the upper end of confidence window

跟踪跨度 p 对预测误差的影响较小。H 模型中的固定参数值不能够准确预测。置信窗口 $C(t+n)$ 特征为 $\overline{X} \pm L/2$，其中 $L = |X_u(t+n) - X_l(t+n)|$ 是 $t+n$ 时刻预测的置信窗口长度。ε 的默认值为5%。一般来说，当 n 为一个较小或适当的值（时间步少于30）时，应该使用较小的历史区间 w。置信窗口越小，产品网格环境中协助任务调度的机会或者负载均衡越高。

7.5.2.5 适应预测机制（AH 模型）

作为 H 模型的扩展，自适应混合模型（AH 模型）利用历史区间，根据以往的工作负载动态训练与验证。采用两个适应量描述工作负载的动态变化。恰当选择历史区间 w 可以减少预测误

460 差。其目的是通过训练历史窗口，最小化预测误差（MSE 或均方误差）。

7.5.2.6 Grid'5000 系统的基准测试结果

我们公布了在 AuverGrid 和 Grid'5000 中实现 AH 模型的实验结果（图 7-28），AH 模型两种实现的平均 MSE 与最好的 AR 模型对比如下：AR 方法在两台机器上产生 2% ~ 30% 的 MSE；基于窗口的 AH 模型具有最低的 MSE，在 0.1% ~0.7% 之间。与混合预测机制 H 模型相比较，我们进一步展示自适应预测机制 AH 模型的相对性能。为了简化比较，两种机制在预测中均提供了置信窗口的中值。AuverGrid 和 Grid'5000 的跟踪实验结果如图 7-28 所示。

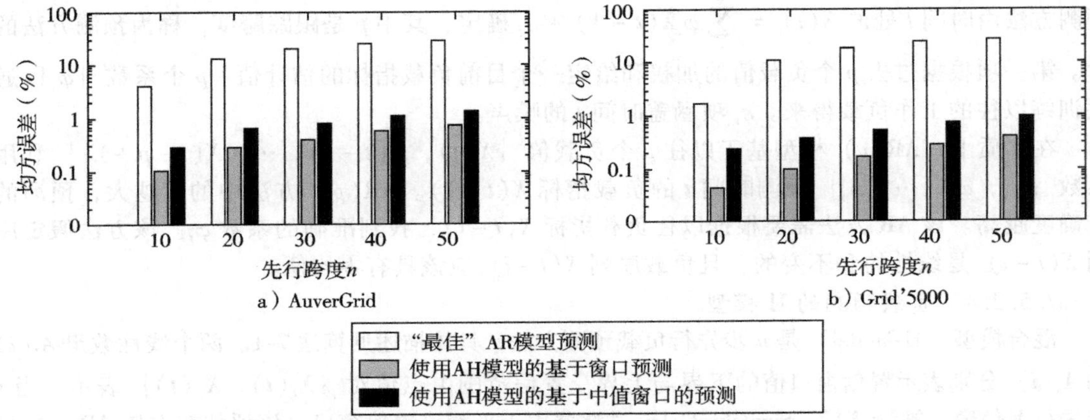

图 7-28 AH 模型两种实现与使用 AR 模型的最佳 MSE 比较的均方误差

注：由 Wu、Hwang、Yuan 和 Zheng[55] 提供，2010。

点值 AR 方法不足以在计算网格中预测工作负载，因为它们不能够在长期执行环境中覆盖负载的变化。为了在负载波动的情况下评估长期网格性能，我们提出了两种先行工作负载预测机制，并获得了很好的实验结果，证实了新型预测机制的有效性。其主要思想是扩展点值至置信窗口，动态适应负载的变化。自适应通过适应历史区间完成。

7.5.3 网格安全执行的信任模型

如果合格的安全机制不在恰当的位置，在网格环境中，可能发生许多潜在安全问题。这些问题包括网络抓包、失控访问、不当操作、恶意操作、本地安全机制的整合、委托、动态资源和服务、攻击来源等。计算网格旨在许多组织间共享处理资源，以解决大规模问题。事实上，网格站

461 点可能会显示不可接受的安全条件和系统漏洞。

一方面，用户作业要求资源站点通过发行安全需求（Security Demand，SD）提供安全保障。另一方面，站点需要展示其诚信，称为信任指数（Trust Index，TI）。这两个参数必须满足安全保障条件：在作业映射过程中，TI ≥ SD。在确定安全需求时，用户通常关心一些基本属性。这些属性及其数值的动态变化，在很大程度上取决于信任模型、安全策略、累积信誉、自卫能力、攻击历史和站点漏洞。下文描述了建立网格站点间信任关系所面临的三大挑战[39]。

第一个挑战是现有系统与技术的集成。网格中的资源通常是异构和自主的，期望单一安全策略能够兼容和适应每个主机环境是不切实际的。与此同时，现有站点上的安全基础设施不可能在一夜之间被替换。因此，如果想要成功，网格安全体系结构应该面临集成现有安全体系结构的挑战，并在平台和主机环境间建立模型。

第二个挑战是不同“主机环境”间的互操作性。服务通常涉及多个域，并且需要彼此之间的交互。在协议、策略和识别级别，都需要相互操作。所有这些级别的相互操作必须保证安全性。第三个挑战是构建交互主机环境的信任关系。网格服务请求可以被多个安全域中的联合资源所处理。在端到端的跨越中，这些域需要信任关系。服务应对友好和感兴趣的实体开放，这样它们可以安全地提交请求和访问。

实体之间的资源共享是网格计算的主要目标之一。网格中的实体在彼此相互操作之前，必须建立信任关系。实体必须选择可以满足其信任需求的其他实体，并与之协作。提交请求的实体应该相信资源提供商将尝试处理它们的请求，并依照指定的服务质量返回结果。两种信任模型常用于建立网格实体间的合适信任关系。一种基于 PKI 模型，主要利用 PKI 认证与实体授权；我们将在下一节讨论这些。另一种基于信誉模型。

网格旨在通过集成分布的、异构的和自主的资源，构建大规模网络计算系统。网格面对的安全性挑战远高于其他计算系统。参与者必须在任何有效共享和协作发生之前，建立相互信任关系。否则，不仅这些参与者不愿共享他们的资源和服务，而且可能导致很多损害[63]。

7.5.3.1　广义信任模型

图 7-29 显示了通用信任模型。在底层，我们标识了影响资源站点诚信的三个主要因素。推理模块用于集成这些因素，下面是一些现有的推理或集成方法。站点内的模糊推理过程需要评估防御能力和直接信誉。防御能力由独立资源节点的防火墙、入侵检测系统（IDS）、入侵响应能力和防病毒能力决定。直接信誉是基于作业完成率、站点使用、作业周转时间和作业减速比决定的。推荐信任在网格网络上间接获得，也称为二次信任。 462

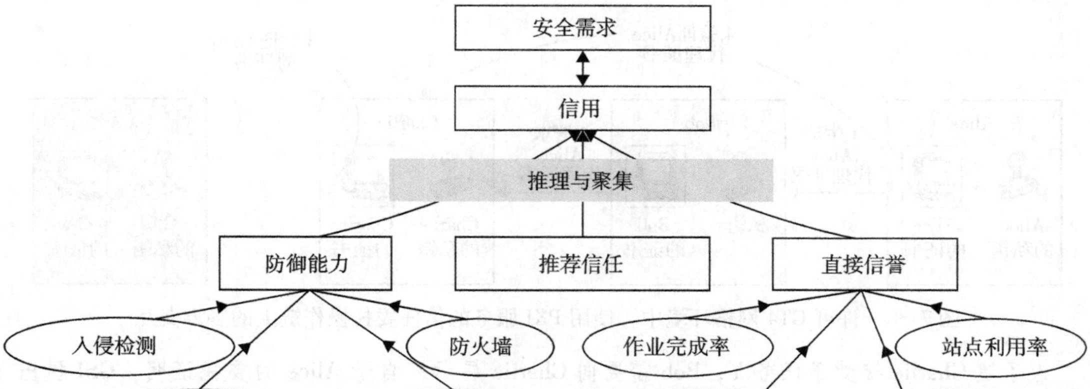

图 7-29　网格计算的通用信任模型

注：由 Song、Hwang 和 Kwok[43] 提供，2005。

7.5.3.2　基于信誉的信任模型

在一个基于信誉的模型中，当资源站点的信用足以满足用户的需求时，作业将被传送至该站点。站点信用通常根据以下信息计算得出：防御能力、直接信誉和推荐信任。防御能力指的是该站点保护自身免受危害的能力，由评估入侵检测、防火墙、响应能力和抵制病毒能力等因素得来。直接信誉基于之前提交至该站点的作业经验，通过多种因素衡量，如先前作业执行成功率、累计站点利用率、作业周转时间和作业减速比等。某个站点的良好体验将提高它的信誉。相反，一次负面经验将会降低站点的信誉。

7.5.3.3 模糊信任模型

在此模型中[42]，用户程序提供了作业安全需求。资源站点的信任指数（TI）通过所有相关参数的模糊逻辑推理得来。具体来说，可以使用两级模糊逻辑将众多信任参数集合和安全属性估计为标量，以便在作业调度和资源映射过程中使用。

TI被规范为单一实数，其为0时代表站点处于最高风险状态，为1时表示没有风险或者完全信任的状态。模糊推理由以下4个步骤组成：模糊化、推理、聚类和去模糊化。信任模型的第二个显著特征是：如果一个站点的信任指数不能够满足作业安全需求（例如，SD > TI），那么该信
463 任模型可以推断详细安全特征，指导站点安全升级为模糊系统。

7.5.4 认证与授权方法

网格中的主要认证方法包括密码、PKI和Kerberos。密码是识别用户的最简单方法，但也是漏洞最多的。GSI支持的PKI则是最受欢迎的方法。为了实施PKI，我们需要可信的第三方，称为证书授权机构（Certificate Authority，CA）。每个用户使用唯一的公钥和私钥对，公钥由CA在识别合法用户后颁发，私钥只限单个用户使用，且对其他用户是未知的。IEEE X.509数字证书包括用户名、用户公钥、CA名，以及用户的私下签名。下面的例子展示了在网格环境中PKI服务的使用。

例7.12 在GSI中使用代理证书的信任委托

PKI用于网格中的不够强壮的用户认证。在图7-30的场景中，一系列的信任委托是必需的。Bob和Charlie都相信Alice，但是Charlie不相信Bob。现在，Alice向Bob提交任务Z。任务Z需要Bob的许多资源，于是Bob分发Z的一个子任务Y给Charlie。因为Charlie不相信Bob，并且不确定Y是否真的是来自Alice原来的请求，于是Charlie拒绝为来自Bob的子任务Y提供资源。

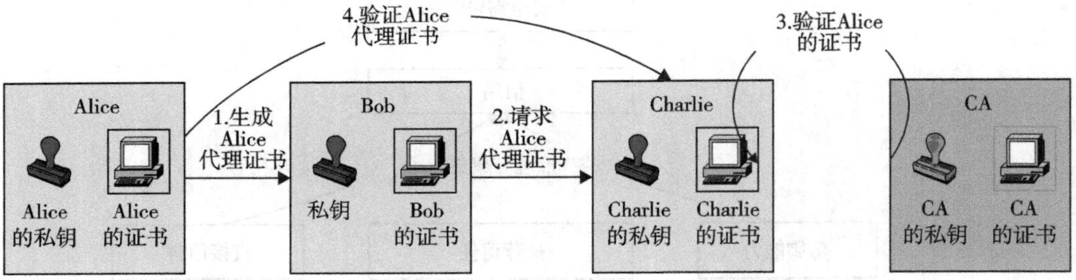

图7-30 许可GT4网格环境中，使用PKI服务的信任委托操作链上的多方交互

为了使Charlie接受子任务Y，Bob需要向Charlie展示来自于Alice的委托证明。GSI提出了代理证书的解决方法。代理证书是由用户生成的临时证书。使用代理证书有两个优点。第一，代理证书持有者使用代理证书，代表着原始用户或委托方的利益。一个用户可以暂时委托自己的权限至代理。第二，由于信任链上一系列的证书，单点登录能够实现，这是因为委托方（Alice）不需要在信任链上验证远程中间方。

代理证书和数字证书的唯一区别是代理证书不用CA签署。我们需要了解CA与Alice的证书以及Alice的代理证书之间的关系。CA证书首先由其自己的私钥签署，Alice持有的证书由CA的私钥签署，而代理证书由其自己的私钥签署，并发送给她的代理（Bob）。在委任Alice的权限
464 至Bob的过程中使用了代理证书。

第一，代理证书的生成与在传统PKI中生成用户证书的过程类似。第二，当Bob代表Alice

的利益时，他向 Charlie 发送请求的同时，也一起传送 Alice 的代理证书和该 Alice 证书。第三，在获得代理证书后，Charlie 确认代理证书是由 Alice 签署的。于是他尝试核实 Alice 的身份，并发现 Alice 是可信赖的。最后，Charlie 接受了 Bob 代表 Alice 发送的请求。这就是所谓的信任委托链。■

7.5.4.1 访问控制授权

授权是实施共享资源访问控制的过程。决定可以在服务的访问点或者集中区域被确定。典型地，资源是一个提供处理器与存储的主机，服务可部署于其之上。基于一系列预定义政策或规则，资源可以被本地服务强制访问。中央管理机构是一个特殊的实体，可以制定与撤销授予远程访问权限的规定。管理机构可以分为三大类：属性管理机构、策略管理机构和认证管理机构。属性管理机构制定属性断言，策略管理机构制定授权策略，认证管理机构发布证书。授权服务器做最终的授权决定。

7.5.4.2 三种授权模型

图7-31 显示了三种授权模型。其中主题指的是用户方面，而资源指的是机器方面。主题推动机制在图的顶部显示。用户首先与授权机构握手，然后与同一队列中的资源站点握手。资源拉动模型把资源放在中间。用户首先检查资源，然后资源联系其授权机构以验证请求，在接下来的第3步，授权机构将会授权。最后在第4步，资源接受或拒绝来自主题的请求。授权代理模型把授权机构放在中间。第一步，授权机构检查主题，然后授权机构作出请求访问资源的决定。授权过程在第3步和第4步按照与之前相反的方向实现。

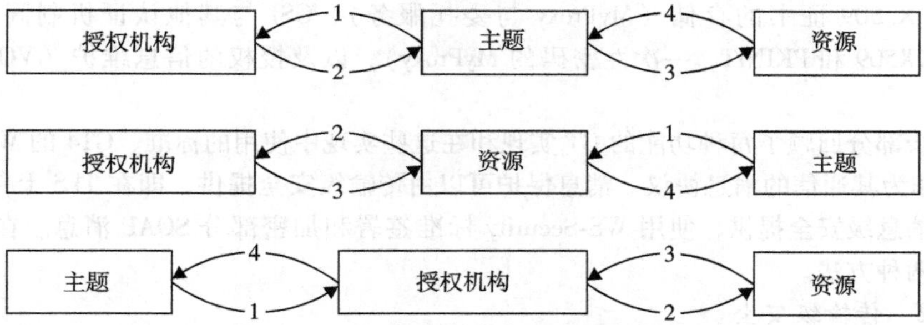

图7-31 三种授权模型：主题推动模型、资源拉动模型、授权代理模型 465

7.5.5 网格安全基础设施（GSI）

尽管网格越来越多地被部署，成为构建动态、域间、分布式计算和数据协作的通用方法，但是“在不同服务之间缺乏安全/信任”仍是网格所面临的重要挑战之一。网格是具有以下特性的安全基础设施：便于使用；符合 VO 的安全需求，可适应于每个资源提供商站点的政策；提供所有交互的合适的认证与加密。

GSI 是满足这些需求的重要环节。作为网格环境中著名的安全解决方案，GSI 是 Globus Toolkit 的一部分，为支持网格需要，包括支持消息保护、认证和委托、授权，它提供了基本安全服务。GSI 在开放网络上实施安全认证和通信，并且允许具有单点登录能力的分布式站点间的相互认证。非集中管理安全系统是必要的，网格保持其成员本地政策的完整性。GSI 支持消息级安全，即支持 WS-Security 标准和 WS-SecureConversation 规范，为 SOAP 消息提供消息保护，同时也支持传输级安全，这意味着 TLS 认证支持 X.509 代理证书。

7.5.5.1 GSI 功能层

GT4 提供不同的 WS 和预 WS 认证和授权功能。这两种功能在同一基础之上实现，即 X.509 标准及实体证书与代理证书，其分别被用于识别持续实体，如用户和服务器，以及支持向其他实体授权的临时委托。如图7-32所示，GSI可以看成由4个不同功能模块组成：消息保护、认证、委托和授权。

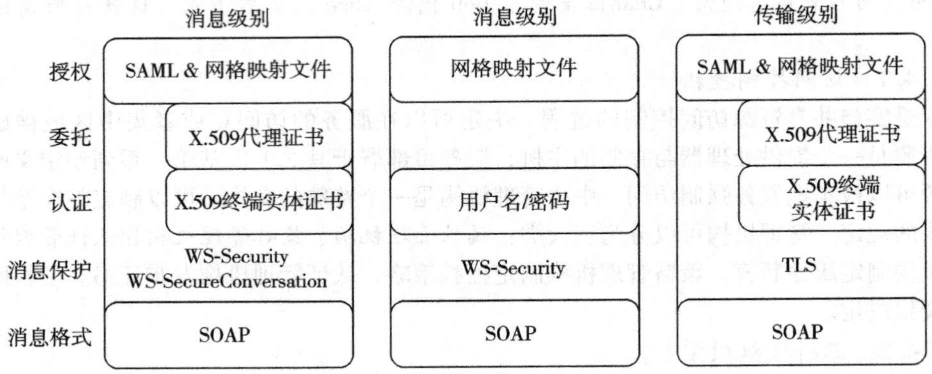

图7-32 消息和传输级别的GSI功能层

注：更多的细节参见Berman、Fox和Hey [5]，Foster和Kesselman [15]，以及Foster [17]。

TLS（Transport-Level Security，传输层安全）或者WS-Security与WS-Secure Conversation（消
466 息级）可结合SOAP作为消息保护机制。X.509终端实体证书或者用户名与密码作为认证证书，X.509代理证书和WS-Trust则用于委托。一个授权框架允许各种授权方案，包括"网格映射文件"ACL。ACL定义为服务、自定义授权句柄以及依据SAML协议访问授权服务。此外，相关安全工具用于X.509证书的存储（MyProxy与委托服务）、GSI与其他认证机制间的映射（如Kerberos的KX509和PKINIT，一次性密码的MyProxy），以及授权的信息维护（VOMS、GUMS、PERMIS）。

本节其余部分回顾了每种功能的GT实现和在这些实现中使用的标准、GT4的Web服务部分使用SOAP作为其通信的消息协议。消息保护可以由传输级安全提供，即在TLS上传输SOAP消息，或者由消息级安全提供，使用WS-Security标准签署和加密部分SOAP消息。在本节中，我们描述了这两种方法。

7.5.5.2 传输级安全

传输级安全限制SOAP消息只能在TLS保护的网络连接上传输。TLS提供了完整的保护与私隐（通过加密）机制。传输级安全通常与X.509一起用于认证，但也可以单独用于提供无需认证的消息保护，称为"匿名传输级安全"。在这种操作模式下，认证可以通过SOAP消息中的用户名与密码完成。

7.5.5.3 消息级安全

GSI还提供了消息级安全，通过实施WS-Security标准和WS-SecureConversation规范，对SOAP消息进行保护。OASIS的WS-Security标准定义了一个框架，为独立SOAP消息提供安全保护；WS-Secure Conversation是由IBM和微软提出的标准，通过消息的初始交换来建立安全的上下文环境，其可以以某种方式保护需要较少计算开销的后续消息（即为了建立消息开销较低的会话，它允许初始开销的交换）。

GSI符合该标准。GSI采用这些机制在消息令牌基础上提供安全保护，也就是说，在发送者与接收者之间（在共享一些信任根集合之外）的独立消息中没有任何预先存在的上下文环境。GSI同时允许X.509公钥证书和用户名与密码联合认证，这将在后续有关认证的章节进一步描述；然而，两者之间仍有区别。使用用户名/密码，只能使用WS-Security标准认证；也就是说，一个接收者可以确认通信发起者的身份。

GSI还允许三种额外的保护机制。第一种是*完整保护*，接收者确认来自发送者的消息在传输

过程中未发生改变。第二种是加密，保护消息以提供机密性。第三种是重播预防，接收者能够确认它之前没有收到相同的消息。这些保护被提供在 WS-Security 和 WS-Secure Conversation 之间，之前的操作提供了与发送者和接收者的 X.509 证书相关的密钥。该 X.509 证书常被用于建立会话密钥，用来提供消息保护。 467

7.5.5.4　认证与委托

GSI 通过 X.509 证书和公钥支持认证和委托。作为一个 GT4 中的新特性，GSI 也将简单的用户名和密码作为部署选项，用来支持认证。我们在本节中讨论这两种方法。GSI 使用 X.509 证书识别持续用户和服务。

作为 GSI 认证中的一个核心概念，证书包括 4 个基本信息：（1）主题名称，识别证书所代表的个人或对象；（2）属于该主题的公钥；（3）签署证书的 CA 标识，确保公钥和标识均属于该主题；（4）名为 CA. X.509 的数字签名为每个实体提供唯一标识符（如一个与众不同的名字）和断言该标识符属于其他方的方法，该方法使用了通过证书绑定至标识符的非对称密钥对。GSI 使用的 X.509 证书符合相关标准和惯例。世界网格部署基于第三方软件发布供 GSI 和 Globus Toolkit 使用的 X.509 证书，建立了自己的 CA。

由于标准 X.509 代理证书的使用，GSI 也允许委托和单点登录。代理证书使得 X.509 的持有者可以将它们的权限临时授予其他实体。为了认证和授权，GSI 平等对待证书与代理证书。可以在传输级安全的情形下通过 TLS 完成 X.509 证书认证，也可以在消息级安全的情形下通过 WS-Security 规定的签名实现 X.509 证书认证。

例 7.13　双方的相互认证

相互认证的过程如下：基于证书和签署了彼此证书的 CA 的信任，拥有 CA 签署证书的双方向对方证明他们正是他们所说的人。GSI 为相互认证协议提供了安全套接字层（Secure Sockets Layer，SSL），如图 7-33 的描述所示。为了相互验证，第一个人（Alice）建立到第二个人（Bob）的连接，开始认证过程。

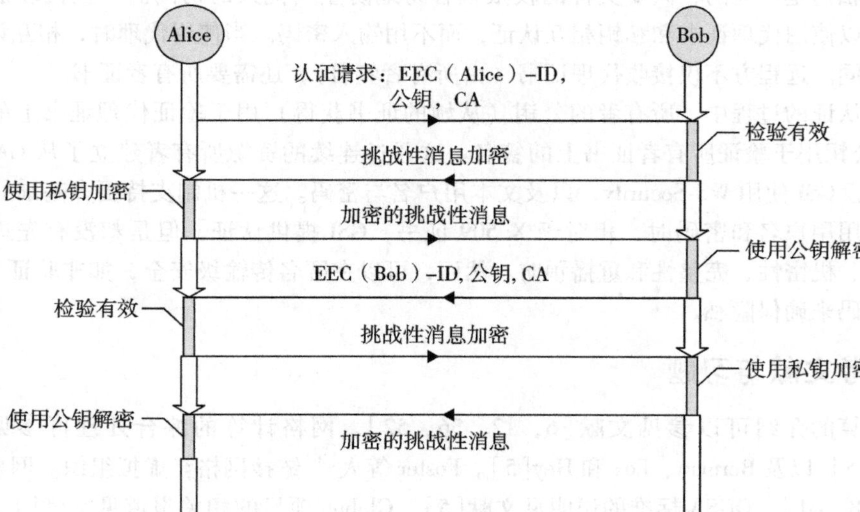

图 7-33　相互认证机制中的多次握手

注：由 Foster 和 Kesselman[15] 提供，2002。

Alice 给予 Bob 她的证书。该证书告诉 Bob，Alice 自称为谁（认证）、Alice 的公钥是什么，以及哪个 CA 被用于验证证书。Bob 将首先通过检验 CA 的数字签名来确定证书是有效的，确保该 CA 实际签署了该证书以及此证书没有被伪造。一旦 Bob 验证了 Alice 的证书，Bob 必须确保 Alice 确实是通过证书验证的人。

Bob 随机生成一则消息并传送至 Alice，让 Alice 加密它。Alice 使用她的私钥加密此消息，并传回至 Bob。Bob 使用 Alice 的公钥解密该消息。如果这一结果与原始的随机消息相同，Bob 确认 Alice 所说的。现在，Bob 信任 Alice 的身份，需要反方向执行相同的操作。Bob 传送 Alice 他的证书，接下来 Alice 验证证书并传回具有挑战性的消息，等待加密。Bob 加密该消息并传送至
468 Alice，Alice 解密它并与原来的消息比较，如果相匹配，则 Alice 承认 Bob 所说的。■

7.5.5.5 信任委托

当一些网格被使用或者代表用户的代理（本地或远程）请求服务时，为了减少甚至避免用户必须输入密码的次数，GSI 提供委托功能与委托服务，提供了客户端委托（和更新）X.509 代理证书至服务的接口，此服务的接口基于 WS-Trust 规范。一个代理由新证书和私钥组成。代理使用密钥对，也就是说，嵌入证书的公钥和私钥，可以根据每个代理再生或者以其他方式获得。新证书包含所有者的身份，经过稍许修改以表明它是一个代理。新证书是由所有者签署，而不是 CA（如图 7-34 所示）。

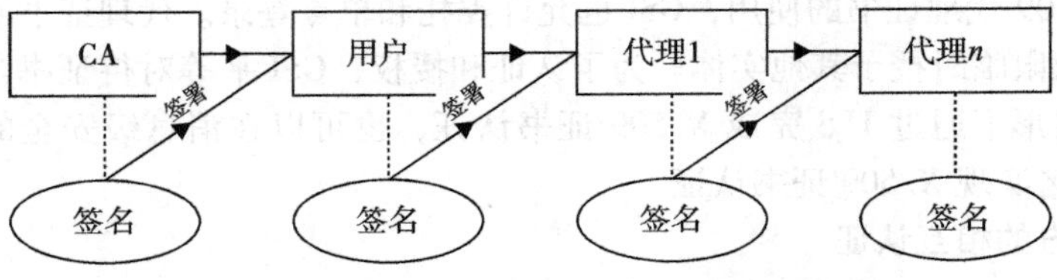

图 7-34 信任委托链，其中新证书由所有者签署，而不是 CA

该证书也包括时间记录，在此之后代理不再被其他方接受。代理只有有限的生命周期。因为代理不能长期有效，它没有必要和所有者私钥所处位置一样安全，因此在本地存储系统中，存储没有加密的私钥是可能的，只要文件的权限很容易地防止其他人的访问。一旦代理被创建和存储，用户可以使用代理证书和私钥相互认证，而不用输入密码。当使用代理时，相互认证的过程也有一些不同。远程方不仅接收代理证书（由所有者签署），还需要所有者证书。

在相互认证的过程中，所有者的公钥（从她的证书获得）用于验证代理证书上的签名。接下来，CA 公钥用于验证所有者证书上的签名。这通过连续的资源所有者建立了从 CA 到最后代理的信任链。GSI 使用 WS-Security，以及文本用户名与密码。这一机制支持更多基础的 Web 服务应用。当使用用户名和密码时，相对于 X.509 证书，GSI 提供认证，但是却没有先进的安全特征，如委托、机密性、完整性和重播预防。然而，可以在匿名传输级安全，如非验证 TLS，使用用户名和密码来确保隐私。

7.6 参考文献与习题

网格计算的介绍可以参见文献[6, 12, 36, 52]。网格计算的综合处理可参见 Foster 和 Kesselman[15] 以及 Berman、Fox 和 Hey[5]。Foster 等人[16]链接网格至虚拟组织。网格核心技术参见文献[18, 41]。OGSA 标准的说明见文献[5]。Globus 项目的相关报道见文献[1, 15, 17]。网格资源管理系统的相关总结见文献[29, 49]。网格作业调度和资源中介可以参考文献[4, 25, 30, 44, 49]。网格中资源发现发表于 Shen 和 Hwang[40] 以及 Zhang 和 Schopf[59]。纳什均衡由 Nash[35]提出。

网格监控和记账系统可以参见文献[2, 10]。网格经济模型由 Buyya 等人[8]介绍。BOINC 的相关内容可参见文献[7]，Folding@ Home 参见文献[14]，SETI 参见文献[39]。Ferreira 等人回顾

了研究和教育中的网格计算[13]。网格 Dacenter 在文献[37]中有所研究。TeraGrid 在文献[5]的第1章中介绍，其中 DataGrid[21]在第15章和第16章也有涉及。e-Science 网格在文献[21]与文献[5]中的第36章被讨论。Grid'5000 在文献[55]中被评估。网格性能于文献[32，34，55]介绍。网格性能预测由 Wu 等人[55]公布。ChinaGrid 由 Jin、Wu 等人在文献[20，26，54]中发布。中国 Vega 网格在 Wang 等人[50]和 Xu 等人[57]报道。CGSP 由 Wu 等人[53,56]发布。

信任管理和网格安全在文献[3，23，34，44，51]介绍。Condor 在文献[47]和文献[5]的第11章分布式计算中介绍。Gridbus 中介系统由 Buyya 等人[9]描述。Sun Grid Engine 可参考文献[45]。ChinaGrid 用于网格监控的 CGSV 中间件由 Zheng 等人[60]报道。网格安全和信任管理在文献[30，34，42~44]中有所研究。网格软件工具与网格操作系统支持的额外介绍可以参见文献[1，10，17，28，50]。可扩展计算系统的相关的早期工作可以参考 Dongarra 等人[11]、Taylor[46]以及 Xu 和 Hwang[22]。不同的网格应用在文献[4，5，7，15，18，48]中有介绍。 469~470

致谢

本章由清华大学的武永卫和南加州大学的黄铠共同执笔。墨尔本大学的 Rajkumar Buyya 参与了7.3.4节内容的撰写。在本章的编写过程中，感谢清华大学郑纬民教授和中国科学院计算技术研究所徐志伟研究员在技术上的帮助。 471

本章由清华大学的武永卫教授负责翻译。

参考文献

[1] W. Allcock, J. Bresnahan, R. Kettimuthu, et al., The globus striped gridFTP framework and server, in: Proceedings of the ACM/IEEE Conference on Supercomputing, 2005.

[2] R. Aydt, D. Gunter, W. Smith, et al., A Grid Monitoring Architecture, Global Grid Forum Performance Working Group, 2002.

[3] F. Azzedin, M. Maheswaran, A trust brokering system and its application to resource management in public-resource grids, in: Proceedings of the 18th International Parallel and Distributed Processing Symposium (IPDPS '04), Santa Fe, NM, April 26, 2004, p. 22a.

[4] F. Berman, R. Wolski, S. Figueira, J. Schopf, G. Shao, Application-level scheduling on distributed heterogeneous networks, in: Proceedings of the ACM/IEEE Conference on Supercomputing, Pittsburgh, 1996.

[5] F. Berman, G. Fox, T. Hey (Eds.), Grid Computing: Making the Global Infrastructure a Reality, Wiley Series in Communications Networking and Distributed Systems, Wiley, 2003.

[6] V. Berstis, Fundamentals of grid computing. IBM Publication, http://www.redbooks.ibm.com/abstracts/redp3613.html, 2011 (accessed 26.04.11).

[7] BOINCstats - Boinc combined credit overview, http://www.boincstats.com/stats/project_graph.php?pr=bo, 2011 (accessed 26.04.11).

[8] R. Buyya, D. Abramson, S. Venugopal, The Grid Economy, in: Proceedings of the IEEE, 2005, pp. 698–714.

[9] R. Buyya, K. Bubendorfer (Eds.), Market Oriented Grid and Utility Computing, John Wiley & Sons, 2009.

[10] A. Chervenak, et al., Giggle: a framework for constructing scalable replica location services, in: Proceedings of the 2002 ACM/IEEE Conference on Supercomputing, Baltimore, 16–22 November 2002.

[11] Dongarra, I. Fister, G. Fox, et al., Sourcebook of Parallel Computing, Morgan Kaufman Publishers, 2002.

[12] L. Ferreira, et al., Introduction to Grid Computing with Globus, (http://www.redbooks.ibm.com/abstracts/sg246895.html?OPen)

[13] L. Ferreira, et al., Grid Computing in Research and Education, (http://www.redbooks.ibm.com/abstracts/sg246649.html?OPen)

[14] Folding@Home. (http://fah-web.stanford.edu/cgi-bin/main.py?qtype=ossrats), 2011, (accessed 7.03.2011).

[15] I. Foster, C. Kasselman, Grid2: Blueprint for a New Computing Infrastructure, Morgan Kaufman Publishers, 2002.
[16] I. Foster, C. Kesselman, S. Tuecke, The anatomy of the grid: enabling scalable virtual organizations, Int. J High. Perform. Comput. Appl. 15 (3) (2001) 200.
[17] I. Foster, Globus toolkit version 4: software for service-oriented systems, J. Comput. Sci. Technol. 21 (4) (2006) 513–520.
[18] L. Francesco, et al., The many faces of the integration of instruments and the grid, Int. J. Web. Grid. Services 3 (3) (2007) 239–266.
[19] L. Gong, S.H. Sun, E.F. Watson, Performance modeling and prediction of non-dedicated network computing, IEEE. Trans. Comput., (2002).
[20] G. Yuan, H. Jin, M. Li, N. Xiao, W. Li, Z. Wu, Y. Wu, Grid computing in China, J. Grid. Comput. 2 (2) (2004).
[21] W. Hoschek, J. Jaen-Martinez, A. Samar, H. Stockinger, K. Stockinger, Data management in an international data grid project, in: Proceedings of the 1st IEEE/ACM International Workshop on Grid Computing (Grid 2000), Bangalore, India, 17 December 2000, pp. 77–90.
[22] K. Hwang, Z. Xu, Scalable Parallel Computing, McGraw-Hill, 1998.
[23] K. Hwang, Y. Kwok, S. Song, M. Cai, Yu Chen, Y. Chen, DHT-based security infrastructure for trusted internet and grid computing, Int. J. Crit. Infrastructures 2 (4) (2006) 412–433.
[24] M.A. Iverson, F. Ozguner, L. Potter, Statistical prediction of task execution time through analytical benchmarking for scheduling in a heterogeneous environment, IEEE. Trans. Comput., (1999) 1374–1379.
[25] L. Jiadao, R. Yahyapour, Negotiation model supporting co-allocation for grid scheduling, in: Proceedings of the 7th IEEE/ACM International Conference on Grid Computing, 2006, p. 8.
[26] H. Jin, Challenges of grid computing, Advances in Web-Age Information Management. Lecture Notes in Computer Science, 3739 (2005) 25–31.
[27] M. Kalantari, M. Akbari, Fault-aware grid scheduling using performance prediction by workload modelling, J. Supercomput. 46 (1) (2008).
[28] C. Karnow, The grid: blueprint for a new computing infrastructure, Leonardo 32 (4) (1999) 331–332.
[29] K. Krauter, R. Buyya, M. Maheswaran, A taxonomy and survey of grid resource management systems for distributed computing, Softw.Pract. Exper. 32 (2) (2002) 135–164.
[30] R. Kwok, K. Hwang, S. Song, Selfish grids: game-theoretic modeling and NAS/PSA benchmark evaluation, IEEE Trans. Parallel. Distrib. Syst., (May) (2007).
[31] M. Li, M. Baker, The Grid: Core Technologies, Wiley, 2005, (http://coregridtechnologies.org/).
[32] H. Li, Performance evaluation in grid computing: a modeling and prediction perspective, in: Seventh IEEE International Symposium on Cluster Computing and The Grid, (CCGrid 2007), May 2007, pp. 869–874.
[33] X. Lijuan, Z. Yanmin, L.M. Ni, Z. Xu, GridIS: an incentive-based grid scheduling, in: Proceedings of the 19th IEEE Int'l Parallel and Distributed Processing Symposium, 4–8 April 2005.
[34] C. Lin, V. Varadharajan, Y. Wang, V. Pruthi. Enhancing grid security with trust management, in: Proc. of the 2004 IEEE International Conference on Services Computing, Washington, DC, 14 September 2004, pp. 303–310.
[35] J. Nash, Non-Cooperative Games, Ann. Math. Second Series 54 (2) (1951) 286–295.
[36] P. Plaszczak, R. Wellner, Grid Computing: The Savvy Manager's Guide, Kaufmann, 2006.
[37] M. Poess, N. Raghunath, Larege-scale data warehouses on grid, http://www.vldb2005.org/program/papertue/p1055-poess.pdf, 2005.
[38] J. Schopf, F. Berman, Performance prediction in production environments, in: 12th International Parallel Processing Symposium, Orlando, FL, April 1998, pp. 647–653.
[39] SETI@Home credir overview, (http://www.boincstats.com/stats/project_graph.php?pr=sah), (accessed 21.04.11).
[40] H. Shen, K. Hwang, Locality-preserving clustering and discovery of resources in wide-area computational grids, IEEE. Trans. Comput. (accepted to appear 2011).
[41] R. Smith, Grid computing: a brief technology analysis, CTO Network Library. (http://www.ctonet.org/documents/GridComputing_analysis.pdf.
[42] S. Song, K. Hwang, R. Zhou, Y.K. Kwok, Trusted P2P transactions with fuzzy reputation aggregation, IEEE. Internet. Comput. (November–December) (2005) 18–28.
[43] S. Song, K. Hwang, Y.K. Kwok, Trusted grid computing with security binding and trust integration, J. Grid. Comput. 3 (1–2) (2005).

[44] S. Song, K. Hwang, Y. Kwok, Risk-tolerant heuristics and genetic algorithms for security-assured grid job scheduling, IEEE. Trans. Comput., (2006) 703–719.
[45] Sun Microsystems, How Sun Grid Engine, enterprise edition works. White paper, www.sun.com/sofware/gridware/sgeee53/wp-sgeee.pdf, 2001.
[46] I. Taylor, From P2P to Web Services and Grids, Springer-Verlag, London, 2005.
[47] D. Thain, T. Tannenbaum, M. Livny, Distributed computing in practice: the condor experience, Concurrency. Comput. Pract. Exp., (2005) 323–356.
[48] S. Venugopal, R. Buyya, K. Ramamohanarao, A taxonomy of data grids for distributed data sharing, management, and processing. ACM. Comput. Surv. 38 (1) (2006) 1–53.
[49] S. Venugopal, R. Buyya, L. Winton, A grid service broker for scheduling e-science applications on global data grids, Concurrency. Comput. Pract. Exp. 18 (6) (2006) 685–699.
[50] H. Wang, Z. Xu, Y. Gong, W. Li, Agora: grid community in Vega grid, in: Proceedings of the 2nd International Workshop on Grid and Cooperative Computing, Shanghai, China, 7 December, 2003, pp. 685–691.
[51] V. Welch, et al., Security for grid services, in: Proceedings of the 12th IEEE International Symposium on High Performance Distributed Computing, June 22–24, 2003, pp. 48–57.
[52] Wikipedia, Grid Computing. http://een.wikipedia.org/wiki/Grid_computing, (accessed 26.04.11).
[53] Y. Wu, S. Wu, H. Yu, C. Hu, CGSP: an extensible and reconfigurable grid framework, Lect. Notes. Comput. Sci. 3756 (2005) 292–300.
[54] Y. Wu, C. Hu, L. Zha, S. Wu, Grid middleware in China, Int. J. Web. Grid. Serv. 3 (4) (2007) 371–402.
[55] Y. Wu, K. Hwang, Y. Yuan, W. Zheng, Adaptive workload prediction of grid performance in confidence windows, IEEE Trans. Parallel. Distrib. Syst., (July) (2010).
[56] Y.W. Wu, S. Wu, H.S. Yu, C.M. Hu, Introduction to ChinaGrid support platform, in: Proceedings of Parallel and Distributed Processing and Applications, 2005, pp. 232–240.
[57] Z. Xu, W. Li, L. Zha, H. Yu, D. Liu, Vega: a computer systems approach to grid computing, J. Grid. Comput. 2 (2) (2004) 109–120.
[58] L. Yang, I. Foster, J.M. Schopf, Homeostatic and tendency-based CPU load predictions, in: International Parallel and Distributed Processing Symposium, 2003, pp. 42–50.
[59] X. Zhang, J. Schopf, Performance analysis of the globus toolkit monitoring and discovery service, MDS2, in: Proceedings of the Int'l Workshop on Middleware Performance, 2004, pp. 843–849.
[60] W. Zheng, L. Liu, M. Hu, Y. Wu, L. Li, F. He, J. Tie, CGSV: an adaptable stream-integrated grid monitoring system, Network. Parallel. Comput. 3779 (2005) 22–31. Lecture Notes in Computer Science, Springer.

习题

7.1 考虑下面列表中的资源配置、代码文件、数据传输和典型网格实验中执行的计算作业。现在要求你在可用计算网格上执行一个典型的作业。讨论在你的平台上，该网格资源管理系统所控制的资源项目。Globus GT4 或者 CGSP 均为备选系统。

a. 启动、监测和控制合成进程的执行

b. 安置并获取文件

c. 相关负载信息：目前负载和队列状态

d. 资源分配至网络传输

e. 资源提前预定

f. 网络特征与负载

g. 相关负载信息：可用空间与带宽利用率

h. 版本源和目标代码

7.2 简述在 Globus GT4 中间件库中实施的软件模块 GRAM、Nexus、GSI、MDS 和 GASS 的功能。尝试描述一个使用 5 个功能模块之一的示例应用。

7.3 下列问题与网格计算的 GT4 或 CGSP 中间件工具相关，只有一个正确答案。解释你作出解释的原因。重申一下，这些特征 CGSP 并不支持。

a. 由 WSRF 支持的网格工作流

b. 使用通用运行服务，提交 JSDL 作业和运行遗留作业

c. 使用虚拟数据库和虚拟表的异构集成

d. 多元本地调度器支持，包括 PBS、LSF 和 Condor

7.4 验证图 7-30 中的双方（Bob 和 Alice）代理证书需要 4 个步骤。扩展该信任委托机制至三方（比如增加 John）。画一张与图 7-30 相似的图，来表示在 GT4 网格中的所有证书检查操作。

7.5 在例 7.11，你已经了解处理网格自私问题的博弈论方法的基本概念。现在，要求你阅读 Kwok、Hwang 和 Song［30］的原文，了解博弈论和 NAS 验证实验的相关细节。讨论博弈论解决方案的优点及其在真实网格环境中的实施要求。

7.6 比较三种性能预测方法：7.5.2 节中提出的 AR(p)、H 模型和 AH 模型。讨论在网格工作负载特征和性能预测中它们的相对优势和局限性。评价在预测过程中使用 Savitzky-Golay 滤波和 Kalman 滤波的优点。

7.7 学习 7.3.4 节的 Gridbus 中介系统。尝试使用该系统在现有网格或云平台上调度多任务应用作业。记录实验设置和获得的性能结果。讨论 Gridbus 系统的优势和缺点。

7.8 访问 BOINC 网站：http://boinc@berkeley.edu，并注册你的台式计算机或个人电脑，使之成为一个贡献者机器。加入列表中的某个网格应用项目，获得关于志愿者计算的具体经验。记录你的研究发现并讨论获得的实验结果。评价相对于传统 HPC 系统，使用虚拟网格平台的优点，并指出缺点和遇到的限制。

7.9 将左边的 7 个缩写术语与系统模型和右边的描述进行配对。只要在每个术语前的下划线处填入选项（a，b，c，…，g）。这是一对一的关系映射。

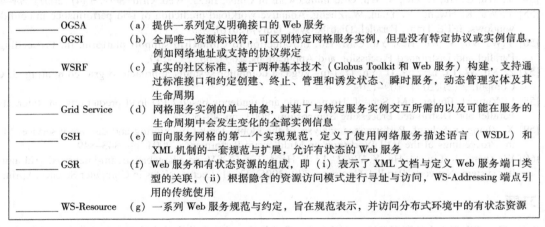

________ OGSA	(a)	提供一系列定义明确接口的 Web 服务
________ OGSI	(b)	全局唯一资源标识符，可区别特定网格服务实例，但是没有特定协议或实例信息，例如网络地址或支持的协议绑定
________ WSRF	(c)	真实的社区标准，基于两种基本技术（Globus Toolkit 和 Web 服务）构建，支持通过标准接口和约定创建、终止、管理和诱发状态、瞬时服务，动态管理实体及其生命周期
________ Grid Service	(d)	网格服务实例的单一抽象，封装了与特定服务实例交互所需的以及可能在服务的生命周期中会发生变化的全部实例信息
________ GSH	(e)	面向服务网格的第一个实现规范，定义了使用网络服务描述语言（WSDL）和 XML 机制的一套规范与扩展，允许有状态的 Web 服务
________ GSR	(f)	Web 服务和有状态资源的组成，即（i）表示了 XML 文档与定义 Web 服务端口类型的关联，（ii）根据隐含的资源访问模式进行寻址与访问，WS-Addressing 端点引用的传统使用
________ WS-Resource	(g)	一系列 Web 服务规范与约定，旨在规范表示，并访问分布式环境中的有状态资源

7.10 学习网格系统：7.2 节示例中的 EGEE、Grid'5000、DataGrid、ChinaGrid，选择一个示例系统，并从网站和发布的论文中获取关于它的更多细节。找出其更新系统开发中的原始研究。指出发现的开放性问题，并在你的研究发现中记录下来。

7.11 本题需要在任意你访问过或可设定一个研究组的 GT $ 网格平台上，运行分布式程序（MPI 代码）。写一份报告，说明使用 Globus 工具设置网格实验的过程。记录经验教训以及获得的性能结果。

7.12 如图 7-35 所示，描述在使用 Globus 网格安全基础设施和 PKI 的网格中，如何在用户 A 和 B 双方之间实施相互认证。你需要描述 B 验证 A 身份的 5 个握手步骤。假设可信证书颁发机构（CA）可以发布 X.509 证书，该证书包含任何网格用户需要的公钥。每个用户都可以使用他的私钥加密信息。接收端可以使用发送者的公钥解密该信息。反过来，用户 A 可以通过完全相同的过程验证 B 的身份。你不需要重复这个相反的过程。

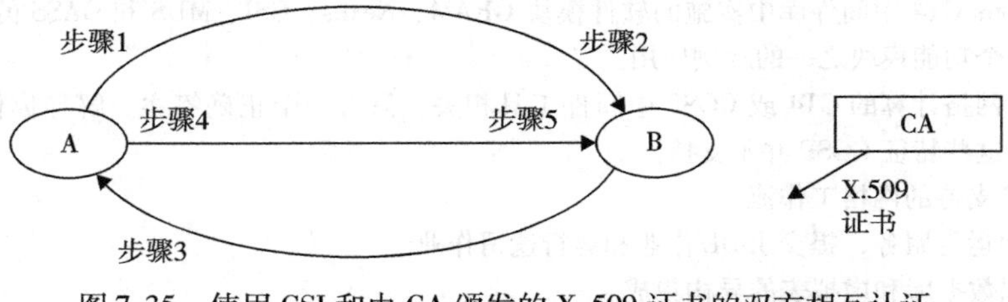

图 7-35　使用 GSI 和由 CA 颁发的 X.509 证书的双方相互认证

7.13 填写表7-10的空白处，以区分P2P网络、网格和P2P网格。部分信息已经给出。你可能要回顾表1-3、表1-5和表1-9的信息。P2P和P2P网格系统的更多相关资料可以参见第8章。

表7-10 P2P网络、网格和P2P网格的比较

特 征	P2P网络	网格系统	P2P网格
应用程序与节点角色	分布式文件共享、内容分布、节点均可作为客户端和服务器		
系统控制与服务模型			在P2P网格中基于策略的控制，所有服务来自客户端机器
系统连通性		网格资源上具有高速链接的静态连接	
资源发现与作业管理	自治节点无需发现，没有中央作业调度器		
典型系统		NSF TeraGrid、UK EGGE Grid、ChinaGrid	

7.14 这是一个关于P2P网格或志愿者计算网格的调查问题，这些网格可以加入贡献主机。比较你使用过的志愿者网格的相对性能。讨论它们在硬件性能、软件支持和中间件服务上的优势和缺点。

7.15 尝试虚拟化习题7.8、习题7.13或习题7.14中的部分资源。采用虚拟机，选择回答3个问题之一。讨论使用虚拟化产品网格的得失。你也可以使用EC2或者其他虚拟化数据中心进行所需实验。

对等计算和覆盖网络

本章研究对等（P2P）网络及其应用。P2P 覆盖网络是构建于互联网上的虚拟网络，由大量的边缘客户端计算机组成。本章首先介绍非结构化覆盖网络、结构化覆盖网络和混合覆盖网络的基本概念和属性；其次研究分布式哈希表（DHT）的快速路由和邻近性保存操作；然后讨论P2P 网络的容错和抗扰动技术，从而提高可靠性。P2P 网络已被广泛应用于分布式文件共享和内容分发中。针对这些应用，本章最后研究基于信誉系统和内容污染技术的信任管理和版权保护方法。此外，本章通过例子来说明 P2P 网络的设计原理和 P2P 协议在实际系统中的应用。基于P2P 的社会网络将在第 9 章介绍。

8.1 P2P 计算系统

P2P 计算系统已被广泛应用于分布式文件共享、消息传递、在线聊天、流媒体和社会网络中。据统计，2008 年至 2010 年期间，互联网流量的 40% ~70% 是由 P2P 应用贡献的。考虑到在线应用（如 Facebook、Twitter 和 YouTube 等）越来越受欢迎，P2P 流量将会进一步增加。与传统的分布式系统不同，P2P 网络是由分布在互联网边缘的节点（peer）或客户端自由组成的自治和自组织系统。在 P2P 网络中，节点之间共享计算和数据资源，所有节点按照自愿的方式共同提供丰富的在线服务。P2P 网络一方面具有经济优势，另一方面却存在法律上的问题（如盗版等）。

图 8-1 按照应用类型给出了互联网流量随时间的变化趋势。电子邮件（E-mail）流量所占比

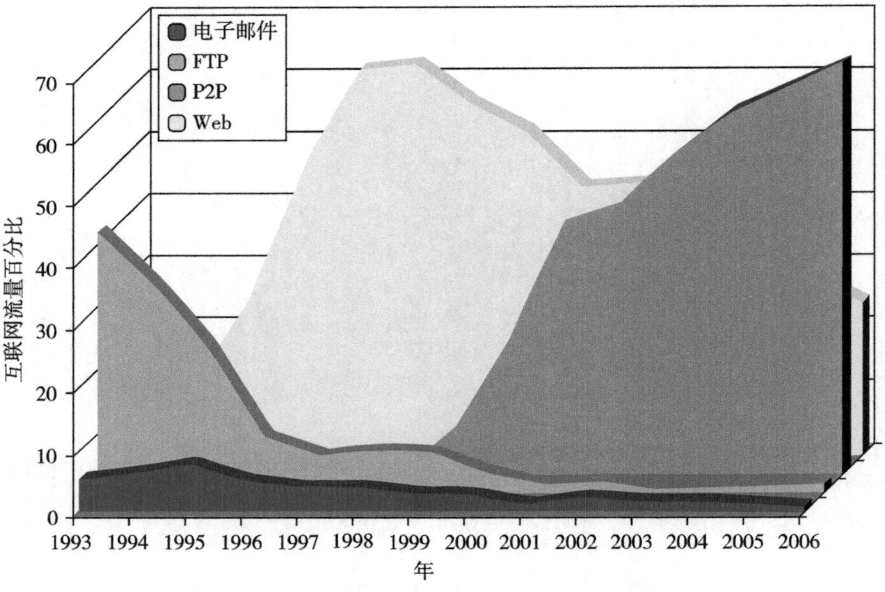

图 8-1 基于应用趋势的互联网流量分布

注：摘自 CacheLogic Research，2007。

例较小，而且随时间在逐步减少；而 FTP 流量所占比例却在过去 15 年间大幅下降。互联网流量的主要增长是由 P2P 请求和响应造成的，而由于社会网络和数字内容下载的增加，Web 流量有一定程度的减少。在 2007 年，70% 的互联网流量是由 P2P 应用产生的。P2P 应用的流行和 P2P 流量的增长是本章深入研究 P2P 系统的重要原因。

8.1.1 P2P 计算系统的基本概念

对于端到端通信来说，如果两个端用户在功能上是对等、相同的，那么就可以认为该通信是 P2P 通信。按照这个定义，早期的分布式系统都可以认为是对等模式的。P2P 技术利用互联网边缘节点空闲的计算资源（如存储、CPU 和带宽）和内容资源（如内容文件）来完成大规模任务，比如大规模内容分发、分布式搜索引擎和 CPU 受限的计算任务等。

因为网络边缘节点上的资源（计算资源和内容资源）在任意时刻都可能增加和移除，所以 P2P 网络中的资源是间断性可用的。P2P 计算无需中央服务器的协调，没有一个节点拥有全局的视图，每个节点都只有系统的部分视图。节点既作为服务器向其他节点直接提供服务，又作为客户端从其他节点获得服务。P2P 网络具有下列共同的特征：

- **去中心化**：在纯 P2P 计算系统中，节点在功能上是对等的，并不存在中央服务器来协调整个系统。每个节点仅有系统的部分视图来构建覆盖网络，控制其数据和资源。
- **自组织**：自组织意味着系统无需中央管理器来组织分散在所有节点上的计算和数据资源。P2P 计算系统中的资源是动态或波动的，即资源可以随时随意地增加和移除。对 P2P 计算系统来说，让一台服务器来管理整个系统的代价是非常高的。
- **临时连接和动态性**：节点可能随时加入或者离开，其可用性是不可预见的。这就导致覆盖网络拓扑和系统规模以较大的幅度变化。即使在动态性非常大的环境下，P2P 计算系统必须能够提供稳定的服务。
- **匿名性**：在去中心化的 P2P 网络中，节点通过迂回路径来发送和接收请求（即两个节点借助一些中间节点通信），这个特点保证了发送者的匿名性。匿名性也可以借助哈希运算来实现。
- **可扩展性**：P2P 模型消除了传统集中式客户端/服务器模型中固有的单点失效问题，每个节点仅仅维护有限的系统状态并和其他节点直接共享资源。这些特征使得 P2P 计算系统具有很高的可扩展性。
- **容错**：在 P2P 网络中，所有节点在功能上是对等的，没有节点支配整个系统。因此，单个节点不会造成系统的单点失效问题，资源可以存储在多个节点来提高容错能力。480~481

8.1.1.1 客户端/服务器体系结构和 P2P 体系结构的区别

传统的客户端/服务器体系结构由一台服务器和与其连接的大量客户端主机组成（如图 8-2a 所示）。P2P 计算系统并不需要一台中央服务器，而是由对等主机按照完全分布式的结构组成的（如图 8-2b 所示）。也就是说，客户端/服务器体系结构是面向服务器的：服务器把任务分成多个子任务，并把子任务分配给客户端，客户端则独立地完成分配的子任务；或者客户端向服务器请求资源，而服务器把所请求的资源分发到客户端。与此相反，在 P2P 网络中，客户端（节点）在功能上是对等的，是自治的、自组织的，它们之间直接交换资源。与客户端/服务器系统相比，P2P 系统相对松散而没有结构，安全性和可控性较低。

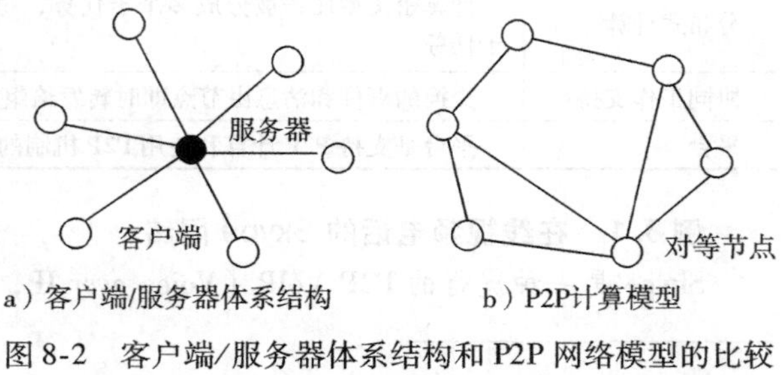

a）客户端/服务器体系结构　　b）P2P计算模型

图 8-2　客户端/服务器体系结构和 P2P 网络模型的比较

8.1.1.2 三种 P2P 网络模型

在有些 P2P 网络中仍然存在服务器，但服务器的角色和其在客户端/服务器模式中不同。比如，Napster 音乐文件共享系统使用索引服务器来管理所有对等节点共享的文件链接，如图 8-3a 所示。每个节点在索引服务器上注册共享数据的信息，而索引服务器向请求者返回文件拥有者的地址信息。数据的传输则是在文件请求者和文件拥有者之间直接进行。Gnutella 0.4 版本文件共享系统则是“纯”⊖的 P2P 模型，如图 8-3b 所示。每个节点只索引自己共享的文件。

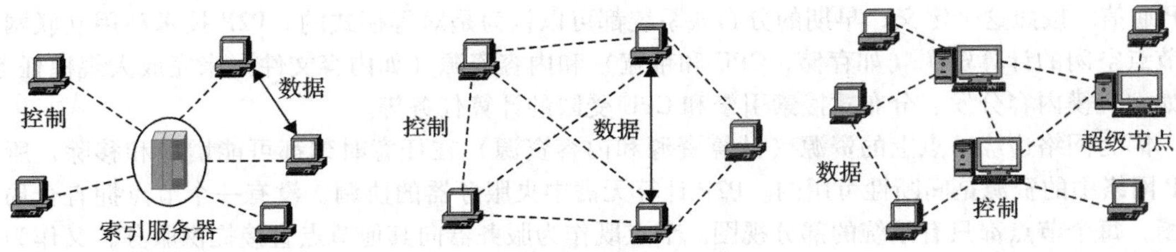

a）集中式模型（Napster） b）纯P2P模型（Gnutella 0.4） c）层次化模型（KaZaA）

482 图 8-3 P2P 网络系统的演进：从集中式 Napster 到扁平式纯 Gnutella，最后到基于超级节点的层次式结构化 KaZaA

由于没有中央索引服务器，请求消息从请求者的邻居开始在覆盖网络上泛洪。Gnutella 0.6 系统、KaZaA 系统和 Skype 系统则是一种层次化 P2P 模型，如图 8-3c 所示。系统中一部分能力强的节点被选作超级节点，请求只需要在超级节点之间泛洪，因此系统的扩展性得到了增强。P2P 分布式计算系统通常维护一定数量的中央服务器用于任务管理或与客户端对等节点的通信，但是客户端对等节点之间却不需要通信。因此在这种系统中，节点是贡献资源的计算系统。P2P 平台作为中间件基础方便 P2P 系统的开发和部署。该平台提供安全服务、通信服务和标准服务（如索引、搜索和文件共享）。

8.1.1.3 P2P 应用

P2P 网络已经被广泛应用于互联网应用中。表 8-1 列出了一些典型的 P2P 应用和例子。最流行的 P2P 应用当属文件共享应用，数据对象在 P2P 内容网络上分发给所有用户。与客户端/服务器网络不同，这个系统借助参与节点的资源来分发内容，节点定位用户并直接转播消息。

表 8-1 典型 P2P 应用及网络系统例子

P2P 应用领域	简要描述	P2P 网络的例子
文件共享	节点协作转发文件查询。文件对象在节点之间直接传输	Napster，Gnutella，KaZaA，eDonkey
内容分发	节点向其他节点转发接收到的内容，直到所有节点都收到内容为止	BitTorrent，PPlive
P2P 即时通信	文本消息或者视频和语音由系统中的节点转发，而不再通过中央服务器转发	Skype，MSN
分布式计算	计算密集型任务被分成多个子任务，每个节点独立处理子任务	SETI@ Home，Folding@ Home
协同工作支持	交换的事件和消息由节点即时转发给组内所有成员	Groove，Magi，AIM
平台	平台是支持 P2P 计算和使用 P2P 机制的通用框架	JXTA，Microsoft. NET

例 8.1 在线视频电话的 Skype 网络

Skype 是一种流行的 P2P VoIP（Voice over IP，IP 电话）服务，目前已有 5 亿注册用户，每

⊖ “纯”指所有节点在功能上完全对等。——译者注

天活跃用户超过4 000万。Skype利用P2P技术实现用户资料存储、用户搜索、媒体传输和NAT（Network Address Translator）穿越，支持即时信息和文件的传输。Skype使用专有VoIP网络，而不是标准SIP（Session Initiation Protocol，会话发起协议）。Skype在线VoIP系统的P2P体系结构如图8-4所示。

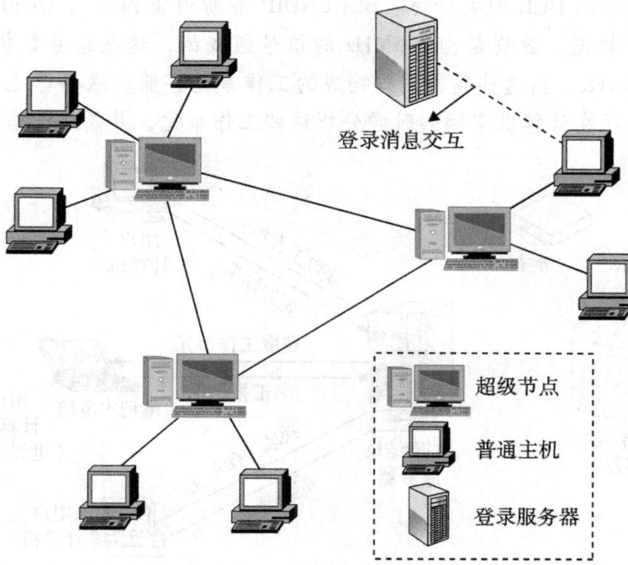

图8-4　Skype体系结构及其主要组件

Skype和KaZaA是由同一团队研发的，因此二者具有相同的结构，都应用混合P2P模型。任何一个节点只要具有公共IP地址且拥有丰富的CPU、内存和网络带宽资源就可以作为超级节点。然而在Skype系统中，用户并不能手工选择其作为超级节点还是普通主机。一个普通主机为了加入系统使用VoIP服务，需要与一个超级节点相连。

超级节点和普通节点统称为Skype客户端。每个客户端维护一个可达节点列表，即**主机缓存**（host cache）。该缓存包括部分（通常是200个）超级节点的IP地址和端口号。一些由服务提供商运行的超级节点被硬编码到客户端主机缓存中。第一次登录后，客户端获取其他超级节点信息存储在缓存中。登录服务器作为Skype系统的唯一中央组件保存用户名及其密码，以便在登录时进行用户认证。在登录过程中，客户端首先与其缓存中活跃的节点建立TCP连接。如果这个缓存中节点都不活跃，则客户端报告登录失败。此后，客户端与登录服务器进行认证。

在登录过程中，客户端检查自己是否处在NAT或防火墙后。在线或离线的用户信息以去中心化的方式存储和传输，而用户搜索查询也是以去中心化方式完成的。用户的好友列表存储在本地Skype客户端。Skype宣称使用先进的全局索引技术来实现用户快速搜索，但是由于所有通信（包括控制消息和媒体数据）都是加密的，目前并不了解这种索引技术的具体细节。通常情况下，客户端使用TCP协议传输信令，使用UDP传输媒体数据。但是，如果由于NAT或防火墙等原因无法使用UDP时，Skype转向使用TCP连接。如果通话的客户端一方处在NAT或防火墙后，具有全局IP地址的节点将作为中继节点转发信令和媒体数据。需要说明的是，中继节点可能在通话过程中改变。■ 483~484

例8.2　SETI@Home项目和分布式超级计算

SETI（Search for Extra-Terrestrial Intelligence，搜寻外星智能）通过分析来自外星的无线电信号来检测外星智能活动。这是一项巨大的计算密集型任务，需要每秒万亿次浮点运算（Tflops/s）

的处理能力。SETI@ Home 项目充分利用互联网边缘可用的 CPU。该项目由加州大学伯克利分校 (UCB) 的空间科学实验室在 1999 年 5 月发起，已经有 520 万台分布在全球的计算机参与。该项目被认为是目前最大的分布式计算项目，图 8-5 给出了工作负载的分配过程。

SETI@ Home 使用 SERENDIP（搜寻外星无线电发射）数据集来分析。这些数据存储在可移动的存储设备上，然后运送到 UCB 的实验室。SERENDIP 借助阿雷西博（Arecibo）的望远镜来收集来自外星的无线电发射数据。数据是由 2.5MHz 的信号组成的，这些信号数据划分成 256 个频段，即每个频段的宽约为 10kHz。由这些频段数据构成的工作单元存储在服务器上并分发给参与的计算机。客户端站点上的程序在计算机空闲的时候分析这些工作单元，并最终把结果发送给服务器。

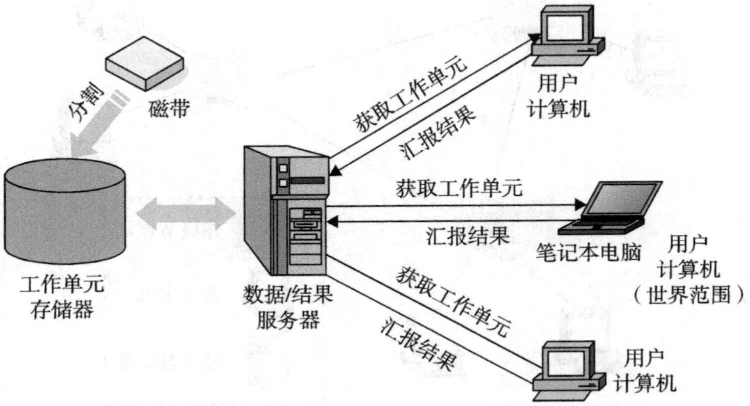

图 8-5 对于志愿者计算，SETI@ Home 工作负载的分发过程

愿意参与 SETI@ Home 项目从而贡献一定计算资源的用户首先下载 BOINC（Berkeley Open Infrastructure for Network Computing，伯克利网络计算开放框架）软件。该软件自动下载工作单元并管理分析过程。当用户不使用计算机时，用户计算机的屏保中显示部分分析信息。SETI@ Home 项目充分利用了互联网边缘的可用计算资源，从这种意义上讲，它是基于 P2P 技术的，但

485 是用户计算机之间并不直接通信。■

8.1.2 P2P 计算面临的基础挑战

P2P 计算系统不需要中央协调点，具有良好的扩展性和灵活性。本节将介绍 P2P 网络在实际应用中面临的 10 大基础技术挑战，这些问题的解决方案后续章节将会研究。

8.1.2.1 节点资源异构

P2P 计算系统中的对等节点在硬件、软件和网络方面都是异构的：在硬件方面，不同的节点具有不同的硬件平台和结构；在软件方面，不同节点的操作系统以及应用软件等也可能是不兼容的；而在网络方面，不同节点可能运用不同的协议和连接。P2P 计算系统是通过利用对等节点上的资源聚集来完成整个任务的，因此在系统设计和实现时需要以用户透明的方式处理节点的异构性带来的问题。

8.1.2.2 系统规模可扩展性

这是 P2P 计算系统的基本目标。这个系统可以支持成百到上百万的 Web 规模计算机，随着系统规模的增大，系统的效率不能降低或者仅仅是缓慢降低。系统的扩展性直接与性能和带宽相关。例如，对于一个使用消息转发机制来进行信息检索的去中心化的 P2P 文件共享系统来说，如果消息转发路径长度随着系统规模的增加而线性增长，那么系统不具有良好的扩展性，不能扩展到很大的规模。

泛洪（flooding）是 P2P 系统中资源定位的常用算法之一，该算法会消耗大量的网络带宽资

源。Gnutella v0.4 版本就是使用泛洪来查询转发消息的，扩展性差。Gnutella v0.6 版本和 KaZaA 则利用了系统中能力较强并且稳定的节点作为超级节点，普通节点则和超级节点相连。查询消息在超级节点组成的覆盖网络上泛洪，而不是整个覆盖网络，节约了带宽消耗。因此，超级节点模式的 P2P 系统具有更好的扩展能力。

8.1.2.3　所需节点的高效定位

P2P 系统中的数据资源分布在各个节点上。在使用或访问数据对象之前，首先需要在节点间执行数据定位操作（或搜索操作）。在 P2P 系统中往往并不存在中心索引服务器，而每个节点也仅有系统的部分视图，因此高效的数据或者节点定位算法的设计是 P2P 系统面临的又一挑战。

资源定位或者搜索算法大致可以归为两类：盲目搜索和有知识的搜索（Informed Search）。在盲目搜索中，节点仅仅维护自己数据的索引。当一个节点收到请求消息后直接转发给所有或者部分邻居[⊖]，而并不考虑哪条路径更有可能收到响应。在有知识的搜索中，节点维护自己和一些其他节点数据的索引。例如，节点在拓扑网络中维护距离自己 r 跳（hop）内的所有节点的数据索引。节点将查询转发给更可能响应的邻居节点，盲目搜索方法面临的主要挑战是以较小的带宽消耗来找到合适的节点，而对于有知识的搜索来说，挑战主要是以较低的控制开销来维护其他节点的数据索引。 486

8.1.2.4　数据局部性和网络邻近性

数据局部性和网络邻近性是现代 P2P 应用的两个主要设计目标。数据局部性是指具有相似属性值的数据保存在覆盖网络拓扑中邻近的节点上，是实现复杂查询操作和快速数据定位的有效方法。网络邻近性是由底层物理 IP 网络中两个节点的距离来度量的。在一个考虑网络邻近性的 P2P 覆盖网络中，覆盖网络中邻近的节点在物理网络上也是邻近的，反之亦然。这样查询消息或者数据项将会在物理网络上距离近的节点之间传输，不仅提升了服务质量（QoS），同时节约了网络带宽。图 8-6 举例给出了考虑网络邻近性的好处。

图 8-6c 是 IP 网络的一个部分，C_1 和 C_3 属于一个自治系统（Autonomous System，AS），而 C_2 和 C_4 属于另一个自治系统。如果这 4 个节点组成的覆盖网络拓扑如图 8-6a 所示，则从 C_3 到 C_1 的消息需要在 AS 之间的链路上传输 2 次。这不仅会增加传输延迟，而且会消耗 AS_1 和 AS_2 之间不必要的骨干网带宽。考虑网络邻近性的覆盖网络如图 8-6b 所示，从 C_3 到 C_1 的消息不再需要在 AS 之间的链路上传输。设计网络邻近性感知的覆盖网络的核心挑战在于如何在去中心化的 P2P 覆盖网络中找到物理网络中距离近的节点，其中只有一个中心服务器，没有节点有全局知识。

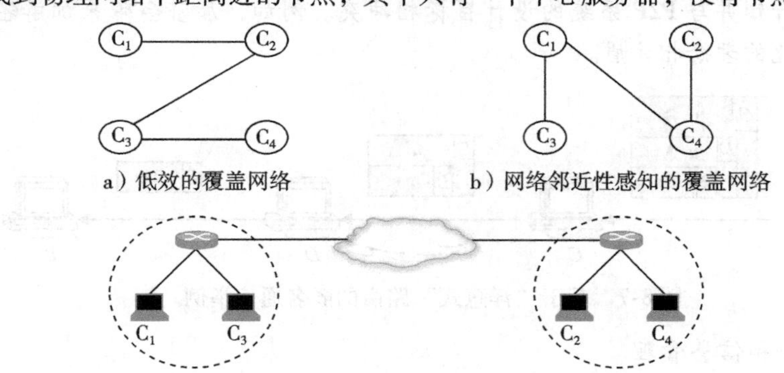

图 8-6　构建网络邻近性感知的 P2P 覆盖网络

⊖ 指在覆盖网络上和该节点连接的节点。——译者注

8.1.2.5 路由效率

和 IP 网络一样，P2P 网络[一]也需要路由算法来把消息转发到目的节点，因此路由算法直接影响着系统的性能。纯 P2P 系统虽然不存在单点失效问题，但仍然面临连接中断、目的不可达、网络图分割和节点失效等问题。系统需要在存在上述问题的环境下仍然能够正常运行，并能以自组织的方式恢复这些错误。副本技术是提高系统可用性和容错能力的有效手段，但是如何在
487 分布式系统中维护副本的一致性是面临的又一巨大挑战。

8.1.2.6 避免"搭便车"(free-riding)

P2P 系统依赖于互联网边缘的资源聚集来提高性能，但是参与节点可能是自私的，不愿意贡献任何资源，这就造成了"搭便车"问题。该问题在那些依赖于个体来贡献资源的系统中是普遍存在的，因为当人们认为其他人会为公共物品而付费时是不愿意自己付费的。解决该问题的方法是激励机制：激励个体节点贡献更多的资源。激励机制的核心是准确地评估节点的贡献并给予相应的奖励，但同时需要保护隐私和抵御恶意攻击。

8.1.2.7 匿名和隐私

P2P 系统中的节点希望隐藏自己的信息。匿名是节点的一个选择，特别是对于 P2P 通信系统中的节点。匿名可以分为三个层次，即发起者匿名、响应者匿名和相互匿名。前两个层次的匿名又称为单向匿名，而第三个层次的匿名又称为双向匿名。通常来说，单向匿名可以通过"洋葱式"路由来实现。

例 8.3 基于"洋葱式"路由的节点匿名保护

在"洋葱式"路由中，发起者事先知道整个路由的路径，但中间路由器并没有这样的信息。"洋葱式"路由通过对传入消息和下一跳信息的递归加密来实现对最终目的的源信息的隐藏。加密后的消息形成一个层次结构[二]，每一层包含下一跳节点（称为洋葱路由器）信息。每个洋葱路由器移除一层，并向下一跳洋葱路由器转发剩余的消息。按照这种方式，任意一个节点仅仅知道消息路径上自己的前一跳和后一跳节点的信息。

图 8-7 给出了"洋葱式"路由的一个例子，消息从节点 A 发送到节点 B。对于节点 A 的信息来说，节点 C、D 和 B 并不知道，而消息本身对于 C 和 D 来说是不可见的。"洋葱式"路由可以进一步借助基于对称密钥的加密技术来提升。相互匿名需要同时隐藏发起者和响应者的标识信息，且其他人不能推断出二者的信息。消息加密和为节点建立代理是实现相互匿名的两种方法，但它们会带来额外开销并与 P2P 系统的设计目标相冲突。例如，加密会带来加解密的开销，而使用代理和去中心化的理念相矛盾。■

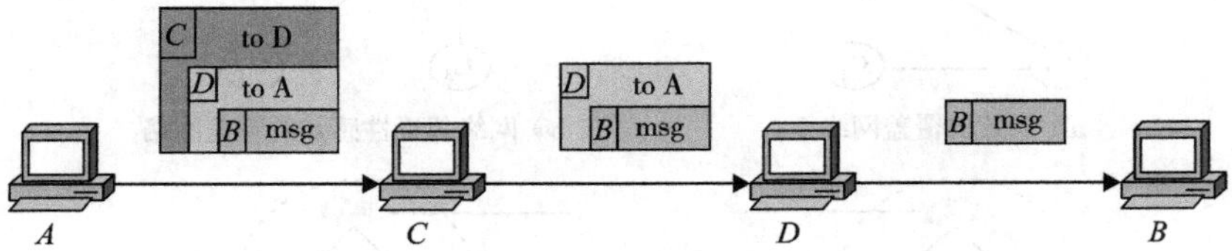

488 图 8-7 基于"洋葱式"路由的匿名通信举例

8.1.2.8 信任和信誉管理

节点之间缺乏信任是 P2P 系统面临的另一个问题。节点相互之间是陌生的，不可避免地存在一些不合作甚至破坏系统的节点，这就要求系统提供一种可信的环境。在这种环境中，

[一] 尤其是基于 DHT 的结构化 P2P 网络。——译者注

[二] 类似于洋葱结构。——译者注

节点的信任是可以度量的，而且恶意节点会受到处罚。然而 P2P 系统是完全分布式的，节点之间的交互是直接进行的，并不需要经过中央服务器。因此建立可信的 P2P 环境是面临的又一挑战。

8.1.2.9 网络威胁和攻击防御

P2P 系统分散和自组织的特点使得实施针对系统的攻击非常容易。拒绝服务（Denial of Service，DoS）和分布式拒绝服务（Distributed Denial of Service，DDoS）攻击可以通过对其他节点宣称目标节点拥有请求的所有文件并向目标节点泛洪消息来实现，而服务质量攻击则可以通过以较慢的速度发送文件或者发送异于请求的文件来实现。此外，P2P 系统匿名特性有利于恶意节点对外隐藏信息，更不容易被发现。

例 8.4 DDoS 攻击防御

图 8-8 中给出了两个恶意节点通过在整个网络泛洪查询消息来实现 DDoS 攻击的例子。恶意节点向一个或者多个网络节点泛洪不必要的查询或者消息，从而使得这些节点的缓存区溢出，造成 TCP 连接无法继续接收数据。被泛洪攻击的节点需要应付泛洪消息而无法再处理从友好节点发送来的查询。一个良好的 P2P 网络应该能够处理针对任何节点的泛洪攻击。针对 P2P 网络的攻击也可能来自网络外部，这时系统中的某些对等节点被外部节点控制成为僵尸节点。 ■

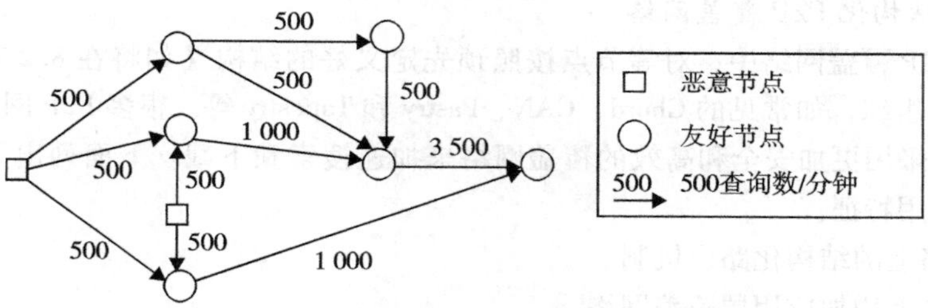

图 8-8 P2P 网络中通过消息泛洪实现的 DDoS 攻击举例

8.1.2.10 抗扰动（Churn Resilience）

P2P 计算系统中的节点来自互联网边缘的客户端，它们可能随时加入、离开，甚至失效。失效节点不再继续转发消息，甚至可能会导致其他节点失去和系统的连接或者丢失索引信息。例如，在 KaZaA 中，如果超级节点失效，与其连接的普通节点将失去和系统的连接，不得不寻找其他超级节点以重新和系统连接，而且失效超级节点保存的索引信息也将丢失。节点失效使得容错成为 P2P 网络面临的巨大挑战。由于没有中央服务器作为协调器，节点借助周期性的心跳消息来检测其他节点的状态和可用性。 489

8.1.2.11 抵御共谋盗版

网上盗版阻碍了 P2P 文件共享系统合法化和商业化。不合法文件内容从拥有合法内容的节点处散播给盗版者，这种行为称为共谋。代理可以借助一些客户端来发现共谋者：每个客户端向可疑节点发送不合法内容下载请求，如果可疑节点返回干净合法的内容，那么反馈分数 1，否则反馈分数 -1。如果反馈分数超过预定的阈值，可疑节点就被认定为共谋者。

共谋盗版是 P2P 网络中知识产权侵犯的主要来源。付费客户端（共谋者）可能向非付费客户端（盗版者）非法共享版权保护的文件内容，这种行为阻碍了 P2P 网络在商业内容分发系统中的使用。Lou 和 Hwang 等人[32]提出了一种主动内容污染机制来阻止针对受版权保护内容的共谋和盗版行为，其基本思想是使用基于标识的签名和时间戳令牌尽早发现盗版行为。该机制在不影响合法 P2P 客户端的前提下，针对版权侵犯者有目标的进行内容污染来阻止共谋盗版行为。

8.1.3　P2P 网络系统分类

本节根据 P2P 网络的结构和功能对其进行分类，如图 8-9 所示，其中 P2P 网络使用其名字或者简要叙述来表示。一些常见的 P2P 网络将会在后面章节的例子中详细给出。

8.1.3.1　无结构 P2P 覆盖网络

无结构 P2P 覆盖网络的邻居关系以一种没有约束的随机方式建立。当用户匿名性和低管理开销是系统设计目标时，无结构覆盖网络是较好的选择。很多 P2P 网络是从无结构约束开始的，常见的有 Napster、Gnutella、KaZaA、Skype、BitTorrent 和 eMule（电驴）。下面列出了无结构 P2P 覆盖网络的特征：

- 数据随机分布在节点上。
- 覆盖网络由集中式控制开始，逐渐转移到完全去中心化控制。
- 没有广播机制（即使有，也是非常受限的）。
- 在整个网络上的泛洪查询产生大量网络流量。
- 没有确定性搜索结果的保障。
- TTL（time to live，存活时间）受限的查询消息可能到达整个网络。

8.1.3.2　结构化 P2P 覆盖网络

在结构化 P2P 覆盖网络中，对等节点按照预先定义好的结构（如将在 8.2 节介绍的环、弦或者树状结构）组织，如常见的 Chord、CAN、Pastry 和 Tapestry 等。很多 P2P 网络开始时使用随
490 机结构，但随后采用更加安全和高效的覆盖网络来加速搜索和下载。下面列出了结构化 P2P 覆盖网络的一些有用特征：

- 覆盖网络上的结构化路由机制。
- 在节点之上增加应用层覆盖网络。
- 和基于随机图的覆盖网络相比，路由跳数低。
- 消除了泛洪和热点区域问题。
- 保证搜索结果。
- 提供对等节点之间的负载均衡。
- 提供良好的可扩展性和容错能力。
- 如果需要，可以保持数据的局部性。
- 在拓扑受限的情况下提供自组织能力。
- 提供增强的安全保护。
- 支持节点异构。

8.1.3.3　基于结构和功能的系统分类

图 8-9 根据系统设计模式和功能对 P2P 系统进行了分类。最下面一行是早期的集中式系统，中间一行是分散的无结构 P2P 系统，如 Gnutella、FastTrack 和 DirectConnect，最上面一行是分散的结构化 P2P 系统。图的左下角是集中式和无结构的 Napster 系统，而图的右上角则是 P2P 资源管理、P2P 目录服务，以及 P2P 数据库等基于结构化覆盖网络的分散系统。

CSCW（Computer-Supported Cooperative Work）是指计算机支持的协同工作。CAN、Chord、Pastry 和 Tapestry 是基于分散控制的结构化覆盖网络。就功能上来说，P2P 网格主要是那些没有固定结构的分布式计算和协同应用。SETI@ Home 是有集中控制的分布式超级计算应用，而其他的 P2P 网络则在图 8-9 二维的图中四处分散。需要说明的是，图中某些区域是空白的或者用带有问号的标签来标识，这是因为目前还没有符合这些类别的 P2P 系统。

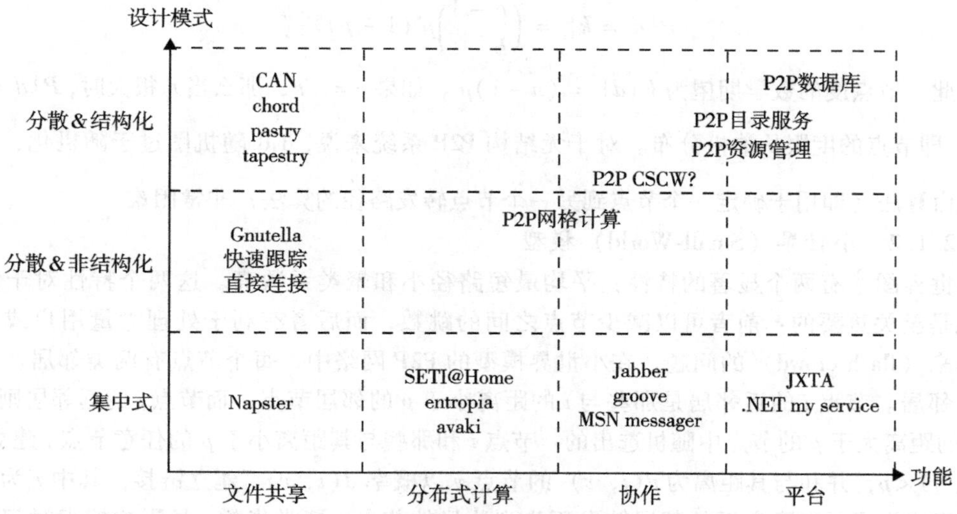

图 8-9 按照功能和设计模式对 P2P 系统进行分类

注：由 Min Cai 提供，EE657 报告，南加州大学，2007。

8.2 P2P 覆盖网络及其性质

覆盖网络是建立在物理 IP 网络上的，其中的节点是来自物理网络的主机，而链路则是节点之间的 TCP 连接或者是简单地指向 IP 地址的指针。这个虚拟链路不一定具有相同的权重，可根据链路的类型来为链路赋予不同的权重。由于终端主机是动态的，需要拓扑维护协议来维护覆盖网络。新节点借助已经在覆盖网络中的节点来加入覆盖网络，而节点之间使用周期性心跳消息来探测邻居是否存活。如果邻居失效，节点需要按照维护协议选择其他节点连接。

物理 IP 网络中的主机可以映射到由虚拟链路建立的覆盖网络。在图 1-17 中，垂直虚线表示了从物理主机到虚拟节点（也称为对等节点）的映射关系。覆盖网络不需要额外的物理设施，因此易于部署和使用，而且其拓扑也可以根据应用来改变。节点失效处理较为容易，因为节点可以选择其他仍然存活的节点连接。通信协议没有任何限制，应用设计者可以根据需要设计任意协议。底层物理网络对于覆盖网络设计者来说是透明的，但是为了更好地利用网络资源（如网络邻近性），设计者则需要考虑物理网络。

P2P 网络是一种覆盖网络。根据覆盖图的性质，P2P 网络可以分为两类：*无结构覆盖网络*和*结构化覆盖网络*。无结构覆盖网络通常基于随机图来建立，节点随机从覆盖网络中选择节点作为邻居。与其相反，结构化覆盖网络图则具有事先定义好的结构（比如环、超立方体等），每个节点具有唯一的标识而且只能和那些标识满足预先定义条件的节点连接。有些 P2P 覆盖网络则是无结构和结构化覆盖网络的混合，具有无结构和结构化覆盖网络的优点。

8.2.1 无结构 P2P 覆盖网络

为了构建一个好的无结构 P2P 覆盖网络，节点的度（即邻居的数目）以及从一个节点到另一个节点所经过的节点数目应该尽量小。此外，加入或离开操作不能对覆盖网络拓扑图造成大的变动。最后，在节点失效或者意想不到地离开时，覆盖网络仍然可以确定消息转发路径。 491~492

8.2.1.1 基于随机图的覆盖网络构建

ER（Erdos-Renyi）随机图[38]可以看做是无结构 P2P 覆盖网络构建的基础模型。任意两个顶点（节点）有一条边的概率 p 是相同和独立的，因此一个节点的度为 k 的概率如下式所示（其中，n 为图中的节点数。——译者注）：

$$P\{d = k\} = \binom{n-1}{k} p^k (1-p)^{n-1-k} \qquad (8\text{-}1)$$

据此，节点度的数学期望为 $E\{d\} = (n-1)p$。如果 $p = c/n$，那么当 n 很大时，$P\{d = k\} = \frac{c^k}{k!}e^{-c}$，即节点的度服从泊松分布。对于无结构 P2P 系统来说，ER 随机图过于随机化，设计分布式路由算法（即用于确定一个节点到另一个节点转发路径的算法）非常困难。

8.2.1.2　小世界（Small-World）模型

小世界图[2]有两个显著的特性：平均最短路径小和聚类系数高。这两个特性对于 P2P 系统来说是至关重要的：前者可以减少节点之间的跳数，而后者有利于处理大量用户或者任务同时到来（flash crowd）的问题。在小世界模型的 P2P 网络中，每个节点有两类邻居，即近邻居和远邻居。节点 i 的近邻居是那些与 i 的距离小于 p 的邻居节点，而节点 i 的远邻居则是从那些与 i 的距离大于 p 的节点中随机选出的。节点 i 和那些与其距离小于 p 的任意节点 j 建立链接，即 $d(i, j) < p$，并和与其距离为 $d(i, v)$ 的节点 v 以概率 $d(i, v)^{-r}$ 建立链接，其中 r 为聚类指数。搜索查询通过向距离近的邻居转发逐步到达目的节点。聚类指数 r 是影响搜索时间的重要因素。

8.2.1.3　无标度图

无标度图模型同样在 P2P 网络中广泛使用。节点的度服从幂律分布，即一个节点的度为 k 的概率与 $k^{-\alpha}$ 成正比，其中 α 是一个介于（2，3）的常数。图的直径（即任意两个节点的最短距离的最大值）大小为 $O(Lnn)$ 量级，其中 n 为图中节点的数目。因此，当图的规模增大时，直径变化并不大。现实生活中，很多网络是无标度网络，如社会网络和互联网拓扑图等。

在 Gnutella 0.4 版本的覆盖网络中，节点的度服从参数 α 近似为 2.3 的幂律分布[41]。形成幂律分布的原因在于新节点更有可能和度高的节点建立覆盖连接。无标度网络对于随机节点失效具有很好的抵抗力，但是在面对那些针对度高的节点的攻击时，拓扑图可能会被分割为若干个相互不连通的子图或者图的直径将大幅增加。因此，在构建基于无标度图的 P2P 覆盖网络时，在可能的情况下需要隐藏度高的节点的标识。

8.2.1.4　P2P 分布式文件共享系统

无结构 P2P 网络最流行的应用当属 P2P 文件共享系统。表 8-2 比较了三种 P2P 文件共享系统：Napster、Gnutella 和 KaZaA。它们代表了三种不同类型的 P2P 服务模型。在这些系统中，数
493 据随机分布在节点上，使用泛洪算法来查找所需的文件。为了减少泛洪产生的大量流量，查找消息带有 TTL 以限制泛洪的范围。而且系统并不对搜索结果进行保证。

这三个文件共享系统的不同之处在于，Napster 是集中式控制的，Gnutella 是纯 P2P 网络，而 KaZaA 是层次化结构。Napster 系统搜索所需时间是常数，Gnutalla 使用泛洪搜索整个网络，搜索所需时间最长，而在 KaZaA 中搜索仅在超级节点之间进行，因此搜索所需时间介于其他两个系统之间。近年来，三种 P2P 文件共享系统都遇到了严重的非法下载和版权侵犯问题。

例 8.5　基于泛洪搜索的 Gnutella（0.4 版本）网络

Gnutella 文件共享系统属于纯 P2P 模型，每个节点功能上对等，在向其他节点上传文件时作为服务器，而在从其他节点下载文件时作为客户端，因此节点又称为**服务节点**（servant）。Gnutella 定义了一系列消息，称为**描述符**。正如图 8-10 所示，Gnutella 使用基于泛洪的搜索来定位副本多的文件。节点向多个邻居节点发送请求消息，这些邻居向更多的节点转发消息，最终在整个覆盖网络上泛洪。泛洪机制会产生大量的流量，可能会导致网络饱和瘫痪。因此，发送或转发的消息，以及消息的转发跳数需要受到限制。

表 8-2 基于无结构覆盖网络的 P2P 文件共享应用

P2P 网络	Napster	Gnutella	KaZaA
体系结构	集中式模型	纯 P2P 模型	带有超级节点的层次化结构
文件索引	集中式索引服务器保存所有链接	每个节点仅保存自己的文件索引	超级节点保存与其连接的节点的索引
搜索算法	查询请求发送到索引服务器，由服务器返回搜索结果	查询消息在整个覆盖网络上泛洪，具有匹配文件的节点返回结果	查询发送给超级节点，然后在超级节点之间泛洪并返回结果
搜索时间（跳数）	$O(1)$	$O(\log n)$	$O(\log m)$，其中 m 为超级节点数目
搜索成本（消息数目）	$O(1)$	$O(d*n)$，d 为节点的度数	$O(c*m)$，c 为超级节点的度数
文件获取方式	发起者从单个节点直接获取文件	查询发起者从任一个节点直接获取文件	发起者从多个节点并行获取文件
可扩展性	受到集中服务器的限制	受到高搜索成本的限制	由超级节点带来的相对较好的可扩展性
容错能力	单点失效	由于节点完全对等，因此具有良好的容错能力	超级节点易于受到攻击

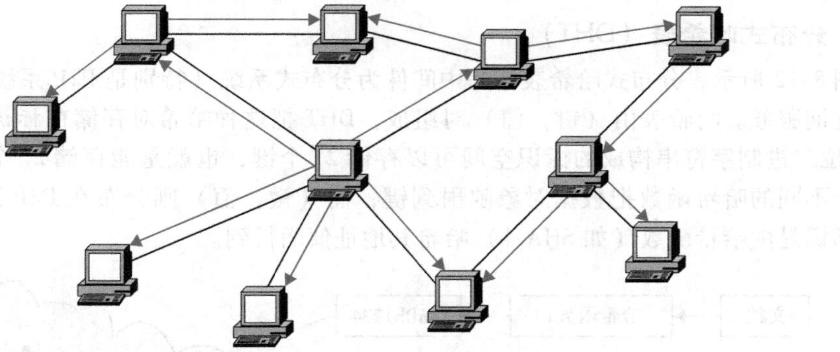

图 8-10 Gnutella 系统中的泛洪搜索机制，用于搜索能提供数字内容文件的节点

图 8-11 给出了 Gnutella 描述符的头和载荷格式。描述符头包含 22 个字节，其中前 16 个字节用于作为描述符的全局唯一 ID，而载荷描述符使用 1 个字节。Gnutella 定义了 5 种类型的描述符，包括 Ping（0X00）、Pong（0X01）、Query（0X40）、QueryHit（0X80）和 push（0X80）。TTL 和跳数字段各占用 1 个字节。TTL 由描述符的发起者初始化，并在每次转发时减 1。当 TTL 减到 0 时，描述符被丢弃，不再转发。

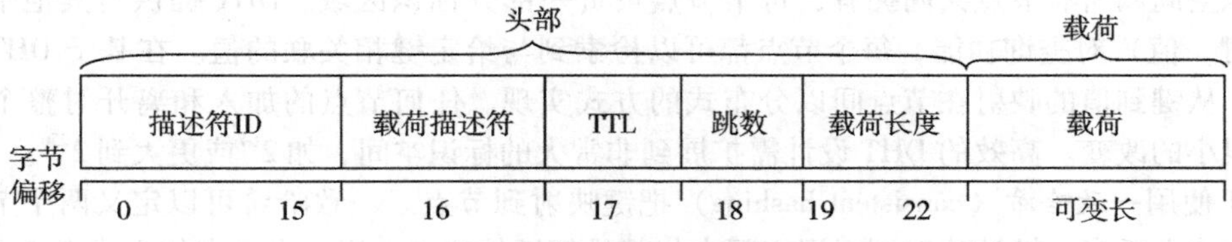

图 8-11 Gnutella 数据包描述符格式

TTL 用来限制描述符所能到达的范围，从而减少无限制泛洪产生的通信成本。跳数字段则是用来对描述符被转发的次数进行计数。描述符头的最后 4 个字节是载荷长度，紧随其后的是可变长的载荷。例如，Ping 描述符没有载荷，而其他 4 种描述符的载荷则是变长的。

服务节点使用 Ping 描述符来发现其他描述符。节点收到 Ping 后沿着 Ping 的反向路径返回一个或者多个 Pong 描述符。Pong 描述符由响应节点的地址和它共享的数据量组成。Query 描述符用于搜索，而 QueryHit 描述符用于响应 Query。新的服务节点与引导节点联系以加入系统，此后使用描述符和其他节点通信，如发送 Ping 来发现更多的服务节点以便连接。

一般来说，Ping 和 Query 描述符以泛洪的方式发送，服务节点在收到这样的描述符后将向
494~495 它们的邻居转发。显然，如果泛洪范围不加限制，这些描述符将平均每次被转发给 d 个邻居，其中 d 为节点的平均邻居数。那么 n 个节点组成的 Gnutella 系统需要使用 $d*n$ 个消息，而其中的 $(d-1)*n$ 个消息是重复的。大量的泛洪消息限制了系统的可扩展性。

Gnutella 通过描述符中的 TTL 来限制泛洪的范围，每转发一次描述符，TTL 减 1。当 TTL 减到 0 时，描述符将被丢弃不再转发。TTL 缺省设置为 7，这是因为在此条件下，95% 的服务节点将被搜索到。但是请求的文件可能就在剩余的 5% 节点中，此时，虽然请求的文件在系统中存在，但请求将无法得到满足。

Gnutella 中的泛洪搜索适用于定位那些拥有很多副本的文件（即“草”），而不适用于定位很少副本的文件（即“针”）。由于用户通常请求副本较多的文件，Gnutella 在实际中是非常有效的。请求发起者直接使用 HTTP 从文件拥有者处下载文件。自 0.6 版本以后，Gnutella 开始使用和 KaZaA 相同的层次式体系结构，利用能力强的节点作为超级节点。在这种情况下，描述符仅在超级节点之间泛洪，大幅减少了搜索成本，提高了可扩展性。■

8.2.2 分布式哈希表（DHT）

如图 8-12 所示，分布式哈希表作为中间件为分布式系统（特别是 P2P 系统）提供信息搜索或者表查询服务。哈希表由（键，值）对组成，DHT 把这种哈希对存储在标识空间。例如，一个由 64 位二进制字符串构成的标识空间可以存储 2^{64} 个键，也就是能存储 2^{64} 个数据对象。DHT 使用多个不同的哈希函数把数据对象映射到键，而（键，值）则分布在 P2P 网络中的节点上。节点的标识是由哈希函数（如 SHA-1）哈希其地址值而得到。

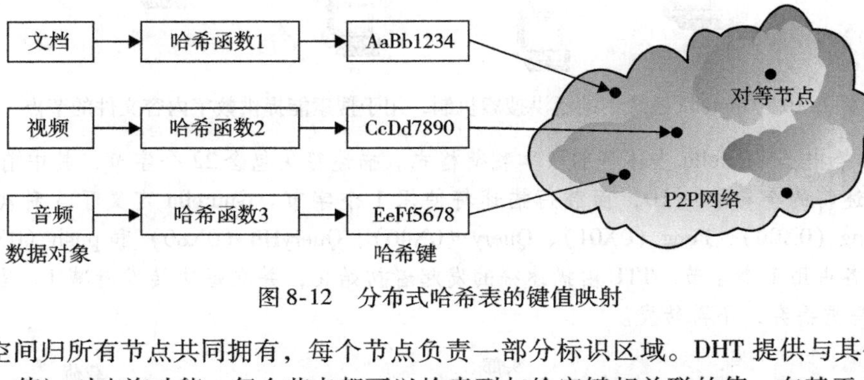

图 8-12 分布式哈希表的键值映射

标识空间归所有节点共同拥有，每个节点负责一部分标识区域。DHT 提供与其他哈希表相似的（键，值）对查询功能，每个节点都可以检索到与给定键相关联的值。在基于 DHT 的 P2P 网络中，从键到值的映射在节点间以分布式的方式实现。任何节点的加入和离开对整个 P2P 网
496 络产生很小的改变。高效的 DHT 设计需扩展到非常大的标识空间，如 2^{64} 或更大到 2^{256}。

DHT 使用一致哈希（consistent hashing）把键映射到节点。一致哈希可以定义两个节点之间的邻近性或者距离，键被映射到标识空间中与其最邻近的节点。当一个节点加入或者离开时，利用一致哈希重新安排键，从而达到对现有节点影响较小的目的。对于由 n 个节点 k 个键组成的系

统，每个节点以大概率最多负责 $(1+\varepsilon)/n$ 比例的标识空间，其中 $\varepsilon=O(\log n)$。一个节点加入或者离开仅需要重新分配 $O(1/n)$ 比例的键。因此，DHT 适用于节点加入和离开频繁的 P2P 系统。

DHT 提供两个原语操作：*put*(*key*, *data*) 和 *get*(*key*)，*put* 原语把数据或者数据索引存储到与其键 *key* 最近的节点上，而 *get* 原语则检索存储 *key* 代表的数据或者数据索引的节点。所有对等节点形成一个覆盖网络。每个节点保持与其他节点子集的若干链接。检索标识 *k* 的键的 *get* 请求被转发给覆盖网络中距离 *k* 最近的节点，直到到达整个网络中距离 *k* 最近的节点。

基于 DHT 的 P2P 网络包括 BitTorrent 的分布式跟踪服务（tracker）、Bitcoin 货币网络、Kad 网络、Storm Botnet、YaCy 和 Coral 内容分发网络。一些代表性的研究项目包括 Chord 项目、PAST 存储工具、自组织新型覆盖网络 P-Grid，以及使用 DHT 构建覆盖网络的 CoopNet 内容分发系统。DHT 也被用在网络计算系统中的资源发现，以搜索匹配用户应用层需求的合适资源类型。

DHT 部署

DHT 作为基础提供两种原语，其核心思想是把节点和键映射到标识空间并把键分配给近距离的节点。DHT 能够实现快速搜索，而且这种搜索具有可证明的搜索时间上限。此外，DHT 覆盖网络避免了泛洪造成的大量搜索成本，具有更好的可扩展性。需要说明的是，基于 DHT 的 P2P 覆盖网络仅直接支持精确匹配搜索，而不支持关键字搜索。图 8-13 给出了 DHT 在 P2P 应用中的作用——它作为用户应用和互联网之间映射的中间件存在。

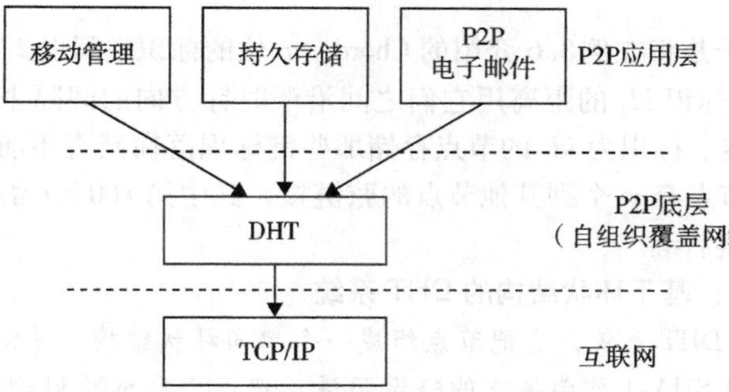

图 8-13 DHT 在快速、安全搜索和其他互联网应用中的运用 497

8.2.3 结构化 P2P 覆盖网络

在一个环状结构的覆盖网络中，每个节点有两个邻居：沿着环状结构的前驱和后继节点。如果节点 A 插入到 B 和 C 之间，那么 A 的邻居就是 B 和 C。在树状结构的覆盖网络中，节点与它的父节点和孩子节点建立邻居关系。虽然任何具有逻辑上事先定义结构的 P2P 覆盖网络都可以称为结构化覆盖网络，但是通常来说，结构化覆盖网络是基于 DHT 的。

结构化 P2P 网络使用全局统一的协议来保证任何节点都能够高效路由搜到拥有所需文件的节点，无论文件是稀缺的还是拥有大量副本，这就要求覆盖网络链接具有更多结构化模式。最常见的结构化 P2P 网络是 DHT 覆盖网络。

- **分布式哈希表**：使用分布式哈希实现键查询，失去了数据的局部性，但避免了泛洪查询。代表性例子有 Tapestry、Pastry、Chord 和 CAN。
- **树状结构系统**：树状结构的层次化数据访问维持了数据的局部性。代表性例子是 TerraDir 系统。
- **基于跳跃表的系统**：通过键排序而不是键查找来加快查询处理，例子包括跳跃图和 SkipNet。

P2P 系统中节点随机选择邻居节点，造成覆盖网络拓扑和物理网络的不匹配，位置感知或者网络邻近性感知方法通过让节点根据物理网络上的位置来选择覆盖网络上的邻居来解决拓扑不匹配问题。然而在基于 DHT 的结构化 P2P 覆盖网络中，节点的邻居并不是从覆盖网络中所有节点随机选择出来的，而是从那些标识满足一定要求的节点中选出来的，因此结构化 P2P 覆盖网络中的位置感知更加困难。增加和移除节点仅需少量的操作，这促进了 DHT 的大规模部署。基于 DHT 的覆盖网络有不同的结构，因此就有不同的结构化 P2P 系统，如 Chord、Pastry、CAN 和 Kademlia 等。本节主要介绍这些结构化 P2P 系统的结构。表 8-3 总结并对比了三种结构化 P2P 网络，其中 n 是 P2P 网络中节点的数目，Pastry 中的数字 2^b 是标识空间的基，log 表示是以 2 为底的。

表 8-3　三种结构化 P2P 覆盖网络对比

覆盖网络	Chord[45]	CAN[40]	Pastry[39]
标识空间	带有弦的环状结构，通过指针与其他距离间隔之内的节点连接	d 维坐标	2^b 为基的标识空间把节点划分到嵌套的邻近组
路由状态	$\log n$	$2d$	$2 \times 2^b \log_{2^b} n$
查询协议	映射数据键到节点标识	映射键到 d 维坐标的一个点	映射键和节点标识前缀
路由复杂度	$O(\log n)$	$O(d \times n^{1/d})$	$O(\log_{2^b} n)$
加入/离开操作所需消息数	$\log^2 n$	$2d$	$\log_{2^b} n$

498

DHT 系统的一个例子是将在例 8.6 介绍的 Chord，m 位的标识空间以 2^m 为模映射到单向逻辑环状结构上，标识 id_1 到标识 id_2 的距离用它们之间沿顺时针方向的间隔来计算。节点在环状结构上的位置由其标识确定。标识为 id_x 的节点存储那些键标识落在其直接前驱和它之间的区域的数据或数据索引。每个节点有 m 个到其他节点的弦链接，其中第 $i(0 \leqslant i \leqslant m-1)$ 个节点的标识是 $(x+2^i) \bmod 2^m$ 的直接后继。

例 8.6　Chord 系统：基于环状结构的 DHT 系统

Chord 是一种典型的 DHT 系统，它把节点组成一个单向环状结构，并使用弦链接来实现可扩展的搜索[45]。Chord 使用 SHA-1 作为基本的哈希函数，把节点和键映射到同一个 m 位的标识空间。节点的标识（ID）由其 IP 地址哈希得到，而键的 ID 则由数据键哈希得到，标识以 $2m$ 为模映到环状结构上。如前所述，一个节点负责从其前驱 ID 到自己 ID 之间的环状区域，即如果数据（或者其索引）映射到该环状区域，那么它们将被保存到这个节点上。

节点除维护环状结构上的前驱和后继外，还维护一个指针表（finger table），其中的每一项代表一个由该节点使用弦来链接的节点。具体来说，第 $i(0 \leqslant i < m)$ 个项所指节点的标识与该节点在环状结构上沿顺时针方向的标识距离为 2^i，其中 m 为标识长度。图 8-14 给出了由 7 个节点组成的 4 位标识环状结构以及节点 0 的指针表。节点 6 距离节点 0 是 2^2。虽然节点的指针表由 m 项组成，但是平均来说，仅包含 $O(\log n)$ 个不同节点的信息，其中 n 为搜索空间中总节点数目。

在图 8-14 中，节点 0 的指针表有 4 项，一个节点指针表的第 $\lfloor m-\log n \rfloor$ 项与它的距离为 $2^m/n$。因为节点是随机分布在标识环上的，在大小为 $2^m/n$ 的标识区域内平均仅有一个节点，所以平均而言，节点指针表中的节点数目为 $O(m-\lfloor m-\log n \rfloor+1)=O(\log n)$。基于 DHT 的搜索通常用于定位较少副本的文件。

为了提高鲁棒性，节点还维护一个后继列表，该表由从其直接后继节点开始沿环状结构向下。如果当前后继失效，节点使用列表中第一个活跃的表项代替。标识为 X 的新节点与引导节点联系，引导节点负责把加入消息转发到 X 的前驱节点 Y，新节点作为 Y 的后继加入，而 Y 修改其后继为 X 并为 X 准备指针表。那些需要在指针表中包含 X 的节点相应地更新其指针表。节点的加入和离开操作需要 $\log^2 n$ 个消息。Chord 中每个节点使用周期性执行的稳定程序来保持后继和指针表的更新。■

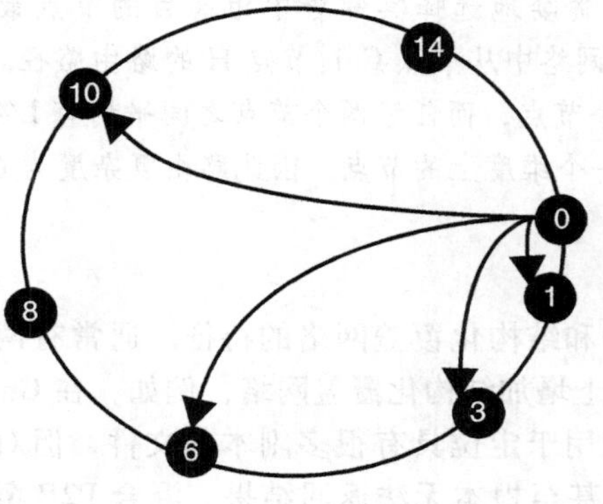

距离	区域	后继
1	(1,2)	1
2	(2,4)	3
3	(4,8)	6
8	(8,1)	10

节点0的指针表

图 8-14　使用 16 个键搜索空间组成的 Chord 网络的例子。指针表建立了位于不同区域节点之间的链接

例 8.7　CAN 系统：多维网状体系结构

CAN（Content Addressable Network，内容可寻址网络）在虚拟的 d 维笛卡儿坐标空间中组织节点。坐标空间被动态分割为 n 个不相交的区域，每个节点负责一个区域，其中 n 为节点的数目。图 8-15 给出了一个包含 5 个节点的二维坐标空间。节点存储其邻居节点的信息（即 IP 地址 499
和它们负责的区域信息）作为该节点的路由表。两个节点互为邻居是指这两个节点在（$d-1$）~
个坐标方向上重叠且在一个坐标方向上相邻。500

在图 8-15a 中，节点 B 和 C 是节点 A 的邻居，但节点 D 并不是节点 A 的邻居。键通过均匀哈希函数被映射到坐标空间中，每个数据键由一个代表其在坐标空间中位置的 d 维向量组成。如果数据键在坐标空间中的位置落在了节点 i 负责的区域，那么节点 i 存储指向与该键相关的对象的指针或者对象本身。在 d 维坐标空间中，每个节点平均有 $2d$ 个邻居，而路由复杂度为 $O((d/4)(n^{1/d}))$。

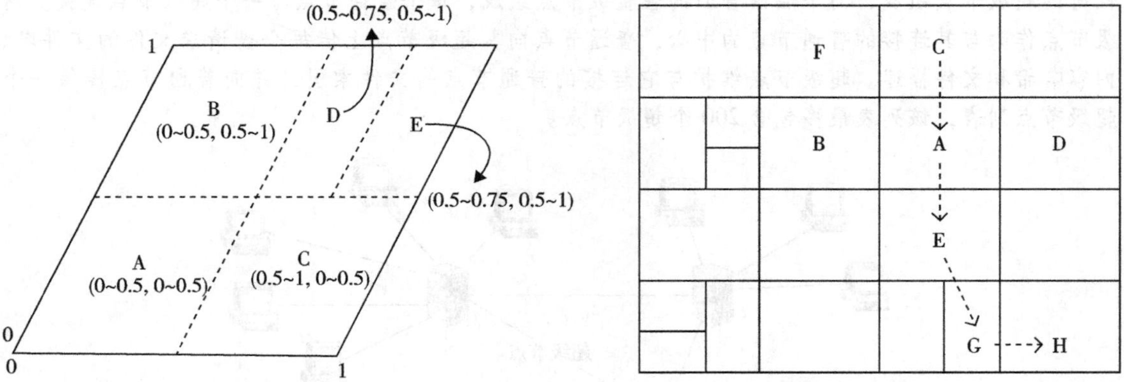

a）CAN体系结构　　b）CAN中的路由

图 8-15　通过重复分割二维坐标空间而构成的 CAN 网络及其路由过程

注：由 S. Ratnasamy、P. Francis 和 R. Karp[40] 提供。

新节点 X 借助 DNS 服务来获得引导节点信息，引导节点向新节点提供覆盖网络中随机选择的一些节点的地址信息。新节点在坐标空间中随机选择一个位置 P 作为其加入位置，并请求已

在系统中的一个节点路由其加入消息，最终消息转发到拥有 P 所在区域的节点 Y。节点 Y 把其负责的区域分为大小相同的两个部分，并把其中一部分划分给新来的节点。

CAN 使用了一种贪婪路由算法。节点贪婪地选择其邻居中距离目的节点最近的节点转发消息。图 8-15b 给出了在一个二维 CAN 覆盖网络中从节点 C 到节点 H 的路由路径。在一个 d 维坐标的 CAN 覆盖网络中，平均每个维度有 $n^{1/d}$ 个节点，而任意两个节点之间平均有 $1/4n^{1/d}$ 个节点。由于路由过程中消息需要经过 d 维空间中的每一个维度上的节点，因此路由复杂度为 $O((d/4)(n^{1/d}))$。■

8.2.4　混合式覆盖网络

混合式 P2P 覆盖网络同时具有无结构和结构化覆盖网络的特征。通常有两种方法来建立混合覆盖网络。第一种是在无结构覆盖网络上增加结构化覆盖网络，例如，在 Gnutella 覆盖网络上嵌入 Chord。Gnutella 中的泛洪搜索协议适用于定位具有很多副本的文件，但对于那些副本很少的文件，泛洪搜索方法需要很长的时间，甚至根本无法返回结果。混合 P2P 覆盖网络通常保留每种覆盖网络的主要组件，而次要组件则以无开销方法获得。在图 8-16 中，Pastry 节点的路由表由基于兴趣的覆盖网络的集群来提供，而基于兴趣的覆盖网络中的全局随机节点信息由 Pastry 的叶子节点集提供。这样就节省了为构建 Pastry 节点路由表而需进行的邻近节点定位操作带来的开销。

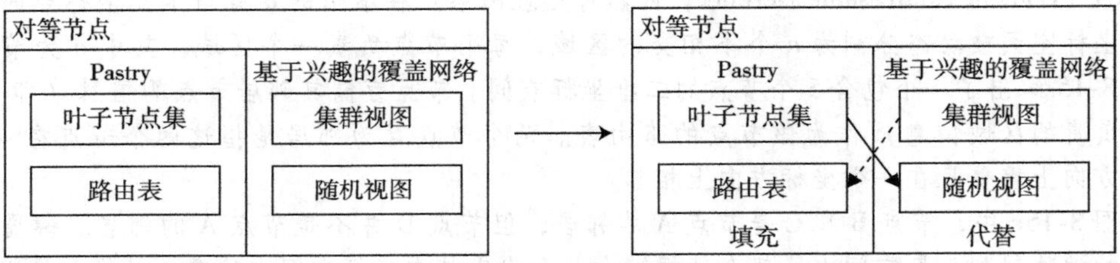

501 图 8-16　构建混合 P2P 覆盖网络：保持主要组件而借助无开销的方法构建次要组件

例 8.8　KaZaA 网络：使用超级节点构造骨干覆盖网络

KaZaA 把节点组成两层的层次化结构（如图 8-17 所示），上层由计算能力强、带宽大和扩展性好的超级节点组成，而下层由普通的轻量级节点组成，每个普通节点与一个超级节点连接。超级节点作为与其连接的普通节点的中心：普通节点向其超级节点上传每个被请求文件的文件名、内容哈希和文件描述。超级节点维护与它连接的普通节点的文件索引，并向普通节点提供一个超级节点列表，该列表最多包含 200 个超级节点。

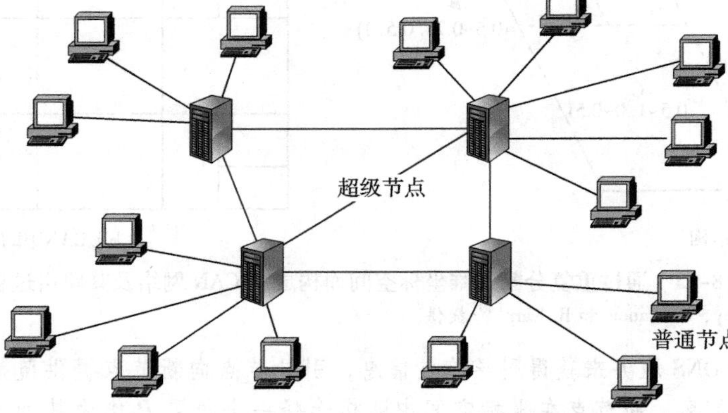

图 8-17　由超级节点构成骨干覆盖网络的 KaZaA 体系结构

在 2006 年，KaZaA 系统中 300 多万用户共享了超过 3000TB 的数字内容，包括 MP3、视频和游戏等。一度有 50% 的互联网流量是由 KaZaA 应用产生的。普通节点和超级节点平均连接时间为 56 分钟，每个超级节点有 100 ~ 150 个孩子（普通节点）。系统共有约 3 万个超级节点，每个超级节点使用 TCP 连接与其他 30 ~ 50 个超级节点连接。系统不是全连接的。每个超级节点约和 0.1% 的超级节点连接，两个超级节点连接的平均时间约为 23 分钟。

超级节点作为与其连接的普通节点的中心，保存它们的内容和 IP 地址信息。普通节点缓存一个超级节点列表，每个超级节点用其 IP 地址、端口号、时间戳和类似的数据代表。该列表在节点引导或者失效恢复时使用。KaZaA 对其信令消息进行了加密。查询消息首先提交给超级节点，如果超级节点有匹配的文件，那么超级节点直接回复；否则，超级节点使用 TTL 受限的泛洪把查询转发给其他超级节点。KaZaA 使用 UUHash 唯一标识文件，用户使用该标识同时从多个节点请求文件以实现并行下载。

UUHash 使用 MD5 哈希文件的前 300KB，生成一个 128 位的哈希值，然后使用 smallhash 函数对每 2^m MB 块的前 300KB 进行哈希运算，其中 m 是一个从 0 开始的整数。smallhash 函数产生 32 位的哈希值。MD5 哈希值和 smallhash 哈希值连接生成 160 位的文件标识。从前面的叙述可以看出，UUHash 仅哈希文件的一部分。这就导致用户可以修改文件的大部分内容但仍可保持 UUHash 标识不变。版权侵犯仍是 KaZaA 面临的一个严峻问题，针对超级节点的 DDoS 和文件污染都曾经发生过。 502

当当前服务器失效时，KaZaA 系统可自动为节点切换到新的下载服务器，系统还为用户提供预计下载时间。超级节点是相对稳定的，因此节点动态对系统影响不大。即使是转发 VoIP 流量，超级节点的带宽消耗都很小。两层结构考虑了节点在能力上的差异，而且便于使用网络邻近性感知把普通节点分配给邻近的超级节点。泛洪仅仅在覆盖网络上层进行，从而提高了可扩展性，但是仍然不能对搜索范围和搜索时间提供实际保证。 ■

例 8.9 在 Gnutella 网络上嵌入 Chord

图 8-18 给出了在 Gnutella 网络之上嵌入 Chord 后的混合体系结构。对于任意查询，只要系统中存在匹配的文件，基于 DHT 的 Chord 可以在几乎相同的时间返回结果。因此，Chord 非常适用于对副本少的文件进行查询。

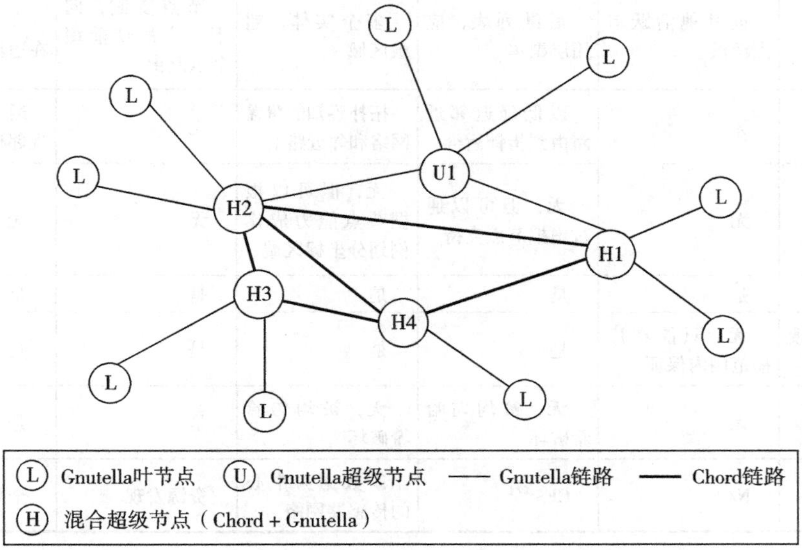

图 8-18 Gnutella 和 Chord 的混合 P2P 体系结构

对副本很多的文件的查询，并不能快速返回结果。在 Gnutella 0.6 版本中，一部分能力强的节点（超级节点）被选作普通节点（叶节点）的中心。此时，对于副本多的文件的查询，使用泛洪方法来转发消息，而对于副本少的文件的查询，则使用 Chord 搜索协议来查询。这样对各种类型的查询都可以快速响应。■

覆盖网络复杂度分析

表 8-4 总结了 5 种 P2P 网络的功能和复杂度特征。这 5 种 P2P 网络是自组织的，不支持节点
503 异构，不能保持数据的局部性。采用统一路由，Chord 和 CAN 都很容易破坏数据局部性。只有 Chord、CAN 和 SkipNet 支持网络邻近性。除 Gnutella 外，其他 4 种网络都能保证确定性搜索结果。Gnutella 是基于随机图的，Chord 构建于带有弦的环状标识空间，并使用指针表来确定数据的直接后继。

CAN 基于多维笛卡儿空间，TerraDir 是树状数据层次结构，SkipNet 则使用分布式跳跃表。Gnutella 的最大优势在于常数节点状态和节点加入时间，但其路由时间最长，为 $O(n)$，Gnutella 使用的泛洪搜索方法代价大，但容错能力好。其他 4 种网络通过副本技术来实现容错。Chord 和 SkipNet 的路由复杂度为 $O(\log n)$，而 TerraDir 的路由时间和树的高度（h）成正比，CAN 的维数 d 影响着其性能。

表 8-4　5 种 P2P 覆盖网络复杂度特征比较

特　征	Gnutella[60]	Chord[45]	CAN[40]	TerraDir	SkipNet
覆盖网络结构	随机	环状标识空间	多维笛卡儿空间	树状数据层次	分布式跳跃表
设计参数	N/A	r：直接后继	d：维数	N/A	N/A
路由跳数	$O(N)$	$O(\log N)$	$O(dN^{1/d})$	$O(h)$，h 为树的高度	$O(\log N)$
节点状态	$O(1)$	$O(\log N)$	$O(2d)$	$O(1)$	$O(2\log N)$
节点加入	$O(1)$	$O(\log N)$	$O(2d)$	$O(1)$	$O(\log N)$
负载均衡和减少查询热点	N/A	通过一致哈希和虚拟节点	分割空间、区域重新分配、缓存和副本	通过缓存和副本	一致哈希对象名的前缀
错误处理	向其他活跃节点泛洪	后继列表，应用层副本	多个实体、超载区域	节点复制，向下一个最佳前缀节点路由	在 0 级冗余邻居，在边界恢复失效节点
网络邻近性	无	以低延迟邻近路由到指针后继	拓扑感知的覆盖网络和邻近路由	无	通过 P 表和 C 表实现邻近邻居选择
节点异构支持	无	无，但可以通过虚拟节点支持	无，但可以根据节点能力成比例划分坐标区域	无	无
自组织	是	是	是	是	是
保证确定性搜索结果	无，只能在广播范围内保证	是	是	是	是
数据局部性	无	无，被均匀哈希破坏	无，被均匀哈希破坏	是	是
应用	N/A	CFS[27]	以数据为中心的传感器网络	资源发现	全局事件通知服务

8.3　路由、邻近性和容错

本节将讨论 P2P 系统的两个基本技术，即路由和局部性感知。P2P 系统是由对等节点组成的分散的自组织覆盖网络。路由算法计算如何从一个节点到达另一个节点，应该是分布式的且仅依赖于整个系统本地视图中的节点。局部性感知又称为网络邻近性感知，它使得对等节点与其物理上邻近的节点相连，以便减小平均覆盖网络链路延迟和骨干网带宽消耗。P2P 覆盖网络是非正式的。因此，系统需要相应的机制来容忍和恢复节点的失效和断开。

8.3.1　P2P 覆盖网络的路由

在无结构 P2P 覆盖网络中，因为节点的邻居是不受任何限制而随机选择的，所以无法定位一个特定的节点，而其中的路由算法通常是基于泛洪的。当一个节点 A 从邻居节点 B 收到消息后，它简单地把消息转给发除 B 以外的所有邻居。在一个由 n 个平均度（邻居的数目）为 k 的节点组成的覆盖网络中，定位一个节点平均需要使用 $n(k-1)$ 个消息。因为消息是按照最短路径从源到达目的节点的，所以路由复杂度（即从任意节点到达某个特定节点所需的覆盖网络跳数）直接由覆盖网络图的直径决定。基于小世界图的覆盖网络直径小，路由复杂度低。Freenet[10] 就是这样一种覆盖网络。

例 8.10　Freenet：一种无结构 P2P 网络

Freenet 是一种分散存储服务，可以提供良好的匿名性且可免于审查。Freenet 允许一个节点成为任意其他节点的邻居，是一种无结构覆盖网络。每个节点向系统贡献部分存储空间。节点和文件使用哈希函数映射到同一标识空间，文件被加密后存储在节点 ID 距离其文件 ID 最近的节点 504~505
上。文件会被分割为多个块，为了提供冗余可能会增加一些额外的文件块，每个块由分布式节点独立处理。

Freenet 使用基于键的路由协议来定位请求的文件，文件的发布者和阅读者对外都被隐藏起来。一个节点上保存的数据文件组成一个数据存储栈，如图 8-19 举例所示。栈分为两个部分，顶部存储键、下一跳节点的引用和数据，而底部仅仅存储键和节点的引用。当收到新文件的插入请求时，节点在栈的顶部存储文件和其信息。如果栈满了，根据最近最少使用（Least Recent Used，LRU）原则把旧的表项替换出去。和 Gnutella 不同，在 Freenet 中，即使文件的发布者离开网络，它发布的文件仍然是可用的。

键	下一跳	数据
123	2	0 × abc
234	3	0 × c4z
564	7	
789	8	

图 8-19　Freenet 中节点的数据存储栈举例

Freenet 中的路由过程和 IP 路由类似。存储栈则作为节点的路由表。当节点收到键为 k 的文件查询，它首先检查路由表，如果 k 可以在其路由表中找到，该节点停止转发请求，并沿请求被转发的反向路径返回结果；否则，节点从其路由表下一跳域中找出与 k 最接近的表项，并把请求转发给该表项所指的节点。请求能够转发的范围是受 TTL 限制的，如果在 TTL 超时时数据仍然没有搜索到，那么查询失败。如果找到数据，则查询路径上的每个节点缓存搜索到的数据。

在 Freenet 中插入数据的过程与上述搜索过程相似：被插入的数据将沿到达目标节点的路径缓存到每个节点。从上面的过程可以看出，数据文件请求越多，其副本也就越多。请求发起者可能与返回结果的节点连接，并且断开与那些最近最少使用节点的连接，这个过程称为路径折叠（path folding）。路径折叠导致聚类结构的形成，使得 Freenet 的简单路由协议非常有效。当消息在网络中转发时，其源地址会被随机修改从而达到匿名的效果。■

基于 DHT 的结构化覆盖网络有严格的、事先定义好的结构，这有利于消息的路由。每个节点被赋予一个全局唯一标识。路由的过程就是逐渐减少消息处理节点到目的节点在标识空间上的距离。尽管不同结构的覆盖网络有不同的路由协议，但路由复杂度通常在 $O(\log n)$ 跳，其中 n 是节点的数目。下面将举例介绍结构化 P2P 覆盖网络的路由算法。

例 8.11 基于 DHT 的 Chord 网络的表查询路由

Chord 覆盖网络依赖于指针表实现高效路由，当节点 x 收到一个目的地为 y 的消息后，它把该消息转发给指针表中最接近 y 的节点。为了实现上述操作，节点 x 反向检查其指针表，第一个
506 标识小于节点 y 标识的表项将作为消息的下一跳。例如，在图 8-20 所示的 Chord 系统中，标识空间大小为 16，已有 7 个节点加入，节点 0 到节点 8 的最小路由路径是经过节点 6。

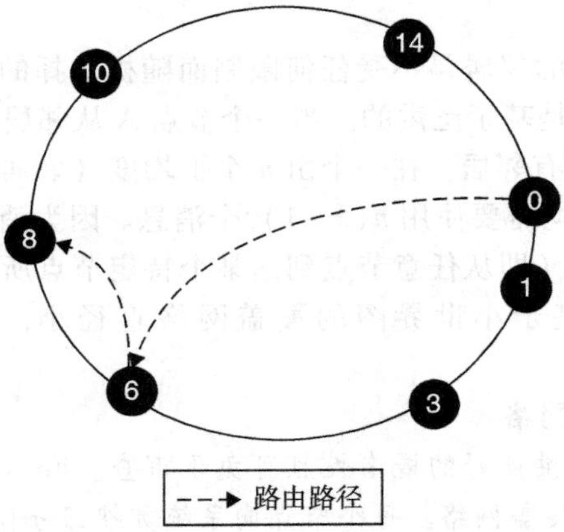

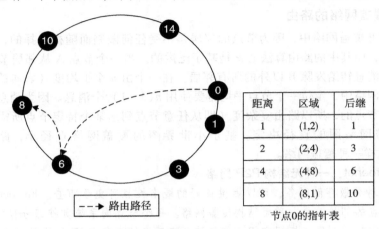

距离	区域	后继
1	(1,2)	1
2	(2,4)	3
4	(4,8)	6
8	(8,1)	10

节点0的指针表

图 8-20 Chord 覆盖网络中的表查询路由举例

Chord 的路由复杂度为 $O(\log n)$，其中 n 为节点的数目。假定节点 x 选择了其路由表中的第 i 项所指节点 z 作为下一跳节点，那么节点 z 作与 x 在标识空间上的距离至少为 2^i。由于 x 指针表的第 $i+1$ 项标识不小于目的节点 y 的标识，因此，节点 y 与 x 在标识空间上的距离最多为 2^{i+1}。也就是说，节点 x 与节点 y 的距离至少与节点 z 和 y 之间的距离相等，即节点 z 把节点 x 与 y 之间的距离减半，处在两个节点的中间。节点 z 重复与 x 相同的操作，在经过 $\log n$ 跳后，处理消息的节点与目的节点的距离等于 $2^m/n$，其中 m 为标识长度。由于节点在标识空间上随机分布，平均来说在大小为 $2^m/n$ 的标识区域内只有一个节点。■

8.3.2 P2P 覆盖网络中的网络邻近性

P2P 覆盖网络是构建于 IP 网络上的逻辑结构，尽管基于随机图的覆盖网络具有良好的容错能力和较低的直径，但这样的覆盖网络忽略了 IP 网络上的网络邻近信息，从而导致物理上邻近的节点在覆盖网络上彼此相距很远，而覆盖网络上邻近的节点在物理网络上彼此也相距很远。这种现象称为拓扑不匹配[⊖]，结构化 P2P 覆盖网络同样存在该问题。比如 CAN 网络（例 8.7，图 8-15b），如果节点 C 和 E 属于同一自治系统，而 A 和 G 属于另外一个自治系统，从 C 到 G 的消息将在两个自治系统之间的链路上传输 3 次，不可避免地增加了延迟且消耗了不必要的网络带宽。

507 对于结构化 P2P 覆盖网络来说，节点的邻居选择是严格受其结构限制的，根据网络邻近性感知原则优化它们是比较难的。在结构化 P2P 覆盖网络中，有三种方法来实现网络邻近性：地理布局、邻近路由和邻近邻居选择。

8.3.2.1 地理布局

节点的标识不再是随机的，物理邻近的节点拥有相近的标识，因此，它们在覆盖网络上也是

⊖ IP 网络拓扑和覆盖网络拓扑不匹配。——译者注

邻近的。因为很多结构化 P2P 覆盖网络（比如 Chord、Pastry、Tapestry）是依靠节点标识的随机化来保证鲁棒性和性能的，所以这种方法仅适用于某些特定的覆盖网络，如 CAN 等。例如，邻近性感知的 CAN 覆盖网络可以借助界标簇（landmark binning）机制来构建。在这种情况下，m 个全局可访问的节点作为界标节点，其他节点测量与界标节点的距离，并按照距离大小升序排列，形成界标节点的一个排序。该排序代表节点所处的"簇"。

物理上邻近的节点可能属于相同或者相似的簇，而 CAN 覆盖网络的坐标空间被划分为 $m!$ 个区域，每个簇对应一个区域。新节点在其所处的簇对应的标识区域中随机选择一个点加入，这就达到了物理上邻近的节点在覆盖网络上相邻的目标。然而，节点在坐标空间上不再是随机分布的。在这种覆盖网络中，一小部分节点可能占据大部分的标识空间，这些节点极有可能过载。⊖

8.3.2.2 邻近路由

在 P2P 网络中，任意两个节点之间通常存在多条路径，如在例 8.7（图 8-15b）中，节点 C 和 B 的路径有 C-A-B 和 C-F-B。邻近路由的基本思想是选择延迟最小的路径。但是在分布式覆盖网络中，找到这样的路径的复杂度与旅行商问题（Traveling Salesman Problem，TSP）一样是 NP 难问题。一种启发式算法是每个节点选择最近的邻居作为下一跳节点来转发消息，但这可能增加路由路径长度。例如，在 Chord 覆盖网络中，如果每个节点选择后继来转发消息，那么路由复杂度为 $O(n)$，所以对下一跳节点的选择范围需要有所限制。Pastry 网络就是邻近路由最好的例子。下面将介绍 Pastry 路由。

例 8.12 Pastry：基于嵌套组的邻近路由覆盖网络

Pastry 是结构化覆盖网络，标识空间是由高基数字来编码的，其目的是把对等节点再分为带有层次小组的嵌套组。在同一最内层小组的节点是非常邻近的邻居，称为**邻近小组**。覆盖网络使用高基标识在嵌套的组或者小组中搜索节点。例如，128 位的标识空间可定义一个很大的 P2P 覆盖网络，其网络标识是以 16（基为 2^b，其中 $b=4$）为基数字（如 65A1FC04）的，此时标识被分割为多个组，而每个组有 16 个小组。

数据存储在与其键最近的节点上，同一小组内的节点知道其他节点的地址，这大幅度减少了在同一邻近组内的搜索时间。此外，每个节点知道若干个其他组的代表节点。每个节点需要知道其组内所有节点的 IP 地址。邻近路由用来实现 $\log_2 n$ 步的快速搜索，其中 $2^b=16$。对于一个包含 2^{16} 个节点的网络来说，最多需要 4（$\log_{16} 2^{16}$）步就可以把消息在 16 个组之间路由，而 Chord 则需要 $\log_2 2^{16}=16$。 508

在节点失效时，Pastry 无疑比 Chord 和 CAN 快。在错误恢复期间，Pastry 在最坏情况下需要 $O(n)$ 跳路由消息。在具有适当前缀的所有节点标识中，每个路由表项指向邻近空间中与本地节点邻近的节点。在某种程度上，Pastry 具有最好的局部邻近特性。邻近空间内的快速搜索使得 Pastry 非常适合在很大规模的 P2P 网络中使用。Pastry 的细节可在文献[21]中找到。 ■

8.3.2.3 邻近邻居选择

在这种方法中，节点选择物理上邻近的节点作为覆盖网络上的邻居。在结构化覆盖网络中，节点邻居的标识需要满足一定的限制条件。例如，在 Pastry 网络中，节点 x 路由表的第 i 行所指节点必须和节点 x 的标识共享 i 个数字的最大前缀。该方法可以用在 Chord 覆盖网络中，此时节点 x 指针表的第 i 项所指节点的标识不再固定为 $(x+2^i) \bmod 2^m$（$0 \leqslant i \leqslant m$，$m$ 是标识的长度），而是选择在标识范围 $[x+2^i, x+2^{i+1}]$ 内且物理上最邻近的节点。

这种改变并不会影响路由复杂度。界标簇算法是估算节点在物理网上距离的常用算法。假设有 m 个具有全局地址的界标节点，每个节点测量界标节点的距离，得到 m 维的向量，标明了

⊖ 因为需要保存大量映射到所负责标识区域的数据。——译者注

节点在 m 维界标空间上的位置。这种方法的理念是物理上邻近的节点在界标空间上也是相邻的。然后使用空间填充曲线技术把 m 维的向量降维。比如，就 Chord 来说，向量需要映射到一维的数字。空间填充曲线保持了邻近信息。映射后的结果按照特定的协议存储在覆盖网络上，以便其他节点查询。界标簇算法是粗粒度的，并不能把物理上很近的节点区分开来。因此，需要结合使用 RTT（Round Trip Time）测量技术。

和结构化覆盖网络相比，无结构网络更容易按照网络邻近性来优化，这是因为节点邻居关系更灵活，不受限制。优化过程是一个移除高代价覆盖网络链路和增加低代价链路的过程，这里的关键问题是如何识别出高/低代价的覆盖网络链路并以分散的方法移除/增加。一种简单的方法是，每个节点主动测量到邻居链路的代价（如延迟），如果高代价链路是冗余的，则断开它们。节点间互相探测以找出更近的节点，并建立覆盖网络连接。

8.3.3　容错和失效恢复

本节介绍 P2P 网络的容错和失效恢复技术，这些技术确保 P2P 操作在错误和失效的条件下
509 仍能够顺利执行。

8.3.3.1　错误和节点失效

节点失效将导致该节点的覆盖网络连接中断，严重影响 P2P 覆盖网络连接性。节点失效对覆盖网络连通性影响的程度依赖于覆盖网络图的性质和失效节点的度（即邻居链路的数目）。例如，在基于幂律图的 P2P 覆盖网络（如 Gnutella 0.4 版本）中，部分节点的随机失效并不会将覆盖网络分割为不连接的几个部分。然而一些度高的节点失效很容易损害覆盖网络，从而导致覆盖网络分割为若干个不连接部分。

基于 DHT 的结构化 P2P 系统通过为每个节点建立 $O(\log n)$ 个邻居链路实现 $O(\log n)$ 的查询时间复杂度。节点邻居需要根据事先定义好的规则来选择，而不是随机选择。例如，在 Chord 中，节点 x 指针表的第 i 项是 $(x+2^i) \bmod 2^m$ 的后继，其中 $0 \leqslant x \leqslant m-1$，而 m 是标识的长度。结构化 P2P 系统依靠这些邻居来加快查询服务，但不是保证覆盖网络的连通性。因此一个邻居的失效仅仅延迟了资源查询。覆盖网络的连通性通过其他方法来保障，比如在 Chord 中，每个节点维护的 $O(\log n)$ 个直接后继节点列表来达到该目的。

前面提到的节点错误是简单的死机故障或者静默失效，也就是说，失效节点仅仅是不再响应发送给它们的消息（即它们保持静默）。另一种错误是拜占庭错误，即发生错误的节点在和其他节点通信时表现不一致。拜占庭错误通常是由攻击引起的，而且往往在基于 DHT 的 P2P 系统中讨论。这是因为基于 DHT 的 P2P 系统更容易受到拜占庭错误的影响。攻击者可以精心为拜占庭节点选择一个 IP 地址以及节点加入网络的位置，从而把拜占庭节点放在重要的位置。当处理查询请求时，拜占庭节点对相同的请求回复不同的响应，从而延缓查询服务，甚至可导致系统无法使用。对于无结构 P2P 系统来说，查询请求在覆盖网络上泛洪，因而从请求源到满足请求的节点之间存在多条不相交路径。

例 8.13　错误对实际 P2P 网络的影响

节点失效对 P2P 网络的影响依赖于系统体系结构和所使用的协议。在诸如 Napster 的中心索引服务器模型中，索引服务器的失效将导致整个系统崩溃，这是因为资源查询服务将完全失效。而在诸如 Gnutella 0.4 版本的纯 P2P 模型中，单个节点的失效对查询服务影响微乎其微，这是因为节点仅仅维护自己的索引。

在类似于 KaZaA 的超级节点混合模型中，超级节点的失效将丢失与其连接的节点的索引信息，这意味着资源查询服务效率可能会下降，甚至不能工作。在基于 DHT 的结构化 P2P 网络（如 Chord）中，资源索引信息几乎是均匀地分布在所有节点上，因此，节点的失效不可避免地会恶化查询服务的性能，但是并不会导致整个系统无法工作。节点的失效将中断它和其他节点

正在进行的资源共享服务，P2P 网络借助服务备份和资源重新分配来恢复文件共享服务。■ 510

8.3.3.2 失效恢复分析

由于失效是经常发生的，P2P 系统需要有效的从节点失效恢复，如 Chord 借助周期性稳定操作来解决节点失效。另一种方法是让节点周期性地从指针表中随机选择邻居来检测是否活跃。在 Chord 中，假如节点 x 的第 i 项指针表所指节点失效，它将重新确定（$x+2^i$）mod 2^m 的后继来代替失效表项，其中 $0 \leqslant i \leqslant m-1$。节点也周期性验证其直接后继是否活跃。在 Pastry 中，节点路由表项的失效在转发查询请求时被发现。当从备份节点列表中选择新节点来代替失效表项时，如果节点在线时间分布是非常倾斜的，那么随机替换策略优于其他方法。这里，随机地从若干节点选择出新节点来代替失效节点。这是因为随机替换策略将更可能选择在线时间长的节点。

8.3.3.3 容错技术

和传统的基于客户端/服务器模型的分布式系统不同，在 P2P 系统中没有一个节点拥有全局视图，节点依赖局部视图来发现错误并以完全分散的方式从失效中恢复。P2P 覆盖网络通过冗余来保证稳定的吞吐量，例如，每个节点有多个邻居提供服务。这里的问题是冗余需要达到什么程度就足够了。

在 Chord 覆盖网络中，后继节点列表是保证连接性和路由准确性的关键组件。每个节点维护一个长度为 $O(\log n)$ 的后继列表，其中 n 是节点的个数。如果当前后继失效，节点从后继列表中找出第一个活跃项来代替失效后继。假设节点失效是独立的且失效概率为 0.5，那么后继列表中所有节点失效的概率为 $\left(\frac{1}{2}\right)^{\log_2 n}=1/n$。因此，每个节点以大概率知道它的直接活跃后继节点，这足以保证覆盖网络的连通性。

在无结构 P2P 覆盖网络中，节点邻居是随机选择的和灵活的，不需要维护严格的结构。因此，无结构 P2P 覆盖网络比结构化 P2P 覆盖网络更加可靠。结构化 P2P 覆盖网络的可靠性是指维护预先定义的结构，且任意一对节点之间至少有一条路径可达。

在一个由 n 个节点组成的、基于随机图的覆盖网络中，如果两个节点之间存在一条链路的概率为（$\log n+c+o(1))/n$，那么覆盖网络以 $e^{-e^{-c}}$ 概率连通。这个结论可以很容易扩展到节点和链路失效的情形。假设链路失效是相互独立，且概率为 q，那么为了达到概率为 $e^{-e^{-c}}$ 的连通性，任意两个节点间存在一条链路的概率需要增大到 $p=(\log n+c+o(1))/(1-q)n$。

8.3.3.4 错误分析

在 Chord 环状结构中，如果节点失效的概率是 $e^{-a}(a>1)$，且相互独立，那么环状结构以大于 $1-n^{1-a}$ 的概率连通，其中 e 为自然对数的底数。这说明了与维护 $\log n$ 个随机邻居的覆盖网络相比，REM 覆盖网络对随机失效具有相同的抵御能力。在前面的分析中，覆盖网络的失效抵御都是在随机失效的前提下进行的。但是在邻近性感知覆盖网络中，领居节点的失效可能是相关的。物理上距离近的节点可能由于网络拥塞同时失效，因此容错方面的工作需要考虑邻近信息感知的覆盖网络中的容错。 511

8.3.4 抗扰动与失效

P2P 网络经常面临由节点扰动带来的问题，节点扰动来源于非预期节点加入、离开或者失效。节点失效或者突然离开对网络性能有非常不利的影响，因为失效节点上存储的数据将变得不再可用，而正在从失效节点请求服务的节点需要重新定位服务。所以 P2P 覆盖网络应该具有容错能力和抗扰动能力。本节研究由节点扰动和失效带来的问题。

8.3.4.1 抗扰动协议

在邻近信息感知的覆盖网络中增加容错能力的途径之一是保证关键链路（或者连接）的连通性，比如集群之间或者节点之间的随机链接。这个目标可以通过为关键链路提供备份节点来实现。例如，在GoCast[47]中，每个节点维护一个节点缓存作为备份。另一个例子是CRP[24]，该协议可以建立邻近信息感知和抗扰动的P2P覆盖网络。

CRP构建的覆盖网络是带有弦连接的环状结构，它和Chord的不同之处在于弦连接并不是按照指针表形成的固定连接。相反，弦连接是在满足邻近性属性的节点之间建立的，CRP同时考虑网络邻近性和能力邻近性。网络邻近性是由节点在物理IP网络上的延迟或者邻近性来度量的，可用来指导建立低延迟的弦链接。能力邻近性是节点之间关于节点能力的邻近性，可以把能力相近的节点组成集群。

8.3.4.2 使用CRP建立覆盖网络

由三个节点组成的初始环状结构如图8-21a所示。环状结构是单向的，顺时针方向的弧连接用虚线标识，假设这些连接都具有单位为1的相同权重。节点A的后继和前驱分别为B和C，第4个节点D在节点A和C之间的弧上加入，如图8-21b所示，节点B和D之间增加了权重为0.7的弦连接。在图8-21c中，第5个节点E在节点C和D之间加入，增加了两条权重为0.6和0.8的弦连接。

新加入的节点可能会和其他节点建立新的连接，并同时移除某些连接。如果已经存在的弦连接的权重高于将要增加的连接，那么它将被移除。在图8-21d中，新节点F加入到节点A和D之间，F和B、F和E之间的两条新弦连接取代图8-21c中的B和E之间的连接。新增加的弦连接的权重必须小于将要被代替的连接。覆盖网络使用权重小的弦连接来取代权重高的连接，从而在不改变节点度的情况下不断自适应动态调整。

在图8-21e中，图8-21d中B和D以及A和E之间的连接被A和D以及B和E之间权重更低的连接代替。图8-21f显示了节点E离开之后的覆盖网络，和E相关的连接被移除。节点都维护正确的后继节点，所以环状结构一直是连通的。为了提高覆盖网络连通性，CRP借用了Chord
512 中后继列表的概念，每个节点维护长度为$O(\log n)$的后继节点列表，当前后继失效后，后继列表中第一个活跃的节点将代替失效节点作为新的后继节点。例如，在图8-21e中，节点C的后继列表包括节点E和D，如果E失效或者离开，D将成为C的新后继。

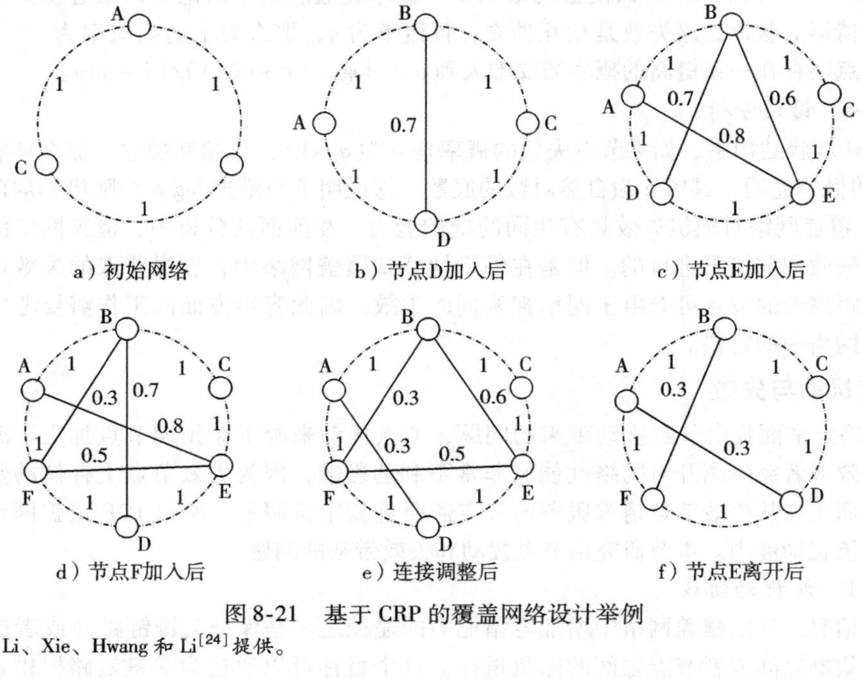

图8-21 基于CRP的覆盖网络设计举例

注：由Li、Xie、Hwang和Li[24]提供。

8.3.4.3　CRP 性能

图 8-22 给出了 CRP 与其他 4 种基于树的算法的性能比较。CRP：q 是指冗余消息复制比例为 q 时的 CRP 系统；CAM-Chord 建立在 Chord 覆盖网络之上，它考虑节点在能力方面的差异；ACOM[9] 实现了范围受限的泛洪和覆盖网络上的随机游动项结构的数据分发；GoCast[47] 和 Plumtree[23] 使用基于树的谣言传播机制来实现数据分发。从图中可以看出，CRP 在分发时间上优于其他方法，这是因为它考虑了邻近性感知。CRP 中消息复制接近于 0，并且可以通过调整 q 来控制。

基于 CRP 的覆盖网络同时考虑了网络邻近性和能力邻近性，使用范围受限的泛洪和树状传播方法来快速分发数据。覆盖网络为树状结构提供冗余的邻近性链路，从而实现容错。CRP 覆盖网络为树状结构提供了足够的备份连接，如果节点 x 收到父节点的离开通知或者通过心跳消息发现了父节点的失效，它主动切换父节点。节点 x 倾向于选择邻近的邻居作为新的父节点，以节约数据分发时间。 513

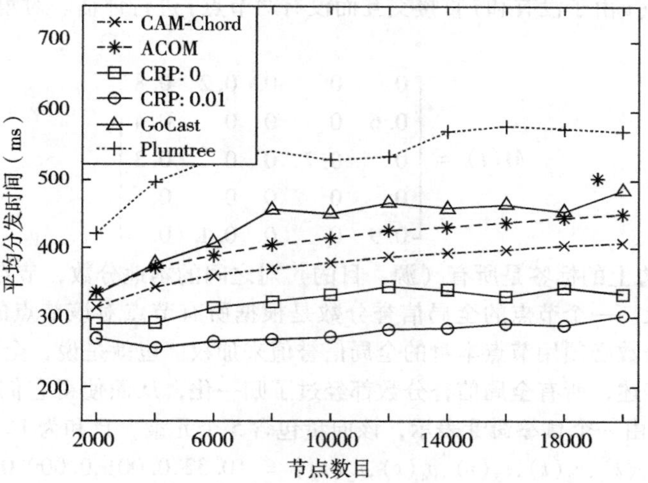

图 8-22　P2P 网络中的 5 种数据分发机制的平均分发时间比较

注：由 Z. Li 等人[24] 提供。

8.4　信任、信誉和安全管理

对等节点的匿名性和动态性导致 P2P 网络容易受到自私和恶意节点的攻击。大多数 P2P 文件共享网络（如 Gnutella）由利己自治节点组成，目前并没有有效的办法来阻止恶意节点加入 P2P 这种开放的网络。为了鼓励节点贡献资源并抵御恶意节点的行为，信任和信誉管理对 P2P 网络变得异常重要。

如果没有信任，节点向其他节点贡献资源的动机会很小。因为担心接收到被毁坏或污染的文件或者被恶意软件利用，节点可能不愿意和不熟悉的节点交互。为了识别出可信任的节点，商用 P2P 应用（如在线商店、拍卖、内容分发和每次交易付费的应用等）需要信誉系统的支持。

8.4.1　节点信任和信誉系统

本节介绍节点之间建立信任关系所需的信任模型特征，将定义 P2P 信誉系统中表示节点信誉关系的信任矩阵。

8.4.1.1　节点信任特征

有两种方法来模型化节点之间的信任或者不信任，即信任和信誉。信任指的是一个节点根据自己对某个节点的直接经验而产生的对该节点的信赖程度，而信誉则是根据其他节点推荐而产生的对某个节点的信赖。为了更好地应对 P2P 开放网络实际情况，必须假设 P2P 系统的参与
514 节点互相并不信任，除非信任得到了证明。

为了建立节点之间的信任或者不信任关系，需要构建一个根据节点过去行为记录而形成的信誉系统。系统的目的是通过一个科学的筛选过程把“好”节点和“坏”节点区分开来。信誉系统的性能主要由其周期性更新中的准确性和效率来衡量。

8.4.1.2 计算信誉所使用的信任矩阵

考虑如图 8-23 所示的 P2P 系统，系统由 5 个节点 N1，N2，…，N5 组成，有向图是用来收集全局信誉值的。节点之间的信任关系由一个行列数相等的信任矩阵 $\boldsymbol{M}(t)=[m_{ij}(t)]$ 表示，其中 $m_{ij}(t)$ 是在时刻 t 节点 i 对节点 j 的本地信任分数。信任分数是（0，1）之间的一个小数，0 表示没有任何信任（或者没有联系），1 表示百分之百信任，信任由这些小数来度量。对于 5 个节点的网络，下面的信任模型是在某个时刻 t 形成的。注意，所有行加和为 1。值为 0 的项，即 $m_{ij}(t)=0$，表示节点 i 由于没有和 j 直接交互而没有对节点 j 进行评估。对角线上的值都为 0，表示节点并不自评。

$$\boldsymbol{M}(t)=\begin{bmatrix}0 & 0 & 0 & 0.2 & 0.8\\ 0.6 & 0 & 0 & 0 & 0.4\\ 0 & 0.7 & 0 & 0 & 0.3\\ 0 & 0 & 0 & 0 & 0\\ 0.9 & 0 & 0 & 0.1 & 0\end{bmatrix} \tag{8-2}$$

在图 8-23 中，边上的标签是所有（源，目的）对之间的本地分数，节点内的小数是在时刻 t 节点的全局信誉分数。一个节点的全局信誉分数是根据所有节点对该节点的本地分数集群化而成，但是所有本地分数必须用节点本身的全局信誉值来加权。也就是说，全局信誉是本地分数的加权和。为了清楚表述，所有全局信誉分数都经过了归一化，从而使得它们的和为“1”。例如，5 个节点的全局分数由一个信誉向量表示，该向量包含 5 个元素，且和为 1。

$$\boldsymbol{V}(t)=\{v_1(t),v_2(t),v_3(t),v_4(t),v_5(t)\}=\{0.32,0.001,0.009,0.04,0.63\} \tag{8-3}$$

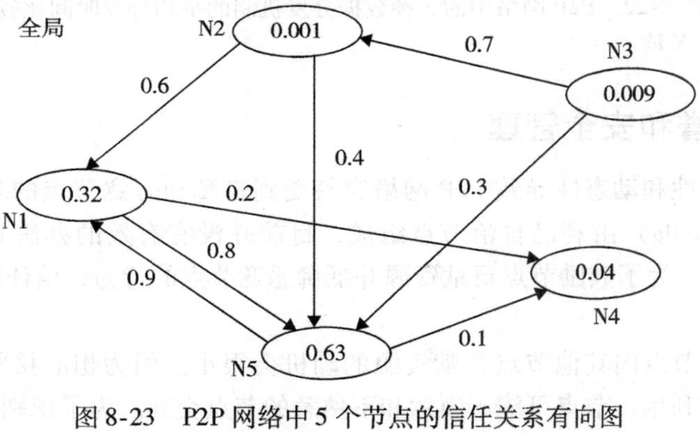

图 8-23 P2P 网络中 5 个节点的信任关系有向图

8.4.1.3 信誉系统

在计算一个节点的全局信誉分数时，信誉系统考虑所有与该节点交互过的节点对它的意见（即反馈）。一个节点在完成一次交易（比如下载一个音乐文件）之后将对与它交互过的节点进行反馈，以便以后的交易中使用。通过对所有节点公开信誉分数，节点基于这些分数判断哪个节点是可信的。

eBay 信誉系统通过集中式方式来管理所有节点的反馈分数，它是一个简单而成功的信誉系

统。然而在开放和分散的 P2P 系统中，并没有任何中央服务器来维护和分发节点的信誉信息。大多数 P2P 信誉系统通过以完全分布式的方式收集节点的反馈来计算全局信誉分数。由于大规模 P2P 系统固有的要求，建立高效的 P2P 信誉系统是一项非常有挑战性的工作。

我们可以构建一个评估系统来测量节点的信誉。在每次交易后，参与交易的节点互评对方，给出诚实的分数，这和我们目前在 eBay 等在线拍卖系统所做的一样。但是并不是每个节点都是可信的，恶意节点给出的分数是没有意义的，而越可信的节点给出的分数越有意义。这说明需要根据节点的信誉来为反馈分数给予不同的权重。节点的信誉可能和别的节点不同，信誉可以用一个信誉矩阵来表示。

8.4.1.4　全局信誉聚集

全局信誉分数是从局部的反馈聚集形成的。反馈的分布式特性对高效信誉系统的设计是至关重要的，但大多数已有工作要么忽略了节点反馈的分布式特性，要么假设任意随机分布，从而可能导致误解。为了实现对全局信誉分数的计算，每个节点计算自己的部分，而所有节点协作计算全局信誉矩阵。例如，在时刻 $t+1$，节点 N5 的全局信誉分数可以由下面的公式计算：

$$\begin{aligned} v_5(t+1) &= m_{15}(t) \times v_1(t) + m_{25}(t) \times v_2(t) + m_{35}(t) \times v_3(t) \\ &= 0.8 \times 0.32 + 0.4 \times 0.001 + 0.3 \times 0.009 = 0.2573 \end{aligned} \tag{8-4}$$

按照同样的方法可得剩余 4 个节点的全局分数，这将产生如下更新后的全局信誉向量：

$$\begin{aligned} \boldsymbol{V}(t+1) &= \{v_1(t+1), v_2(t+1), v_3(t+1), v_4(t+1), v_5(t+1)\} \\ &= \{0.5673, 0.0063, 0, 0.1370, 0.2573\} \end{aligned} \tag{8-5}$$

该向量并未归一化。通过把对每个节点的分数除以所有节点分数之和，我们得到了*归一化的全局信誉向量*。需要说明的是，在归一化向量中，5 个节点的信誉之和应该是 1。 515~516

$$\begin{aligned} \boldsymbol{V}(t+1) &= \{v_1(t+1), v_2(t+1), v_3(t+1), v_4(t+1), v_5(t+1)\} \\ &= \{0.5862, 0.0065, 0, 0.1416, 0.2657\} \end{aligned} \tag{8-6}$$

8.4.1.5　信誉系统的设计目标

在设计高效的 P2P 信誉系统时，需要解决下面的 6 个关键问题。

- **高准确性**：为了把信誉好的节点和恶意节点区分开，系统计算所得的信誉分数需要尽量和节点真实的可信度一致。
- **快速收敛**：节点的信誉是随时间变化的，信誉聚集应该快速收敛以反映节点行为的真实变化。
- **低开销**：为了监测和评估节点的信誉，系统只应该消耗有限的计算和带宽资源。
- **自适应节点动态性**：节点动态地加入和离开开放 P2P 系统，信誉系统都应该能够适应这种节点的动态性，而不是依赖于预先确定的节点。
- **针对恶意节点的鲁棒性**：无论面对独立或者共谋恶意节点的各种攻击，系统都应该具有良好的鲁棒性。
- **可扩展性**：就准确性、收敛速度和节点额外开销等指标评价来说，信誉系统应该能够扩展到包含大量节点的 P2P 系统。

8.4.1.6　三个代表性信誉系统

PeerTrust 系统[53]是由佐治亚理工大学开发的。该系统把分数加权后的平均反馈作为节点的信誉，系统建议使用 5 种信誉属性。EigenTrust 系统[20]是由斯坦福大学开发的，利用节点信誉矩阵的特征向量来计算信誉信息。EigenTrust 依赖于事先可信节点的选择。这种假设在分布式计算环境中可能过于乐观，因为事先可信的节点会随着时间而改变。PowerTrust 信誉系统[57]是由南加州大学开发的，将在 8.4.3 节介绍。表 8-5 从 4 个技术层面比较了三种系统。

表 8-5　三种 P2P 信誉系统比较

信誉系统	局部（本地）信誉估算	全局信誉聚集	实现开销	扩展性和可靠性
斯坦福大学的 EigenTrust[20]	使用正面和负面评价之和	使用事先可信节点利用信任矩阵来计算全局信誉分数	中等开销：分配信誉管理者和全局分数收集所用消息会带来中等程度的开销	事先可信节点离开使得扩展性和可靠性受限
佐治亚理工大学的 PeerTrust[53]	每个交易的归一化评价	节点以分布式的方式计算由 5 个因素构成的信任分数	中等开销：由 5 个因素构成的全局分数计算和信任管理者的建立会带来中等程度的开销	局部可扩展，可抵御恶意节点
南加州大学的 PowerTrust[57]	使用贝叶斯方法产生局部信任分数	分布式 power 节点排序，使用 LWR 策略来聚集全局信誉值	低开销：使用可保持局部性的哈希来定位 power 节点。由于使用了超前随机游动，全局信誉聚集时间大幅下降	面对节点的动态加入和离开以及恶意节点，仍能表现出高扩展性和鲁棒性

8.4.2　信任覆盖网络和 DHT 实现

本节将介绍信任覆盖网络概念，信任覆盖网络用来快速收集信任信息以计算全局信任值，然后介绍信誉系统的一种 DHT 实现。

8.4.2.1　信任覆盖网络（Trust Overlay Network，TON）

TON 是建立在 P2P 系统之上的虚拟网络，如图 8-24 所示。该网络用有向图表示的，其中 TON 图中的节点对应 P2P 系统中的节点。有向边或者连接的权重是两个交互节点的反馈分数。该分数是由连接的源节点生成的，用来评估与其交互的节点（连接的目的）所提供的服务。例如，节点 N_5 在从 N_2 和 N_7 下载完音乐文件后对两个文件提供节点分别生成值为 0.7 和 0.3 的反馈分数。如果一个节点从同一提供商处获得多个服务，那么该节点在每次交易后产生更新后的分数。

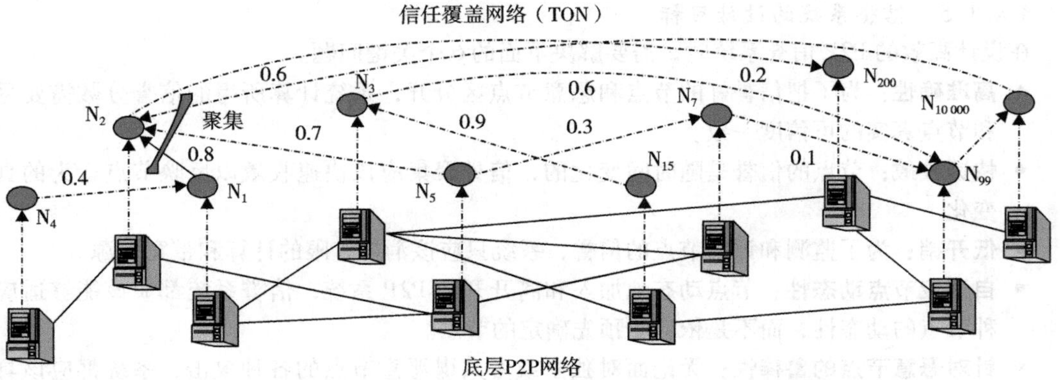

图 8-24　用于 P2P 信任管理的信任覆盖网络，其中边的权重是节点对所提供服务的反馈分数。一个节点的全局信誉值是所有入边代表的本地（局部）信任值的加权和

注：由 R. Zhou 和 K. Hwang[57] 提供。

该系统可以使用不同的方法来产生反馈分数，如贝叶斯学习等。在一个 TON 中，每个节点保存它对其他节点的反馈分数。因为每个节点都有自己的标准来产生反馈分数，所以反馈将被归一化后作为本地信誉分数。每个节点 N_i 的全局信誉分数用 v_i 表示，该值是所有入度邻居㊀的全局信誉分数对本地信誉分数加权后产生的。例如，节点 N_2 的全局信誉分数可以通过对 N_1、N_5

517 ~ 518

㊀　入度邻居到 N_i 有一条有向边。——译者注

和 $N_{10\,000}$ 产生的三个指向它的本地信誉分数加权后计算：$v_2=0.8\,v_1+0.7\,v_5+0.6\,v_{10\,000}$。由于 $v_1=0.04$，$v_5=0.000\,7$，$v_{10\,000}=0.000\,005$，因此 $v_2=0.8\times0.04+0.7\times0.000\,7+0.6\times0.000\,000\,5=0.032+0.000\,49+0.000\,03=0.032\,493$。在本例中，与 v_5 和 $v_{10\,000}$ 相比，节点 N_1 的信誉分数 v_1 非常高，因此在计算全局信誉分数的过程中，N_1 的权重更大。

8.4.2.2　DHT 实现

分布式信誉排名需要两个不同的哈希覆盖网络，一个把节点分配给它们的信誉分数管理者，另一个根据节点的全局信誉分数对节点排序。图 8-25 给出了一个由 5 个节点组成的系统，该系统建立在标识长度为 4 位的 Chord 上。节点 N_{15} 是节点 N_2 的信誉管理者，其中 N_2 的全局信誉值为 0.2。节点 N_{15} 使用简单的 *LPH* 函数 $H(x)=32x$ 对信誉值 0.2 哈希，哈希值为 6.4。节点 N_{15} 发送消息 *Sort_Request*{*key* = 6.4，(0.2，N_2，N_{15})}，该消息被路由到节点 N_8，由于节点 N_8 是哈希值 6.4 的后继节点，它存储三元组（0.2，N_2，N_{15}）。

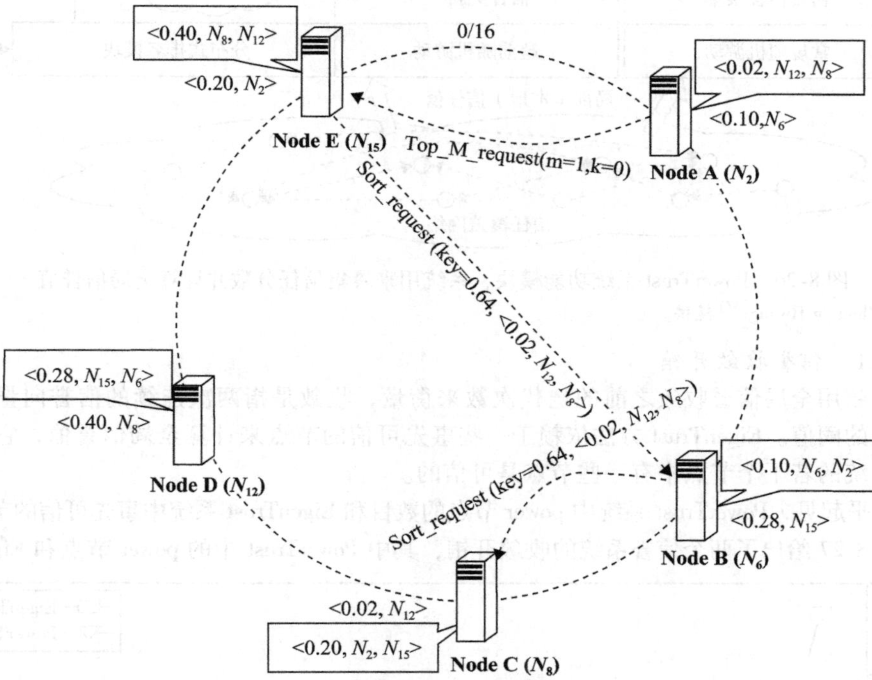

图 8-25　分布式信誉排名，使用了建立在基于 DHT 的 P2P 系统之上的局部性保持哈希函数

注：由 R. Zhou 和 K. Hwang[57] 提供。 519

节点 N_2 是最大哈希值 15 的后继节点，因此，它发起寻找 m 个 power 节点的过程。节点 N_2 负责的哈希值范围是两个区域（15，16）∪[0，2] 的并集，但是由于在区域（15，16）上没有对应的三元组，所以它并不存储最高的信誉值对应的三元组，也就是说，$k=0$。因此，它发送消息 *Top_m_Request*($m=1$，$k=0$) 给它的前驱节点 N_{15}，发现它存储的信誉值为 0.4 的三元组是最高信誉值的三元组，所以节点 N_8 是该例子系统中信誉最高的节点。我们可以使用多个 LPH 函数来防止恶意节点的欺骗。

8.4.3　PowerTrust：可扩展的信誉系统

图 8-26 给出了 PowerTrust 系统的组成模块。首先在 P2P 系统中的所有节点之上建立 TON。当一对节点交易后，节点相互评价。所有节点彼此之间频繁发送局部信任分数，这些分数作为 PowerTrust 系统的原始数据输入。系统收集局部分数来为每个参与节点计算全局信誉分数，输出

是由所有节点的全局分数组成的信誉向量，$V=(v_1, v_2, v_3, \cdots, v_n)$。全局分数归一化后使得 $\sum_i v_i = 1$，其中 $i=1, 2, \cdots, n$，而 n 是 TON 网络的大小。

系统由 5 个功能模块组成，如图 8-26 所示。常规随机游动模块用来支持初始信誉收集，超前随机游动（Look-ahead Random Walk，LRW）模块用来周期性更新信誉分数。为了达到这个目的，LRW 使用分布式排名模块来识别 power 节点，系统借助 power 节点来更新全局信誉值。PowerTrust 实现了全局信誉值的快速聚集，具有较高的准确性，可抵抗恶意节点攻击，而且具有良好的扩展性，可以支持大规模 P2P 应用。

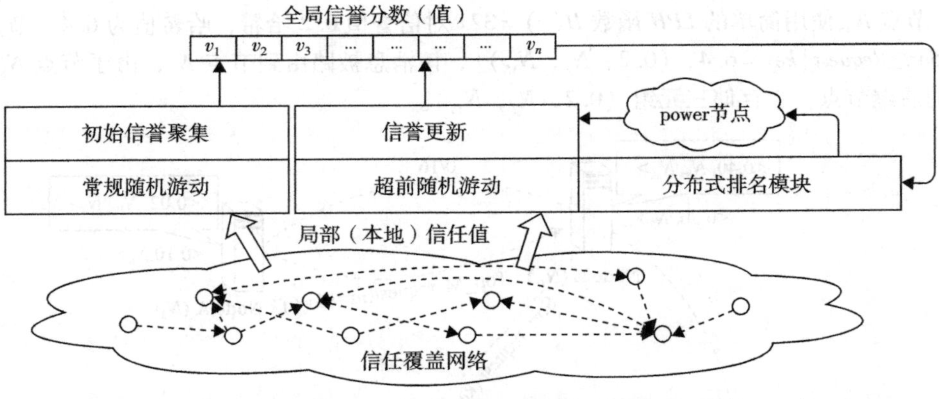

图 8-26　PowerTrust 系统功能模块，系统用来聚集信任分数并计算全局信誉值

注：由 Zhou 和 Hwang[57] 提供。

8.4.3.1　信誉收敛开销

收敛开销用全局信誉收敛之前的迭代次数来衡量，收敛是指两次连续的信誉向量之间的距
520 离小于设定的阈值。EigenTrust 方法依赖于一些事先可信的节点来计算全局信誉值，它假设了在最先加入系统的若干个节点中有一些节点是可信的。

为了公平起见，PowerTrust 系统中 power 节点的数目和 EigenTrust 系统中事先可信的节点数目是相同的。图 8-27 给出了两个信誉系统的收敛开销，其中 PowerTrust 中的 power 节点和 EigenTrust 中

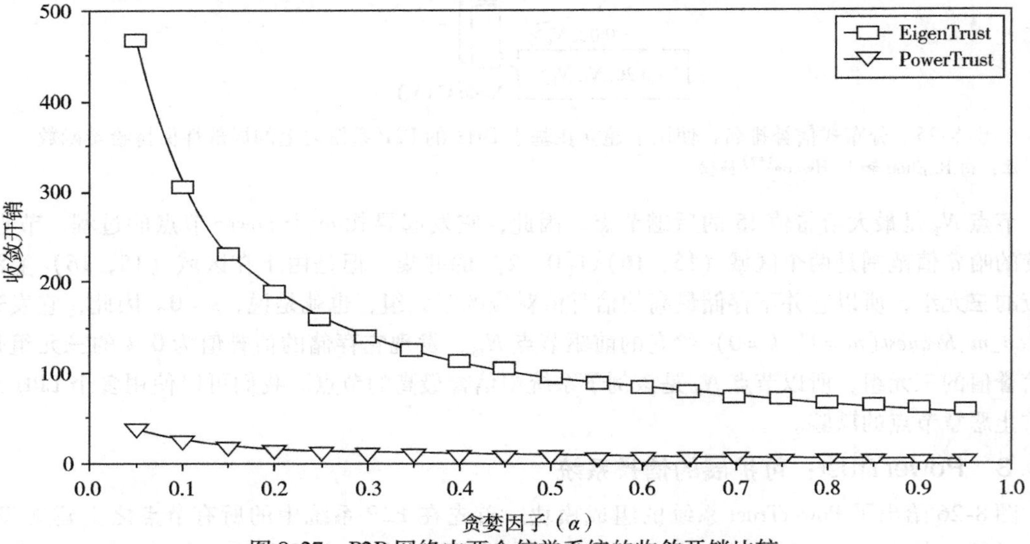

图 8-27　P2P 网络中两个信誉系统的收敛开销比较

注：由 Zhou 和 Hwang[57] 提供。

事先可信的节点允许自由离开。可以看出，当贪婪因子从 0.15 增长到 1 时，PowerTrust 所需迭代次数小于 50，而 EigenTrust 仍然需要 100 次以上的迭代来收敛。当系统规模增加到 4 000 个节点时，EigenTrust 系统的开销高达 400 次迭代。

EigenTrust 系统收敛非常慢，当事先信任的节点允许自由离开系统时，EigenTrust 不能保证收敛。而在 PowerTrust 系统中，power 节点在每次收集周期后重新选择。根据分布式排序机制，即将离开的 power 节点的分数管理者及时通知系统使用合格的其他节点来替换它们。计算开销的降低意味着网络流量将大幅度降低，而且所有节点工作将减少，这些特性使得 PowerTrust 系统对高扩展性的 P2P 应用具有很强的吸引力。

8.4.3.2 查询成功率

PowerTrust 在一个 P2P 文件共享模拟实验中部署，系统有 10 万多的文件，每个文件的副本服从 $\beta=1.2$ 的幂律分布，每个节点根据 Sarioiu 分布[41]分配若干文件。在每个时间步，某个节点随 521
机产生一个查询，直到该查询完成之后才发送下一个查询。查询是根据文件的流行程度来排名的：对于排名在 1 ~ 250 的查询，使用 $\beta=0.63$ 的幂律分布；对于其他排名低的查询，使用 $\beta=1.24$ 为的幂律分布。这个分布模型刻画了 P2P 系统中的查询流行程度。当发出针对某个文件的查询请求后，请求者将选择具有最高全局信誉的文件拥有者来下载所需文件。

查询成功率是由成功的请求数目与发出的请求数目的比值来度量的。任意节点都可能回复假的文件。为了简单起见，这种行为发生的概率用节点的全局信誉的反比来表示。实验考虑了允许和不允许 power 节点或者事先可信节点离开两种情况。图 8-28 显示了没有 power 节点或事先可信节点离开的结果。无信任系统（no-trust system）指没有信任管理的 P2P 系统，这种系统随机选择一个节点来下载文件，而不考虑信誉。

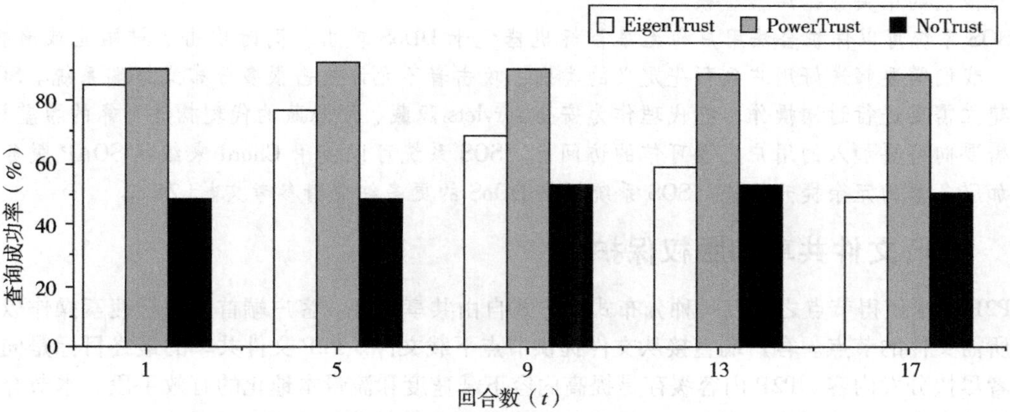

图 8-28 两种信誉系统比较：分布式文件系统中的查询成功率

注：由 Zhou 和 Hwang[57]提供。

在每轮全局信誉聚集完成后，系统发出 1 000 个查询。PowerTrust 的查询成功率在一次信誉收集后就能达到 90%，而 EigenTrust 的成功率在几轮收集后从 85% 降到了 50%，这是因为事先信任的节点可能随时离开系统。经过 17 轮的信誉聚集后，EigenTrust 的查询成功率降到了 50%，和没有信任的系统一样。

8.4.4 加强覆盖网络安全，抵御 DDoS 攻击

当对等节点恶意攻击其他无辜节点时，P2P 网络的安全性将存在问题。攻击者能够查看和修改数据包路由或者与其他节点共谋来实施攻击和窃取内容。为了实现 P2P 网络的安全操作，抵 522
御攻击是非常重要的。在 P2P 网络中，经常发生的有 4 种网络攻击：

- 如果大量的节点快速或者随机地加入和离开，那么 P2P 系统将进入*扰动模式*。扰动可能导致不一致的行为或者资源死锁。
- 针对目标节点的泛洪攻击导致的*分布式拒绝服务攻击*（DDoS）。
- *路由攻击*试图重新路由消息以窃取内容或者实施 DDoS 攻击。
- 攻击者阻止请求数据的传输将导致存储/检索攻击。

为了抵御网络扰动带来的问题，我们可以强制节点签名所有消息，这样可以容易地检测到不一致。为了处理 DDoS 攻击，我们可以复制内容并把内容散播在网络上。下面的 SOS 例子给出了一个更加复杂的方案。对等节点可能使用其他节点的身份，也可能传输伪造内容，从而形成*身份欺骗攻击*。抵御这种攻击有两种方案：一是坚持让所有节点从可信的权威中心获得签名证书；另一种方案是使用受保护的 IP 地址作为身份并发送查询来验证地址。

为了防止路由攻击，一种方案是迭代地使用收敛策略，从而使得每一跳在标识空间上向目标靠近一些。另一种方案是提供多路径来绕过攻击者重新路由消息。洋葱式路由可以隐藏发起者的身份，这通过使用公钥来递归地加密到达的消息和下一跳信息来实现。按照这种方式，每个节点仅仅知道消息的直接发送者和下一跳接收者的信息。为了抵御存储/检索攻击，我们可以复制数据对象以加强数据可用性。

例 8.14 抵御 DDoS 攻击的 SOS 机制[21]

SOS 是由 Keromyts 等人[21]在 2002 年提出的*安全覆盖网络服务*（Secure Overlay Service）的缩写。SOS 的主要目标是允许大部分合法的或者认证过的用户与安全检查节点通信，该检查节点可以阻止 DDoS 攻击继续发往最终的目标节点。这主要是通过两种方案实现的：使目标地址难以复制或者合法用户可能是移动用户，并在改变地址。SOS 的例子包括 FBI、警察或银行职员，他们经常与他们的中央数据库检查核对。

SOS 系统可以保护合法用户和无辜目标机器免于 DDoS 攻击，同时攻击者被阻止或者抓获。为此，我们需要筛选好用户到预先定义的类别，攻击者不允许攻击很多分布式终端系统。SOS 系统的建立需要进行过滤操作、把代理作为安全 servlets 隐藏、用隐藏的代理构建可靠的覆盖网络，以及需要向将要加入的用户广播可信的访问点。SOS 系统可以使用 Chord 来组织 SOAP 服务器或者增加服务器的冗余提升性能。SOS 系统抵御 DDoS 的更多细节请参考文献[21]。■

8.5 P2P 文件共享和版权保护

P2P 技术使得节点之间以一种分布式的方式自由共享文件。客户端首先进行搜索操作以定位
523 拥有所需文件的节点。客户端直接从文件提供节点下载文件。P2P 文件共享的最终目标是向所有请求者尽快分发内容。P2P 内容缓存是提高内容下载速度和流量本地化的有效手段。本节介绍快速文件搜索方法，并讨论副本和一致性维护技术以提高文件分发速度和成功率。

8.5.1 快速搜索、副本和一致性

对 P2P 文件共享应用来说，搜索算法扮演着最重要的角色。搜索算法确定哪个节点拥有特定的文件。评价搜索算法的指标有两个：查询路径长度和消息开销。前者用到达目标节点前查询消息经过的节点平均数目衡量，而后者则用搜索操作产生的查询消息平均数目来衡量。

基于结构化 P2P 覆盖网络和无结构 P2P 覆盖网络构建的文件共享系统所使用的搜索算法是不同的。在结构化 P2P 覆盖网络中，数据对象的键和节点映射到同一标识空间，节点保存那些键映射到自己所负责标识区域的数据对象。搜索算法和覆盖网络上的路由算法类似。然而在无结构 P2P 覆盖网络应用中，每个节点通常仅保存自己共享的数据对象信息，查询消息在到达目的之前需要访问大量节点。下面我们将讨论结构化和无结构覆盖网络应用。

在结构化 P2P 覆盖网络中，每个节点负责一部分标识空间。例如，在 Chord 中，节点负责环

标识空间中节点前驱到自己的标识区域。如果数据对象的键映射到节点 x 所负责的标识区域，那么数据对象就存储在节点 x 上，节点 x 称为键的后继。因此，搜索算法的性能和路由算法的性能类似，也就是说，数据通常在 $O(\log n)$ 跳内使用 $O(\log n)$ 消息即可被定位到，其中 n 是应用中的节点数目。

无结构 P2P 覆盖网络所使用的搜索算法更复杂一些。搜索算法基本上可以归为两类：盲目搜索和有知识的搜索。盲目搜索适合于节点仅保存自己共享的文件信息的应用，而有知识的搜索适用于节点保存其他节点共享的文件信息的应用。盲目搜索通常又被称为*泛洪*（flooding）算法。

在泛洪算法中，节点第一次收到消息后将转发消息给 k 个随机选择的邻居，直到消息的 TTL 减为 0。查询消息在覆盖网络中从请求节点出发以类似水波传播的方式一轮接一轮地转发。泛洪算法不可避免地带来大量的消息开销。减小开销的一种简单方法是限制查询消息的 TTL，但这会增加那些距离请求源远的数据无法找到的概率。已经有各种算法被提出来减少消息开销，如扩展环和随机游动等。

在扩展环算法中，查询节点有一个调度器 $\{t_1, t_2, \cdots, t_i\}$。初始时，查询消息的 TTL 设置为 t_1。如果查询不能被满足，TTL 增加到 t_2，最终 TTL 增加到最大值 t_i。连续的实验能够以较小的查询路径长度增加为代价实现开销的减少。 524

随机游动算法以另一种方式减小开销，查询节点使用 k 个独立的随机游动器，每个随机游动器携带一个查询消息并在覆盖网络图上走动，直到定位到所请求的数据。和泛洪算法一样，随机游动算法同样存在 TTL 选择的问题。在随机游动算法中，每轮转发仅仅新访问 k 个节点，游动器周期性地和查询节点联系以检查是否继续或者停止。总体上来说，随机游动算法优于扩展环算法，而和泛洪算法相比，在仅仅小幅增加查询路径长度的情况下把消息开销减小了两个数量级。

在无结构 P2P 覆盖网络中，可扩展盲目搜索的设计原则如下。第一，算法应该采用自适应终止，简单地限制 TTL 值并不是有效的方法，因为这样会减小搜索范围。第二，访问节点的数目应该随搜索转发轮数小幅增加，这是因为通常仅需要访问一小部分节点。如果访问的节点数目增加很快（如泛洪算法中指数增加），最后若干跳产生的消息大部分都是重复的。

如果节点保存其他节点共享的文件信息，那么盲目搜索产生的消息开销可以大幅度降低，有知识的搜索算法就是为此目的而设计的。每个节点保存其他节点共享的文件的一些信息，这些信息用来指导查询消息的转发。最理想的情况是每个节点保存所有其他节点共享的文件信息，这时查询的路径长度为 1。但是这在实际中需要巨大的存储空间和同步开销，是不现实的。

搜索性能也可以通过覆盖网络拓扑结构调整来增强。在 Gnutella 中，可以考虑节点在处理能力上的差异性，给能力高的节点分配更多的负载。能力高的节点自适应地建立更多的覆盖网络连接并保存一跳邻居的文件索引。由于随机游动算法会偏向于到达度高的节点，大部分的查询将被转发给能力高的节点并在那里得到满足。另一种拓扑调整是考虑节点的语义兴趣。语义上相近的节点被组织到覆盖网络上的相同语义集群。查询被转发给语义上相近的集群。这其中的基本思想是如果节点在语义上是相关的，那么它们可能与同样的查询相关。BitTorrent 是最流行的 P2P 内容分发应用，它借助 swarming 方式来分发内容。

例 8.15　BitTorrent 文件共享网络

BitTorrent 是当前互联网上广泛使用的一种 P2P 内容分发协议。据 Ipoque 的报道，互联网流量的 27% ~55% 是由 BitTorrent 文件分发系统产生的。BitTorrent 系统利用了参与节点的上传带宽来实现系统的高吞吐率。下载同一个文件的节点形成一个 torrent。不同的 torrent 之间并不通信。图 8-29 给出了由 4 个功能组件组成的 BitTorrent 系统。

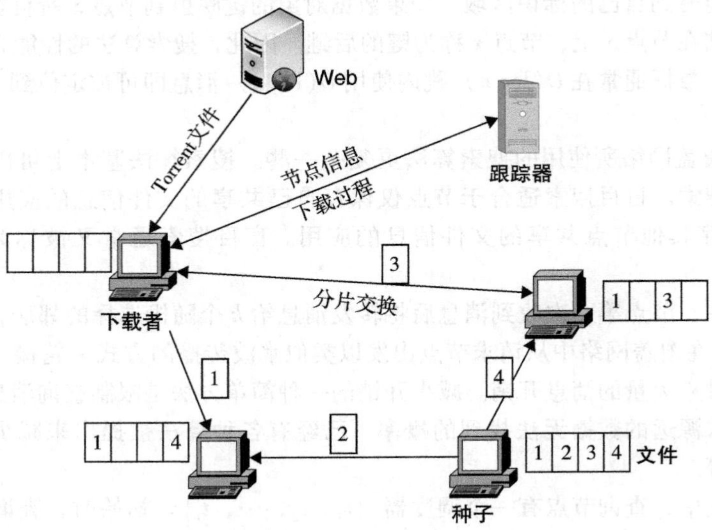

图 8-29 BitTorrent 系统体系结构

注：摘自 "BitTorrent Protocol Specification", www.bittorrent.org/protocol.html, 2006。

种子是那些已经下载完整文件的节点，在系统启动时至少有一个初始种子。那些没有得到整个文件的节点称为下载者。跟踪器（tracker）跟踪节点信息，包括地址和下载过程信息，它也有系统中种子的信息。Web 服务器保存 torrent 文件，该文件存储需要分发的文件的元数据和跟踪器的信息。

文件被分割为大小相同的分片，大小可从 32KB 到 4MB，但通常大小为 256KB。文件发布者使用 SHA-1 哈希函数为每个分片产生一个哈希值。该哈希值存储在 torrent 文件中，用来在下载过程中验证分片的完整性。一个文件分片可进一步分为块，在这种情况下，每个分片是一个交易单元，而一个块是一个请求单元。只有当一个分片的所有块下载完成后，该分片才可以给其他节点共享。

新节点首先从 Web 服务器获取 torrent 文件，通过解析该文件获取跟踪器的地址并向跟踪器请求节点的信息。通常来说，跟踪器会返回一个由 50 个随机选择的节点组成的列表。一个节点能够发起的 TCP 连接数目最多为 35 个，而且一个节点的所有 TCP 连接数目不能超过 55。如果一个节点维护的从自己发起的连接小于 20 个，那么它重新与跟踪器联系获取额外的节点。为了更新跟踪器对系统的全局视图，活跃节点周期性地（每 30 分钟）向跟踪器汇报它们的状态，节点在加入和离开时也汇报自己的状态。

每个节点由一个位向量表征它拥有的分片情况，每个位指示一个分片，位向量在邻居之间交换。如果节点 y 的邻居 x 发现 y 有一个它没有的分片，那么 x 向 y 发送针对该分片的"兴趣"，节点 y 根据激励策略 TFT（Tit-for-Tat）来决定是否以及什么时候向 x 发送请求的分片。根据激励机制，所有连接默认是阻塞（choked）的，每个节点周期性（每 10 秒）更新从邻居下载分片的速度，并选择 4 个下载速率最大的邻居上传分片。

525 ~ 526 TFT 激励策略用来阻止"搭便车"行为，即节点不贡献或者贡献很小上行带宽的行为。此外，节点使用乐观疏通策略每 30 秒随机选择一个节点上传文件分片，乐观疏通方便了没有或者仅有少量分片的节点启动下载。当疏通一个邻居节点时，节点选择在它邻居中最少的分片传输，这种策略称为（局部）最少优先（Rarest First，RF）分片选择。然而，对于一个没有任何分片的节点来说，它随机选择一个分片下载。最少优先使得文件分片可以在覆盖网络上随机分布，提高了文件分片在邻居节点之间的多样性。

图 8-30 给出了包含多个 swarm 的 BitTorrent 网络层级结构，由一个指定跟踪器来协调管理的节点组成虚拟集群，而一个 swarm 对应一个集群。当本地 swarm 不能满足用户请求时，从其他 swarm 请求分片，因此，不同 swarm 之间可能会有分片交互流量。不同的跟踪器之间交互最新的目录信息来形成全局一致视图。这种想法和图 8-11 所示的 KaZaA 层次结构很相似，目的是高效管理和缩短用户的搜索时间。

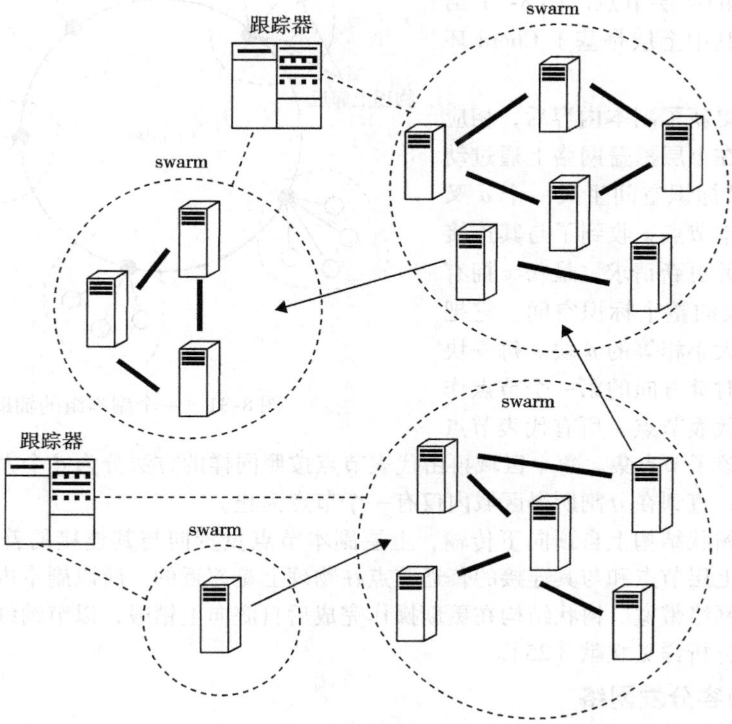

图 8-30 多个 swarm 组成的 BitTorrent 系统流程示意，每个 swarm 是不同的跟踪器来协调跟踪的

一个 torrent 文件的后缀是 . torrent。torrent 文件的" 宣告" 部分指定了跟踪器的 URL；"info" 部分包含文件的名称、长度、分片长度，以及针对每个分片的 SHA-1 哈希值，节点（即 BitTorrent 客户端）使用该哈希值验证分片的完整性。跟踪器维护目前在线的参与该 torrent 的节点列表。系统没有集中式跟踪器的系统实现分散式跟踪，每个节点都是跟踪器。Azureus 是第一款基于 DHT 的无集中式跟踪器的 BitTorrent 客户端。之后 BitTorrent 的客户端 μTorrent 和其他客户端使用了一种称为 Mainline DHT 的不兼容 DHT 系统。 527 ■

副本和一致性

副本技术是提升 P2P 文件共享应用搜索性能的重要手段之一。一个数据对象副本的多少与该数据的流行度相关。直观上来说，数据对象越流行，所需副本就越多。保存数据对象副本的节点的多少直接影响着搜索性能，这是因为覆盖网络上的数据副本越多，数据越容易搜索。

与副本技术相关的一个重要问题是副本一致性的维护。如果数据对象被一个副本节点（即拥有数据对象副本的节点）改变或者更新，更新内容需要尽快传输给其他副本节点。一致性维护机制为需要频繁更新内容的应用提供支持。一致性维护的两个关键问题是如何跟踪数据对象的副本和如何传输更新内容给副本节点。集中式方法指派一个节点（通常是数据对象的拥有者）来维护所有副本节点的信息，并依赖于该节点转发更新内容，这种方法缺乏扩展性。

在位置感知的分布式一致性维护方法[25]中，一个数据对象的副本节点组成一个副本组。对于仅有少量副本节点的副本组来说，可以简单使用集中式方法。因此，我们主要关注包含很多副本节点的副本组，如流行数据对象的副本组。每个副本组对应一个辅助的层次化覆盖网络：上层是基于 DHT 的，由能力高和稳定的键的节点组成；下层是普通节点，这些节点依附于物理上邻近的上层节点。图 8-31 给出了这种结构，其中上层是基于 Chord 环结构构建的。

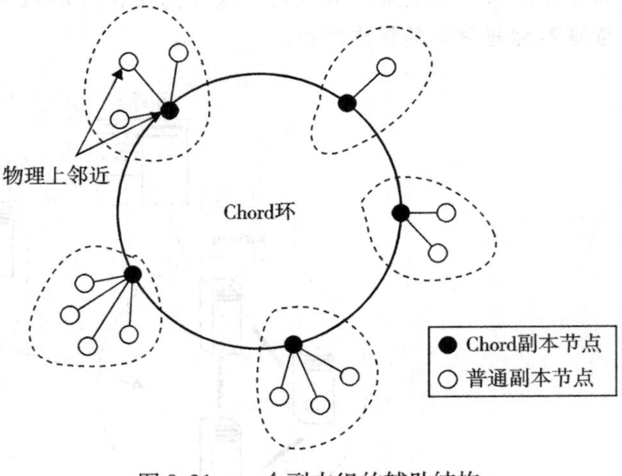

图 8-31 一个副本组的辅助结构

当一个节点更新了副本内容后，相应的上层副本节点在上层覆盖网络上通过动态连续分割 DHT 标识空间生成一个 d 叉树。假设上层副本节点 x 收到了与其连接的普通副本节点的更新请求，最初 x 拥有 Chord 环结构代表的整个标识空间。它把标识空间分割为大小相等的 d 块。每一块中沿环状结构顺时针方向的第一个节点作为该标识区域的代表节点。所有代表节点构成根节点 x 的孩子节点集。每个区域再由代表节点按照同样的方法分为 d 个大小相等的更小的区域，依此继续，直到在分割所得区域内仅有一个节点为止。

更新内容在树状结构上自顶向下传输，上层副本节点负责向与其连接的普通副本节点转发更新内容。因为上层节点和与其连接的普通节点在物理上是邻近的，所以副本内容传播很快，而且可以大幅节省网络带宽。树状结构在更新操作完成后自底向上销毁，以节约维护开销。更新时间和控制开销的分析详见文献［25］。

528

8.5.2 P2P 内容分发网络

本节首先将介绍三代内容分发网络（Content Delivery Networks，CDN），接着讨论 P2P 技术如何提高 CDN 的服务质量。

8.5.2.1 三代 CDN

表 8-6 比较了过去 30 年三代 CDN。早期的在线分发系统使用 FTP 或 HTTP 服务的客户端/服务器体系结构，这种结构受到单个服务器处理能力的限制。对于小文件的分发，这种方法仍然是可行的，例子包括 Apache、GetRight 和 CuteFTP 服务等。第二代 CDN 的标志是多代理服务器的使用和用于分发视频流与软件的大规模分发网络。例 8.14 给出了大规模 CDN 的一个很好的例子——Akamai CDN。

表 8-6 三代内容分发网络

系统所属代	网络体系结构	下载带宽	应用领域	例子系统和网站
第一代：客户端/服务器系统	客户端使用 FTP 和 HTTP 访问服务器	受到单个服务器带宽的限制	小文件的少量下载	Apache（www.apache.com/） GetRight（www.getright.com/） CuteFTP（www.cuteftp.com/）
第二代：内容分发网络	客户端与多个服务器连接	服务器之间的负载均衡	视频流、病毒签名	Akamai（www.akamai.com/） SyncCast（www.synccast.com/）
第三代：P2P 文件共享系统	P2P 覆盖网络	低；节点不安全和不可靠	下载速度并不重要的大文件下载	BitTorrent（www.bittorrent.org/） eDonkey（www.edonkey.com/） eMule（www.emule.org/）

第三代 CDN 的出现的标志是 P2P 文件共享网络，如 BitTorrent 和 eMule 等。毫无疑问，P2P 网络比前两代的 CDN 更加高效，但是 P2P 文件共享系统中严重的版权侵犯阻碍了开放 P2P 网络在商业内容分发网络中的应用。下面两小节将讨论在线盗版问题。有选择的内容污染是解决这个问题的方法之一。

例 8.16 全球内容分发网络

在 2004 年，3 000 多家公司使用 CDN，为此每月开销在 2 000 万美元以上。此后，CDN 提供商以接近每年翻番的收入增长。在 2005 年，全球 CDN 由传输新闻、电影、体育、音乐和视频内容而产生的收入达到 4.5 亿美元。图 8-32 给出了按照 Akamai 技术系统而刻画出的全球 CDN 概念体系结构。截至 2006 年，Akamai CDN 为 80% 的内容分发应用提供服务，全球共用了分布在 62 个国家、1 000 多个网络中的超过 1.2 万个代理服务器。这个数字现在更大。

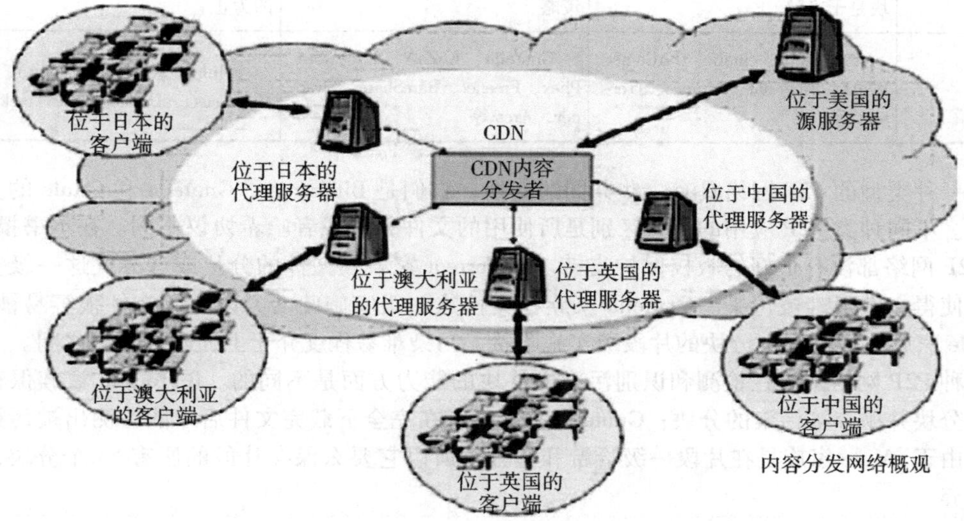

图 8-32 全球 CDN 概念，CDN 使用了位于主要区域或国家的代理服务器

注：由 Pallis 和 Vakali[37] 提供。

代理服务器是分发数字内容的缓存中心，用来提高传输效率、存储效率、访问速度和容错能力。每个代理中心负责向该国家或者地区的所有用户分发请求的内容，CDN 内容分发中心协调代理服务器之间的流量。出于版权保护的考虑，这里并未把 P2P 技术用到商业内容分发中。■ 529~530

P2P 网络不需要很多昂贵的服务器来传输内容。数字内容在节点之间分发和共享，它可以提高传统 CDN 的内容可用性和系统扩展性。但是在 P2P 网络中，快速增长的版权侵犯阻碍了数字内容的发布，非法 P2P 内容分发的主要来源在于节点共谋，与其他节点或者盗版者共享受版权保护的内容。

数字水印技术是数字版权保护常用的方法，它在文件中加入水印，这样当发现盗版版本时就可以通过每份内容的唯一水印找到最早的盗版者。在 P2P 网络中，所有节点共享完全一样的文件（如果没有被污染），这个特征大大降低了水印的作用，所以电子水印不适用于 P2P 文件共享。P2P 内容分发网络把大文件分割为小的块，这样一个节点就可以从多个源同时下载多个块。文件分块增加了可用性，减小了下载时间。表 8-7 总结了三种主要的 P2P CDN。

表 8-7 P2P 内容网络中的文件分块和哈希机制

P2P 网络	BitTorrent 家族	Gnutella 家族	eMule 家族
分块机制	文件被分割为固定大小（256KB）的分片	节点在运行时协商分块的大小，通常是 64KB/块	文件分成大小为 9 500KB 的片段，每个片段分成 53 个大小为 180KB 的块
哈希分布	在索引文件中嵌入分片级别的 SHA 哈希值	对整个文件使用 SHA 哈希生成一个唯一的文件标识，在分块级别无哈希	在片段级别的 MD-4 哈希，节点交互哈希集来检测损坏的内容
抵御污染能力	分片级别的污染检测，每个分片独立处理	文件只有在全部下载后才能检测出是否污染，如果被污染，则开销很大	如果片段哈希集没有被污染，那么在片段级别检测污染
下载策略	保留干净分片，扔掉被污染的分片，重复下载直到所有分块是干净的	重复下载整个文件，直到得到全部干净的分片，一种耗时策略	保留干净片段，丢掉被污染的片段，重复下载，直到所有片段是干净的为止
举例	BitTorrent、Snark、BitComet、BNBT、BitTyrant、Azureus、JTorrent 等	Gnutella、KaZaA、LimeWire、Phex、Freenet、BareShare、Swapper、Ares 等	eMule、aMule、Shareaza、iMule、Morpheus、eDonkey、FastTrack 等

同一种类型的 P2P 网络具有一些共同的特性，它们是 BitTorrent、Gnutella 和 eMule 的变种或者改良。不同种类 P2P 应用的主要区别是所使用的文件分块或者哈希协议不同。在本书撰写时，这些 P2P 网络都没有很好的版权保护支持。BitTorrent 家族在文件的分片或者分块这一级实施哈希，这使得文件很难被污染。Gnutella 家族在文件这一级实施哈希，因此，文件很容易被污染。而 eMule 家族在带有固定分块的片段级实施哈希，污染难易程度介于上述两种家族之间。

531 三种 P2P 网络家族在检测和识别污染文件块的能力方面是不同的。BitTorrent 家族保存干净的文件分块并抛弃被污染的分块；Gnutella 家族只有在完全下载完文件后才能检测出被污染的文件块；由于 eMule 家族是在片段一级哈希和验证，所以它要么保存片段的所有 53 个分块，要么全部丢弃。

8.5.2.2 内容分发方法

P2P 内容分发应用利用互联网边缘充足的计算资源来分发内容，对同一内容感兴趣的节点组成一个 P2P 覆盖网络，数据从数据源发出，在覆盖网络上的节点之间存储和转发。总体上来说，有三种方法分发数据内容：基于泛洪的方法、基于树的方法和基于 swarm 的方法。在基于泛洪的方法中，数据内容在覆盖网络上泛洪，这将会产生无法接受的大量重复分发。

基于树的方法沿着树状结构来分发内容。因为对等节点可能在任意时刻随意加入、离开，甚至失效，维护树状结构是一个极具挑战性的任务。我们可以建立多个树状结构来分发内容，此时数据内容被分割为若干个分块，每个分块沿着一棵树传播。在所有树状结构中均出现的节点将会收到整个数据内容。基于多个树的方法实现了快速内容分发并提高了数据分发的鲁棒性，但节点扰动带来的问题仍然是这种方法的最主要的问题。

基于 swarm 的方法建立在网状（mesh）覆盖网络上，也称为数据驱动的方法。数据内容是由参与节点“拉”过去的，而不是从数据源主动分发。数据内容分割为多个小的块，每个节点维护两个“窗口”，分别指示它所拥有的分块和它所需要的分块。节点与其邻居周期性地交换“窗口”以主动获取所缺的分块。

尽管基于 swarm 的内容分发所需时间比基于树的方法长，但由于其良好的扩展性和易于实现等特性，这种方法已被广泛运用到现有的应用中（如 PPlive、BitTorrent 等）。节点获取分块的顺序是随机的，也就是说，没有特别的调度机制，这种思路适用于那些不关心分块到达顺序的应用

(如 BitTorrent)。但是某些应用的确需要对到达顺序进行控制(如视频直播应用),数据分块必须在播放截止时间前到达节点,否则分块是没用的。对这些应用,通常的规则是节点获取播放时间最近的分块或者在其邻居中副本最少的分块。

最近,P2P 技术逐渐被应用在动态信息分发环境中,对同一事件感兴趣的节点组成一个 P2P 覆盖网络。数据在节点上动态生成,也就是说,数据源不再是固定的,数据在节点之间复制和转发。在这种环境下,数据分发算法需要把任意节点上出现的数据以相对较小的网络资源消耗尽快分发到所有节点。基于 swarm 的方法并不适合这种场景,因为它们需要在延迟和开销之间折中。也就是说,为了减小数据分发延迟,“窗口”信息交互的间隔就得缩短,这势必会增加控制开销。

另一方面,增加“窗口”的交互的间隔会增加分发延迟。为每个可能的数据源建立一个树状结构分发数据是不现实的,因为维护如此多的树状结构所产生开销是非常巨大的。为所有数据源建立一个无向树状结构对控制开销是最优的,但如果数据源是树的叶子节点,数据将需要 $2h$ 跳才能传播给所有成员节点,其中 h 是树的高度。这种方案的另一个问题是如何在节点扰动的情况下维护树状结构。 532

8.5.3 版权保护问题和解决方案

P2P 网络能够高效地把大文件分发给大量节点。但目前的 P2P 网络由于音乐、游戏、视频和流行软件的非法下载而被滥用。这不仅导致媒体和内容产业蒙受了巨大的经济损失,也阻碍了 P2P 技术的商用。非法文件共享的主要来源在于无视版权法律而与盗版者共谋和串通的节点。为了解决共谋带来的问题,文献[31]针对 P2P 内容分发提出了一种版权保护的系统。

系统的目标是阻止 P2P CDN 内的共谋盗版行为,特别地,可以保护随时间流逝其价值在减少的大规模易腐内容的版权。传统 CDN 需要使用大量分布在 WAN 上的代理内容服务器。内容分发者需要在大量服务器上复制或者缓存内容,维护这样的 CDN 所需带宽和资源是非常昂贵的。P2P 内容网络大幅降低了内容分发的成本,因为它不需要大量的内容服务器,而是利用了开放网络。由于每个节点都可以作为内容提供商,因此,P2P 网络提高了内容可用性。此外,由于节点越多,内容分发速度越快,因此,它天然具有良好的扩展性。

遵循版权法律而不随意共享内容的节点被称为诚实或合法的*客户端*,而试图在不付费或者不被授权的情况下下载某些内容文件的节点称为*盗版者*,付费用户如果向盗版者共享内容则称为*共谋者*。盗版者、共谋者和遵纪守法的客户端共存在 P2P 网络中。内容污染通过刻意篡改盗版者请求的文件而实现。由美国唱片工业协会(Record Industry Association of America ,RIAA)和美国电影协会(Motion Picture Association of America,MPAA)支持的媒体工业已经使用了未经筛选的强力内容污染来遏制开放 P2P 文件共享网络中的盗版,但他们预防的效果是不明确和有争议的。

虽然媒体工业对所有的 P2P 文件共享服务实施强力版权保护,但合法客户仍可以享受开放 P2P 网络提供的灵活和便捷性。该机制即使在有共谋节点的情况下仍可阻止盗版者下载版权保护的文件,并使用信誉机制来检测出共谋者。这种版权保护的 P2P 网络对媒体工业和互联网用户群体都是有利的[6]。图 8-33 给出了一种由 Lou 和 Hwang 等人提出的版权保护 P2P 网络[31],该网络是建立在大量节点之上的,存在 4 种节点:客户端(诚实或者合法节点)、共谋者(向盗版者共享内容的付费用户)、分布式代理(由内容拥有者操作的可信节点)和盗版者(非法下载内容文件的未付费客户端)。

在加入系统时,客户端向处理购买和账单事务的交易服务器提交请求。私钥产生器(Private Key Generator,PKG)使用基于身份的签名(Identity-Based Signature,IBS)生成私有密钥,从而对节点之间的通信加密。PKG 的作用和 PKI 服务中的证书颁发机构(CA)作用类似,不同的是

CA 生成的公共/私有密钥对，而 PKG 仅仅生成私有密钥。

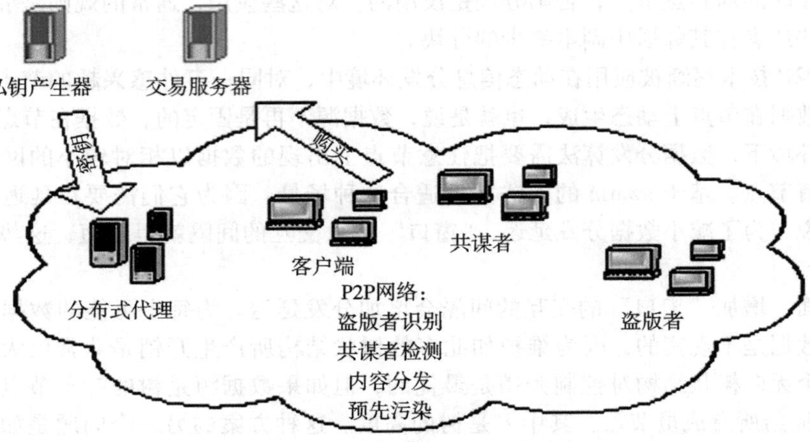

图 8-33 针对版权保护内容分发的安全 P2P 平台

注：由 Lou 和 Hwang[31] 提供。

交易服务器和 PKG 仅仅在节点加入 P2P 网络时使用。使用 IBS 后，节点之间的通信不再需要显式的公钥，因为通信双方的身份就是各自的公钥。在该系统中，文件分发和版权保护完全是分布式的。根据以往的经验，任何时刻共享或者请求同一文件的节点数目大概在几百个。根据节点的多少，系统仅仅需要少量的分布式代理。例如，一个包含 2 000 个节点的系统仅需要 10 台 PC 作为分布式代理就足够了。这些代理授权用户下载并阻止未付费用户的盗版行为。

付费客户端、共谋者和盗版者在网络中共存，他们没有明确的标识来标明自己的身份，版权保护网络可以自动把他们识别出来。每个客户端被分给一个引导代理作为加入点，该代理是从分布式代理中随机选出的。在现在的 P2P 网络中，节点并不经过验证，节点的端地址（IP 地址 + 端口号）而不是用户名作为节点的身份。一个节点如果通过它的监听端口可达，就认为它是完全连接在网络中。

表 8-8 总结了构建一个可信 P2P 系统所需的关键协议和机制。修改后的文件索引格式使得我们可以检测出盗版者，节点授权协议（Peer Authorization Protocol，PAP）为客户进行合法下载权利的授权，文件分发者使用内容污染来损坏未付费用户的非法文件下载，系统通过随机共谋检测来进一步得到加强。在本系统中，一个内容文件必须完全下载后才是有用的。通过使用大家都知道的密码来压缩和加密文件，这个限制可以非常容易实现。这里的加密不提供任何对内容的保护，而是用来把整个文件组合起来。

表 8-8 P2P 网络中的版权保护机制

机 制	协议要求
安全文件索引	修改文件索引格式以包括令牌和 IBS 签名
PAP	节点向引导代理发送数字收据并获得授权令牌，令牌需要周期性更新
预先内容污染	令牌和 IBS 签名检测所有下载请求和响应，并相应地发送干净或者污染的内容
随机共谋预防	分布式代理随机设置骗局来探测共谋者，共谋报告根据客户的信任值而赋予不同的权重

533~534

8.5.4 P2P 网络中的共谋盗版预防

图 8-34 给出了预先内容污染的概念。如果一个盗版者向分布式代理或者客户端发送下载请求，根据协议定义，它将收到受污染的文件块；如果下载请求是发给共谋者，盗版者将收到干净

的文件块；如果盗版者向其他盗版者共享文件块，它将把污染的文件块传出去。所以拒绝盗版者请求的关键是发送污染的文件块。否则，盗版者仍然能够从共谋者获得干净的文件块组成干净的文件。应用文件污染后，我们利用了 P2P 网络受限的污染检测能力，从而强制盗版者丢弃与污染文件块一同下载的干净文件块。文件污染的原理是，如果盗版者一直下载受损的文件，那么他将最终因不能忍受而放弃对版权保护内容的下载。

8.5.4.1 随机共谋者识别

如 GossipTrust[58] 论文所述，谣言（gossip）协议和 power 节点对 P2P 网络中信誉收集过程的加速起着重要作用。随机谣言机制能够以分布式的方式在所有节点之间达成一致，因为这种机制充分利用了大规模 P2P 网络中活跃节点之间的并行能力。图 8-34 给出了用以识别共谋者的简化版 GossipTrust 系统。

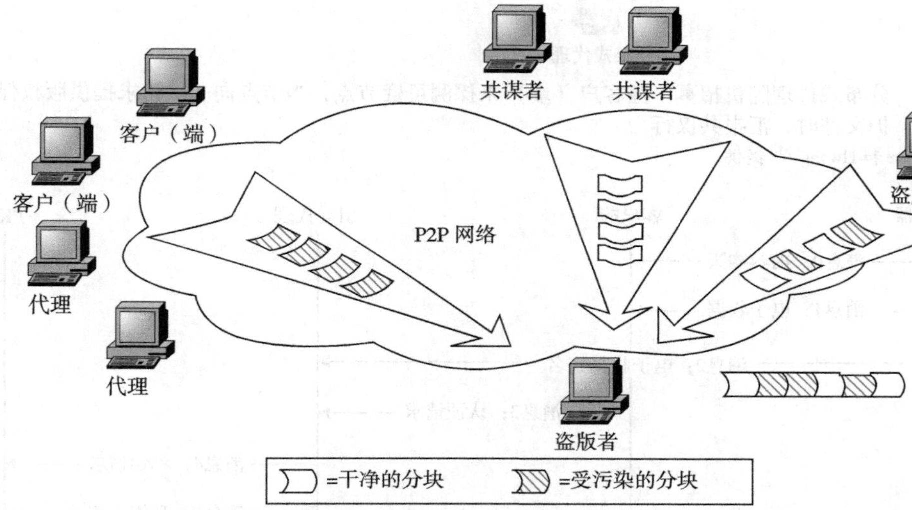

图 8-34 可信 P2P 网络中的预先污染，合法客户接收到干净的文件分块（白色），盗版者接收到污染后的文件分块（阴影）

注：由 Lou 和 Hwang[31] 提供。

其思想是每个文件有一个带有共谋率的｛节点，文件｝对，共谋率为 0 表示节点从来没有被检测为共谋者，而如果节点向非法的下载请求回应了干净的内容，那么它的共谋率将被报告为 1。共谋率以一种与 eBay 中收集节点信誉值一样的方式来累计。图 8-35 给出了共谋行为检测过程。分布式代理随机招募一些称为诱饵的客户来向可疑节点发送非法下载请求。如果一个 535
非法请求获得了干净的文件分块，诱饵客户就汇报一个共谋事件。因为诱饵客户是随机选择的，共谋事件的汇报可能会由于错误或者欺骗而变得不可行，所以我们需要信誉系统来筛选节点。

文献[31] 进一步提出了一种新的节点授权协议 PAP 来区分盗版者和合法客户。盗版者在重复的下载请求中将收到受污染的文件分块，这样盗版者在可以容忍的时间内不可能成功下载一个文件。根据模拟实验结果，对于 Gnutella、KaZaA 和 Freenet，版权保护预防率达到了 99.9%，而对于 eMule、eDonkey、Morpheus 和其他应用，预防率在 85% ~ 98% 之间。该预防系统对于 BitTorrent 和 Azureus 等对污染有抵御能力的系统来说效率不高。该系统给出了一种低开销的、针对版权保护内容分发的 P2P 文件污染方法。该方法的优势体现在快速传递、内容的高可用性和版权保护兼容（参见图 8-36）。

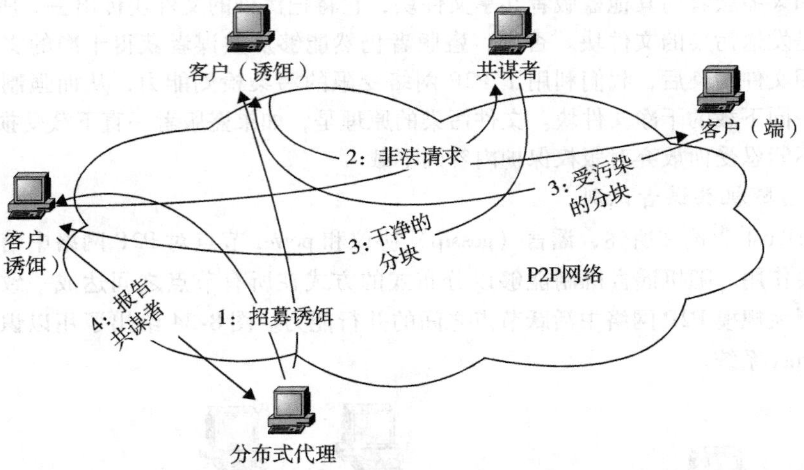

图 8-35　分布式代理随机招募一些客户（端）来探测可疑节点，当节点向非法请求提供版权保护文件时，汇报共谋行为

注：由 Lou 和 Hwang[31] 提供。

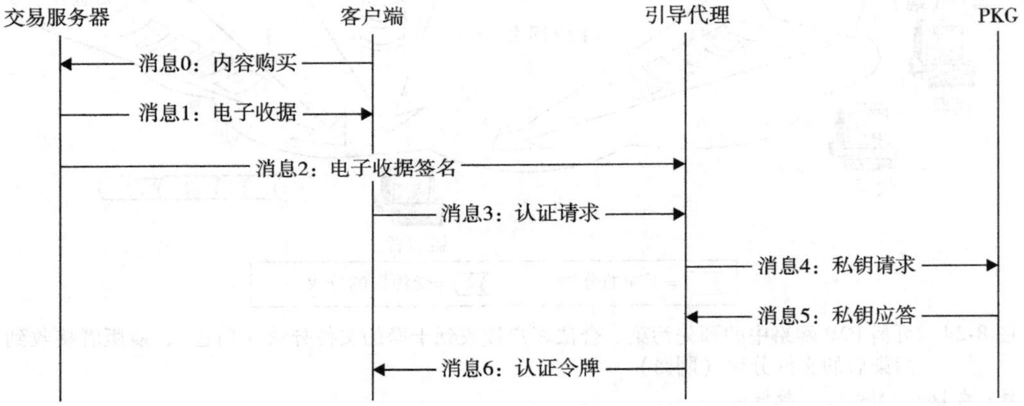

图 8-36　版权保护 P2P 内容分发系统中节点加入过程，使用了 7 个消息，包含 4 个实体

注：由 Lou 和 Hwang[31] 提供。

8.5.4.2　盗版者下载时间和成功率

为了测试可信 P2P 系统的局限性，实验中使用了不同大小的文件。预防成功率 β 定义为在可容忍时间阈值 θ 内盗版者下载一个文件的失败率。对于一个 700MB 的 CD-ROM 镜像文件来说，θ 设置为 20 天，而对于 4.5GB 的电影文件来说，θ 设置为 30 天。

图 8-37 模拟了三种 P2P 网络家族，其中有 100 个付费客户，900 个共谋者和 1 000 个盗版者。90% 的盗版者所模拟的场景与真实 P2P 网络场景非常不同。这个实验是为了模拟一种最坏场景，在该场景中，所有盗版者使用一种激进的节点选择策略。盗版者在时间窗口 θ 内无法成功下载一个干净文件的概率作为近似成功率 β 的估算。所有 β 曲线都从 100% 开始。

如果没有文件污染方法，客户平均下载时间为 1.5 小时。Gnutella 家族（包括 KaZaA 和 LimeWire）的盗版共谋预防的成功率非常高（高于 99.9%），eMule 网络的平均成功率在 85%（容忍窗口 θ 大小为 20 天）。这样的成功率是可以满足应用的，因为大部分盗版者在经过几天不成功的尝试后就会放弃。对于不同大小的文件，对 Gnutella 家族的应用来说，盗版共谋预防成功率都接近 99.9%。

在图 8-37 中，如果容忍时间阈值设为 20 天，eMule 网络对于 4.5GB 的文件来说平均成功率为 98%，而对于 700MB 的文件来说平均成功率为 85%。相比之下，BitTorrent 网络，盗版者平均需要 100 分钟下载 700MB 的文件，仅仅比付费用户长了一点。因此，成功率在 2 小时前迅速下降。这说明由于 BitTorrent 系统的超强检测文件污染的能力，所提出的预防系统对 BitTorrent 系统并不是很成功。

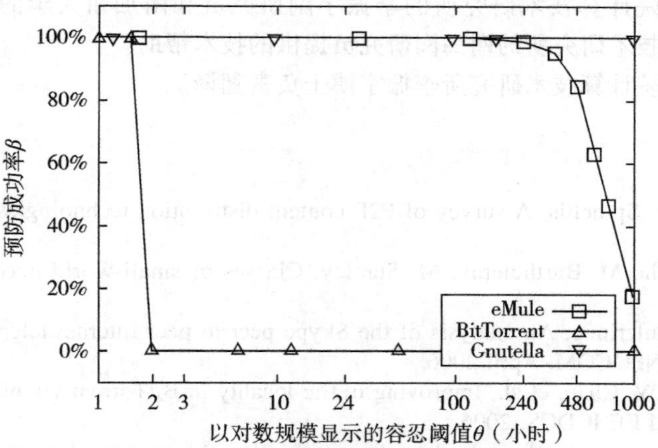

图 8-37 针对三种系统的预防成功率对比

注：由 Lou 和 Hwang[31] 提供。

8.6 参考文献与习题

在 IEEE Infocom 2004 上，Ross 和 Rubestein[38] 就 P2P 系统做了一个很好的教程。P2P 的关键概念可以在维基百科[50] 上找到。Buford 等人在其 2008 年出版的书籍[6] 中讨论了 P2P 网络和应用。文献[13, 28, 52]中研究了无结构 P2P 覆盖网络构建时的问题，而文献[5]讨论了 P2P 计算的关键技术。NetTube[8] 利用了视频的高度聚类属性和 P2P 技术来提升 YouTube 服务。Keromytis 等人在文献[21]中对 SOS 体系结构和操作需求进行了报告。文献[3]和文献[15]分别分析和测量了 Skype 协议。

文献[21]研究了一致哈希。基于一致哈希的 Chord 是 Stoica 等人[45] 最早提出的，随后被许多研究人员扩展[12,16]。Ratnasamy 等人提出了 CAN[40]，而 Rowstron 和 Drusche 等人则提出了 Pastry [39]。文献[35]提出了 Kademlia 结构化 P2P 网络，而文献[44]则对该网络进行了测量。文献[60]和 [17]分别研究和测量了 Gnutella，而 Freenet 是在文献[10]中提出的。文献[32]研究了混合覆盖网络。Sarioiu 等人[41] 测量并比较了 Gnutella 和 Napster。文献[7, 16, 54]研究了结构化 P2P 网络中的网络邻近性问题，而文献[28, 52]则研究了无结构 P2P 网络中的邻近性问题。Kleinberg 等人[22] 研究了小世界网络。

P2P 抗扰动和容错的相关讨论见文献[12, 14, 23, 24, 51]，而 P2P 计算的信任模型则是在文献[19, 27, 43, 49]中研究的。文献[20, 53, 57]分别研究了三种 P2P 信誉系统，即 EigenTrust、PeerTrust 和 PowerTrust。研究 P2P 文件共享和内容分发技术的文献包括 [1, 25, 31, 37, 41, 46]，数据复制和网络邻近性研究参见文献[11, 33]。文献[9, 47, 48, 56]深入讨论了覆盖网络广播算法，文献[8, 18, 29, 36]研究了 P2P 视频流系统，而文献[4, 26, 30, 59]则研究了 BitTorrent 系统。

Ross 等人[38] 给出了 P2P 系统 4 个重要的研究方向：(1) 基于 DHT 的系统中的局部性问题；(2) 是否使用基于哈希的 DHT；(3) 在自治和不可信节点上建立可信系统；(4) 构建适用于高

动态性环境的 P2P 系统。目前已有一些工作部分地解决了上述挑战：抗扰动负载均衡[42]、大规模数据分发[24]、P2P 信任管理[43,57,58]、版权保护[31]。最后，文献[55]介绍了针对社会网络构建的信誉系统。

致谢

536~538 本章由中国科学院计算技术研究所的李振宇副研究员和南加州大学的黄铠教授共同撰写。感谢中国科学院计算技术研究所的谢高岗研究员提供的技术帮助。

本章由中国科学院计算技术研究所李振宇博士负责翻译。

参考文献

[1] S. Androutsellis, D. Spinellis, A survey of P2P content distribution technologies. ACM. Comput. Surv. (December) (2004).
[2] L. Amaral, A. Scala, M. Barthelemy, M. Stanley, Classes of small-world networks. Natl. Acad. Sci. 97 (21) (2000).
[3] S.A. Baset, H. Schulzrinne, An analysis of the Skype peer-to-peer Internet telephony protocol, in: Proceedings of IEEE INFOCOM, April 2006.
[4] R. Bindal, P. Cao, W. Chan, et al., Improving traffic locality in BitTorrent via biased neighbor selection, in: Proceedings of IEEE ICDCS, 2006.
[5] B. Bloom, Space/time tradeoffs in hash coding with allowable errors. Commun. ACM. 13 (7) (1970) 422–426.
[6] J. Buford, H. Yu, E. Lua, P2P Networking and Applications, Morgan Kaufmann, December 2008. Also www.p2pna.com.
[7] M. Castro, P. Druschel, Y.C. Hu, A. Rowstron, Exploiting network proximity in distributed hash tables, in: Proceedings of the International Workshop on Future Directions in Distributed Computing, June 2002.
[8] X. Cheng, J. Liu, NetTube: exploring social networks for peer-to-peer short video sharing, in: Proceedings of IEEE Infocom, March 2009.
[9] S. Chen, B. Shi, S. Chen, ACOM: any-source capacity-constrained overlay multicast in non-DHT P2P networks, in: IEEE Transactions on Parallel and Distributed Systems, September 2007, pp. 1188–1201.
[10] I. Clarke, O. Sandberg, B. Wiley, T.W. Hong, Freenet: a distributed anonymous information storage and retrieval system, in: ICSI Workshop on Design Issues in Anonymity and Unobservability, June 2000.
[11] E. Cohen, S. Shenker, Replication strategies in unstructured peer-to-peer networks, in: ACM SIGCOMM, 2002.
[12] A. Fiat, J. Saia, M. Young, Making chord robust to Byzantine attacks, in: Proceedings of the European Symposium on Algorithms (ESA), 2005.
[13] A.J. Ganesh, A.M. Kermarrec, L. Massoulié, Peer-to-peer membership management for gossip-based protocols. IEEE. Trans. Computers. 52 (2) (2003) 139–149.
[14] P.B. Godfrey, S. Shenker, I. Stoica, Minimizing churn in distributed systems. in: Proceedings of ACM SIGCOMM, 2006.
[15] S. Guha, N. Daswani, R. Jain, An experimental study of the Skype peer-to-peer VoIP system, in: Proceedings of the International Workshop on Peer-to-Peer Systems (IPTPS), February 2006.
[16] K.P. Gummadi, R. Gummadi, S.D. Gribble, et al., The impact of DHT routing geometry on resilience and proximity, in: Proceedings of ACM SIGCOMM, 2003.
[17] M. Hefeeda, O. Saleh, Traffic modeling and proportional partial caching for peer-to-peer systems, in: IEEE/ACM Transactions on Networking, December 2008, pp. 1447–1460.
[18] Y. Huang, et al., Challenges, design and analysis of a large-scale P2P VOD system, in: Proceedings of ACM SIGCOMM 2008, Seattle, August 2008.
[19] K. Hwang, D. Li, Trusted cloud computing with secure resources and data coloring, IEEE. Inte. Comput. (September) (2010) 14–22.
[20] S. Kamvar, M. Schlosser, H. Garcia-Molina, The Eigentrust algorithm for reputation management in P2P networks, ACM WWW '03, Budapest, Hungary, 2003.
[21] A. Keromytis, V. Misra, D. Rubenstein, SOS: secure overlay services, in: Proceedings of ANM SIGCOMM'02, Pittsburg, PA. August 2002.

[22] J. Kleinberg, The small-world phenomenon: an algorithmic perspective, in: Proceedings 32nd ACM Symposium on Theory of Computing, Portland, OR. May 2000.
[23] J. Leitao, J. Pereira, L. Rodrigues, Epidemic broadcast trees, in: Proceedings of the 26th IEEE International Symposium on Reliable Distributed Systems, October 2007.
[24] Z. Li, G. Xie, K. Hwang, Z. Li, Churn-resilient protocol for massive data dissemination in P2P networks, in: IEEE Transactions on Parallel and Distributed Systems, accepted to appear 2011.
[25] Z. Li, G. Xie, Z. Li, Efficient and scalable consistency maintenance for heterogeneous peer-to-peer systems, in: IEEE Transactions on Parallel and Distributed Systems, December 2008, pp. 1695–1708.
[26] Z. Li, G. Xie, Enhancing content distribution performance of locality-aware BitTorrent systems, in: Proceedings of IEEE Globecom, December 2010.
[27] L. Liu, W. Shi, Trust and reputation management, in: IEEE Internet Computing, September 2010, pp. 10–13. (special issue).
[28] Y. Liu, L. Xiao, X. Liu, L. M Ni, X. Zhang, Location awareness in unstructured peer-to-peer systems, in: IEEE Transactions on Parallel and Distributed Systems, February 2005, pp. 163–174.
[29] J. Liu, S.G. Rao, B. Li, H. Zhang, Opportunities and challenges of peer-to-peer internet video broadcast, in: Proceedings of the IEEE Special Issue on Recent Advances in Distributed Multimedia Communications, Vol. 96 (1), 2008, pp. 11–24.
[30] T. Locher, P. Moor, S. Schmid, R. Watenhofer, Free riding in BitTorrent is cheap, in: Proceedings of ACM HotNets, November 2006.
[31] X. Lou, K. Hwang, Collusive piracy prevention in P2P content delivery networks, in: IEEE Transactions on Computers, Vol. 58, (7) 2009, pp. 970–983.
[32] B.T. Loo, R. Huebsch, I. Stoica, J. M. Hellerstein, The Case for a Hybrid P2P Search Infrastructure, 3rd International Workshop on Peer-to-Peer Systems, February 2004.
[33] Q. Lv, P. Cao, E. Cohen, K. Li, S. Shenker, Search and replication in unstructured peer-to-peer networks, in: Proceedings of the ACM International Conference on Supercomputing, June 2002.
[34] B. Maniymaran, M. Bertier, A.-M. Kermarrec, Build one, get one free: leveraging the coexistence of multiple P2P overlay networks, in: Proceedings of the International Conference on Distributed Computing Systems, Toronto, June 2007.
[35] P. Maymounkov, D. Mazières, Kademlia: a peer-to-peer information system based on the XOR metric, in: Proceedings of the International Workshop on Peer-to-Peer Systems (IPTPS), March 2002.
[36] N. Magharei, R. Rejaie, Y. Guo, Mesh or multiple-tree: a comparative study of live P2P streaming approaches, in: Proceedings of IEEE INFOCOM, Alaska, May 2007.
[37] G. Pallis, A. Vakali, Insight and perspectives for content delivery networks, Commun. ACM 49 (1) (2006) 101–106.
[38] K. Ross, D. Rubenstein, Peer-to-peer systems, in: IEEE Infocom, Hong Kong, 2004, (Tutorial slides).
[39] A. Rowstron, P. Druschel, Pastry: scalable, decentralized object location and routing for large-scale peer-to-peer systems, in: Proceedings of the IFIP/ACM International Conference on Distributed Systems Platforms (Middleware), Heidelberg, Germany, November 2001, pp. 329–350.
[40] S. Ratnasamy, P. Francis, M. Handley, R. Karp, A scalable content-addressable network, in: Proceedings of ACM SIGCOMM, August 2001.
[41] S. Saroiu, P. Gummadi, S. Gribble, A measurement study of peer-to-peer file sharing systems, in: Multimedia Computing and Networking (MMCN '02), January 2002.
[42] H. Shen, C. Xu, Locality-aware and churn-resilient load balancing algorithms in structured peer-to-peer networks, in: IEEE Transactions on Parallel and Distributed Systems, Vol. 18 (6), June 2007, pp. 849–862.
[43] S. Song, K. Hwang, R Zhou, Y.K. Kwok, Trusted P2P transactions with fuzzy reputation aggregation, in: IEEE Internet Computing, November–December 2005, pp. 18–28.
[44] M. Steiner, T. En-Najjary, E. Biersack, Long term study of peer behavior in the KAD DHT, in: IEEE/ACM Transactions on Networking, Vol. 17 (6) 2009.
[45] I. Stoica, R. Morris, D. Liben-Nowell, et al., Chord: a scalable peer-to-peer lookup service for Internet applications, in: IEEE/ACM Transactions on Networking, Vol. 11 (1) February 2003, pp. 17–32.
[46] K. Spripanidkulchai, B. Maggs, H. Zhang, Efficient content location using interest-based locality in peer-to-peer systems, in: Proceedings of IEEE INFOCOM, 2003.
[47] C. Tang, R.N. Chang, C. Ward, GoCast: gossip-enhanced overlay multicast for fast and dependable group communication, in: Proceedings of the International Conference on Dependable Systems and Networks, Yokohama, Japan, June 2005, pp. 140–149.

[48] V. Venkataraman, K. Yoshida, P. Francis, Chunkyspread: heterogeneous unstructured tree-based peer to peer multicast, in: 14th IEEE International Conference on Network Protocols, November 2006, pp. 2–11.
[49] Y. Wang, J. Vassileva, Trust and reputation model in peer-to-peer networks, in: Third International Conference on Peer-to-Peer Computing, August 2003.
[50] Wikipedia, Peer to Peer. http://en.wikipedia.org/wiki/Peer-to-peer, 2010 (accessed 14.08.2010).
[51] R.H. Wouhaybi, A.T. Campbell, Phoenix: supporting resilient low-diameter peer-to-peer topologies, in: IEEE INFOCOM, 2004.
[52] L. Xiao, Y. Liu, L.M. Ni, Improving unstructured peer-to-peer systems by adaptive connection establishment, in: IEEE Transactions on Computers, Vol. 54 (9), September 2005, pp. 1091–1103.
[53] L. Xiong, L. Liu, Peertrust: supporting reputation-based trust for peer-to-peer electronic communities, in: IEEE Transactions on Knowledge and Data Engineering, Vol. 16 (7), 2004, pp. 843–857.
[54] Z. Xu, C. Tang, Z. Zhang, Building topology-aware overlays using global soft-state, in: Proceedings on the International Conference on Distributed Computing Systems, 2003.
[55] M. Yang, Y. Dai, X. Li, Bring reputation system to social network in the maze P2P file-sharing system, in: IEEE 2006 International Symposium on Collaborative Technologies and Systems (CTS 2006), Las Vegas, 14–17 May 2006.
[56] Z. Zhang, S. Chen, Y. Ling, R. Chow, Capacity-aware multicast algorithms in heterogeneous overlay networks, in: IEEE Transactions on Parallel and Distributed Systems, February 2006, pp. 135–147.
[57] R. Zhou, K. Hwang, PowerTrust for fast reputation aggregation in peer-to-peer networks, in: IEEE Transactions on Parallel and Distributed Systems, April 2007, pp. 460–473.
[58] R. Zhou, K. Hwang, M. Cai, GossipTrust for fast reputation aggregation in peer-to-peer networks, in: IEEE Transactions on Knowledge and Data Engineering, September 2008, pp. 1282–1295.
[59] Z. Zhou, Z. Li, G. Xie, ACNS: Adaptive complementary neighbor selection in BitTorrent-like applications, in: Proceedings of IEEE ICC 2009, Germany, 2009.
[60] Y. Zhu, Y. Hu, Enhancing search performance on Gnutella-Like P2P systems, in: IEEE Transactions on Parallel and Distributed Systems, Vol. 17 (12), December 2006, pp. 1482–1495.

习题

8.1 在8.3.1节我们已经研究了DHT的基本概念。一种重要的基于DHT的协议是Kademlia[35]。该协议的特别之处在于，它已经成功应用在eDonkey和eMule文件共享系统中。请深入研究Kademlia协议并与Chord和CAN就路由复杂性、维护开销和可扩展性三个方面进行比较。最后，下载eMule的源代码（www.emule-project.net）研究其工作机理。在可能的情况下修改eMule代码以对该系统进行测量，测量方面的工作可参考文献[44]。

8.2 P2P VoD（视频点播）系统和P2P流媒体直播系统是不同的，因为P2P VoD中用户共享视频的同步性较差，所以利用互联网边缘用户的资源来分发数据比较困难。请阅读文献[18]，列出P2P VoD系统设计的挑战并解释PPlive是如何解决这些问题的。

8.3 列出针对结构化P2P覆盖网络的三种网络邻近性优化的优缺点。8.3.3节指出，在Chord覆盖网络中，节点x可以从标识落在范围$[x+2^i, x+2^{i+1}]$中的节点中选择一个物理上邻近的节点作为指针表的第i项，而这种改变不影响路由复杂度，请分析其原因。

8.4 构建的网络邻近性感知的覆盖网络将会影响泛洪和随机游动搜索算法的性能，因为节点被聚集为一个个组，组之间的连接非常少。在这种情况下，随机游动的查询消息可能会在一个组中转发很多次之后才能跳出该组到达资源所在组。请设计一种适用于节点聚集的覆盖网络的搜索算法。

8.5 数据分发也可以实现在基于DHT的覆盖网络之上，代表方法是CAM-Chord[56]，它在Chord覆盖网络上构建了能力感知的Chord覆盖网络。该方法不会产生冗余消息，即向n个节点分发数据对象仅需要n个消息。请阅读和比较CAM-Chord、ACOM[9]和CRP[24]三种方法，特别考虑下列性能指标：跳数复杂度、邻近性感知、覆盖网络维护开销和数据副本比例。

8.6 请补充表8-9中的空白，以比较Chord、Pastry、CAN和Kademlia，其中n是网络规模（对等节点数目），d为笛卡儿坐标维数。部分表项作为例子已经给出。

表 8-9 结构化 P2P 网络比较

特 征	Chord	Pastry	CAN	Kademlia
路由状态			$O(d)$	
网络结构	带有弦的环状结构			
路由复杂度		$O(\log n)$		
容错能力				

8.7 P2P 流量本地化也可以通过在网络提供商的网关上部署缓存来实现。然而与 HTTP 访问模式不同，P2P 中文件的流行程度不再服从 Zipf 规律。请阅读文献[17]并解释流行度的分布是如何影响缓存算法的，进一步讨论实现流量本地化的各种方法的优缺点。

8.8 在 8.5.1 节中，我们研究了不考虑共享内容语义信息的基本搜索算法。文献[60]的研究成果表明构建语义覆盖网络可以极大提高搜索性能，请阅读本篇文章及其相关工作，并回答为什么语义覆盖网络可以提高搜索性能。

8.9 YouTube 是全球最大的用户产生视频网站，大量用户每天观看成千上万的视频。YouTube 可以使用 P2P 技术来减轻服务器负载，但是和传统的视频不同，用户产生视频大小比较小。阅读 NetTube 论文[8]并讨论如何使用 P2P 技术来在 YouTube 中实现内容分发。

8.10 分析 Chord 覆盖网络的容错性和后继节点列表长度的关系。请问当节点失效概率为 0.5 时，是不是每个节点维护一个大小为 $O(\log n)$（其中 n 为节点数目）的后继节点列表就足以保证 Chord 覆盖网络的可靠性？

8.11 BitTorrent 被广泛使用在文件共享中，文件被分成文件分片，节点与邻居交互分片可用信息。当一个节点发现其邻居拥有的分片它还没有下载，它向邻居请求该分片。文件分片大小缺省为 256KB。请从 http://theory.stanford.edu/~cao/biased-bt.html 处获得 BitTorrent 的模拟代码，并评估文件大小对文件分发性能的影响。

8.12 Skype 是基于 P2P 的 VoIP 系统，已经被广泛使用，请阅读 Skype 相关文献[3]，然后给出 Skype 的覆盖网络结构、带宽消耗特征、访问能力受限对 VoIP 覆盖质量的影响。

8.13 在基于网状网“拉”的数据分发方法中，每个节点向其邻居广播它获得的数据分块，如果需要向其邻居请求相应数据分块。在基于树的“推”的数据分发方法中，数据分块沿着一个或者多个树状结构分发给所有节点。普遍认为“拉”的方法需要在控制开销和延迟之间折中，而树状结构“推”的方法则需要在连续性和延迟之间折中[48]。请阅读内容分发算法的综述文献[36]并比较两种方法[29]，可以考虑在树状结构系统中利用网络编码结合两种方法。

8.14 BitTorrent 系统使用所谓的“Tit-for-Tat”激励机制来实现贡献感知的内容分发。有些研究人员指出这种机制对保证公平性是足够的，而另外一些人则怀疑该机制并认为搭便车是非常容易的。请阅读文献[20, 29, 37]，然后回答下面两个问题：（1）是什么使得搭便车行为很容易实施？（2）你是否认为“Tit-for-Tat”足够解决这个问题？为什么？

8.15 请为左边的 P2P 网络从右边选择最佳搭配。

____ eMule	(a) 使用了多维坐标空间的结构化覆盖网络
____ BitTorrent	(b) 实现匿名和分散存储服务的无结构覆盖网络
____ Gnutella	(c) P2P 视频电话应用
____ Napster	(d) 使用高基数内嵌组实现邻近路由的覆盖网络
____ SETI@ Home	(e) 使用多个文件索引跟踪器的 P2P 文件共享网络
____ KaZaA	(f) 最早通过集中控制提供 MP3 音乐的 P2P 网络
____ Chord	(g) 抵御 DDoS 或者网络攻击的安全覆盖网络服务
____ Pastry	(h) 使用泛洪搜索文件提供商的无结构覆盖网络

____	Freenet	(i) 由多个超级节点构建的分散 P2P 网络
____	CAN	(j) 在以 9.5MB 为大小的片段级进行哈希的 P2P 文件共享网络
____	Skype	(k) 基于 DHT 的覆盖网络，查询时间为 $O(\log n)$
____	SOS	(l) 分布式处理外星信号的 P2P 网络

8.16 考虑一个标识长度为 6 位的 Chord 覆盖网络（共可有 64 个标识），假设已经有 6 个节点（0，4，7，12，32，50）在覆盖网络上，请使用 Chord 图回答下列问题：

a. 存储在节点 0 上的数据键和节点键值是什么？

b. 给出节点 7 的指针表，描述节点 7 是如何使用指针表找到保存数据键为 3 的文件的节点。

c. 描述如何在该结构中增加一个标识为 45 的新节点，需要在 Chord 图中给出到达存储键 45 的节点的最短路径。

d. 利用节点 45 的前驱的指针表执行 5 步查询操作来构建新节点 45 的指针表。

第9章

Distributed and Cloud Computing, 1E

普适云计算、物联网与社会网络

本章以移动计算支持、普适计算和社会网络为主线，讨论数据密集型应用和互联网云的未来趋势。首先综述公有云、私有云、科学云和网格方面的项目，包括 IBM、SGI、Salesforce. com、NASA 和 CERN 等机构建立的云平台，并讨论数据密集型可扩展计算的需求。其次针对高性能计算（HPC）网格和高通量计算（HTC）云给出性能评价指标，并就云混搭系统（cloud mashups）、移动支持以及在现有网格和云平台上的基准测试结果进行介绍。本章还讨论新近出现的物联网和信息物理系统（Cyber-Physical Systems，CPS）。最后分析了大规模社会网络，特别是 Facebook 和 Twitter。

9.1 支持普适计算的云趋势

本章展望分布式和云计算系统的未来趋势及其创新应用。在最近几年，分布式计算在系统结构、可扩展性以及应用领域等方面迅速改变。集群系统出现在 20 世纪 90 年代，那时在超级计算机前 500 名的列表中，有很多是以集群结构搭建的大规模并行处理器（MPP）。到 21 世纪初，网格作为一种计算机集群系统进一步集群化的技术，变得普及和流行起来，然而网格由于在应用中缺乏灵活性而没有得到广泛应用。

从 2005 年起，P2P 网络广泛应用于文件共享网络和在线社会网络，电子书籍、视频流、电影下载和社会网络成为当今互联网流量的主宰者。构建于数据中心之上的云计算出现于 2007 年，尽管云计算的底层所需技术目前均已具备，但云计算仍然处在其发展的初级阶段。云计算反映了最新的技术发展趋势，即通过虚拟化把计算服务向外扩展到自动化的数据中心，以实现弹性和灵活性。

本节以移动计算支持、普适计算和社会网络为主线，讨论数据密集型应用和互联网云的未来趋势。考虑到公有云和私有云服务已被运用在大量高性能应用和普适应用中，本节将首先分析它们的发展趋势，接着研究灵活和可扩展的云混搭系统基本理念，最后通过举例说明云计算在商业和科学应用中的未来趋势。

在 9.2 节，我们将评估云计算和分布式系统的性能。而在 9.3 节和 9.4 节，我们将集中研究新兴的物联网。物联网扩展了现有的互联网，就像 IPv4（32 位地址空间）扩展到 IPv6（128 位地址空间）一样。物联网可能会引领 IT 的新一轮发展，而其应用可能会影响人们生活的方方面面以及全球的经济。本章最后分析社会网络，并分析它们对面向海量用户的数字社会的影响。

9.1.1 云计算在 HPC/HTC 和普适计算中的应用

普适云计算指在任何地点、在任何时间、为了任意目的使用互联网资源。如今人们可以通过有线或者移动无线网络访问互联网。云科学受到按需提供的软件和服务思路的影响，其研究进展可以应用在高能物理、天文、大气科学建模和生物医学等领域。微软研究院的 Dan Reed 分析了大数据、多核普适云的变革，以及它们对信息时代科学研究的影响[69]，他的部分观点如下。 546

9.1.1.1 赫伯特·西蒙关于信息消耗的观点

“信息消耗的成本是显而易见的：接收者的注意力。因此，信息的富有造就了注意力的匮乏，随之产生了高效分配注意力的需求，即在可能消耗注意力的信息资源之间分配注意力。”这个观点清晰地勾勒出信息时代的供求模型。借助无处不在的传感器、云和移动设备，人们能够更加快速和高效地获取信息。在现在和未来的数据爆炸信息时代，我们能够以非常小的成本消耗信息。

9.1.1.2 范内瓦·布什关于预测扩展存储器（Memex）的观点

另一个有趣的观点是范内瓦·布什关于“扩展存储器”（Memex）的概念。早在1945年，他对梦想设备的预测如下：“一种每个人都使用的未来设备，它是一种机械化的个人私有文档和知识库，其名字是‘memex’。在memex设备中，每个人存储他的所有书籍、记录和通信。该设备是机械化的，支持非常快的速度和良好的灵活性来访问，是每个人记忆力的扩大补充。”多么巧合！今天，这种“memex”设备包括iPad、智能手机、云、物联网、虚拟现实和信息物理系统等。

9.1.1.3 云服务趋势

表9-1总结了8个IT知名公司和一些创业的云计算公司所提供的云服务。本书的第4章和第6章已经研究了由亚马逊、谷歌、微软、GoGrid和Rackspace公司提供的云服务，这里仅介绍由IBM、SGI和Salesforce.com提供的三种云服务。其他云服务留给读者深入研读。

表9-1 提供云服务或者产品的部分IT公司

公司，成立年份	提供的主要云服务	主要用户群
亚马逊 西雅图，1994	亚马逊Web服务（AWS）；6个“基础设施即服务”（IaaS）系统，包括提供计算能力的EC2、按需提供存储能力的S3	1万多个企业和个人用户，包括《纽约时代周刊》、《华盛顿邮报》和美国礼来公司（Eli Lilly）
Enomaly 多伦多，2004	弹性计算平台，借助商业云整合企业数据中心，借助虚拟机（VM）迁移来管理内部和外部资源	博奥杰（Business Objects）法国电信、NBC、德意志银行、百思买集团（Best Buy）
谷歌 山景城，加州，1998	提供平台即服务（PaaS）能力以及办公用工具，包括Gmail、日历工具、Postini网站构建工具和安全防护服务	小企业和大学，包括亚利桑那州立大学和西北大学等
GoGrid 旧金山，2008	提供基于Web的存储，借助提前安装的Apache、PHP以及微软的SQL等软件，在云中部署基于Windows和Linux的虚拟服务器	主要是创业公司、Web 2.0和软件即服务（SaaS）公司，再加上一些大的企业，如SAP和Novell等
微软 西雅图，1975	微软的Azure提供一个称为“Windows即服务”的平台，由用于构建和增强Web托管应用的操作系统和开发者服务组成	Epicor、S3Edge和Micro Focus使用Azure来开发云应用
NetSuite 圣马特奥，加州，1998	商业软件套装，包括电子商务、消费者关系管理（CRM）、会计和企业资源计划（ERP）工具	商业客户，如Puck Coffee和Wrigleyville Sports等
Rackspace 圣安东尼奥，得克萨斯州，1998	Racksapce的Mosso云提供构建网站的平台、云存储服务、类似于EC2的云服务器（可访问虚拟服务器实例）	Web开发人员和软件即服务提供商，如Zapproved使用Mosso实现在线生产工具
Saleforce.com 旧金山，1999	提供CRM工具实现销售自动化、分析、营销和社会网络；Force.com提供平台即服务，在Salesforce.com设施上构建Web应用	来自金融服务、通信、数字媒体、能源和医疗保健等领域的50万客户

9.1.1.4 IBM云项目

IBM正逐渐从一个软/硬件和系统提供公司转变为一个计算服务提供公司。IBM的云平台主要使用由IBM WebSphere支持的IBM服务器集群以及过去若干年积累的软件资源来构建。IBM的z系列和p系列服务器正在更新，更新后的服务器具有虚拟化能力。2007年，IBM启动了一系列云相关的研发项目，这些项目大都扩展自IBM前期的、基于SOA的按需计算和自治计算项目。

IBM的Ensembles提供虚拟化云系统，实现基础设施即服务。该系统能够把大的资源池整合起来以简化管理的复杂度，其目的是通过动态服务器、存储和网络集成，提供应用灵活性和高效资源部署。IBM 还提供一套称为 Tivoli 服务自动管理器（Tivoli Service Automation Manager，TSAM）的软件，以实现快速设计、部署和管理服务过程。管理私有云的另一个平台是 WCA（WebSphere CloudBurst）。此外，IBM 的 LotusLive 提供软件即服务的开发，包括在线会议服务、协同办公管理和电子邮件服务。

9.1.1.5　IBM RC2 云

8 个 IBM 研究中心的计算机和 IT 基础设施强连通组成称为研究计算云（Research Compute Cloud，RC2）的私有云。RC2 是基于 Web 的，3 000 多分布在全球的 IBM 研究人员通过 RC2 来共享计算资源。它也是 IBM 内部用于云技术研发的测试床，可提供按需建立自治计算环境的解决方案。在本书撰写时，RC2 云作为私有云服务的大规模测试床，为分布在世界各地的 3 000 多名 IBM 研发人员服务。 547~548

该系统支持机器虚拟化、服务生命周期管理和性能监测，其基本思想是把作业安排在最合适的站点，从而节省计算开销，并最终实现优化执行。该项目还对绿色节能和动态资源优化等进行了研究。在一个典型的 RC2 服务设置中，用户使用 Web 服务向 RC2 提交资源请求，如虚拟机和存储资源等。用户然后列出带有特殊服务水平协议（Service-Level Agreements，SLA）的指令，这些服务水平协议是关于资源数量和能力等级的。RC2 的管理模块确保命令所需的资源和服务是能够提供的，而 RC2 监测模块监测请求资源模式，并在服务完成后完成计费工作。

例 9.1　IBM 蓝云（Blue Cloud）系统

2007 年 11 月，IBM 对外宣布基于开放标准和开源软件的蓝云项目。该项目由分布在全球的 200 多位 IBM 研究人员参与。蓝云在一个定制的 IBM 硬件服务器平台上，结合了一些已有的软件和虚拟化包以及开源和私有软件，从而构建云计算环境。蓝云系统是用类似于 x86 处理器的 x 服务器构建的（见图 9-1）。这些服务器上运行 Linux 操作系统，并带有基于 Xen 的虚拟化软件。

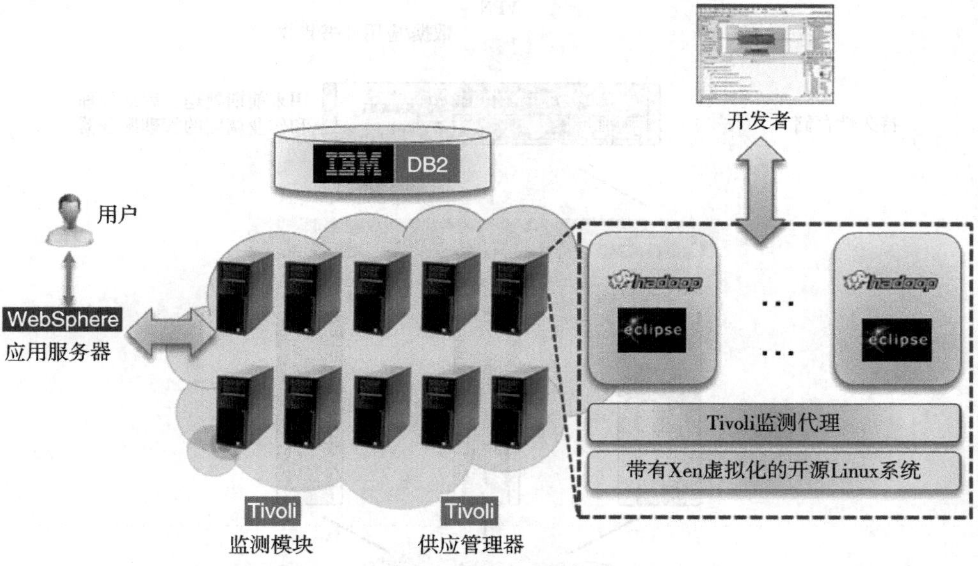

图 9-1　蓝云系统体系结构，使用 IBM 硬件和软件，并带有开源 Linux 和 Xen　549

注：由 IBM 蓝云项目提供。

蓝云使用一系列定制软件：Tivoli 监测模块监测虚拟集群操作（详见 www-01.ibm.com/software/tivoli/products/monitor）；DB2 管理结构化数据；而 Tivoli 供应管理器向物理节点提供虚拟服务器（详见 www-03.ibm.com/systems/power/software/virtualization/index.html）；WebSphere 应用服务器

用来建立应用入口。蓝云在后台使用了开源软件搭建处理大规模数据的云应用，Xen 作为云应用虚拟机运行实例的容器而使用，而 Hadoop 基于 MapReduce 范式来处理海量数据。■

9.1.1.6　SGI 的云系统

2010 年 2 月，SGI 对外宣布 Cyclone——用于高性能计算（HPC）的大规模按需云服务。Cyclone 同时提供 SaaS 和 IaaS 两种模式。SaaS 模式向用户提供涵盖很多领域的、预先包装好的科技应用。例如，系统可被飞机和汽车制造商用来进行流体动力学（CFD）和有限元分析。而在 IaaS 模式下，用户可以访问 SGI 最快的 Altix 服务器和 ICE 集群。这些服务器和集群是互联的存储系统，而且由 SGI 的专家们根据特定用户应用进行管理和优化。

如今大量的公司需要处理越来越难的商业问题，如管理和处理持续增长的数据、及时把结果传给用户等。大多数公司在处理这个问题时采取的方式是扩大它们的 IT 基础设施，随之而来的是不可预见的管理和设备开销，以及由数据瓶颈导致的低于预期的吞吐率。SGI 的 Altix ICE 集成刀片集群正是为数据密集型问题设计的，避免了上述问题。这种创新平台在不损失易用性、易管理性和性价比的情况下，提高了效率，而且是可扩展的。

例 9.2　SGI Cyclone 云实现高性能计算

图 9-2 给出了 SGI Cyclone HPC 云的体系结构。SGI 服务器可以根据用户应用的要求纵向扩展（scale up）和横向扩展（scale out），甚至以混合模式扩展。Cyclone 云可以支持大量人们熟知的

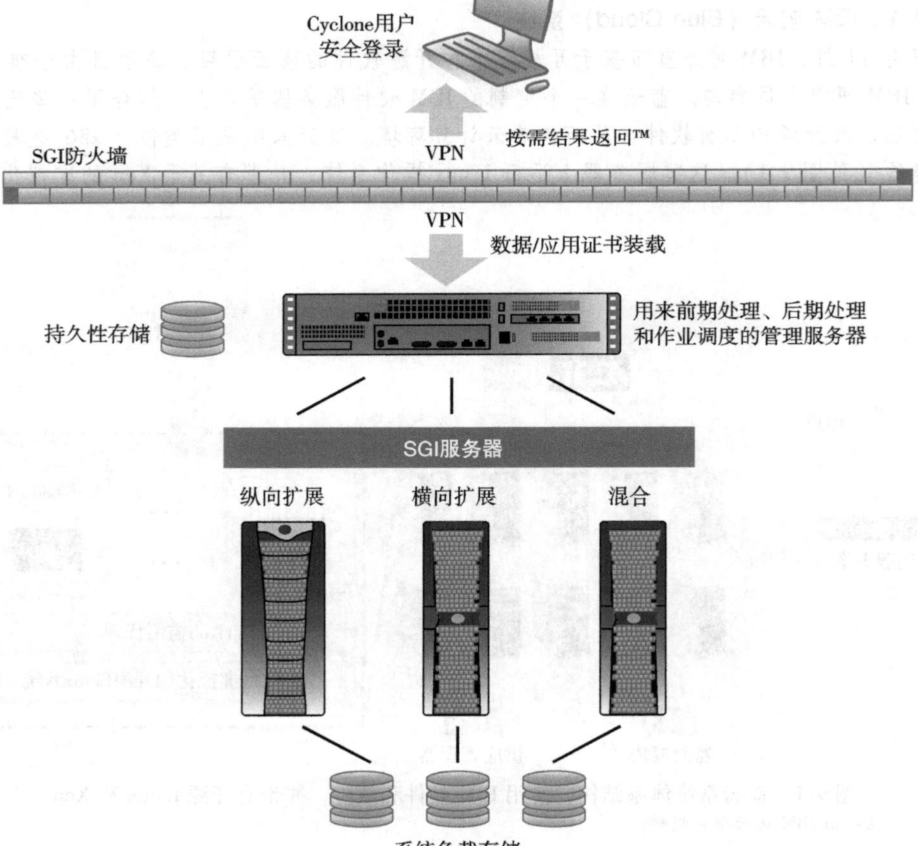

图 9-2　SGI Cyclone HPC 云，支持 SaaS 和 IaaS 应用

注：由 SGI CEO M. Barrenechea 提供，www.sgi.com/cyclone，2010 年 2 月。

科学和工程应用，包括 OpenFOAM、NUMECA、Acusolve、LS-Dyna、Gaussian、Gamess、NAMD、FASTA 和 ClustalW。这些云应用可以为很多工业和政府部门提供便利，包括绿色能源、制造业、数字媒体、娱乐、财政管理、研究和高等教育等。用户在无需进行基建投资的情况下，扩展他们的计算和存储能力，省去了长时间的采购和安装周期。用户在需要时请求基础设施，而不必担心基础设施的管理。Cyclone 云平台由 SGI 的防火墙和虚拟专用网（VPN）访问通道保护。

Cyclone 是一种专为科技应用提供按需云计算服务的系统，它支持许多前沿应用和5个科技领域，包括计算流体动力学、有限元分析、计算化学和材料学、计算生物学和本体论。该系统以两种模式提供服务，即 SaaS 和 IaaS。在 SaaS 模式下，通过访问先进的开源应用和顶尖独立软件供应商提供的最佳商业软件平台，用户可以大幅度节省所需的计算时间。而 IaaS 模式允许用户安装和运行他们自己的应用程序。

SGI Altix 是纵向扩展的，Altix ICE 是横向扩展的。Altix XE 混合集群用来管理基于 Intel 至强或安腾处理器的云服务器。Altix 是一系列由 SGI 生产的基于 Intel 处理器的服务器和超级计算机，有很多个版本，最新的是 SGI Altix 4700。该服务器在以数据为中心的结构中提供刀片式配置，可实现太字节的数据吞吐率。服务器支持“即插即解决”（plug and solve）刀片式配置能力。和以前的版本一样，该款服务器平台基于工业标准 CPU、存储和 I/O，专为科技用户设计。■ 550~551

9.1.1.7 Salesforce.com 的 Force.com 云

Salesforce.com 于1999年成立，为 SaaS 提供在线方案，主要针对消费者关系管理（Customer Relationship Management，CRM）应用。它最早使用第三方云平台来提升其软件服务，并逐渐搭建 Force.com 作为 PaaS 平台。截至2010年，Salesforce.com 的用户超过了210万。例9.3简要介绍了 Force.com 平台云。

例 9.3 Salesforce.com 的 Force.com 云平台

Force.com 平台支持某些 SaaS 和 IaaS 应用，允许外部开发者创建集成于 Salesforce.com 的新应用。该平台的目标用户是需要商业计算应用的企业用户。除了 CRM 在云服务中的易用性外，Force.com 提供一种私有的类似于 Java 的编程语言 Apex，以及用于简化商业开发周期的 Visualforce。多个用户可用 AppExchange 方便地交互和协同工作。应用服务主要集中在 CRM 数据库、应用开发和定制领域。

在安全领域，Salesforce.com 不仅提供保护数据完整性的机制，而且提供访问控制机制来确保行政安全和记录安全。公司在2010年6月引入了 Chatter 系统，它是“企业的 Facebook”。其中的打包服务帮助用户发布他们的创新应用，用户可在 Force.com 平台上定制他们的 CRM 应用。系统有“联系人”、“报告”和“账户”等标签，用户也可以根据金融和人力资源应用方面的特殊需要增加定制的或者新的标签。此外，Force.com 平台提供 SOAP Web 服务 API，还为黑莓（BlackBerry）、iPhone 和 Windows 移动设备用户提供移动支持。Salesforce.com 的 SaaS 和 PaaS 服务已经支持10余种语言。■

9.1.2 NASA 和 CERN 的大规模私有云

在2010年，美国和欧盟分别建立大规模私有云。本小节讨论这两种云平台，并展示云计算平台的扩展增长。美国建立的云平台称为 Nebula，是由 NASA 设计的，旨在为 NASA 的科学家在远程系统上提供气候模型运行能力。这可以避免大量的 NASA 用户就近请求超级计算机而带来的问题。此外，NASA 可以在该数据中心云平台上建立复杂的天气模型，这无疑是一种高效的手段。

欧盟的云平台在日内瓦由 CERN 建立。它用于向全球数以千计的科学家分发数据、应用和计算资源。CERN 处理大规模数据集并期望获得高吞吐率。IT 业界、大企业和其他政府组织也在建立私有云平台。在其初始阶段，这些云平台仅对受限用户群提供服务。一旦这些云平台变得成熟和安全，并具备它们声称的优势后，将会转为公有云平台。552

9.1.2.1 NASA 的 Nebula 云

Nebula 是 NASA 的艾姆斯研究中心正在研发的云计算平台（见图 9-3），它把一系列开源组件集成到一个无缝自服务平台。该平台使用虚拟化和可扩展方法提供高性能计算、存储和网络互连，从而实现空间和能源上的高效。Nebula 现在应用于教育和公众平台，以实现合作、公共输入和任务支持。Nebula 提供高速数据连接、工具集和开放数据 API，增强了 NASA 与外面的科研人员的协同能力。Nebula 遵照透明原则构建，是一个开源项目。

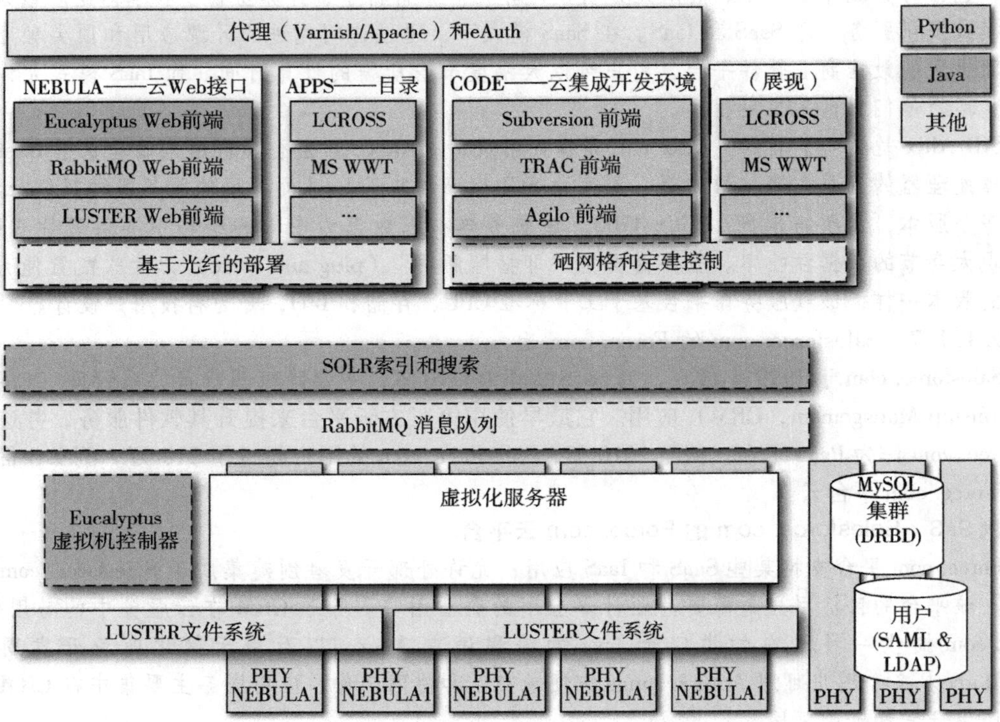

图 9-3 NASA 正在研发的 Nebula 云平台（http://nebula.nasa.gov）

Nebula 平台建成后将为大量需求的快速解决提供计算方案。Nebula 平台的每个组件将单独可用，提供 SaaS、PaaS 和 IaaS 服务。NASA 将用 Nebula 来支持任务执行，以及教育和公共平台的构建，还将鼓励合作和公共输入。Nebula 将向 NASA 提供一种简单、高效和安全的方法，以方便与公众交互和共享数据，这符合奥巴马政府建立开放、透明政府的观点。 553

9.1.2.2 Nebula 研发现状

Nebula 已经向 NASA 内部项目组、相关研究和学术合作者开放，但并不向私有企业和公众开放，它还是美国管理与预算办公室进行联盟云计算技术测试的试验床。Nebula 使用集装器式的数据中心，在 NASA 的艾姆斯研究中心放置服务器。集装器式中心是最“绿色的”，因为它们更密集，冷却所需的电力也少。云计算可以达到传统网络或者服务器中心效率的 3～5 倍。Nebula 实现节能效率的另一个方法是关掉网络中的一些服务器，估算结果显示 Nebula 比传统数据中心的能源效率高出 50%。

9.1.2.3 CERN 超级云

CERN 在解决复杂 IT 问题上一直都非常有影响力。事实上，万维网很大程度上归功于 CERN 在这方面早期的工作。现在，CERN 的注意力转向了云计算。CERN 科学家计划同时粉碎两个粒子束，试图重现“大爆炸”事件，从而揭示许多基本物理现象的谜题。CERN 的科学家认识到在他们自己的大规模数据中心上使用云计算进行模拟实验是成本效益最高的。

世界上成千上万的科学家都有超大数据集需要处理。CERN 相信云项目能够为其分散在 85 个国家的 1 万研究人员提供持续增长的计算性能和良好的基础设施服务。CERN 需要处理海量科学数据，并以接近实时的速度分发给研究人员。CERN 的云基础设施需要每年处理和分析 15PB 数据，这些数据由 6 万个 CPU 核处理。云基础设施还允许科学家自己管理其负载，而不是使用 CERN 实验室的集中式 IT 管理部门来统一管理。

CERN 使用了 Platform 公司的 LSF（Load Sharing Facility）网格和负载管理方案，以实现对其海量科研数据分析的可扩展性。实验室和 Platform 公司合作来探究如何在虚拟化云环境中更加高效地利用资源。LSF 和自适应集群为 CERN 的科学家提供了一个开放、低成本和通用的平台，可以同时管理云中的虚拟服务器和物理服务器。此外，科学家可以管理他们自己的应用环境并动态控制项目，以期达到最大灵活性和高效的负载处理。

9.1.2.4 CERN 的虚拟机项目

大规模离子对撞器实验（ALICE）的科学家们在 CERN 进行了大量离子模拟，他们在内部分布式资源集上开发和调试计算作业。这些资源由称为 AliEn 的调度器管理，把云动态提供的资源整合到已有的基础设施内，如 ALICE 计算机池。其目的是确保各种 AliEn 服务拥有同样的部署信息。CERN 的虚拟机项目旨在开发一种提供虚拟机的方法，使得虚拟机能够作为支持所有大规模实验环境的基础。

CERN 的虚拟机技术最早旨在为科学家提供可携带的开发环境，从而在他们的笔记本和台式机上可运行这种环境。目前，该项目支持各种虚拟镜像格式，包括亚马逊 EC2 和科学云使用的 Xen 镜像。这里的挑战是找到一种部署这些镜像的方法，使得镜像可以动态、安全地在 AliEn 调度器上注册，即加入 ALICE 资源池。 554

9.1.2.5 CERN 的云平台构建路线图

Nimbus 是一种允许用户为远程资源上部署的虚拟机安全指定上下文信息的云操作系统。对云提供商来说，Nimbus 仅需最小的兼容性要求，而且能够在多个提供商之间协调信息交互。商业云提供商（如 EC2）允许用户部署由不相连虚拟机组成的组，但科学家通常需要随时可用的集群，这些集群共享相同的配置和安全的上下文。Nimbus 上下文模块（Context Broker）弥补了二者之间的差距。

Nimbus 的上下文模块和 CERN 的虚拟机技术是可以融合在一起的。新的系统在位于芝加哥大学的 Nimbus 云上动态部署虚拟机。该虚拟机加入 ALICE 计算机池后可被作业使用。此外，还增加了一个队列传感单元，按需部署和终止虚拟机。这样研究人员就能够按照队列中作业的情况，以在资源成本和需求之间折中的方式进行实验。

2009 年，CERN 启动了 IaaS 配置，重要组成部分是批量计算平台。该平台利用 IaaS 来提供大量虚拟批处理节点。虚拟机提供系统和批量应用程序都经过了大规模测试，CERN 的云平台可支持 1.5 万，甚至更多的并行虚拟批处理节点。

9.1.3 灵活和可扩展的云混搭系统

在 Web 应用开发中，混搭系统（Cloud Mashup）是指一个网页或者应用结合了从两个以上的源提供的数据、表达或者功能来构建新的服务。混搭系统的主要特征是虚拟化和聚集的混合。在云计算中，云从虚拟机资源池中动态分配资源来提供计算服务。表 9-1 列出了云提供的多种服务。正如亚马逊的 EC2 和 S3 服务（AWS）所展示的，资源池可用于并行分布式计算。而另一方面，GAE 则主要是基于 Web 的文件存储、电子邮件、消息传递等服务。

尽管 AWS 和 GAE 在功能上有诸多不同，但是二者可以相互补充。这就催生了这样一个想法，即混合不同的云来动态建立*互联云*（intercloud）或者*云平台的云*（cloud of clouds）。本节将展示如何混合 GAE 和 AWS 云来实现应用灵活性和性能扩展性所需的特征。事实上，对于那些不愿意建立自己的企业级数据中心或者私有云的创业公司来说，云混搭系统为它们提供了一种更加有效和划算的解决方案。云混搭系统需要兼顾各个云平台的优势和使用习惯，比如把 AWS 和 GAE 混搭时，需要既保持 AWS 的 MapReduce，又可以通过 GAE 易于操作的 Web 接口来实现可控
555 和可管理。

9.1.3.1　云混搭系统的基本思想

创业公司都希望在最初几年把它们的运营成本控制到最低，这可以使得企业尽快收回投资和实现盈利。风险投资家更倾向于投资那些预期可以尽快收回投资的公司，因此，保持较小的前期成本对于创业公司来说是至关重要的。对于一个社会网络的创业公司来说，它需要大量的数据存储空间和服务器，以及辅助的冷却设施和用于放置设备的厂房等基础设施。这些无疑将需要中等规模或者大笔的启动投资。

基于“按使用情况来付费”（pay-per-use）模型，创业公司可以借助类似于 AWS 和 GAE 的公有云平台实现快速启动。这不仅减少了由于上市时间长造成的损失，而且可以加快新想法在商业领域的发布。由于越来越多的企业可以相互之间良好的互补，因此当下商业混搭系统非常流行。混搭系统一般是借助 JavaScript 或者 PHP 这类交互式脚本语言实现的数据流系统。例如，截至 2010 年 9 月，ProgrammableWeb 网站收录了 2000 多个 API 和 5000 多个混搭系统[84]。商业混搭系统的例子有雅虎的 Pipes（http://pipes.yahoo.com/pipes/）、微软的 Popfly（http://en.wikipedia.org/wiki/Microsoft_Popfly）以及 IBM 的 BPEL Web 2.0[156]等。

例 9.4　在 AWS 和 GAE 平台上设计云混搭系统

图 9-4 给出了 GAE 和 AWS 平台混搭系统的概念，从 GAE 获取用户输入文件，并使用 AWS 基础设施来完成 MapReduce 操作。为了验证混搭系统的有效性，南加州大学使用可扩展的 EC2 资源，对混搭系统平台上的 MapReduce 性能进行了测试实验[18]，结果将在下面介绍。云混搭系统提供商期望把两个云平台连接在一起。

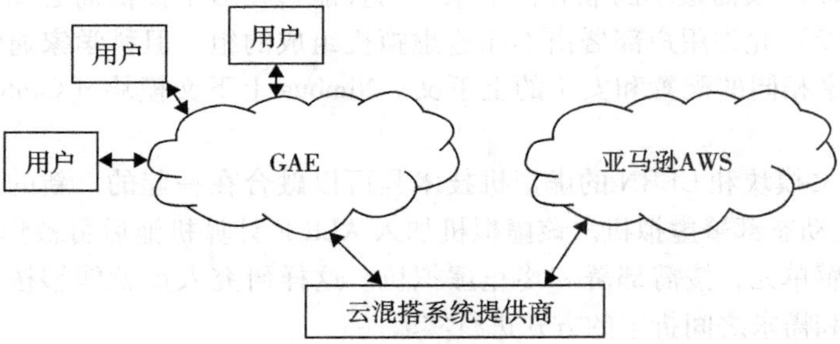

图 9-4　GAE 和 AWS 云平台之间的混搭系统

注：由南加州大学的 V. Dixit 提供[18]。

云混搭系统设计发挥了谷歌的 Web 灵活性和 AWS EC2 的扩展能力。用户可以在 GAE 上编写
556 灵活的软件，并在 AWS 上使用用户的输入来执行并行计算操作。另外，创建者可以将并行计算操作应用于用户拥有的集群。AWS 并不像可扩展的 Web 接口一样易用，这是因为 EC2 的大小需要随着用户请求而增长。此外，用户必须建立名字服务器以便把终端服务器隔离起来，防止终端服务器在网络上直接可见。而谷歌在这方面却非常高效。■

像 eBay 这种在线企业，为了提升销售额需要为客户提供相关结果。这就要求较强的计算能力，而这种能力超出了基于 Web 体系结构（如 GAE）的服务范围。所以这样的企业需要较大的计算平台，而这种平台可以从亚马孙的 AWS 平台获得。该模式允许用户在一个虚拟机上进行大量的计算。对于一个在 Windows 主机上使用 Excel 处理信息并在基于 UNIX 的系统上运行计算代

码的企业来说，GAE 由于不具有任何“执行”程序的能力变得没有用处。事实上，企业所需的任何可执行代码都不能使用谷歌的服务模式，此时 AWS 就成为完成该任务的首选。

9.1.3.2　云混搭系统实验结果

我们用 Phython 编写了一个字数统计程序，该程序对 2GB 的大规模数据集进行字数统计。这个作业从 GAE 提交，并在亚马逊的 EC2 平台上运行。为了实现并行执行，实验在 EC2 的虚拟机集群上使用了 MapReduce 机制，虚拟机数目从 1 到 60 可变。实验结果如图 9-5 所示，其中，我们使用了幂回归来拟合字数统计所需的时间。可以看出，随着 EC2 集群虚拟机节点数目从 1 增长到 60，所需时间以近似幂律的规律在下降，说明具有良好的可扩展性。在一个虚拟机节点上处理 2GB 的数据需要 1000 秒，而当节点数目增长到 60 个时，所需时间 557
减少到了 300 秒。

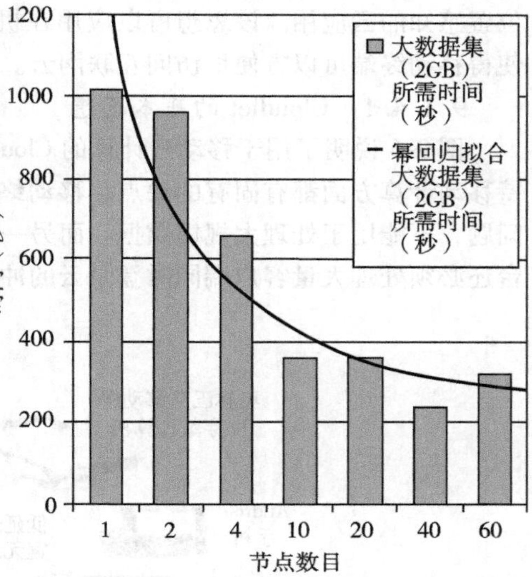

图 9-5　云混搭系统的可扩展性能：2GB 的数据集，执行时间随着虚拟机实例的增长而下降

注：由南加州大学的 V. Dixit 提供[18]。

9.1.3.3　云混搭系统的优势

对于一个创业公司来说，如果它提供基于 Web 的且需要大量存储空间的应用，或者对网页不间断在线的依赖程度非常高，那么它应该考虑提供动态扩展机制（基于负载的扩展）的云提供商。对于创业公司来说，需求的突然增长是非常常见的，而这种云提供商即使在需求突然增长的情况下，仍然提供良好的可用性。此外，快速和自动的向下扩展能力能够减少企业的运营成本。企业计算平台不仅需要提供可扩展的服务，而且需要提供生存和竞争所需的灵活性。云混搭系统能够结合多种平台或者 API，从而提供更加灵活的广泛服务：

- **EC2 虚拟集群上的可扩展性：** MapReduce 的实现可以根据问题的大小和虚拟集群的规模扩展。南加州大学使用 EC2 对 MapReduce 进行了实验，实验结果说明了 EC2 的良好扩展能力。
- **GAE 接口的灵活性：** 云混搭系统平台结合了 GAE 和 AWS，利用了谷歌的 Web 接口和亚马逊 EC2 的计算能力。GAE 用来搭建上传文档的网页，而 EC2 用来运行 MapReduce，最终结果返回给谷歌用户。

9.1.3.4　云混搭系统总结

在建立可扩展和灵活的云混搭系统平台方面，大多数流行的云平台对创业和知名公司都是非常有潜力的。前面提到的各种协同技术为下述两个问题提供了建议：（1）为了实现随用户和数据增长的可扩展性，企业需要做什么？（2）在这样的环境下，为了具有灵活性又需要什么？云混搭系统提供了一种不被绑定在任意一个平台或者实现的灵活性[20]。

为了保证云平台之间无缝混搭，云平台提供商之间需要确立服务等级协议（Service Level Agreement，SLA），他们必须提供这种无缝混搭功能。云提供商之间缺乏安全性会成为规模扩展的瓶颈。然而，这正是混搭方法灵活性的作用，它使跨平台的迁移变得非常容易。

应用混搭系统的扩展性和灵活性，私有云平台的构建会变得更加高效，尤其是在用户或者数据快速增长阶段。借助模块化数据中心，在地域上广泛分布的云提供商之间传输数据带来的开销可以减少。尽管 MapReduce 的实验结果说明了云混搭的可行性，但是不同模式（如 Dryad 和 Pig Latin）的综合可能因不同的计算结构和语言而产生不同的结果。

9.1.4 移动云计算平台 Cloudlet

最近，卡内基－梅隆大学、微软、AT&T 和兰卡斯特大学的研究人员提出一种低成本基础设
558 施[74]，使得移动设备可以使用云计算。这种思想称为 Cloudlet（云朵），它提供了一个资源丰富的门户，用于更新移动设备，使其具有访问远程云的能力。门户是可信的，而且使用虚拟机寻找位置感知的云应用。该思想可以应用在机会发现、快速信息处理和交通的智能决策中。Cloudlet 使得移动终端可以方便地访问互联网云。

9.1.4.1 Cloudlet 的基本思想

图 9-6 说明了用于移动云计算的 Cloudlet 基本思想。移动终端和集中式云或者数据中心在支持移动计算方面都有固有的缺点。移动终端面临有限的 CPU 处理能力、存储容量和网络带宽等问题，不能用于处理大规模数据。而另一方面互联网中的远程云平台面临广域网延迟问题。云平台还必须处理大量客户端同时登录云的冲突问题。

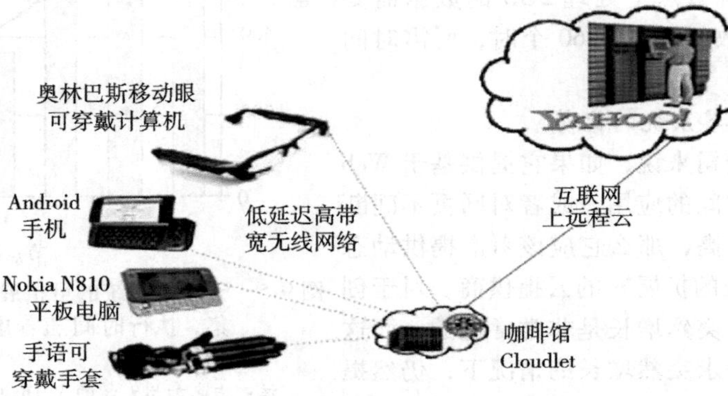

图 9-6 基于虚拟机的移动云计算应用平台 Cloudlet

注：由 Satyanarayanan 等[74]提供。

为了解决上述问题，和连接互联网的 WiFi 服务接入点类似，在一些便利站点（如咖啡馆、书店等）部署 Cloudlet。这些广泛部署的 Cloudlet 构成了分布式云计算平台，扩展了用户可用的资源。其基本思想是把 Cloudlet 用做访问远程云的灵活网关或者门户。Cloudlet 可以在 PC、工作站和低成本服务器上实现。该思想的主要创新是使用基于虚拟机的灵活性处理来自不同移动设备的请求。

9.1.4.2 Cloudlet 和云的不同

正如表 9-2 所示，Cloudlet 是去中心和自管理的，就像一个“盒子内的虚拟数据中心”。Cloudlet 在局域网延迟和带宽环境下每次处理少量用户，而通常的云平台则是集中式的大规模数据中心。云平台由专业的人员管理，需要带有不间断电源和冷却的房间放置大量机器。移动设备访问远程云的主要问题是互联网或者广域网上的高延迟，当成千上万的用户同时请求服务时，
559 问题变得更加复杂。

表 9-2 本地 Cloudlet 和远程云的不同

	Cloudlet	云
状态	仅软状态	软硬状态并存
管理	自管理；少量或者无专业管理	专业管理，7×24 小时工作
环境	位于商业站点的“盒子内的数据中心”	带有电源调节和冷却系统的机房
所有方式	由本地企业拥有的去中心方式	由亚马逊和雅虎等公司拥有的中心化方式
网络	局域网延迟/带宽	互联网延迟/带宽
共享	每次少量用户	每次 100～1000 用户

9.1.4.3　Cloudlet 内的快速虚拟机整合

卡内基－梅隆大学（CMU）建立了称为 Kimberley 的 Cloudlet 原型，在 Cloudlet 宿主上合成一个虚拟机覆盖网络。CMU 的结果显示虚拟机合成可以在 100 秒内完成。换句话说，它在临时的 Cloudlet 上建立了一个定制的虚拟机覆盖网络，从而绑定远程云资源来满足用户需求。图 9-7 给出了在 Kimberley 中动态虚拟机整合的流程图。一个小型的虚拟机网络由移动设备传输到运行基础虚拟机的 Cloudlet。虚拟机覆盖网络加上基础虚拟机构成了移动设备的特别运行环境，移动设备通过 Cloudlet 入口访问云应用。信任和安全问题同样也是 Cloudlet 部署时主要考虑的因素。

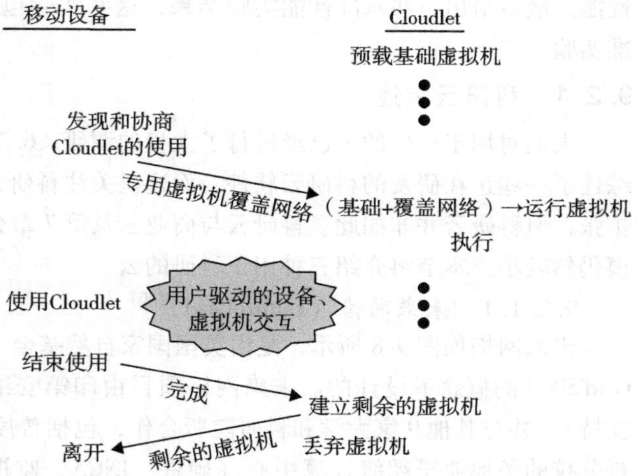

图 9-7　构建在 CMU 的 Kimberley 原型 Cloudlet：快速虚拟机整合

注：由 Satyanarayanan 等人[74]提供。

9.1.4.4　物联网应用中的移动和安全支持

560

表 9-3 总结了在移动计算和云支持的物联网应用中的移动支持、数据保护、安全基础设施和信任管理。安全是为了在固定和移动分布式计算环境中保护表 9-3 所列出的云计算服务。移动支持则包括云平台移动访问所需的特殊接口、移动 API 设计和无线 PKI（Public Key Infrastructure，公钥基础设施）等。VPN（Virtual Private Network，虚拟专用网络）也可以用来保护云平台。数据保护则包括文件/日志访问控制、数据着色和版权保护等。为了应对软/硬件失效，还需要灾难恢复机制。云安全可以通过多种方式得到加强，包括建立信任根、保护虚拟机提供过程、使用软件水印、在主机和网络层使用防火墙和入侵检测系统（IDS）。最近提出的信任覆盖网络和信誉系统[43]也可以用于可信云计算中，保护数据中心。

表 9-3　物联网应用中的移动和安全支持

物联网服务层次	移动支持和数据保护方法	加强云安全的硬件和软件方法
数据感知和网络支持	• 特殊云接口 • 移动 API 设计 • 文件/日志访问控制 • 数据着色	• 软/硬件信任根 • 虚拟机安全提供 • 软件水印 • 基于主机的防火墙和入侵检测系统
用于处理感知数据的云平台支持	• 使用无线 PKI • 用户认证 • 版权保护 • VPN	• 基于网络的防火墙和入侵检测系统 • 信任覆盖网络 • 信誉系统 • 操作系统补丁管理

9.2　分布式系统和云的性能

本节将研究分布式 HPC 系统和云或者基于数据中心的 HTC 系统的性能问题。首先，我们介绍由 Randal Bryant 引入的数据密集型可扩展计算（Data-Intensive Scalable Computing，DISC）模式[5]。HPC 系统正在从现在超级计算机的每秒千万亿次浮点运算（Pflops）的性能向未来亿亿次（exascale）浮点运算能力发展。HTC 系统的性能则主要使用每个单位时间可以处理的用户任务数来衡量（即吞吐量）。

本节将给出衡量 HPC 系统的主要性能指标，如持久速度、系统效能和可用性等。HTC 系统从吞吐量和服务质量两个方面评价。此外，本节将研究负载特征方法，以预测网格或者云系统的性能。最后给出一些基准性能实验结果，这些实验包括清华大学的实验和印第安纳大学的云基
561 准实验。

9.2.1 科研云综述

人们对用于科研的云已经进行了大量的调研，6.2.6 节也综述了适用的应用类型。我们已经综述了一些正在研发的科研云软件，而这里关注科研云的基础设施。有趣的是，虽然商业云快速扩张，但科研云并非如此。科研云与商业云及第 7 章介绍的 TeraGrid 大规模超级计算机相比，规模仍然较小。本节将介绍三种用于科研的云。

9.2.1.1 未来网格（FutureGrid）[30]

未来网格如图 9-8 所示，是由美国国家自然基金（NSF）资助的 TeraGrid 的实验组件，是在 Grid'5000 的概念下设计的。未来网格项目由印第安纳大学牵头（硬件、体系结构、核心软件、支持），并与其他 9 家大学和科研院所合作，包括普度大学（HTC 硬件）、位于加州大学圣地亚哥分校的圣地亚哥超级计算中心（硬件、INCA、监视）、芝加哥大学/阿贡国家实验室（硬件、Nimbus）、佛罗里达大学（硬件、VINE、教育和公众平台）、南加州大学信息科学中心（用于管理实验的 Pegasus 工作流软件）、田纳西州大学、Knoxville（基准程序）、得克萨斯大学奥斯丁分校/得克萨斯高级计算中心（硬件、门户）、维吉尼亚大学（互操作和网格软件）、德累斯顿技术大学的信息服务中心和 GWT-TUD（VAMPIR 软件）。

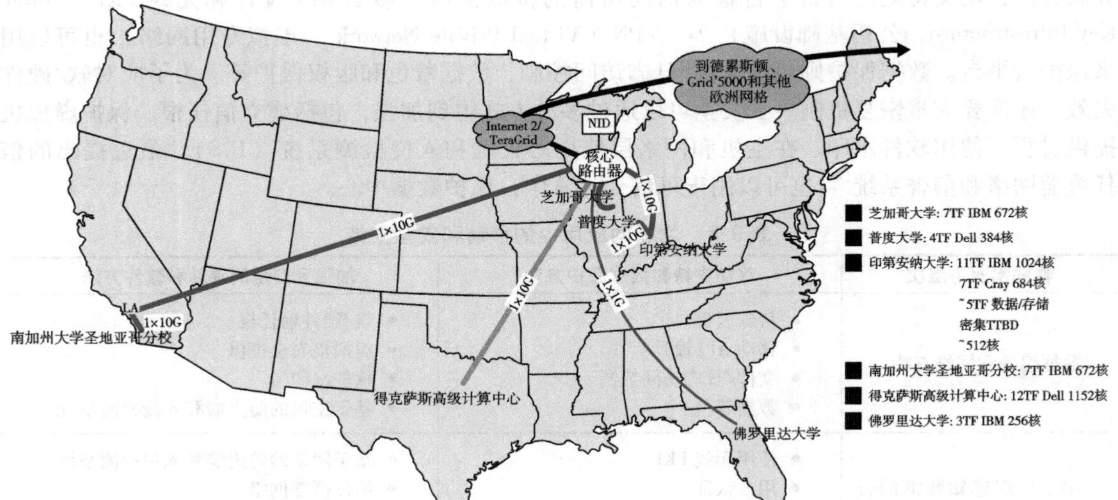

图 9-8 分布在美国的未来网格分布式系统测试床

562 注：由 Judy Qiu[30] 提供。

未来网格尽管是一个基础设施项目，但它需要大量的系统研发来实现目标。未来网格不是一个商业系统，而是一个支持灵活研发和测试平台的环境，为诉求互操作、功能和性能问题的中间件和应用用户服务。未来网格方便了研究人员实验：研究人员通过提交实验计划来进行实验，这些计划将会通过先进的工作流引擎来执行，维护必要的源和状态信息以便重放。

测试床由三部分组成：地域上分布的异构计算系统、数据管理系统（保存元数据和不断增长的软件镜像库）、允许隔离和安全实验的专用网络。测试床以最小化开销和最大化性能为目

标，既支持基于虚拟机的环境，也支持本地操作系统。项目成员正在整合现有的开源软件包，创建易用的软件环境，以支持实例化、执行，以及网格和云计算实验的记录。

未来网格的一个目标是认识云计算方法的行为和效用。通过请求在虚拟和裸机系统上进行链接实验，研究人员可以测量云技术的开销。更进一步，它为高级计算机基础设施课程提供了一个丰富的教育和教学平台。就这一方面来说，未来网格将在支持的软件上建立教程，并提供一系列支持诸如基础网格和并行计算的在线实验室装置（定制的基于虚拟机的镜像）。

此外，一些特殊课程可以在未来网格上开发。这些课程需要一定的特权和系统破坏能力，很难在商业系统上得到满足。未来网格提供7个不同的系统（集群），这些系统由约5000个具有不同优化能力的核组成，还有一个专用网络（除了得克萨斯的Alamo系统外），允许安全隔离和专用网络减损装置的使用。云平台通过在hypervisor之上建立环境来提供良好的灵活性。未来网格遵循不同的路线，按需在裸机上动态提供软件。

在2010年11月时，重启未来网格上的一个节点需要约4分钟[15]。用户可以从大量不同的镜像中选择，以实现测试环境。这些镜像需要充分考虑安全。未来网格目前在不同的层次提供选择：hypervisor级（Xen，KVM）、操作系统（Linux、Windows）、云环境（Nimbus、Eucalyptus、OpenNebula）、中间件（gLite、Unicore、Globus）、编程范式（MPI、OpenMP、Hadoop、Dryad）、特定的能力（如由ScaleMP带来的分布式共享内存）。

未来网格期望随着用户建立新的环境，并把它们存储在库中来不断增加可用的镜像。图9-9给出了未来网格项目开发的软件栈。重要的组件包括入口接口、监视能力（INCA、电力［green IT］）、实验管理者（一种支持执行情景再现的特征）、镜像产生和仓库特征、VINE互联云网络（虚拟网络建立的虚拟集群）、性能库、运行时自适应插入服务（调度和部署镜像）、安全特征（包括隔离网络的使用和认证、授权）。

9.2.1.2 Grid'5000[35]

如图7-6所示，Grid'5000分布式系统链接位于法国的9个站点。最近巴西的阿雷格里作为第10个站点加入。该系统包含1500个节点、5000多个核，用于各种各样的计算机科学研究项目，包括云计算、网格计算、绿色IT等以软件系统和性能为目标的项目。Grid'5000旨在为用户提供一种可配置、可控和可监测的实验平台，其工作涉及各个层次，包括应用、编程环境、应用运行时、网格、云、P2P中间件、操作系统和网络。 563

9.2.1.3 Magellan[7]

Magellan是最大的研究云，位于两个美国能源部站点：阿尔贡（Argonne）[6]和国家能源研究科学计算中心（NERSC）。每个站点由中等规模的集群和存储设备组成。NERSC系统由700多个节点、6000个左右的核组成，而阿尔贡系统由500多个节点和4000个核组成。这些系统致力于解决以下各种研究问题：

- 针对科学应用，比较云计算与传统集群系统、超级计算环境的性能，特别关注那些正在本地集群运行的应用或者需要不超过1000个核的中列数应用。
- 测试针对数据密集型应用的固态（闪存）存储。对数据密集型应用，特别是读密集型应用，固态存储的带宽、I/O操作率（IOPS）大幅提升，延迟有效降低。
- 探究云计算的可移植性，特别关注MapReduce。
- 在云平台上提供入口，用于方便地访问应用、数据库或者自动化工作流。
- 测试替代资源模型。例如当可用性是核心时，虚拟专用集群应该保障在每一段特定时间对特定研究组的访问。
- 理解哪些科学应用和用户群体最适合使用云计算。

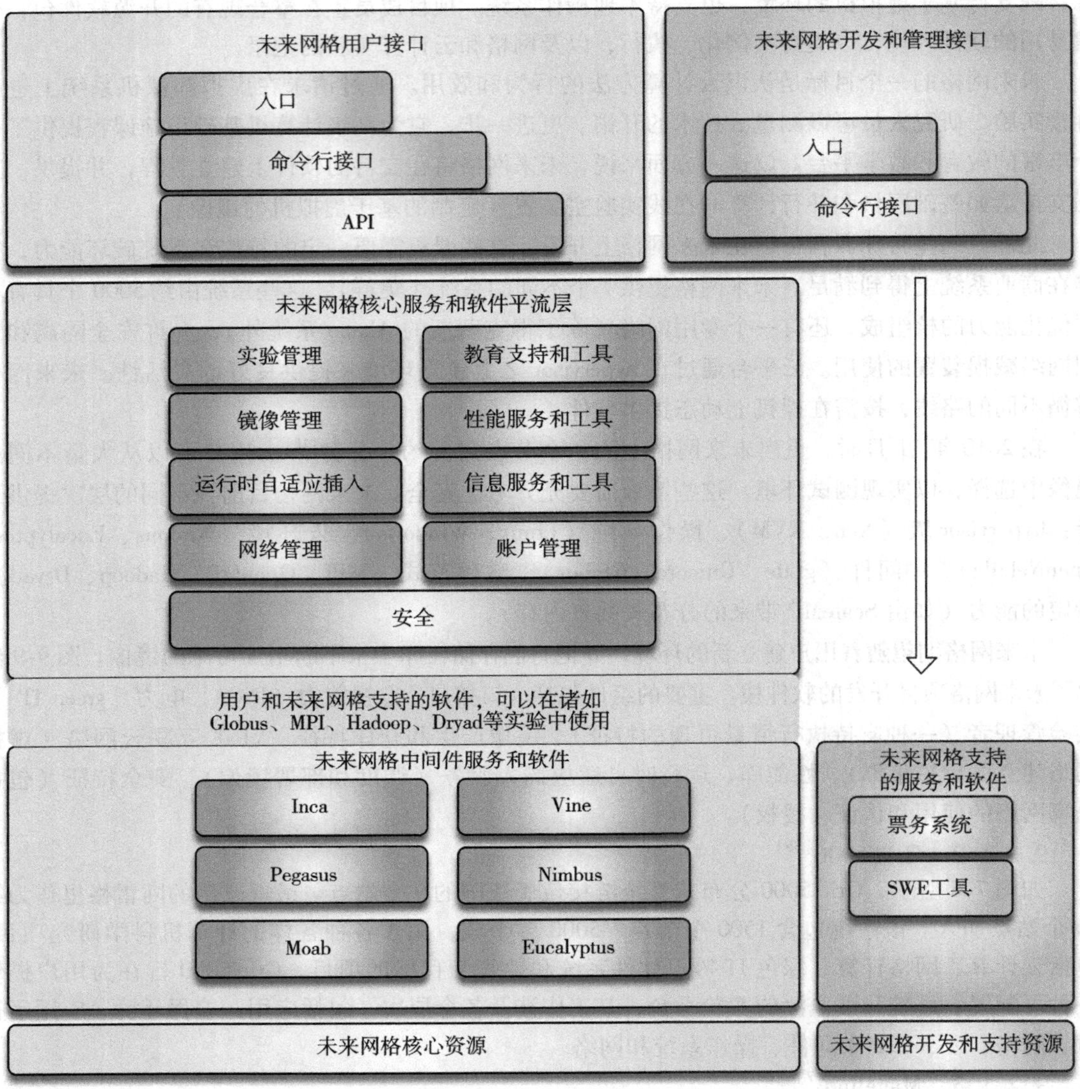

图 9-9　未来网格软件栈

注：由 Judy Qiu 提供[30]。

- 理解建立大规模科学云所需的部署和支持问题。运营科学云是否有效和可行？如何应用商业云？
- 确定现有云软件对科学需求的满足程度，确定是否扩展或者加强现有的云软件来提高效用。
- 确定云计算对数据密集型科学应用的支持程度。
- 确定虚拟云环境中解决安全问题遇到的挑战。

9.2.1.4　Open Cirrus[64]

Open Cirrus 是由 14 个合作单位组成的探索云计算的联盟。这个强大的测试床由位于 4 个主要站点的 600 个节点组成，4 个站点包括 KIT（卡尔斯鲁厄理工学院）、UIUC（伊利诺伊大学厄巴纳－香槟分校）、帕洛阿尔托的 HP 实验室、匹兹堡 Intel 研究院的 BigData 集群。Open Cirrus 测试床用来支持大规模服务的设计、供给和管理方面的研究工作。

测试床是开放的，鼓励在服务和数据中心管理各方面的研究。此外，Open Cirrus 旨在围绕测试床形成合作的团体，提供共享工具、课程和最优实践的方法，提供用基准程序测试和数据中心服务管理替代机制比较的方法。

9.2.1.5　开放云测试床[36]

开放云联盟（Open Cloud Consortium，OCC）是一个会员制组织，它支持云间计算标准和云 564~565
间互操作框架的研发，开发云计算的基准程序，而且支持云计算的参考实现。OCC 管理着一个云计算测试床，称为开放云测试床，它也运营着一个称为开放科学数据云的云计算基础设施，用于支持科学研究，特别是数据密集型计算的研究。在2010年11月，开放云测试床包括位于4个站点的250个节点和1000个核，这些站点分别位于芝加哥（2个）、加州（拉荷亚，加州）和约翰霍普金斯大学。

9.2.1.6　科学云[76]

科学云是一个开放云联盟，为科研团体使用 Nimbus 提供计算资源。它的站点分布于欧洲和美国。在2010年11月，科学云由位于芝加哥大学的 Nimbus 云、佛罗里达大学的 Stratus、普度大学的 Wispy，以及位于捷克共和国的一些机器组成。

9.2.1.7　Sky 计算[43]

该项目和科学云结盟，与欧洲的 Reservoir 项目类似，旨在把多个云联盟起来形成统一资源。把多个相互独立的云链接起来不仅有助于提高可扩展性（增加资源的数目），而且可以提高容错能力。联盟也可以实现私有云和公有云形成的混合云。Sky 计算通过扩展 Nimbus（详见6.6.1节）来支持多个不同的云。

Sky 计算项目的一个典型例子是生物信息程序 BLAST，由 Hadoop 控制、运行在位于6个不同站点的1000个核上，其中3个站点在美国的未来网格上（前面已经讨论），3个在欧洲的 Grid'5000 上[5]。Nimbus 和 Hadoop 使得这种分布式联盟成为可能：Nimbus 实现云管理，提供虚拟机供给和上下文服务，允许多个云之间多对多通信；Hadoop 则实现 BLAST 的并行容错执行。Reservoir 项目也支持网络虚拟化[22]。

9.2.1.8　Venus-C[79]

Venus-C 是欧洲的一个项目，探索云计算在各个领域的可用性，包括构建结构分析、3D 体系结构渲染、海洋生物种群预测、火灾风险预测、系统生物学和药品研发等。项目使用了两个欧洲 HPC 中心的 Azure（Windows 平台）和基于 Eucalyptus 的基础设施，这两个中心是瑞典的皇家理工学院（KTH）和西班牙的巴塞罗那超级计算中心（BSC）。项目将为各种应用研发不同云之间的互操作工具。

9.2.2　数据密集型扩展计算（DISC）

前面章节已经提到，我们生活在数据爆炸的时代。2007年，Randal Bryant 等人注意到数据密集型扩展计算的需求。本节提炼出他的一些观点并与基于数据中心的云计算进行比较。 566

9.2.2.1　大数据

在如今数据驱动的世界，天文学、基因组学、自然语言处理科学、地震模拟等应用产生了海量的数据。此外，扫描书籍、报纸和历史文档形成了数据的海洋。在商业领域，企业销售信息、股票市场交易、人口普查数据和空中交通数据都需要每天处理大量的数据。其他的例子包括娱乐和医药领域等。例9.5讨论了 Bryant 提出的两个数据源：沃尔玛和斯隆数字巡天。

例9.5　沃尔玛数据仓储和斯隆数字巡天[5]

第一个大数据来源是沃尔玛全球运营数据。沃尔玛拥有6000个商店，供应链包含1万多家制造商，每天售出2.67亿件商品。惠普为沃尔玛建立了每天处理4PB数据的数据中心。沃尔玛需要进行数据挖掘和供应链管理方面的数据密集型扩展计算，以便了解市场趋势并形成定价策略。

第二个数据源是斯隆数字巡天，位于新墨西哥天文台的天文望远镜每天产生200GB的图像数据，最新数据集由关于2.87亿个太空对象的10TB的数据组成。在类似于DISC的数据处理中，SkyServer提供不间断SQL访问。

在这两个例子中，为了建立DISC系统处理海量数据，必须解决窄的处理管道问题。使用多核GPU是一个可能的方案，该方案利用了这些DISC应用中数据级的高度并行性。与超级计算机相比，云计算可能稍慢，但可以通过同时使用大量的数据中心来实现高度并行。■

9.2.2.2 DISC系统和超级计算机比较

表9-4总结了DISC系统与传统超级计算机4方面的不同。总体来说，超级计算机主要应用在批处理模式，由于用户控制少，所以很难调整。在使用超级计算机时，会有大量数据移动或者I/O操作。在超级计算机上优化一个程序的执行是非常有挑战性的。超级计算机的优势在于，如果一切都井然有序，它可以持久维持原始速度。

表9-4 DISC系统和超级计算机比较

特　征	传统超级计算机	数据密集型扩展计算
系统体系结构	一个HPC系统，数据从远程站点获得并下载到系统中执行，数据移动开销大	HTC数据中心集群系统，收集和维护数据。计算和存储放在一起以便快速访问，无数据移动开销
编程模式	在非常低的层次撰写的、依赖于机器的程序。使用少量的软件工具，需要专家来优化	数据上不依赖于机器的应用程序。使用运行时系统控制，通过负载均衡实现优化执行等
系统访问和使用模式	当资源就绪时，核心机器批处理数据。使用远程站点的离线虚拟化	大规模用户同时进行带有优先控制和用户干预的交互访问
可靠性问题	脆弱系统，从最近的检查点恢复。维护时必须关闭机器	灵活的错误检测和恢复。当有失效发生时，借助冗余技术实现性能的缓慢下降

注：由Randal Bryant提供[5]。

另外，DISC系统是HTC数据中心集群，具有前面章节讨论的服务器集群系统的所有好处。换句话说，DISC系统在满足大量并发用户方面更有优势，同时兼顾高任务吞吐率。数据中心避免了单点失效问题，因此具有更好的可靠性和可用性。此外，DISC系统对于小规模用户群来说具有性价高或时/空高效的优势。DISC使用云服务模式处理分布式计算应用。图9-10给出了两种超计算范式的不同，可以看出，DISC体系结构在分布式系统或者云数据中心中，满足HTC应用的明显优势。

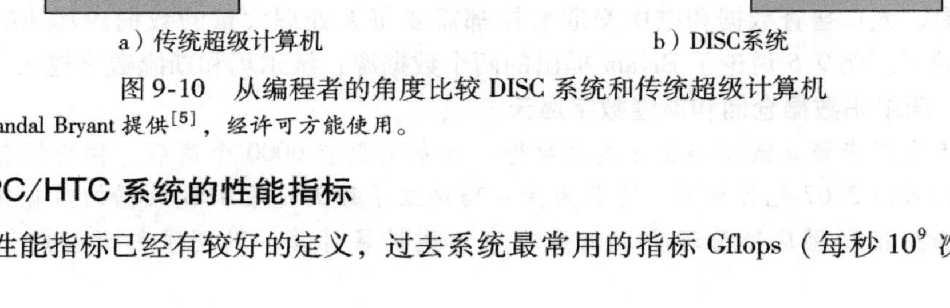

a）传统超级计算机　　b）DISC系统

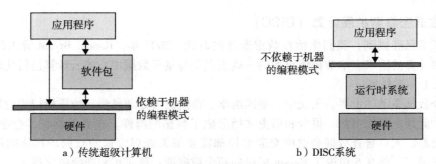

图9-10 从编程者的角度比较DISC系统和传统超级计算机

注：由Randal Bryant提供[5]，经许可方能使用。

9.2.3 HPC/HTC系统的性能指标

HPC的性能指标已经有较好的定义，过去系统最常用的指标Gflops（每秒10^9次浮点运算）

和 Tflops（每秒 10^{12} 次浮点运算），现在的系统常用指标是 Pflops（每秒 10^{15} 次浮点运算），将来的系统常用指标是 Eflops（每秒 10^{18} 次浮点运算）。目前，已经有并行基准测试程序来评估 HPC 系统对大规模问题批处理的性能，常见的基准程序包括 Linpack Benchmark、NAS、Splash 和 Parkbench[41] 等。另外，商用服务器、集群、数据中心和云系统上的 HTC 性能测试则是一个非常复杂的问题，因为 HTC 系统由多个客户端同时使用。 567～568

HTC 的性能受多个正交因素的影响，有些因素是可测的，而另一些则不可测。这里的基本假设是大量（百万或者更多）独立用户同时使用云或者数据中心的共享资源，目标是尽可能满足多的并发用户，即使每个用户程序是一个简单的 Web 服务、社会联系或者简单的云存储。本节试图针对 HPC 和 HTC 系统给出一些性能评价和服务质量评价模型。

9.2.3.1 基本性能属性

评估 MPP、数据中心集群和虚拟化云的性能模型有很大的差异。为了适应云计算范式的层次结构，IaaS 的性能指标是 PaaS 性能模型的基础。同样，刻画 PaaS 性能的属性是评价 SaaS 性能的基础。一个好的模型应该覆盖所有计算服务的层次，还应该是通用的，可以应用在各种具有不同工作负载分布的云平台上。为了评估云服务的服务质量，对顶层（SaaS）的影响对底层（PaaS 和 IaaS）来说应该保持透明。

云平台应该同时为很多的用户服务，因此多任务是评价分布式系统性能所必须的。本节介绍 5 个基本性能指标，即系统吞吐量、多任务可扩展性、可用性、数据安全和成本效益，这个解析模型为模型化 HPC 或 HTC 系统以及弹性云给出了一阶近似。通过增加用户或者服务提供商相关的指标，该模型可进一步扩展。换句话说，从基本模型出发可扩展生成更精确的性能模型，以包含程序行为、环境需求、服务质量和成本效益等指标。

9.2.3.2 系统吞吐量和效率

通常来说，分布式系统或者云平台的*系统吞吐量*是指单位时间内完成的作业数。假设给定时间窗口内作业的总执行时间为 T_{total}，那么吞吐量由影响 T_{total} 的核心因素决定。首先，我们必须考察 T_{total} 的各个主要组成部分。每个作业在提交时需要获取资源，有一个初始化时间，包括所有机器实例的启动时间和用户作业的调度时间。应用程序的类型限制了水平扩展性。初始化时间归咎于 5 个部分：基础设施初始化延迟、资源供给延迟、作业之间通信延迟、操作系统开销和装载应用软件开销。

操作系统和软件开销在执行不同作业时是一样的，其他三个时间因素会根据问题规模和系统管理策略的不同而变化。为了简化分析，我们把 5 个时间因素混合在一起形成单一的时间开销 kT_o，其中 T_o 是在某一个固定时间间隔内运行的多个作业中这 5 个时间开销之和的平均值，而 k 是一个平台相关的因子，随特定的系统配置而改变。该时间开销应用在本书提出的三个系统模型中。设 $T_e(n, m)$ 是在云平台上完成 n 个独立作业的执行时间，其中 m 是在给定的系统配置中机器实例的数目。如果使用的是物理服务器，那么机器实例可以是集群节点（或者处理器核）；而如果使用的是虚拟化云，那么机器实例是虚拟机。 569

所有作业的执行时间（或总完工时间）为 $T_{\text{total}} = kT_o + T_e(n, m)$，那么系统吞吐量（$\pi$）为：

$$\pi = n/T_{\text{total}} = n/[kT_o + T_e(n,m)] \tag{9-1}$$

理想情况下，与执行时间 T_e 相比，初始时间 kT_o 可以认为是非常小或者接近 0 的，所以理想吞吐量可以简单表示为 $n/T_e(n, m)$。*系统效率*（α）定义为归一化的吞吐量，即

$$\alpha = \pi/[n/T_e(n,m)] = T_e(n,m)/[kT_o + T_e(n,m)] \tag{9-2}$$

系统效率表征了对系统提供的所有资源的有效利用程度。需要注意的是，在 $T_e(n, m)$ 中，参数 n 和 m 随着负载（用户数目）和并行、分布式计算模型的系统规模（m）而变化。

9.2.3.3　多任务可扩展性

多任务是指使用一个系统并行或者同时处理多个作业。系统服务需要同时具有水平和垂直扩展能力，水平扩展指随着机器或者集群规模可扩展，而垂直扩展是指从应用到中间件、运行时、操作系统支持和硬件的扩展。动态扩展资源的能力是提供弹性资源的关键。水平扩展增加同一类型的云资源，如云平台中可用虚拟机数目，而垂直扩展通过在服务层次上增加更多资源来提高性能。

为了方便描述，这里集中讨论水平扩展，但会同时考虑纵向扩展（scale-up）和横向扩展（scale-down）两种情形。在有些情况下，横向扩展比纵向扩展更加高效。系统或者云平台的潜在优势很大程度上和按需动态纵向和横向扩展资源的能力有关。

下面定义多任务扩展能力β，m仍然是机器实例的数目，而n是正在执行的用户作业（或任务）总数。

$$\beta = (n/m)\alpha = (n/m)T_e(n,m)/[kT_o + T_e(n,m)] \tag{9-3}$$

通常情况下$n \gg m$，因为n可能是百万级别，而m是几百。在忽略额外时间T_o的情况下，扩展能力的上限大致为n/m，即每个机器实例平均运行的用户作业数目。额外开销时间越大，扩展能力越低。把扩展能力提升到100%的简单方法是增加m以接近n，但是在实际的集群系统中，扩展能力达到20%左右已经是非常好的了。

9.2.3.4　系统可用性

系统可用性（γ），是指系统正常运行时间所占比例，反映了由于软件升级维护、不可预期失效造成的影响。第1章的例1.5已经定义了系统可用性，即MTTF（平均无故障时间）与
570 MTTF和MTTR（平均修复时间）之和的比值。该定义适用于本书讨论的所有系统（集群系统、MPP、网格和云）。

高可用性（HA）特指系统的可快速恢复错误、停工时间可控的性能水平。“持续可用”（Continuous Availability，CA）是指达到了几乎无失效的运营水平。服务提供商对系统的可用性负责。可用性通常要求达到5个9，即系统在99.999%的情况下是正常运行的，相当于每年最多只能有5分钟的停工时间。高可用集群系统也可以要求6个9的可用水平，即每年只有3秒钟的停工时间，但是在实际环境中为达到如此高的可用性所需的开销是非常大的。

9.2.3.5　安全指数

6.3节和6.5节评估了商业云平台的脆弱性。可用性受到平台体系结构、所使用的服务模型、系统脆弱性和对网络攻击抵御能力的影响。谷歌有上百个数据中心和超过50万台的服务器，其平台由服务器集群、GFS和数据中心组成。6.5节已经详细讨论了安全问题，这里我们总结在动态云环境中影响云安全的重要因素。

云安全受到多个因素的影响，包括用户保密性、数据完整性、访问控制、防火墙、IDS（入侵检测系统）、抵御病毒或蠕虫攻击的能力、信誉系统、版权保护、数据锁定、API、数据中心安全策略、可信协商和安全审计服务。在数据中心中，文件层需要细粒度的访问控制，资源站点间的信任可以在不冲突的安全策略下协商。为了保护弹性资源的安全，信誉系统必须能够保护分散的资源站点和数据中心。资源站点安全指数（δ）和用户访问记录需要通过周期性审计来更新维护。

9.2.3.6　成本效益

该指标用来衡量给定系统所能获得的经济效益。下面所给出的成本模型是大致估算模型。该模型同时考虑了云服务提供商和数据中心拥有者的成本。云提供商需要为其使用的资源向数据中心拥有者付费，即使二者属于同一家公司。如果不考虑所使用的云服务模型，云使用费用主要由所使用的时间来决定。

我们用 c 表示云服务商向用户每小时的收费，h 表示向用户提供的服务时间（小时）。服务提供商从用户收取的总费用为 $Cost_p = hc$，提供商向数据中心拥有者付的总费用可以估算为 $Cost_d = h(d/u)$，其中 d 是数据中心每小时收取的费用，u 是数据中心资源的利用率。伯克利研究组的估算结果显示 u 的范围在 0.6～0.8 之间。云服务的成本效益（μ）表示服务提供商的利润率。

$$\mu = (Cost_p - Cost_d)/Cost_d = (hc - hd/u)/(hd/u) = cu/d - 1 \tag{9-4}$$

假设在亚马逊 EC2 中，$c = 3$ 美元/小时，$d = 1$ 美元/小时，$u = 60\%$，那么服务商的利润率为 80%。该成本模型是服务提供商利润的粗略估计。如果服务提供商向用户收取的费用降低为 2 美元/小时，利润率将降到 20%。通常为了实现高利润，c 比 d 要大得多。 571

9.2.4 云计算的服务质量

我们用一个称为*云服务质量*（Quality of Cloud Services，QoCS）的混合指标 θ 来评价云平台的累计性能。在不考虑所使用的服务模型的情况下，该指标刻画了云服务的总体质量。我们使用 5 维的基维亚特图（Kiviat graph）来图形化表示云的总体性能或者服务质量。每个基维亚特图有 5 个正交的维度，分别表示前面介绍的 5 个性能指标。基维亚特图给出了云服务能力的总体视图，图中阴影部分表示了提供的云服务的累计强度或者质量。

对于一个运行在云平台的应用来说，基维亚特图的阴影部分 A_{shaded} 越大，则云服务质量越好。图 9-11a 给出了基维亚特图表示的 5 个维度的范围。假设用 A_{pentagon} 表示基维亚特五角形图的理想区域，每个维度的范围归一化为 1。换句话说，五角形图所有维度的最大半径为 1，每个维度的取值范围为 0 到 1：0 位于五角形的中心，是 5 个性能参数（α，β，γ，δ，μ）的最小值；1 则表示每个维度所能达到的最大性能。QoCS 形式化定义为：

$$\theta = A_{\text{shaded}}/A_{\text{pentagon}} \tag{9-5}$$

QoCS 指标 θ 越小，系统性能越差，θ 越大、越趋向于 1，系统性能越高。图 9-11b～d 给出了三种服务对应的基维亚特图，这些服务假设运行于三种云平台，结果是基于前面云性能解析模型得到的。在类似于亚马逊、谷歌和 Salesforce.com 的云平台上进行实际基准实验，从而对分析结果进行验证将是非常有意义的工作。

例 9.6 三种云服务的性能分析

假设使用三种云服务模式运行三种常见云应用，那么我们可以评价这三种云服务模式的性能。IaaS 的性能测试可以运行在亚马逊的 EC2 上，SaaS 的测试可以运行在带有 Salesforce.com 的 CRM 软件的 GAE 上，而 Hadoop 应用在 IBM 的蓝云上运行以测试 PaaS 性能。这些测试是在两种极端的条件下进行的：一个对应高可用性和高安全保证的最佳场景，另一个是低可用性和没有安全的最差情况。其他 3 个维度所代表的条件是在根据经验设定的。

在图 9-11b 和 9-11d 中，基维亚特图较小的阴影面积是由最差条件下的实验导致的。在图 9-11c 中，EC2 的应用是在 AWS 平台上测试的，测试平台条件最佳：高效率、持续可用、高度安全的数据中心、成本回报高。因此，基维亚特图的阴影部分非常大。这些图说明了用 5 个指标（α，β，γ，δ，μ）刻画的三种云服务模式的相对优势和不足。 572

表 9-5 的结果是三种云服务模式在最好和最坏条件下的 QoCS 估计值和相对排名。从最坏条件下的 QoCS 值可以看出，三种服务模式的性能仅仅是最大性能的 30%。正如图 9-11b 和 9-11c 所示，与 PaaS 和 SaaS 模式的性能相比，IaaS 的 QoCS 最小，这是因为假设了受限的扩展性和较低的成本效益。PaaS 和 SaaS 模式的性能接近，但 PaaS 模式更安全和高效，而 SaaS 成本效益更高。

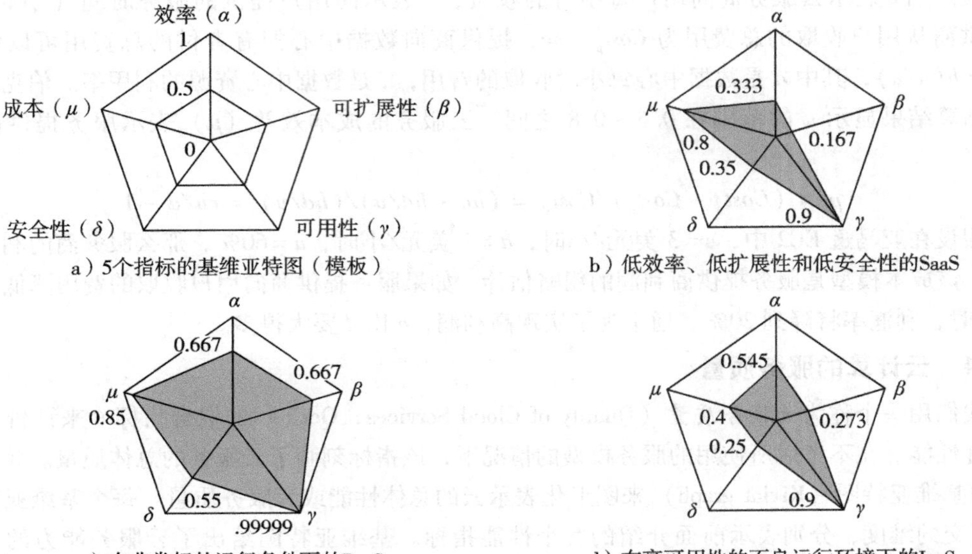

a）5个指标的基维亚特图（模板）　　b）低效率、低扩展性和低安全性的SaaS

c）在非常好的运行条件下的PaaS　　d）在高可用性的不良运行环境下的IaaS

图 9-11　刻画 QoCS 的 5 个指标的基维亚特图，3 种云服务模式在三种假设条件下运行

注：由 K. Hwang 和 S. Kulkarni 提供，USC 2009。

表 9-5　在两种安全和可用性极端条件下，三种计算云服务模式的相对性能

服务模式	云服务的 QoCS θ，最坏情况	最坏情况下的排名	云服务的 QoCS θ，最好情况	最坏情况下的排名
IaaS	19. 3661%	3	59. 7055%	1
PaaS	25. 5026%	1	54. 4187%	2
SaaS	22. 2344 %	2	52. 1941%	3

573

在最好情况下，三种云服务模式的 QoCS 在 50% ~60% 之间。IaaS 性能优于 PaaS 和 SaaS，这主要是因为效率、可扩展性和安全指标的提升。PaaS 和 SaaS 模式的性能类似，但 PaaS 比 SaaS 模式的性能更高。这是因为 PaaS 的提供商会大幅提升效率和可扩展性。IaaS、PaaS 和 SaaS 模式的排名随特定的应用而变化，我们需要基准实验来对云性能排序。■

9. 2. 5　MPI、Azure、EC2、MapReduce、Hadoop 的基准测试

文献[23 ~29]在 HPC 应用上对云系统进行了基准测试。有些实验是使用不适宜云的消息传递接口（MPI）技术来运行的，而不是使用如第 6 章讨论的 MapReduce。正如 6. 2. 6 节讨论的一样，另外一些研究[15, 30 ~38]关注于科学问题的测试，这些应用适用于云平台。6. 2. 2 节已经讨论了 Twister 的性能结果，这里不再赘述。

9. 2. 5. 1　竞争的云性能

云为适用于云环境的应用和编程模式提供相互竞争的性能和价格。在这种情况下，用户受益于云的效用计算特征。而对于 PaaS，用户受益于类似于 Azure Table/亚马逊 SimpleDB 等平台特征。这些都是传统 HPC 集群系统所不能提供的。云计算性能受如下因素的影响：向它们传输数据所需的带宽和成本；影响 MPI 延迟和带宽的 I/O 性能下降；虚拟化带来的不良后果，如影响了计算和存储的邻近及不同计算实例的邻近[39]。传统的大规模模拟通常需要低延迟、高带宽通信和先进的数据分解机制，这些模拟应用在云平台上通常性能不高。

文献[41]在亚马逊 EC2 上评估了多种实现机制的开销。结果显示计算成本高于存储，但需

要注意成本和所使用的亚马逊实例类型密切相关的（表6-13）。很多研究都发现了这种密切相关性，所以在任何的云操作中首先需要优化所使用的实例类型。文献[42]关注亚马逊EC2对天文学应用——邻近“超新星工厂”（Nearby Supernova Factory，SNfactory）——分析环境的支持。该环境依赖于一系列进程的复杂流水线，这些进程对约10TB数据的图像进行并行处理。这篇文章的研究结果显示，为了在EC2上高效地使用存储，用户需要完成很多工作。此外，传统Linux集群应用需要修改，才能处理云平台中的失效。需要说明的是，云优化的环境（如MapReduce）具有内嵌的容错能力。

9.2.5.2　MPI和MapReduce性能比较

印第安纳大学的SALSA研究组使用Linux和Windows在云平台和传统平台上进行了一系列性能评估实验，以比较MPI、Mapreduce和主从工作（master-worker）模式的性能[22,39]。具体细节可参考该研究组的相关论文。在不同规模的EC2上，运行生成拓扑映射（Generative Topographic Mapping，GTM）插值算法，以降维来分析散落于166维空间上2 640万数据点构成的NIH Pubchem数据集。Azure测试结果随实例数目的变化如图9-12所示。 574

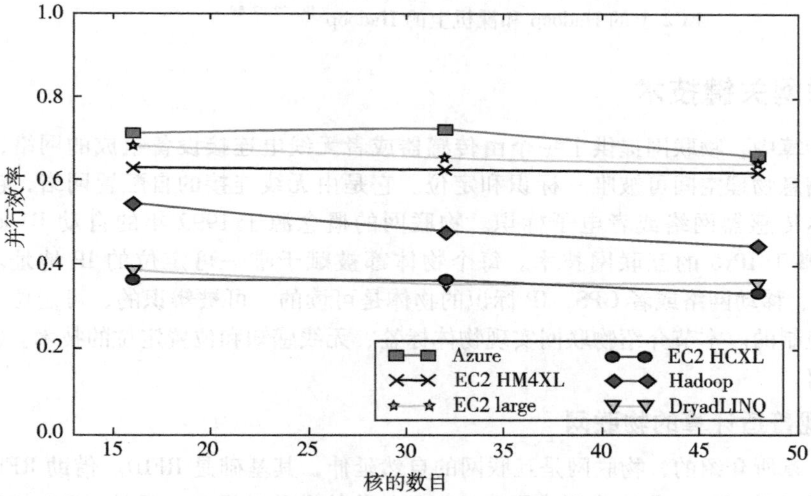

图9-12　云性能随虚拟核数目的变化趋势[19]

EC2的测试分别在EC2的Large、HCXL（High-CPU-Extra-Large）、HM4XL（High-Memory-Quadruple-Extra-Large）实例上运行。在HM4XL和HCXL中，每个实例使用8个核，而每个“large”实例使用2个核。MapReduce实现的效率处在中间位置，其低效率是由节点上内存带宽的影响造成的。这种低效率在16核系统上的DryadLINQ更明显，而Hadoop系统在每个节点上有8个核。这个例子说明云实例的选择会影响性能的可扩展。

9.2.5.3　云平台和裸机上的MapReduce

最后，我们来看SWG上MapReduce[38]的4种实现的性能（如图9-13所示）。SWG已经在前面介绍，我们比较Azure上的MapReduce与裸机上的Hadoop，以及其他两种亚马逊实现的性能。这两种实现是“官方”弹性MapReduce和实现于亚马逊实例上的Hadoop。最大的影响是C#实现比Java距离计算要慢。这可以通过分配单个计算性能消除。

可以看出，亚马逊EC2比中等规模的Linux集群系统慢6倍，比现代HPC系统慢20倍。EC2云平台上的硬件、软件和互联限制了其原始速度。云平台在商业应用中非常成功。在科研领域，数据密集型问题也已经在云平台上获得了巨大的成功。这是因为：首先，这些问题具有紧耦

合结构，这些结构可以在云平台中得到很好的支持；其次，这些问题通常是"新应用"，有利于
575 一开始就使用适用于云的编程模型。

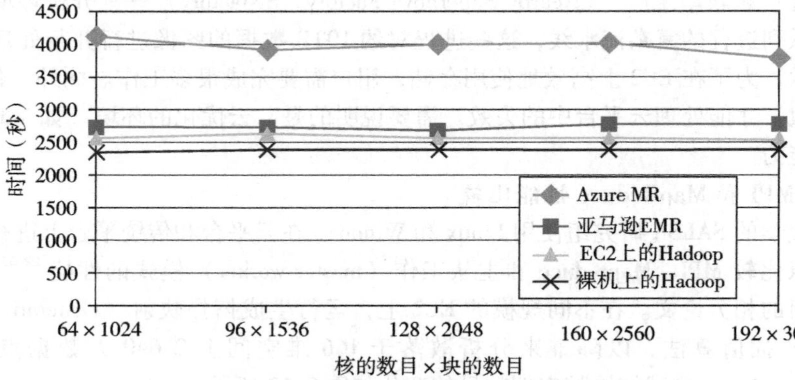

图 9-13 4 种云平台上的 MapReduce 性能比较：Azure MR、亚马逊 EMR、EC2 上的 Hadoop 和裸机上的 Hadoop[19~22,67,68]

9.3 物联网关键技术

在普适计算中，物联网提供了一个由传感器或者无线电连接设备组成的网络，这些传感器或者设备在信息物理空间可被唯一标识和定位。它是由无线连接的自配置网络，包括无线射频标签、低成本传感器网络或者电子标识。物联网的概念源于 1999 年的自动 ID 追踪，结合了 RFID 技术和基于 IPv6 的互联网技术。每个物体都被赋于唯一可定位的 IP 地址。借助 RFID、WiFi、ZigBee、移动网络或者 GPS，IP 标识的物体是可读的、可被辨识的、可定位、可寻址和可通过互联网控制的。本节介绍物联网实现物体标签、无线感知和位置定位的技术。物联网应用将在 9.4 节介绍。

9.3.1 实现普适计算的物联网

正如第 1 章所介绍的，物联网是互联网的自然延伸，其基础是 RFID。借助 RFID，通过检查 IP 地址或者搜索数据库，我们找到或跟踪被标签的物体和移动设备。虽然 RFID 仅仅是普适计算的一种变形，但是物联网却代表了未来的愿景。19 世纪的计算机根据指令来工作，20 世纪的计
576 算机会思考，而 21 世纪的计算机试图通过传感和理解来感知。

物体并不仅仅包括电子设备，还包括诸如人类、动物、食物、衣物、房屋、汽车、日用品、树、山以及地标等。物联网系统可以极大减小一家公司存货不够或者货物浪费的概率，这是因为我们可以精确了解商品的需求情况。由于物品是可被定位的，所以遗失或者被偷窃的东西也可以方便地找到。上述场景要求所有物体，从牛奶箱到卡车集装容器再到大规模喷气式客机，配有射频标识。计算机就像人类所做的一样，识别和管理被标识的物体。物联网系统将提高人们的生活质量，使得社会变得更加干净、安全、方便和快乐。

9.3.1.1 普适计算

普适计算是人机交互的后桌面模式，信息的处理融入到日常物体和活动中。在日常生活中，人们会同时使用多个普适设备，但并不一定知道这些交互设备的存在。这种思想虽然简单，但实现很难。如果世界上所有物体都装备有很小的识别系统，那么我们的日常生活将会发生一次重大变革。

物联网系统必须有系统设计、系统工程和用户接口。命令行、菜单驱动或者基于 GUI 的现代人机交互模式都无法满足普适计算的需求。适用于普适计算的物联网模式已经显现，能够支

持普适计算的设备有智能手机、平板电脑、传感器网络、RFID标识、智能卡、GPS设备等。

9.3.1.2 物联网的发展

2005年，物联网的概念开始受到大家的关注，它以一种感知的方式互联各种物体。其具体方法是通过RFID标识物体，通过传感网和无线网感知物体，并通过建立与人类活动交互的嵌入式系统来思考。物联网发展路线图如图9-14所示。该图预测了25年内实现物联网所需的技术。2002年，美国国家自然基金（National Science Foundation，NSF）发出了关于普适计算和纳米技术融合的申请指南。

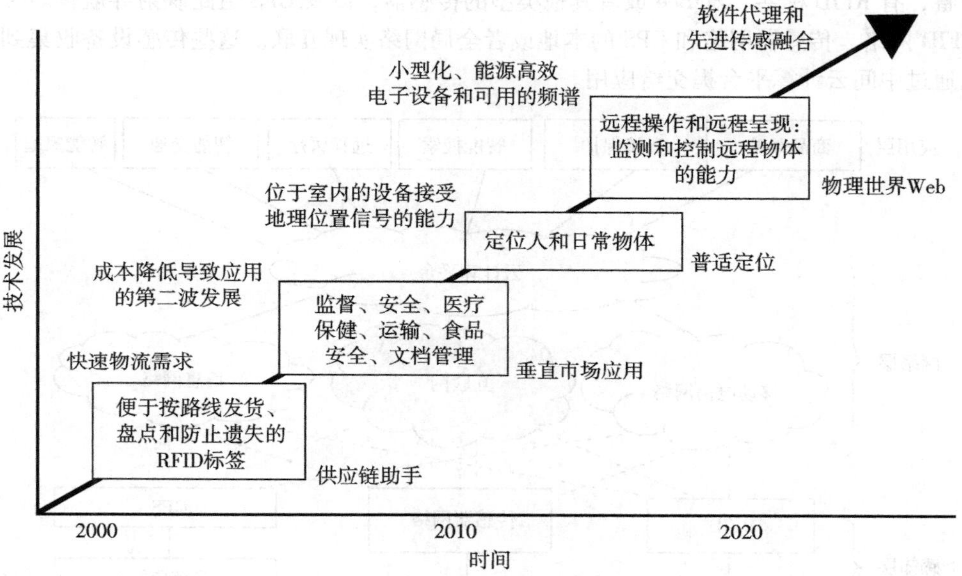

图9-14 物联网技术发展图

注：摘自SRI Consulting Business Intelligence。

2008年4月，美国国家情报委员会发布了题为“颠覆性民用技术”的报告，该报告也把物联网列为美国2025年前的核心技术之一。就量化指标来说，物联网必须对50万亿到100万亿的物体进行编码，而且需要跟踪这些物体的移动情况。如果世界人口按照60亿算，每个人在日常生活中周围平均有几千个物体。

9.3.1.3 关键技术和增效技术

目前，我们有很多可以应用到物联网基础设施和物联网系统建设的技术。这些技术可以分为两类：第一类是构建物联网基础的关键技术，核心包括跟踪（RFID）、传感器网络和GPS。这些技术将在图9-19中介绍。第二类是如表9-6所示的增效技术，起支持作用。例如，生物统计学可以广泛应用于个性化人、机器和物体之间的交互，而人工智能、计算机视觉、机器人和远程呈现可以使未来生活更加自动化。

表9-6 物联网关键技术和增效技术

关键技术	增效技术	关键技术	增效技术
机器到机器接口	地理标识/地理缓存	能量收集技术	远程呈现
电子通信协议	生物统计学	传感器和传感器网络	生命记录仪和个人黑盒子
微控制器	机器视觉	制动器	可触摸用户接口
无线通信	机器人学	定位技术（GPS）	清洁技术
RFID	增强现实	软件工程	镜像世界

577~578 在未来15年，物联网将发展得更加成熟和先进。图9-14总结了受益于物联网的主要技术发展和关键应用。例如，目前对供应链的支持比以前更好，垂直市场应用可能代表了下一轮的发展，普适定位预计在2020年左右可用。这些技术的发展将极大提高人类的能力、社会产出、国家生产力和生活质量。

9.3.1.4 物联网体系结构

物联网系统更像是一个事件驱动的体系结构。如图9-15所示，它是一个三层体系结构，顶层是由应用驱动形成的。物联网应用空间很大，相关应用将在9.4.1节讨论。底层是各种类型的传感设备，有RFID标签、ZigBee或者其他类型的传感器，以及GPS道路映射导航仪。传感设备借助RFID网络、传感器网络和GPS的本地或者全局网络实现互联。这些传感设备收集到的信号和信息通过中间云计算平台提交给应用。

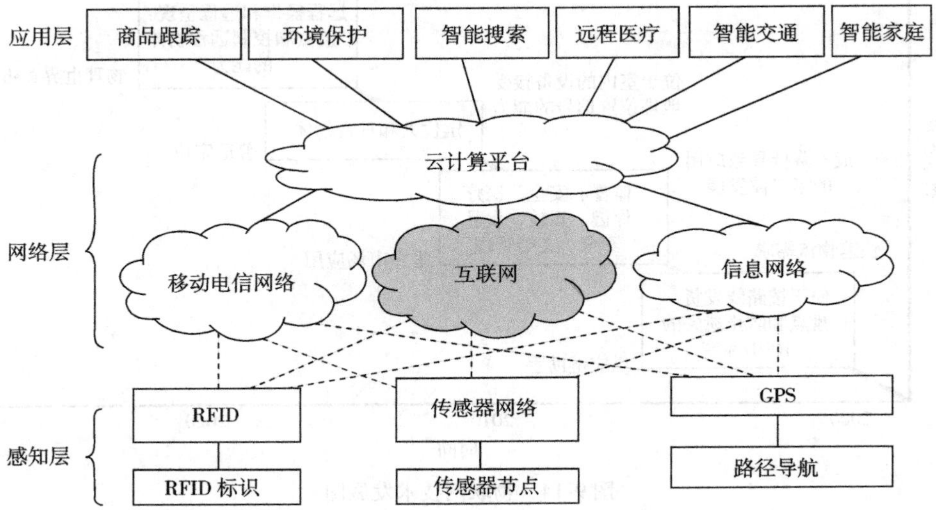

图9-15 物联网体系结构，传感设备通过移动网络、互联网和处理云连接到各种应用中

用于信号处理的云构建于移动网络、骨干互联网和各种信息网络之上，处在体系结构的中间层。在物联网中，感知事件的含义并不符合一种确定模型或语法模型，而是使用了SOA模型。大量的传感器和过滤器用于原始数据的收集，各种计算和存储云、网格用于处理数据，并把数据转化为信息和知识格式。感应获得的信息综合形成一个智能应用的决策系统。中间层也可以看
579 做是语义网或语义网格。

9.3.2 射频标识(RFID)

RFID对带有电子标签或者RFID标签的物体进行监测和跟踪。标签可以应用在任意物体上，如商品、工具、智能电话、计算机、动物或者人，目的是通过射频波或者感知信号识别和跟踪物体。某些标签可以从数十或者数百米以外被无线读取器所读取。RFID标识至少包含两个主要部分：一部分是集成电路，用来存储和处理信息，调制和解调射频信号等；另一部分是接受和传输无线信号的天线。

9.3.2.1 RFID标签和设备组件

RFID标签大致上可以分为三类。第一类是*主动*RFID标签，带有电池来供电，并自动传输信号。第二类是*被动*RFID标签，不带电池，需要外部源来激发信号传输。第三类是*电池辅助的被动*RFID标签，需要外部源来唤醒电池，但具有更高的传输能力。依据所使用的无线电频率，被动RFID标签分为*低频*、*高频*、*超高频*和*微波*几种类型。从功能上讲，RFID硬件有三个主要组件：

- **RFID 标签**：附着于小型天线的微型芯片。
- **读取天线**：用来发出信号并捕获从标签返回的信号，可以集成在手持读取设备，或者用线与读取器连接。
- **读取器**：和标签交互的设备，可能支持一个或者多个天线。借助电子条形码，读取器可以在没有视线的情况下监测到信号。

有些 RFID 读取器能同时识别多个物体，而有些 RFID 标签读取器体系结构支持某些安全特性，如在对某个标识解码前要求人工输入一个验证码。RFID 设备有不同的大小、电源要求、操作频率、存储（可重写和不易挥发）以及软件智能，可在数厘米到数百米距离内操作。大规模的设备有一个内置的电源，可以在更广的范围操作。狭义上讲，小型设备一般没有内置电源。

9.3.2.2 *RFID 如何工作*

RFID 标签分为*主动*、*半主动*和*被动* RFID 标签。这些标签可以最大存储 2KB 的数据，由微芯片、天线及用于主动和半被动标签的电池组成。标签组件封装在塑料、硅片或者玻璃内。存储在微芯片上的数据等待被阅读，标签的天线接受来自 RFID 读取器天线的电子能量。标签借助其内部电池的电源或者从读取器电子域获得的电源，向读取器返回射频信号。读取器收集标签的射频信号，并把信号解析为有意义的数据。

在 RFID 标签中有两种耦合机制：电感耦合和电容耦合。图 9-16 给出了在 RFID 标签（电子标识）、读/写设备和后台计算机之间的操作流程。因为 RFID 标签昂贵且体积大，目前没有被人们普遍使用，而是主要用于大的企业、流动或者装运公司及服务公司等。RFID 标签使得我们的日常生活和工作更加简单、方便，使得我们可以访问周围可见和不可见的物体。这些标签量产后，价格将会降下来。此外，标签的体积也会缩小到能够装进任意产品和物体。 580

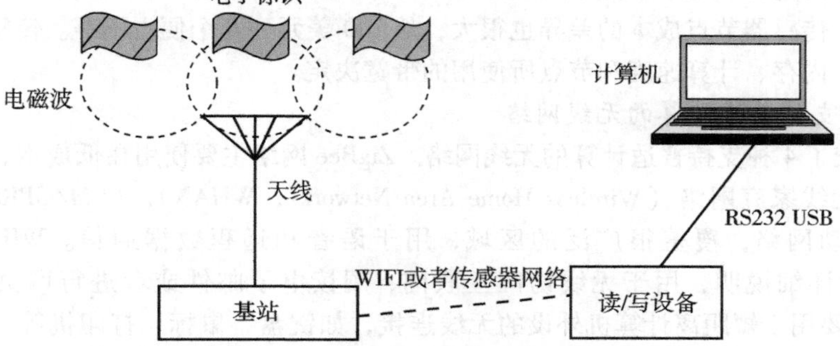

图 9-16 RFID 标签和信号通过传感器网络和 WiFi 网络进行读/写

就像雷达发现目标一样，外部射频天线设备也可以发现标签设备。但毫无疑问，RFID 在小范围内操作更加高效。很多机构正在制定 RFID 使用的标准和规范，包括国际标准组织（International Organization for Standardization，ISO）、国际电工委员会（International Electrotechnical Commission，IEC）、ASTM（American Society for Testing and Materials）国际、DASH7 联盟和 EPCglobal。RFID 的商业应用也很广泛，有存货跟踪、供应链管理，它可以提高存货控制的效率和装配线管理的准确性。主动和半被动 RFID 标签使用内置的电池来为其电路供电。主动标签也可以使用其电池向读取器广播射频波，而半被动标签依赖于读取器提供广播的电源。

如果使用中继电池来增强标签的范围，主动和半被动标签的读取范围可以达到 30～100 米。例如，一个客户通过商店提供的无线电扫描笔，在商店的货架上找到了一条合身的牛仔裤，她可以借助手机上的 RFID 装置来订购该商品。被动 RFID 标签完全依赖于读取器提供电源，这些标签最多可以在 20 英尺距离内读取。它们的生产成本低，可以应用在不太贵的商品上，用完即可丢弃。铁道车辆可以使用主动 RFID 标签，而一瓶洗发液使用被动标签就足够了。

另一个影响 RFID 标签成本的因素是数据存储。目前主要有三种类型的存储：读写、只读和一次写多次读（WORM）。读写标签的数据可以增加或重写，只读标签不能被重写或者增加，WORM 标签仅有一次增加数据的机会，但不能被重写。大部分被动 RFID 标签的成本在 7~20 美分。主动和半被动标签更贵，而且 RFID 制造商在确定它们的范围、存储类型和质量之前不会对
581 这些标签报价。RFID 产业界的目标是在大量商品使用被动 RFID 标签后，把它们的价格降到每个 5 美分。

9.3.3 传感器网络和 ZigBee 技术

目前传感器网络大部分是无线的，也称为无线传感器网络（Wireless Sensor Network，WSN）。典型的 WSN 由空间上分布的自动传感器协同监测物理或者环境条件，如温度、声音、振动、压力、动作和污染物。无线传感器网络的发展最早是由军事应用驱动的，如战场监视等，但它目前已经应用到很多工业和民用应用领域，包括进度监测和控制、机器健康状态监测、环境和栖息地监测、卫生保健、家庭自动化，以及智能交通控制。

9.3.3.1 无线传感器网络

WSN 是一组带有通信基础设施的特定变频器，旨在实现各个位置监测和记录条件。通常监测的参数有温度、湿度、压力、风向和风速、光照强度、振动强度、声音强度、电线电压、化学浓度、污染水平和身体功能等。传感器网络包含多个监测站点，称为传感器节点。传感器节点通常很小、很轻和便携，配有一个变频器、微型计算机、收发器和电源。变频器根据感知到的数据产生电子信号，微型计算机处理和存储传感器输出，而收发器从中央计算机接受命令并向其发送数据，它可以是有线连接或者无线的。

传感器节点的电源从电子设施或者电池获得。传感器节点最大有鞋盒那么大，也可以小到灰尘粒那么小。传感器节点成本的差异也很大，从 100 美元到几个便士不等。传感器节点的大小和成本由电源、内存、计算速度和节点所使用的带宽决定。

9.3.3.2 支持普适计算的无线网络

表 9-7 比较了 4 种支持普适计算的无线网络。ZigBee 网络主要使用在低成本、低速监测和控制应用中，如无线家庭网络（Wireless Home Area Network，WHAN）。GSM/GPRS 或者 CSMA/1 网络是蜂窝移动网络，覆盖很广泛的区域，用于语音和远程数据通信。WIFI 网络在 IEEE 802.11b 标准中详细说明，用于无线访问互联网、阅读电子邮件或者进行网页搜索等。蓝牙（Bluetooth）主要用于短距离计算机外设的无线连接，如键盘、鼠标、打印机等。就数据传输率来说，WiFi 是最快的（802.11g 网络中是 54Mbps），其次是 720Kbps 的蓝牙和 2.5G 的 GPRS 移动网络的 115Kbps，最慢的是 ZigBee，在 20~250Kbps 之间。但是，ZigBee 具有高可靠性和低耗电/成本的优势。

表 9-7 支持普适计算的无线网络

市场名/标准	ZigBee 802.15.4	GSM/GPRS CDMA/1XRTT	WiFi 802.11g	蓝牙 802.15.1
应用领域	监测和控制	广域语音和数据	网页、电邮和视频	代替连接所用的线
系统资源	4~32KB	18MB +	1MB +	250KB +
电池寿命（天）	100~1000 +	1~7	0.5~5	1~7
网络规模	不受限制（2^{64}）	1	32	7
带宽（Kbps）	20~250	64~128 +	54 000 +	720
范围（米）	1~100 +	1000 +	1~100	1~10 +
优势	可靠、节能和成本	可达和质量	速度和灵活性	成本、方便性

传感器网络是自组织的。由于传感器网络包含大量节点，而且它们可能放置在恶劣位置，网络的自组织是至关重要的，手动配置在这种环境下是不现实的。此外，节点可能失效（由于缺电或者由于物理破坏），而新的节点可能加入网络。所以节点必须能够周期性自配置，以继续工作。个别节点也许会和网络中其他节点失去连接，但我们必须保持一个较高的连通度。

在传感器网络中，协同信号处理是必须的。为了提高检测/估计的性能，通常需要从多个传感节点融合数据，这就要求数据和控制消息的传输。对于区域内收集的信息，用户可能想要查询一个节点或一组节点。依赖于数据融合的体量，在网络之间传输大量的数据可能并不现实。为了解决这个问题，可以让一些汇聚节点从本地区域收集数据并创建消息摘要，而把查询请求转发给距离所关注区域较近的汇聚节点。

9.3.3.3 传感器网络的发展

表9-8把过去30年无线传感器网络的发展划分为三代。第一代传感器网络中的节点主要是车载或者空投的个别传感器，它们像鞋盒子一样大，重达数千克。此时，网络拓扑是星形或者点到点的，用大电池供电，可以持续几个小时到几天。在第二代传感器网络中，传感器缩小到一盒扑克牌大小，几克或者几十克重，AA电池供电，工作可持续几天或者几个星期，而传感器网络以客户端/服务器或者P2P模式来组织。第三代即现在的传感器仅有灰尘粒大，重量可以忽略，在嵌入式和远程应用中以P2P模式组织。

无线自组织传感器网络由大量（基本上是固定的）传感器组成。除了在海洋表面或者军用的移动、无人操作机器人传感器节点外，传感器网络中的节点大部分是固定的。未来传感器网络将可能包含1万到10万个节点，可扩展性是必须考虑的性能指标。传感器也应该是低能耗的，因为在大量应用中传感器节点将被部署在远程区域。在这种情况下，节点的寿命取决于电池的寿命，所以需要降低能耗或者使用太阳能来为设备供电。 582~583

表9-8 三代无线传感器网络

WSN 特征	第一代（20世纪90年代）	第二代（21世纪初）	第三代（2010年后）
制造商	定制厂商（如对TRSS）	Crossbow科技股份有限公司，Sensoria集团，Ember集团	Dust股份有限公司等
物理大小	大鞋盒或者更大	一盒扑克牌到鞋盒大小	灰尘颗粒
重量	数千克	数克	忽略不计
节点体系结构	感知、处理和通信分离	集成感知、处理和通信	集成感知、处理和通信
拓扑	点对点，星形	客户端/服务器，P2P	P2P
供电方式和寿命	大电池；数小时、数天或者更长	AA电池；数天或者数周	太阳能；数月到数年
部署	车载或者空投的单个传感器	手放置	嵌入式、撒或者扔下

9.3.3.4 ZigBee网络

ZigBee一词来源于蜜蜂回巢时的行为。ZigBee网络是一种高级通信协议，由IEEE 802.15.4标准描述。Zigbee设备体积较小，是低能耗和基于无线电的传感器节点。例如在无线家庭网络中，ZigBee设备用在无线开关和受短距离无线电控制的家用电子设备中。ZigBee技术比蓝牙或者WiFi技术易用而且便宜。用在ZigBee中的无线射频具有低数据传输率、长电池寿命和安全网络等特点。低成本使得该技术可以广泛应用于无线控制和检测应用中，而低耗电特征使得使用小电池就可以达到长寿命。网状网络可以提高可用性并延伸操作范围。这里列出了三种不同类型的ZigBee设备，图9-17也给出了相应的示意图。

- **ZigBee协调器（ZC）**：最强的ZigBee设备，作为ZigBee网络的协调器或者根。在每个网络中仅有一个协调器，它是开启这个网络的设备（即第一个设备），能够存储网络的信息，而且作为信任中心存储安全密钥。

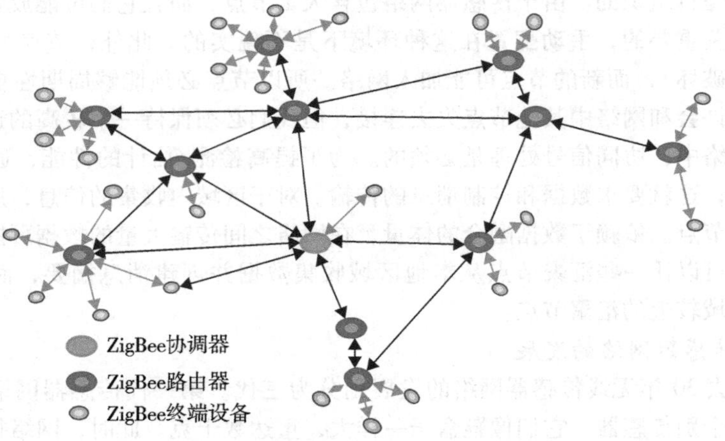

图 9-17　一个典型的 ZigBee 网络结构

注：摘自 http://mesh-matrix.com/en/technology/tech_zigbee.aspx。

- **ZigBee 路由器（ZR）**：中间路由器，在终端设备之间传递数据。
- **ZigBee 终端设备（ZED）**：仅包含和父节点（协调器或者路由器）通信的功能，不能中继其他设备的数据。因此，节点可以休眠很长一段时间，保证了电池的长寿命。ZED 设备需要最小的内存，比 ZR 或者 ZC 的制造费用更低。

ZigBee 设备需符合 IEEE 802.15.4 无线个人区域网络（Wireless Personal Area Network，WPAN）标准。该标准规定了低协议层——物理层和数据链路层 MAC，它在未经许可的几个频段工作：2.4GHz（全球）、915MHz（美国）、868MHz（欧洲）。在 2.4GHz 频段中，有 16 个 ZigBee 频道，每个频道需要 5MHz 的带宽。一个典型的 ZigBee 网络如图 9-17 所示。无线电发射设备使用直接顺序扩频编码，由数字流管理到调制器。

不同频段的 ZigBee 数据传输速率不同，在 2.4GHz 频段传输率是 250Kbps，在 915MHz 频段是 40Kbps，而在 868MHz 频段是 20Kbps，传输范围在 10～75m，无线电输出功率大概在 1mW。最基本的频道访问模式是载波侦听多路访问（CSMA/CA），即传感器节点就像人之间的说话方式一样通信，在它们开始访问前首先确保当前没有人在通信。隐藏终端问题可以使用一对 RTS（request to send，请求发送）和 CTS（clear to send，清除发送）握手信号来解决。

9.3.3.5　无线传感器网络用电管理

在大多数无线传感器网络中，传感器在大部分时间里处于休眠状态。如图 9-18 所示，休眠传感器仅消耗几微安的电量。传感器快速唤醒以
584～585 处理感知数据，并再次返回休眠状态。传感器处于主动模式的时间非常短，以减小电量消耗。这种周期性应用模式使得在不换电池的情况下，传感器节点寿命可以达到数月或者数年之长。用电管理对无线传感器网络来说是至关重要的。

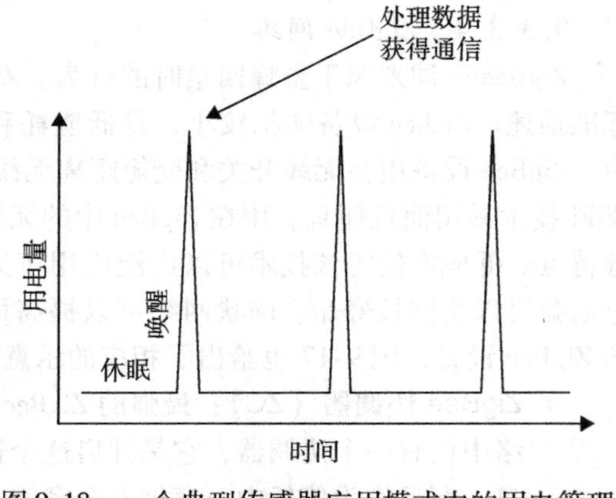

图 9-18　一个典型传感器应用模式中的用电管理

例 9.7　用于健康监测的无线传感器

无线传感器为我们监测人体不同的参数提供了可能。这些监测大部分都很简单和舒服，无需约束和打扰人们的日常生活。有些普适城市正在实现这样的无线监测系统。世界上的很多国家在研究 UWB（超宽带）和 ZigBee 解决方案，以使它

们在医院和康复环境中变得更加普遍（见图9-19）。

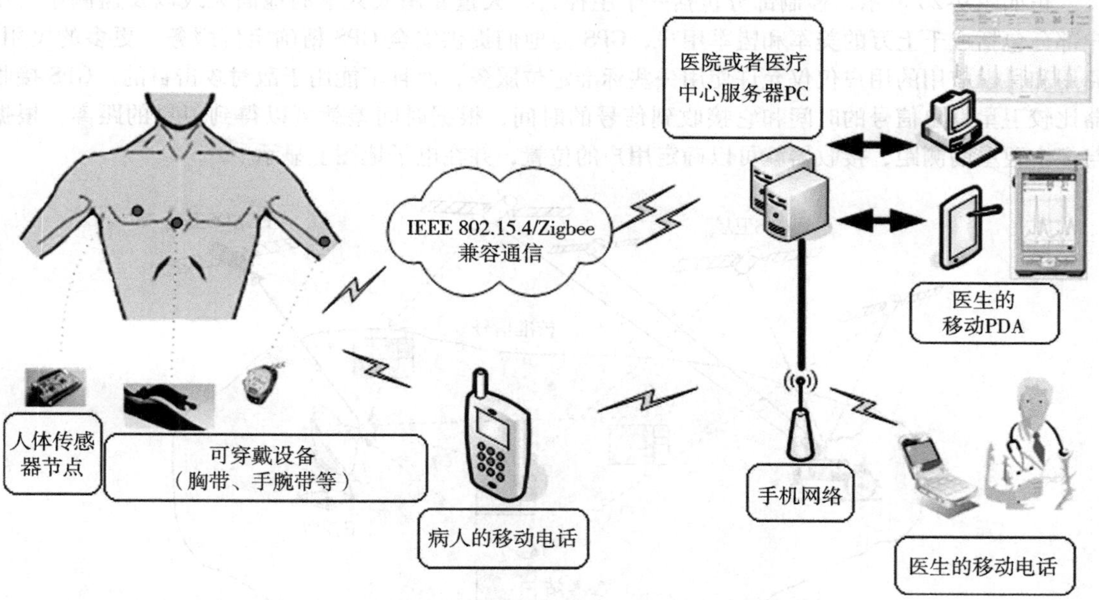

图9-19　说明测量数据是如何通过无线传感器网络传给医生或者医疗专家的例子

注：摘自 www. infotech. oulu. fi/Annual/2007/pics/opme_19_sm. jpg。

尽管有大量的商业传感器可供选择，但是在应用传感器前需要考虑很多因素，比如相位偏差和噪声等。在应用之前，我们需要对所有将被用到的传感器进行大量的测量和测试，以确保结果是稳定的而且可以被卫生保健专家用来分析。此外，我们也需要新的方法，以融合和分析从不同传感器来的大量数据。最后在无线健康监测系统中，实现一个无创葡萄糖检测单元是目前正在被广泛研究的课题之一。■ 586

9.3.4 全球定位系统（GPS）

基于位置的服务（Location-Based Service，LBS）帮助人们和机器定位物体的位置。传感器在航位推测中有一定的作用，但是该方法并不能满足地理定位的实际需求，因此就有了全球定位和导航系统的出现。GPS是由美国空军在1973年研发出来的，欧盟、俄罗斯和中国也有类似的部署。GPS通常由发射塔协助，固定信号发生器或者轨道卫星发射器广播时间信号，并接受响应，以定位移动物体的位置。

雷达、激光雷达和声纳定位仪使用电磁信号、光信号和声音信号来定位物体的相对位置。借助卫星，某些物体也可以借助附着的主动GPS设备，通过无线电、光或者声音来确定它们的位置。从1994年起，一种经过降级处理的GPS在民事应用中开始使用，提供可靠的定位、导航和时间服务。借助GPS接收器，在任何天气条件下、无论白天还是晚上、世界上的任何地方，系统为大量用户提供准确的定位和时间服务。

9.3.4.1　GPS工作原理

GPS由空间、控制和用户三部分组成：空间部分、控制部分和用户部分。美国空军研发、维护，以及运维空间和控制部分。24颗卫星运行在绕地固定轨道上，轨道的高度约为20 200km。GPS卫星广播信号，借助这些信号，GPS接收器计算它的3D位置（经度、维度和高度）以及现在的时间。GPS的空间部分包括中距离轨道上的24颗卫星和把这些卫星送到轨道上的推动器。GPS卫星在非常精确的轨道上每天围绕地球运行两圈，并向地球传输信号。地面上的GPS设备接受信号，并使用三角方法计算精确位置。在不同的时间，接收器可以和不同的卫星联系。

正如图 9-20 所示，控制部分包括一个主控台、大量专用或共享的地面天线以及监测站。用户部分包括成千上万的美军和盟军用户，GPS 为他们提供安全 GPS 精确定位服务。更多的民用、商用和科学应用的用户仅仅允许使用一些标准定位服务，而且不能用于敌对攻击目的。GPS 接收器比较卫星发出信号的时间和它接收到信号的时间，根据时间差就可以得到卫星的距离。根据与多个卫星的测距，接收器就可以确定用户的位置，并在电子地图上显示。

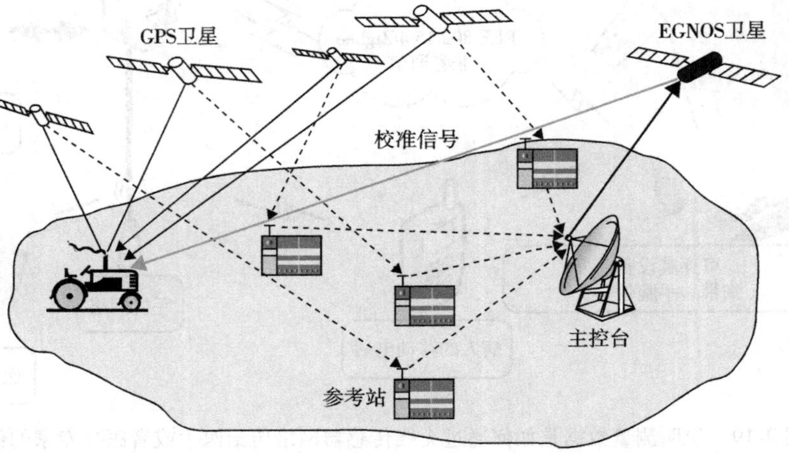

图 9-20　地面 GPS 接收器借助 4 个或者更多的卫星来计算其 3D 位置，一些地面参考站和主控台也提供了必要的帮助

9.3.4.2　主动和被动 GPS 比较

GPS 跟踪设备可以在地球上跟踪人、汽车和其他物体。GPS 跟踪系统分为两类：主动跟踪系统和被动跟踪系统。在被动跟踪中，GPS 仅仅是一个接收器，不作为发射器发射信号。被动 GPS 跟踪设备不具备发送 GPS 数据的能力，主要是作为记录设备使用，也称为数据记录器。主动 GPS 跟踪设备集成了一种发送信息的方法。尽管我们可以使用卫星上行链路来上传数据，但最常用和性价比最高的还是移动数据通信。自动增量式更新方式在记录周期内连续记录，同时提供了当前和历史位置信息。

被动 GPS 跟踪设备在内部存储设备中存储 GPS 位置信息，该信息随后可以被下载到计算机查看。主动 GPS 跟踪系统则以固定的间隔发送数据，支持实时查看。当不需要实时数据时，被动 GPS 跟踪设备由于其方便性和可购性而更受客户的欢迎。被动 GPS 应用非常广泛。家长可以在孩子的车上安装一个 GPS 跟踪设备，以监视他们的驾驶习惯，并了解他们去了哪些地方。执法人员现在依赖于被动 GPS 跟踪技术来跟踪犯罪嫌疑人，并通过电子监视假释犯来加强民众的安全。被动 GPS 跟踪设备也可以用来防范偷盗，协助寻找车辆。

9.3.4.3　GPS 操作原理

接收器如果能获得一颗固定位置卫星的信号，则意味着它位于以卫星为中心的球形表面。接收器的位置由 4 个球形表面的交集来确定。两个球形的交集通常是一个环。如果两个球形表面是相切的，那么环变为一个点。在确定了两个相交球形表面后，我们来考虑相交形成的环和第三个卫星球形如何相交。一个圆和一个球不相交或者相交于 1 个或者 2 个点，因此位于地球表面的接收器最多需要从两个点选择距离它最近的点作为其位置。

587～588 显然，这种三角测量方法在把范围缩小到一个点时会带来一些错误。为了更准确地定位，接收器必须使用第 4 颗卫星。第 4 颗卫星球将非常接近其余三个球形相交的两个点，最终的接收器位置由距离第4颗卫星最近的点确定。如果没有错误，那么定位到了精确的位置。否则可能会由于错误有一些偏差，比如和精确位置有10米的偏差。为了进一步减小错误，可以使用更多的卫星，但这同时会带来很大的开销。

卫星不间断地发送消息，消息包含发送的时间、精确的轨道信息、系统总体健康情况和所有GPS卫星的大概轨道信息。GPS接收器通过为GPS卫星发送信号打上精确的时间戳来计算其位置。为了计算其二维（2D）位置（经度和纬度）和跟踪移动，接收器必须锁定至少3颗卫星的信号。借助4个或者更多的卫星，接收器可以确定用户的三维（3D）位置（经度、纬度和高度）。

一旦确定了用户的位置，GPS设备就可以计算其他信息，如速度、方位、轨迹、移动距离、到目的地距离、日落和日出时间等。接收器根据接收到的消息来确定每个消息的发出时间，并计算到卫星的距离。这些距离信息和卫星位置信息综合起来计算接收器的位置，并可能在地图显示屏上显示。很多GPS设备还显示一些推测信息，如从位置的改变来显示方向和速度。

9.3.4.4 三角定位计算法

三角定位计算法如图9-20所示。接收器借助从4颗卫星接收到的消息来确定卫星的位置和消息发送时间。我们用x、y和z表示位置，则消息发送时间表示为$[x_i, y_i, z_i, t_i]$，其中$i=1, 2, 3, 4$用来表示卫星序号。在得到消息接收时间t_{ri}的情况下，接收器计算消息的传输时间为$t_{ri}-t_i$。假设消息是以光速c来传输的，传输距离$di=(t_{ri}-t_i)\times c$。

我们已经讨论了球形表面相交问题，现在来看在有错误的情况下的计算问题。用b来表示时钟误差或者偏差，即接收器时钟偏差量。接收器有4个未知量，GPS接收器位置的三个分量和时钟偏差，即$[x, y, z, b]$。球形表面的公式如下所示，其中$i=1, 2, 3, 4$：

$$(x-x_i)^2+(y-y_i)^2+(z-z_i)^2=([tr_i+b-t_i]c)^2 \tag{9-6}$$

这里可以使用多维根估算方法（如Newton-Raphson方法）迭代计算。该方法在第k次迭代求出近似解$[x^{(k)}, y^{(k)}, z^{(k)}, b^{(k)}]$，然后求解从上述二次方程得到的4个线性方程，得到第$k+1$次迭代后的结果。Newton-Raphson方法比其他定位方法收敛速度更快。时钟偏差对于定位偏差的计算影响很大，因此在基于卫星的导航系统中，时钟同步对于最小化定位偏差是至关重要的。

在计算接收器位置时，三颗卫星通常足够了，因为空间有三维，并且地球表面附近的位置（高度）已假定是0。但即使一个非常小的时钟误差，在经过卫星信号光速相乘后，也会造成很大的位置偏差。所以大多数接收器使用4颗或者更多的卫星来确定接收器的位置和时间。大多数GPS应用隐藏了计算所得时间，而仅使用位置信息。然而一些特定的GPS应用会使用时间信息来进行交通信号计时和同步手机基站等。 589

尽管在通常情况下需要4颗卫星，但如果某一维的变量是已知的，接收器可以仅使用3颗卫星来确定其位置，例如船或飞机的高度是已知的。当少于4颗卫星可用时，一些GPS接收器可能使用其他的一些信息或者假设（如使用上次已知的高度、航位推测、惯性导航或者从车载计算机得到的信息），以估算不太准确的位置。

9.3.4.5 全球部署状况

美国部署的GPS已经向很多国家的民用应用开放。除美国的GPS外，俄罗斯也部署了称为GLONASS（全球定位卫星系统）的GPS，完全用于军事。欧盟有Gallio定位系统（EGNSS）。截至2011年，中国已经为31颗卫星组成的北斗导航系统发射了8颗卫星，整个北斗系统将在2020年运营。

民用GPS有很多，包括导航、测量、绘图、手机、构造、灾难救援和紧急服务、GPS旅游、地理防护、娱乐、飞机跟踪、地理标签等。军用的GPS应用包括导航、目标跟踪、导弹指引、搜寻和救援、侦察和核爆炸探测等。下面的例子介绍了一种民事应用。

例 9.8 借助主动 GPS 设备的实时汽车跟踪

主动 GPS 跟踪系统主要用于工业和商业领域，并很快成为一些期望监测汽车和其他重型设备的标准。实时 GPS 跟踪是一种获取实时和详细信息的可行方法，这些信息主要来自大量被跟踪车辆或者物体。一个例子是租车公司，它们为大量客户提供汽车。实时汽车跟踪系统提供所有驾驶人员当前和历史道路数据，借此可以获得收益。这个过程分为下面 4 个步骤：

1. 车里的 GPS 接收器从卫星网络中接收信号。
2. 收集到的卫星数据通过移动网络发送到通信中心。
3. 控制中心在全局地图上计算位置信息。
4. 控制中心向各个单元发送命令，以触发警报、停止引擎、改变方向或者发送个人消息等。■

9.4 物联网创新应用

本节介绍物联网的应用领域，举例说明了物联网在跟踪、零售、供应链管理、智能电网和智能建筑中的应用，最后介绍欧洲物联网项目以及面向通用应用的美国信息物理系统（Cyber-
590 Physical System，CPS）。

9.4.1 物联网应用

表 9-9 总结了物联网在三大民用领域的应用。物联网虽然有很多军事应用，但这超出了本书的范围。物联网的使用旨在提升工业生产力和经济增长。它在环境保护方面也有很大的作用，包括污染控制、天气预报、灾难避免和恢复等。而就社会影响来说，物联网可以使我们的生活更加便利和舒适。政府服务、法律实施、家庭和健康提升是物联网带来的主要好处。

表 9-9 物联网的一些应用领域

应用领域	简要介绍	例 子
工业和经济增长	公司或者组织之间的财务或者商业交易活动	制造业、物流业、服务业、银行、财政部门和中介机构等
环境和自然资源	保护、监测和开发自然资源的活动	农业和畜牧业、回收业、环境管理服务、能源管理等
社会和日常生活	社会、城市和人的开发和包容活动	面向公民和社会结构的政府服务，电子包容（老人、残疾人）等

下面列出了传感器网络的几种应用：

- 军用传感器网络：检测并获得尽可能多的关于敌人移动、爆炸和其他感兴趣的信息。
- 用于检测化学、生物、放射性物质、核、爆炸攻击和爆炸材料的传感器网络。
- 用于检测地面、森林和海洋等环境变化的传感器网络。
- 无线交通传感器网络：监测高速公路或者城市拥堵区域的交通情况。
- 无线监视传感器网络：为购物中心、停车场和其他场所提供安全。
- 无线停车位监测传感器网络：确定一个车位是被占用还是可用。

9.4.2 零售和供应链管理

物联网应用将促进商业发展，提高社会服务水平，并加快经济的增长。目前的应用主要集中在零售、物流服务和供应链管理等领域。工业、政府和社团服务也可以受益于物联网，从而促进
591 社会、城市和政府向更好和更高效的方向发展。

9.4.2.1 零售和物流服务

RFID 应用极大地依赖于零售商、物流企业和快递公司的采用。

零售商为每件物品打上标签，从而一次性解决一系列问题：准确的库存、丢失控制和支持销售终端无人行走（快速检查的同时减小入店行窃和劳力成本）的能力。冷却链和保障系统对食品和药品打上温度敏感的材料或电子标签，监督容易腐烂的原料是否完好无损或需要特别关注。这些都要求物体、制冷系统、自动化数据日志系统和技术人员之间相互通信。

例如，在食品杂货店，你买了一加仑的牛奶，牛奶的包装有一个 RFID 标签，存储牛奶的保质期和价格。当你从货架上拿下牛奶时，货架显示牛奶的保质期限，该信息也以无线方式发送到你的个人电子助手或者手机上。当你离开商店时，经过一个带有嵌入式标签阅读器的出口，该阅读器计算购物车上所有商品的总价并发送到你的银行。这样，商品制造商了解了你买了什么东西，而商店的计算机也获悉了每件商品精确的需求。

回到家后，你会把牛奶放到带有标签阅读器的冰箱里。这个智能冰箱能够跟踪所有放在其中的食品，可以告诉你牛奶和其他食物的过期日。商品也可以在它们被扔到垃圾桶或者回收桶后继续跟踪。根据你购买的商品，食品店就知道了你的个性化需求，并给你发送特定的食品促销单。

9.4.2.2 供应链管理

供应链可以借助物联网系统管理，其基本思想是管理相关企业形成的整个网络，包括商品制造、运输和售后服务企业等。在任意时间，市场力量都可能需要供应商、物流提供商、位置和客户，以及供应链上其他参与方做出改变。这种改变对供应链基础设施具有非常大的影响，涉及的范围从贸易伙伴之间的电子通信基础层到更复杂的过程配置和工作流安排。工作流安排对于快速生产过程是至关重要的。

供应链结合了过程、方法、工具和配送选择，从而指导合作伙伴按照顺序进行高效和快速的贸易工作。这些合作企业必须步调一致地快速工作，因为供应链的复杂度和速度基于多种原因在增加，包括全球竞争、快速价格波动、油价冲击、商品的短生命周期、专业化扩展和人才稀缺等。供应链是一个多种功能融合的高效网络，包括获取资源、把这些资源转化为成品，并最终把这些成品分发给客户。下面的例子解释了物联网如何协助供应链，从而提升贸易效率和快速增长。 592

例9.9 物联网辅助供应链管理

供应链管理是公司为确保供应链较高的效率和成本收益的一个过程。图9-21给出了商品生产和销售供应链，包括材料或组件供应商、分发中心、通信链路、云数据中心、一些零售商店、公司总部（如沃尔玛）和银行支付等。这些商业伙伴通过卫星、互联网、有线和无线网络、卡车、火车和航运公司、电子银行和云提供商等连接起来。传感器、RFID 标签和 GPS 设备可以在供应链的每个位置上部署，以提升在线贸易、电子商务或者移动交易等。供应链管理包括5个主要阶段：

- **阶段1：策划和协调**。必须要有一个计划或者策略，以说明一个商品或者服务如何满足客户的需求。
- **阶段2：材料和器材供应**。该阶段需要和原材料提供商建立紧密的关系，并对配送、分发和付费方式做计划。
- **阶段3：制造和测试**。商品被制造、测试并调度配送。
- **阶段4：商品分发**。取得客户订单，分发商品。
- **阶段5：售后服务和退货**。客户可能会退回有瑕疵的商品，公司处理客户需求。 ■

9.4.3 智能电网和智能建筑

环境保护是一个世界性问题，其中一个方案是使用绿色能源来节约能源消耗，缓解全球变暖问题。物联网的另一个重要应用是智能电网的发展。

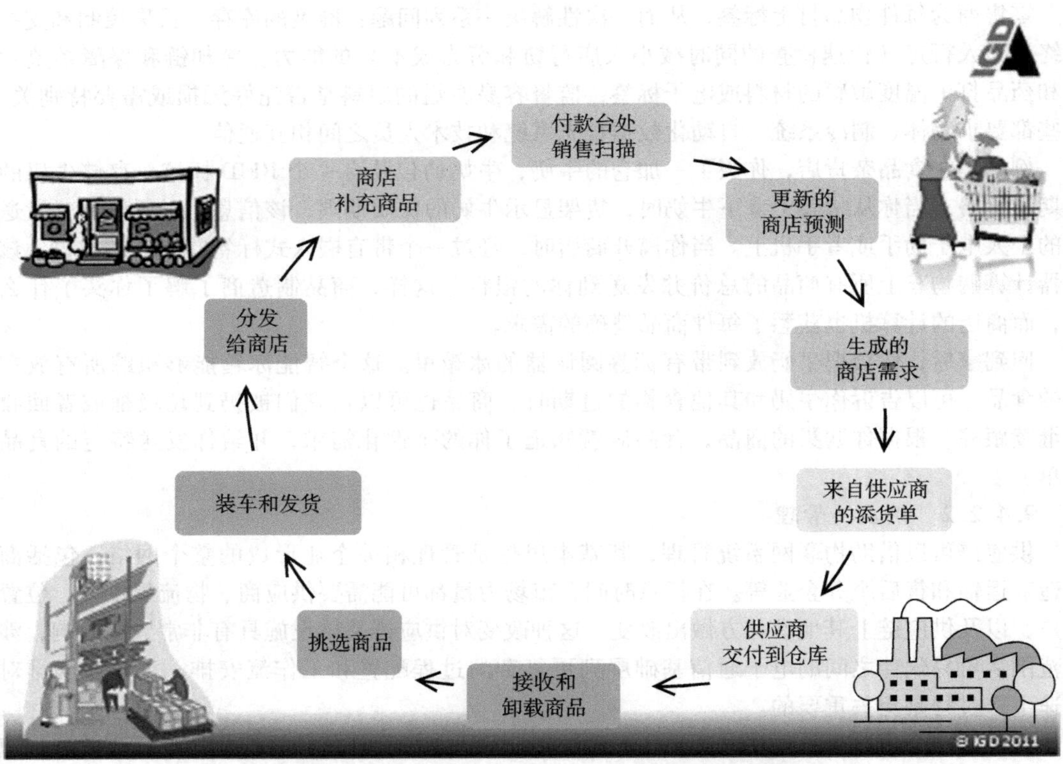

图 9-21　多个合作方商业领域的供应链管理

资料来源：www.igd.com/images/Factsheets/modern-supply-chain.jpg。

9.4.3.1　智能电网

美国的很多电力公司已经或者正在升级它们的电力管理和配送系统。在用户家中部署很多传感器（智能温度调节器），收集信息并通过网络发回到主站（可能是一些本地中心）。主站根据这些信息来进行复杂电力管理，并发送控制信号给电网以节约能源。智能电网通过在发电、传输、配送和消耗过程中应用感知、测量和控制设备来工作。

例 9.10　物联网支持的智能电网

智能电网包含一个智能监测系统，跟踪系统中的电流。智能电表是对现用电表的电子升级，它实时跟踪用电量，这样用户和电力公司在任何时刻都可以了解用电量。电是按"时价"来计费的，即在高峰时期电费较高。图 9-22 是物联网支持的智能电网。

当电最便宜的时候，用户可以通过智能电网开启部分家用电器（如洗衣机），或者开始某些工厂加工工作。在高峰时段，智能电网关闭一些电器设备以节约用电。深度参与的用户可能通过智能电表来远程查看用电量，并做出关于用电的实时决策。当家里没人的时候，冰箱或者空调系统可以远程关闭。■

9.4.3.2　智能建筑

物联网使得我们的生活更加舒适、方便、安全，并节省了能源消耗和环境影响。它可以在智能建筑中使用，如居民建筑、商业建筑、工业建筑和政府设施等。此时，物联网可以应用在报警系统、访问控制、室内温度控制和电梯等。智能建筑可以是一个购物中心、一栋家庭住宅、一所
593~594 医院或者一个高层写字楼。智能建筑需要监测和规划供热、空气条件、照明和环境改变，它们可以监督楼宇安全、火灾扑灭和电梯操作等。智能建筑技术赋予我们更多建筑监测和感知能力。

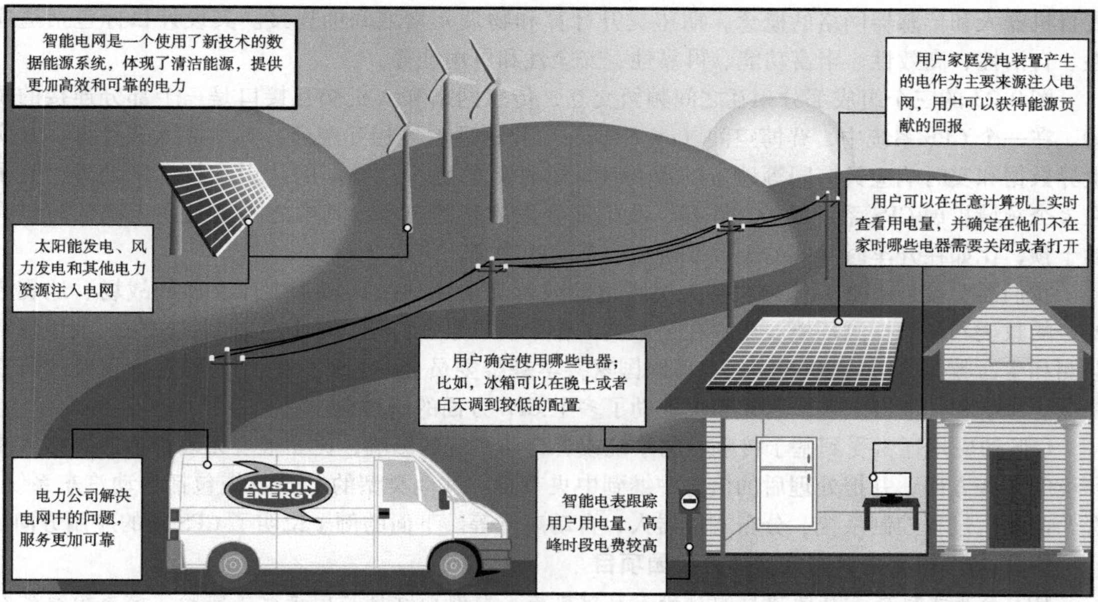

图9-22　智能电网

资料来源：http://impactnews.com/images/stories/CTA/2009/04/15-grid.jpg。

9.4.4　信息物理系统（CPS）

计算机变得越来越普及，计算设备已被应用在电视遥控器、智能手机、电梯、自动扶梯、雨刮器、办公室/家里的温度调节器，以及十字路口的交通信号灯中。这些设备在日常生活中非常普遍，以至于我们甚至不认为它们是计算机。科研工作者把这些设备称为*嵌入式系统*，完成一个或者多个特定的功能。随着智能手机、GPS导航和平板电脑的出现，嵌入式系统发展成为新的智能系统，称为*信息物理系统*（CPS）。

CPS系统把计算过程和物理世界结合起来，形成一个交互式智能嵌入式系统。CPS系统在很多电脑和电视游戏系统中使用，最具代表性的例子是Nintendo Wii交互式游戏系统。基于光标的CPS在很多领域也得到应用，包括汽车、航空航天、卫生医疗、机器人、制造业、战场训练和消费类电器等。一个完整的CPS系统包括嵌入式计算机、网络监测器和对物理过程的智能控制，而人参与到反馈环中。在物理世界中，CPS必须实时处理人机交互。图9-23给出了典型的CPS抽象体系结构。

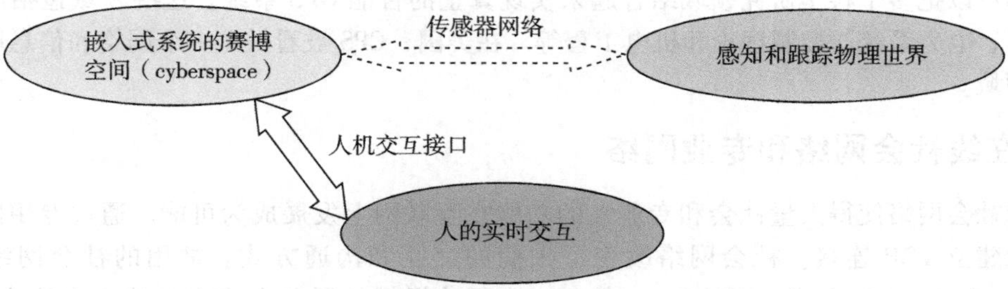

图9-23　CPS系统中三个组成部分交互式智能工作

CPS的一个重要特征是把系统的计算和物理要素紧密协调在一起。大多数虚拟现实系统更多地关注计算要素，而不太关注计算和物理要素之间这种紧密的联系。为了弥补这个不足，CPS系统应该被设计为带有物理输入和输出的交互元素组成的网络，而不是单一的设备。CPS的概念扩展自机器人和传感器网络的概念，期望提升计算和物理元素之间的连接。其设计目标包括适应性、自治性、高效性、丰富功能、可靠性、安全性和可用性等。

图 9-23 的三个组成部分相互之间频繁交互，传感网络和人机交互接口是三个部分连接的桥梁。在一个 CPS 系统中，赛博空间（cyperspace）和物理世界相互融合，其中嵌入式计算、真实世界数据和实时响应具有同等地位的重要性。这种新的融合需要新的认识和技术来处理。为了在多个领域扩展 CPS 系统的潜在作用，我们需要发展新的技术，其中之一就是在正确的时候人的干预，比如在开车时，人的干预要避免和系统的冲突。

我们需要设计 CPS 系统来代替人类在危险或者无法到达的环境下工作，比如战场、地震废墟中的救援和深海探测环境。用户在一系列工作中要求紧密协调，如航空管制、战争、卫生保健监测和生命救援等。从 2006 年起，美国国家科学基金委员会（NSF）把 CPS 确定为重要的研究领域。NSF 和其他组织在最近几年也资助了多个 CPS 方面的研讨会。

CPS 的应用通常受到基于传感器的系统或者自动系统的影响，比如很多无线传感器网络监测环境的某些方面，并把处理后的信息中继到中央节点。其他类型的 CPS 系统包括自动汽车系统、医药监测、过程控制系统、分布式机器人、自动航行等。下面的例子说明了 CPS 新的应用方向。

例 9.11 MIT 的分布式机器人菜园项目

MIT 分布式机器人菜园项目的科研人员对机器人照料西红柿菜园进行了实验。该系统有效结
595~596 合了分布式感知（每棵植物装配有一个传感器节点监控其状态）、导航、操作和无线网络来一起工作，其远期目标是基于自动机器人和传感器实现自动温室。该项目强调可扩展性和鲁棒性，实现方案是完全分布式的，仅需要简单的元器件。

MIT 研究组研制了一个移动的操作终端，并安装了自动设备来提供分布式感知和数据存储。他们把植物、设备和机器人看做是一个带有不同层次的移动、感知、动作和自治的有机系统。系统把能量、水和营养物传输给作物。该系统涉及一系列重要的问题，包括多机器人协调问题、力反馈理解和空间计算。MIT 研究组把下面的应用作为他们在 CPS 工作方面的愿景：

- **可持续有机农业**。使用大量的机器人和嵌入式智能系统实现大规模不同类型作物的种植，从而减小对土壤中特殊营养物质的消耗。通过智能融合各种作物，减少杀虫剂的使用。同时，按需浇水可以减少水的用量。
- **自动农场**。在小规模以完全自动化的方式提供各种农作物，从而使得人类在边远地区和外层空间得到长远发展。
- **绿色农业**。水果和蔬菜可以种植在建筑物的内部和外部，从而对室温和能效起到积极作用，并支持居民的饮食。 ■

我们可以把多个科学研究领域结合起来实现真正的智能 GPS 系统。这些领域包括航空电子学、汽车、电力系统、控制理论和机电工程等。在美国，CPS 被看做是一个网络和信息联盟的优先研发领域。

9.5 在线社会网络和专业网络

在线社会网络使得大量社会和专业性的功能在互联网上发展成为可能。通过专用网站，可以方便地建立 P2P 连接。社会网络改变了人们的交互和沟通方式。常用的社会网络网站有 Facebook、Twiiter、LinkedIn 和 MySpace 等。这些网站提供的服务允许用户建立在线个人资料，并和在同一网站上注册的用户建立好友关系。根据最近的一份互联网流量报告，排名前 15 名的社会网络吸引了 10 亿的注册用户（www.ebizmba.com/articles/social-networking-websites）。

2011 年年初，Facebook 是排名第一的网站，每个月有 6 亿的访问量。社会网络用户之间的连接以及兴趣小组形成的社团可以用大规模图论来分析，以评估社会网络的特征、用户统计信

息、安全指标、网络特征，以及所提供的搜索和技术支持。作为例子，本节分析两个社会网络，即用于分享照片和建立好友关系的 Facebook，以及用于微博和交流想法的 Twitter。

9.5.1 在线社会网络特征

在线社会网络（Online Social Network，OSN）由个人或者组织在互联网上形成，这些个人和组织是相关的、互联的，或者由于相同的兴趣或相互依赖而相互连接。用户之间的关系包括好 597
友、亲戚、相同专业方向、有相同兴趣、金融交易伙伴、喜欢或者不喜欢的关系、社区或者种族组、有相同宗教或者政治信仰以及名人的粉丝等。一般而言，社会网络是由人之间、社会或社区成员之间的复杂集合组成的。

社会网络是表征个体之间的社会关系的结构。在社会网络中，节点表示人，节点之间的边表示诸如好友、亲戚或者同事等关系[3]。OSN 服务用来反映人们之间的社会关系。在 OSN 之前已经有一些在线社区作为早期 OSN 服务存在，如电子布告栏（Bulletin Board Service，BBS）。但是这些早期的社区是面向组的，即用户根据不同的兴趣和地域形成不同的组，而现在的社会网络网站通常是面向个体的。

9.5.1.1 在线社会网络服务

OSN 通过互联网访问和 Web 服务提供特定的社会或者专业相关的服务，这些社会网络服务通过人之间在互联网上的通信而连接在一起。早期的在线社会网络服务包括找工作、约会和电子布告栏等，按照不同的兴趣和地域把用户组织成不同的组。而现在的社会网络服务通常是面向个体或者遵循 P2P 交互的。这里列出了一些提供 OSN 服务的想法：

- 每个用户建立自己的个人主页或个人资料，并通过社会连接链接在一起。
- 沿特定的社会连接或者社会网络图遍历。
- 参与人或者注册用户之间的沟通工具。
- 与朋友或者专业小组内的人分享音乐、照片和视频。
- 在特殊利基市场中的社区运营，如卫生保健、体育和兴趣爱好等。
- OSN 服务使用了定制化的软件工具和数据库。
- 用户的忠诚度高、会员发展迅速。
- 从嵌入式广告获得收益，并可访问优质内容。

9.5.1.2 社会网络属性

在大多数社会网络中，每个用户有自己的主页（或者个人资料页），并通过用户的社会关系连接在一起，这也是社会网络面向个体的原因。一旦用户和其他人成为好友，他就可以访问其好友个人资料页上所有开放的内容。用户也可以访问其好友的好友列表，查看他们的个人主页，这就是社会网络图遍历的例子。通常，OSN 网站提供两种基本的通信方法：类似于电子邮件的内部消息和公共消息板。用户还可以向他的好友分享图片、视频、网站链接和文章等信息。所有的 OSN 网站都有这 4 个基本内容，但是由于不同的服务模式和市场方向，实现的方式不尽相同。

逻辑上说，社会网络的体系结构是基于 P2P 的，但社会网络几乎都使用基于客户端/服务器的体系结构向公众开放。这带来了一系列的问题，如隐私违反、服务可用性、系统稳定性、网络可扩展性和响应性能等。本节将会研究 Facebook 和 Twitter 的服务模式与功能，以便了解它们成 598
功的原因。为了了解它们带来的问题，需要一种有效且不影响网络性能的方案。

9.5.1.3 代表性 OSN

表9-10 总结了5 种注册用户最多的 OSN，Facebook、Twitter 和 Myspace 等网站如今非常受欢迎。表9-10 对5 个服务质量相关的属性进行了打分，其中5 分是满分，表示最好的网站，而3 分是平均分，得分大于4 的网站就已经是非常好的网站了。在生成总评分时，5 种属性的权重是相同的。根

据应用领域的不同，这些属性也可以按照不同的规则赋予不同的权重，从而得到不同的排序。

表 9-10 在 2011 年 4 月排名前五的社会网络网站评估

名称（年）	简要介绍和网站	注册用户（亿）	个人资料	隐私安全	联络特征	搜索支持	总分
Facebook 2004	拥有大量应用的内容共享；www. facebook. com/	6	4.5	4	5	4.5	4.51
Skype 2003	视频电话和即时消息；www. skype. com	5.21	3	4	4	3	3.50
YouTube 2005	视频上传和分享网站；www. youtube. com	5	3	3	3	4.5	3.38
Twitter 2006	微博、新闻和通知；www. twitter. com	1.75	3	4	5	5	4.25
MySpace 2003	定制的社会服务 services；www. myspace. com	1.3	5	3	5	4	3.75

社会网络几乎都使用基于客户端/服务器的架构，大量的服务器组成数据中心。也就是说，所有数据（包括博客、照片、视频和社会网络关系）都存储和管理在由服务提供商拥有的中央服务器集群上。这种传统的体系结构在扩展性方面有一定优势，因为用户在任何客户端（包括固定机器和移动设备）都可以访问他们的数据。但是，这种体系结构也有一些实现问题，比如
599 隐私个人信息可能会丢失，而且需要在高峰期监控大量服务器。

9.5.1.4 在线社会网络

为了在竞争中胜出，OSN 需要定制化，首先，要具有自己的特征，提供自己的 API 接口。其次，所选择的论坛类型必须和大多数用户社区相关。OSN 平台还必需有具体的功能，可以使用户方便地加入和享受服务。再次，提供商必须证明其在线营销理念以吸引用户加入和离开。先进的软件、虚拟化数据中心、处理和存储云平台也是必需的。

作为按需服务的提供商，OSN 平台需要对所有 Web 2.0 用户社区都具有吸引力，而且要具有高可用和高性能特性。因为 OSN 平台大都基于客户端/服务器模式，所以提供商必须维护巨大的数据中心。为了更好地服务客户，这些数据中心借助虚拟化技术提供云服务。

9.5.1.5 在线社会网络的益处

一个成熟的社会网络社区可以在论坛的基础上建立，从而获得下面的 4 个益处：

- 高回访率。用户经常会回访社会网络社区，这为良好的网页印象和高广告收益提供了机会。
- 用户忠诚度。用户和他们的好友连接，而且不会轻易放弃这种连接。用户不会转向其他社会网络，相反，他们有很高的忠诚度。
- 虚拟增长。用户会邀请他们的好友来到社会网络社区，即社会网络自己在生长，也是低成本营销的机会。
- 商业模式。在社会网络社区中，除了广告收入外，提供商可以通过订阅优质内容而获得收入。

Twitter 并不是完全把离线的关系复制到网站上，因此，目前（2010 年）Twitter 的吸引力远远小于 Facebook。另外，Facebook 并不像 Twitter 一样开放。这些特征使得人们更信任 Facebook。还有一点，Facebook 的功能比 Twitter 更复杂。尽管 Twitter 有很多第三方应用，但对于入门者来说还是不方便使用。Facebook 嵌入了很多通用功能。如果用户不喜欢使用第三方应用以获得通用的功能，按照现在的趋势该用户更可能会去 Facebook。

9.5.2 基于图论的社会网络分析

社会网络分析已经成为现代社会学的关键技术之一，也吸引了其他领域的高度关注，包括人类学、生物学、通信、经济、地理学、信息科学、组织结构学、社会心理学和社会语言学等。
600 刻画用户之间形成的关系是社会网络分析的主要目标。用户处在一个称为“小世界”的社会，

即所有用户之间通过较短的社会熟人链相连接。所有社会网络并不像想象的那样混乱或者随机，而是有其底层结构。本节将分析一些社会网络行为。

社会关系通常映射为有向或者无向图，有时称为*熟人图*或者*社会连接图*。图中的节点对应用户，而边对应节点之间的连接或者关系。社会连接图可以是复杂和层次结构的，以反映各个层次的社会关系，包括家庭层次到全国、全球的层次。社会网络有其益处也有弊端，它在自由的社会中很受欢迎，但是在某些国家，由于政治和宗教等，社会网络会被屏蔽，以防止可能的滥用。

9.5.2.1　社会网络图属性

社会网络在问题解决、机构组织和个体目标实现等方面扮演着重要的角色。一个社会网络是所有节点之间相关连接的映射，它也可以用来评估社会资产，即个体从社会网络获得的价值。社会网络图的一个例子如图9-24所示，黑点是节点（用户），并通过特定关系的边连接起来。

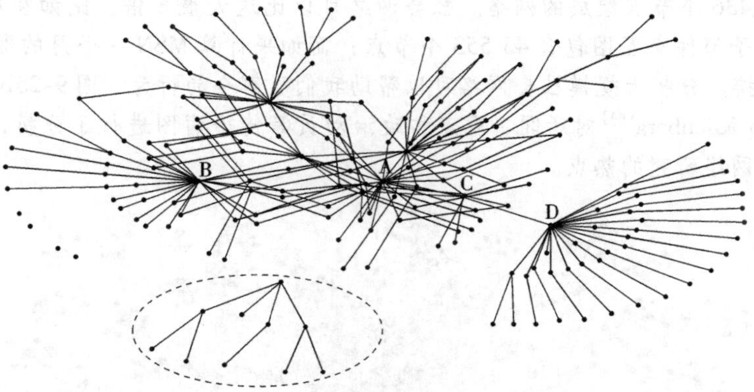

图9-24　社会网络图示例

601

9.5.2.2　节点度、可达性、路径长度和中间性

*节点度*是指该节点到图中其他节点的边的数目。可达性是指图中任意节点可到达其他节点的程度。*路径长度*是指节点之间的最短距离。*平均路径长度*是指任意两个节点之间最短路径的平均值。*中间性*揭示了一个节点处在其他节点之间的程度。这些度量指标反映了一个人通过他的直接链接间接地与谁连接。

9.5.2.3　邻近性和凝聚性

*邻近性*用来衡量一个节点与其他节点（直接或者间接）相邻的程度，反映了通过网络中的用户访问信息的能力，它是网络中任意一对节点之间最短路径和的倒数。*凝聚性*衡量节点之间直接连接的程度。每个节点和其他所有节点直接连接形成的组称为“簇”。

9.5.2.4　社会圈子或集群

社会圈子是指一些结构化组。如果直接接触的严格程度较弱，或者作为结构内聚块，社会圈子可以是松散的，也可以是紧密的，这依赖于所使用的规则的严格程度。图9-24所示的圆圈内部的节点形成一个孤立集群。*聚集系数*表征了一个节点的两个直接邻居互为邻居的可能。

9.5.2.5　集中式和分散式网络

*中心性*是根据节点与网络连接的程度，对节点社会力量的粗略估计，*中间性*、*邻近性*和*度*都是用来评估中心性的。*集中式网络*的边分散在一个或者少数节点上，而在*分散式网络*中节点拥有的边数基本相等。

9.5.2.6　桥和本地桥

如果删除一条边会使得其端点位于不同的集群或者图的不同部分，那么称这条边为桥。例如，图9-24中节点C和D之间的边就是一个桥。本地桥的端点没有公有的邻居。本地桥被包含在一个周期内。

9.5.2.7　声望和放射性

在社会网络图中，声望描述了节点的中心性，度的声望、邻近性声望和状态声望都是对声望的评估。放射性是网络向外延伸，并提供新信息和新影响的程度。

9.5.2.8　结构凝聚、结构相等和结构洞

假设把组拆散至少需要移除的节点数目为 m，那么结构凝聚的程度就定义为 m。结构相等是指节点和其他节点有相同链接集的程度。而结构洞可以通过增加节点之间的连接来弥补。这和社会资本相关：把不连接的人连接起来后，可以控制他们的通信。

例 9.12　社会网络图举例

图9-25给出了2个社会网络例子。在图9-25a中，社会网络图是某公司研究实验室电子邮件交互形成的，由436个节点组成的网络。社会网络可以比这大很多倍，比如在规模较大的大学，两年时间内的电子邮件交互图包含43 553个节点；而如果计算MSN一个月的即时消息图，可以得到2.4亿个连接。分析大规模社会网络可以帮助我们了解全局行为。图9-25b是一个图书推荐
602 形成的网络。Jon Klienberg[44]对新闻、观点和政治动员等传染病图进行了分析，瀑布（cascade）行为模型是社会网络研究的热点。■

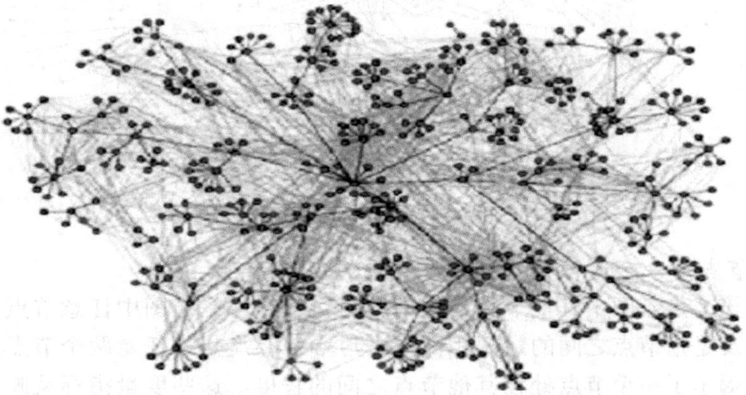

a）合作电子邮件交互图（由L.Adamic和E.Adar提供，2005）

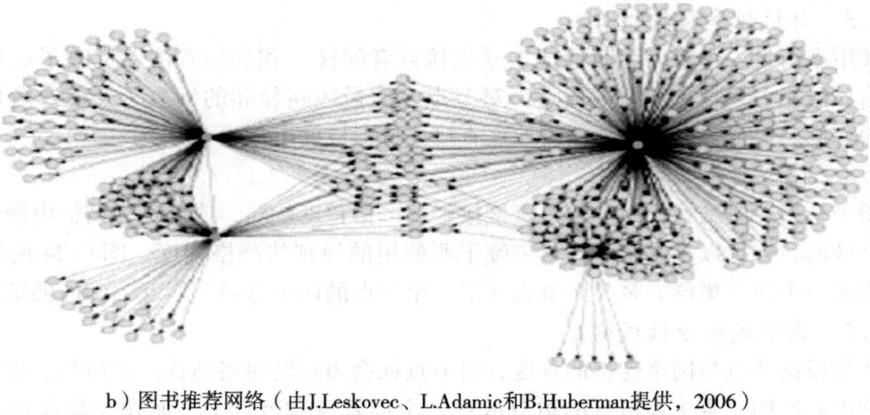

b）图书推荐网络（由J.Leskovec、L.Adamic和B.Huberman提供，2006）

图9-25　2个社会网络的图表示

9.5.3　社会网络社区和应用

如今，利基社区（Niche communities）变得越来越重要和有价值，尤其是对有特点的杂志、

广播电台、运动类网站、俱乐部、健康网站、在某些健康领域有特长的私人诊所，以及正在寻找和客户交互的新方式的公司。本节介绍一些社会网络社区例子。 603

9.5.3.1　社会网络中的社区

大规模的社会网络形成了由数百万用户组成的大规模图。这些图通常可以划分为多个小的子图，对应不同的社区。下面列出了6个特定的社会网络社区，对应社会中不同功能的部门。需要说明的是，这只是部分例子，从在线社会网络中也可以形成其他社区。

- **产业社区**。由具有专业知识的产业工人或者专家相互连接形成的社区，分享知识和工作经验。
- **艺术社区**。由艺术家、音乐家或者名人形成的社区，可以用来个性化和加强他们与其粉丝之间的联系，并建立与其他社区成员的联系。
- **体育社区**。由专业运动员和粉丝形成的社区，可以在社区内寻找好友、庆祝和交换想法。
- **健康社区**。对健康问题特别关注的人形成的社区。
- **会议和活动社区**。该社区支持对会议和活动的准备，以及后续的事务处理。
- **校友社区**。毕业生形成的社区，用来寻找老同学、保持联系，并建立好友关系。

例9.13　论文引用图和社区

John Hopcroft[40]2010年在南加州大学的一次演讲中谈到使用大规模网络图来分析OSN的影响。他注意到了计算和通信以一种普适的方法在融合，也谈到了网络设备和传感器带来的数据猛增情况。互联网搜索引擎响应也在改变，需要以快速、个性化和智能的方式回答更高层次的问题，如“我应该去哪上大学”等问题。他使用了一个例子（图9-26）来说明科研思想传播的轨迹以及社会网络社区的演化。 604

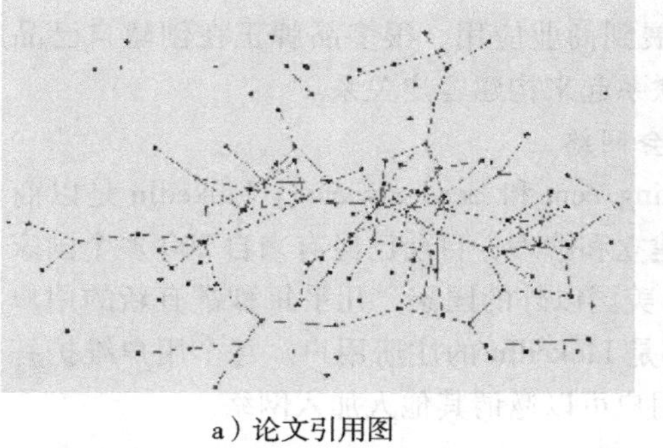

a）论文引用图

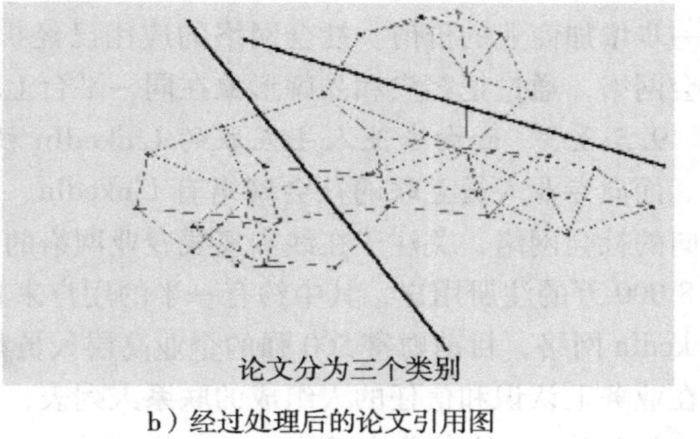

b）经过处理后的论文引用图

图9-26　论文引用图和研究社区

注：由康奈尔大学的Yookyung Jo提供。

图9-26a给出了在某个领域论文之间引用形成的图，点代表论文，如果两篇论文被一方或者双方引用，那么它们对应的点之间有一条边。在经过去除论文自引等清除过程后，所得的图如图9-26b所示。根据论文是否采用相同的方法或者基于相同的解决方案模型，可以把清除后的图划分为三类论文。■

大量的研究揭示了在大规模社会网络和信息网络中社区结构的独特属性。Jure Leskovec等人[49]通过对70个大规模、稀疏、真实社会网络的研究，指出社区最合适的大小是100~150。这些小的社区是基于特殊关系而组建的，如家庭和朋友、同学和同事等。这些社区也可能有部分重叠，节点（用户）既和社区内的人连接，又和社区外的人连接。结果表明，正如人们在真实生活中一样，有很多人对外连接的数目大于对内连接的数目。其他一些观察结果还包括社会网络中核心的存在，核心也可以是唯一或者和其他社区共享的。

9.5.3.2 社会网络应用领域

社会网络的应用领域很多，表9-11把应用分为了5个领域，并附有相关例子和网站。在企业中使用社会网络服务可以提高企业在其商业领域的影响。社会网络以一种低成本的方式把人关联起来。它可以作为产品和服务提供商维系和管理客户关系的工具，从而帮助旨在扩展人脉和业务的企业家与小企业。企业和公司也可以借助社会网络来打广告。总之，社会网络提供了在全球环境内提升商业的简单方法。

表9-11 社会网络的应用

领 域	例子和网站
商业	LinkedIn 把专业人士联系起来（www. linkedin. com），Hub Culture 把企业家联系起来（www. hubculture. com）
教育	美国学校董事会和教育类话题可以在线讨论（www. ning. com）
政府	美国疾病控制和免疫中心在孩子中受欢迎的网站 www. whyville. net 上演示了接种疫苗的重要性。美国海洋和大气管理局在 http://secondlife. com 网站上有一个虚拟岛，人们可以在该岛上探索地下洞穴或者全球变暖的副作用
医药和卫生保健	www. patientslikeme. com 上的用户可以通过该网站与处理相同问题、研究相似病人数据的用户连接。已加入 www. onerecovery. com 的 www. sobercircle. com 网站赋予处在恢复期的病人与其他人交流的能力，并加快恢复
在线约会	诸如 Facebook、Second Life 和 MySpace 等社会网络逐渐变成在线寻找约会机会的新方式

面向商业的社会网络的典型例子是 LinkedIn. com，旨在把专业人士相互联系起来。某些社会网络同时考虑人在真实网络中存在性，即成员同时在社会网络和真实社会中联系起来，这将会进一步增加商业的价值。社会网络的应用已经扩展到商业应用，很多品牌正在创建自己品牌的社会网络，通过把客户和品牌形象在同一平台上联系起来构建客户关系。

9.5.3.3 面向专业人士互联的 LinkedIn 社会网络

面向专业人员互联的社会网络有 LinkedIn、Xing. com 和 Ecademy. com。LinkedIn 是以商业为导向的社会网络，关注于在线和离线专业网络的建立和管理，目前已经有来自200多个国家、超过8 000万的注册用户，其中约有一半的用户来自美国以外的国家。几乎每秒都有新的用户加入 LinkedIn 网络，目前财富500强的企业高层人员都是 LinkedIn 的注册用户。每个用户维护一个由他在业务上认识和信任的人组成的联系人列表，用户可以邀请其他人加入网络。

9.5.3.4 教育类应用

美国学校董事会协会的一份报告指出，在使用社会网络的学生中，约有60%的学生在线交流教学方面的话题，更让人吃惊的是，超过50%的学生谈论家庭作业。然而绝大多数学区对所有形式的社会网络在上学期间都有严格的规定。关注于老师之间、老师和学生之间的社会网络现在正被用来进行学习、教育专业发展和内容共享等工作。Ning. com、Learn Central TeachStreet 等社会网络都是教育类社会网络，用于教育博客、电子档案、正式和临时社区等关系的建立，以及聊天、讨论等形式的交流。

9.5.3.5 政府应用

社会网络工具可以作为政府收集民意和发布最新活动的快速和简单的方式。美国疾病控制和免疫中心在孩子中受欢迎的网站 www. whyville. net 上演示了接种疫苗的重要性。美国海洋和大气管理局在 Second Life 网站上有一个虚拟岛，人们可以在该岛上探索地下洞穴或者全球变暖的副作用。同样，NASA 也使用社会网络（Twitter 和 Flickr）工具来推销实现其空间野心的、充满活力和可持续的道路。

9.5.3.6　卫生保健和医疗应用

卫生保健领域使用社会网络来管理机构知识、分发 P2P 知识，以及突出某些专家和制度。使用专门的医药社会网络的好处是，所有成员都是从国家授权董事列表中选出的从业者。社会 605~606 网络对于制药公司来说更有吸引力，因为这些公司大约需要使用32%的市场营销份额来影响社会网络中的意见领秀。

社会网络也逐渐成为帮助生理和精神患者的新方法。患有重大疾病的患者可以借助PatientsLikeMe 和其他患有类似疾病的患者连接起来，并研究和他们情况相关的病人资料。对于酗酒者和瘾君子，SoberCircle 赋于处在恢复期患者与其他人交流的能力，有相同经历的人相互鼓励可以巩固恢复效果。DailyStrength 为很多问题和话题提供支持组，包括支持 Patients Like Me 和Sober Circle 提供的主题而 SparkPeople 为正在减肥的成员提供社区和社会网络工具。

9.5.3.7　约会服务

很多社会网络为用户提供交流和交换个人信息的在线环境，以方便约会。约会的意图可以是多样的，从一次约会到短期或者长期的关系。大多数约会社会网络要求用户提供一些个人信息，包括年龄、性别、所处位置、兴趣或者一张照片。出于安全考虑，通常并不鼓励发布个人信息。用户在发布个人信息时可以保留一定程度的匿名性。从用户创建个人资料并和其他用户通信的角度来说，在线约会网站和社会网络是相似的。

在线约会网站通常是收费的，而社会网络则是免费的。在线约会产业营业额急剧下降的原因之一是，很多用户倾向于使用免费的社会网络服务。很多流行的在线约会网络（如 Match.com、Yahoo!、Personals 和 eHarmony.com 等）的用户数在下降，而与此同时 MySpace 和 Facebook 等社会网络的用户数则在持续上升。在美国，在线约会网络的访问量已经从2003年高峰时的21%降到了2006年的10%。换句话说，社会网络服务正在逐渐超越在线约会服务。

9.5.3.8　社会网络中的隐私泄露问题

很多人担心隐私泄露而不愿意加入社会网络。尽管隐私问题的严重性被一再提到，但是社会网络用户数仍然是相当可观的。例如，很多人控告 MySpace 把他们的隐私内容公布出去。正如 Jon Klienberg 所观察到的一样，我们使用的软件会记录我们的行为。在大规模社会网络中，匿名化不能完全保护敏感数据，下面的例子解释了这种场景。主动攻击者通过创建新的账户就可以威胁到用户隐私，因此，我们需要更好的算法和想法来解决该问题。

例9.14　攻击匿名化社会网络（Jon Klienberg[44]）

考虑这样一个攻击场景：某组织无意中泄露了1亿用户组成的匿名化通信图，如图9-27a所示。攻击者选择一小部分用户账户来挖掘他们的隐私关系或者活动，如图9-27b所示。在数据被泄露前，攻击者可能创建了一些新账户，形成与所需攻击的目标用户相连接的子图 H， 607 如图9-27c所示。在数据被泄露后，该组织希望识别出 H。正如图9-27d所示，这是一个计算量非常大的问题。

事实上，Kleinberg 发现小的随机图 H 很可能是唯一的，并且可以通过高效的方法找出来（如图9-27e所示），因为每条边以0.5的概率出现在随机图中。一旦找到 H，如果9-27f所示，我们就可以顺着 H 的边找到目标节点。在这种情况下，使用 $O((\log n)^{1/2})$ 新节点就可以破坏隐私，因此，我们应该尽量避免匿名化数据的泄露。为了使用户免受这种攻击，我们急需隐私保护机制。■

9.5.4　Facebook：世界上最大的社会网络

Facebook 是由 Mark Zuckerberg 于2004年创建的，最初只对哈佛大学的学生开放。如今，任何大于13岁且有合法电子邮件地址的人都可以在 Facebook 上注册。2011年3月，Facebook 已经有6亿活跃用户，而且月增长率为3.57%[88]，成为了世界上最大的社会网络。图9-28给出了 Facebook 所提供的服务。

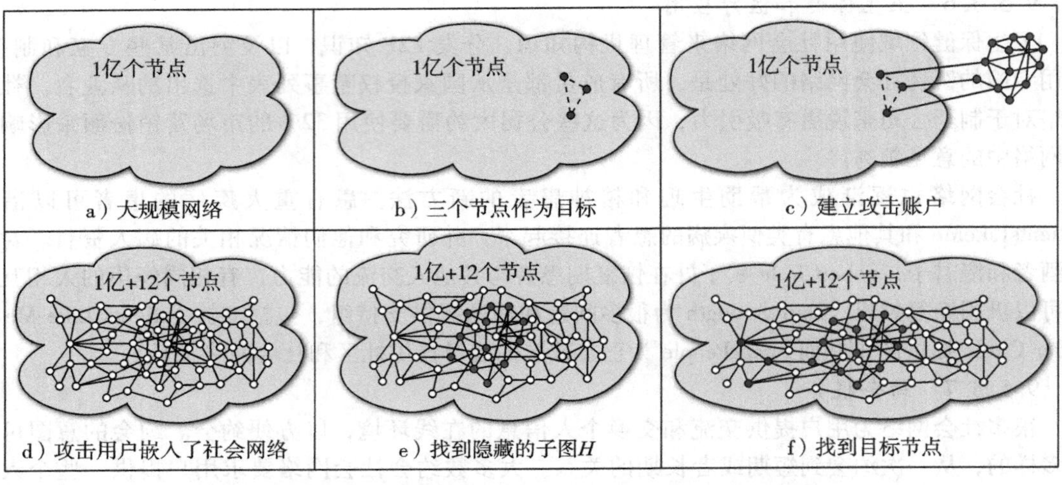

图 9-27 匿名社会网络中的攻击跟踪（约翰·克莱恩伯格［44］提供）

如图 9-28 所示，Facebook 最主要的功能是增强用户之间的沟通。社会比较对找工作人来说更有用，而年轻人和退休人员则喜欢玩一些社会游戏。社会选择、发送礼物和资料增强为经常性
608 的社会联系提供了便利。说说我、媒体共享、游戏、取名、约会和社会活动是一些传统的领域。图 9-28 的分布随着时间会改变。一旦社会网络的隐私和安全问题得以解决，注册用户将会更大幅度地增长。

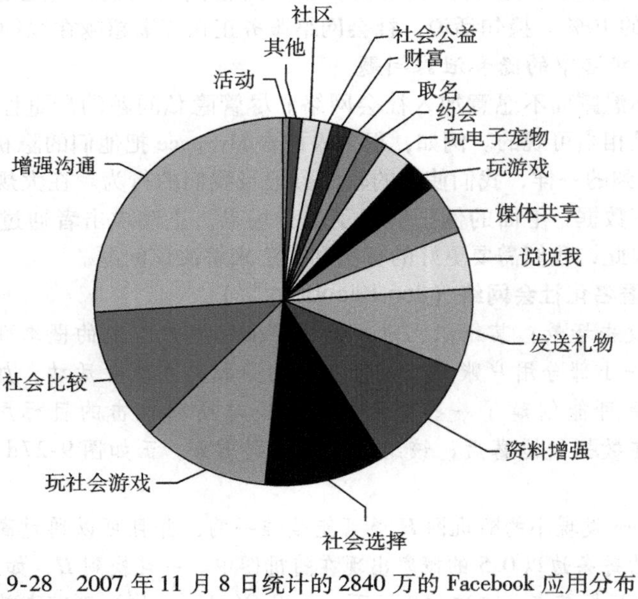

图 9-28 2007 年 11 月 8 日统计的 2840 万的 Facebook 应用分布

注：由 Shelly Farnham[23] 提供。

9.5.4.1 Facebook 的功能

Facebook 提供 6 个重要的功能，如表 9-12 所示。Facebook 需要在隐私方面进一步提升。和 Twitter 相比，它的访问控制更严格，因此也更安全。但是，我们必须认识到用户所有的个人数据都存储在 Facebook 的服务器上，包括教育、职业信息，以及个人消息和社会连接。安全和可信是阻止用户加入和保持活跃的两个主要原因。用户希望与现实生活中的好友分享更多的信息。

表 9-12　Facebook 的主要功能

功　能	实　现
个人资料	混合资料：照片、简介、好友列表、用户活动记录、公共消息板，以及其他选择性显示的组件
社会网络图遍历	在访问控制的约束下，通过用户的好友列表访问其他用户
沟通工具	内部电子邮件式的消息：好友之间发送和接收私密消息；即时消息：在主页上访问或者通过第三方客户端实现；公共消息板：带有访问控制的涂鸦墙；状态更新：带有访问控制功能的短消息，类似于微博
信息分享	照片集：在访问控制的约束下，内置；链接：链接到外部 URL 的帖子，在活动记录中显示；视频：在资料页上内嵌外部视频
访问控制	资料页上的任何信息都可以设置 4 种访问控制级别：仅自己、仅好友、好友的好友、所有人
特殊 API	游戏、日历、移动客户端

由于没有注册限制，在 Facebook 用户之间维护信任就成为一个严峻的问题。Facebook 使用带有身份认证的“网络”来认证用户，其中网络由 Facebook 中的具有某种身份的部分用户组成。例如，为了加入一个大学的网络，用户必须使用该大学的电子邮件地址，或者按照网络管理员给定的认证方法来注册。注册用户的好友可以通过该用户在网络中的资料来识别这个用户。

9.5.4.2　Facebook 平台的体系结构

面对 6 亿活跃用户，可以想象有多少个人资料和多媒体信息在 Facebook 上共享，也可以想象一下有多大的流量流入 Facebook 的网站（www. facebook. com）。Facebook 平台事实上是一个超级数据中心，带有巨大的存储空间、智能的文件系统和搜索能力，其体系结构如图 9-29 所示。

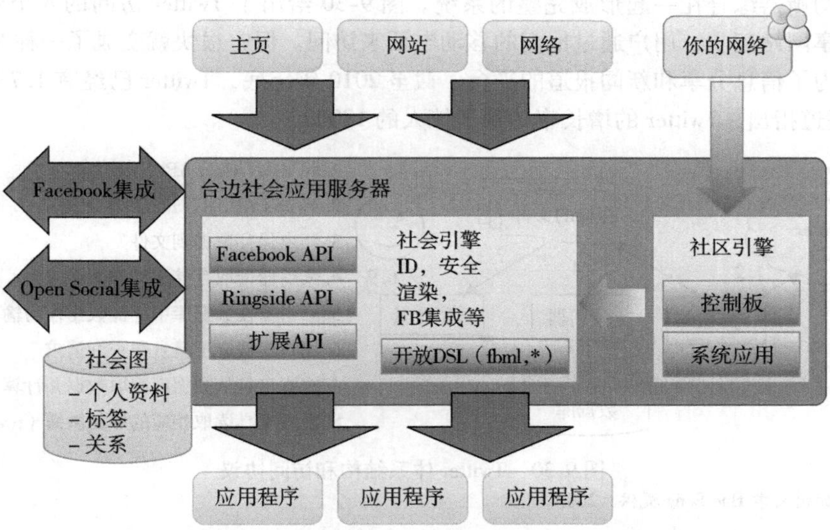

图 9-29　基于社会引擎服务器和 API 的 Facebook 体系结构

Facebook 平台是由大规模服务器集群组成的，这些机器称为台边（ringside）社会应用服务器㊀。社会引擎是服务器的核心，负责用户身份识别、安全、渲染和 Facebook 的集成。Facebook 为用户访问提供了三种 API（应用程序接口），而社区引擎则为用户提供网络服务。来自网页、网站和网络的访问从顶层进入 Facebook 的服务器。社会引擎负责所有用户应用程序的运行，而开放 DSL 用来支持应用的执行。 609~610

㊀ 一种开源平台。——译者注

9.5.4.3 Facebook 的新应用

成功的 Facebook 应用帮助用户实现一系列社会目标，如加强沟通、通过与别人的对比认识自己、寻找相同兴趣的人、提高自我展现、玩社会游戏、通过送礼物和媒体分享实现社会交换等。与面向专业性的社会网络不同，Facebook 在个人领域更加受欢迎。

在 2010 年年底，Mark Zukerberg 对外宣布了消息交互的新模式，可能会对互联网上信任好友和社会圈子之间的沟通和交流产生革命性的变化。他认为传统的基于电子邮件的书信式的沟通过时了，并提出了“社会收件箱”（social inbox）的概念，用户可以方便地获得朋友发来的消息，并可以根据个人喜好对消息排序。这是一种介于即时通信和 Twitter 之间的概念。用户在社会网络上发送的消息越多，或者 Twitter 的越多，或者交的朋友越多，越不愿意以复杂的方式来表达自己。换句话说，简单和易用将成为在线社会网络未来需求的主流。

9.5.5 Twitter：微博、新闻和提醒服务平台

Twitter 是一种微博服务，是在 2006 年由 Jack Dorsey、Biz Stone 和 Evan Williams 创建的。Twitter 上的消息长度限制在 140 个字符，其思想来源于如智能手机等移动设备上的短消息服务（Short Message Service，SMS）。用户在 Twitter 上发送的消息将被转发给与发送者相关的众多用户。Twitter 起初是以即时分享想法和观点为目的的，但是逐渐地，主要的电视网络和报纸开始使用 Twitter 向大众发布新闻。因此，Twitter 变成了一个媒体平台，普通用户也可以出现在头条新闻。

9.5.5.1 Twitter 体系结构和访问控制

Twitter 系统由三个主要的模块组成：爬虫、索引器和搜索工具。三个模块有各自不同的功能，并通过均衡器综合在一起形成完整的系统。图 9-30 给出了 Twitter 访问的 8 个步骤。Twitter 作为状态分享网站起步，用户通过他们的移动电话来访问。但它很快就变成了一种 Web 2.0 微博网站，并成为了信息分享和新闻报道的平台。截至 2010 年年底，Twitter 已经有 1.75 亿用户，而 Hubspot 的报道指出，Twitter 的增长率达到了惊人的 18000%。

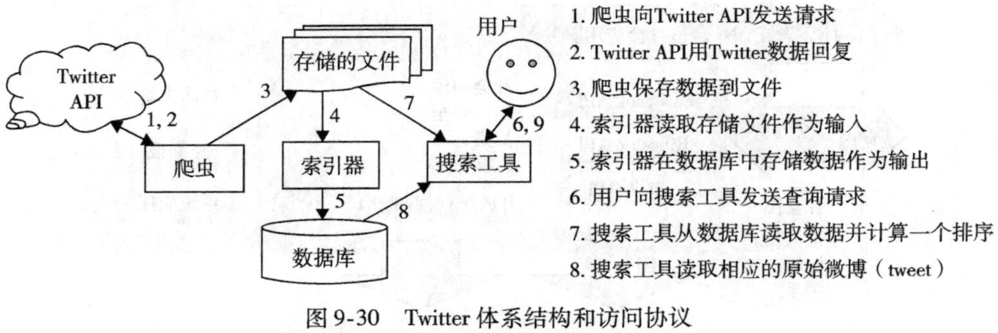
Twitter API
存储的文件
用户
爬虫
索引器
搜索工具
数据库
1, 2
3
4
5
6, 9
7
8
1. 爬虫向Twitter API发送请求
2. Twitter API用Twitter数据回复
3. 爬虫保存数据到文件
4. 索引器读取存储文件作为输入
5. 索引器在数据库中存储数据作为输出
6. 用户向搜索工具发送查询请求
7. 搜索工具从数据库读取数据并计算一个排序
8. 搜索工具读取相应的原始微博（tweet）

图 9-30 Twitter 体系结构和访问协议

注：由南加州大学 Hao Song 提供，2009。

9.5.5.2 Twitter 发展趋势

Twitter 的成功可以归结为两个主要原因：优美的设计和易于增加第三方应用。在 Twitter 中，用户发布的微博称为 tweets。设计的优美在于，微博的长度是受限的，每个微博的长度限制在 140 个字符，和手机短信相同。博客和微博的比较可以让我们更容易理解 Twitter 如此流行背后的原因：博客要求良好的写作技巧和大篇的内容来填充页面，而微博把内容长度限制为 140 个字符，极大地鼓励了人们发布微博。

简单源于 Twitter 提供基于 HTTP 的开源 API，并和第三方应用共享微博。Twitter 的 API 分为两个不同的部分：搜索 API 和 RESTAPI。REST API 为第三方应用访问核心 Twitter 数据提供了接

口。核心数据包括微博、时间和用户数据。搜索API提供了查询微博的接口。Twitter也提供流行话题的信息。使用两种API访问Twitter都有访问速率的限制，但对于那些加入Twitter白名单的应用来说，就没有这个速率限制。API易用和灵活特性极大地鼓励了大量开发者开发Twitter应用程序。

9.5.5.3 Twitter的功能

表9-13列出了Twitter提供的6种核心功能，其中两种是访问控制和API应用。简单和开放是Twitter成功的关键。Twitter的核心服务非常简单：向一组人发送消息。其他的应用则由第三方开发者贡献。Twitter提供了非常开放的API，第三方开发者可以开发很强的客户端或者应用。Twitter中用户之间的连接不是真实社会中社会关系的反映，用户可以把现实生活中不认识的人加为粉丝。用户并不一定用真名，而且即使使用了真名，也没有有效的方式把他们识别出来。自2009年以来，Twitter为名人或者官方代理提供了认证功能。然而，在Twitter上提供个人信息仍然存在隐私问题。 611～612

表9-13 Twitter的功能和实现

功 能	实 现
个人资料页	简单个人资料：照片、简介、关注列表、粉丝列表、用户消息发布时间
社会图遍历	通过用户个人资料页上的关注和粉丝列表访问，没有访问控制
通信工具	内部电子邮件：直接给粉丝发送私信；即时消息：并不是真正的即时，可以使用直接消息实现；公共消息板：消息时间，带有访问控制
分享信息	相册：第三方应用，如Twitpic，没有结合访问控制；链接：微博链接到外部URL
访问控制	个人资料页上的消息发布时间可以设置两种层次的访问控制：私有和公共
API应用	移动客户端、PC客户端、照片分享、自动新闻推送

Twitter并不是一个完全可信的网络，也不是基于可靠的熟人关系。考虑两种类型的账户：公共和受保护的账户。公共账户的更新对所有人来说都是可见的，而对于受保护的账户来说，只有那些认证过的用户才可以看到他们的更新。为了支持用户验证过程，Twitter提供了两种新功能：Twitter列表和位置。Twitter列表允许用户建立一个Twitter账户的列表，帮助用户组织他们关注的人，也可以支持基于位置的服务。使用Twitter服务，那些使用GPS协助的位置敏感应用可以大幅度简化。

9.5.5.4 Twitter应用

Twitter有很多有趣的应用。例如，借助公众意见来确定商业或者时尚趋势，或者找出流行音乐和电影。2008年，美国总统大选活动期间，Twitter被用来吸引年轻人，从而传递当时的总统候选人奥巴马的“Change”理念。Twitter还提供了一种在发布微博时附带当前地址的选项。这些应用通常基于Twitter提供的API来实现，这些API支持REST调用。

Twitter支持两种API：普通API和流式API。流式API通过持久连接访问公共状态。@anywhere为开发者提供了一种整合外部资源到Twitter的服务。最后，Twitter也收集编程库信息来帮助创建基于Twitter的应用。下面介绍两种Twitter应用。

- **快速新闻发布**。Twitter逐渐成了传播实时新闻最快的方式。大规模用户相互协作使得Twitter远远优于大部分新闻中心。一些新闻中心也设立了Twitter账户来鼓励用户传播即时新闻。例如，CNN维护45个官方Twitter账号，吸引了500多万的粉丝。在很多国家的大选阶段，Twitter比新闻中心吸引了更多的注意力。一些政府甚至警告Twitter.com不要因为维护而中断服务，以不断接收到信息。上传到Twitter的信息可能包括照片、链接和视频，这些信息在Twitter上发布的时间通常早于传统新闻媒体。

• **警报系统**。Twitter 为城市提供了一种虚拟连接居民的系统，还可以借助用户产生的大量数据提高警报系统的能力。某些城市已经把 Twitter 作为向其居民发布警报的平台。2007 年，佐治亚理工的杀戮充分说明了大学校园里的安全问题。为了把 e2Campus 紧急通知网络和流
613 行的社会网络结合起来，美国太平洋大学（林丛市）实现了一种基于 Twitter 的警报系统。

9.6 参考文献与习题

文献[8]涵盖了云计算的原理和模式，云平台的设计和安全问题可以参考文献[70]。Buyya 等人[9]提出了面向市场的云计算框架，而云的基础研究可以参见文献[1，34，59～62，69～71，94]。文献[28，33，48，56，59，61，63，67，68，93]研究了云计算应用,文献[13，15，19～23，30，35～39，52，64，76，79]研究了科研云平台，文献[12，24，42]提出了云平台的信任模型，文献[6，8，16，74]对云支持的普适计算和移动应用进行了研究。公有云的相关研究参考文献[6，8，31，34，48，65]，而私有云的研究参见文献[11，72]。云混搭系统相关研究可以参考文献[18，88]。文献[14]报告了谷歌在 MapReduce 和 BigTable 方面的经验总结。

Bryant 在文献[5]中提出了 DISC 范式，而文献[3]介绍了 SGI Cyclone。文献[42]研究了数据着色和云水印技术。网格和云性能、模拟以及基准测试方面的研究参考文献[9，25，33，50，51，67，68，75，89，90，93]。对于科学云和应用，参考文献如下：FutureGrid[30]，Grid'5000[35]，Magellan[56]，开放 Circus 和开放云测试床[64]，科学云[76]，Sky 计算[43]，Venus-C[79]。亚马逊基准测试结果参考文献[31，32，75，80]。文献[12，42，54，55，57，70，83]研究了云安全。云计算的操作系统支持可以在文献[60，62，72]中找到。Hwany 和 Xu[41]对集群、MPP 和分布式系统进行了并行基准测试和性能评估。

文献[45，73，78]研究了物联网。文献[2，81，91，92]研究了 RFID。传感器和 ZigBee 方面的技术材料可以参考文献[73]，GPS 相关介绍参考文献[78]。文献[91]研究了供应链管理问题。CPS 相关材料可以参考文献[17，47，85]。文献[4，7，53，86]介绍了在线社会网络。文献[10，29，40，42，46，49，53，58，82，84]分析了社会网络。Facebook 的相关报告见文献[23，26，27]。Twitter 的相关资料见文献[16，42，66，77]。面向信任管理和社会网络的 P2P 技术可以参考文献[12，24，43，51，54]。Kleinberg 在文献[44]中分析了大规模社会网络。Reed 在文献[69]中对云、众核和集群进行了讨论。

致谢

本章主要由美国南加州大学的黄铠教授撰写，在写作过程中，得到了秦中元、董开坤、
614 Vikram Dixit 和 Hao Song 的帮助。印第安纳大学的 Judy Qiu 参与了 9.2.1 节和 9.2.5 节的写作。

本章由中国科学院计算技术研究所的李振宇博士翻译。

参考文献

[1] M. Armbrust, A. Fox, R. Griffith, et al., Above the Clouds: A Berkeley View of Cloud Computing, Technical Report No. UCB/EECS-2009-28, University of California at Berkley, 10 February 2009.

[2] C. Bardaki, P. Kourouthanassis, RFID-integrated retail supply chain services: Lessons learnt from the SMART project, in: Proceedings of the Mediterranean Conference on Information Systems (MCIS 2009), Athens, Greece.

[3] M. Barrenechea, SGI CEO. HPC Cloud-Cyclone. www.sgi.com/cyclone, 2010.

[4] J. Bishop, Understanding and Facilitating the Development of Social Networks in Online Dating Communities: A Case Study and Model. www.jonathanbishop.com/Library/Documents/EN/docSNCEDS_Ch15.pdf, 2008.

[5] R. Bryant, Data Intensive Supercomputing: The Case for DISC, Technical Report, CMU CS-07-128, http://www.cs.cmu.edu/~bryant, 2007.
[6] J. Brodkin, Ten Cloud Computing Companies to Watch. Network World. www.cio.com/article/print/492885, 2010.
[7] S. Buchegger, A. Datta, A case for P2P infrastructure for social networks: Opportunities, challenges, in: Sixth International Conference on Wireless on-Demand Network Systems and Services (WONS 2009).
[8] R. Buyya, J. Broberg, A. Goscinski (Eds.), Cloud Computing: Principles and Paradigms, Wiley Press, New York, 2011.
[9] R. Buyya, C. Yeo, S. Venugopal, Market-oriented cloud computing: Vision, hype, and reality for delivering IT services as computing utilities, in: 10th IEEE International Conference on High Performance Computing and Communications, September 2008.
[10] P. Carrington, et al., (Eds.), Modelsand Methods in Social Network Analysis, Cambridge University Press, 2005.
[11] CERN VM download. http://rbuilder.cern.ch/project/cernvm/build?id=81, 2010.
[12] K. Chen, K. Hwang, G. Chen, Heuristic discovery of role-based trust chains in P2P networks, IEEE Trans. Parallel Distrib. Syst. (2009) 83–96.
[13] Condor Cloud Computing. www.cs.wisc.edu/condor/description.html, 2010.
[14] J. Dean, Handling Large Datasets at Google: Current Systems and Future Directions, Invited Talk at HSF Panel. http://labs.google.com/people/jeff, 2008.
[15] E. Deelman, G. Singh, M. Livny, B. Berriman, J. Good, The cost of doing science on the cloud: The Montage example, in: Proc. of ACM/IEEE Conf. on Supercomputing, IEEE Press, Austin, TX, 2008, pp. 1–12.
[16] M. Demirbas, M.A. Bayir, C.G. Akcora, Y.S. Yilmaz, H. Ferhatosmanoglu, Crowd-sourced sensing and collaboration using Twitter, in: IEEE International Symposium on World of Wireless Mobile and Multimedia Networks (WoWMoM), Montreal, 14–17 June 2010, pp. 1–9.
[17] Distributed Robotics Garden, MIT. http://people.csail.mit.edu/nikolaus/drg/, 2010.
[18] V. Dixit, Cloud Mashup: Agility and Scalability, EE 657 Final Project Report, Univ. of S. Calif., May 2010.
[19] J. Ekanayake, X. Qiu, T. Gunarathne, S. Beason, G. Fox, High performance parallel computing with clouds and cloud technologies, in: Cloud Computing and Software Services: Theory and Techniques, CRC Press (Taylor and Francis), 2010, p. 30.
[20] J. Ekanayake, A.S. Balkir, T. Gunarathne, et al., DryadLINQ for scientific analyses, in: Fifth IEEE International Conference on eScience, Oxford, England, 2009.
[21] J. Ekanayake, H. Li, B. Zhang, et al., Twister: A runtime for iterative MapReduce, in: Proceedings of the First Int'l Workshop on MapReduce and Its Applications, ACM HPDC, 20–25 June 2010, Chicago.
[22] J. Ekanayake, T. Gunarathne, J. Qiu, Cloud technologies for bioinformatics applications, in: IEEE Transactions on Parallel and Distributed Systems, accepted to appear, http://grids.ucs.indiana.edu/ptliupages/publications/BioCloud_TPDS_Journal_Jan4_2010.pdf, 2011.
[23] S. Farnham, The Facebook Application Ecosystem, An O'Reilly Radar Report, 2008.
[24] Q. Feng, K. Hwang, Y. Dai, Rainbow Product Ranking for Upgrading e-Commerce, IEEE Internet Comput. 13 (5) (2009) 72–80.
[25] D.G. Feitelson, Workload Modeling for Computer Systems Performance Evaluation, Draft Version 0.7, Hebrew University of Jerusalem, 2006.
[26] P. Fong, M. Anwar, Z. Zhao, A privacy preservation model for Facebook-style social network systems, in: European Symposium on Research in Computer Security (ESORICS 2009), 21–23 September 2009.
[27] F. Fovet, Impact of the use of Facebook amongst students of high school age with social, emotional and behavioural difficulties (SEBD), in: IEEE 39th Frontiers in Education Conference, 2009.
[28] G. Fox, S. Bae, J. Ekanayake, X. Qiu, H. Yuan, Parallel data mining from multicore to cloudy grids, in: High Speed and Large Scale Scientific Computing, IOS Press, Amsterdam, 2009.
[29] L. Freeman, The Development of Social Network Analysis, Empirical Press, Vancouver, 2006.
[30] FutureGrid Cyberinfrastructure to allow testing of innovative systems and applications, Home page. www.futuregrid.org, (accessed 13.11.10).
[31] S.L. Garfinkel, An evaluation of Amazon's grid computing services: EC2, S3 and SQS, in: Center for Research on Computation and Society, Harvard University, Technical Report, 2007.
[32] S. Garfinkel, Commodity grid computing with Amazon's S3 and EC2, Login 32 (1) (2007) 7–13.

[33] L. Gong, S.H. Sun, E.F. Watson, Performance modeling and prediction of non-dedicated network computing, IEEE Trans. Computers 51 (9) (2002) 1041–1055.

[34] A. Greenberg, J. Hamilton, D.A. Maltz, P. Patel, The cost of a cloud: Research problems in data center networks, in: SIGCOMM Computer Communication Review, Vol. 39, No. 1, pp. 68–73, 2008, http://doi.acm.org/10.1145/1496091.1496103.

[35] Grid'5000 and ALADDIN-G5K: An infrastructure distributed in 9 sites around France, for research in large-scale parallel and distributed systems. https://www.grid5000.fr/mediawiki/index.php/Grid5000:Home, (accessed 20.11.10).

[36] R. Grossman, Y. Gu, M. Sabala, et al., The open cloud testbed: Supporting open source cloud computing systems based on large scale high performance, in: A. Doulamis, et al., (Eds.), DynamicNetwork Services, Springer, Berlin Heidelberg, 2010, pp. 89–97.

[37] R. Grossman, Y. Gu, J. Mambretti, et al., An overview of the open science data cloud, in: Proc. of the 19th ACM Int'l Symp. on High Performance Distributed Computing, Chicago, 2010, pp. 377–384.

[38] T. Gunarathne, T.L. Wu, J. Qiu, G. Fox, Cloud Computing Paradigms for Pleasingly Parallel Biomedical Applications, in: Proceedings of the Emerging Computational Methods for the Life Sciences Workshop of ACM HPDC 2010 Conference, Chicago, 20–25 June 2010.

[39] C. Hoffa, et al., On the use of cloud computing for scientific workflows, in: IEEE Fourth International Conference on eScience, December 2008.

[40] J. Hopcroft, Computer science theory to support research in the information age, in: Distinguished Lecture, University of Southern California, 6 April 2010.

[41] K. Hwang, Z. Xu, Scalable Parallel Computing: Technology, Architecture and Programmability, McGraw-Hill Book Co., New York, 1998.

[42] K. Hwang, D. Li, Trusted cloud computing with secure resources and data coloring, IEEE Internet Comput. (September) (2010) 14–22.

[43] K. Keahey, M. Tsugawa, A. Matsunaga, J. Fortes, Sky computing, IEEE Internet Comput. 13 (2009) 43–51, doi:http://doi.ieeecomputersociety.org/10.1109/MIC.2009.94; www.nimbusproject.org/files/Sky_Computing.pdf.

[44] J. Kleinberg, Algorithmic Perspectives on Large-Scale Social Network Data, Cornell University, 2008.

[45] G. Kortuem, F. Kawsar, D. Fitton, V. Sundramoorthy, Smart objects as building blocks for the Internet of things, IEEE Internet Comput. 14 (1) (2010) 44–51.

[46] R. Kumar, J. Novak, A. Tomkins, Structure and evolution of online social networks, in: The 12th ACM SIGKDD International Conference on Knowledge Discovery and Data Mining, August 2006.

[47] E.A. Lee, Cyber physical systems: Design challenges, in: 11th IEEE International Symposium on Object Oriented Real-Time Distributed Computing, 5–7 May 2008, pp. 363–369.

[48] A. Langville, C. Meyer, Google's PageRank and Beyond: The Science of Search Engine Rankings, Princeton University Press, Princeton, NJ, 2006.

[49] J. Leskovec, K. Langt, A. Dagupta, M. Mahoney, Statistical properties of community structure in large social and information networks, in: International World Wide Web Conference, (WWW), 2008.

[50] H. Li, Performance evaluation in grid computing: A modeling and prediction perspective, in: Seventh IEEE International Symposium on Cluster Computing and the Grid (CCGrid 2007), May 2007, pp. 869–874.

[51] Z.Y. Li, G. Xie, K. Hwang, Z.C. Li, Proximity-Aware overlay network for fast and churn resilient data dissemination, in: IEEE Transactions on Parallel and Distributed Systems, Accepted to appear 2011.

[52] D. Linthicum, Cloud Computing and SOA Convergence in Your Enterprise: A Step-by-Step Guide, Addison Wesley Professional, 2009.

[53] B.A. Lloyd, Professional networking on the Internet, in: Pulp and Paper Industry Technical Conference, Birmingham, AL, 2009, pp. 62–66.

[54] X. Lou, K. Hwang, Collusive Piracy Prevention in P2P Content Delivery Networks, IEEE Trans. Computers 58 (July) (2009) 970–983.

[55] X. Lou, K. Hwang, Y. Hu, Accountable file indexing against poisoning DDoS attacks in P2P networks, in: IEEE Globecom, Honolulu, 3 November 2009.

[56] Magellan: A cloud for science at Argonne. http://magellan.alcf.anl.gov/, (accessed 15.11.10).

[57] L. Mei, W. Chan, T. Tse, A tale of clouds: Paradigm comparisons and some thoughts on research issues, in: IEEE Asia-Pacific Services Computing Conference, December 2008.

[58] A. Mislove, M. Marcon, K.P. Gummadi, P. Druschel, B. Bhattacharjee, Measurement and analysis of online social networks, in: The 7th ACM SIGCOMM Conference on Internet Measurement, October 2007.

[59] J. Napper, P. Bientinesi, Can cloud computing reach the top500? in: Proceedings of the Combined Workshops on Unconventional High Performance Computing Workshop Plus Memory Access Workshop, ACM, Ischia, Italy, 2009, pp. 17–20.
[60] Nimbus Cloud Computing. http://workspace.globus.org/, 2010.
[61] W. Norman, M. Paton, T. de Aragao, et al., Optimizing utility in cloud computing through autonomic workload execution, in: IEEE Computer Society Technical Committee on Data Engineering, 2009.
[62] D. Nurmi, R. Wolski, C. Grzegorczyk, et al., Eucalyptus: A technical report on an elastic utility computing architecture linking your programs to useful systems, UCSB, Santa Barbara, Technical Report, 2008.
[63] C. Olston, B. Reed, B.U. Srivastava, et al., Pig Latin: A not-so-foreign language for data processing, in: Proceedings of the 2008 ACM SIGMOD Int'l Conf. on Management of Data, Vancouver, 9–12 June 2008.
[64] Open Cirrus, Welcome to Open Cirrus, the HP/Intel/Yahoo! Open Cloud Computing Research Testbed. https://opencirrus.org/, (accessed 20.11.10).
[65] M. Palankar, A. Onibokun, A. Iamnitchi, M. Ripeanu, Amazon S3 for science grids: A viable solution? Computer Science and Engineering, University of South Florida, Technical Report, 2007.
[66] A. Passant, T. Hastrup, U. Bojars, J. Breslin, Microblogging: A semantic web and distributed approach, in: 4th Workshop on Scripting for the Semantic Web in conjunction with ESWC 2008.
[67] J. Qiu, T. Gunarathne, J. Ekanayake, et al., Hybrid cloud and cluster computing paradigms for life science applications, in: 11th Annual Bioinformatics Open Source Conference (BOSC 2010), Boston, 9–10 July 2010.
[68] J. Qiu, T. Ekanayake, T. Gunarathne, et al., Data Intensive Computing for Bioinformatics. http://grids.ucs.indiana.edu/ptliupages/publications/DataIntensiveComputing_BookChapter.pdf, 29 December 2009.
[69] D. Reed, Clouds, clusters and ManyCore: The revolution ahead, in: IEEE International Conference on Cluster Computing, 29 September–1 October 2008.
[70] J. Rittinghouse, J. Ransome, Cloud Computing: Implementation, Management and Security, CRC Publisher, 2010.
[71] B. Rochwerger, D. Breitgand, E. Levy, et al., The Reservoir Model and Architecture for Open Federated Cloud Computing, IBM Syst. J. (2008).
[72] V. Sanhu, The CERN Virtual Machine and Cloud Computing, B.S. Thesis at the Dept. of Physics, University of Victoria, Canada, 29 January 2010.
[73] G. Santucci, The Internet of Things: Between the Revolution of the Internet and the Metamorphosis of Objects. http://ec.europa.eu/information_society/policy/rfid/documents/iotrevolution.pdf, 2010.
[74] M. Satyanarayanan, V. Bahl, R. Caceres, N. Davies, The case for VM-based cloudlets in mobile computing, IEEE Pervasive Comput. 8 (4) (2009) 14–23.
[75] J. Schopf, F. Berman, Performance prediction in production environments, in: 12th International Parallel Processing Symposium, Orlando, FL, April 1998, pp. 647–653.
[76] Science Clouds: Informal group of small clouds made available by various institutions on a voluntary basis. http://scienceclouds.org/, (accessed November 2010).
[77] H. Song, Exploring Facebook and Twitter Technologies for P2P Social Networking, in: EE 657 Final Project Report, University of Southern California, May 2010.
[78] H. Sundmaeker, P. Guillemin, P. Friess, S. Woelfflé, Vision and Challenges for Realising the Internet of Things, European Union, March 2010.
[79] Venus-C, Virtual Multidisciplinary Environmemnts Using Cloud Infrastructure. www.venus-c.eu/Pages/Home.aspx, (accessed November 2010).
[80] E. Walker, Benchmarking Amazon EC2 for high-performance scientific computing, Login 33 (5) (2008) 18–23.
[81] E. Welbourne, L. Battle, G. Cole, et al., Building the Internet of things using RFID: the RFID ecosystem experience, IEEE Internet Comput. 13 (3) (2009) 48–55.
[82] S. Wasserman, K. Faust, Social Networks Analysis: Methods and Applications, Cambridge University Press, Cambridge, 1994.
[83] D. Watts, Small Worlds: The Dynamics of Networks between Order and Randomness, Princeton University Press, Princeton, 2003.
[84] M. Weng, A Multimedia Social Networking Community for Mobile Devices, Tisch School of The Arts, New York University, 2007.
[85] Wikipedia, Cyber-physical systems. http://en.wikipedia.org/wiki/Cyber-physical_system, 2010.
[86] Wikipedia, Social Network. http://en.wikipedia.org/wiki/Social_network, 2010.

[87] Wikipedia, Facebook. http://en.wikipedia.org/wiki/Facebook, March 3, 2011.
[88] Wikipedia, Mashup (web app hybrid). http://en.wikipedia.org/wiki/Mashup_%28web_application_hybrid%, 29 November 2010.
[89] Y. Wu, K. Hwang, Y. Yuan, C. Wu, Adaptive workload prediction of grid performance in confidence windows, IEEE Trans. Parallel Distrib. Syst. 21 (July) (2010) 925–938.
[90] Z. Xu, K. Hwang, Early prediction of MPP performance: SP2, T3D, and paragon experiences, J. Parallel Comput. 22 (7) (1996) 917–942.
[91] L. Yan, Y. Zhang, L.T. Yang, H. Ning, The Internet of Things: From RFID to the Next-Generation Pervasive Networked Systems, Auerbach Publications, 2008.
[92] B. Yan, G. Huang, Supply chain information transmission based on RFID and Internet of things, in: International Colloquium on Computing, Communication, Control, and Management (CCCM 2009) Vol. 4, 2009, pp. 166–169.
[93] M. Yigitbasi, A. Iosup, D. Epema, C-Meter: a framework for performance analysis of computing clouds, in: International Workshop on Cloud Computing, May 2009.
[94] B.J. Zhang, Y. Ruan, T.L. Wu, J. Qiu, A. Hughes, G. Fox, Applying twister to scientific applications, in: International Conference on Cloud Computing (CloudCom 2010), http://grids.ucs.indiana.edu/ptliupages/publications/PID1510523.pdf, 2010.

习题

9.1 描述移动设备和远程云在移动云计算中的不足，并解释为什么卡内基－梅隆大学的 Cloudlet 可以弥补这些不足，从而使得手持普适设备可以向云发送请求。

9.2 回答下面关于 GPS 的两个问题：

a. 从卫星技术、部署体系结构、覆盖面积、精度、能力和应用领域 6 个方面，比较由美国、俄罗斯、欧盟和中国研发的 4 种卫星定位系统。

b. 在确定地球表面的一个三维座标点时，为什么至少需要 4 颗卫星的信号。

9.3 主动 RFID 和被动 RFID 有什么不同？阐述它们的优劣势。对主动和被动 GPS 接收器进行同样的对比和分析。

9.4 比较 Facebook 和 Twitter 在应用方面的不同，并讨论它们长处和不足。

9.5 AuverGrid 的工作集有三种模式，包括突变（sudden level change）、突发性波动（sudden fluctuation）和逐渐变化（gradual level change）。这些工作负载的模式是什么？你怎样看待它们对性能预测结果的影响？

9.6 物联网和传统互联网有很多不同之处。指出它们的不同，并描述它们在物体互联、基础设施、网络和应用方面的不同。

9.7 区分和比较下面的专业术语：

a. 开源和私有操作系统

b. 物联网和信息物理系统

c. 社会网络和专业性网络

9.8 回答下面关于无线传感器网络的两个问题：

a. 从规模、重量、供电和部署等方面，叙述三代无线传感器网络的特征；

b. 无线传感器网络要求低能耗操作。描述无线传感器网络中的用电情况，并解释如何在三种模式间周期性操作无线传感器网络，从而实现最小耗电。

9.9 在商品运输过程中如何使用 RFID 定位商品？如何使用 RFID 计算超市剩下物品数量？

9.10 描述下面关于 IBM 蓝云和 RC2 云相关的技术术语、功能模块和云服务，可能需要查阅 IBM 的网站或者《IBM Journal of Research and Development》期刊。

a. IBM WebSphere

b. Tivoli 服务自动化管理器（Service Automation Manager，TSAM）

c. IBM 研究计算云（Research Compute Cloud，RC2）

d. Tivoli 供给管理器（provisioning manager）

e. 带有 Xen 的 Linux

9.11 就云计算在处理物联网数据的可能应用开展研究（见图 9-19）。提出一种解决方案，指出可能需要的云资源。为了简化问题，可以把传感器数据的范围缩小。

9.12 研究 HPC 应用（9.2.2 节）和 HTC 应用（9.2.3 节）的性能指标。在可以访问的数据中心或者云平台上进行真实的 HPC 和 HTC 基准实验，并给出如何提高它们的准确性和效率的方法。从这些实验出发，总结新的或者改进的性能指标，以刻画更多的机器特征和应用参数。

9.13 简要说明 Facebook 和 Twitter 是如何在 OSN 应用中处理安全、隐私和版权侵犯问题的，并给出通用的技术和针对每种系统的特定技术。

9.14 对左边的 20 个术语，从右边的栏中选择最合适的描述。

术 语	描 述
____ Rackspace	(a) 就注册用户来说，世界上最大的社会网络
____ Cloudlet	(b) 主要用于上传视频片段的社会网络
____蓝牙	(c) 互联网的自然延伸，人处在控制环中
____物联网	(d) 用于微博和新闻提醒应用的社会网络
____ WiMAX	(e) 在物联网构建中使用的无线电标签技术
____ RFID	(f) 支持移动终端远程云访问的基础设施
____ ZigBee	(g) 由 IBM 建立的私有云，用于研发
____ GPS	(h) 互联网的延伸，连接所有的物体、人、动物和产品
____ Facebook	(i) 一种快速和灵活的互联网访问技术
____ YouTube	(j) 扩展性最好的无线传感器网络
____ Twitter	(k) 宽带互联网访问的固定无线技术
____ Nebula	(l) 用于位置敏感应用的卫星技术
____ CPS	(m) 在短距离应用中用于取代电缆的无线技术
____ RC2	(n) 在商业领域使用最多的 SaaS 应用之一
____ LinkedIn	(o) 互联网上主要用于专业互联的社会网络
____ WiFi	(p) 一种专注于定制化社会服务的社会网络网站
____ CRM	(q) 最初用于航天和天气预报应用的大规模私有云
____ MySpace	(r) 用于 IaaS 应用、以“即充即用”收费的公有云

9.15 对每个问题从多个选项中选择一个最佳答案：

1. 下面关于社会网络属性的描述，哪个是正确的？
   a. 结构洞可以通过与其他节点建立更多的连接来消除。
   b. 本地的桥连接仅包含一条边，就像桥一样。
   c. 中心性和节点的度无关。
2. 卡内基－梅隆大学的 Cloudlet 原型没有使用哪种设计选择？
   a. 使用一个来自移动设备的导入式虚拟机。
   b. 在 Cloudlet 主机上部署一个基础虚拟机。
   c. 一个导入的虚拟机一旦部署在 Cloudlet 上就不可以移除。
3. 下面关于物联网的叙述哪个是正确的？
   a. 物联网并没有在供应链管理中使用 GPS 技术。
   b. 智能电网没有使用太阳能和风能技术。
   c. ZigBee 网络比 WiFi 和蓝牙网络具有更好的扩展性。
4. 下面关于 Facebook 应用的评价哪个是正确的。
   a. Facebook 最流行的应用是增强沟通。

b. Facebook 不提供送礼物和约会服务。

c. Twitter 比 Facebook 对用户个人资料的支持更好。

9.16 在谷歌上搜索下面两个大规模私有云的技术信息，描述从可靠源获取的信息，并尽量给出云平台体系结构和基础设施以及主要应用领域。

a. 美国 NASA 部署的私有云。

b. 欧洲 CERN 部署的私有云。

9.17 简要描述下面关于 SGI Cyclone 云引擎的技术术语、功能模块和云服务：

a. 向上扩展，向外扩展，以及云服务器的混合管理。

b. SGI Altix 服务器和 ICE 集群。

c. Cyclone HPC 应用。

9.18 该问题和例 9.13 相关，从数学上证明攻击账户（子图 H）和目标用户的识别问题是可解的。

索 引

Distributed and Cloud Computing, 1E

索引中页码为英文原书页码，已在书中页边标出。

B

C

D

F

G

H

I

M

N

O

P

S

U

X

Y

Z

推荐阅读

计算机组成与设计：硬件/软件接口 RISC-V版（原书第2版）

作者：David A. Patterson，John L. Hennessy 译者：易江芳 刘先华 等

书号：978-7-111-72797-2 定价：169.00元

在广大计算机程序员和工程师中，几乎没有人不知道Patterson和Hennessy的大作，而今RISC-V版的推出，再次点燃了大家的热情。RISC-V作为一种开源体系结构，从最初用于支持科研和教学，到现在已发展为产业标准的指令集。正在和即将阅读本书的年轻人，你们不仅能够从先行者的智慧中理解RISC-V的精髓，而且有望创建自己的RISC-V内核，为广阔的开源硬件和软件生态系统贡献力量。

——Krste Asanović，RISC-V基金会主席

教材的选择往往是一个令人沮丧的妥协过程——教学方法的适用度、知识点的覆盖范围、文辞的流畅性、内容的严谨度、成本的高低等都需要考虑。本书之所以是难得一见的好书，正是因为它能满足各个方面的要求，不再需要任何妥协。这不仅是一部关于计算机组成的教科书，也是所有计算机科学教科书的典范。

——Michael Goldweber，泽维尔大学